Heribert Meffert/Manfred Bruhn

Dienstleistungsmarketing

Heribert Meffert/Manfred Bruhn

Dienstleistungsmarketing

Grundlagen – Konzepte – Methoden

Mit Fallstudien

5., überarbeitete und erweiterte Auflage

GABLER

Bibliografische Information Der Deutschen Bibliothek
Die Deutsche Bibliothek verzeichnet diese Publikation in der Deutschen Nationalbibliografie; detaillierte bibliografische Daten sind im Internet über <http://dnb.ddb.de> abrufbar.

Prof. Dr. Dr. h.c. mult. Heribert Meffert ist Professor der Betriebswirtschaftslehre, insbesondere Marketing, und emeritierter Direktor des Instituts für Marketing am Marketing Centrum der Universität Münster (MCM) sowie ehemaliger Vorsitzender des Vorstandes der Bertelsmann Stiftung.

MCM, Am Stadtgraben 13 – 15, 48143 Münster
Fax: +49(0)251-83-23010 Internet: www.marketing-centrum.de

Prof. Dr. Manfred Bruhn ist Professor für Allgemeine Betriebswirtschaftslehre, insbesondere Marketing und Unternehmensführung, am Wirtschaftswissenschaftlichen Zentrum der Universität Basel und Honorarprofessor an der Technischen Universität München.

Petersgraben 51, CH-4003 Basel
Tel.: +41(0)61 267 32 22 E-Mail: manfred.bruhn@unibas.ch
Fax: +41(0)61 267 28 38 Internet: www.wwz.unibas.ch/marketing

Dozierende an Universitäten, Fachhochschulen, Akademien u. a. können die in diesem Buch enthaltenen Abbildungen als Folienset per Internet beziehen.

1. Auflage Januar 1995
2. Auflage Dezember 1996
3. Auflage September 2000
4. Auflage Januar 2003
5. Auflage Mai 2006

Lektorat: Barbara Roscher / Ute Grünberg

Der Gabler Verlag ist ein Unternehmen von Springer Science+Business Media.
www.gabler.de

Umschlaggestaltung: Regine Zimmer, Dipl.-Designerin, Wiesbaden
Satz: FROMM MediaDesign GmbH, Selters/Ts.
Druck und buchbinderische Verarbeitung: LegoPrint, Lavis (Italien)
Gedruckt auf säurefreiem und chlorfrei gebleichtem Papier
Printed in Italy

ISBN-10 3-8349-0116-4
ISBN-13 978-3-8349-0116-3

Vorwort

Auf dem Weg in die so genannte „Dienstleistungsgesellschaft" weisen zahlreiche Aspekte auf die Relevanz einer gesonderten Betrachtung von Dienstleistungen hin. Die Zahl an praxisorientierten Kongressen zu diesem Themengebiet steigt weiterhin an, Arbeitskreise zu Dienstleistungsinnovationen etablieren sich. Immer mehr produzierende Unternehmen, deren Dienstleistungssparten meist stärker wachsen als die Produktion ihrer Sachgüter, bemühen sich um ein professionelles Dienstleistungsmarketing, und selbst in der Politik ist die Position Deutschlands und der Schweiz im Kreis der erfolgreichen Dienstleistungsländer ein Gegenstand intensiver, aber auch kontroverser Diskussionen. Insbesondere die Internationalisierung von Dienstleistungen stand in jüngerer Zeit im Mittelpunkt politischer Verhandlungen innerhalb der Europäischen Union.

Die Bedeutung und Notwendigkeit eines professionellen Dienstleistungsmarketing ist unbestritten. Die hohe Wettbewerbsintensität im nationalen und internationalen Kontext zwingt sowohl Dienstleistungsunternehmen als auch Sachgüterunternehmen, die zusätzliche Serviceleistungen anbieten, sich durch eine systematische und konsequente Kundenorientierung zu profilieren. Die Entwicklungen der letzten Jahre zeigen, dass auf der einen Seite klassische Fragestellungen des Dienstleistungsmarketing, wie die Implikationen aus den Besonderheiten von Dienstleistungen oder die Messung und Steuerung der Dienstleistungsqualität, immer noch von hoher Relevanz sind. Auf der anderen Seite werden permanent neue Fragestellungen (z. B. Mitarbeiterorientierung im Dienstleistungsbereich, die Internationalisierung von Dienstleistungskonzepten, E-Services, Dienstleistungscontrolling u. a. m.) – entweder durch die Wissenschaft oder die Praxis – aufgegriffen und diskutiert.

Die Aktualität des Dienstleistungsmarketing lässt sich auch an der Entwicklung der vierten Auflage dieses Lehrbuches ablesen, die vom Markt wiederum gut aufgenommen worden ist und sehr schnell vergriffen war, so dass bereits nach kurzer Zeit eine fünfte Auflage erforderlich wurde.

Die grundlegende Struktur des Lehrbuches wurde in der Neuauflage wiederum beibehalten. Eine Überarbeitung erfolgte im Hinblick auf die Aktualisierung der bereits in der vierten Auflage bestehenden Kapitel, damit sie auch weiterhin den „State of the Art" zu dem jeweiligen Themenfeld widerspiegeln. Einige Fragestellungen sind inhaltlich erweitert worden, so beispielsweise das Konzept der internen Servicebarometer im Qualitätsmanagement (Kapitel 5), der Einsatz von kundenorientierten Vergütungssystemen als personalpolitisches Instrument im operativen Dienstleistungsmarketing (Kapitel 6), die Implementierung von Marketingstrategien in Netzwerken (Kapitel 7) und die Bestimmung des Kundenwertes im Dienstleistungscontrolling (Kapitel 8). Weiterhin finden sich im gesamten Buch zahlreiche neue Beispiele in Form von Kurzfallstudien und Pressetexten, die den Ausführungen einen stärkeren Praxisbezug verleihen. Im Kapitel „Fallstudien zum Dienstleistungsmarketing" wurden zwei neue Fallstudien mit Übungsfragen aufgenommen.

Das Buch richtet sich an Studierende der Betriebswirtschaftslehre und des Marketing, die sich während ihres Studiums mit Fragestellungen des Dienstleistungsmarketing auseinander setzen. Gleichermaßen sind Praktiker angesprochen, die sich in ihren Unternehmen systematisch mit der Planung und Umsetzung des Dienstleistungsmarketing beschäftigen. Darüber hinaus findet das Buch auch einen Einsatz im Weiterbildungsbereich, in dem Führungskräfte auf neue Aufgaben zum Management von Dienstleistungen vorbereitet werden.

Die Autoren bedanken sich bei der Deutsche Post AG für die finanzielle Unterstützung bei der praxisnahen Bearbeitung von Fallbeispielen.

Die fünfte Auflage wurde wiederum parallel an den Universitäten in Münster und Basel erarbeitet. Deshalb geht ein Dank an die verschiedenen Mitarbeiter der Lehrstühle, die in unterschiedlichen Phasen an der Überarbeitung beteiligt waren. Dabei ist es uns ein besonderes Anliegen, den Herren Dr. Karsten Hadwich, Dipl.-Wirtsch.-Ing. Gunnar Markert und Dr. Mark Richter vom Lehrstuhl für Marketing und Unternehmensführung der Universität Basel sowie Herrn Dipl.-Kfm. Sebastian Dettmers, vom Marketing Centrum Münster der Universität Münster ganz herzlich für ihr aktives Engagement bei der Fertigstellung dieser Auflage zu danken.

Durch die Überarbeitungen und Ergänzungen orientiert sich die fünfte Auflage unseres Buches nicht nur an der aktuellen Forschung und praktischen Anwendung, sondern zeigt die Richtung für die weitere Entwicklung des Dienstleistungsmarketing auf. Unser Ziel bleibt es, mit diesem Buch die Vermittlung von Kenntnissen zum Dienstleistungsmarketing in der Lehre und die Gestaltung eines systematischen Dienstleistungsmarketing sowohl im klassischen Dienstleistungsbereich als auch im Servicebereich von Sachgüteranbietern zu unterstützen. Wir wünschen uns eine intensive Diskussion über die zukünftigen Herausforderungen in der Dienstleistungsgesellschaft und sind für Anregungen jeder Art dankbar.

Münster und Basel,
im Mai 2006

HERIBERT MEFFERT
MANFRED BRUHN

Inhaltsverzeichnis

Kapitel 3: Informationsgrundlagen des Dienstleistungsmarketing 113

Kapitel 4: Strategisches Dienstleistungsmarketing 173

KAPITEL

1 Gegenstand und Besonderheiten des Dienstleistungsmarketing

1. Bedeutung und Entwicklung des Dienstleistungsmarketing

1.1 Bedeutung des Dienstleistungsmarketing in Wissenschaft und Praxis

Die marktorientierte Unternehmensführung steht seit geraumer Zeit vor großen Herausforderungen. Dabei hinterlässt vor allem der viel zitierte **„Marsch in die Dienstleistungsgesellschaft“** (Fourastié 1954) vielfältige Spuren. Diskussionen über „Service-Wüste“ und „Service-Oase“ zeigen schlagwortartig auf, dass viele Unternehmen einen Nachholbedarf im professionellen Dienstleistungsmarketing haben. Dies gilt nicht nur für jene Unternehmen, die in regulierten Märkten vom Wettbewerbsschutz profitiert haben (z. B. Versicherungen, Telekommunikation, Energieversorgung). Vielmehr haben sich in nahezu allen Branchen infolge der Globalisierung, Technisierung und Polarisierung der Märkte die Bedingungen und Spielregeln des Wettbewerbs verändert. Dienstleistungsunternehmen stehen hierdurch vor einer Vielzahl komplexer Entscheidungsprobleme. Auf der Grundlage der charakteristischen Besonderheiten des jeweiligen Dienstleistungsangebots ist über die Gewinnung der relevanten Marktinformationen, die Marktbearbeitungsstrategien, das Qualitätsmanagement, den Einsatz von Marketinginstrumenten, die Überwindung von Implementierungsbarrieren u. a. zu entscheiden. Dies verlangt ein hohes Maß an konzeptioneller und kreativer Arbeit, um den Markterfolg sicher zu stellen.

Die aktuelle Situation der Dienstleistungsmärkte stellt hohe Anforderungen an das **Management von Dienstleistungsunternehmen.** Dabei wird an das Dienstleistungsmarketing die Anforderung gestellt, eine eng am Markt orientierte Analyse, Planung, Durchführung und Kontrolle sämtlicher Marktaktivitäten vorzunehmen. Die intensive Interaktion zwischen dem Dienstleistungsanbieter und -nachfrager bei der Leistungserstellung erfordert ein hohes Maß an **Kundenorientierung:** Diese beinhaltet den offenen Kontakt zum Kunden, die gezielte Erforschung von Kundenwünschen und die sich daraus ergebenden notwendigen Anpassungen im Dienstleistungserstellungsprozess. Erfahrungen auf vielen Dienstleistungsmärkten haben gezeigt, dass letztlich nur durch eine konsequente Kundenorientierung Chancen zur Erlangung von Wettbewerbsvorteilen bestehen.

Bei einem Vergleich von Problemstellungen in der Praxis mit den Schwerpunkten wissenschaftlicher Forschung und Lehre finden sich häufig Themenbereiche, für die eine Diskrepanz zwischen Praxisbedeutung und dem Ausmaß der theoretischen Durchdringung zu konstatieren ist. Eine derartige Diskrepanz existierte lange Zeit im Dienstleistungsbereich, der in der Betriebswirtschaftslehre und insbesondere im Marketing zunächst vergleichsweise vernachlässigt wurde.

Vor allem seit den 1980er Jahren wird dem Dienstleistungsmarketing – ausgehend von diesen Entwicklungen in der amerikanischen, aber auch in der deutschen Marketingwissenschaft – eine größere Bedeutung beigemessen. Dies zeigt sich insbesondere in der zunehmenden Anzahl an spezifischen Publikationen zum Thema Dienstleistungen und Dienstleistungsmarketing (Falk 1980a, b; Berekoven 1983; Kotler/Bloom 1984; Heskett 1986; Grönroos 1990, 2000; Lovelock/Wirtz 2004; Swartz/Bowen/Brown 1992, 1993, 1994, 1995; Meyer 1994, 1998; Rust/Oliver 1994; Kleinaltenkamp 1995; Reckenfelderbäumer 1995; Bruhn/Stauss 2000; Zeithaml/Bitner 2002; Bruhn/Meffert 2001; Corsten 2001; Haller 2001; Scheuch 2002). Dabei ist allerdings festzustellen, dass die grundlegende Diskussion, worin die **Charakteristika von Dienstleistungen** liegen und welche Bereiche zum Dienstleistungssektor zu zählen sind, immer noch nicht abgeschlossen scheint (Engelhardt/Kleinaltenkamp/Reckenfelderbäumer 1992; Woratschek 2001a). Auffallend sind auch die Dominanz der branchenspezifischen Untersuchungen zum Dienstleistungsmarketing und die geringen Bemühungen, allgemein gültige Aussagen über den Dienstleistungsbereich im Sinne einer geschlossenen **„Theorie des Dienstleistungsmarketing“** zu entwickeln. Der Grund hierfür liegt analog zu anderen Forschungsfeldern darin, dass für theoretische Aussagen immer ein gewisser Grad an Allgemeingültigkeit angestrebt wird, dieser aber angesichts der Dienstleistungsvielfalt schwer erreichbar ist (Meffert 2001).

Der Sektor Dienstleistungen stellt sich schon auf den ersten Blick als außergewöhnlich heterogen dar (Banken, Touristik, freie Berufe, kulturelle Leistungen, öffentliche Dienste, Ausbildungswesen usw.). Daraus ergeben sich in der Praxis wie in der Theorie Zweifel an der **Übertragbarkeit** allgemeiner Aussagen auf die unterschiedlichen Branchen und Anwendungssituationen. Auch stellen Dienstleistungen heute in nahezu allen Bereichen des produzierenden Sektors einen nicht unerheblichen Bestandteil der angebotenen Problemlösungen dar. Es gibt zwar einige wenige Absatzleistungen, die ausschließlich aus Dienstleistungen bestehen (z. B. ärztliche Beratung); es gibt aber keine Sachleistung, die ohne einen bestimmten, wenn auch mitunter geringen, Dienstleistungsanteil abgesetzt werden kann (z. B. erklärungsbedürftige Gebrauchsgüter) (Hilke 1989b, S. 8). Die genaue Betrachtung von Sachgütern und deren Dienstleistungsanteilen trägt daher zusätzlich zur Komplexität und Schwierigkeit einer allgemein gültigen Beschreibung bei.

Damit wird offenkundig, dass in vielen Fällen keine trennscharfe Abgrenzung von Sachgütern und Dienstleistungen möglich ist. Vielmehr lässt sich ein kontinuierliches Spektrum tangibler und intangibler Wertbeiträge für verschiedene Leistungen darstellen. Die im Dienstleistungsbereich überwiegenden intangiblen Wertbeiträge (vgl. Abbildung 1-1-1) sind insbesondere durch eine geringere Beurteilbarkeit ihrer Qualität gegenüber den tangiblen Wertbeiträgen gekennzeichnet, so dass hier z. B. neue Ansätze zur Qualitätsmessung zu betrachten sind (Lovelock/Wirtz, 2004, S. 9ff.).

Für Konsumgüter-, Industriegüter- und Dienstleistungsmarketing können zwar in Bezug auf Untersuchungsgegenstand und Anwendungsspektrum erhebliche Schnittmengen aufgezeigt werden. Trotzdem ist aber aufgrund der starken Konsumgutorientierung des

Abbildung 1-1-1 **Theoriezyklen des sektoralen Marketing**

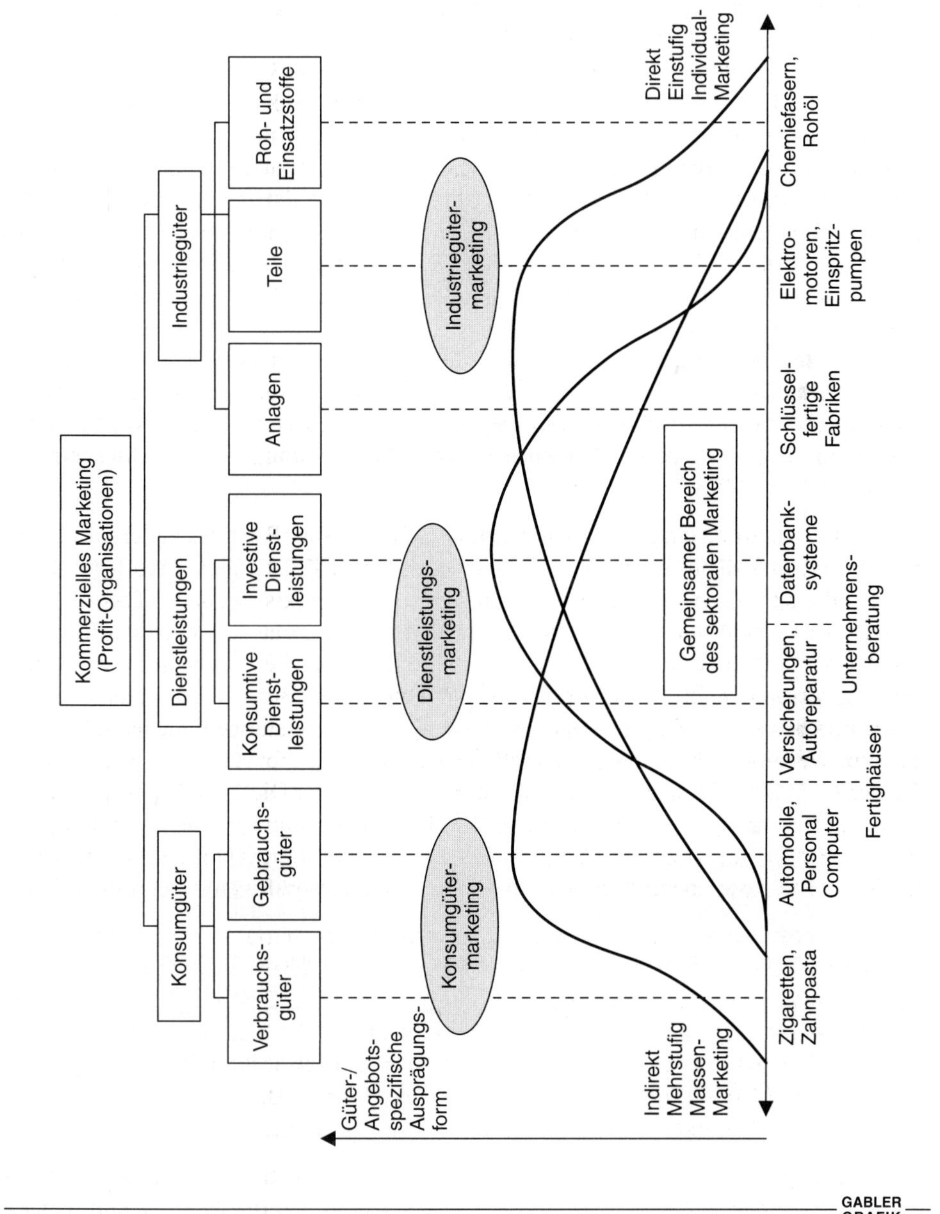

GABLER GRAFIK

Quelle: Meffert 1986, S. 46

traditionellen Marketing und aufgrund der Besonderheiten von Dienstleistungen die Auseinandersetzung mit dem Dienstleistungsmarketing im Speziellen unumgänglich. Diese Argumentation wird aus einer nachfragerorientierten Perspektive vor allem durch die **steigende Dienstleistungsnachfrage** der Privathaushalte und gewerblichen Unternehmen unterstützt. Die Zunahme der Dienstleistungsnachfrage hat vielfältige Ursachen, die in Abbildung 1-1-2 im Überblick dargestellt sind.

Abbildung 1-1-2 **Ursachen der zunehmenden Nachfrage nach Dienstleistungen**

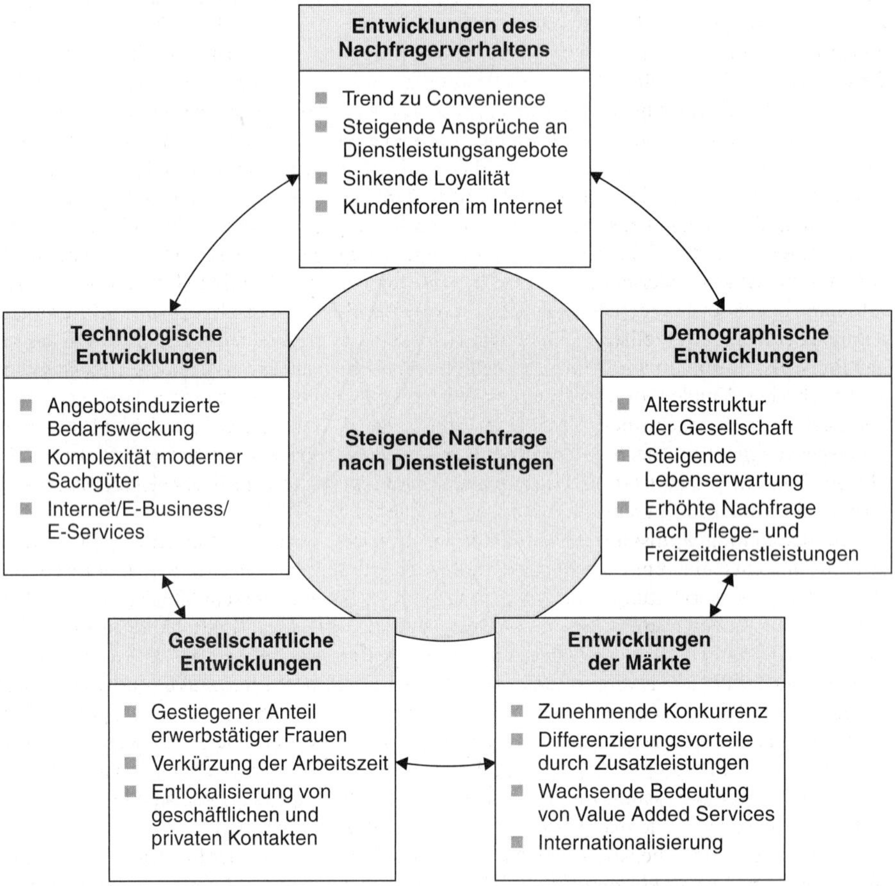

GABLER GRAFIK

Zunächst sind generelle **gesellschaftliche Veränderungen** zu verzeichnen. Der gestiegene Anteil erwerbstätiger Frauen hat zu einer Verlagerung der bisher im Haushalt selbst erbrachten Dienstleistungen auf kommerzielle Dienstleister, wie die Gastronomie, geführt. Die in der Vergangenheit sukzessive verkürzte Arbeitszeit bewirkte zudem eine Steigerung des Angebots der Freizeitindustrie. Hier ist allerdings inzwischen eine Trendwende in Sicht, wobei die Auswirkungen längerer Arbeitszeiten abzuwarten bleiben. Auch der erkennbare Trend zur „Entlokalisierung" bzw. Internationalisierung von geschäftlichen und privaten Kontakten zieht das Angebot zahlreicher Dienstleistungen aus dem Reisebereich, aber auch der elektronischen Datenübermittlung nach sich.

Zu den **Änderungen im Nachfragerverhalten** zählt unter anderem der Trend zu mehr Komfort und Bequemlichkeit (Convenience), der durch das Angebot zahlreicher Dienstleistungen unterstützt wird. Die positiven Erfahrungen, die Konsumenten mit qualitätsorientierten Angeboten erfolgreicher Dienstleistungsunternehmen verschiedener Branchen, wie z. B. einzelner Fluggesellschaften, machen, führen zu steigenden Ansprüchen und somit auch zu neuen Bewertungsmaßstäben für andere Dienstleistungen, wie z. B. Fahrten mit der Deutschen Bahn. Die steigenden Erwartungen (Anspruchsinflation) und Faktoren wie die erhöhte Transparenz von Märkten, die unter anderem durch neue Möglichkeiten der Kommunikation zwischen Konsumenten (Consumer-to-Consumer), wie z. B. Kundenforen im Internet, ermöglicht wird, führen schließlich zu einer sinkenden Kundenloyalität, der von der Unternehmensseite beispielsweise durch das Angebot zusätzlicher Serviceleistungen, so genannter Value Added Services, begegnet werden kann. Es zeigt sich allerdings gerade im Flugreiseverkehr mit den „No Frills"-Airlines wie Ryanair, Germanwings oder Easyjet auch ein gegenläufiger Trend zu wesentlich billigeren Dienstleistungen, bei denen nur noch die Kernleistung angeboten wird. Diese Unternehmen bedienen zwar teilweise Kunden aus einem neuen Segment, das erst durch die niedrigen Preise dazu animiert wird, die entsprechenden Leistungsangebote zu nutzen. Jedoch wechseln auch viele Kunden, die ohnehin die Dienstleistung nachfragen würden, zu solchen Discountanbietern. So tragen diese Unternehmen trotz ihres Wachstums aufgrund ihrer Preisstruktur insgesamt nicht zu einer Steigerung des Umsatzes der Dienstleistungsanbieter bei (vgl. z. B. Genger 2002, S. 7; Insert 1-1-1). Das Wachstum im Flugreiseverkehr liegt beispielsweise weiterhin bei etwa 2 Prozent jährlich (Statistisches Bundesamt 2004).

Bei den **demographischen Veränderungen** ist insbesondere die Entwicklung der Altersstruktur in Deutschland mit einem relativ hohen Anteil älterer Menschen bei einer insgesamt steigenden Lebenserwartung zu nennen, die dazu führt, dass immer mehr Menschen immer länger Dienstleistungen nachfragen werden. Aufgrund der hohen Kaufkraft der älteren Bevölkerung ist die Bereitschaft, die Zeit nach dem Berufsleben angenehm zu gestalten, besonders ausgeprägt. Ob aus der Motivation heraus, durch Reisen und andere Freizeitaktivitäten sich selbst für das Arbeitsleben zu belohnen oder einfach den gewohnten Lebensstandard im Alter halten zu wollen, in jedem Falle zeigt das „goldene Segment" die Bereitschaft, hochwertige Dienstleistungen in den Bereichen Tourismus, Fitness usw. nachzufragen und auch entsprechend zu bezahlen. In diesem Zusammenhang ist auch die Nachfrage nach Pflegeleistungen zu berücksichtigen, die schon heute beträchtliche Wachstumsraten aufweisen.

Steigerungen der Dienstleistungsnachfrage werden vielfach allerdings auch erst durch **technologische Entwicklungen** ermöglicht, die es erlauben, die zur Bereitstellung der Dienste erforderliche Hardware in einem entsprechenden Umfang und zu angemessenen Preisen breiteren Kreisen zur Verfügung zu stellen. Beispiele einer solchen angebotsinduzierten Dienstleistungsnachfrage sind Leistungen im Bereich der Mobilkommunikation (Funknetze, Handys usw.). Darüber hinaus bedingt die zunehmende Komplexität von Sachgütern eine wiederum steigende Nachfrage nach Dienstleistungen. Viele Produkte überfordern ihre (potenziellen)

Nutzer, so dass eine sinnvolle Nutzung vieler moderner Sachleistungen begleitende Dienstleistungen vor, während oder nach des Ge-/Verbrauchs notwendig macht (z. B. Beratung vor dem PC-Kauf, Installation der Hardware und Einweisung, Entsorgung). Gleiches gilt auch im industriellen Business-to-Business-Bereich. Während die Produktion von Sachgütern mehr und mehr durch komplexe Anlagen automatisiert wird, wächst der Bedarf nach Dienstleistungen – allerdings in geringerem Maße als er im Produktionsprozess abnimmt – z. B. für die Instandhaltung und Programmierung dieser Anlagen (Scheer/Bullinger 2002).

INSERT 1-1-1 Wirtschaftswoche Online, 17.09.2003

Business-Monitor

Geschäftsreisende fliegen auf Billig-Airlines

Immer mehr Geschäftsreisende entscheiden sich für so genannte Billig-Airlines. Dies ist das Ergebnis einer repräsentativen Umfrage des Meinungsforschungsinstitut Psephos im Auftrag des Handelsblatts unter mehr als 800 Führungskräften der deutschen Wirtschaft.

HB DÜSSELDORF. Danach nutzt inzwischen gut jedes vierte Unternehmen (28 %) preisgünstige Fluggesellschaften wie Ryan Air, Germanwings und Hapag-Llyod Express stark oder sehr stark, zeigt die September-Umfrage des Handelsblatt Business Monitors (Donnerstagausgabe). In kleinen und mittelgroßen Firmen sind die Billig-Flieger dabei noch beliebter als in Großunternehmen.

Quelle: Germanwings

Vor allem **Linienflug**-Gesellschaften verlieren Geschäftskunden an die neue Discount-Konkurrenz, zeigt die Umfrage. Allerdings steigen nur wenige Geschäftsreisende von der Bahn oder dem Auto auf die günstigen Airlines um. In 60 % der Unternehmen, die Discount-Airlines nutzen, geht dies zu Lasten klassischer Fluggesellschaften. Dagegen schränkt nur jeweils rund jedes fünfte Unternehmen seine dienstlichen Bahn- oder Autofahrten wegen der Billig-Flieger ein.

Die erneute Preis-Reform der Bahn lässt die Mehrheit der Unternehmen eher kalt: Nur 14 % planen, die Bahn in Zukunft wegen des neuen Preissystems häufiger zu nutzen als in der Vergangenheit. Allerdings hatte auch nur eine kleine Minderheit (7 %) die Bahnfahrten wegen des im ersten Halbjahr geltenden Preissystems stark eingeschränkt.

Des Weiteren erfolgte die Verbreitung elektronischer Medien – insbesondere des Internet – in den vergangenen Jahren in einem rasanten Tempo. Anfang des Jahres 2003 besaßen 46 Prozent aller deutschen Haushalte Zugang zum Internet (Statistisches Bundesamt 2004). Die Nutzung elektronischer Medien, wie das Internet, ist für den Anbieter und für den Nachfrager mit ganz spezifischen Vorteilen verbunden, z. B. sind geschäftliche Transaktionen über Internet nicht an Öffnungszeiten und auch nicht an eine Geschäftsstätte gebunden. Gefördert durch die dynamische Verbreitung der neuen Informations- und Kommunikationstechnologien, die derzeit unter dem Aspekt des „Customer Relationship Management" (CRM) stark diskutiert werden, entstand ein Boom des so genannten E-Business bzw. der E-Business-Anwendungen: Heute wird eine Vielzahl von Produkten und Dienstleistungen über das Internet vertrieben (E-Commerce) und Dienstleistungen werden zunehmend selbst elektronisch erstellt (E-Services). Nennenswerte wirtschaftliche Transaktionen im Internet finden heute – neben der Werbung – vor allem in den Bereichen Verkauf von Büchern, CDs und DVDs sowie dem Buchen von Reisen und dem Online Banking statt (Albers 2000; Herrmanns/Sauter 2000, S. 894f.). Hierbei wiederum spielen z. B. Auktionen eine wachsende Rolle, wobei die Firma Ebay auf diesem Markt inzwischen eine Quasi-Monopolstellung inne hat (Insert 1-1-2).

INSERT 1-1-2 **eMARKET Webmagazin, 22.01.2004**

Ebay bleibt auf Wachstumskurs

Die weltgrößte Internet-Auktionsfirma Ebay hat das Jahr 2003 mit einem neuen Erlös- und Gewinnrekord abgeschlossen. Der Jahresumsatz schoss um 78 Prozent hoch auf 2,2 Milliarden Dollar, der Gewinn stieg um 77 Prozent auf 441,8 Millionen Dollar. Der Wert der bei Ebay versteigerten Waren erreichte 24 Milliarden Dollar, ein Plus von 60 Prozent. Insgesamt wurden im vergangenen Jahr 971 Millionen Artikel angeboten. Der Aufschwung setzt sich nach Worten von Konzernchefin Meg Whitman fort. Für 2004 erwartet das US-Unternehmen einen Umsatz von bis zu drei Milliarden Dollar und wieder einen höheren Gewinn. [...]

Der deutsche Markt zählt für den Web-Auktionator zu den wichtigsten. „Wir sind auf Platz zwei hinter den USA", sagte Ebay-Deutschland-Sprecher Joachim Guentert am Donnerstag. Besonders erfolgreich sei auch in Deutschland das Weihnachtsgeschäft gelaufen. „Wir verzeichnen zwei Umsatzspitzen – den Geschenkehandel vor den Festtagen und Verkäufe von Präsenten, die nicht gefallen." In Deutschland erwartet Guentert in diesem Jahr eine weiter wachsende Zahl von kommerziellen Nutzern. Außerdem soll noch mehr in die Sicherheit investiert werden. Insgesamt beschäftigt Ebay in Deutschland rund 550 Mitarbeiter, davon rund 100 Fachkräfte für Transaktions-Sicherheit.

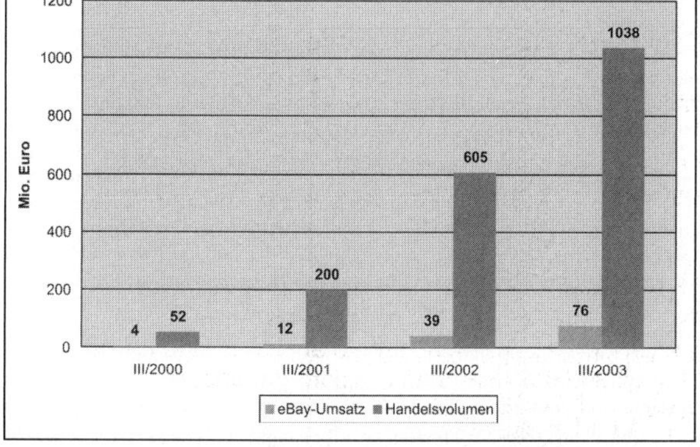

Abbildung: Entwicklung von E-Commerce-Handelsvolumen und eBay-Umsatz in Deutschland

INSERT 1-1-3 **DIE ZEIT, Nr. 50, 57. Jahrgang, 05.12.2002, S. 56**

Jetzt oder nie oder doch lieber später

Pakete abschicken ist tausendmal einfacher als Pakete bekommen. Eine leidvolle Kurzgeschichte

VON MARK SPÖRLE

Unlängst klingelte das Telefon, und sie war dran. Das Paket, sagte sie, mit meinen Sachen, die sie mir geschickt habe, es sei schon wieder zurückgekommen, und was ich ihr damit sagen wolle. „Nichts", sagte ich, „ich wollte dir nichts sagen." – „Und was", fragte sie, „was hat das sonst zu bedeuten?" – „Die Post", sagte ich. „Das ist alles?", rief sie. „Ein halbes Jahr geht das schon, und du willst sagen, dass es nur an der Post liegt?" – „Ich schwöre", stammelte ich. „Bitte, kannst du es mir noch mal, ein letztes Mal ..." – „Ja!", schrie sie und legte auf.

Ich hatte nicht gelogen. Ich war gefangen in einem Teufelskreis. Irgendwann, wenn ich aus dem Büro kam, lag in meinem Briefkasten eine Benachrichtigungskarte, der Zusteller habe mich nicht angetroffen, aber ich könne die Paketsendung persönlich abholen. Doch die Abholpostfiliale war weit entfernt und die Öffnungszeit zu knapp bemessen. Beim letzten Mal hatte ich mich mehrfach vorzeitig aus dem Büro geschlichen. Zweimal machte eine S-Bahn-Verspätung alles zunichte, einmal prallte ich mit einem gewalttätigen Currywurstesser zusammen. Das nächste Mal erreichte ich die Postfiliale fünf Minuten vor Schluss, aber die Tür war bereits abgesperrt. Schließlich fing mich mein Chef ab und verwickelte mich in ein unangenehmes Gespräch. Dann war die Lagerfrist von sieben Werktagen abgelaufen, und das Paket ging zurück. An sie.

Es gibt Situationen im Leben, da zählt nicht mehr der Aufwand, der erforderlich ist, um ein Ziel zu erreichen. Manchmal zählt allein das Ziel. Ich nahm Urlaub und befragte Bekannte zum Lieferverhalten der Paketboten. Ich würde es vielleicht nicht glauben, sagte meine pensionierte Nachbarin, aber sie habe vom Fenster aus beobachtet, wie die Paketmänner in ihrem Fahrzeug säßen und das Haus observierten, rauchend und mit laufendem Motor. Irgendwann stiegen sie aus, ohne Paket, wohlgemerkt, schlenderten zum Eingang, sähen sich verstohlen um, berührten kurz den Klingelknopf, sprinteten zum Wagen zurück und rasten mit Vollgas davon. „Sie wollen niemanden antreffen, die Pakete sind schwer", sagte sie in heiserem Flüsterton. „Wer im Erdgeschoss wohnt, der hat vielleicht eine Chance, wenn er schnell, jung und arbeitslos ist. Aber Sie, Sie wohnen doch im vierten Stock ..."

Ich kaufte ausreichend Vorräte und entwarf einen strikten Tagesablauf. Morgens ab sechs trainierte ich eine halbe Stunde Treppenlaufen, anschließend öffnete ich das Fenster zur Straße und übte Rufe aus Polizei- und Actionfilmen. Von acht bis 18 Uhr bezog ich Posten am Fenster. Nach ein paar Tagen kannte ich die Arbeitszeiten der Bewohner der umliegenden Häuser und hatte herausgefunden, dass schräg gegenüber jemand ein illegales Bordell betrieb. Ich verlängerte meinen Urlaub.

Am Montagvormittag machte mich meine Nachbarin auf einen verdächtigen Transporter aufmerksam, der sich als der des Gemüsehändlers an der Ecke entpuppte. Nachmittags um 14.12 Uhr näherte sich ein langsam fahrendes Postfahrzeug. Ein Mann stieg aus, ohne Paket, sah sich nach allen Seiten um und schlich verstohlen auf das Haus zu.

Ich bewältigte die Treppen in Rekordzeit, riss die Haustür auf, donnerte: „Halt! Stehen bleiben!" und sah, wie der Mann sich in den Blumenbottich an der Ecke erleichterte. Er floh, bevor ich mich entschuldigen konnte.

Am Mittwoch verfolgte ich einen heftigen Ehekrach im Haus schräg gegenüber und verständigte Polizei und Krankenwagen.

Am Freitag um 11.02 Uhr hielt wieder ein Postwagen vor dem Haus. Ein Mann stieg aus. Er hielt etwas in der Hand. Es war ein Päckchen. Ich polterte nach unten und stieß die Haustür mit einem gellenden Schrei auf. Der Paketlieferant, den Finger auf dem Weg zum Klingelschild, starrte mich mit geweiteten Augen an. Ich entriss ihm das Päckchen und knallte die Tür zu. Es war an meinen Nachbarn adressiert. Der dankte mir abends, Tränen in den Augen, und erzählte von einem Gerücht, die Postwagen seien in Wirklichkeit Fahrzeuge des Verfassungsschutzes und voll gestopft mit modernster Überwachungselektronik, mit der die als Auslieferer getarnten Agenten Wohnungen scannten und sich einen teuflischen Spaß daraus machten, immer dort zu klingeln, wo gerade niemand öffnen könne. Nur ein dummes Gerücht, sagte

FÜR MANCHE UNERREICHBAR: Das Postpaket

er, aber sei nicht an jedem Gerücht etwas dran?

Am Tag darauf spürte ich den Druck. Vielleicht war es die einseitige Ernährung der vergangenen Zeit oder die dauernde Anspannung, der Schmerz in meinem Unterbauch nahm ständig zu. Gegen 13 Uhr begann ich mit Yoga-Übungen. Gegen 14.25 Uhr konnte ich nicht mehr. Es gibt Helden, in einem Ballon auf dem Weg zum Nordpol, die sich in einer solchen Lage, das Ziel vor Augen, nicht um ihre Unterwäsche scheren. Ich bin kein Held. Um 14.53 Uhr verließ ich meinen Posten schmerzgekrümmt für höchstens drei Minuten. Um 14.54 Uhr klingelte es. Kurz und flüchtig. Es war das Klingeln von einem, der niemanden antreffen möchte.

Bevor ich nachdenken konnte, reagierten meine Reflexe. Mit ein paar Sprüngen war ich im Treppenhaus, nahm die erste Treppe im Sturm, auf der zweiten entglitt die Hose meinen Händen, wickelte sich um meine Knöchel, ich stürzte, hörte, wie über mir Türen aufgerissen wurden, kam wieder auf die Füße, hörte die anfeuernden Rufe meiner Nachbarn, ignorierte den Schmerz im Knöchel, erreichte humpelnd die Tür, riss sie auf und sah den gelben Postwagen gerade noch um die Ecke biegen.

Am nächsten Tag rief ich sie an. „Ich habe es mir überlegt", sagte ich. „Du kannst meine Sachen behalten. Als Erinnerung, als was auch immer." Sie seufzte. „Ich habe es gewusst. Die ganze Zeit schon. Gestern habe ich dir auch etwas geschickt. Zur Erinnerung ..." – „Nein!", schrie ich. „Nein, bitte!" Aber sie hatte schon aufgelegt.

Darüber hinaus sind die **Entwicklungen der Märkte** anzuführen. Das insbesondere auch durch die Internationalisierung der Märkte gestiegene Angebot von Produkten und Dienstleistungen selbst führt dazu, dass viele Kunden nicht mehr in der Lage sind oder nicht über ausreichend Zeit verfügen, um einen Vergleich der am Markt angebotenen Leistungen durchzuführen. Hier sind Dienstleister, wie z. B. Versicherungsbroker oder Computer Consultants, gefordert, die das breite Angebotsspektrum sichten, Empfehlungen abgeben und gegebenenfalls Leistungen für den Kunden einkaufen. Weiterhin ist die wachsende Homogenität der von der Industrie angebotenen Produkte ein Grund für das steigende Angebot von so genannten „Value Added Services". Hersteller sehen gerade in produktbegleitenden Dienstleistungen die größte Chance für eine langfristig wirksame Wettbewerbsdifferenzierung, so dass davon ausgegangen werden kann, dass der Dienstleistungsanteil an „Problemlösungspaketen" auch weiter kontinuierlich ansteigen wird (Simon 1993, S. 5ff.; Lay/Jung Erceq 2002; Stille 2003).

Diese Entwicklungstendenzen finden in der Entwicklung volkswirtschaftlicher Kennziffern ihren Niederschlag, die auf der volkswirtschaftlichen Betrachtung des Dienstleistungssektors aufbauen.

1.2 Volkswirtschaftliche Betrachtung des Dienstleistungssektors

In Volkswirtschaften entwickelt sich gemäß der so genannten **Drei-Sektoren-Theorie** im Allgemeinen zunächst der primäre Sektor, die Urproduktion, zu dem die Land- und Forstwirtschaft sowie Viehzucht und Fischerei gezählt werden. Im Zeitablauf kommt dann der industriellen Produktion eine steigende Bedeutung bei der Erwirtschaftung des Bruttosozialprodukts zu. Schließlich nimmt der **tertiäre Sektor,** der vielfach vereinfachend als **Dienstleistungssektor** bezeichnet wird, eine dominante Stellung ein.

Eine substanzielle **volkswirtschaftliche Analyse** von Dienstleistungen wurde zuerst durch die klassische Nationalökonomie vorgenommen. Während Adam Smith in seinem Werk „Wohlfahrt der Nationen" den Dienstleistungen noch ihren produktiven Wert absprach, wurde ihnen diese Eigenschaft von Malthus bereits zugebilligt (Smith 1789; Malthus 1836). Allerdings ermöglicht erst eine nutzenorientierte Betrachtungsweise von Gütern, wie sie Say vornahm, verbunden mit der Unterteilung in materielle und immaterielle Produktion, eine intensive Auseinandersetzung mit dem Themenkreis Dienstleistungen (Say 1830).

Ebenfalls auf der Ebene des Nutzens für den Konsumenten argumentiert Mischler 1898 im Wörterbuch der Volkswirtschaft: „Unter persönlichen Dienstleistungen versteht man solche Arbeitsleistungen, welche, für sich allein betrachtet, Bedürfnisse zu befriedigen vermögen; sie unterscheiden sich von den übrigen Arbeitsleistungen dadurch, dass die letzteren die Herstellung eines Sachgutes bezwecken, welches erst die Bedürfnisbefriedigung ermöglicht ... Es kann mitunter ganz dasselbe Bedürfnis durch ein Sachgut oder durch eine Dienstleistung befriedigt werden, wie z. B. durch ein Buch bzw. einen Vortrag" (Mischler 1898, S. 548).

Die auf der Unterteilung der Volkswirtschaft in drei Sektoren aufbauende Beschreibung des Dienstleistungssektors rechnet mittels **Negativabgrenzung** sämtliche Leistungen, die nicht in den Bereich der Urproduktion oder der Weiterverarbeitung fallen, dem Dienstleistungssektor zu (Corsten 1985a, S. 230ff.; Berekoven 1997, S. 6f.). Diese Abgrenzung von Dienstleistungen hat sich sowohl national als auch international durchgesetzt, bietet jedoch wenig marketingpolitische Ansatzpunkte.

Nach der **Systematisierung des Statistischen Bundesamtes** werden insgesamt folgende 16 Wirtschaftsbereiche unterschieden (Statistisches Bundesamt 2004):

Primärer Sektor	A	Land- und Forstwirtschaft
	B	Fischerei und Fischzucht
Sekundärer Sektor	C	Bergbau und Gewinnung von Steinen und Erden
	D	Verarbeitendes Gewerbe
	E	Energie- und Wasserversorgung
	F	Baugewerbe
Tertiärer Sektor	G	Handel; Reparatur von Kfz und Gebrauchsgütern
	H	Gastgewerbe
	I	Verkehr und Nachrichtenübermittlung
	J	Kredit- und Versicherungsgewerbe
	K	Grundstückswesen, Vermietung, Unternehmensdienstleister
	L	Öffentliche Verwaltung, Verteidigung, Sozialversicherung
	M	Erziehung und Unterricht
	N	Gesundheits-, Veterinär- und Sozialwesen
	O	Erbringung von sonstigen öffentlichen und persönlichen Dienstleistungen
	P	Private Haushalte

Die Entwicklung bzw. Veränderung des Dienstleistungsmarktes seit 1950 lässt sich durch die **Verlagerung der Beschäftigtenstruktur** sowie die **Investitionsentwicklung** in den drei Sektoren dokumentieren. Die von Fourastié prognostizierte Situation, dass bis zum Ende des 20. Jahrhunderts in den hoch entwickelten Volkswirtschaften ein Beschäftigungsanteil von 80 Prozent für den tertiären Sektor gegenüber jeweils zehn Prozent für den primären und sekundären Sektor erreicht würde (Fourastié 1954, S. 268ff.), konnte zwar nicht realisiert werden, dennoch nahm der Anteil der Erwerbstätigen im tertiären Sektor in Deutschland stetig bis auf 70,3 Prozent in 2003 zu (Europäische Union 2004). Diese Entwicklung ging vorrangig zu Lasten der Landwirtschaft, während der sekundäre Sektor hiervon vergleichsweise wenig betroffen war.

Eine Untersuchung der Wachstumsraten der Bruttowertschöpfung von Dienstleistungsunternehmen gegenüber produzierenden Unternehmen (vgl. Abbildung 1-1-3) zeigt außerdem, dass das produzierende Gewerbe starken Schwankungen unterliegt. Dienstleister hingegen profitieren von einem stetigen Wachstum, das nur sehr geringer Volatilität unterworfen ist. Abbildung 1-1-4 zeigt die Anteile der Dienstleistungsbranchen an der Bruttowertschöpfung des tertiären Sektors.

Abbildung 1-1-3 **Veränderung der Bruttowertschöpfung im dienstleistenden und produzierenden Sektor**

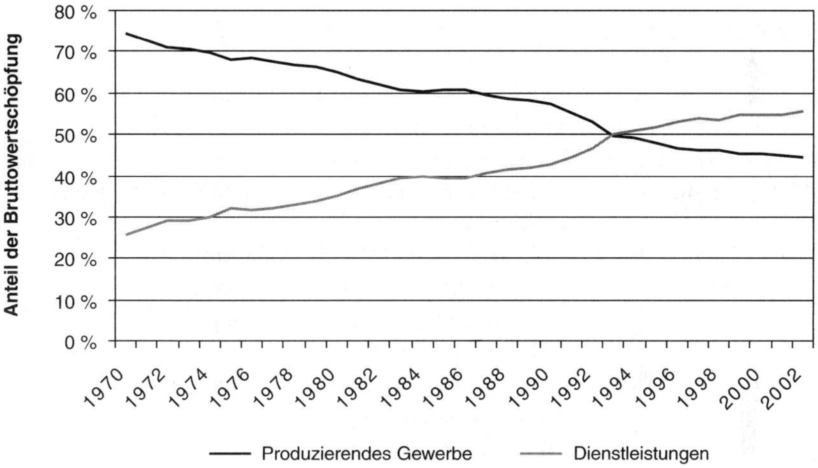

GABLER GRAFIK

Quelle: Europäische Union 2004

Die Entwicklung des Dienstleistungssektors im **internationalen Vergleich** in Abbildung 1-1-5 zeigt, dass sich insbesondere die USA durch einen hohen Anteil des Dienstleistungssektors an der Bruttowertschöpfung auszeichnen. Von 1990 bis 2002 wurden hier im Dienstleistungssektor mehr als 19 Mio. neue Arbeitsplätze geschaffen (OECD Statistics 2004).

Abbildung 1-1-4 **Anteile der Dienstleistungsbranchen an der Bruttowertschöpfung des tertiären Sektors (2003, in Prozent)**

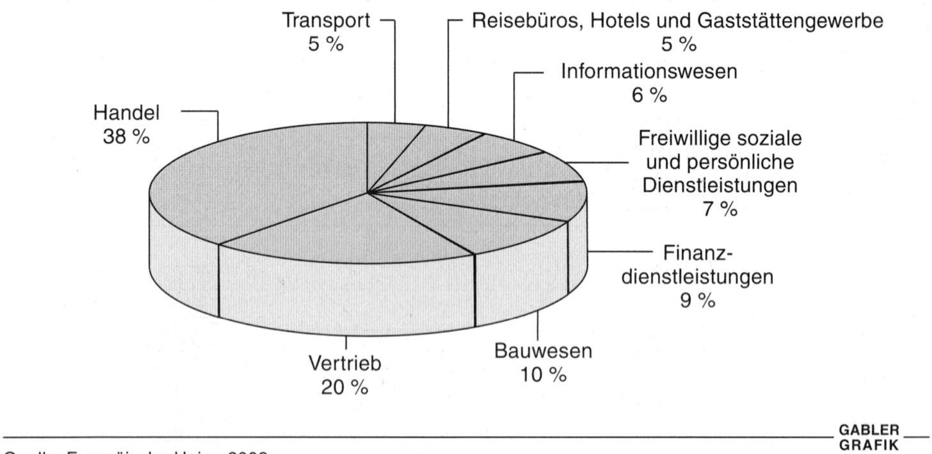

Quelle: Europäische Union 2003

Abbildung 1-1-5 **Entwicklung des Dienstleistungsanteils an der Bruttowertschöpfung im internationalen Vergleich**

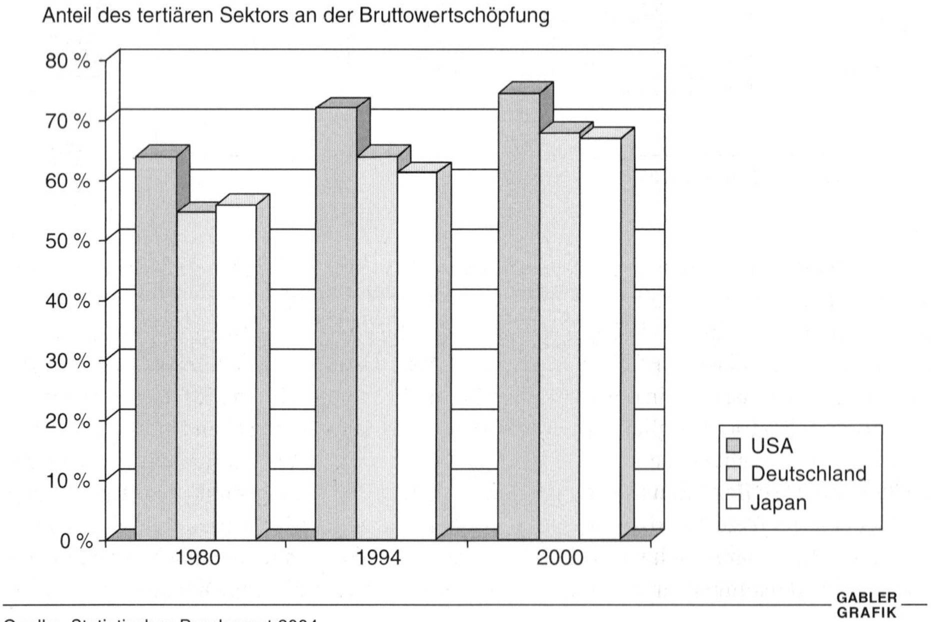

Quelle: Statistisches Bundesamt 2004

Inzwischen arbeiten in den meisten westlichen Industrienationen mehr als zwei Drittel aller Erwerbstätigen im tertiären Sektor (vgl. Abbildung 1-1-6). Während Deutschland am Anfang der 1990er Jahre noch unter den Schlusslichtern zu finden war, konnte dieser Rückstand in den letzten Jahren sukzessive aufgeholt werden. Dennoch zeigen die hohen Werte der nordamerikanischen Länder weiterhin erhebliche Spielräume für den zukünftigen Weg in die Dienstleistungsgesellschaft.

Abbildung 1-1-6 **Anteile der im Dienstleistungsbereich Beschäftigten an der Gesamtzahl der Erwerbstätigen im Zeitablauf und internationalen Vergleich**

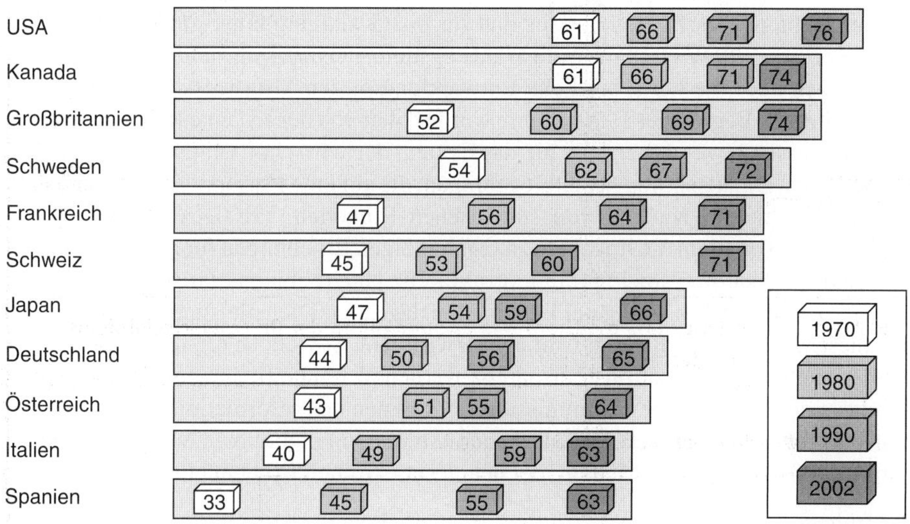

Quelle: Statistisches Bundesamt 2004

GABLER GRAFIK

In der Literatur, die sich kritisch mit diesen Statistiken auseinander setzt, ist eine **kontroverse Diskussion** im Hinblick auf den tatsächlichen Bedeutungsanstieg von Dienstleistungen anzutreffen. So wird der „Weg in die Dienstleistungsgesellschaft" vielfach als ein größtenteils statistischer Effekt bezeichnet. Diese (Gegen-)These wird mit dem Argument begründet, dass der in den amtlichen Statistiken ausgewiesene Effekt der Zunahme des tertiären Sektors lediglich auf einem Verlagerungseffekt zwischen Unternehmen der drei Sektoren beruht (Albach 1989, S. 397ff.). Dieser Erklärungsansatz wird als **„Theorie der industriellen Dienstleistung"** bezeichnet. Den Ausgangspunkt der Entwicklung bildet der hohe Wettbewerbsdruck, mit dem sich die meisten Industrieunternehmen konfrontiert sehen. Daraus leitet sich für die Unternehmen unter anderem die Notwendigkeit ab, ihre Sachleistungen zur Förderung des Absatzes mit attraktiven Dienstleistungen anzureichern (Insert 1-1-4). Darüber hinaus sind die Unternehmen gezwungen, sich auf ihre Kernkompetenzen zu beschränken und bestimmte Prozesse auszulagern, die von externen Unternehmen kostengünstiger als im eigenen Hause erbracht werden können. Zum einen betrifft dieses **„Outsourcing“** die Erstellung von Sachleistungen, zum anderen auch zahlreiche Dienstleistungen wie Marktforschungs-, Forschungs- & Entwicklungs- sowie Beratungsleistungen. Damit wird deren statistische Erfassung in den tertiären Sektor verlagert.

Um die **Vergleichbarkeit der Daten** der einzelnen Mitgliedsstaaten sicherzustellen, sind seit längerem Bestrebungen in der Europäischen Union (EU) zu beobachten, die auf eine Harmonisierung der Erhebungsmethoden und -klassifikationen in den einzelnen Ländern abzielen (EZB 2000). Durch das Voranschreiten des europäischen Einigungsprozesses erhalten diese Harmonisierungsbemühungen eine besondere Dringlichkeit, da zur Beobachtung des Binnenmarktes und für die Gestaltung einer gemeinsamen Wirtschaftspolitik in der Wirtschafts- und Währungsunion zuverlässige und vergleichbare Informationen über die wirtschaftliche Entwicklung in den Mitgliedsstaaten dringlicher denn je sind. Zu Beginn der 1990er Jahre wurde daher von der EU eine Reihe von Verordnungen erlassen bzw. vorbereitet, die das System der wirtschaftsstatistischen Erhebungen berühren. Dazu gehören neben Regelungen, die auf eine Harmonisierung der Klassifikationen abzielen (Katalog von statistischen Einheiten, PRODCOM-Liste, NACE Rev. 1, CPA), vor allem die Entwürfe zu regelmäßigen Erhebungen für die Erfassung von Konjunkturindikatoren sowie für eine strukturelle Unternehmensstatistik. Was die Vorschläge zu einer Verbesserung der Informationslage über Dienstleistungen anbelangt, so sind diese in unterschiedlichem Umfang verwirklicht. Sowohl bezüglich der Klassifikation als auch der Informationstransparenz werden Vereinheitlichungen aber stetig von Komitees der Europäischen Kommission im Rahmen des Informationsdienstes der EU (Eurostat) vorangetrieben. Hier fließen auch aktuelle Entwicklungen, wie z. B. Dienstleistungen im Bereich neuer Medien, bei neuen statistischen Erhebungen mit ein.

Die frühere institutionelle Ausrichtung der amtlichen Statistik führte lange Zeit insgesamt zu einer **Unterschätzung des Dienstleistungssektors** (Corsten 1985a, S. 242f.). In diesem Zusammenhang ist zu berücksichtigen, dass bei einer Differenzierung nach den Dienstleistungsträgern **funktionelle,** d. h. von Sachleistungsbetrieben angebotene Dienste, und **institutionelle,** also von (reinen) Dienstleistungsunternehmen/-institutionen angebotene Dienste differenziert werden können (Meyer 1994; Abbildung 1-1-7). Somit können über den amtlich bestimmten tertiären Sektor hinaus Dienstleistungen auch im primären und sekundären Sektor nachgewiesen werden (z. B. die Hauslieferung in der Landwirtschaft oder der Kundendienst eines Produktionsbetriebs) (Meyer 1994).

INSERT 1-1-4 **Financial Times Deutschland, 20.10.2004, S. 4**

Starke Hardware: **Garry Kasparow** (l.) spielt gegen IBMs Schachmaschine Deep Blue. Computer waren im dritten Quartal Wachstumsmotor von IBM

IBM zeigt Schwäche im Servicegeschäft

Auftragseingang deutlich unter Vorjahreswert · Konzern gibt optimistischen Ausblick auf die Branchenkonjunktur

Von **Martin Virtel**, Hamburg

IBM, der weltweit größte Technologiekonzern, setzt auf den Umbau seines Servicegeschäfts, um die mäßige Geschäftsentwicklung in diesem Bereich zu kompensieren. „Wir denken, dass wir auf dem richtigen Weg sind, um den Umsatz zu steigern", sagte Finanzvorstand Mark Loughridge während einer Telefonkonferenz zum Ende September abgeschlossenen dritten Quartal. Der Auftragseingang in der Servicesparte war im Vergleich zum Vorjahresquartal um mehr als ein Drittel auf 9,8 Mrd. $ (ohne Währungseffekte) gesunken. Die Neuabschlüsse liegen damit unter dem Quartalsumsatz von 11,4 Mrd. $ – ein Zeichen, dass das Geschäft langfristig schrumpfen könnte.

In IBMs Servicesparte treffen zwei gegenläufige Branchentrends aufeinander: Das rückläufige Consultinggeschäft muss mit mehr Outsourcingverträgen und neuartigen Dienstleistungen ausgeglichen werden. Zu diesen Dienstleistungen gehört auch die weitgehende Übernahme von kompletten Unternehmensabteilungen wie dem Einkauf oder der Personalabteilung, im Fachjargon „Business Process Outsourcing" (BPO) genannt. Mit solchen Spezialdienstleistungen lässt sich profitabler Geld verdienen als mit Standard-Outsourcing wie dem Betrieb von Rechenzentren und PCs.

Nach Erhebungen der Beratungsfirma Technology Partners International (TPI), die Unternehmen beim Abschluss von Outsourcingverträgen berät, gehörten 2004 bislang 28 Prozent der abgeschlossenen Verträge zur Kategorie BPO, ein starkes Wachstum gegenüber den 16 Prozent des Vorjahres. Insgesamt boomt der Outsourcingmarkt nach Beobachtungen von TPI in diesem Jahr. „Wir sehen ein Comeback, auch aus Deutschland gibt es klare Signale", sagte Duncan Aitchinson von TPI.

In diesem Umfeld werten Analysten den schwachen Auftragseingang bei IBMs Servicesparte als ein Warnsignal für das Consultinggeschäft. Auch Accenture hatte in dieser Sparte in der vergangenen Woche über rückläufige Auftragseingänge berichtet. „Consulting ist noch nicht aus dem Gröbsten raus", schreibt Gregory Smith, Analyst bei der US-Investmentbank Merill Lynch, in einer Notiz an Investoren. Entsprechend mager sind nach Erwartungen der Bank die Geschäftsaussichten der Konkurrenten Bearing Point und Computer Sciences (CSC). IBM hatte im Jahr 2002 rund 3,7 Mrd. $ ausgegeben, um mit der Consultingsparte von PriceWaterhouseCoopers einen viel versprechenden Wachstumsträger zu kaufen.

Zurzeit erweist sich indes das gute alte Hardwaregeschäft als Wachstumsmotor. Währungsbereinigt legte der Umsatz hier um neun Prozent auf 7,5 Mrd. $ zu, das Softwaregeschäft wuchs nur um ein Prozent auf 3,6 Mrd. $, die Service-Sparte um fünf Prozent auf 11,4 Mrd. $.

Unter dem Strich übertraf IBM mit dem am späten Dienstagabend vorgelegten Quartalsbericht die Erwartungen der Analysten. Finanzchef Mark Loughridge zeigte sich während der Telefonkonferenz mit Analysten sehr zuversichtlich, dass der Konzern diese Leistung auch im Schlussquartal wiederholen könnte – eine vorsichtige Anhebung der Gewinnprognose. Loughridge berichtete auch von stärker zunehmenden IT-Investitionen in den USA, ein Trend, der der gesamten Branche zugute kommen würde. Die im Dow Jones-Index geführte IBM-Aktie legte gestern bis zum frühen Nachmittag an der Wall Street um über vier Prozent zu.

DATEN & FAKTEN

	III 04	III 03
Umsatz in Mrd. $	23,43	21,52
Ergebnis vor Steuern in Mrd. $	2,53	2,55
Nettoergebnis in Mrd. $	1,80	1,785
EPS* Gewinn je Aktie in $	1,06	1,02
Auftragseingang in Mrd. $	15,4	10,5

Quelle: IBM, * verwässert

Nicht nur Computer

Anteil von BPO (Geschäftsprozess-Outsourcing) am Weltmarkt in %

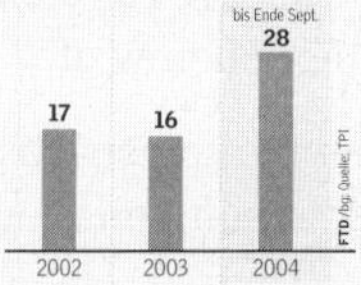

KOMMENTAR

Gute Geräte, gute Geschäfte

In der Technologiebranche gehört es seit Jahren zum guten Ton, IBM nachzueifern. Es gilt als uncool, lediglich Computer zu verkaufen. Dienstleistungen haben die volle Aufmerksamkeit der Strategen und Marketingexperten. Herablassend wird auf die antiquierten Schrauber und Löter von der Hardware-Fraktion hinabgeschaut. IBM erinnert mit seinen Quartalsergebnissen jetzt daran, dass Arroganz keine tragfähige Grundlage für eine Geschäftsstrategie ist. Gute Hardware verkauft sich auch gut, was IBM mit Laptops, Hewlett-Packard mit Druckern und Dell mit eigentlich allen Produkten Quartal um Quartal beweisen. Die beste IT-Dienstleistung ist für den Kunden immer noch ein Gerät, das nach dem Einstöpseln einfach funktioniert. *Martin Virtel*

Abbildung 1-1-7 Funktionelles und institutionelles Dienstleistungsmarketing

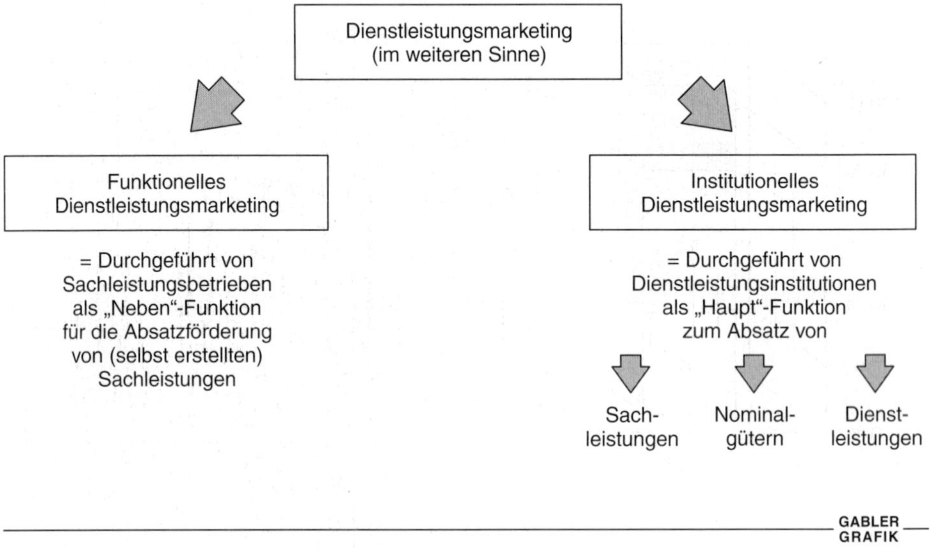

In ähnlicher Weise kann die **Existenz einer deutschen „Dienstleistungslücke"** gegenüber den USA diskutiert werden. So basiert die Analyse des Instituts der deutschen Wirtschaft (IW) auf Arbeitsmarktstatistiken gemäß der Drei-Sektoren-Einteilung, während das Deutsche Institut für Wirtschaftsforschung (DIW) Ergebnisse des Sozio-oekonomischen Panels (SOEP) einbezieht, bei dem seit 1984 Beschäftigte nach den Tätigkeiten befragt werden, denen sie tatsächlich nachgehen. Auf diese Weise werden Beschäftigte, die in Industriebetrieben Dienstleistungen verrichten, zu den Dienstleistungsbeschäftigten gezählt (o. V. 1998a; Stille/Preißl/Schupp 2003). Wie Abbildung 1-1-8 zeigt, wird aber auch in dieser Rechnung für das Jahr 2010 ein Anteil der in reinen Dienstleistungsbereichen Beschäftigten von 76 Prozent prognostiziert.

Die **Strukturverschiebungen** finden jedoch nicht nur zwischen den drei Sektoren statt. Vielmehr sind auch **innerhalb des Dienstleistungsbereichs** deutliche Verschiebungen erkennbar. Unternehmen, die vormals eindeutig einer Branche zuzuordnen waren, befinden sich mittlerweile im Schnittpunkt zweier oder mehrerer Bereiche. Banken und Versicherungen verändern sich zu umfassenden Finanzdienstleistungskonzernen, aber auch die Tourismusindustrie, das Transportwesen und andere Bereiche sind deutliche Beispiele dafür, dass die Grenzen der Dienstleistungsbranchen weiter verschwimmen.

Neben der volkswirtschaftlichen Betrachtung stellt die betriebswirtschaftliche Betrachtung einen Ausgangspunkt bei der Auseinandersetzung mit dem Dienstleistungsmarketing dar.

Abbildung 1-1-8 **Anteile der Beschäftigten in produktionsorientierten Tätigkeiten und im Dienstleistungsbereich**

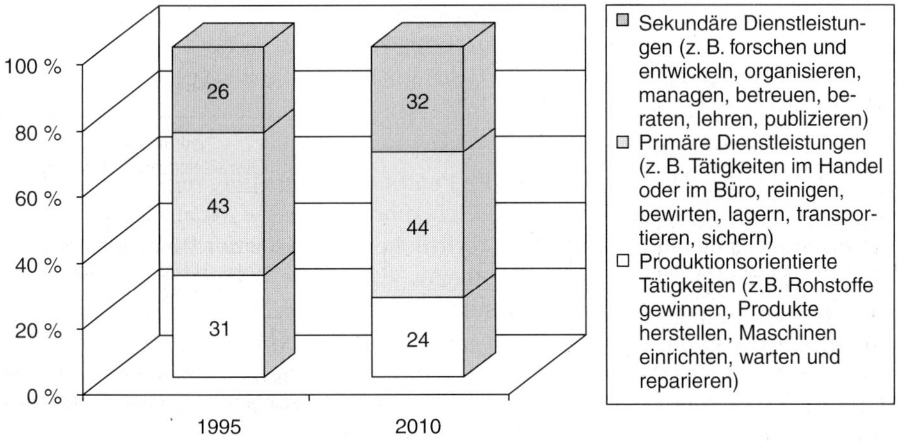

GABLER GRAFIK

Quelle: Institut der deutschen Wirtschaft 2004

1.3 Betriebswirtschaftliche Betrachtung des Dienstleistungssektors

Der seit Anbeginn der statistischen Erfassung festzustellende Bedeutungsanstieg des Dienstleistungssektors in Deutschland fand über Jahrzehnte hinweg keine entsprechende Berücksichtigung durch die **betriebswirtschaftliche Forschung.**

So schrieb beispielsweise Nicklisch im Jahre 1922 „Die Betriebswirtschaft kennt nur Sachgüter" (Nicklisch 1922, S. 8) und verengte damit erkennbar den Horizont der betriebswirtschaftlichen Betrachtung von Absatzobjekten.

Gutenberg unterteilte dann bereits Güter in solche materieller und in solche immaterieller Art, die er mit den Begriffen Dienste bzw. Dienstleistungen belegte (Gutenberg 1979). Dabei beschränkte er sich aber im Wesentlichen auf institutionelle Dienstleister, wie z. B. Banken und Versicherungen, und beschäftigte sich hierbei hauptsächlich mit den Fragestellungen, die wieder mit dem Absatz von Sachgütern in Zusammenhang stehen.

Eine intensive Auseinandersetzung mit dem Begriff Dienstleistung erfolgte erstmals durch Berekoven, der bereits auf den prozessualen Charakter und den synchronen Kontakt zwischen Dienstleistungsanbieter und -nachfrager eingeht (Berekoven 1966, S. 314ff.). Zahlreiche Marketingwissenschaftler haben bis dato versucht, eine **allgemein gültige Definition des Dienstleistungsbegriffes** aufzustellen, ohne dabei jedoch zu einem Konsens zu gelangen.

Obwohl Versuche unternommen werden, eine **Betriebswirtschaftslehre für Dienstleistungsunternehmen** zu formulieren (Corsten 1988), bleibt die Allgemeine Betriebswirtschaftslehre vornehmlich eine Industriebetriebslehre, die schwerpunktmäßig auf Sachgüter bezogen ist und sich lediglich am Rande mit den Besonderheiten der Erstellung und des Absatzes von Dienstleistungen beschäftigt.

Die Bedeutung des Dienstleistungssektors und die Verknüpfung mit der betriebswirtschaftlichen Betrachtungsebene ist inzwischen beispielsweise daran zu erkennen, dass sich die Gesetzgebung intensiv mit den **rechtlichen Aspekten der Dienstleistungsproblematik** beschäftigt (vgl. hier z. B. Rheinbay/Günther 2000). Der Erstellung einer Dienstleistung im eigentlichen Sinne liegt oft ein so genannter **Dienstvertrag** (§ 611 BGB) zugrunde, der meist zeitbestimmt ist, und den der Verpflichtete im Zweifel in Person zu leisten hat. Der Anspruch auf die Dienste ist in der Regel nicht mehr übertragbar (§ 613 BGB). Ist die Leistung mehr ergebnisbetont, so kann sie durch einen **Werkvertrag** abgesichert werden, der sowohl die Herstellung oder Veränderung einer Sache als auch einen anderen durch Arbeit oder Dienstleistung herbeizuführenden Erfolg zum Gegenstand haben kann (§ 631 II BGB).

Der so genannte **Geschäftsbesorgungsvertrag** (§ 622 BGB) umfasst demgegenüber das Tätigwerden im Auftrage des Nachfragers zum Zwecke der Erledigung eines übertragenen Geschäfts. Der **Werklieferungsvertrag** (§ 651 BGB) enthält dann bereits Elemente des Kaufs und der Neuerstellung, da das Werk aus einem vom Anbieter zu beschaffenden Stoff herzustellen ist. Er kann sowohl autonome Auftragsproduktion als auch Installation und Montage an Objekten des Kunden beinhalten.

Hiervon abzugrenzen ist der **Mietvertrag,** der eine Gebrauchsüberlassung und bestimmte Nebenpflichten (Instandhaltung usw.) umfasst (§ 535 BGB). Der **Verwahrungsvertrag** beinhaltet die reine Aufbewahrung von Sachen einschließlich bestimmter Sorgfaltspflichten (§ 688 BGB), und dem **Pachtvertrag** liegt schließlich die Gebrauchsüberlassung einschließlich der Nutzung der Erträge des Objekts zugrunde (§ 581 BGB).

In Bezug auf die **betriebswirtschaftliche Betrachtung des Dienstleistungsbegriffs** kann die vom Deutschen Patentamt anlässlich des Inkrafttretens des **Gesetzes über die Eintragung von Dienstleistungsmarken** zum 01.04.1979 vorgenommene Einteilung der Dienstleistungen in acht Klassen herangezogen werden:

Klasse 35	Werbung und Geschäftswesen
Klasse 36	Versicherungs- und Finanzwesen
Klasse 37	Bau- und Reparaturwesen
Klasse 38	Telekommunikation
Klasse 39	Transport- und Lagerwesen
Klasse 40	Materialbearbeitung
Klasse 41	Erziehung und Unterhaltung
Klasse 42	Verschiedenes

Im Rahmen des WTO-Abkommens GATS (General Agreement on Trade in Services) wurde 1995 eine weltweit einheitliche Klassifikation geschaffen, die 12 Klassen und 155 Unterklassen von Dienstleistungen darstellt (vgl. z. B. WTO 1999, S. 14; Deutscher Bundestag 2002, S. 146f.). Die Klassifikation nach dem GATS beinhaltet folgende Klassen:

Klasse 1	Unternehmerische und berufsbezogene Dienstleistungen
Klasse 2	Kommunikationsdienstleistungen
Klasse 3	Bau- und Montagedienstleistungen
Klasse 4	Vertriebsdienstleistungen
Klasse 5	Bildungsdienstleistungen
Klasse 6	Umweltdienstleistungen
Klasse 7	Finanzdienstleistungen
Klasse 8	Medizinische und soziale Dienstleistungen
Klasse 9	Tourismus und Reisedienstleistungen
Klasse 10	Erholung, Kultur und Sport
Klasse 11	Transportdienstleistungen
Klasse 12	Sonstige nicht aufgeführte Dienstleistungen

Eine eigene Dienstleistungsdefinition liegt allerdings weder der nationalen noch der internationalen Einteilung zugrunde. Vielmehr wird versucht, das Problem durch eine dezidierte Auflistung von Dienstleistungsbezeichnungen zu umgehen (Meyer 1994, S. 9). Zu einer genauen Begriffsbestimmung der Dienstleistung oder gar zu einer Systematisierung der Dienstleistungsarten kann somit auch die Gesetzgebung kaum einen Beitrag liefern. Der Versuch einer Abgrenzung bleibt unscharf und teilweise willkürlich, da die Vertragsarten mehr über das Leistungsergebnis aussagen als über die Art und den Prozess der Leistungserstellung. Das bloße Vorliegen einer bestimmten Vertragsform berechtigt daher nicht, auf eine Dienstleistung zu schließen.

1.4 Entwicklungsphasen des Dienstleistungsmarketing

Ausgehend von der klassischen Auffassung des Begriffs Marketing (Meffert/Burmann 2002, S. 4f.) kann auch das Dienstleistungsmarketing als **marktorientiertes, duales Führungskonzept** verstanden werden. So kann Dienstleistungsmarketing zum einen als **Leitkonzept des Managements** im Sinne eines gelebten Unternehmenswertes („Shared Values") und zum anderen als gleichberechtigte **Unternehmensfunktion** interpretiert werden (vgl. Abbildung 1-1-9).

Abbildung 1-1-9 Entwicklungsrichtungen des Dienstleistungsmarketing

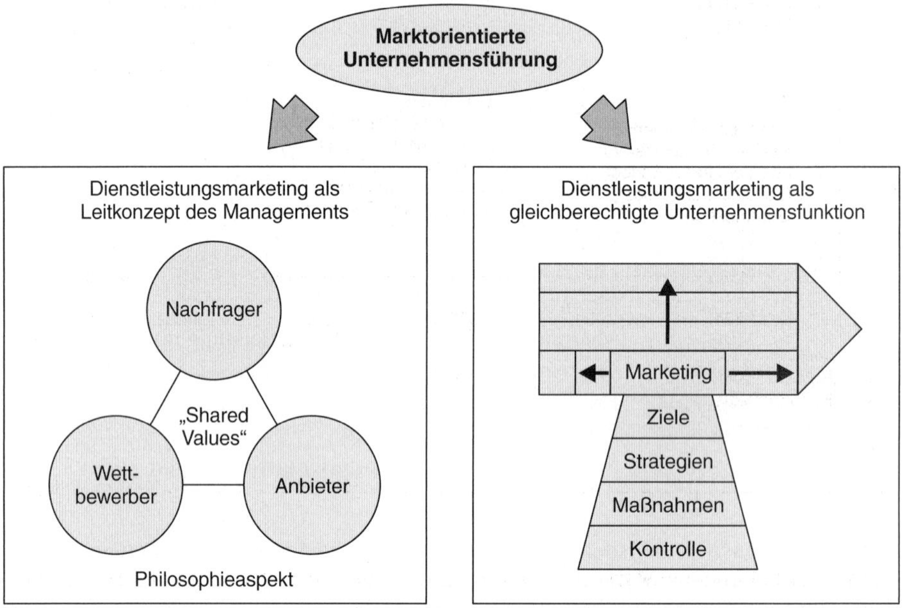

GABLER GRAFIK

Neben Versuchen in der Volks- und Betriebswirtschaftslehre, den Begriff der Dienstleistung genauer zu spezifizieren, können im Hinblick auf die wissenschaftliche Auseinandersetzung mit dem Dienstleistungsmarketing in der Marketingwissenschaft verschiedene **Entwicklungsphasen des Dienstleistungsmarketing** unterschieden werden (vgl. Abbildung 1-1-10).

Abbildung 1-1-10 Entwicklungstendenzen des Dienstleistungsmarketing

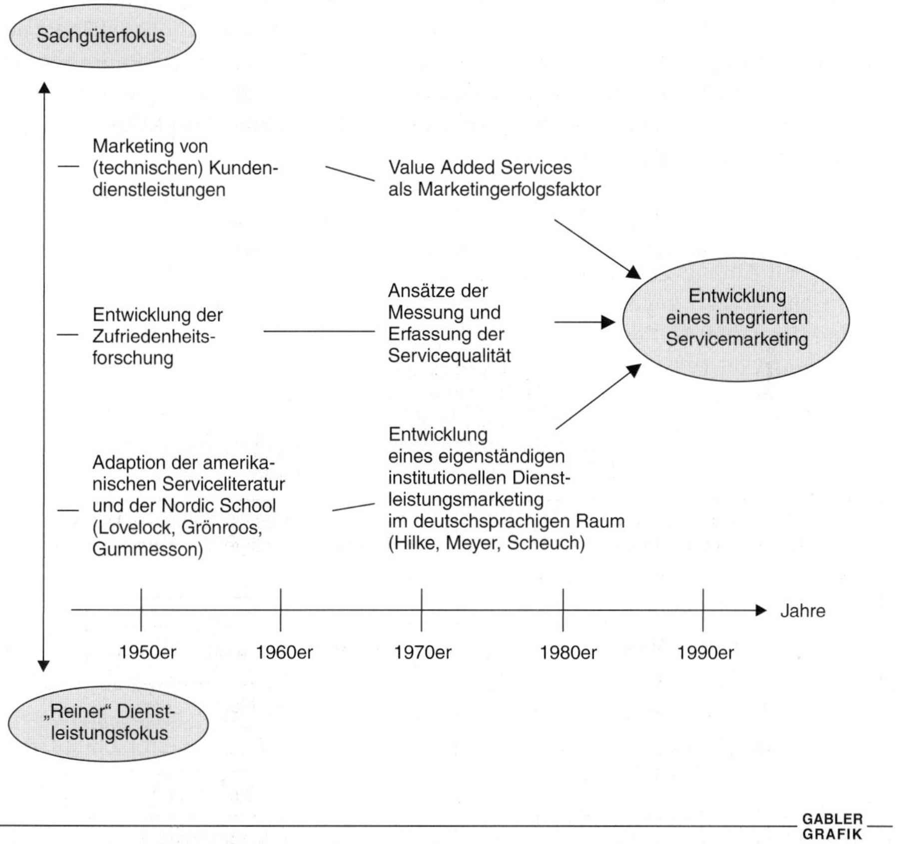

In den USA haben sich Marketingwissenschaftler bereits seit Beginn der 1960er Jahre mit den Besonderheiten von Dienstleistungen und ihrer Erstellung auseinandergesetzt. Ausgangspunkt dieser ersten Untersuchungen war die Überlegung, über die Herausstellung der **Besonderheiten von Dienstleistungen** Ansätze für ein eigenes Dienstleistungsmarketing abzuleiten (Lovelock/Wirtz 2004).

Im deutschen Sprachraum wurde Dienstleistungsmarketing lange Zeit mit dem Marketing von technischen Kundendienstleistungen gleichgesetzt (Meffert 1987, S. 93). Mit dem Bedeutungszuwachs, den derartige produktbegleitende Leistungen, so genannte **„Value Added Services“,** im Rahmen der Wettbewerbsprofilierung von Unternehmen erfahren haben, wurde die Forschung auf diesem Gebiet intensiviert. Hier stehen insbesondere die Funktionen von Value Added Services als Marketingerfolgsfaktoren im Vordergrund (Laakmann 1995).

Als die Marketingwissenschaft begann, sich auch mit Fragestellungen des Social Marketing, d. h. mit Fragen nichtkommerzieller Aufgaben und Institutionen zu befassen (Kotler/Roberto 1991, Bruhn 2005d), intensivierten insbesondere Vertreter der so genannten **„Nordic School“,** wie z. B. Grönroos und Gummesson, ihre dienstleistungsspezifischen Forschungen, nicht zuletzt wegen der Bedeutung des staatlichen Sektors in den skandinavischen Ländern. Wissenschaftler aus dem deutschsprachigen Raum haben Ansätze der „Nordic School“ und der amerikanischen Forschung aufgegriffen und seit Mitte der 1970er Jahre zu einem eigenständigen, **institutionellen Dienstleistungsmarketing** weiterentwickelt (Hilke 1989b; Meyer 1994; Scheuch 2002).

Auch im Rahmen der **Zufriedenheitsforschung** wurden seit den 1950er Jahren immer wieder Problemstellungen aufgegriffen, die den Dienstleistungsbereich betrafen. Insbesondere seit Anfang der 1980er Jahre konnten im Rahmen der Zufriedenheitsforschung spezifische Ansätze zur Messung und Erfassung der **Dienstleistungsqualität** abgeleitet werden (Bruhn 1982; Parasuraman/Zeithaml/Berry 1985, 1988; Büker 1991; Burmann 1991; Hentschel 1992, 2000; Bruhn 1998a, 2004a; Bruhn/Stauss 2000).

Das offensichtliche Zusammenwachsen einzelner dienstleistungsbezogener Forschungsgebiete führte in den 1990er Jahren zu einem **integrierten Dienstleistungsmarketing,** das sowohl Zusatz-/Sekundärdienstleistungen als auch institutionelle Dienstleistungen umfasst (Müller 1993). Allerdings ist zu beachten, dass mit einer steigenden Zahl an unterschiedlichen Untersuchungsobjekten, für die die zu ermittelnden Zusammenhänge Gültigkeit beanspruchen, die Aussagekraft der entstehenden Theorie zwangsläufig abnimmt (Meffert 2001).

Bei einer Bestandsaufnahme von **Forschungsfeldern im Dienstleistungsmarketing** ist festzustellen, dass die deutschsprachige und die internationale Dienstleistungsforschung der letzten 20 Jahre durch eine Vielfalt verschiedener themenbezogener Aspekte geprägt ist, die sich zu sechs zentralen Themengebieten der Dienstleistungsforschung zusammenfassen lassen (Swartz/Bowen/Brown 1992; Fisk/Brown/Bitner 1995; Iacobucci 1998; Faßnacht/Homburg 2001) (vgl. Abbildung 1-1-11). Die amerikanische Dienstleistungsforschung hat bei vielen dieser Themen eine **Vorreiterrolle** eingenommen. Bei einem Vergleich der deutschsprachigen und amerikanischen Dienstleistungsforschung können teilweise sehr unterschiedliche Gewichtungen der zentralen Themengebiete der Dienstleistungsforschung festgestellt werden (Faßnacht/Homburg 2001, S. 285).

Während sich die **Gewichtung** der Themengebiete Dienstleistungsqualität, Personalführung und Relationship Marketing/Kundenbindungsmanagement in den USA und im deutschsprachigen Raum kaum unterscheiden, haben die Themengebiete Dienstleistungsmerkmale, Service Encounters und Service Design eine sehr unterschiedliche Bedeutung. Die Ursachen dafür sind darin zu sehen, dass sich die deutschsprachige Marketingforschung generell in höherem Ausmaß als die amerikanische Marketingforschung mit begrifflichen Grundlagen beschäftigt und das Themenfeld des Konsumentenverhaltens in der Marketingforschung in den USA eine erheblich höhere Bedeutung als im deutschsprachigen Raum aufweist, so dass die Themengebiete Service Encounters/Service Experiences und Service Design, die sich mit dem Verhalten von Kunden beschäftigen, in den USA entsprechend stärker gewichtet werden.

Abbildung 1-1-11 **Gewichtung zentraler Themengebiete der Dienstleistungsforschung im Zeitraum von 1980 bis 2000**

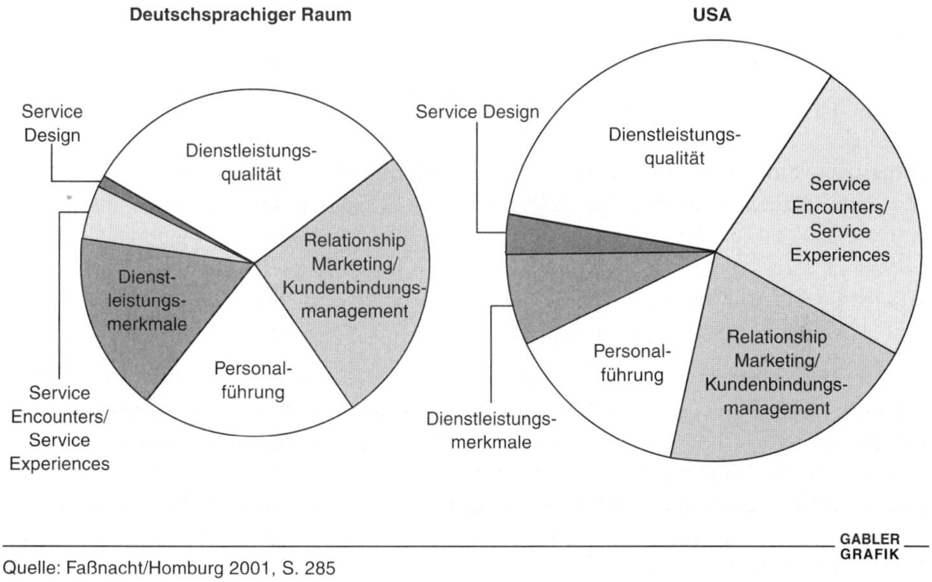

Quelle: Faßnacht/Homburg 2001, S. 285

Zusammenfassend ist heute in der Dienstleistungsforschung eine **starke Konzentration** auf Teilbereiche und eine bereits **weitgehende Spezialisierung** zu konstatieren. So erfreut sich das Forschungsfeld zu Kundenzufriedenheit, Qualitätsmanagement und Kundenbindung nach wie vor hoher Aufmerksamkeit, was zu einer differenzierten Auseinandersetzung und beachtlichem Erkenntnisfortschritt sowie einer intensiveren Beschäftigung mit weiteren offenen Forschungsfragen geführt hat (Rust 2004). Daneben entstehen Bereiche mit noch höherem Spezialisierungsgrad, wie beispielsweise das Finanzdienstleistungsmarketing oder das Tourismusmarketing. Gleichzeitig ist aber festzustellen, dass es bis heute nicht gelungen ist, allgemein gültige Aussagen über den Dienstleistungsbereich im Sinne einer geschlossenen **„Theorie des Dienstleistungsmarketing"** zu entwickeln, die ihrer **Erklärungs-** und **Gestaltungsaufgabe** nachkommt. Gemäß ihrer Erklärungsaufgabe ist es das Ziel theoretischer Überlegungen zu zeigen, unter welchen Voraussetzungen dauerhaft Transaktionen zustande kommen (explikative Ausgestaltung). Gegenüber einer reinen Theorie zur Erklärung von Sachverhalten zielt diese Theorie aufgrund ihrer Gestaltungsaufgabe zusätzlich darauf ab, Handlungsempfehlungen im Rahmen eines bestehenden Zielsystems abgeben zu können (normative Ausrichtung).

So bleibt die zukünftige Weiterentwicklung des Dienstleistungsmarketing offen. Neben der umfassenden Betrachtung des Marketing von Dienstleistungsunternehmen wird weiterhin die Vertiefung dienstleistungsspezifischer Besonderheiten aufbauend auf dem Fundament einer generellen Marketingtheorie diskutiert.

Nach dem heutigen Verständnis kann das Dienstleistungsmarketing in eine marktgerichtete und eine unternehmensgerichtete Dimension unterteilt werden (vgl. Abbildung 1-1-12). Im Rahmen der **marktgerichteten Dimension** wird unterschieden, ob der Abnehmer der Dienstleistung ein Endverbraucher (konsumtive Dienstleistung) oder ein gewerbliches Unternehmen (investive Dienstleistung) ist. Die **unternehmensgerichtete Dimension** gibt Auskunft darüber, ob die betrachtete Dienstleistung die Kernleistung des Unternehmens oder eine Zusatzleistung bzw. Sekundärdienstleistung darstellt.

Abbildung 1-1-12 Unternehmens- und marktgerichtete Dimensionen des Dienstleistungsmarketing

		Marktgerichtete Dimension	
	Abnehmer / **Art der Dienstleistung**	Endverbraucher	Gewerbliches Unternehmen
Unternehmensgerichtete Dimension	Kerndienstleistung des Unternehmens	Marketing für konsumtive Kerndienstleistungen	Marketing für investive Kerndienstleistungen
	Zusatzleistung des Unternehmens	Marketing für konsumtive Sekundärdienstleistungen	Marketing für investive Sekundärdienstleistungen

GABLER GRAFIK

1. Das Marketing für **konsumtive Kerndienstleistungen,** bei denen die Leistungen zwingend durch einen institutionellen Dienstleister (z. B. Autovermieter) erbracht werden, stellt das am intensivsten erforschte Feld des Dienstleistungsmarketing dar (Heskett 1986; Normann 1987; Meyer 1998a; Grönroos 2000, Lovelock/Wirtz 2004).

2. Beim Marketing für **konsumtive Sekundärdienstleistungen** kann es sich demgegenüber beim Anbieter sowohl um einen institutionellen Dienstleister (z. B. Autovermieter, der zusätzlich Versicherungen anbietet) als auch um ein warenproduzierendes Unternehmen (z. B. Autohersteller, der Versicherungen anbietet) handeln. Hier sind deutliche Schnittstellen zum Konsumgütermarketing erkennbar. Während sich die Forschung in diesem Feld zunächst auf Kundendienstleistungen beschränkte (Meffert 1987), werden derartige Services gegenwärtig im Rahmen eines breiter angelegten Spektrums unter Value-Added-Gesichtspunkten, häufig mit einem speziellen Branchenfokus, diskutiert (Rosada 1990; Dyckhoff 1993; Rennert 1993).

3. Das Marketing für **investive Kerndienstleistungen** findet in der Marketingforschung bisher keine ähnlich intensive Behandlung wie der Bereich konsumtiver Dienstleistungen (Kotler/Bloom 1984). Allerdings wurde die Forschung hier in den letzten Jahren intensiviert, wie an der steigenden Zahl von Publikationen in diesem Bereich zu erkennen ist. So finden sich Arbeiten zum Marketing von so genannten „professional service firms", d. h. Business-to-Business-Unternehmen, wie z. B. Unternehmensberatungen oder Werbeagenturen (Ringlstetter/Bürger 2003).

4. Im Bereich des Marketing für **investive Sekundärdienstleistungen** ist wiederum zu bedenken, dass es sich beim dienstleistenden Unternehmen sowohl um einen Dienstleister als auch um einen Hersteller von Sachgütern handeln kann. Hier sind gegenwärtig diverse Forschungsbemühungen zu verzeichnen (Simon 1993, S. 1ff.; einen Überblick über empirische Untersuchungen zu diesem Gebiet geben Homburg/Garbe 1996; Mann 2000).

Angesichts der Heterogenität der sich aus den verschiedenen Bereichen ableitenden Fragestellungen können nur für bestimmte Fragen übergreifende Lösungen erarbeitet werden. Um dennoch alle Fragenkomplexe des Dienstleistungsmarketing erschöpfend behandeln zu können, konzentriert sich dieses Buch primär auf das **Marketing für konsumtive Kerndienstleistungen.** Aufgrund des Zusammenwachsens von Güter- und Dienstleistungsmärkten wird aber darüber hinaus eine Übertragbarkeit der dargestellten Aussagen auf den Sekundärdienstleistungsbereich angestrebt. Investive Gesichtspunkte werden nur insoweit behandelt, als Schnittmengen mit dem konsumtiven Bereich bestehen.

2. Begriff und Systematisierung von Dienstleistungen

2.1 Begriffliche Definitionsansätze von Dienstleistungen

Eine historische Einordnung und Definition des Wortes „dienen" zeigt bereits in mehreren Facetten die Besonderheiten von Dienstleistungen gegenüber Sachgütern (Insert 1-2-1).

INSERT 1-2-1 Zur Etymologie des Begriffs „dienen"

Etymologische Betrachtung des Wortes „dienen"

Bei einer etymologischen Betrachtung des Wortes „dienen" erscheint die Betonung der Abgrenzung und notwendigerweise unterschiedlichen Behandlung von Sachgütern und Dienstleistungen, die in der Marketingliteratur vielfach diskutiert wurde, kaum erwähnenswert. Der Dienst in seiner ursprünglichen Bedeutung kann in keiner Eigenschaft mit denen eines Sachguts verglichen werden.

Als Dienste werden historisch einerseits „niedere" Tätigkeiten (wie die eines Dienstboten in Leibeigenschaft oder das „älteste Gewerbe", Nerdinger 1994, S. 20), andererseits besonders hochgeschätzte Tätigkeiten, etwa im Dienste Gottes oder des Volkes, bezeichnet, wie z. B. die Gebrüder Grimm 1860 im „Deutschen Wörterbuch" schreiben (Grimm/Grimm 1860, 1103ff.) in der griechischen Antike werden ähnliche Wortgebräuche und Bedeutungen deutlich (siehe Kasten).

διαχονεω	(diakonéo) (griech., „dienen"). Der Begriff des Dienens wird im Griechischen durch mehrere Zeitwörter ausgedrückt.
δουλευω	(duleo) heißt als Knecht und Sklave dienen. Die Betonung liegt auf der Fron, Unterworfenheit des Dienenden.
θεραπευω	(therapeuo) unterstreicht die Willigkeit zum Dienst, die Verehrung oder die Fürsorge, die in der Dienstleistung zum Ausdruck kommt.
λατρευω	(latreuo) bedeutet um Sold dienen.
λειτουργεω	(leiturgeo) bezeichnet den amtlichen, öffentlichen Dienst an Volk und Staat, im Christentum den Dienst in der Kirche.
διαχονεω	(diakonéo) hat all diesen bedeutungsverwandten Worten gegenüber den besonderen Klang, dass es die ganz persönlich einem anderen erwiesene Dienstleistung bezeichnet.

(Kittel 1935, S. 81)

Im Wort „diakonéo" aus dem Altgriechischen ist der Begriff „dienen" allerdings seinem heutigen Verständnis bereits näher als die Beschreibungen der Gebrüder Grimm, denn hier kommt im Gegensatz zu den „niederen" oder „höheren" Diensten die Dienstleistung als sachlich und zeitlich abgeschlossene Tätigkeit zum Ausdruck. Die Dienstleistung ist hier zum einen also nicht mit dem „Erwerb" eines Menschen im Ganzen, zum anderen aber eindeutig mit der Tätigkeit an einer Person verbunden (Nerdinger 1994, S. 45). Wie Nerdinger (1994, S. 44) weiter ausführt, ist diese Betrachtung von Dienstleistungen jedoch lediglich die logische Folge der aus der Industrialisierung resultierenden Arbeitsteilung bei „produktiven" Tätigkeiten, die sich im Dienstleistungsbereich fortsetzt. Der Ansatz, die Dienstleistungserstellung als ebenfalls produktive Arbeit zu sehen, setzte sich allerdings nur langsam durch und wurde erst spät explizit erfasst (siehe z. B. Corsten 1985b).

Die in der Literatur zum Dienstleistungsmarketing vorgenommenen **Definitionsansätze** zum Dienstleistungsbegriff lassen sich in drei Gruppen aufteilen (Corsten 1985b, S. 173):

- Erfassung des Dienstleistungsbegriffs durch die Aufzählung von **Beispielen** (enumerative Definitionen) (Langeard 1981),
- Abgrenzung des Dienstleistungsbegriffs über eine **Negativdefinition** zu Sachgütern (Altenburger 1981),
- Explizite Definition des Dienstleistungsbegriffs durch **konstitutive Merkmale** (Schüller 1967; Berekoven 1974; Kulhavy 1974; Corsten 1985b; Hilke 1989a; Rosada 1990; Mudie/Cottam 1993; Meyer 1994; Scheuch 2002).

Zur Ableitung von Marketingimplikationen ist lediglich die zuletzt genannte Gruppe von Definitionsansätzen sinnvoll heranzuziehen. Hierbei lassen sich vier unterschiedliche **Definitionsansätze auf Basis konstitutiver Merkmale** unterscheiden:

1. Tätigkeitsorientierte Definition
2. Prozessorientierte Definition
3. Ergebnisorientierte Definition
4. Potenzialorientierte Definition

1. Eine sehr weite und umfassende Definition legt Schüller vor: „Jede **menschliche Tätigkeit** ist im eigentlichen und ursprünglichen Sinne eine ‚Dienstleistung', d. h. eine Leistung im Dienste eigener und/oder anderer Interessen. Man kann auch sagen: Das, was der Mensch tut, um seine physische und psychische Arbeitskraft mit oder ohne Verbindung zur materiellen Güterwelt in den Zweckbereich der menschlichen Bedürfnisbefriedigung zu bringen, ist eine Dienstleistung" (Schüller 1967, S. 19). Er weist damit darauf hin, dass Dienstleistungen direkt am Menschen oder an materiellen Gütern erbracht werden können. Diese Definition ist allerdings mit erheblichen Schwierigkeiten verbunden, da die abstrakte, nicht unbedingt praxisnahe, anwendungsbezogene Ebene der Abgrenzung wenig Möglichkeiten bietet, dienstleistungsmarketingspezifische Besonderheiten abzuleiten.

2. In den Ausführungen von Berekoven wird dagegen der **Prozesscharakter** der Dienstleistung in den Vordergrund gestellt: „Dienstleistungen im weitesten Sinne sind der Bedarfsdeckung Dritter dienende Prozesse mit materiellen und/oder immateriellen Wirkungen, deren Vollzug und deren Inanspruchnahme einen synchronen Kontakt zwischen Leistungsgeber und Leistungsnehmer bzw. deren Objekten von der Bedarfsdeckung her erfordert" (Berekoven 1983, S. 23). Daher wird der synchrone Kontakt der Marktpartner bzw. von deren Objekten als entscheidendes Merkmal von

Dienstleistungen herausgestellt. Diese Definition ist eine Weiterentwicklung seiner Dienstleistungsdefinition von 1974, als er unter „synchron“ noch einen zeitlich und räumlich synchronen Kontakt verstand (Berekoven 1974, S. 29). Meyer kritisiert diese Notwendigkeit der räumlich synchronen Dienstleistungserstellung und bemängelt weiter, dass Berekoven auch in seiner modifizierten Abgrenzung von 1983 sämtliche Arbeitsleistungen dem Dienstleistungsbegriff subsumiert (Meyer 1994, S. 12).

3. Eine **ergebnisorientierte Betrachtung** liegt der Definition von Maleri zugrunde: „Demnach kann ... Leistung nicht als ein Prozess, sondern nur als Ergebnis des Prozesses angesehen werden, denn nur dieses ist am Markt vertretbar“ (Maleri 1997). Darauf aufbauend definiert er Dienstleistungen „als für den Absatz produzierte immaterielle Wirtschaftsgüter“. Der Umkehrschluss gelingt allerdings nicht, wie Maleri selbst zugesteht: „Zwar sind alle Dienstleistungen zu den immateriellen Gütern zu rechnen, nicht jedoch sind umgekehrt alle immateriellen Güter Dienstleistungen“ (Maleri 1997). Trotz der Kritik von Meyer, dass einige Dienstleistungen, wie z. B. die Sprengung einer Fabrik, durchaus materielle Ergebnisse zur Folge haben können (Meyer 1994), haben zahlreiche Autoren die Definition von Maleri aufgegriffen und weiterentwickelt (vgl. dazu etwa Entgelter 1979, S. 116).

4. Die **potenzialorientierte Dienstleistungsdefinition** beinhaltet die Auffassung, dass Dienstleistungen als die durch Menschen oder Maschinen geschaffenen Potenziale bzw. Fähigkeiten eines Dienstleistungsanbieters angesehen werden können, spezifische Leistungen beim Dienstleistungsnachfrager zu erbringen, wie z. B. das Hotelgebäude (vgl. Meyer/Mattmüller 1987, S. 187f.; Hentschel 1992, S. 19f.).

Zur kombinierten Betrachtung der konstitutiven Merkmale von Dienstleistungen kann eine **phasenbezogene Integration** der prozess-, ergebnis- und potenzialorientierten Interpretation der Dienstleistung vorgenommen werden (Hilke 1984, S. 17ff., 1989b, S. 10f.). Demnach ist der Charakter einer Dienstleistung nur zu erfassen, wenn alle drei Phasen durch jeweils ein gesondertes Merkmal in die Dienstleistungsdefinition eingehen (vgl. Abbildung 1-2-1, Insert 1-2-2). Erst aus den spezifischen Fähigkeiten und der Bereitschaft des Dienstleistungsanbieters zur Erbringung einer Dienstleistung (Potenzialorientierung) und der Einbringung des externen Faktors durch den Dienstleistungsnachfrager als prozessauslösendes und -begleitendes Element (Prozessorientierung) resultiert ein Dienstleistungsergebnis (Ergebnisorientierung).

Abbildung 1-2-1 **Phasenbezogener Zusammenhang zwischen den drei konstitutiven Merkmalen von Dienstleistungen**

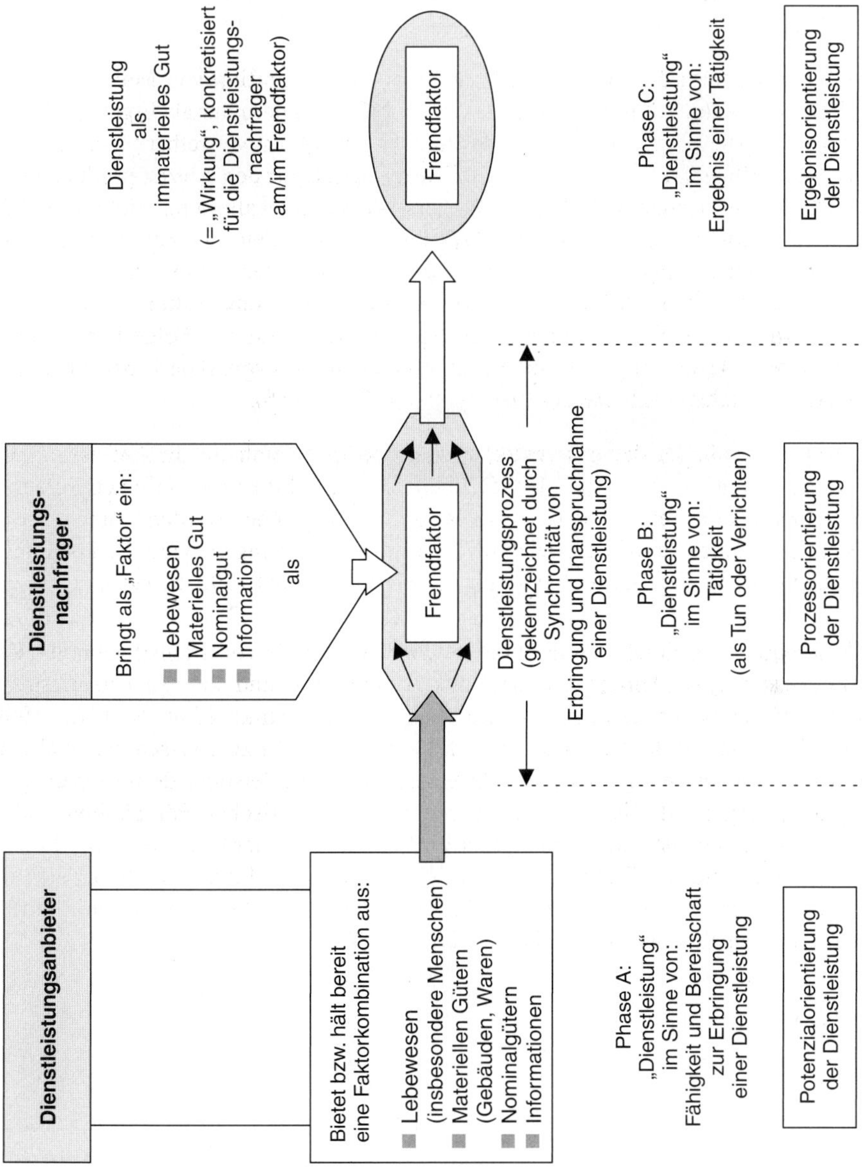

Quelle: Hilke 1989b, S. 15

GABLER GRAFIK

INSERT 1-2-2 **Potenzial-, Prozess- und Ergebnismerkmale der Unternehmensberatung**

Beispiel: Unternehmensberatung

In einer Betrachtung von Unternehmensberatungsleistungen offenbaren sich verschiedene Merkmale, die sich den einzelnen Phasen zuordnen lassen. So verfügen Unternehmensberater über Mitarbeiter, Know-how und technische Ausstattungen, die sich den Potenzialmerkmalen zurechnen lassen. Die Potenziale bilden somit die Voraussetzung für die Erstellung der Dienstleistung. Innerhalb der Prozessmerkmale lassen sich beispielsweise die Dauer der Beratung, der Kontaktstil und der Beratungsverlauf nennen. Insbesondere die Prozessmerkmale sind durch die aufgrund der Immaterialität von Leistungen notwendige Interaktion zwischen Anbieter und Nachfrager gekennzeichnet. Das Ergebnis der Unternehmensberatung bildet zumeist eine Ergebnispräsentation im Hause des beratenen Unternehmens bzw. ein Abschlussbericht. Daneben ist die Qualität der Beratungsleistung auch erheblich davon abhängig, ob und mit welchem Erfolg sich die Beratungsergebnisse in die Unternehmensstrategie implementieren lassen.

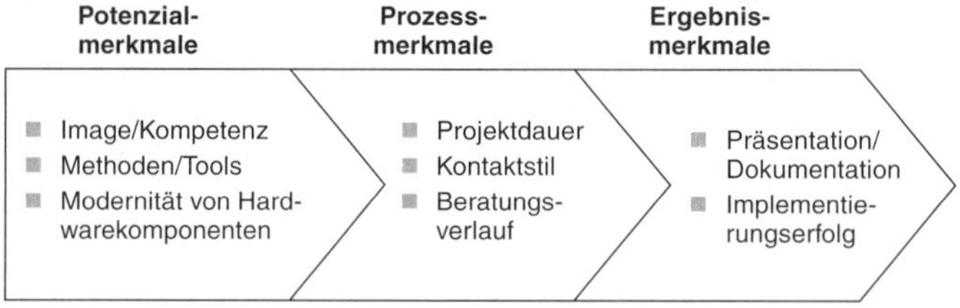

Im Hinblick auf diesen integrierten Definitionsansatz bestehen in der Literatur Differenzen bezüglich der **relativen Bedeutung der drei Phasen.** Zu entsprechenden Argumentationen gehören die folgenden beiden Thesen:

- Lediglich der Dienstleistungsprozess und die hieraus folgende Integration des externen Faktors stellen eine konkrete Besonderheit von Dienstleistungen gegenüber Sachleistungen dar (vgl. Engelhardt 1990, S. 278ff.; Rosada 1990, S. 20ff.).
- Das Ergebnis einer Dienstleistung kann materieller Art sein, wie z. B. bei Dienstleistungen eines Malers, einer Autoreparaturwerkstatt oder eines Frisörs (vgl. Meyer 1994, S. 12).

Trotz dieser Differenzen hat sich die Drei-Phasen-Auffassung von Dienstleistungen als geeignet erwiesen, zentrale Besonderheiten von Dienstleistungen herauszuarbeiten und im Rahmen des Dienstleistungsmarketing zu berücksichtigen. Somit kann der **Begriff Dienstleistung** folgendermaßen definiert werden:

> **Dienstleistungen** sind selbständige, marktfähige Leistungen, die mit der Bereitstellung (z. B. Versicherungsleistungen) und/oder dem Einsatz von Leistungsfähigkeiten (z. B. Frisörleistungen) verbunden sind **(Potenzialorientierung).** Interne (z. B. Geschäftsräume, Personal, Ausstattung) und externe Faktoren (also solche, die nicht im Einflussbereich des Dienstleisters liegen) werden im Rahmen des Erstellungsprozesses kombiniert **(Prozessorientierung).** Die Faktorenkombination des Dienstleistungsanbieters wird mit dem Ziel eingesetzt, an den externen Faktoren, an Menschen (z. B. Kunden) und deren Objekten (z. B. Auto des Kunden) nutzenstiftende Wirkungen (z. B. Inspektion beim Auto) zu erzielen **(Ergebnisorientierung).**

Obwohl der **Begriff „Services“** im deutschsprachigen Raum vielfach lediglich für Zusatzdienstleistungen von Konsumgüter- und Industriegüterherstellern Verwendung findet, wird er im Folgenden, auch um keine Differenzen zum angloamerikanischen Wortgebrauch entstehen zu lassen, synonym zum Dienstleistungsbegriff verwendet.

Die definitorische Abgrenzung des Dienstleistungsbegriffs hat nicht zum Ziel, eine Homogenität des Dienstleistungsbereiches vorzutäuschen. Im Gegenteil kann dessen Heterogenität durch die Systematisierung von Dienstleistungen des folgenden Abschnitts verdeutlicht werden.

2.2 Leistungstypologische Einordnung von Dienstleistungen

Die Heterogenität von Dienstleistungen wird besonders deutlich, wenn versucht wird, eine leistungstypologische Einordnung von Dienstleistungen vorzunehmen. Auch wenn das Abgrenzungsproblem von Dienstleistungen gegenüber anderen Wirtschaftsgütern nicht immer eindeutig gelöst werden kann, lassen sich durch leistungsorientierte Abgrenzungen nähere Einsichten über verschiedene Typen von Dienstleistungen gewinnen.

Dienstleistungen sind dem Realgüterbereich zuzuordnen und stellen im Gegensatz zu materiellen Gütern (z. B. Auto, Fernseher, Wohnzimmereinrichtung) – wie bereits erwähnt – überwiegend **immaterielle Leistungen** dar. Dienstleistungen und Arbeitsleistungen unterscheiden sich gegenüber den anderen immateriellen Gütern, d. h. den **Rechten** (z. B. Lizenzen, Patente) und **Informationen** (z. B. Marktinformationen, Aktienberichte), durch ihren Verrichtungscharakter (Scheuch 2002, S. 16). So stellen Dienstleistungen und Arbeitsleistungen so genannte Verrichtungen dar, d. h., hier nimmt eine Person oder ein Automat eine Handlung an einem Objekt vor. Dabei erfährt allerdings die Abgrenzung von **Dienstleistungen und Informationen** in der Literatur eine kontroverse Diskussion (vgl. Corsten 1985b, S. 171), da Informationen das Resultat (Output) einer Dienstleistung (z. B. Unternehmensberatung), aber auch den Gegenstand (Input) der Dienstleistung (z. B. Marktinformationen als Input für eine Marktanalyse eines Unternehmensberaters) darstellen können. Die Information selbst stellt jedoch niemals eine Verrichtung dar.

Unterschiedlich wird auch die Abgrenzung von **Dienstleistungen und Arbeitsleistungen** vorgenommen. Zur Unterscheidung führt Entgelter (1979, S. 89f.) an, dass Arbeitsleistungen produktionsorientiert eher einen kausalen, Dienstleistungen dagegen einen finalen Charakter aufweisen. Corsten bemerkt hierzu jedoch, dass Dienstleistungen sowohl kausalen Charakter als auch finalen Charakter haben können. Als Beispiel sind hier zum einen investive Dienste, wie der Hardware Service, und zum anderen konsumtive Dienstleistungen, wie die Leistungen eines Frisörsalons, anzuführen. Somit ist eine trennscharfe Abgrenzung zu den Arbeitsleistungen nicht möglich.

Eine präzisere Abgrenzung ist vielmehr darin zu sehen, dass Arbeitsleistungen als Input **originäre Faktoren** sind, während Dienstleistungen als **derivative Faktoren** bzw. als Ergebnis eines vorangegangenen Kombinationsprozesses aufzufassen sind. Wenn beispielsweise ein Arbeitnehmer seine Arbeitsleistung einer Reparaturwerkstatt zur Verfügung stellt, dann handelt es sich um einen originären Faktor, und durch die Kombination von Ausstattung, Personal usw. entsteht das Angebot einer Dienstleistung. Weiterhin ist zur Unterscheidung anzuführen, dass Arbeitsleistungen die von Menschen an einen Arbeitgeber vermieteten Leistungsfähigkeiten darstellen, die an – dem Arbeitgeber gehörenden – internen Faktoren (Anlagen, Maschinen, Werkstoffe usw.) erbracht werden. Dienstleistungen werden demgegenüber direkt an Nachfragern oder an von Nachfragern zur Verfügung gestellten Objekten erbracht, in beiden Fällen also an externen Faktoren.

Neben dieser Einordnung von Leistungen gemäß ihres Gutcharakters können Leistungen anhand von so genannten **Leistungstypologien** abgegrenzt werden. Generelles Ziel einer Leistungstypologie im Bereich des Marketing ist die Identifikation von spezifischen Leistungstypen, die typenübergreifend differenzierte, aber innerhalb eines Typs einheitliche Implikationen für das Marketing aufweisen. Der zentrale Vorteil einer Typologie gegenüber rein definitorischen Ansätzen ist darin zu sehen, dass die als relevant erachteten Merkmale eines Begriffs nicht eindeutig zu bestimmen sind, sondern als Kontinuum zwischen ihren Extremausprägungen dargestellt werden können. Typologien vermögen das Problem von Unschärfebereichen zwischen den „Reinformen" bestimmter Absatzobjekte abzubilden, ohne die Notwendigkeit, gleichzeitig zu dessen Lösung – im Sinne einer eindeutigen Zuordnungsvorschrift – beizutragen.

So nehmen etwa Knoblich/Oppermann eine **Typologisierung auf Basis der drei konstitutiven Merkmale von Dienstleistungen** (Dienstleistungspotenzial, -prozess und -ergebnis) vor und unterscheiden neben dem Typ Dienstleistung vier weitere Produkttypen (Typ I bis IV), die sich aus den unterschiedlichen und empirisch relevanten Kombinationen der drei Merkmale ergeben (vgl. Abbildung 1-2-2).

Abbildung 1-2-2 **Dienstleistung als Produkttyp**

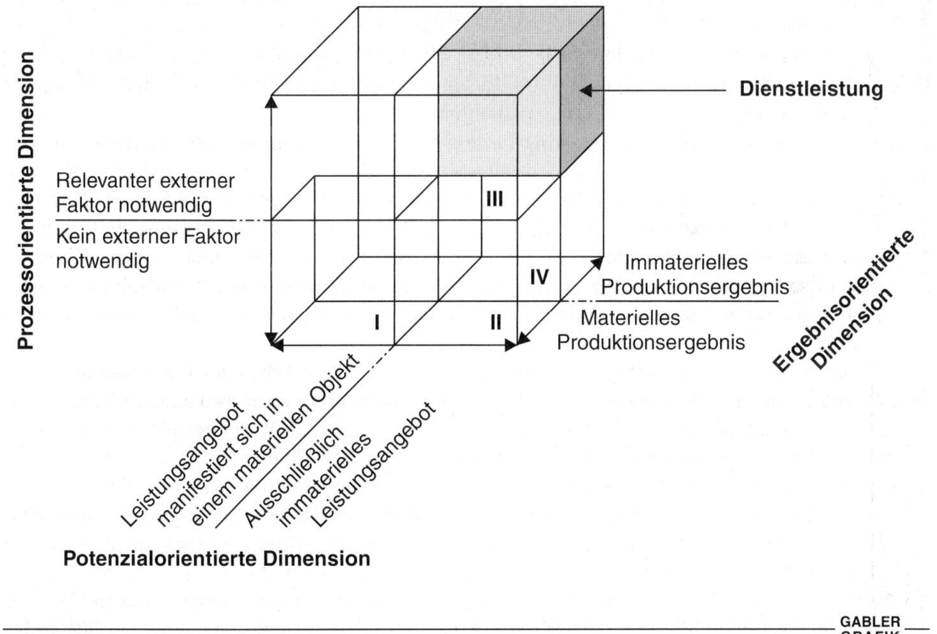

Quelle: Knoblich/Oppermann 1996, S. 17

Produkttyp I ist durch ein körperliches Objekt in der Angebotsphase, keine Einsatzfaktoren der Nachfrager und ein materielles Ergebnis der Faktorkombination gekennzeichnet (z. B. Bier, Fahrräder). Aufgrund des hohen Materialitätsgrades dieses Produkttyps können die darunter zu fassenden Produkte als Sachleistungen bezeichnet werden.

Die Charakteristika von **Produkttyp II** sind kennzeichnend für standardisierte Produkte, die erst nach der Kaufentscheidung des Konsumenten, dann aber ohne eine weitere Integration des Konsumenten produziert werden können (z. B. Hochzeitstorte). Diese Produkte können als Quasi-Sachleistungen bezeichnet werden, da im Unterschied zu reinen Sachleistungen die Materialität des Leistungsangebotes fehlt.

Zu **Produkttyp III** sind all jene Leistungen zu zählen, die in einer auftragsorientierten Produktion nach den individuellen Anforderungen des jeweiligen Konsumenten produziert werden und deren Ergebnis einen materiellen Charakter aufweisen (z. B. Anlagen, Schiffe). In diesem Sinne kann von Auftragsleistungen gesprochen werden.

Schließlich sind dem **Produkttyp IV** Leistungen zuzurechnen, die lediglich als (unkörperliche) Leistungsversprechen angeboten werden, ohne dass ein Fremdfaktor bei der Produktion benötigt wird. Das Ergebnis des Leistungserstellungsprozesses ist immaterieller Natur (z. B. Leistungen von Nachrichtenagenturen). Trotz der fehlenden Integration des Fremdfaktors ist die Nähe dieses Typs zum Typ Dienstleistung unverkennbar, so dass die Bezeichnung Quasi-Dienstleistungen für Leistungen dieses Typs sinnvoll erscheint.

Knoblich/Oppermann stellen zusammenfassend fest, dass eine Gegenüberstellung von Dienstleistungen und Sachleistungen zu kurz greift und Dienstleistungen aufgrund ihrer „Dreidimensionalität“ nicht nur gegenüber Sachleistungen (Typ I), sondern auch gegenüber Quasi-Sachleistungen (Typ II), Auftragsleistungen (Typ III) und Quasi-Dienstleistungen (Typ IV) einer Differenzierung bedürfen.

Eine weitere im Bereich des Dienstleistungsmarketing viel diskutierte Leistungstypologie stellt die **Leistungstypologie nach Engelhardt et al.** dar (Engelhardt/Kleinaltenkamp/Reckenfelderbäumer 1992, S. 34ff.), die auf zwei Dimensionen beruht: dem Immaterialitätsgrad des Leistungsergebnisses sowie dem Integrationsgrad der betrieblichen Leistungsprozesse (vgl. Abbildung 1-2-3).

Die Kombination der jeweiligen Extremausprägungen führt zu vier **Grundtypen von Leistungen,** für die konkrete Marketingimplikationen abgeleitet werden können:

1. Der **erste Leistungstyp** ist durch ein immaterielles Leistungsergebnis und eine starke Integration des externen Faktors in den Prozess der Leistungserstellung gekennzeichnet. Typisches Beispiel sind hier die Leistungen klassischer Unternehmensberatungen, die Problemlösungen im engen Kontakt mit ihren Kunden erarbeiten.

2. Demgegenüber weist der **zweite Leistungstyp** bei ebenfalls hohem Integrationsgrad ein materielles Leistungsergebnis auf, z. B. eine im Kundenauftrag individuell angefertigte Sondermaschine.

3. Beim **dritten Leistungstyp** handelt es sich um typische, industriell gefertigte Massenprodukte. Sie sind durch ein materielles Leistungsergebnis bei gleichzeitig autonom gestalteten Leistungserstellungsprozessen gekennzeichnet. Hier sind die klassischen Produkte der Konsumgüterhersteller von Automobilen bis zu Lebensmittelprodukten einzuordnen.

4. Autonome Prozesse bei der Leistungserstellung sind auch für den **vierten Leistungstyp** charakteristisch, wobei das Leistungsergebnis hier jedoch immaterieller Natur ist. Datenbankdienste etwa zeichnen sich durch eine derartige Ausprägung der Leistungs- und Prozessmerkmale aus.

Abbildung 1-2-3 Leistungstypologie nach Engelhardt et al.

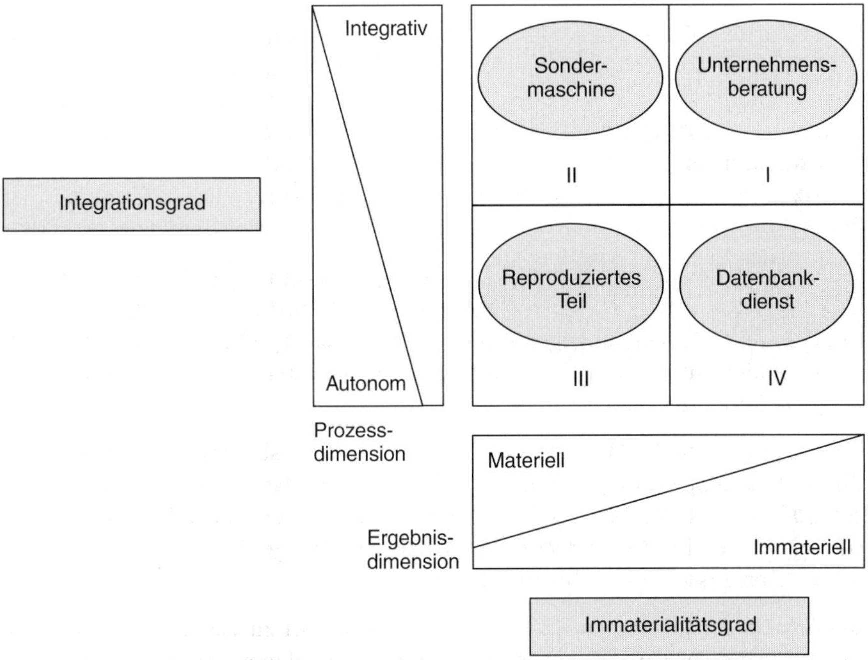

GABLER GRAFIK

Quelle: Engelhardt/Kleinaltenkamp/Reckenfelderbäumer 1992, S. 35

Zur weiteren Spezifizierung dieser Typologie mit dem Ziel der Ableitung von Ansatzpunkten für das Dienstleistungsmarketing kann eine **Zerlegung der Integrationsdimension** in den **Interaktions- und Individualisierungsgrad** vorgenommen werden (vgl. auch Wohlgemuth 1989, S. 339f.; Corsten 2001; vgl. für andere Erweiterungen der Grundtypologie Maister/Lovelock 1988; Woratschek 1996a):

- Der **Interaktionsgrad** führt zu einer Differenzierung zwischen quasi-industriellem und interaktionsorientiertem Management.
- Der **Individualisierungsgrad** spannt ein Kontinuum zwischen der Standardisierung von Leistungen und der individuellen Kundenorientierung im Sinne einer „Customization“ auf.

Die Unterteilung in diese beiden Teildimensionen ermöglicht eine eindeutige und hinsichtlich der Ableitung von Implikationen für die marktorientierte Unternehmensführung wertvolle Trennung in:

- **Integration des externen Faktors in den Leistungserstellungsprozess** im Sinne des Interaktionsgrades und
- **Ausrichtung von Wertaktivitäten** auf die Kundenbedürfnisse im Sinne des Individualisierungsgrades.

Der **Interaktionsgrad** bezieht sich damit auf jegliche Form einer Einbindung des externen Faktors in den Leistungserstellungsprozess. Dabei können dem externen Faktor Unterstützungs-, aber auch Vollzugsfunktionen im Rahmen der Leistungserstellung zukommen. Demgegenüber kennzeichnet der **Individualisierungsgrad** die kundenbezogene Spezifität der Bereitstellungsleistung und des sich anschließenden Leistungserstellungsprozesses, ohne dass hiermit – mit Ausnahme von kundenbezogenen Informationen – gleichzeitig eine Einbindung des externen Faktors in die betriebliche Wertkette verbunden ist.

An dieser Stelle kann die **fehlende Unabhängigkeit** beider Teildimensionen kritisiert werden. Es stellt sich die Frage, ob nicht jede Individualisierung von Leistungen zumindest mit einer informationsbedingten Integration des externen Faktors, also z. B. der Mitteilung individueller Körpermaße zur Herstellung eines Maßanzuges, verbunden ist (vgl. Engelhardt/Kleinaltenkamp/Reckenfelderbäumer 1995, S. 675f.).

Diesem Einwand ist zu entgegnen, dass es zum einen in **längerfristigen Kundenbeziehungen** auch bei einem hohen Individualisierungsgrad der Leistung nicht mit jedem Kaufakt einer erneuten informationsbedingten Integration bedarf. In diesem Fall ist also eine individuelle Leistungserstellung nicht gleichzeitig auch an eine Integration des externen Faktors im Sinne seiner Einbindung in den Leistungserstellungsprozess geknüpft.

Zum anderen ist es sinnvoll, an dieser Stelle neben dem bislang in der Literatur dominierenden objektiven einen **subjektiven Integrationsbegriff** einzuführen. Inwieweit ein Konsument sich in den Leistungserstellungsprozess eingebunden fühlt, hängt nicht direkt mit der Individualität der Leistung zusammen. Insbesondere neue Kommunikationstechnologien ermöglichen kundenindividuelle Leistungen bei einer seitens der Nachfrager nur als gering empfundenen Integration in den Leistungserstellungsprozess.

Durch die Aufteilung der Integrationsdimension entsteht eine **dreidimensionale Leistungstypologie** mit den Dimensionen Immaterialitätsgrad, Interaktionsgrad und Individualisierungsgrad (vgl. Abbildung 1-2-4; Meffert 1994, S. 524f.).

Abbildung 1-2-4 Typologie der Absatzobjekte nach Engelhardt et al. und deren Erweiterung

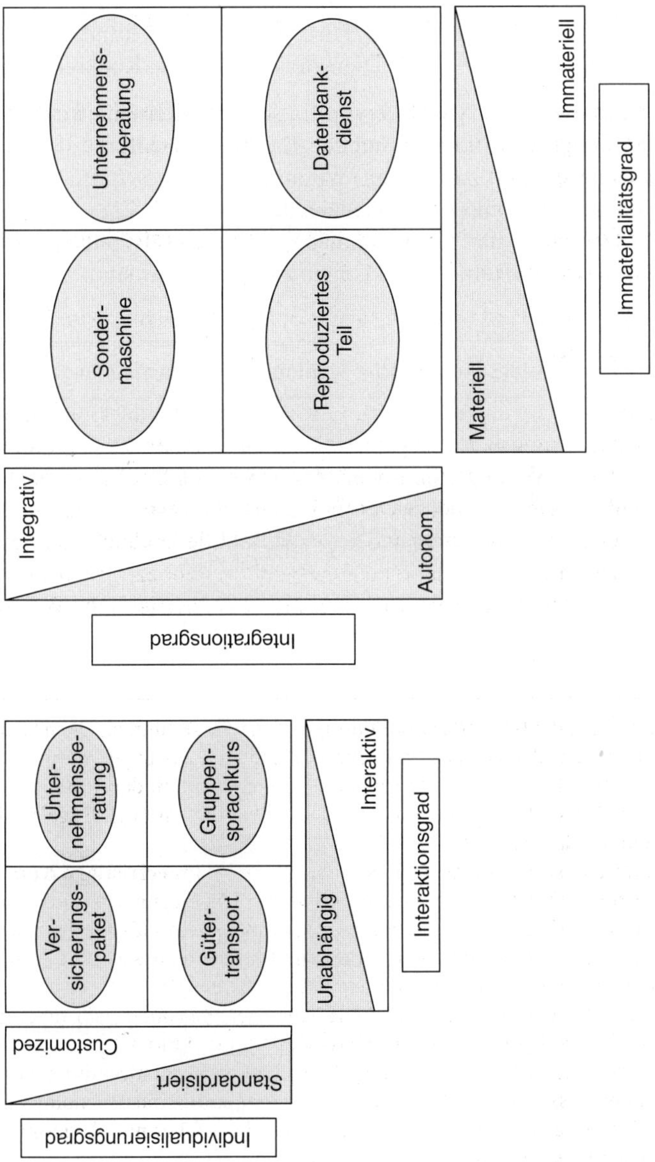

Quelle: Meffert 1993a, S. 12

GABLER GRAFIK

Innerhalb dieser Typologie ist eine eindeutige **Abgrenzung zwischen Dienst- und Sachleistungen** für die überwiegende Mehrzahl von Absatzobjekten allerdings nicht möglich. Vielmehr können beide Begriffe eher als **Extremausprägungen eines Kontinuums** aufgefasst werden, bei dem Dienstleistungen im Vergleich zu Sachleistungen eher immateriell und eher integrativ sind. Diese tendenzielle Grundaussage findet in den begrifflichen Definitionsansätzen von Dienstleistungen eine Konkretisierung.

Woratschek schlägt vor, die Typologie von Engelhardt/Kleinaltenkamp/Reckenfelderbäumer geringfügig zu modifizieren und den Grad der Immaterialität durch den **Grad der Verhaltensunsicherheit** zu ersetzen (Woratschek 1998, S. 23ff.; 1996a, S. 64ff.). Er begründet dies damit, dass alle Konsequenzen der Immaterialität mit **Bewertungsunsicherheiten** beider Marktseiten zusammenhängen, die letztendlich auf unterschiedliche Informationsstände der einzelnen Marktseiten zurückführbar sind.

Abbildung 1-2-5 **Informationsökonomische Typologie von Dienstleistungen**

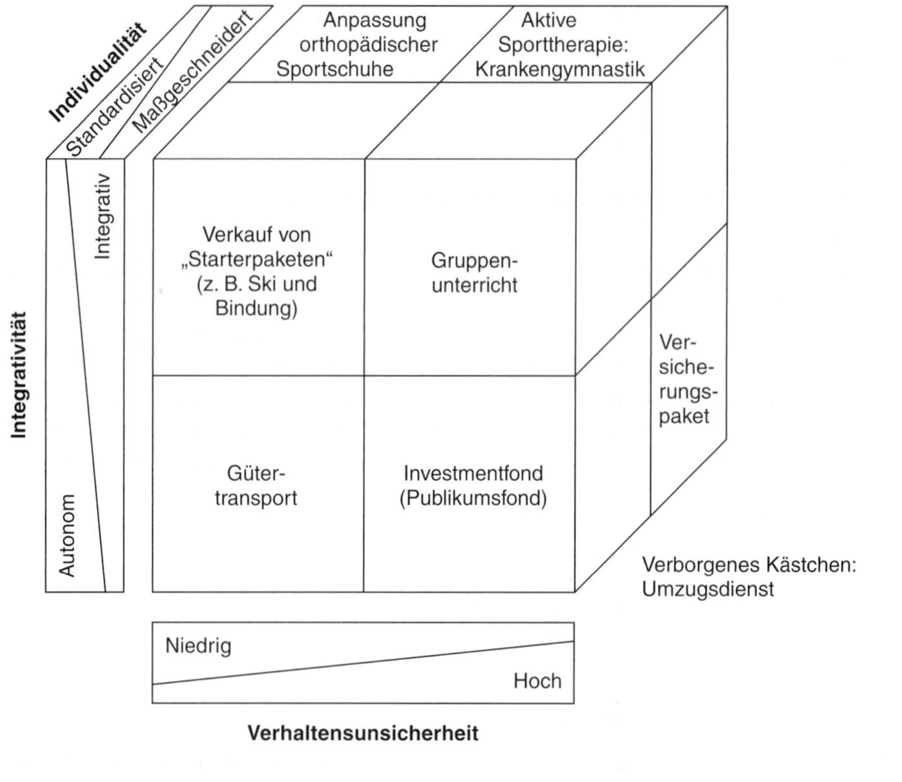

Quelle: Woratschek 2001a, S. 265

Die Immaterialität führt beim Nachfrager zu mangelnder Wahrnehmbarkeit der Qualität einer Absatzleistung und in der Folge davon zu einer höheren **Beschaffungsunsicherheit** und zu mangelnder Vergleichbarkeit. Damit sind nach Woratscheks Erachten die wesentlichen ökonomisch relevanten Konsequenzen aus Nachfragersicht genannt. Alle anderen der von Engelhardt/Kleinaltenkamp/Reckenfelderbäumer (1993) der Immaterialität zugesprochenen Konsequenzen gehen auf die Integrativität von Absatzleistungen zurück.

Bewertungsunsicherheiten können nicht nur durch die Immaterialität, sondern z. B. auch durch die Komplexität eines Absatzobjektes, durch den Informationsstand der Kunden, durch die Wahrnehmungsfähigkeiten der Kunden, durch die Anzahl der beteiligten Partnerunternehmen des Dienstleisters, durch die Anzahl der beteiligten Personen in einer Dienstleistungsunternehmung, durch die Komplexität der Marktstruktur, durch die Dauer der Leistungserstellung usw. entstehen. Die daraus resultierende Typologie von Dienstleistungen ist in Abbildung 1-2-5 gezeigt (Woratschek 2001a, S. 265).

Auch innerhalb dieser Typologie können Sachgüter nicht eindeutig von Dienstleistungen abgegrenzt werden. Jedoch werden die Bereiche der Dienstleistungen so weit eingeschränkt, dass die Besonderheiten eines Marketing für hoch integrative, maßgeschneiderte und mit hoher Verhaltensunsicherheit behaftete Leistungen aufgezeigt werden können.

2.3 Systematisierung von Dienstleistungen

Durch eine Systematisierung von Dienstleistungen in Form von **Dienstleistungstypologien** können verschiedene Dienstleistungstypen identifiziert werden, die aus Sicht des Marketing einer differenzierten bzw. innerhalb eines Dienstleistungstyps einer einheitlichen Behandlung bedürfen. Daher zeichnen sich die für eine derartige Typologie zu verwendenden Merkmale dadurch aus, dass sie einen **Marketingbezug** aufweisen, d. h., das Erfordernis differenzierter Vorgehensweisen im Rahmen des Dienstleistungsmarketing erkennen lassen. Dienstleistungstypologien lassen sich in drei Gruppen einteilen:

1. Eindimensionale Dienstleistungstypologien,
2. Zweidimensionale Dienstleistungstypologien,
3. Mehrdimensionale Dienstleistungstypologien.

1. Eindimensionale Dienstleistungstypologien

Im Rahmen von **eindimensionalen Dienstleistungstypologien** werden verschiedene Dienstleistungstypen anhand der Ausprägungen eines Unterscheidungsmerkmals differenziert. Die Vielzahl vorstellbarer Typologien (vgl. z. B. Corsten 1998, S. 24f.) wird hierbei vor allem dadurch eingeschränkt, dass die einzelnen **Unterscheidungsmerkmale** ohne kunden- und damit marketingstrategische Differenzierungen wenig sinnvoll sind. So scheint es beispielsweise wenig zielführend, Dienstleistungen nach betriebswirtschaftlichen Funktions- oder Phasenbereichen zu systematisieren, da sich aus diesen Typologien kaum konzeptionelle oder strategische Implikationen ableiten lassen. Hingegen sind grundsätzlich solche Merkmale relevant, die auch in Bezug auf den Kunden und mögliche differenzierte Marketingstrategien von Bedeutung sein können.

Die Beziehung der Dienstleistung zum Leistungsspektrum eines Unternehmens ist ein Merkmal, für das unterschiedliche kundenbezogene Marketingstrategien notwendig sind. Hierbei lassen sich komplementäre von substitutiven Dienstleistungen abgrenzen. Im Bankbereich wäre unter einer **komplementären Dienstleistung** etwa die Ausweitung des Geschäftsfeldes auf Lebensversicherungen zu verstehen. Ein Beispiel einer **substitutiven Dienstleistung** ist hingegen das Online Banking, das bezüglich zahlreicher Leistungen den Bankschalter ersetzen kann. Über die Differenzierung nach der Leistungsbeziehung sind Strategieimplikationen für das Marketing denkbar. So würde der Kommunikationsschwerpunkt bei komplementären Dienstleistungen eher den Zusatznutzen der angebotenen Leistung hervorheben, während bei substitutiven Leistungen eher ein Fokus auf Vorzügen gegenüber der traditionellen Leistung, wie beispielsweise Kosten- oder Zeitvorteilen, liegen würde.

Anhand des **Erstellers der Dienstleistung** lassen sich Dienstleistungen in persönliche und automatisierte Dienstleistungen differenzieren (vgl. Abbildung 1-2-6). Bei **persönlichen Dienstleistungen** dominiert die menschliche Leistung im Erstellungsprozess (z. B. Unternehmensberater, Rechtsanwalt, Arzt). Allerdings können zahlreiche ursprünglich persönliche Dienstleistungen auch automatisiert werden. So kann beispielsweise der Mitschnitt eines klassischen Konzertes oder ein Sprachkurs über Ton- und Bildträger gespeichert und wiederholbar gemacht werden. Werden diese dann industriell vervielfältigt, kann nicht mehr von einer persönlichen Dienstleistung gesprochen werden, da sie in ein Sachgut, wie z. B. CDs, DVDs oder Bücher, übergehen. Wird eine persönliche Dienstleistung auf diese Art an ein Trägermedium gebunden, wird vielmehr von einer **„veredelten" Dienstleistung** gesprochen (Meyer 1994, S. 119ff.). Im Gegensatz zu ihrer Bezeichnung handelt es sich bei diesen Dienstleistungen aufgrund ihres Sachgutcharakters um Produkte.

Angesichts der zunehmenden Bedeutung von „Neuen Technologien" im Dienstleistungsbereich (z. B. Datenbanksysteme, Selbstbedienungsautomaten, Internet) kommt den von Automaten erstellten Dienstleistungen, die als **automatisierte Dienstleistungen** bezeichnet werden, eine steigende Bedeutung zu. Insbesondere durch den Boom des so genannten E-Business bzw. der E-Business-Anwendungen werden Dienstleistungen zunehmend elektronisch erstellt (zu E-Services vgl. Kapitel 6).

Abbildung 1-2-6 Systematik von Wirtschaftsgütern (mit Beispielen)

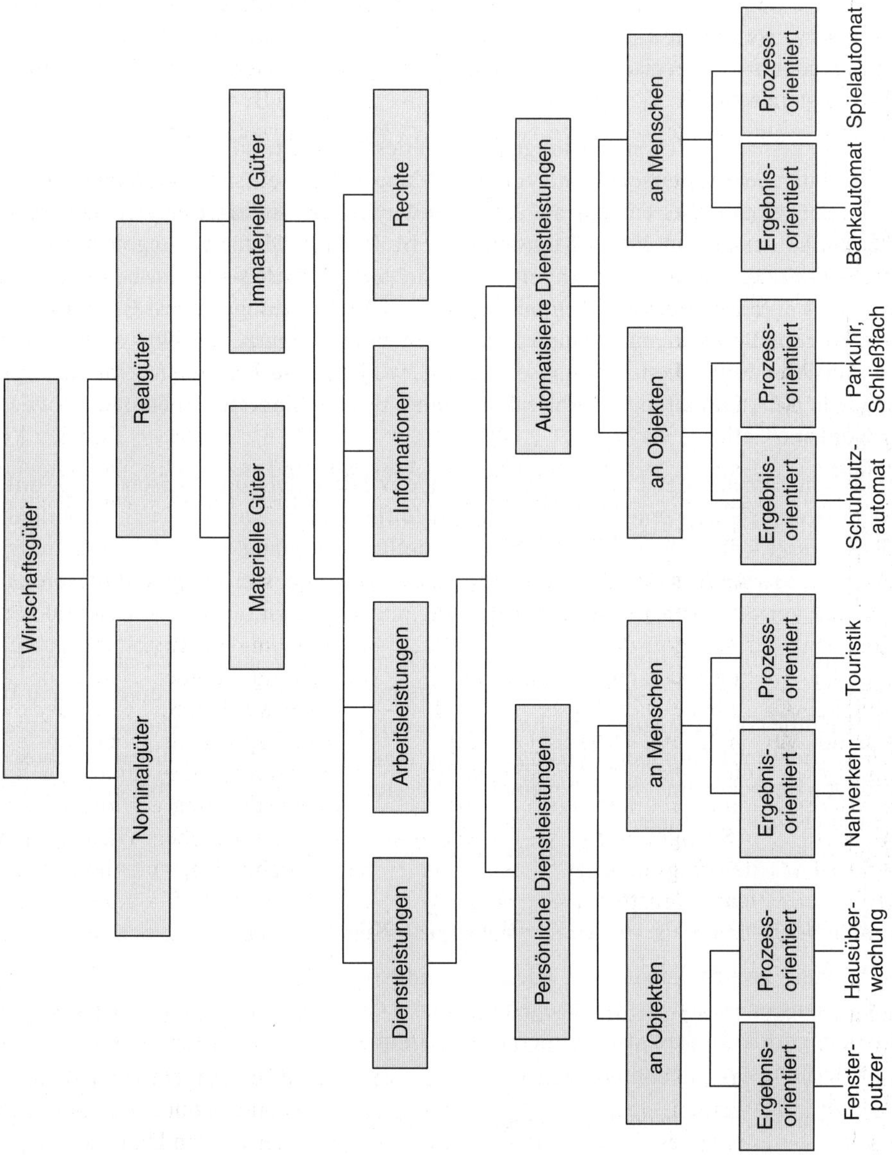

GABLER GRAFIK

Bei persönlichen und automatisierten Dienstleistungen sind unterschiedliche Strategien notwendig, da die zwischenmenschliche Kommunikation eine andere Qualität aufweist als die Kommunikation mit einer Maschine, die weniger Variationsspielraum bei der individuellen Behandlung des Kunden zulässt. Bei persönlichen Dienstleistungen kann möglicherweise über den Preis verhandelt werden, während bei automatisierten Leistungen entweder nur ein Preis existiert oder eine Tarifstruktur für unterschiedliche Leistungen zu erstellen ist.

Weiterhin lassen sich Dienstleistungen gemäß des **Gegenstands der Leistungserstellung** dahingehend unterscheiden (vgl. Abbildung 1-2-6), ob sich die nutzenstiftende Verrichtung einer Dienstleistung auf die **Veränderung an einem Objekt** (z. B. Inspektion beim Auto) oder **an einem Menschen** (z. B. ärztliche Untersuchung) bezieht. Die Unterscheidung von objekt- und personengerichteten Dienstleistungen beinhaltet wesentliche Implikationen für die Organisation des Dienstleistungsprozesses. So liegt bei personengerichteten Dienstleistungen im Allgemeinen ein größerer Fokus auf der Interaktion während der Dienstleistungserstellung, wodurch unter anderem Überlegungen hinsichtlich der Gestaltung des Interaktionsumfeldes (sog. Service Encounter) notwendig werden.

Ferner kann anhand der **Phasenorientierung der Dienstleistung** zwischen **ergebnis- und prozessorientierten Dienstleistungen** differenziert werden (vgl. Abbildung 1-2-6). Dieser Unterscheidung liegt die Fragestellung zugrunde, ob der Dienstleistungsnachfrager am Ergebnis (z. B. Reparatur eines Autos) oder aber am Erstellungsprozess (z. B. Theateraufführung) einer Dienstleistung interessiert ist.

Unterschiedliche Intentionen einer einzigen Dienstleistung lassen sich an folgendem **Beispiel** verdeutlichen: Die Benutzung des öffentlichen Personennahverkehrs stellt für einen Stadtbewohner die Inanspruchnahme einer ergebnisorientierten Dienstleistung mit der Funktion der Raumüberbrückung dar. Die Inanspruchnahme desselben Autobusses ist für den Besucher einer Stadt bei einer Stadtbesichtigung demgegenüber eine prozessorientierte Dienstleistung.

2. Zweidimensionale Dienstleistungstypologien

Zur Bildung **zweidimensionaler Dienstleistungstypologien** werden jeweils zwei Unterscheidungsmerkmale herangezogen, aus deren Gegenüberstellung eine – gemäß dem Primat der Ableitbarkeit von Marketingimplikationen – sinnvolle Differenzierung von Dienstleistungstypen resultiert.

Unter Berücksichtigung der besonderen Bedeutung des Denkens in Kundenbeziehungen im Dienstleistungsbereich können **Leistungstransaktionen und Kundenbeziehungen** differenziert werden. Auf dieser Basis können eine transaktionsbezogene und eine beziehungsbezogene Dienstleistungstypologisierung unterschieden werden (vgl. für weitere zweidimensionale Typologisierungen Lovelock 2001, S. 26ff.).

Im Rahmen einer **transaktionsbezogenen Typologisierung** kann unter Bezugnahme auf die Unterscheidung von personen- und objektbezogenen Dienstleistungen zwischen **tangiblen** und **intangiblen Prozessen** auf der einen Seite sowie **Mensch-** bzw. **Objektbezug** auf der anderen Seite differenziert werden (Lovelock/Wirtz 2004; vgl. Abbildung 1-2-7).

Abbildung 1-2-7 **Charakter des Dienstleistungsprozesses**

Welchen Charakter hat der Dienstleistungsprozess?	Wer oder was ist der direkte Empfänger der Dienstleistung?	
	Mensch	**Objekt**
Berührbar (Tangible)	■ Dienste, die auf den menschlichen Körper gerichtet sind: – Gesundheitswesen – Schönheitssalons – Restaurants – Frisörsalons ↓ ■ Physische Präsenz des Kunden erforderlich	■ Dienste, die auf Güter oder andere physische Besitztümer gerichtet sind: – Fracht-/Transportwesen – Reparatur- oder Unterhaltungsservice – Reinigungsunternehmen – Müllverbrennungsunternehmen ↓ ■ Physische Präsenz des Kunden nicht erforderlich
Unberührbar (Intangible)	■ Dienste, die auf den Intellekt des Menschen gerichtet sind: – Ausbildung – Rundfunk und TV – Informationsdienste – Theater ↓ ■ Geistige Präsenz des Kunden erforderlich	■ Dienste, die auf unberührbare Vermögenswerte gerichtet sind: – Bankwesen – Steuerberater – Versicherungswesen – Rechtsberatung ↓ ■ Geistige Präsenz des Kunden nur zeitweise erforderlich

Quelle: nach Lovelock/Wirtz 2004, S. 15

GABLER GRAFIK

Diese Klassifikation kann Antwort auf folgende Fragen liefern (Lovelock/Wirtz 2004):

- Ist die **physische Präsenz** des Kunden notwendig:
  – während der Dienstleistungserstellung (z. B. ärztliche Behandlung)?
  – um einen Dienstleistungsprozess zu initiieren oder zu beenden (z. B. Auto zur Reparatur bringen und anschließend wieder abholen)?
  – überhaupt nicht (z. B. Kommunikation zwischen Dienstleister und Kunde am Telefon)?

- Ist die **geistige Präsenz** des Kunden während des Dienstleistungsprozesses notwendig und kann die geistige Präsenz mit Hilfe von Kommunikationstechnologien trotz einer räumlichen Distanz aufrechterhalten werden?

Für eine **beziehungsbezogene Typologisierung** können die Art der Beziehung zwischen Dienstleister und Kunde sowie die Art der Leistungserstellung herangezogen werden (vgl. Abbildung 1-2-8). Bezüglich der **Art der Beziehung** können Dienstleistungen, bei denen zwischen Kunde sowie Dienstleister eine so genannte mitgliedschaftsähnliche Beziehung besteht, und Dienstleistungen, bei denen keine formale Beziehung zwischen Anbieter und Kunde besteht, unterschieden werden. Der Vorteil einer Dienstleistungsorganisation mit mitgliedschaftsähnlichen Kundenbeziehungen ist, dass sie einen ständigen Überblick über das aktuelle Kundenkontingent hat und in der Regel feststellen kann, inwieweit ihr Dienstleistungsangebot von den Kunden in Anspruch genommen wird. Das kann vorteilhaft sein für eine Marktsegmentierung, für den gezielten Einsatz bestimmter Marketinginstrumente, wie Direct Mail, Telefonverkauf usw., sowie für Aktivitäten im Rahmen des Kundenbindungsmanagements. Im Hinblick auf die **Art der Leistungserstellung** kann zwischen kontinuierlicher und diskreter Leistungserstellung unterschieden werden. Bei diskreter Leistungserstellung wird eine Leistung vom Konsumenten in der Regel nur zu bestimmten Zeitpunkten beansprucht, während bei kontinuierlicher Leistungserstellung die Leistung durchgehend genutzt wird bzw. zumindest die Leistungspotenziale permanent einsatzbereit zu sein haben.

Abbildung 1-2-8 Beziehungen zwischen Dienstleister und Konsument

Art der Dienstleistungserstellung	Art der Beziehung zwischen Dienstleister und Konsument	
	Mitgliedschaftsähnliche Beziehung	**Keine formale Beziehung**
Kontinuierliche Erstellung	– Versicherung – Telefonanschluss – Kontoführung (Bank) – Autoclub	– Polizei – Autobahnmeisterei – Feuerwehr – Öffentlicher Nahverkehr
Diskrete Erstellung	– Theaterabonnement – Finanzamt – Lesezirkel – Vorlesung	– Autoverleih – Post-Zustellwesen – Münzfernsprecher – Taxiunternehmen

GABLER GRAFIK

Quelle: nach Lovelock/Wirtz 2004, S. 359

3. Mehrdimensionale Dienstleistungstypologien

Bei **mehrdimensionalen Dienstleistungstypologien** werden mindestens drei Merkmale zur Typenbildung herangezogen. Hierbei lassen sich induktive und deduktive Typologien differenzieren (Benkenstein/Güthoff 1996). Eine **induktive Typologie** wird durch das Heranziehen mehrerer der bei den eindimensionalen Typologien erwähnten Kriterien entwickelt. Hieraus resultieren **Eigenschaftsprofile,** die zur Beschreibung und zum Vergleich von Dienstleistungen herangezogen werden können. Abbildung 1-2-9 zeigt beispielhaft einen Vergleich von Reinigungen, des Gaststättengewerbes und des Geld-/Kreditgewerbes anhand eines Eigenschaftsprofils.

Abbildung 1-2-9 Eigenschaftsprofile ausgewählter Dienstleistungen

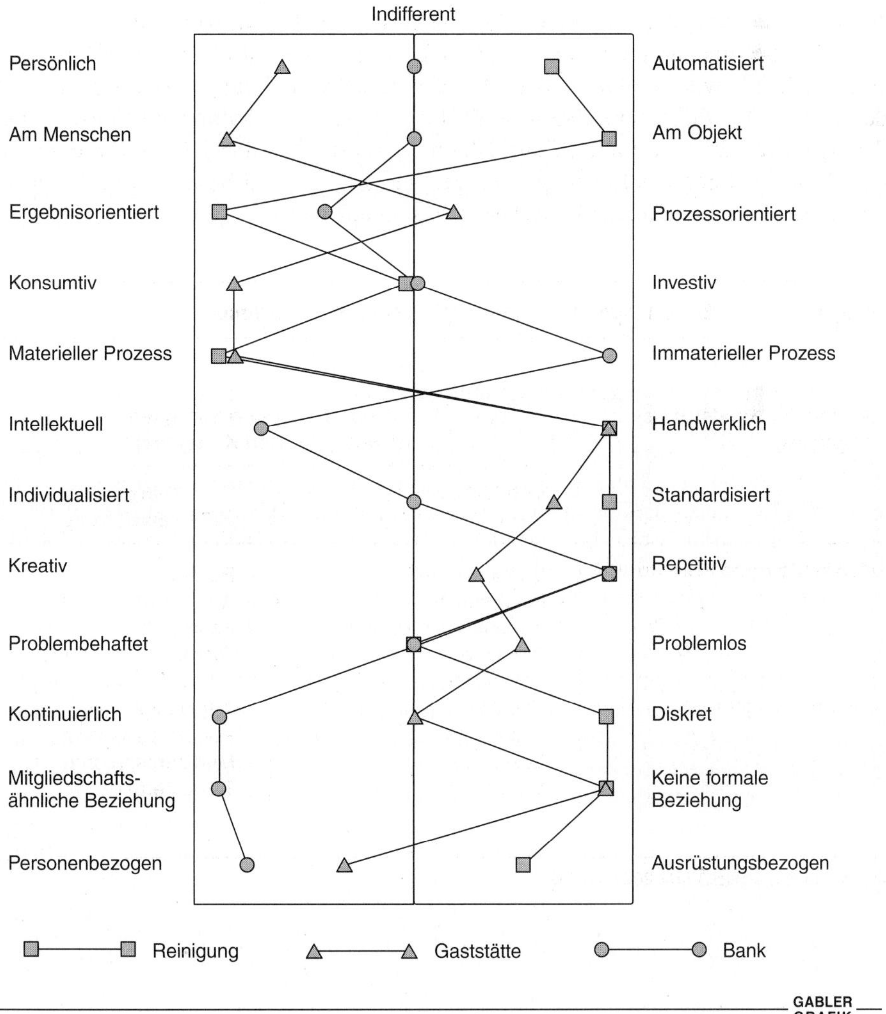

Das **Gaststättengewerbe** beispielsweise ist ohne Zweifel derzeit noch eine vorwiegend persönliche Dienstleistung. Sie wird am Menschen erbracht und kann sowohl als ergebnisorientiert (Hunger stillen) als auch als prozessorientiert (Aufenthalt in angenehmer, gemütlicher Atmosphäre) betrachtet werden. Es handelt sich dabei um einen materiellen und konsumtiven Prozess. Wenngleich intellektuelle Fähigkeiten unter Umständen nützlich sein können, so handelt es sich doch um eine vorwiegend handwerkliche Tätigkeit, deren Ergebnis allgemein weder eindeutig individualisiert noch eindeutig standardisiert ist. Erst bei der Betrachtung von einzelnen Betrieben wäre hier eine genaue Unterscheidung möglich (z. B. ein Spezialitätenrestaurant im Gegensatz zu einer Fast-Food-Kette). Die zu verrichtenden Tätigkeiten dürften eher repetitiv und problemlos sein. Die Öffnungszeiten einer Gaststätte weisen auf ein kontinuierliches Dienstleistungsangebot hin, wohingegen Mahlzeiten nur auf Wunsch erstellt werden, so dass sich bei dem angesprochenen Merkmal keine eindeutige Ausprägung festlegen lässt. Zum Konsumenten bestehen in der Regel keine formalen Beziehungen, und die Qualität der Dienstleistung dürfte sowohl von personalen Faktoren, wie Freundlichkeit der Bedienung, als auch von ausrüstungsbezogenen Faktoren, wie Einrichtung, Aufmachung und Standort, abhängen.

Als zweites Beispiel kann eine **Kleiderreinigung** herangezogen werden. Während diese Leistung weder als persönlich (z. B. Annahme und Auslösung der Kleider) noch als automatisiert (z. B. Reinigungsprozess) bezeichnet werden kann, ist sie eindeutig objektorientiert. Darüber hinaus kann sie als ergebnisorientiert bezeichnet werden. Die Reinigung kann sowohl konsumtiven als auch investiven Charakter haben. Der materielle Prozess ist als handwerklich, standardisiert und repetitiv zu bezeichnen. Der diskrete Ablauf kann mit Problemen behaftet sein. In der Regel existiert keine formale Beziehung zwischen Leistungsanbieter und Leistungsnachfrager. In entsprechender Weise lässt sich das **Geld- und Kreditgewerbe** interpretieren.

Bei **deduktiven Typologien** werden auf Basis theoretisch fundierter Überlegungen Differenzierungsmerkmale von Dienstleistungen bestimmt und zur Unterscheidung verschiedener Dienstleistungstypen herangezogen.

Ein Beispiel für eine **deduktive Typologie** ist die **Dienstleistungstypologie auf der Grundlage von Komplexitätsdimensionen** (vgl. auch im Folgenden Benkenstein/Güthoff 1996). Bei einer systemtheoretischen Interpretation der Dienstleistungserstellung kommt der Komplexität von Dienstleistungen eine besondere Bedeutung zu. Zur Typologisierung von Dienstleistungen vor dem Hintergrund ihrer Komplexität können fünf Komplexitätsdimensionen herangezogen werden (vgl. Abbildung 1-2-10): Anzahl der Teilleistungen, Multipersonalität, Heterogenität der Teilleistungen, Länge der Leistungserstellung, Individualität der Leistung.

Anhand dieser fünf Kriterien können beispielsweise die Dienstleistungen Geldausgabeautomat, Rechtsberatung und Herztransplantation differenziert werden. **Geldausgabeautomaten** werden von Bankkunden als wenig komplex wahrgenommen, weil es sich hierbei um eine hoch standardisierte Leistung handelt, bei der es nicht zu einem persönlichen Kontakt zwischen Anbieter und Nachfrager kommt. Bei der **Rechtsberatung** ist eine höhere Komplexität anzutreffen, vor allem weil sie eine hohe Individualität und eine lange Erstellungsepisode aufweist. Schließlich kann eine **Herztransplantation** als äußerst komplex bezeichnet werden. Sämtliche Komplexitätsdimensionen weisen eine hohe Ausprägung auf.

Abbildung 1-2-10 Dienstleistungstypologie auf der Grundlage von Komplexitätsdimensionen

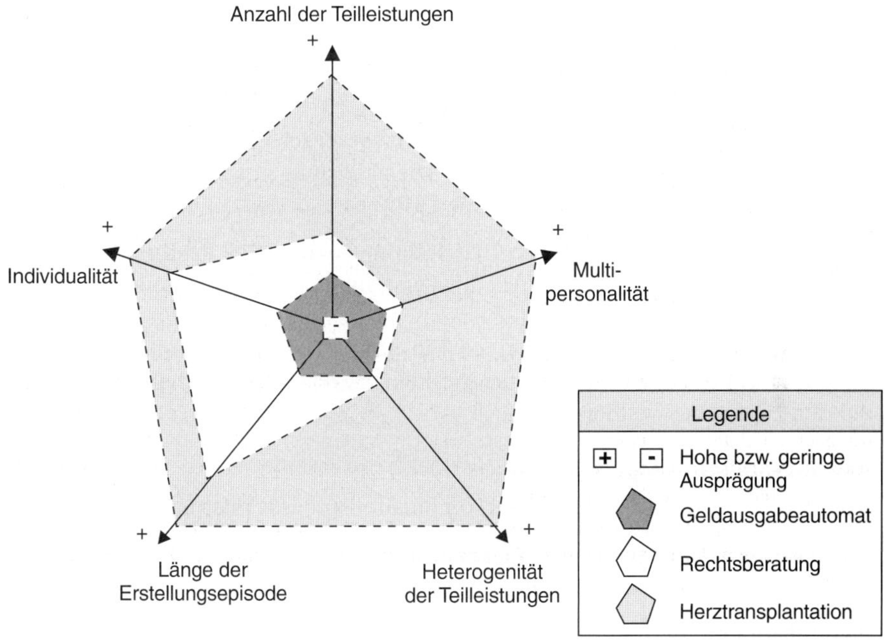

Quelle: Benkenstein/Güthoff 1996, S. 1502

Trotz der – anhand der Systematisierungen erkennbaren – hohen Heterogenität von Dienstleistungen können bezüglich ihrer Produktion Besonderheiten herausgearbeitet werden, die auf einen Großteil von Dienstleistungen zutreffen.

Ziel der Typologiebildung ist es letztlich, durch eine – zumeist zweidimensionale – Beschreibung von Erscheinungsformen die spezifische Problemstruktur zu erkennen. Darauf aufbauend ist in einem weiteren Schritt der Kaufentscheidungsprozess der Dienstleistung z. B. hinsichtlich der Bedarfsrelevanz, Kaufunsicherheiten, Kaufentscheidungskriterien und -barrieren zu analysieren, um schließlich – aufbauend auf den Eigenschaften der Dienstleistung und den Spezifika des Kaufentscheidungsprozesses – Schlussfolgerungen für den Einsatz von Marketinginstrumenten für die Dienstleistungen abzuleiten.

3. Besonderheiten der Produktion von Dienstleistungen

Während in der Allgemeinen Betriebswirtschaftslehre die Theorie über die Produktion von Gütern eine lange Tradition aufweist (Gutenberg 1979) und auch noch heute wesentlicher Bestandteil der Ausbildung von Wirtschaftswissenschaftlern ist, wurden diese Ansätze erst seit Anfang der 1970er Jahre für Dienstleistungen spezifiziert (Altenburger 1981; Corsten 1985b; Gerhardt 1987; Maleri 1997).

Bei einer Betrachtung der generellen **Begriffsabgrenzung der Produktion** erscheint eine Übertragbarkeit auf die Dienstleistungserstellung gegeben zu sein. Die Produktionstheorie will den mengenmäßigen Zusammenhang zwischen dem Produktionsergebnis (Output) und den dafür notwendigen Einsatzfaktoren (Input) aufzeigen (Heinen 1991). Diesem Ziel der Produktionstheorie können verschiedene **Begriffsinhalte** der Produktion zugeordnet werden:

- **Produktion im technischen Sinne**
  Hier wird die Produktion als Faktorkombinationsprozess interpretiert.
- **Produktion als Phase des Betriebsprozesses**
  Dabei wird die Produktion als Phase zwischen Beschaffung und Absatz beschrieben.
- **Produktion im ökonomischen Sinne**
  Die Produktion umfasst hier jegliche wertschaffende Erzeugung, d. h. letztlich die Bereitstellung von Wirtschaftsgütern zum Zwecke des Verbrauchs.

Ausgehend von diesen Produktionsbegriffen lässt sich für den Dienstleistungsbereich die Forderung ableiten, dass die Simultaneität von Produktion und Verbrauch bei Dienstleistungen sowohl bei der Analyse der Produktionsfaktoren als auch im Hinblick auf den Produktionsprozess zu berücksichtigen ist.

3.1 Faktoren der Dienstleistungsproduktion

Durch die Simultaneität von Produktion und Konsumtion, die oft die Anwesenheit und die Integration des Nachfragers erfordert, erscheint eine Differenzierung von **internen und externen Produktionsfaktoren** für die Betrachtung der Besonderheiten im Dienstleistungsmarketing sinnvoll zu sein. Als interne Produktionsfaktoren sind zunächst die in der volkswirtschaftlichen Standardliteratur behandelten primären Produktionsfaktoren Boden und Arbeit sowie der sekundäre Produktionsfaktor Kapital zu betrachten (Varian 2004, S. 326). Demgegenüber stehen die betriebswirtschaftlichen Produktionsfaktoren

Arbeit, Betriebsmittel und Werkstoffe. Beide Ansatzpunkte wurden im Hinblick auf die Produktion von Sachgütern entwickelt (Corsten 2004, S. 4). Für die Erörterung von Produktionsfaktoren bei der Erstellung von Dienstleistungen sind einige Differenzierungen dieser grundlegenden Ansätze erforderlich.

Bezüglich des Faktors Arbeit ist insbesondere dessen **Bedeutung als Potenzialfaktor** herauszustellen. Entgegen der menschlichen Arbeitsleistung bei der Produktion von Sachgütern bedeutet die Nichtlagerfähigkeit der Arbeit bei der Dienstleistung, dass die Verfügbarkeit sämtlicher (interner) Produktionsfaktoren in ausreichender Quantität und Qualität Voraussetzung ist, um eine ständige Leistungsbereitschaft für den Faktorkombinationsprozess zu gewährleisten. Diese wiederum ist aufgrund der Simultaneität von Leistungserstellung und -absatz unbedingt erforderlich.

Im Hinblick auf **Werkstoffe** (Material), die bei der Produktion von Sachgütern als Grundstoffe oder Hilfsstoffe unmittelbar in die Erzeugnisse eingehen, ist die Existenz von „Werkstoffen“ im Dienstleistungssektor am ehesten für den Bankbereich in Form von Zentralbankgeld, Formularen, Banknoten und Münzen vorstellbar. Jedoch ist die Bedeutung von Werkstoffen im System der Dienstleistungsproduktionsfaktoren insgesamt als gering einzustufen (Corsten 2001).

Zusätzlich ist anzumerken, dass die traditionelle volkswirtschaftliche Aufteilung der Produktionsfaktoren auf zentrale Eigenschaften von Dienstleistungen nicht eingeht. Während bei den originären Produktionsfaktoren dem Faktor Boden im Gegensatz zum Faktor Arbeit kaum Bedeutung zugesprochen werden kann, erscheint es gerade im Zusammenhang mit neueren Dienstleistungen sinnvoll, derivative Produktionsfaktoren in Kapital und technisches Wissen aufzuspalten, wie in der neueren volkswirtschaftlichen Literatur ausgeführt wird (vgl. z. B. Siebert 2000, S. 48). Unter dem Faktor Wissen spielen insbesondere **Technologien** als interne Produktionsfaktoren eine wachsende Rolle im Dienstleistungsbereich (vgl. Insert 1-3-1).

Am Beispiel der virtuellen Banken – wie etwa der DAB-Bank (vgl. später auch Insert 1-3-2, S. 57) – wird erkennbar, dass für die Erstellung vieler Dienstleistungen neue Technologien notwendig sind. Diese umfassen nicht allein das Internet als Plattform des Zusammentreffens von Dienstleistungsanbieter und -nachfrager, sondern ebenso Technologien zur automatisierten Durchführung von Abfragen und Transaktionen, Technologien zur Gewährleistung der Datensicherheit sowie zum Aufbau und zur Pflege komplexer Datenbanken. Die Motivation für den Einsatz entsprechender Technologien liegt zwar primär in den Kostenvorteilen für die Bank, die sich hauptsächlich aus den geringen Fixkosten für Personal und Anlagen ergeben. Diese lassen sich jedoch simultan mit größerer Flexibilität und Convenience für den Kunden realisieren. Zudem können Kostenvorteile an den Kunden weitergegeben und somit auch aus Kundensicht ein strategischer Wettbewerbsvorteil erlangt werden.

INSERT 1-3-1 VDI nachrichten, 11.06.2004, S. 16

Elektronik: Investitionswelle in First-Class-Hotels – Kostenloser Highspeed-Zugang soll Gäste locken

Hightech schmückt Luxushotels

VDI nachrichten, New York, 11. 6. 04 - Luxushotels haben Hightech als Differenzierungsmerkmal erkannt und investieren Millionen, um sich dadurch von den Budgethotels abzuheben. Die Angebote reichen vom schnellen Internet bis zur programmierbaren Matratze.

Mobile PC-Kommunikation, schnelle Internetzugänge – Hotels sind ideenreich geworden, wenn es um Geschäftskunden geht. So bietet das Hotel Mandarin in New York für den Laptop auf allen Zimmern einen festen Ethernet-Anschluss mit 1,5 Mbit/s sowie im gesamten Haus einen Zugang zum drahtlosen lokalen Netz, dem WLAN. Wer beim Einloggen Probleme hat, kann auf die eigens dafür eingestellten Fachleute zurückgreifen, die alle Betriebssysteme und Einbuchmöglichkeiten kennen.

Die Zimmer des Mandarin sind mit Glasfaser verkabelt, über die auch die Video-on-Demand-Versorgung erfolgt. „Jedes Zimmer hat einen PC, der sich unsichtbar hinter dem Sideboard verbirgt", freute sich Intel-Chef Craig Barett, als er jüngst im Mandarin sein routinemäßiges Analysten-Meeting abhielt.

Schon seit geraumer Zeit registrieren in den USA die Hightechhotels regen Zulauf und die Kenner der Branche beurteilen derartig aufwändige Hightechinvestitionen als geschicktes Marketing-Tool. „Wer seinen Aufenthalt in einem teuren Luxushotel mit der Erreichbarkeit und den besseren Arbeitsbedingungen begründen kann, hat gegenüber den hausinternen Pfennigfuchsern gute Karten", sagt Sean Hennessey, Berater für die Hotelbranche bei PricewaterhouseCoopers.

Das haben auch viele Hotelketten erkannt. So baut die Wyndham-Gruppe mit Hochdruck den WLAN-Zugang in allen Häusern aus, nachdem sich herausgestellt hat, dass deren Auslastung nach der Installation um 2 % bis 5 % ansteigt. „Mit keiner anderen Aktion waren wir jemals so erfolgreich wie mit dem universell verfügbaren kostenlosen WLAN", schwärmt der Chef der Luxuskette, Fred Kleisner, über die Kampagne. Derzeit bieten die Wyndham-Häuser ihren Stammgästen sogar einen kostenlosen Telefon- und Faxservice.

Damit ist der Bereich der Business-Unterstützung vorerst ausgereizt. In vielen Hotels hat aber schon die zweite IT-Welle eingesetzt, die auf einen besseren Service abzielt. Wer z. B. nach ein paar Monaten zum zweiten Mal im Mandarin in New York eincheckt, soll sich so fühlen, als wäre er nie abgereist. Das Zimmer hat die gleiche Temperatur wie damals um diese Tageszeit, das Videoangebot hat einen Schwerpunkt bei den Filmen, sogar die Durchwahlnummer seines Zimmers bleibt meistens.

Mehr als nur ein Bett wollen Luxushotels ihren Gästen vor allem im TV- und PC-Bereich bieten. Foto: Archiv

Die Liste der neuen Features ist lang. Wer sich z. B. seine Reservierungsbestätigung vom New-Yorker Bryant Park Hotel auf den Bluetooth-fähigen PDA beamt, braucht nicht mehr einzuchecken, sondern kann bei der Garageneinfahrt drahtlos seine Zimmerdaten laden. Der Mini-PC dient dann auch als Zimmerschlüssel.

Im „W"Boutique-Hotel am Times Square kann man an einem Terminal auschecken und sich die Rechnung als PDF-Datei an seine E-Mail-Adresse schicken lassen. Der Matratzenhersteller Aero bietet den Hotels seine „Aero Deluxe" an, deren Härtegrad sich elektronisch einstellen lässt. Der vom Gast gewählte Härtegrad lässt sich abspeichern und ist beim Wiederkommen vorprogrammiert.

Um den damit verbundenen Datenberg sicher zu beherrschen, greifen die Hotels auf bewährte Businesslösungen zurück. Das 5000 Zimmer große MGM-Grandhotel in Las Vegas installierte jüngst für alle angeschlossenen acht Häuser eine Kundenbetreuungs-Software von Ascential, um damit die Daten von 50 Mio. Gästen in Zukunft besser nutzen zu können. HARALD WEISS

@ www.mandarinoriental.com
www.bryantparkhotel.com
www.whotels.com
www.mgmgrand.com
www.wyndham.com

Neue Technologien haben sich inzwischen zu **Leistungsträgern in zahlreichen Dienstleistungsbranchen** entwickelt. Die Bereiche Elektronik, Biotechnologie, Informationstechnologie und Software, aber auch interdisziplinäre Felder wie Ergonomie und Automatisierungstechnik stellen Innovationstreiber von Dienstleistungen dar. Zum einen erfordern Technologien durch ihre Komplexität ohnehin neue Beratungs- und Betreuungsdienstleistungen. Zum anderen erschließen sie auch **neue Wege für die Erstellung von Dienstleistungen** und ebenso neue Märkte, wie die vergangenen Jahre beispielsweise im Internet, Mobilfunk, den digitalen Medien und in medizinischen Behandlungsmethoden gezeigt haben. Als interner Produktionsfaktor hat die Technologie bzw. Technik (im Sinne technischer Ausstattung) meist lediglich eine zentrale Stellung im Erstellungsprozess (z. B. SIM-Karte im Mobiltelefon) (vgl. Lovelock/Wirtz 2004, S. 191). Sie kann aber auch ein Bestandteil des Leistungsergebnisses sein (z. B. medizintechnische Implantate).

Der Einsatz von Technologien kann auch zur **Substitution und Optimierung menschlicher Arbeitsleistungen** herangezogen werden. Substitute existieren einerseits für objektbezogene Dienstleistungen. Maschinen können zunehmend von beliebigen Orten aus per Fernabfrage überprüft oder automatisch gewartet werden. Andererseits werden auch Dienstleistungen am Menschen durch Technologien automatisierbar. Beim Online Banking kann der Kunde selbständig Transaktionen durchführen. Eine umfassende Anlageberatung hingegen kann bislang nicht vollautomatisiert erstellt werden. Jedoch stehen dem Bankberater mit neuen Informationstechnologien und Software-Tools Instrumente zur Verfügung, die sowohl Effizienz als auch die Qualität der Beratung optimieren können. In weniger sensiblen Geschäften ist eine komplette Automatisierung möglich. Yellow Strom etwa hat auf der Unternehmens-Homepage einen animierten menschenähnlichen Charakter erstellt, mit dem eine ansatzweise menschliche Kommunikation realisiert werden kann (Yellow Strom 2004). Komplexe kommerzielle Schulungsprogramme bieten bereits virtuelle Lehrer, die mit Hilfe audiovisueller Erfassungsgeräte sowohl gesprochene Sprache als auch Mimik und Gestik eines Kunden interpretieren und entsprechend reagieren können (vgl. z. B. Timpe/Jürgensohn/Kolrep 2002; für weitere Technologieanwendungen im Bereich Electronic Services siehe auch Bruhn/Stauss 2002).

Eine wesentlich größere Bedeutung im Vergleich zur Sachgüterproduktion kommt bei der Produktion von Dienstleistungen außerdem **externen Faktoren** zu, bei denen folgende **Grundkonfigurationen** unterschieden werden können (Maleri 1997):

1. Materielle oder immaterielle Güter, die **von außen** (von Seiten des Dienstleistungsabnehmers) in den Produktionsprozess eingebracht werden.

2. Der Abnehmer der Leistung beteiligt sich **passiv** an der Produktion der Dienstleistung.

3. Der Abnehmer beteiligt sich **aktiv** an der Dienstleistungserstellung.

Die **Erscheinungsformen des externen Faktors** reichen dabei von menschlichen Arbeitsleistungen über materielle Objekte (z. B. Auto) bis hin zu immateriellen Objekten (Nominalgüter, Rechte, Informationen). Da erst durch die Einbeziehung des externen (Produktions-)Faktors der Dienstleistungserstellungsprozess vollzogen werden kann, stellt sich analog zur Güterproduktion die Frage nach seinem **Leistungsverzehr**.

Für die Dauer des Produktionsprozesses wird im Fall der Einbringung von Objekten dem Nachfrager in den meisten Fällen die **Verfügungsgewalt über den externen Faktor** entzogen. Dies geht einher mit einem zeitlichen Nutzungsausfall, der als Leistungsverzehr zu interpretieren ist. Der Leistungsverzehr wird folglich als ein Verbrauch von Nutzungsmöglichkeiten während des Einsatzes dieses externen Faktors im Produktionsprozess aufgefasst (Maleri 1997).

Liegt eine **passive Beteiligung des Dienstleistungsnachfragers** vor (z. B. Frisörbesuch, Krankenhausaufenthalt), ergibt sich der Leistungsverzehr aus der durch den Nachfrager aufzuwendenden Zeit. Fraglich ist allerdings, ob jeder Abnehmer einer Dienstleistung in der aufgewendeten Zeit einen Opportunitätsverlust sieht (z. B. wahrgenommener Zeitverlust bei Krankenhausaufenthalt versus Kinobesuch). Dabei ist die individuelle Bewertung abhängig von den mit der Verfügbarkeit von Zeit verbundenen Nutzenvorstellungen. Wichtig für die Bewertung des Leistungsverzehrs ist also nicht die absolut verbrauchte Zeit, sondern die für die Dauer des Produktionsprozesses verlorengegangenen Handlungsalternativen.

Die **aktive Beteiligung des Nachfragers** ist zumeist dadurch gekennzeichnet, dass dieser im Rahmen der Dienstleistungsproduktion objektbezogene, menschliche Arbeitsleistungen erbringt, die ihm durch den Leistungsgeber im Zuge einer **Externalisierung** übertragen werden (z. B. Sprachkurs, Unternehmensberatung). In diesen Fällen können die aktive Beteiligung des Nachfragers ebenso wie die unternehmensintern erbrachten objektbezogenen, menschlichen Arbeitsleistungen als Produktionsfaktoren betrachtet werden. Es ist jedoch auch in diesem Fall fraglich, inwiefern der Abnehmer seine Arbeitsleistung als ein knappes Gut ansieht und entsprechend seine Handlungsalternativen bewertet (z. B. Verhör versus Unternehmensberatung).

Der **externe Faktor** ist damit für die Dienstleistungsproduktion eine **unabdingbare Voraussetzung.** Handelt es sich beim externen Faktor um Personen und ihre Objekte, dann ergeben sich für den Anbieter Möglichkeiten für eine Externalisierung von Aktivitäten auf den Nachfrager bei gleichzeitiger Reduzierung seiner eigenen Aktivitäten. Vor diesem Hintergrund kann nun ein **Aktivitätsgrad des Nachfragers** (AG_N) ermittelt werden, der sich wie folgt ergibt (Maleri 1997; Corsten 2000, S. 149 ff.):

$$AG_N = \frac{\text{Vom Nachfrager zu erbringende Aktivitäten}}{\text{Gesamtheit der zu erbringenden Aktivitäten}}$$

$$AG_A = 1 - AG_N = \text{Aktivitätsgrad des Anbieters}$$

Es kann davon ausgegangen werden, dass die **Aktivitätsgrade von Nachfrager und Anbieter** zumindest in Teilbereichen in einer **substitutionalen Beziehung** zueinander stehen (vgl. Abbildung 1-3-1).

Abbildung 1-3-1 **Isoleistungslinie zur Substitution der Arbeitsgrade von Anbieter und Nachfrager**

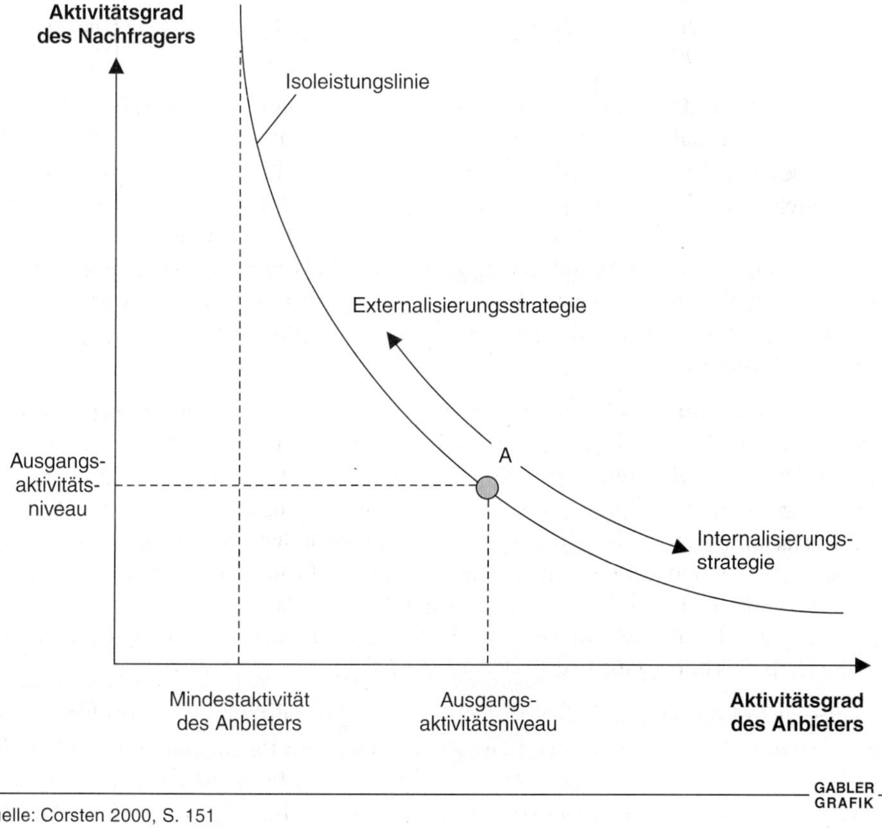

Quelle: Corsten 2000, S. 151

Der Anbieter bringt immer eine gewisse Mindestaktivität ein, da eine vollständige Verlagerung auf den Nachfrager bedeuten würde, dass dieser die Dienstleistung in Eigenarbeit erstellt (Corsten 2000).

Abbildung 1-3-2 zeigt mögliche Bewegungen auf der Isoleistungslinie durch Externalisierung bzw. Internalisierung beispielhaft anhand von verschiedenen **Restaurantanbietern** (Selbstbedienungsrestaurant, Fast-Food-Restaurant, klassisches Restaurant, Lieferservice) auf. Während im Selbstbedienungsrestaurant die Leistungen Anfahrt, Platzsuche, Bedienung und Speisezusammenstellung vom Kunden übernommen werden (Externalisierung), werden diese Prozesse und die Speisezubereitung beim Lieferservice durch den Anbieter ausgeführt (Internalisierung) (vgl. auch Insert 1-3-2).

Abbildung 1-3-2 **Beispielhafte Einordnung von Restaurantanbietern auf der Isoleistungslinie**

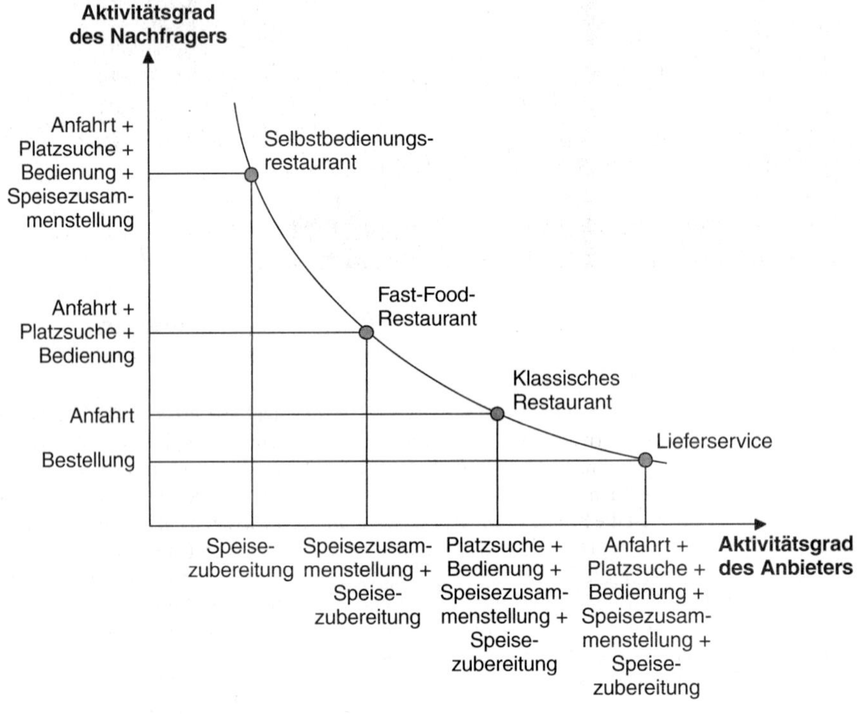

GABLER GRAFIK

INSERT 1-3-2 **Internalisierung und Externalisierung im Finanzdienstleistungsbereich: Das Beispiel HypoVereinsbank und DAB Bank**

Kurzfallstudie: HypoVereinsbank

Aus der Fusion von Bayerischer Vereinsbank und Hypo-Bank entstand im Herbst 1998 mit der HypoVereinsbank die zweitgrößte Privatkundenbank Deutschlands. Mit über 8 Mio. Kunden ist das Unternehmen gegenwärtig Marktführer im Heimatmarkt Süddeutschland sowie in Österreich und den aufstrebenden Wachstumsregionen Zentral- und Osteuropas. Gemäß dem Slogan „Leben Sie. Wir kümmern uns um die Details" ist die Kundenstrategie der HypoVereinsbank durch ein maximales Serviceniveau in Verbindung mit einem hohen Aktivitätsgrad des Anbieters geprägt (Internalisierung). Nach der sukzessiven Ausweitung des eigenen Serviceangebots führte das Unternehmen im Jahr 2000 durch die Einrichtung „multioptionaler Distributionswege" auch den aktiven Vertrieb fremder Fondsangebote ein. Das innovative Konzept bietet den Kunden ganzheitliche Betreuung bei gleichzeitig hoher Flexibilität hinsichtlich der Wahl der Vertriebsform.

Im Zuge der Optimierung des eigenen Serviceniveaus gründete die HypoVereinsbank im Jahre 1994 mit der DAB Bank (früher: Direkt Anlage Bank) Deutschlands ersten Discount Broker, der hinsichtlich der Kundenintegration eine andere Strategie verfolgt: Entsprechend dem Leitprinzip „Die Bank sind Sie" verfolgt das Unternehmen das Ziel, seine Kunden in die Lage zu versetzen, selbständige Anlageentscheidungen zu treffen (Externalisierung). So umfasst das Angebot der DAB keine Beratung beim Kauf und Verkauf von Wertpapieren, stattdessen umfangreiche Informationen und Entscheidungshilfen auf der Unternehmens-Homepage. Die Zielgruppe des Unternehmens besteht aus selbständig entscheidenden Privatanlegern (B2C) und Vermögensverwaltern, Anlageberatern, Fondsvermittlern sowie Banken und Sparkassen (B2B), denen die DAB eine breite Palette kostengünstiger, innovativer und hochautomatisierter Services anbietet.

Das Beispiel der DAB Bank zeigt eine Externalisierungsstrategie durch neue Kommunikationstechnologien. In Bezug auf Technologien ist allgemein anzumerken, dass der externe Faktor oft Einschränkungen für die Dienstleistungsproduktion bedeutet. Zunächst ist für die Erstellung von technologiebasierten Dienstleistungen oft eine entsprechende Technik auf der Seite des Kunden notwendig. So erfordert das digitale Fernsehen ebenso entsprechende Empfangsgeräte des Kunden wie die Nutzung von Webservices, Satellitentelefondiensten oder funkgesteuerten Skipässen. Kommen Technologien nicht nur in internen Prozessen der Dienstleistungsproduktion, sondern auch in Kundenprozessen zum Einsatz, so ist eine möglicherweise begrenzte **Technologieakzeptanz** des Kunden zu berücksichtigen (vgl. Chakravorti 2004, S. 22; o. V. 2001, S. 6). Die Risikowahrnehmung durch neue unbekannte Methoden, z. B. bei chirurgischen Eingriffen oder dem Online Banking, erfordert daher Kommunikationsstrategien, die den Abbau von Unsicherheiten und somit die Akzeptanz von Technologien fördern.

Eine Besonderheit des externen Faktors im Zusammenhang mit neuen Technologien tritt bei netzwerkbasierten Dienstleistungen auf. Der große Erfolg des Online-Auktionshauses Ebay gegenüber vergleichbaren Anbietern ist vor allem auf die Zahl seiner Kunden zurückzuführen, die ihre Waren über Ebay anbieten. Die Wertsteigerung, die dadurch entsteht, dass viele Personen die Plattform von Ebay nutzen und damit die Wahrscheinlichkeit für einen potenziellen Käufer erhöhen, ein gewünschtes Produkt zu finden, wurde im so genannten **„Metcalfe's Law"** festgehalten. Es besagt, dass der Wert eines Netzwerks dem Quadrat der Anzahl seiner Nutzer entspricht (vgl. Metcalfe 1995). Dies gilt für Telefonnetze ebenso wie für weitere neue Dienstleistungen. Für den Internethändler Amazon besteht der Nutzen seiner großen Kundenzahl darin, durch die Identifikation seiner Kunden deren Kaufverhalten erfassen, in Datenbanken zusammenführen und daraus individualisierte Angebote für Kunden mit ähnlichen Interessen erstellen zu können. Gleiches gilt für die Internetseite des Unternehmens Ciao.com. Die Seite, die als Plattform für Produktbewertungen (von Fahrzeugen, Elektronik, Software u. v. m.) von den Nutzern selbst „gefüllt" wird, besäße ohne die große Zahl von Nutzern und deren Bewertungen zu jedem Produkt, die sie den anderen Nutzern des Portals zur Verfügung stellen, keinen Wert.

Die hier aufgezeigten Besonderheiten der Produktionsfaktoren im Dienstleistungserstellungsprozess haben zur Entwicklung von **Produktionsfaktorensystemen** für verschiedene Dienstleistungsbranchen geführt (vgl. für Banken z. B. Haak 1982 und für Versicherungen z. B. Farny 1969; Albrecht/Zemke 1987). Zur relativ allgemeinen Betrachtung von Dienstleistungsproduktionsfaktoren kann ein **branchenunabhängiges Produktionsfaktorensystem für Dienstleistungen** angewandt werden. Beispielhaft lassen sich hierbei folgende Dienstleistungsproduktionsfaktoren unterscheiden (in Anlehnung an Maleri 1997, S. 164):

Interne Produktionsfaktoren

I. Reale immaterielle Produktionsfaktoren
   1. Menschliche Arbeit
   2. Dienstleistungen
   3. Informationen
   4. Ökonomische Potenzen
   5. Rechte auf materielle und immaterielle Güter
   6. Technologien

II. Reale materielle Produktionsfaktoren
   1. Betriebsmittel
   2. Werkstoffe (ohne Rohstoffe)

III. Nominale Produktionsfaktoren
   1. Darlehens- und Beteiligungswerte
   2. Geld

Externe Produktionsfaktoren

I. Materielle Güter des Abnehmers
   1. Immobile Sachgüter
   2. Mobile Sachgüter

II. Immaterielle Güter des Abnehmers
   1. Abnehmerseitige Arbeitsleistungen
   2. Nominalgüter
   3. Informationen
   4. Gefahren, Risiken, Probleme
   5. Rechtsgüter

III. Aktive Mitwirkung und/oder passive Beteiligung des Abnehmers
   1. Physische und psychische Energie
   2. Zeit

Der Prozess der Dienstleistungsproduktion, innerhalb dessen die Produktionsfaktoren zum Einsatz kommen, beinhaltet ebenfalls einige Besonderheiten, die abgrenzend zur Sachgüterproduktion einer differenzierten Betrachtung bedürfen.

3.2 Prozess der Dienstleistungsproduktion

Die Faktorkombination stellt die Verbindung zwischen Input und Output her und ist somit Grundlage für den **Dienstleistungserstellungsprozess.** Mit Hilfe eines geeigneten Verfahrens werden die Inputfaktoren so kombiniert, dass sie in die angestrebten Outputgüter transformiert werden können (vgl. Abbildung 1-3-3).

Die **Produktion von Dienstleistungen** verläuft üblicherweise in **zwei Phasen:** Vorkombination und Endkombination (Corsten 2001).

Abbildung 1-3-3 **Grundmodell zur Erfassung der Dienstleistungsproduktion**

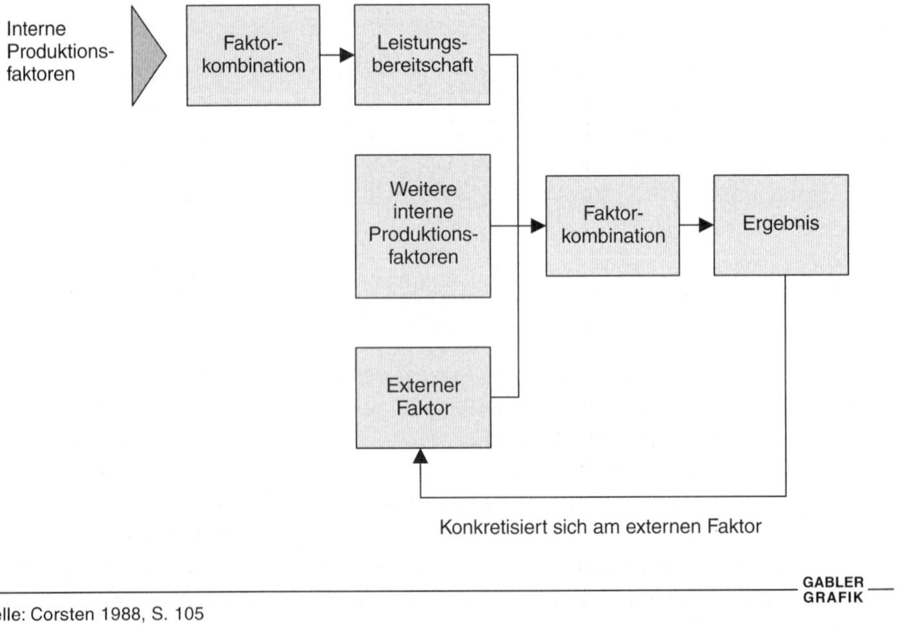

Quelle: Corsten 1988, S. 105

Im Rahmen der **Vorkombination** werden die notwendigen Leistungspotenziale aufgebaut. Dabei wird das generelle Leistungspotenzial als Kapazität bezeichnet; wichtiger jedoch ist das sofort verfügbare Leistungspotenzial, das die Leistungsbereitschaft determiniert. Die **Leistungsbereitschaft** stellt somit das Ergebnis der Vorkombination dar. Als Beispiel lässt sich hier das Hotelwesen mit den jeweiligen Bettenkapazitäten, Personal, Kücheneinrichtungen, Empfangshalle usw. nennen. Die besondere Bedeutung der Leistungsbereitschaft wird zum einen anhand der entstehenden fixen Kosten deutlich, die in Zeiten geringer Nachfrage zu Leerkosten führen. Zum anderen hat die Leistungsbereitschaft Einfluss auf die Bildung von Präferenzen (Gerhardt 1987).

Die Nutzenstiftung der Leistungsbereitschaft lässt sich in die Komponenten Beanspruchungsnutzen und Bereitstellungsnutzen aufteilen. Während der **Beanspruchungsnutzen** über die Nutzung der abgegebenen Leistung entsteht und damit für den Abnehmer „greifbar" ist, stellt der **Bereitstellungsnutzen** ein Konstrukt der latenten Wahrnehmung dar. Der Bereitstellungsnutzen wird dem Abnehmer häufig erst dann bewusst, wenn durch negative Erfahrung eine Leistung nicht im entsprechenden Umfang in Anspruch genommen werden kann.

Im Rahmen der **Endkombination** gilt es schließlich, durch das Zusammenspiel von Leistungsbereitschaft und weiteren internen Produktionsfaktoren sowie durch die Integration des externen Faktors Absatzleistungen zu erstellen.

Das **Zusammentreffen der internen Produktionsfaktoren mit dem externen Faktor** kann anhand der **Integrationswirkung** (positiv, neutral, negativ), der **Integrationsintensität** (stark, mittel, schwach) und der **Integrationsform** (physisch, intellektuell, emotional) charakterisiert werden (Meyer 1994). Mit Hilfe dieser drei Größen kann dann die Integration des externen Faktors exemplarisch beschrieben werden. Betrachtet man beispielsweise die Skigymnastik als Dienstleistung, so ist die physische Integrationswirkung aufgrund der notwendigen, körperlichen Betätigung als sehr positiv einzustufen, wohingegen die intellektuelle und emotionale Integrationswirkung eher neutral bis positiv einzustufen ist. Demgegenüber ist eine Zahnbehandlung von Kindern durch äußerst negative emotionale und physische Integrationswirkungen gekennzeichnet, während die intellektuelle Integration als neutral bezeichnet werden kann. Grundsätzlich ist festzuhalten, dass die Ausprägung der Variablen maßgeblich von der Gestaltung und Steuerung des Produktionsprozesses durch den Dienstleistungsanbieter und von den Erwartungen und Verhaltensweisen des Nachfragers selbst abhängig ist (Meyer 1994, S. 85ff.).

Auf ähnliche Weise kann auch die Wirkung der **Interaktivität der Nachfrager** auf die Dienstleistungserstellung beschrieben werden. Diese Unterscheidung stellt auf die **Interaktionen zwischen den Nachfragern** und nicht auf die Interaktionen zwischen Nachfrager und Anbieter ab. So kann von rivalisierenden Fußballfans während eines Fußballspiels eine äußerst negative physische und emotionale Interaktivitätswirkung ausgehen, während die intellektuelle Interaktivität eher nicht gegeben ist. Im Falle von studentischen Fallstudienlösungsgruppen ist die physische Interaktivitätswirkung neutral, wohingegen die intellektuellen und emotionalen Interaktivitätswirkungen in der Regel positiv sind.

Die Notwendigkeit der Einbeziehung des externen Faktors bedeutet für die Endkombination eine **Unsicherheitskomponente,** weil die sachliche Eignung dieser Faktoren und die räumlich-zeitliche Zuordnung nicht ausschließlich dem Dispositionsspielraum der Unternehmung überlassen sind. Damit besitzt die Produktion von Dienstleistungen im Gegensatz zur Sachgüterproduktion eine wesentlich **geringere produktionswirtschaftliche Elastizität,** die sich in dem Problem einer gleichbleibenden Auslastung niederschlägt. Demgegenüber ist das Absatzrisiko aufgrund der Zeitgleichheit von Produktion und Absatz geringer **(höhere Absatzelastizität)**. Das Problem der geringen produktionswirtschaftlichen Elastizität von Dienstleistungen wird noch verstärkt durch die Ausrichtung der Leistungsbereitschaft an dem zu erwartenden **Spitzenbedarf.**

Zur Steuerung der Leistungsbereitschaft können folgende **Dimensionen der Leistungsbereitschaft** herangezogen werden (Corsten 2001):

- Quantitative Dimension,
- Intensitätsmäßige Dimension,
- Zeitliche Dimension,
- Qualitative Dimension,
- Räumliche Dimension.

Da der Bestand an Potenzialfaktoren in der Regel eine gewisse Teilbarkeit aufweist, erscheint eine **quantitative Anpassung** grundsätzlich möglich. Dies trifft im Besonderen auf den Faktor menschliche Arbeitskraft zu. Hier ist an eine Umschichtung des Personals innerhalb der Unternehmung zu denken oder aber an Freisetzung bzw. Neueinstellung.

Eine **intensitätsmäßige Anpassung** hätte eine Variation der Arbeitsgeschwindigkeit zur Folge (z. B. Reduzierung der Durchlaufzeiten im Krankenhaus). Zur kurzfristigen Behebung von Spitzenbelastungen ist diese Maßnahme in ausgewählten Fällen vielleicht noch sinnvoll. Die Grenzen liegen aber zum einen in der intensitätsmäßigen Anpassung der Potenzialfaktoren (Krankenbett), zum anderen in den negativen Ausstrahlungseffekten auf den Kunden, insbesondere für verrichtungsorientierte Dienstleistungen unter Einbeziehung externer Faktoren (Rechtsanwalt, Unternehmensberatung oder gar eine Theateraufführung).

Die **zeitliche Anpassung** kann in Form von Kurzarbeit und Überstunden umgesetzt werden. Dabei sind zum einen rechtliche Restriktionen (z. B. Öffnungszeiten) zu beachten, zum anderen auch die Intensitätsschwankungen der Mitarbeiterleistung. Diese Anpassungsform bietet sich besonders für Dienstleistungen an, bei denen der Kundenkontakt eine untergeordnete Rolle spielt.

Eine Vielzahl sehr unterschiedlicher Maßnahmen eröffnet die **qualitative Dimension.** Bezogen auf die menschliche Arbeitskraft kann versucht werden, das Qualifikationsniveau an die Anforderungen der jeweiligen Aufgaben anzupassen. Die Anzahl hochspezialisierter Fachleute ist dabei gering zu halten, um demgegenüber im Sinne einer Rollenflexibilität Bündelungen von Tätigkeiten zu ermöglichen (Multispezialist).

Außerdem ist zu überprüfen, inwiefern die Aufgabenerfüllung durch **Externalisierung** verbessert werden kann. Hier wäre sowohl an eine Übertragung auf den externen Faktor, aber auch an die Einschaltung von Dritten (z. B. Subunternehmen) zu denken.

Eine weitere Maßnahme der qualitativen Anpassung stellt die **Automation** und **Mechanisierung** dar (z. B. Schuhputzautomat, Expertensystem, Fahrkartenautomat).

Im Rahmen der **räumlichen Dimension** ist zwischen dem Standort und dem Produktionsort zu differenzieren. Eine zwar nicht allgemein, jedoch häufig zu beobachtende Eigenart von Dienstleistungen ist, dass diese zwingend am Ort ihrer Verwertung produziert werden. Im Falle immobiler Leistungspotenziale des Anbieters und einer Mobilität des externen Faktors werden Standort und Produktionsort in jedem Fall identisch sein (z. B. Hotels, Krankenhäuser usw.). Die (bedingte) Standortgebundenheit der Dienstleistungsproduktion bedeutet aber nicht, dass auch der Absatz von Dienstleistungen standortgebunden ist (Maleri 1997, S. 113ff.).

Unter Berücksichtigung der Besonderheiten der Dienstleistungsproduktion wurden verschiedene branchenbezogene **Produktionsfunktionen für Dienstleistungen** abgeleitet, beispielsweise für Banken (Haak 1982), Versicherungen (Farny 1969), Informationen (Müller-Merbach 1985), Hochschulen (Stieger 1980) und allgemein für soziale und öffentliche Einrichtungen (Schellberg 2000).

4. Besonderheiten beim Absatz von Dienstleistungen

Ausgehend von den konstitutiven Merkmalen von Dienstleistungen können generelle **Besonderheiten des Dienstleistungsmarketing** abgeleitet werden, die auf die Notwendigkeit der Leistungsfähigkeit zur Erstellung von Dienstleistungen, die Integration des externen Faktors sowie die Immaterialität von Dienstleistungen zurückzuführen sind und auf Basis derer Schlussfolgerungen für das Dienstleistungsmarketing abgeleitet werden können (Uhl/Upah 1979; Levitt 1981; Lovelock 2001 und speziell zur Markierungsproblematik vgl. Stauss 1994a; Bruhn 2004b) (vgl. Abbildung 1-4-1).

Abbildung 1-4-1 **Besonderheiten von Dienstleistungen und Implikationen für das Dienstleistungsmarketing**

Besonderheiten von Dienstleistungen	Implikationen für das Dienstleistungsmarketing
Leistungsfähigkeit des Dienstleistungsanbieters	■ Dokumentation von Kompetenz ■ Abstimmung der Leistungspotenziale ■ Materialisierung der Fähigkeitspotenziale
Integration des externen Faktors	■ Transport und Unterbringung des externen Faktors ■ Standardisierungsprobleme bei bestimmten Dienstleistungen ■ Marketingorientierung im Erstellungsprozess ■ Reduzierung asymmetrischer Informationsverteilung ■ Ausschluss unerwünschter Kunden
Immaterialität des Leistungsergebnisses ■ Nichtlagerfähigkeit ■ Nichttransportfähigkeit	■ Materialisierung von Dienstleistungen ■ Koordination von Kapazität und Nachfrage ■ Flexible Anpassung der Kapazität ■ Kurzfristige Nachfragesteuerung ■ Breite Distribution bei Dienstleistungen des periodischen Bedarfs ■ Selektive Distribution bei Dienstleistungen des aperiodischen Bedarfs

GABLER GRAFIK

4.1 Notwendigkeit der Leistungsfähigkeit des Dienstleistungsanbieters

Die **Notwendigkeit der Leistungsfähigkeit des Dienstleistungsanbieters** ergibt sich insbesondere aus der Potenzialorientierung von Dienstleistungen. Keine Dienstleistung kann ohne spezifische Leistungsfähigkeiten (z. B. Know-how, körperliche Fähigkeiten, Technologie) erstellt werden. Die notwendigen unternehmerischen Maßnahmen, sowohl für die tatsächliche Leistungsfähigkeit als auch für die Kommunikation der Leistungsfähigkeit gegenüber dem Kunden, sind von der Art des jeweils für die Dienstleistungserstellung entscheidenden Potenzials abhängig. Beinhaltet dieses Potenzial etwa eine primär geistige oder kreative Leistung, so kommen andere Maßnahmen zum Einsatz als bei einer hauptsächlich technologiebasierten Dienstleistung.

Aus der Notwendigkeit der Leistungsfähigkeit des Dienstleistungserstellers resultieren folgende **Implikationen für das Dienstleistungsmarketing** (vgl. Abbildung 1-4-1):

- **Dokumentation von Kompetenzen**
  Bei fähigkeits- oder ausstattungsintensiven Dienstleistungsunternehmen sind die Leistungsfähigkeiten besonders herauszustellen, wenn sie einzigartige, herausragende Vorteile bieten (z. B. Softwareanbieter, Unternehmensberatung, Werbeagentur). Das gute Zusammenwirken von Personal und Ausstattung ist hervorzuheben, wenn die Ausstattung nicht mehr einzigartig, aber noch nicht allgemein verfügbar ist (z. B. Fluggesellschaften, Computer-Hardwarehäuser). Wenn die Ausstattung allgemein üblich ist, sind das Personal, das Unternehmen an sich oder bestimmte profilierende Leistungselemente in den Vordergrund zu stellen (z. B. Banken, Restaurants, Reinigungsunternehmen).

- **Abstimmung der Leistungspotenziale**
  Dienstleistungsunternehmen stehen verschiedene Herstellungskomponenten zur Verfügung, um Problemlösungspakete für den Endabnehmer zusammenzustellen. Dazu zählen Fähigkeiten und Ausstattung, Personal, das Methodeninstrumentarium und eine allgemeine Organisationskapazität. Dabei sind derartige Leistungspotenziale zu einem branchen-, anbieter- und kundensegmentspezifischen Gesamtpotenzial zu verbinden. Dienste, wie etwa Datenverarbeitung, Fluglinien oder Autoverleih, werden zu einem großen Teil von der physischen Ausstattung bestimmt. Andere Dienste, wie ärztliche Behandlung, werden in der Regel von Personen dominiert. Wiederum andersartige Dienstleister, wie Banken oder Versicherungen, orientieren sich am Methodeninstrumentarium und der allgemeinen Organisationskapazität. Dazu gehören Faktoren wie finanzielle Stabilität, Sachkenntnisse und hinreichende Reserven.

- **Materialisierung der Fähigkeitspotenziale**
  Bei potenzialintensiven Dienstleistungen gilt es in besonderer Weise, über die Materialisierung dieser Potenziale eine Wettbewerbsprofilierung anzustreben, insbesondere wenn es sich um Humanpotenzial handelt. Gerade der Bereich der Kommunikationspolitik ist gefordert, derartige Leistungsbeweise nach außen zu tragen. Aber auch das Erscheinungsbild von Personal, Räumlichkeiten und Ausstattung des Dienstleisters kann im Rahmen dieser Zielsetzung optimiert werden.

4.2 Integration des externen Faktors in den Dienstleistungserstellungsprozess

Bei der Systematisierung der Dienstleistungen wurde bereits angesprochen, dass ein entscheidendes Kriterium zur Differenzierung von Dienstleistungen und Arbeits- bzw. Erstellungsleistungen die Tatsache ist, dass das Objekt oder der Mensch, an dem sich die Leistungsfähigkeit konkretisiert, stets ein externer, also **außerhalb des Verfügungsbereichs des Dienstleistungsanbieters** befindlicher Faktor ist.

In dem auf Veränderungen an bestehenden Objekten oder Menschen abzielenden Prozess der Dienstleistungserstellung ist die **Integration (Einbringung) eines externen Faktors,** d. h. die Einbeziehung des Dienstleistungskunden oder eines ihm gehörenden Objektes, zwingend notwendig. Jeder Prozess der Erstellung einer Dienstleistung wird damit durch die Einwirkung eines Fremdfaktors mitbestimmt. So hängt auch gleichzeitig jedes Ergebnis eines solchen Prozesses von dem betreffenden Fremdfaktor ab.

Der externe Faktor grenzt sich von den anderen Faktoren im Erstellungsprozess dadurch ab, dass er für den Dienstleistungsersteller **nicht frei am Markt disponierbar** ist. Weiterhin bleibt er vor, während und nach dem Erstellungsprozess zum Teil in der **Verfügungsgewalt des Abnehmers der Dienstleistung.** Schließlich gilt, dass auf diesen externen Faktor während der Leistungserstellung **eingewirkt** wird. Da aber in umgekehrter Richtung auch der Abnehmer von Dienstleistungen während der Leistungserstellung (oder bei objektgerichteten Dienstleistungen zumindest bei der Abgabe seiner Objekte zur Leistungserstellung) auf den Prozess der Erstellung der Dienstleistung einwirkt, kann von einer **zweiseitigen (gegenseitigen) Einwirkung** bzw. Beeinflussung von Dienstleister und Abnehmer der Dienstleistung gesprochen werden.

Aus der Integration des externen Faktors lassen sich folgende **Implikationen für das Dienstleistungsmarketing** anführen (vgl. Abbildung 1-4-1):

- **Transport und Unterbringung des externen Faktors**
  Ein Problem, das aus der Einbeziehung des externen Faktors erwächst, ist dessen Transport und eventuelle Unterbringung (Ausprägung „Objekt“: beispielsweise Lagerung von noch zu reparierenden Fernsehgeräten; Ausprägung „Mensch“: Unter-

bringung von Kranken vor der Operation oder Warten von Patienten im Wartezimmer). Diese Problematik ist kennzeichnend für zahlreiche Dienstleistungen und daher im Rahmen des Marketing hinreichend zu berücksichtigen (z. B. Abholdienst für Reparatur- oder Dienstleistungsobjekte wie Auto oder Fernseher; ansprechende Gestaltung von Warteräumen oder die Einführung von Reservierungssystemen).

- **Standardisierungsprobleme bei bestimmten Dienstleistungen**
  Aus der Integration des externen Faktors in die Dienstleistungserstellung resultiert der individualistische, personalintensive, schwer standardisierbare Charakter vieler Dienstleistungen. Dienstleistungen des täglichen Bedarfs können jedoch als Massenprodukt vermarktet werden, indem Potenziale, Prozesse und/oder Ergebnisse zumindest teilweise standardisiert werden (vgl. Kapitel 4, Abschnitt 4.21). Besonders Dienstleistungen, die im Zusammenhang mit neuen Informationstechnologien stehen, bieten große Standardisierungspotenziale bei gleichzeitiger Individualisierung bzw. Integration des externen Faktors.

- **Marketingorientierung im Erstellungsprozess**
  Im Gegensatz zur Herstellung von Sachgütern ist der Dienstleistungsnachfrager, sofern er selbst als externer Faktor auftritt, während des Erstellungsprozesses präsent. Dies impliziert für den Dienstleistungsanbieter eine marketingorientierte Ausrichtung des Dienstleistungsprozesses. Zum einen sind die Bedürfnisse des Dienstleistungsnachfragers während der Erbringung der Dienstleistung zu berücksichtigen (z. B. angenehme Raumgestaltung, Gespräche mit dem Kunden beim Frisör, Hintergrundmusik). Zum anderen erlangt die sorgfältige Ausführung der Dienstleistungserstellung bei direktem Kontakt mit dem Nachfrager besondere Bedeutung. Diese ist im Rahmen des Qualitätsmanagements für Dienstleistungen sicherzustellen (vgl. hierzu Kapitel 5).

- **Reduzierung asymmetrischer Informationsverteilung**
  Bei der Dienstleistungsinteraktion bestehen sowohl für den Kunden als auch für den Dienstleistungsanbieter Handlungsspielräume, die zum eigenen Vorteil genutzt werden können. Aufgrund der Tatsache, dass dem Kunden (Dienstleistungsanbieter) bedeutende Eigenschaften des Dienstleistungsanbieters (Kunden) unbekannt, nicht beobachtbar oder nicht beurteilbar sind, liegt der Dienstleistungsinteraktion in der Regel eine asymmetrische Informationsverteilung zwischen den am Interaktionsprozess Beteiligten zugrunde (Lehmann 1998, S. 63ff.). Im Rahmen des Dienstleistungsmarketing ist die hieraus resultierende Unsicherheit und das damit einhergehende wahrgenommene Kaufrisiko durch Maßnahmen im Rahmen der Vertragsgestaltung sowie durch Nutzung weiterer Instrumente des Marketingmix zu reduzieren.

- **Ausschluss unerwünschter Kunden**
  Die Integration des externen Faktors bewirkt, dass der Dienstleistungserstellungsprozess oft unter Anwesenheit weiterer Dienstleistungsnachfrager erfolgt (z. B. Kneipenbesuch, Urlaub, Sprachkurs). Die Wahrnehmung der Prozessdimension der Dienstleistung durch den Kunden wird in diesem Fall auch entscheidend durch die

Eigenschaften und das Verhalten der anderen Dienstleistungsnachfrager beeinflusst. Unerwünschte Kunden sind somit neben den Personen, die nicht den Kriterien der Zielgruppe entsprechen, besonders solche Nachfrager, die Kunden der Zielgruppe z. B. durch negative Kommunikation oder bestimmte Verhaltensweisen in ihrem Konsum einschränken. Entsprechend hat der Dienstleistungsanbieter dafür Sorge zu tragen, dass solche unerwünschten Nachfrager von der Inanspruchnahme der Dienstleistung abgehalten werden (Demarketing). Hierfür kann der Dienstleister auf verschiedene Instrumente des Marketingmix zurückgreifen. So kann z. B. im Rahmen der Kontrahierungspolitik eine Ausweisleistung zum Leistungszugang eingeführt werden (z. B. „Clubkarte" für Diskothekenbesucher) (Rößl 1991).

4.3 Immaterialität des Leistungsergebnisses

Dienstleistungen wird das Merkmal der **Immaterialität** zugeschrieben. In der wissenschaftlichen Literatur wird vor allem die Frage der Immaterialität des Dienstleistungsergebnisses stark diskutiert. So stellt Maleri (1997, S. 83f.) fest, dass bei der Dienstleistungsproduktion keine Rohstoffe in Form körperlicher Substanzen eingesetzt werden, und somit das Ergebnis des Faktorkombinationsprozesses auch nicht in einem materiellen Objekt bestehen kann. Knoblich/Oppermann (1996, S. 16) argumentieren in ähnlicher Weise und konstatieren, dass ein Dienstleistungsproduzent nicht auf die Herstellung eines physischen Objektes abzielt, sondern lediglich an einem gegebenenfalls materiellen externen Faktor eine dienstleistende Verrichtung ausführt. Dabei kann durchaus eine physische Veränderung des Fremdfaktors stattfinden; es wird aber kein körperlicher, greifbarer Gegenstand generiert. Beispielsweise zielt der Betreiber einer Autowaschanlage nicht darauf ab, saubere Kraftfahrzeuge als Solche zu produzieren. Vielmehr besteht seine Zielsetzung darin, die bereits existenten Fahrzeuge seiner Kunden durch eine dienstleistende Handlung (waschen) in einen anderen (sauberen) Zustand zu versetzen. Das charakteristische Kennzeichen des Dienstleistungsergebnisses ist somit dessen Immaterialität.

Aus der Immaterialität der Dienstleistung resultieren zwei weitere Abgrenzungskriterien, so genannte **akzessorische Merkmale,** die Nichtlagerfähigkeit und die Nichttransportfähigkeit.

Die **Nichtlagerfähigkeit** impliziert, dass der Konsument einer Dienstleistung diese nur in dem Moment in Anspruch nehmen kann, in dem sie produziert wird. Das bedeutet, dass das Leistungsergebnis nicht vorproduziert werden kann. Ein Frisör kann Haarschnitte (Leistungsergebnis) erst erstellen, wenn der Kunde in den Dienstleistungsprozess „Haareschneiden" integriert wird. Ebenso ist ein Hotelier zwar im Besitz von Übernachtungspotenzialen. Die Übernachtung eines Gastes als Ergebnis der Hotelleistung ist aber erst möglich, wenn der Gast sein Hotelzimmer bezieht. Die dafür notwendigen Potenziale stehen zu einem bestimmten Zeitpunkt zur Verfügung und verfallen, wenn sie nicht genutzt werden. Leere Hotelzimmer, unbesetzte Plätze eines Linienfluges oder einer Theateraufführung, ungenutzte Stunden eines Beratungsdienstes können nicht gelagert werden, um sie in Momenten der Spitzenbelastung abzugeben.

Ferner impliziert die Immaterialität von Dienstleistungen ihre **Nichttransportfähigkeit.** Die internen und externen Produktionsfaktoren treffen zwingend im Rahmen der Dienstleistungsproduktion aufeinander **(Uno-Actu-Prinzip).** Haarschnitte oder medizinische Untersuchungen können nicht erstellt und dann räumlich transferiert werden, um sie an anderer Stelle zu erstellen. Wenn ein Frisör oder ein Arzt einen Hausbesuch vornimmt, geht zwar der Dienstleistungsersteller zum Abnehmer, die Gesamtdienstleistung wird jedoch nicht transportfähig. Die Notwendigkeit der Präsenz und der Simultaneität beschränkt sich jedoch auf die Dienstleistungsproduktion. Die Produktion und der Absatz bzw. Konsum brauchen dagegen weder zeit- noch raumgleich zu erfolgen (z. B. Hotelbuchung im Reisebüro) (vgl. Frietzsche 2001, S. 131ff.).

Die genannte Einschränkung deutet bereits an, dass es Ausnahmen gibt, und dass die Allgemeingültigkeit der Nichttransportfähigkeit einer Einschränkung bedarf. Verschiedene technologische Innovationen erlauben die Produktion von Information oder Unterhaltung und ihren simultanen Konsum an Orten, die weit vom Ursprung ihrer Erbringung entfernt sind. Als Beispiel ist die Übertragung einer Theateraufführung durch das Fernsehen oder ein telefonischer Beratungsdienst anzuführen.

Aus der **Immaterialität** als Besonderheit von Dienstleistungen lässt sich eine zentrale Schlussfolgerung für das Dienstleistungsmarketing ziehen (vgl. Abbildung 1-4-1):

- **Materialisierung von Dienstleistungen**
  Für bestimmte materielle Produkte ist eine „Immaterialisierung" notwendig, um z. B. bestimmte Imageeffekte zu erzielen (Beispiel Autos: Sicherheit; Beispiel Zigaretten: Abenteuer). Im Gegensatz dazu werden bestimmte immaterielle Dienste materialisiert (z. B. in Cellophan eingeschweißtes Besteck im Flugzeug zur Demonstration von Hygiene, Papierbezug auf Toilettenbrillen im Hotel). Auch materielle Herstellungskomponenten sind im Dienstleistungsmarketing von besonderer Bedeutung, wenn es gilt, die Aufmerksamkeit des Kunden zu wecken und auf die Art und Qualität der Dienstleistung hinzuweisen.

Aus der **fehlenden Lagerfähigkeit** resultieren folgende Implikationen für das Dienstleistungsmarketing (vgl. Abbildung 1-4-1):

- **Koordination von Kapazität und Nachfrage**
  Ein professionelles Dienstleistungsmarketing gewährleistet eine enge Koordination von Produktionskapazität und Nachfrage, um die Probleme der fehlenden Lagerfähigkeit des Dienstleistungsergebnisses zu bewältigen. In vielen Branchen stellt daher das Kapazitätsmanagement (z. B. durch Maßnahmen des Yield Managements) einen zentralen Bereich des Dienstleistungsmarketing dar.

- **Flexible Anpassung der Kapazität**
  Die Handhabung der kurzfristigen Produktionskapazität für Dienstleistungen ist hauptsächlich eine Funktion der Durchflussrate (beispielsweise „fließen“ zu vermittelnde Dienstleistungen schneller durch das Unternehmen als solche, die im Unternehmen erbracht werden), der Möglichkeit, Dienstleistungen zurückzustellen (z. B. Änderungsschneiderei, ärztliche Hilfe), des Potenzialausbaus (z. B. zusätzliche Teilzeitkräfte) und der Aufteilung der Kapazitäten (z. B. Reservierung).

- **Kurzfristige Nachfragesteuerung**
  Das Management der kurzfristigen Nachfrage nach Dienstleistungen geschieht hauptsächlich über preispolitische Maßnahmen, kommunikative Aktivitäten sowie das Angebot alternativer Dienstleistungsoptionen im Hause (z. B. besteht bei einem Kino mit mehreren Vorführräumen eine Ausweichmöglichkeit auf andere Filme).

Die **mangelnde Transportfähigkeit** führt zu folgenden Implikationen für das Dienstleistungsmarketing (vgl. Abbildung 1-4-1):

- **Breite Distributionsdichte bei Dienstleistungen des täglichen Bedarfs**
  Dienstleistungen des täglichen Bedarfs haben zur Aufrechterhaltung der Konkurrenzfähigkeit eine hohe Distributionsdichte aufzuweisen, da die Erreichbarkeit des Dienstleistungsanbieters ein zentrales Auswahlkriterium der Nachfrager darstellt (z. B. Fast-Food-Ketten, Schlüsseldienste).

- **Selektive Distribution bei Dienstleistungen des aperiodischen Bedarfs**
  Dienstleistungen, die nicht zu denjenigen des täglichen Bedarfs zählen (z. B. Angebote von Marktforschungsinstituten, Unternehmensberatern), können in räumlicher Distanz zum Kunden angeboten werden, da
  - der Verkauf durch Agenturen, per Telefon oder per Korrespondenz erfolgen kann,
  - die Kunden zur Suche von Vorinformationen bereit sind,
  - die Kunden bereit sind, Wege in Kauf zu nehmen, oder
  - die Dienstleistung zum Kunden gebracht werden kann.

Für das Dienstleistungsmarketing ergeben sich aus der Notwendigkeit der Leistungsfähigkeit, der Integration des externen Faktors sowie der Immaterialität von Dienstleistungen zahlreiche Implikationen. Diese werden in den Kapiteln 3 bis 8 näher spezifiziert, nachdem im Folgenden Ansatzpunkte einer theoretischen Fundierung des Dienstleistungsmarketing aufgezeigt wurden.

FRAGEN ZUM 1. KAPITEL

Zu Punkt 1:

- Weshalb wird für Dienstleistungen ein „eigener" Marketingansatz benötigt?
- Welche zusätzlichen Besonderheiten existieren im Dienstleistungsbereich?
- Warum wächst die Bedeutung von bzw. der Bedarf nach Dienstleistungen in Wirtschaft und Gesellschaft?
- Bei der Definition von Dienstleistungen und der Messung der Größe des Dienstleistungssektors treten verschiedene Probleme auf. Was sind mögliche Gründe dafür und welche Ansätze erscheinen zur Abgrenzung geeignet?
- Wie lässt sich der Begriff der deutschen „Dienstleistungslücke" und die Gründe für diese Lücke – z. B. im Vergleich zu den USA – erklären?

Zu Punkt 2:

- Welche Dimensionen lassen sich in Bezug auf Dienstleistungen phasenspezifisch unterscheiden und was sind deren jeweilige Merkmale?
- Inwiefern spielt die Immaterialität bei der Differenzierung von Dienstleistungen (und hinsichtlich der Dienstleistungsdimensionen) eine Rolle?
- Welche Typologien existieren für die Differenzierung von Dienstleistungen und nach welchen Kriterien finden die Klassifizierungen statt?
- Wie unterscheiden sich investive und konsumtive Dienstleistungen?
- Um welchen Dienstleistungstyp handelt es sich bei einer virtuellen Bank im Internet und wie kann Online-Banking im Rahmen der Ihnen bekannten Typologisierungsansätzen eingeordnet werden?

Zu Punkt 3:

- Wie gestalten sich die Aktivitätsgrade von Anbieter und Nachfrager bei Dienstleistungen?
- Anhand welcher Dimensionen kann die Kombination der Produktionsfaktoren und des externen Faktors bei der Dienstleistungserstellung beschrieben werden?
- Warum spielt die Zufriedenheitsforschung im Dienstleistungsbereich möglicherweise eine größere Rolle als im Sachgüterbereich?

Zu Punkt 4:

- Warum ist die Potenzialdimension beim Dienstleistungsmarketing von besonderer Bedeutung?
- Welche Aspekte sind bei der Integration des externen Faktors im Erstellungsprozess von Dienstleistungen zu berücksichtigen?
- Welche Implikationen ergeben sich aus der Immaterialität von Dienstleistungen?

KAPITEL

2 Konzepte und theoretische Grundlagen des Dienstleistungsmarketing

1. Relationship Marketing als Grundkonzept des Dienstleistungsmarketing

Die verschiedenen Theorien, die in den nachfolgenden Abschnitten näher erläutert werden, beleuchten das Dienstleistungsmarketing aus unterschiedlichen Perspektiven. Aufgabe der Theorien ist es, für die Problemstellungen des Dienstleistungsmarketing einen Erklärungsbeitrag zu liefern. Diese Problemstellungen lassen sich in zwei grundsätzliche Bereiche untergliedern. Zum einen wird eine eher **statisch** orientierte Darstellung der Problembereiche vorgenommen, die den Zustand einer einmaligen oder erstmaligen Dienstleistungstransaktion kennzeichnet. Folgen auf eine einzelne Transaktion weitere Transaktionen zwischen denselben Marktteilnehmern, führt diese Abfolge an Transaktionen dazu, dass letztlich eine Beziehung zwischen den Transaktionspartnern entsteht. Abgesehen davon, dass wiederholte Transaktionen in Dienstleistungsbranchen ohnehin üblicher sind als im Sachgüterbereich, führt der meist prozessuale Charakter der Leistungserstellung und die Einbindung des Kunden in den Erstellungsprozess hier zusätzlich eher zu einer **persönlichen Beziehung** zwischen den Transaktionspartnern. Die Entwicklung einer solchen Beziehung hat eine Vielzahl von Implikationen für das weitere Verhalten dieser Marktteilnehmer, die zum großen Teil mit den zu behandelnden Theorien erklärt werden können. Diese **dynamisch** orientierte Darstellung der Problembereiche ist Gegenstand des **Relationship Marketing,** das mit seinem Fokus auf die Steuerung von Kundenbeziehungen zu neuen Konzepten in der Marketingwissenschaft und der Unternehmenspraxis geführt hat. Vor diesem Hintergrund und auch unter der Zielsetzung, einen Rahmen für die dienstleistungsspezifische Marketinggestaltung zu schaffen, wird daher im Folgenden das Relationship Marketing den theoretischen Konzepten vorangestellt.

Unter Berücksichtigung der Auffassungen in der Literatur, dass sich das Relationship Marketing mit der Steuerung von Kundenbeziehungen befasst, wird folgende Definition zugrunde gelegt:

> **Relationship Marketing** umfasst sämtliche Maßnahmen der Analyse, Planung, Durchführung und Kontrolle, die der Initiierung, Stabilisierung, Intensivierung und Wiederaufnahme von Geschäftsbeziehungen zu den Anspruchsgruppen – insbesondere zu den Kunden – des Unternehmens mit dem Ziel des gegenseitigen Nutzens dienen (Bruhn 2001e, S. 9).

Aus dieser Definition lassen sich folgende relevanten **Merkmale des Relationship Marketing** ableiten (vgl. Bruhn 2001e, S. 10ff.):

- Anspruchsgruppenorientierung,
- Entscheidungsorientierung,

- Zeitraumorientierung,
- Nutzenorientierung.

Dem Konzept des Relationship Marketing liegt eine **Anspruchsgruppenorientierung** zugrunde, sein Gegenstand sind die Beziehungen eines Unternehmens zu seinen Anspruchsgruppen. Auch wenn sich Marketingaktivitäten auf unterschiedliche Anspruchsgruppen beziehen können (vgl. Abbildung 2-1-1), stellen die Kunden die zentrale Anspruchsgruppe dar. Demnach lassen sich zwei **Ausgestaltungsformen des Relationship Marketing** differenzieren:

- Das **Relationship Marketing im engeren Sinne** betrifft ausschließlich Kundenbeziehungen.
- Das **Relationship Marketing im weiteren Sinne** betrifft die Beziehungen des Unternehmens zu sämtlichen Anspruchsgruppen.

Abbildung 2-1-1 **Anspruchsgruppen des Marketing**

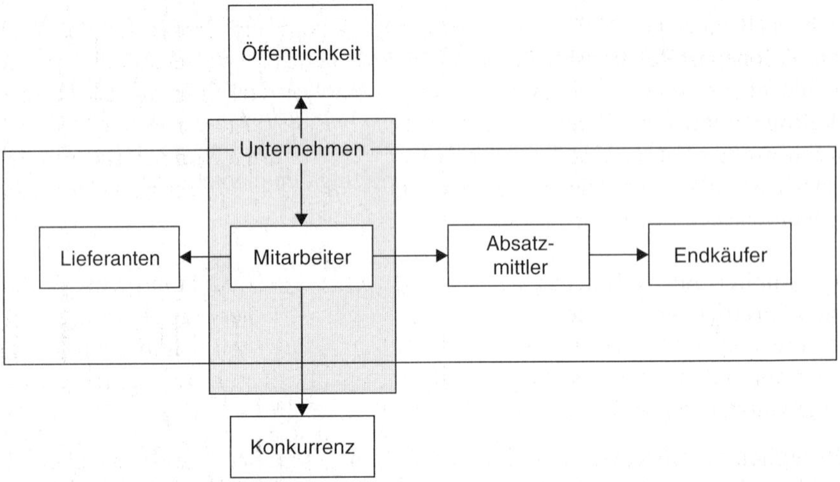

Quelle: in Anlehnung an Kotler 1997; Meffert 2000, S. 27

Für den Erfolg eines Unternehmens sind letztendlich die Kundenbeziehungen entscheidend, deren Qualität wiederum von den Beziehungen des Unternehmens zu den übrigen Anspruchsgruppen abhängt. Daher stehen die Kundenbeziehungen im Mittelpunkt der Ausführungen dieses Buches. Auf die Beziehungen zu den übrigen Anspruchsgruppen wird bei Bedarf im Einzelfall eingegangen.

Weiterhin wird unter Relationship Marketing ein Managementansatz verstanden, der durch eine **Entscheidungsorientierung** Maßnahmen der Analyse, Planung, Durchführung und Kontrolle umsetzt. Damit stellt das Relationship Marketing einen integrierten Ansatz dar, unter dessen Dach sämtliche Marketingmaßnahmen eines Unternehmens gefasst werden können. Außerdem ist auf diese Weise mit dem Konzept eine Handlungsorientierung verbunden. Es werden somit Maßnahmen festgelegt, die einer Steuerung von Beziehungen dienen.

Relationship Marketing beschäftigt sich nicht nur mit der Initiierung von Beziehungen **(Kundenakquisition),** sondern darüber hinaus mit ihrer Stabilisierung, Intensivierung **(Kundenbindung)** und – im Falle einer Aufkündigung der Beziehung durch den Kunden – Wiederaufnahme **(Kundenrückgewinnung).** Damit wird durch eine **Zeitraumorientierung** dem dynamischen Charakter von Kundenbeziehungen, vor allem durch das Konzept des Kundenbeziehungslebenszyklus, Rechnung getragen.

Schließlich verfolgt das Relationship Marketing eine **Nutzenorientierung,** indem der Nutzen für die Beziehungspartner im Vordergrund steht. Bezogen auf Kundenbeziehungen liegt der Nutzen für den Kunden in der Erfüllung seiner Bedürfnisse durch das Unternehmen, während der Nutzen für das Unternehmen in der Profitabilität bzw. Wertschöpfung durch seine Kundenbeziehungen zu sehen ist.

Die Entwicklung zum Relationship Marketing wird teilweise als ein Paradigmenwechsel bezeichnet (Brodie et al. 1997). Aufgrund der Konstituierung einer Beziehung aus Einzeltransaktionen ist Relationship Marketing jedoch nicht als eine Neudefinition des Marketinggedankens, sondern vielmehr als eine **Weiterentwicklung des traditionellen Marketing** aufzufassen (Gummesson 1994; Baker/Buttery/Richter-Buttery 1998). Diese Sichtweise wird durch eine Gegenüberstellung der **Unterscheidungsmerkmale** von Transaktionsmarketing auf der einen Seite und Relationship Marketing auf der anderen Seite deutlich (Bruhn 1999b; vgl. Abbildung 2-1-2):

- Im Hinblick auf die **Betrachtungsfristigkeit** hat das Transaktionsmarketing einen eher kurzfristigen, das Relationship Marketing einen eher langfristigen Charakter. Während sich das Transaktionsmarketing auf die kurzfristige Initiierung von Leistungsverkäufen bezieht, steht beim Relationship Marketing die langfristige Gestaltung von Kundenbeziehungen im Vordergrund.

- Bezüglich des **Objektes der Marketingaktivitäten** steht die Leistung des Anbieters im Mittelpunkt von Maßnahmen des Transaktionsmarketing, während sich Relationship-Marketing-Maßnahmen sowohl auf die Leistung als auch auf die Kunden beziehen.

- Im Gegensatz zum **Denkschema** im klassischen Produktlebenszyklus des Transaktionsmarketing betrachtet das Relationship Marketing einen Kundenlebenszyklus, um die Kundenbeziehung dauerhaft aufrecht zu erhalten.

Abbildung 2-1-2 **Vergleich zwischen dem Transaktionsmarketing und Relationship Marketing**

Unterscheidungskriterien	Transaktionsmarketing	Relationship Marketing
Betrachtungsfristigkeit	Kurzfristigkeit	Langfristigkeit
Marketingobjekt	Leistung	Leistung und Kunde
Denkschema	Produktlebenszyklus	Kundenlebenszyklus
Dominantes Marketingziel	Kundenakquisition	Kundenakquisition, Kundenbindung, Kundenrückgewinnung
Marketingfokus	Leistungsdarstellung	Leistung und Interaktion
Ökonomische Erfolgs- und Steuerungsgrößen	Gewinn, Deckungsspanne, Umsatz, Kosten	Zusätzlich: Kundendeckungsbeitrag, Kundenwert, Customer Lifetime Value

GABLER GRAFIK

Quelle: Bruhn 2004, S. 31

- Hinsichtlich der **dominanten Marketingziele** sind Maßnahmen des Transaktionsmarketing auf die Gewinnung neuer Kunden ausgerichtet. Dahingegen konzentriert sich das Relationship Marketing nicht nur auf die Kundenakquisition, sondern darüber hinaus auf die Kundenbindung und Kundenrückgewinnung.

- Der **Marketingfokus** vor dem Hintergrund eines Transaktionsmarketing bezieht sich auf die Leistungsdarstellung. Beim Relationship Marketing wird eine Interaktion mit dem Kunden angestrebt, um die Leistungen des Anbieters an den individuellen Kundenbedürfnissen auszurichten.

- Schließlich treten beim Relationship Marketing neben die klassischen ökonomischen **Erfolgs- und Steuerungsgrößen** kundenindividuelle Kennziffern wie der Kundendeckungsbeitrag, der Kundenwert und der Customer Lifetime Value als zukunftsgerichteter Wert eines Kunden über die gesamte voraussichtliche Dauer der Geschäftsbeziehung.

Bei der **Konzeptionierung des Relationship Marketing** sind einige grundlegende Ansätze zu berücksichtigen, die die Basis einer Gestaltung des Relationship Marketing darstellen.

Dazu zählt der so genannte **Kundenbeziehungslebenszyklus,** der in den letzten Jahren im Rahmen vieler Veröffentlichungen Beachtung gefunden hat. Der an den Produktlebenszyklus angelehnte Kundenbeziehungslebenszyklus beschreibt hierbei die Stärke bzw. Intensität einer Kundenbeziehung in Abhängigkeit der Beziehungsdauer. Im Rahmen dieses Konzeptes werden grundsätzlich drei Phasen unterschieden, in denen unterschiedliche Aspekte der Kundenbindung in den Vordergrund der Betrachtung rücken. Während in der Phase der Neukundenakquisition das Fundament für die Beziehung zwischen Anbieter und Nachfrager gelegt wird, gewinnt in der zweiten Phase der Aspekt der Kundenbindung an Bedeutung. Zum Ende des Kundenbeziehungslebenszyklus kann sich für den Nachfrager die Frage einer Beendigung der Kundenbeziehung stellen, so dass sich die Unternehmen auch mit der Rückgewinnung abwanderungsgefährdeter bzw. abgewanderter Kunden auseinander zu setzen haben. Abbildung 2-1-3 zeigt hierbei die Stärke bzw. Intensität einer Kundenbeziehung in Abhängigkeit der jeweiligen Phasen des Kundenbeziehungslebenszyklus.

Abbildung 2-1-3 Phasen des Kundenbeziehungslebenszyklus

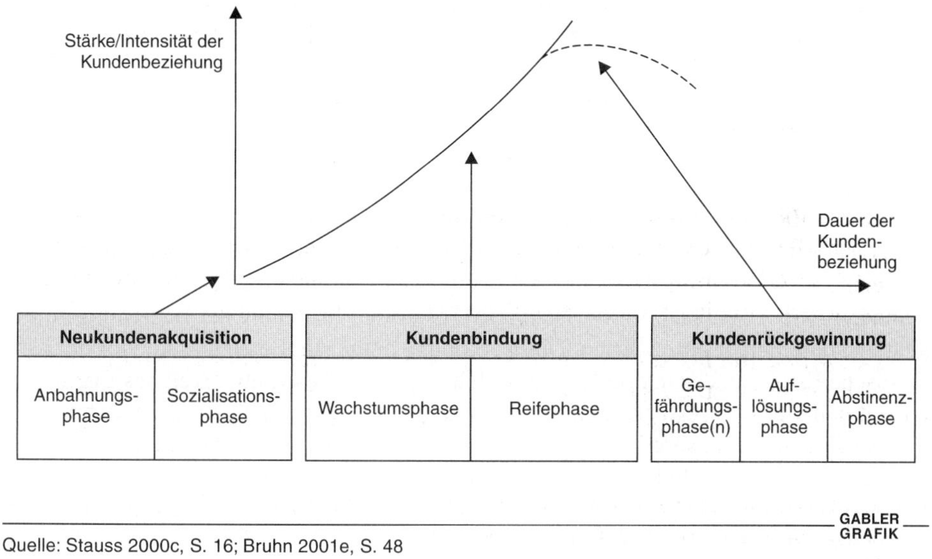

Quelle: Stauss 2000c, S. 16; Bruhn 2001e, S. 48

Die Beziehungsintensität zwischen Anbieter und Kunde steigt im Verlauf der Kundenbeziehung bis zu dem Zeitpunkt an, ab welchem der Kunde seinen Austritt aus der Geschäftsbeziehung beschlossen hat. Grundsätzlich wird diese durch eine Vielzahl von Faktoren beeinflusst. Die Messung der Beziehungsintensität bereitet in der Praxis erhebliche Operationalisierungsprobleme, so dass häufig psychologische, verhaltensbezogene und ökonomische Indikatoren zur Beschreibung dieses Konstruktes herangezogen werden. Während die **psychologischen Indikatoren** unter anderem die Konstrukte Kundenzufriedenheit, Beziehungsqualität, Vertrauen und Commitment umfassen, zählen zu den **verhaltensbezogenen Indikatoren** in erster Linie solche, die sich positiv oder negativ auf die Kundenbindung auswirken. Hierbei sind vor allem Informationen über das Kauf-, Informations-, Integrations- und Kommunikationsverhalten des Konsumenten von Interesse. Die **ökonomischen Indikatoren** lassen sich im Rahmen so genannter Kundendeckungsbeitrags- oder durch Customer-Lifetime-Value-Berechnungen operationalisieren.

Neben den stark phasenspezifischen Handlungsempfehlungen zur Gestaltung der Kundenbeziehung in Abhängigkeit der unterschiedlichen Zyklusphasen ist als theoretisches Konzept weiterhin die so genannte **Erfolgskette** von zentraler Bedeutung (vgl. Abbildung 2-1-4). Hiernach ist der Kunde bei anhaltender Zufriedenheit mit den Unternehmensleistungen im Verlauf der Geschäftsbeziehung zunehmend bereit, sich an das Unternehmen zu binden. Auf einer zweiten Stufe spiegelt sich die so erreichte Kundenbindung auch im ökonomischen Erfolg des Unternehmens wider, da der Kunde im Verlauf der Beziehung beispielsweise zunehmend bereit ist, zusätzliche Umsätze mit dem Unternehmen zu tätigen und sich seine Preisbereitschaft erhöht.

Dieser auf Basis der Erfolgskette erhobene Wirkungszusammenhang wird durch eine Vielzahl von unternehmensexternen und -internen Faktoren beeinflusst. Eine aktive Gestaltung der Kundenbeziehung unter Berücksichtigung nahezu sämtlicher Einflussfaktoren stellt daher für viele Unternehmen eine große Herausforderung dar.

Auf Seiten der **unternehmensexternen Faktoren** führt die Heterogenität der Kundenerwartungen, verbunden mit einer umweltbezogenen Dynamik und Komplexität der Märkte, zu erheblichen Problemen bei der Schaffung und Erhaltung von Kundenzufriedenheit. Die Einführung eines Relationship Marketing kann dabei jedoch nicht garantieren, dass aus einer gesteigerten Kundenzufriedenheit zwangsläufig eine erhöhte Kundenbindung resultiert. So wirken beispielsweise die Bequemlichkeit, ein niedriges Involvement des Kunden sowie mögliche Variety-Seeking-Motive einer Erhöhung der Beziehungsintensität und damit einer gesteigerten Kundenbindung entgegen. Letztendlich wird der ökonomische Erfolg eines Unternehmens auch davon beeinflusst, über welches Ertragspotenzial und welche Preisbereitschaft die einzelnen Kunden verfügen und wie hoch die Kundenfluktuation generell ist. Auf Seiten der **unternehmensinternen Faktoren** können beispielsweise die Individualität der Dienstleistung oder die Heterogenität des Leistungsspektrums eines Unternehmens grundlegende Hemmnisse bei der Schaffung von Kundenzufriedenheit darstellen.

Der Erfolg eines Dienstleistungsunternehmens hängt damit auch vom **Management der moderierenden Variablen** der Erfolgskette ab. Exzellente Dienstleistungsunternehmen zeichnen sich durch das Denken in der Erfolgskette aus, in dessen Zentrum ein professionelles Qualitätsmanagement steht. Darüber hinaus gelingt es ihnen aber auch, die externen und internen „Störfaktoren" der Erfolgskette durch den Einsatz von Beschwerde-, Kundenbindungs- und Kundenrückgewinnungsmanagement sowie Internes Marketing und Integrierte Kommunikation zu kontrollieren.

Abbildung 2-1-4 **Erfolgskette des Relationship Marketing**

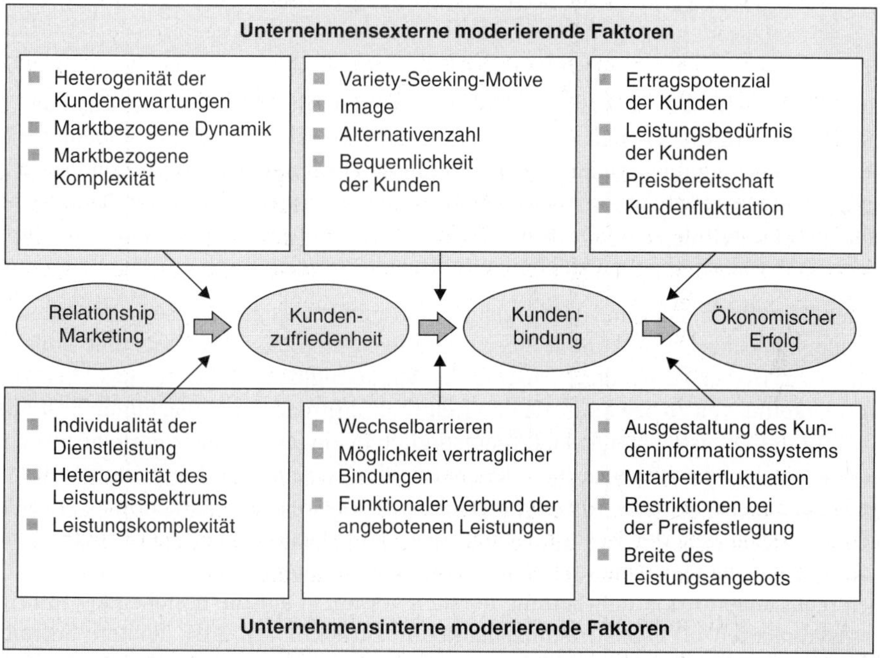

Quelle: Bruhn 2001, S. 58

GABLER GRAFIK

Dabei ist jedoch zu beachten, dass die in diesem Abschnitt dargestellte Erfolgskette des Dienstleistungsmarketing **kein allgemein gültiges Konzept** darstellt. Sie zeigt vielmehr exemplarisch auf, dass es Aufgabe von Unternehmen ist, die relevanten vorökonomischen Größen, d. h., den Input in Form des Einsatzes von Marketingmixinstrumenten und deren Wirkung beim Kunden, zu analysieren. Die in der Erfolgskette enthaltenen (Erfolgs-)Größen können in Abhängigkeit z. B. der Branche variieren. So spielt gerade auch in der Dienstleistungsbranche das Image eine bedeutende Rolle in der Kaufentscheidung. Die Beziehungsqualität ist ein anderer Faktor, der insbesondere in Business-to-Business-Branchen entscheidend für die Gestaltung von Kundenbeziehungen ist.

2. Bedeutung von Theorien zur Erklärung und Gestaltung des Dienstleistungsmarketing

Die Aufgaben, die der theoretischen Fundierung einer Forschungsrichtung innerhalb der Betriebswirtschaftslehre zukommen, lassen sich unterteilen in die **Erklärungs-** und die **Gestaltungsaufgabe.** Gemäß ihrer Erklärungsaufgabe ist es die Aufgabe theoretischer Überlegungen, zu zeigen, unter welchen Voraussetzungen dauerhaft Transaktionen zustande kommen (explikative Ausgestaltung). Demgegenüber führt eine Theorie aufgrund ihrer Gestaltungsaufgabe dazu, Handlungsempfehlungen im Rahmen eines bestehenden Zielsystems abgeben zu können (normative Ausrichtung).

Vor dem Hintergrund der im vorangegangenen Kapitel aufgezeigten Besonderheiten des Dienstleistungsmarketing kommt einer tragfähigen theoretischen Basis eine hohe Bedeutung zu. Bisher vorhandene Ansätze der Marketingtheorie sind für das Dienstleistungsmarketing neu zu bewerten, da ihre Relevanz aufgrund der aufgezeigten Besonderheiten für das Dienstleistungsmarketing lediglich in eingeschränkter Form gegeben ist. Ansätze wie die Systemtheorie oder der entscheidungsorientierte Ansatz liefern nur wenige Erkenntnisse, die über Anwendungsfelder im allgemeinen Marketing hinausgehen und berücksichtigen die Besonderheiten des Dienstleistungsmarketing nicht ausreichend. Demgegenüber bietet die Neue Institutionenökonomik mit ihren Teilbereichen einen recht hohen Erklärungsbeitrag, der sich vor allem auf die bestehenden Informationsasymmetrien im Dienstleistungsmarketing zurückführen lässt. Weitere hilfreiche Theoriekonzepte sind insbesondere im Hinblick auf das Verhalten der Marktteilnehmer traditionelle verhaltenswissenschaftliche Ansätze. Die Theorieansätze lassen sich generell drei **Paradigmen der Marketingforschung** zuordnen (Kaas 2000):

1. Neoklassisches Paradigma,
2. Neoinstitutionelles Paradigma,
3. Neobehavioristisches Paradigma.

Die beiden erst genannten Paradigmen haben ihren Ursprung in der mikroökonomischen Theorie der Volkswirtschaftslehre und unterscheiden sich vor allem im Hinblick auf die gestellten Annahmen.

Das **neoklassische Paradigma** (Nutzen-, Gewinntheorie) geht von stark vereinfachenden Annahmen aus (z. B. vollständige Information, vollkommene Rationalität, homogene Leistungen, rein preisbasierte Entscheidungen, keine Transaktionskosten) (Göbel 2002, S. 29). Insgesamt weisen die neoklassischen Theorien den Vorteil auf, theoretisch stringent und mathematisch überprüfbar zu sein. Allerdings sind sie auch mit dem Nachteil verbunden, sehr abstrakt und empirisch kaum überprüfbar zu sein. Der neoklassischen Theorie kommt somit eine wesentlich geringere Bedeutung bei der Erklärung von Fragestellungen des Dienstleistungsmarketing zu als den neoinstitutionellen und neobehavioristischen Paradigmen. Auf eine nähere Erläuterung wird deshalb verzichtet.

Die Annahmen des **neoinstitutionellen Paradigmas** (z. B. Informationsasymmetrie, begrenzte Rationalität) sind wesentlich realitätsnäher (Kaas 2000). Es handelt sich hier um eine Theorie des unvollkommenen Marktes, die die Folgen von exogener Unsicherheit über die Welt in Verbindung mit Informationsasymmetrie auf dem Markt auf die Entscheidungen der Marktteilnehmer und auf das Funktionieren von Märkten analysiert (Richter 1994; Richter/Furubotn 1996). Neoinstitutionelle Ansätze können nicht alle, aber einige wichtige konstitutive Elemente von Dienstleistungsmärkten erklären und damit eine theoretische Grundlage für das Dienstleistungsmarketing abgeben (Kaas 2000). Sie bieten zudem die Chance, die Theorie des Dienstleistungsmarketing mit anderen, institutionenökonomisch geprägten Teilen der Betriebswirtschaftslehre, wie der Organisationstheorie, der Finanzierungstheorie und dem Rechnungswesen, zu verbinden (Kaas 2001).

Das **neobehavioristische Paradigma** ist interdisziplinär, empirisch-positivistisch und anwendungsbezogen. Der interdisziplinäre Charakter bedeutet, dass Theorien aus unterschiedlichen Bereichen, wie der Psychologie, Soziologie oder Sozialpsychologie, zur Erklärung marketingrelevanter Sachverhalte herangezogen werden. Die Eigenschaft des empirischen Positivismus bringt das Prüfen von Hypothesen zum Ausdruck. Im Hinblick auf den Anwendungsbezug dienen schließlich die entsprechenden Forschungen dem Ableiten von Handlungsempfehlungen für das Management von Unternehmen (Kroeber-Riel/Weinberg 1999; Kaas 2000).

Die einzelnen theoretischen Erklärungsansätze können in unterschiedlicher Weise zum Verständnis von Dienstleistungen und der Entwicklung eines Dienstleistungsmarketing beitragen. Die theoretischen Ansätze sind vor allem im Hinblick auf ihre Berücksichtigung der grundlegenden Besonderheiten von Dienstleistungen – der Bereitstellung von Leistungspotenzialen, der Integration des externen Faktors und der Immaterialität der Leistung – zu prüfen.

3. Erklärungsansätze nach dem neoinstitutionellen Paradigma

3.1 Neue Institutionenökonomik als theoretischer Ansatz

Der zentrale Ansatz der Neuen Institutionenökonomik (NIÖ) aus Sicht des Marketing ist die Annahme von Informationsasymmetrien zwischen den Marktteilnehmern. Da sich die NIÖ mit dem Zweck und den Aufgaben von Institutionen beschäftigt, ergibt sich aus der NIÖ für die „Institution Marketing" die Aufgabe, Unsicherheitsprobleme aus Informationsasymmetrien zu beseitigen (vgl. Kaas 1995a, S. 5).

Die Informationsprobleme im Dienstleistungsmarketing lassen sich grundsätzlich in zwei Bereiche unterteilen, von denen sich der eine auf die Leistung, der andere auf den Transaktionspartner bezieht. Die Informationsprobleme konkretisieren sich durch die in Kapitel 1 erläuterten Besonderheiten Bereitstellung des Leistungspotenzials, Immaterialität der Leistung und die Integration des externen Faktors (vgl. Abbildung 2-3-1).

Abbildung 2-3-1 **Informationsprobleme zwischen Dienstleistungsanbieter und -nachfrager**

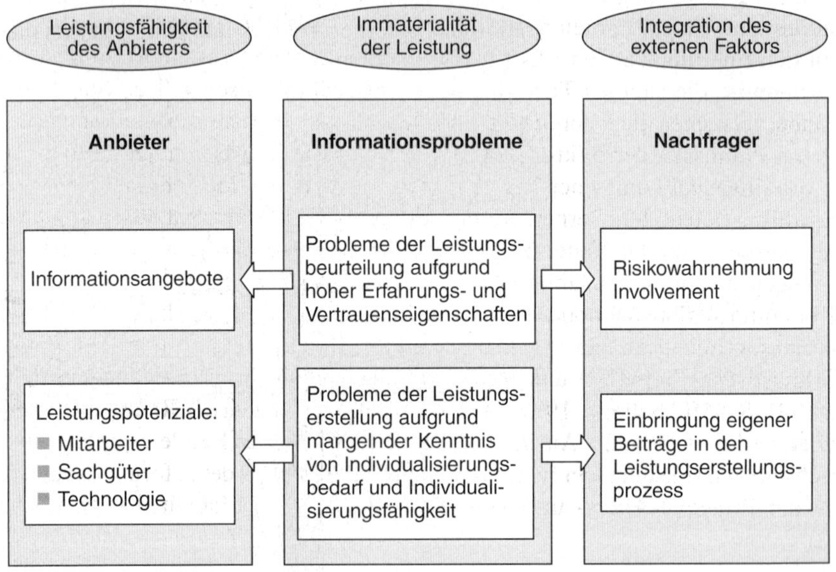

GABLER GRAFIK

Aufgrund der schlechten Beurteilbarkeit immaterieller Eigenschaften von Dienstleistungen besteht ein **leistungsbezogenes Informationsproblem** für den Kunden. Vor Inanspruchnahme der Leistung kann er weder den Erstellungsprozess noch das Ergebnis der Dienstleistung hinreichend beurteilen. Oft ist dies nicht einmal nach der Leistungserstellung möglich. Die Problematik des leistungsbezogenen Informationsproblems wird im nachfolgenden Abschnitt über die Informationsökonomik näher ausgeführt.

Neben dem leistungsbezogenen lässt sich das **transaktionspartnerbezogene Informationsproblem** auf spezifisches Wissen zurückführen, das zwischen den Transaktionspartnern unterschiedlich verteilt ist. Der Nachfrager einer Dienstleistung verfügt in der Regel über Informationen bezüglich des in die Dienstleistungserstellung einzubringenden externen Faktors, der sich in seinem Verfügungsbereich befindet. Er kennt die Ausgestaltung und damit auch den Individualisierungsbedarf, der durch seine Person oder seine Verfügungsobjekte bedingt ist. Der Anbieter auf der anderen Seite verfügt gegenüber dem Nachfrager über einen Informationsvorsprung hinsichtlich seiner für die Dienstleistungserstellung einsetzbaren Potenzialfaktoren, wobei es sich dabei um Mitarbeiter oder Sachressourcen handeln kann. Untersuchungen zeigen, dass das Verhalten der Mitarbeiter in der Interaktionssituation von den Kunden als wesentlicher Bestandteil, bei komplexen Leistungen unter Umständen sogar als Surrogat der gesamten Dienstleistung, angesehen wird. Beim Kunden besteht außerdem eine zusätzliche Informationsunsicherheit hinsichtlich des Verhaltens seines Transaktionspartners, weil dessen Absicht für den Kunden, insbesondere unter dem Gesichtspunkt der Immaterialität, nicht ersichtlich ist. Dieser Sachverhalt erfordert einen „Vertrauensvorschuss" von Seiten des Kunden, der vom Dienstleistungsanbieter ausgenutzt werden kann (vgl. insbesondere Abschnitt 3.4).

Zu den beschriebenen Problembereichen, die sich speziell bei Dienstleistungen ergeben, finden sich eine Vielzahl von Ansatzpunkten im Gedankengerüst der **Neuen Institutionenökonomik,** die sich als Theorie aus der mikroökonomischen Tradition entwickelt hat. Dabei versuchen die theoretischen Ansätze der Neuen Institutionenökonomik die restriktiven Prämissen der mikroökonomischen Theorie teilweise aufzulösen. Während diese von einem vollkommenen Markt mit den Annahmen rationalen Handelns, vollständiger Information und Sicherheit der Handlungsergebnisse ausgeht, lösen die einzelnen Forschungsbereiche der Neuen Institutionenökonomik diese Voraussetzungen partiell auf. Ausgehend von der Annahme der Unvollkommenheit der Märkte befasst sich der Bereich der Informationsökonomik mit den auf unvollkommenen Märkten vorliegenden Informationsasymmetrien und Möglichkeiten ihrer Handhabung. Darüber hinaus werden opportunistisches Verhalten und langfristig angelegte Vertragsbeziehungen betrachtet (Hax 1991, S. 55ff.; Schmitz 1997, S. 35). Institutionen dienen der **Reduktion von Unsicherheit** und sind entweder Ausdruck planvoll koordinierten Handelns oder evolutionär gewachsen. Die Existenz von Institutionen lässt sich mittels der Informationsökonomik sowie der Principal-Agent- und Transaktionskostentheorie ableiten (vgl. Abbildung 2-3-2).

Abbildung 2-3-2 Theorien der Neuen Institutionenökonomik

Theoretischer Ansatz	Grundannahmen	Erklärungspotenzial für Dienstleistungsbesonderheiten
Informationsökonomik	Existenz von Informationsasymmetrien zwischen Anbieter und Nachfrager	Lösungsansätze zur Überwindung von Informationsasymmetrien
Transaktionskostentheorie	Entstehung von Kosten durch die Nutzung des Marktes und Transaktionen	Beurteilung der Eignung bestimmter Strukturen zur Regelung und Überwachung für verschiedene Transaktionstypen
Principal-Agent-Theorie	Ausnutzen von Informationsvorteilen durch den Anbieter aufgrund unterschiedlicher Ziele von Anbieter und Nachfrager	Notwendigkeit von Anreiz- und Kontrollmaßnahmen des Leistungsnachfragers

GABLER GRAFIK

Die Funktion des Marketing wird von der Neuen Institutionenökonomik in der Förderung von Transaktionen gesehen. Marketing wirkt in diesem Sinne als eine Institution im Markt, die Unsicherheit reduziert, Anreize setzt und Transaktionskosten senkt (Kaas 1995a, S. 5; Woratschek 2001a, S. 265ff.). Marketing erzeugt zu diesem Zweck weitere Institutionen, zu denen beispielsweise bekannte Firmennamen (Dachmarken) und Geschäftsbeziehungen zählen.

Aufgabe des Dienstleistungsmarketing als Institution ist es, diese hohen Grade an Unsicherheit und an Informationsasymmetrie zu reduzieren. Diese Aufgabenstellung trägt zur Erklärung der besonderen Bedeutung der Dienstleistungsqualität, des physischen Erscheinungsbildes des Dienstleistungsunternehmens, der Qualifikation der Mitarbeiter und der Geschäftsbeziehungen im Dienstleistungsmarketing bei, da diese Aspekte alle unsicherheitsmindernd wirken. Gerade zu diesen Problemstellungen liefert die Neue Institutionenökonomik Lösungen sowohl auf explikativer als auch auf normativer Ebene.

Die **Informationsökonomik** setzt sich mit Fragestellungen der Überwindung von Informationsasymmetrien und dem Unsicherheitsphänomen bei der Informationssuche auseinander (Adler 1994, S. 34; Kaas 1995a, S. 4) und wird daher zunächst im Mittelpunkt der Diskussion über die Informationsprobleme stehen.

Ebenso wie die Informationsökonomik beschäftigt sich die **Transaktionskostentheorie** mit der Gestaltung von Austauschbeziehungen, bezieht jedoch verstärkt die Berücksichtigung von Kostenaspekten, sowohl monetärer als auch nicht-monetärer Art, mit ein (vgl.

z. B. Coase 1937; Williamson 1975, 1985; Alchian/Woodward 1988). Damit tritt die kostenseitige Bewertung von Verträgen in den Mittelpunkt der Betrachtung.

Die Analyse von Auftragsbeziehungen zwischen Auftraggeber (Prinzipal) und Auftragnehmer (Agent) ist Gegenstand der **Principal-Agent-Theorie.** Sie geht von einem Informationsdefizit des Prinzipals unter der Annahme einer begrenzten Kontrollierbarkeit des Agenten aus. Dem Agenten entstehen daher Handlungsspielräume, die er bei eigennutzmaximierendem Verhalten opportunistisch ausnutzen kann. Ziel der Principal-Agent-Theorie ist es, institutionelle Rahmenbedingungen so zu gestalten, dass der Agent im Interesse des Prinzipals handelt (Bergen/Dutta/Walker 1992, S. 4ff.).

Die **Property-Rights-Theorie** untersucht die Wirkung und Übertragbarkeit von Verfügungsrechten (Property Rights) aus einer eher rechtswissenschaftlichen Perspektive (Fischer et al. 1993, S. 449f.; Göbel 2003, S. 66ff.). Dieser Bereich bleibt im Rahmen einer betriebswirtschaftlich ausgerichteten Betrachtung des Dienstleistungsmarketing zunächst ausgeklammert.

3.2 Ansätze der Informationsökonomik

3.21 Informationsökonomische Einordnung von Dienstleistungen

Die Leistungsmerkmale eines Angebotes determinieren in hohem Maße die Beurteilungsmöglichkeiten und das Beurteilungsverhalten der Nachfrager. Die Informationsökonomik unternimmt dabei eine **Unterteilung in Such-, Erfahrungs- und Vertrauenseigenschaften** einer Dienstleistung (vgl. Adler 1994, S. 52). In das durch diese Dimensionen aufgespannte Dreieck lassen sich je nach Umfang der betreffenden Eigenschaften Dienstleistungen einordnen (vgl. Abbildung 2-3-3).

Sucheigenschaften (auch: Inspektionseigenschaften) liegen dann vor, wenn die Eigenschaften der Leistung bereits vor Vertragsabschluss beurteilt werden können. Streng genommen ist dieser Fall bei Dienstleistungen undenkbar, da die Leistung erst nach Vertragsabschluss entsteht. Es lassen sich allerdings eine Reihe von Leistungen identifizieren, die bereits einen hohen Anteil an Sucheigenschaften aufweisen. Bei Telekommunikationsleistungen ist beispielsweise die Kernleistung zwischen verschiedenen Anbietern so homogen, dass bei Transparenz der Preis genügend Informationen für die Entscheidung über den besten Anbieter bietet. Gerade hier wird bei einigen – meist im Wettbewerb benachteiligten – Anbietern aber die Strategie deutlich, Preisstrukturen gezielt intransparent zu halten, um die Vergleichbarkeit zu anderen Anbietern zu verringern.

Abbildung 2-3-3 Informationsökonomische Einordnung von Dienstleistungen

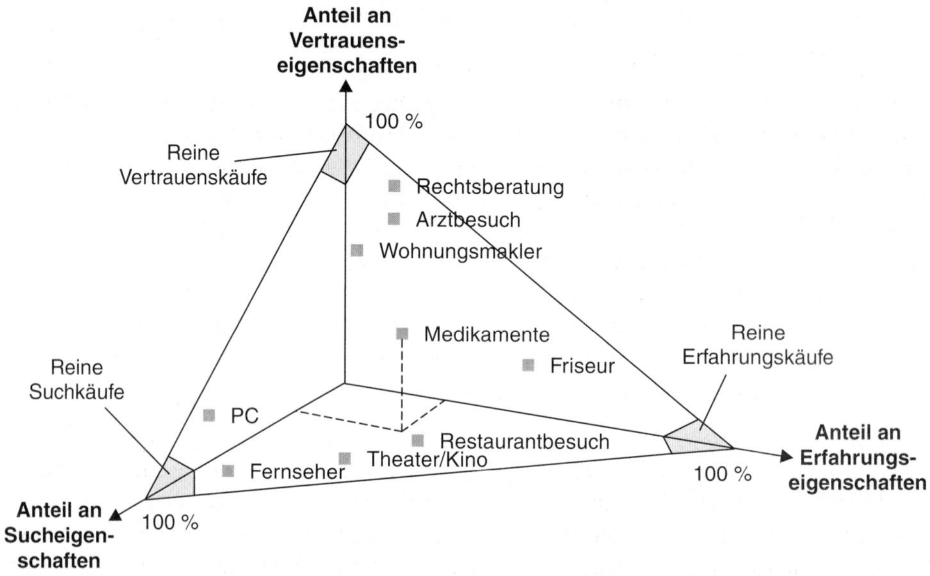

Quelle: in Anlehnung an Weiber/Adler 1995a, S. 61

GABLER GRAFIK

Erfahrungseigenschaften lassen sich erst nach bzw. während der Leistungserstellung beurteilen. Beispielsweise ist dies bei einer Urlaubsreise der Fall, bei der erst während der Leistungserstellung bzw. nach der Reise eine Beurteilung der in Anspruch genommenen Leistung erfolgen kann.

Vertrauenseigenschaften können hingegen überhaupt nicht oder zumindest nicht direkt durch einen einzelnen Nachfrager bewertet werden (Kaas 1991b, S. 17ff.). Typische Beispiele für Leistungen mit hohem Anteil an Vertrauenseigenschaften sind ärztliche Leistungen, die in ihrer Qualität möglicherweise nie beurteilt werden können.

Mit steigendem Anteil an Erfahrungs- oder Vertrauenseigenschaften nimmt der Grad an Informationsdefiziten und an Unsicherheit zu. Mittels eines so genannten **„informationsökonomischen Dreiecks"** können Leistungen auf dieser Basis je nach Dominanz einer Eigenschaft einem Such-, Erfahrungs- oder Vertrauenskauf zugeordnet werden (Adler 1994) (explikative Funktion der Theorie) (vgl. Abbildung 2-3-2). Dabei ist jedoch zu beachten, dass die Zuordnung einer Leistungseigenschaft als Such-, Erfahrungs- oder Vertrauenseigenschaft der subjektiven Wahrnehmung unterliegt und vom Beurteilungsvermögen und damit dem individuellen Urteil des Konsumenten abhängt. Weiterhin ist zu berücksichtigen, dass Dienstleistungen in ihrer Ganzheit zwar generell gut typologisiert werden können, die einzelnen Leistungsbestandteile in der Regel jedoch unterschiedlichen Charakter aufweisen. So wird am **Beispiel** der konkreten Betrachtung von Logistikdienstleistungen deutlich, dass der überwiegende Teil der Leistungsmerkmale erst nach der Inanspruchnahme zu beurteilen ist, der Preis jedoch eindeutig den Sucheigenschaften zuzuordnen ist.

Je nach informationsökonomischer Einordnung einer Leistung lassen sich **Implikationen für das Dienstleistungsmarketing** ableiten. Die Ausgestaltung der Marketingaktivitäten eines Anbieters hat sich am Informationsbeschaffungs- und Auswahlverhalten der Nachfrager zu orientieren und dementsprechend die Einteilung der Leistung zu berücksichtigen. Dabei ist es durchaus denkbar, dass eine Unternehmung eine Reihe von Leistungen anbietet, die im informationsökonomischen Dreieck unterschiedlich einzuordnen sind. Es würde sich in einem solchen Fall anbieten, über relativ unproblematische Leistungen mit einem hohen Anteil an Sucheigenschaften Neukunden zu gewinnen, um nach dem Erfahrungsaufbau das gewonnene Vertrauen des Nachfragers zu nutzen, um zunehmend Erfahrungs- und Vertrauensgüter zu verkaufen.

Die Einordnung einer Leistung im informationsökonomischen Dreieck verändert sich aus Kundenperspektive mit der Dauer einer bestehenden **Geschäftsbeziehung.** Während in vielen Fällen zunächst Vertrauens- und Erfahrungsgutcharakter überwiegen, verändert sich mit zunehmender Produkterfahrung die Einordnung hin zu einem größeren Anteil an Sucheigenschaften. Damit entfallen bei längerer Dauer der Kundenbeziehung für einige Dienstleistungen eine Reihe der leistungsbezogenen Informationsprobleme.

Die informationsökonomischen Eigenschaftstypologien untersuchen sehr umfassend die Ursachen der Unsicherheiten des Konsumenten. Auf dieser Grundlage können gezielte **Maßnahmen zum Abbau der Unsicherheit und des Kaufrisikos** entwickelt werden, die die transaktionsspezifischen Besonderheiten von Dienstleistungen differenziert berücksichtigen (Meffert 2000, S. 56).

3.22 Informationsverhalten der Transaktionspartner

Neben den bereits dargestellten Informationsproblemen hinsichtlich der zur Disposition stehenden Leistung bestehen **Informationsunterschiede** zwischen den Marktpartnern, die sich zum einen auf das Problem des externen Faktors beim Nachfrager und zum anderen auf die vorhandenen Potenziale beim Anbieter zurückführen lassen. Sowohl das anbietende Unternehmen, verkörpert durch seine Mitarbeiter, als auch der nachfragende Kunde verfügen über jeweils spezifische Informationen. Während Mitarbeiter im Regelfall über Informationsvorteile bezüglich allgemeiner Marktdaten, der eigenen Unternehmensleistung sowie der bereitstehenden Potenzialfaktoren verfügen, hat der einzelne Kunde Informationen über seinen individuellen Problemlösungsbedarf im Hinblick auf seinen einzubringenden Faktor (sich selbst als Person oder einen Sachgegenstand). Somit stehen beide Marktteilnehmer in jedem Einzelfall einer Erst- bzw. Einzeltransaktion zunächst vor einem Informationsdefizit (Spremann 1990, S. 578ff.; Grund 1998, S. 87).

Um die bestehenden Informationsdefizite zu verringern, kann sowohl die jeweils besser informierte als auch die informationsärmere Marktseite Informationsaktivitäten einleiten. Diesbezüglich lassen sich Signaling- und Screening-Maßnahmen unterscheiden. **Signaling** bedeutet dabei die Informationsübertragung von der besser zur schlechter informierten Marktseite, während mit **Screening** Informationsaktivitäten gekennzeichnet werden, die von der schlechter informierten Marktseite ausgehen (vgl. Abbildung 2-3-4).

Abbildung 2-3-4 Beispiele für Informationsaktivitäten der Marktpartner

Maßnahme / Perspektive	Signaling (Informationsaussendung)	Screening (Informationssuche)
Anbieter	**Besser informiert bezüglich der eigenen Fähigkeiten** ■ Darstellung der eigenen Potenziale ■ Referenzkunden	**Besser informiert bezüglich des externen Faktors** ■ Bonitätsprüfung von Kreditnachfragen ■ Marktforschung
Nachfrager	**Besser informiert bezüglich des externen Faktors** ■ Preisgabe konkreter Informationen zum Individualisierungsbedarf ■ Angabe eines Kundenprofils	**Besser informiert über die Potenziale der Anbieter** ■ Vergleich mehrerer Angebote ■ Mund-zu-Mund-Kommunikation

GABLER GRAFIK

Signaling-Maßnahmen beinhalten die Übermittlung glaubwürdiger Informationen, die sich von reinen Informationen durch die Qualität und Vertrauenswürdigkeit der Aussagen unterscheiden (Kaas 1995b, S. 29; Roth 2001, S. 51ff.). Aus Sicht des **anbietenden Unternehmens** haben Signaling-Aktivitäten die Funktion, glaubwürdige Informationen über die Fähigkeiten des Unternehmens zur Problemlösung und sein Einfühlungsvermögen in die Kundenprobleme zu übermitteln. Dies kann beispielsweise über die Darstellung der Unternehmenspotenziale geschehen, wobei deren Eignung über die reine Aufnahme der Eigenschaften durch die Nachfrager hinaus noch zu bewerten ist. Auch Garantien dienen dazu, dem Kunden als Vertrauensanker eine hohe Qualität zu signalisieren, da das Angebot einer Garantie für den Anbieter einer schlechten Qualität mit hohen Folgekosten verbunden ist. So lohnt es sich letztlich nur für Anbieter einer hohen

Qualität, eine Garantie abzugeben. Eine weitere Möglichkeit besteht in der Präsentation von Kunden, die eine bestimmte Dienstleistung bereits in Anspruch genommen haben und damit als Surrogate für die Leistungsfähigkeit des Unternehmens dienen können. Zur Steigerung der Glaubwürdigkeit dieser Art von Kommunikation kommen in diesem Zusammenhang vorzugsweise Kunden zum Einsatz, die bereits durch ihre Person ein hohes Potenzial an Glaubwürdigkeit für sich geltend machen können, wie es beispielsweise bei Prominenten häufig der Fall ist. Signaling aus Unternehmenssicht geschieht somit vor allem mit Hilfe der Kommunikationspolitik. Doch da die Leistung lediglich im Rahmen des Erstellungsprozesses selbst beurteilt werden kann, ist der Wahrheitsgehalt unternehmensseitiger Signaling-Aktivitäten durch den Nachfrager letztlich erst nach der Inanspruchnahme einer Leistung zu beurteilen (Kaas 1990, S. 541).

Die Möglichkeiten des Reputationsaufbaus durch wiederholtes Signaling gegenüber Kunden sind Gegenstand **mehrperiodischer Signalingmodelle** des Marketing (Klein/ Leffler 1981; Shapiro 1983; Woratschek 2001a). Machen die Konsumenten die positive Erfahrung, bei einem Anbieter über mehrere Perioden Leistungen mit hoher Qualität bezogen zu haben, so korrigieren sie ihr Wahrscheinlichkeitsurteil nach oben und erwarten, dass auch in den folgenden Perioden eine hohe Qualität erstellt wird. Die Erwartungen einer hohen Qualität sind verbunden mit einer höheren Zahlungsbereitschaft dieser Konsumenten. Durch die höhere Preisbereitschaft können so genannte **Reputationsprämien** abgeschöpft werden, die Anbieter mit einer hohen Dienstleistungsqualität davon abhalten, zu Gunsten kurzfristiger Gewinnerhöhungen das Niveau der Qualität abzusenken (vgl. Rappold 1988, S. 25; Roth 2001, S. 53).

Signaling ist jedoch nicht dem Dienstleistungsanbieter vorbehalten. Auch **Nachfrager** entfalten vielfältige Signaling-Aktivitäten. Sie kommunizieren dem Anbieter relevante Informationen, die ihm eine Einschätzung über den Individualisierungsbedarf einer Leistung für den betreffenden Kunden ermöglichen. Ein Beispiel für eine solche Art des Signaling ist in der Vorlage von Zeugnissen zu sehen, die einem Anbieter von Sprachkursen eine Einschätzung des Könnens des jeweiligen Interessenten vereinfachen und ihn entsprechend seinem individuellen Können einordnen. Auch ein Kostenvoranschlag für eine Autoreparatur stellt eine Signaling-Aktivität dar, da sie dem Reparaturunternehmen ermöglicht, die zeitliche Einplanung der notwendigen Arbeiten gegenüber dem Kunden transparent darzustellen. In quantitativer Hinsicht sind Signaling-Aktivitäten der Nachfragerseite seltener zu finden als solche der Anbieterseite.

Unter **Screening** wird die aktive Informationsbeschaffung durch den schlechter informierten Marktpartner verstanden (Spence 1976, S. 592ff.). Aufgrund der wechselseitigen Informationsdefizite ergreifen jeweils beide Marktseiten die Initiative zur Informationssuche.

Für den **Anbieter** ist das Screening jedes einzelnen Kunden möglicherweise sehr kostenintensiv. Als Beispiel sei hier die individuelle Bonitätsprüfung von Kunden vor einer Kreditvergabe genannt. Eine Möglichkeit des vereinfachten Screenings besteht, wenn sich ein Nachfrager anhand einiger weniger Indikatoren klar einem Kundensegment zuordnen lässt und seine für die Transaktion wesentlichen Merkmale mit denen des bekannten Segments übereinstimmen. Hier ließe sich wiederum das **Beispiel** der Sprachschule aufgreifen, wenn der Anbieter im Rahmen seiner Screening-Aktivitäten Einstufungstests durchführt, die ihm die Zuordnung der Kunden zu unterschiedlichen Kursen ermöglichen. Häufig kommen auch Schemata der Selbsteinordnung in Betracht. In der Literatur ist unter diesem Stichwort das Beispiel von einer Versicherung bekannt, die ihre Unsicherheit über die Schadenswahrscheinlichkeit seiner Versicherungsnehmer reduzieren will. Der Versicherungsnehmer hat dabei besseres Wissen über seine Schadenswahrscheinlichkeit als die Gesellschaft. Die Versicherung gibt verschiedene Tarife vor, bei denen der Kunde seine Informationen über die Schadenswahrscheinlichkeit offenbart (Woratschek 2001a, S. 266).

Häufig können **Kunden** wegen der Komplexität der angebotenen Leistungen und hohen Marktintransparenzen in vielen Dienstleistungsmärkten ihre Informationsdefizite durch Screening-Aktivitäten nicht ausreichend abbauen. Dabei bedeutet Screening die systematische Analyse möglicher Anbieter vor dem Hintergrund des eigenen spezifischen Problemlösungs- und Individualisierungsbedarfs. Dies wird darüber hinaus durch einen hohen Anteil an Erfahrungs- und Vertrauenseigenschaften vieler Dienstleistungen erschwert (Grund 1998, S. 87f.). Der Nachfrager ist somit häufig nicht in der Lage, seine Screening-Aktivitäten in ausreichend differenzierter Art und Weise durchzuführen.

Screening und Signaling wurden bereits für die **Marketingmixinstrumente** Preis, Werbung, Garantien und Vertrieb getestet. Die Modellierung anderer Variablen, die im Dienstleistungsbereich zusätzlich relevant werden, wie z. B. die Prozesspolitik (Process), die Personalpolitik (Personal) und die Ausstattungspolitik (Physical Evidence) als Signaling-Instrumente steht noch aus (Roth 2001, S. 50ff.). Zusammenfassend sind die Informationsaktivitäten in Abbildung 2-3-5 dargestellt.

Aus den hohen Aufwendungen für Informationsaktivitäten ergibt sich unmittelbar ein Einflussfaktor für den ökonomischen Nutzen einer Kundenbindung und somit einer **Geschäftsbeziehung** im Dienstleistungsmarketing. Bei Folgetransaktionen zwischen den gleichen Marktpartnern werden eine Vielzahl von Informationen nicht mehr benötigt, da zum einen die Leistungsfähigkeit des Anbieters, zum anderen der Individualisierungsbedarf des Nachfragers nunmehr bekannt sind. Gleichzeitig steigt durch die bisher gemachten Erfahrungen die Glaubwürdigkeit der übermittelten Informationen sowie die Wahrscheinlichkeit der Erstellung einer den Kundenerwartungen entsprechenden Dienstleistung (Grund 1998, S. 89f.).

Abbildung 2-3-5 Screening und Signaling als Prozess der Marktinformation

		Anbieter	Nachfrager
Signaling	Information	**Informationen für den Nachfrager** ■ Leistungsqualität ■ Servicegarantien ■ Reputation/Image	**Informationen für den Anbieter** ■ Zahlungsfähigkeit ■ Zuverlässigkeit ■ Kooperationsfähigkeit
	Aktivität	■ Klassische Werbung ■ Direktmarketing ■ PR/Sponsoring	■ Liquiditätsnachweis ■ Persönliche Kommunikation ■ Selbstbindungen
Screening	Information	**Informationen über den Nachfrager** ■ Kundenzufriedenheit ■ Kundenerwartungen/Einstellungen ■ Kaufkraft/Bonität	**Informationen über den Anbieter** ■ Leistungsfähigkeit ■ Preis-Leistungs-Niveau ■ Qualitätszertifikate
	Aktivität	■ Klassische Marktforschung ■ Persönliche Kommunikation ■ Beschwerdemanagement	■ Persönliche Kommunikation ■ Testkäufe/Preisvergleiche ■ Testzeitschriften/-institute

GABLER GRAFIK

Quelle: in Anlehnung an Mann 1998, S. 111

Zusammenfassend liegt der Fokus der Informationsökonomik im Hinblick auf die Betrachtung von dienstleistungsspezifischen Besonderheiten auf der Immaterialität der Leistung. Die Theorie nimmt Bezug zu Informationsasymmetrien und damit verbunden zu den von den Transaktionspartnern wahrgenommenen Unsicherheiten bei der Leistungsbewertung, die hauptsächlich durch Immaterialität begründet sind. Weiterhin werden Maßnahmen zur Reduktion dieser Unsicherheiten, d. h. zum Ausgleich der Informationsasymmetrien, benannt. Mit Hilfe der Informationsökonomik können Implikationen für notwendige Kommunikationsstrategien von Dienstleistungsunternehmen gezogen werden. Allerdings berücksichtigt die Informationsökonomik weder das durch die Informationsasymmetrien tatsächlich verursachte Verhalten der Transaktionspartner noch weitere Besonderheiten von Dienstleistungen und ist daher nur eingeschränkt oder sehr allgemein zur Ableitung von Strategien im Dienstleistungsmarketing geeignet.

3.3 Ansätze der Transaktionskostentheorie

Die Transaktionskostentheorie liefert zahlreiche Anhaltspunkte zur Untersuchung dienstleistungsmarketingspezifischer Fragestellungen, die in weiterführende Erkenntnisse des Dienstleistungsmarketing münden. Aus der Auflösung von Prämissen der klassischen Mikroökonomie entsteht eine größere Realitätsnähe und somit ein besseres Erklärungspotenzial für eine Vielzahl an Problemstellungen (Williamson 1975, S. 8; Arrow 1985; Schmitz 1997, S. 35; Homburg 2000, S. 40f.).

Untersuchungsgegenstand der Transaktionskostentheorie ist die **Gestaltung von Institutionen unter Kostenaspekten.** Eine der grundlegenden Fragestellungen der Transaktionskostentheorie setzt sich beispielsweise mit der idealen Organisationsform einer Unternehmung im Spannungsfeld von Markt und Hierarchie auseinander (Coase 1937, S. 388ff.; Williamson 1975, S. 8ff.). Sie betrachtet dabei insbesondere Strukturen, die zur Koordination von Transaktionen dienen und als „Governance Structures" bezeichnet werden. Zumeist liegen in der Praxis und auch im Falle von Dienstleistungsunternehmen hybride Formen der Koordination vor. Im Extremfall können Unsicherheiten abgebaut werden, indem eine Integration der Unternehmungen erfolgt. Die Transaktionskosten beeinflussen dabei wesentlich die Auswahl einer vorteilhaften Koordinationsform, insoweit sind die Transaktionskostentheorie und die hybriden Koordinationsformen z. B. in Form von Franchisingsystemen im Dienstleistungsbereich relevant. Grundlage der Untersuchungen ist die Feststellung von Bestimmungsfaktoren für die Höhe der Transaktionskosten, die sich in Kosten für Anbahnung, Aushandlung, Kontrolle und Durchsetzung von Verträgen unterscheiden lassen, wobei neben monetären Kosten auch ökonomische Nachteile (z. B. Zeit, Mühe, entgangene Gewinne usw.) relevant sind (Roth 2001, S. 54). Weiterhin lassen sich die Kosten nach dem Zeitpunkt ihrer Entstehung in Ex-ante-Kosten, die vor der Transaktion entstehen, sowie Ex-post-Kosten nach der Transaktion einteilen (Kaas 1995a, S. 4; Rindfleisch/Heide 1997, S. 31).

Abbildung 2-3-6 gibt einen Überblick über die Elemente und Wirkungsbeziehungen des Transaktionskostenansatzes. Im Weiteren werden diese Elemente und Wirkungsbeziehungen im Hinblick auf das Dienstleistungsmarketing weiter konkretisiert.

Die bereits aufgezeigten Informationsasymmetrien und die daraus resultierenden Informationsprobleme im Dienstleistungsmarketing führen demzufolge zu im Vergleich mit anderen Marketingteilbereichen hohen Transaktionskosten. Die Senkung dieser Transaktionskosten wird damit zu einer wichtigen Aufgabe des Dienstleistungsmarketing, um eine möglichst große Zahl an erfolgreichen Transaktionen zustande kommen zu lassen.

An einer **Senkung der Transaktionskosten** sind in der Regel sowohl Nachfrager als auch Anbieter interessiert. Aufgrund der Immaterialität der Leistung ist zu beachten, dass die Informationsbeschaffung in Bezug auf Dienstleistungen erschwert ist. Jedoch ist auch die individuelle kognitive Informationsverarbeitung von sich verändernden Umweltbedingungen grundsätzlich limitiert. Beim Nachfrager ergeben sich dadurch in monetärer Hinsicht **schwer quantifizierbare Kosten** wie kognitive Anstrengungen, Mühe,

Ärger usw. für die Qualitätsbeurteilung der Dienstleistung, die aus Sicht der Transaktionskostentheorie zu berücksichtigen sind. Darüber hinaus resultiert die limitierte Informationsbeschaffung und -verarbeitung in einer beschränkten Rationalität, da nicht alle verfügbaren Informationen zur Entscheidung herangezogen werden.

Abbildung 2-3-6 Elemente und Wirkungsbeziehungen des Transaktionskostenansatzes

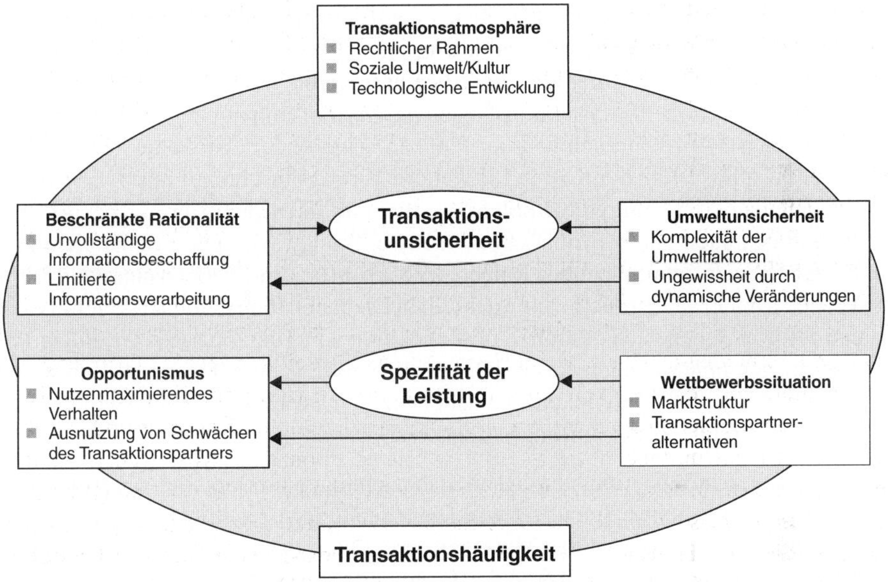

Quelle: Mann 1998, S. 126

GABLER GRAFIK

Neben den bereits im Rahmen der Informationsökonomik genannten und mit Transaktionskosten verbundenen Verfahren von Signaling und Screening kommt im Dienstleistungsbereich der Mund-zu-Mund-Kommunikation bestehender Kunden an potenzielle Neukunden eine besondere Bedeutung zu. Auf diese Weise lassen sich Transaktionskosten senken, da die eigene Leistungserfahrung durch die Leistungserfahrung Dritter ersetzt wird. Diese transaktionskostensenkende Eigenschaft der **Mund-zu-Mund-Kommunikation** bedeutet dabei nicht, dass sie sich ausschließlich positiv für das betroffene Unternehmen auswirkt; lediglich die Kaufentscheidung der Kunden vereinfacht sich.

Neben hohen nicht-monetären Transaktionskosten ist die Spezifität der Leistung ein weiterer Kostenfaktor bei Dienstleistungen. Diese ist entweder durch eine besondere **Wettbewerbssituation** des Anbieters oder die Integration des externen Faktors begründet.

Bezüglich des externen Faktors heißt das, die auf Wunsch des Nachfragers individualisierten oder vom Nachfrager selbst eingebrachten Leistungsbestandteile sind so komplex, dass ein nachträglicher Anbieterwechsel mit hohen zeitlichen oder monetären Kosten verbunden ist (z. B. ärztliche Untersuchungen; notwendige Folgeprojekte eines Beratungsauftrags). Ferner führt eine größere Spezifität der Leistung zu einer größeren Abhängigkeit des Nachfragers. Diese kann vom Anbieter durch **opportunistisches Verhalten** ausgenutzt werden. Ein solches Risiko erhöht die Transaktionskosten weiter.

Hier kommt die **Transaktionshäufigkeit** zum Tragen, die sich für beide Transaktionspartner kostensenkend auswirken kann, denn aus der Perspektive der Transaktionskostentheorie ist nicht so sehr die statische Sicht einer Einzeltransaktion entscheidend. Vielmehr kommt der **dynamischen Betrachtung** einer Reihe von aufeinander folgenden Transaktionen im Rahmen einer **Geschäftsbeziehung** eine besondere Bedeutung zu, da diese aufgrund der hohen Transaktionskosten bei Vertragsanbahnung mit hohen Vorteilen verbunden ist. Auf Unternehmensseite sinken insbesondere bei hoher Transaktionshäufigkeit beispielsweise die Kosten für weitere Vertragsabschlüsse mit den betreffenden Kunden, da deren konkreter Problemlösungs- und Individualisierungsbedarf sowie weitere Kundendaten und Informationen (z. B. bei Bankgeschäften, Frisör) nicht mehr grundlegend neu zu ermitteln sind (Reichheld/Teal 1998). Für die Konsumenten entfallen bei wiederholter Inanspruchnahme desselben Dienstleistungsanbieters Such-, Wechsel- und Informationskosten. Durch die Entwicklung von **Vertrauen** als Grundlage von Geschäftsbeziehungen können darüber hinaus Kontrollkosten reduziert werden (Grund 1998, S. 93f.). Vertrauen entwickelt sich dabei letztlich aus Erfahrungen, die im Rahmen einer wiederkehrenden Interaktion gemacht werden.

Aus der besonderen Bedeutung von Geschäftsbeziehungen im Dienstleistungsmarketing und der regelmäßig hohen Spezifität von Dienstleistungen resultiert häufig eine hohe **Bindungsintensität** zwischen den Marktpartnern. Diese Bindung besteht zwar auf beiden Seiten, sie kann jedoch aufgrund der Höhe der spezifischen Investitionen für eine Seite besonders gewichtig sein, so dass Verhandlungsspielräume entstehen (Kaas 1995b, S. 34f.; Schumann/Meyer/Ströbele 1999). In der Situation von Verhandlungen über Folgeverträge nach Beendigung eines Vertragsverhältnisses im Rahmen von Geschäftsbeziehungen tritt dieses Abhängigkeitsungleichgewicht besonders zu Tage.

Im Falle einer Abhängigkeit des Anbieters vom Nachfrager kann letzterer mit einem Wechsel zu anderen Anbietern drohen. In einer solchen Situation kommt die Vorteilhaftigkeit von spezifischen **Investitionen in Humankapital** zum Tragen, aus der eine eindeutige Vorteilssituation gegenüber anderen Wettbewerbern bei Verhandlungen für Folgeverträge resultieren kann. Die Spezifität des Humankapitals ist insoweit vorteilhaft, da sie zwar zum einen eine individuelle Problemlösung ermöglicht, zum anderen einen anderweitigen Einsatz des Humankapitals nicht ausschließt. Williamson stellt daher die besondere Bedeutung von transaktionsspezifischem Humankapital gegenüber transaktionsspezifischem Sachkapital heraus (Williamson 1985; Schumann/Meyer/Ströbele 1999). Somit bietet die Transaktionskostentheorie einen Erklärungsbeitrag für die Bedeutung der Humanressourcen im Dienstleistungsmarketing.

Zu den weiteren dienstleistungsmarketingbezogenen Untersuchungsgegenständen der Transaktionskostentheorie zählen Untersuchungen über die unternehmensinterne Marketingorganisation sowie über internationale Markteintrittsstrategien (Rindfleisch/Heide 1997, S. 30). Darüber hinaus werden die Problemkreise Vertrauensmanagement, Potenzialpolitik und Management der Problemdefinition als weitere Untersuchungsfelder der Transaktionskostentheorie diskutiert.

Der zentrale Ansatz der Transaktionskostentheorie, sowohl alle im Zusammenhang mit einer Transaktion auszuführenden Tätigkeiten als auch Unsicherheitsfaktoren mit Kosten zu belegen, führt zu einem **differenzierten Kostenverständnis,** das einige dienstleistungsspezifische Besonderheiten erklären kann. Die Transaktionskostentheorie beschränkt sich bei den Unsicherheiten im Gegensatz zur Informationsökonomik jedoch nicht auf Informationsasymmetrien, sondern berücksichtigt zusätzlich Unsicherheiten, die in Umweltbedingungen und -veränderungen begründet sind. Weiterhin bezieht sie die Spezifität der Leistung als verhaltenssteuernden Kostenfaktor mit ein. Im Vordergrund steht hier allerdings das opportunistische Verhalten, d. h. das Ausnutzen von Schwächen des Transaktionspartners. Dies kann zum einen dadurch hervorgerufen werden, dass eine hohe Spezifität der Leistung aufgrund eines nur geringen Angebots besteht. Zum anderen kann eine hohe Spezifität der Leistung auf einen hohen Individualisierungsgrad zurückzuführen sein. Zwar spielt somit die Bereitstellung von Leistungspotenzialen und auch die Integration des externen Faktors eine Rolle. Allerdings vermag die Transaktionskostentheorie weitere Einflüsse auf das Verhalten der Transaktionspartner – wie z. B. Involvement, Commitment und situative psychologische Faktoren – nicht direkt mit einzubeziehen. Wiederholte Transaktionen mit demselben Partner werden allein über die Abnahme von Transaktionskosten aufgrund des geringeren Informationsbedarfs erklärt, wodurch einige relevante Aspekte des menschlichen Verhaltens in Transaktionsbeziehungen außer acht gelassen werden.

3.4 Ansätze der Principal-Agent-Theorie

Die Principal-Agent-Theorie untersucht Beziehungen, die durch **Unsicherheit** und **Informationsasymmetrien** gekennzeichnet sind, wie dies bei den meisten Dienstleistungen der Fall ist. In einer solchen Beziehung gilt derjenige als Prinzipal, dessen Informationsdefizite größer sind und dessen Abhängigkeit vom Verhalten der anderen Partei überwiegt (Grund 1998, S. 95).

Bei Dienstleistungstransaktionen können jedoch Rollenzuteilungen häufig nicht eindeutig festgelegt werden, da auf beiden Seiten Informationsasymmetrien bestehen. Bei einer Mitarbeiter-Kunden-Beziehung im Dienstleistungsbereich liegt oft eine alternierende, d. h. **wechselnde Principal-Agent-Rollenverteilung** vor. Darunter ist zu verstehen, dass teilweise der Nachfrager, teilweise das Unternehmen über Informationsdefizite verfügt. Dies liegt in der Notwendigkeit einer Integration des Prinzipalen in die Dienstleistungserstellung begründet, da er sich in den Leistungserstellungsprozess einzubringen hat und damit selbst zum Agenten wird. Aus Vereinfachungsgründen wird jedoch der Nachfrager primär als Prinzipal gesehen, der den Anbieter als Agenten mit einer Leistung beauftragt, gleichzeitig jedoch über wenig Informationen bezüglich der Fähigkeiten und Handlungen des Agenten verfügt (Bauer/Bayón 1995, S. 82f.). Er wird mit drei Typen von Unsicherheit konfrontiert. Nicht die Unsicherheit an sich, sondern die aus ihr resultierende Möglichkeit zu opportunistischem (einseitig vorteilhaftem) Verhalten begründet einen Kontrollbedarf in einer Principal-Agent-Beziehung (Arrow 1985; Alchian/Woodward 1988).

Im Rahmen der Principal-Agent-Theorie lassen sich drei **Grundtypen von opportunistischem Verhalten** seitens des Agenten unterscheiden; dabei handelt es sich um Hidden Characteristics, Hidden Actions und Hidden Intentions (vgl. Abbildung 2-3-7).

Abbildung 2-3-7 Grundtypen der Verhaltensunsicherheit

	Hidden Characteristics	Hidden Actions	Hidden Intentions
Informationsasymmetrie	Bessere Markt- und Produktkenntnis des Agenten	Aktivitäten des Agenten, die der Prinzipal nicht erkennen kann	Absichten des Agenten, die der Prinzipal nicht erkennen kann
Entstehungszeitpunkt	Vor der Interaktionsbeziehung	Während der Interaktionsbeziehung	Während der Interaktionsbeziehung
Gefahr für den Prinzipal	Adverse Selection	Moral Hazard	Hold up
Beispiele für Dienstleistungsunternehmen	Qualifikation des Personals für Prinzipal nicht überprüfbar	Mangelhafte Leistungserstellung	Leistungswille des Personals

Quelle: in Anlehnung an Grund 1998, S. 97

GABLER GRAFIK

Hidden Characteristics bezeichnen Leistungseigenschaften, die allein dem Agenten bekannt sind und über die er den Prinzipal nicht informiert (Spremann 1990, S. 566). Gerade bei Dienstleistungen und insbesondere bei solchen mit einem hohen Anteil an Erfahrungs- und Vertrauenseigenschaften erhalten diese eine besondere Bedeutung, wenn der Agent sie zur eigenen Nutzensteigerung verwendet. Als Ersatzindikator für eine aus ihrer Sicht nicht durchführbare Qualitätsüberprüfung verwenden Konsumenten häufig den Preis einer angebotenen Leistung. Stellt der Käufer jedoch nach der Inanspruchnahme einer Dienstleistung fest, dass der vermutete Preis-Qualitäts-Zusammenhang nicht zutreffend ist, so wird er bei seiner nächsten Wahlentscheidung lediglich das Angebot mit dem günstigsten Preis wählen. Im Laufe der Zeit kann das opportunistische Verhalten des Agenten dazu führen, dass tatsächlich nur noch qualitativ mangelhafte Angebote existieren, da teure und möglicherweise hochwertige Leistungen nicht mehr nachgefragt werden. Dieses Phänomen wird als **Adverse Selection** bezeichnet (Akerloff 1970) und erfährt seine Bedeutung für das Dienstleistungsmarketing letztlich aus der kaum möglichen Beurteilung von Leistungen vor dem Kauf.

Während die Hidden Characteristics aus der konstitutiven Beschaffenheit der Dienstleistung selbst resultieren, entstehen **Hidden Actions** aus dem Informationsdefizit des Prinzipalen in Bezug auf die notwendigen Handlungen des Agenten zur Erzielung des angestrebten Dienstleistungsergebnisses. Ziel des Agenten ist es, durch Vornahme von Handlungen, die für den Prinzipalen unsichtbar bleiben, eigene Vorteile auf Kosten des Prinzipalen zu erlangen. Dieses eigennützige, die Beschränktheit des Prinzipalen ausnutzende und damit opportunistische Verhalten wird als **Moral Hazard** bezeichnet (Kaas 1990; Spremann 1990). Im Dienstleistungsmarketing ist der Prinzipal häufig nicht in der Lage, alle für die Leistungserstellung notwendigen Handlungen im Einzelnen zu kennen und ist damit besonders anfällig für Moral-Hazard-Handlungen seitens des Agenten.

Geheime Absichten des Agenten, während der Dienstleistungserstellung in der Interaktion mit dem Prinzipalen diesen opportunistisch auszunutzen, werden **Hidden Intentions** genannt (Kaas 1995b). Im Gegensatz zu Hidden Actions führt der Agent keine Handlungen im Verborgenen aus, sondern kündigt bestimmte für den Prinzipalen nachteilige Handlungen nach Eingehen der Dienstleistungsbeziehung offen an. Auch wenn der Prinzipal die Absichten des Agenten in diesem Fall kennt, so hat er in der Regel kaum Möglichkeiten, die Beziehung zum Agenten zu beenden, da ein bestimmtes Bindungspotenzial aufgebaut wurde. Beispielsweise hat der Prinzipal seinen zu integrierenden Faktor bereits in den Erstellungsprozess eingebracht und ist nun auf diese Weise an den Agenten gebunden. Die entstandene Situation wird als **Hold up** bezeichnet, da sich der Agent weiterhin vertragsgemäß verhalten kann, gleichzeitig durch die Androhung eines für den Prinzipalen nachteiligen Verhaltens diesem jedoch einen Nutzenentgang zufügen kann (Alchian/Woodward 1988; Herzig/Watrin 1995). Von besonderer Bedeutung für Dienstleistungsunternehmen ist die Tatsache anzusehen, dass der einzelne Mitarbeiter im Kundenkontakt Hidden Intentions ausüben kann, um sich einen individuellen Vorteil zu verschaffen, der letztlich für den Dienstleistungsanbieter nachteilig ist.

Aufgrund der hohen Informationsasymmetrien im Dienstleistungsbereich sind alle drei Arten von Unsicherheit in einer Dienstleistungsbeziehung von hoher Relevanz. Aus ihnen können **opportunistische Verhaltensweisen** resultieren, die möglicherweise im Einzelfall tatsächlich zu einer einseitigen Verbesserung der Situation des Agenten führen. Im Hinblick auf die bisher immer herausgestellte Vorteilhaftigkeit langfristiger Geschäftsbeziehungen ist es für Dienstleistungsunternehmen im Regelfall sinnvoll, opportunistisches Verhalten zu vermeiden und dies auch entsprechend zu signalisieren (Kumar/Scheer/Steinaltenkamp 1995, S. 59; Schmitz 1997, S. 42ff.).

Da die Leistungen und Gegenleistungen in einem Dienstleistungsprozess häufig nicht ausreichend kontrollierbar sind, genügen Elemente wie **Garantien** und **Informationen** nicht, um aus Sicht des Prinzipalen ein opportunistisches Verhalten des Agenten glaubhaft auszuschließen (Henkens 1992, S. 102f.). Der Agent hat vielmehr die Aufgabe, eine **Reputation** aufzubauen (Schmitz 1997). Reputation ist dabei ein multiattributives Konstrukt zur Erfassung des vom Agenten erworbenen Vertrauenskapitals. Bereits der Prozess des Reputationsaufbaus fördert die Leistungsbereitschaft des Agenten. Da die erlangte Reputation jedoch schnell durch „üble Nachrede" des Prinzipalen zerstört werden kann und somit als „Pfand in der Hand der Nachfrager" zu interpretieren ist, stellt sie ein mögliches Instrument zur Eingrenzung opportunistischen Verhaltens dar (Jacob 1995, S. 213).

Im Falle von Dienstleistungen mit einem hohen Anteil an Erfahrungs- und Vertrauenseigenschaften kann die Dienstleistungsqualität auch ex post nur begrenzt beurteilt werden. Der Aufbau einer Reputation erfolgt dann weniger durch positive Erfahrungen über die Qualität der Dienstleistungserstellung, sondern durch **nicht gemachte negative Erfahrungen** (Ring/Van de Ven 1992, S. 488f.). Besonders bei Dienstleistungen mit intensivem Kunden-Mitarbeiter-Kontakt ist daher auch opportunistisches Verhalten seitens des einzelnen Mitarbeiters, beispielsweise durch **interne Sanktionsmechanismen,** wirkungsvoll zu verhindern (Grund 1998, S. 99).

Ähnlich wie bei der Transaktionskostentheorie liegt der Fokus der Principal-Agent-Theorie auf dem Ausnutzen eigener Vorteile bzw. der Nachteile des Transaktionspartners, die auch hier auf Informationsasymmetrien beruhen. Eine Berücksichtigung weiterer verhaltenssteuernder Merkmale sowie tatsächlicher Verhaltensweisen, die für strategische Überlegungen des Dienstleistungsmarketing nutzbar gemacht werden können, ist jedoch analog der Transaktionskostentheorie nicht gegeben. Ebenso wenig wird die Bereitstellung von Leistungspotenzialen, z. B. im Zusammenhang mit der Beseitigung der Informationsasymmetrien, berücksichtigt. Mögliche Aktionen des Agenten spielen im Zusammenhang mit der Integration des externen Faktors eine noch stärkere Rolle, da die Spielräume des Agenten durch die schwierige Beurteilbarkeit der Leistung deutlich größer sind, als dies etwa bei Sachgütern der Fall ist. Insofern kann es sinnvoll sein, die Typen opportunistischen Verhaltens bei Dienstleistungen genauer zu betrachten.

4. Erklärungsansätze nach dem neobehavioristischen Paradigma

4.1 Psychologische Erklärungsansätze

Anders als die bisher betrachteten mikroökonomisch geprägten Theorien setzen sich verhaltenswissenschaftliche Ansätze mit dem tatsächlichen Verhalten von Personen und Organisationen auseinander. Verhaltenswissenschaften umfassen dabei sämtliche Wissenschaftsrichtungen, die sich auf das menschliche Verhalten beziehen. Dazu zählen in erster Linie die Psychologie, die Soziologie, die vergleichende Verhaltensforschung sowie physiologische Verhaltenswissenschaften (Kroeber-Riel/Weinberg 1999, S. 8ff.).

Erkenntnisziel verhaltenswissenschaftlicher Ansätze im Dienstleistungsmarketing ist die Erklärung und Gestaltung von Ursachen und Wirkungen marketingpolitischer Maßnahmen mit Hilfe verhaltenswissenschaftlicher Konstrukte und darauf aufbauend die Entwicklung von Techniken zur Steuerung des menschlichen Verhaltens.

Um **realistischere Aussagen** über das **Verhalten** von Wirtschaftssubjekten in Unternehmen und auf Märkten zu erhalten, werden daher zunehmend verhaltenswissenschaftliche Erkenntnisse auf dienstleistungsmarketingspezifische Sachverhalte angewandt. Die verhaltensbezogene Marketingtheorie geht dabei zur Erklärung menschlichen Verhaltens beispielsweise vom S-O-R-Schema aus. Die drei grundsätzlichen Variablenklassen setzen sich dabei zusammen aus den auf den Organismus wirkenden Stimuli („S"), den beobachtbaren Reaktionen („R") und den so genannten intervenierenden Variablen, die in Form hypothetischer Konstrukte die nicht beobachtbaren psychischen Zustände sowie die Beziehungen im Organismus („O") zur Erklärung dieser Variablen abbilden (vgl. Abbildung 2-4-1).

Abbildung 2-4-1 Stimulus-Organismus-Reaktions-Schema

Beobachtbare Sachverhalte	Theoretische Konstrukte	Beobachtbare Sachverhalte
S_i (Stimuli) z. B. Mitarbeiter im Kundenkontakt	O_j (Intervenierende Variablen) wie (a) Aktivierende Prozesse, z. B. Motivation, Zufriedenheit (b) Kognitive Prozesse, z. B. Kaufabsicht	R_k (Reaktion) z. B. Kauf, Wiederkauf, Weiterempfehlung

GABLER GRAFIK

Nach dem **S-O-R-Modell** werden die absatzpolitischen Instrumente (S) je nach den Erfahrungen, Wissensbeständen, Einstellungen, Motiven und Gefühlen des potenziellen Kunden (O) in jeweils anderer Weise erlebt und determinieren so unterschiedlich das Kaufverhalten (R). Für das Dienstleistungsmarketing gilt es demnach, vom Kunden und seinen psychischen Vorgängen auszugehen, z. B. seine Erwartungen und Wünsche in ihrer Differenziertheit und ihrer Dynamik zu erkennen, um dann die absatzpolitischen Maßnahmen daraufhin auszurichten und ihn zielorientiert zu beeinflussen (Rosenstiel/ Neumann 1998, S. 38).

Ausgehend vom S-O-R-Modell wurden in der Marketingwissenschaft und insbesondere in der Konsumentenforschung seit den 1960er Jahren zahlreiche **theoretische Konstrukte** untersucht mit dem Ziel, das Verhalten von Konsumenten zu erklären, d. h. Gesetzmäßigkeiten über das Verhalten zu formulieren und zu prüfen und daraus Schlussfolgerungen für die Praxis zu ziehen (Kroeber-Riel/Weinberg 1999, S. 8). Gerade auch im Dienstleistungsmarketing haben solche Konstrukte die wissenschaftliche Diskussion in den letzten Jahren sehr stark geprägt. Dienstleistungsqualität, Kundenzufriedenheit, Loyalität und Beziehungsqualität sind einige dieser Konstrukte, deren Konzeptualisierung und Operationalisierung Gegenstand zahlreicher empirischer Untersuchungen war und heute noch ist.

Zur **Entwicklung von Theorien** werden auf Basis der theoretischen Konstrukte mit Hilfe von Wenn-Dann-Aussagen **Hypothesen** gebildet. In Wenn-Dann-Aussagen wird ein bedingender und ein bedingter Sachverhalt miteinander verknüpft. Die Wenn-Elemente einer Theorie können grundsätzlich Bedingungen äußerer Stimuli (S) (z. B. das Auftreten eines Mitarbeiters im Kundenkontakt) oder Bedingungen innerer Zustände (O) (z. B. eine positive Einstellung des Kunden gegenüber dem Mitarbeiter) sein. Die Dann-Elemente können Bedingungen innerer Zustände (O) (z. B. Vertrauen zu einem Verkäufer) oder die Verhaltensreaktion (R) (z. B. der Wiederkauf oder die Weiterempfehlung) sein. Abbildung 2-4-2 verdeutlich die Hypothesenbildung anhand der Erfolgskette des Dienstleistungsmarketing.

Abbildung 2-4-2 **Beispielhafte Hypothesen in der Erfolgskette**

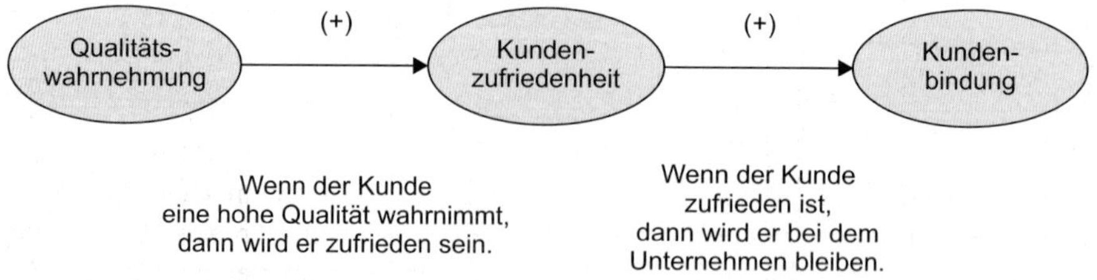

GABLER GRAFIK

Ursprüngliches Ziel von Konsumentenforschern war es, mit Hilfe von Hypothesen ein so genanntes **Totalmodell des Konsumentenverhaltens** zu schaffen, das das Konsumentenverhalten möglichst umfassend erklärt. Jedoch wurde der Anspruch einer formalisierten, bewährten und praktisch verwendbaren „totalen" Theorie aufgrund der Unterschiedlichkeit von Branchen, Unternehmen und Konsumenten gezwungenermaßen aufgegeben (vgl. Bagozzi 1979). Deshalb werden in der aktuellen Marketingforschung pragmatische, im Marketing umsetzbare **Teilmodelle** mit Hypothesen entwickelt und getestet, die folgende Eigenschaften enthalten (Trommsdorff 2002, S. 27):

- Hypothesen, die sich mehrfach empirisch unter verschiedenen Bedingungen bewährt haben.
- Wenn-Bedingungen, die durch Marketingmaßnahmen gesteuert werden können.
- Dann-Aussagen, die für die Marketingziele (z. B. Kundenzufriedenheit, -bindung) relevant sind.
- Aussagen, die in einer abgrenzbaren Zahl von Marktsituationen gelten (Allgemeinheitsgrad „mittlerer Reichweite").

Zur empirischen Überprüfung dieser Teilmodelle ist der Einsatz der **Kausalanalyse** sehr weit verbreitet. Sie dient der Darstellung und Analyse komplexer Ursache-Wirkungs-Strukturen, die die Wenn-Dann-Aussagen, die verifiziert oder falsifiziert werden, widerspiegeln. Innerhalb der Kausalmodelle werden so genannte **Strukturvariablen** als latente Konstrukte aufgefasst, die mehrdimensional anhand so genannter **Indikatorvariablen** gemessen werden, über deren Ausprägungen aus Kundensicht eine Ermittlung der Werte für die Strukturvariablen erfolgt. Typische Indikatorvariablen der Kundenbindung sind z. B. die Wiederwahlbereitschaft und die Weiterempfehlungsbereitschaft.

Die Erkenntnisse dieser Teilmodelle finden im Dienstleistungsmarketing bei der Gestaltung sowohl von Dienstleistungen als auch von Geschäftsbeziehungen Anwendung. Konstrukte wie die Dienstleistungsqualität, Kundenzufriedenheit und Loyalität stellen zentrale Zielgrößen des Marketing dar, die zur Kundensegmentierung, zur Steuerung und Kontrolle eines Qualitätsmanagements usw. eingesetzt werden. Einen Überblick über Konstrukte, die in der Dienstleistungsforschung und -praxis besondere Bedeutung erlangt haben, gibt Abschnitt 1 in Kapitel 3 dieses Buches.

Neben den Ausführungen zur Modelltheorie des Konsumentenverhaltens werden im Folgenden speziellere **psychologische Ansätze** dargestellt, die als Erklärungsansätze für das Dienstleistungsmarketing von Relevanz sind. Dazu gehören vor allem die Lerntheorie, die Risikotheorie sowie die Dissonanztheorie.

Aus der Vielzahl unterschiedlicher **Lerntheorien** (vgl. zu einem Überblick Bower/ Hilgard 1984) sei in diesem Zusammenhang auf die des Lernens durch das Verstärkungsprinzip verwiesen. Sie besagt, dass nutzbringende Verhaltensweisen der Vergangenheit beibehalten werden und Verhaltensweisen, die wenig Nutzen gebracht haben, zu Verhaltensänderungen führen (Engel/Blackwell/Miniard 1993; Wilkie 1994). Auf Geschäftsbeziehungen bezogen bedeutet dies, dass Kunden eine Geschäftsbeziehung eher beibehalten, wenn sie in dieser Beziehung einen klaren Nutzen wahrnehmen bzw. mit der Beziehung zufrieden sind (Homburg/Bruhn 2001).

Die **Risikotheorie** besagt, dass Individuen versuchen, ihr subjektiv wahrgenommenes kaufspezifisches Risiko möglichst gering zu halten (Bauer 1960; Kroeber-Riel/Weinberg 1999). Das subjektiv empfundene Risiko setzt sich hierbei aus der Bedeutsamkeit negativer Konsequenzen einer möglichen Fehlentscheidung sowie der bestehenden Unsicherheit hinsichtlich des Eintretens dieser Negativfolgen zusammen (Bruhn 1982). In der Literatur werden funktionelle, finanzielle, soziale und psychische Risiken unterschieden (Kusterer/Diller 1992; Kroeber-Riel/Weinberg 1999). Auch die Risikotheorie kann einen Beitrag zur Erklärung von Geschäftsbeziehungen leisten, da ein Kunde durch die Wiederholung einer ihm vertrauten Kaufentscheidung bzw. Anbieterwahl versuchen kann, das Risiko einer potenziellen Unzufriedenheit so gering wie möglich zu halten (Hentschel 1991).

Die bereits im Rahmen der mikroökonomischen Ansätze angesprochene Problematik unterschiedlicher Informationsniveaus zwischen Anbietern und Nachfragern von Dienstleistungen wird auch im Rahmen der **Dissonanztheorie** (vgl. Festinger 1957) untersucht, wobei es weniger um eine ökonomische Bewertung möglicher Folgen geht, sondern vielmehr die subjektive und individuelle Erfahrung mit der Unsicherheit über Handlungsfolgen im Mittelpunkt steht. Die Theorie geht davon aus, dass Individuen ein dauerhaftes Gleichgewicht ihres kognitiven Systems anstreben. Ziel eines Individuums ist es, die entstehenden Dissonanzen abzubauen und somit dieses Gleichgewicht wiederherzustellen (Raffée/Sauter/Silberer 1973). In Bezug auf eine Geschäftsbeziehung bedeutet dies, dass nach einem Kauf versucht wird, dissonanzerhöhende Informationen zu vermeiden. Gleichzeitig wird nach dissonanzmindernden Informationen gesucht. Umbewertung, Ergänzung oder auch Verdrängung von Informationen sind typische Verhaltensweisen eines Kunden, der vorhandene Dissonanzen abbauen will (Kroeber-Riel/Weinberg 1999). Nehmen die kognitiven Dissonanzen und damit auch die Wechselabsicht im Laufe einer Geschäftsbeziehung ab, so kann die Dissonanztheorie einen Erklärungsbeitrag dazu leisten, weshalb langfristige Geschäftsbeziehungen entstehen (vgl. auch Kroeber-Riel/Weinberg 1999). In diesem Zusammenhang ist auf ein Problemfeld hinzuweisen: Geht man davon aus, dass kognitive Dissonanzen nach dem Erstkauf einer Leistung vorhanden sind, so kann die Dissonanztheorie die Wiederholung einer Erstentscheidung mitbegründen. Kritisch ist jedoch zu fragen, ob ein Erklärungsbeitrag über diese Erstentscheidung hinaus gegeben ist. Studien aus den späten 1970er Jahren haben deutlich gezeigt, dass die Wahrscheinlichkeit des Vorhandenseins kognitiver Dissonanzen nach mehrmaligen Käufen nur noch sehr gering ist (Rosenstiel/Ewald 1979). Insbesondere für Dienstleistungen, die eine körperliche Integration des Dienstleistungsnachfragers erforderlich machen, kommt demzufolge dem subjektiven Erleben von Unsicherheit und Risiko eine besondere Bedeutung für die Entscheidungsfindung zu.

Damit liefern die verhaltenswissenschaftlichen Ansätze eine Reihe interessanter Erklärungsmuster, die insbesondere vor dem Hintergrund der Integration des externen Faktors im Dienstleistungsmarketing von hoher Bedeutung sind. Aufbauend auf dieser eher explikativen Funktion verhaltenswissenschaftlicher Theorieansätze lassen sich für das Dienstleistungsmarketing konkrete Handlungsempfehlungen ableiten (normative Funktion), die vor allem die Frage der Integration des externen Faktors in den Leistungserstellungsprozess betreffen.

Den psychologischen Theorien zur Begründung eines Dienstleistungsmarketing kommt insbesondere bezüglich der tatsächlichen Ursache-Wirkungs-Beziehungen im Rahmen des Konsumentenverhaltens eine große Bedeutung zu. Der externe Faktor, der sowohl in Bezug auf die Teilnahme am Leistungserstellungsprozess als auch in Bezug auf das Entscheidungsverhalten des Konsumenten relevant ist, wird hier differenzierter behandelt, als es in den eher pauschalisierenden Aussagen der Neuen Institutionenökonomik der Fall ist. Immaterialität und Notwendigkeit der Bereitstellung von Leistungspotenzialen werden hier nicht explizit miteinbezogen. Trotzdem bietet zumindest die Risikotheorie ansatzweise Erklärungspotenzial hinsichtlich dieser Dienstleistungsbesonderheiten; beide bedeuten für die Kaufentscheidung des Konsumenten im Wesentlichen Risiken, die so implizit berücksichtigt werden. Einschränkend ist aber festzuhalten, dass das Wesen von Interaktionen in den betrachteten psychologischen Theorien nicht deutlich zur Sprache kommt.

4.2 Sozialpsychologische Erklärungsansätze

Hinsichtlich einer **sozialpsychologischen Erklärung** von Fragestellungen des Dienstleistungsmarketing sind vor allem die Interaktions- und Netzwerkansätze sowie die Austauschtheorie von Relevanz.

Die aus dem Bereich des Industriegütermarketing stammenden **Interaktionsansätze** beschäftigen sich mit der Analyse und Gestaltung von Interaktionen. Grundsätzlich lassen sich hierbei anhand der Dimensionen Zahl und Art der Beteiligten vier **Typen von Interaktionen** und entsprechende Interaktionsansätze unterscheiden (vgl. Abbildung 2-4-3):

1. Dyadisch-personale Interaktionsansätze im Hinblick auf Interaktionen zwischen zwei Personen,
2. Multipersonale Interaktionsansätze im Hinblick auf Interaktionen zwischen mehreren Personen,
3. Dyadisch-organisationale Interaktionsansätze im Hinblick auf Interaktionen zwischen zwei Organisationen,
4. Multiorganisationale Interaktionsansätze im Hinblick auf Interaktionen zwischen mehreren Organisationen.

Abbildung 2-4-3 **Typen von Interaktionen**

Art der Beteiligten \ Zahl der Beteiligten	Zwei	Mehr als zwei
Personen	Dyadisch-personale Interaktionsansätze	Multipersonale Interaktionsansätze
Organisationen	Dyadisch-organisationale Interaktionsansätze	Multiorganisationale Interaktionsansätze

Quelle: Backhaus 2003, S. 140

GABLER GRAFIK

Aufgrund der Interaktionsintensität und -bedeutung sind für das Dienstleistungsmarketing vor allem die **dyadisch-personalen Ansätze** von Bedeutung. Ansatzpunkt der Auseinandersetzung mit den sozialen Komponenten der Interaktion ist die Trennung der sachlichen Ebene der Interaktion von der sozialen Ebene. Aus der Perspektive des Kunden werden Mitarbeiter eines Dienstleistungsunternehmens und ihre Aktivitäten dabei nicht vor dem Hintergrund einer neutralen und sachlichen Problemlösung interpretiert, sondern in einem Gesamtkontext mit wesentlichen affektiven Elementen.

Der überwiegende Teil der Untersuchungen zu dyadisch-personalen Interaktionen fokussiert in diesem Zusammenhang die Analyse von Ähnlichkeiten zwischen Mitarbeiter und Kunden. Aber auch andere Konstrukte aus der Sozialpsychologie, wie Macht oder (soziale) Kosten-Nutzen-Kalküle, werden berücksichtigt.

Als Kriterien eines sozialen Vergleichs in Bezug auf die Ähnlichkeit kommen dabei sämtliche Persönlichkeitsdeterminanten in Betracht. Nicht das Vorhandensein, sondern vielmehr die Empfindungen des Gegenübers zur Ähnlichkeit bestimmter Merkmale werden als entscheidend angesehen (Backhaus 2003). Demnach wirken die Mitarbeiter eines Dienstleistungsunternehmens auf ihr Gegenüber – in Abhängigkeit von der interagierenden Person – in unterschiedlicher Weise, so dass die Zufriedenheit der Kunden mit der Interaktion und mit der gesamten Dienstleistung – auch unter einer Ceteris-Paribus-Annahme – personenspezifisch variiert (Grund 1998, S. 120).

Die wahrgenommene Ähnlichkeit auf der sozialen Ebene impliziert dabei den Vorteil, dass sich die beteiligten Parteien keine unnatürlichen Verhaltensweisen anzueignen brauchen, um den Erwartungen der jeweils anderen Partei gerecht zu werden (Homans 1968, S. 276ff.).

Ähnlichkeitsüberlegungen sprechen demnach dafür, persönliche Mitarbeiter-Kunden-Beziehungen möglichst lange aufrechtzuerhalten.

Die organisationalen Ansätze bilden auch die Grundlage für die so genannten **Netzwerkansätze.** Da Beziehungen zwischen Anbieter und Nachfrager nicht nur durch die Interaktionen zwischen diesen determiniert sind, sondern darüber hinaus von indirekten personellen und organisationalen Verflechtungen abhängen, dienen die Netzwerkansätze der Analyse der relevanten Interdependenzen (Bruhn/Bunge 1996, S. 180). Auf einer Metaebene werden die sich im Zeitablauf verändernden direkten und indirekten Beziehungen zwischen den Netzwerkmitgliedern in ihrer Anzahl, Intensität, Verknüpfung und inhaltlichen Ausprägung genauer untersucht. Dabei lassen sich Netzwerke anhand folgender **Merkmale** charakterisieren (vgl. für einen Überblick Weber 1999):

- Das zentrale Element eines Netzwerkes ist die **Kooperation** zwischen den Netzwerkmitgliedern. Unter Kooperation wird hierbei die gemeinsame Umsetzung von Leistungserstellungsaktivitäten mit dem Ziel höherer Wirtschaftlichkeit der Netzwerkmitglieder verstanden (Rühle von Lilienstern 1972, S. 928; Bogaschwesky 1995, S. 161).
- Netzwerke sind nur dann funktionsfähig, wenn die Netzwerkmitglieder Vertrauen in die **Reziprozität** der Netzwerkbeziehungen haben, d. h., dass jede Leistung mittel- bis langfristig eine Gegenleistung zur Folge haben wird (Johanson/Mattson 1987, S. 36).
- Ein weiteres konstituierendes Element von Netzwerken ist die **Macht** der Netzwerkmitglieder, die sie zur Nachdruckverleihung von Interessen, Konfliktlösung oder Durchsetzung individueller Strategien einsetzen (Benson 1975, S. 231f.). Grundlage für die Ausübung von Macht ist die Sanktionsfähigkeit der entsprechenden Unternehmen (Sydow 1992, S. 92).
- Zwischen sämtlichen Mitgliedern eines Netzwerkes besteht eine mehr oder weniger stark ausgeprägte **wirtschaftliche Abhängigkeit** von den übrigen Netzwerkmitgliedern. Diese Abhängigkeit impliziert, dass Unternehmen bestimmte strategische Entscheidungen nicht ohne die übrigen Netzwerkmitglieder treffen können (Schneider 1973, S. 40f.).

Gegenstand der Netzwerkansätze sind die **direkten und indirekten Beziehungen zwischen den Netzwerkmitgliedern.** Hierbei können Netzwerke sowohl als Rahmenbedingung als auch als Handlungsparameter im Sinne eines Netzwerkmanagements aufgefasst werden. Ziel der Netzwerkansätze ist die optimale Allokation knapper Ressourcen, die auf die Netzwerkmitglieder verteilt sind, über wechselseitige Austauschprozesse, die für alle beteiligten Parteien vorteilhaft sind. Die Netzwerkansätze bieten zum einen einen Bezugsrahmen für die Analyse der Gesamtheit der Unternehmensbeziehungen. Zum anderen haben sie einen stark deskriptiven Charakter; die zu implizierenden Gestaltungsempfehlungen stellen eher „Common-Sense"-Ableitungen dar (Klee 2000).

Die soziale **Austauschtheorie** (Homans 1961; Blau 1964) dient der Erklärung der Entstehung und Fortbestehung sozialer Beziehungen und somit auch von Kundenbeziehungen (Bagozzi 1975; Meffert/Bruhn 1978). Zentraler Gegenstand von Austauschbeziehungen ist der gegenseitige **Austausch von Werten** (Bagozzi 1975; Houston/

Gassenheimer 1987). Bei Zugrundelegung einer mittelfristigen Perspektive wird die Lieferung eines Wertes durch den einen Partner früher oder später durch die Lieferung eines Wertes durch den anderen Partner kompensiert.

Außerdem liegt den Austauschprozessen das **Ziel der Gleichheit** zugrunde, d. h., beide Austauschpartner streben an, dass Gerechtigkeit zwischen ihnen herrscht (Homans 1961; Sahlins 1972). Dies impliziert nicht nur, dass ein Austauschpartner darauf achtet, dass er nicht vom anderen Austauschpartner übervorteilt wird; vielmehr ist dem jeweiligen Austauschpartner auch bewusst, dass eine Übervorteilung des anderen durch ihn mit negativen Konsequenzen für ihn selbst verbunden ist. Beispielsweise wissen Unternehmen, dass sie Kunden langfristig nicht an sich binden können, wenn sich diese vom Anbieter benachteiligt fühlen (z. B. zu hohe Preisforderungen des Anbieters). Bei einer Betrachtung unterschiedlicher Leistungstypen ist dies vor allem bei jenen Individualleistungen gegeben, bei denen die Kunden das Unternehmensverhalten aufgrund des engeren Kontaktes zum Unternehmen umfassender beurteilen können.

Im Hinblick auf soziale Austauschprozesse lassen sich drei **Typen von Austauschprozessen** unterscheiden (Levi-Strauss 1969; Ekeh 1974; Bagozzi 1975):

1. Bei **beschränkten Austauschprozessen** (Restricted Exchange) werden zwei Austauschpartner betrachtet, die im Rahmen des Austauschs dem jeweils anderen Austauschpartner etwas liefern und vom Austauschpartner etwas erhalten (im Allgemeinen eine Leistung gegen Geld).

2. **Verallgemeinerte Austauschprozesse** (Generalized Exchange) finden zwischen mindestens drei Austauschpartnern statt, die jedoch – im Gegensatz zu den beschränkten Austauschprozessen – nicht in direktem Zusammenhang zueinander stehen. Im Falle von drei Austauschpartnern liefert der erste Austauschpartner Werte an den zweiten Austauschpartner und dieser wiederum an den dritten, der schließlich an den ersten Austauschpartner liefert (z. B. ein Architekturbüro arbeitet für ein Bauunternehmen, das ein Kraftwerk baut, das wiederum Energie an das Architekturbüro liefert).

3. **Komplexe Austauschprozesse** (Complex Exchange) sind vor allem in Netzwerken anzutreffen und durch gegenseitige Beziehungen zwischen mindestens drei Austauschpartnern gekennzeichnet. Im Gegensatz zu verallgemeinerten Austauschprozessen ist es hierbei jedoch auch möglich, dass ein Austauschpartner, der einen Wert an einen anderen Austauschpartner liefert, von diesem ebenfalls einen Wert empfängt. Im Extremfall bestehen zwischen sämtlichen betrachteten Austauschpartnern gegenseitige Beziehungen (z. B. zwischen Telekommunikations-, Energie- und Beratungsunternehmen, die jeweils in mehrfachen wechselseitige Austauschprozessen verbunden sind).

Im Hinblick auf den Inhalt des Austauschs lassen sich verschiedene **Arten des Austauschs** unterscheiden. Als Grundarten des Austauschs können der nutzenorientierte und der symbolische Austausch identifiziert werden. Als Mischform zwischen den beiden Grundformen existiert die Möglichkeit eines kombinierten Austauschs (z. B. Handel mit Kunstobjekten; vgl. auch im Folgenden Bagozzi 1975; Houston/Gassenheimer 1987).

Beim **nutzenorientierten Austausch** werden Güter gegen Geld oder andere Güter getauscht. Hierbei sind die Austauschprozesse durch die spätere Nutzung der ausgetauschten Güter bzw. des ausgetauschten Geldes motiviert. Damit kann der nutzenorientierte Austausch auch als rein ökonomischer Austausch bezeichnet werden.

Dem **symbolischen Austausch** liegt die Überlegung zugrunde, dass Leistungen nicht nur für ihre reine Nutzung in Anspruch genommen werden, sondern auch mit dem Ziel der Wahrnehmung von Symbolen. Generell liegt ein Symbol vor, wenn eine Erfahrung nicht nur direkt ist, wenn ein Objekt nicht nur als es selbst wahrgenommen wird, sondern in Form von anderen Aspekten (z. B. Gefühle), die mit dem Objekt in Zusammenhang stehen. Die Existenz des symbolischen Austauschs impliziert für das Dienstleistungsmarketing, dass Kunden nicht nur wegen der reinen angebotenen Leistung Kunde des Unternehmens sind, sondern auch aufgrund symbolischer Begleitumstände.

Beispiele für symbolischen Austausch sind: das Image, das Kunden mit einer Fluggesellschaft oder einer Unternehmensberatung verbinden; die Sicherheit, die mit dem Abschluss einer Versicherung einhergeht; die Anerkennung, die dem Kunden von seinen Bekannten beim Beweis seiner Expertise (z. B. aufgrund des Lesens entsprechender Bücher) zuteil wird.

Die Entscheidungsgrundlage eines Kunden im Hinblick auf den Verbleib in einer Kundenbeziehung stellt die **Beurteilung der Beziehung** aus Kundensicht dar. Zur Beurteilung von Beziehungen werden hierbei ökonomische Kalküle zugrunde gelegt (Homans 1968, S. 58f.). Der Kunde erhält eine Beziehung zum Unternehmen dann aufrecht, wenn der Nettonutzen (Outcome = OC) aus der Beziehung positiv ist. Der Nettonutzen wiederum ergibt sich als Differenz aus dem Austauschnutzen (z. B. Leistungsqualität) und den Austauschkosten (z.B. Preis). Weiterhin postuliert die Theorie einen abnehmenden Grenznutzen bei wiederholten Austauschprozessen.

Bei der Modellierung des Beurteilungsprozesses wird angenommen, dass Beziehungspartner die Beziehung anhand eines **Beurteilungsmaßstabes,** des so genannten Comparison Levels (CL), bewerten (Thibaut/Kelley 1959, S. 21ff.). Anhand dieses Maßstabes legen die Beziehungspartner fest, wie hoch die Beziehungskosten und der Beziehungsnutzen ausgeprägt sind. Bei einem Vergleich von CL mit dem Nutzen OC entsteht Zufriedenheit, wenn OC über CL liegt. Die Ausprägung des Comparison Levels ist in wesentlichem Maße von den bisherigen Erfahrungen des Kunden mit der entsprechenden Leistungskategorie abhängig. Der Comparison Level stellt den Ausgangspunkt für die Betrachtung von Kundenzufriedenheit und wahrgenommener Dienstleistungsqualität dar, bei denen der Beurteilungsmaßstab durch die Kundenerwartungen repräsentiert wird.

Trotz der ökonomisch fundierten Modellierung des Beurteilungsprozesses betont die Austauschtheorie die **Relevanz sozialer Aspekte** für das Beziehungsverhalten. Dies wird dadurch realisiert, dass der Theorie eine breite Auffassung des Nutzens aus einer Beziehung zugrunde liegt. So wird postuliert, dass zu den zentralen Nutzenelementen soziale Aspekte, wie Vertrauen, Anerkennung und Zuneigung, zählen (Klee 2000).

Ein bei der Gestaltung des Dienstleistungsmarketing wesentlicher Aspekt ist die **Bewertung verfügbarer Beziehungsalternativen** (Thibaut/Kelley 1959). Ein Kunde beurteilt die Beziehung zu einem Anbieter nicht nur auf Basis der Erfahrungen mit diesem Anbieter, sondern darüber hinaus auf der Grundlage von Erfahrungen mit anderen Anbietern in der entsprechenden Leistungskategorie. Ein Vergleich mit Alternativen wird durch die Gegenüberstellung von CL und eines alternativen Vergleichsniveaus (CL_{alt}) vorgenommen.

Die sozialpsychologischen Theorien weisen – ebenso wie die psychologischen – einen Bezug zum **konkreten Nachfragerverhalten** auf, mit der Erweiterung, dass die im Dienstleistungserstellungsprozess wichtige Interaktion zwischen den Transaktionspartnern im Vordergrund steht. Im Gegensatz zur Transaktionskostentheorie ist opportunistisches Verhalten nicht das zwingende Resultat von Informationsasymmetrien. Im Rahmen der Integration des externen Faktors können auf einer zusätzlichen Interaktionsebene auch Vertrauen und Sympathie erzeugt werden, die das Kundenverhalten ebenfalls steuern können. Das heißt, das Verhalten wird hier nicht allein auf transaktionsbasierter, sondern außerdem auf sozialer Ebene erklärt. In diesem Bereich ist der Erklärungsgehalt der sozialpsychologischen Theorien daher höher zu bewerten als beispielsweise bei der Transaktionskostentheorie.

5. Zusammenfassung

Die angesprochenen Theorieansätze werden in Abbildung 2-5-1 zusammenfassend bezüglich ihrer Erklärungspotenziale für die Auswirkungen der Besonderheiten im Dienstleistungsmarketing dargestellt.

Abbildung 2-5-1 **Beitrag von Theorien zur Erklärung der konstitutiven Merkmale von Dienstleistungen**

		Bereitstellung von Leistungs-potenzialen	Integration des externen Faktors	Immaterialität der Leistung
Ansätze der Neuen Institutionenökonomik	Informations-ökonomik	Notwendigkeit der Dokumentation von Kompetenzen		Abbau von Informationsasymmetrien
	Transaktions-kostentheorie	Spezifische Leistungspotenziale zur Individualisierung/ Integration	Opportunistisches Verhalten des Anbieters aufgrund leistungsbedingter Wechselbarrieren	Erhöhter Informationsbedarf aufgrund von Transaktionsunsicherheiten
	Principal-Agent-Theorie		Opportunistisches Verhalten des Anbieters aufgrund leistungsbedingter Wechselbarrieren	
Psychologische Ansätze	Lerntheorie		Unsicherheit über Leistungsergebnis aufgrund der Integration	Habitualisierung bei unsicherheitsbehafteten Leistungen
	Risikotheorie		Unsicherheit über Leistungsergebnis aufgrund der Integration	Risikoreduktion durch Wiederwahl bewährter Anbieter
	Dissonanz-theorie		Unsicherheit über Leistungsergebnis aufgrund der Integration	Dissonanzreduktion durch Wiederwahl bewährter Anbieter
Sozialpsychologische Ansätze	Interaktions-ansätze		Verhaltenssteuerung durch wahrgenommene Ähnlichkeiten bei der Integration/ Interaktion	
	Netzwerk-ansätze		Kooperation, Vertrauen und Macht als verhaltenssteuernde Faktoren bei der Integration/Interaktion	
	Austausch-theorie		Entstehung sozialer Beziehungen; Verhaltenssteuerung durch Austausch von sozialen Werten	

GABLER GRAFIK

Die verhaltenswissenschaftlichen Erkenntnisse lassen eine Anwendung im ökonomischen Kontext, insbesondere für die Umsetzung einer verstärkten Kundenorientierung bei Anbieter und Vermittler, sinnvoll erscheinen. Die Darstellung sozialpsychologischer Austauschtheorien konnte generelle Determinanten von Interaktionen bereitstellen. Interaktionsansätze des ökonomischen Kontexts vermögen darüber hinaus spezifische Einflussfaktoren, wie z. B. Know-how, Vertrauen und Nähe, zu identifizieren. Mit den Principal-Agent-Ansätzen wird verstärkt auf den ökonomischen Aspekt des Verhaltens von Kunde, Vermittler und Anbieter Bezug genommen. Weiterhin ist für die Beurteilung der einzelnen Ansätze zu beachten, dass die Berücksichtigung der einzelnen Besonderheiten qualitativ unterschiedlich ist. Die im folgenden Kapitel erläuterten Besonderheiten des Konsumentenverhaltens nehmen beispielsweise im Dienstleistungsbereich eine übergeordnete Rolle ein. Da Interaktionen im Rahmen der Integration des externen Faktors zentrale Bedeutung zukommt, ist das sehr differenzierte Erklärungspotenzial der sozialpsychologischen Ansätzen diesbezüglich höher einzuschätzen, als z. B. das der Transaktionskostentheorie.

Es wird insgesamt deutlich, dass die vorgestellten Theorieansätze durchaus in der Lage sind, einen Beitrag zu den zentralen Fragestellungen des Dienstleistungsmarketing zu leisten. Auch wenn sich der relevante Bereich häufig nur auf einzelne Besonderheiten des Dienstleistungsmarketing richtet, so führt die **Kombination** der bekannten Ansätze doch zu einer weitgehenden Erklärung der Phänomene des Dienstleistungsmarketing. Darüber hinaus geben sie eine Vielzahl von Hinweisen für eine erfolgreiche Ausgestaltung des unternehmensseitigen Dienstleistungsmarketing.

FRAGEN ZUM 2. KAPITEL

Punkt 1:

- Welche Veränderungen gegenüber dem traditionellen Marketing ergeben sich beim Relationship Marketing?
- Weshalb ist das Konzept des Relationship Marketing für die Betrachtung von Dienstleistungen geeignet?
- Wie wirken moderierende Faktoren auf die Erfolgskette des Relationship Marketing?

Punkt 2:

- Welche Voraussetzungen liegen den drei theoretischen Paradigmen der Marketingforschung zugrunde?
- Was sind die Vorteile des neoinstitutionellen und des neobehavioristischen Paradigmas gegenüber dem neoklassischen Paradigma zur theoretischen Fundierung des Dienstleistungsmarketing?

Punkt 3:

- Wie lassen sich aus der Neuen Institutionenökonomik die Aufgaben bzw. die Existenz des Marketing ableiten?
- Wie lässt sich die Entwicklung langfristiger Geschäftsbeziehungen mit der Transaktionskostentheorie erklären?
- Welche Merkmale von Dienstleistungen gegenüber Sachgütern sind aus informationsökonomischer Sicht von hoher Bedeutung?
- Was für Möglichkeiten existieren für Marktakteure beim Umgang mit Informationsdefiziten?
- Welche Elemente können der Transaktionskostentheorie zur Fundierung des Dienstleistungsmarketing entnommen werden?

Punkt 4:

- Warum ist die Erfolgskette „prädestiniert“ zur Überprüfung anhand der psychologischen Erklärungsansätze?
- Mit welchen Modellen lassen sich die psychologischen Erklärungsansätze allgemein am besten abbilden?
- Wie kann mit der Lerntheorie erklärt werden, dass die Bindung bestehender Kunden weniger Aufwand erfordert als die Neukundenakquisition?
- Warum verfügt die Risikotheorie für das Dienstleistungsmarketing gegenüber dem Konsumgütermarketing eine höhere Relevanz?
- Was ist die Grundthese der Dissonanztheorie und wie äußert sie sich im Konsumentenverhalten?

- Welche Wahrnehmung ist hinsichtlich der Interaktionsansätze zentral beim sozialen Austausch zwischen Mitarbeiter und Kunde? Was ist eine logische Implikation dieser Wahrnehmung für das Marketing?
- Welche Merkmale kennzeichnen Netzwerke und die Beziehungen zwischen Netzwerkmitgliedern? Was sind die grundlegenden Ziele innerhalb von Netzwerken?
- Welche unterschiedlichen Austauschprozesse können unterschieden werden? Wie bestimmen die Austauschobjekte das Verhalten des Kunden?
- Welche Ansätze erscheinen besonders für das Dienstleistungsmarketing als Grundlage zur Gestaltung einer Marketingstrategie geeignet?

KAPITEL

3 Informationsgrundlagen des Dienstleistungsmarketing

1. Besonderheiten des Käuferverhaltens bei der Inanspruchnahme von Dienstleistungen

1.1 Gegenstand der Kaufverhaltensanalyse im Dienstleistungsbereich

Die Analyse des Käuferverhaltens ist Grundvoraussetzung für die Durchführung jeglicher Marketingaktivitäten von Unternehmen. Im Bereich des Konsumgütermarketing wurden hinsichtlich des Käuferverhaltens bereits zahlreiche Untersuchungen durchgeführt und Erkenntnisse gewonnen. In jüngerer Zeit nimmt auch die Auseinandersetzung mit Fragen des Käuferverhaltens bei der **Inanspruchnahme von Dienstleistungen** (z. B. Wirtz/Kum 2001; Johnsson/Nilsson 2003; Wirtz/Mattila 2003; Volkes/Patrick 2003; Laroche/Bergeron/Goutaland 2003; Fließ 2004). Zu untersuchen ist daher, inwiefern Erkenntnisse aus dem Konsumgüter- und Industriegüterbereich auf das Dienstleistungsmarketing übertragen werden können. Die Meinungen in der Literatur unterscheiden sich diesbezüglich.

Enis und Roering vertreten z. B. die Auffassung, dass eine Unterscheidung in Sachgüter und Dienstleistungen eine schlechte Basis für die Gestaltung des Marketingmix darstellt und halten es für zielführender, beide Absatzobjekte auf Basis ihres Nutzens zu vermarkten (Enis/Roering 1981). Kleinaltenkamp (2001) verweist darauf, dass die in Forschung und Lehre anzutreffende Differenzierung von Dienstleistungs- und Industriegütermarketing historisch gewachsen ist und eine genauere Betrachtung der beiden Bereiche zeigt, dass die Unterscheidung unzweckmäßig ist.

Demgegenüber sehen Zeithaml et al. fundamentale Unterschiede im Marketing von Gütern und Dienstleistungen, die in den jeweiligen **Besonderheiten des Käuferverhaltens** begründet sind (Zeithaml/Parasuraman/Berry 1985).

In der Vergangenheit setzte sich die Marketingwissenschaft im Hinblick auf das Käuferverhalten im Sachgüterbereich insbesondere mit den Entscheidungsprozessen von Konsumenten bezüglich des erst- bzw. einmaligen Produktkaufs auseinander. Im Bereich des Dienstleistungsmarketing steht dagegen traditionell der Wiederkauf, d. h. die **wiederholte Inanspruchnahme von Dienstleistungen,** im Zentrum zahlreicher Forschungen, die inzwischen auch im Konsumgütermarketing vermehrt Beachtung finden. Dass im Dienstleistungsmarketing der Fokus schon früh auf Wiederholungskäufe gesetzt wurde, ist durch die besonderen Eigenschaften von Dienstleistungen begründet. Zum einen existieren viele Dienstleistungen, die wiederholt und in regelmäßigen Abständen nachgefragt werden. Zum anderen ist aufgrund von Dienstleistungsbesonderheiten ein Wechsel des Anbieters oft mit größerem Aufwand verbunden als bei Sachgütern. In diesem Zusammenhang werden vor allem das Konstrukt der Kundenbindung und diesem vorgelagerte Konstrukte wie Dienstleistungsqualität und Kundenzufriedenheit analysiert. Die besondere **Rolle der Kundenbindung** im Dienstleistungsbereich ist vor allem auch auf ihre ökonomische Erfolgsrelevanz zurückzuführen. So wird gebundenen Kunden im Dienstleistungsbereich ein relativ höherer Erfolgsbeitrag zugeschrieben als neu gewonnenen Kunden (Reichheld/Sasser 1990; Blattberg/Deighton 1996).

In einer **amerikanischen Studie** wurde in verschiedenen Branchen die Entwicklung der Erfolgsbeiträge gebundener Kunden untersucht. Hierbei ergab sich, dass in sämtlichen untersuchten Branchen – insbesondere aber in Dienstleistungsunternehmen – die kundenindividuellen Gewinne mit zunehmender Kundendauer anstiegen. Im Einzelnen ergab sich diese Entwicklung aufgrund einer zunehmenden Preisbereitschaft gebundener Kunden, einer wachsenden Bereitschaft zu positiver Mund-zu-Mund-Kommunikation (die indirekt zu einer Neukundengewinnung führen kann), einer zunehmenden Kauffrequenz gebundener Kunden sowie aufgrund sinkender Kundenbearbeitungskosten (Reichheld/Sasser 1990).

Neben der hohen Bedeutung der Kundenbindung im Dienstleistungsbereich lassen sich Unterschiede zwischen Dienstleistungen und Sachgütern hinsichtlich der Kaufentscheidungskriterien und der Bewertungsprozesse identifizieren.

1.2 Kaufentscheidungskriterien und Bewertungsprozess

Zur Beschreibung des Käuferverhaltens werden im Marketing drei Elemente herangezogen: Kaufentscheidungsträger, Kaufentscheidungstypen und Kaufentscheidungsprozesse. Am Ausgangspunkt einer Analyse des Käuferverhaltens hinsichtlich Dienstleistungen stehen Art und Anzahl der am Kaufentscheidungsprozess beteiligten **Entscheidungsträger**. Grundsätzlich können am Kaufentscheidungsprozess einer Dienstleistung mehrere Personen in unterschiedlichen Rollen partizipieren (Johnson et al. 1986, S. 51ff.):

- **Informer:** Rolle des Versorgers mit relevanten Informationen und Fakten.
- **Influencer:** Rolle des Beeinflussers, der als „Advocate Influencer" ein persönliches Interesse im Kaufentscheidungsprozess vertritt oder vollständig objektiv und neutral ist („Independent Influencer").
- **Decider:** Rolle des eigentlichen Kaufentscheiders, wobei der Kaufentscheid die Bestimmung des Kaufzeitpunktes, des Budgets und der Marke bzw. des Dienstleisters umfasst.
- **Buyer:** Rolle des Käufers, der die zuvor gefällte Kaufentscheidung durchführt.
- **User:** Rolle des Anwenders, der den Nutzen aus der Dienstleistung erfährt.

Die Eigenschaften einer Vielzahl von Dienstleistungen bedingen, dass zumindest die Rollen des Buyers und Users in einer Person vereint sind. Ausnahmen stellen der Kauf von Leistungsversprechen (z. B. Eltern kaufen Zirkuskarten für ihre Kinder; Verzehrgutscheine eines Fast-Food-Restaurants) oder einer veredelten Dienstleistung (CD/DVD) dar. Weiterhin können bei der Dienstleistungsnutzung **individuelle** (z. B. Inanspruchnahme einer Transportleistung) und **kollektive Kaufentscheidungen** (z. B. gemeinsame Planung einer Urlaubsreise im Familienkreis) unterschieden werden (Meffert 1992a, S. 3ff.; Voeth 2002).

Bei der **Bildung von Kaufentscheidungstypen** wird auf die Informationsgewinnungs- und -verarbeitungsaktivitäten des Individuums abgestellt. Die in Abbildung 3-1-1 dargestellte Kaufentscheidungstypologie verknüpft Merkmale von Kaufobjekten mit verschiedenen Kaufentscheidungstypen. Die Hauptgliederungskriterien für die Typologie sind dabei der Grad der Kollektivität der Entscheidungsfindung sowie der Grad der Ausprägung eines Kaufprogramms. Darüber hinaus werden die Entscheidungstypen durch bestimmte Merkmale des Kaufobjektes (finanzielle Mittelbindung, soziale Sichtbarkeit usw.) gekennzeichnet. Die Merkmalsausprägungen dieser Unterscheidungskriterien können jeweils auf einem Kontinuum von gering bis hoch liegen und stehen dabei mit dem Kollektivitätsgrad der Entscheidung und dem Ausmaß eines vorgeprägten Kaufprogramms in Zusammenhang. Der Kollektivitätsgrad der Kaufentscheidung steigt und die Wahrscheinlichkeit eines bestehenden Kaufprogramms sinkt, je weiter sich die Merkmalsausprägungen des Kaufobjektes in Abbildung 3-1-1 nach rechts verlagern.

Während bei Convenience Services (z. B. Autowaschen, Telefongespräch, Reinigung) die Informationsbedürftigkeit und die Zeitdauer für die Kaufentscheidung eher gering sind, liegen beim Kauf von Speciality Services (z. B. Rechtsberatung, ärztliche Behandlung) extensive Kaufentscheidungen vor (Nelson 1970, S. 729ff.; Darby/Karni 1973, S. 67ff.).

Während des **Kaufentscheidungsprozesses** nimmt der Kunde eine Bewertung alternativer Dienstleistungen vor. Als Beispiel für einen komplexen Entscheidungsprozess kann hier der Verkehrsdienstleistungsbereich dienen (vgl. Insert 3-1-1).

In Studien zum Dienstleistungsmarketing konnten Unterschiede bezüglich Kaufentscheidungsprozessen bei Gütern und Dienstleistungen festgestellt werden.

Hartman und Lindgren (1993, S. 4ff.) haben beispielsweise Konsumenten hinsichtlich der Ausprägung von sieben verschiedenen Eigenschaften bei insgesamt 41 Gütern und Dienstleistungen befragt. Als Eigenschaften wurden in der Literatur diskutierte Trennkriterien zwischen Gütern und Dienstleistungen gewählt. Eine faktorenanalytische Verdichtung dieser sieben Eigenschaften brachte mit einem erklärten Varianzanteil von über 80 Prozent drei Faktoren hervor: Zunächst die **„Customization"** der Absatzobjekte, hinter der sich Eigenschaften wie Standardisierung, Variabilität und Individualität der Leistung sowie der Kontakt des Anbieters zum Konsumenten verbergen. Als zweiter Faktor konnte die **„Evaluation"** ermittelt werden, also der Grad der Beurteilbarkeit der Leistung. Als Einzeleigenschaften, die hoch auf diesen Faktor laden, sind die Tangibilität der Leistung, die Einfachheit einer A-priori-Beurteilung sowie der Grad der Verfügbarkeit der Leistung zu nennen. Der dritte Faktor wurde mit **„Delay"** bezeichnet und bestimmt, inwieweit auf die Leistung gewartet wurde. Nur der zweite Faktor „Evaluation" war in der Lage, deutlich zwischen Gütern und Dienstleistungen zu trennen.

Abbildung 3-1-1 Typologie von Kaufentscheidungen bei Dienstleistungen

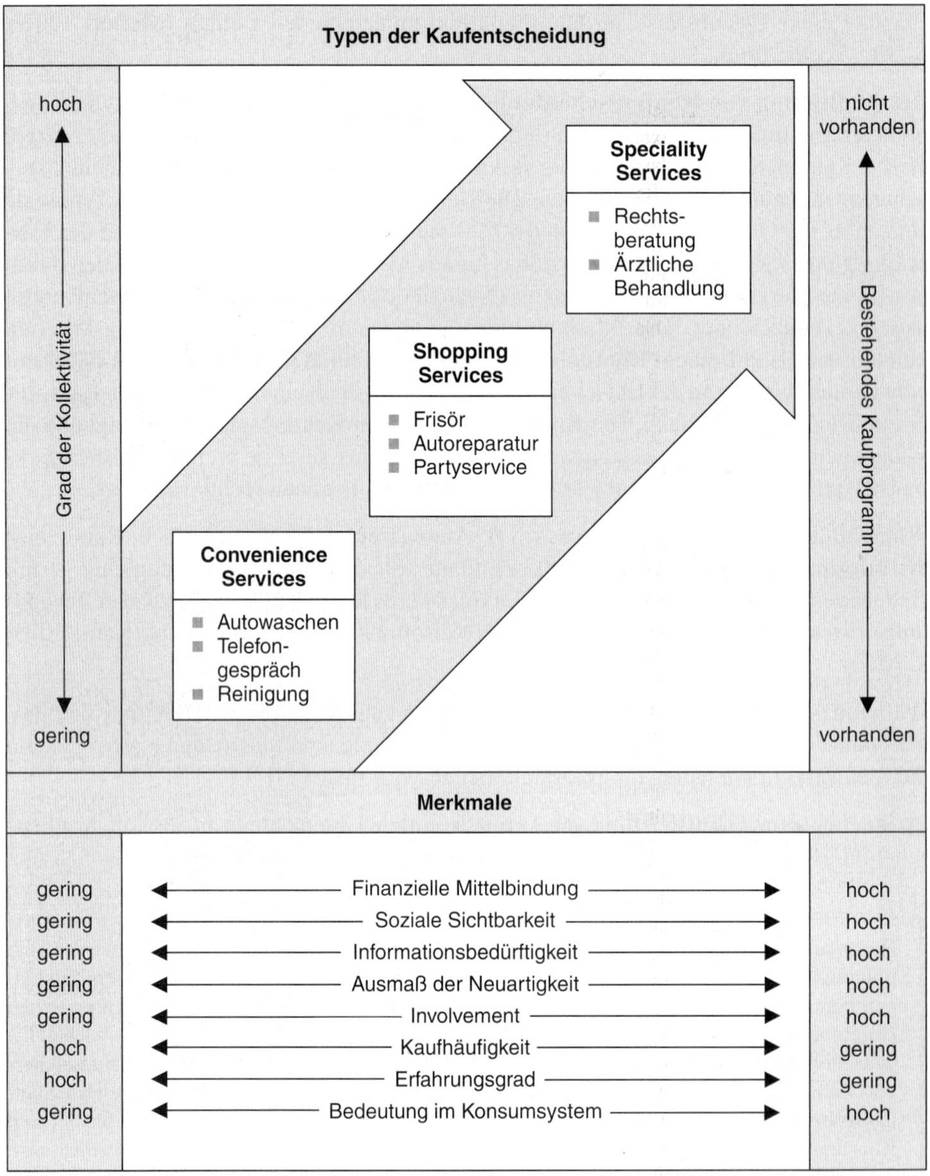

GABLER GRAFIK

INSERT 3-1-1 Kaufentscheidungsprozesse im Verkehrsdienstleistungsbereich

Die Bahn DB

Kurzfallstudie: Deutsche Bahn AG

Als Anbieter von schienengebundenen Verkehrsdienstleistungen sieht sich die Deutsche Bahn AG mit einem besonders komplexen Kaufentscheidungsprozess konfrontiert. Die Abbildung stellt diesen Entscheidungsprozess als klassisches S-O-R-Modell dar. Ausgehend vom Stimulus „Mobilitätsbedürfnis", das sich aus einem Reiseanlass und einer zu überbrückenden Relation ableiten lässt, findet innerhalb der Psyche der Konsumenten ein Vergleichsprozess zwischen verschiedenen Verkehrsmitteln statt. Herausragende Bedeutung kommt in diesem Kontext den persönlichen und erfahrungsbedingten Einstellungen gegenüber verschiedenen Verkehrsmitteln zu. Bei grundsätzlicher Ablehnung eines bestimmten Verkehrsmittels scheidet dieses im Rahmen der nachfolgenden Bewertung der Verkehrsmittel auf Basis von Nutzen- und Kostenaspekten aus. Die Einstellungen nehmen damit, ähnlich wie situative Faktoren (Zeitdruck, Größe des Gepäcks usw.) eine Filterfunktion innerhalb der Verkehrsmittelwahlentscheidung ein. Sollte eine Bahnreise aus den oben genannten Gründen ausscheiden, findet kein rationales Entscheidungsverhalten statt. Dieses kann in zwei Formen auftreten: Einerseits kann ein überlegener Nettonutzen eines anderen Verkehrsmittels (z. B. uneingeschränkte Flexibilität mit dem PKW) als Entscheidungsgrundlage dienen, andererseits kann der Verkehrsmittelwahlprozess komplett vermieden werden, indem eine stark habitualisierte Entscheidung getroffen wird. Wenn jedoch eine grundsätzliche Eignung und keine einstellungsbedingten Barrieren vorliegen, wird ein (begrenzt) rationales Wahlverhalten an den Tag gelegt. Die Verkehrsmittelalternativen innerhalb des Consideration Sets werden auf Basis von Kosten-Nutzen-Überlegungen gegeneinander abgewogen, was letztlich zu einer Präferenzbildung führt. Sowohl bei habitualisiertem als auch begrenzt rationalem Verhalten bildet der letzte Schritt die Entscheidung für ein Verkehrsmittel.

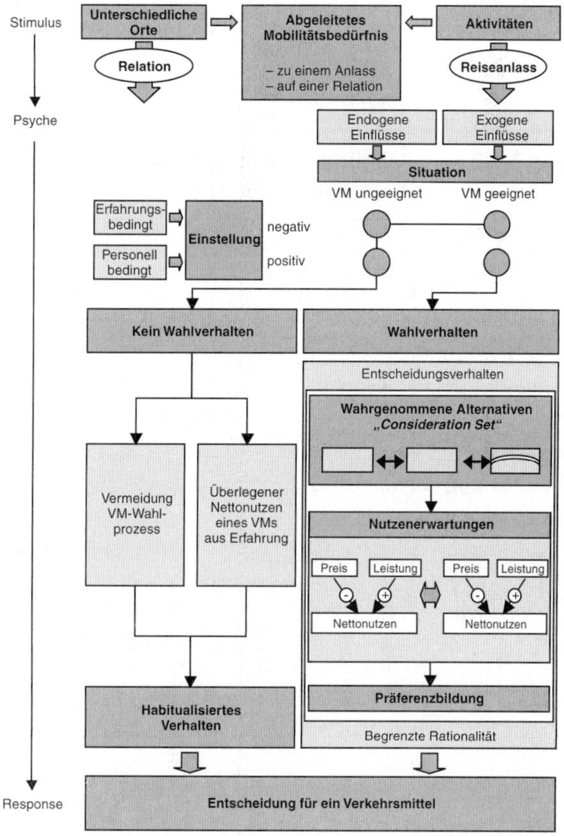

Idealtypisch kann der **Kaufentscheidungsprozess** in drei Phasen mit jeweils zwei Verhaltensschwerpunkten unterteilt werden (Fisk 1981; Bateson 1992a):

1. Vor-Konsumphase (Informationsaufnahme, Entscheidung),
2. Konsumphase (Kaufverhalten, Nutzungsverhalten) und
3. Nach-Konsumphase (Ergebnisbewertung, Ergebnisreaktionen).

Im Folgenden werden innerhalb dieser Phasen einige dienstleistungsspezifischen Probleme thematisiert. Dabei ist aber zu berücksichtigen, dass das Nachfragerverhalten nicht stets wie ein ausgedehnter Entscheidungs-/Beschaffungsprozess abläuft, wobei dieser vor allem durch ausgedehnte Informationsaktivitäten in der Vor- und Nach-Konsumphase gekennzeichnet ist. Das Verhalten der Nachfrager von Dienstleistungen ist vielmehr in besonders starkem Maße durch **Gewohnheitsbildung und Verhaltensroutinen** geprägt, die eine Konzentration auf die Aktivitäten der Konsumphase – Kauf und Nutzung – zur Folge haben (Kuhlmann 2001).

Abbildung 3-1-2 **Möglichkeiten der Bewertung unterschiedlicher Sachgüter und Dienstleistungen**

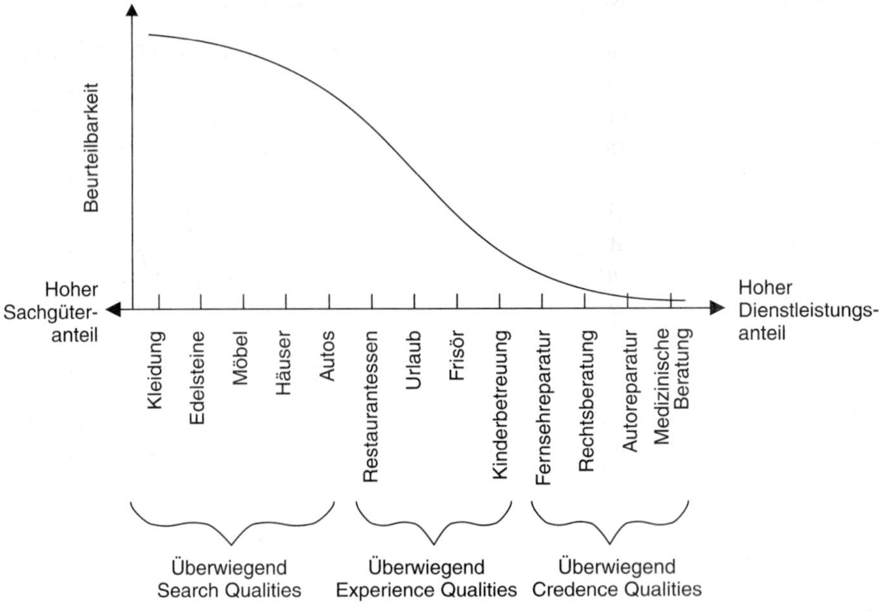

GABLER GRAFIK

Quelle: in Anlehnung an Shostack 1977, S. 77

Zur Erläuterung der **Beurteilungsproblematik** in den einzelnen Phasen kann auf eine Klassifikation von Darby und Karni zurückgegriffen werden, die Leistungsmerkmale in Search, Experience und Credence Qualities unterteilen (vgl. Abbildung 3-1-2; Darby/Karni 1973, S. 67ff.). Während sich Sachgüter in hohem Maße durch **„Search Qualities"** auszeichnen, die sich bereits vor dem Kauf einschätzen lassen, existiert eine Schnittmenge von Gütern und Dienstleistungen, die vor allem aus **„Experience Qualities"** bestehen und somit erst während oder nach der Konsumtion beurteilbar sind. Vor allem bei Dienstleistungen sind **„Credence Qualities"** zu beobachten (Zeithaml 1991, S. 40; Friedman/Smith 1993, S. 47ff.; Sharma/Patterson 1999, S. 152). Hierbei handelt es sich um Leistungsmerkmale, die auch nach Kauf und Konsumtion nicht beurteilbar sind; dies trifft beispielsweise für eine medizinische Diagnose oder eine Risikolebensversicherung zu. Als Grund für diese Dienstleistungspositionierung wird angegeben, dass Dienstleistungen (überwiegend) immateriell und nicht standardisiert sind und dass ihre Produktion erst nach dem Kauf bzw. Vertragsabschluss vorgenommen wird.

1. Vor-Konsumphase

Informationsaufnahme

Aus der Beurteilungsproblematik von Dienstleistungen ergeben sich folgende **Konsequenzen** für die dienstleistungsspezifische Informationsaufnahme:

Nachfrager informieren sich über Eigenschaften, die bereits vor dem Kauf/Vertragsabschluss zugänglich sind und eine ungefähre Qualitätsbeurteilung ermöglichen. Sie schließen vom Image einer Firma, von der Höhe des Dienstleistungspreises oder von der Qualität der Produktionsfaktoren (Potenzialqualität) auf die zu erwartenden Merkmale der Prozess- und Ergebnisqualität. In der Vor-Konsumphase informiert sich der Konsument also anhand von **Suchmerkmalen,** die zwar keinen unmittelbaren Aufschluss über die spätere Ergebnisqualität liefern können, jedoch entweder die Ergebnisqualität aus früheren Transaktionen widerspiegeln (Image) oder als Indikatoren für die zu erwartende spätere Ergebnisqualität gelten können (Innenausstattung des Dienstleisters, Firmenimage, Preis, Potenziale) (Zeithaml 1991, S. 41f.).

Nachfrager bevorzugen **glaubwürdige Informationsquellen** (z. B. Freunde, Bekannte, Kollegen), denen sie vertrauen können und die aufgrund eigener Erfahrungen mit dem Kauf/Konsum vergleichbarer Dienstleistungen hinreichendes Expertentum aufweisen. Diese Strategie überführt also Erfahrungs- und Vertrauensinformationen Dritter in eigene Suchinformationen.

Entscheidung

Wichtiges Merkmal des Entscheidungsverhaltens ist die Reaktion des Nachfragers auf das **wahrgenommene Kaufrisiko.** Mit dem Dienstleistungskauf ist im Allgemeinen ein höheres subjektiv empfundenes Risiko verbunden als beim Kauf von Sachgütern (Zeithaml 1991, S. 43f.). Dies resultiert aus den einer Dienstleistung **inhärenten Eigenschaften:** Zunächst bewirkt die **Intangibilität** von Dienstleistungen einen erhöhten Informationsbedarf und Erfahrungsaustausch mit anderen Nachfragern, wobei auch die Befolgung von Empfehlungen mit Risiken verbunden ist (z. B. bei der Fehldiagnose eines empfohlenen Arztes). Aufgrund der **begrenzten Standardisierbarkeit** von Dienstleistungen kann die Dienstleistungserstellung (z. B. Sprachreise) sehr unterschiedlich sein (Dozenten, Unterbringung in Frankreich qualitativ schlechter als in Italien). Weiterhin ist oftmals die **fehlende Garantie** bei Dienstleistungsangeboten ein zusätzlicher Risikofaktor.

Möglichkeiten zur Risikobegrenzung liegen für den Konsumenten zum einen in erhöhter Markentreue und zum anderen in der Veränderung des Informationsverhaltens.

Gründe für die im Vergleich zu Sachgütern erhöhte **Dienstleistungsmarkentreue** sind beispielsweise (Zeithaml 1991, S. 44f.):

- Erhöhte Kosten bei Markenwechsel (z. B. Wiederholung aller Untersuchungen bei Wechsel des Arztes),
- Problematische Ermittlung von Dienstleistungsalternativen (z. B. Zeitplan alternativer Transportmittel wie Bahn, Flugzeug),
- Markentreue (z. B. Stammkundschaft bei einer Bank) führt auf Dauer zu persönlichen Vorteilen (erhöhte Kreditlinie).

Das zum Kaufzeitpunkt vorhandene **„Evoked Set"** von Servicealternativen ist insgesamt erheblich geringer als beim Kauf von Sachgütern. Gründe hierfür sind zum einen die aufgrund der Nichtlagerfähigkeit von Dienstleistungen weitgehend unmögliche Präsentation mehrerer Dienstleistungsalternativen zum Zeitpunkt der Kaufentscheidung. Zum anderen scheut sich der Konsument oftmals davor, mehrere Dienstleistungsanbieter aufzusuchen, da die Anbahnungskosten der Leistung – verursacht durch die mangelnde Beurteilbarkeit der Erfahrungs- und Vertrauenseigenschaften – höher ausfallen als bei Sachgütern (Zeithaml 1991, S. 43).

Über die in der Entscheidungssituation zur Qualitätsprognose benutzten **Entscheidungs-/Bewertungskriterien** lassen sich keine generellen Aussagen treffen. Es ist offensichtlich nicht so, dass stets Preis und andere, leicht wahrnehmbare physikalische Merkmale im Vordergrund stehen (Zeithaml 1981). Bei einem Vergleich von Erfahrungs- (z. B. Frisör) und Vertrauensdienstleistungen (z. B. medizinische Beratung) ermittelten Ostrom/Iacobucci (1995), dass bei ersteren der Preis, bei letzteren hingegen die Qualität in erster Linie Beachtung finden. Die Bedeutung des Preises scheint besonders dann hoch veranschlagt zu werden, wenn Größen, die man als Risikokonsequenzen umschreiben kann, nicht besonders ausgeprägt sind: Bei alltäglichen, der Erfahrung leicht zugänglichen Dienstleistungen achten Nachfrager daher besonders auf den Preis als Entscheidungskriterium. Die Zusammenstellung der Entscheidungskriterien wird also von so genannten Kontextvariablen stark beeinflusst.

2. Konsumphase

Kaufverhalten

Wenn Dienstleistungsnachfrager Erfahrungsinformationen hohe Bedeutung beimessen und auch ein relativ hohes Risiko beim Kauf empfinden, so ist **Gewohnheitsverhalten** vor allem dann eine logische Folge, wenn die Ergebnisqualität in der Vergangenheit auf akzeptablem Niveau lag. Da „Produkt"-Marken bei Dienstleistungen noch relativ selten anzutreffen sind, drückt sich Gewohnheitsverhalten in der Treue gegenüber einem Anbieter und seiner Marke aus (vgl. Abschnitt 1.22 in Kapitel 6). Daraus ergibt sich, dass Marken- bzw. Anbieterwechsel bei Dienstleistungskäufern seltener als beim Erwerb von Sachleistungen zu beobachten sind (Zeithaml 1981; Friedman/Smith 1993). Damit korrespondiert, dass bei Dienstleistungen Sofort- und Impulsivkäufe am Angebotsort weniger häufig anzutreffen sind als bei materiellen Produkten im Handel (Murray 1991).

Vor Abschluss des Kaufvertrages hat der Käufer die letzte Gelegenheit, mit Hilfe von **Merkmalen der Potenzialqualität** eine Prognose auf Prozess- und Ergebnisqualität zu unternehmen. Für den Anbieter ergibt sich daraus die Forderung, seine Leistung schon vor dem Kontrakt greifbar (tangible), d. h., in aussagefähigen Merkmalen leicht wahrnehmbar zu gestalten (Reddy et al. 1993). Darüber hinaus kann mit Hilfe von Potenzialfaktoren die Kaufsituation selbst so angenehm gestaltet werden, dass der Kunde in seiner Anbietertreue bestärkt wird. Zur Verfügung stehen dazu sachliche und personale Potenzialfaktoren (vgl. Kapitel 1).

Nutzungsverhalten

Eine Definition der Nutzung von Dienstleistungen ist schwerer vorzunehmen, als dies bei Sachleistungen der Fall ist. Während sich die „Nutzung eines Hotelzimmers" bezüglich Inhalt und zeitlichem Umfang noch recht gut abgrenzen lässt, kann die „Nutzung einer Unternehmensberatung" kaum zufrieden stellend bestimmt werden. Während der Nutzung gewinnt der Kunde **Erfahrungen mit der Prozess- und Ergebnisqualität** einer Dienstleistung. Die Nutzung verschiedener Dienstleistungen erfordert meist auch eine bezüglich Inhalt und Intensität stark variierende Integration (Meyer/Westerbarkey 1995): Der Bankkunde erhält einen Kredit nach relativ kurzer Integration im Rahmen der Interaktion mit dem Kundenkontaktpersonal in der Kaufphase und ist während der Kreditnutzung weiterer Integration weitgehend enthoben, während der Rehabilitationspatient gefordert ist, sich gerade in der Zeit der Nutzungsphase Tag für Tag mit Ärzten, Pflegepersonal und Apparaten zu seinem eigenen Wohle, d. h. zur Erreichung von Ergebnisqualität, auseinanderzusetzen.

Intensive Integration in der Nutzungsphase bedeutet, dass der Kunde in häufiger und vielfältiger Interaktion mit Personal und Betriebsmitteln (Rechner, Medizintechnik, Trainingsgeräte usw.) des Anbieters steht. Von herausragender Bedeutung ist dabei, inwieweit der Kunde den Eindruck erhält, dass er diesen Interaktionsprozess selbst steuern und beherrschen kann **(interne Kontrolle)** oder aber der Steuerung und Beherrschung des Personals und der Ablauforganisation des Anbieters **(externe Kontrolle)** unterworfen ist (Rotter 1966). Art (intern/extern) und Ausmaß (stark/schwach) der wahrgenommenen Kontrolle über eine Situation bzw. die in ihr ablaufende Tätigkeit sind von erheblichem Einfluss auf Bewertung (ex post), Zufriedenheit (ex ante) und Verhalten während der Tätigkeit (Bateson 1992b). Höchste interne Kontrolle ist gegeben, wenn die Leistung vollständig selbst erbracht wird (Do it Yourself).

3. Nach-Konsumphase

Ergebnisbewertung

In der Nach-Konsumphase liegt das Ergebnis im Ganzen (z. B. Haarschnitt) oder in Teilen (z. B. Teil eines mehrjährigen Versicherungsvertrages) vor, und der Kunde hat durch die Nutzung Einsichten über die **Ergebnisqualität** gewonnen.

Die Qualitätswahrnehmung des Kunden gewinnt an Bedeutung, da sie sich auf Zufriedenheit bzw. Unzufriedenheit und damit letztendlich auf das (Wieder-)Kaufverhalten auswirkt. Die Zusammenhänge zwischen Qualitätswahrnehmung, Zufriedenheit und individuellem Kaufverhalten sind seit einigen Jahren Gegenstand intensiver Untersuchungen (Cronin/Taylor 1992; Kelley/Davis 1994; Dabholkar 1995; Zeithaml et al. 1996). Die Ergebnisse zeigen, dass die Qualitätswahrnehmung selektiv auf bestimmte Leistungsbereiche (z. B. Empfang und Einbuchen im Hotel) und innerhalb dieser Bereiche wieder auf einzelne Merkmale (z. B. Sauberkeit im Bad) ausgerichtet ist. Dementsprechend lässt sich Un-/Zufriedenheit mit Einzelmerkmalen, Leistungsbereichen und der Dienstleistung insgesamt ermitteln.

Ergebnisreaktionen

Die grundlegenden **Reaktionen zufriedener und unzufriedener Kunden** hat Hirschman (1974) mit Abwanderung, Mund-zu-Mund-Kommunikation und Loyalität bezeichnet (vgl. Abbildung 3-1-3).

Es besteht Grund zu der Annahme, dass bei Dienstleistungskäufern Abwanderung in Form des Anbieterwechsels seltener und Loyalität häufiger als bei Sachleistungen anzutreffen ist (Zeithaml 1981; Friedman/Smith 1993). Begründet wird dieses Verhalten mit dem **Wechselrisiko** und den **Wechselkosten,** die der unzufriedene Kunde wahrnimmt. Such- und Anpassungskosten des Anbieterwechsels werden ebenso hoch veranschlagt wie die Wahrscheinlichkeit, eine noch schlechtere Leistung zu erhalten. Unter diesen Prämissen sind langfristige Geschäftsbeziehungen zwischen Kunden und den Dienstleistern besonders häufig, die intensiv mit ihren Kunden interagieren und sich ihnen mit individuellen Leistungen anpassen. Kunden sind dann gerne bereit, eine fehlerhafte Leistung als einmaligen oder seltenen „Ausrutscher“ in einer langen Kette von Transaktionen anzusehen (Czepiel/Gilmore 1987).

Abbildung 3-1-3 Reaktionen auf Un-/Zufriedenheit

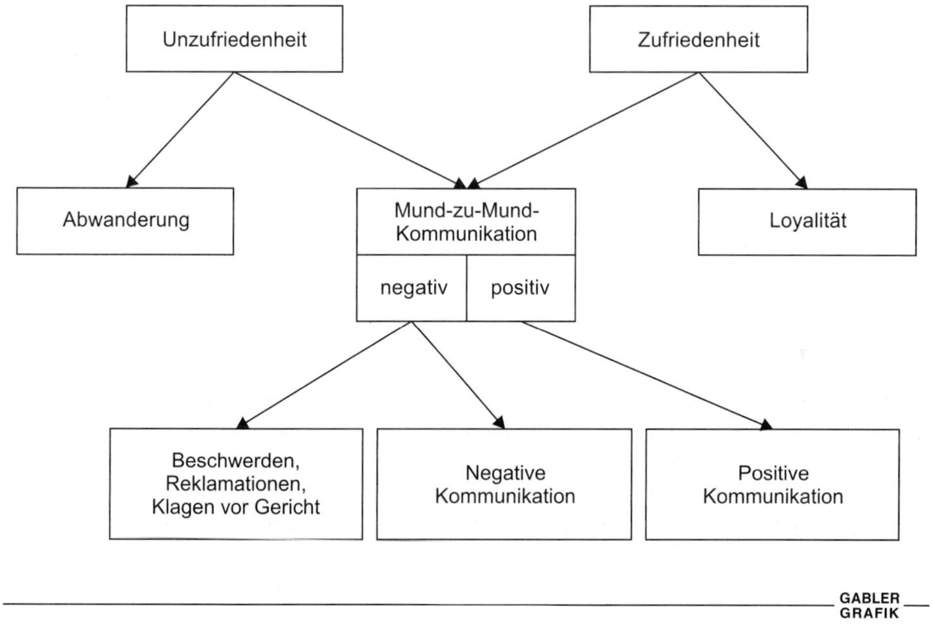

Allerdings werden Treue oder Abwanderung nicht nur durch Zufriedenheit bzw. Unzufriedenheit mit der Dienstleistung im engeren Sinne (Core Service) verursacht. Keaveney (1995) ermittelte acht Ursachenkategorien für das Wechselverhalten von Dienstleistungsnachfragern, von denen nur eine – allerdings immer noch die bedeutsamste – die Kernleistung betrifft:

- **Preise:** Preise in allen Erscheinungsformen (Gebühren, Honorare, Forderungen, Preisauszeichnungen usw.), die als hohe Preise, Preissteigerungen, sittenwidrige und täuschende Preispolitik negativ bewertet werden (30 Prozent der Nennungen, Mehrfachnennungen möglich),
- **Unannehmlichkeit:** Lage des Anbieters, Transfer-, Warte- und Abwicklungszeiten (21 Prozent),
- **Leistungsmängel:** Dienstleistungsmängel, falsche Buchungen und Rechnungszustellungen, Servicekatastrophen in Form erheblicher Folgeschäden (44 Prozent),
- **Interaktionsmängel:** Negative Ereignisse bei Interaktionen zwischen Servicepersonal und Kunden wie z. B. Unaufmerksamkeit, Unhöflichkeit usw. (34 Prozent),
- **Reaktionen der Angestellten auf Servicemängel:** langsame, falsche, schlechte Behandlung von Beschwerden (17 Prozent),

- **Attraktivität der Wettbewerber** (10 Prozent),
- **Ethische Probleme:** Ehrlichkeit, Sicherheit usw. (7 Prozent),
- **Sonstige Wechselursachen:** z. B. nicht beabsichtigtes Wechseln aufgrund eines Standortwechsels des Anbieters usw. (6 Prozent).

Während sich Abwanderung und Loyalität zu einem gegebenen Zeitpunkt gegeneinander ausschließen, sind sie jeweils mit der Reaktionsalternative Mund-zu-Mund-Kommunikation kombinierbar. Über Unzufriedenheiten, Tatsache und Gründe des Wechsels wird häufig mit Personen der näheren sozialen Umgebung gesprochen. 75 Prozent der von Keaveney (1995) befragten Wechsler machten entsprechende Angaben. Alle Reaktionsformen, die nicht in Beschwerden, Reklamationen oder Klagen vor Gericht münden, sind von Anbietern über spezifische Formen der Marktforschung zu erfassen und zu durchleuchten. Reaktionen, von denen Anbieter ausdrücklich Kenntnis erhalten, drücken sich am häufigsten in Form von Beschwerden aus. Dabei stellt das Beschwerdemanagement des Dienstleisters ebenfalls eine Dienstleistung dar, mit deren Qualität Kunden mehr oder weniger zufrieden sind (vgl. zur Gestaltung des Beschwerdemanagements Abschnitt 1.23 in Kapitel 6).

Insgesamt bestehen somit Unterschiede im Käuferverhalten bei Gütern und Dienstleistungen hinsichtlich des Bewertungsprozesses. Diese Unterschiede im Käuferverhalten lassen sich anhand der Determinanten des Käuferverhaltens erklären.

1.3 Determinanten des Käuferverhaltens

Im Rahmen der Kaufverhaltensforschung wird zwischen intrapersonalen und interpersonalen Erklärungsansätzen des Käuferverhaltens unterschieden. Die **intrapersonalen Erklärungsansätze** beziehen sich auf aktivierende, kognitive und Persönlichkeitsdeterminanten. Aktivierende Determinanten (Emotionen, Motive, Einstellungen) beschreiben innere Erregungszustände, die den Konsumenten antreiben. Demgegenüber beeinflussen kognitive Determinanten (Wahrnehmung, Kundenzufriedenheit, Lernen) die Vorgänge, mit denen das Individuum sich gedanklich innerhalb seiner Umwelt beschäftigt. Sie sind ohne aktivierende Prozesse nicht denkbar. Während die Aktivierung dafür sorgt, dass Verhalten überhaupt stattfindet, wird bei der kognitiven Steuerung der Frage nachgegangen, welches Verhalten anzustreben ist. Im Vergleich zu den aktivierenden und kognitiven Determinanten stellen die Persönlichkeitsdeterminanten (Involvement, wahrgenommenes Risiko, Werte) relativ stabile verhaltensrelevante Dispositionen dar.

Mit den **interpersonalen Variablen** (Gruppeneinflüsse, Mund-zu-Mund-Kommunikation) wird dem Umstand Rechnung getragen, dass der Konsument mit seiner Umwelt in Beziehung steht und komplexe Reize aus dieser Umwelt auf ihn einwirken.

1.31 Intrapersonale Variablen

1.311 Aktivierende Determinanten

Emotionen

Emotionen sind innere Erregungszustände, die in unterschiedlichen Intensitäten als positiv oder negativ erlebt werden. Unangenehme Emotionen drücken sich in Gestalt von Ärger, Ablehnung oder Angst aus. Sie bewirken Meinungswiderstände, negative Erfahrungen oder nehmen Einfluss auf Erlebnisse bzw. Situationen (Kroeber-Riel/Weinberg 2003, S. 56).

Ablehnende Emotionen des Dienstleistungsnachfragers können sich gegen das Dienstleistungsunternehmen (z. B. mangelndes Vertrauen gegenüber einer bestimmten Fluggesellschaft) oder gegen das generelle Dienstleistungsangebot (z. B. Behandlung beim Zahnarzt) richten.

Studien in Restaurants, Reisebüros, Ferienparks, im Bahnverkehr und in Stadtverwaltungen zeigten, dass die Emotionen gegenüber einem Dienstleistungsunternehmen signifikant zur Loyalität des Kunden beitragen. Vor allem kann über Emotionen zu einem großen Teil erklärt werden, warum Zufriedenheit nicht immer zu Kundenbindung führt. Werden – abgesehen von der zufrieden stellenden Erbringung der Leistung – positive Emotionen beim Kunden geweckt, so führt dies zu deutlich höherer Loyalität (Bloemer/de Ruyter 1999, S. 326).

Bedürfnisse und Motive

In engem Zusammenhang mit emotionalen Vorgängen stehen die menschlichen **Bedürfnisse und Motive.** Motive versorgen den Konsumenten mit Energie und richten das Verhalten zusätzlich auf ein Ziel aus (Kroeber-Riel/Weinberg 2003, S. 56).

Zur Erklärung des Käuferverhaltens von Dienstleistungen wird beispielhaft die bekannte **Bedürfnishierarchie von Maslow** (1975) herangezogen. Folgende fünf Bedürfnisschichten werden darin unterschieden:

1. Physiologische Bedürfnisse (z. B. Nahrung, Schlaf, Erhaltung der Gesundheit),
2. Sicherheitsbedürfnisse (z. B. Alterssicherung, Unfallschutz),
3. Soziale Bedürfnisse (z. B. Pflege von Freundschaften),

4. Streben nach Selbstachtung sowie Anerkennung durch andere (z. B. Nutzung von Prestige-Dienstleistungen),
5. Streben nach Selbstverwirklichung (z. B. individuelle Entwicklungsbedürfnisse).

In Abbildung 3-1-4 wird die Bedürfnispyramide von Maslow am Beispiel des Tourismus bzw. des Reisemarktes erläutert (Freyer 1998). Die Spanne reicht hier von Grundbedürfnissen in Form von Reisen zur Sicherung des Grundbedarfs (z. B. Fahrten zur Arbeitsstätte) bis hin zu Reisen als Selbstzweck.

Abbildung 3-1-4 Bedürfnishierarchie mit Bezug zu Dienstleistungen

	Allgemeine Erläuterung	Touristische Beispiele
Entwicklungsbedürfnisse	Selbstverwirklichung, Unabhängigkeit, Freude, Glück	Reisen als Selbstzweck, Vergnügen, Freude, „Sonnenlust“
Wertschätzungsbedürfnisse	Anerkennung, Prestige, Macht, Freiheit	Reisen zum Aufbau von Prestige und gesellschaftlicher Anerkennung
Soziale Bedürfnisse	Liebe, Freundschaft, Solidarität, Kontakt, Kommunikation	Private und gesellschaftliche Besucherreisen (zur Kommunikation)
Sicherheitsbedürfnisse	Vorsorge für die Zukunft, Gesetze, Versicherungen	Reisen zur Sicherung des Grundeinkommens, z. B. zur Regeneration der Arbeitskraft, Handelsreisen
Grundbedürfnisse	Essen, Trinken, Schlafen, Wohnen, Sexualität	Reisen zur unmittelbaren Deckung des Grundbedarfs, z. B. Fahrten zur Arbeitsstätte, eventuell Handelsreisen

Quelle: Freyer 1998, S. 55

GABLER GRAFIK

Ausschlaggebend für die Erklärung des Käuferverhaltens ist die Annahme, dass alle übergeordneten Motive und Bedürfnisse der Hierarchie als Ziele erst dann „aktiviert“ werden, wenn die jeweils untergeordneten Bedürfnisse bereits befriedigt sind. Zahlreiche Dienste, wie z. B. die Leistungen der Polizei, der Rettungsdienste oder auch der Versicherungen, haben für den Konsumenten eine bestimmte Dringlichkeitsordnung. Die Höhe des Anspruchsniveaus an diese Dienste ist von der Gesellschaft und der unmittelbaren Umgebung des Konsumenten abhängig. Darüber hinaus werden die Ansprüche von den Erfahrungen bestimmt, die das Individuum in der Vergangenheit mit diesen Diensten gemacht hat.

Bei der Anwendung dieser Erkenntnisse auf die Situation zunehmend frei verfügbarer Einkommen ist zu beobachten, dass mit wachsendem Wohlstand die oberen Bedürfnisschichten (Streben nach Selbstachtung, Selbstverwirklichung) als besonders verhaltensrelevant anzusehen sind. In diesem Zusammenhang ist beispielsweise die aktive Freizeitgestaltung (Individualreisen, Heimwerken „Do it Yourself" usw.) als Möglichkeit zur Selbstverwirklichung erwähnenswert.

Eventuell auftretende **Motivkonflikte** bieten dem Dienstleister Ansatzpunkte zur Beeinflussung des Kunden. Als Beispiel kann eine geplante Urlaubsreise betrachtet werden, bei der sich der Konsument in einem Konflikt zwischen Erholungsmotiv (z. B. Aufenthalt in den Bergen) und Erlebnismotiv (z. B. Aufenthalt in einer Weltstadt) befindet. Zur Lösung eines solchen Konfliktes kann der Reizcharakter der Dienstleistung derart verändert werden, dass die positive Verhaltenstendenz verstärkt wird (z. B. besondere Herausstellung des Erlebnismotivs).

Einstellungen

Einstellungen sind innere Bereitschaften (Prädispositionen) eines Individuums, auf bestimmte Stimuli der Umwelt konsistent positiv oder negativ zu reagieren (Kroeber-Riel/Weinberg 2003, S. 57; Trommsdorff 2002). Objekte der Einstellungen können Sachen, Personen, Themen oder – im vorliegenden Fall – Dienstleistungen sein (Meffert 1992a, S. 55).

Bei der Interpretation und Analyse der Einstellungen werden drei Komponenten unterschieden: die affektive, die kognitive und die konative Komponente.

Die **affektive Komponente** enthält die mit der Einstellung verbundene gefühlsmäßige Einschätzung der Dienstleistung. Beispiel Urlaubsreise:

- Negatives Pauschalurteil über Urlaubsgebiete mit „bekanntlich hohen Preisen",
- Positives Pauschalurteil bei zu erwartendem guten Wetter im Urlaubsgebiet.

Die **kognitive Komponente** beinhaltet das mit der Einstellung verbundene subjektive Wissen über die Dienstleistung. Beispiel Urlaubsreise:

- Spanien ist als Urlaubsziel akzeptabel, da dort häufig die Sonne scheint.
- Für den Skiurlaub präferiert ein Kunde Skigebiete in den Alpen.

Die Ausgestaltung der affektiven und kognitiven Komponente bestimmt die **konative Komponente,** d. h. die mit der Einstellung gegenüber der Dienstleistung verbundene Handlungstendenz.

1.312 Kognitive Determinanten

Während die Aktivierung dafür sorgt, dass Verhalten überhaupt stattfindet, wird bei der kognitiven Steuerung der Frage nachgegangen, welches Verhalten im Einzelnen realisiert wird. Die kognitiven Vorgänge lassen sich zur Erklärung des Konsumentenverhaltens in die **Wahrnehmung** einschließlich der Beurteilung sowie das problemlösende **Denken** und **Lernen** einteilen. In Analogie zur maschinellen Informationsverarbeitung kann man auch von **Informationsaufnahme, -verarbeitung und -speicherung** sprechen. Dabei gilt es zu berücksichtigen, dass die meisten Informationsverarbeitungsvorgänge automatisch ablaufen und sich insofern einer willentlichen und bewussten Kontrolle entziehen (Meffert 1992a, S. 60ff.).

Wahrnehmung

> Der **Wahrnehmungsprozess** umfasst die Aufnahme und selektive Verarbeitung von Reizen durch das Individuum. Aus der Fülle der Informationen selektiert es und verarbeitet aktiv die Informationen, die den eigenen informellen Bezugsrahmen nicht überfordern (Kroeber-Riel/Weinberg 2003, S. 269).

Die selektive Wahrnehmung ist bei Dienstleistungen von Bedeutung, da die Wirkung wahrgenommener Dienstleistungselemente (z. B. Personal am Bankschalter) vom Umfeld (z. B. Verkaufsraumgestaltung, Dienstleistungsmerkmale) und den Einstellungen zu diesem Umfeld abhängt. So kann die positive Einstellung gegenüber einer Dienstleistungsmarke (z. B. Deutsche Bank) die positive Wahrnehmung neuer Dienstleistungsangebote (z. B. Lebensversicherung) fördern, wenn diese als aus demselben Unternehmen kommend erkannt werden (Imagetransfer).

In negativer Hinsicht kann die selektive Wahrnehmung durch Stereotypen, Rollenklischees oder Vorurteile geprägt sein. Beispiele für typische Vorurteile: Sommerurlaub kann man kaum im Norden machen; Kurorte sind für Alte und Kranke; Club-Ferien sind nicht familiengerecht.

Wahrgenommene Dienstleistungsqualität und Kundenzufriedenheit

Die Wahrnehmung der Leistungen eines Dienstleistungsanbieters durch den Kunden ist die Grundlage der wahrgenommenen Dienstleistungsqualität (vgl. zur Dienstleistungsqualität die Ausführungen im Kapitel 5), die in Kunden(un)zufriedenheit resultiert. **Kun-**

denzufriedenheit entsteht durch den Abgleich der Leistungswahrnehmung des Kunden und seinen Erwartungen an eine Leistung.

Im Vergleich zur Einstellung ist festzustellen, dass Kundenzufriedenheit erst nach der Nutzung einer Dienstleistung vorliegen kann. Der Kundenzufriedenheit kommt im Dienstleistungsmarketing besondere Bedeutung zu, da ihr Einfluss auf das Kaufverhalten, d. h. die Kundenbindung, unbestritten ist.

Im Rahmen der Pilotstudie zum **Schweizerischen Kundenbarometer SWICS** (Bruhn 1998a; Bruhn/Murmann 1998) wurde die Kundenzufriedenheit in insgesamt 20 Branchen aus den Wirtschaftsbereichen Handel, Tourismus/Transport, Gastgewerbe, Telekommunikation, Finanzdienstleistungen und Gesundheitswesen gemessen. Bei der kausalanalytischen Auswertung des SWICS-Modells wurde unter anderem der Zusammenhang zwischen Kundenzufriedenheit und Kundenbindung untersucht. Hierbei wurde festgestellt, dass in 15 der 20 Branchen der Einfluss der Kundenzufriedenheit auf die Kundenbindung im Kausalmodell einen Wirkungskoeffizienten von mehr als 0,6 aufwies.

Lernen

Lernen bezeichnet die systematische Änderung des Verhaltens aufgrund von Erfahrungen und ist daher zwischen Informationsverarbeitung und -speicherung angesiedelt (Kroeber-Riel/Weinberg 2003, S. 322).

Wird ein Dienstleistungsnachfrager wiederholt in seinen Erwartungen an die Dienstleistung enttäuscht (z. B. Service an Bord einer bestimmten Fluggesellschaft), kann dies dazu führen, dass er künftig einen anderen Leistungsanbieter auswählt. Gerade im Dienstleistungsbereich stellen die **bisherigen Erfahrungen** eines Kunden einen wesentlichen Kaufentscheidungsgrund bezüglich eines Dienstleistungsanbieters dar (Murray 1991, S. 10ff.). Aufgrund der Kaufverhaltensrelevanz der bisherigen Erfahrungen kommt dem Qualitätsmanagement für Dienstleistungen (vgl. Kapitel 5) eine besondere Rolle zu, ebenso wie dem Beschwerdemanagement (vgl. Kapitel 6) für den Fall, dass die bisherigen Erfahrungen eines Kunden mit einem Anbieter nicht seinen Erwartungen entsprechen.

1.313 Persönlichkeitsdeterminanten

Im allgemeinen Sprachgebrauch umfasst die **Persönlichkeit** eine bei jedem Menschen einzigartige, relativ stabile und den Zeitablauf überdauernde verhaltensrelevante Disposition. In diesem Sinne können Persönlichkeitsmerkmale als dauerhafte Muster der aktivierenden und kognitiven Verhaltensdeterminanten eines Individuums bezeichnet werden. Die Persönlichkeit stellt somit den Grundrahmen dar, innerhalb dessen die grundsätzlichen Prädispositionen zum Konsumentenverhalten, wie **Involvement und wahrgenommenes Kaufrisiko,** zu analysieren sind (Meffert 1992a).

Involvement

Involvement bezeichnet den Grad der Ich-Beteiligung oder das Engagement einer Person, sich für bestimmte Sachverhalte oder Aufgaben zu interessieren und einzusetzen (Kroeber-Riel/Weinberg 2003, S. 371).

Damit stellt das Involvement den inneren Zustand einer Person dar, der in Abhängigkeit der Relevanz beim Individuum unterschiedliche Wirkungen auf Informationsaufnahme, -verarbeitung und -speicherung auslöst. Da Dienstleistungen sich in hohem Maße durch Experience und Credence Qualities auszeichnen, kann von einem tendenziell höheren Involvement bei der Nachfrage nach Dienstleistungen als bei der Nachfrage nach Gütern ausgegangen werden. Diese These wird auch durch die gegenüber dem Produktbereich intensivere Informationssuche vor und nach dem Kaufabschluss unterstützt (Zeithaml 1991, S. 41f.).

Das Involvement eines Dienstleistungskunden kann sich auf verschiedene Objekte beziehen. Beispielhaft können bei **Bankkunden** vier Involvement-Arten differenziert werden: Dienstleistungs-, Kauf-, Unternehmens- und Beraterinvolvement. Das Dienstleistungsinvolvement gibt die Wichtigkeit von Bankleistungen für den Kunden an. Das Kaufinvolvement betrifft die Auseinandersetzung mit den Leistungen verschiedener Banken im Rahmen des Kaufentscheidungsprozesses. Unter dem Unternehmensinvolvement wird unter anderem die Bevorzugung einer bestimmten Bank verstanden. Schließlich bringt das Beraterinvolvement die Bindung zum Kundenberater der Bank zum Ausdruck (Watzlik 1995).

Wahrgenommenes Risiko

Unter **wahrgenommenem Risiko** werden die als nachteilig empfundenen Folgen des Verhaltens verstanden, die vom Konsumenten nicht vorhersehbar sind (Meffert 1992a, S. 260ff.; Kroeber-Riel/Weinberg 2003, S. 251).

Das wahrgenommene Risiko stellt eine vielfach untersuchte Größe im Dienstleistungsmarketing dar (Lutz/Reilly 1973, S. 393ff.; Murray 1991, S. 10ff.). Das Risikoempfinden variiert von Person zu Person und ist darüber hinaus im Zeitablauf Schwankungen ausgesetzt. Dienstleistungen zeichnen sich aufgrund ihrer Eigenschaften (Immaterialität, Schwierigkeit des Wettbewerbsvergleiches vor Inanspruchnahme, beschränkte Standardisierbarkeit, Abhängigkeit des Leistungsergebnisses von der Integration des externen Faktors, insgesamt schwierige Beurteilung) durch ein höheres Risiko im Vergleich zu Sachgütern aus (Fryar 1991, S. 53ff.; Zeithaml 1991, S. 43ff.; Friedman/Smith 1993, S. 47ff.).

Auch wenn bei Dienstleistungskunden generell ein höheres wahrgenommenes Risiko als bei Sachgüterkunden konstatiert werden kann, bestehen weiterhin Unterschiede im wahrgenommenen Risiko im Hinblick auf **unterschiedliche Dienstleistungsarten.** In diesem Zusammenhang wurde eine empirische Studie in den Bereichen Einzelhandel, Fitnessclubs, Fast Food und Gesundheitswesen durchgeführt. Hierbei wurde festgestellt, dass das wahrgenommene Risiko bei der Inanspruchnahme von Gesundheitsleistungen am höchsten ist, während Konsumenten im Einzelhandel ein geringeres Risiko als in den anderen drei Bereichen wahrnehmen (Brand/Cronin 1997).

1.32 Interpersonale Variablen

Die bisherigen Ausführungen bezogen sich auf das Individuum als Träger der Kaufentscheidung bei Dienstleistungen. Da der Konsument mit seiner Umwelt in Beziehung steht und komplexe Reize aus seiner Umwelt auf ihn einwirken, werden im Folgenden **Gruppeneinflüsse** und die **Mund-zu-Mund-Kommunikation** als Determinanten des Kaufverhaltens bei Dienstleistungen untersucht. In diesem Zusammenhang können **Meinungsführer** als Spezialfall von Gruppeneinflüssen und Mund-zu-Mund-Kommunikation und im Weiteren **Leitpersonen** gesondert betrachtet werden.

Gruppeneinflüsse

Als **Gruppe** bezeichnet man Personen, die interaktiv miteinander in Beziehung stehen. Zur Gruppenbezeichnung können Merkmale wie Zusammengehörigkeitsgefühl (eigene Identität), soziale Ordnung, Einhalten bestimmter Verhaltensnormen sowie gemeinsame Werte und Ziele herangezogen werden (Kroeber-Riel/Weinberg 2003, S. 478).

Durch die Zugehörigkeit eines Einzelnen zu einer Gruppe orientiert sich das Individuum an den übrigen Gruppenmitgliedern. Diese Orientierung kann sich sowohl auf Verhaltensweisen der anderen Gruppenmitglieder als auch auf gemeinsame Entscheidungsprozesse im Rahmen kollektiver Kaufentscheidungen beziehen.

Im Folgenden werden die von Bezugsgruppen und Familien ausgehenden Gruppeneinflüsse auf das Kaufverhalten bei Dienstleistungen erläutert. **Bezugsgruppen** sind alle Gruppen oder Personen, mit denen das Individuum sich identifiziert (Schule, Partei, Verein usw.). Den Bezugsgruppen kommt zunächst eine **normative Wirkung** zu, da bei Erreichen der Bezugsgruppennorm (z. B. bestimmtes Handicap im Golf) die Anerkennung durch die Bezugsgruppe bzw. bei Nichterreichen die Strafe (Entzug der „Platzreife" im Golf) erfolgt. Die normative Funktion

wird häufig begleitet von einer **Vergleichsfunktion.** Die Wertvorstellungen, Konsumniveaus und Verbrauchsgewohnheiten anderer dienen als Vergleichsmaßstab für das eigene Verhalten. Daher ist bei der Dienstleistungserstellung vor allem auf die Beobachtbarkeit des Dienstleistungsvollzugs und damit auf ihre demonstrative Wirkung zu achten. Beispiele sind:
- Spielkasino: Bezugsgruppe der „Wohlhabenden",
- Spektakuläre Sportart: Bezugsgruppe „aktive Sportler" (Drachenfliegen).

Für den Dienstleister besteht die Möglichkeit, sein **Angebot explizit bezugsgruppenorientiert** auszurichten (z. B. Angebot von Traveller-, Junior- und Seniorenpass durch die Bundesbahn; Angebot gesunder Kost in Vollwertrestaurants). Die Inanspruchnahme der Dienstleistung kann wiederum zur Erfüllung der Bezugsgruppennorm beitragen. Die Familie unterscheidet sich von anderen Primärgruppen (z. B. Freundeskreis) durch eine genau beschriebene Rollenstruktur sowie durch die Qualität der Beziehungen zwischen den Familienmitgliedern (in der Regel ausgeprägtes Zusammengehörigkeitsgefühl). Für Dienstleistungsanbieter stellt sich die Frage, welchen **Einfluss Familienmitglieder auf den Kaufentscheidungsprozess,** z. B. bezüglich des gemeinsamen Urlaubs, nehmen. Für die Dienstleistungserstellung ist es zunächst erforderlich, als Dienstleistungsanbieter (z. B. der Reiseveranstalter) die Gruppenstruktur zu untersuchen und in einem weiteren Schritt zum Gegenstand entsprechender Maßnahmen zu machen (beispielsweise offeriert die Kontaktperson des Dienstleistungsanbieters dem Familienvater preisliche Angebote für einen Cluburlaub; der Mutter werden die Vorzüge des Kinderdorfes innerhalb des Clubs aufgezeigt).

Mund-zu-Mund-Kommunikation

Neben der persönlichen und unpersönlichen Kommunikation – auch im Rahmen der Leistungserstellung – (vgl. hierzu die Ausführungen im Kapitel 6) werden beim Dienstleistungskauf personenbezogene Informationsquellen in Form von Mund-zu-Mund-Kommunikation intensiv genutzt. Unter **Mund-zu-Mund-Kommunikation** wird die in unterschiedlichem Maße zweckorientierte Übermittlung von unternehmens- oder leistungsspezifischen Informationen und Bedeutungsinhalten durch Kunden eines Dienstleistungsunternehmens mit der Folge der Beeinflussung von Meinungen, Einstellungen, Erwartungen und Verhaltensweisen der Adressaten verstanden (Bruhn 1998b; Kroeber-Riel/Weinberg 2003, S. 510).

Die Bedeutung der Mund-zu-Mund-Kommunikation für das Kaufverhalten ist auf folgende empirisch ermittelte **Gründe** zurückzuführen (Murray 1991, S. 1ff.):

- Personenbezogene Informationsquellen (z. B. Freunde, Experten) können von eigenen Erfahrungen mit der Dienstleistung berichten und sind daher besonders glaubwürdig.
- Viele Dienstleistungsanbieter sind lokalspezifisch angebunden und verfügen weder über ausreichende Erfahrung noch über das notwendige Budget für eine entsprechende Werbung.

- Da der Konsument oftmals nur einen unzureichenden Überblick über das Angebot in einem Dienstleistungsbereich hat (z. B. Kreditkarten), ist er unsicher im Hinblick auf die zu treffende Anbieterwahl. Der Word-of-Mouth-Erfahrungsaustausch zeichnet sich gegenüber anderen Informationsquellen (z. B. Massenmedien) neben erhöhter Glaubwürdigkeit (Vertrauensgutcharakter der Dienstleistung) auch durch eine stärkere Problemorientierung aus (Zeithaml 1991, S. 41f.).

Im Hinblick auf die **Bedeutung der Mund-zu-Mund-Kommunikation** im Dienstleistungsbereich können die Ergebnisse von 120 Tiefeninterviews mit Nutzern verschiedener Dienstleistungen (z. B. Steuerberater, Autoreparaturwerkstatt, Rechtsanwalt, Frisör) herangezogen werden. In 71 Fällen gaben die Befragten an, den entsprechenden Anbieter ausschließlich aufgrund von Empfehlungen durch Freunde oder Bekannte gewählt zu haben (Gremler 1994).

Meinungsführer

> Im Zusammenhang von Mund-zu-Mund-Kommunikation und Gruppeneinflüssen stehen Meinungsführer. Als **Meinungsführer** werden solche Personen innerhalb einer Bezugsgruppe bezeichnet, die besonders aktiv an der Meinungsbildung und den Konsumpräferenzen der Gruppe mitwirken (Kroeber-Riel/Weinberg 2003, S. 518).

Meinungsführer lassen sich durch einen hohen Grad an sozialer Integration und eine starke Tendenz zu Außenkontakten charakterisieren. Sie nehmen durch ihre Informationsübermittlungsfunktion und ihren Einfluss auf die Meinungsbildung anderer eine Multiplikatorfunktion ein. Aufgrund der Vertrauens- und Erfahrungseigenschaften nehmen Konsumenten bei Dienstleistungen ein höheres Risiko wahr und suchen daher nach zuverlässigen Informationen bzw. Personen, die dieses Risiko reduzieren. Meinungsführern wird prinzipiell eine neutrale Position, d. h. keine A-priori-Präferenz hinsichtlich eines bestimmten Anbieters, unterstellt. Da es bei Dienstleistungen oft wenig andere Anhaltspunkte zur Reduktion des wahrgenommenen Risikos gibt, kommt Meinungsführern hier tendenziell eine höhere Bedeutung zu als bei Sachgütern.

Es scheint daher zwar sinnvoll, Meinungsführer gezielt anzusprechen. Eine gezielte Ansprache ist allerdings nur dann möglich, wenn sich Meinungsführer auch hinsichtlich ihrer eigenen Informationsweisen signifikant von anderen Gruppenmitgliedern unterscheiden, also andere Kommunikationskanäle oder -arten nutzen. Ferner ist eine gezielte Ansprache nur dann sinnvoll, wenn so mit spezifischen Kommunikationsinstrumenten ein entscheidender Einfluss auf die Konsumenten ausgeübt werden kann. Dies kann beispielsweise der Fall sein, wenn eine Zeitschrift mit geringerer Reichweite über einen hohen Anteil von Meinungsführern in ihrer Leserschaft verfügt (Vernette 2004).

Leitpersonen

> Im Gegensatz zu Meinungsführern handelt es sich bei Leitpersonen im Allgemeinen nicht um Personen, die Mitglied der Gruppe sind, deren Verhalten sie beeinflussen. Als **Leitperson** kann jedes persönliche Vorbild in Gestalt einer realen oder fiktiven Person dienen, das Menschen im Verhalten ausrichtet oder führt (Bänsch 2002, S. 109).

Leitpersonen kennzeichnen eine oder mehrere der folgenden Merkmale, durch die sie ihre Vorbildfunktion erhalten:

- Attraktivität (z. B. Film- und Popstars, Sportler),
- Popularität (z. B. Künstler, Adelige),
- Sachkompetenz (z. B. Wissenschaftler),
- Menschliche Vertrauenswürdigkeit (z. B. Ärzte) und
- Wahrgenommene oder erwünschte Ähnlichkeit (typische Konsumenten, z. B. Hausfrauen, Hobbybastler).

Leitpersonen werden aufgrund ihres weitreichenden, d. h. in den meisten Bevölkerungsgruppen bekannten und akzeptierten, symbolhaften Charakters bevorzugt in Massenmedien verwendet. Sie wirken als normative Verhaltensmodelle, die der Konsument unreflektiert übernehmen kann. Idealtypisch wendet er also die kommunizierten Verhaltensmodelle an, ohne sich der tatsächlichen Konsequenzen seiner Entscheidung bewusst zu sein (Kroeber-Riel/Weinberg 2003, S. 608ff.). Dieses Verhalten kann analog zur Bedeutung von Meinungsführern bei Dienstleistungen aufgrund ihrer geringeren Beurteilbarkeit von größerer Bedeutung sein. Eine Neutralität der Leitperson bezüglich seiner Position gegenüber dem Anbieter kann hier zwar grundsätzlich nicht unterstellt werden; die Reputation bzw. Autorität der Person kann dies jedoch möglicherweise kompensieren.

2. Besonderheiten der Marktforschung im Dienstleistungsbereich

Auch im Rahmen des Dienstleistungsmarketing ist die planmäßige Erforschung des Marktes Voraussetzung für ein zielgerichtetes Marketing. Ebenso wie im Konsumgüter- und Industriegütermarketing stellt die Marktforschung für ein Dienstleistungsunternehmen ein Instrument zur Fundierung absatzpolitischer Entscheidungen dar, das zum Ziel hat, Chancen und Risiken aufzudecken. Strategischer Informationsbedarf besteht bezüglich der Umwelt- und Umfeldentwicklung sowie der Auswirkungen alternativer Marktbearbeitungsstrategien. Informationsbedarf zur Unterstützung operativer Entscheidungen bezieht sich auf Möglichkeiten eines verbesserten, d. h. effektiveren, Einsatzes des Marketinginstrumentariums.

2.1 Aufgaben der Marktforschung im Dienstleistungsbereich

> Die **Marktforschung** eines Dienstleistungsunternehmens dient der Analyse des Kundenverhaltens, der Wirkung von Marketingaktivitäten des Dienstleistungsanbieters sowie dessen innerbetrieblichen Sachverhalten.

Grundsätzlich lassen sich die **Aufgaben der Marktforschung** in Dienstleistungsunternehmen wie folgt beschreiben (Meffert 1992a, S. 17):

- Die Marktforschung sorgt dafür, dass Risiken frühzeitig erkannt und abgeschätzt werden können (Frühwarnfunktion).
- Sie trägt dazu bei, dass Chancen und Entwicklungen aufgedeckt und antizipiert werden können (Innovationsfunktion).
- Sie trägt im willensbildenden Prozess zur Unterstützung der Arbeit der Unternehmensführung bei (Intelligenzverstärkerfunktion).
- Sie trägt in der Phase der Entscheidungsfindung zur Präzisierung und Objektivierung der Sachverhalte bei (Unsicherheitsreduktionsfunktion).
- Sie fördert das Verständnis bei der Zielvorgabe und die Lernprozesse in der Unternehmung (Strukturierungsfunktion).
- Sie sorgt dafür, dass aus der umweltbedingten Informationsflut die für die unternehmerischen Ziel- und Maßnahmenentscheidungen relevanten Informationen selektiert und aufbereitet werden (Selektionsfunktion).

Während sich bei diesen generellen Aufgaben keine Unterschiede zwischen der Marktforschung im Dienstleistungs- und Produktbereich ergeben, ist bei der **Betrachtung spezifischer Aufgabeninhalte** unter Berücksichtigung der Besonderheiten von Dienstleistungen eine Reihe von Schwerpunkten herauszustellen, die sich aus der Relevanz der Leistungsfähigkeit des Anbieters, der Integration des externen Faktors sowie der Immaterialität ergeben. Die daraus entstehenden Bewertungsunsicherheiten der potenziellen Nachfrager aufzudecken, stellt die Aufgabe der Marktforschung im Dienstleistungssektor dar (vgl. Abbildung 3-2-1).

Abbildung 3-2-1 Besonderheiten der Dienstleistungsmarktforschung

Besonderheiten von Dienstleistungen	Schwerpunkte in der Marktforschung
Leistungsfähigkeit des Anbieters	■ Analyse der Mitarbeiterfähigkeiten ■ Analyse der Mitarbeitermotivation
Integration des externen Faktors	■ Standortforschung ■ Analyse des Interaktionsverhaltens interner und externer Faktoren ■ Analyse des Integrationsverhaltens des externen Faktors
Immaterialität (Nichlagerfähigkeit, Nichttransportfähigkeit)	■ Analyse des Kundenverhaltens (Nachfragehöhe, Nachfrageschwankungen, Öffnungszeiten) ■ Analyse von Kundenzufriedenheit und Image ■ Beschwerdeanalysen

GABLER GRAFIK

Die Notwendigkeit der **Leistungsfähigkeit** eines Dienstleistungsanbieters und somit vor allem seiner Mitarbeiter impliziert die Analyse der **Mitarbeiterfähigkeiten** und der **Mitarbeitermotivation** durch die Marktforschung (z. B. fachliche Kompetenz und kundenorientiertes Verhalten durch Silent Shopper). Hierbei ist die Angemessenheit dieser beiden Größen zur Erstellung der Dienstleistungen gemäß den Kundenanforderungen und Leistungsspezifikationen des Anbieters zu untersuchen. Die entsprechenden Analyseergebnisse repräsentieren Ansatzpunkte für Maßnahmen der Personalpolitik (vgl. hierzu die Ausführungen in Kapitel 6).

Ferner lassen sich spezifische Problemstellungen für die Marktforschung eines Dienstleistungsunternehmens aufgrund der **Integration des externen Faktors** herausstellen. In diesem Zusammenhang sind die Standortforschung sowie Analysen des Interaktions- und Integrationsverhaltens einzusetzen.

Bei standortgebundenen Dienstleistungsunternehmen kommt durch die Notwendigkeit der Integration des externen Faktors der **Standortforschung** eine zentrale Bedeutung zu. Gerade bei Dienstleistungen mit hoher Bedarfshäufigkeit (Banken, Postdienste, Handel) hat die schnelle Erreichbarkeit besondere Relevanz für die vom Kunden wahrgenommene Dienstleistungsqualität. Im Rahmen von Standortanalysen sind Informationen über Standortpräferenzen der Konsumenten, Bedarf, Konkurrenz, Einkommen, Verkehrsanbindung, Größe des Einzugsgebietes usw. bereitzustellen. Bei Dienstleistungsunternehmen, die Versorgungs- (z. B. Essen auf Rädern, Energieversorgungsunternehmen), Sicherheits- (z. B. Polizei, Feuerwehr) oder technische Kundendienstleistungen anbieten, stellt sich die Standortproblematik aus einem anderen Blickwinkel dar. In der Regel kommt bei diesen Diensten der Dienstleistungsabnehmer nicht zum Dienstleistungsersteller, sondern der Dienstleistungsersteller erbringt seine Leistung **vor Ort beim Kunden.** Somit kommt es bei der Standortwahl dieser Unternehmen darauf an, ein möglichst dichtes Netz von Standorten aufzubauen, um die Dienstleistungen möglichst schnell erbringen zu können. Hierbei spielt die Analyse der räumlichen Verteilung der Dienstleistungsnachfrager, die Verkehrsanbindung und das gegenwärtige Distributionsnetz eine große Rolle.

Unterstützende **Verfahren für die Standortentscheidung** sind Scoringmodelle, die Analogmethode und unterschiedliche Ausgestaltungen von Gravitationsmodellen. Scoringmodelle und Analogmethode sind in der betrieblichen Praxis bereits weit verbreitet.

Scoringverfahren spielen bei der Regionensuche, der Standortbewertung und auch für die Frage nach der besten alternativen Geschäftslage eine Rolle. Punktbewertungen von Standortfaktoren können also auf verschiedenen Ebenen der Standortentscheidung angewendet werden. In das Scoringmodell werden nur diejenigen Faktoren aufgenommen und bewertet, die für die Standortentscheidung relevant sind, d. h. Erlös- und Kostenkonsequenzen nach sich ziehen.

In dem Verfahren werden allgemeine und/oder unternehmensspezifische Standortfaktoren gesucht und in Zeilen einer Tabelle eingestellt. Die Spalten der Tabelle werden von allen gegeneinander zu bewertenden Standorten besetzt. Bei der Evaluierung der relevanten Faktoren werden in der Regel keine aufwendigen statistischen Erhebungsverfahren zur Anwendung gebracht. Man stützt sich bei der Auswahl der relevanten Faktoren auf die Urteile von Experten, also erfahrenen Planern der jeweiligen Branche.

In der ersten Spalte wird die Wichtigkeit eines jeden Merkmals für den Erfolg in Prozentwerten festgehalten, also z. B. die Anzahl der potenziellen Kunden mit 25 Prozent gewichtet. In der zweiten Spalte wird die Merkmalsausprägung mit Punkten bewertet (z. B. einen Punkt pro Tausend erreichbaren Kunden oder 20 von 30 maximal möglichen Punkten). Die Wichtigkeit multipliziert mit der Ausprägung eines Merkmals ergibt den Gesamtpunktwert pro Merkmal in Spalte drei. Die Gesamtpunktwerte der einzelnen Merkmale werden für jeden der in die Bewertung integrierten Standorte addiert. Die so ermittelten Punktwerte pro Standort ergeben eine Reihenfolge der Vorziehenswürdigkeit. Es wird der Standort mit der höchsten Punktzahl ausgewählt (Abbildung 3-2-2).

Abbildung 3-2-2 Beispiel eines Scoringmodells zur Standortwahl

		Standort A			Standort B			Standort C
Faktorenkategorien	Einzelfaktoren	Gewicht	Einzelpunkte	Gesamtpunktwert	Gewicht	Einzelpunkte	Gesamtpunktwert	...
Konsumenten	Bevölkerungsgröße in Zone 1 Bevölkerungsgröße in Zone 2 Bevölkerungsgröße in Zone 3 Altersstruktur der Bevölkerung Einkommensstruktur der Bevölkerung usw.							...
Konkurrenten	Anzahl der Konkurrenten Angebotsqualität der Konkurrenten usw.							...
Erreichbarkeit	Anbindung an den ÖPNV Straßenverkehrssituation Parkplatzsituation usw.							...
Kosten	Grundstückskosten Sonstige Kosten							...
usw.	usw.							...
		Σ · 100 %			Σ · 100 %			...

GABLER GRAFIK

Quelle: Woratschek 2001b, S. 425

Nachteil des Verfahrens ist, dass die Einschätzung von Sachverhalten durch Personen vorgenommen wird, die damit nur indirekt konfrontiert sind. Darüber hinaus kann die Vollständigkeit und die relative Gewichtung der Merkmale in einem Standortfaktorenkatalog niemals sichergestellt werden. Die Faktoren können sich inhaltlich überschneiden, was eine Verzerrung der Bewertung zur Folge hat. Weiterhin handelt es sich bei Scoringmodellen um kompensatorische Modelle. Punktzahlen einzelner Faktoren können sich hierbei ausgleichen. Es können zwar Mindestpunktzahlen für besonders kritische Faktoren festgelegt werden. Die Gesamtbeurteilung und Auswahl des geeigneten Standortes anhand der höchsten erreichten Punktzahl ist dadurch jedoch nicht mehr ohne weiteres möglich und führt zu einer weniger klaren Aussage über die Standortentscheidung. Schließlich sind Scoringmodelle nicht in der Lage, Umsatzprognosen zu liefern, die eine Entscheidung für einen Standort ökonomisch rechtfertigen.

Dennoch finden Scoringmodelle in der Praxis breite Anwendung. Dies hängt mit dem **Vorteil** der Flexibilität und Einfachheit in der Handhabung der Verfahren zusammen. Das Durchlaufen verschiedener Planungsebenen ist nicht mehr notwendig. Vielmehr kann ein Urteil über die Güte eines Standortes im Vergleich zu anderen in einem Bewertungsansatz gebildet werden. Von zentraler Bedeutung sind die Überlegungen darüber, welche Standortfaktoren Erfolg versprechend sind. Die Folge ist ein schärferes Problembewusstsein für die Aufgabe, einen Investitionsstandort zu wählen.

Mit der **Analogmethode** wird das Ziel verfolgt, für eine Angebotsform an einem bestimmten Standort das Umsatzpotenzial zu prognostizieren. Prognosebasis sind bereits bestehende Angebots-Standort-Kombinationen, die eine Analogie zu der spezifischen Angebots-Neustandort-Situation aufweisen.

Bei der Analogmethode ist es unverzichtbar, eine grundlegende Analogie zwischen dem Vergleichsstandort und dem geplanten Neustandort anhand umsatzrelevanter externer und interner Unternehmensfaktoren systematisch zu prüfen. In Frage kommen beispielsweise Geschäftscharakteristika, Konsumentencharakteristika (Einkaufs- bzw. Nutzungsverhalten) und das Konkurrenzniveau.

Ist ein anhand dieser Merkmale vergleichbares Unternehmen gefunden, wird dieses als Prognosebasis herangezogen. Es wird zunächst der gesamte Wochenumsatz des Referenzunternehmens festgestellt und anschließend die Zusammensetzung der Kunden in Bezug auf deren Wohnort und die wohnortspezifischen Umsatzdaten ermittelt. Diese Umsätze werden definierten Entfernungszonen des Standortes zugeordnet. Aus der Bevölkerungsstatistik lässt sich die Anzahl der Kunden pro Entfernungszone feststellen und der durchschnittliche Umsatz pro Entfernungszone errechnen (Abbildung 3-2-3).

Abbildung 3-2-3 **Beispiel der Analogmethode für die Standortwahl**

Analogmethode			
Einzugsbereich	Bevölkerung im Einzugsbereich	Durchschnittlicher Umsatz pro Einwohner: Wert aus analogen Angebotsorten	Geschätzter Umsatz
bis 2 km	5.000	30	150.000
2–5 km	10.000	20	200.000
über 5 km	20.000	10	200.000
Summe			**550.000**

GABLER GRAFIK

Quelle: Woratschek 2001b, S. 428

Das zentrale **Problem** dieser Methode liegt darin, dass an zwei verschiedenen Standorten kaum analoge Bedingungen zu finden sind. Insbesondere die Konkurrenzsituation, das Käuferverhalten und die Infrastruktur sind als individuelles Standortspezifikum anzunehmen. Die Analogmethode liefert zwar Umsatzprognosen, leidet aber darunter, dass kaum vergleichbare Bedingungen an unterschiedlichen Standorten vorliegen und damit die Umsatzprognose unpräzise wird. Der **Vorteil** dieses Verfahrens liegt in der Prognose eines konkreten Zielwertes, dem Umsatz bzw. Umsatzpotenzial. Ferner werden auch unternehmensinterne Faktoren ins Kalkül gezogen, weshalb die Analogmethode als weiterführender Ansatz bezeichnet werden kann und im Gegensatz zum vielfältig einsetzbaren Checklisten-Verfahren ein standorttypisches Planungsmodell darstellt.

Neuere Modelle, die derzeit in der Praxis aber noch kaum Anwendung finden, sind die so genannten **Gravitationsmodelle,** von denen insbesondere die probabilistischen Modelle für die Standortentscheidung von Dienstleistungsunternehmen geeignet sind (Woratschek 2001b). Gravitationstheoretische Ansätze basieren auf der Idee, formaltheoretische Ansätze aus der Physik auf einen ökonomischen Gegenstand zu übertragen. Die theoretische Überlegung, die dem Gravitationsgesetz zugrunde liegt, besteht in der Annahme, dass die Interaktion zwischen Menschen an einem Wohnort i und einem Standort j davon abhängt, welche Anziehungswirkungen beide Orte ausüben und welche Entfernung zwischen diesen zu überwinden ist (vgl. Reilly 1931). Die Interaktion ist demnach eine Resultante aus anziehenden (Attraktivität) und abstoßenden Kräften (Distanz).

Zur Bewertung der ökonomischen Güte von Standorten wird in probabilistischen Modellen die Wahrscheinlichkeit bestimmt, mit der die Bewohner der Orte i (i = 1 bis m) alternative Einkaufsorte aufsuchen. Die Wahrscheinlichkeit hängt proportional von der Attraktivität und umgekehrt proportional von der Distanz zwischen Wohnort des Kunden und Standort des Dienstleisters ab. Die Attraktivität eines Standortes wird über das Einzugsgebiet operationalisiert. Die Distanz wird nicht als räumliche, sondern als zeitliche Distanz gemessen (Huff 1964) (Abbildung 3-2-4).

Die probabilistischen Gravitationsmodelle ermöglichen genauere Umsatzprognosen, da sie für alternative Standorte sowohl „anziehende“ als auch „abstoßende“ Kräfte modellieren. Auf Basis der in diesen Modellen ermittelten Interaktionswahrscheinlichkeiten können Umsatzpotenziale geschätzt werden, die denjenigen der Analogmethode überlegen sind.

Zur Steuerung einer zielgerichteten Betreuung des Kunden während des Dienstleistungserstellungsprozesses (z. B. Angst eines Patienten vor einer Operation; kundengerechte Auswahl von Gesprächsthemen beim Frisör) sind **Analysen der Interaktionsprozesse zwischen internen und externen Kontaktsubjekten** vorzunehmen. Die Marktforschung kann hier Daten über das Konsumentenverhalten, die Kaufprozesse und über das Verwendungsverhalten der Dienstleistungsnehmer bereitstellen. Dabei geht es unter anderem auch darum, Aufschluss über das (Fehl-)Verhalten des Kontaktpersonals des Dienstleistungsunternehmens zu gewinnen.

Abbildung 3-2-4 **Reilly's Gesetz der Einzelhandelsgravitation für die Standortwahl**

Gesetz der Einzelhandelsgravitation nach Reilly 1931

$$F = \alpha \cdot \frac{m_1 \cdot m_2}{d_{12}^2}$$

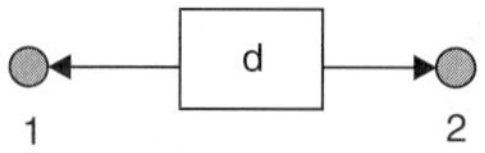

$$I_{12} = \frac{B_1 \cdot B_2}{d_{12}^2}$$

Physik

Ökonomie

$$\frac{U_1}{U_2} = \frac{B_1}{B_2} \cdot \left(\frac{d_{i2}}{d_{i1}}\right)^{\lambda}$$

F = (Anziehungs-)Kraft
α = Naturkonstante
m_i = Masse des Körpers i
d = Distanz
U = Nutzen
B = Bevölkerungszahl
λ = Distanzwirksamkeitsparameter

Quelle: Woratschek 2001b, S. 430

GABLER GRAFIK

Beispielsweise zeigte sich bei einem **Versicherungsunternehmen,** das in den Markt der Baufinanzierung einsteigen wollte, im Rahmen von Testberatungsgesprächen mit den Außendienstmitarbeitern ein äußerst geringes Engagement beim Verkauf dieser neuen Dienstleistung. Dies manifestierte sich insbesondere darin, dass die Beratung für die Bausparverträge stark gekürzt wurde und eine Bedürfnisermittlung, Bedarfsweckung und -stabilisierung gegenüber dem Dienstleistungskonsumenten kaum stattfand. Neben der Beobachtung führte eine anschließende Befragung des Kontaktpersonals zum Ergebnis, dass das neue Dienstleistungsprodukt als „versicherungsfremd" und als „nicht ausgereift" abgewertet wurde. Dieses Beispiel zeigt deutlich, dass eine Analyse der Interaktionsprozesse wichtige Erkenntnisse über die Verhaltensweisen sowohl der externen als auch der internen Kontaktsubjekte erkennen lässt.

Dem **Integrationsverhalten** von Dienstleistungsnachfragern ist im Rahmen der Marktforschung ebenfalls große Bedeutung beizumessen. Im Mittelpunkt steht die Integrationsintensität, mit der der Dienstleistungskunde am Erstellungsprozess beteiligt ist (z. B. Beteiligung der Teilnehmer an einem Sprachkurs) oder beteiligt werden kann. Diese Informationen sind von besonderer Bedeutung für die mögliche Übertragung von Dienstleistungsfunktionen auf den externen Faktor. Weiterhin sei auf die bei verschiedenen Dienstleistungen entweder in Kauf genommene (z. B. Kinobesuch) oder bewusst gestaltete Interaktion (z. B. Tanzkurs) von verschiedenen externen Faktoren bzw. Personen hingewiesen. Die Qualität dieser Interaktionsprozesse hat mitunter erhebliche Auswirkungen auf die vom Konsumenten wahrgenommene Servicequalität (vgl. auch die Ausführungen in Kapitel 5).

Im Rahmen der Marktforschung resultiert aus der **Immaterialität von Dienstleistungen** der Einsatz von Analysen des Kundenverhaltens, Image- und Zufriedenheitsanalysen sowie Beschwerdeanalysen.

Insbesondere aufgrund der Nichtlagerfähigkeit ist im Rahmen der Marktforschung eines Dienstleistungsunternehmens die **zeitliche Nachfrageverteilung** zu untersuchen **(Kundenfrequenzanalysen).** Zur Prognose von Nachfrageschwankungen und der Nachfragehöhe einzelner Kunden ist das Kundenverhalten zu untersuchen. Darüber hinaus stellt auch die Kenntnis der günstigsten Öffnungszeiten für einen Dienstleistungsanbieter eine wichtige Information zur Planung der Dienstleistungskapazitäten dar.

Weiterhin gilt es, im Rahmen der Marktforschung aufgrund der Simultaneität von Dienstleistungsproduktion und -konsum spezifische **Analysen der Kundenzufriedenheit und des Images** durchzuführen. Diese beiden Größen lassen sich zum einen als Indikatoren für das zukünftige Kaufverhalten potenzieller (nur Image) und aktueller Kunden heranziehen. Zum anderen liefern diese Analysen Ansatzpunkte für den Einsatz des Marketinginstrumentariums zur Erhöhung der Kundenzufriedenheit und Verbesserung des Images.

Eng verbunden mit der Analyse der Kundenzufriedenheit sind **Beschwerdeanalysen.** Zunächst können auf diese Weise unzufriedene Kunden identifiziert und durch entsprechende Maßnahmen (vgl. zum Beschwerdemanagement die Ausführungen im Kapitel 6) nachträglich zufrieden gestellt werden. Weiterhin können anhand von Beschwerdeanalysen systematische Leistungserstellungsfehler festgestellt werden, die bei Leistungsinnovationen und -verbesserungen zu berücksichtigen sind.

2.2 Methoden der Marktforschung im Dienstleistungsbereich

Vor der eigentlichen Datenerhebung und deren Auswertung ist einem Marktforschungsprojekt ein exploratives Design vorzuschalten. Diese Phase stellt eine Vorstudie dar und hilft, das Entscheidungs- und Marktforschungsproblem zu präzisieren. Diesem explorativen Design kommt in der Dienstleistungsmarktforschung ein hoher Stellenwert zu. In dieser Phase werden z. B. Geschäftsprozesse, die Gegenstand des Forschungsvorhabens sind, in ihre Einzelaktivitäten zerlegt (z. B. mittels der Blueprinting-Technik, vgl. dazu Kapitel 5), um Fragestellungen konkreter Problembereiche zu entwerfen. Diese werden dann im Rahmen der Hauptstudie mittels Befragung, Beobachtung oder Experiment an den Probanden untersucht.

Im Hinblick auf die **Methoden der Marktforschung** eines Dienstleistungsunternehmens kann entsprechend der Art der Durchführung der Informationsgewinnung zwischen Sekundär- und Primärforschung differenziert werden.

> Bei der **Sekundärforschung** ist das Informationsmaterial gegeben und dem Untersuchungszweck entsprechend auszuwerten. Hierbei können sowohl externe als auch interne Informationsquellen herangezogen werden.

Als unternehmensexterne Informationsgrundlagen können z. B. Branchenstatistiken herangezogen werden, interne Daten sind z. B. Kundendateien und Datenbankrecherchen. Bei nur einmaliger Auswertung dieser Daten wird eine Querschnittanalyse vorgenommen, bei wiederholter Erhebung wird der Längsschnitt betrachtet (vgl. Böhler/Hempe 2001, S. 269).

Das Kontaktpersonal eines Dienstleistungsanbieters bildet eine unternehmensinterne Quelle für kundenbezogene Informationen, die regelmäßig auszuwerten sind. Vor allem, wenn die Dienstleistungserstellung vor Ort beim Kunden vorgenommen wird, lassen sich Informationen über spezifische Bedürfnisse des Kunden gewinnen, die z. B. im Rahmen von **Besuchsberichten** dokumentiert werden können. Diese Informationen können wiederum Anregungen zu Leistungsverbesserungen und -neuentwicklungen liefern.

Weiterhin repräsentieren **Beschwerdestatistiken** eine zentrale Sekundärquelle in der Dienstleistungsmarktforschung. Zu den hierbei zu erfassenden Beschwerdeinformationen können Beschwerdeinhaltsinformationen (z. B. Art des Beschwerdeproblems, Stammdaten des Kunden, Ausmaß der Verärgerung des Kunden) und Beschwerdebearbeitungsinformationen (z. B. Zeitpunkt der Entgegennahme, Beschwerdeweg, Adressat der Beschwerde) unterschieden werden (Stauss/Seidel 2002). Zur Erfassung dieser Beschwerdeinformationen ist jedoch eine konsequente Beschwerdestimulierung (z. B. telefonische Hotline, Beschwerde-Website im Internet, direkte Ansprache durch Kundenkontaktmitarbeiter) umzusetzen.

Die Sekundärforschung stellt in erster Linie so genannte Ausgangsinformationen zur Verfügung, die durch eine anschließende **Primärforschung** weiter vertieft werden können.

> Bei der **Primärforschung** werden speziell für bestimmte Problemstellungen des Dienstleistungsmarketing individuums- und marktbezogene Erhebungen durchgeführt.

Im Rahmen von **individuumsbezogenen Erhebungen** werden Informationen in disaggregierter Form auf der Ebene eines einzelnen Individuums erfasst, die zur umfassenden Analyse aggregiert werden. Hierzu lassen sich Befragungen, Beobachtungen und Experimente einsetzen. Sowohl die Befragung als auch die Beobachtung dienen in erster Linie der Tatsachenermittlung, während die Aufgabe von Experimenten darin liegt, Ursache-Wirkungs-Zusammenhänge aufzudecken.

Im Dienstleistungsmarketing nehmen **Befragungen,** bei denen Kunden- und Mitarbeiterbefragungen differenziert werden können, einen besonders hohen Stellenwert ein, weil sie aus **Kundensicht** zur Ermittlung des Dienstleistungsimages, der Dienstleistungsqualität und zur Erfassung der Kundenzufriedenheit eingesetzt werden können. Zu beachten ist hier allerdings, dass bei Dienstleistungen, in deren Erstellungsprozess sich der Kunde notwendigerweise als externer Faktor einbringt, dieser mitunter geneigt ist, Erstellungsfehler auf seine eigene Person zurückzuführen (Hill 1986, S. 310ff.). Da derartige Effekte bei Konsumenten unterschiedlich stark ausgeprägt sind, kann es insbesondere im Bereich automatisierter Dienstleistungen zu heterogenen Befragungsergebnissen kommen. Während in der Konsumgütermarktforschung für Längsschnittanalysen diverse Panels zur Verfügung stehen, werden in der Dienstleistungsmarktforschung periodisch wiederkehrende Kundenbefragungen durchgeführt.

Weiterhin können aus **Mitarbeitersicht** nicht nur Mitarbeiterfähigkeiten und die Mitarbeitermotivation sowie hiermit in Zusammenhang stehende Größen (z. B. Mitarbeiterzufriedenheit) gemessen, sondern auch die Kundeninteraktionen aus Perspektive der Mitarbeiter beurteilt werden. Aufgrund des direkten Kontaktes von Dienstleister und Dienstleistungsabnehmer bei der Erbringung von personenorientierten Diensten ergibt sich für Mitarbeiter die Möglichkeit, detaillierte Kundendaten zu erhalten und ein differenziertes Wissen über Kundenanforderungen aufzubauen. Zur systematischen Nutzung dieser Informationen ist es jedoch erforderlich, dass die Mitarbeiter nicht nur zur Aufnahme dieser Informationen motiviert, sondern auch im Hinblick auf ihre Wahrnehmung befragt werden.

Beispielhafte Informationen, die **Mitarbeiter im Kundenkontakt** durch Befragungen von Kunden generieren können:
- Besteht eine intensive Kundenbindung (regelmäßiger Besuch des Kunden)?
- Ist der Kunde mit der Dienstleistung zufrieden (Äußerungen der Kunden nach der Dienstleistungserstellung, z. B. beim Frisör, Arzt, im Restaurant)?
- Welche Optionen/Ansätze bestehen, die Dienstleistung aus Kundensicht zu verbessern?
- Benötigt der Konsument noch weitere Dienstleistungen?
- Wann wird der Kunde die nächste Dienstleistung in Anspruch nehmen?

Grundsätzlich können sowohl bei Kunden- als auch bei Mitarbeiterbefragungen vier **Arten von Befragungen** unterschieden werden:

1. Persönliche Befragung (z. B. Zufriedenheit der Kunden mit den Leistungen einer Bank),
2. Schriftliche Befragung (z. B. Beurteilungskarte im Hotel),
3. Telefonische Befragung
   - automatischer Art (z. B. TED-Umfrage im Fernsehen),
   - nichtautomatischer Art (z. B. telefonisches Interview),
4. Online-Befragung (z. B. Kundendienstumfrage bei EDV-Anwendern).

Beim **persönlichen Interview** ist ein unmittelbares Feedback möglich. Allerdings ist diese Erhebungsmethode sehr kostenintensiv, und es ist die Gefahr suggestiver Beeinflussungen durch den Interviewer gegeben. Häufig werden kurz nach dem Dienstleistungserstellungsprozess Zufriedenheitsumfragen durchgeführt, da hier eine Leistungsbeurteilung durch den Wegfall von Fahrtkosten und Fahrtzeiten relativ schnell und kostengünstig durchgeführt werden kann.

Bei **schriftlichen Befragungen** entfällt der Interviewereinfluss, und die Befragten können überlegtere Antworten geben. Weiterhin sind schriftliche Befragungen mit einem geringeren zeitlichen und organisatorischen Aufwand als persönliche Interviews verbunden. Allerdings ist die Rücklaufquote in der Regel geringer als bei mündlichen Befragungen.

Im Rahmen der **telefonischen Befragung** kann zwischen automatischer und nichtautomatischer Befragung unterschieden werden. Während die Aussagen zum persönlichen Interview auf die telefonische Befragung **nichtautomatischer Art** zu einem großen Teil übertragen werden können, gelten für die **automatischen Telefonbefragungen** einige Besonderheiten. Im Rahmen des Einsatzes von Informationstechnologien kommen dieser Art der telefonischen Befragung z. B. über einen Rückkanal des gewählten oder eines additiv eingesetzten Mediums große Bedeutung zu. Aufgrund der schnellen Durchführung dieser Befragungsart können häufig noch während des Dienstleistungserstellungsprozesses ermittelte Bedürfnisse oder Beurteilungen des Dienstleistungsabnehmers berücksichtigt werden. Dies ist z. B. bei den so genannten „TED-Umfragen" im Fernsehen der Fall, bei denen das Fernsehpublikum durch die Anwahl bestimmter vorgegebener Telefonnummern eine Beurteilung einer Unterhaltungssendung bzw. Stellungnahmen zu spezifischen Fragestellungen im Verlauf einer Sendung vornehmen kann. Allerdings ist die Antwortenvielfalt bei dieser Befragungsart stark eingeschränkt.

Neue Befragungsformen bzw. Verbesserungsmöglichkeiten bei den bestehenden Formen ergeben sich durch den Einsatz der Multimediatechnik (Zou 1999): Im Gegensatz zur klassischen Befragung übernimmt das Multimediasystem bei **Online-Befragungen** die Rolle des Interviewers. Dabei kann gezielt eine Kombination von Text, Ton, (möglicherweise animierten) Bildern und Film genutzt werden, um Probleme der klassischen Befragungsformen, wie fehlende Darstellungs- und Steuerungsmöglichkeiten, zu beheben. Das Spektrum der Online-Erhebungsmethoden ist sehr breit. Der Einsatz dieses Befragungsinstrumentes kann z. B. in Form eines standardisierten Fragebogens im Internet oder als per E-Mail versendete Umfrage erfolgen. Nichtstandardisierte Meinungserhebungen, z. B. in Chatforen oder im Rahmen eines Beschwerdemanagements sind ebenso möglich. Als wichtigste Vorteile sind neben der Präsentationsvielfalt noch die guten Möglichkeiten der Datenerfassung, das Interesse großer Teile der Bevölkerung an neuen Medien und eine entsprechend hohe Antwortbereitschaft sowie die – bei vorhandener Infrastruktur und einer relativ großen Anzahl an Auskunftspersonen – relativ geringen Kosten zu nennen. Ein weiterer Vorteil ergibt sich insbesondere bei Leistungen, die ebenfalls online erstellt werden, z. B. bei Direktbanken und Versicherungen, Internethändlern wie Amazon, virtuellen Marktplätzen usw.). Diese sind durch einen rein medialen Kundenkontakt gekennzeichnet, wodurch die Befragung direkt im Medium der Erstellung der Leistung und zusätzlich zeitlich entkoppelt sowie unabhängig der geographischen Distanz zum Befragten möglich wird.

Beim Fehlen dieser Infrastruktur und der entsprechenden Hard- und Software stellt die Höhe der Kosten einen **Nachteil** gegenüber den klassischen Erhebungsinstrumenten dar. Weitere Probleme können sich insbesondere bei dieser Befragungsform durch die mangelnden Kontrollmöglichkeiten der Repräsentativität der Auskunftspersonen ergeben. Die Repräsentativität z. B. einer Internet-Befragung wird insbesondere dann eingeschränkt, wenn sich die Besucher einer Homepage selbst selektieren, ohne dass Anforderungen an die zu erhebende Stichprobe gestellt werden (Auswahl aufs Geratewohl). Befragungen per E-Mail sind beispielsweise in erster Linie geeignet, wenn sich eine Befragung ausschließlich an alle Mitglieder einer Organisation (z. B. Studenten einer Universität, Mitarbeiter eines Unternehmens) richtet und entsprechende Adresslisten vorliegen (vgl. hierzu Insert 3-2-1).

Eine **Beobachtung** ist im Gegensatz zur Befragung nicht abhängig von der Auskunftsbereitschaft des Dienstleistungskunden. So kann ein Kreditinstitut oder ein Postamt z. B. durch Beobachtung der Schalterfrequenz Besetzungspläne entwickeln. Wie bereits angeführt, können insbesondere durch Kundenbeobachtungen des Kontaktpersonals während des Dienstleistungserstellungsprozesses wichtige Informationen gesammelt werden (vgl. hierzu auch die Ausführungen zur Messung der Dienstleistungsqualität im Kapitel 5) (vgl. hierzu Insert 3-2-2).

Beim **Experiment** werden mit Hilfe einer Versuchsanordnung die Auswirkungen von Marketingvariablen unter kontrollierten Bedingungen getestet. Aufgrund der Immaterialität von Dienstleistungen erweisen sich Experimente, in denen neue Dienstleistungen auf ihre Akzeptanz beim Konsumenten untersucht werden, als besonders schwierig, weil erst durch eine Inanspruchnahme der Dienstleistung der Konsument eine konkrete Vorstellung von dieser Leistung erhält (z. B. Reisen, ärztliche Untersuchung). Bestimmte Testmethoden, wie Verpackungstests und Tests zur Farb- und Formgebung, entfallen im Dienstleistungsmarketing. Dennoch sind bei standardisierten Dienstleistungen weitgehend ähnliche Möglichkeiten wie bei Sachleistungen gegeben. In Laborexperimenten können z. B. Konzepttests zur Beurteilung standardisierter Dienstleistungen (z. B. alternativ ausgestattete Kreditkartenleistungen) sowie alternativer Preisforderungen durchgeführt werden (z. B. mittels des Verfahrens der Conjoint-Analyse zur Ermittlung von Teilnutzenwerten einzelner Dienstleistungskomponenten). Experimentelle Designs können jedoch nicht sinnvoll eingesetzt werden, um individualisierte und hochgradig integrative Dienstleistungen zu beurteilen (vgl. Böhler/Hempe 2001, S. 272).

Bei **marktbezogenen Erhebungen** werden Informationen gesammelt, die vor allem mit der Marktstruktur in Zusammenhang stehen und im Rahmen der Standortforschung eingesetzt werden. Für die Standortforschung im Dienstleistungsmarketing sind besondere Methoden entwickelt worden, die vielfach im Handelsmarketing ihren Ursprung fanden. In diesem Zusammenhang sind die Zeit-Distanz-Methode und Marktstrukturanalysen zu erwähnen.

Bei der **Zeit-Distanz-Methode** werden die unterschiedlichen Entfernungen in Metern bzw. Kilometern auf der Basis des effektiven Zeitaufwandes ermittelt, der erforderlich ist, um den Standort zu Fuß oder mit einem Verkehrsmittel zu erreichen (Schöler 1981).

Durch **Marktstrukturanalysen** lassen sich jährlich zu erwartende Umsatzpotenziale im Einzugsgebiet ermitteln. Dies ist durch Erfassung von Haushaltsstrukturmerkmalen im Einzugsgebiet, wie z. B. durchschnittliche Mitgliederzahl der Haushalte, jährliche Pro-Kopf-Ausgaben für die jeweiligen Dienstleistungen, Anzahl der Kraftfahrzeuge, Altersstruktur der Bevölkerung, möglich. Für Großobjekte des Einzelhandels, wie z. B. Warenhäuser oder Shopping Center, sind mathematische Modelle zur Durchführung von Markt- und Einzugsgebietsanalysen entwickelt worden (Schöler 1981).

INSERT 3-2-1 Lebensmittel Zeitung, 09.05.2003, S. 33

Schnell und interaktiv – Marktforschungs-Portale: Dem Verbraucher auf der Spur

Frankfurt, 8. Mai. Verbraucherportale im Internet geben nur bedingt Aufschluss über das Konsumentenverhalten. Die bedeutendsten Anbieter sind Ciao.com und Dooyoo.com. Der Schwerpunkt der Online-Marktforscher liegt auf der Interaktion mit Konsumenten.

Die Konsumgüter-Branche nutzt das Web interaktiv, um mehr über die Konsumenten zu erfahren. Eine der neuen Erkenntnisquellen sind Verbraucherportale, in denen Privatleute ihre Meinung über Produkte und Marken los werden können. Doch dieser Markt ist dabei sich zu konsolidieren – die überlebenden Portale setzen für die Marktforschung eher auf neben der Internet-Site laufende Online-Befragungen ihrer Kunden als auf die freie Meinungsäußerung im Web.

Die Ciao AG, München, versteht sich als Dienstleister für die Konsumgüterbranche und für Marktforschungs-Institute (Mafo). Zu den Kunden zählen Procter & Gamble und Philips, aber auch die Mafo-Analysten von GfK, NFO-Infratest und IPSOS New Media Research. „Das Verbraucherportal ist Teil des Panel-Managements," sagt Gunnar Piening, Vorstandsmitglied von Ciao.com. Durch das Portal soll den Verbrauchern ein Gegenwert geboten werden, um sie zu der Teilnahme an Online-Befragungen zu motivieren, beschreibt der Manager das Geschäftsmodell.

Rund eine Mio. Nutzer hat Ciao.com europaweit, davon sind nach Unternehmensangaben zwei Drittel Panel-Teilnehmer. 300000 registrierte User hat Ciao alleine in Deutschland. Vergütet wird die Teilnahme an einer Befragung nach dem Zeitaufwand. Zwei Euro pro 15 Minuten erhält der Interviewte von Ciao. „Die Teilnehmer machen das aber nicht wegen dem Geld", betont Piening. Er sieht die Motivation der Konsumenten eher in deren Interesse, an Produkt-Neuentwicklungen teilzunehmen.

Der zweite große Verbraucherportal-Betreiber in Deutschland ist die Berliner Dooyoo AG. Auf zwei Mio. Produkt- und Dienstleistungs-Bewertungen von rund 600000 registrierten Nutzern kommt das Unternehmen europaweit, sagt Lutz Röllig, Leiter Sales. Dooyoo.de selbst finanziert sich über Werbung und Vermittlungsleistungen für Online-Anbieter. Für die Marktforschung ist bei den Berlinern das Kölner Mafo-Institut Skopos zuständig. Skopos gehört zwar zu Dooyoo, ist aber rechtlich eigenständig, sagt Röllig.

„Preis- und Geschwindigkeitsvorteile sind nicht so ausschlaggebend - der Vorteil liegt in der hohen Interaktivität," ordnet Jörg Korss, Geschäftsführer von Skopos Institut für Markt- und Kommunikationsforschung, Köln, die Online-Marktforschung ein. Dieser Vorteil sei besonders in der Kommunikationsforschung wichtig. Die Auswertung von Konsumenten-Wertungen von Produkten, Marken und Unternehmen auf der Web-Site Dooyoo.de wird zwar unter dem Namen „Content Mining" von Skopos noch angeboten, diese Leistung werde aber nicht mehr nachgefragt, erklärt der Manager. Das Problem sieht Korss in der fehlenden Repräsentativität von Verbraucher-Statements auf Internet-Portalen bezüglich der jeweils interessierenden Gesamtzielgruppe. Einen Vorteil der Methode sieht der Geschäftsführer darin, dass man in einer sehr frühen Phase der Markteinführung von Produkten die Meinung von Erst-Käufern ermitteln kann. „Ansonsten ist man in der Praxis davon weggegangen," schränkt Korss den Nutzen für die Mafo ein. Skopos zählt unter anderem Budweiser zu seinen Kunden, der Schwerpunkt der rheinländischen Analysten liegt aber im Automobil- und Telekommunikationsbereich.

Ihr Online-Verbraucher-Forum geschlossen hat die Vocatus AG, München. „Unternehmen haben oft zu spezifische Anforderungen, als dass diese über allgemeine Bewertungen auf Verbraucherportalen befriedigt werden können," begründet Hardy C. Koth, Mitglied des Vorstands, das Ende des eigenen Portals. Bei Vocatus werden Befragungen unter rund 75000 registrierten Konsumenten durchgeführt. Je nach Zielgruppe werden die Teilnehmer per E-Mail kontaktiert und auf eine entsprechende Website gebeten, um dann die eigentliche Online-Befragung durchzuführen. Vergütet wird das Ausfüllen der elektronischen Fragebögen monetär oder über Verlosungen.

Vocatus führt ebenfalls moderierte Internet-Diskussionen durch in so genannten „Online-Fokus-Gruppen". Angewendet wird diese Form der Erhebung sowohl auf Konsumenten- als auch auf der Mitarbeiter-Ebene. Diese Form der Mafo eigne sich vor allem für Strategie- und Konzept-Tests. Besonders gut lassen sich laut Koth Kunden-Feedback, Service und öffentlicher Auftritt eines Unternehmens evaluieren. Die Analysten von Vocatus haben schon für Schlecker, Bofrost und die Edeka gearbeitet.

Die Vorteile von Online-Marktforschung sieht Koth darin, dass überregionale Befragungen schnell durchgeführt werden und Fokusgruppen ortsunabhängig zusammen kommen können. „Doch online geht nicht alles", schränkt der Manager ein: „Die Grenzen für Online-Marktforschung setzt das Thema." Das ist z. B. immer der Fall, wenn die Zielgruppe durch das Internet nicht erreichbar ist.

Nach Erfahrungen von Koth ist die Feldarbeit in Form von Online-Befragungen günstiger als in der klassischen Marktforschung. Der Aufwand für Gestaltung und Konzeptionierung unterscheide sich für beide Formen der Marktforschung aber nicht.

Krause, Daniel

INSERT 3-2-2 werben&verkaufen, 15.06.2001, S. 49

Daten direkt aus der Szene

ERFREULICHES FÜR TRENDSCHNÜFFLER: DAS ERSTE PANEL FÜR DIE SZENE-GASTRO IST IM AUFBAU.

SZENE-GASTRONOMIE *Hier zeigen sich neue Trends am schnellsten.*

Monatelang hat die Nürnberger Unternehmensberatung Struß bundesweit rund 18 000 Adressen von Szene- und Trendlokalen zusammengetragen.

Erfasst wurden dabei sämtliche Restaurants, Kneipen, Cafés, Lounges, Discos etc., die in Stadtmagazinen, Flyern und entsprechenden Internet-Auftritten inserieren oder dort als trendig vorgestellt werden. „Nach unserer Definition haben wir rund 90 Prozent der Trend-Gastronomie erfasst", sagt Consulter Hans-Jörg Struß, Ex-Geschäftsführer des Bereichs Handel der Nürnberger Gesellschaft für Konsumforschung (GfK).

Das Einordnen des jeweiligen Gastrotyps war nicht so einfach. Zwar konnte Struß grob zwischen 7000 Restaurants und 11 000 Kneipen, Cafés, Discos und artverwandten Locations unterscheiden, doch viele Gastronomen fahren ein Mischkonzept. Sprich: Viele Cafés bieten nicht nur einen Mittagstisch, sondern werden nachts auch noch zur Disco. Erfasst wurden bei der Untersuchung nicht nur Trend-Hochburgen wie Berlin oder Hamburg, sondern auch der ländliche Raum. Struß: „Dort gibt es oft völlig andere Konsumgewohnheiten." Nach dem Sammeln der Daten wird das Material qualifiziert, um ein Panel ziehen zu können. Erhoben wird von der Anzahl der Sitzplätze, der Zapfhähne und der Zigarettenautomaten in den Lokalen alles, was Marketer interessiert. Das Universum, das zweimal im Jahr überprüft werden soll, wird einem User-Club aus etwa zehn Mitgliedern – Brauer, Zigarettenhersteller, Gastronomen – exklusiv zur Verfügung gestellt.

Für Hans-Jörg Struß ist die Datensammlung „eine Spielwiese für Vertrieb und Marketing". Wer ein neues Getränk in die Discos bringen, eine Umfrage oder eine Promotion veranstalten wolle, habe mit dem Panel eine gute Basis. *wik*

Abbildung 3-2-5 zeigt im Überblick die Eignung der verschiedenen Methoden für Schwerpunkte der Marktforschung im Dienstleistungsbereich.

Abbildung 3-2-5 **Methodeneignung für Marktforschungsschwerpunkte im Dienstleistungsbereich**

Methode / Analysegegenstand	Sekundärforschung		Primärforschung					
			Individuumsbezogen				Marktbezogen	
	Besuchsbericht	Beschwerdestatistik	Kundenbefragung	Mitarbeiterbefragung	Beobachtung	Experiment	Zeit-Distanz-Methode	Marktstrukturanalyse
Kundenverhalten	+	–	+	–	–	–	–	–
Kundenzufriedenheit/Image	+	+	++	–	–	+	–	–
Beschwerden	+	++	–	–	–	–	–	–
Mitarbeiterfähigkeiten	–	+	+	+	+	–	–	–
Mitarbeitermotivation	–	+	+	+	+	–	–	–
Standort	–	–	+	–	+	–	++	++
Interaktionsverhalten	+	+	+	+	+	+	–	–
Integrationsverhalten	+	+/–	+	+	+	+	–	–

Legende: ++ = sehr geeignet, + = (unterstützend) geeignet, – = nicht geeignet

Data Warehouse

GABLER GRAFIK

Sämtliche durch die Marktforschung erhobenen Daten lassen sich im Rahmen eines so genannten **„Data Warehouse“** (vgl. z. B. Hippner/Wilde 2004) organisieren sowie zur Nutzung im strategischen und operativen Dienstleistungsmarketing aufbereiten. Insbesondere Dienstleistungsunternehmen können über ein konsequentes **„Database-Marketing“** (Link 2001) wichtige Hinweise für den Einsatz der Marketinginstrumente erhalten. Zum einen kann über Database-Informationen eine gezielte Kommunikationsaktivität entfaltet werden (z. B. Direct Mailing), zum anderen kann die Sammlung von Kundeninformationen zu einer Individualisierung im Leistungsmixbereich genutzt werden, die im Extremfall einem „Segment of One Approach“ gerecht wird.

Beispielsweise enthält das Database-System der Hotelkette **Best Western,** deren Hotels vor allem Geschäftsreise- und Tagungshotels sind, vier Elemente. Als „Unternehmensinformationen“ werden der Name des Unternehmens, Adresse, Telefon, Datum der letzten Änderung usw. erfasst. In der Rubrik „Ansprechpartner“ werden Informationen über den konkreten Ansprechpartner (z. B. Position, Unterscheidung Entscheider und Bucher) im Kundenunternehmen erfasst. In der „Aktivitäten-History“ werden Kontakte zum Kunden (z. B. auf Messen) aufgenommen. Schließlich werden „Anfragen/Buchungen“ verfolgt. Die Database-Informationen werden vor allem in der Distribution (z. B. telefonische und persönliche Kundenansprache), Direct Marketing (z. B. mehrstufige, aufeinander aufbauende Mailingaktionen, die sich in Abhängigkeit der Kunden(nicht)reaktion „verzweigen“), Telefonmarketing (z. B. Abrufen des nächsten Kontakttermins) und Umsatzcontrolling (z. B. in Form von Kundenumsatzberichten) genutzt (Schulze/Vieler 1997).

Die im Rahmen der Marktforschung erhobenen Informationen spielen eine wichtige Rolle bei der Marktsegmentierung.

3. Besonderheiten der Marktsegmentierung im Dienstleistungsbereich

Unter Marktsegmentierung wird die Aufteilung eines Gesamtmarktes in bezüglich ihrer Marktreaktion intern homogene, untereinander heterogene Untergruppen (Marktsegmente) sowie die Bearbeitung eines oder mehrerer dieser Marktsegmente verstanden (Freter 1983). Zweck der **Marktsegmentierung bei Dienstleistungen** ist es somit, Unterschiede zwischen den Abnehmern offenzulegen und daraus Schlussfolgerungen im Hinblick auf eine differenzierte Marktbearbeitung zu ziehen.

Ein guter Informationsstand bezüglich Strukturen und Gesetzmäßigkeiten des Marktes (z. B. saisonal bedingte Nachfrageschwankungen im Reisemarkt) erlaubt es, die Dienstleistungspotenziale und -angebote proaktiv an die besonderen Ansprüche und Erwartungen genau definierter Käuferschichten anzupassen. Aus dem Merkmal der Integration des externen Faktors ergibt sich zudem die Möglichkeit, segmentspezifische Anforderungen noch im Verlauf des Dienstleistungserstellungsprozesses zu erkennen und entsprechend umzusetzen. Damit umfasst die Marktsegmentierung sowohl die Markterfassungs- bzw. Informationsseite als auch die Marktbearbeitungsseite.

3.1 Anforderungen an Marktsegmentierungskriterien

Um die Aufgabe der Bildung in sich homogener und untereinander heterogener Segmente aus der Gesamtheit der Käufer konsumtiver Dienstleistungen erfüllen zu können, haben die Segmentierungskriterien bestimmte **Anforderungen** zu erfüllen (Freter 1983; Meffert 2000, S. 181ff.):

1. **Messbarkeit**
   Voraussetzung von Marktsegmentierungskriterien ist, dass sie mit vorhandenen Marktforschungsmethoden messbar und somit erfassbar sind. Dies ist eine wichtige Voraussetzung für den Einsatz mathematisch-statistischer Verfahren zur Identifikation von Marktsegmenten im Dienstleistungsbereich. Die Verwendung käuferverhaltenstheoretischer Konstrukte, wie Motive und Einstellungen, erfordert dabei ein hohes Maß an Expertenwissen.

2. **Kaufverhaltensrelevanz**
   Als Kriterien sind geeignete Indikatoren für das zukünftige Käuferverhalten der Konsumenten auszuwählen. Es sind somit Eigenschaften und Verhaltensweisen zu erfassen, die eine Voraussetzung des Kaufes einer bestimmten Dienstleistung darstellen und anhand derer intern homogene, extern heterogene Marktsegmente abgegrenzt werden können. Der gezielte, segmentspezifische Einsatz des Marketinginstrumentariums und die Möglichkeit einer Verhaltensprognose der ermittelten Marktsegmente

ist vom Grad der Erfüllung dieser Anforderung abhängig. Insbesondere im Dienstleistungsbereich besteht die Gefahr, dass eine Segmentierung nach demographischen und/oder psychographischen Kriterien zu Clustern ohne hinreichende Verhaltensunterschiede führt (Rapp 1993, S. 135ff.).

3. **Erreichbarkeit bzw. Zugänglichkeit**
Segmentierungskriterien sind so zu wählen, dass sie die gezielte Ansprache der mit ihrer Hilfe abgegrenzten Segmente gewährleisten. Die Erfüllung dieser Anforderung beeinflusst das Ausmaß, in dem die Unternehmung mittels der segmentspezifischen Marketingaktivitäten eine direkte Ansprache der Konsumenten innerhalb eines Zielsegmentes erreichen kann. In diesem Zusammenhang kommt der Kommunikations- und Distributionspolitik besondere Bedeutung zu.

4. **Handlungsfähigkeit**
Nur wenn die Segmentierungskriterien die Ausgestaltung und den gezielten Einsatz des Marketinginstrumentariums ermöglichen, sind sie für eine Marktsegmentierung als geeignet anzusehen. Ist dies der Fall, wird die Verbindung zwischen Markterfassung und Marktbearbeitung geschaffen. Dabei sind dienstleistungsspezifische Ausgestaltungsoptionen der Marketinginstrumente zu beachten, die in Kapitel 6 dargestellt werden.

5. **Wirtschaftlichkeit**
Die Erhebung der Kriterien hat derart zu erfolgen, dass der sich aus der Segmentierung ergebende Nutzen größer ist als die hierfür anfallenden Kosten. Sofern diese Anforderung ex ante nicht überprüft werden kann, ist es zumindest notwendig, dass die Kriterien zumindest das Ausmaß der segmentspezifischen Nachfrage erkennen lassen.

6. **Zeitliche Stabilität**
Eine weitere Bedingung ist, dass die Informationen, die mittels der Kriterien erhoben werden, über den Planungszeitraum hinweg weitgehend stabil sind. Eine Marktsegmentierung ist nur dann sinnvoll, wenn die Ergebnisse der Markterfassung für den Zeitraum der Durchführung und Wirkung der segmentspezifischen Marktbearbeitungsaktivitäten Gültigkeit besitzen.

7. **Dienstleistungsbezug**
Die Kriterien haben die Besonderheiten von Dienstleistungen zu berücksichtigen (Leistungsbereitschaft des Anbieters, Integration des externen Faktors, Immaterialität, Nichtlagerfähigkeit, Nichttransportfähigkeit). Daher sind Ansätze zur Marktsegmentierung, wie sie im Konsum- und Industriegüterbereich eingesetzt werden, entsprechend zu modifizieren.

Zur Beurteilung der im Folgenden zu analysierenden Marktsegmentierungskriterien sind diese Anforderungen heranzuziehen. Dabei ist zu berücksichtigen, dass die Anforderungen der Messbarkeit und der zeitlichen Stabilität von jedem einzelnen Kriterium zu erfüllen sind. Die darüber hinausgehenden Anforderungen (z. B. Wirtschaftlichkeit) müssen lediglich von dem zur Marktsegmentierung herangezogenen Kriterienkatalog insgesamt erfüllt werden.

3.2 Segmentierung von Dienstleistungsmärkten

Die Vielzahl der möglichen Segmentierungskriterien lässt sich nach unterschiedlichen Gesichtspunkten zu Kriteriengruppen zusammenfassen (Freter 1983). In Abbildung 3-3-1 werden die für Dienstleistungsmärkte möglichen Segmentierungskriterien in einem Überblick dargestellt. Im Folgenden werden beispielhaft die Segmentierungskriterien für konsumtive Dienstleistungen behandelt. Zwar sind demographische Kriterien immer noch die klassischen Segmentierungskriterien, jedoch werden zunehmend andere für das Kaufverhalten eher relevante Kriterien zur Segmentierung herangezogen.

Abbildung 3-3-1 **Segmentierungskriterien für Dienstleistungsmärkte**

Segmentierungskriterien für konsumtive Dienstleistungen	Segmentierungskriterien für investive Dienstleistungen
1. Demographische Kriterien – Geschlecht – Alter – Familienlebenszyklus – Geographische Kriterien	1. Branchenbezogene Kriterien – Art der Branche – Konkurrenzintensität – Branchenkonjunktur – Bedarfshäufigkeit der Dienstleistung
2. Sozioökonomische Kriterien – Einkommen – Soziale Schicht – Beruf – Ausbildung – Customer Lifetime Value (CLV)	2. Unternehmensbezogene Kriterien – Umsatzgröße – Mitarbeiterzahl – Dienstleistungstechnologische Ausstattung – Budget für Dienstleistungen
3. Psychologische Kriterien – Motive – Einstellungen – Lifestyle	3. Gruppenbezogene Kriterien – Größe des Einkaufsgremiums – Rollenverteilung (Entscheider, Nutzer usw.) – Arbeitsaufteilung
4. Verhaltenskriterien – Dienstleistungsbezogene Kriterien – Kommunikationsbezogene Kriterien – Preisbezogene Kriterien – Einkaufsstättenbezogene Kriterien	4. Personenbezogene Kriterien – Demographische Kriterien – Sozioökonomische Kriterien – Psychologische Kriterien – Verhaltenskriterien

GABLER GRAFIK

Quelle: in Anlehnung an Bruhn 2001a, S. 60f.

3.21 Demographische Segmentierungskriterien

Die demographischen Kriterien stellen die „klassischen" Marktsegmentierungskriterien im konsumtiven Bereich dar. Beispiele für derartige Kriterien sind:

Geschlecht

Das Geschlecht ermöglicht eine Grobaufteilung der Konsumenten. Die Eignung dieses Kriteriums hängt allerdings wie im Konsumgüterbereich vor allem von der Art der angebotenen Unternehmensleistung ab. So setzen Frauen z. B. andere Erwartungen an eine Finanzberatung als Männer. Sie sind sicherheitsorientierter und haben daher einen anderen Bedarf an Produkten aus dem Leistungsspektrum einer Bank oder Vermögensberatung. Auch die Beratungsleistung selbst wird von Männern und Frauen unterschiedlich wahrgenommen. Daher bietet beispielsweise die Basler Kantonalbank für Frauen das Beratungskonzept „LadyConsult" an (Insert 3-3-1).

INSERT 3-3-1 **Geschlechtsspezifische Segmentierung am Beispiel der Basler Kantonalbank**

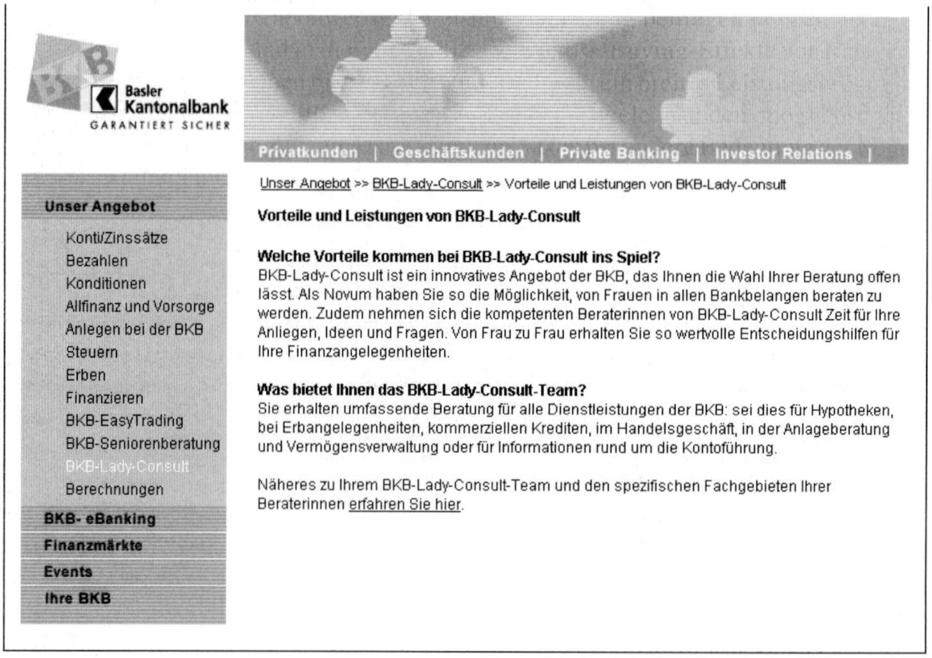

Die durch die Kunden wahrgenommene Dienstleistungsqualität stellt – durch ihre Beeinflussung der Kundenzufriedenheit – eine kaufentscheidungsrelevante Größe dar. Daher wurde in einer **empirischen Studie** (Genestre/Herbig 1997) vor dem Hintergrund des Einsatzes von soziodemographischen Merkmalen als Segmentierungskriterien deren Einfluss auf die relative Bedeutung von Dimensionen der Dienstleistungsqualität bei 211 Kunden von Handelsunternehmen untersucht. Hinsichtlich des Geschlechts wurde beispielsweise festgestellt, dass Frauen die Hilfsbereitschaft der Mitarbeiter, die Schnelligkeit der Leistungsausführung und die Fehlerfreiheit der Rechnungen wichtiger einstufen als Männer.

Alter

Das Alter ist ein weiteres klassisches Segmentierungskriterium, das in einigen Bereichen sinnvoll zur Segmentierung genutzt werden kann. Dies wird besonders bei der Betrachtung von Bedarfslebenszyklen deutlich. Beispielsweise bietet die Debeka Versicherung Bausparverträge hauptsächlich jüngeren Kunden an. Kunden im Arbeitsalter werden Berufsunfähigkeitsversicherung und Maßnahmen der Altersvorsorge empfohlen. Versicherungen, die das persönliche Vermögen betreffen, werden insbesondere Personen im Ruhestand angeboten.

Im Hinblick auf das Alter wurde in der oben genannten **empirischen Studie** herausgefunden, dass Personen mittleren Alters (36 bis 60 Jahre) der Produktwerbung im Handel weniger Glauben schenken. Außerdem wird die wahrgenommene Dienstleistungsqualität von jüngeren und älteren Kunden besser beurteilt als von Kunden mittleren Alters.

Es erscheint jedoch oft sinnvoller, nach Lebensstadien zu segmentieren, da sich daran Verhaltensunterschiede und somit Konsumgewohnheiten und Präferenzen besser unterscheiden lassen.

Familienlebenszyklus

Auch der Familienlebenszyklus ist für die Segmentierung verwendbar, da die Nachfrage nach bestimmten Dienstleistungen von der Phase im Familienlebenszyklus abhängt. Die Debeka Versicherung differenziert hier ebenfalls z. B. zwischen Singles, Paaren und Familien, wobei für Paare und Familien besonders die Absicherung der Hinterbliebenen im Todesfall des Versicherungsnehmers im Angebotskatalog steht. Auch in der Tourismusbranche lässt sich der Familienlebenszyklus als Segmentierungskriterium sinnvoll anwenden. Während z. B. Familien mit Kindern tendenziell nähere Reiseziele mit entsprechenden Aktivitätsmöglichkeiten bevorzugen, ist bei alleinstehenden Paaren das Interesse an Flugreisen in Übersee oder Kreuzfahrten stärker ausgeprägt. L'tur etwa berücksichtigt diese unterschiedlichen Präferenzen bei der Internetsuche nach einem geeigneten Urlaub für Familien und Singles.

In der erwähnten **empirischen Studie** hatte die Dienstleistungsqualität für Singles eine wesentlich höhere Bedeutung als für verheiratete, geschiedene oder verwitwete Personen. Letzteren ist die Hilfsbereitschaft der Mitarbeiter wichtiger und die Kompetenz der Mitarbeiter weniger wichtig als den übrigen Gruppierungen. Schließlich ist es geschiedenen und verwitweten Personen wichtiger als den übrigen Kunden, dass sich die Mitarbeiter für die Kundenprobleme interessieren.

Geographische Kriterien

Die geographischen Kriterien erlangen eine spezielle Bedeutung aufgrund kultureller Unterschiede (z. B. Norddeutsche, Bayern, Sachsen) und in Verbindung mit Kaufkraftkennziffern. Sie berücksichtigen darüber hinaus die Standortbezogenheit von Dienstleistungen, die sich aus der Nichttransportfähigkeit ergibt. Darüber hinaus haben mikrogeographische Kriterien in letzter Zeit an Bedeutung gewonnen (Wilde 1986). Dieser Ansatz beruht auf der Erkenntnis, dass sich Menschen mit ähnlichen Lebens- bzw. Konsumstilen häufig an bestimmten Wohnorten konzentrieren (z. B. Studentenviertel). Durch die Verknüpfung regionaltypischer Kenndaten (z. B. Demographie, Beschäftigungs-, Wirtschafts- und Infrastruktur) mit Angaben zum Lebensstil können spezifische Marktsegmente angesprochen werden (z. B. Einteilung nach Regionen, Gemeindegrößenklassen, Stadt- und Landbevölkerung).

Hinsichtlich der in der genannten **empirischen Studie** untersuchten Merkmale unterscheiden sich beispielsweise ländliche und städtische Bewohner lediglich im Hinblick auf die Bedeutung von Garantien. Diese sind Landbewohnern wesentlich wichtiger als Stadtbewohnern.

Eine besondere Bedeutung hat die regionale Segmentierung jedoch vor allem für Dienstleistungsunternehmen, die eine regionale Ausdehnung durch Filialisierung oder Franchising betreiben, so für Kreditinstitute (Thiesing 1986), Lebensmittelfilialunternehmen und Fast-Food-Ketten. Mikrogeographische Segmentierungsüberlegungen können hier ebenfalls zu unterschiedlichen Strategien führen. Handelskonzerne können sich z. B. in verschiedenen Stadtteilen Filialen unterschiedlich positionieren. So könnte z. B. Tengelmann seine preislich im unteren Bereich liegende Filialkette „Plus" in Studentenvierteln mit niedrigerem Durchschnittseinkommen ansiedeln, während die preislich höher positionierte Kette „Kaiser's" eher den Bedarf von Stadtvierteln mit höherem Durchschnittseinkommen treffen würde. Eine Filialisierung bedingt dabei eine Standardisierung der Dienstleistungen. Zusätzliche Herausforderungen ergeben sich bei einer Internationalisierung von Dienstleistungsanbietern (Meurer 1993; Hill et al. 1995; Stegmüller 1995; Hermanns/Wißmeier 2001).

Aufgrund ihrer einfachen Erhebbarkeit und geringen Komplexität werden demographische Segmentierungskriterien sehr häufig eingesetzt und erklären sich alleine bereits aus dem unterschiedlichen Bedarf von demographischen Gruppen. Bei vielen Dienstleistungen, wie z. B. bestimmten Urlaubsangeboten oder Frisörleistungen, finden sich sinnvolle

Anwendungsmöglichkeiten. In zahlreichen Dienstleistungsbranchen wird jedoch zunehmend festgestellt, dass diese Kriterien nur wenig über die kaufverhaltensrelevanten Eigenschaften der Dienstleistung aussagen (Brogini 1998, S. 115). Daher lassen sie keine ausreichende Abgrenzung von in sich homogenen Kundengruppen zu, die effizient einheitlich angesprochen werden können. In Folge dessen werden vermehrt zusätzliche Kriterien zur Segmentierung herangezogen.

3.22 Sozioökonomische Segmentierungskriterien

In engem Zusammenhang zu den demographischen Kriterien stehen die sozioökonomischen Segmentierungskriterien. Hierzu zählen beispielsweise:

Einkommen

Das Einkommen gibt Aufschluss über die Kaufkraft. Besonders deutlich ist die Zweckmäßigkeit einer einkommensbezogenen Segmentierung z. B. im Finanzbereich. Aufgrund der geringeren möglichen Deckungsbeiträge von Kunden mit niedrigerem Einkommen werden diesen eher Standardleistungen und einfachere Beratungsleistungen angeboten als Kunden mit hohem Einkommen oder Vermögen. Im Private Banking, das eine Spezialisierung auf vermögende Kunden beinhaltet, steht im Extremfall dem Kunden ein eigener Berater zur Verfügung, der eine komplexere Vermögensplanung mit einem sehr differenzierten Angebotsspektrum durchführt.

> Personen mit höherem Einkommensniveau haben in der aufgeführten **empirischen Studie** die Dienstleistungsqualität der Handelsunternehmen signifikant schwächer beurteilt als Personen mit geringerem Einkommensniveau. Personen mit höherem Einkommen sind außerdem weniger tolerant im Hinblick auf Servicefehler und bestehen darauf, als Stammkunden behandelt zu werden.

Soziale Schicht

Soziale Schichten geben häufig Auskunft über bestimmte Präferenzen und Kaufgewohnheiten. In unterschiedlichen sozialen Schichten gelten beispielsweise jeweils bestimmte Symbole als prestigeträchtig (in gehobenen Schichten z. B. exklusive Reisen, Urlaubsorte, öffentlichkeitswirksame Veranstaltungen, Golfclubs usw.). Die Preissensibilität ist der sozialen Schicht entsprechend ebenfalls unterschiedlich ausgeprägt. Darüber hinaus ist auch die Nutzung von Medien zwischen sozialen Schichten stark differenziert, so dass im weiteren marketingstrategischen Vorgehen auch eine zielgenaue Ansprache für viele Dienstleistungsarten möglich ist.

Beruf

Dieses Segmentierungskriterium lässt sich besonders dann einsetzen, wenn die Nachfrage nach der relevanten Leistungsgruppe in einem engen Zusammenhang zum Beruf steht. So ist die Nachfrage nach Leistungen von Weiterbildungsunternehmen meist verbunden mit dem Beruf der Leistungsnachfrager. Es lassen sich des Weiteren für viele Berufe Bedürfnisse nach bestimmten Dienstleistungen identifizieren, die mit dem Beruf korrelieren (Schönheitschirurgie bei Schauspielern und Models, Wasch- und Bügelservices für Manager, spezielle Krankenversicherungen für Sportler usw.).

Ausbildung

Das Kriterium Ausbildung bietet sich zumeist lediglich in der Kombination mit anderen Merkmalen an. In seiner isolierten Anwendung kann die Ausbildung allenfalls als Segmentierungskriterium verwendet werden, wenn für eine bestimmte Dienstleistung Kaufentscheidungen notwendig sind, die ein echtes Problemlösungsverhalten des Konsumenten verlangen. Ein Beispiel für die Ausbildung als Segmentierungskriterium sind Weiterbildungsanbieter, die ihre Leistungen auf Akademiker oder Nicht-Akademiker zuschneiden. Weiterhin bietet z. B. das Unternehmen MLP seine Vermögensberatungsleistungen nur Akademikern an.

Customer Lifetime Value (CLV)

Im Rahmen des Marketing werden seit jeher Kundenwertberechnungen durchgeführt, um einen effizienten Einsatz von Marketingmaßnahmen zu gewährleisten. Lange Zeit beschränkten sich die eingesetzten Verfahren allerdings auf statische und häufig monetäre Kennziffern. Im Zuge der zunehmenden Beziehungsorientierung im Marketing hat die Kundenwertbetrachtung eine Dynamisierung erfahren. Darüber hinaus ist die Gestaltung eines proaktiven Relationship Marketing nur auf Basis eines Controlling möglich, das auch nichtmonetäre Größen einbezieht, wie Kundenzufriedenheit und -bindung. Sowohl eine Dynamisierung als auch eine Integration nichtmonetärer Größen in die Kundenwertberechnung kann durch den Einsatz des CLV umgesetzt werden (vgl. Kapitel 8).

Ein **Beispiel** für die Segmentierung nach dem CLV stellen Krafft und Rutsatz (2003) anhand eines Buchversandhandels vor. Dabei werden die Kunden nach CLV und Kundenlebenszeit in vier Segmente eingeordnet. Es ist demnach sinnvoll, Kunden, die einen hohen CLV generieren, intensiver mit aktuellen Neuveröffentlichungen oder individuell angepassten Bücherangeboten zu umwerben und bei Kunden mit niedrigem CLV möglicherweise zu überlegen, ob ihnen der Produktkatalog zugeschickt werden soll oder sie nur per Massenmailing kontaktiert werden.

Zusammenfassend lassen sich die demographischen und sozioökonomischen Kriterien folgendermaßen beurteilen: Sie sind relativ leicht und kostengünstig zu erfassen, ergeben medial erreichbare Segmente und erleichtern darüber hinaus die Abschätzung des Marktpotenzials einer Dienstleistung. Die häufig fehlende Kaufverhaltensrelevanz schränkt den Aussagewert dagegen bei bestimmten Dienstleistungen ein.

3.23 Psychologische Segmentierungskriterien

Die **psychologischen** Kriterien standen in den letzten Jahren im Mittelpunkt von Erklärungsmodellen des Käuferverhaltens im Konsumgüter- und zunehmend auch im Dienstleistungsbereich. Als wichtigste Kriterien im Zusammenhang mit der Marktsegmentierung lassen sich die folgenden Kriterien nennen:

Motive

Motive stellen hypothetische Konstrukte dar, die den Konsumenten aktivieren bzw. sein Verhalten initiieren und zugleich steuern. Aufgrund mangelhafter direkter Messbarkeit von Motiven können dabei Erhebungsprobleme auftreten. Motive haben daher in der Marktsegmentierung eine vergleichsweise geringe Berücksichtigung erfahren (vgl. auch Abschnitt 1.21). Eine abgewandelte und aussagekräftigere Segmentbildung, die zur Segmentierung aufgrund von Motiven gezählt werden kann, liegt allerdings dem Konzept der **Segmentierung nach Nutzenerwartungen** (Benefit Segmentation) zugrunde (vgl. Haley 1968, S. 30ff.; Mühlbacher/Botschen 1990, S. 159ff.; Brogini 1998, S. 130). Die Benefit Segmentation geht von der Annahme aus, dass die Kaufentscheidung des Konsumenten anhand des gewünschten oder erwarteten Nutzens getroffen wird. Aufgrund der Immaterialität von Dienstleistungen erscheint eine solche Segmentierung geeignet, da die Kommunikation der den einzelnen Kundengruppen angepassten Leistungseigenschaften zur Dokumentation der Leistungsfähigkeit eine bedeutende Rolle spielt (vgl. Insert 3-3-2).

Die **Benefit Segmentation** beinhaltet oft hohe finanzielle und zeitliche Kosten. Sie wird z. B. auf der Basis einer – aufwändigen – Conjoint-Analyse erstellt. Trotzdem kann sich diese Segmentierung lohnen, wie eine Studie bei einer Bank zeigt. Diese konnte belegen, dass mit einer Benefit Segementation sowohl eine gesteigerte Kundenzufriedenheit als auch eine höhere Kundenakquisitions- sowie Cross-Selling-Rate realisiert wurde (Eichelmann et al. 2001, S. 781). In anderen Dienstleistungsbranchen ist es allerdings denkbar, dass der ökonomische Nutzen einer solchen Segmentierung nicht den Aufwand überkompensieren kann.

Beispiele für eine Segmentierung nach Motiven finden sich auch in der Tourismusbranche. So präsentiert die Hotelkette Accor ihre Urlaubsangebote in den sechs Segmenten „Sich bewegen", „Sich entspannen", „Gemeinsamkeit", „Entdeckungen", „Sich amüsieren" und „Sich verwöhnen", die deutlich die verschiedenen möglichen Urlaubsmotive darstellen.

INSERT 3-3-2 **Marktsegmentierung im Verkehrsdienstleistungsbereich**

Kurzfallstudie: Verkehrsdienstleistungen

Bis Mitte der 1990er Jahre erfolgte die Segmentierung des Fernverkehrsmarktes bei den Anbietern von Verkehrsdienstleistungen vornehmlich aus angebotsbezogener Perspektive oder mit Hilfe von demographischen Merkmalen wie Alter, Reiseklasse oder Reiseanlass der Fahrgäste. Aufgrund des nur geringen Zusammenhangs zwischen diesen Segmentierungsmerkmalen und dem tatsächlichen Kauf- bzw. Auswahlverhalten der Reisenden bestand die Herausforderung, neuartige Segmentierungsansätze, die gleichzeitig der Markterfassung und Marktbearbeitung in ausreichender Weise Rechnung tragen, zu entwickeln. Im Gegensatz zu traditionellen Segmentierungskriterien setzt der von den Nachfragern vor dem Konsum von Leistungen erwartete Nutzen direkt an der individuellen Präferenzbildung an. Grundgedanke einer Segmentierung auf Nutzenbasis ist die Aufteilung der Konsumenten in bezüglich ihrer Nutzenerwartungen hinsichtlich bestimmter Leistungen intern homogene und extern heterogene Marktsegmente. Damit gilt der von den Nachfragern empfundene Nutzen als Begründung für die Existenz unterschiedlicher Marktsegmente.

Um jedoch eine Untersuchung zur Gewichtung der Nutzendimensionen durchführen zu können, sind diese zuerst in einem vorgelagerten Schritt zu ermitteln. Mit Hilfe einer explorativen Befragung wurden Assoziationen mit verschiedenen Verkehrsmitteln, die auf solche Nutzendimensionen hinweisen, ermittelt. Aufbauend auf dieser Vorstufe wurden die genannten Merkmale strukturiert, nach einer standardisierten Befragung priorisiert und mit Hilfe anderer multivariater Verfahren, wie z. B. der Faktorenanalyse, verdichtet. Diese Kriterien dienten als Grundlage für eine Conjointanalyse, in der die Gewichtung der Nutzendimensionen ausgehend vom Gesamtnutzen ei-

Service		**Ausstattung**	
Sauberkeit	(Standardreinigung, mehrfache Reinigung)	Sitzkomfort	(normal, verbessert)
Betreuung	(geringe Auskunftsfunktion, umfassende Auskunfts- und Servicefunktion, intensive persönliche Betreuung)	Unterhaltungsangebot	(nicht vorhanden, Radio+TV)
		Gepäckaufbewahrung im Reisewagen	(herkömmlich, verbessert)
Verpflegung	(keine Verpflegungsmöglichkeiten an Bord, Imbiss- und Speisemöglichkeit)	Arbeitsmöglichkeiten am Sitzplatz	(herkömmlich, erweitert)
Sicherheitskräfte	(am Bahnhof, im Zug)	Spezialabteile	(nicht vorhanden, vorhanden)
Reisezeitaufwand		**Sozialer Nutzen**	
Taktfrequenz	(normal, hoch)	Verbrauchsmaterialien	(herkömmlich, umweltverträglich)
Verbindung	(umsteigen z.T. erforderlich, Direktverbindung)	Bahntechnologie	(Standard, ökologieorientiert)
Verspätung	(mehr als fünf Minuten möglich, mehr als fünf Minuten nahezu ausgeschlossen)	Abfallentsorgung	(herkömmlich, getrennt)
Reisegeschwindigkeit	(herkömmlich, hoch)	Berücksichtigung der Interessen Behinderter	(herkömmlich, intensiv)
Anbindung an den ÖPNV	(normal, verbessert)		

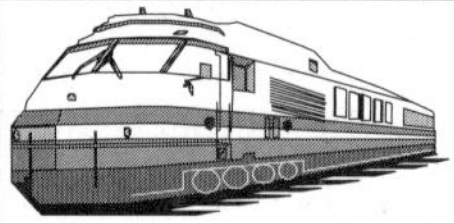

Innerdeutsche Bahnreise

Bewertung einer Bahnfahrt auf Ihrer heutigen Reisestrecke

Service:	Basis
Ausstattung:	erweitert
Preis:	Ihr heutiger Fahrpreis
Zeitaufwand:	gering
Sozialer Nutzen:	normal

Karte: **C**

INSERT 3-3-2 Marktsegmentierung im Verkehrsdienstleistungsbereich (Fortsetzung)

ner Reise (dekompositionelles Verfahren) ermittelt wurde.

Im Rahmen der Conjointanalyse kam allen Befragten die Aufgabe zu, die acht fiktiven Angebote, die auf verschiedenen Karten festgehalten wurden, in eine Rangfolge entsprechend ihrer persönlichen Präferenzen zu bringen.

Die ermittelten Merkmalswichtigkeiten der einzelnen Meta-Kriterien sind nachfolgend für die mit einer Clusteranalyse ermittelten Segmente dargestellt.

Meta-Kriterien	Modul-Kriterien	Reisezeitminimierer 31% Merkmalsbedeutung	Reisezeitminimierer 31% Gesamtbedeutung	Preissensible 51% Merkmalsbedeutung	Preissensible 51% Gesamtbedeutung	Komfortorientierte 18 % Merkmalsbedeutung	Komfortorientierte 18 % Gesamtbedeutung
Service	Sauberkeit	0,8%	2,9%	1,2%	5,0%	12,5%	45,1%
	Betreuung	0,7%		1,4%		9,8%	
	Verpflegung	1,2%		2,0%		19,7%	
	Sicherheitskräfte	0,2%		0,4%		3,1%	
Ausstattung	Sitzkomfort	1,7%	4,6%	2,9%	8,6%	8,0%	25,0%
	Unterhaltungsangebot	0,7%		1,4%		3,9%	
	Gepäckaufbewahrung im Reisewagen	0,6%		1,5%		3,6%	
	Arbeitsmöglichkeit am Sitzplatz	0,8%		1,1%		3,5%	
	Spezialabteile	0,8%		1,7%		6,0%	
Preis			23,7%		60,7%		4,8%
Reisezeit	Taktfrequenz	7,6%	64,2%	2,2%	17,1%	1,4%	9,5%
	Verbindung	21,3%		5,3%		2,5%	
	Verspätung	11,7%		3,6%		2,1%	
	Reisegeschwindigkeit	17,9%		3,2%		2,6%	
	Anbindung an den öffentlichen Nahverkehr	5,7%		2,8%		0,9%	
Sozialer Nutzen	Verbrauchsmaterialien	1,2%	4,6%	2,2%	8,6%	3,5%	15,6%
	Bahntechnologie	1,3%		2,3%		4,3%	
	Abfallentsorgung	0,9%		1,5%		2,6%	
	Berücksichtigung der Interessen Behinderter	1,3%		2,6%		5,2%	

An dieser Stelle lassen sich insgesamt drei Segmente erkennen, die als „Reisezeitminimierer“, „Preissensible“ und „Komfortorientierte“ beschrieben werden können. Problematisch an diesem Ergebnis ist jedoch die Tatsache, dass diese Nutzenerwartungen keinen direkten Bezug zu demographischen Daten, die eine problemlose Erreichbarkeit der Segmente ermöglichen, aufweisen. Diesem Dilemma der Marktsegmentierung konnte jedoch durch eine geschickte Verknüpfung der Nutzensegmente mit dem Reiseanlass begegnet werden. Ordnet man die einzelnen Reiseanlässe „Geschäftsreise“, Privatreise“ und „Pendlerreise“ den einzelnen Nutzensegmenten zu, so ergibt sich die nachfolgende Matrix.

Mit einem Anteil von 33 Prozent an allen Bahnreisen umfasst die Gruppe der preissensiblen Privatreisenden das volumenstärkste Segment. Ansatzpunkte zur leistungsbezogenen Profilierung bieten sich in den Nachfragergruppen der zeit- bzw. komfortorientierten Privatreisenden (15 Prozent bzw. 10 Prozent der Gesamtreisen).

Aufbauend auf dieser integrativen Marktsegmentierung können für die Deutsche Bahn AG segmentspezifische Handlungsempfehlungen abgeleitet werden, da die hinter den Segmenten liegenden Nutzenerwartungen im Vorfeld erfasst wurden.

Gestaltungsbezug

Nutzensegment / Reiseanlasssegmentierung	Service	Ausstattung	Preis	Reisezeit	Sozialer N.
	► Sauberkeit ► Sicherheit ► Verpflegung ► Betreuung	► Sitzkomfort ► Unterhaltung ► Gepäck ► Arbeitsmögl. ► Abteil		► Takt ► Verbindung ► Verspätung ► Geschwindigkeit ► ÖPNV	► Materialien ► Technologie ► Entsorgung ► Behinderte

Ausrichtungsbezug

Soziodemographie

- Alter
- Ausbildung
- Beruf
- Einkommen
- Geschlecht
- ...

Einkaufsstättenwahl

- Ort des Ticketkaufs
- Ort der Reiseinformation

Nutzensegmente / Reiseanlässe	Reisezeit minimierer 31%	Preissensible 51%	Komfortorientierte 18%
Geschäftsreise 30%	12%	12%	6%
Privatreise 58%	15%	33%	10%
Pendlerreise 12%	4%	6%	2%

Einstellungen

Einstellungen kommt insbesondere im Zusammenhang mit Positionierungsmodellen große Bedeutung zu. Zu trennen sind die allgemeinen, persönlichkeitsbezogenen Einstellungen, die z. B. zur Bildung von Verlagstypologien herangezogen werden (Berekoven/Bruchmann 1992), und die marken- bzw. dienstleistungsbezogenen Einstellungen, die im Zusammenhang mit mehrdimensionalen Einstellungsmodellen erhoben werden können. Ferner kann den marken- bzw. dienstleistungsbezogenen Einstellungen eine große Kaufverhaltensrelevanz zugesprochen werden. Die Erhebung marken- bzw. dienstleistungsspezifischer Einstellungen ist zwar mit einem hohen finanziellen Aufwand verbunden, doch verfügen gerade diese Einstellungen über einen hohen Aussagewert sowohl für den Einsatz der Marketinginstrumente als auch für die Entwicklung geeigneter Wettbewerbsstrategien.

Eine **einstellungsbezogene Segmentierung** mit starker Kaufverhaltensrelevanz lässt sich z. B. im Hinblick auf das Umwelt- oder Gesundheitsbewusstsein verdeutlichen. So existieren Vollwert-Restaurants, die etwa den ökologischen Anbau der verwendeten Produkte garantieren und sich dadurch auf das Segment umwelt- und gesundheitsbewusster Kunden spezialisieren. Weiterhin bieten zahlreiche Restaurants auf ihren Karten vegetarische Menüs an, um entsprechende Segmente differenziert anzusprechen.

Lifestyle

Lifestyle-Kriterien berücksichtigen die Persönlichkeit des Konsumenten (seinen Lebensstil) und lassen sich anhand einer Vielzahl psychographischer Eigenschaften operationalisieren. Dabei spielen insbesondere Aktivitäten, Interessen und Meinungen eine wichtige Rolle. Die Lifestyle-Kriterien lehnen sich eng an die allgemeinen Einstellungskriterien an. Sie bringen zwar Nachteile mit sich, da etwa ein Kausalzusammenhang in Bezug auf die Kaufverhaltensrelevanz zwar unterstellt wird, aber schwierig zu belegen ist. Erhebbar sind Lifestylekriterien allenfalls über Verhaltensmerkmale wie mediale Konsumgewohnheiten (vgl. folgender Abschnitt). Darüber hinaus weisen sie ähnliche Probleme wie die Einstellungskriterien auf. Sie bieten sich aber zur zusätzlichen Beschreibung von Segmenten an, die aufgrund anderer Kriterien (aktive Variablen) gebildet wurden.

Ein starker **Zusammenhang zwischen Lifestyle und Kaufverhalten** wird z. B. ebenfalls in der Tourismusbranche unterstellt. Einer Vielzahl von Lifestyle-Typen (z. B. Abenteurer, Hedonist, Romantiker, Kulturinteressierter usw.) können aus einem breiten Spektrum möglicher Optionen spezifische passende Angebote zugeordnet werden (Vyncke 2002). Beim Reiseanbieter GeBeCo wird bei der Suche nach einem geeigneten Urlaub neben dem gewünschten Reiseziel und der Reisedauer außerdem der „Reisestil" erfragt und spezielle Privatreisen in Gruppen, Rundreisen, Reisen mit Mietwagenarrangements oder Hotels unterschiedlicher Klassen usw. angeboten.

Psychologische Segmentierungskriterien verfügen prinzipiell über eine hohe Relevanz bezüglich der Kaufentscheidung. Problematisch sind hier zum einen die Erhebbarkeit, d. h. die Identifikation der Zugehörigkeit zu einzelnen Segmenten. Zum anderen wird, wie bei den demographischen und sozioökonomischen Kriterien, stets die Verhaltensabsicht untersucht. Über das tatsächliche Verhalten können nur unter Einschränkungen Aussagen getroffen werden. Dabei sind Verzerrungen hinsichtlich der Segmentbildung nicht auszuschließen.

3.24 Verhaltenskriterien

Neben den demographischen, sozioökonomischen und psychologischen Kriterien lässt sich eine weitere Kriteriengruppe – so genannte **Verhaltenskriterien** – zur Segmentierung im Dienstleistungsmarketing heranziehen. Dabei handelt es sich nicht um Einflussfaktoren auf mögliche Kaufentscheidungen, sondern um tatsächliche, in der Vergangenheit liegende Aktivitäten im Rahmen des Kaufentscheidungsprozesses. Folgende Kriterien sind zu nennen:

Dienstleistungsbezogene Kriterien

Diese Kriterien stellen die Wahl der Dienstleistungsart, die Nutzungsintensität der Konsumenten, die Markenwahl sowie die Markentreue in den Vordergrund. Während sich die Wahl der Dienstleistungsart für eine Vorsegmentierung und das Commitment für Überlegungen zu möglichen Multiplikatoreffekten (Weiterempfehlungen) anbietet, gewinnt die Nutzungsintensität besondere Bedeutung hinsichtlich der Bestimmung des Nachfrageverhaltens (bei Finanzdienstleistungen für Privatkunden z. B. der Kauf von Aktien aus bestimmten Branchen oder Ländern). Ferner liefert die Kenntnis der Verbrauchsintensitäten wertvolle Hinweise für den Einsatz leistungspolitischer Instrumente, insbesondere für die Mengendimensionierung (z. B. die zeitliche Entwicklung der Nachfrage von Lebensversicherungen oder Bausparverträgen). Ohne Kenntnis der Bestimmungsgründe des Dienstleistungsart- und Markenwahlverhaltens fehlen allerdings Hinweise auf eine wirksame Ansprache. Hier erscheint es ratsam, ergänzend sozioökonomische Kriterien zur Segmentbeschreibung hinzuzuziehen.

Kommunikationsbezogene Kriterien

Bei den kommunikationsbezogenen Kriterien steht das Nutzungsverhalten einzelner Medien im Vordergrund. Bei Bankdienstleistungen lassen sich z. B. Konsumenten nach Nutzern elektronischer und traditioneller Kommunikationskanäle segmentieren und entsprechende Leistungen differenzieren. Insbesondere unter dem Gesichtspunkt der so genannten Mass Customization ergeben sich hier Unterschiede in der möglichen Ausgestaltung der Leistungen. Weiterhin geht es bei den kommunikationsbezogenen Kriterien um die Eignung der Medien, kommunikative Botschaften des Dienstleistungsunternehmens an die Zielgruppen heranzutragen. Dabei ist insbesondere das Kriterium der medialen Erreichbarkeit ein wichtiges Beurteilungsmerkmal. Allerdings kommt den kommunikationsbezogenen Verhaltensmerkmalen für die meisten Dienstleistungen nur eine geringe Kaufverhaltensrelevanz zu.

Preisbezogene Kriterien

Der Preis ist in vielen Fällen das zentrale Kriterium für die Kaufentscheidung. Auf der Basis verschiedener Preisklassen bzw. des preisbasierten Kaufverhaltens lässt sich daher ebenfalls eine Segmentierung durchführen. In der Tourismusbranche können so z. B. Last-Minute-Urlauber, die ihren Urlaub nach dem günstigsten Angebot auswählen, von Urlaubern getrennt werden, die hochpreisige Individualreisen buchen. Die so genannten „Schnäppchenjäger" können auch in anderen Dienstleistungsbereichen identifiziert werden, so z. B. bei Telekommunikationsanbietern.

Einkaufsstättenbezogene Kriterien

Die Segmentierung auf Basis der Einkaufsstättenwahl bezieht sich hier auf die Positionierung der besuchten Dienstleistungsanbieter und auf die Nutzungsintensität, d. h. die Häufigkeit des Kaufs bei einzelnen Anbietern. Zahlreiche Kunden ziehen es vor, möglichst den gesamten Bedarf ihrer Einkäufe (z. B. Lebensmittel, Frisör, Schuhreparatur, Schlüsseldienst usw.) an einem Ort abwickeln zu können – ein Verhalten, dem sich die großen Einkaufs- und Dienstleistungscenter angepasst haben. Hinsichtlich der Erreichbarkeit der Konsumenten besitzen die einkaufsstättenbezogenen Ansatzpunkte für die Marktsegmentierung eine besondere Bedeutung. Zugleich kommt ihnen aufgrund der Nichttransportfähigkeit sowie der Integration des externen Faktors bei Dienstleistungen eine zentrale Rolle zu. Weiterhin bieten derartig ermittelte Segmente Ansatzpunkte für distributionspolitische Maßnahmen.

In der bereits erwähnten **empirischen Studie** bei 211 Handelskunden (Genestre/Herbig 1997) ergab sich, dass Kunden mit höherer Kauffrequenz eher bereit sind, die Handelsunternehmen bei Kundenzufriedenheit weiterzuempfehlen. Ferner sind Kunden mit höherer Kauffrequenz weniger anspruchsvoll im Hinblick auf die durchschnittliche Dienstleistungsqualität.

Im Hinblick auf die **Loyalität von Kunden** gegenüber Dienstleistungsanbietern können vier Kundensegmente differenziert werden (Kotler/Bloom 1984). Hardcore-Loyale sind lediglich bereit, die Leistungen eines Anbieters in Anspruch zu nehmen. Softcore-Loyale nutzen Leistungen ausschließlich von zwei bis drei Anbietern. Wanderkunden zeichnen sich durch Loyalitätsphasen im Hinblick auf einen Anbieter aus. In bestimmten Abständen sind sie unterschiedlichen Anbietern loyal. Wechselkunden sind zu keinem Zeitpunkt gegenüber einem Dienstleistungsanbieter loyal.

Der Einsatz von Verhaltenskriterien erfolgt oft gleichzeitig mit anderen Segmentierungskriterien. Es ist zu prüfen, ob die Kriterien zur Segmentabgrenzung als aktive Variablen oder zur nachträglichen Beschreibung von bereits erfassten Segmenten als passive Variablen herangezogen werden. Die kaufverhaltensrelevanten Merkmale eignen sich z. B. als aktive Segmentierungsvariablen. Eine nähere Charakterisierung der gebildeten Segmente mit Hilfe sozioökonomischer oder psychologischer Merkmale vermag zusätzliche Hinweise für die segmentspezifische Gestaltung des Marketingmix zu geben.

4. Besonderheiten der Positionierung im Dienstleistungsbereich

Neben der Marktsegmentierung kommt der **Positionierung von Dienstleistungen** eine besondere Rolle im Hinblick auf die Auswahl des zu bearbeitenden Marktes zu. Während bei der Marktsegmentierung Konsumenten anhand von konsumentenbezogenen Kriterien in Gruppen eingeteilt werden, sind im Rahmen der Positionierung Dienstleistungen anhand der Konsumentenwahrnehmung von leistungsbezogenen Merkmalen zu differenzieren. Dies erfolgt in so genannten Positionierungsmodellen (Lovelock 2004, S. 69ff.).

Bei einem **Positionierungsmodell** erhalten Marken bzw. Dienstleistungen aufgrund der wahrgenommenen Ausprägungen in relevanten Eigenschaften eine Position in einem mehrdimensionalen Eigenschaftsraum. Die Konsumenten lassen sich im selben Raum anhand ihrer Anforderungen an eine Idealmarke bzw. ideale Dienstleistungen positionieren.

Bei unterschiedlicher Wichtigkeit der Eigenschaften ist für jede Eigenschaft ein relatives Gewicht zur Kennzeichnung dieser Unterschiede zu bestimmen. Die Einzeldistanzen zwischen Real- und Idealpositionierung werden mit dem jeweiligen Bedeutungsgewicht multipliziert, bevor eine Verrechnung vorgenommen werden kann.

Zwischen der **Marktsegmentierung und der Positionierung** bestehen Wechselbeziehungen. Zum einen kann die Positionierung ein **Folgeschritt der Marktsegmentierung** im Rahmen der Marktauswahl darstellen. Positionierungsmodelle vermögen das Markenwahlverhalten bzw. den Dienstleistungskauf des einzelnen Konsumenten zu erklären. Die strategische Positionierung eines Dienstleistungsanbieters dient in diesem Zusammenhang der **Bestimmung der Soll-Marktposition,** in der das Unternehmen von den im Rahmen der Marktsegmentierung ausgewählten Marktsegmenten wahrgenommen werden soll (vgl. hierzu die Ausführungen zu Positionierungsanalysen im Kapitel 4).

Seit einigen Jahren haben sich zahlreiche Online-Partnervermittlungen im Markt etabliert und ein starkes Wachstum verzeichnet. Hinsichtlich der ausgewählten Marktsegmente unterscheiden sie sich deutlich. Die Parship GmbH etwa spezialisiert sich auf Kunden mit tendenziell hohem Bildungsgrad und einer hohen Preisbereitschaft, die nach langfristigen Beziehungen suchen (Insert 3-4-1).

INSERT 3-4-1 **Der Standard, 5./6.6.2004, S. 25**

Partner gesucht – im Internet gefunden

Zu zweit ist es (meist) netter als allein. Doch wo finden viel beschäftigte moderne Menschen heutzutage den oder die Richtige/n? Immer beliebter wird die – anfänglich – relativ anonyme Partnersuche über das Internet.

Karin Tzschentke

Wien – Partnersuche über Elisabeth T. Spiras „Liebesg'schichten und Heiratssachen" trifft nicht jedermanns Geschmack. In einer Bar darauf warten, dass man von jemanden mit ernsten Absichten angesprochen wird, kann mit einer Bauchlandung enden. Und auf einer Singleparty könnte man peinlicherweise auf Bekannte stoßen.

Was liegt für Bindungswillige also näher, sich des relativ anonymen Internets zu bedienen. Die Online-Partnersuche boomt – auch in Österreich. „Ein riesiger Markt – und ein gutes Geschäft", bestätigt Martin Dobner, Countrymanager der Online-Partneragentur Parship.at, Details dazu gibt er jedoch nicht Preis. Die zur deutschen Verlagsgruppe Holtzbrinck gehörende Agentur ist seit dem Valentinstag 2001 in Deutschland aktiv, ein Ableger in Österreich und der Schweiz existiert seit Herbst 2002.

Im Unterschied zu anderen Plattformen, die Dobner zufolge häufig auf der Suche nach einem heißen Flirt besucht würden, hat sich Parship.at auf das „eher brave" Segment der längerfristigen Beziehungswünsche konzentriert. Um hierzu gewissermaßen die Spreu vom Weizen zu trennen, erfordert die Parship-Suchmaschine zum einen das Ausfüllen eines 95 situative Fragen umfassenden psychologischen Tests und zum anderen einen Mitgliedsbeitrag von 179 Euro. Und es wird auf die „Auslage" mittels Fotos verzichtet. Persönliche Angaben umfassen im Groben einen Aliasnamen, Geburtsjahr, Beruf, Hobbys etc.

Der von dem deutschen Arbeitspsychologen Hugo Schmale entwickelte Test zielt darauf ab, 24 prägnante Persönlichkeitsmerkmale (Aktivitätsmuster, Bedürfnis nach Nähe) herauszufiltern. In einer so genannten Matchbox werden nach einem speziellen Algorithmus gleiche und sich ergänzende Eigenschaften von im wahrsten Sinne des Worte „passenden" Kandidaten gesucht und diese in Form einer Vorschlagsliste zur Verfügung gestellt.

Denn: „Ein Couchpotatoe passt erfahrungsgemäß einfach nicht zu begeisterten Outdoor-Menschen", so Dobner. Der Test und die Matchbox sind gratis und erlauben, Kontaktgesuche zu empfangen. Wer sein Schicksal selbst in die Hand nehmen will, muss allerdings die Mitgliedsgebühr berappen. „Wir sind damit beinahe beunruhigend erfolgreich", erzählt Dobner. Die Erfolgsquote liege bei 35 bis 50 Prozent und lasse sich dadurch feststellen, dass sich eine hohe Zahl der registrierten Teilnehmer mit der Bemerkung abmeldeten, „jemanden gefunden zu haben".

Dobner selbst hat erst vor ein paar Tagen geheiratet. Kennen gelernt hat er seine Traumfrau allerdings bereits vor acht Jahren – in einer Bar.

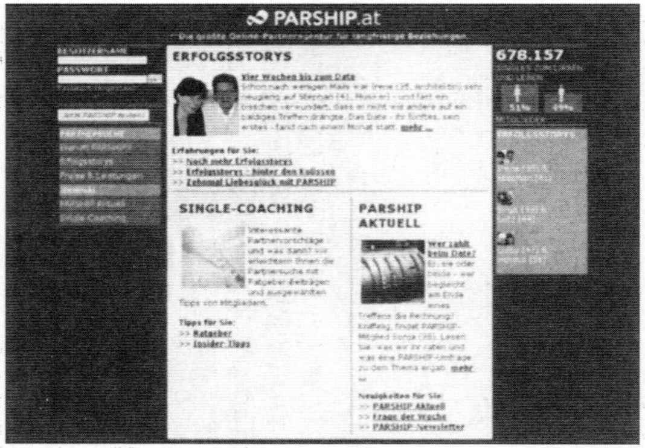

Ob man wirklich zueinander passt, findet manches Paar oft erst heraus, wenn es schon kracht. Die Online-Partneragentur Parship versucht durch einen psychologischen Test, den „passenden" Partner schon im Vorfeld herauszufiltern.

Ein **Beispiel für ein Positionierungmodell** von Tankstellen zeigt Abbildung 3-4-1. Hier lassen sich vier Gruppen unterscheiden (Meffert/Lasslop 2002, S. 596ff.). Die so genannten A-Marken (Aral, Shell, BP, Esso und DEA) stehen sowohl in der Preis- als auch in der Qualitäts- und Servicewahrnehmung im oberen Bereich. Die höheren Preise können dabei zum einen durch das langfristig generierte Image der Marken sowie ihren Marktanteil und zum anderen durch Zusatzleistungen neben dem Kraftstoffverkauf durchgesetzt werden. Durch diese Zusatzleistungen versuchen die A-Marken, ihre Position als Qualitätsführer zu festigen. Die B-Marken (z. B. JET, Total, Fina, Elf, Avia und Agip) sind hinsichtlich des Preises ähnlich positioniert wie die A-Marken, verfügen jedoch in der Wahrnehmung der Kunden über ein niedrigeres Qualitäts- und Serviceniveau und dementsprechend ein schlechteres Image. Das Ziel der B-Marken ist es primär, die Kundenwahrnehmung in Richtung der A-Marken zu verändern („Trading Up"), indem sie die gleichen Strategien nutzen und beispielsweise das Spektrum ihrer Zusatzleistungen erhöhen und Modernisierungsmaßnahmen durchführen.

Abbildung 3-4-1 **Positionierung deutscher Tankstellen nach Qualitäts- bzw. Servicewahrnehmung und Preis**

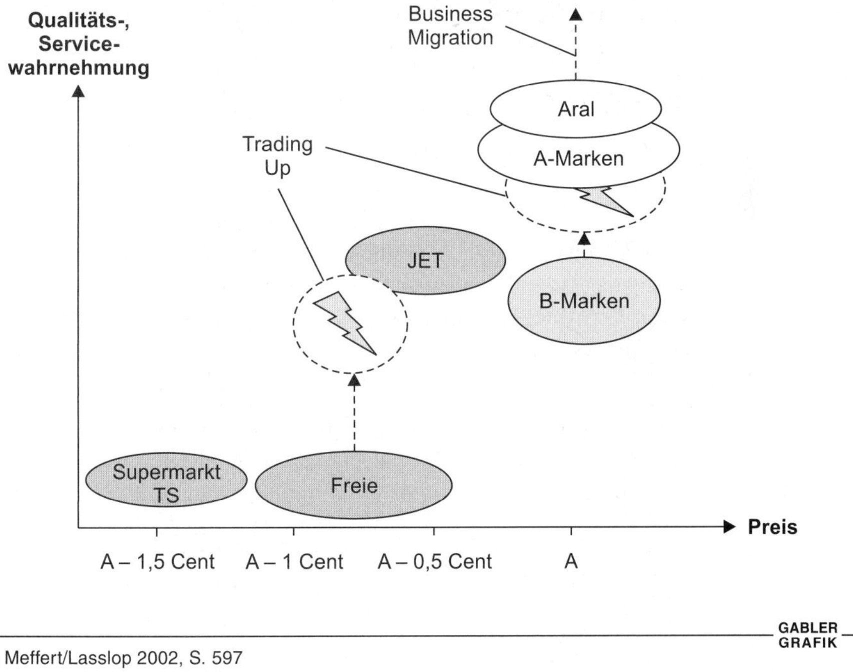

Quelle: Meffert/Lasslop 2002, S. 597

In der Abbildung 3-4-1 zeigt sich, dass die Marke JET versucht, durch niedrigere Preise und gleichzeitige Anstrengungen im Service- und Qualitätsbereich einen strategischen Wettbewerbsvorteil sowohl gegenüber den A-Marken als auch gegenüber den B-Marken zu erzielen. Die dritte Gruppe bilden freie Tankstellen, die sich sowohl im Preis als auch in der Qualitäts- und Servicewahrnehmung unter den A- und B-Marken befinden. Diese haben ebenfalls das Ziel, eine Profilierung im Sinne eines Trading Up zu erreichen, beispielsweise durch einen Zusammenschluss unter einer gemeinsamen Dachmarke („Bund freier Tankstellen"), die dem Positionierungsziel entsprechend für hohe Qualitäts- und Servicestandards steht. Eine vierte Gruppe stellen die Supermarkttankstellen dar, die bewusst eine Preisführerschaft anstreben und aus Kosten- und Effizienzgründen auf ein größeres Angebot an zusätzlichen Leistungen und Produkten verzichten. Hier ist allerdings – begründet durch ein verändertes Konsumentenverhalten – eine erste Tendenz zum Trading Up zu beobachten.

Weiterhin können Positionierungsmodelle als **Grundlage der Marktsegmentierung** herangezogen werden. Hierbei bieten sich folgende Ansatzpunkte für eine Einteilung der Konsumenten in homogene Segmente an:

- Die **Merkmale des Eigenschaftsraumes** stellen geeignete Marktsegmentierungskriterien dar.
- Die **Idealmarkenvorstellungen** zeigen, welche Segmente überbesetzt und welche bisher durch keine Marke bzw. Dienstleistung direkt angesprochen wurden.
- Bei relativ homogenen Idealvorstellungen (wenn beispielsweise alle Konsumenten jeweils extreme Ausprägungen bei den einzelnen Eigenschaften bevorzugen) können die **Bedeutungsgewichte** als zusätzliche Segmentierungskriterien eingesetzt werden.

Die Marken- bzw. Dienstleistungswahrnehmungen stellen somit eine weitere Möglichkeit zur Segmentierung dar. Im Rahmen einer zweistufigen Marktaufteilung werden z. B. zunächst Idealmarken bzw. Idealdienstleistungsvorstellungen analysiert und anschließend die Wahrnehmung derjenigen Marken erfasst, die den Idealvorstellungen am nächsten kommen.

Die marketingrelevanten Informationsgrundlagen bilden die Basis für Entscheidungen des strategischen Dienstleistungsmarketing, des Qualitätsmanagements für Dienstleistungen sowie des operativen Dienstleistungsmarketing.

FRAGEN ZUM KAPITEL 3

Punkt 1:

- Anhand welcher Rollen von Entscheidungsträgern kann der Kaufentscheidungsprozess betrachtet werden?
- Warum ist die Beurteilung von Dienstleistungen schwieriger als bei Sachgütern?
- Wie läuft der Kaufentscheidungsprozess ab und welche sind die relevanten Aspekte zur Beurteilung der Dienstleistungen in den einzelnen Prozessphasen?
- Auf welche aktivierenden Determinanten des Kaufverhaltens spricht das „Erlebnismarketing“ an? Welche einstellungsbezogene Komponente spielt dabei eine übergeordnete Rolle?
- Welche internen und externen Einflüsse können beim Kaufentscheidungsprozess betrachtet werden?
- Wie können Anbieterwechsel im Dienstleistungsbereich erklärt werden?

Punkt 2:

- Welche internen und externen Marktforschungsaktivitäten ergeben sich aus der Immaterialität von Dienstleistungen?
- Worin liegen die Vor- und Nachteile von Scoringverfahren, Analogmethode und Gravitationsmodellen zur Standortanalyse?
- Welche Kombinationen von Marktforschungsaktivitäten sind zur umfassenden Fundierung strategischer (Marketing-)Entscheidungen geeignet?

Punkt 3:

- In welchen Dienstleistungsbranchen sind die traditionellen demographischen Segmentierungskriterien geeignet?
- Was sind die Vorteile von psychologischen und verhaltensorientierten Segmentierungskriterien?
- Wie kann eine Segmentierung nach dem Customer Lifetime Value im Marketing umgesetzt werden?

Punkt 4:

- Welche Segmentierungskriterien sind am Aussagekräftigsten hinsichtlich der Kaufentscheidungen?
- Was für Probleme können sich im Zuge der Entscheidung für ein bestimmtes Segmentierungskriterium ergeben?
- Warum ist eine Verknüpfung der Segmentierung mit der Positionierungsstrategie sinnvoll?

KAPITEL

4 Strategisches Dienstleistungsmarketing

1. Strategische Unternehmens- und Marketingplanung im Dienstleistungsbereich

Die marktorientierte Ausrichtung und Führung eines Dienstleistungsunternehmens kann nur konsequent verwirklicht werden, wenn eine individuelle und abgesicherte Marketingkonzeption erarbeitet wird (Palmer 2004). Sie stellt für ein Unternehmen das Ergebnis detaillierter strategischer Analysen und Planungsprozesse dar und umfasst drei Konzeptionsebenen (Meffert 2000):

- Zielebene,
- Strategieebene,
- Instrumentalebene.

Während **Dienstleistungsziele** als zukunftsbezogene Vorgaben verstanden werden können, stellen **Dienstleistungsstrategien** globale und langfristige Verhaltenspläne dar, innerhalb derer die Festlegung der **Marketinginstrumente** des Dienstleistungsunternehmens vorgenommen wird.

Die Festlegung von Zielen im Marketing ist vergleichsweise klar strukturiert. Hingegen besteht eine große Begriffsvielfalt bei der Abgrenzung von Strategien. Daher wird zunächst auf die hier verwendete Systematisierung von Marketingstrategien eingegangen, die auch im Dienstleistungsbereich problemlos angewandt werden kann. Eine in der Literatur weit verbreitete Abgrenzung von Strategien ist die Unterscheidung zwischen Unternehmens-, Geschäftsfeld- und Marktteilnehmerstrategie (Meffert 2000).

Unternehmensstrategien geben Antwort auf die Frage, in welchen Leistungsbereichen eine Tätigkeit des Dienstleistungsunternehmens sinnvoll ist. Demgegenüber beinhalten **Geschäftsfeldstrategien** diejenigen Entscheidungstatbestände, die sich ausschließlich auf die Vorgehensweisen in den definierten bzw. zu definierenden Geschäftsfeldern beziehen. Ferner sind Entscheidungen zur Art des anzustrebenden Wettbewerbvorteils zu treffen. Im Rahmen der **Marktteilnehmerstrategie** werden die grundsätzlichen Verhaltensweisen gegenüber den übrigen Marktteilnehmern (Abnehmer, Konkurrenten, Absatzmittler) festgelegt sowie der Grad der Bearbeitung von Marktsegmenten näher bestimmt.

Auf Basis dieser Grundsatzentscheidungen kann ein **Planungsprozess** der Unternehmens- und Marketingplanung eines Dienstleistungsunternehmens abgeleitet werden. Dieser unterscheidet sich in seinem grundsätzlichen Aufbau und Ablauf nicht vom klassischen Planungsprozess des Marketingmanagements (vgl. Becker 2001; Bruhn 2004c); die inhaltliche Ausgestaltung weist jedoch einige Besonderheiten für Dienstleister auf (vgl. Abbildung 4-1-1).

Abbildung 4-1-1 Strategische Unternehmens- und Marketingplanung

GABLER GRAFIK

Der Planungsprozess beginnt mit der **Analyse der externen und internen Umwelt.** Dabei umfasst die externe Umwelt nicht nur den Absatzmarkt und somit die Nachfrager der Dienstleistung. Vielmehr sind hier auch Wettbewerber und sonstige Anspruchsgruppen, wie z. B. der Staat, Verbände, Organisationen usw. Gegenstand der Analyse. Im Rahmen der Betrachtung der internen Bereiche werden die Entwicklung und gegenwärtige Situation der Ressourcen des jeweiligen Unternehmens untersucht und bewertet. Die in Abschnitt 2 behandelten strategischen **Analyseinstrumente** stellen das Bindeglied zwischen der beschriebenen Analyse der externen bzw. internen Umwelt des Unternehmens und den folgenden Planungsprozessen dar, da sie in der Regel eine Verdichtung der Ausgangsinformationen für den Planungsprozess vornehmen.

Die nächste Stufe des Planungsprozesses ist unterteilt in die strategische Unternehmensplanung und die strategische sowie operative Marketingplanung. Im Rahmen der **strategischen Unternehmensplanung** erfolgt zunächst die Festlegung von Unternehmenszweck und -mission. Im Rahmen der Markt- und Geschäftsfelddefinition sind bei Dienstleistungsunternehmen einige Besonderheiten zu berücksichtigen. Insbesondere die Marktfestlegung ist bei Dienstleistungen wie der Gastronomie oder bei Theateraufführungen problematisch. Die Ressourcenallokation erfolgt dann bei Dienstleistungsunternehmen wiederum ähnlich wie bei Sachgüterunternehmen.

Die bisher getroffenen Entscheidungen erfahren im Prozess der **strategischen Marketingplanung** wiederum eine Konkretisierung. Zunächst gilt es, Geschäftsfeldziele und -strategien festzulegen. Weiterhin umfasst der Prozess der strategischen Marketingplanung die Auswahl geeigneter Marktteilnehmerstrategien sowie eine Budgetierung der getroffenen Entscheidungen bzw. der Geschäftsfelder hinsichtlich der geplanten Aktivitätsniveaus.

Im Rahmen der **operativen Marketingplanung** werden schließlich Instrumentalziele, Maßnahmen sowie die Budgetierung des festgelegten Aktivitätsniveaus fixiert. In diesem Bereich sind als besondere Herausforderungen eines Dienstleistungsunternehmens beispielsweise die Markenpolitik im Dienstleistungsbereich bzw. die Kommunikation von intangiblen Elementen zu nennen.

Im Anschluss an die dargestellten Planungsprozesse findet die **Implementierung** der geplanten Aktivitäten statt. Hier gilt es zu berücksichtigen, dass in Dienstleistungsunternehmen die hierarchisch vergleichsweise unten angesiedelten Mitarbeiter über einen intensiven Kundenkontakt verfügen. Aus dieser Tatsache resultiert, dass die mitarbeiterorientierten Rahmenbedingungen, wie z. B. Empowerment oder Entbürokratisierung, einen besonders hohen Stellenwert einnehmen (Laakmann 1995, S. 33).

Die Ergebnisse der **Kontrolle** von Aktivitäten und Zielerreichungsgraden können dann im Rahmen eines revolvierenden Prozesses wiederum Eingang in die Analyse der externen und internen Umwelt finden.

Da die strategische Planung von Dienstleistungsunternehmen nur in einigen Aspekten von der Vorgehensweise bei Industrie- oder Konsumgüterherstellern abweicht, werden im Folgenden nur diejenigen Aspekte betrachtet, die sich durch deutliche Unterschiede auszeichnen. Zu diesem Zweck werden in Abschnitt 2 zunächst die vom Konsumgüterbereich hinlänglich bekannten strategischen Analyseinstrumente hinsichtlich ihrer Anwendbarkeit im Dienstleistungsbereich bewertet.

2. Strategische Analyse- und Planungskonzepte im Dienstleistungsmarketing

Mit der zunehmenden strategischen Ausrichtung der Planung sind seit den 1960er Jahren eine Reihe von strategischen Analyse- und Planungsmethoden entwickelt worden, die vornehmlich im Sachgüterbereich Einsatz fanden. Mittlerweile haben sich aber auch zahlreiche Beiträge mit dem Transfer der Analyse- und Planungsmethoden auf den Dienstleistungssektor befasst (Fuchs et al. 2003). In diesem Zusammenhang weist Moormann (1988, S. 309ff.) nicht nur auf einen hohen Verbreitungsgrad der strategischen Planung in ausgewählten Dienstleistungsbereichen hin, sondern auch auf den zunehmenden Diffusionsgrad zahlreicher strategischer Analysemethoden. Insbesondere sind dies die Chancen-Risiken-, Stärken-Schwächen-, Lebenszyklus-, Positionierungs- sowie Portfolioanalysen. In den letzten Jahren findet darüber hinaus die Wertkettenanalyse verstärkt Beachtung. Diese Instrumente werden im Folgenden einer kritischen Würdigung bezüglich ihres Einsatzes im Dienstleistungsbereich unterzogen.

2.1 Chancen-Risiken-Analyse

> Mit Hilfe einer **Chancen-Risiken-Analyse** sind diejenigen Umfeldkräfte zu erkennen und zu antizipieren, die im Rahmen der strategischen Planungsprozesse für Dienstleistungsunternehmen zukünftig von besonderer Bedeutung sind.

Als **Marktchancen** sind dabei insbesondere Wachstumsmöglichkeiten, ungenutzte Vertriebskanäle oder ein Bedarf für neue Produkte von Bedeutung. Die **Marktrisiken** beziehen sich hingegen auf negative Marktentwicklungen, wie etwa Preisverfall, neue Wettbewerber, technologische Entwicklungen usw. Neben der reinen Analyse erfordert das Erkennen von Chancen und Risiken ein rechtzeitiges Agieren der betroffenen Unternehmen bzw. der Führungskräfte eines betroffenen Geschäftsfeldes, um Chancen nutzen und den sich abzeichnenden Risiken frühzeitig begegnen zu können.

Branchenübergreifend sind folgende Punkte als zukünftige **Chancen für Dienstleistungsunternehmen** zu werten (Benölken/Greipel 1994, S. 64ff.):

- Veränderungen im Konsumentenverhalten, wie z. B. ein steigendes Servicebewusstsein oder die Inanspruchnahme von Dienstleistungen zur Gewinnung von Freizeit,
- Steigende Bedeutung von Zusatzdienstleistungen (Value Added Services) sowohl für produzierende Unternehmungen als auch für institutionelle Dienstleister,

- Trend zum Konsum qualitativ hochwertiger Dienstleistungen,
- Intensivere Nutzung von Unterhaltungsdienstleistungen angesichts der zunehmenden Freizeit,
- Einsatzmöglichkeiten neuer Servicetechnologien,
- Zunehmende Wachstumsraten im Bereich der investiven Dienstleistungen u. a.

Als **Risiken für Dienstleistungsunternehmen** sind folgende Punkte herauszustellen:

- Zunehmender internationaler Servicewettbewerb,
- Sinkende Loyalität gegenüber Dienstleistungsanbietern bestimmter Branchen,
- Zusammenwachsen von Dienstleistungsmärkten (z. B. Versicherungs- und Bankleistungen),
- Sinkende Inanspruchnahme von Dienstleistungen durch steigendes Do-it-Yourself-Verhalten (z. B. in der Kosmetik- oder Heimwerkerbranche),
- Zunehmende Konkurrenz für institutionelle Dienstleister durch Angebote der Konsum- und Industriegüterbranche (Differenzierung durch Value Added Services, z. B. die Finanzierungsaktivitäten der Automobilhersteller),
- Ausweitung von staatlichen/öffentlichen Diensten u. a.

Bei der Zusammenstellung der Chancen und Risiken wird deutlich, dass einige der zukünftigen Entwicklungen nicht eindeutig der Kategorie Chance oder Risiko zugeordnet werden können. Vielmehr stellen beispielsweise Veränderungen im Konsumentenverhalten eine Chance für bestimmte Dienstleistungsunternehmen dar, für andere Unternehmen sind sie dagegen als Risiko zu klassifizieren. Damit erfolgt eine Konkretisierung von bestimmten Entwicklungen als Chance oder Risiko erst vor dem jeweiligen Hintergrund bzw. angesichts der Ressourcen des betrachteten Unternehmens. Aus diesem Grund sind Chancen-Risiken-Analysen stets um **Stärken-Schwächen-Analysen** (vgl. Abschnitt 3.2) zu ergänzen.

Aus der Vielzahl der externen Einflüsse werden in der Literatur fünf **Bestimmungsfaktoren** genannt, die zur Systematisierung der Chancen-Risiken-Analyse herangezogen werden können. Diesen so genannten **„Triebkräften des Wettbewerbs"** liegt der Gedanke zugrunde, dass die Chancen und Risiken eines Anbieters nicht nur von den Kunden und den direkten Konkurrenten, sondern auch von den Zulieferern sowie von Substitutionsgütern und darüber hinaus von der allgemeinen Umfeldsituation abhängen (vgl. zu den Triebkräften des Wettbewerbs allgemein Porter 2000). Abbildung 4-2-1 zeigt beispielhaft die Triebkräfte des Wettbewerbs im Luftverkehr aus Sicht der Deutschen Lufthansa AG, die die spezifischen Chancen und Risiken des Unternehmens bedingen. Im Jahre 2001 waren es neben den Ereignissen des 11. September insbesondere preisgünstige Nischenanbieter (so genannte Discount Carrier), die die etablierten Luftfahrtunternehmen in eine tiefe Krise gestürzt haben. Mit der Nutzung von Nebenflughäfen sowie einem minimalen Serviceangebot konnten die Preise der „Big Player" drastisch unterboten und damit Marktzuwächse in zweistelliger Höhe verzeichnet werden (vgl. Insert 4-2-1). Als Reaktion darauf steigen seit einiger Zeit auch die etablierten Fluggesellschaften, wie z. B. Lufthansa, in das stark wachsende Billigfluggeschäft ein.

Abbildung 4-2-1 Chancen-Risiken-Analyse am Beispiel des Luftverkehrsmarktes

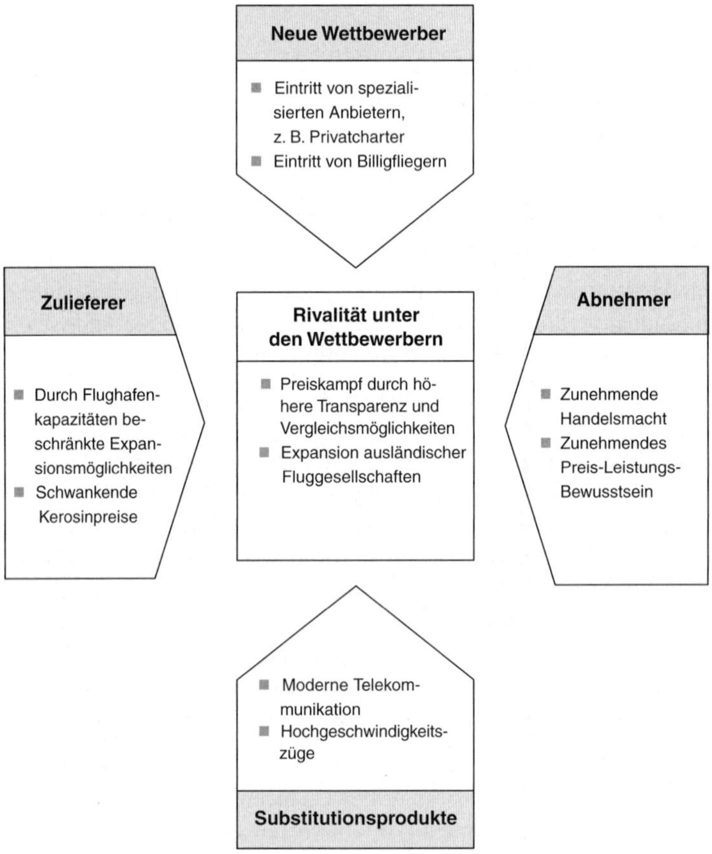

GABLER GRAFIK

Bei den Ausführungen wird deutlich, dass eine Analyse der Chancen und Risiken für Dienstleistungsunternehmen allgemein nur auf einem sehr globalen Niveau durchgeführt werden kann. Differenziertere Erkenntnisse für ein einzelnes Unternehmen bzw. die Ableitung konkreter strategischer Stoßrichtungen lassen sich erst durch die Verbindung der Chancen-Risiken-Analyse mit einer Analyse der Ressourcen des Unternehmens gewinnen.

INSERT 4-2-1 Handelsblatt, 8.12.2004, S. 13

Billigflieger gewinnen schnell Marktanteile im Europaverkehr

Wachstum liegt über früheren Marktprognosen – Germanwings expandiert mit Jets von V-Bird

MATTHIAS EBERLE
HANDELSBLATT, 8.12.2004

DÜSSELDORF. Der boomende Markt der Billigfluglinien übertrifft im Winter 2004 selbst die optimistischen Wachstumsprognosen früherer Jahre. Einer aktuellen Untersuchung der Unternehmensberatung Boston Consulting (BCG) zufolge befördern Low-Cost-Airlines schon heute fast jeden dritten Passagier in Europa. „Damit ist unsere vermeintlich kühne Fünf-Jahres-Prognose schon nach zwei Jahren Wirklichkeit geworden", sagte Luftfahrtexperte und BCG-Berater Martin Köhler dem Handelsblatt. Auf Kurzstrecken würde der Billigflug inzwischen schon zur Regel – auch für Geschäftsreisende: „Tickets zum halben Preis wiegen 60 Minuten Komfortverzicht für viele Passagiere locker auf", erläuterte Köhler.

Wegen des anhaltenden Ansturms auf günstige Flugtickets rechnet die Investmentbank J. P. Morgan damit, dass Billig-Airlines 2005 auch an der Börse wieder reüssieren könnten. Der hohe Ölpreis sowie der harte Preiswettbewerb, der von den Marktführern **Ryanair** und Easyjet ausgeht, hatte im laufenden Jahr zu kräftigen Einbrüchen bei Billigflieger-Aktien geführt. Die Titel dürften im nächsten Jahr aber wieder Wachstumswerte werden, schrieb J. P. Morgan.

Während sich Anbieter wie **Volare** (Italien), **V-Bird** (Deutschland) und **Air Polonia** frisch aus dem Markt verabschiedet haben, geht der Wachstumskurs bei effizienter aufgestellten Billig-Airlines munter weiter. Vor allem im hart umkämpften deutschen Markt kündigen die Wettbewerber eine neuerlichen Expansionsrunde an. Sowohl die britische **Easyjet** als auch die deutschen Vertreter **Air Berlin**, **Germanwings** und **Hapag-Lloyd Express** werden ihr Geschäft im nächsten Sommerflugplan deutlich ausbauen, erfuhr das Handelsblatt aus den jeweiligen Unternehmen.

„Wir werden 2005 in unserer Flotte sieben neue Flugzeuge einsetzen", sagte ein Air-Berlin-Sprecher auf Anfrage. Das Unternehmen will damit seine Billigflug-Operation, den so genannten City-Shuttle, im zweistelligen Prozentbereich ausbauen. Die frühere Charter-Gesellschaft, die inzwischen nur noch zu 40 Prozent vom Veranstaltergeschäft lebt, ist im laufenden Jahr zur zweitgrößten deutschen Fluglinie aufgestiegen. Hauptziel der weiteren Expansion sei die iberische Halbinsel sowie der Schweizer Markt, sagte der Sprecher.

Der Lufthansa-Ableger Germanwings hat seinen Wachstumskurs in einer Aufsichtsratssitzung frisch absegnen lassen: „Wir werden unsere Flotte um drei zusätzliche Flugzeuge aufstocken", sagte ein Sprecher des Unternehmens. Wie es in Unternehmenskreisen hieß, wird Germanwings in Kürze die A320-Flugzeuge der finanziell abgestürzten V-Bird übernehmen.

Bisher greift Germanwings auf frühere Airbus-Jets der Lufthansa zurück, die allerdings für maximal 150 Passagiere konfiguriert sind. Die V-Bird-Flugzeuge sollen für 174 Passagiere ausgerichtet sein. Konkurrent Hapag-Lloyd Express kündigte an, seine Flotte von derzeit elf auf 15 Flugzeuge aufzustocken. Sowohl in Hannover als auch in Hamburg, Köln und Stuttgart seien neue Flüge geplant, sagte ein Sprecher.

Damit wird der deutsche Markt immer stärker zur Kampfarena der Billig-Airlines. Deutsche Anbieter sehen vor allem die mächtige Expansion der britischen Easyjet mit Sorge. Wenige Monate nach ihrem Einstieg in den deutschen Markt bedient Easyjet allein am Standort Berlin-Schönefeld bereits 13 Strecken. Zudem haben sich die Briten mit den Standorten Dortmund und Köln/Bonn im bevölkerungsreichsten Bundesland Nordrhein-Westfalen positioniert. Easyjet teilte gestern ein Passagierwachstum von 25 Prozent für den Monat November mit. Damit expandiert die Nummer zwei in Europa derzeit schneller als Marktführer Ryanair, dessen Wachstum zuletzt auf knapp zehn Prozent gedrosselt wurde.

Fotos: ddp, Flughafen Köln/Bonn, Koob

Ticket-Schalter von Germanwings in Köln/Bonn: Die deutsche Billigfluggesellschaft expandiert im Gleichschritt mit der Konkurrenz.

Zersplitterter Markt mit zwei Anführern

- **Die Anführer:** Der Markt der Billigfluglinien wird von Ryanair und Easyjet angeführt, die rasant expandieren und sich ein Kopf-an-Kopf-Rennen um den Platz als Europas Nummer eins liefern. Beide Firmen kommen aktuell auf jeweils knapp 20 Prozent Marktanteil im Low-Cost-Segment.
- **Die Gejagten:** Um Effizienzvorteile zu erzielen, expandieren derzeit fast alle Billigflieger und schaffen so neue Überkapazitäten. Branchenexperten rechnen mit einer baldigen Bereinigung des Marktes. Gestern stellte bereits die Billigfluglinie „Air Polonia" ihren Betrieb an.

2.2 Stärken-Schwächen-Analyse (Ressourcenanalyse)

Während die Umweltanalyse durch Ermittlung der Chancen und Risiken des Dienstleistungsunternehmens den Möglichkeitsraum der Strategieplanung absteckt, versucht die **Stärken-Schwächen-Analyse (Ressourcenanalyse)** festzustellen, welche konkreten Aktivitäten unter Berücksichtigung der gegenwärtigen und zukünftigen Ressourcensituation vom Unternehmen zu ergreifen sind (Meffert 2000, S. 66ff.; Hinterhuber 2004, S. 124f.).

Die **Stärken** sind dabei gleichzusetzen mit der Fähigkeit eines Unternehmens, die Marktchancen besonders gut zu nutzen bzw. den Marktrisiken zu begegnen. Bei den **Schwächen** eines Dienstleistungsunternehmens ergibt sich die Situation vice versa. Bezugsobjekte der Analyse können dabei das Gesamtunternehmen, die einzelnen strategischen Geschäftsfelder oder auch die spezifischen Dienstleistungsprozesse sein.

Abbildung 4-2-2 **Stärken-Schwächen-Profil am Beispiel von Schweizer Banken**

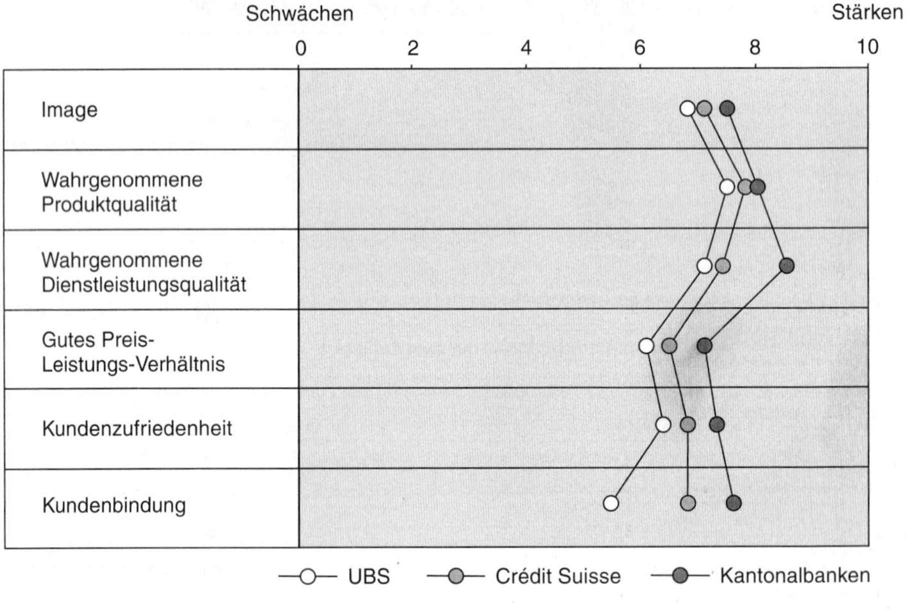

GABLER GRAFIK

Quelle: SWICS 1998

In Dienstleistungsunternehmen trägt insbesondere die **Ressource Mitarbeiter** zur Realisierung von Stärken am Markt bei (Lienemann/Reis 1996, S. 257f.). Im Rahmen der Analyse werden jedoch nicht nur die konkret im Dienstleistungserstellungsprozess eingesetzten Ressourcen, wie z. B. Know-how, Personal und Ausrüstungen betrachtet, sondern auch die finanziellen, organisatorischen und technologischen Ressourcen des Unternehmens einer kritischen Bewertung unterzogen.

Die Bewertung der einzelnen Leistungspotenziale kann durch ein **Stärken-Schwächen-Profil** dargestellt und den Schlüsselanforderungen des Marktes gegenübergestellt werden (Meffert 2000, S. 66; Becker 2001). Dadurch gelingt es, Hauptstärken und Synergien zu identifizieren, auf denen eine erfolgreiche Strategie basieren kann (vgl. Abbildung 4-2-2).

Ein derartiges Stärken-Schwächen-Profil kann konkrete Hinweise zur Ableitung strategischer Stoßrichtungen bzw. zum Aufbau von Wettbewerbsvorteilen geben. Zur Konkretisierung des Entscheidungsfeldes wird die Chancen-Risiken- sowie Stärken-Schwächen-Analyse parallel durchgeführt und die strategischen „Key Issues" in einer **SWOT-Matrix** (**S**trengths, **W**eaknesses, **O**pportunities, **T**hreats) abgebildet. In Abbildung 4-2-3 ist ein Beispiel für eine **vereinfachte SWOT-Analyse** am Beispiel einer Fluggesellschaft dargestellt (zu einem weiteren Beispiel vgl. Meyer/Dullinger 1998, S. 770f.).

Abbildung 4-2-3 **Vereinfachte SWOT-Analyse am Beispiel einer Fluggesellschaft**

Chancen	Risiken
▪ Liberalisierung von Marktzutrittsbeschränkungen ▪ Zunehmende Freizeitorientierung der Bevölkerung ▪ Fortschreitende wirtschaftliche Integration	▪ Eintritt neuer preisaggressiver Wettbewerber in den Heimatmarkt ▪ Zunehmende Bedeutung der Kommunikationstechnologien ▪ Kerosinsteuer und steigende Treibstoffpreise
Stärken	**Schwächen**
▪ Hoher nationaler und internationaler Bekanntheitsgrad ▪ Marktführer im Heimatmarkt ▪ Image geprägt durch Sicherheit/ Zuverlässigkeit ▪ Dichtes Streckennetz	▪ Relativ ungünstige Kostenposition im Vergleich zu den Hauptwettbewerbern ▪ Motivationsprobleme bei Flugbegleitern ▪ Geringe Auslastung auf Kurzstrecken ▪ Geringerer Marktanteil in stark wachsenden Marktsegmenten

GABLER GRAFIK

2.3 Positionierungsanalyse

Eine weitere Methode zur Analyse der Situation des Dienstleistungsanbieters stellt die Positionierungsanalyse dar. Die bereits in den 1970er Jahren entwickelte und im Konsumgütermarketing von zahlreichen Unternehmen angewandte Methode versucht, die subjektive Wahrnehmung des Kunden zum Dienstleistungsunternehmen oder anderer Wahrnehmungselemente abzubilden (Trommsdorff 1995).

Im Rahmen der **strategischen Positionierung** erhalten Dienstleistungsmarken, -prozesse, strategische Geschäftseinheiten oder ganze Dienstleistungsunternehmen aufgrund der wahrgenommenen Ausprägungen von Eigenschaften (z. B. durch Kundenbefragungen) eine bestimmte Position in einem mehrdimensionalen Merkmalsraum. Ziel ist es, die Unternehmensleistung so zu gestalten, dass die von den Kunden wahrgenommenen Eigenschaften mit den von ihnen gewünschten SOLL-Eigenschaften in Übereinstimmung gebracht werden.

Die hier relevanten Positionierungsmodelle unterscheiden sich von den klassischen Positionierungsanalysen des Konsumgütermarketing insbesondere durch den **Prozesscharakter** der Dienstleistung sowie die **Integration der Kunden** in den Leistungserstellungsprozess. Daraus folgt, dass die Erfassung der für die Positionierung notwendigen kaufrelevanten Eigenschaften weitaus komplexer und dynamischer ist (Woratschek 1998, S. 704; Lovelock/Wirtz 2004, S. 63). Zudem erschwert das Merkmal der **Immaterialität** einen Vergleich von Dienstleistungsattributen mit denjenigen der Konkurrenz, da Kunden keine direkte Überprüfung der Leistungsmerkmale – wie im Fall von physischen Produkten – vornehmen können (Payne 1993, S. 102). Diese Restriktionen gilt es zu beachten, wenn Positionierungsmodelle zur Ableitung strategischer Stoßrichtungen von Dienstleistern herangezogen werden. Allerdings können Positionierungsmodelle dazu dienen, das Markenwahlverhalten bestimmter Zielgruppen zu erklären und Hilfestellung bei Entscheidungen der Marktsegmentierung des Unternehmens zu geben.

Mit der Positionierungsanalyse sind verschiedene **Ziele** verbunden (Brockhoff 1999; Lovelock/Wirtz 2004). Diese beinhalten zunächst, dass Informationen über die **Unternehmensposition** im Vergleich zu Hauptwettbewerbern hinsichtlich der aus Käufersicht relevanten Beurteilungskriterien (deskriptive Positionierung; Bildung von Realpunkten) gewonnen werden. Daraus lassen sich in einem weiteren Schritt Ansatzpunkte zur Differenzierung bzw. **Umpositionierung** von bestehenden Dienstleistungen ableiten oder **Positionierungslücken** identifizieren (normative Positionierung; Erhebung von Idealpositionen und Vergleich mit Realpositionen; vgl. z. B. Lovelock/Wirtz 2004, S. 70ff.).

Die strategische Positionierung erfolgt im Rahmen eines **mehrstufigen Prozesses,** wobei unterstellt wird, dass der relevante Markt des Unternehmens bereits festgelegt und spezifiziert worden ist (Payne 1993, S. 108ff.; Woratschek 1998, S. 706f.; Lovelock/

Wirtz 2004, S. 57ff.). Im Folgenden werden fünf **Phasen der Positionierungsanalyse** unterschieden:

1. Bestimmung des zu positionierenden **Objektes.** Die Analyse kann sich auf einzelne Dienstleistungen bzw. Prozesse, strategische Geschäftseinheiten oder auf Dienstleistungsunternehmen beziehen.
2. Festlegung der **relevanten Leistungsmerkmale,** die eine unmittelbare Kaufverhaltensrelevanz aufweisen. Als Informationsquellen werden hierzu Kundenstatements herangezogen, die sowohl mit Hilfe der multidimensionalen Skalierung (MDS) als auch mittels faktoranalytischer Verfahren analysiert werden, um schließlich die Position des Objektes im Merkmalsraum zu finden.
3. Erstellung der **IST-Positionierung** durch Platzierung des eigenen sowie konkurrenzbezogenen Analyseobjektes in den Merkmalsraum.
4. Vergleich der IST-Position mit der **SOLL-Position** aus Kundensicht.
5. Ableitung von **strategischen Stoßrichtungen,** wie z. B. die Besetzung einer lukrativen Marktnische oder die Repositionierung einer Dienstleistung.

Abbildung 4-2-4 **Positionierungsmodell ausgewählter Reiseveranstalter**

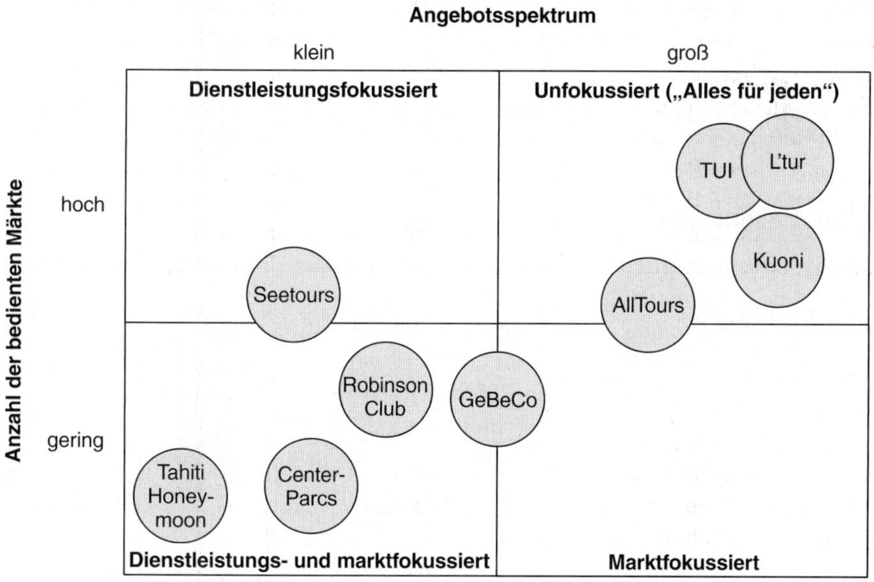

Quelle: in Anlehnung an Lovelock/Wirtz 2004, S. 58

GABLER GRAFIK

Ein **Beispiel für ein Positionierungsmodell von Reiseveranstaltern** ist in Abbildung 4-2-4 dargestellt. Diese werden in Abhängigkeit der Breite ihres Leistungsspektrums und der Fokussierung auf einzelne Märkte positioniert. Studien gelangen zu der Auffassung, dass in Zukunft neben den auf allen wichtigen Touristikmärkten präsenten internationalen Unternehmen zukünftig nur noch zwei Geschäftstypen Wachstum verzeichnen bzw. erfolgreich sein werden. Zum einen sind dies solche Reiseveranstalter, die sich sowohl hinsichtlich der Dienstleistung als auch des Marktes spezialisieren, und zum anderen virtuelle Reiseveranstalter, die individuell kombinierbare Module für alle potenziellen Kundenwünsche anbieten (Mercer 2003). Diesem Wandel liegt eine grundlegende Veränderung im Konsumentenverhalten hin zu mehr Individualismus zu Grunde. Daher lassen sich die erwähnten Geschäftstypen, die einer größtmöglichen Individualisierung der Leistung entgegenkommen, auch auf andere Dienstleistungsbranchen, wie z. B. Finanzdienstleister, den Einzelhandel oder Softwareanbieter ausdehnen (z. B. Hagen 2003, S. 33). In Abbildung 4-2-4 ist daher nachvollziehbar, dass sich die Anbieter weitgehend im rechten oberen Bereich und im linken unteren Bereich positioniert haben.

2.4 Lebenszyklusanalyse

Dienstleistungen bzw. Dienstleistungsunternehmen unterliegen während ihrer Marktpräsenz in der Regel ebenso wie Sachgüter einem Lebenszyklus. Die **Lebenszyklusanalyse** versucht, Gesetzmäßigkeiten im Verlauf des Untersuchungsgegenstandes zu identifizieren, um daraus Schlussfolgerungen für die Marktbearbeitung ziehen zu können. In idealtypischer Weise lassen sich dabei mit Einführungs-, Wachstums-, Reife-, Sättigungs- und Verfallsphase fünf Stadien unterscheiden, wobei zwischen Produkt- und Marktlebenszyklusanalyse differenziert werden kann.

Marktlebenszyklus

Auf relativ hoch aggregierter Ebene kann die Lebenszyklusanalyse trotz erheblicher Vorbehalte (z. B. Allgemeingültigkeit, fehlende Phasenabgrenzung usw.) zur Typologisierung strategisch relevanter Situationen eines Dienstleistungsunternehmens herangezogen werden (Schürmann 1993; Meffert 2000). Es wird davon ausgegangen, dass das Lebenszykluskonzept im Dienstleistungsbereich noch größere **Bedeutung** als im Konsumgüterbereich aufweist. Der Grund hierfür wird in dem langsameren Ablauf des Entwicklungsprozesses bei Dienstleistungen, beispielsweise von einer Wachstums- in eine Stagnationsphase, gesehen. Diese These stützt sich auf die Verwandtschaft von Lebenszykluskonzept und **Diffusionsforschung** (Gierl 1987, S. 54).

Gleichzeitig ist aber die Bedeutung des Lebenszykluskonzeptes insofern einzuschränken, als Dienstleistungen aufgrund ihrer in der Regel beschränkten Standardisierbarkeit einem evolutorischen Anpassungsprozess unterliegen. Hier liegt die besondere Schwierigkeit in der Bestimmung des Zeitpunktes, zu dem eine Dienstleistung soweit variiert, dass ein neuer Lebenszyklus eben dieser veränderten Dienstleistung entsteht. Aus dem explikativen Lebenszyklusmodell können dennoch einige **normative Aussagen** für das Dienstleistungsmarketing abgeleitet werden. Abbildung 4-2-5 zeigt exemplarisch den Stand verschiedener Touristikleistungen in ihrem jeweiligen Marktlebenszyklus.

Abbildung 4-2-5 **Beispiele für eine Lebenszyklusanalyse von Touristikleistungen**

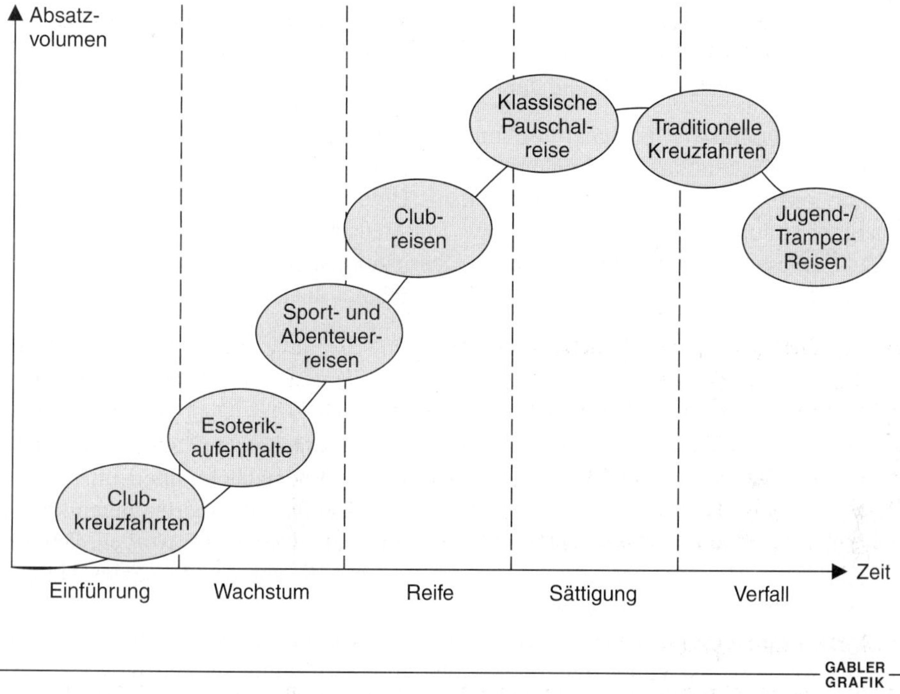

So ist in der **Einführungsphase** einer Dienstleistung eine schnelle Penetration und Diffusion der Leistung anzustreben. Bezüglich des Marktlebenszyklus stellt sich insbesondere die Frage, wann ein Markteintritt optimalerweise erfolgt (Pionier oder Folger), mit welcher Stärke der Markteintritt vorgenommen und welches Kundensegment konkret bearbeitet wird. In der Anfangsphase des Marktlebenszyklus erscheint es beispielsweise sinnvoll, die Kommunikationsmaßnahmen auf Kundengruppen mit größerer Aufgeschlossenheit gegenüber neuen Produkten zu richten, Anreize zu schaffen und wahrgenommene Risiken abzubauen.

In der **Wachstumsphase** – in der sich beispielsweise die Informatikdienstleistungsbranche befindet – gilt es, die erreichte Marktposition zu konsolidieren und weiterhin interpersonelle Kommunikationsprozesse zur Intensivierung des Diffusionsprozesses anzuregen. Darüber hinaus ist die Nachfrage durch die Ansprache neuer Dienstleistungssegmente oder eine geographische Ausweitung weiter zu steigern. Gleichzeitig sind Markteintrittsbarrieren zur Verteidigung der Marktposition aufzubauen, da in wachsenden Märkten mit dem Eintritt weiterer Wettbewerber gerechnet werden kann. Intern wird der Fokus auf eine höchstmögliche betriebliche Effizienz verlagert.

In **reifen und gesättigten Märkten,** wie z. B. dem Banken- und Versicherungsbereich, sind Strategien auszuwählen, die für die Verteidigung und den Ausbau des Marktanteils zweckmäßig sind. Die Bemühungen der Versicherungsunternehmen, ihr Leistungsangebot weiter zu differenzieren und durch Diversifikation im Bereich der Finanzdienstleistungen neue Absatzchancen zu nutzen, zeigen exemplarisch Behauptungsstrategien für Unternehmen in gesättigten Märkten auf. Schwerpunktaktivitäten liegen hier in einer optimierten Marktsegmentierung und dem Angebot von Zusatzleistungen.

In der **Verfallsphase** (z. B. Scherenschleifer, Kaminfeger usw.) steht ein Unternehmen vor der strategischen Entscheidung, in welcher Form den auftretenden Wettbewerbskonfrontationen erfolgreich begegnet werden kann. Unter Umständen ist in diesem Stadium eine Entscheidung über den Rückzug bzw. Marktaustritt zu fällen. Viele Dienstleister werden in dieser Phase allerdings verstärkt Überlegungen hinsichtlich einer Diversifikation oder Internationalisierung des Leistungsangebotes anstellen.

Dienstleistungslebenszyklus

Der Marktlebenszyklus bezieht sich auf die Gesamtheit angebotener Dienstleistungen in einem Markt (z. B. Solar-, Wind- Atom- und fossile Energielieferanten im Energiemarkt). Die beim Marktlebenszyklus angestellten strategischen Überlegungen können beim einzelnen **Dienstleistungslebenszyklus** weiter ausdifferenziert werden. Der Verlauf eines Dienstleistungslebenszyklus hängt jedoch stark von der Phase des Marktlebenszyklus ab. So ist die Einführungsphase des Dienstleistungslebenszyklus zu Beginn des Marktlebenszyklusses verlängert, während zum Ende des Marktlebenszyklus im Dienstleistungszyklus tendenziell ein schnellerer, aber weniger stark ausgeprägter Anstieg und eine kürzere Reife- und Verfallsphase erwartet werden kann.

In der **Einführungsphase** einer Dienstleistung ist z. B. generell ein höherer Kommunikationsaufwand erforderlich. Beim Markteintritt zu Beginn eines Marktlebenszyklusses gewinnt diese Phase zusätzlich an Bedeutung, da für eine neue Art von Dienstleistungen zunächst Awareness und Vertrauen zu schaffen ist. Ein Beispiel hierzu stellen Leistungen im Internet dar, die Mitte der 1990er Jahre ein völlig neues Spektrum möglicher Dienstleistungen eröffneten.

> Die so genannten „First Mover" unter den virtuelle Banken standen zu Beginn ihrer Geschäftstätigkeit vor der Herausforderung, Vertrauen in die Qualität ihrer ohnehin immateriellen und risikobehafteten Leistungen ohne die Möglichkeit einer Face-to-Face-Interaktion zu erzeugen. Ähnliches gilt für die Anbieter anderer Leistungen wie auch Online-Händlern.

In der **Wachstumsphase** erhöht sich durch die Wirkungen des Marketing der Bekanntheitsgrad und es werden hohe Zuwachsraten erzielt, die durch den Einsatz zusätzlicher Absatzmittler verstärkt werden können.

Im Internet zeigt sich dies beispielsweise beim Online-Partnervermittlungsunternehmen Parship, das zahlreiche Partner im Medienbereich, wie z. B. „Spiegel“, „DIE ZEIT“ und Anderen, zusätzliche Multiplikatoren gewonnen hat. Auch das Internet-Auktionshaus Ebay ist mit vielen anderen Anbietern Kooperationen eingegangen, die nun in ihren Internetseiten auf Angebote von Ebay verweisen.

Die **Reifephase** ist durch eine absolute Marktausdehnung, allerdings mit sinkenden Wachstumsraten, gekennzeichnet. Da auch die Wirkung der Marketinginstrumente abnimmt, dienen Leistungsverbesserungen oder -differenzierungen zur möglichst langen Aufrechterhaltung des Wachstums.

Der Schweizer Mobilfunkanbieter Orange bietet ihren Kunden mit dem Programm „Optima“ an, die monatliche Rechnung jeweils auf den für sie günstigsten Tarifmodell (d. h. der optimalen Kombination aus Grundgebühr und Gesprächskosten) anzupassen. Auch einige Stromanbieter bieten solch eine Option, die dem Kunden die Überlegungen – und die mögliche Fehlentscheidung – über den geeigneten Tarif abnimmt.

In der **Sättigungsphase** des Dienstleistungslebenszyklus reduziert sich der Umsatz und die relative Bedeutung von Alternativangeboten steigt. Falls der Marktlebenszyklus zu diesem Zeitpunkt noch im Wachstum begriffen ist, kann eine Preisreduktion erforderlich sein, um im Wettbewerb konkurrenzfähig zu sein und den Kundenanforderungen gerecht zu werden.

Die traditionellen, d. h. nicht internet-basierten, Finanzdienstleistungsunternehmen haben seit dem Erscheinen der virtuellen Banken mit einem starken Preisdruck zu kämpfen. Da z. B. das Kredit- und Anlagevolumen im allgemeinen als gesättigt angesehen werden kann, sind sie gezwungen, entweder ihre Kosten zu senken, auf andere Märkte auszuweichen oder Zusatzleistungen zu entwickeln, die eine virtuelle Bank nicht anbieten kann.

In der **Verfallsphase** nimmt der Umsatz stark ab. Abhängig vom Marktlebenszyklus können die Einführung einer neuen Leistung als Substitut oder zum Ende des Marktlebenszyklus der Marktaustritt mögliche Konsequenzen sein, um Kosten für die Aufrechterhaltung der Leistungsfähigkeit zu reduzieren.

Ein Beispiel für Substitute stellt die „Renaissance“ der Kreuzfahrten dar. Hier haben Unternehmen ihr Geschäftsmodell mit neuen, auf spezielle Kundensegmente angepassten Konzepten, vor allem mit der Erschließung jüngerer Zielgruppen einem Relaunch unterzogen (siehe Abbildung 4-2-5).

Es ist im Dienstleistungsbereich in gleichem Maße wie bei Sachgütern nicht immer eindeutig abzugrenzen, wann ein Marktlebenszyklus beendet wird, da meistens Substitute mit ähnlichen Nutzenwirkungen für den Kunden entwickelt werden. Dennoch zeigen sich bei der Beobachtung des Marktlebenszyklus als Aggregation aller Dienstleistungslebenszyklen Tendenzen, die allein bei Berücksichtigung von einzelnen Dienstleistungslebenszyklen nicht erkannt werden können. Langfristige strategische Planungen des Angebotsspektrums sind daher vor allem am Marktlebenszyklus auszurichten.

Sofern sich Umweltentwicklungen kontinuierlich vollziehen, kann das Lebenszykluskonzept Hilfestellungen für die Strategieformulierung liefern und Umsatz- sowie Absatzprognosen erleichtern. Die Lebenszyklusanalyse verliert jedoch ihre Aussagekraft, wenn sich ein Dienstleistungsunternehmen unsystematischen und diskontinuierlichen Veränderungen, wie z. B. radikalen Änderungen der gesetzlichen Rahmenbedingungen, gegenübersieht.

Eine weitere Lebenszyklusanalyse ist der **Kundenbedarfslebenszyklus,** der die **Lebensphasen eines Individuums** als Ausgangspunkt der Betrachtung wählt. Bezogen auf den jeweils betrachteten Markt haben Kunden in verschiedenen Lebensphasen unterschiedliche Bedürfnisse.

Abbildung 4-2-6 zeigt beispielhaft den **Bedarfslebenszyklus** eines Kunden, bezogen auf den Finanzdienstleistungsbereich. Während in jungen Jahren zunächst verschiedene Sparformen den Großteil der vermittelbaren Finanzdienstleistungen ausmachen, kann das Angebot in den darauf folgenden Lebensphasen um Versicherungen und liquiditätsunterstützende Services angereichert werden. Mit zunehmender Zukunftsorientierung geraten Finanzdienstleistungen in den Vordergrund, die auf die Absicherung der eigenen Person oder der Familie ausgerichtet sind. Mit derartigen Informationen lassen sich maßgeschneiderte Leistungsbündel für die potenziellen Kunden von Finanzdienstleistern zusammenstellen.

Der Kundenbedarfslebenszyklus hat zwei zentrale Funktionen innerhalb des Dienstleistungsmarketing (Bruhn 2001e). Zunächst kommt ihm eine **gegenwartsorientierte Steuerungsfunktion** zu, in deren Rahmen die aktuelle Ausnutzung der Kundenpotenziale zu überprüfen ist. In diesem Zusammenhang gilt es beispielsweise, Cross-Selling-Potenziale eines Kunden zu realisieren oder eine Produktdifferenzierung nach dem spezifischen Bedarf des Kunden vorzunehmen. Daneben kommt dem Kundenbedarfslebenszyklus eine **zukunftsorientierte Steuerungsfunktion** zu. Aus den Bedürfnissen des Kunden in den verschiedenen Lebensphasen lässt sich das mittel- bis langfristige Erfolgspotenzial eines Kunden für das Unternehmen ablesen (vgl. z. B. Javalgi/Dion 1999). Befindet sich der Kunde in einer Phase, in der er zukünftig starke Bedürfnisse in dem jeweiligen Markt hat (z. B. ein Studierender, der beabsichtigt, eine Managementkarriere einzuschlagen und eine Familie zu gründen), ist er für das jeweilige Unternehmen mittel- bis langfristig attraktiver als in anderen Phasen (z. B. ein 80-jähriger ehemaliger Arbeitsloser ohne Vermögen). Auf dieser Basis lassen sich eine frühzeitige Kundengewinnung („Lock-in"-Effekt) sowie eine Produktdifferenzierung nach dem spezifischen Kundenbedarf verwirklichen.

Abbildung 4-2-6 **Exemplarischer Kundenbedarfslebenszyklus im Versicherungsbereich**

Geburt	Ausbildung	Berufsbeginn	Heirat/Familie	Berufl. Aufstieg	Konsolidierung	Rentenalter
				Wohngebäudeversicherung	Wohngebäudeversicherung	Wohngebäudeversicherung
			Rechtsschutzversicherung	Rechtsschutzversicherung	Rechtsschutzversicherung	Rechtsschutzversicherung
			KfZ-Versicherung	KfZ-Versicherung	KfZ-Versicherung	KfZ-Versicherung
		KfZ-Versicherung	Haftpflichtversicherung	Haftpflichtversicherung	Haftpflichtversicherung	Haftpflichtversicherung
		Haftpflichtversicherung	Hausratversicherung	Hausratversicherung	Hausratversicherung	Hausratversicherung
		Hausratversicherung	Unfallversicherung	Unfallversicherung	Unfallversicherung	Unfallversicherung
		Unfallversicherung	Krankenversicherung	Krankenversicherung	Krankenversicherung	Krankenversicherung
Unfallversicherung	Mopedversicherung	Berufsunfähigkeitsversicherung	Berufsunfähigkeitsversicherung	Berufsunfähigkeitsversicherung	Berufsunfähigkeitsversicherung	Privatrentenversicherung
Ausbildungsversicherung	Unfallversicherung	Lebensversicherung	Lebensversicherung	Lebensversicherung	Lebensversicherung	Pflegerentenversicherung
0–15	15–18	18–25	25–30	30–40	40–65	ab 65
Finanzielle Sicherheit, von Anfang an wachsender „Aktionsradius", Sport	Absicherung der zunehmenden Selbstständigkeit, Moped	Volljährigkeit und erste eigene Wohnung, Beginn der Eigenvorsorge und Berufsunfähigkeitsschutz, Auto, Wohnungseinrichtung, Urlaub/Reisen	Steigender Vorsorgebedarf, auch Partner/Kinder, Investitionen in Hausrat, Kreditaufnahme	Wachsende Vorsorgelücken durch Eigenversorgung schließen, Absicherung des eigenen Lebensstandards und der erworbenen Vermögenswerte, Hausbau, Immobilienerwerb, Kreditsicherung, Renovierung, Modernisierung		Erhaltung des Lebensstandards

GABLER GRAFIK

Quelle: Buxel/Buckler 2004, S. 66

An den genannten Beispielen zeigt sich, dass die Lebenszyklusphase für eine Prognose zukünftiger Erträge des Kunden nicht ausreichend ist. Vielmehr ist es notwendig, hierbei die Phase kombiniert mit anderen Kundenmerkmalen, z. B. sozioökonomischen oder demographischen Merkmalen, zu betrachten. Dennoch gibt der Kundenbedarfslebenszyklus idealtypisch die Erfolgspotenziale eines bestimmten Kunden an.

Der **Kundenbeziehungslebenszyklus** als weiteres zentrales Lebenszykluskonzept beschreibt die Intensität der Kundenbeziehung in Abhängigkeit von der Dauer der Beziehung zum Unternehmen (vgl. Kapitel 2, Abschnitt 2). Innerhalb der einzelnen Phasen empfinden die potenziellen und aktuellen Kunden eine unterschiedliche Stärke der Kundenbeziehung und haben entsprechend unterschiedliche Erwartungen bezüglich der Kommunikation und der Ausgestaltung der anderen Marketinginstrumente. Beispielsweise hat ein neuer Kunde intensivere Beratungs- und Informationsbedürfnisse als ein langjährig gebundener Kunde. Dementsprechend sind modifizierte Marketingzielsetzungen für die einzelnen Phasen des Beziehungslebenszyklus zu definieren.

2.5 Portfolioanalyse

Seit den 1970er Jahren zählen die Portfolioanalysen zu den weitverbreiteten Analyse- und Planungskonzepten im Marketing. Grundlage der Portfolioanalyse bilden die zuvor dargestellten Aussagen im Lebenszykluskonzept sowie die Kernaussagen zur Realisierung von Erfahrungskurveneffekten (zu Grundlagen der Portfolioanalyse vgl. Dunst 1983; Welge/Al-Laham 2003, S. 330ff.).

Ausgangspunkt der **Portfolioanalyse** im Dienstleistungsmarketing ist die Positionierung von dienstleistungsbezogenen Analyseobjekten (z. B. Dienstleistungsunternehmen, Dienstleistungsmarke, Kunden usw.) nach internen und externen Erfolgsfaktoren in einer zweidimensionalen Matrix. Ziel ist die Ableitung von Normstrategien für eine strategische Neuausrichtung der Marketingprogramme.

Die beiden bekanntesten Portfolioansätze sind das **Marktanteils-Marktwachstums-Portfolio** (BCG-Portfolio) sowie das **Wettbewerbsvorteils-Marktattraktivitäts-Portfolio** (McKinsey-Portfolio). Beide Ansätze basieren auf den identischen Grundüberlegungen, die Vorgehensweisen zur Erstellung des jeweiligen Portfolios weichen jedoch voneinander ab.

Entgegen der Vorgehensweise des BCG-Portfolios werden z. B. bei der Erstellung eines McKinsey-Portfolios die Portfoliodimensionen durch Einflussfaktorenbündel beschrieben, die anschließend zu den Faktoren **Marktattraktivität** und **relativer Wettbewerbs-**

vorteil aggregiert werden. Diese multifaktorielle Vorgehensweise hat sich im Dienstleistungssektor sehr gut bewährt. Beim BCG-Portfolio werden ausschließlich die Dimensionen **Marktwachstum** und **relativer Marktanteil** unterschieden. Trotz der bestehenden Unterschiede ist beiden Ansätzen gemein, dass eine Achse (Abszisse) eine interne, beeinflussbare Variable und die andere Achse (Ordinate) eine externe, nicht beeinflussbare Variable repräsentiert.

Im Folgenden werden die **Spezifika der Portfolioanalyse im Dienstleistungsbereich** näher betrachtet. Unter Berücksichtigung der Besonderheiten von Dienstleistungen stellt sich zunächst die Frage, inwieweit Lern- und Größendegressionseffekte in Dienstleistungsunternehmen vorliegen und ob sich die von Henderson (1974) beschriebenen Erfahrungskurven realisieren lassen.

Die Integration des externen Faktors in den Dienstleistungserstellungsprozess und die damit verbundene Individualität einer Dienstleistung sowie deren Nichtlagerfähigkeit beschränken die Ausnutzung von **Erfahrungskurveneffekten,** insbesondere bei persönlichen Dienstleistungen (z. B. Dozent, Arzt, Rechtsanwalt). Hier lässt sich unter Umständen eine Degression der Personalkosten durch Lerneffekte erzielen (z. B. Bildungseinrichtungen mit konstanten Lehrinhalten; vgl. Schumann 2001, S. 14). Demgegenüber kann bei der Dienstleistungserstellung besonders von persönlichen Dienstleistungen keine hohe Zeitersparnis erreicht werden, da der Zeitaufwand bei Dienstleistungen durch die Integration des externen Faktors in hohem Maße vom Kunden abhängt oder, wie z. B. bei Bildungsangeboten oder medizinischen Leistungen, sogar vertraglich fixiert ist. Mit zunehmendem **Automatisierungs- und Standardisierungsgrad** von Dienstleistungen (z. B. Bankautomaten, Einsatz neuer Medien zur Informationsübermittlung) ist hingegen zu erwarten, dass Erfahrungskurveneffekte durch Größendegression, technischen Fortschritt und Rationalisierungen realisiert werden können.

Ein **Beispiel** für die Standardisierung von Dienstleistungen sind Bankautomaten, die in Zukunft Kredite und Tagesgelder vergeben können, sowie Serviceleistungen im Internet (o. V. 2003, S. 16). In diesen Fällen werden variable Personalkosten für jede erstellte Dienstleistung überwiegend zu Fixkosten für die dem Kunden zur Verfügung gestellte Infrastruktur, deren anteilige Kosten wie bei Produktionsanlagen von Sachgütern mit jeder erstellten Leistungseinheit abnehmen.

In Abbildung 4-2-7 sind beispielhaft Analyseergebnisse wiedergegeben, bei denen für Teilzahlungsbanken und Lebensversicherungen Erfahrungskurven nachgewiesen werden können (Grum et al. 2003). Ausgehend von der Heterogenität des Dienstleistungsbereiches empfiehlt es sich, die Relevanz der dem jeweiligen Portfoliokonzept zugrunde liegenden Prämissen zu überprüfen.

Abbildung 4-2-7 **Beispiele von Erfahrungskurven im Dienstleistungsbereich bei Banken**

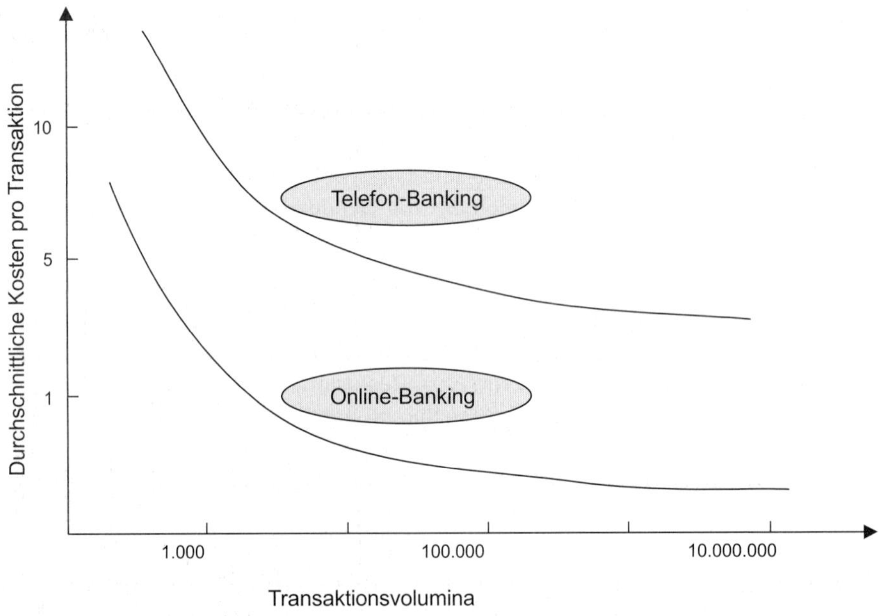

GABLER GRAFIK

Quelle: in Anlehnung an Grum et al. 2003, S. 25

Bei der Durchführung einer Portfolioanalyse ist zu prüfen, ob in den einzelnen **Teilschritten der Portfolioanalyse** dienstleistungsbezogene Besonderheiten auftreten bzw. starke Abweichungen zum klassischen Ansatz zu beobachten sind. In diesem Zusammenhang können folgende Teilschritte unterschieden werden:

Schritt 1: Festlegung der **Analyseobjekte.** Neben der Betrachtung des Dienstleistungsunternehmens oder einzelner Dienstleistungsmarken kann das Objekt einer Portfolioanalyse auch der Dienstleistungsnachfrager sein. Die Erstellung von **Kundenportfolios** hat in den letzten Jahren einen starken Bedeutungszuwachs erfahren (vgl. Abbildung 4-2-8). Sie dienen z. B. der Fundierung von Entscheidungen im Kundenbindungsmanagement (Homburg/Bruhn 2003).

Schritt 2: Generierung der **relevanten Informationen,** damit die zu analysierenden Objekte im Portfolio positioniert werden können. Je nach Art des zu erstellenden Portfolios sind Informationen über die Kundenattraktivität, die Lieferantensituation, das Marktwachstum, den relativen Marktanteil, die Marktattraktivität oder die Wettbewerbsvorteile zu generieren.

Abbildung 4-2-8 Beispiel für ein Kundenportfolio

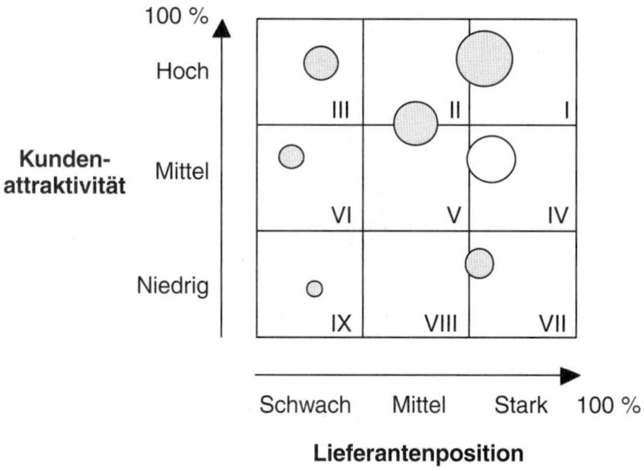

Schritt 3: Positionierung der Objekte in die Portfoliomatrix. Entsprechend der Wahl des zu erstellenden Portfolios werden die Analyseobjekte gemäß ihrer derzeitigen Situation in den Merkmalsraum positioniert.

Ein **Beispiel** aus der Hotelbranche verdeutlicht das **Portfoliokonzept.** Der Schindlerhof – ein mit vielen Qualitätspreisen ausgezeichnetes Tagungshotel im fränkischen Boxdorf bei Nürnberg – vergleicht einmal im Jahr seine Leistungsfähigkeit mit ausgewählten Wettbewerbern, um so Informationen über seine relative Wettbewerbsposition zu erhalten. Die Ergebnisse dieser Analyse werden in einem Wettbewerbsvorteils-Marktattraktivitäts-Portfolio visualisiert. Abbildung 4-2-9 stellt die Ergebnisse der Wettbewerbsanalyse für das Jahr 2000 dar. Als Größen für die Beurteilung der externen, nicht direkt beeinflussbaren Dimension Marktattraktivität wurden unter anderem Marktvolumen, Marktrisiken und Wettbewerbsintensität herangezogen. Die Beurteilung der internen, beeinflussbaren Dimension der relativen Wettbewerbsvorteile erfolgte über Marktanteil, Qualität der angebotenen Produkte und Dienstleistungen, Image, Infrastruktur, Rentabilität und Effektivität des Marketing.

Abbildung 4-2-9 **Wettbewerbsvorteils-Marktattraktivitäts-Portfolio des Schindlerhofes**

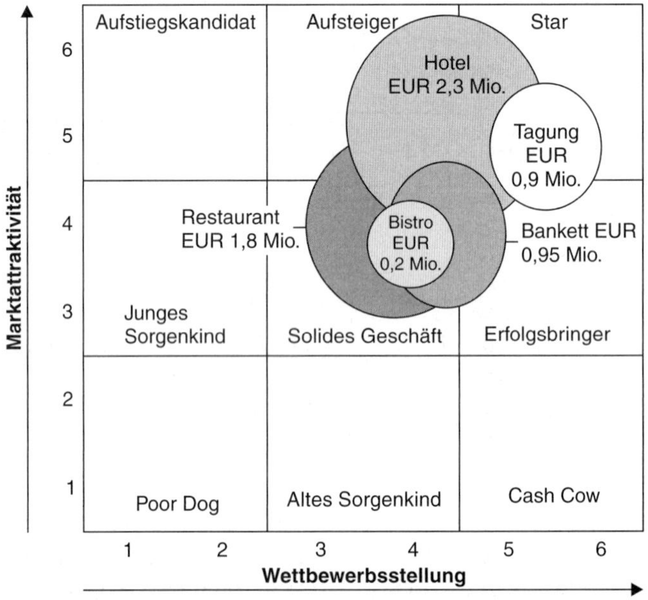

Quelle: Bruhn/Brunow/Specht 2002, S. 140

GABLER GRAFIK

Schritt 4: Ableitung der **Normstrategien.** Je nach Ausgewogenheit des IST-Portfolios und der Stellung der Analyseobjekte im Merkmalsraum des Portfolios werden unterschiedliche Normstrategien empfohlen, d. h., es werden strategische Stoßrichtungen abgeleitet, durch die eine bessere Ausgewogenheit des Portfolios verfolgt wird. Hinsichtlich der relevanten Normstrategien sind keine wesentlichen Unterschiede zum klassischen Portfolioansatz erkennbar. Das traditionelle BCG-Portfolio unterscheidet z. B. folgende Normstrategien: Selektionsstrategie (Question Mark), Investitionsstrategie (Star), Abschöpfungsstrategie (Cash Cow) und Rückzugsstrategie (Poor Dog).

Normstrategien sind allerdings vor dem Hintergrund der zahlreichen Einschränkungen zu bewerten, die grundsätzlich mit dem Portfoliokonzept verbunden sind (Festlegung der Grenzen, Bestimmbarkeit des Marktanteils, Vernachlässigung von Synergien zwischen den Geschäftsfeldern usw.) (Kreilkamp 1987).

Generell liegen die Vorteile der Portfoliomethode in der Anschaulichkeit, der leichten Operationalisierbarkeit und Handhabung sowie dem hohen Kommunikationswert. Allerdings sind die aus den Analysen abzuleitenden Normstrategien zu global gehalten, um dezidierte Aussagen bezüglich der Marktwahl-, Marktteilnehmer- und Marketinginstrumentestrategien ableiten zu können.

2.6 Wertkettenanalyse

Seit einigen Jahren sind im Marketing Bestrebungen zu beobachten, die rein funktionale Betrachtung zugunsten einer Prozessorientierung zu ergänzen bzw. abzulösen (vgl. z. B. Dekker 2002). Diese Tendenz ist im Dienstleistungssektor aufgrund des starken Prozesscharakters der zu erbringenden Leistungen besonders stark ausgeprägt. Die prozessorientierte Sicht findet auch zunehmende Beachtung bei der Anwendung strategischer Analyse- und Planungsmethoden, z. B. bei der auf Porter zurückgehenden **Wertkettenanalyse** (Porter 1999).

Bei der **Wertkettenanalyse** handelt es sich um eine strukturierte Abbildung der verschiedenen Prozesse eines Unternehmens mit dem Ziel, diese hinsichtlich ihrer Wertaktivitäten zu untersuchen. Der „Wert" spiegelt sich in der Zahlungsbereitschaft der Abnehmer wider. Vice versa ergibt sich für den Unternehmer ein Gewinn, wenn man von der Summe der Einzelwerte bzw. dem Gesamtwert (Verkaufspreis) die durch die Wertaktivitäten verursachten Kosten abzieht.

Der so definierte Wert wird durch das Unternehmen mit all seinen betrieblichen Funktionen geschaffen. Deshalb fordert Porter eine **ganzheitlich kompetitive Analyse** des Unternehmens: „Jedes Unternehmen ist eine Ansammlung von Tätigkeiten, durch die sein Produkt entworfen, hergestellt, vertrieben, ausgeliefert und unterstützt wird. All diese Tätigkeiten lassen sich in einer Wertkette darstellen" (Porter 1999).

Wie Abbildung 4-2-10 zeigt, ist die Wertkette zunächst ein grob strukturiertes Abbild der Unternehmung mit den wichtigsten „Aktivitäten" (Funktionen), gegliedert nach dem physischen Durchlaufprinzip. Die **primären Aktivitäten** befassen sich mit der Erstellung der Kernleistung des Dienstleisters. Die **unterstützenden Aktivitäten** – Porter spricht auch von Versorgungsfunktionen – umfassen demgegenüber den „Kauf von Inputs" (Arbeitsmaterial), die Technologieentwicklung, die Personalwirtschaft sowie die Infrastruktur für das ganze Unternehmen (Gesamtgeschäftsführung, Planung, Finanzen, Rechnungswesen, Rechtsfragen, Qualitätskontrolle usw.).

Zur Anwendung der Wertkettenanalyse im Dienstleistungsmarketing sind einige **Besonderheiten** zu berücksichtigen (Fantapié Altobelli/Bouncken 1998, S. 287ff.). Beispielsweise ist der externe Faktor als „Abnehmeraktivität" in die Wertkette des Dienstleistungsanbieters zu integrieren. Darüber hinaus erfolgt die Anordnung der Wertaktivitäten vorzugsweise so, dass die Befriedigung des der Dienstleistung zugrunde liegenden Bedürfnisses als Dienstleistungserstellungsprozess abgebildet wird.

Fantapié Altobelli/Bouncken (1998, S. 287) schlagen deshalb eine Aufgliederung der primären Aktivitäten in die folgenden Phasen vor:

- Akquisition (Marketingmix, Absatzmittler),
- Eingangslogistik (Lagerung von Inputs, außer- und innerbetrieblicher Transport),
- Kontaktphase (Beratung, Leistungserstellung, Service),
- Nachkaufphase (Nachkaufpflege, Beschwerdemanagement).

Abbildung 4-2-10 Modell einer Wertkette nach Porter

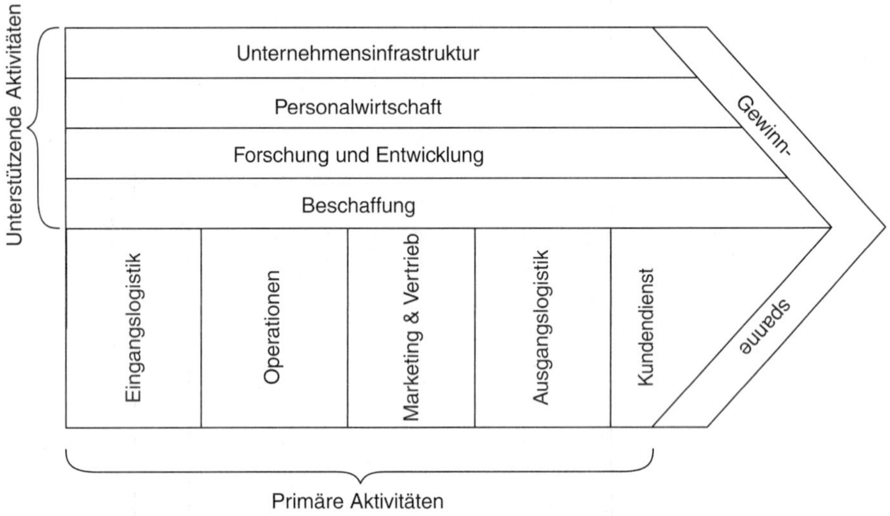

Quelle: Porter 1999, S. 66

GABLER GRAFIK

In Abbildung 4-2-11 ist ein Beispiel für eine Wertkettenanalyse im Nonprofitbereich (Hochschule) dargestellt (zu einem erweiterten Beispiel einer privaten Hochschule vgl. Bicher-Mehler 1996).

Eine solche Wertkette ist jeweils unternehmensspezifisch zu definieren. Dabei sind die einzelnen Wertaktivitäten in solche Tätigkeiten aufzuspalten, die ein hohes kompetitives Differenzierungspotenzial gegenüber dem Abnehmer innehaben oder einen erheblichen bzw. steigenden Kostenanteil aufweisen und somit die Gewinnspanne nachhaltig beeinflussen.

Abbildung 4-2-11 Wertkette am Beispiel einer Hochschule

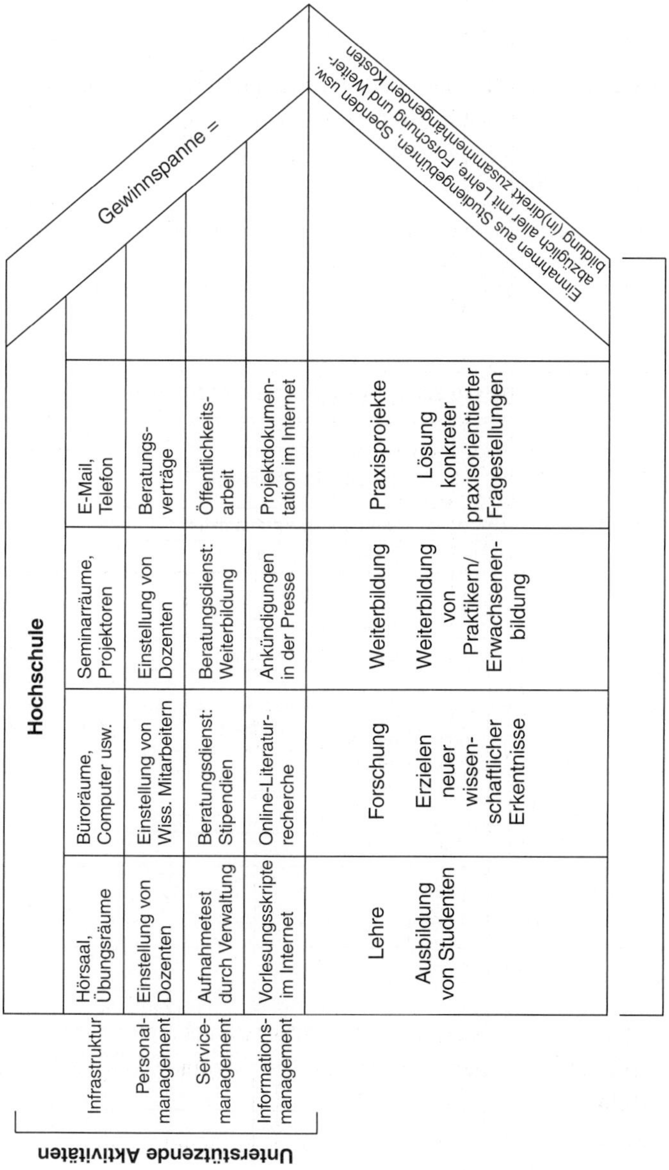

GABLER GRAFIK

Damit ergeben sich zwei instrumentelle **Grundfunktionen der Wertkettenanalyse.** Zum einen beinhaltet sie die Identifikation solcher Tätigkeiten, aus denen sich gegenüber dem Wettbewerber Abnehmervorteile im Sinne eines Zusatznutzens ergeben **(Wertkette als Instrument der Abnehmernutzenanalyse).** Zum anderen können jene Tätigkeiten und (höher aggregiert) Wertaktivitäten herausgestellt werden, die einen besonders hohen Kostenanteil haben und damit die Gewinnspanne deutlich reduzieren **(Wertkette als Instrument der Kostenanalyse).** Über diese Grundfunktionen hinaus kann die Wertkettenanalyse auch noch eine **Verknüpfungs-** sowie **Kommunikationsfunktion** wahrnehmen (zu den verschiedenen Funktionen der Wertkettenanalyse vgl. Meffert 1989a, S. 263ff.; Benkenstein 2002).

Ziel der Analyse ist es, den Dienstleistungsprozess möglichst genau abzubilden. Dieser kann sowohl horizontal als auch vertikal ablaufen, so dass sich hieraus wiederum zwei Sichtweisen der Wertkettenanalyse ergeben (vgl. Abbildung 4-2-12).

Abbildung 4-2-12 Wertkettenanalyse am Beispiel von Versicherungen

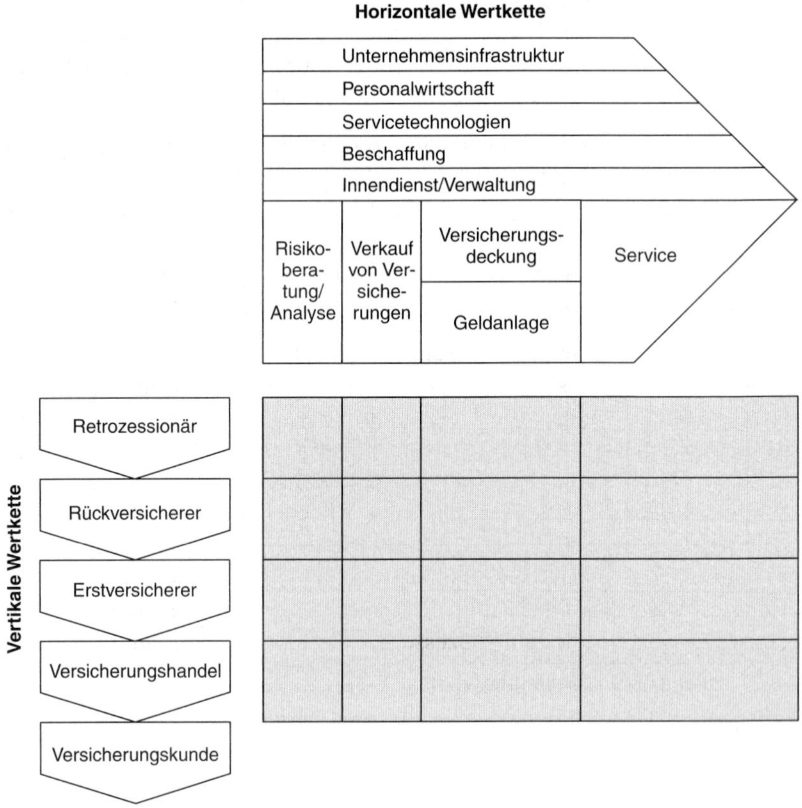

GABLER GRAFIK

Beispiel für eine horizontale Wertkette: Eine Versicherungsgesellschaft schaltet zur „Sicherstellung des Versicherungsschutzes" die folgenden Wertaktivitäten hintereinander: Zunächst gilt es, eine Risikoanalyse und -beratung beim Versicherungsnehmer vorzunehmen. Bevor der Versicherer seine eigentliche Leistung – die Versicherungsdeckung – vollbringt und die Prämien an Kapitalmärkten anlegt, wird die Versicherungspolice – d. h. ein Leistungsversprechen – verkauft. Nach dem Verkauf kann ein entsprechender Service (z. B. im Schadensfall) geboten werden.

Eine so definierte horizontale Wertkette kann dazu eingesetzt werden, die kosten- und differenzierungsrelevanten Erfolgsfaktoren innerhalb der Wertaktivitäten des Versicherungsunternehmens gegenüber den Wettbewerbern aufzuzeigen und gezielt zu steuern. Ferner kann der Versicherer überdenken, spezielle Wertaktivitäten zukünftig nicht mehr oder intensiver zu bearbeiten (z. B. eine spezielle Risikoberatung vorzunehmen).

Beispiel für eine vertikale Wertkette: Die Wertkettenanalyse lässt sich ebenfalls auf die verschiedenen vertikalen Stufen in der „Versicherungspipeline" anwenden, beispielsweise auf der Stufe des Rückversicherers, des traditionellen Erstversicherers oder auf der des (reinen) Versicherungshandels. Zusätzlich lassen sich im Rahmen der Einbindung des externen Faktors gewisse dienstleistungstypische Wertaktivitäten auf den Abnehmer übertragen. So kann z. B. der Direct-Mail-Versicherer dem Kunden eine Risikoanalyse (von sich selbst) übertragen oder aber eine Selbstbeteiligung fordern, womit der Versicherungskunde einen Teil der Versicherungsdeckung übernimmt.

Die in Abbildung 4-2-12 abgebildete Wertkettenmatrix zeigt damit dem Versicherer zahlreiche Möglichkeiten, im horizontalen und vertikalen Wertschöpfungsprozess innovativ Schwerpunkte zu setzen bzw. zu diversifizieren. Im Gegensatz dazu lässt sich im Dienstleistungsbereich in den letzten Jahren vermehrt die Tendenz beobachten, dass die Aktivitäten sukzessive auf weitere Stufen der Wertschöpfungskette ausgedehnt werden, wie das Unternehmensbeispiel TUI verdeutlicht (vgl. hierzu Insert 4-2-2).

Ein weiteres prozessorientiertes Analyseinstrument, das sehr häufig mit der Wertkettenanalyse von Porter gleichgesetzt wird, ist die insbesondere von Unternehmensberatungen propagierte **Geschäftsprozessanalyse** bzw. das **Geschäftsprozessmanagement** (Gierhake 2000). Im Gegensatz zur Porterschen Wertkettenanalyse liegt hier jedoch der Fokus auf den repetitiven Abläufen innerhalb eines speziellen Dienstleistungsprozesses. Die Gesamtsicht eines Unternehmens wird nicht eingenommen. Für eine erfolgreiche Differenzierung im Wettbewerb sind die relevanten **Schlüsselprozesse** eines Unternehmens zu identifizieren, um anschließend Optimierungen vornehmen zu können (Fischer 1993; vgl. auch hierzu Insert 4-2-2). Der Gesamteindruck einer Flugreise ergibt sich dabei aus der Summe sämtlicher Teilprozesse, die der Kunde wahrnimmt.

INSERT 4-2-2 TUI AG

Kurzfallstudie: TUI AG

Der Mischkonzern Preussag AG, zunächst hauptsächlich im primären (z. B. Bergbau) und sekundären (z. B. Stahlproduktion, Anlagenbau) Sektors tätig, vollzog ab Mitte der 1990er Jahre einen grundlegenden Wandel zu einem reinen Dienstleistungskonzern mit dem Schwerpunkt im Tourismus. Der Reiseveranstalter TUI Deutschland und der Logistikkonzern Hapag Lloyd wurden aufgekauft und 1998 unter dem Dach der in TUI AG umbenannten Preussag AG vereint.

Bis Ende des Jahres 2004 folgten zahlreiche Übernahmen von europäischen Reiseunternehmen, wie z. B. der britischen Thomson Travel Group, sowie Beteiligungen der TUI AG an weiteren Unternehmen der Tourismusbranche, so dass sie heute über ein Portfolio von mehr als 200 Unternehmen und Marken verfügt, die in unterschiedlichen Märkten und Marktsegmenten etabliert sind und mit 65.000 Mitarbeitern einen Umsatz von 12,7 Mrd. Euro erwirtschaften (2004).
Mit den First Reisebüros und Reisebüros anderer Unternehmen sowie Buchungsmöglichkeiten über die Internetseite des Unternehmens ist die TUI AG bereits am Anfang der Wertschöpfungskette präsent. Zusätzlich besitzt sie über mehrere Airlines eine eigene Flugzeugflotte und Agenturen in vielen Zielgebieten ihrer Kunden. Weiterhin verfügt die TUI AG über eigene Hotelketten und Marken, wie z. B. den RIU Hotels und dem Robinson Club. Somit deckt sie seit einigen Jahren als „integrierter Konzern" (Selbstbeschreibung „World of TUI") alle Teilen der Wertschöpfungskette von Touristikdienstleistungen ab. Wie diese Teile in Vertrieb, Veranstalter, Flug, Zielgebietsagenturen und Hotels ineinander greifen, stellt die Abbildung dar.

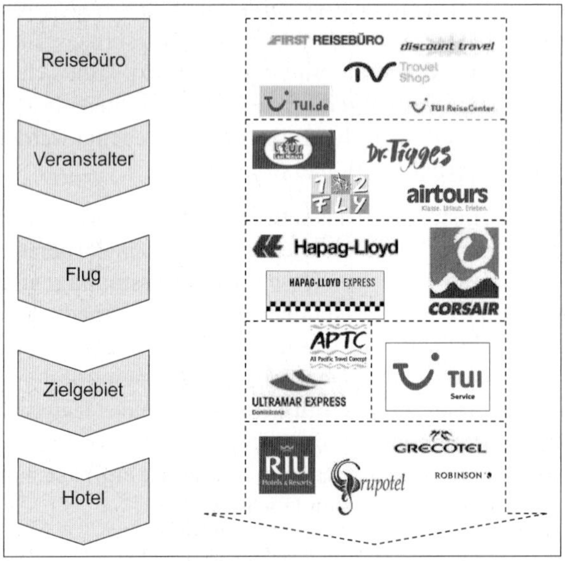

Marken in der vertikalen Wertschöpfungskette des Touristikunternehmens TUI
(Quelle: Lambertz/Meffert 2002, S. 578)

INSERT 4-2-2 TUI AG (Fortsetzung)

Durch die integrierte Wertschöpfungskette innerhalb des Konzerns ist die Einrichtung und zentrale Kontrolle einheitlicher Qualitätsstandards über 3.600 Reisebüros, 104 Flugzeuge, 37 Zielgebietsagenturen und 285 Hotels in 25 Ländern möglich.

Im Einzelnen lassen sich die Stufen der Kette noch ausdifferenzieren. Die Reiseveranstalter wie 1-2-Fly, Gebeco, Robinson u. a. sprechen unterschiedliche Zielgruppen an. Sie bündeln Einzelbausteine aus dem Leistungsspektrum der TUI AG zu Pauschalangeboten oder Individualreisen. Es lassen sich zwar durch die gemeinsame Administration Kosteneinsparungen erzielen. Aufgrund der unterschiedlichen Ausrichtungen der einzelnen Marken auf Club-Urlaub, Kreuzfahrten, Städtereisen werden die Images jedoch differenziert wahrgenommen. Beim Vertrieb und der Kommunikation sind neben dem Internetauftritt und den konzerneigenen Reisebüroketten der TUI AG zusätzlich das firmeneigene Call-Center sowie die Katalogerstellung und die Beteiligung am Fernsehkanal „TV Travel Shop Deutschland" zu nennen. Die gemeinsame Nutzung der zum Konzern gehörenden Airlines durch die einzelnen Reiseveranstalter führt zu besserer Auslastung und zu Synergieeffekten für das Management der Flugzeugflotte. Freie Kapazitäten bei Flügen und Hotels werden an andere Reiseveranstalter weiter verkauft und ebenso notwendige zusätzliche Kapazitäten eingekauft. Die Koordination der Reiseleitung, des Transfers und der Programme und Leistungen vor Ort in den Zielgebieten findet ebenso wie die Koordination der Hotelkapazitäten von der Konzernzentrale aus statt. Hier können wiederum Kosteneffekte durch das übergreifende Management realisiert werden.

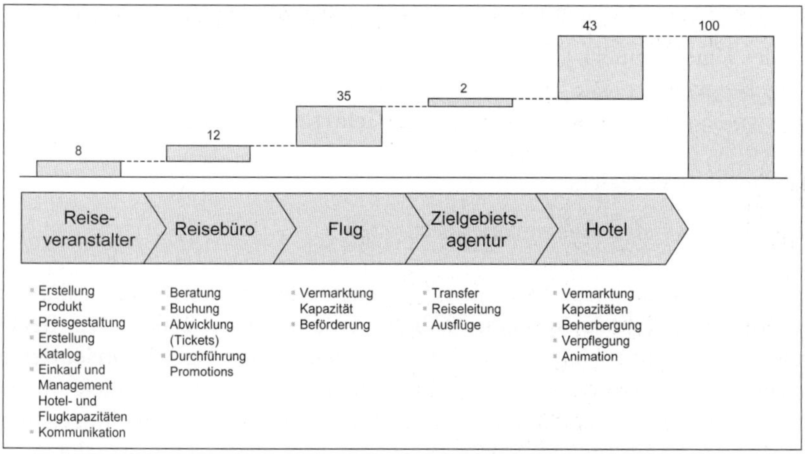

Touristische Wertschöpfungskette und Anteil am Umsatz einer Pauschalreise
(Quelle: Lambertz/Meffert 2002, S. 572)

Das wichtigste Argument der integrierten Wertschöpfungskette mit den genannten Effekten ist allerdings der Kundennutzen. Aufgrund der zentralen Qualitätskontrolle kann das Risiko schlechter Organisation und Qualität einzelner Komponenten der Reise reduziert werden. Durch kombinierbare Einzelbausteine erhält der Kunde ein sehr breites Leistungsspektrum, das jedoch immer aus einer Hand angeboten wird. Kosteneinsparungen aus Synergieeffekten können zudem an den Kunden weitergegeben und so zusätzlich ein Wettbewerbsvorteil generiert werden.

3. Ziele im Dienstleistungsmarketing

Die Formulierung von operationalen Marketingzielen ist ein wesentlicher Bestandteil der konzeptionellen Planung. Ihre explizite Formulierung erfüllt im Wesentlichen die Kontroll-, Koordinations- und Motivationsfunktion. Durch den Vergleich des geplanten mit dem tatsächlich erreichten Zustand kann beispielsweise überprüft werden, ob die gesetzten Ziele des Dienstleistungsunternehmens erreicht worden sind **(Kontrollfunktion).** Die **Koordinationsfunktion** von Zielen wird durch die gemeinsame Ausrichtung der Marketingziele sowie weiterer Bereichsziele an der Unternehmensmission sowie den Oberzielen des Dienstleistungsunternehmens erfüllt. Der Vorgabe sinnvoller und erreichbarer Ziele für das Dienstleistungsmanagement und insbesondere für die Mitarbeiter im Kundenkontakt kommt darüber hinaus unter motivationalen Aspekten besondere Bedeutung zu **(Motivationsfunktion).**

3.1 Zielarten im Dienstleistungsbereich

Zur Erarbeitung eines umfassenden Zielsystems ist festzulegen, nach welcher Systematik die Ziele des Unternehmens abgeleitet werden. Hierzu können unterschiedliche Ansätze zum Einsatz gelangen. Die Vielfalt möglicher Ziele eines Dienstleistungsunternehmens kann beispielsweise in zwei grundlegende **Zielarten** untergliedert werden:

- Basiskategorien von Zielen,
- Potenzial-, prozess- und ergebnisorientierte Ziele.

Die Ziele eines Dienstleistungsunternehmens können grundsätzlich zu den **Basiskategorien** aus der folgenden Tabelle zusammengefasst werden (Meffert 2000, S. 73; Becker 2001). In diesem Zusammenhang ist davon auszugehen, dass bei **gewinnorientierten Unternehmen** die Marktstellungs- sowie die allgemeinen ökonomischen Ziele Voraussetzung zur Erreichung der Rentabilitätsziele sind. Die finanziellen Ziele hingegen ermöglichen erst ein Agieren auf dem Markt. Die psychologischen Ziele sowie die Prestigeziele tragen mehr oder weniger stark zur Erreichung der Oberziele bei. Die sozialen und ökologischen Ziele haben eine starke Ausrichtung an bestimmten Anspruchsgruppen. Bei **Nonprofit-Organisationen** dominieren die sozialen und gesellschaftsorientierten Ziele und an die Stelle der klassischen Rentabilitäts- und Finanzziele treten andere, eher kosten-, versorgungs- und produktivitätsorientierte Zielsetzungen (Scheuch 1992).

Zielart nach Basiskategorien	Beispiele
Ökonomische Ziele	Gewinn, Umsatz, Deckungsbeitrag
Rentabilitätsziele	Return on Investment, Umsatzrentabilität
Marktstellungsziele	Marktanteil, Marktgeltung
Finanzielle Ziele	Liquidität, Kreditwürdigkeit, Kapitalstruktur
Psychologische Ziele	Zufriedenheit, Kundenbindung, Präferenzen
Prestigeziele	Image, Unabhängigkeit
Soziale Ziele (mitarbeiterorientiert)	Mitarbeiterzufriedenheit, soziale Sicherheit
Soziale Ziele (gesellschaftsorientiert)	Dialog mit relevanten Anspruchsgruppen
Ökologische Ziele	Erfüllung ökologischer Auflagen

Analog zu den verschiedenen Dimensionen der Dienstleistungsqualität können die Ziele ferner in potenzial-, prozess- und ergebnisorientierte Dimensionen untergliedert werden (Meyer/ Blümelhuber 1998a, S. 180). Die **potenzialorientierten Ziele** beziehen sich dabei auf die Fähigkeit und Bereitschaft des Dienstleistungsunternehmens, bestimmte Ressourcen zur Verfügung zu stellen. Besondere Bedeutung nehmen in Dienstleistungsunternehmen die **prozessorientierten Ziele** ein. Diese beziehen sich auf die zentralen internen und externen Dienstleistungsprozesse des jeweiligen Anbieters. Des Weiteren können ergebnisorientierte Ziele definiert werden. Diese in der Regel aus Kundensicht formulierten Ziele beziehen sich auf ein gewünschtes Resultat nach der Inanspruchnahme des Dienstleistungsunternehmens.

Zielart nach Qualitätsdimensionen	Beispiele
Potenzialorientierte Ziele	Nutzung von Personalressourcen, Fachkompetenzen, sozialen Kompetenzen, kommunikativen Kompetenzen, technologischer Infrastruktur
Prozessorientierte Ziele	Kundengewinnung, Kundenbindung, Kontakt des Kunden zu den Mitarbeitern, Integration des Kunden in den Leistungserstellungsprozess
Ergebnisorientierte Ziele	Schnellere Bearbeitung eines Auftrages, Perfektionierung einer Leistung, höherer Informationsgehalt bei Erteilung von Auskünften

Ist eine Entscheidung über die für das Unternehmen geeignete Zielsystematisierung getroffen, sind die den verschiedenen Zielarten zugehörigen Ziele operational zu formulieren und zu konkretisieren, d. h., die festgelegten Ziele sind nach Zielinhalt, -ausmaß, -segment sowie -periode zu konkretisieren. Erfolgt dies nicht, ist eine Zielsteuerung in der gewünschten Form nicht möglich.

3.2 Formulierung von Marketingzielen im Dienstleistungsbereich

Die **Zielfestlegung eines Dienstleistungsanbieters** weist in der Regel keine wesentlichen Besonderheiten gegenüber Konsum- und Industriegüterunternehmen auf. Allerdings sind Unterschiede in der Bedeutung einzelner Ziele in Branchen mit hohem Dienstleistungsanteil zu beobachten (Schneider 1998, S. 164ff.; Kamakura et al. 2002). Beispielsweise spielen im Handel oder bei Banken die mitarbeiterorientierten Ziele eine vergleichsweise größere Rolle.

In einem ersten Schritt ist die Vielzahl der Marketingziele in ein konsistentes Zielsystem des Unternehmens zu integrieren. Gleichzeitig werden hierdurch die Zusammenhänge der verschiedenen Ziele deutlich. Positive Zusammenhänge werden insbesondere bei folgenden Zielen unterstellt:

- Unternehmensgerichtete Ziele,
- Kundengerichtete Ziele,
- Mitarbeitergerichtete Ziele.

In Abbildung 4-3-1 sind die wesentlichen Ziele eines Dienstleistungsunternehmens in ein Zielsystem integriert.

Eine Strukturierung der unternehmens-, kunden- und mitarbeitergerichteten Ziele kann auch in Form von **Erfolgsketten** vorgenommen werden, die auf dem Konzept der so genannten Service Profit Chain beruhen (Storbacka/Strandvik/Grönroos 1994; Heskett/Sasser/Schlesinger 1997; Anderson/Mittal 2000; Bruhn 2001e; Payne et al. 2001; Kamakura et al. 2002; Bowman/Narayandas 2004).

Die **Grundüberlegung** bei einer Erfolgskette ist die inhaltliche Verknüpfung von Variablen, die miteinander in Zusammenhang stehen. Innerhalb der Kette werden die Wirkungen zwischen den Variablen dargestellt, um eine strukturierte Analyse und Maßnahmenableitung zu ermöglichen.

Ausgehend von den nachfrager- und anbieterbezogenen Überlegungen kann mit Hilfe dieser Erfolgsketten eine Verknüpfung von nachfrager- und anbieterbezogenen Aspekten gedanklich vorgenommen werden. Die **Grundstruktur einer Erfolgskette** besteht aus drei Gliedern (vgl. Abbildung 2-1-4):

1. Unternehmensaktivitäten als Input des Unternehmens,
2. Wirkungen der Unternehmensaktivitäten beim Kunden,
3. Ökonomischer Erfolg als Output des Unternehmens.

Abbildung 4-3-1 Zielsystem eines Dienstleistungsanbieters

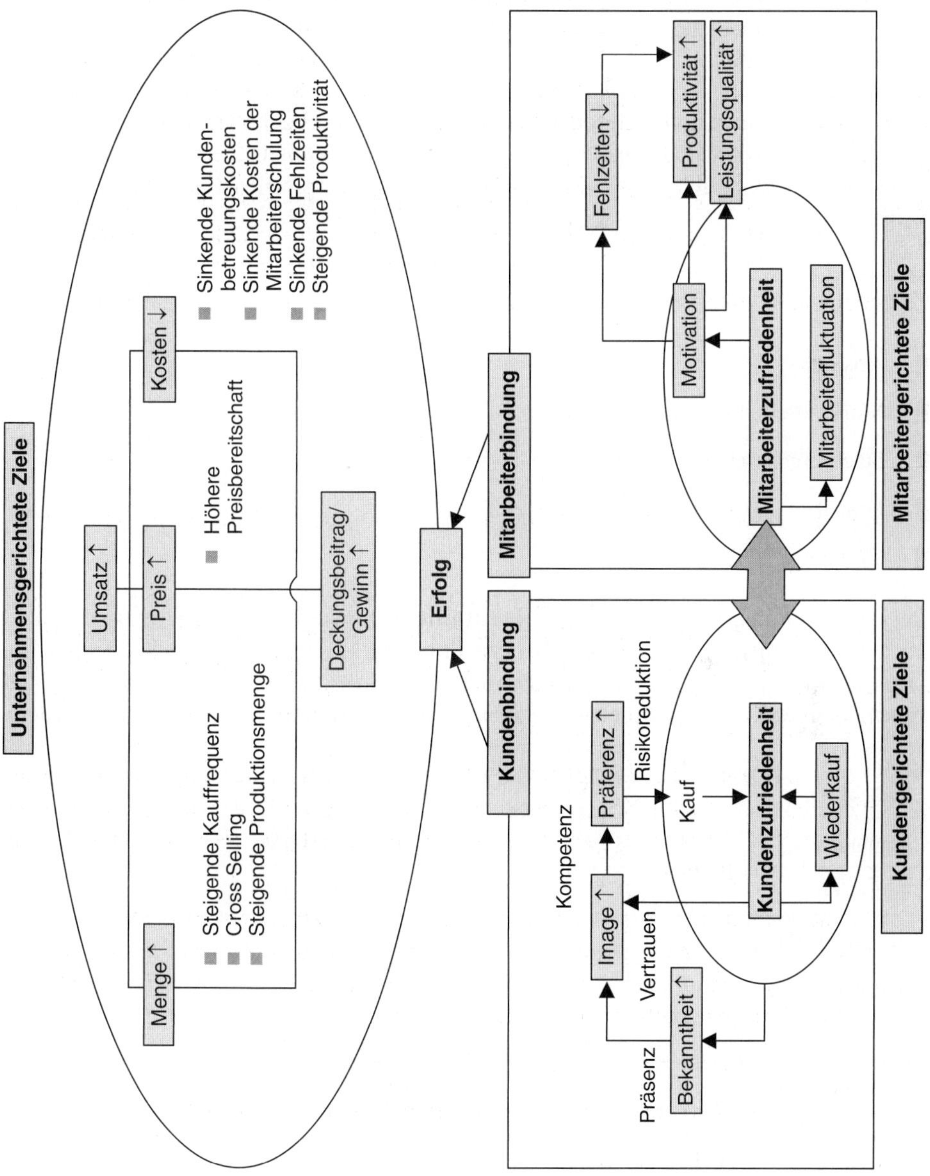

GABLER GRAFIK

Wesentlich bei der Betrachtung einer Erfolgskette ist der **Link zwischen unternehmens- und kundenbezogenen Größen.** Auf der einen Seite ist zu untersuchen, mit welchen unternehmerischen Maßnahmen (Input) welche Wirkungen beim Kunden in welchem Ausmaß erzielt werden können. Auf der anderen Seite ist zu eruieren, welche Wirkungen beim Kunden zu welchen ökonomischen Erfolgswirkungen (Output) führen.

> Die **unternehmensgerichteten Ziele** eines Dienstleistungsanbieters unterscheiden sich grundsätzlich nicht von Zielgrößen anderer Unternehmen. Sie knüpfen unmittelbar an den Oberzielen bzw. Marktstellungszielen eines Dienstleistungsunternehmens an.

Zu bedeutenden unternehmensgerichteten Zielen zählen in diesem Zusammenhang:

- Absatz,
- Marktanteil,
- Deckungsbeitrag,
- Umsatz,
- Gewinn.

Bei der Formulierung von **Absatz-, Marktanteils-** sowie **Deckungsbeitragszielen** ist im Dienstleistungsmarketing zunächst die Frage zu klären, durch welche Größen die „Absatzmengen" im Dienstleistungsbereich ausgedrückt werden. Zur Ermittlung der Absatzmengen können beispielsweise die folgenden **Maßzahlen** herangezogen werden:

Maßzahlen	**Beispiele**
Kontaktzahl	Verbraucherzentrale
Tourenzahl	Verkehrsbetriebe
Passagierzahl	Fluglinien
Bettenauslastung	Krankenhäuser
Übernachtungszahl	Hotelbetriebe
Behandelte Patienten	Arztpraxen
Erledigte Akten	Behörden
Einsatzfahrten	Hilfsdienste, Feuerwehr
Vorlesungen, Prüfungen, Veröffentlichungen	Universitäten

Bei der **Bestimmung der Absatzmengen** ist zu prüfen, inwieweit sich diese auf eine Gesamtdienstleistung oder aber auf einzelne Teilelemente einer Dienstleistung beziehen. Beispielsweise kann die Behandlung eines Patienten in mehreren Behandlungsschritten erfolgen, wobei der Patient notwendigerweise bis zur vollständigen Erbringung der Dienstleistung (Wiederherstellung der Gesundheit) mehrmals den Arzt aufsucht. Ferner erschwert ein hoher Individualisierungsgrad von Dienstleistungen vielfach die Erfassung von gleichartigen Absatzmengen. Dies ist ein Grund dafür, dass die Ermittlung von einheitlichen Deckungsbeiträgen kaum möglich ist. Darüber hinaus behindert bei vielen Dienstleistungsunternehmen der hohe Anteil an Gemeinkosten bzw. die Erfassung eines Großteils der Kosten als Gemeinkosten (z. B. bei Banken, Krankenhäusern, Bundesbahn) die Ermittlung relativer Einzelkosten (Thomas 1983, S. 46f.; Thiesing 1986, S. 85).

Für die **Ermittlung des Marktanteils** ist neben den eigenen Absatzmengen zudem die Bestimmung des wert- oder mengenmäßigen Gesamtabsatzes in dem für das Unternehmen relevanten Markt erforderlich. Während dies für Dienstleistungsunternehmen mit relativ standardisierten Produkten (z. B. Banken, Versicherungen, Bausparkassen, Transportunternehmen) kaum Schwierigkeiten bereiten dürfte, nimmt die Problematik der Abgrenzung des relevanten Marktes und der Bestimmung des Marktanteils mit zunehmendem Individualisierungsgrad einer Dienstleistung zu. Als Beispiel sei hier die Bestimmung des Marktanteils eines Theaters oder eines Heilpraktikers angeführt.

Sind die Maßzahlen bestimmt, dann können die **Deckungsbeitrags-, Umsatz- und Gewinnziele** eines Dienstleisters problemlos nach den üblichen Berechnungen bestimmt und konkretisiert werden.

> In der Kategorie der **kundengerichteten Ziele** sind sämtliche Ziele subsumiert, die bei den aktuellen sowie potenziellen externen Zielgruppen des Dienstleistungsanbieters angestrebt werden. In diesem Zusammenhang können psychologische, verhaltensbezogene und ökonomische Ziele differenziert werden.

Die kundenbezogenen psychologischen Ziele, Kundenverhaltensziele sowie die kundenbezogenen ökonomischen Ziele repräsentieren die Glieder von **kundenbezogenen Erfolgsketten** (vgl. Abbildung 4-3-2).

Zu den **kundenbezogenen psychologischen Zielen** zählen insbesondere Zielgrößen wie:

- Image,
- Qualitätswahrnehmung,
- Kundenzufriedenheit,
- Beziehungsqualität,
- Kundenbindung,
- Kundenwert.

Abbildung 4-3-2 Kundenbezogene Ziele im Rahmen der Erfolgskette

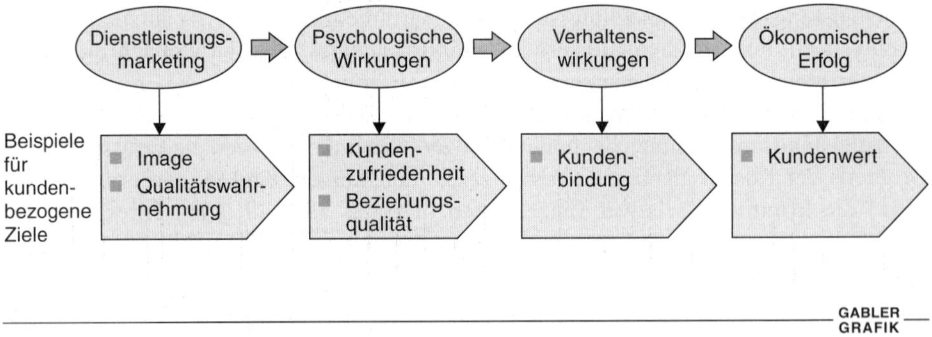

Image

Aus der Immaterialität der Dienstleistung und der Simultaneität von Dienstleistungserstellung und -verwendung resultiert, dass Dienstleistungen im Gegensatz zu Sachgütern vor dem Kauf keiner objektiven Prüfung durch den Kunden unterzogen werden können. Das sich daraus ableitende erhöhte Risikoempfinden des Nachfragers sowie der Vertrauensgutcharakter von Dienstleistungen wirken sich auf die Priorität einzelner Ziele im Rahmen der Zielsystematik aus. So erklärt sich auch die besondere **Bedeutung des Images** im Dienstleistungsmarketing (Grönroos 1984; Bitner 1991; Meffert 1993a, S. 13; zum Begriff Image allgemein vgl. Trommsdorff 2002; Kroeber-Riel/Weinberg 2003).

Unter einem **Image** wird die aggregierte und subjektive Form sämtlicher Einstellungen eines Kunden zu einem Dienstleistungsanbieter verstanden. Das Image stellt einen wesentlichen Indikator für die Qualitätsbeurteilung einer Dienstleistung dar und trägt zur Reduktion des empfundenen Kaufrisikos bei.

Obwohl die Bedeutung des Images unbestritten ist, existieren bislang nur wenige Studien, die den im Rahmen der Erfolgskette unterstellten Zusammenhang von **Image und Kundenzufriedenheit** näher untersuchen (Bloemer/Ruyter 1998). Eine Studie, die sich mit diesem Thema näher beschäftigt, ist die Untersuchung von Andreassen/Lindestadt (1998). Mit der empirischen Untersuchung bei 600 Kunden eines norwegischen Reiseveranstalters war das Ziel verbunden, die Bedeutung des Images für die Kundenzufriedenheit sowie Kundenbindung zu analysieren. Modelltheoretisch wurde ein positiver Einfluss des Images auf beide Konstrukte unterstellt. Innerhalb der Analyse wurde das Konstrukt Image durch drei Indikatoren operationalisiert (allgemeine Einstellung zum Anbieter, Einstellung zum Beitrag, den der Anbieter für die Gesellschaft leistet sowie

Sympathie, die dem Anbieter entgegengebracht wird). Als Auswertungsmethode wurde die Kausalanalyse (LISREL) verwendet. Abbildung 4-3-3 zeigt das Modelldesign und die Ergebnisse der Analyse im Überblick.

Abbildung 4-3-3 Analyse des Zusammenhangs zwischen Image, Kundenzufriedenheit und Kundenbindung

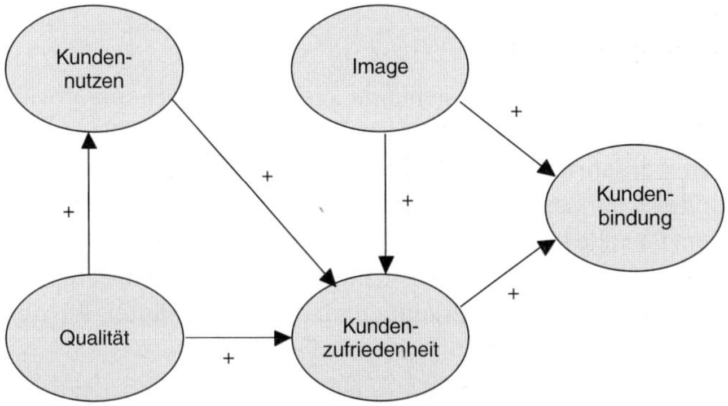

Gesamtindustrie	Qualität	Image
Kundennutzen	0,62	–
Kundenzufriedenheit	0,31	0,72
Kundenbindung	–	nicht signifikant

Quelle: Andreassen/Lindestadt 1998, S. 13

GABLER GRAFIK

Im Rahmen der Studie konnte der **positive Einfluss** des Images auf die Kundenzufriedenheit bestätigt werden. Hingegen war der Einfluss des Images auf die Kundenbindung nicht signifikant.

Eine Studie im Online-Banking-Bereich zur **Bedeutung des Images** zeigt in ähnlich deutlicher Form wie die Untersuchungen von Andreassen und Lidestadt den Einfluss von Imagefaktoren auf die Gesamtwahrnehmung der Bank und einzelner Dimensionen. Beispielsweise wird eine hohe Interdependenz zwischen Reputation und wahrgenommener Sicherheit nachgewiesen. Der Aufbau eines starken „Corporate Image" wird in der Folge als strategische Managementaufgabe insbesondere bei den hauptsächlich intangiblen Werten von Dienstleistungen gesehen (Flavián et al. 2004).

Obwohl der direkte Einfluss des Images auf die Kundenbindung bei Andreassen/Lindestadt nicht bestätigt wurde, kann trotzdem festgehalten werden, dass das Ziel der Bildung eines möglichst positiven und den Soll-Vorgaben des Anbieters entsprechenden Images eine bedeutsame Rolle in der Wirkungskette (Qualität, Kundenzufriedenheit, Kundenbindung) und damit im Dienstleistungsmarketing einnimmt. Aufgrund der Besonderheiten von Dienstleistungen hat der Kunde teilweise nur wenige Anhaltspunkte, um die Qualität des Dienstleisters vollständig beurteilen zu können. Das Image wird somit in vielen Fällen zum Indikator für die vorab nicht überprüfbare Leistung.

Qualitätswahrnehmung

Das im Zentrum der Betrachtung stehende Ziel einer möglichst positiven **Wahrnehmung der Dienstleistungsqualität** kann als „Leitziel" des Dienstleistungsunternehmens angesehen werden. Dabei wird von einem weiten Qualitätsverständnis ausgegangen, das in Kapitel 5 umfassend in seinen Dimensionen und Ausprägungen beschrieben wird. Aus diesem Grunde kann an dieser Stelle auf eine nähere Beschreibung der Dienstleistungsqualität verzichtet werden. Aus Unternehmenssicht ist sicherzustellen, dass die relevanten Qualitätseigenschaften erkannt und, daraus abgeleitet, die richtigen Subziele definiert werden.

Kundenzufriedenheit

Die Erstellung einer Dienstleistungsqualität auf einem hohen Niveau führt im Rahmen der Erfolgskette zu psychologischen Wirkungen, wie etwa der Kundenzufriedenheit.

> **Kundenzufriedenheit** ist das Ergebnis eines komplexen Vergleichsprozesses (Hunt 1977; Schütze 1992; Oliver 1996). Die Kunden vergleichen die subjektiven Erfahrungen, die mit der Inanspruchnahme der Dienstleistung verbunden waren (IST-Komponente), mit ihren Erwartungen, Zielen oder Normen, die in Bezug auf die Leistungen des Anbieters bestehen (SOLL-Komponente).

Der Vergleich zwischen Anspruchsniveau und Wahrnehmung führt zu einer Übererfüllung, Erfüllung oder Untererfüllung der Kundenerwartungen, die sich schließlich in **Kundenbegeisterung, Kundenzufriedenheit** oder **Kundenunzufriedenheit** niederschlagen (Homburg/Giering/Hentschel 1999; Homburg 2003).

Die theoretischen Grundlagen sowie die Bedeutung des Zieles Kundenzufriedenheit sind folglich für Sach- wie Dienstleistungsunternehmen identisch. Als zentralem und bislang am häufigsten untersuchten Bestimmungsfaktor der Kundenbindung wird der Kundenzufriedenheit – differenziert nach Globalzufriedenheit (Zufriedenheit von Kunden mit einer Leistung) und Einzelzufriedenheiten (Zufriedenheit von Kunden mit bestimmten Leistungsdimensionen) – eine große Bedeutung beigemessen. In der Literatur existieren nicht nur Ansätze, die einen positiven Zusammenhang zwischen Kundenzufriedenheit und Kundenbindung postulieren (vgl. Fornell/Wernerfelt 1987; Bolton/Drew 1991), sondern auch zahlreiche empirische Befunde, die bei einer Steigerung der Zufriedenheit eine Erhöhung der Kundenbindung nachweisen bzw. einen funktionalen Verlauf aufzeigen (vgl. Krüger 1997, S. 96ff.; Homburg/Giering/Hentschel 1999; Gerpott 2000, S. 28ff.; Homburg 2003). Bei detaillierterer Betrachtung dieser Studien sind vor allem die folgenden Ergebnisse erwähnenswert.

Erstens treten hinsichtlich der Stärke des **Einflusses der Kundenzufriedenheit** auf die Kundenbindung Unterschiede in Abhängigkeit der Branche zum Vorschein (Fornell 1992; Fornell et al. 1996). Der Einfluss der Kundenzufriedenheit auf die Kundenbindung variiert zwischen 0,19 und 0,59 (Herrmann/Johnson 1999, S. 580). Mehrere Studien zeigen auch, dass die Werte um so höher liegen, je höher die Wettbewerbsintensität in einem Sektor ist (z. B. Automobilbranche). Ein ähnliches Bild verdeutlichen hierzu die Zahlen des Deutschen Kundenmonitors, die branchenspezifisch einen unterschiedlich stark ausgeprägten positiven Zusammenhang zwischen der Globalzufriedenheit und der Wiederkaufabsicht suggerieren (Servicebarometer 2004).

Zweitens konnten unterschiedliche Auswirkungen in Abhängigkeit des **Zufriedenheitsniveaus** auf die Kundenbindung nachgewiesen werden, woraus zu schließen ist, dass die Kunden keine homogene Einheit bilden (Herrmann/Johnson 1999, S. 595). So fallen die Steigerungen der Kundenbindung nach einer Erhöhung der Kundenzufriedenheit niedriger aus, wenn schon zu Beginn niedrige bzw. mittlere Werte für die Zufriedenheit angesetzt werden.

Drittens tritt eine Abflachung der Wirkung bei einem Übergang von hohen zu sehr hohen Werten für die Zufriedenheit in Erscheinung (Herrmann/Johnson 1999, S. 595). Dies lässt auf einen **asymptotischen Verlauf** des Zusammenhangs zwischen Zufriedenheit und Kundenbindung schließen. Wenngleich der funktionale Zusammenhang in der theoretischen Diskussion noch weitgehend ungeklärt ist, bestätigen die Erkenntnisse von Herrmann/Johnson Ergebnisse anderer Studien (vgl. Bloemer/Kasper 1995, S. 311ff.), dass zwischen den beiden Größen keine lineare Relation besteht.

Im Rahmen des 1998 erstmalig durchgeführten **Schweizer Kundenbarometers** (Bruhn 1998a) wurde z. B. festgestellt, dass in den 20 untersuchten Branchen die Bedeutung der Kundenzufriedenheit zur Bildung von Kundenbindung stark variiert. Die Stärke der Ursache-Wirkungs-Zusammenhänge der Konstrukte Kundenzufriedenheit, -bindung sowie -dialog wurde durch die Kausalanalyse in Anwendung des Statistikprogrammes AMOS (**A**nalysis of **Mo**ment **S**tructures) ermittelt. In diesem Zusammenhang wurden vier Unternehmenskategorien unterschieden (vgl. Abbildung 4-3-4), die darauf schließen lassen, dass Investitionen zur Steigerung der Kundenzufriedenheit bzw. des Kundendialoges idealtypisch in Abhängigkeit des jeweiligen Beziehungstyps erfolgen (Bruhn 1998b, S. 286ff.; Bruhn/Grund 2000, S. 1024f.). Bei einigen Branchen wurde ein extrem dominanter Einfluss der Kundenzufriedenheit auf die Kundenbindung festgestellt (z. B. bei Möbelhäusern). Von einem dominanten Einfluss kann gesprochen werden, wenn 75 Prozent der Kundenbindung auf den Einfluss der Kundenzufriedenheit und circa 25 Prozent auf den Kundendialog, im Sinne einer einfachen, leichten und zufrieden stellenden Kommunikation zwischen Kunde und Unternehmen, zurückzuführen sind (z. B. bei Versicherungen). Ferner wurden Branchen identifiziert, in denen der Einfluss ausgewogen war (z. B. bei Hotels). Ein geringer Einfluss der Kundenzufriedenheit wurde hingegen in Branchen mit regelmäßigem direkten Dialog festgestellt (z. B. die Beratung am Bankschalter). Abbildung 4-3-4 zeigt die Ergebnisse im Überblick (Bruhn 1998a, S. 35ff.vgl. zur Wirkung des Kundendialogs auch Hennig-Thurau 2004).

Abbildung 4-3-4 Bedeutung der Kundenzufriedenheit und des Kundendialogs zur Bildung von Kundenbindung

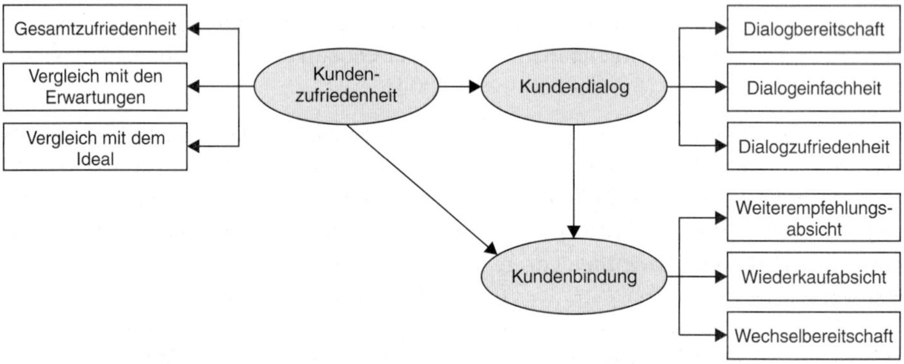

Extrem dominanter Einfluss (fast 100 %)	Die Kundenbindung wird in dieser Branche zu fast 100 % durch die Kundenzufriedenheit bestimmt.	Fluggesellschaften, Möbelhäuser, Telefongesellschaft (Swisscom)
Dominanter Einfluss (75 % : 25 %)	Die Kundenbindung wird in dieser Branche mehrheitlich durch die Kundenzufriedenheit (75 %) und nur zu einem geringen Anteil (25 %) durch den Kundendialog bestimmt.	Kreditkartenanbieter, Versandhandel, Öffentl. Verkehrsmittel, Personal Computer, Versicherungen, Krankenkassen, Restaurants
Gleichwertiger Einfluss (50 % : 50 %)	Die Kundenbindung wird in dieser Branche zu etwa gleichen Teilen durch die Kundenzufriedenheit und den Kundendialog bestimmt.	Tankstellen, Textilhandel, Hotels, Reiseveranstalter, Krankenhäuser, Ärzte, Post
Geringer Einfluss (30 % : 70 %)	Die Kundenbindung wird in dieser Branche mehrheitlich durch den Kundendialog (70 %) und nur zu einem geringen Anteil (30 %) durch die sonstigen Zufriedenheitsfaktoren bestimmt.	Banken, Autohandel, Lebensmittelhandel

Quelle: Bruhn 1998a, S. 35ff.

GABLER GRAFIK

Aus den Ergebnissen des Schweizer Kundenbarometers lässt sich die Schlussfolgerung ziehen, dass branchen- und unternehmensspezifisch zu analysieren ist, welche Bedeutung die Kundenzufriedenheit mit der Kernleistung sowie die Dialog- und Interaktionskomponenten des spezifischen Dienstleistungsunternehmens einnehmen. Nur so kann eine Zielpriorisierung getroffen werden, die bestmöglich auf die Oberziele des Unternehmens wirkt. Unternehmen, die den in Abbildung 4-3-4 dargestellten Kategorien „gleichwertiger" oder „geringerer Einfluss" zugeordnet sind, haben dem Dialog besondere Aufmerksamkeit zu widmen.

Im **European Performance Satisfaction Index** (EPSI) wird ein größeres Spektrum von Faktoren betrachtet, die auf die Kundenzufriedenheit und die Kundenbindung wirken. Die Zufriedenheit ergibt sich aus dem Vergleich der Kundenerwartungen mit der wahrgenommenen Leistungsqualität und dem daraus wahrgenommenen Nutzen. Daneben wird im EPSI-Modell auch das Image als Konstrukt berücksichtigt, das zum einen die Kundenzufriedenheit und zum anderen die Kundenbindung beeinflusst. Somit ist es dem in Abbildung 4-3-3 dargestellten Kausalmodell von Andreassen/Lindestadt (1998) sehr ähnlich.

Obgleich die Zufriedenheit bedeutenden Einfluss auf das Wiederkaufverhalten ausübt, sind zufriedene Kunden nicht zwangsläufig loyale Kunden. So zeigte eine Studie in der Automobilindustrie, dass lediglich circa ein Drittel der zufriedenen Kunden die gleiche Marke wiederkaufen (Reichheld 2001). Die Zufriedenheit stellt zwar auf der einen Seite keinen Garant für die Kundenbindung dar, auf der anderen Seite bedeutet aber starke Unzufriedenheit fast immer das Ende einer Beziehung (Mittal/Lassar 1998, S. 193; Oliver 1999). Deswegen scheint die Zufriedenheit von Kunden eine zentrale Voraussetzung für deren Bindung zu sein. Allerdings gibt es eine Reihe von moderierenden Variablen, die den Zusammenhang zwischen Kundenzufriedenheit und Kundenbindung beeinflussen. Dies sind unter anderem das Wettbewerbsumfeld, das Bedürfnis nach Abwechslung und die Anbieteraktivitäten.

Beziehungsqualität

Entsprechend der Erfolgskette ist neben der Kundenzufriedenheit die Beziehungsqualität eine relevante Zielgröße zur Steuerung von Kundenbeziehungen.

> Die **Beziehungsqualität** als Konstrukt bezieht sich auf die wahrgenommene Güte der Beziehung zwischen Anbieter und Kunden als Ganzes – und somit auf die Qualität aller bisherigen Anbieter-Nachfrager-Interaktionen. Grundlage zur Beurteilung der Beziehungsqualität aus Kundensicht bildet das Vertrauen zu und die Vertrautheit mit dem Anbieter (Crosby/Evans/Cowles 1990, S. 70; Bitner 1995, S. 251; Smith 1998; Hennig-Thurau/Klee/Langer 1999; Hennig-Thurau 2000).

Eine hohe Beziehungsqualität erleichtert die Transaktionen zwischen den Beziehungspartnern. Abbildung 4-3-5 zeigt die unterschiedlichen **Wirkungen der Beziehungsqualität** in Bezug auf die Kundenzufriedenheit und -bindung aus einer Studie eines IT-

Dienstleistungsunternehmens. Aus den Wirkungskoeffizienten wird ersichtlich, dass insbesondere bei komplexeren Dienstleistungen, wie z. B. Beratungsprojekten, die Beziehungsqualität zu einem wichtigen Treiber der Kundenzufriedenheit und -bindung werden kann. Die Wirkungskoeffizienten auf die Kundenzufriedenheit (0,2 versus 0,4) und die Kundenbindung (0,4 versus 0,6) weisen darauf hin, dass die Kunden bei komplexeren Dienstleistungen die eigentliche Qualität der Transaktion aufgrund der Komplexität des Leistungsprozesses nicht mehr vollständig beurteilen können und die Einschätzung der Beziehungsqualität als so genannte **„Credence Quality"** für die Ergebnisevaluation (Kundenzufriedenheit) und die weitere Verhaltensabsicht (Kundenbindung) heranziehen. Das bedeutet, die Zufriedenheit mit einer IT-Lösung wird vielfach schon implizit aus der Einschätzung abgeleitet, dass die Beziehung zwischen dem Kunden und den Mitarbeitern eine hohe Qualität aufweist.

Abbildung 4-3-5 **Bedeutung der Beziehungsqualität für die Kundenzufriedenheit und Kundenbindung am Beispiel eines IT-Dienstleistungsunternehmens**

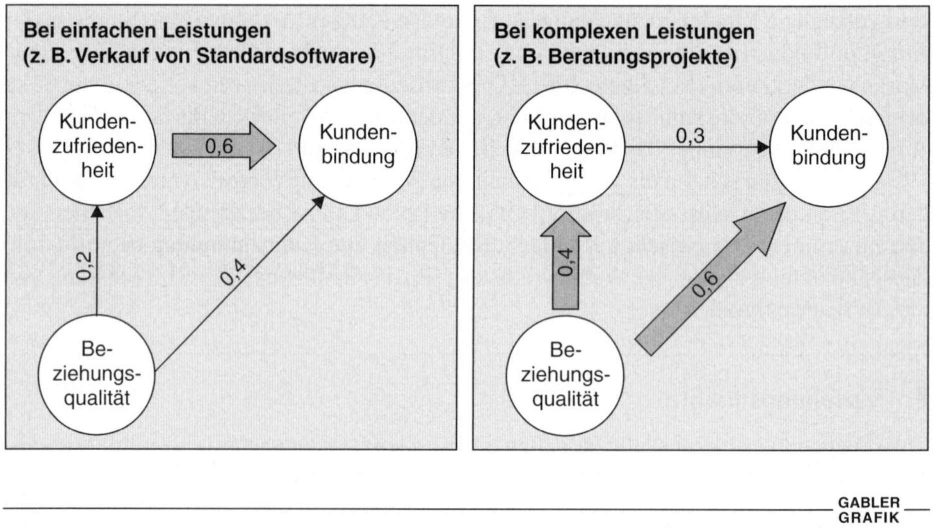

Eine **Kennzeichnung des Gegenstandsbereichs** der Beziehungsqualität lässt sich anhand von fünf Merkmalen vornehmen (Georgi 2000; Bruhn 2001e; vgl. Abbildung 4-3-6):

1. Perspektive,
2. Bezugsobjekt,
3. Zeitliche Orientierung,
4. Transaktionsbezug,
5. Art des Konstruktes.

Abbildung 4-3-6 Konzeptionalisierungen der Beziehungsqualität

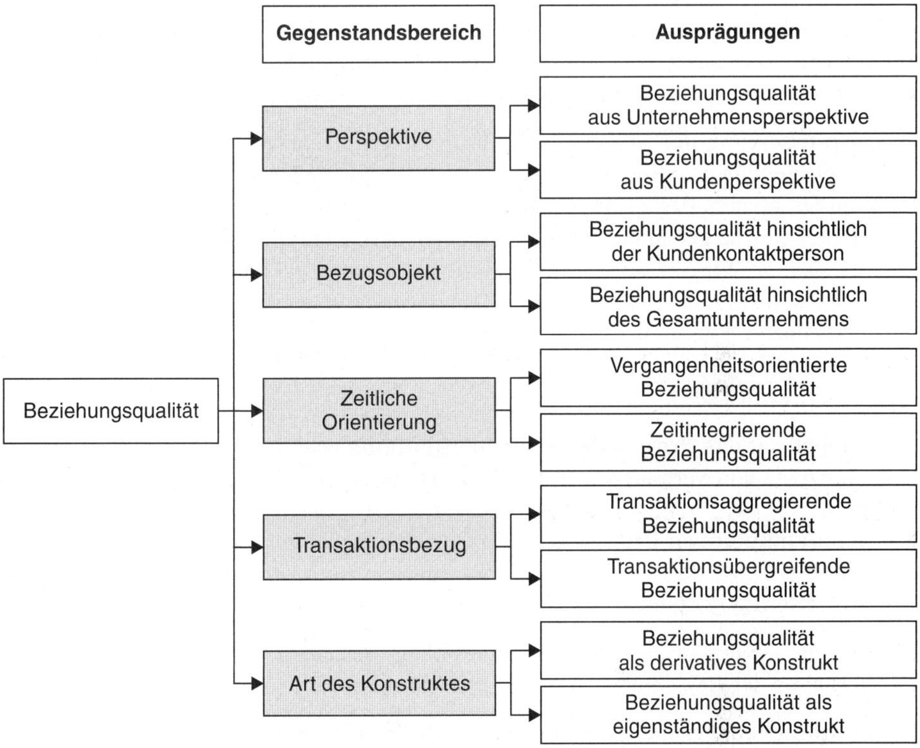

GABLER GRAFIK

Quelle: Georgi 2000, S. 43

Die Beziehungsqualität stellt die zentrale Größe zur Beurteilung einer Beziehung durch den Kunden dar. Das Relationship Marketing dient der **Steuerung von Kundenbeziehungen.** Aufgrund des Prinzips der Perspektivenübernahme ist es demnach von wesentlicher Bedeutung, die Wahrnehmung der Beziehung durch den Kunden bei der Gestaltung des Relationship Marketing zu berücksichtigen. Bei der Beziehungsqualität handelt es sich um ein komplexes Konstrukt, dessen Wahrnehmung sich anhand von unterschiedlichen Dimensionen vollzieht. Generell können zwei **Dimensionen der Beziehungsqualität** differenziert werden (Georgi 2000):

1. Vertrauen des Kunden in das Unternehmen,
2. Vertrautheit zwischen Kunde und Unternehmen.

Das Konstrukt des **Vertrauens,** dessen zentrale Funktion die Komplexitätsreduktion in zwischenmenschlichen Beziehungen darstellt (Deutsch 1958; Loose/Sydow 1994; Gierl 1999; Gounaris 2005; vgl. für einen Überblick über Definitionen des Vertrauenskonstrukts O'Malley/Tynan 1997, S. 494), repräsentiert eine zukunftsorientierte Komponente der Beziehungsqualität. Vertrauen ist definiert als die Bereitschaft des Kunden, sich auf das Unternehmen im Hinblick auf dessen zukünftiges Verhalten ohne weitere Prüfung zu verlassen (in Anlehnung an Morgan/Hunt 1994, S. 23).

Die **Voraussetzung der Vertrauensbildung** ist Verletzbarkeit. Diese beinhaltet unsichere Entscheidungskonsequenzen, die für den Vertrauenden wichtig sind (Moorman/Zaltman/Deshpandé 1992; Doney/Cannon 1997). Insbesondere wenn es sich bei Wiederkäufen nicht um so genannte unmodifizierte Wiederkäufe („Straight Rebuys"), sondern um modifizierte Wiederkäufe („Modified Rebuys") handelt, kommt Vertrauen zum Tragen. Dies ist insbesondere bei Individualleistungen (z. B. modifizierte Wiederkäufe bei der Geldanlage versus unmodifizierte Wiederkäufe beim Frisör) der Fall. Die modifizierten Kaufgegenstände erhöhen den Grad der Unsicherheit bei der Kaufentscheidung (Johnston/Lewin 1996).

Im Hinblick auf den **Prozess der Vertrauensbildung** lassen sich verschiedene Entstehungsprozesse von Vertrauen unterscheiden (Doney/Canon 1997, S. 37):

- Beim **kalkulativen Prozess** geht ein Beziehungspartner von vertrauenswürdigem Verhalten des anderen aus, wenn der Nutzen nicht vertrauensvollen Verhaltens geringer ist als die Kosten, „erwischt" zu werden (Lindskold 1978; Rao/Bergen 1992).
- Im Rahmen des **prädiktiven Prozesses** hängt Vertrauen von der Fähigkeit ab, das Verhalten des Beziehungspartners vorherzusehen.
- Der **fähigkeitsbezogene Prozess** betrifft die Einschätzung der Fähigkeit des Beziehungspartners, seine Aufgaben zu erfüllen.
- Nach dem **absichtsbezogenen Prozess** wird Vertrauen auf Basis der Einschätzung der Ziele und Absichten des Beziehungspartners gebildet (Lindskold 1978).
- Gemäß dem **transferierenden Prozess** kommt es zur Vertrauensbildung auf Basis der Einschätzung des Beziehungspartners durch einen Dritten.

Als weitere Dimension der Beziehungsqualität kann die **Vertrautheit** des Kunden mit dem Unternehmen identifiziert werden. Vertrautheit steht in engem Zusammenhang zum Vertrauen und hat einen vergangenheitsorientierten Charakter (Luhmann 1989). Vertrautheit umschreibt den Grad der Bekanntheit mit einem Objekt (z. B. Situation) oder Subjekt. Bezogen auf eine Unternehmen-Kunde-Beziehung bezeichnet Vertrautheit den **Grad der Bekanntheit** mit dem jeweiligen Beziehungspartner im Hinblick auf dessen Einstellungen und Verhaltensweisen (Georgi 2000).

Aufgrund der **wechselseitigen Abhängigkeit** der Partner innerhalb einer Beziehung (Håkansson/Snehota 1993, S. 2) umfasst die Vertrautheit des Kunden nicht nur seine Vertrautheit mit dem Unternehmen, sondern auch die durch ihn wahrgenommene Vertrautheit des Unternehmens mit dem Kunden. Dem Kunden ist es also zum einen wichtig, dass er die Prozesse des Unternehmens kennt, wenn er an der Leistungserstellung beteiligt ist. Beispielsweise ist es in fremden Städten häufig schwierig, sich im Nahverkehrssystem zurechtzufinden, während Bewohner einer Stadt das System „beherrschen". Zum anderen nimmt der Kunde unter Umständen sehr bewusst wahr, ob das Unternehmen mit ihm vertraut ist. Beispiele für Indikatoren der Vertrautheit des Unternehmens mit dem Kunden sind das Kennen des Namens des Kunden, aber auch vor allem das Kennen seiner spezifischen Bedürfnisse bei der Leistungserstellung (z. B. Nichtraucherzimmer im Hotel).

Eine zentrale Aufgabe des Dienstleistungsmarketing ist deshalb bei individuellen Dienstleistungen im **Aufbau von Vertrautheit** zu sehen. Auch wenn sich Vertrautheit teilweise und bis zu einem gewissen Grade ohne eine Steuerung durch das Unternehmen einstellt (Georgi 2000), können Unternehmen durch entsprechende vertrautheitsbildende Maßnahmen die Entstehung von Vertrautheit fördern.

Je höher die Beziehungsqualität durch den Kunden wahrgenommen wird, desto weniger kritisch ist der Kunde im Einzelfall und desto eher lassen sich positive psychologische Konsequenzen beim Kunden realisieren.

Kundenbindung

Das Erreichen der kundenbezogenen psychologischen Ziele kann im Rahmen der Erfolgskette zur Realisierung von **Kundenverhaltenszielen** beitragen (Oliver 1996). Die **Kundenbindung** stellt diesbezüglich die zentrale Zielgröße von Dienstleistungsunternehmen dar (Reichheld/Sasser 1991; Dick/Basu 1994; Oliver 1997; Bruhn/Homburg 2001).

> Der Begriff **Kundenbindung** umfasst sämtliche Maßnahmen eines Dienstleistungsunternehmens, die darauf abzielen, sowohl die tatsächlichen Verhaltensweisen als auch die zukünftigen Verhaltensabsichten eines Kunden gegenüber dem Anbieter positiv zu gestalten, um die Beziehung zu diesem Kunden in Zukunft zu stabilisieren bzw. auszuweiten (Homburg/Bruhn 2001, S. 8).

Ein wesentlicher Grund für die besondere Bedeutung der Kundenbindung liegt in den vielfältigen Einflüssen dieses Zieles auf ökonomische Zielgrößen (vgl. hierzu auch Abbildung 4-3-1). So wird die **Mengenkomponente** des Umsatzes durch im Zeitablauf steigende Kauffrequenzen und größere Absatzmengen positiv beeinflusst. Beide Wirkungen sind auf die wachsende Vertrautheit mit der Leistung sowie die Nutzung von Cross-Selling-Potenzialen durch den Anbieter zurückzuführen. Zudem können in einigen Branchen im Zeitablauf höhere Preise durchgesetzt werden, denn die von Kunden bei langjährigen Beziehungen zu Dienstleistern empfundene Risikoreduktion führt zu einer sinkenden individuellen Preiselastizität der Nachfrage.

Schließlich wirken dauerhafte Kundenbeziehungen auch **kostenreduzierend.** Dieser Effekt beruht auf zunehmenden Lerneffekten bei der Interaktion zwischen Kunden und Kontaktpersonal, die langfristig eine Reduktion der Kundenbetreuungskosten bewirken (Reichheld/Sasser 1991; Meffert 1993a, S. 13ff.).

Da im Dienstleistungsbereich die Bedeutung der mitarbeiterbezogenen Faktoren seit jeher stärker ausgeprägt ist, erfolgt die Bindung der Kunden über persönliche Beziehungen vergleichsweise leichter als beispielsweise im Konsumgüterbereich. Im Zuge der Standardisierung von Dienstleistungen werden aber auch hier die Herausforderungen der Kundenbindung zunehmen (Peters 1997, S. 14).

Bei den Kaufverhaltenszielen sind wesentliche **Bedeutungsunterschiede in Abhängigkeit vom betrachteten Leistungstyp** festzustellen. So kommen bei individualisierten Dienstleistungen Kundenbindungszielen (Wiederkauf, Kauffrequenzsteigerung, Cross Buying) eine wesentlich höhere Bedeutung zu als bei Standardleistungen. Dies liegt zunächst in der relativen Bedeutung einzelner Kunden für einen Anbieter von Individualleistungen (z. B. Wirtschaftsprüfung, Vermögensverwaltung) begründet, die mit hohen Investitionen zu Beginn einer Kundenbeziehung durch den Anbieter einhergehen. Darüber hinaus können bei individualisierten Dienstleistungen aufgrund von Kundenbindung zum einen Kostensenkungseffekte erzielt werden, die auf den hohen Integrations- und Interaktionsgrad sowie die damit verbundenen Erfahrungseffekte des Anbieters im Hinblick auf einen Kunden zurückzuführen sind. Zum anderen liegt in diesen Bereichen häufig eine Informationsasymmetrie zu Ungunsten des Kunden vor. Gebundene Kunden, die bereits Erfahrungen mit dem Unternehmen gesammelt haben, werden dabei in stärkerem Maße zu einer qualitativ hochwertigen Leistungserstellung beitragen können als unerfahrene Kunden. Auch sind in diesem Bereich eher Cross-Buying-Effekte von Relevanz. Dienstleistungsunternehmen bieten ihren Kunden häufig ein breites Leistungsprogramm an, das nur dann wirtschaftlich ist, wenn möglichst viele Kunden möglichst viele Leistungen des Anbieters nutzen. Darüber hinaus ist die besondere Bedeutung der Mund-zu-Mund-Kommunikation als Kaufentscheidungskriterium auf das Risiko der Kunden zurückzuführen.

Kundenwert

Zur kundenspezifischen Zielfestlegung ist es erforderlich, die ökonomischen Oberziele auch für die Einzelkunden- bzw. Kundengruppenebene zu formulieren. Zu den **kundenbezogenen ökonomischen Zielen,** die durch das angestrebte Kundenverhalten beeinflusst werden können, gehören beispielsweise der Kundendeckungsbeitrag, der Customer Lifetime Value oder kundendeterminierte Einzelkosten (Gierl/Kurbel 1997; Dwyer 1997; Berger/Nasr 1998; Berger et al. 2003; vgl. auch Günter/Helm 2003). Vergleichbar mit den unternehmensbezogenen ökonomischen Zielen sind vor allem der Kundenwert (Customer Lifetime Value) und der Kundendeckungsbeitrag von Bedeutung, die sich aus dem Kundenumsatz ergeben.

Die Betrachtung des **Kundenwertes** hat im Zuge der zunehmenden Umsetzung von Kundenbindungsmaßnahmen an Bedeutung gewonnen. Er dient als Maßstab für Investitionsentscheidungen des Kundenmanagements und hier insbesondere zur Segmentierung der

Kunden. Beim **Begriff Kundenwert** im engeren Sinne handelt es sich um die Summe aller diskontierten Ein- und Auszahlungen eines einzelnen Kunden, die während der Akquisitionsphase und im Verlauf der gesamten Geschäftsbeziehung entstehen (Homburg/Daum 1997; Dwyer 1997).

Den Ausgangspunkt zur **Berechnung des Kundenwertes** bildet die Kapitalwertformel, die – analog der klassischen Investitionsrechnung – auch für Kundeninvestitionen angewendet werden kann (Köhler 1999). In diesem Zusammenhang wird auch von der Customer-Lifetime-Value-Analyse gesprochen (CLV) (vgl. ausführlich Andon et al. 1998). Der Kundenwert kann wie folgt berechnet werden:

$$\text{Kundenwert} = -A + \sum_{t=1}^{n} (E_t - K_t) \cdot d^{-t}$$

A = Anfangsinvestitionen (z. B. Verwaltungskosten zur Aufnahme des Kunden in die Datenbank)
E = Einnahmen im Zeitpunkt t (z. B. potenzieller Umsatz pro Kunde, Cross-Buying-Potenzial)
K = Ausgaben im Zeitpunkt t (z. B. Betreuungskosten, Verwaltungskosten, Telefonkosten)
t = Jahr
n = Geschätzte Dauer der Geschäftsbeziehung
d = Diskontierungsrate (1 + i)
i = Zinssatz der Investition

Abbildung 4-3-7 **Fiktives Beispiel für die Berechnung des Kundenwertes**

	Jahre der Kundenbeziehung						
	t = 0	t = 1	t = 2	t = 3	t = 4	t = 5	t = 6
Anfangsinvestition	30						
Einnahmen		20	60	70	80	90	100
Kosten		100	30	35	45	45	50
Einnahmeüberschuss		– 80	30	35	35	45	50
Diskontierungsfaktor		1,1	1,1	1,1	1,1	1,1	1,1
Zahlungsreihe (gerundet)		– 73	25	26	24	28	28
Kundenwert (gerundet)	– 30	– 103	– 78	– 52	– 28	0	28

GABLER GRAFIK

Basierend auf den Erfahrungswerten des Unternehmens über das Verhalten des Kunden werden die bereits getätigten sowie die zukünftig zu erwartenden Zahlungsströme des jeweiligen Kunden erfasst und auf den Zeitpunkt der Berechnung abgezinst. Abbildung 4-3-7 zeigt ein fiktives Beispiel für die Berechnung des Kundenwertes.

Neben den individuellen Kundenwerten einzelner Kunden beschäftigen sich einige Studien ferner mit der Analyse von **branchenbezogenen Kundenwerten.** Die vielbeachtete Studie von Reichheld/Sasser (1991) kam zu dem in Abbildung 4-3-8 dargestellten Ergebnis.

Abbildung 4-3-8 Kundenwerte im Zeitablauf

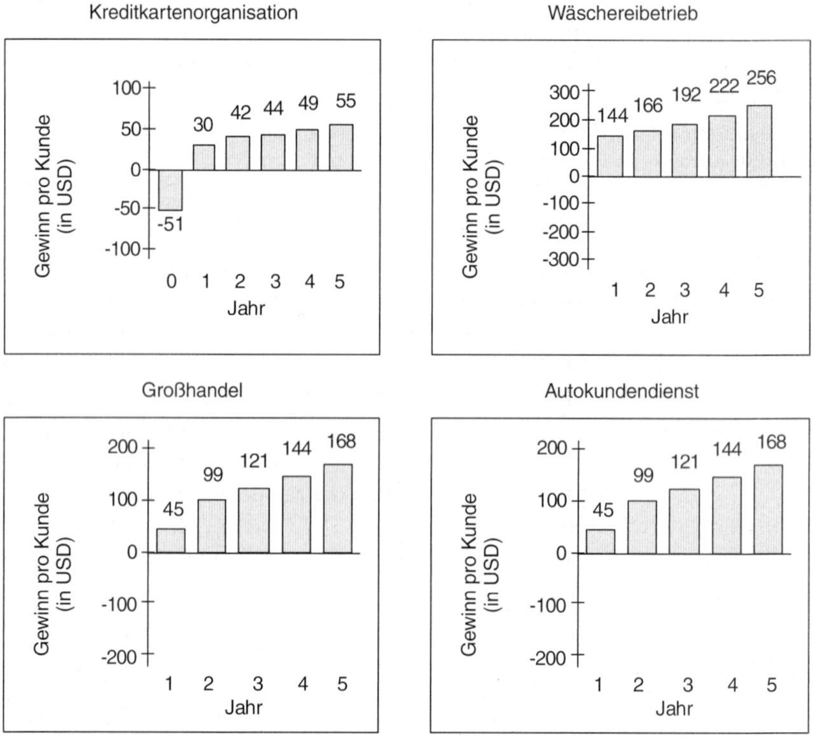

GABLER GRAFIK

Quelle: Reichheld/Sasser 1991, S. 108

Die von Reichheld/Sasser (1991) durchgeführte Studie zeigt, dass ein Kreditkartenkunde im ersten Jahr der Geschäftsbeziehung einen durchschnittlichen Kundenwert von 30 USD erbringt. Im fünften Jahr der Beziehung hat sich dieser Wert bereits auf 50 USD erhöht. Ähnliche Kundenwertentwicklungen werden auch für andere Branchen aufgezeigt. Betrachtet man lediglich den potenziellen Lebensumsatz pro Kunde insgesamt, so wird dieser Betrag für einen Supermarkt auf 175.000 EUR geschätzt. Für einen Automobilhersteller wird ein Wert pro Kunde von 105.000 EUR angesetzt (Studie der Boston Consulting Group, zitiert nach Stauss/Seidel 2002).

Die Reichheld/Sasser-Studie ruft jedoch nach langer Euphorie über die Potenziale der Kundenbindung auch zunehmend **Kritik** hervor. Als Kritikpunkte an der Studie sind unter anderem die geringe Stichprobe sowie die fehlende Bekanntgabe der zur Messung verwendeten Verfahren und Daten zu nennen (z. B. Knoll/Schaller 2003, S. 33).

Die implizite Prämisse, dass jedes Unternehmen die Ein- und Auszahlungen der Kunden individuell erfassen und zurechnen kann, ist jedoch in der Unternehmenspraxis in vielen Fällen nicht gegeben. Um eine systematische Strategiefindung sicherzustellen, sind zunächst die Voraussetzungen im Rechnungswesen zu schaffen (Plinke 1989; Scheiter/Binder 1992; Homburg/Daum 1997; Köhler 1999). Da dies mit erheblichen Investitionen verbunden ist, wird von Praxisvertretern teilweise die Ansicht vertreten, eine statische Betrachtung der Kundenbeziehung sei ausreichend. In diesen Fällen werden z. B. **kundenbezogene Deckungsbeiträge** zu bestimmten Zeitpunkten berechnet. Aber auch bei dieser Vorgehensweise ist es für das Dienstleistungsunternehmen notwendig, die kundenbezogenen Umsätze sowie Kosten innerhalb eines Jahres ermitteln zu können.

Es existieren im weiteren Sinne des Kundenwertes zusätzliche mögliche Zielgrößen für den Kundenwert, die jedoch meist nur beschränkt ökonomisch bewertet werden können. Diese umfassen z. B. den durch Kundeninformation, Referenz-, Kooperations- und Synergiepotenziale geschaffenen Kundenwert (Tomczak/Rudolf-Sipötz 2003, S. 141ff.). **Kundeninformation** kann etwa zur Optimierung von Leistungen und Prozessen führen. Das **Referenzpotenzial** umfasst den Wert der durch Weiterempfehlungen generierten Umsätze (Cornelsen 1998; Wangenheim 2003) Das **Kooperationspotenzial** bezeichnet den durch Teilnahme des Kunden an der Leistungserstellung geschaffenen Wert. Das **Synergiepotenzial** schließlich beinhaltet Verbundeffekte, die durch einen besonders hohen Umsatz eines einzelnen Kunden oder in sich homogene Kundengruppen erzielt werden können.

Diese **Problematik indirekter Kundenwertansätze** kann vor allem am Beispiel der Weiterempfehlungen veranschaulicht werden. Zum einen gestaltet sich bereits die Zuordnung von durch Weiterempfehlungen generierten Umsätzen zu einzelnen Kunden schwierig. Zum anderen stellt sich die Frage, wie der Wert dieser Umsätze auf den eigentlichen Kunden und die Person, die die entscheidende Weiterempfehlung ausgesprochen hat, verteilt wird, um den Wert nicht zweifach in die Kundenwertrechnung einzubeziehen.

In Abhängigkeit von den Phasen des **Kundenbeziehungslebenszyklus** kommt den verschiedenen kundenbezogenen Zielen eine unterschiedliche Bedeutung zu. Beispielsweise sind die Kaufverhaltensziele in Abhängigkeit von der Beziehungsphase differenziert zu formulieren (Erstkauf in der Kundenakquisitionsphase versus Wiederkauf in der Kundenbindungsphase).

Vorzugsweise wird eine **Formulierung der Ziele nach Kundensegmenten** angestrebt (Kotler 1997, S. 249). Abgesehen von den ökonomischen Zielen haben die meisten Ziele des Dienstleistungsmarketing nicht für sämtliche Zielgruppen des Unternehmens die gleiche Bedeutung. Unabhängig von einer spezifischen Kundensegmentierung unterscheiden sich die Ziele des Dienstleistungsmarketing bereits im Hinblick auf potenzielle, aktuelle und abgewanderte Kunden in starkem Maße. Dies wird bei einer Betrachtung von Erfolgsketten in den Kundenakquisitions-, Kundenbindungs- und Kundenrückgewinnungsphasen deutlich.

In der **Kundenakquisitionsphase** werden Marketingmaßnahmen eingesetzt, um das Interesse der Kunden für das Unternehmen und seine Leistungen zu wecken, eine Aufmerksamkeit und Bekanntheit bezüglich der Leistungen zu erzielen sowie Präferenzen und ein positives Image auf Seiten der Kunden zu erreichen. Das Ziel ist hierbei die Steuerung des kundenseitigen Informationsverhaltens, um in der Folge die ökonomischen Zielgrößen zu verbessern. Weiterhin gilt es im Hinblick auf den Kundenkontakt, einen Dialog und Interaktionen zu initiieren.

In der **Kundenbindungsphase** dienen die Maßnahmen des Dienstleistungsmarketing der Sicherstellung einer positiven Qualitätswahrnehmung, einer hohen Kundenzufriedenheit und Beziehungsqualität sowie eines hohen Commitment des Kunden gegenüber dem Unternehmen. Über diese psychologischen Ziele wird angestrebt, eine Erhöhung der Kundenbindung und eine positive Mund-zu-Mund-Kommunikation zu realisieren, die die Basis für Umsatz und Gewinn darstellen.

In der **Kundenrückgewinnungsphase** geht es um die Identifizierung von Abwanderungsgründen. Ein Ergebnis kann das Ziel einer Verbesserung der Qualitätswahrnehmung und des Images sein, über die versucht wird, eine wiederholte Weckung von Interesse und Präferenz beim abgewanderten Kunden zu erreichen. Auf diese Weise kann möglicherweise ein (wiederholter) Erstkauf, d. h. eine Wiederaufnahme der Beziehung, erzielt und negative Mund-zu-Mund-Kommunikation vermieden werden, um in der Folge höhere Umsätze und Gewinne zu realisieren.

Es zeigt sich, dass die Oberziele in den verschiedenen Phasen ähnlich sind. Allerdings unterscheiden sich die psychologischen kundenbezogenen Ziele und Kundenverhaltensziele, die zur besseren Realisierung der Oberzielgrößen dienen. Eine bedeutsame Grundlage zur Erreichung der unternehmens- und kundengerichteten Ziele bildet die Umsetzung der **mitarbeitergerichteten Zielgrößen** (Grund 1998).

Grundlage im Rahmen der **mitarbeitergerichteten Ziele** ist die Annahme, dass zufriedene Mitarbeiter die Basis für den Aufbau von Kundenzufriedenheit und Kundenbindung sind. Unter dieser Prämisse hat es folglich Ziel eines Unternehmens zu sein, die Motivation der Mitarbeiter durch extrinsische und intrinsische Leistungsanreize zu steigern, um in der Folge die Produktivität und Leistungsqualität zu erhöhen sowie Fehlzeiten der Mitarbeiter zu vermeiden und die Mitarbeiter langfristig an das Unternehmen zu binden (Bruhn 1999b).

Zu den zentralen mitarbeitergerichteten Zielen eines Dienstleistungsunternehmens zählen:

- Mitarbeiterzufriedenheit,
- Mitarbeitermotivation,
- Leistungsfähigkeit/Produktivität von Mitarbeitern,
- Mitarbeiterakzeptanz,
- Mitarbeiterbindung.

Die vergleichsweise hohe Bedeutung der mitarbeiterorientierten Ziele resultiert aus der Notwendigkeit einer Interaktivität von Kunde und Dienstleister sowie dem daraus folgenden Zusammenhang zwischen Personalmotivation, Leistungsqualität, Kundenzufriedenheit und ökonomischem Erfolg (Heskett et al. 1994, S. 50ff.; Baron/Harris 1995, S. 126ff.). Vor diesem Hintergrund wurde in den letzten Jahren das Konzept des **Internen Marketing** entwickelt (vgl. Kapitel 6). Über die Festlegung der strategischen Ziele des Dienstleistungsanbieters hinaus ist ferner eine Konkretisierung der **operativen Ziele** erforderlich. Folglich sind leistungs-, preis-, distributions-, kommunikations- sowie personalpolitische Ziele definiert, operationalisiert und schriftlich zu fixieren. Eine konkrete Ausgestaltung von allgemeinen Marketingzielen sowie Zielen der eingesetzten Marketinginstrumente zeigt Abbildung 4-3-9.

Abbildung 4-3-9 Festlegung operativer Marketingziele

Operative Marketingziele				
Externe Instrumente				Internes Instrument
Leistungspolitik	**Preispolitik**	**Distributionspolitik**	**Kommunikationspolitik**	**Personalpolitik**
Hohe Qualität hinsichtlich des Leistungsprogrammes Dienstleistungsinnovationen Erhöhung des Cross-Selling-Potenzials Verbesserung des Leistungsprogramms	Ausnutzung der Preissensibilität Erhöhung der Preise Durchsetzung der Preisdifferenzierung Ausnutzung der Intransparenz des Marktes	Erhöhung des Distributionsgrades Einführung neuer Vertriebswege Verbesserung der Beratungsqualität von Absatzmittlern Einsatz neuer Medien	Bekanntheit der Dienstleistungsmarke steigern Akquisition von Neukunden durch Direct-Mail-Aktionen Kundenbindung durch spezielle Events	Verbesserung bestimmter Verhaltensmerkmale: – Freundlichkeit – Zuverlässigkeit – Pünktlichkeit Erhöhung der Beratungsqualität des Kontaktpersonals

GABLER GRAFIK

4. Festlegung von Strategien im Dienstleistungsbereich

Nachdem zuvor die Zielinhalte und das strategische Analyse- und Planungsinstrumentarium des Dienstleistungsmarketing herausgearbeitet worden sind, ist im Folgenden auf konkrete Strategien im Dienstleistungsbereich einzugehen. In der Literatur zum Dienstleistungsmarketing finden sich eine Reihe von branchenbezogenen Strategiekonzepten (z. B. im Bereich Finanzdienstleistungen). Generelle Strategiesystematiken werden demgegenüber vergleichsweise wenig diskutiert. Im Folgenden wird deshalb versucht, einen Ansatz zur **Systematisierung von Dienstleistungsstrategien** zu erarbeiten, der für alle Dienstleistungsbranchen gleichermaßen Gültigkeit besitzt. Entsprechende Ansätze, wenngleich nicht speziell auf den Dienstleistungsbereich zugeschnitten, finden sich in zahlreichen Varianten in der Marketingliteratur (z. B. Becker 2001; Müller-Stewens/Lechner 2003; Welge/Al-Laham 2004).

Eine **Dienstleistungsstrategie** stellt einen bedingten, langfristigen, globalen Verhaltensplan zur Erreichung der Unternehmens- und Marketingziele eines Dienstleistungsunternehmens dar. Strategien sind auf der Grundlage der Unternehmens- und Marketingziele zu entwickeln und dienen der Kanalisierung von Maßnahmen in den einzelnen Marketingmixbereichen eines Dienstleistungsunternehmens.

Eine Dienstleistungsstrategie bildet somit das zentrale Bindeglied zwischen den Zielen und der operativen Maßnahmenplanung. Der Diskussion einzelner Strategien bzw. strategischer Optionen wird die in Abbildung 4-4-1 dargestellte **Strategiesystematik** zugrunde gelegt.

Zunächst gilt es, eine grundlegende **Geschäftsfeldstrategie** festzulegen (Abschnitt 4.1). Zu diesem Zweck erfolgt notwendigerweise die Festlegung der strategischen Geschäftsfelder einer Unternehmung (Abschnitt 4.11). Im Anschluss ist zu prüfen, welche marktfeldstrategische Option für die Unternehmung optimal ist (Abschnitt 4.12). Mit der vollzogenen Festlegung dieser Elemente wird anschließend in den Bereich der strategischen Marketingplanung übergewechselt, der die Geschäftsfelder als Bezugsgrößen voraussetzt und verwendet. Als weitere Elemente der Geschäftsfeldstrategie werden die Wettbewerbsvorteils- (Abschnitt 4.13), die Marktabdeckungs- (Abschnitt 4.14) sowie die Timing-Strategie (Abschnitt 4.15) diskutiert.

Abbildung 4-4-1 Zentrale strategische Fragestellungen und Strategieoptionen

Geschäftsfeldstrategien	Abgrenzung strategischer Geschäftsfelder		■ Funktionen ■ Technologien ■ Kundengruppen ■ Regionen
	Marktfeldstrategie		■ Marktdurchdringung ■ Marktentwicklung ■ Dienstleistungsentwicklung ■ Diversifikation
	Wettbewerbsvorteilsstrategie (eindimensional versus simultan)		■ Qualitätsvorteil ■ Innovationsvorteil ■ Markierungsvorteil ■ Programmbreitenvorteil ■ Kostenvorteil ■ Zeitvorteil
	Marktabdeckungsstrategie		■ Gesamtmarkt ↔ ■ Nische
	Timingstrategie		■ Pionier ↔ ■ Folger
Marktteilnehmerstrategien	Marktbearbeitungsstrategie		■ Undifferenziert ■ Differenziert ■ Segment of One
	Kundenstrategie		■ Neukundenakquisition ■ Kundenbindung ■ Kundenrückgewinnung
	Verhaltensstrategien	Abnehmergerichtet	■ Präferenzstrategien ↔ ■ Preis-Mengen-Strategie
		Wettbewerbsgerichtet	■ Ausweichen ■ Kooperation ■ Konflikt ■ Anpassung
		Absatzmittlergerichtet	■ Umgehung/Ausweichen ■ Kooperation ■ Konflikt ■ Anpassung
Marketinginstrumentestrategien	■ Leistungspolitik ■ Kommunikationspolitik ■ Distributionspolitik ■ Preispolitik ■ Personalpolitik		

Im Rahmen der auf den Geschäftsfeldstrategien aufbauenden **Marktteilnehmerstrategien** (Abschnitt 4.2) sind dann für jedes Geschäftsfeld weitere Überlegungen anzustellen. Zunächst werden marktbearbeitungsspezifische Optionen (Abschnitt 4.21) und Kundenstrategien (Abschnitt 4.22) gewählt. Darüber hinaus werden marktteilnehmerbezogene Verhaltensstrategien formuliert. Zu den Marktteilnehmern werden in diesem Zusammenhang die Abnehmer (Abschnitt 4.23), die Wettbewerber (Abschnitt 4.24) sowie die Absatzmittler (Abschnitt 4.25) gezählt. Denkbar wäre weiterhin eine Berücksichtigung von sonstigen Anspruchsgruppen (vgl. Meffert 2000, S. 268).

Das abschließende Element der Strategiesystematik bildet die Festlegung von **Marketinginstrumentestrategien** (Abschnitt 4.3), die eine Konkretisierung der Strategien hinsichtlich des Instrumenteeinsatzes beinhalten.

4.1 Geschäftsfeldstrategien

4.11 Abgrenzung strategischer Geschäftsfelder

Um die strategischen Geschäftsfelder eines Unternehmens ableiten zu können, ist zunächst der **relevante Markt** festzulegen. Hierzu existieren verschiedene Ansätze, z. B. das Konzept der Kreuzpreiselastizität oder der funktionalen Ähnlichkeit (im Überblick bei Backhaus 2003, S. 225). Sinnvoll ist die Definition des relevanten Marktes aus Sicht der Kunden, so dass häufig das **Konzept der subjektiven Austauschbarkeit** zum Einsatz gelangt. Hier umfasst der relevante Markt sämtliche Leistungen von Unternehmen, die aus Sicht der Kunden als subjektiv austauschbar empfunden werden.

Ist der relevante Markt definiert, kann die Festlegung der strategischen Geschäftsfelder erfolgen, wobei von der Überlegung ausgegangen wird, dass der für ein Dienstleistungsunternehmen zu bearbeitende Markt in der Regel mehr Abnehmergruppen und Abnehmerbedürfnisse umfasst als überhaupt mit den zur Verfügung stehenden Unternehmensressourcen befriedigt werden können.

> Eine **Geschäftsfeldwahl** beinhaltet ein Aufteilen des Gesamtmarktes in homogene Marktsegmente, die sich jedoch untereinander in ihren abnehmerbezogenen und sonstigen Charakteristika, z. B. Wettbewerbsintensität oder Technologie, unterscheiden.

Im Folgenden wird überprüft, inwieweit die im Konsum- und Industriegüterbereich diskutierten Ansätze zur Geschäftsfeldplanung auch für den Dienstleistungsbereich anwendbar sind.

Eine **eindimensionale Definition** des Betätigungsfeldes eines Unternehmens, z. B. anhand von Dienstleistungen oder Abnehmergruppen, wird in der Literatur übereinstimmend als nicht ausreichend angesehen (Farny/Kirsch 1987, S. 377; Meffert 2000).

Konzepte der **zweidimensionalen Geschäftsfeldabgrenzung** nach Leistungen und Abnehmergruppen bieten sich grundsätzlich auch für den Dienstleistungsbereich an. Beispielsweise könnte der Gesamtmarkt einer Bank hinsichtlich des Kriteriums Abnehmergruppen in Privat-, Individual- und Firmenkunden unterteilt werden. Die zweite Dimension ist entsprechend den Dienstleistungsprodukten einer Bank z. B. in Kredit-, Spareinlagen-, Anleihen- oder Wertpapiergeschäfte zu unterteilen. Es entsteht ein zweidimensionaler Suchraum für Betätigungsschwerpunkte einer Bank.

Insert 4-4-1 zeigt am Wandel des ehemaligen Staatsunternehmens Deutsche Post zum Weltkonzern Deutsche Post World Net bzw. DHL die strategische Neuausrichtung der Geschäftsfelder. Zusätzlich zu leistungsbezogenen Veränderungen setzt DHL auch neue Schwerpunkte hinsichtlich der Abnehmergruppen.

Allerdings besteht heute weitgehend Einigkeit darüber, dass es strategisch unzureichend ist, die für die Zukunft geplanten Aufgaben- und Tätigkeitsgebiete ausschließlich durch die klassische Produkt-Markt-Kombinationen zu definieren. Abell (1980) schlägt vor diesem Hintergrund eine **dreidimensionale Geschäftsfeldabgrenzung** mit den folgenden Dimensionen vor:

- **Funktionen,** die das Unternehmen im Sinne einer zu erbringenden Marktleistung erfüllt,
- **Zielgruppen,** für die diese Funktionen erbracht werden,
- **Technologien,** unter Verwendung derer die Funktionserfüllung erfolgt.

Zweifelsohne ergibt sich auch für ein Dienstleistungsunternehmen die Notwendigkeit, die Betätigungsfelder durch eine mehrdimensionale Betrachtungsweise abzugrenzen. Es stellt sich allerdings die Frage, inwieweit der in industriellen Produktmärkten bewährte Ansatz von Abell unter Verwendung der **Technologiekomponente** auch auf den Dienstleistungsbereich übertragbar ist. Die wachsende Bedeutung von Technologien im engeren Sinne, d. h. technischer Verfahren bei der Erstellung von Dienstleistungen, ist unter anderem auf so genannte E-Services zurückzuführen, die gesondert im Kapitel 6, Abschnitt 1.24, behandelt werden. Insbesondere aufgrund der stärkeren Gewichtung solcher Technologien im Dienstleistungsbereich ist die Differenzierung zum nachfolgend verwendeten Technologiebegriff im Sinne von Instrumenten und Leistungsausprägungen zu beachten.

Aufgrund der Immaterialität der Dienstleistung kann eine Technologie im Sinne einer produktbezogenen Problemlösung nicht Gegenstand bzw. Bestandteil eines Dienstleistungsproduktes sein und damit auch nicht zur Abgrenzung der Geschäftsfelder herangezogen werden.

INSERT 4-4-1 Die ZEIT, Nr. 32, 29.07.2004, S. 15–16

Die Post liefert sich aus

Während sich die Deutschen über geschlossene Filialen ärgern, bereitet sich der Konzern auf die Zeit nach dem Briefmonopol vor – und stürzt sich ins globale Abenteuer VON ARNE STORN

Für die Männer ist es »der Maschinenraum«, dabei ist alles klinisch sauber. Still. Und kühl. Von der feuchten Luft und der morgendlichen Hitze Malaysias ist hier drinnen nichts zu spüren. In blaues Licht getaucht, starren die Männer auf Computerbildschirme. Rechts, im Operations Center, kontrollieren acht von ihnen die Server, über die täglich 300 000 Kundenanfragen laufen. Links, im Telecom Center, achten elf Angestellte auf Fehlermeldungen aus dem weltweiten Firmennetz.

Willkommen in Cyberjaya, einem am Reißbrett entworfenen Technologiepark nahe Kuala Lumpur. Hier, in einem unscheinbaren vierstöckigen Gebäude, befindet sich der Maschinenraum, und hier achten wenige Männer von 8 Uhr morgens bis 16 Uhr nachmittags darauf, ob in Afghanistan ein Paket seinen Empfänger erreicht, in Kuwait ein 98 Tonnen schweres Ersatzteil für eine Bohrinsel ankommt oder in Zypern ein Container verloren geht. Für diese Stunden ist dieser Raum, sind diese Mitarbeiter das Herz des Express- und Logistikkonzerns DHL. Und damit das Herz der Deutschen Post.

1998 übernahm die Post die ersten Anteile an DHL, seit Ende 2002 gehört das Unternehmen endgültig zum Reich des Bonner Konzerns. »*We move the world*« heißt der Slogan des Werbespots, in dem Showmaster Thomas Gottschalk und sein Bruder derzeit den Deutschen die Marke DHL nahe bringen.

»*We move the Post*« könnte der Slogan auch lauten. Denn die einstige Behörde hat sich DHL komplett verschrieben. In drei Jahren läuft das lukrative deutsche Briefmonopol aus, und spätestens dann muss der große Gewinn aus dem weltweiten Logistikgeschäft kommen. Bloß beim Volk ist das nicht angekommen. Während sich die Deutschen noch über abgehängte Briefkästen, geschlossene Filialen und unzuverlässige Austräger ärgern, kommt bereits knapp die Hälfte des Postumsatzes aus dem Ausland. Dort tritt die Post schon heute de facto nur noch unter der Marke DHL auf.

In dieser Woche legt die Post ihre Halbjahreszahlen vor, und sie werden die Bedeutung von DHL für die einstige Behörde untermauern. »In drei Jahren«, sagt Postvorstand Peter Kruse, »wird DHL 75 Prozent des Konzernumsatzes stellen.« So dominant ist die Rolle der formell als Tochter firmierenden Express- und Logistiksparte, dass mittelfristig sogar das heute Undenkbare denkbar erscheint: die Umbenennung des Konzerns Deutsche Post World Net in DHL.

Wenn es ein Symbol des Wandels gibt, dann ist es der gläserne Post-Tower in Bonn. Hier, am Ufer des Rheins und am Rand des alten Regierungsviertels, hat Postchef Klaus Zumwinkel in den vergangenen Jahren einen doppelten Strategiewechsel vollzogen. Zumwinkel fand eine Behörde vor, die sich vor allem um die Briefzustellung kümmerte und über ihre Geschäfte kaum Buch führte. »Da bin ich manchmal schier wahnsinnig geworden«, sagt er heute. Zumwinkel formte daraus einen Logistikkonzern – und richtete den Fokus von Deutschland weg aufs internationale Geschäft. Bereits im kommenden Jahr will die derzeit noch mehrheitlich im Staatsbesitz befindliche Post weltweit das größte Logistikunternehmen sein. 2003 erzielte sie ein Betriebsergebnis von knapp 3 Milliarden Euro bei einem Umsatz von 40 Milliarden Euro. Mehr als die Hälfte des Umsatzes erwirtschafteten die rund 160 000 Mitarbeiter von DHL.

Gut 12 Milliarden Euro hat Zumwinkel bisher für Zukäufe bezahlt, 683 Firmen gehören laut Geschäftsbericht zum Konzern. Der Großteil dieser Firmen soll die »neue DHL« bilden, die 230 Länder und Territorien anfliegt und nach eigenen Berechnungen fünf Prozent des Welthandels transportiert.

Die »alte DHL«, das ist der Expressdienst, den die drei Amerikaner Adrian Dalsey, Larry Hillblom und Robert Lynn – DHL eben – 1969 auf der Strecke San Francisco–Honolulu gründeten. Schon 1971 expandierten sie nach Südostasien, 1983 nach Osteuropa und 1986 nach China. Als erster und bis heute einziger Anbieter fliegt DHL seit 2002 Afghanistan an sowie seit 2003 den Irak – die Bilder einer angeschossenen, brennenden Frachtmaschine gingen vergangenes Jahr um die Welt. Zur selben Zeit erfolgte der Zusammenschluss mit dem Logistiker Danzas, den die Post Jahre zuvor erworben hatte, und dem zwischenzeitlich von ihr aus vielen Firmen geformten Dienst Euro Express.

Auch die Neuerwerbung Airborne in den USA firmiert nun als DHL. Der Logistiker ist somit – anders als die großen Konkurrenten UPS und Fedex aus den USA – nicht organisch gewachsen. DHL ist dafür internationaler aufgestellt als UPS und Fedex, die ihr Geld noch vor allem im profitablen amerikanischen Heimatmarkt verdienen. Fedex kam 2003 bei einem Umsatz von 22,5 Milliarden Dollar auf einen operativen Gewinn von knapp 1,5 Milliarden Dollar, UPS bei einem Umsatz von 33,5 Milliarden Dollar

Foto: Jörg Neumann für DIE ZEIT/Montage DZ/ Evgueni Issakovitch; ZEIT-Grafik/Quelle: Deutsche Post World Net

INSERT 4-4-1 Die ZEIT, Nr. 32, 29.07.2004, S. 15–16 (Fortsetzung)

auf gut 4,4 Milliarden Dollar. Der Post steht ein Kraftakt bevor, will sie DHL zu einer vergleichbaren Einheit formen.

»In der Art hat es eine solche Integration noch nicht gegeben«, sagt Branchenanalyst Markus Hesse von der Hypo Vereinsbank. Kundenstämme sind abzugleichen, aus 1500 Computerprogrammen nur noch 200 zu machen sowie unzählige Transportstrecken, Filialen und zentrale Umschlagplätze (Hubs) zusammenzulegen. Von 36 000 Jobs in Deutschland soll die neue DHL 1600 abbauen. Mitarbeitermotivation sieht anders aus.

»Natürlich sind die Mitarbeiter verunsichert und besorgt«, sagt Rolf Büttner, Mitglied des Bundesvorstandes von verdi und stellvertretender Aufsichtsratsvorsitzender der Post. Zwar legt der Gewerkschafter Wert darauf, dass seit 1990 keinem Mitarbeiter betriebsbedingt gekündigt wurde. »Wir verhandeln aus einer Position der Stärke heraus«, sagt Büttner. Aber einigen Mitarbeitern ist es dennoch zu gefährlich, mit der Presse zu reden.

»Die Stimmung ist mies. Die haben alle Angst um ihren Job«, sagt Uli Zeller, der in Bamberg einen Versandhandel für Tanzschuhe betreibt und viele bei der Post kennt. Zeller ist einer der kleinen Kunden, die in der neuen DHL durch den Rost fallen. Im Zuge einer Tarifreform erhöhte DHL die Preise für Pakete ins Ausland für Firmenkunden teilweise ummehr als das Dreifache. Die gut 200 Pakete, die Zeller dieses Jahr ins europäische Ausland schicken wird, bringt jetzt UPS. »Dass Kleinvieh auch Mist macht, ist bei denen wohl noch nicht angekommen«, schimpft Zeller auf die Post und DHL. Fakt ist: Geschäftskunden sind zwar die Hauptzielgruppe von DHL. Vor allem aber große Geschäftskunden.

In der Brüsseler Zentrale von DHL zeigen rot leuchtende Digitaluhren die Ortszeiten von San Francisco, London, Brüssel, Hongkong und Singapur. Hier arbeitet Patrick Andersen, Europachef der Abteilung Global Customer Solutions (GCS). Seit Anfang des Jahres kümmern sich die insgesamt 500 Mitarbeiter dieser Abteilung ausschließlich um DHLs 106 größte Kunden – Konzerne, die den weltweiten Transport von Turnschuhen, Autoteilen oder Handys erwarten. 250 Millionen Euro Umsatz bringt allein der größte dieser Kunden. »Wir gehen davon aus, dass unser Kundenstamm schneller wächst als der Rest von DHL«, sagt Andersen. GCS bietet exklusiven Service, Komplettlösungen und persönliche Ansprechpartner bis hinauf zur Ebene des Postvorstandes. »UPS und Fedex achten ganz sicher genau darauf, was wir tun«, sagt Andersen. Keiner der Konkurrenten biete solch eine Bandbreite an Transportmöglichkeiten.

Wie das Logistikgeschäft funktioniert, lässt sich nachts um halb zwei auf dem Gelände des Brüsseler Flughafens

Der Konzern und seine Sparten

Geschäftszahlen 2003, Mitarbeiterzahlen in Vollzeitstellen

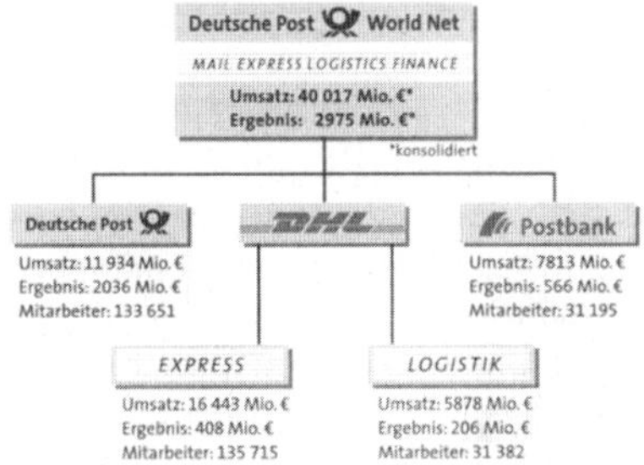

Zaventem, dem wichtigsten Umschlagplatz in Europa, beobachten. Etwa 25 DHL-Flugzeuge aus aller Welt stehen auf dem Rollfeld. Signallampen blinken. In einer Halle lädt eine Armee von Gabelstaplern Stückgut um, Paletten von Mitsubishi, aber auch löchrige Boxen, in denen Küken transportiert werden. Der Krach ist ohrenbetäubend, ein Gemisch aus Gummi und Abgasen füllt die Luft. Eine Halle weiter, in einem Gewirr aus Treppen und Förderbändern, sortieren Männer mit festen Schuhen und roten Schutzwesten Tausende Pakete und Dokumentensendungen. Ihre Augen blicken müde.

In der Strategie von DHL kommt Andersens Abteilung GCS eine entscheidende Rolle zu. Insbesondere in den USA will man damit Kunden und Marktanteile gewinnen. Denn während DHL speziell im Expressmarkt in Asien weit vorn liegt und als führender Anbieter in Europa seinen Marktanteil noch weiter von »16 auf 20 Prozent und mehr steigern« will (Postvorstand Kruse), ist man in den USA mit 9 bis 10 Prozent klar abgeschlagen. Im größten Markt weltweit dominieren UPS und Fedex mit mehr als 70 Prozent. Es sind vor allem die Verluste in den USA von allein 280 Millionen Euro im vergangenen Jahr, die die Umsatzrendite der Expresspatte bei 2,5 Prozent dümpeln lässt. Die Briefsparte erreicht 17 Prozent. UPS zum Beispiel weist insgesamt zweistellige Zahlen vor.

Mehrere tausend Autos und Hunderte Flugzeuge weltweit hat Wolfgang Giehl umspritzen lassen, damit DHL unter dem Dach der Post ein neues, rot-gelbes Gesicht bekommen. 150 Millionen Dollar kostet das »Rebranding« in den USA in diesem Jahr, im vergangenen Jahr gab man für den neuen Auftritt weltweit 125 Millionen Euro aus. Giehl leitet das Markenmanagement der Post in der Konzernzentrale im Bonner Post-Tower. »Wenn eine Marke global agiert, muss ich sie auch global einheitlich aufbauen«, sagt er. Einzige Ausnahme: Vietnam. Dort verzichtet DHL auf die Streifen – die Regierung fühlte sich an die Flagge des alten Südvietnam erinnert.

Angesprochen auf die Möglichkeit eines neuen Namens für den Konzern, winkt Giehl für den Moment ab. Den gesamten Postkonzern in DHL umzubenennen, so auch die offizielle Sprachregelung der Firmenleitung, sei »zurzeit kein Thema«. Dass die Frage sehr wohl ein heißes Thema und sehr relevant ist, lässt sich indes aus vielen Gesprächen heraushören. »DHL hat weltweit einen ganz anderen Klang«, sagt der Post-Vorstand Uwe Dörken. Von seinem Büro im 40. Stock sieht man den Drachenfels und das Siebengebirge.

Subventioniert die alte Post mit ihren Erträgen aus dem Briefmonopol in Deutschland die Billigangebote ihrer Transporttochter? Die Konkurrenten jedenfalls sehen das so, und deshalb fordern sie, dass DHL vom Rest abgespalten wird. In wenigen Wochen will Ralf Wojtek vom deutschen Branchenverband BIEK, dem Wettbewerber wie UPS, Fedex, DPD und TNT angehören, einen entsprechenden Antrag bei der Regulierungsbehörde für Telekommunikation und Post stellen. In seinem Anliegen sieht er sich durch das Postgesetz und frühere Entscheidungen der EU gedeckt. »Nicht nur das Geschäft, sondern auch das Management von DHL und Briefbereich waren dann zu trennen«, sagt Wojtek. »Nimmt die Post diese Trennung nicht vor, setzt sie sich letztlich dem Vorwurf der unerlaubten Beihilfe aus und damit der Gefahr, von der EU zu hohen Rückzahlungen verurteilt zu werden. »Auch Analysten halten es für möglich, dass die Post ihre Anteile an der Postbank verkaufen, das Briefgeschäft durch Käufe im Ausland auf eigene Beine stellen und DHL verselbstständigen könnte. »Ich gehe davon aus, dass die Post diese Trennung sogar will«, sagt Wojtek.

Die nächsten Monate werden es zeigen. 2005 stellt die Post ihre neue Langfriststrategie vor. Sicher ist, dass DHL in den Plänen des Vorstands die zentrale Rolle spielen wird – trotz aller Probleme bei Integration und Profitabilität. »Die Post kann nicht auf der Hälfte der Strecke stehen bleiben«, sagt Analyst Hesse. So oder so: Drei große Buchstaben sind die Zukunft der Deutschen Post.

Während die Dienstleistung also selbst keine Technologiekomponente beinhaltet, ist es vielmehr der **Dienstleistungserstellungsprozess,** in dem verstärkt Technologien eingesetzt werden. Um den Ansatz von Abell auf den Dienstleistungsbereich übertragen zu können, ist daher von einem **modifizierten Technologieverständnis** auszugehen. Technologien stellen hier in der Regel alternative Möglichkeiten der Funktionserfüllung bzw. Hilfsmittel zur rationelleren Erstellung von Dienstleistungen dar.

Ein auf diesen Überlegungen aufbauender **dienstleistungsbezogener Geschäftsfeldplanungsprozess** wird am Beispiel von Versicherungen dargestellt (Birkelbach 1988). Aufgrund der zentralen Bedeutung der Geschäftsfelddefinition bei der strategischen Unternehmensplanung und der zu erwartenden besonders komplexen Funktions-Technologie-Beziehung in der Assekuranz ist es sinnvoll, die Geschäftsfelddefinition und -wahl in zwei aufeinander aufbauende Teilstufen zu untergliedern.

1. Abgrenzung grundsätzlicher Problemlösungsbereiche bei Versicherungen

Ausgangspunkt der funktions- und technologieorientierten Geschäftsfelddefinition sind die Kernbedürfnisse („Basic Want") der Kunden, die es zu bestimmen gilt. Da die grundsätzliche Leistung einer Versicherung in der garantierten Risikoübernahme für den Versicherungsnehmer besteht, kann die Verbesserung der Risikosituation des Kunden, gleichbedeutend mit „Erhöhung der Sicherheit", als zentrales Kundenbedürfnis herausgearbeitet werden. Somit kann im Sinne einer innovativen Geschäftsfelddefinition in **Stufe 1** zunächst ein strategischer Suchraum **„Sicherheitsnachfrage"** aufgebaut werden. Dieser Suchraum zur Lokalisierung von strategischen Geschäftsfeldern wird dann definitionsgemäß durch die drei Dimensionen abgegrenzt (vgl. Abbildung 4-4-2):

1. Zielgruppe: Nachfrager nach Sicherheit (Kundengruppen),
2. Funktion: Sicherheitsfunktionen,
3. Technologie: Sicherheitstechnologien.

Als **Nachfrager nach Sicherheit** können auf der Ebene einer Makrosegmentierung folgende Kundengruppen unterschieden werden: Groß-, Mittel- und Kleinbetriebe, Vereine und Organisationen, private Haushalte und auch Versicherungsunternehmen, die beispielsweise Sicherheit in Form von Rückversicherungsschutz nachfragen.

Die **Sicherheitsfunktionen** leiten sich unmittelbar aus den Bedürfnissen der Sicherheitsnachfrager ab. Diese können in risikopolitische „Software-" und „Hardwarefunktionen" unterteilt werden. Risikopolitische **Softwarefunktionen** sind solche Sicherheitsfunktionen, die bei jedem Sicherheitsproblem „automatisch" mit zu bewältigen sind, wie z. B. die Risikoidentifikation, -analyse und -beratung. Risikopolitische **Hardwarefunktionen** beschreiben die Bedürfnisse nach tatsächlicher, materieller Erhöhung der Sicherheit, z. B. die Erhöhung der Sicherheit bei Personen-, Vermögens- oder Sachschäden sowie bei der Altersvorsorge.

Abbildung 4-4-2 **Strategischer Suchraum „Sicherheitsnachfrage"**

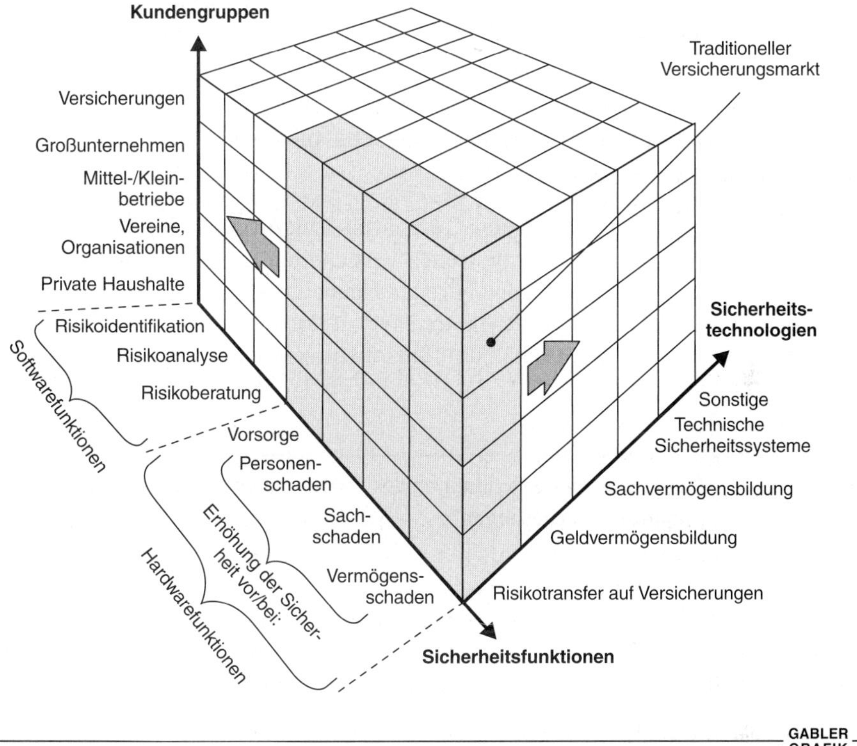

Quelle: Birkelbach 1988, S. 234

Im Sinne des erweiterten Technologieverständnisses stellen **Sicherheitstechnologien** alle Möglichkeiten dar, die oben genannten Sicherheitsfunktionen zu erfüllen. Eine dieser Möglichkeiten ist z. B. der **Risikotransfer** auf eine Versicherungsgesellschaft. Denkbar ist ferner eine „Eigenversicherung" der Nachfrager, die durch Bildung finanzieller Rücklagen **(Geldvermögensbildung)** bzw. im Industrieversicherungsbereich durch Gründung von so genannten „Captives" **(Sachvermögensbildung)** erreicht werden kann. Sicherheit kann zudem durch Inanspruchnahme **technischer Sicherheitssysteme** (z. B. Alarmanlagen, Bewachungsunternehmen usw.) oder durch den Einsatz sonstiger Sicherheitstechnologien erhöht werden. Mit der Operationalisierung der Kundengruppen-, Sicherheitsfunktions- und Sicherheitstechnologieachse wird der gewünschte **strategische Suchraum** „Sicherheitsnachfrage" dreidimensional zur Lokalisierung von strategischen Geschäftsfeldern aufgespannt. Um eine detaillierte Definition der strategischen Geschäftsfelder zu ermöglichen, ist es zur Planungsvereinfachung sinnvoll, eine erste **Eingrenzung des Suchraumes „Sicherheitsnachfrage"** vorzunehmen. Dabei wird, unter Beachtung der eigenen Ressourcen und Unternehmensfähigkeiten, aus dem strategischen Suchraum eine bestimmte Auswahl von Nachfragern, Sicherheitsfunktionen und Sicherheitstechnologien ausgewählt und als zunächst nur grob bestimmtes strategisches Geschäftsfeld festgelegt. Diese erste Stufe der Geschäftsfeldwahl kann als „Basisauswahlentscheidung“ bezeichnet werden.

2. Feinabgrenzung des strategischen Geschäftsfeldes „Konsumversicherungen"

Zur Darstellung der **zweiten Stufe der Geschäftsfelddefinition** wird der hypothetische Fall einer für den deutschen Markt typischen Versicherungsgruppe unterstellt. Diese hat sich entschlossen, der Kundengruppe „Private Hauhalte“ sämtliche Sicherheitsfunktionen hinsichtlich der Technologie „Risikotransfer auf Versicherungen“ zu erfüllen. Dieser Suchraum repräsentiert das Geschäftsfeld **„Konsumversicherungen“** (vgl. Abbildung 4-4-3).

Abbildung 4-4-3 **Basisauswahlentscheidungen des strategischen Geschäftsfeldes „Konsumversicherungen"**

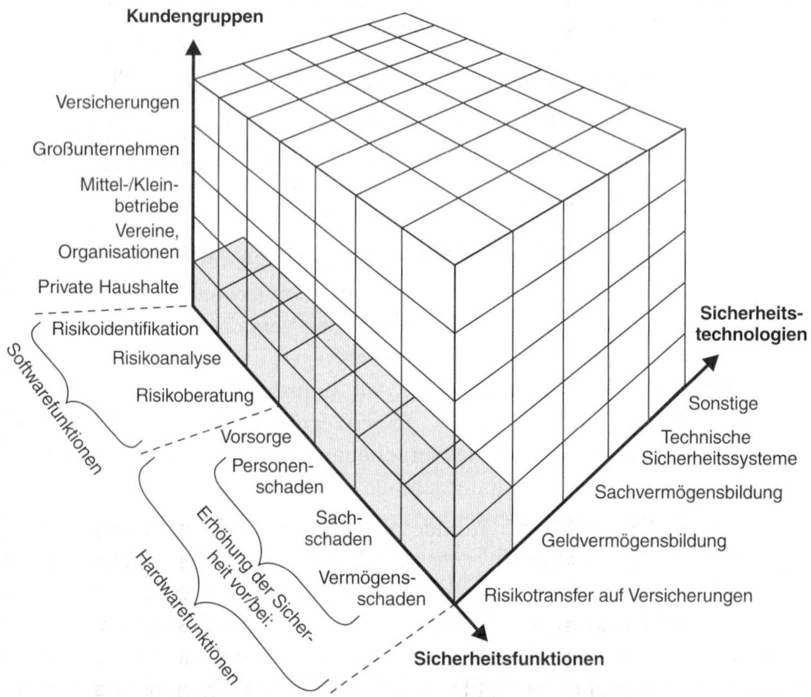

Quelle: Birkelbach 1988, S. 235

GABLER GRAFIK

Die **Feinabgrenzung** des strategischen Geschäftsfeldes „Konsumversicherungen“ wird notwendig, weil die nur globale Geschäftsfelddefinition noch nicht präzise genug ist, um zielsetzungsgerecht als Bezugsobjekt für funktionale Marketingstrategien zu dienen. Es bietet sich aufgrund der beschriebenen Vorzüge an, für die Abgrenzung des strategischen Geschäftsfeldes in der zweiten Definitionsstufe wiederum den dreidimensionalen Abgrenzungsvorschlag anzuwenden, dabei jedoch die ausgewählten Kundengruppen, Funktionen und Technologien in Untereinheiten zu differenzieren.

Abbildung 4-4-4 Präzisierung des strategischen Geschäftsfeldes „Konsumversicherungen“

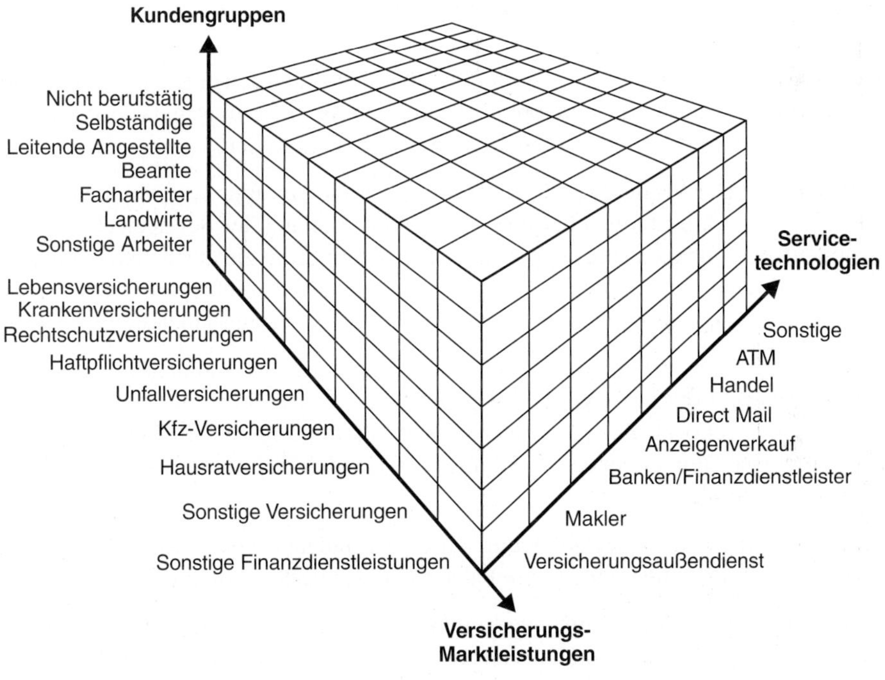

Quelle: Birkelbach 1988, S. 236

Bei der so fortentwickelten Geschäftsfelddefinition wird die in Stufe 1 ausgewählte Kundengruppe **„Private Haushalte“** in mehrere Sub-Kundengruppen (Nichterwerbstätige, Selbständige, Beamte usw.) segmentiert. Die Sicherheitsfunktionen werden ferner in **Versicherungsmarktleistungen** (Lebens-, Kranken-, Rechtsschutzversicherungen usw.) transformiert. An die Stelle der einzigen Sicherheitstechnologie „Risikotransfer auf Versicherungen“ tritt eine Auswahl von **Subtechnologien,** hier die so genannten Servicetechnologien in Form alternativer Vertriebswege für Versicherungen. Das abgeleitete strategische Geschäftsfeld „Konsumversicherungen" stellt sich nun nach einer verfeinerten Analyse in Stufe 2 als ein dreidimensionales, jedoch wesentlich präziser definiertes Geschäftsfeld dar, das in Abbildung 4-4-4 wiedergegeben ist.

3. Entscheidungen zur Marktbearbeitung bzw. Marktabdeckung

Nachdem sich die Versicherungsgesellschaft grundsätzlich für die Bearbeitung des strategischen Geschäftsfeldes „Konsumversicherungen" entschieden und dieses präziser definiert hat, gilt es nun festzulegen, welche Segmente des strategischen Geschäftsfeldes Konsumversicherungen zu bearbeiten sind. Geht man vereinfachend davon aus, dass sich eine der Definitionsachsen jeweils vollständig abdecken lässt, ergeben sich acht Typen von **Marktwahlstrategien** (Abell 1980, S. 200f.):

Strategietyp 1: Das Versicherungsunternehmen bietet sämtlichen Kundengruppen des Sektors „Private Haushalte" eine breite Palette von Versicherungsmarktleistungen an. Dabei bedient es sich mehrerer alternativer Servicetechnologien.

Strategietyp 2: Der Versicherer bietet sämtlichen Kundengruppen die Möglichkeit, alle Versicherungsmarktleistungen bei ihm zu erhalten. Entlang der Servicetechnologiedimension erfolgt hingegen eine enge Abdeckung. Diese Strategie dürfte der Prototyp für die großen Versicherungsgruppen und -konzerne sein, die als Mehrspartenversicherer in der Regel alle Kundengruppen mit einem eigenen Versicherungsaußendienst bedienen.

Strategietyp 3: Entlang der Versicherungsmarktleistungsachse nimmt das Unternehmen eine enge Auswahl vor. Diese wird den Kundengruppen über ein breites Netz an Servicetechnologien angeboten. Beispiele einer solchen Strategie sind die Anbieter von Reiseversicherungspaketen, die in der Regel über den Handel, Reisebüros, Anzeigenverkauf usw. erhältlich sind.

Strategietyp 4: Bei der Spezialisierung auf eine Kundengruppe werden alle Versicherungsmarktleistungen über eine breite Palette von Servicetechnologien angeboten.

Strategietyp 5: Das Unternehmen vertreibt eine Versicherungsmarktleistung über eine Servicetechnologie an alle Kundengruppen. Diese Abdeckungsstrategie ist kennzeichnend für die meisten nicht in Versicherungskonzerne eingebundenen Versicherungsunternehmen.

Strategietyp 6: Eine Versicherungsmarktleistung wird einer Zielgruppe über alle Servicetechnologien angeboten.

Strategietyp 7: Der Versicherer spezialisiert sich auf eine Kundengruppe, der alle Versicherungsmarktleistungen über eine Servicetechnologie angeboten werden. Praktisches Beispiel hierfür ist die HUK-Coburg, die der Kundengruppe „Beamte" mehrere Versicherungsmarktleistungen anbietet. Dabei bedient sie sich der Servicetechnologie „nebenberufliche Versicherungsvertreter aus öffentlicher Verwaltung".

Strategietyp 8: Der Versicherer konzentriert sich auf eine Kundengruppen-/Versicherungs-/Servicetechnologie-Kombination. Eine solche „Nischenstrategie" verfolgte lange Zeit die HUK-Coburg, indem sie den Beamten nur Kfz-Versicherungen mit vorgenannter Servicetechnologie anbot.

Welche dieser Strategien vom Versicherer zu wählen ist, kann durch eine branchen- und unternehmensindividuelle Auswahlanalyse ermittelt werden. Im Rahmen der branchenbezogenen Auswahlanalyse wird überprüft, inwieweit mit bestimmten Marktabdeckungsgraden intendierte Erfolgspositionen (z. B. Erfahrungskurveneffekte) im Dienstleistungs- und speziell Versicherungssektor erreicht werden können. Bei einer sich anschließenden unternehmensbezogenen Wahl der Marktabdeckungsstrategie hat der Versicherer zu prüfen, welche Strategie den besten „Fit" zu seinen Unternehmensressourcen und -fähigkeiten darstellt.

Abbildung 4-4-5 **Sukzessives Verfahren der Geschäftsfeldwahl**

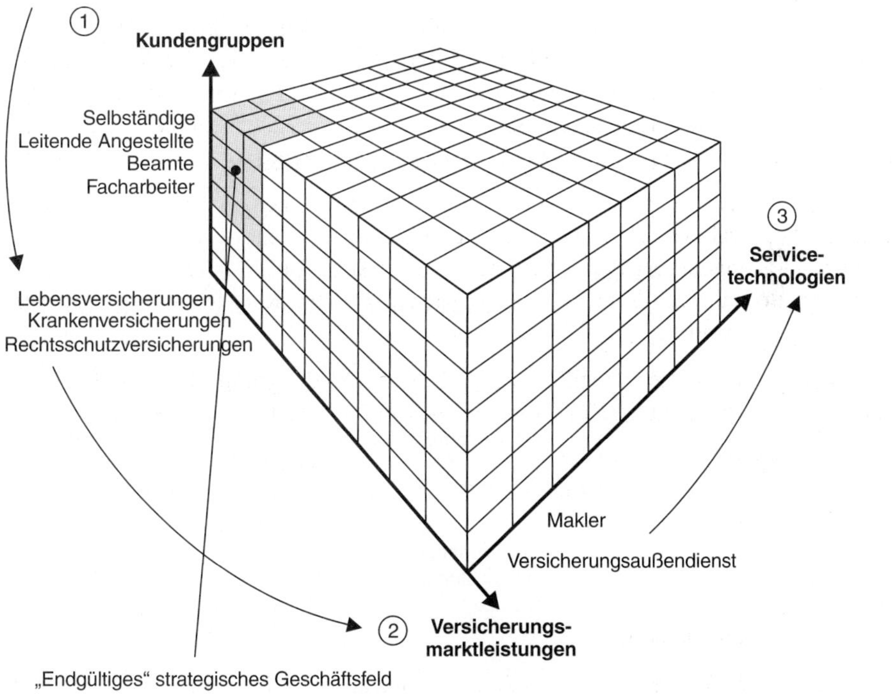

Quelle: Birkelbach 1988, S. 237

Erst nach der **stufenweisen Abgrenzung** erfolgt die endgültige Auswahl von Segmenten des durch Kundengruppen, Versicherungsmarktleistungen und Servicetechnologien aufgespannten strategischen Geschäftsfeldes „Konsumversicherungen".

Es bleibt festzuhalten, dass die sukzessive Auswahl von Segmenten entlang der drei Achsen eine geeignete Methode zur Abgrenzung strategischer Geschäftsfelder für Dienstleistungsunternehmen ist. Abbildung 4-4-5 veranschaulicht das **sukzessive Vorgehen bei der Auswahl eines strategischen Geschäftsfeldes** abschließend im Überblick (Birkelbach 1988, S. 237).

4.12 Marktfeldstrategie

Im Rahmen der Festlegung von Dienstleistungsstrategien erfolgt als zweiter Schritt die Bestimmung der generellen strategischen Stoßrichtung, deren Aufgabe es ist, die langfristige Erreichung der Unternehmensziele sicherzustellen. Für eine grobe Strukturierung möglicher Strategiealternativen kann die klassische **Ansoff-Matrix** (Ansoff 1966, S. 13ff.) herangezogen werden. Auf den Dienstleistungsbereich übertragen (Johnson/Scheuing/Gaida 1986, S. 115) lassen sich die in Abbildung 4-4-6 dargestellten **Basisstrategien** unterscheiden.

Abbildung 4-4-6 Marktfeldstrategien im Dienstleistungsmarketing

Dienstleistungen \ Märkte	Gegenwärtig	Neu
Gegenwärtig	① Marktdurchdringung	② Marktentwicklung
Neu	③ Dienstleistungsentwicklung/-innovation	④ Diversifikation

GABLER GRAFIK

Im Rahmen der **Marktdurchdringungsstrategie** erfolgt eine Intensivierung der Bemühungen, bei den vorhandenen Kunden die gegenwärtigen Leistungsarten eines Dienstleistungsunternehmens vermehrt abzusetzen.

Die Marktdurchdringungsstrategie lässt sich ebenfalls anhand des **Beispiels des Logistikunternehmens DHL** der Deutschen Post World Net aufzeigen (Insert 4-4-1). Es wird deutlich, dass sich das Unternehmen auf eine Durchdringungsstrategie bei Geschäftskunden fokussiert und sich hierzu z. B. durch Unternehmensakquisitionen verstärkt international ausrichtet, um geografisch alle Märkte abdecken zu können.

Bei dieser Strategie ergeben sich im Wesentlichen drei Ansatzpunkte, die isoliert oder kombiniert verfolgt werden können:

1. **Erhöhung der Dienstleistungsverwendung** bei bestehenden Kunden (z. B. Schaffung neuer Anwendungsbereiche, Beschleunigung des Ersatzbedarfes durch künstliche Obsoleszenz/Modetrends).
2. **Gewinnung von Kunden,** die bisher bei der Konkurrenz gekauft haben (z. B. durch Preisreduktion, Verkaufsförderungsaktionen, Dienstleistungsoptimierung, Einsatz des Marketinginstrumentariums). Diese Strategie verlangt insbesondere von Dienstleistungssektoren, bei denen eine intensive Bindung zwischen Dienstleistungsanbieter und -nachfrager besteht (Versicherungen, Bank, Steuerberater), besondere Anstrengungen, um einen Kunden zum Wechsel zu bewegen. Dies erklärt sich vor allem durch das als hoch empfundene Kaufrisiko bei vielen Dienstleistungen.
3. **Gewinnung bisheriger Nichtverwender** der Dienstleistung (z. B. durch intensivierte Kommunikation, Einsatz neuer Distributionskanäle). Hier lassen sich die Bemühungen im sozialen Dienstleistungsbereich anführen, in dem durch Werbemaßnahmen und Aufklärungsaktivitäten auf die Inanspruchnahme von Krebsvorsorgeuntersuchungen hingewiesen wurde. Im kommerziellen Bereich ist beispielsweise die Inanspruchnahme von Kreditkartenservices zu nennen. Einige der Kreditkartenanbieter versuchen, bisherige Nichtverwender durch Probeangebote zu stimulieren.

Innerhalb der **Marktentwicklungsstrategie** wird angestrebt, für die gegenwärtigen Dienstleistungen einen oder mehrere neue Märkte zu finden.

Ansätze für die Marktentwicklung finden sich insbesondere bei der Kundendimension des Abell'schen Schemas. Insgesamt sind im Rahmen der Suche nach neuen Marktchancen insbesondere zwei Vorgehensweisen möglich:

1. **Erschließung zusätzlicher Märkte** durch regionale, nationale oder internationale Ausdehnung (Stauss 1994b) (vgl. Insert 4-4-2). Beispielhaft für die Internationalisierung des Dienstleistungsgeschäftes ist das Vordringen von Fast-Food- und Hotelketten auf internationale Märkte oder die weltweite Tätigkeit renommierter Unternehmensberatungen (McKinsey, Boston Consulting Group, Gemini).

INSERT 4-4-2 Marktfeldstrategien im Bankenbereich

Kurzfallstudie: HSBC Trinkaus & Burkhardt

Das Finanzdienstleistungsunternehmen HSBC Trinkaus & Burkhardt ist aus einer Verbindung einer traditionellen Privatbank und einer internationalen Großbank hervorgegangen. Das Unternehmen, das heute zu den größten Banken der Welt zählt, hat eine langjährige Erfahrung mit Kooperationen, Tochtergesellschaften und Niederlassungen in aller Welt und mit den damit zusammenhängenden kulturellen Besonderheiten. Mit dem Slogan „The World's Local Bank" wirbt sie für eine „multikulturell und international" ausgerichtete Bank. Das Konzept der „Importance of Local Knowledge" beinhaltet einen großen Autonomiespielraum der einzelnen Niederlassungen und spiegelt dadurch die Durchdringungsstrategie in den bearbeiteten Märkten wider.

Zu dieser Strategie gehört vor dem Hintergrund begrenzter Ressourcen die Konzentration auf drei klar definierte Kundengruppen: HSBC Trinkaus & Burkhardt betreut Privatkunden mit mittleren bis sehr großen Vermögen. In der Vermögensberatung werden mindestens 500.000 EUR vorausgesetzt. In der Kundenakquisition für die Vermögensverwaltung konzentriert sich die Bank auf Vermögen oberhalb von 1 Mio. EUR. Als Teil der Vermögensstrukturberatung berücksichtigt das so genannte Family Office dabei alle kundenspezifischen Besonderheiten.

Bei den Firmenkunden liegt der Fokus auf der Zusammenarbeit mit Unternehmen mit guter bis erstklassiger Bonität und mehr als 50 Mio. EUR Jahresumsatz. Nach einer Studie zur Marktdurchdringung in Firmenkundenbereich belegt HSBC Trinkaus & Burkhardt bei der Marktdurchdringung mit dieser Strategie im Kreis der Top-200-Kunden unter allen deutschen Banken Platz 5.

Zur Zielgruppe der institutionellen Kunden zählen Versicherungen, Investmentfonds, Pensionsfonds, Sparkassen, genossenschaftliche Banken und andere Finanzinstitute, aber auch Stiftungen und Kirchen. Der Schwerpunkt des Angebots liegt hier auf kapitalmarktorientierten Anlage- und Finanzierungslösungen.

In den beiden zurückliegenden Geschäftsjahren verzeichnete das Firmenkundensegment den größten Anteil am Ertrag der Bank. Allerdings gehört es zu den Stärken von HSBC Trinkaus & Burkhardt, dass alle vier Geschäftsbereiche ein recht ausgewogenes Bild bei den Ergebnisbeiträgen zeigen. Dies ermöglicht es, auch in einer für einen Bereich schwierigen Phase positive Betriebsergebnisse zu erwirtschaften.

Abbildung: Marktdurchdringung der HSBC Trinkaus & Burkhardt bei Großunternehmen (Quelle: Schmitz 2005, S. 28)

Der anhaltende Konzentrationsprozess an den Finanzmärkten verschärft den Wettbewerb. Immer differenziertere Finanzierungs- und Anlageformen erweitern das Spektrum der Finanzdienstleistungen und das Profil der Experten. Neue Technologien schaffen auch neue Produkt- und Vertriebswege. Zugleich entsteht eine Markttransparenz, die den Informationsvorsprung einzelner Marktteilnehmer schwinden lässt.

Quelle: Andreas Schmitz: Das Beste beider Welten, in: Die Bank, Heft 01/2005, S. 26–31

2. **Gewinnung neuer Marktsegmente,** z. B. durch speziell auf bestimmte Zielgruppen abgestimmte Dienstleistungsvarianten oder „psychologische" Leistungsdifferenzierung durch Kommunikationsmaßnahmen. Ein Beispiel ist die Ausweitung des Angebotes einer Linienfluggesellschaft um das Segment der Charterflüge oder „Billigflüge".

Im Rahmen der **nationalen** oder **internationalen** Ausdehnung des Dienstleistungsangebotes ist zu berücksichtigen, dass Dienstleistungen im Gegensatz zu Sachgütern häufig nicht transportfähig sind. Will sich ein bisher regional tätiges Dienstleistungsunternehmen über sein Einzugsgebiet hinaus ausdehnen, so ist ein Wachstum in der Regel nur über weitere Standorte möglich (Graumann 1984, S. 608). Ein „langsames Hineinwachsen" in internationale Märkte bzw. Massenmärkte, wie es z. B. mittels einer Exportstrategie für einen Konsumgüterhersteller möglich ist, wird für ein Dienstleistungsunternehmen damit ungleich schwieriger. So haben heute zahlreiche Banken, Versicherungen oder Handelsunternehmen, die auf internationalen Märkten tätig sind, ein Filialnetz im Auslandsmarkt errichtet, um dort mit ihrem Dienstleistungsangebot präsent zu sein (vgl. zu Fragen der Internationalisierung ausführlich Kapitel 9).

Eine Strategie der **Dienstleistungsentwicklung** basiert auf der Überlegung, für die gegenwärtigen Kunden neue, innovative Dienstleistungen zu entwickeln.

Hier sind alternative Vorgehensweisen denkbar:

1. Schaffung von Dienstleistungen im Sinne von **echten Marktneuheiten:** Unternehmensberatungen beschränken ihr Serviceangebot heute nicht mehr auf die Unternehmensanalyse und -beratung, sondern übernehmen zunehmend auch die Implementierung von Unternehmenskonzeptionen. Dabei verläuft die Grenze zwischen reinen Value Added Services (z. B. Kundenservice), die zusätzlich und aufbauend zur eigentlichen Leistung angeboten werden, und eigenständigen neuen Leistungen, wie sie im Rahmen der Diversifikationsstrategie angeboten werden, fließend.

2. Programmerweiterung durch Angebot **zusätzlicher Dienstleistungsvarianten:** Das Unternehmen American Express bietet seinen Kunden in Verbindung mit der Kreditkarte eine Reihe weiterer Dienstleistungen an, z. B. einen Buchungsservice oder eine Lebens- bzw. Reiseversicherung. Die Deutsche Post erweiterte ihr Dienstleistungsprogramm, aufbauend auf dem Kerngeschäft Brief, durch die Übernahme zahlreicher Unternehmen aus dem Paket- bzw. Logistikbereich (vgl. Insert 4-4-3).

INSERT 4-4-3 Handelsblatt, 13.05.2004, S. 13

Die Kooperation

- **Ziele:** Die Deutsche Post und Ebay wollen das Verkaufen und Versenden einfacher, sicherer und transparenter machen. Dazu werden Versanddienstleistungen als zusätzlicher Service bei Ebay eingeführt. Der Logistikprozess wird direkt in den Auktionsprozess integriert.
- **Vorteile für Ebay**: Gewerbliche Händler profitieren von einem stark erweiterten und vereinfachten Logistikangebot, beispielsweise durch ein „Rundum-Sorglos-Paket". Durch das globale Netzwerk von DHL wird der internationale Handel erleichtert.
- **Vorteile für DHL:** Der Logistikkonzern nimmt teil am Wachstum von Ebay und positioniert sich als Anbieter von Lösungen für den internetbasierten Handel.

Post wird bevorzugter Partner von Ebay

Kooperation mit Internet-Auktionshaus startet in Deutschland und wird im Erfolgsfall weltweit ausgedehnt

AXEL GRANZOW;THOMAS NONNAST
HANDELSBLATT, 13.5.2004

BERLIN. Die **Deutsche Post/DHL** wird bevorzugter Logistikpartner des Internet-Auktionshauses **Ebay**. Die Post verspricht sich von dem Schulterschluss ein „zweistelliges Wachstum" des bereits beträchtlichen Postaufkommens, das das Internet-Auktionshaus auslöst.

„Allein in Deutschland beförderte die Post im vergangenen Jahr rund 30 Millionen Pakete sowie 50 Millionen Briefe, um die über Ebay ersteigerten Waren an die Käufer auszuliefern", sagte Post-Vorstandsmitglied Peter Kruse dem Handelsblatt. Insgesamt werden die Bestellungen über das Internet für die Post immer wichtiger. „Die Anzahl der E-Commerce-Pakete wird bald die Grenze von 100 Millionen Stück überschreiten", sagte Kruse. Weitere Kunden der Post sind beispielsweise **Amazon.com** und **Tchibo.de**.

Der Ebay-Kooperationsvertrag mit der Post hat eine Laufzeit von zunächst drei Jahren. Während dieser Zeit wird der Post-Logistikprozess direkt in den Auktionsprozess auf der Ebay-Internetseite integriert. Gewerbliche Verkäufer können mit einem „Rundum-Sorglos-Paket" den gesamten Verkaufs- und Versandprozess von DHL erledigen lassen.

Post-Vorstandsmitglied Kruse ist überzeugt, dass alle Beteiligten von der Kooperation profitieren werden: „Eine Vereinfachung des Versands und ein umfangreiches Serviceangebot werden mehr Kunden anziehen, die mehr Briefe und Pakete verschicken", sagte Kruse.

Die Kooperation gilt zunächst einmal nur für Deutschland. Eine Ausweitung auf andere Länder oder das weltweite Geschäft des US-Internet-Konzerns ist jedoch durchaus möglich: „Wir starten jetzt in Deutschland. Danach werden wir sehen, welche Expansionsmöglichkeiten sich ergeben könnten", sagte Ebay-Chefin Meg Whitman gegenüber dem Handelsblatt. Ebay ist derzeit in 28 Ländern tätig und will weiter expandieren, vor allem in Asien. Dort ist DHL bereits stark vertreten.

1995 im kalifornischen Silicon Valley als Marktplatz für den Austausch von Sammlerartikeln gegründet ist Ebay inzwischen der größte elektronische Marktplatz im Internet mit derzeit 105 Mill. registrierten Nutzern und peilt für 2004 einen Umsatz von 3,2 Mrd. $ an. Neben Sammlern und Privatkunden nutzen auch immer mehr kleine Firmen Ebay als ihre Verkaufsplattform.

Deutschland ist nach den USA für Ebay der zweitwichtigste Markt. „Wir hatten im dritten Quartal vergangen Jahres 11,4 Millionen Nutzer in Deutschland und mittlerweile dürften es deutlich mehr sein", sagte Whitman. Nach Schätzungen aus der Branche wurden 2003 hier zu Lande bei Ebay Waren im Wert von über 5 Mrd. Euro gehandelt.

In Branchenkreisen gilt es als sicher, dass die Post im Rahmen der Partnerschaft eine Provision an Ebay zahlt. Kruse wollte aber „über interne Vereinbarungen" keine Angaben machen. Sollten Provisionen für den Versand der Waren fließen, hätte sich Ebay damit eine neue Einnahmequelle erschlossen. Besondere Rabatte für Ebay-Kunden beim Verschicken der Pakete seien aber nicht vorgesehen, sagte Kruse.

Verlierer bei diesem Geschäft ist der zur Hamburger Otto-Gruppe gehörende Versender **Hermes**, der bislang als offizieller Partner für Standardpakete auf der Internetseite des Auktionshauses geführt wurde. Ebay-Deutschland-Chef Philipp Justus betonte aber, dass die Partnerschaft mit DHL nicht exklusiv sei.

Für Hermes ist es dennoch ein herber Rückschlag. Hermes-Chef Hanjo Schneider wollte 2006 im Paketgeschäft mit Privatkunden einen Marktanteil von 10 % erreichen. Ein stark wachsendes Ebay-Geschäft war hier ausdrücklich einkalkuliert. Aktuell kommt Hermes auf 3 %. Die Deutsche Post ist mit 95 % Marktführer. „Der Vertrag mit Ebay läuft früher aus als vorgesehen", bestätigte Schneider. „Wir sind aber damit einverstanden, da wir Partner für das Logistikgeschäft bleiben."

Bereits heute werden 80 % der Ebay-Sendungen in Deutschland von der Post ausgeliefert. Mit der starken Marktposition und der internationalen Ausrichtung begründete Whitman auch die Entscheidung für die Post.

Eine **Diversifikationsstrategie** ist durch die Ausrichtung der Unternehmensaktivitäten auf neue Dienstleistungen für neue Märkte charakterisiert.

Je nach Grad der mit dieser Strategie verfolgten Risikostreuung lassen sich drei **Diversifikationsformen** unterscheiden (Yip 1982, S. 129ff.:

1. Bei der horizontalen Diversifikation wird das neue Dienstleistungsprogramm um Leistungen erweitert, die mit dem bestehenden Programm noch in Verbindung stehen, z. B. die Aufnahme von zusätzlichen Finanzdienstleistungen in das Angebot von Bausparkassen. Die Diversifikationsbemühungen eines Dienstleistungsanbieters können sich dabei sowohl auf **Dienstleistungen** als auch auf **Sachgüter** beziehen. Beispielsweise könnte eine Versicherung neben dem Angebot von Versicherungsverträgen auch Alarm- und Sicherheitseinrichtungen anbieten, um das „Sicherheitsbedürfnis" des Kunden umfassend zu befriedigen.
2. Die **vertikale Diversifikation** stellt eine Vergrößerung der Wertschöpfungstiefe des Absatzprogramms eines Dienstleistungsunternehmens dar. Diese kann sowohl in Richtung Absatz der bisherigen Dienstleistungen als auch in Richtung Dienstleistungs-„Vorproduktion" vorgenommen werden. Eine vertikale Diversifikation würde z. B. vorliegen, wenn ein Verlagshaus eine eigene Buchhandelskette aufbauen würde.
3. Bei der **lateralen Diversifikation** stößt das Unternehmen in völlig neue Dienstleistungsmärkte vor. Ein Beispiel hierfür ist ein Handelsunternehmen, das sich als Reiseveranstalter betätigt.

Als wesentliches Entscheidungskriterium für die Auswahl einer oder mehrerer Basisstrategien der Ansoff'schen Matrix kann der **Grad der Synergienutzung** angesehen werden. Während die Marktdurchdringungsstrategie das höchste Synergiepotenzial aufweist, lassen sich im Falle der Diversifikation kaum noch Synergien zum bestehenden Geschäft und Kundenkreis nutzen.

In diesem Zusammenhang bietet sich als Entscheidungshilfe für Diversifikationsbestrebungen die Erstellung einer **Synergie-Affinitäts-Matrix** an (vgl. Abbildung 4-4-7). Sie wird von den beiden Dimensionen „Kundengruppensynergie" und „Bezug zur Unternehmenskompetenz" aufgespannt. Dabei wird vom Kerngeschäft ausgegangen, das den Ausgangspunkt für die Bemessung von Kundengruppensynergien und Unternehmenskompetenzbezug darstellt (oberer rechter Quadrant).

Die im Folgenden aufgezeigten strategischen Optionen werden nachfolgend am **Beispiel** eines Pizza-Zustellservices verdeutlicht.

Eine **Marktpenetration/Verteidigungsstrategie** ist beispielsweise durch erhöhte Kommunikationsbemühungen des Pizza-Zustelldienstes (z. B. Direct Mail) realisierbar. Unter Ausnutzung der Kundengruppensynergie ist darüber hinaus eine **Kundenbindungsstrategie** denkbar, die beispielsweise Preisermäßigungen für Stammkunden als Instrument beinhaltet.

Abbildung 4-4-7 **Synergie-Affinitäts-Matrix**

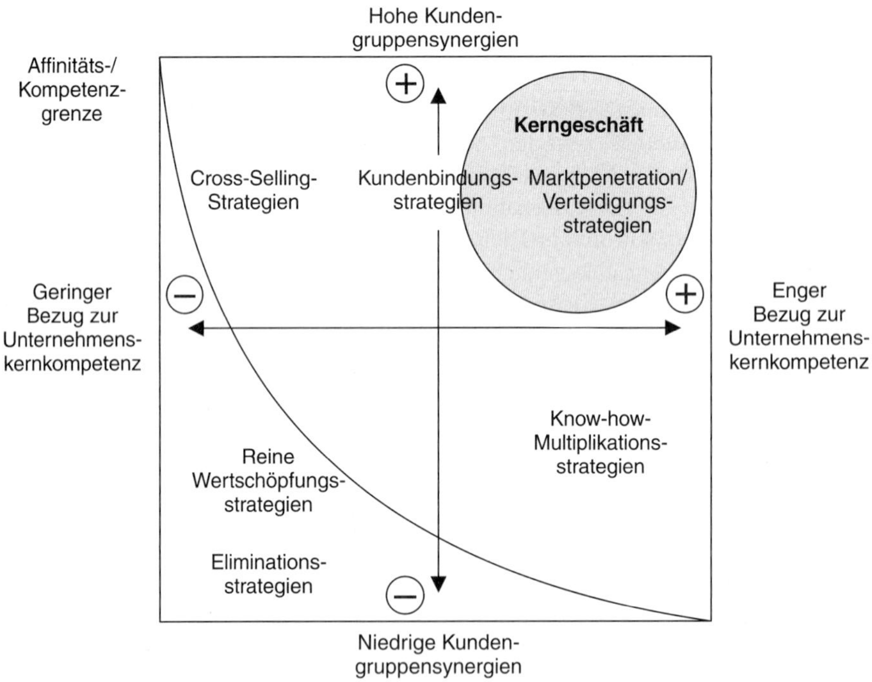

GABLER GRAFIK

Bei Aktivitäten, die sich durch hohe Kundengruppensynergien und einen geringen Bezug zur Unternehmenskompetenz auszeichnen, sind **Cross-Selling-Strategien** einsetzbar. Beispielsweise könnte gegenwärtigen Kunden ein hochwertiger Partyservice angeboten werden. Die Akzeptanz dieser zusätzlichen Leistungen hängt jedoch in entscheidendem Maße von der Kompetenzzuweisung seitens der Kunden ab.

Als weitere strategische Option bietet sich dem Pizza-Zustelldienst ein Vordringen in neue Kundenfelder unter Ausnutzung der Unternehmenskompetenz an. Hier bietet sich insbesondere die Möglichkeit der räumlichen Ausweitung des Angebotes bzw. der Multiplikation von Geschäftsstellen **(Know-how-Multiplikationsstrategie).**

Im letzten Quadranten besteht ein geringer Bezug zur Unternehmenskompetenz sowie eine geringe Kundengruppensynergie. Diese strategische Option entspricht weitgehend der aus dem Ansoff-Schema ableitbaren Option der **lateralen Diversifikation.** Ein Vorstoßen in dieses Feld verringert zum einen das unternehmerische Risiko, zum anderen ist diese strategische Option selbst mit erheblichen Risiken verbunden. Diese sind in den konsumentenseitig zu vermutenden Akzeptanzbarrieren zu sehen. Insgesamt handelt es sich hier um reine **Wertschöpfungsstrategien.** Die aufgezeigten Probleme treten bei allen unternehmerischen Bemühungen auf, die jenseits der idealtypisch eingezeichneten Affinitäts-/Kompetenzgrenze liegen.

Die von Ansoff und der Synergie-Affinitäts-Matrix abgeleiteten strategischen Optionen lassen sich auch anhand des Lebenszyklusmodells verdeutlichen. Langeard stellt die alternativen Sequenzen der oben aufgeführten **Wachstumsstrategien** in einer Lebenszyklusbetrachtung eines Dienstleistungsunternehmens dar (Langeard 1981, S. 239). Er führt folgende Wachstumsstufen an:

- **Stufe 1:**
  - Existenz eines einzigartigen Dienstleistungskonzeptes für ein einzelnes Marktsegment.
- **Stufe 2:**
  - Eventuelle Korrekturen am Dienstleistungssystem, Auswahl von Nebendienstleistungen.
- **Stufe 3:**
  - Expansion in neue regionale Märkte.
  - Gleiches Dienstleistungskonzept mit gleichen Einrichtungen für neue soziodemographische Segmente.
  - Umfangreiche, innovative Neugestaltung des bestehenden Dienstleistungssystems.
- **Stufe 4:**
  - Einsatz eines neuen Dienstleistungssystems in dem bestehenden Marktsegment.
  - Mit neuen Konzepten in neue Marktsegmente.
  - Kombinierte Diversifikation mit neuen Konzepten in neue Marktsegmente.

Während in der ersten Phase des Lebenszyklus einer Dienstleistungsunternehmung häufig ein einzigartiges Dienstleistungskonzept (Innovation) für ein einzelnes Marktsegment besteht, wächst die Unternehmung in einer zweiten Phase durch standardisiertes Auftreten im Rahmen einer Multiplikation von Dienstleistungspotenzialen.

Diese von Langeard (1981) festgestellte Wachstumssequenz von Dienstleistungsunternehmen zeigt noch einmal deutlich, dass aufgrund der Nichttransportfähigkeit und Simultaneität von Produktion und Konsumtion einer Dienstleistung eine regionale Ausweitung des Dienstleistungsangebotes in der Regel nur durch **„Vervielfachung des Dienstleistungssystems“** möglich ist (begrenzte Mobilitätsbereitschaft des Nachfragers vorausgesetzt). Wenn die eigenen finanziellen und personellen Ressourcen einer Dienstleistungsunternehmung in dieser Phase der Expansion nicht ausreichen, so sind Franchisingkonzepte sehr gut geeignet, die Markt- und Unternehmenswachstumsraten zu harmonisieren (Combs/Ketchen 2003; Hoffmann/Preble 2004).

Erst wenn ein Dienstleistungsunternehmen im Rahmen der regionalen Expansion mit einzelnen Niederlassungen ein zuverlässiges Imageprofil aufgebaut und Kompetenzen erworben hat, wird eine Ausweitung und Anpassung des Dienstleistungsangebotes für die Ansprache neuer soziodemographischer Segmente von Langeard empfohlen. Hierbei ist unter Umständen eine umfangreiche **Neugestaltung des Dienstleistungssystems** (Organisation, Personal, Ausbildung) in Betracht zu ziehen. Als letzten Schritt der Wachstumssequenz führt Langeard die Produktentwicklungs- und Diversifikationsstrategie an, die als risikoreich bewertet wird.

4.13 Wettbewerbsvorteilsstrategie

Bei der Ableitung einer Geschäftsfeldstrategie kommt der Bestimmung des zu verfolgenden **Wettbewerbsvorteils** eine zentrale Rolle zu. In diesem Zusammenhang hat sich in Wissenschaft und Praxis die Ansicht durchgesetzt, dass die Eindimensionalität der von Porter geforderten Wettbewerbsvorteile, Kosten- versus Differenzierungsvorteil, heute nicht mehr ausreicht. Häufig ergeben sich Wettbewerbssituationen, in denen simultan mehrere Wettbewerbsvorteile zur Sicherung der Position am Markt zu verfolgen sind (Bruhn 2001b). Der Zeitkomponente kommt dabei eine immer größere Bedeutung zu. In Abbildung 4-4-8 sind daher drei Dimensionen zur Umsetzung von Wettbewerbsvorteilsstrategien berücksichtigt.

Abbildung 4-4-8 **Dimensionen zur Umsetzung von Wettbewerbsvorteilsstrategien**

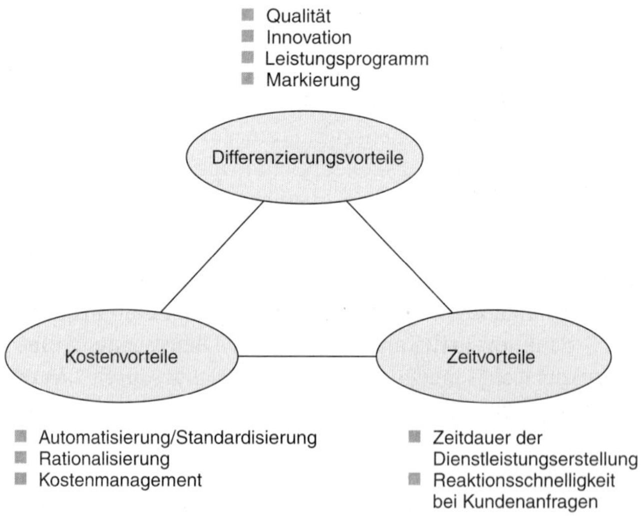

GABLER GRAFIK

1. Differenzierungsvorteile

Die Differenzierungsstrategie verfolgt das Ziel, durch Schaffung von Leistungsvorteilen bzw. durch Erhöhung des Serviceniveaus gegenüber der Konkurrenz die Marktstellung zu verbessern bzw. sich von den Wettbewerbern abzuheben. Diese Differenzierungsvorteile können auf verschiedene Basisfaktoren zurückgeführt werden. Die Erlangung einer aus Kundensicht überlegenen **Qualitätsposition** erweist sich im Dienstleistungsmarketing als ein komplexes, mehrdimensionales Optimierungsproblem. Die Mehrdimensionalität resultiert aus der Existenz verschiedener Dimensionen der subjektiv wahrgenommenen Dienstleistungsqualität. So gelangen Parasuraman, Zeithaml und Berry (1985, S. 29ff.) zu faktoranalytisch verdichteten **Qualitätsdimensionen,** die im Rahmen des SERVQUAL-Ansatzes zur Messung von Dienstleistungsqualität herangezogen werden (vgl. hierzu ausführlich Kapitel 5, Abschnitt 3.2121).

Eine Analyse des Zusammenhanges zwischen den relevanten **Qualitätsdimensionen** und den zu ihrer Beeinflussung geeigneten **Wertaktivitäten** verdeutlicht, wie komplex die Realisierung von Qualitätsvorteilen im Dienstleistungsmarketing ist. Jede primäre und unterstützende Aktivität in der spezifischen Wertkette von Dienstleistern bietet Ansatzpunkte zur Einwirkung auf die Dienstleistungsqualität. So kann etwa durch die unterstützende Wertaktivität „Beschaffung sachlicher Ressourcen" auf die drei Qualitätsdimensionen „Tangibles", „Responsiveness" und „Assurance" eingewirkt werden. Demgegenüber ist die Primäraktivität „Interaktive Operationen" mit Ausnahme der Gestaltung des tangiblen Umfeldes zu einer Beeinflussung sämtlicher Qualitätsdimensionen geeignet. Da zwischen diesen Einwirkungsmöglichkeiten zum Teil komplementäre, zum Teil substitutionale Beziehungen bestehen, steigt die Komplexität zusätzlich. Abbildung 4-4-9 gibt einen Überblick über relevante Qualitätsdimensionen im Dienstleistungsbereich und Möglichkeiten ihrer Beeinflussung anhand des Wertkettenmodells.

Ein Differenzierungsvorteil kann ferner durch ein systematisches **Innovationsmanagement** des Dienstleisters realisiert werden. Im Vergleich zum Sachgüterbereich bestehen bei Dienstleistungsunternehmen zumeist größere Innovationspotenziale, da potenziell in sämtlichen Phasen des Dienstleistungserstellungsprozesses Neuheiten entstehen können.

Neben der Entwicklung und Einführung echter Marktinnovationen können Innovationsvorteile durch spezielle Leistungsverbunde verwirklicht werden. Bei derartigen **Bundling-Innovationen** werden bereits bestehende Dienstleistungen in neuartiger Weise miteinander kombiniert. Dabei kommt der subjektiven Affinitätswahrnehmung des Kunden in Bezug auf die kombinierten Teilleistungen wesentliche Bedeutung für den Markterfolg neuer Leistungsbündel zu. Die Erosion von Branchengrenzen, wie sie vor allem im Finanzdienstleistungsbereich festzustellen ist, kann im Wesentlichen auf diese Art des Innovationswettbewerbs zurückgeführt werden.

Abbildung 4-4-9 Qualitätsdimensionen und Möglichkeiten ihrer Beeinflussung

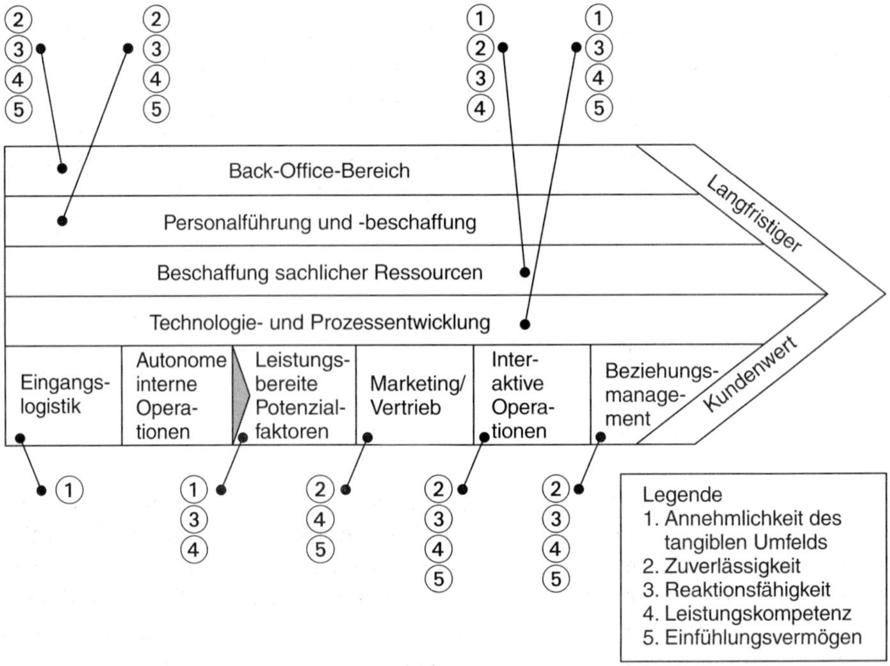

GABLER GRAFIK

Eine in engem Zusammenhang mit den Verbundvorteilen stehende Differenzierungsmöglichkeit basiert auf der Erlangung von **Leistungsprogrammvorteilen,** die sowohl an der Breite als auch der Tiefe des angebotenen Leistungsprogramms anknüpfen. **Programmbreitenvorteile** äußern sich beispielsweise in dem Angebot so genannter „Lösungen aus einer Hand". Ziel dabei ist es, ein möglichst hohes Cross-Selling-Potenzial auszuschöpfen. Die **Tiefe des Leistungsangebotes** kann ebenfalls zu Differenzierungsvorteilen führen.

Viele Telefongesellschaften haben in den letzten Jahren ihr Leistungsprogramm derart vertieft, dass neben der klassischen Telefonauskunft zusätzliche Informationen, wie z. B. Adressen und Berufsbezeichnungen, abgefragt werden können.

Das zentrale **Risiko** einer Differenzierungsstrategie, die auf zu großen Leistungsprogrammvorteilen basiert, besteht in einer Abkehr von den Kernkompetenzen des jeweiligen Dienstleistungsunternehmens. Differenzierungsstrategien werden daher in jüngerer

Zeit vor allem durch das Outsourcing von Zusatzleistungen oder Partnerschaften mit anderen spezialisierten Unternehmen realisiert. Die Lufthansa AG ist beispielsweise unter anderem Kooperationen mit Hotels, Autovermietungen und Finanzdienstleistern eingegangen (Eisenächer 2005).

Eine Differenzierung gegenüber den Wettbewerbern ist schließlich in Form von **Markierungsvorteilen** möglich (Mei-Pochtler 1998). Einerseits ist die Markierung von Dienstleistungen aufgrund des hohen wahrgenommenen Risikos als Kompetenznachweis von großer Bedeutung, andererseits erweist sich die Identifikation geeigneter Markenträger (Gesamtunternehmen, Leistungsbündel, Einzelleistungen) und die damit verbundene Festlegung einer geeigneten Markenstrategie als schwierig. Grundsätzlich ist mit zunehmender Immaterialität der Leistung die produktbezogene Markenidentität durch die Unternehmensidentität zu ersetzen.

Die Steigenberger Hotels & Resorts AG unterscheidet für ihre **verschiedenen Leistungsangebote** folgende Marken: Steigenberger, Avance, Maxx, Esprix und InterCity, die unterschiedliche Images kommunizieren und entsprechend das Ziel haben, unterschiedliche Bedürfnisse bzw. Kundensegmente zu bedienen (Homburg/Faßnacht 1998, S. 532).

Aus der Entscheidung für eine konsequente Realisierung von Markierungsvorteilen ergeben sich besondere Anforderungen an die **Kommunikationspolitik** des Dienstleistungsunternehmens. Deren Aufgabe ist es, die Vorteile der jeweiligen Marke gegenüber den Zielgruppen zu verdeutlichen. Unternehmen, wie z. B. McDonald's, Sixt, Lufthansa, haben in der Vergangenheit starke Dienstleistungsmarken aufgebaut, die einen emotionalen Mehrwert für den Kunden darstellen (siehe auch 6. Kapitel, Abschnitt 2).

2. Kostenvorteile

Neben den genannten Differenzierungsvorteilen können ferner die Kosten Ansatzpunkt einer Wettbewerbsvorteilsstrategie sein. Die Kostenführerschaft kann dabei auf folgenden Grundsätzen bzw. Voraussetzungen beruhen:

- Automatisierung/Standardisierung des Dienstleistungsprozesses,
- Rationalisierungen,
- Kostenmanagement.

Die eigenständige Bedeutung und vor allem Durchsetzbarkeit von Strategien der Kostenführerschaft im Dienstleistungsmarketing wird in der Wissenschaft kontrovers diskutiert (Reichheld/Sasser 1991, S. 111; Reiss 1992, S. 62). Die Autoren stellen isolierte Kostensenkungsstrategien insbesondere vor dem Hintergrund der Vorteile von Kundenbindungsstrategien in Frage, da letztere sowohl Kosten- als auch Erlösbestandteile positiv beeinflussen. Populäre Beispiele, wie z. B. der Handelskonzern Aldi, relativieren jedoch diese Aussagen. Vielmehr ist branchen- und unternehmensspezifisch zu entscheiden, ob eine Kostenführerschaftsstrategie sinnvoll eingesetzt werden kann.

In der Praxis des Dienstleistungsmarketing sind die kostensenkenden und produktivitätsfördernden Effekte einer **Automation und Standardisierung** vor allem bei objektbezogenen Dienstleistungen unbestritten (Meyer 1987, S. 30ff.). Levitt sieht in diesem Zusammenhang drei grundsätzliche Ansatzpunkte der Automation (Levitt 1972, S. 47ff.):

- Soft Technologies,
- Hard Technologies,
- Hybrid Technologies.

Im Bereich der **„Soft Technologies“** sind die individuellen Tätigkeiten in der Dienstleistungsproduktion durch systematisch geplante Leistungssysteme zu substituieren (z. B. Tätigkeit des Bedienungspersonals in Fast-Food-Restaurants; Vorgaben, Checklisten für einen Kundendienstmitarbeiter bei Wartungsarbeiten). Durch **„Hard Technologies“** (Automaten) sind individuelle Leistungen – sofern es möglich ist – zu substituieren. Derartige Maßnahmen lassen geringere Qualitätsschwankungen erwarten. Die dabei anfänglich im Rahmen der notwendigen Investitionen anfallenden Kosten können langfristig durch eine höhere Produktivität und/oder durch Einsparung von Personalkosten zumindest ausgeglichen werden (z. B. bei Autowaschanlagen, Geldautomaten, Münzwechslern). Als dritte Möglichkeit sind **„Hybrid Technologies“** zu erwähnen, die durch Kombination von Hard und Soft Technologies entstehen. Als Beispiele nennt Levitt computergestützte Straßentransportsysteme und Vorordersysteme für den Fruchttransport. Ein weiteres Beispiel für den Einsatz von Hybrid Technologies ist der Kundendienstbereich für Computeranlagen, bei dem ein vom Kundendienstmitarbeiter unterstützter Online-Wartungsservice durchgeführt werden kann.

> Die stetige Verbesserung von so genannten „lernenden“ und „intelligenten“ Systemen erlaubt vermehrt eine **kundenindividuelle Massenproduktion** (mass customization) auch im Dienstleistungsbereich (Well 2001). Der Einsatz von Hybrid Technologies wird in der Tourismus- und Finanzdienstleistungsbranche, bei Unternehmensberatungen und weiteren serviceintensiven Branchen forciert, da hier erhebliche Einsparungspotenziale vorliegen (z. B. Büttgen 2000; Beck 2004).

Corsten unterscheidet ebenfalls drei **Ansatzpunkte für die Standardisierung von Dienstleistungen** (Corsten 1998, S. 613ff.). Es wird differenziert zwischen:

- Potenzialstandardisierung,
- Prozessstandardisierung,
- Ergebnisstandardisierung.

Allerdings ist bei dieser Unterscheidung eine klare Trennung der Dimensionen nicht immer möglich. So ist es z. B. vergleichsweise schwer, eine Ergebnisstandardisierung ohne eine vorherige Prozess- und Potenzialstandardisierung zu erreichen (vgl. zu Arten der Standardisierung auch Abschnitt 4.21).

Ein **Beispiel** für eine reine Potenzialstandardisierung ist die Dienstleistung eines Frisörs, dessen Potenzial im Zeitablauf konstant ist. Die Prozesse sind dagegen aufgrund der Heterogenität des externen Faktors und der gewünschten Individualität des Ergebnisses sehr konsumentenspezifisch. Bei der Leistung eines Wirtschaftsprüfers sind die Potenziale und Prozesse weitgehend standardisiert, während das Ergebnis individueller Art ist. Als Beispiel für eine Standardisierung von Potenzialen, Prozessen und Ergebnissen können Fast-Food-Restaurants (z. B. McDonald's) herangezogen werden.

Des Weiteren können auch **Rationalisierungen** (Corsten 1998, S. 607ff.) eines Dienstleistungsunternehmens zu Kostenvorteilen führen, die sowohl an den Prozessen, dem Potenzial als auch an dem Dienstleistungsergebnis ansetzen können. Grundsätzlich ist dabei zwischen denjenigen Rationalisierungen zu unterscheiden, die für den Kunden sichtbar sind und anderen, die der Kunde nicht wahrnehmen kann. **Sichtbare Rationalisierungsbestrebungen** eines Dienstleisters sind z. B.:

- Leistungsreduzierung,
- Zeitliche Beschränkung des Leistungsangebotes,
- Vollständiger Verzicht auf ausgewählte Dienstleistungsprozesse.

Als **Beispiel für nicht sichtbare Rationalisierungen** können angeführt werden (vgl. ausführlich Corsten 1998, S. 613):

- Arbeitsbündelung im Back-Office-Bereich,
- Strukturierung der Leistungsbereiche,
- Reihenfolgeplanung.

Allerdings darf nicht davon ausgegangen werden, dass Rationalisierungen in jedem Fall zu Kostenvorteilen führen. Empirische Untersuchungen in den USA belegen, dass z. B. Investitionen in neue Technologien nicht die beabsichtigten Personaleinsparungen im Verwaltungsbereich erbrachten (Roach 1991, S. 85f.). In der Folge verschlechterten sich die Kostenstrukturen in Richtung einer Fixkostendominanz. Zusätzlich sank die Flexibilität aufgrund der hohen Anlagenintensität.

Um das Ziel der Kostenführerschaft umsetzen zu können, weisen Homburg/Faßnacht (1998) ferner auf ein verstärktes **Kostenmanagement** im Dienstleistungssektor hin. Anzustreben ist hierbei ein optimales Verhältnis von Fixkosten zu variablen Kosten, das beispielsweise durch ein Outsourcing bestimmter Teildienstleistungen gesteuert werden kann. Weitere Ansatzpunkte eines verbesserten Kostenmanagements sind in dem Einsatz von modernen Kostenrechnungsverfahren zu sehen, die dem Charakter des Dienstleistungserstellungsprozesses Rechnung tragen. Hier ist insbesondere die Prozesskostenrechnung relevant (Männel 1998). Aber auch statische Kennzahlensysteme können zu einem verbesserten Kostenmanagement beitragen.

Nachdem die Differenzierungs- sowie Kostenvorteile näher betrachtet wurden, gilt es in einem weiteren Schritt zu klären, inwieweit **Interdependenzen zwischen Kosten- und Leistungsvorteilen** bestehen. Hierzu können die Leistungsvorteile hinsichtlich ihrer Kostenwirksamkeit differenziert werden. Abbildung 4-4-10 zeigt, dass die Erhöhung des Serviceniveaus durch kostenerhöhende Maßnahmen, aber auch durch eine Reihe kostenreduzierender Maßnahmen, erreicht werden kann (Heskett 1986, S. 45ff.).

Abbildung 4-4-10 **Wirkung alternativer Dienstleistungsstrategien auf Kosten- und Dienstleistungsniveau**

GABLER GRAFIK

Quelle: in Anlehnung an Heskett 1986, S. 45

Bei hohen Dienstleistungskosten und hohen Leistungsvorteilen liegt die Situation einer **Leistungsvorteilsstrategie mit Kostennachteilen** vor (Feld 1 in Abbildung 4-4-10).

Zahlreiche Ansatzpunkte sind denkbar, um eine **Leistungsführerschaft** zu erreichen, die aber mit erhöhten Kosten verbunden ist:

- Individualisierung (Customization) von Dienstleistungen (z. B. Sprachkurse, die individuelle Leistungsunterschiede der Teilnehmer berücksichtigen),
- Angebot von Zusatzleistungen (z. B. Abholservice einer Reparaturwerkstatt),

- Verbesserung der Qualifikation des Dienstleistungspersonals (z. B. Unternehmensberatung, Anlageberatung einer Bank),
- Ausbau eines dichten Servicenetzes (z. B. bei Kunden-, Notfalldiensten).

Die **Kostenvorteilsstrategie mit Leistungsnachteilen** (Feld 2 in Abbildung 4-4-10) verfolgt das Ziel, durch Senkung der Stückkosten unter das Niveau der wichtigsten Wettbewerber eine Kostenführerschaft im Markt zu erreichen. Die Verfolgung dieser Strategie kann folgende Maßnahmen umfassen:

- Angebotsbeschränkung bzw. -standardisierung (z. B. beschränktes Standardsortiment der 1-2-3 Auspuffservice-Werkstätten),
- Kostenreduzierung durch Betriebsgrößenausweitung (z. B. der Einsatz von Großraumflugzeugen, -kinos, -bussen),
- Substitution von Servicepersonal durch Automaten,
- Übertragung von Dienstleistungsfunktionen auf den Nachfrager. In der Praxis lässt sich eine Vielzahl von Beispielen finden, die diese Strategiealternative verfolgen:
  - Selbstbedienungsgeschäfte (Kaufhäuser, Tankstellen),
  - Frühstücksbuffet im Hotel,
  - Do-it-Yourself-Werkstätten.

Wünschenswert ist ferner eine Strategie, bei der gleichzeitig die Kostensituation verbessert und Leistungsvorteile erzielt werden, also eine **Leistungsvorteilsstrategie unter Ausnutzung von Kostenvorteilen** (Feld 3 in Abbildung 4-4-10). Hier bietet sich folgender Ansatzpunkt (Heskett 1986, S. 45ff.):

- Realisation von Kostenvorteilen durch Standardisierung des Dienstleistungsprozesses bei gleichzeitiger Sicherstellung einer höheren Qualität der Dienstleistung. Dieser Vorteil ist beispielsweise bei automatisierten Transaktionen in Wertpapiergeschäften gegeben. Einige mögliche Fehlerquellen, z. B. bei der Aufnahme der Transaktionsdaten durch einen Sachbearbeiter der Bank, wird eliminiert und der Prozess verursacht gleichzeitig keine variablen Kosten mehr, da die Arbeitszeit für die Transaktion wegfällt.

Eine weitere Möglichkeit, Kostenvorteile zu nutzen, liegt in der **Übertragung von Leistungskomponenten** an den Kunden. Im Beispiel der automatisierten Banktransaktion übernimmt der Kunde die Dateneingabe in das System. Ein weiteres Beispiel ist das Ablesen des Energieverbrauchs, das inzwischen bei vielen Unternehmen ebenfalls der Kunde übernimmt. Die Strategie der Leistungsbeteiligung findet allerdings dort ihre **Grenzen,** wo der Dienstleistungserstellungsprozess den Einsatz komplizierter Technologien erfordert und/oder spezifisches Wissen voraussetzt. Weitere Nachteile dieser Strategie sind darin zu sehen, dass durch die aktive Einbeziehung des Konsumenten in den Erstellungsprozess einer Dienstleistung die Qualität nicht mehr in vollem Umfang vom Dienstleistungsanbieter kontrolliert werden kann.

3. Zeitvorteile

Neben den Differenzierungs- und Kostenvorteilen kommt der **Zeit als strategischem Wettbewerbsvorteil** eine steigende Bedeutung zu. Sie kann dabei grundsätzlich hinsichtlich folgender Einzelaspekte Relevanz erhalten:

- Zeitdauer der Dienstleistungserstellung,
- Reaktionsschnelligkeit bei Kundenanfragen.

Bei der Inanspruchnahme von Dienstleistungen existieren in der Regel nicht kommunizierte Zeiterwartungen des Kunden an die **Dauer der Dienstleistungserstellung.**

Für die Durchführung eines Herrenhaarschnittes wird z. B. nicht länger als eine Stunde inklusive Wartezeit angesetzt. Würde diese Dienstleistung erheblich länger dauern, z. B. drei Stunden, ist die Gefahr einer Kundenabwanderung vergleichsweise hoch.

Durch die Optimierung des Erstellungsprozesses im Hinblick auf die jeweilige **Zeiterwartung der Kunden** lässt sich eine nachhaltige Verbesserung der relativen Wettbewerbsposition erreichen (Stauss 1991, S. 81ff.). Allerdings ist auch hier die branchenspezifische Situation zu beachten. Wirkt z. B. bei einem Tankstellenbesuch eine kurze Prozessdauer zufriedenheitssteigernd, so verhält es sich bei Pflege- oder Beratungsleistungen tendenziell umgekehrt. Die speziellen Zeiterwartungen der Kunden an bestimmte Dienstleistungsprozesse sowie deren Toleranzzonen sind folglich individuell zu eruieren.

Als besonders bedeutsam für den Aufbau eines Wettbewerbsvorteils ist ferner die **Reaktionsschnelligkeit** eines Anbieters auf Kundenanfragen zu werten. Bei der Ausführung von Reparaturanfragen ist beispielsweise nicht allein die Behebung des Schadens, sondern auch die Schnelligkeit für die Zufriedenheit des Kunden ausschlaggebend. Gleiches gilt für die Beschwerdereaktion eines Dienstleistungsunternehmens. Wird auf eine Beschwerde in kurzer Zeit reagiert, so kann in den meisten Fällen eine hohe Beschwerdezufriedenheit erreicht werden, die wiederum zu einer Bindung der Kunden führt.

Es wird deutlich, dass im Sach- sowie im Dienstleistungsbereich ähnliche Wettbewerbsvorteile verfolgt werden können. Unterschiede existieren insbesondere bei den Qualitätsdimensionen. Die übrigen Ansätze zur Umsetzung von Wettbewerbsvorteilen gelten mehr oder weniger für sämtliche Branchen.

4.14 Marktabdeckungsstrategie

Bei einer **Marktabdeckungsstrategie** geht es um die Frage, welchen Grad der Abdeckung und Bearbeitung des relevanten Marktes von einem Dienstleistungsunternehmen sinnvollerweise anzustreben sind.

Als Entscheidungshilfe kann das Strategieschema von Porter herangezogen werden. Obwohl sich Porters Untersuchung ausschließlich auf gesättigte Märkte beschränkte und somit die von ihm abgeleiteten Strategien nicht für alle Dienstleistungsunternehmen allgemein gültig sind, kann hinsichtlich der Marktabdeckung generell zwischen zwei **Optionen** unterschieden werden:

- Gesamtmarktstrategie,
- Teilmarktstrategie.

Die beiden Strategien der Marktabdeckung werden im Konzept von Porter mit denen der Festlegung von Differenzierungs- oder Kostenvorteilen kombiniert. Diese Systematisierung wird in Abbildung 4-4-11 am Beispiel von Reiseveranstaltern verdeutlicht.

Abbildung 4-4-11 **Systematisierung von Wettbewerbsvorteils-Marktabdeckungs-Strategien am Beispiel von Reiseveranstaltern**

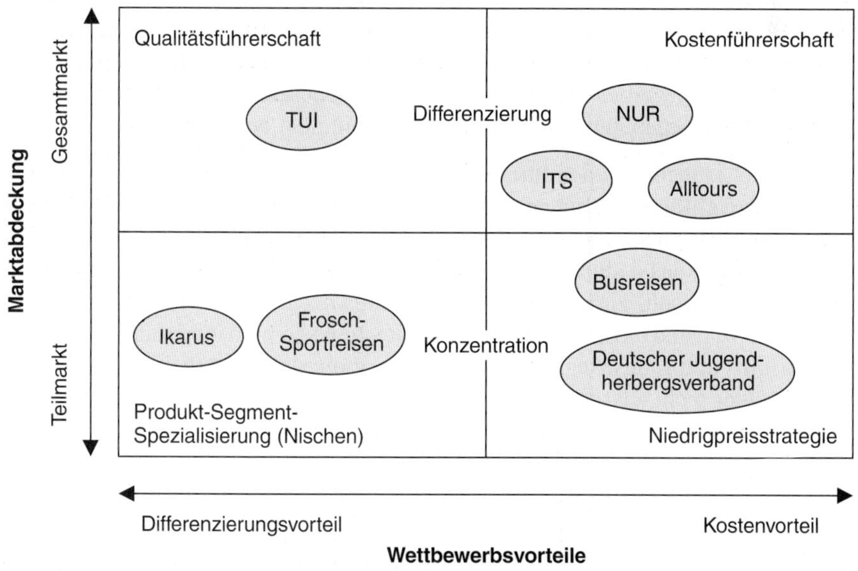

GABLER GRAFIK

Etablierte, finanzstarke Dienstleistungsunternehmen, wie z. B. McDonald's, American Express oder die Deutsche Bank, versuchen, eine vollständige Marktabdeckung zu erreichen. Charakteristische Merkmale dieser **Gesamtmarktstrategie** sind ein eher breites Dienstleistungsangebot und die Nutzung von Know-how-Synergien sowie Größeneffekten, um Wettbewerbsvorteile und Eintrittsbarrieren gegenüber den Wettbewerbern aufzubauen.

Neben der Strategie der Gesamtmarktabdeckung ist für Dienstleistungsunternehmen insbesondere die **Nischenstrategie** von Interesse. Im Rahmen dieser Strategie versucht ein Dienstleistungsunternehmen, durch Spezialisierung auf spezifische Zielgruppen Wettbewerbsvorteile gegenüber jenen Konkurrenten zu erlangen, die eine breitere Marktabdeckung anstreben. Im Dienstleistungsbereich findet sich eine Vielzahl von Unternehmen, die diese Strategie verfolgen, wie z. B. Spezialitätenrestaurants oder Spezialwerkstätten.

4.15 Timingstrategie

> Eine **Timingstrategie** kennzeichnet die Planung und Realisation des Markteintrittszeitpunktes eines Unternehmens.

Die Timingstrategie dient der Koordination zwischen der Unternehmens- und Marktdimension einer Innovation (Dalrymple/Parsons 1994). In diesem Sinne wird in der Literatur in Anlehnung an Abells Konzept des strategischen Fensters von einem **„Strategic Entry Window“** (Mattson 1985) bzw. **„Window of Opportunity“** (Sommerlatte/Layng/Oene 1986) gesprochen. Es wird damit die Bedeutung des Timing als „strategische Klammer“ unternehmerischer Verhaltensweisen zum Ausdruck gebracht.

Neben dieser eher theoretischen Interpretation resultiert die Bewertung des **Timing als strategischem Schlüsselfaktor** aus der Struktur der jungen Märkte, in die eingetreten wird. In diesem Zusammenhang wird das Phänomen der **„Zeitfalle“** diskutiert (Backhaus 2003, S. 265), das dadurch gekennzeichnet ist, dass die Entwicklungskosten einer Innovation aufgrund des zu kurzen Lebenszykluses der Innovation nicht mehr amortisiert werden. Zwar sind diese Effekte im Dienstleistungsbereich insgesamt weniger stark als im Konsum- und Industriegüterbereich ausgeprägt, doch gänzlich lassen sich diese Effekte auch hier nicht ausschließen.

In der Literatur sind verschiedene Systematisierungen von Timingstrategien zu finden (Remmerbach 1988). Im Folgenden werden als **Grundtypen von Timingstrategien** unterschieden (Schnaars 1986; Remmerbach 1988; Crawford 1999):

1. **Pionierstrategie** (derjenige Anbieter, der eine Dienstleistungsinnovation als erster vermarktet),

2. **Frühe Folgerstrategie** (Anbieter, der kurze Zeit nach dem Pionier in den Markt eintritt),
3. **Späte Folgerstrategie** (Anbieter, der vergleichsweise spät in den Markt eintritt).

Eine Abgrenzung der Grundtypen kann unter Bezugnahme auf die Lebenszyklusphase des Eintrittsmarktes und den Strategieschwerpunkt zum Zeitpunkt des Markteintritts vorgenommen werden, wie in Abbildung 4-4-12 beispielhaft für den Telekommunikationsmarkt in der Schweiz dargestellt wird.

Abbildung 4-4-12 **Abgrenzung von Timingstrategien am Beispiel des Schweizer Telekommunikationsmarktes**

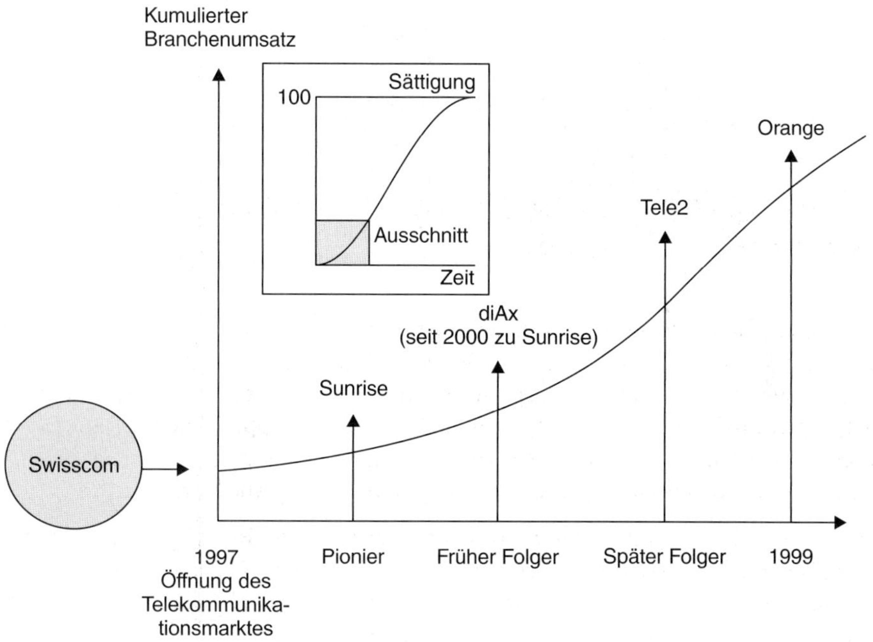

GABLER GRAFIK

In der Schweiz trat nach der Liberalisierung des Telekommunikationsmarktes das Unternehmen Sunrise neu in den Markt der Privatkunden ein. Der bisherige Monopolist Swisscom wurde somit erstmalig einer Wettbewerbssituation ausgesetzt. Einige Zeit später folgte das Unternehmen diAx (früher Folger) sowie als später Folger der Anbieter Tele 2. Im Jahre 1999 trat Orange als weiteres Unternehmen in den Markt ein. Unter dem zunehmenden Wettbewerbsdruck schlossen sich im Jahre 2000 diAx und Sunrise zu einem Unternehmen zusammen, das heute unter Sunrise firmiert.

Der **Pionier** tritt als erstes Unternehmen in einen entstehenden Markt ein. Hier gilt es, aufbauend auf den Besonderheiten des Käuferverhaltens bei Dienstleistungen, Möglichkeiten zur Risikoreduktion für Erstkäufer der Dienstleistung zu schaffen (z. B. durch Probeangebote, verbilligte Einführungspreise). Zudem wird in dieser Phase des Markteintrittes versucht, möglichst viele positive Mund-zu-Mund-Kommunikationskontakte zu initiieren und damit den Diffusionsverlauf zu beschleunigen.

Der Dienstleistungspionier hat nach seinem Markteintritt das Bestreben, den Eintritt neuer Wettbewerber durch den Aufbau von **Markteintrittsbarrieren** zu verhindern. Dieser Gesichtspunkt erlangt für Dienstleistungen besondere Bedeutung, da sie als immaterielle Produkte nur in eingeschränktem Umfang durch rechtliche Maßnahmen vor Imitationen geschützt werden können. Einen Ansatzpunkt kann die Entwicklung und Patentierung der vom Dienstleistungsunternehmen im Erstellungsprozess eingesetzten Technologien bilden (z. B. Diagnosesysteme für Reparaturdienste), um Leistungsvorteile langfristig zu sichern. Als weitere Markteintrittsbarrieren werden im Dienstleistungsbereich das spezifische Dienstleistungs-Know-how, Economies of Scale, die Verfügbarkeit eines dichten Dienstleistungsnetzes (Filial-, Kundendienstsystem), Einsatz von Kommunikationstechnologien sowie der Aufbau und die Auswertung einer Kundendatenbank genannt (Heskett 1986, S. 107ff.). Darüber hinaus können bei einer vergleichsweise geringen Wechselbereitschaft der Konsumenten im Rahmen einer frühzeitigen Marktdurchdringung Markteintrittsbarrieren durch den Pionier geschaffen werden. Das zentrale Problem der Pionierstrategie besteht somit in einer hohen **Imitationsgeschwindigkeit,** die aus den eingeschränkten Möglichkeiten zur Absicherung von Innovationsvorsprüngen resultiert.

Der **frühe Folger** tritt nach dem Pionier in den Markt ein. Er strebt dabei ebenfalls einen möglichst frühzeitigen Markteintritt an, ist jedoch entweder langsamer bei der Entwicklung einer Innovation, oder er imitiert aufgrund mangelnder eigener Innovationsfähigkeit das Produkt des Pioniers. Die Imitation kann auch eine gezielte Strategie darstellen, eigene Entwicklungskosten gering zu halten und bei der Imitation zeitliche Nachteile des späteren Eintritts durch niedrigere Preise auszugleichen. Niedrigere Preise lassen sich möglicherweise durch geringere erforderliche Investitionen der Imitation gegenüber der Innovation realisieren (Pfahler/Böhnlein 2004, S. 478f.).

Die Take-off-Phase des Marktes bestimmt die Grenze des theoretisch möglichen Eintrittskontinuums. Damit stehen frühen Folgern alternative Eintrittsschwerpunkte in einem begrenzten Zeitraum zur Verfügung. Der Strategieschwerpunkt des frühen Folgers bestimmt zugleich den **Neustrukturierungs-(Shake out)-Zeitpunkt** auf der Anbieterseite. Dabei ist es unerheblich, ob sich die Neustrukturierung der Konkurrenzsituation in einem Tolerieren, Kooperieren oder im Extremfall in einem Verdrängungswettbewerb vollzieht. In jedem Fall tritt eine Veränderung der Konkurrenzsituation ein, zumal die Marktpositionen der einzelnen Wettbewerber in der Regel noch nicht endgültig verteilt sind. Als Besonderheit des Dienstleistungsmarktes ist hervorzuheben, dass durch die Heterogenität des externen Faktors eine **beschränkte Standardisierbarkeit** von Potenzialen, Prozessen und Dienstleistungsergebnissen besteht. Deshalb lassen sich die Leistungen der einzelnen Wettbewerber nicht immer miteinander vergleichen und stellen sich dem Kunden unter Umständen gleichfalls als unterschiedliche Leistungen dar.

Der **späte Folger** tritt nach dem frühen Folger frühestens nach Erreichen der Take-off-Phase in den Markt ein. In Analogie zu den obigen Ausführungen bestimmt sich der Eintrittszeitpunkt bzw. die Abgrenzung zum frühen Folger aus der Neustrukturierung des Wettbewerbs. Der späte Folger kann auf bereits etablierte Standards zurückgreifen und hat keine Markterschließungskosten mehr zu tragen. Wie beim frühen Folger kann diese Strategie zum einen auf mangelnde eigene Innovationsfähigkeit zurückzuführen sein. Zum anderen ist es denkbar, die Strategie eines späten Folgers zu wählen, um zunächst die Marktenwicklung zu beobachten und somit vor einem Eintritt die Rentabilität der Investitionen besser prognostizieren zu können. Es werden also die Risiken des Scheiterns einer Innovation vermieden, da die Investitionen für den Markteintritt erst getätigt werden, wenn ersichtlich ist, dass die für eine bestimmte Rentabilität erforderliche Größe des Marktes erreicht wird. Gerade im Dienstleistungsbereich ist allerdings zu beachten, dass beträchtliche Anstrengungen erforderlich sind, um bestehende Präferenzstrukturen aufzubrechen.

Insgesamt lassen sich deutliche **Unterschiede beim Einsatz von Timingstrategien** im Dienstleistungs- gegenüber dem Konsumgütermarketing feststellen. Während im Konsumgütermarketing das Bestehen von technischen oder produktbezogenen Standards eine besonders zentrale Rolle spielt und sich damit in vielen Fällen eine Folgerstrategie anbietet, sind im Dienstleistungsmarketing die Konsumentenpräferenzen von entscheidender Bedeutung. Damit empfiehlt sich in vielen Fällen ein früher Markteintritt, um die entstehenden Kaufpräferenzen als entscheidende Markteintrittsbarrieren gegenüber den Folgern nutzen zu können. Allerdings darf nicht übersehen werden, dass eine große Zahl „echter“ Dienstleistungsinnovationen zunächst von eher kleinen Unternehmen angeboten wird, die vielfach nicht über die Finanzkraft für eine Multiplikation ihres Konzeptes verfügen. In diesen Fällen bietet sich eine Folgerstrategie mit dem Ziel der Standardisierung und Multiplikation der neuen Konzepte an (z. B. Büroraumvermietung, Gebäudeoptimierung).

4.2 Marktteilnehmerstrategien

Im Rahmen von **Marktteilnehmerstrategien** ist zu klären, welche marktteilnehmerübergreifende Marktbearbeitung vorzunehmen sind und wie sich der Dienstleistungsanbieter innerhalb dieser Marktbearbeitungsstrategie optimalerweise gegenüber den übrigen Akteuren verhält.

Als relevante Marktteilnehmer sind in diesem Zusammenhang die Kunden sowie Wettbewerber, teilweise auch die Absatzmittler eines Dienstleistungsunternehmens, zu unterscheiden.

4.21 Marktbearbeitungsstrategie

Im Rahmen der **Marktbearbeitungsstrategie** kann ein Dienstleistungsunternehmen zwischen verschiedenen Strategiealternativen wählen, die in Abbildung 4-4-13 überblicksartig dargestellt sind:

- Undifferenzierte Marktbearbeitung,
- Differenzierte Marktbearbeitung,
- „Segment-of-One-Approach".

Abbildung 4-4-13 Marktbearbeitungsstrategien von Dienstleistungsunternehmen

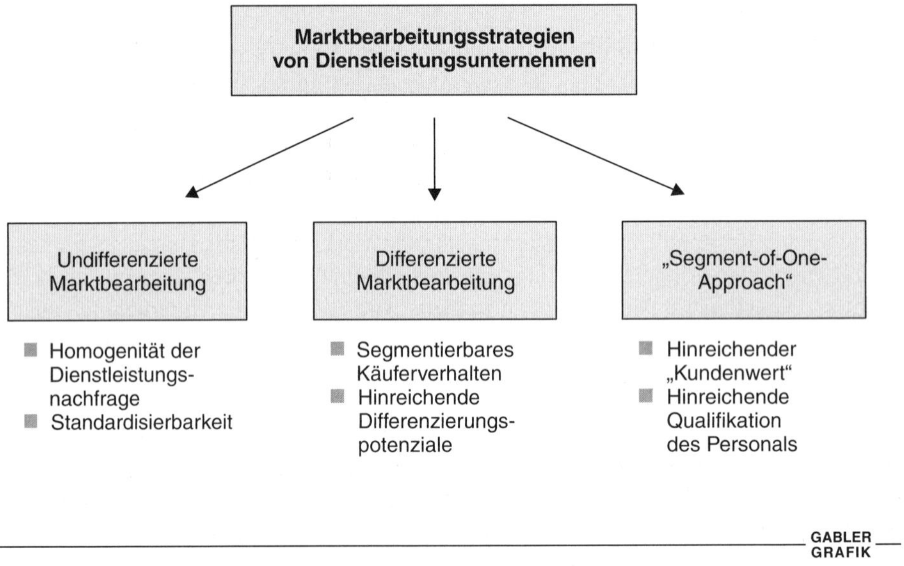

Im Rahmen einer **undifferenzierten Marktbearbeitung** werden sämtliche Marktsegmente bzw. Kundengruppen mit einem einheitlichen Marketinginstrumenteeinsatz bearbeitet.

Eine undifferenzierte Marktbearbeitung erfolgt dabei häufig in Branchen mit ähnlichen Bedürfnisstrukturen der Kunden und demzufolge einem standardisierten Leistungsprogramm.

Beispiele für Unternehmen, die eine undifferenzierte Marktbearbeitung verfolgen, sind in Abbildung 4-4-14 aufgeführt. So stellen die Firmen McDonald's, Microsoft und der ADAC durch ein **Standarddienstleistungsangebot** auf die Gemeinsamkeiten und nicht auf die Unterschiede in den Bedürfnissen und Verhaltensweisen der anvisierten Marktsegmente ab.

Abbildung 4-4-14 Beispiele für Marktbearbeitungsstrategien

Kundenorientierte Dienstleistungsstrategie	Beispiele
Undifferenzierte Marktbearbeitung	▪ McDonald's ▪ Microsoft ▪ ADAC
Differenzierte Marktbearbeitung	▪ Deutsche Bahn (1. und 2. Klasse) ▪ Lufthansa (First Class, Business Class, Economy Class) ▪ Privatkliniken ▪ WDR (Regionalprogramme) ▪ UPS
„Segment-of-One-Approach"	▪ Unternehmensberatungen ▪ Werbeagenturen

GABLER GRAFIK

Weiterhin trägt die **Standardisierung von Dienstleistungsprodukten** zur Vereinheitlichung des Service- bzw. Qualitätsniveaus bei. Da hierbei vielfach die Prozesse Gegenstand der Standardisierungsbemühungen sind, kann gegenüber individuellen Erstellungsprozessen eine Verringerung von Qualitätsunterschieden erreicht werden. Das Standardisierungspotenzial von Dienstleistungen ist grundsätzlich durch die Intensität des Einflusses des externen Faktors auf den Dienstleistungserstellungsprozess bzw. auf die Dienstleistung determiniert. Ausgehend von dieser Überlegung können im Wesentlichen drei zentrale **Arten der Standardisierung von Dienstleistungen** hervorgehoben werden (Corsten 1998, S. 612ff.):

1. Standardisierung der gesamten Dienstleistung

Diese Möglichkeit bietet sich an, wenn die Dienstleistung im Voraus exakt determiniert ist und der externe Faktor keinen direkten Einfluss auf die Leistungserstellung hat. Beispiele: Kino- oder Theaterbesuch, Pauschalreise, Inanspruchnahme eines Linienbusses, -fluges, Abgas-Sonderuntersuchung.

2. Standardisierung von Teilkomponenten einer Dienstleistung

Gewinnt der externe Faktor stärkeren Einfluss auf die Dienstleistung und den Erstellungsprozess, so können Teilkomponenten einer Dienstleistung standardisiert werden. Diese Standarddienstleistungsmodule lassen sich teilweise durch individuelle Leistungen ergänzen. Beispiele: Standardsoftware eines Softwareherstellers, die um benutzerspezifische Unterprogramme ergänzt wird; Standardversicherungspolicen (z. B. Reiseversicherungspakete) mit Zusatzleistungen.

3. Standardisierung des Kundenverhaltens

Ein gewisses Maß an Standardisierungspotenzial kann realisiert werden, wenn durch die Standardisierung des Kundenverhaltens der individuelle Einfluss des externen Faktors im Dienstleistungserstellungsprozess verringert wird. Beispiele: Auswahl von Teilnehmern an einem Ausbildungslehrgang anhand der Vorkenntnisse, Verhaltenshinweise für Patienten bei einer ärztlichen Untersuchung.

Eine von Graumann durchgeführte **Untersuchung** belegt, dass die Standardisierungsbemühungen bei den Dienstleistungsanbietern nicht unerheblich sind (Graumann 1983, S. 168ff.). Bei 71 Prozent der untersuchten Dienstleistungen konnte keine Auftragsindividualität festgestellt werden. Fast 45 Prozent der untersuchten Dienstleistungsarten wurden als standardisiert bezeichnet.

> Im Rahmen einer **differenzierten Marktbearbeitung** werden die ausgewählten Marktsegmente bzw. Kundengruppen durch den zielgruppenspezifischen Einsatz der Marketinginstrumente bearbeitet.

Diese Strategie entspricht den Grundprinzipien des Marketing, da sie versucht, sich auf die Besonderheiten der einzelnen Kunden(gruppen) bestmöglich einzustellen (**„Service Customization“**).

Eine differenzierte Strategie betreibt z. B. die Deutsche Bahn durch das Angebot der BahnCard für Vielreisende, das Wochenendticket im Regionalverkehr für preisbewusste Gelegenheitsreisende und Spezialangeboten und -tarifen für Jugendliche und Senioren. Die Lufthansa versucht, durch eine Trennung von Business und Economy Class den gehobenen Ansprüchen der vielreisenden Geschäftsleute gerecht zu werden. Ein anderes Beispiel aus dem Bereich der Informationsanbieter stellt die Regionalisierung von Fernsehprogrammen zu bestimmten Tageszeiten dar.

Hinter dem **„Segment-of-One-Approach“** steht die Forderung, jede Leistung und jede Ansprache gezielt auf einen bestimmten Kunden zuzuschneiden.

Während dieser Ansatz in der Konsumgüterindustrie eine neue Herausforderung darstellt, wird er in vielen Dienstleistungsbereichen durch die Art der Dienstleistung „automatisch“ realisiert.

Hier können Dienstleistungen aus den Bereichen medizinische Untersuchung, Unternehmensberatung, Wirtschaftsprüfung als Beispiele angeführt werden.

4.22 Kundenstrategien

Über diese grundsätzliche Entscheidung zur Bearbeitung des Marktes hinaus ist ferner festzulegen, welche Kundenstrategie das Unternehmen primär verfolgen will. Grundsätzlich sind in Anlehnung an den Kundenbeziehungslebenszyklus drei alternative **Kundenstrategien** zu unterscheiden (Bruhn 2001e, S. 115):

- Kundenakquisitionsstrategie,
- Kundenbindungsstrategie,
- Kundenrückgewinnungsstrategie.

Die Mehrheit der Dienstleistungsunternehmen verfolgt bisher lediglich die beiden erst genannten Kundenstrategien. Handelt es sich dabei um Dienstleistungsanbieter, die auf stark wachsenden, jungen Märkten agieren, so steht in der Regel die **Neukundenakquisition** im Vordergrund (z. B. IT-Dienstleister oder Telekommunikationsanbieter). Hierbei wird durch gezielte Kundenakquisitionen versucht, den Gesamtmarkt zu erweitern bzw. den eigenen Marktanteil zu steigern. Ein Unternehmen kann aber ebenfalls versuchen, neue, bisher nicht bearbeitete Märkte zu erschließen. **Ziele** der Kundenakquisition sind unter anderem:

- Ausbau des (noch) geringen Kundenstammes,
- Kompensation der Kundenverluste,
- Verbesserung des Kundenstammes hinsichtlich der Profitabilität.

Eine Kundenakquisitionsstrategie bietet sich beispielsweise an, wenn (Bruhn 2001e, S. 117):

- das Unternehmen im Vergleich zu den Wettbewerbern relativ wenige Neukunden hinzugewinnt,
- das Unternehmen einen noch geringen Kundenstamm hat,
- die aktuellen Kunden weniger profitabel als andere zu akquirierende Kunden sind,
- neue Kunden in den Markt eintreten, die profitabler sind als die aktuellen Kunden.

Bei der Kundenakquisition werden Marketingmaßnahmen eingesetzt, um das Interesse und die Aufmerksamkeit der potenziellen Kunden zu erreichen. Da Dienstleistungen einen hohen Anteil an Erfahrungs- und Vertrauenseigenschaften aufweisen, bietet es sich z. B. an, Präferenzen über ein positives Image oder eine glaubwürdige Informationsstrategie zu erzeugen. Die Akquisition von Kunden kann über zwei Richtungen erfolgen: zum einen durch Stimulierung, zum anderen durch Überzeugung. Neukundenakquisition durch **Stimulierung** beruht auf der Gewährung von Anreizen, deren Aufgabe darin besteht, potenzielle Kunden von der Inanspruchnahme der Unternehmensleistung zu überzeugen. Kundenakquisition durch argumentative **Überzeugung** beruht auf der Dokumentation der Leistungsfähigkeit des Unternehmens. Die Umsetzung dieser grundsätzlichen Strategietypen kann faktisch oder symbolisch erfolgen. Im Gegensatz zur symbolischen Akquisitionsstrategie werden die Kunden bei Umsetzung einer faktischen Akquisitionsstrategie durch konkrete vorteilhafte Leistungsmerkmale des Unternehmens stimuliert oder überzeugt (Bruhn 2001e, S. 117).

Eine **Kundenbindungsstrategie** ist vermehrt in Märkten mit starkem Verdrängungswettbewerb zu beobachten (Homburg/Bruhn 2000). Ziel ist der Aufbau stabiler, auf Vertrauen beruhender Kundenbeziehungen, denn gemäß des Konzeptes der Erfolgskette können diese einen Nutzen in den folgenden Kategorien nach sich ziehen:

- Steigerung der Profitabilität,
- Steigerung des „Share of Customer/Share of Wallet“,
- Förderung der Weiterempfehlung,
- Ausnutzung von Cross-Selling-Potenziale.

Somit können auch ökonomische Verbesserungen realisiert werden. Durch die Kompetenz eines Unternehmens, neue Kunden zu halten und größere Fluktuationen im Kundenstamm zu vermeiden, können Kostensenkungspotenziale genutzt und Transaktionskosten gesenkt werden.

Dieser Strategietyp bietet sich z. B. an, wenn das Unternehmen zahlreiche Kunden hat, die ähnliche Leistungen zusätzlich noch bei anderen Anbietern beziehen. Bei der Identifikation der Zielgruppe, die das Unternehmen durch eine Kundenbindungsstrategie ansprechen will, spielt vor allem der **Kundenwert** eine bedeutende Rolle. Untersuchungen haben gezeigt, dass mehr als 60 Prozent der Kundenbeziehungen im „breiten" Privatkundengeschäft keinen positiven Deckungsbeitrag erbringen. Das Bemühen der Banken richtet sich daher verstärkt auf die Bindung vermögender Privatkunden sowie Kunden mit zukünftig zu erwartendem hohen Einkommen (Benkenstein/Stuhldreier 2001).

Nach den **Ursachen der Kundenbindung** lassen sich die Kundenbindung durch **Gebundenheit** und durch **Verbundenheit** differenzieren (Bliemel/Eggert 1998, S. 39ff.).

Gebundenheit bezeichnet einen Bindungszustand, der für einen bestimmten Zeitraum fixiert ist. Auch wenn der Kunde in diesen Zustand mehr oder weniger freiwillig eintreten kann, ist er innerhalb dieses Zeitraums aufgrund von bestimmten Parametern (z. B. Vertrag) in seiner Entscheidungsfreiheit hinsichtlich der Nutzung von Leistungen des entsprechenden Anbieters eingeschränkt. Es existieren drei **Formen der Gebundenheit** (in Anlehnung an Meyer/Oevermann 1995):

- Vertragliche Gebundenheit,
- Technisch-funktionale Gebundenheit,
- Ökonomische Gebundenheit.

Die Gebundenheit des Kunden wirkt sich direkt auf sein Wiederwahlverhalten aus. Innerhalb oder unabhängig von der Rahmenbedingung der Gebundenheit kann **Verbundenheit** entstehen, die einen Bindungszustand aufgrund von psychologischen Ursachen beschreibt (Meyer/Oevermann 1995; Bliemel/Eggert 1998, S. 39f.) und auf Größen wie Vertrauen usw. zurückzuführen ist. Maßnahmen zur Sicherstellung einer positiven Qualitätswahrnehmung zielen letztlich auf eine hohe Kundenzufriedenheit und Beziehungsqualität ab. Diese Faktoren bewirken wiederum eine erhöhte (emotionale) Bindung des Kunden an die Unternehmensleistung. Über Verbundenheit wird eine „freiwillige Kundenbindung" hervorgerufen, die auf eine vom Kunden wahrgenommene Vorteilhaftigkeit der Beziehung zum Unternehmen im Vergleich zur Nichtexistenz dieser Beziehung und/oder Beziehungen zu anderen Unternehmen zurückzuführen ist.

Wenn der Kunde die Beziehung weder selbst wünscht noch Wechselkosten seine Abwanderung verhindern, wird er die Geschäftsbeziehung nicht aufrechterhalten **(Transaction Buying).** Ein Verbleiben bei einem Anbieter, das nur auf die positive Preiswahrnehmung zurückzuführen ist, wird auch als „Cold Loyalty" bezeichnet (Bruhn 2003d, S. 133). Bleibt der Kunde lediglich aufgrund materieller Wechselkosten bei dem Anbieter, so führt diese „Muss-Bindung" zu einem inneren Zustand, der vom Kunden als negativ empfunden wird **(Ausbeutungsposition)** (Tomczak/Dittrich 1998). Dies gilt insbesondere dann, wenn sich nach dem Eingehen einer durch Wechselbarrieren abgesicherten Geschäftsbeziehung für den Kunden bessere Alternativen ergeben. In einer empirischen Studie konnte nachgewiesen werden, dass derart gebundene Kunden sowohl die Intensivierung der Geschäftsbeziehung als auch eine Weiterempfehlung des Anbieters häufiger ablehnen als im Zustand der Verbundenheit (Eggert 2001, S. 95). Ohne das Vorhandensein von Verbundenheit kann sich Gebundenheit nur so lange auf die Kundenbindung auswirken, wie die vertraglichen, technisch-funktionalen oder ökonomischen Ursachen der Gebundenheit gegeben sind.

Im Vergleich zur Gebundenheit hat Verbundenheit einen **stärkeren Einfluss auf die Kundenbindung** (Liljander/Strandvik 1995; Bliemel/Eggert 1998, S. 43). Die Position der **positiven Gebundenheit** enthält sowohl „Will"- als auch „Muss"-Bindungen. Beispiele sind zufriedene Zeitungsabonnenten oder zufriedene Abnehmer von Zubehörteilen durch Just-in-Time-Fertigung. In diesen Fällen hat die Bindung nicht nur für den Verkäufer einen Vorteil, sondern auch für den Kunden. So erhält beispielsweise der Zeitungsabonnent bequem und ohne weiteres Zutun seine Zeitung für einen bestimmten Zeitraum zugestellt. Ihm entsteht somit ein Nutzen im Sinne von Zeitersparnis bzw. Bequemlichkeit. Oftmals sind mit der positiven Gebundenheit auch ökonomische Vorteile wie etwa Rabatte verbunden (z. B. Preisreduktion für Zeitungsabonnements im Vergleich zum Einzelbezug).

Auch ohne die Existenz von Gebundenheit führt die Verbundenheit zu Kundenbindung (**Fan-Position**). Der Kunde kauft in diesem Fall nicht aufgrund von ökonomischen Überlegungen wiederholt beim selben Unternehmen, sondern allein aufgrund eines positiven Zustands der Anerkennung und Wertschätzung (Eggert 2001, S. 94). Ziel ist es daher, bei vielen Kunden die Fan-Position oder die Position der positiven Gebundenheit anzustreben.

Ausgehend von der Differenzierung in eine verbundenheits- und eine gebundenheitsgetriebene Kundenbindung lassen sich in der Kundenbindungsphase eine Verbundenheits- und Gebundenheitsstrategie als **Typen von Kundenbindungsstrategien** differenzieren (vgl. Abbildung 4-4-15). Die **Verbundenheitsstrategie** strebt eine Kundenbindung über psychologische Determinanten an (z. B. Beziehungsqualität, Kundenzufriedenheit), während bei der **Gebundenheitsstrategie** versucht wird, eine Kundenbindung durch den Aufbau von Wechselbarrieren zu realisieren.

Im Vergleich zur Neukundenakquisitionsstrategie hat die Kundenbindungsstrategie den Vorteil, dass Unternehmen und Kunden sich bereits kennen. Aufgrund der gewonnenen Erfahrungen im Rahmen der Kundenbeziehung kann in der Marktbearbeitung auf vergangene Transaktionen Bezug genommen werden. Darüber hinaus sind die aktuellen Kunden für das Unternehmen leichter zu identifizieren als potenzielle Kunden.

Gelingt es nicht, den Kunden emotional an das Unternehmen zu binden und liegen keine technisch-funktionalen, vertraglichen oder ökonomischen Wechselbarrieren vor, wird der Kunde einen Anbieterwechsel in Betracht ziehen und bei vorhandenen besseren Alternativen zu einem Konkurrenzunternehmen abwandern. Die Kundenrückgewinnungsstrategie umfasst die emotionale Rückgewinnung so genannter abwanderungsgefährdeter Kunden sowie die faktische Rückgewinnung bereits abgewanderter Kunden.

Abbildung 4-4-15 Typen von Kundenbindungsstrategien mit Beispielen

Gebundenheitsstrategie		
Vertragliche Gebundenheit	**Technisch-funktionale Gebundenheit**	**Ökonomische Gebundenheit**
Bindung von Zusatzleistung an Kernleistung: ■ Garantiebedingungen (Automobil) ■ Service-Verträge (EDV) Bindung bei Folgekäufen: ■ Abonnement (Zeitschriften, Theaterkarten) ■ Mindestbezugsvereinbarungen(Buchclub) ■ Langfristige Vertragsgestaltung (Sportvereine, Leasingverträge)	Technisch-funktional bedingter Verbund von Zusatz- und Kernleistung: ■ Kundendienst im Automobilbereich ■ Technischer Kundendienst und Schulung bei komplexen, individuell erstellten Produkten (EDV-Hard- und/oder Software) Technisch-funktionale Bindung bei Erweiterungs- bzw. Folgekäufen: ■ Bindung durch einheitliche Schnittstellen (Anschlussflüge) ■ Bindung durch technische Kompatibilität (LEGO)	Erhöhung der Wechselkosten: ■ Austrittsgebühren (Kontoauflösungen im Bankbereich) ■ Verlust von Vorteilen (geringer Rückkaufwert bei Kapitallebensversicherungen) ■ Bürokratische Austrittsverfahren (Versicherungsummeldung) Preissetzung: ■ Preisbundling (Pauschalreisen) ■ Anhebung fixer Eintrittskosten bei gleichzeitiger Ermäßigung der Folgekosten (Bahncard, Sportvereine) ■ Preisdegression in Abhängigkeit von Bindungsdauer (Schadensrabatte bei Versicherungen) ■ Rabattsystem (freie Leistungseinheit bei mehrmaligem Bezug, z. B. Sporteinrichtungen, Pizza-Service)
Verbundenheitsstrategie		
Bindung über Zufriedenheit: ■ Zielgerichteter, an Kundennutzen orientierter Einsatz der Marketingaktivitäten Bindung über spezielle Kundenbindungsinstrumente: ■ Kundenclub ■ Kundenkarte ■ Kundenzeitung ■ Beschwerdemanagement ■ Direct Marketing		

GABLER GRAFIK

Die **Rückgewinnung abgewanderter Kunden** dient der Sicherung des Umsatzes und dem Erhalt der Cross-Selling-Möglichkeiten (Profitabilitätsziel). Zu den vorgelagerten Zielen der Kundenrückgewinnung gehören die Verhinderung negativer Mund-zu-Mund-Kommunikation (Kommunikationsziel) und die Verbesserung der Informationsgrundlagen in Bezug auf Abwanderungsgründe und -prozesse, um zukünftig präventive Maßnahmen ergreifen zu können (Informationsziel). Die Gewinnung von Informationsgrundlagen über Abwanderungsgründe stellt den ersten Schritt eines Managementprozesses dar und beinhaltet eine kontinuierliche Analyse möglicher Auslöser, die schließlich zur Abwanderung führen können. Unter diesen existieren einerseits interne Auslösern, die das Unternehmen durch Prozessverbesserungen sowie Veränderungen in der Leistungsgestaltung und der Kundenbehandlung beeinflussen kann. Interne Auslöser können z. B. das Fehlverhalten von Mitarbeitern, mangelnde Qualität, lange Warte- und Prozesszeiten oder ein Vertrauensmissbrauch (z. B. durch die Weitergabe persönlicher Daten) sein. Andererseits gibt es externe Auslöser, beispielsweise durch einen Ortswechsel, Änderungen der persönlichen Präferenzen oder Lebensumstände, oder auch einen neuen Wettbewerber im Markt. Bei diesen externen Auslösern kann nur in wenigen Fällen eine Abwanderung sinnvoll verhindert werden. Denkbar sind unter den genannten Beispielen lediglich Maßnahmen, um das Abwandern zu neuen Wettbewerbern zu verhindern (Michalski 2002).

Das **Erfolgspotenzial der Rückgewinnung** und der tatsächliche Rückgewinnungserfolg werden in der Literatur sehr unterschiedlich bewertet und sind in Abhängigkeit der Branche zu sehen (vgl. z. B. Homburg/Sieben/Stock 2004). So stehen z. B. der Schätzung eines Erfolgspotenzials im Bankensektor von bis zu 30 Prozent (Zimmer 1997) empirische Studien gegenüber, in denen die Quote tatsächlich zurückgewonnener Kunden annähernd Null beträgt (Michalski 2002).

Eine **systematische Rückgewinnungsstrategie** eignet sich besonders, wenn

- der Kundenstamm durch hohe Wechsel- bzw. Fluktuationsraten charakterisiert ist,
- die Gründe für diese hohe Wechselrate vom Unternehmen beeinflusst werden können und
- die Rückgewinnung profitabler erscheint als eine Neukundenakquisition.

Bei der Auswahl einer Rückgewinnungsstrategie gilt es zu entscheiden, wie das Ziel der Kundenrückgewinnung generell verfolgt wird und welche Zielgruppe anzusprechen sind. Strategische Optionen der Kundenrückgewinnung sind die Kundenrückgewinnung durch **Wiedergutmachung** und die Kundenrückgewinnung durch **Verbesserung** der zur Abwanderung führenden Probleme. Weiterhin können **abwandernde** (emotionale Rückgewinnung) oder bereits **abgewanderte Kunden** anvisiert werden.

Demzufolge ergeben sich vier grundlegende **Strategien der Rückgewinnung** (Bruhn 2001e, S. 120f.):

1. **Kompensationsstrategien** beinhalten eine Wiedergutmachung für eine mangelhafte Leistung. Solch eine Wiedergutmachung, z. B. durch eine Kompensationszahlung, kann eventuell die Abwanderung eines enttäuschten oder verärgerten Kunden verhindern.

2. **Nachbesserungsstrategien** beschäftigen sich mit der Verbesserung oder Reparatur einer fehlerhaften Unternehmensleistung. Diese Strategie zielt ebenfalls auf abwanderungsentschlossene Kunden.

3. **Stimulierungsstrategien** beziehen sich demgegenüber auf bereits abgewanderte Kunden. Durch Anreize, wie z. B. Rabatte oder kleine Geschenke, kann eine Wiederaufnahme der Geschäftsbeziehung erreicht werden.

4. **Überzeugungsstrategien** können den Verbesserungsstrategien subsumiert werden und versuchen, abgewanderte Kunden durch ein modifiziertes Leistungsangebot zu überzeugen (z. B. Innovation gemäß der Kundenbedürfnisse).

Zu beachten ist im Zusammenhang mit der Festlegung von Kundenstrategien insbesondere die segmentspezifische Betrachtung. Bei der traditionellen Kundensegmentierung werden die potenziellen, aktuellen oder auch die abgewanderten Kunden anhand der klassischen, soziodemographischen Segmentierungskriterien unterschieden (zielgruppenspezifische Kundensegmentierung). Unter Berücksichtigung der dargestellten Kundenstrategien ist jedoch ergänzend und vertiefend eine beziehungsorientierte Kundensegmentierung vorzunehmen.

Innerhalb der Neukundenakquisition wäre eine **Beziehungssegmentierung** (Bruhn 2001e, S. 100ff.) beispielsweise nach dem Erfolgspotenzial der Akquisition sinnvoll. Von „chancenreichen" Kundenbeziehungen ist zu sprechen, wenn die Neukundenakquisition – beispielsweise im Rahmen einer Direct-Mail-Aktion – auf Basis eines stark differenzierten Adressmaterials durchgeführt wird, wohingegen bei den so genannten „kalten" Adressen (undifferenzierte Adressauswahl) in der Regel nur geringe Akquisitionserfolge zu verzeichnen sind.

Die **kundenbindungsbezogene Beziehungssegmentierung** dient in erster Linie der Analyse der Gründe der Kundenbindung. Wie bereits angesprochen, kann Kundenbindung auf die Ver- bzw. Gebundenheit eines Kunden zurückgeführt werden. Anhand dieser beiden Dimensionen lassen sich vier Arten der Kundenbindung unterscheiden:

1. **Künstliche Kundenbindung** liegt bei geringer Verbundenheit und hoher Gebundenheit des Kunden vor.

2. **Sichere Kundenbindung** entsteht durch gleichzeitiges Auftreten sowohl hoher Verbundenheit als auch hoher Gebundenheit.

3. Eine nur **emotionale oder psychologische Kundenbindung** wird beobachtet, wenn Kunden zwar eine hohe Verbundenheit, aber keine Gebundenheit zum Unternehmen oder der Leistung aufweisen.

4. **Keine Kundenbindung** liegt selbstverständlich vor, wenn Kunden weder ver- noch gebunden sind.

Weiterhin wird im Rahmen einer bindungsbezogenen Segmentierung analysiert, bei welchen Kundenbeziehungen eine hohe Kundenbindung auch zu einer Steigerung der ökonomischen Kennzahlen führt. So ist beispielsweise zu prüfen, ob es sich um Kunden mit „gesättigten" Beziehungen handelt (Dauer der Kundenbeziehung z. B. mehr als zehn Jahre und ausgeschöpftes Leistungsspektrum) oder die bestehende Kundenbeziehung, z. B. durch Cross Selling, noch gesteigert werden kann. Geeignete ökonomische Kennzahlen, die zur Segmentierung herangezogen werden können, sind z. B. das Beziehungsvolumen und die Beziehungsprofitabilität. Diese Kennzahlen stellen einen Indikator für den Beziehungserfolg dar (Bruhn 2001e, S. 102).

Derartige Überlegungen sind auch bei der **rückgewinnungsbezogenen Beziehungssegmentierung** relevant. Hier ist die entsprechende Kundengruppe einerseits nach der Abwanderungswahrscheinlichkeit, bei bereits abgewanderten Kunden andererseits nach der Rückgewinnungswahrscheinlichkeit zu differenzieren. Ab einer festgelegten Höhe der Abwanderungs- oder Rückgewinnungswahrscheinlichkeit folgen Maßnahmen im Rahmen der definierten Rückgewinnungsstrategie.

Bei Kenntnis der verschiedenen Beziehungssegmente kann eine differenzierte Steuerung der Kundenbeziehungen erfolgen. Voraussetzung für die Durchführung derartiger Segmentierungsanalysen ist das Vorhandensein von umfangreichen kundenbezogenen Daten aus der Marktforschung sowie dem Rechnungswesen.

4.23 Abnehmergerichtete Verhaltensstrategie

Ausgangspunkt der abnehmergerichteten Verhaltensstrategien ist die Frage, durch welche Verhaltensweisen des Unternehmens das strategische Ziel der bestmöglichen Kundenbearbeitung erreicht werden kann. Vor diesem Hintergrund wird der Begriff abnehmergerichtete Verhaltensstrategie wie folgt definiert:

> Eine **abnehmergerichtete Strategie** ist ein langfristiger Verhaltensplan, der die Steigerung des Kundennutzens durch die Realisierung eines oder mehrerer Wettbewerbsvorteile im relevanten Markt zum Inhalt hat.

In diesem Zusammenhang ist von besonderer Bedeutung, wie die im Rahmen der Geschäftsfeldstrategien festgelegten Wettbewerbsvorteile aus Kundensicht wahrgenommen werden. Ein echter **Wettbewerbsvorteil** liegt dabei vor, wenn folgende **Bedingungen** erfüllt sind (Simon 1988, S. 4;; Backhaus 2003):

- Es handelt sich um ein für den Kunden wichtiges Merkmal.
- Der Vorteil wird vom Kunden wahrgenommen.
- Der Vorteil ist von der Konkurrenz kurzfristig nicht einholbar.

Je nach Wettbewerbsvorteil (Differenzierung, Kosten Zeit) werden unterschiedliche Verhaltensweisen sinnvoll, die sich auf zwei **Strategieansätze** zurückführen lassen:

1. Präferenzstrategie,
2. Preis-Mengen-Strategie.

Die **Präferenzstrategie** beschreibt abnehmergerichtete Strategien, die die Leistungs- bzw. Differenzierungsvorteile gegenüber den Kunden in besonderer Weise verfolgen. Entsprechend wird die Herausstellung und Weitervermittlung der Kostenvorteile an den Kunden als **Preis-Mengen-Strategie** bezeichnet. Diese Unterscheidung steht in engem Zusammenhang zu den generischen Strategieoptionen von Porter (Differenzierungs- versus Kostenführerschaftsstrategie). Unterschiede bestehen insofern, als die Wettbewerbsvorteile bei Porter immer in Relation zur Konkurrenz verstanden werden und die Porterschen Wettbewerbsstrategien einen stärker funktionsübergreifenden Bezug gegenüber den vor allem auf das Marketing bezogenen Preis-Mengen- und Präferenzstrategien aufweisen.

4.24 Wettbewerbsgerichtete Verhaltensstrategie

Eine **wettbewerbsgerichtete Verhaltensstrategie** legt die spezifischen Verhaltensweisen des Anbieters gegenüber seinen (Haupt-)Konkurrenten fest.

Die Wahl zwischen den verschiedenen **Optionen einer wettbewerbsgerichteten Verhaltensstrategie** hängt dabei von der Art und Intensität des Wettbewerbes im betrachteten Markt ab (Porter 1999). Die so genannten „Triebkräfte des Wettbewerbs", wie die Marktform, das Marktstadium und das Wettbewerbsgleichgewicht, sind in das Entscheidungskalkül des Unternehmens einzubeziehen. Ferner gilt es, unternehmensbezogene Determinanten zu berücksichtigen, wobei die eigenen Ressourcen und Fähigkeiten sowie die realistische Einschätzung der **Wettbewerbsressourcen** von besonderer Bedeutung sind. Hierzu zählen beispielsweise:

- Managementpotenziale,
- Finanzielle Ressourcen,
- Erfahrungshorizont,
- Wachstumsfähigkeit,
- Reaktionsschnelligkeit,
- Anpassungsvermögen,
- Durchhaltevermögen.

Analog der Strategiesystematisierung im Sachgüterbereich können auch Dienstleistungsunternehmen grundsätzlich von zwei **Verhaltensdimensionen** ausgehen (Meffert 2000). Die erste Dimension unterscheidet zwischen **innovativem (aktivem) und imitativem (eher passivem) Verhalten** des Dienstleisters. Ähnliche Systematiken finden sich in der allgemeinen Managementliteratur. Hier wird häufig zwischen innovativem bzw. entrepreneurorientiertem und konservativem Verhalten unterschieden (Miller/Friesen 1982; Murray 1984; Magyar/Magyar 1987; Schnaars 1994; Im/Workman 2004).

Die zweite Dimension unterscheidet zwischen **wettbewerbsvermeidendem und wettbewerbsstellendem Verhalten.** Hier kommen vor allem jene Kriterien zur Anwendung, die in der Literatur unter den Aspekten des offensiven und defensiven bzw. proaktiven und reaktiven Verhaltens diskutiert werden (Easton 1987). Ein wettbewerbsvermeidendes Verhalten beruht in diesem Sinne auf der Anpassung der eigenen unternehmerischen Entscheidungen an die Handlungen der Wettbewerber. Demgegenüber liegt wettbewerbsstellendes Verhalten vor, wenn Dienstleister bereits auf erste „schwache Signale" (Ansoff 1976, S. 129) im Vorfeld wettbewerblicher Anstrengungen der Konkurrenten reagieren.

Bei einer Kombination der beiden Verhaltensdimensionen lassen sich vier **wettbewerbsgerichtete Verhaltensstrategien** ableiten (vgl. Abbildung 4-4-16). Zu unterscheiden sind die folgenden Strategien:

- Kooperationsstrategie,
- Konfliktstrategie,
- Ausweichstrategie,
- Anpassungsstrategie.

Abbildung 4-4-16 Wettbewerbsgerichtete Verhaltensstrategien

Verhaltensdimensionen	Innovativ	Imitativ
Wettbewerbsvermeidend	Ausweichung	Anpassung
Wettbewerbsstellend	Konflikt	Kooperation

GABLER GRAFIK

Kooperationsstrategien werden vor allem von Dienstleistern angestrebt, die über keinen deutlichen Wettbewerbsvorteil bzw. nicht über die Ressourcen verfügen, langfristige Konkurrenzauseinandersetzungen zu führen. Darüber hinaus herrscht auf Oligopolmärkten häufig ein mehr oder weniger ausdrückliches Einverständnis über das „Wettbewerbsgebaren" (informale Kooperation) (Lambin 1987, S. 180). Im Rahmen einer **formalen Kooperation** wird häufig ein Vertrag zur Fixierung der Zusammenarbeit geschlossen. In diesem Zusammenhang sind Managementverträge, Joint Ventures sowie Lizenzverträge zu nennen. Gerade in den Bereichen Luftfahrt und Telekommunikation hat das Instrument der funktionsspezifischen Joint Ventures eine starke Bedeutung (Porter/Fuller 1989, S. 389ff.).

Einige **Beispiele** für eine derartige Form der so genannten „Co-opetition", d. h. einer Kooperation und Wettbewerb, sind in internationalen Verkehrs- und Logistikunternehmen zu beobachten. Eine Co-opetition dient meist zur gemeinsamen Bedienung von Märkten, d. h. zur Ausweitung des jeweils eigenen Tätigkeitsbereiches sowie zur besseren Auslastung der vorhandenen Kapazitäten. Unter dem Namen „Global Match" haben die Deutsche Post World Net und die Deutsche Lufthansa AG eine enge Kooperation ihrer im Luftfrachtbereich tätigen Tochtergesellschaften Lufthansa Cargo und DHL International etabliert (vgl. hierzu Insert 4-4-4). Luftfahrtbündnisse im Personenverkehr gehören dagegen schon zu den klassischen Kooperationen. Sie vereinen neben einer gemeinsamen Leistungspalette oft zusätzlich ihre Kundenbindungsprogramme (z. B. „Miles and More") unter einem Dach (Insert 4-4-5).

Konfliktstrategien sind zumeist mit der Zielsetzung verbunden, durch ein im Vergleich zum Wettbewerber stark unterschiedliches (aggressives) Verhalten Marktanteile zu gewinnen und möglicherweise die Marktführerschaft zu realisieren. Üblicherweise lässt sich ein solches Verhalten auf Märkten beobachten, die sich in der Stagnations- oder Schrumpfungsphase befinden, da hier eine Positionsverbesserung nur noch auf Kosten der Marktstellung anderer Anbieter möglich ist (Nullsummenspiel). Auch oligopolistische Märkte können oft durch aggressives Wettbewerbsverhalten charakterisiert sein.

Deutliche Beispiele für derartige Konfliktstrategien durch permanente Preisunterbietungen bieten derzeit Fluggesellschaften und die Unternehmen des liberalisierten Telekommunikationsmarktes (Insert 4-4-6).

INSERT 4-4-4 **DHL Pressearchiv, Pressemitteilung vom 12.10.2004**

Lufthansa Cargo und Deutsche Post intensivieren Zusammenarbeit

Bonn/Frankfurt, 12. Oktober 2004

Vereinbarung über Kooperation im Bereich „GLOBALMATCH"

Lufthansa Cargo und die Deutsche Post bauen ihre Zusammenarbeit weiter aus. In Frankfurt unterzeichneten die beiden Logistikunternehmen letzten Mittwoch einen Vertrag über eine noch engere Kooperation im internationalen Luftpostverkehr.

Der Kooperationsvertrag beinhaltet die Nutzung von Lufthansa Cargo Kapazitäten für den Service GLOBALMATCH, den die Deutsche Post anderen Postgesellschaften anbietet. GLOBALMATCH (Global Mail Transportation through Consolidation Hubs) bündelt Transportmengen verschiedener Postgesellschaften und sorgt durch eine intelligente Nutzung für eine höchst effektive Nutzung der verfügbaren Transportkapazitäten. „Durch eine Bündelung der Stärken beider Partner können Lufttransporte ab und nach Frankfurt künftig kostengünstiger, schneller und mit verschiedenen Zusatzleistungen für andere Postverwaltungen angeboten werden", sagt Klaus Knappik, Vorsitzender des Bereichsvorstands Brief International im Konzern Deutsche Post World Net.

Mit der Kooperation stärken die Partner den Logistikstandort Frankfurt. Die Mainmetropole ist sowohl ein zentraler Standort im weltweiten Vertriebs- und Transportnetz des Konzerns Deutsche Post World Net als auch im weltweiten Lufttransportnetz der Lufthansa Cargo.

Jean-Peter Jansen, Vorstandsvorsitzender der Lufthansa Cargo AG: „Mit der Zusammenarbeit im Bereich GLOBALMATCH generieren wir zusätzliches Transportvolumen und können so unsere Auslastung deutlich verbessern."

Für GLOBALMATCH werden im Netz der Lufthansa Cargo zunächst Buenos Aires, Dubai, Malta, Athen und London bedient. Weitere Destinationen sind sowohl nach als auch von Frankfurt in Planung.

INSERT 4-4-5 Handelsblatt, 10./11./12.09.2004, S. 14

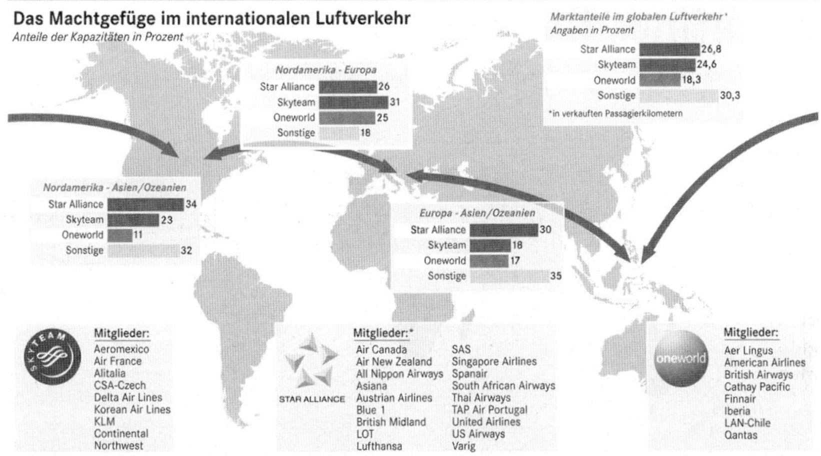

*Seit 9.9.2004 Adria Airways und Croatia Airlines neue Mitglieder; Quelle: Star Alliance (Stand: August 2004) HANDELSBLATT-GRAFIK

Skyteam kommt Marktführer Star Alliance gefährlich nahe

Mit dem Beitritt von KLM, Continental und Northwest wächst das Luftfahrtbündnis kräftig

DIETMAR PETERSEN
HANDELSBLATT, 10.9.2004

DÜSSELDORF. Der Wettbewerb der führenden Luftfahrtbündnisse wird mit Beginn kommender Woche härter: Am Montag treten **KLM** sowie die US-Fluglinien **Continental** und **Northwest** der Flugallianz Skyteam bei. Skyteam wird vom frisch fusionierten Konzern **Air France-KLM** angeführt. Das Bündnis kommt mit den Neuaufnahmen dem Marktführer Star Alliance unter Führung der **Deutschen Lufthansa** gefährlich nahe.

Das zeigt ein Blick auf die Marktanteile im globalen Luftverkehr: Nach der Erweiterung werden zwischen den Anteilen von Skyteam und Star Alliance nur noch zwei Prozentpunkte liegen (siehe Grafik). Die Aufholjagd des Skyteams ist rasant: Als das Bündnis Mitte 2000 startete, war Star Alliance – eine Idee des Ex-Lufthansa-Chefs Jürgen Weber – schon drei Jahre am Markt. Abgehängt wurde die von **British Airways** geführte Allianz Oneworld. „Das Skyteam-Wachstum hielt die Branche nicht für möglich", sagt Ulrich Horstmann, Analyst der Bayerischen Landesbank.

Star Alliance, Skyteam und Oneworld bestimmen zunehmend den Takt in der globalen Luftfahrt. Zu ihren Gründern gehören zwar große amerikanische Fluggesellschaften. Doch diese kämpfen seit Jahren gegen ihr wirtschaftliches Desaster, so dass es die Europäer sind, die die Allianz-Idee vorantreiben. Als Anführer im Kampf um die globale Marktführerschaft formieren sich Jean-Cyril Spinetta und Wolfgang Mayrhuber – die Chefs von Air France-KLM und Lufthansa.

Noch hält die Star Alliance die Spitze. Sie verfügt über das „dichteste Streckennetz und die größte Erfahrung. „Ihre Mitglieder haben ein annähernd homogenes Qualitätsniveau", erläutert Martin Köhler, Airline-Experte der Boston Consulting Group. Allerdings müsse die Allianz auch wegen ihrer vielen Mitglieder auch „höchste Komplexität" meistern. Spinetta vertrat auf dem letzten Skyteam-Treffen in Seoul die Meinung, eine Allianz sollte höchstens zehn Mitglieder umfassen.

Allianzen buhlen um Partner in China

Eine führende Position hat sich die Star Alliance in Europa aufgebaut, etwa durch die Aufnahme der polnischen **LOT** und der **Austrian Airlines**. „Die „potenzielle Gefahr einer ‚Einkreisung' ist gebannt", bewertet Analyst Horstmann das Europanetz, das oft als zu dicht geknüpft kritisiert wird. Spinettas Skyteam hingegen ist mit dem am Rande der Pleite fliegenden Staats-Carrier **Alitalia** belastet.

Ein strategischer Coup gelang Spinetta mit der Aufnahme von **Aeroflot**, Russlands größter Fluglinie. Die hätte Mayrhuber für die Star Alliance auch gerne gehabt. Nach der Teilprivatisierung hat Aeroflot ihr altes sozialistisches Image – lausiger Service, warmes Bier, kalte Würstchen und ein Ambiente, das an die Auswandererschiffe im 19. Jahrhundert erinnert – abgestreift. „Lufthansa hat Aeroflot verschlafen", behauptet ein Insider. Nach Handelsblatt- Informationen hofft Mayrhuber noch auf eine Beteiligung an Aeroflot. Russlands Präsident Putin und Bundeskanzler Schröder sähen das gern, nicht aber die Aeroflot-Manager. Sie wollen im November dem Skyteam beitreten.

Der starken US-Präsenz des Skyteams kann Star Alliance nur mit Wackelkandidaten gegenhalten. „Die amerikanischen Partner stellen eine Schwäche der Star Alliance dar", urteilt Analyst Horstmann. **United Airlines** genießt den Schutz des US-Insolvenzrechts, **US Airways**, erst seit weinigen Monaten dabei, kämpft ums Überleben. Allerdings strauchelt auch der Skyteam-Partner **Delta Air Lines**. British Airways wiederum kann mit **American Airlines** wegen eines fehlenden Open-Sky- Abkommens zwischen Großbritannien und den USA keine Synergien nutzen.

Ungebrochen ist die Dominanz der Star Alliance in Asien – „unsere größte Schwäche", wie Spinetta einräumt. Doch um die Wachstumsmärkte China und Indien kämpfen beide Allianzen noch, auch wenn **China Southern** schon einen Aufnahmeantrag bei Skyteam eingereicht hat. Auf den wartet die Star Alliance beim Lufthansa-Partner **Air China**, die Nummer eins im Reich der Mitte, bis heute noch. Trotz des fehlenden Aufnahmantrags sieht sich die Star Alliance in China aber nicht im Hintertreffen.

INSERT 4-4-6 **Handelsblatt, 03./04./05.12.2004, S. 16**

US-Airlines flüchten in Übersee-Strecken

Fluggesellschaften stocken Angebote auf Nordatlantikmarkt auf – Billigflieger machen Druck

Foto: ap

Jet der amerikanischen Fluggesellschaft Southwest: Gegen den Billigflieger kommt die etablierte Konkurenz nur mühsam an.

DIETMAR PETERSEN
HANDELSBLATT, 3.12.2004

DÜSSELDORF. Am Himmel über dem Nordatlantik droht ein Luftkampf. Amerikas Fluggesellschaften verschieben derzeit viele Kapazitäten auf die attraktiven Verbindungen zwischen der Europäischen Union (EU) und den USA. Sie zählen zu den margenstärksten Routen des globalen Luftverkehrsmarktes. Die Binnenmärkte EU und USA einschließlich des Nordatlantikroute machen immerhin 70 Prozent des Weltluftverkehrs aus.

„Die US-Carrier haben 2004 erheblich mehr Sitze auf dem Nordatlantikmarkt angeboten als ihre europäischen Konkurrenten", sagt Ulrich Schulte-Strathaus, Generalsekretär des Verbandes der Europäischen Fluggesellschaften (AEA) in Brüssel. Der Chef-Lobbyist der europäischen Luftfahrtbranche befürchtet, dass sich dieser Trend 2005 fortsetzen wird.

Im laufenden Jahr haben nach der AEA-Verkehrsstatistik die sechs großen Fluggesellschaften der USA – **American Airlines, Continental Airlines, Delta Air Lines, Northwest Airlines, United Airlines** und **US Airways** – bis November ihre Kapazität um rund 10,5 Prozent aufgestockt, allein im November um mehr als acht Prozent. Die europäischen AEA-Fluglinien kommen lediglich auf eine Ausweitung von knapp vier Prozent. „Die Amerikaner haben viel mehr Sitze in den Markt gepumpt als es nach europäischer Kalkulation von der Nachfrage her geboten war", registriert Schulte-Strathaus.

Plakativ hatten im Oktober Delta und Continental angekündigt, im Frühjahr 2005 wieder Direktflüge von New York nach Berlin aufzunehmen. Ein Branchen-Insider wundert sich allerdings, warum hier zwei Mitglieder der von der Air France-KLM angeführten Luftverkehrs-Allianz Skyteam gegeneinander antreten. „Diese Strecke lässt sich aus unserer Sicht nicht wirtschaftlich betreiben", sagt ein Unternehmenssprecher der Lufthansa. Zweifel an einem ausreichenden Marktvolumen äußert auch Eric Heymann, Luftfahrt-Analyst bei der Deutschen Bank: „Bleibt abzuwarten, ob die ihre Flieger voll bekommen. Die brauchen Stehvermögen".

Auch die Lufthansa habe ihr transatlantisches Sitzplatz-Angebot erhöht – aber die Sitze auch verkauft, sagt ihr Sprecher. „Wir wachsen profitabel", unterstreicht er.

Das trauen sich die Amerikaner offenbar auch zu. United etwa hat seit Februar 2002 das internationale Streckennetz um 30 Ziele erweitert, davon die meisten in diesem Jahr. Das internationale Angebot wächst damit um 14 Prozent; auf dem Heimatmarkt USA sinkt es gleichzeitig um zwölf Prozent. „Unsere Strategie zielt darauf, Größe und Einsatz unserer Flotte dem von einem schonungslosen Wettbewerb geprägten Markt anzupassen", sagt United-Chef Glenn Tilton.

Hinter dieser unternehmerischen Plattitüde vermuten Kritiker den Versuch, der mörderischen Konkurrenz durch die Discountflieger zumindest teilweise zu entkommen. Gegen den Billig-Pionier **Southwest Airlines** kommen die etablierten Fluggesellschaften nur mühsam an. Dass sie jetzt die margenstarken internationalen Routen als Ausweg aus der heimatlichen Misere nutzen wollen, ist nur durch eine amerikanische Spezialität möglich: den Gläubigerschutz. Wer sich unter Gläubigerschutz stellt, bekommt die Chance zu einem radikalen Kostenabbau. Den hat jüngst Delta vorexerziert. Die Piloten verzichten hier auf fast ein Drittel ihres Gehalts – ein milliardenschweres Sparpaket. Zudem greift die US-Regierung den nationalen Fluggesellschaften finanziell unter die Arme.

Die Angebotspolitik der europäischen Airlines beurteilt ihr Chef-Lobbyist Schulte-Strathaus als „nachfrageorientiert, also betriebswirtschaftlich sinnvoll". Die Amerikaner hingegen schüfen Überkapazitäten. „Das destabilisiert den Markt", warnt er.

Unterdessen rüsten sich die Amerikaner für einen weiteren Markt: China. Ab März 2005 kann die Zahl der Direktflüge sprunghaft steigen. Das haben Washington und Peking vereinbart.

EU versus USA

■ **Das Problem:** Die US-Fluggesellschaften genießen - anders als die europäische Konkurrenz - einen besonderen Staatsschutz. Neben dem Gläubigerschutz des US-Insolvenzrechts finanziert Washington Sicherheitsmaßnahmen der Airlines und bietet Entlastung bei Versicherungsprämien.

■ **Die Lösung:** Das geplante Open-Sky-Abkommen soll den Rahmen für einen fairen Wettbewerb schaffen. Derzeit liegt es auf Eis. Die Hoffnungen richten sich auf die neue Bush-Administration, die im Januar 2005 ihr Amt antritt.

Ausweichstrategien sind dadurch gekennzeichnet, dass der Dienstleister versucht, einem erhöhten Wettbewerbsdruck durch im Vergleich zur Konkurrenz innovative Aktivitäten zu entgehen. Im Einzelfall kann dies durch abgeschirmte Marktsegmente, innovative Leistungen oder Leistungsprozesse sowie durch ausgeprägte Marketinganstrengungen erfolgen. Im Dienstleistungsbereich ist in jüngster Zeit ein starker Anstieg der Online-Vertriebswege zu beobachten, die im weitesten Sinne als Ausweichstrategie interpretiert werden können. Zu denken ist an Direktversicherer, Online-Reiseveranstalter oder Online Banking.

Anpassungsstrategien zielen auf eine Erhaltung der realisierten Produkt-Markt-Position ab. Das eigene Verhalten wird auf die Reaktion der Wettbewerber abgestimmt. Diese wettbewerbsvermeidende, defensive Ausrichtung wird häufig nur so lange beibehalten, wie keine Schwächung der eigenen Position durch Vorstöße der Wettbewerber erfolgt.

Im Tankstellengewerbe ist die Anpassungsstrategie häufig zu beobachten. Insbesondere hinsichtlich der Preisgestaltung von Marktführern fällt auf, dass die Wettbewerber rasch eine Anpassung der eigenen Strategien vornehmen.

Insgesamt lässt sich festhalten, dass hinsichtlich der Ableitung wettbewerbsgerichteter Verhaltensstrategien keine wesentlichen Besonderheiten im Dienstleistungsmarketing zu berücksichtigen sind. Vielfach handelt es sich um eine Übertragung der bereits aus dem Konsumgüterbereich bekannten strategischen Optionen.

4.25 Absatzmittlergerichtete Verhaltensstrategie

Neben den wettbewerbsgerichteten sind in einigen Branchen zudem absatzmittlergerichtete Strategieansätze zu formulieren.

> **Absatzmittlergerichtete Strategien** sind auf den Handel bzw. Vertriebspartner ausgerichtete Konzepte und Verhaltensweisen. Sie zielen zum einen darauf ab, die eigene Position bei den Absatzmittlern zu stärken. Zum anderen dienen sie indirekt auch der Absatzförderung der über die Absatzmittler angebotenen Leistungen.

Relevanz erhalten absatzmittlergerichtete Strategien insbesondere in Branchen, in denen **Dienstleistungsversprechen** abgegeben werden, d. h. das Versprechen des Dienstleistungsanbieters gegenüber dem Dienstleistungsnachfrager, zu einem späteren Zeitpunkt bzw. Zeitraum bestimmte Dienstleistungen zu erbringen.

Beispiele: Verkauf einer Reise eines Touristikanbieters über ein Reisebüro, Vertrieb einer Kreditkarte über Banken, Verkauf von Versicherungen durch selbständige Versicherungsagenten, Filialen von Autovermietungen u. a. m.

Bei einer Kombination der Verhaltensdimensionen Aktivität/Passivität des Dienstleistungsanbieters in der Gestaltung der Absatzwege sowie Aktivität/Passivität in der Reaktion der Absatzmittler auf die Aktivitäten des Dienstleistungsanbieters können die in Abbildung 4-4-17 dargestellten **absatzmittlergerichteten Strategien** unterschieden werden.

Abbildung 4-4-17 Absatzmittlergerichtete Verhaltensstrategien

Marketing des Dienstleisters	Passiv in der Gestaltung der Absatzwege	Aktiv in der Gestaltung der Absatzwege
Passiv in der Reaktion auf Marketingaktivitäten des Handels	Anpassung (Machtduldung)	Konflikt (Machtkampf)
Aktiv in der Reaktion auf Marketingaktivitäten des Handels	Kooperation (Machterwerb)	Umgehung/Ausweichung (Machtumgehung)

GABLER GRAFIK

Ein privater Fernsehsender (z. B. Pro7, RTL) kann sich in Bezug auf die Gestaltung seiner Absatzwege passiv verhalten und seine Informationen sowie Unterhaltungssendungen in ein vorhandenes Sendenetz einspeisen. Wenn er darüber hinaus auf mögliche Forderungen des „Handels" (Netzbetreiber) ohne Widerspruch eingeht, kann von einer **Anpassungsstrategie** gesprochen werden.

Eine kosten- und risikoreiche Strategie wäre für den Fernsehsender die **Umgehungsstrategie,** bei der durch Aufbau eines eigenen Sendenetzes die bestehenden Absatzmittler (Netzbetreiber) umgangen werden. Einige Dienstleistungsunternehmen haben sich ferner für den ausschließlichen Vertrieb der Leistung über **direkte Absatzwege,** z. B. über das Internet, entschieden. Diese können ebenfalls in die Kategorie der Umgehungsstrategie eingeordnet werden, wobei deutlich wird, dass die Grenze zwischen wettbewerbs- und absatzmittlergerichteter Ausweichstrategie in einigen Branchen nicht trennscharf ist.

Im Rahmen der **Kooperationsstrategie** werden hingegen Leistungsversprechen vertraglich festgelegt, z. B. die Darstellung des Leistungsangebotes eines bestimmten Reiseveranstalters über Reisebüros.

Übernimmt ein Dienstleistungsanbieter hingegen eine aktive Rolle bei der Gestaltung der vorhandenen Absatzwege und versucht, seine Vorstellungen gegen die Interessen der Absatzmittler durchzusetzen (z. B. Verlängerung von Sendezeiten, Ausbau des Sendennetzes), so kann diese Vorgehensweise als **Konfliktstrategie** bezeichnet werden.

Die Mehrheit der Dienstleistungsunternehmen versucht allerdings, ein **eigenständiges Vertriebssystem** aufzubauen (z. B. ein Netzwerk von eigenen Versicherungsagenturen, Filialen eines Handelskonzerns, Autovermietungsstationen). Die Ableitung einer absatzmittlerorientierten Strategie im engeren Sinne ist in diesen Branchen somit nicht erforderlich. Vielmehr sind im Rahmen des Qualitätsmanagements Maßnahmen zur Steuerung und Kontrolle der Vertriebsorgane zu entwickeln (Insert 4-4-7).

INSERT 4-4-7 **acquisa, Nr. 7, 2002, S. 55**

Mit Mobilcom in die Selbstständigkeit

FRANCHISING. Existenzgründungswillige bis 33 Jahre haben bei Mobilcom bis Ende August die Chance, einen von 33 eingeführten Mobilcom-Shops zu übernehmen. Dieses Programm des Telekommunikationsanbieters läuft unter dem Namen „Start 33". Die Konditionen: Ein Jahr lang zahlt die Zentrale in Budelsdorf die Mieten - je nach Standort bis zu 6.500 Euro pro Monat. Auch die Kosten für die Neueröffnung inklusive Ladeneinrichtung und Außenwerbung will der Franchisegeber beisteuern. „Mit der Aktion wollen wir junge, engagierte Gründungswillige ansprechen, denen das nötige Kapital für einen eigenen Mobilcom-Shop fehlt", sagt Martin Alof, Leiter Vertrieb Mobilcom-Shop. Das Unternehmen will damit zwei Fliegen mit einer Klappe schlagen: Das eigene Vertriebssystem soll dadurch erweitert und jungen Menschen die Möglichkeit gegeben werden, in die Selbstständigkeit zu gehen.

4.3 Marketinginstrumentestrategien

Im Rahmen der strategischen Marketingplanung steht jedem Dienstleistungsunternehmen eine Reihe von marktbeeinflussenden Instrumenten zur Verfügung. Für sie gilt es **Marketinginstrumentestrategien** zu entwickeln, mit deren Hilfe die formulierten Ziele und Strategien erfolgreich umgesetzt werden können. Die Gesamtheit dieser Instrumente kann in fünf Teilbereiche unterschieden werden, in denen die folgenden Strategien abzuleiten sind (vgl. zur Einordnung Abbildung 4-4-1):

- Leistungspolitik,
- Preispolitik,
- Distributionspolitik,
- Kommunikationspolitik,
- Personalpolitik.

Im Vergleich zum Marketingmix von Konsumgüter- und Industriegüterunternehmen verlangt das Dienstleistungsmarketing einen modifizierten Einsatz einzelner Instrumente. Dies wird insbesondere vor dem Hintergrund der zentralen Zielgröße „Kundenbindung" deutlich. Aus diesem Grund werden den einzelnen Submixbereichen des traditionellen Marketingmix im Folgenden verschiedene **Arten der Kundenbindung** beispielhaft zugeordnet.

1. Leistungspolitik

Im Rahmen der Leistungsstrategie eines Dienstleistungsunternehmens wird entschieden, welche Dienstleistungen in welcher Qualität wie am Markt anzubieten sind, um die Unternehmensziele bestmöglich zu erreichen. Hinsichtlich des Zieles der Kundenbindung kommt hierbei der **technisch-funktionalen Kundenbindung** eine besondere Rolle zu. So kann der Dienstleister den Kunden durch den Verbund von Zusatzleistungen an die Kerndienstleistung zu einer weiteren Dienstleistungsnachfrage stimulieren. Der Hersteller von Software für die Mandantenbuchhaltung von Rechtsanwälten kann z. B. zusätzlich zum Softwareprogramm auch die Schulung der Mitarbeiter des Rechtsanwalts im Umgang mit der Software anbieten.

Ferner kann die Wiederkaufrate durch die technische Kompatibilität einzelner Dienstleistungen erhöht werden. Für den Softwarehersteller bedeutet dies z. B., dass neben der Mandantenbuchhaltung weitere einzeln käufliche Softwaremodule, wie Kostenrechnung oder Textverarbeitung, angeboten werden könnten, die den Datenaustausch untereinander unterstützen.

2. Preispolitik

Der Dienstleister legt weiterhin fest, zu welchen Preisen und Konditionen die Dienstleistungen am Markt angeboten werden. Es ist in diesem Zusammenhang unter anderem zu analysieren, ob der Einsatz von Instrumenten der **ökonomischen Kundenbindung** sinnvoll ist. So besteht die Möglichkeit, durch eine Erhöhung der mit einem Anbieterwechsel verbundenen Wechselkosten die Kundenabwanderung zu reduzieren. Kreditinstitute erheben z. B. regelmäßig Vorfälligkeitsentschädigungen bei frühzeitiger Kreditrückzahlung.

Auch durch die Preissetzung selbst kann die Wiederkaufrate erhöht werden. Bewährt haben sich in diesem Zusammenhang Rabattsysteme (z. B. ein freier Kinobesuch bei Vorlage von zehn alten Kinokarten), Preisdegressionen in Abhängigkeit von der Bindungsdauer (z. B. Schadenrabatte bei Versicherungen) und die Erhebung fixer Eintrittskosten bei gleichzeitiger Ermäßigung der Folgekosten (z. B. BahnCard).

Auch der Einsatz von Instrumenten der **vertraglichen Kundenbindung** ist bei der Festlegung der Preisstrategie zu erwägen. Insbesondere bietet sich die vertragliche Bindung von Zusatzleistungen an die Kernleistung an. Serviceverträge und Garantiebedingungen, wie sie im Automobilhandel üblich sind, stellen typische Beispiele für die vertragliche Kundenbindung dar. Ferner können auch Folgekäufe vertraglich gesichert werden, beispielsweise bei Zeitschriftenabonnements oder Mindestbezugsvereinbarungen von Buchclubs. Auch langfristige Vertragsgestaltungen, wie sie vielfach in Fitness-Clubs vorzufinden sind, stellen ein Instrument der vertraglichen Kundenbindung dar.

3. Distributionspolitik

Im Rahmen der Distributionsstrategie ist zu entscheiden, auf welchen Vertriebswegen und durch wen (Absatzmittler) die Dienstleistungen angeboten werden und in welcher Form der externe Faktor zu integrieren ist. In einigen Branchen erfolgt die Integration des externen Faktors vermehrt durch die Interaktion des Kunden mit Maschinen und Automaten (z. B. bei Banken mittels Geldautomaten). Das Kundenbindungsmanagement ist dann vor die Herausforderung gestellt, dass der persönliche Kontakt zum Kunden nicht verloren geht und trotz der Automatisierung die emotionale Bindung zum Dienstleister bestehen bleibt. Darüber hinaus sind es auch äußere Faktoren, wie z. B. der günstige Standort eines Anbieters, die eine Kundenbindung bewirken. In einer erweiterten Sicht kann dabei von **ökonomischer Kundenbindung** gesprochen werden, wenn trotz Unzufriedenheit die Transaktionskosten eines Anbieterwechsels aus Kundensicht zu hoch wären und aus diesem Grund der bisherige Standort weiter frequentiert wird.

4. Kommunikationspolitik

Bei der Festlegung der Kommunikationsstrategie ist der Frage nachzugehen, welche Informations- und Beeinflussungsmaßnahmen zu ergreifen sind, um die Dienstleistung abzusetzen. Als Kommunikationsinstrument zur **emotionalen Kundenbindung** kommt dem Direct Marketing eine hohe Bedeutung zu. Aber auch der Einsatz von Kundenzeitungen, -karten oder -events kann die emotionalen Bindungen zum Dienstleister herstellen bzw. verstärken.

5. Personalpolitik

Nicht zuletzt ist auch die Personalpolitik des Unternehmens festzulegen. Hier besteht die besondere Herausforderung des Unternehmens darin, die kundenseitig gewünschte Verhaltensweise möglichst im Einklang mit den Mitarbeiterinteressen zu realisieren. Der Kundenbindungserfolg in Form einer stabilen und offenen Geschäftsbeziehung ist immer dann besonders hoch, wenn die Kunden eine persönliche Beziehung (**emotionale Kundenbindung**) zu den Kundenkontaktmitarbeitern aufgebaut haben.

Die jeweilige Marketinginstrumentestrategie ergibt sich aus den im Rahmen der Geschäftsfeld- und Marktteilnehmerstrategien formulierten Schwerpunkten. Entschließt sich eine Dienstleistungsunternehmung beispielsweise für eine undifferenzierte Marktbearbeitungsstrategie, so wird sie sich in ihrer Kommunikation eher auf Direct Mailings konzentrieren, wohingegen bei einer differenzierten Marktbearbeitungsstrategie auch das Event Marketing für besonders bedeutsame Kunden zum Einsatz gelangen kann.

Da die Qualität im Rahmen der strategischen Grundausrichtung vieler Dienstleistungsunternehmen die Ausgangsbasis zur Erreichung der übrigen Ziel- und Strategiedimensionen bildet, ist ein geeignetes System zur Umsetzung der Qualitätsstrategie erforderlich. Die Einführung eines Qualitätsmanagements ist hierzu ein geeigneter Ansatz.

FRAGEN ZUM KAPITEL 4

Punkt 1:

- Wie können die Analyse- und die Planungsphase bei einem IT-Dienstleister aussehen?
- Worin unterscheiden sich die Unternehmenszwecke bzw. -missionen bei öffentlichen und privaten Unternehmen?

Punkt 2:

- Welche Entwicklungen haben Einfluss auf die Bedeutung von Dienstleistungen und auf den Wettbewerb im Dienstleistungsbereich?
- Welche Chancen und Risiken bestehen für ein Unternehmen, das Strom aus regenerativen Energieformen anbietet?
- Wozu dient eine Positionierungsanalyse?
- Auf der Basis welcher Daten wird eine Portfolioanalyse durchgeführt?

Punkt 3:

- Wie lässt sich die Wertkette am Beispiel eines Mobilfunkanbieters darstellen? Wie können aus dieser Wertkette Potenziale für Wettbewerbsvorteile erkannt werden?
- Wie hängen kundenbezogene Unternehmensziele voneinander ab?
- Warum ist das Konstrukt des Vertrauens im Dienstleistungsbereich von Bedeutung? Wie läuft der Prozess der Vertrauensbildung ab?
- Warum sind einige Komponenten des Kundenwerts schwer messbar?
- In welchen Dienstleistungsbranchen spielt das Image, in welchen die wahrgenommene Qualität vermutlich eine größere Rolle?

Punkt 4:

- Anhand welcher Dimensionen kann eine Geschäftsfeldstrategie im Versicherungsbereich entwickelt werden? Was sind die konkreten Inhalte der einzelnen Dimensionen?
- Unter welchen Alternativen für eine Marktbearbeitungsstrategie könnte eine Fluggesellschaft wählen?
- Was für Möglichkeiten hat eine Fluggesellschaft, wenn es eine Diversifikationsstrategie verfolgt?
- Wann kann als Timing-Strategie die Strategie eines späten Folgers vorteilhaft sein?
- Bei welchen konkreten Dienstleistungen ist eine Kundenakquisitionsstrategie, bei welchen eine Kundenbindungsstrategie empfehlenswert?
- Wie können die unterschiedlichen Kundenbindungsstrategien bei einem Reiseanbieter realisiert werden?
- Welche Analysen sind bei der Wahl einer wettbewerbsgerichteten Verhaltensstrategie durchzuführen?
- Wo liegen möglicherweise Gefahren einer Kooperationsstrategie?

KAPITEL

5 Qualitätsmanagement im Dienstleistungsbereich

1. Bedeutung des Qualitätsmanagements

Die Erstellung einer hohen Dienstleistungsqualität hat sich in den vergangenen Jahren zu einem **zentralen Wettbewerbsfaktor** entwickelt. Viele Dienstleistungsmärkte haben bereits das Stadium der Reife, Stagnation oder sogar Schrumpfung erreicht. Eine wesentliche Ausweitung des Marktvolumens ist in diesen Märkten ohne tief greifende Produkt- und Leistungsinnovationen kurz- und mittelfristig nicht mehr möglich. Angesichts dieser Rahmenbedingungen rückt die langfristige Bindung vorhandener Kunden neben die Gewinnung von neuen Kunden in das Zentrum der marketingpolitischen Überlegungen (vgl. Abschnitt 2 in Kapitel 2). Im vierten Kapitel wurde bei den Ausführungen zu Zielen im Dienstleistungsmarketing bereits aufgezeigt, dass über eine Erfüllung der (heterogenen) Kundenerwartungen eine Steigerung der Kundenzufriedenheit erreicht werden kann, die wiederum kundenbezogene Verhaltenswirkungen, insbesondere die Kundenbindung, und damit den **ökonomischen Erfolg** positiv beeinflusst.

Die angebotene Dienstleistungsqualität ist dabei ein **Schlüsselfaktor für die Kundenzufriedenheit** (Crosby et al. 2003, S. 18). Der Kunde hat bestimmte Qualitätserwartungen, die vom Unternehmen zu erfüllen sind. Daraus folgt, dass die **Sicherung des Kundennutzens und der Erfüllung von Kundenerwartungen** zwingend eine Aufgabe aller am Wertschöpfungsprozess beteiligten Mitarbeiter darstellt.

Der Erfolg eines Unternehmens baut nicht auf objektiv gegebene, sondern vom Kunden subjektiv wahrgenommene Positionierungsvorteile auf (Simon 1988, S. 474). Grundlage des Erfolgs sind die aus Sicht des Kunden erzielten nachhaltigen Wettbewerbsvorteile, die darin bestehen, in den für den Kunden wichtigen Leistungsmerkmalen besser zu sein als der Wettbewerber. Dies macht den besonderen Stellenwert der Forderung **„Sicherung einer überlegenen Dienstleistungsqualität"** und die Relevanz eines erfolgreichen Qualitätsmanagements für Dienstleistungen zur Erfüllung der Kundenanforderungen durch die angebotene Leistung deutlich.

Weiterhin kommt dem Qualitätsmanagement und damit dem Management der Kundenzufriedenheit aufgrund der **Besonderheiten des Dienstleistungsmarketing** ein zentraler Stellenwert zu. Die konstitutiven Merkmale von Dienstleistungen wie die Gleichzeitigkeit von Erstellung und Konsumtion der Dienstleistung, die Heterogenität der durch den Kunden eingebrachten externen Faktoren und die Interaktion zwischen Mitarbeitern und Kunden im Prozess der Leistungserstellung führen zu einer besonderen Relevanz des Qualitätsmanagements für Dienstleistungsunternehmen im Vergleich zu Sachgüterherstellern.

Qualität in Dienstleistungsunternehmen ist nicht nur unter dem Blickwinkel des eigenen Unternehmens oder aus der Konkurrenzperspektive zu betrachten. Natürlich ergibt sich in gewissem Umfang eine relative Qualitätsposition aus den absoluten Leistungen des Unternehmens und den Leistungen der Konkurrenten. Letztlich maßgebend für den Unternehmenserfolg wird aber immer die **Qualitätseinschätzung der Kunden** sein, deren

Qualitätsurteil sich aus einer Gegenüberstellung von erwarteter und wahrgenommener Leistung ergibt. Die erlebte Dienstleistungsqualität manifestiert sich für die Kunden an dieser Schnittstelle, und dieses Erleben der Dienstleistung ist es, das über den Erfolg der unternehmerischen Leistungen im Markt entscheidet (Buzzell/Gale 1989, S. 91; Sachdev/Verma 2002, S. 44; Hung et al. 2004, S. 80).

Der langfristige Erfolg eines Dienstleistungsanbieters hängt im Wesentlichen davon ab, ob die Konsumenten **Vertrauen** in die Leistung entwickeln und auch bereit sind, für überdurchschnittliche Leistungen einen höheren Preis zu zahlen (vgl. auch Krotz/Gratzer 1989).

Aber auch unter Vernachlässigung dieser „indirekten“ Wirkungen ist höhere Qualität keineswegs zwangsläufig mit höheren Kosten verbunden. Es ist im Gegenteil häufig so, dass eine qualitativ fehlerhafte Leistungserstellung Folgekosten für den Dienstleistungsanbieter verursacht, die die Kosten einer von vornherein qualitativ einwandfreien Leistungserstellung übersteigen (Crosby 1986a, S. 28; Haist/Fromm 1991, S. 56ff.). So ermöglicht das Angebot qualitativ hochwertiger Dienstleistungen auch die Realisierung einer **„Überholstrategie“** (Outpacing), bei der unter Umständen sowohl in der Kostendimension (Kostenvorteile) als auch in der Qualitätsdimension (Qualitätsvorsprünge) Verbesserungen erreichbar sind. Nicht zu vernachlässigen ist auch die Tatsache, dass die Kompensation eines Qualitätsvorsprungs gegenüber der Senkung des Angebotspreises einer Leistung für Wettbewerber mit erheblich höheren Anstrengungen verbunden ist und zudem einen größeren Zeitaufwand erfordert.

Meist werden Überholstrategien über Technologiesprünge realisiert. Eine Überholstrategie lässt sich anhand des **Beispiels virtueller Banken** verdeutlichen. Hier können Geld- und Wertpapiertransaktionen automatisiert, d. h. schneller und kostengünstiger durchgeführt werden. So ist gleichzeitig eine Qualitätssteigerung und eine Kostensenkung möglich. Bei Operationen mittels minimal-invasiver Chirurgie (Operationen über Kamera und Miniaturinstrumente) können ebenfalls Vorteile generiert werden, da sie aufgrund minimaler Eingriffe weniger belastend für Patienten sind und dadurch gleichzeitig, zumindest hinsichtlich der notwendigen Folgebehandlungen, geringere Kosten verursachen.

Im Spannungsfeld von **Kosten, Zeit** und **Qualität** wird sich allerdings nur dann eine alle Faktoren optimierende Lösung finden lassen, wenn es dem einzelnen Unternehmen gelingt, die Beschäftigung mit dem Thema Qualität aus einer isolierten Zeitpunktbetrachtung herauszulösen und zum Gegenstand eines permanenten Qualitätsmanagementprozesses zu machen.

Eine Zuordnung des Qualitätsmanagements entweder zum strategischen (Kapitel 4) oder zum operativen Dienstleistungsmarketing (Kapitel 6) erscheint wenig sinnvoll, da im Hinblick auf das Qualitätsmanagement sowohl strategische als auch operative Entscheidungstatbestände vorliegen.

Eine Abgrenzung zwischen den Begriffen der **Dienstleistungsqualität** und der **Kundenzufriedenheit** wird in der Literatur nicht einheitlich vorgenommen (Lovelock/Wirtz 2004, S. 44). Traditionellerweise wird die Kundenzufriedenheit jedoch eher einzelnen Transaktionen und damit einer transaktionalen Perspektive zugeordnet (Bitner/Booms/Tetreault 1990; Oliver 1997), während die Dienstleistungsqualität eher auf einer globalen Betrachtungsebene angesiedelt ist. Weiterhin ist offensichtlich, dass die Kundenzufriedenheit immer auf die Kundenperspektive bezogen ist, während der Begriff der Dienstleistungsqualität grundsätzlich auch andere Perspektiven zulässt, wie in Abschnitt 2 differenziert dargestellt.

Festzustellen ist, dass sich die beiden Konstrukte im **Zeitablauf** gegenseitig beeinflussen, wie in Abbildung 5-1-1 dargestellt ist. Die auf einer globalen Betrachtungsebene angesiedelte wahrgenommene Dienstleistungsqualität beeinflusst die Kundenzufriedenheit auf der Ebene der einzelnen Transaktion. Diese wiederum wirkt sich auf die wahrgenommene Dienstleistungsqualität auf globaler Ebene aus und verändert diese. Die Zufriedenheit mit der nachfolgenden Transaktion wird wiederum durch die wahrgenommene Dienstleistungsqualität beeinflusst (Taylor/Baker 1994; Siefke 1997).

Abbildung 5-1-1 Zusammenhang von Dienstleistungsqualität und Kundenzufriedenheit

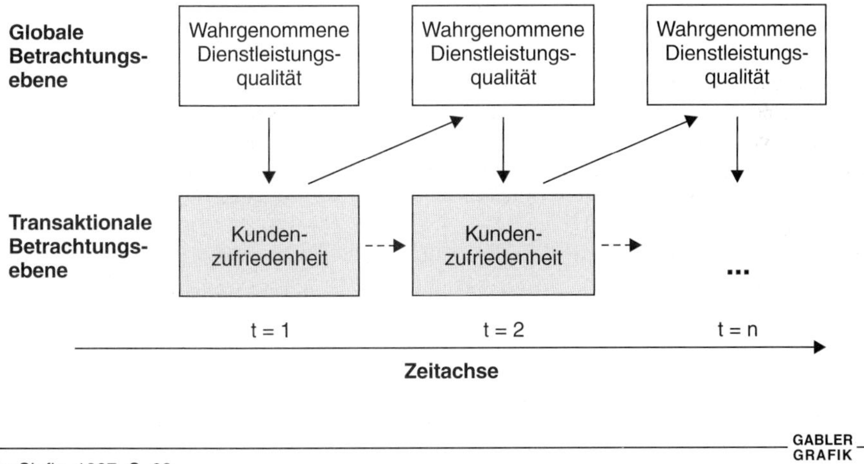

Quelle: Siefke 1997, S. 63

In diesem Kapitel wird die Dienstleistungsqualität in den Mittelpunkt gestellt, um Ansatzpunkte zur Handlungsseite der Kundenzufriedenheit herauszustellen. Bevor die Ausgestaltung eines Qualitätsmanagements zur Sicherstellung einer hohen Dienstleistungsqualität betrachtet werden kann, ist es notwendig, zunächst die Grundlagen zum Begriff Dienstleistungsqualität sowie die konzeptionellen Grundlagen eines Qualitätsmanagements darzustellen.

2. Grundlagen des Qualitätsmanagements für Dienstleistungen

2.1 Begriff der Dienstleistungsqualität

Analog zu den diversen Ansätzen, den Begriff der **Dienstleistung** eindeutig zu erfassen, liegt in Bezug auf den Begriff der **Qualität** ein kontroverses Verständnis in der betriebswirtschaftlichen Literatur und vor allem in der Praxis vor. Daher wird zunächst auf zwei „offizielle" Definitionen hingewiesen.

Das **Deutsche Institut für Normung e. V.** (DIN) hat übereinstimmend mit der International Standards Organisation (ISO) in DIN EN ISO 8402 folgende Definition zugrunde gelegt:

> „Qualität ist die Beschaffenheit einer Einheit bezüglich ihrer Eignung, festgelegte und vorausgesetzte Erfordernisse zu erfüllen."

Als „Beschaffenheit" werden dabei die einzelnen Merkmale der Einheiten, als „Einheiten" verschiedene materielle und immaterielle Gegenstände und als „Erfordernisse" die Qualitätsanforderungen verstanden. Eine ähnliche Definition liefert die **Deutsche Gesellschaft für Qualität e. V.** (1993):

> „Qualität ist die Gesamtheit von Eigenschaften und Merkmalen eines Produktes oder einer Tätigkeit, die sich auf deren Eignung zur Erfüllung gegebener Erfordernisse bezieht."

Beide Definitionen gelten sowohl für Produkte als auch für Dienstleistungen. Mit ihnen werden zwei zentrale **Ansätze des Qualitätsverständnisses** verbunden:

1. Produktbezogener Qualitätsbegriff

Qualität ist die Summe bzw. das Niveau der vorhandenen Eigenschaften von Produkten bzw. Dienstleistungen. Ziel ist es, eine Messung der Qualität nach objektiven Kriterien vorzunehmen.

2. Kundenbezogener Qualitätsbegriff

Qualität ist definiert durch die Wahrnehmung der Produkteigenschaften bzw. Leistungen durch den Kunden. Eine Messung der Qualität erfolgt demnach anhand von subjektiven Kriterien (Bruhn/Hennig 1993, S. 216f.; Berry/Parasuraman 1997, S. 65; Bruhn 2006, S. 34).

Diesen beiden grundlegenden Qualitätsbegriffen lassen sich noch drei weitere Qualitätsauffassungen hinzufügen (Garvin 1984, S. 25ff.):

- Der **absolute Qualitätsbegriff** definiert Qualität als ein Maß für die Güte eines Produktes oder einer Leistung. Sie kann in verschiedene Klassen kategorisiert werden (gut, mittel, schlecht). Damit entspricht diese Definition weitgehend dem umgangssprachlichen Verständnis des Qualitätsbegriffes.
- Der **herstellungsorientierte Qualitätsbegriff** definiert Qualität als die Vorgabe von betrieblichen Standards, die als Basis für die Qualitätskontrolle einer Unternehmung dienen. Es bleibt offen, ob diese Maßstäbe durch objektive oder subjektive Indikatoren definiert werden.
- Der **wertorientierte Qualitätsbegriff** stellt die Frage nach dem Preis-Leistungs-Verhältnis aus Sicht des Kunden. Dieser beurteilt, ob die Leistung ihren Preis „wert" ist und demzufolge ein bestimmtes Niveau an Qualität erreicht.

Trotz der geforderten Betonung der Kundenperspektive darf die Festlegung von Anforderungen an die Dienstleistungsqualität natürlich keinesfalls eindimensional bzw. einseitig aus Kundensicht erfolgen.

Unternehmen sehen sich in ihrer Umwelt einer Vielzahl von Anforderungen an die Dienstleistungsqualität ausgesetzt. Neben Einflüssen der globalen Umwelt, wie z. B. technische und politisch-rechtliche Rahmenbedingungen, stehen vor allem die **Anforderungen aus Marktteilnehmersicht** im Vordergrund, denn sie entscheiden letztlich über den Erfolg der Unternehmung am Markt. Die Qualität einer Dienstleistung steht somit in einem Spannungsfeld, das sich aus der Sicht der Kunden, der Wettbewerber und des eigenen Unternehmens ergibt (Bruhn 2006, S. 36ff.):

1. Anforderungen aus Kundensicht

Die Anforderungen aus Kundensicht sind definiert durch die spezifischen Erwartungshaltungen der aktuellen und potenziellen Kunden und stellen den zentralen Maßstab zur Bestimmung der Dienstleistungsqualität dar. Diese können sich auf die Potenzialdimension (z. B. Ausstattung eines Hotelzimmers), auf den Dienstleistungsprozess (z. B. Höflichkeit der Bankangestellten) und/oder auf das Ergebnis der Dienstleistungserstellung (z. B. Haarschnitt nach Frisörbesuch) beziehen. Die Erwartungshaltungen der Kunden werden dabei nicht nur durch die individuellen Bedürfnisse gebildet, sondern gleichzeitig von den Erfahrungen mit der Dienstleistung in der Vergangenheit, von Kommunikationsmaßnahmen des Dienstleisters oder von der Mund-zu-Mund-Kommunikation mit Kunden und anderen Personengruppen beeinflusst. Zusätzlich können sich die Bedeutungen einzelner wahrgenommener Qualitätsdimensionen im Zeitverlauf der Leistungsinanspruchnahme verändern. So werden z. B. tangible und ästhetische Elemente der Dienstleistung im Zeitverlauf tendenziell geringer gewichtet, während beispielsweise die Bedeutung des wahrgenommenen Nutzens der Leistung steigt (Crosby et al. 2003, S. 20).

2. Anforderungen aus Wettbewerbersicht

Die Anforderungen aus Wettbewerbersicht beziehen sich auf die Überlegung, wie sich ein Unternehmen durch eine gezielte Qualitätsstrategie gegenüber den Hauptkonkurrenten profilieren kann; Dienstleistungsqualität wird somit als strategischer Wettbewerbsvorteil definiert. Konkrete Anforderungen an die Dienstleistungsqualität einer Unternehmung ergeben sich dabei beispielsweise aus dem Qualitätsniveau der von den wichtigsten Mitbewerbern angebotenen Dienstleistungen, aus der jeweiligen Qualitätsposition oder aus den unternehmensinternen Leistungspotenzialen der Konkurrenz.

3. Anforderungen aus Unternehmenssicht

Die Anforderungen aus Unternehmenssicht resultieren aus der Fähigkeit und der Bereitschaft des Dienstleistungsanbieters zur Erbringung bestimmter Niveaus der Dienstleistungsqualität. Dabei spielen unterschiedliche Faktoren eine Rolle, wie beispielsweise die Diens tleistungsmentalität der Mitarbeiter, ihre fachliche Qualifikation und die Bedeutung der Qualitätspolitik für die Marketingstrategie des Dienstleistungsanbieters.

Die Erläuterung der einzelnen Anforderungen verdeutlicht, dass die Bestimmung der Dienstleistungsqualität nicht eindimensional und einseitig festgelegt werden kann. Vielmehr handelt es sich um einen mehrdimensionalen Vorgang, der sich an dem **Dreiecksverhältnis** Kunde, Wettbewerb und Unternehmen, dem so genannten „magischen Dreieck", zu orientieren hat (Bruhn 2000c, S. 30). Letztlich bestimmt der Kunde die Anforderungen an eine Dienstleistung und steht daher auch im Mittelpunkt der Ansätze zur Messung der Dienstleistungsqualität. Wettbewerber dagegen setzen dem Qualitätsmanagement der Unternehmung Grenzen, indem sie sich eigenständig positionieren und Wettbewerbsvorteile schaffen. Der Dienstleistungsunternehmung sind durch ihr Qualitäts-Know-how und ihre Kapazitäten Rahmen gesetzt, die sie bei der Bestimmung ihrer Dienstleistungsqualität zu berücksichtigen hat.

Als Konklusion der genannten Qualitätsbegriffe wird folgende **Begriffsauffassung** zugrunde gelegt:

> **Dienstleistungsqualität** ist die Fähigkeit eines Anbieters, die Beschaffenheit einer primär intangiblen und der Kundenbeteiligung bedürfenden Leistung aufgrund von Kundenerwartungen auf einem bestimmten Anforderungsniveau zu erstellen. Sie bestimmt sich aus der Summe der Eigenschaften bzw. Merkmale der Dienstleistung, bestimmten Anforderungen gerecht zu werden (Bruhn 2006, S. 38).

Diese Begriffsauffassung verdeutlicht zum einen den produktorientierten Qualitätsbegriff: Dienstleistungsqualität ist die Beschaffenheit einer Leistung, die auf einem bestimmten Niveau – gut oder schlecht – erstellt werden kann. Zum anderen kommt der kundenorientierte Qualitätsbegriff dadurch zum Ausdruck, dass die Anforderungen an das Niveau vom Kunden festgelegt werden. Daher ist der Qualitätsbegriff auch relativ – aus der subjektiven Perspektive des Kunden – zu formulieren.

2.2 Dimensionen der Dienstleistungsqualität

Die Koexistenz verschiedener begrifflicher Auffassungen der Dienstleistungsqualität erfordert eine Festlegung der relevanten **Dimensionen der Dienstleistungsqualität.** Bedingt durch die Heterogenität des Dienstleistungssektors existiert eine Vielzahl branchen- und typenspezifischer Qualitätsmerkmale. Es stellt sich die Frage, welche der Dimensionen für alle Dienstleistungen zutreffen und wie diese vom Kunden wahrgenommen werden. In diesem Zusammenhang wird als Qualitätsdimension die Wahrnehmung unterschiedlicher Qualitätseigenschaften durch unternehmensinterne und -externe Zielgruppen verstanden (Bruhn 2006, S. 47).

Im Mittelpunkt der Ausführungen in der Marketingliteratur steht hier die Unterscheidung in eine Potenzial-, Prozess- und Ergebnisdimension (Donabedian 1980): Die **Potenzialdimension** beinhaltet die sachlichen, organisatorischen und persönlichen Leistungsvoraussetzungen des Dienstleistungsanbieters. Die **Prozessdimension** bezieht sich auf alle Prozesse während der Leistungserstellung. In der **Ergebnisdimension** erfolgt die Beurteilung der erbrachten Leistung am Ende des Dienstleistungsprozesses.

Für Nachfrager einer Dienstleistung ist es in der Regel schwierig, die Qualität der Leistung a priori zu beurteilen. Kunden suchen demzufolge bewusst nach äußerlich wahrnehmbaren Qualitätsindikatoren, wenn es für sie nicht möglich ist, die zu erwartende Dienstleistungsqualität einzuschätzen. Aufgrund des mehr oder weniger hohen Anteils an Erfahrungs- und Vertrauenseigenschaften ziehen Kunden oftmals die greifbaren, materiellen Komponenten der Leistungspotenziale („Tangibles") als Qualitätssurrogate heran, da sie zumeist eine objektiv Beurteilung vor der Inanspruchnahme ermöglichen (Bitner 1993, S. 358). Dementsprechend kommt der Qualität der Potenzialdimension von Dienstleistungen insbesondere für die Kundenakquisition eine zentrale Bedeutung zu.

Eine Unterscheidung der Qualitätsdimensionen ist aber auch in Bezug auf den Umfang und die Art der erstellten Leistung möglich (Grönroos 2000). Die **technische Dimension** beinhaltet den Umfang des Leistungsprogramms und fragt nach dem „Was" einer Dienstleistung. Die **funktionale Dimension** fragt dagegen nach dem „Wie" einer Dienstleistung, d. h., in welcher Form das Leistungsprogramm angeboten wird.

Eine weitere Unterteilung der Dimensionen der Dienstleistungsqualität bezieht sich auf die Erwartungshaltung der Kunden im Hinblick auf das Dienstleistungsprogramm (Berry 1986): Zu der so genannten **Routinekomponente** gehören alle Eigenschaften, die normalerweise zu einer Dienstleistung zählen. Für eine Negativabweichung kann es vom Kunden „Strafpunkte" geben. Die **Ausnahmekomponente** beinhaltet dagegen Zusatzleistungen des Dienstleistungsanbieters, die vom Kunden nicht erwartet wurden und von ihm mit Bonuspunkten honoriert werden.

Die folgenden drei Qualitätsdimensionen beantworten dagegen die Frage, welche Nähe des Kunden zum Dienstleistungsprodukt bei der Beurteilung der Dienstleistungen gegeben ist (Zeithaml 1981, S. 186ff.): Im Rahmen der **Suchkomponente** („Search Qualities") verfügt der Kunde noch über keine Erfahrung mit dem Dienstleistungsanbieter und sucht im Vorfeld Indikatoren zur Beurteilung der Dienstleistung. Oftmals stellen die Komponenten der Potenzialdimension Sucheigenschaften im Sinne der Informationsökonomie dar, die i. d. R. vor der Inanspruchnahme einer Leistung beurteilt werden können. Dementsprechend stellen das Umfeld, in dem eine Dienstleistungsbegegnung (Service Encounter) stattfindet, – die so genannte **„Servicescape“** (Bitner 1993) – wichtige Teilbereiche der Dienstleistungsqualitätsforschung dar. Dazu gehören zum einen die greifbaren Komponenten einer Dienstleistung („Tangibles“), die haptisch wahrgenommen werden, zum anderen aber auch alle anderen sinnlich wahrnehmbaren Eigenschaften, die optisch, olfaktorisch, akustisch sowie gustatorisch wahrgenommen werden. Hinsichtlich der **Erfahrungskomponente** („Experience Qualities“) ist der Kunden dagegen in der Lage, eine Beurteilung aufgrund von Erfahrungen während des Leistungsprozesses oder am Ende der Leistungserstellung vorzunehmen. Die **Glaubenskomponente** („Credence Qualities“) umfasst alle Merkmale einer Dienstleistung, die sich einer genauen Beurteilung entziehen bzw. erst später eingeschätzt werden können.

Ergebnis nicht nur konzeptioneller Überlegungen, sondern auch empirischer Prüfungen sind die folgenden fünf **Qualitätsdimensionen,** die alle aufgeführten Unterteilungen beinhalten (Parasuraman/Zeithaml/Berry 1985, 1988; Zeithaml/Parasuraman/Berry 1992):

1. Die **Annehmlichkeit des tangiblen Umfeldes** („Tangibles“) bezieht sich auf das äußere Erscheinungsbild des Dienstleistungsortes. Dazu gehören zum einen alle materiellen Elemente (z. B. Maschinen, Geräte, technische Hilfsmittel, Gebäude, Inneneinrichtungen usw.), zum anderen aber auch das Erscheinungsbild der Mitarbeiter.

2. Als **Zuverlässigkeit** („Reliability“) wird die Fähigkeit des Dienstleistungsanbieters bezeichnet, die versprochenen Leistungen auch auf dem avisierten Niveau zu erfüllen.

3. Die **Reaktionsfähigkeit** („Responsiveness“) stellt die Frage, ob das Dienstleistungsunternehmen in der Lage ist, auf spezifische Wünsche der Kunden einzugehen und sie zu erfüllen. Dabei spielen sowohl die Reaktionsbereitschaft als auch die Schnelligkeit der Reaktion eine Rolle.

4. Die **Leistungskompetenz** („Assurance“) bezieht sich auf die Fähigkeiten des Anbieters zur Erbringung der Dienstleistung, insbesondere in Bezug auf das Wissen, die Höflichkeit und die Vertrauenswürdigkeit der Mitarbeiter.

5. Das **Einfühlungsvermögen** („Empathy“) kennzeichnet sowohl die Bereitschaft als auch die Fähigkeit des Dienstleistungsanbieters, jedem einzelnen Kunden die notwendige Fürsorge und Aufmerksamkeit entgegenzubringen.

Neben einer strukturierenden Funktion sind die aufgeführten Unterscheidungen von Qualitätsdimensionen in der Lage, erste Hinweise für die Gestaltung von Messkonzepten zur Erfassung der Dienstleistungsqualität zu liefern. Dazu ist es jedoch notwendig, die Dimensionen durch einzelne Merkmale der Dienstleistungsqualität zu konkretisieren (Stauss/Hentschel 1991, S. 240), denn aufgrund des Abstraktionsgrades, auf dem die Dimensionen abgegrenzt werden, sind sie einer unmittelbaren Messung kaum zugänglich (Benkenstein 1993, S. 1099).

2.3 Konzeptionelle Grundlagen eines Qualitätsmanagements für Dienstleistungen

2.31 Total Quality Management

Der Begriff des **Total Quality Management (TQM)** wird von der Deutschen Gesellschaft für Qualität (DGQ-Lenkungsausschuss Gemeinschaftsarbeit (LAG) der Deutschen Gesellschaft für Qualität e. V. 1995) wie folgt definiert:

> **Total Quality Management** ist eine auf der Mitwirkung aller ihrer Mitglieder beruhende Führungsmethode einer Organisation, die Qualität in den Mittelpunkt stellt und durch die Zufriedenheit der Kunden auf den langfristigen Geschäftserfolg sowie auf den Nutzen für die Mitglieder der Organisation und für die Gesellschaft zielt.

In diesem Zusammenhang wird der Nutzen für die Gesellschaft als die Erfüllung der Forderungen der Gesellschaft interpretiert.

Das Konzept des TQM findet seinen Ursprung in japanischen Qualitätskonzepten, die auch unter dem Begriff **Total Quality Control** zusammengefasst werden können (Dale/Lascelles/Plunkett 1990, S. 3ff.; Kamiske/Brauer 1993, S. 27). Dahinter steht die Annahme, dass eine totale Qualitätskontrolle zu einer kontinuierlichen Qualitätsverbesserung, einer größeren Effizienz, einer höheren Effektivität und zu geringeren Kosten führt. Zentrales Element dieses Ansatzes ist die Forderung, dass die Verantwortung für die Qualitätskontrolle von sämtlichen Mitarbeitern in allen Bereichen der Unternehmung getragen wird (Wyckhoff 1988, S. 232).

Eine Weiterentwicklung stellt das Konzept des TQM insofern dar, als dass von einer Unternehmenskultur oder Führungsphilosophie ausgegangen wird, in deren Mittelpunkt die Kundenzufriedenheit steht (DIN ISO 8402 1992, S. 22; Frehr 1994, S. 1; Bovermann 1997). Elemente dieser **Qualitätsmanagementphilosophie** sind (Mudie/Cottam 1993, S. 92; Kamiske/Brauer 1999):

- Orientierung an dem Kunden und an seinem Urteil, sowohl in Bezug auf externe als auch interne Kunden (Mitarbeiter),
- Kontinuierliche und dynamische Qualitätsverbesserung,
- Aufnahme der Qualität als oberstes Unternehmensziel,
- Forderung, dass jeder Mitarbeiter des Unternehmens „Qualitätsmanager" ist.

Damit sind für „Qualität" nicht nur spezifische Abteilungen zuständig, sondern sämtliche Mitarbeiter auf allen unternehmerischen Hierarchieebenen (Stauss 1993, S. 116).

Das für die Sachgüterproduktion entwickelte Konzept des TQM lässt sich auf Dienstleistungen und die Kundenzufriedenheit übertragen (Homburg 1998). Im Rahmen einer **integrierten Qualitätssicherung** hat eine Einbeziehung aller am Dienstleistungsprozess Beteiligten zu erfolgen (Bruhn 2006, S. 67). Bausteine eines Total Quality Management im Dienstleistungsbereich sind:

1. **Total** – die Einbeziehung aller an der Dienstleistung beteiligten Mitarbeiter, Zulieferer und Kunden,
2. **Quality** – die konsequente Orientierung des Dienstleistungsprozesses an den Qualitätsforderungen sämtlicher interner und externer Kunden,
3. **Management** – die Übernahme einer Vorbildfunktion für die Dienstleistungsqualität mit einem partizipativ-kooperativen Führungsstil des Managements.

Zusammenfassend kann TQM als eine integrierte, das gesamte Unternehmen mit allen Aktivitäten und Mitarbeitern sowie die Unternehmensumwelt einbeziehende **Führungsstrategie** bezeichnet werden, deren Aufgabe die Vorgabe aus Kundenanforderungen abgeleiteter Qualitätsziele und deren Erfüllung ist (Kamiske/Brauer 1999).

Eine **Studie im Bankenbereich** belegt, dass Unternehmen, bei denen schon über längere Zeit TQM als Managementkonzept implementiert ist, eine bessere Performance aufweisen, als solche, die es noch nicht oder erst kurze Zeit umgesetzt hatten. In der Studie wurden vor allem die mit TQM verbundene größere Aufgeschlossenheit für Neues, eine bessere Prozessoptimierung sowie die Übertragung von mehr Verantwortung auch an Mitarbeiter unterer Hierarchiestufen als Erfolgsfaktoren angesehen (Lloréns Montes/Verdú Jover 2004).

2.32 Begriff und Bausteine des Qualitätsmanagements

Da der Begriff **Qualitätsmanagement** in Wissenschaft und Praxis in vielfältiger Weise diskutiert wird (vgl. z. B. Stebbing 1990; Oess 1993; Stauss 1994c; Pfeifer 2001; Bruhn 2006), sind auch Definitionsvorschläge in vielfältiger Art vorhanden. Im Folgenden werden als ein hier zweckmäßig erscheinendes Begriffsverständnis zunächst die DIN-Normen zugrunde gelegt.

Qualitätsmanagement ist nach DIN 55350 Teil 11 sowie den Bestimmungen der Deutschen Gesellschaft für Qualität e. V. umfassend als „Gesamtheit der qualitätsbezogenen Tätigkeiten und Zielsetzungen“ (Deutschen Gesellschaft für Qualität e. V. 1995, S. 35) definiert. Unter einem Qualitätsmanagementsystem werden dann die Aufbauorganisation, Verantwortlichkeiten, Abläufe, Verfahren und Mittel zur Verwirklichung des Qualitätsmanagements erfasst. Das Qualitätsmanagement ist hierbei nur so umfassend zu gestalten, wie dies zum Erreichen der Qualitätsziele unbedingt notwendig ist (Deutsche Gesellschaft für Qualität e. V. 1995, S. 36). Mit dieser Anmerkung ist beabsichtigt, die Rentabilität des entwickelten Qualitätsmanagementkonzeptes zu berücksichtigen und Kosten-Nutzen-Vergleiche vorzunehmen. Auf dieser Grundlage wird der **Begriff des Qualitätsmanagementsystems** wie folgt definiert:

Unter einem **Qualitätsmanagementsystem** für Dienstleistungen ist die Zusammenfügung verschiedener Bausteine unter sachlogischen Gesichtspunkten zu verstehen, um unternehmensintern und -extern eine systematische Analyse, Planung, Organisation, Durchführung und Kontrolle von qualitätsrelevanten Aspekten des Leistungsprogramms eines Unternehmens sicherzustellen.

Gemäß dem TQM-Ansatz und den Prinzipien des Qualitätsmanagements für Dienstleistungsunternehmen lässt sich hier festhalten, dass ein Qualitätsmanagement für Dienstleistungen entsprechend den Anforderungen und Besonderheiten des Marktes anzupassen ist. Einen Schwerpunkt der Qualitätsbetrachtung stellen im Gegensatz zum für Sachgüter konzipierten TQM sämtliche Prozesse innerhalb der Dienstleistungskette sowie die Integration des externen Faktors dar (Bruhn 2006). Ferner ist die wirtschaftliche Ausrichtung der qualitätsbezogenen Aktivitäten sicherzustellen.

Hauptaufgabe eines Qualitätsmanagementsystems ist die **Schaffung und Sicherstellung der Qualitätsfähigkeit** des Dienstleistungsunternehmens (Horváth/Urban 1990, S. 14). Die Gestaltung des Qualitätsmanagementsystems ist an der Qualitätsfähigkeit zu orientieren. Hierzu ist eine Gliederung des Qualitätsmanagements für Dienstleistungen in vier **Bausteine** sinnvoll, die sich den Phasen des klassischen Managementprozesses: Analyse, Planung, Durchführung und Kontrolle, zuordnen lassen (vgl. Abbildung 5-2-1):

1. **Analyse der Dienstleistungsqualität** als Informationsgrundlage des Qualitätsmanagements für Dienstleistungen (vgl. Abschnitt 3),
2. **Planung des Qualitätsmanagements** zur Festlegung der erforderlichen Qualitätsfähigkeit in der Planungsphase (vgl. Abschnitt 4),
3. **Umsetzung des Qualitätsmanagements** mit einer Qualitätsplanung, -lenkung, -prüfung und -managementdarlegung zur Steuerung und Demonstration der Qualitätsfähigkeit in der Durchführungsphase (vgl. Abschnitte 5 und 6),
4. **Controlling des Qualitätsmanagements** zur Informationsversorgung und Kontrolle der Qualitätsfähigkeit im weitesten Sinne einer modernen Controllingphilosophie (vgl. Abschnitt 7).

Ein **Beispiel** für den Nutzen eines Qualitätsmanagementsystems zeigt Insert 5-2-1. Hier wird auch das Ineinandergreifen der vier Phasen des Qualitätsmanagementsystem deutlich. Weiterhin zeigt sich, dass gerade im Dienstleistungsbereich Qualitätsmanagementsysteme von Bedeutung sind, da sich die Qualität der Leistung mehrheitlich nicht anhand von materiellen Objekten messen lässt.

INSERT 5-2-1 **Frankfurter Allgemeine Zeitung, 11.11.2002, S. B5**

Von Künstlern und Normen

Mit Managementsystemen haben Architekten so ihre Schwierigkeiten

Von Andrea Koller

Managementsystem und kreative Arbeit – nach Meinung nicht weniger Architekten prallen hier zwei Welten aufeinander. Denn die Angst vor unnötigem Papierkram und überflüssiger Bürokratisierung steckt noch in vielen (Architekten-)Köpfen. Häufig geben sie sogar ungern zu, daß ihr Planungsbüro bereits ein Qualitätsmanagementsystem (QM-System) nutzt – sie befürchten, ein QM-System könnte die gestalterische Qualität einschränken. Die Chancen, die ein solches System bietet, werden leider nicht oder zu wenig erkannt, ganz im Unterschied zum Verarbeitenden Gewerbe, wo Qualitätsmanagement fest verankert ist. Ursache hierfür ist sicherlich auch der Unwillen von Architekten, sich nach einer Norm zu organisieren, und die Befürchtung, sich damit in die Riege gewerblicher Unternehmen zu stellen. Ein QM-System steht jedoch in keiner Konkurrenz zum anspruchsvollen Entwerfen von Gebäuden. Der freie Beruf des Architekten bleibt unangetastet.

Dies haben in den vergangenen Jahren – trotz der geschilderten Vorurteile – immer mehr Architekten und Ingenieure erkannt. Sie haben Managementsysteme eingeführt, weil sie sich davon einen besseren Marktwert, also mehr Aufträge, versprechen. Außerdem möchten sie in ihrem Unternehmen die internen Abläufe besser organisieren. Zwar haben viele Büros bereits ein System, um Planungsprozesse zu strukturieren. Doch meist gibt es zu viele Zufallsmomente, und häufig hat jeder Mitarbeiter im Detail seine eigene Struktur. Gerade wenn ein Büro noch verschiedene Standorte hat, wird jedoch der Bedarf nach einem dokumentierten und einheitlichen System offensichtlich. Denn die Planungsprozesse gestalten sich mit wachsender Anzahl der Projektbeteiligten immer komplexer. Wenn ein Büro nun seine Arbeitsprozesse klar strukturiert und organisiert, dann werden das Ziel, der Weg dorthin und die Sicherung der Ziele für jeden Mitarbeiter und Auftraggeber transparent. Ein QM-System bedeutet also mehr Effektivität in Hinblick auf Planung, Kosten und Termine innerhalb des Unternehmens sowie in der Zusammenarbeit mit den Auftraggebern. Die so gewonnene Zeit kann der „kreativen" Zeit zurückgeführt werden.

Ein weiterer Punkt kommt hinzu: Architekten müssen sich heute mehr denn je als Manager behaupten. In dieser Situation wird es immer schwieriger, den unternehmerischen Sorgfaltspflichten nachzukommen. Zwar bietet ein QM-System keine Sicherheit zur Abwehr von Schadensersatzansprüchen. Aber es hilft, Fehler zu vermeiden. Aufgrund der übersichtlichen Dokumentation kann der Planungs- und Bauverlauf einfacher nachvollzogen und der Nachweis der Erfüllung der Organisationspflicht auch Jahre später erbracht werden. Und ein Organisationsverschulden angesichts der heutigen Auftragssituation und der Konkurrenz kann sich niemand erlauben. Hinzu kommt, daß die Rechtsprechung immer höhere Anforderungen an die Organisation eines Büros, an die Projektleitung und an die Dokumentation der Leistungserbringung stellt.

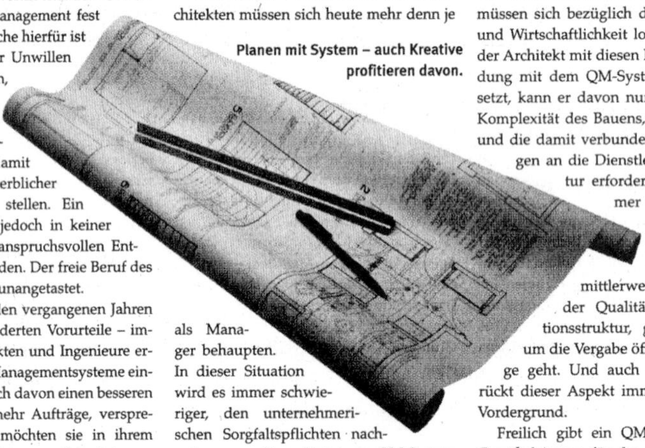

Planen mit System – auch Kreative profitieren davon.

Neben diesem rechtlichen Hintergrund spricht auch der betriebswirtschaftliche Aspekt für die Einführung eines QM-Systems in Planungsbüros. Denn Fragen wie diejenige nach dem Controllingsystem oder danach, wie das Projektmanagement organisiert ist, sind zentral, um die Wirtschaftlichkeit von Projekten sicherzustellen. Auch Kreativität und gute Entwürfe müssen sich bezüglich der Faktoren Zeit und Wirtschaftlichkeit lohnen. Wenn sich der Architekt mit diesen Fragen in Verbindung mit dem QM-System auseinandersetzt, kann er davon nur profitieren. Die Komplexität des Bauens, der Wettbewerb und die damit verbundenen Anforderungen an die Dienstleistung Architektur erfordern außerdem immer mehr Zusagen zur Qualitätssicherung. Auftraggeber fragen mittlerweile häufig nach der Qualität der Organisationsstruktur, gerade wenn es um die Vergabe öffentlicher Aufträge geht. Und auch bei den Banken rückt dieser Aspekt immer mehr in den Vordergrund.

Freilich gibt ein QM-Zertifikat keine Gewährleistung für das mangelfreie Produkt und die mangelfreie Bauausführung gemäß den Anforderungen des Werkvertragsrechts. Es stellt auch keine gute Architekturqualität sicher. Doch ein QM-System ist Voraussetzung für gut organisierte Arbeitsabläufe zur Sicherung der Qualität am Bau.

Abbildung 5-2-1 Bausteine eines Qualitätsmanagementsystems für Dienstleistungen

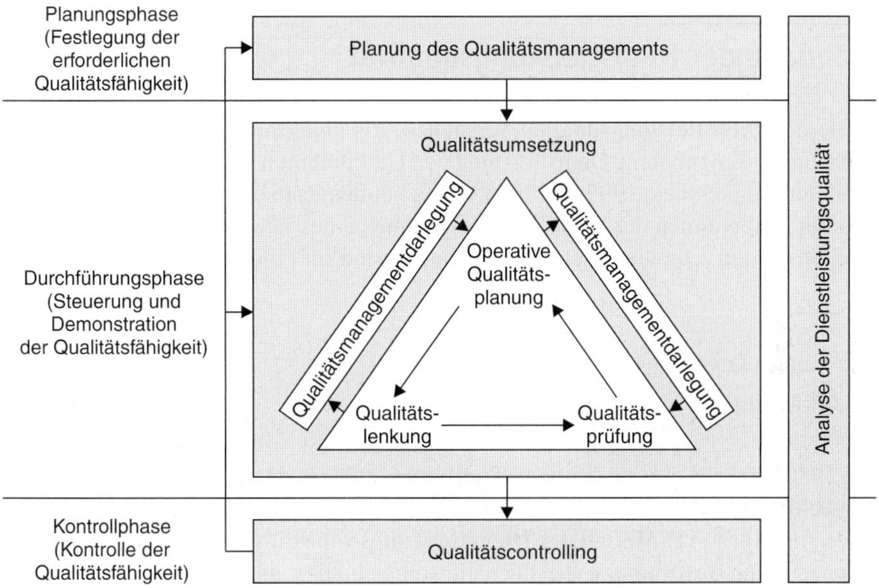

GABLER GRAFIK

Quelle: Bruhn 2006, S. 77

Dem Qualitätsmanagement steht für die einzelnen Phasen des Managementprozesses eine Vielzahl unterschiedlicher Instrumente zur Verfügung. Ein professionelles Qualitätsmanagement für Dienstleistungen erfordert den systematischen Einsatz dieser Instrumente innerhalb jeder Phase. Es ist daher notwendig, sich mit deren Nutzungsmöglichkeiten auseinander zu setzen. Dementsprechend folgt das Buch den Phasen des Managementprozesses und stellt in den folgenden Abschnitten jeweils die Instrumente und deren Einsatzmöglichkeiten dar.

3. Analyse der Dienstleistungsqualität

3.1 Modelle der Dienstleistungsqualität

Modelle der Dienstleistungsqualität versuchen, die Qualitätsbeurteilung aus Nachfragesicht und die angebotene Dienstleistung von Unternehmen im Gesamtzusammenhang abzubilden (Benkenstein 1993, S. 1107). Dabei können erste Implikationen bzw. Ansatzpunkte für Maßnahmen des Qualitätsmanagements eines Dienstleistungsunternehmens abgeleitet werden. Die vier wichtigsten Modelle sind im Folgenden dargestellt.

3.11 GAP-Modell

In den 1980er Jahren gingen Zeithaml/Parasuraman/Berry der Frage nach, welche Faktoren ursächlich für das Vorhandensein von Qualitätsschwächen in Dienstleistungsunternehmen sind. Ihr **GAP-Modell der Dienstleistungsqualität** stellt ein umfassendes Rahmenkonzept zur Bestimmung der Dienstleistungsqualität aus Kunden- und Unternehmenssicht dar (Zeithaml/Parasuraman/Berry 1985, 1990). Es wurde auf Basis von Fokusgruppeninterviews mit Dienstleistungskunden als auch von Expertengesprächen mit Dienstleistungsanbietern in den Bereichen Banken, Kreditkartenunternehmen, Versicherungen, Broker und Reparaturdienstleister entwickelt. Als Ergebnis stellte sich heraus, dass **Diskrepanzen,** so genannte **„GAPs“,** zwischen den Wahrnehmungen des Kunden hinsichtlich der Dienstleistungsqualität und dem Versuch der Unternehmen bestehen, Kundenerwartungen in Dienstleistungsspezifikationen umzusetzen. Die Dienstleistungsqualität wird dabei als Differenz zwischen Kundenerwartung und -wahrnehmung einer Dienstleistung definiert (Kurtz/Clow 1998, S. 110ff.). Diese Diskrepanz (auch als **GAP 5** bezeichnet) resultiert aus vier weiteren in einer Unternehmung auftretenden **Lücken,** die in Abbildung 5-3-1 dargestellt sind.

- **GAP 1:** Diskrepanz zwischen den Kundenerwartungen und deren Wahrnehmung durch das Management.
- **GAP 2:** Diskrepanz zwischen den vom Management wahrgenommenen Kundenerwartungen und deren Umsetzung in Spezifikationen der Dienstleistungsqualität.
- **GAP 3:** Diskrepanz zwischen den Spezifikationen der Dienstleistungsqualität und der tatsächlich erstellten Leistung.
- **GAP 4:** Diskrepanz zwischen tatsächlich erstellter Dienstleistung und der an den Kunden gerichteten Kommunikation über diese Dienstleistung.

Abbildung 5-3-1 GAP-Modell der Dienstleistungsqualität

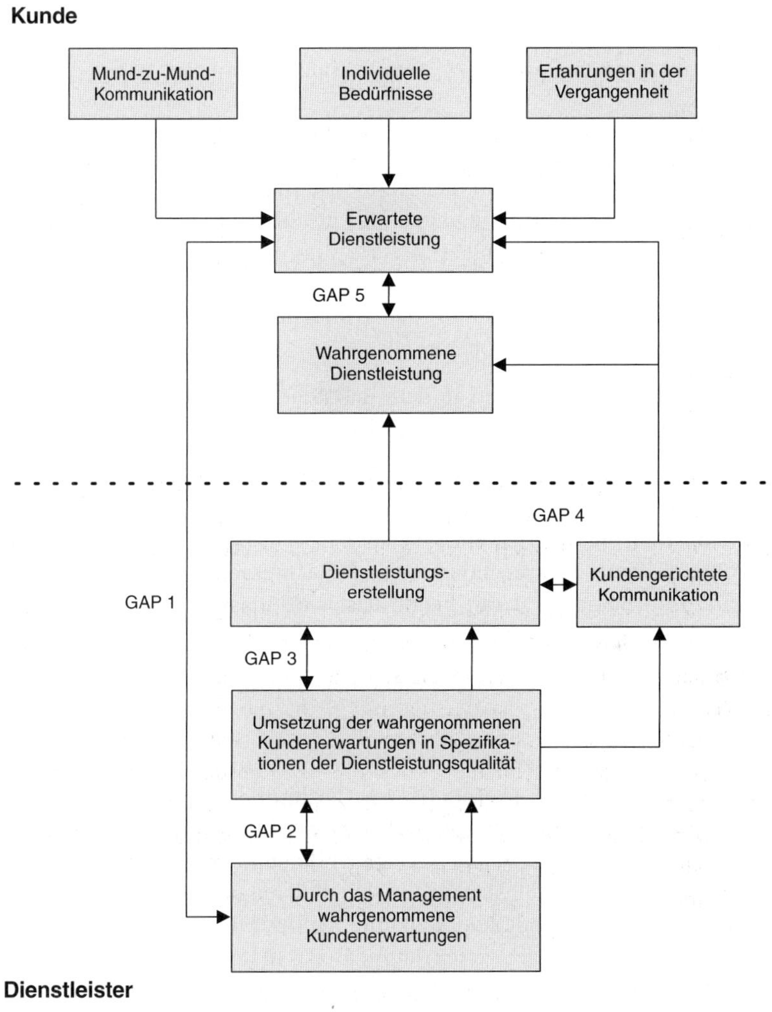

GABLER GRAFIK

Quelle: Zeithaml/Berry/Parasuraman 1988, S. 44

Diese vier Lücken basieren auf einer Reihe von Faktoren, die im Rahmen einer Explorationsstudie ermittelt wurden und erste Ansatzpunkte für die Verbesserung der Dienstleistungsqualität liefern. Die meisten dieser Faktoren betreffen **Kommunikations- und Kontrollverfahren zur Personalführung** in Unternehmen. Andere Faktoren beinhalten die potenziellen Auswirkungen dieser Verfahren auf das Erstellen der Dienstleistungsqualität.

GAP 1 weist auf die Möglichkeit hin, dass Dienstleistungsunternehmen fehlende oder falsche Vorstellungen über die Bedeutung einzelner Merkmale für die Qualitätseinschätzung der Kunden und das von ihnen geforderte Leistungsniveau haben. Mögliche Ursachen dieser Lücke können aus einer unzureichenden Orientierung an Marktforschungsergebnissen, einer unzulänglichen Kommunikation vom Kundenkontaktpersonal zum Management („Aufwärtskommunikation") und einer zu großen Anzahl von Hierarchiestufen resultieren.

GAP 2 analysiert die Umsetzung der wahrgenommenen Kundenerwartungen in Spezifikationen der Dienstleistungsqualität. Umsetzungsdefizite werden im Modell durch folgende Faktoren identifiziert: Eine mangelnde Entschlossenheit des Managements zur Servicequalität, unklare Zielsetzungen in Bezug auf die Dienstleistungsqualität, eine mangelnde Nutzung von Instrumenten und Verfahren zur Standardisierung von Leistungen sowie falsche Annahmen des Managements über das Ausmaß, in dem Kundenerwartungen überhaupt erfüllt werden können.

GAP 3 spiegelt das Ausmaß wider, in dem das Dienstleistungspersonal die Leistung nicht auf dem vom Management erwarteten Niveau erbringt. Verursachende Faktoren sind z. B. eine mangelnde Qualifikation der Mitarbeiter, falsche Kriterien der Leistungsüberwachung sowie eine unzureichende Teamarbeit.

GAP 4 entsteht, wenn die Wahrnehmung des Kunden bezüglich der Dienstleistungsqualität durch übertriebene Versprechungen in der Unternehmenskommunikation oder durch fehlende Informationen derart beeinflusst wird, dass eine Diskrepanz zwischen tatsächlich erstellter und versprochener Leistung entsteht.

Die verschiedenen **Einflussfaktoren** der einzelnen Gaps werden in Abbildung 5-3-2 zusammenfassend dargestellt.

Die **Kritik am GAP-Modell** bezieht sich in erster Linie auf die Operationalisierung von GAP 5 durch den SERVQUAL-Ansatz (siehe Abschnitt 3.2121). GAP 5 wird zwar als einstellungsähnliches Konstrukt interpretiert, aber anschließend zufriedenheitsorientiert gemessen (Cronin/Taylor 1992, S. 55ff.). Darüber hinaus stellt sich die Frage, inwiefern das GAP-Modell überhaupt für sämtliche Dienstleistungsbereiche anwendbar ist. So sind die Struktur und die im Modell implizit unterstellten Dienstleistungsprozesse vor allem auf den empirisch erprobten Bereich der Finanz- und Reparaturdienstleistungen „zugeschnitten". Das GAP-Modell wurde daher zunächst hauptsächlich von Banken in die Praxis umgesetzt (Bruhn/Hennig 1993).

Es existieren weitere **Beispiele** für Kritik oder Erweiterungen zum GAP-Modell. So kann in einer übergeordneten, die Unternehmenskultur betreffenden Dimension ein weiteres GAP liegen (Rosene 2002). Diese als „Selbstzufriedenheits-GAP" (Contemplacy GAP) bezeichnete Dimension bezeichnet die Trägheit, nach einer bereits erfolgten, aber noch nicht optimalen Verbesserung, weitere Qualitätsverbesserungen zu verfolgen (z. B. einer Reduzierung der Beschwerden um 20 Prozent). In diesem GAP kann die originäre Ursache für Mängel liegen, die sich in den vier bzw. fünf definierten GAPs zeigen (Rosene 2002, S. 53f.).

Abbildung 5-3-2 Einflussfaktoren des GAP-Modells

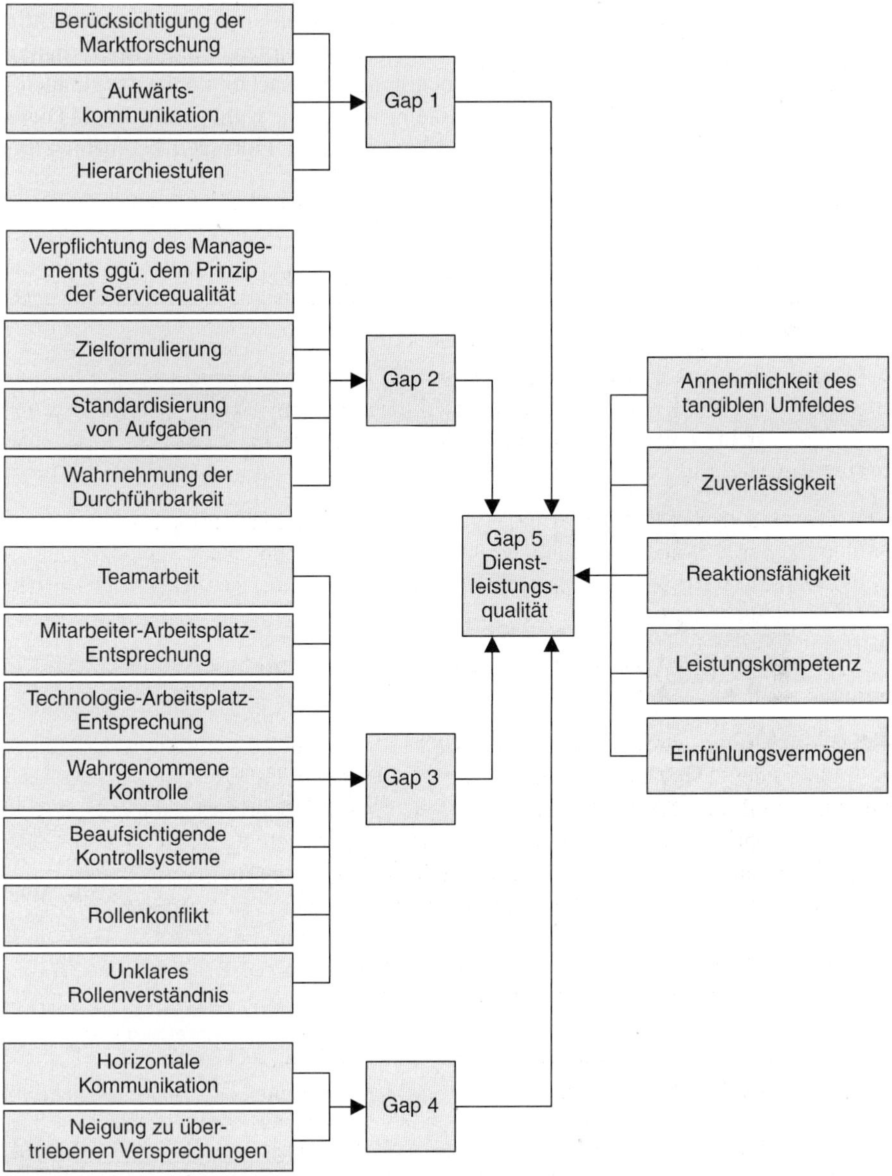

GABLER GRAFIK

Quelle: Zeithaml/Parasuraman/Berry 1990, S. 131

3.12 Dynamisches Prozessmodell von Boulding et al.

Das **dynamische Prozessmodell** der Servicequalität von Boulding et al. basiert auf der Annahme, dass sich die Erwartungen und Wahrnehmungen eines Kunden hinsichtlich der Dienstleistungsqualität im Zeitablauf verändern und unterschiedliche Verhaltensmuster gegenüber der Dienstleistungsunternehmung verursachen können (vgl. auch im Folgenden Boulding et al. 1993; Boulding/Staelin 1993). Die **wahrgenommene Dienstleistungsqualität** eines Kunden wird vor allem von drei **Faktoren** beeinflusst (vgl. Abbildung 5-3-3):

Abbildung 5-3-3 **Dynamisches Prozessmodell nach Boulding et al.**

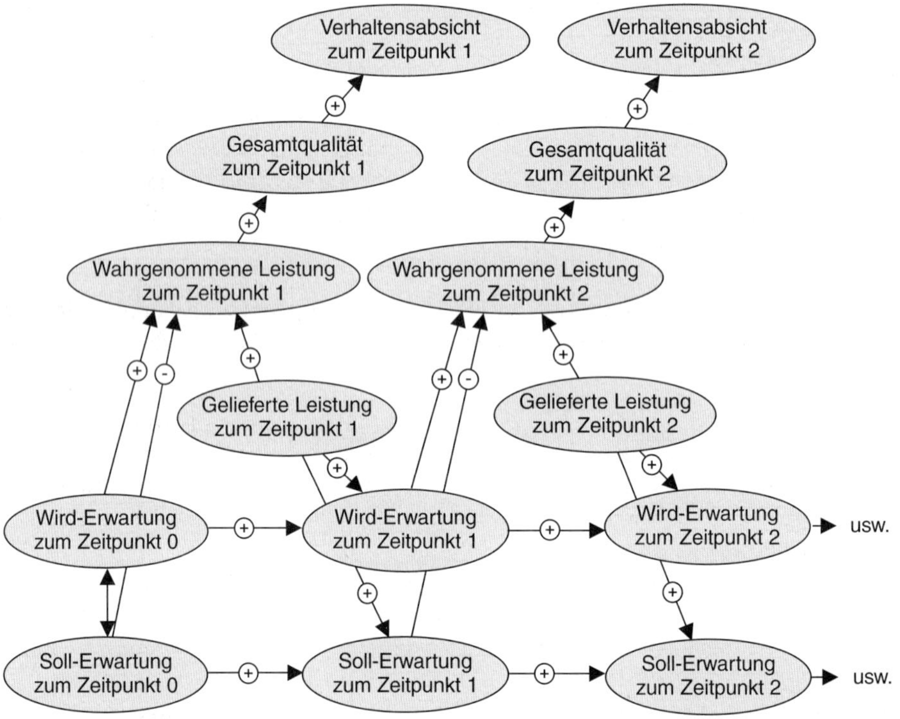

GABLER GRAFIK

Quelle: Boulding et al. 1993, S. 12

- Die dem Dienstleistungsprozess vorangehenden **Soll-Erwartungen** über die Dienstleistungsqualität in Bezug auf: Was sollte passieren? Dies sind die Vorstellungen des Kunden hinsichtlich eines angemessenen, vom Dienstleistungsanbieter unter Umständen versprochenen Services (im Gegensatz zu den so genannten Idealvorstellungen über die Dienstleistungsqualität).
- Die dem Dienstleistungsprozess vorangehenden **Wird-Erwartungen** über die Dienstleistungsqualität in Bezug auf: Was wird passieren?
- Der gerade gelieferte Service während des Dienstleistungsprozesses bzw. während des Kontaktes mit dem Unternehmen.

Der Kunde verfügt bereits vor dem Dienstleistungsprozess über konkrete Vorstellungen hinsichtlich seiner Soll- und Wird-Erwartungen in jeder Dimension der Dienstleistungsqualität. Die **Addition dieser wahrgenommenen Qualitätsdimensionen,** die sich auf die Dimensionen des GAP-Modells beziehen, ergibt ein **globales Qualitätsurteil** über die Servicequalität der Unternehmung. Dieses Urteil veranlasst den Kunden zu einem bestimmten Verhaltensmuster, wie z. B. zur Loyalität gegenüber der Unternehmung.

Die Erwartungen des Kunden hinsichtlich der Dienstleistungsqualität sind also ein entscheidender Einflussfaktor für seine Wahrnehmung. Der Kunde ist in der Lage, diese im Zeitablauf zu revidieren, neu zu bilden oder zu bestätigen, indem er zum einen die Erfahrungen früherer Begegnungen mit dem Dienstleistungsanbieter nutzt und zum anderen relevante Informationen über die Dienstleistung aus externen Kommunikationsquellen, wie z. B. der Kommunikation mit anderen Dienstleistungskunden, heranzieht. Durch die Annahme, dass jeder Kunde über unterschiedliche Erwartungen in Bezug auf die Servicequalität verfügt, ist das Modell in der Lage, eine Begründung für unterschiedliche Wahrnehmungen von ein- und derselben Dienstleistungsqualität aus Sicht verschiedener Kunden zu liefern.

Darüber hinaus beinhaltet dieses dynamische Modell konkrete **Implikationen für das Qualitätsmanagement** einer Dienstleistungsunternehmung. Während das oben vorgestellte GAP-Modell indirekt impliziert, das Management könne die wahrgenommene Dienstleistungsqualität steigern, indem entweder die Erwartungen des Kunden gesenkt werden oder die betrachtete Leistung verbessert wird, trennt dieses Modell zwischen Soll- sowie Wird-Erwartungen und stellt das Management konkret vor die Aufgabe, diejenigen Erwartungen zu erhöhen, die die wahrgenommene Dienstleistungsqualität positiv beeinflussen und damit den Kunden zu einer den Zielen der Unternehmung entsprechenden Handlung beeinflussen (z. B. wiederholte Inanspruchnahme der Leistung). In Labor- und Feldexperimenten ergaben sich beim Test des Modells die folgenden Resultate:

- Je höher die „Soll-Erwartungen" des Kunden sind, desto schlechter schätzt er die wahrgenommene Dienstleistungsqualität ein.
- Je höher die „Wird-Erwartungen" des Kunden sind, desto besser wird von ihm auch die wahrgenommene Dienstleistungsqualität eingeschätzt.

In neueren **Studien** wird außerdem der Einfluss der (Wird-)Erwartungen nach erfolgter Inanspruchnahme von Leistungen unterstützt. Es zeigt sich beispielsweise, dass die Wiederkaufwahrscheinlichkeit in hohem Maß von den Wird-Erwartungen geprägt ist, die nach Erfahrungen mit der Leistung angepasst wurden (Yi/La 2004, S. 367). Es wurde festgestellt, dass auch bei Low-Involvement-Leistungen das prinzipiell niedrige Loyalitätspotenzial gesteigert werden kann, wenn die Wird-Erwartungen sich durch die positiven Erfahrungen erhöht haben.

Das Management wird daher bestrebt sein, die Wird-Erwartungen zu steigern und die Soll-Erwartungen des Kunden zu senken oder zumindest konstant zu halten. Es scheint allerdings fraglich, ob geeignete Maßnahmen zur Erzeugung dieser gegenläufigen Erwartungsbildung beim Kunden existieren. Empirische Studien zeigen im Gegenteil eine Anspruchsinflation nach der (Über-)Erfüllung von Erwartungen. Dies bedeutet, dass positive Erfahrungen über mehrere Perioden in der Qualitätseinschätzung abgewertet werden (Palmer/O'Neill 2003, S. 266). Es ist daher fraglich, ob durch Maßnahmen zur Senkung der Soll-Erwartungen die Qualitätsbeurteilung zunimmt oder eher bereits vor der Inanspruchnahme der Leistung ein anderer Anbieter gewählt wird, der die Erfüllung höherer Soll-Erwartungen verspricht.

Der Erkenntniswert dieses Modells liegt demnach in den Aussagen über die Prozesse der Erwartungsbildung und Wahrnehmung von Kunden hinsichtlich der Qualität von Dienstleistungen.

3.13 Beziehungsqualitätsmodell von Liljander/Strandvik

Ein weiteres Modell, das auf dynamische Aspekte des Dienstleistungserstellungsprozesses Bezug nimmt, wurde von Liljander/Strandvik erarbeitet (vgl. auch im Folgenden Liljander/Strandvik 1993, S. 118ff.; 1995, S. 141ff.). Anders als Boulding et al. versuchen Liljander/Strandvik nicht, ein originär statisches Qualitätsmodell zu dynamisieren, sondern beziehen zahlreiche Konstrukte in ihre Betrachtung ein, die in Zusammenhang zu der **Prozessorientierung** und der **Bedeutung der Kunden-Dienstleister-Beziehung** stehen. Ausgangspunkt ihres Modells ist die Annahme, dass eine positive Dienstleistungsqualität und Kundenzufriedenheit zu einer höheren Kundenbindung führen und somit bedeutende Determinanten für den Unternehmenserfolg darstellen. Kundenzufriedenheit kann in ihrem Modell nur aufgrund einer konkreten Kauferfahrung entstehen, während die Qualität auch beurteilt werden kann, ohne dass der Kunde eine Leistung in Anspruch genommen hat. Das Kaufverhalten hängt nach Liljander/Strandvik eher von der Kundenzufriedenheit ab, die wiederum durch die Qualitätsbeurteilung beeinflusst wird.

Liljander/Strandvik unterscheiden zwei **Ebenen des Kontaktes** eines Dienstleisters zu seinen Kunden: Episoden und die Beziehung. Eine **Episode** wird definiert als ein Ereignis der Interaktion zwischen Kunde und Dienstleister mit einem eindeutig definierten Start- und Endpunkt. Sie repräsentiert den vollständigen Akt der Leistungserstellung und kann aus mehreren Transaktionen bestehen. Eine Episode ist gekennzeichnet durch einen finanziellen und sozialen Austausch sowie einen Leistungs- und Informationsaustausch. Eine **Beziehung** setzt sich generell aus mindestens zwei Episoden zusammen. Je nach Kontinuität und Häufigkeit der Inanspruchnahme der betrachteten Leistung kann eine Beziehung unterschiedlich ausgestaltet sein. Bei kontinuierlich in Anspruch genommenen Leistungen stellt die erste Episode meist den Beginn einer Beziehung dar, während bei wenig kontinuierlich und selten in Anspruch genommenen Leistungen die zweite Episode eine notwendige, jedoch keinesfalls hinreichende Bedingung für den Beginn einer Beziehung darstellt. Aufbauend auf diesen Überlegungen unterstellen die Autoren ein Modell der Beziehungsqualität, das in Abbildung 5-3-4 wiedergegeben ist.

Abbildung 5-3-4 Beziehungsqualitäts-Modell von Liljander/Strandvik

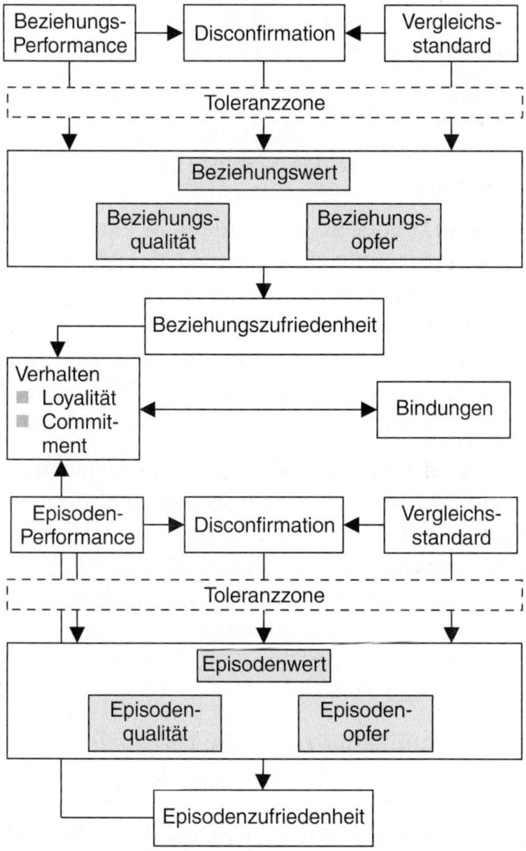

Quelle: Liljander/Strandvik 1995, S. 143

GABLER GRAFIK

Ausgehend vom C/D-Paradigma wird angenommen, dass der Kunde auf beiden Ebenen des Kontaktes die jeweilige Performance an einem Vergleichsstandard misst. Unter Gewährung einer gewissen Toleranzzone nimmt er so eine bestimmte Qualität wahr. Diese wird dem jeweiligen „Opfer“ des Kunden gegenübergestellt, wodurch sich (Un-)Zufriedenheit ergibt. Die sich ergebende **Beziehungszufriedenheit** ist eine wichtige Determinante des Kundenverhaltens, das durch die Konstrukte **Commitment** und **Loyalität** ausgedrückt wird. In engem Zusammenhang zum Verhalten stehen so genannte **Bonds (Bindungen)** zum Unternehmen. Dabei können solche Bonds bestehen, die als Austrittsbarrieren interpretiert werden können und damit vom Kunden negativ wahrgenommen werden sowie außerdem vom Dienstleister kaum steuerbar sind (z. B. legale, ökonomische, technologische, geographische oder zeitliche Bindungen). Eher gesteuert werden können Wissens-, soziale, kulturelle, ideologische und psychologische Bindungen.

Commitment wird verstanden als die Haltung einer Person gegenüber der Interaktion und daraus abgeleitete Handlungsintentionen. Da sowohl der Kunde als auch der Dienstleister ein positives, negatives oder indifferentes Commitment gegenüber der Beziehung aufweisen können, ergeben sich neun Commitment-Konstellationen, die zu unterschiedlichen Beziehungstypen zwischen Kunde und Dienstleister aus Kundensicht führen.

Geschätzte Beziehungen zeichnen sich durch ein hohes Commitment des Kunden aus. Je nach Stärke des Commitments des Dienstleisters kann entweder gegenseitiges Commitment vorliegen oder der Kunde wird trotz seines hohen Commitments vom Unternehmen wie alle anderen aktuellen und potenziellen Kunden bzw. sogar ablehnend behandelt. Letzteres kann z. B. der Fall sein, wenn eine Bank einen unprofitablen Kunden eigentlich nicht mehr bedienen möchte, dies aufgrund gesetzlicher Bestimmungen jedoch nicht vermeiden kann. **Indifferente Beziehungen** sind dadurch gekennzeichnet, dass der Kunde weder ein positives noch ein negatives Commitment gegenüber der Beziehung zum Unternehmen an den Tag legt. Das bedeutet, dass er ein geringes Leistungsinvolvement aufweist, kaum Unterschiede zwischen den Angeboten unterschiedlicher Dienstleister wahrnimmt und sich nicht fest an das Unternehmen gebunden fühlt.

Dies ist häufig der Fall, wenn der Kunde lediglich aus Gewohnheit die Leistung eines bestimmten Unternehmens in Anspruch nimmt. Diesem indifferenten Commitment des Kunden können ein positives, ebenfalls indifferentes oder negatives Commitment des Unternehmens gegenüberstehen. Weist der Kunde im dritten Fall ein negatives Commitment gegenüber der Beziehung zum Dienstleiter auf, spricht man von **erzwungenen Beziehungen.** Diese können in formalen Bindungen oder dem Mangel an Alternativen begründet sein. Auch hier kann der Dienstleister großes, kein bestimmtes oder gar kein Interesse an der Beziehung haben.

Das Modell liefert einige **Implikationen für die Dienstleistungspraxis.** Erstens ist es notwendig, dass der Dienstleister eine Beziehung aus Kundensicht definiert. Zweitens ist es wichtig, die Beziehung zu profitablen Kunden zu stärken, wozu das Wissen um die Bestimmungsgründe des Commitment des Kunden unerlässlich ist. Schließlich wird die Relevanz einzelner Transaktionen im Rahmen einer Episode sowie bestimmter Episoden einer Beziehung deutlich (vgl. Georgi 2000; Hadwich 2003).

Bei einer **kritischen Würdigung** des Modells ist die Messproblematik der Episoden-Performance zu nennen. Es ist schwierig, mit Hilfe einer einmaligen Messung auf die Beziehungsqualität zu schließen, da situative Einflussfaktoren sowohl auf Kunden- als auch auf Unternehmensseite das Ergebnis beeinträchtigen können.

3.14 Qualitatives Zufriedenheitsmodell von Stauss/Neuhaus

Im deutschsprachigen Raum hat sich vor allem Stauss mit dynamischen Aspekten von Qualität und Zufriedenheit im Dienstleistungsbereich beschäftigt. Im Rahmen der Entwicklung seines Qualitativen Zufriedenheitsmodells weist er auf **Zweifel** an der Grundannahme hin, dass eine **hohe Zufriedenheit** grundsätzlich zu **hoher Kundenloyalität** führt. Für entsprechende empirische Ergebnisse anderer Forscher macht er konkurrierende Bedürfnisse des Kunden, die Attraktivität von Leistungsalternativen sowie situative Faktoren verantwortlich. In dem Modell wird hypothetisiert, dass es unter zufriedenen Kunden **emotionale, erwartungsbezogene** und **bindungsintentionale Gefährdungspotenziale** gibt. In Anlehnung an das dynamische Modell der Arbeitszufriedenheit von Bruggemann unterscheiden Stauss/Neuhaus drei **Zufriedenheits-** und zwei **Unzufriedenheitstypen** (vgl. auch im Folgenden Stauss/Neuhaus 1995, 1997):

- Der **„Fordernd Zufriedene“** ist durch eine hohe Zufriedenheit mit dem Dienstleister gekennzeichnet; aufgrund der ständig wachsenden Kundenanforderungen hat sich letzterer jedoch stets darum zu bemühen, diese aufs neue zu erfüllen.
- Anders als der erste Typ weist der **„Stabil Zufriedene“** ein passives Anspruchsverhalten auf.
- Der **„Resignativ Zufriedene“** weist eine gewisse Gleichgültigkeit gegenüber der Beziehung zum Dienstleister auf. Dies kann vor allem im Mangel an Alternativen begründet sein.
- Ähnlich wie der „Stabil Zufriedene“ weist auch der **„Stabil Unzufriedene“** ein schwaches Aktivitätsniveau auf, er ist jedoch unzufrieden mit der Leistung.
- Der **„Fordernd Unzufriedene“** bringt dahingegen seine Unzufriedenheit dem Dienstleister gegenüber zum Ausdruck und würde sich nicht wieder für denselben Anbieter entscheiden.

Ausgehend von den Zufriedenheitstypen wird angenommen, dass die Globalzufriedenheit und die Typzugehörigkeit zusammenhängen. Außerdem hängt das **Gefährdungspotenzial** von der Typzugehörigkeit ab. So wird der „Resignativ Zufriedene“ ein größeres Gefährdungspotenzial aufweisen als der „Fordernd Zufriedene“ und beide ein größeres als der „Stabil Zufriedene“. Es kann jedoch auch davon ausgegangen werden, dass Kunden mit einer hohen Globalzufriedenheit zu den „Resignativ Zufriedenen“ gehören können. Dabei ist das Gefährdungspotenzial eine bedeutende Einflussgröße des jeweiligen Kundenverhaltens, das sich z. B. in Kundenbindung oder -loyalität äußern kann. So haben „Fordernd Zufriedene" und „Resignativ Zufriedene" wahrscheinlich eher schon einen Anbieterwechsel in Erwägung gezogen als der „Stabil Zufriedene" und sind weniger bereit, das Unternehmen weiterzuempfehlen.

Das Modell gibt Anlass zu einigen **Implikationen für die Dienstleistungspraxis.** Es wird deutlich, dass es bei Zufriedenheitsuntersuchungen nicht ausreicht, lediglich die Globalzufriedenheit zu erheben. Vielmehr ist es bedeutsam, das Gefährdungspotenzial zufriedener Kunden festzustellen. Ausgehend von diesen Analysen setzt das Marketinginstrumentarium vorzugsweise bei den Kunden an, die ein großes Gefährdungspotenzial aufweisen.

Im Rahmen einer **kritischen Würdigung** des Qualitativen Zufriedenheitsmodells ist insbesondere auf die globale Messung der Kundenzufriedenheit hinzuweisen. Dadurch, dass keine Einzelmerkmale der Leistung bewertet werden, entstehen zwei grundlegende Probleme. Im Rahmen der Zufriedenheitsmessung ist es fraglich, ob die Befragten eine Leistung bezüglich derselben Kriterien beurteilen. In engem Zusammenhang dazu steht das Problem, dass ein Dienstleister keine konkreten Anhaltspunkte erhält, mit welchen Teilleistungen die Kunden unzufrieden sind, so dass es schwer fällt, Bereiche zu identifizieren, in denen Modifikationen vorzunehmen sind.

3.2 Ansätze zur Messung der Dienstleistungsqualität

Die Einnahme einer herausragenden Wettbewerbsposition ist als zentrale Bedingung zur Sicherung des Unternehmensbestandes in engen Märkten anzusehen. Um den Anforderungen der anspruchsvoller werdenden Kunden in Märkten mit intensivem Wettbewerb gerecht zu werden, ist die Qualitätsführerschaft als die zentrale Erfolgsstrategie zu verstehen, um einen Konkurrenzvorsprung zu erlangen bzw. zu verteidigen. Sicherlich entsteht „gute" Dienstleistungsqualität nicht von selbst, sondern wird vielmehr im Rahmen eines „konsequenten Qualitätsmanagements geplant, implementiert und kontrolliert" (Hentschel 2000, S. 294). Die Messung der Anforderungen an die Dienstleistungsqualität steht somit an der **Schnittstelle** zwischen dem leistungserstellenden, „qualitätsproduzierenden" Unternehmen und den leistungsempfangenden, „qualitätswahrnehmenden" Kunden (Hentschel 2000, S. 294).

Um die Anforderungen an die Dienstleistungsqualität zu messen, bietet sich eine Vielzahl von Verfahren an, die in der Unternehmenspraxis unterschiedlichen Stellenwert einnehmen. Dabei sind grundsätzlich zwei Perspektiven zu unterscheiden, mit Hilfe derer sich die Anforderungen an die Dienstleistungsqualität messen lassen:

1. Mittels **kundenorientierter Messansätze** wird eine Messung aus Sicht der Kunden vorgenommen.

2. Mittels **unternehmensorientierter Messansätze** wird eine Messung aus Sicht von Unternehmensmitgliedern, entweder aus Sicht des Managements oder der Mitarbeiter, vorgenommen.

Abbildung 5-3-5 zeigt eine hierauf aufbauende Systematisierung. Die wachsende Notwendigkeit der Berücksichtigung der Kundenperspektive im Dienstleistungsmarketing spiegelt sich dabei auch in der Zahl und dem Differenzierungsgrad der kundenorientierten Messkonzepte wider.

Der Einsatz von Verfahren zur Qualitätsmessung hat unter Berücksichtigung der Stärken und Schwächen einzelner Ansätze sowie unternehmensspezifischer Rahmenbedingungen zu erfolgen (Platzek 1998). Als **Kriterien** zur Beurteilung der Verfahren werden im Folgenden herangezogen:

- **Relevanz:** Sind die gemessenen Beurteilungskriterien der Dienstleistungsqualität in der Wahrnehmung der Kunden als Kaufentscheidungskriterium und damit für Marketingentscheidungen relevant?
- **Vollständigkeit:** Ermöglicht das Verfahren eine Messung aller aus Kundensicht relevanten Qualitätsdimensionen?
- **Aktualität:** Repräsentieren die Ergebnisse des Verfahrens aktuelle Beurteilungen der Qualität aus Kundensicht?
- **Eindeutigkeit:** Lassen die Messergebnisse dieses Verfahrens eindeutige Rückschlüsse auf die Qualitätsbeurteilungen der Dienstleistung durch den Kunden zu?
- **Steuerbarkeit:** Liefern die Ergebnisse gezielte Ansatzpunkte für eine Qualitätsverbesserung?
- **Kosten:** Rechtfertigen die Ergebnisse der Verfahren den finanziellen und personellen Aufwand, der mit der Messung verbunden ist?

Um die Qualitätsanforderungen zu erfassen, sind Instrumente der externen und internen **Marktforschung** notwendig, wie beispielsweise Kundenbefragungen, -beobachtungen, -experimente oder Expertenurteile (Meyer/Ertl 1998). Dabei können die Merkmale einer Dienstleistung, wie z. B. die Integration des externen Faktors oder die Immaterialität der Dienstleistung, zur Beurteilung der Verfahren herangezogen werden. Je stärker der Kunde in den Dienstleistungsprozess integriert wird, desto mehr gewinnt die Auswertung der Informationen des Kundenkontaktpersonals zur Qualitätseinschätzung an Bedeutung (Bruhn 1998e). Je intangibler die Dienstleistung ist, desto häufiger sind beispielsweise Zufriedenheitsmessungen oder Beschwerdestatistiken zu analysieren. Die kontinuierliche Beobachtung der Kundenzufriedenheit und damit der Dienstleistungsqualität ist im Rahmen eines **Kundenzufriedenheitscontrolling** zu institutionalisieren (Franzen/Waldherr 1997; Weber 1998).

Abbildung 5-3-5 Systematisierung der Ansätze zur Messung der Dienstleistungsqualität

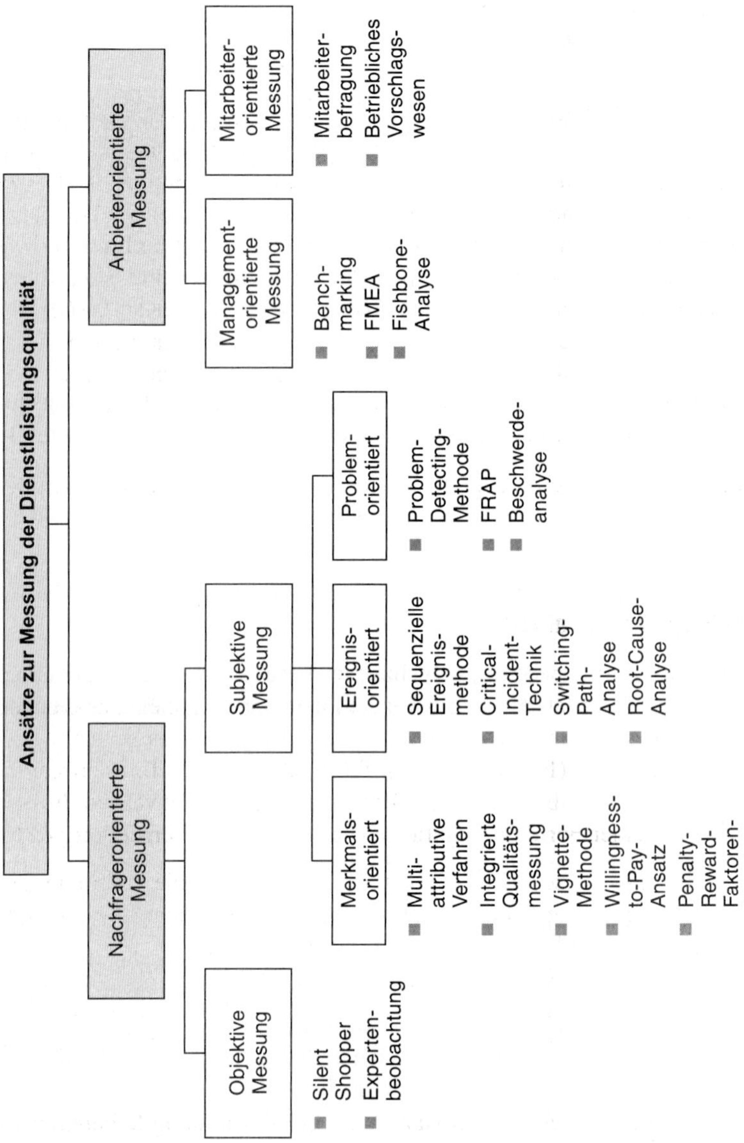

GABLER GRAFIK

Quelle: Bruhn 2001e, S. 212

Im Folgenden werden zunächst die für Dienstleistungen bedeutsamen Verfahren der nachfragerbezogenen Qualitätsmessung beschrieben. Anschließend folgt die Darstellung der anbieterbezogenen Methoden.

3.21 Nachfragerbezogene Messung der Dienstleistungsqualität

3.211 Messung nach objektiven Kriterien

Entsprechend dem produktorientierten Qualitätsbegriff kann eine **Messung nach objektiven Kriterien** erfolgen, sofern für einzelne Merkmale intersubjektiv nachprüfbare Qualitätsbewertungen mittels objektiver Indikatoren oder neutraler dritter Personen durchgeführt werden können. Beispiele für objektive Indikatoren sind die Beschaffenheit von eingesetzten Produkten oder die Wartezeit der Kunden bis zur Leistungserstellung (Bruhn 2000c, S. 37). Insgesamt sind die Komponenten der Potenzialdimension eines Dienstleistungsanbieters objektiv überprüfbar. So ist es für Kunden beispielsweise relativ leicht möglich, eine Einschätzung der Mitarbeitererscheinung sowie der Räume des Anbieters vor dem Kauf vorzunehmen. Dementsprechend wichtig ist es für Anbieter, diese Qualitätskomponenten nicht zu vernachlässigen, da sie ein objektives Bild von der zu erwartenden Dienstleistungsqualität vermitteln.

In Bezug auf den Einsatz neutraler dritter Personen kann zwischen folgenden **Verfahren** unterschieden werden:

1. Silent-Shopper-Verfahren

Unter einem „Silent Shopper" (Schein- bzw. Testkunden, auch Mystery Shopper genannt) versteht man Beobachter und Testpersonen, die als Dienstleistungskunden auftreten, um durch das Erleben des Dienstleistungserstellungsprozesses Hinweise auf wesentliche Mängel zu erhalten (Bruhn/Hennig 1993, S. 220). Diese Testkaufmethode kann nicht nur einen Überblick über die eigene Dienstleistungsqualität vermitteln, sondern ermöglicht – in anonymer Form durchgeführt – auch einen Konkurrenzvergleich.

Fraglich ist jedoch, ob diese Scheinkunden in der Lage sind, die Wahrnehmungen und Empfindungen tatsächlicher Kunden nachzuvollziehen, vor allem da die Anzahl der zu untersuchenden situativen Faktoren und Verhaltensmerkmale des Kundenkontaktpersonals begrenzt ist (Stauss 2000a, S. 330). Der Erfolg des Einsatzes dieses Verfahrens ist daher abhängig vom Erfahrungsgrad des „Silent Shopper" sowie von der Erfüllung objektiv beurteilbarer Anforderungen zur Validität und Reliabilität (Matzler et al. 2000, S. 172).

Vor allem im Bankenbereich und im Handel werden regelmäßig Scheinkunden eingesetzt, zunehmen und aber auch in anderen Dienstleistungsunternehmen (vgl. Insert 5-3-1). Dabei haben einige Marktforschungsunternehmen sich inzwischen ausschließlich auf diese Form der Qualitätsmessung spezialisiert.

INSERT 5-3-1 **kfz-betrieb 49-50/2004, S. 11: Silent-Shopper-Verfahren am Beispiel eines KFZ-Betriebs**

Mystery-Shopping

Smart gewinnt Elf-Länder-Test

Bei einer groß angelegten Mystery-Shopping-Aktion des Marktforschungsunternehmens International Service Check in Europa, Südamerika und Asien haben Smart-Autohäuser die mit Abstand beste Leistung im Verkauf geboten. Die Handelspartner der Marke, die zur Mercedes-Car-Group gehört, gingen in allen drei Kategorien Erscheinungsbild, Kaufberatung und Kundenbindung als Sieger aus dem internationalen Vergleich hervor.

Insgesamt testeten die Mystery-Shopper 905 markengebundene Betriebe in Deutschland, Österreich, Schweiz, Frankreich, Spanien, Griechenland, Türkei, Argentinien, Chile, Taiwan und China nach identischen Vorgaben. Die höchsten Standards ermittelten die Shopper in Österreich, in der Schweiz und der Türkei. Deutschland nimmt einen Platz im Mittelfeld ein. Den niedrigsten Standard bieten die griechischen Autohäuser.

Von den 905 Testkunden verließen nach einer ausführlichen Beratung in Sachen Neuwagenkauf mehr als die Hälfte die Betriebe „weniger zufrieden" bis „unzufrieden". Nur 6,1 Prozent zeigten sich von den vorgefundenen Bedingungen und der Beratungsleistung des Verkäufers „voll zufrieden".

Der über alle Marken und Länder hinweg am besten bewertete Teilaspekt war saubere und ordentliche Kleidung der Mitarbeiter. Größter Flop: Nur 57 Prozent der Verkäufer fragten die Testkunden nach konkreten Farbvorstellungen. *jr*

Gewinner und Verlierer

Gesamtzufriedenheit der Testkäufer weltweit

1	Smart	85,8 %
2	Fiat	80,8 %
3	Renault	78,5 %
4	Suzuki	78,3 %
5	Alfa Romeo	78,1 %
26	DaimlerChrysler	70,0 %
27	Opel	69,9 %
28	Mazda	69,4 %
29	Hyundai	69,1 %
30	Porsche	68,7 %

Quelle: ISC

2. Expertenbeobachtung

Ziel dieses Verfahrens ist es, Hinweise auf offensichtliche Mängel im Dienstleistungserstellungsprozess und das daraus resultierende Kundenverhalten zu ermitteln, indem Experten, wie beispielsweise geschulte Sozialforscher, Kundenkontaktsituationen beobachten, um Verhaltensweisen von Kunden und Mitarbeitern zu analysieren (Stauss 2000a, S. 329f.).

Die Einsatzmöglichkeiten der Expertenbeobachtung sind jedoch begrenzt, da viele Kundenkontaktsituationen nicht ohne Wissen der Beteiligten erfasst werden können, und deshalb unter Umständen Beobachtungseffekte auftreten. Aus einem beobachteten Verhalten kann weiterhin nur unzureichend auf die Qualitätswahrnehmung von Kunden geschlossen werden. Zu berücksichtigen ist auch der hohe finanzielle und personelle Aufwand dieses Verfahrens, insbesondere wenn versucht wird, den Erstellungsprozess möglichst vollständig zu analysieren (Insert 5-3-2).

INSERT 5-3-2 **mobil, Nr. 3, 2004, S. 56-57**

PORTRÄT

„Ich sehe durch die Brille der Kunden"

Je besser das Produkt, desto zufriedener die Kunden: Rainer Jurkschat ist als einer von 26 Auditoren in Deutschland unterwegs, um bei der Bahn, dem größten deutschen Verkehrskonzern, die Qualität zu sichern.

Manchmal gibt sich Rainer Jurkschat als ganz normaler Fahrgast aus. Dann sitzt er in Zivil im ICE oder RegionalExpress, blättert unauffällig in einer Zeitung, aber in Wirklichkeit nimmt er seine Kollegen und den Zug genau unter die Lupe. Wie steht es um die Sauberkeit? Informiert das Zugpersonal die Reisenden korrekt und freundlich? Wird der Am-Platz-Service in der 1. Klasse innerhalb von 45 Minuten nach Start des Zuges angeboten?

Heute sieht Jurkschat auf dem Kieler Hauptbahnhof nach dem Rechten. Mit der Stoppuhr in der Hand kontrolliert er am Gleis 4 „die Achtung vor der Sekunde", wie der 46-Jährige es nennt. „20 Sekunden vor der fahrplanmäßigen Abfahrt muss die Ansage ‚Bitte steigen Sie ein!' kommen. Und zehn Sekunden, nachdem der Zeiger umgesprungen ist, soll sich der Zug in Bewegung setzen." Beim RegionalExpress nach Hamburg, Abfahrt um 14.22 Uhr, läuft alles wie am Schnürchen. Jurkschat trägt seine Messungen in eine Checkliste ein.

Doch nicht immer agiert der diplomierte Verwaltungsfachwirt inkognito. „Bei bestimmten Einsätzen trägt mein Team auffällige blaue Westen mit der Aufschrift ‚Qualitätssicherung'", sagt er. „Dann wissen unsere Kunden auch, was wir machen, und können uns erzählen, was ihnen gefällt oder missfällt."

Rainer Jurkschat leitet eines von vier Teams, die bundesweit die Qualität der Bahn überwachen und protokollieren. Von seinen 30 Dienstjahren hat er die meisten als Fahrdienstleiter auf dem Stellwerk gearbeitet, bevor er sich vor knapp zwei Jahren zum Auditoren nicht locker: Wo es notwendig ist, schauen die Qualitätsprüfer auch ein zweites Mal vorbei und messen nach, ob die getroffenen Maßnahmen auch umgesetzt wurden und inwieweit die erwarteten Fortschritte auch eingetreten sind.

Die Bahn hat die Qualitätssicherung zur Chefsache erklärt. In der Konzernzentrale am Potsdamer Platz in Berlin wacht ein Vorstandsgremium darüber, dass Qualitätsstandards gesetzt, geprüft und eingehalten werden. Die Auditoren sorgen mit ihren Checklisten für Transparenz im Konzern und zeigen auf, wo Verbesserungsbedarf ist. So sorgen sie zum Beispiel dafür, dass dem von der Bahn ausgerufenen „Jahr der Pünktlichkeit" Auditor weiterqualifizierte. 26 Spezialisten mit dieser Berufsbezeichnung kontrollieren in sämtlichen Bereichen des Bahnkonzerns penibel, wie es um die Qualität bestellt ist.

„Unsere Aufgabe ist es, durch die Brille der Kunden zu sehen", sagt Jurkschat. Viele Checklisten, die er und seine Leute ausfüllen, münden am Ende in ein so genanntes „Audit", also ein Zeugnis, das dokumentiert, wie gut die Bahn tatsächlich funktioniert. Die Auditoren prüfen beispielsweise, ob Lautsprecheransagen bei Betriebsstörungen den Kunden schnell und präzise weiterhelfen. Oder wie oft es vorkommt, dass Fahrgäste im ReiseZentrum länger als fünf Minuten anstehen müssen.

„Für alle Prozesse bei der Bahn gibt es Zielvorgaben", sagt der Hamburger Qualitätsexperte. „Unsere Audits zeigen auf, wo es davon Abweichungen gibt, wo wir Schwachstellen haben. Die einzelnen Unternehmensbereiche erhalten von uns zeitnah Hinweise, wo sie den Hebel ansetzen müssen, um besser zu werden." Dabei lassen die auch Taten folgen: Hinter den Kulissen kommen alle Prozesse auf den Prüfstand, die bei der Einhaltung der Fahrpläne von Bedeutung sind, wie die Arbeit der Betriebszentralen und die Bereitstellung der Züge.

Rainer Jurkschat hat es nie bereut, dass er vom Fahrdienstleiter zum Auditor umgesattelt hat. „Wenn man auf dem Stellwerk steht, hat man nur seine Züge im Auge, jetzt macht es mir Spaß, dass ich den breiten Blick für das große Ganze und für die Bedürfnisse der Kunden habe." Ärger mit Kollegen, de-

ÄRGER MIT KOLLEGEN HAT ER BISHER NICHT BEKOMMEN.

nen der Qualitätsprüfer kritisch auf die Finger schaut, hat er bisher nicht bekommen. „Egal, wo ich hinkomme, ich habe überall festgestellt, dass die Eisenbahner eine große Loyalität und Motivation mitbringen."

Die Aufgabe als Auditor bringt es mit sich, dass Jurkschat mit seinem Team ständig unterwegs ist. Eines aber darf bei dem drahtigen Eisenbahner im Dienstgepäck nie fehlen: das Paar Laufschuhe, mit dem er seit Wochen möglichst täglich für den Hamburg-Marathon im April trainiert. Für seinen großen Auftritt – übrigens schon den elften – hat Rainer Jurkschat die eigene Qualitätslatte ziemlich hoch gelegt: Wenn seine Stoppuhr erst jenseits von 3 Stunden, 30 Minuten stehen bleiben sollte, wird er das als persönliche Verspätung verbuchen. *m* *Text: Olaf Krohn*

Bei einer **Gesamtwürdigung** der objektiven nachfragerbezogenen Verfahren zur Qualitätsmessung ist zu berücksichtigen, dass ihre Indikatoren kein alleiniger Maßstab für die Qualität einer Leistung sein können, da die Relevanz und Vollständigkeit der herangezogenen Kriterien aus Kundensicht nicht bestätigt werden. Aufgrund des Einsatzes dritter Personen kann nur von einer quasi-objektiven Messung gesprochen werden, da die Wahrnehmung von subjektiven Kriterien, wie z. B. der Freundlichkeit eines Kundenberaters, durch „neutrale" objektive Personen auch einer Subjektivität unterliegt. Von Vorteil sind die Verfahren besonders bei der Ermittlung objektiver Kriterien (z. B. verwendete Grußformel, Anzahl des Telefonklingelns bevor ein Anruf beantwortet wird; Wilson 1998, S. 153). Um eine umfassende nachfragerorientierte Qualitätsmessung zu gewährleisten, sind die genannten Methoden um subjektive Messverfahren zu ergänzen, die im Folgenden genauer erläutert werden.

3.212 Messung nach subjektiven Kriterien

Wenn die Anforderungen an die Dienstleistungsqualität aus Kundensicht nach subjektiven Kriterien ermittelt werden, können merkmals- oder ereignisorientierte Messverfahren herangezogen werden. Während im Rahmen der **merkmalsorientierten Messung** (Werner 1998) die Gesamtdienstleistungsqualität sich aus der Bewertung einzelner Leistungselemente zusammensetzt, wird bei der **ereignisorientierten Messung** die Wahrnehmung der Dienstleistungsqualität in Bezug auf einzelne Kundenkontaktpunkte und bei der **problemorientierten Messung** die aus Kundensicht qualitätsrelevanten Problemfelder im Rahmen der Leistungserstellung untersucht.

3.2121 Merkmalsorientierte Messverfahren

1. Multiattributive Verfahren

Multiattributive Messverfahren kennzeichnen kundenorientierte, subjektive und differenzierte Methoden der Qualitätsmessung. Sie gehen von der Annahme aus, dass globale Qualitätseinschätzungen von Dienstleistungskunden auf der Einschätzung einzelner Qualitätsmerkmale beruhen (Stauss/Hentschel 1991, S. 240); ein globales Qualitätsurteil stellt somit die Summe einer Vielzahl (multi) bewerteter Qualitätsmerkmale (Attribute) dar.

Aus der Reihe der Anwendungsvarianten (Hentschel 1992, S. 116ff.; Kroeber-Riel/Weinberg 2003) lassen sich insbesondere die **einstellungs- und zufriedenheitsorientierte Messung** unterscheiden. Ferner wird auf den SERVQUAL-Ansatz von Parasuraman/Zeithaml/Berry eingegangen, der Erkenntnisse der Einstellungs- und Zufriedenheitsforschung in kombinierter Weise verwendet.

INSERT 5-3-3 Service Today, Nr. 2, 2004, S. 18

Service auf dem Prüfstand

TÜV
Service tested
gut (2,11)

TÜV Saarland macht Servicequalität und Kundenzufriedenheit sichtbar.

In Zeiten zunehmender Marktsättigung wird Servicequalität mehr und mehr zum Differenzierungsmerkmal. Aber woher weiß der Kunde, dass er bei einem Unternehmen in Sachen Service wirklich gut aufgehoben ist? Der TÜV Saarland hat sich dieses Themas angenommen und mit dem neuen Zertifikat TÜV „Service Tested" eine Instanz geschaffen, die für geprüfte Servicequalität rund um die Kundenzufriedenheit steht. Die Vergabe des Zertifikats beruht ausschließlich auf der unbeeinflussten Befragung von Kunden, die mit ihrer Bewertung entscheiden, ob ein Unternehmen die Auszeichnung erhält.

Stärken ausbauen und Schwachstellen erkennen

Reinhold Grocholl, Service Director von Pitney Bowes Central Europe, kann sich freuen. Seine Kunden bewerteten die Serviceleistungen von Pitney Bowes in allen Bereichen mit gut. Insbesondere bei den für seine Kunden wichtigen Kriterien, wie zum Beispiel der Laufleistung, dem Bedienkomfort und der Installation sowie dem Support konnte Pitney Bowes überzeugen. „Die Kundenbefragung wird uns helfen, die richtigen Stellschrauben im Serviceablauf zu finden, um künftig noch näher am Kunden zu sein", ist Grocholl überzeugt.

Auch wenn beispielsweise die telefonische Erreichbarkeit mit einer Durchschnittsnote von 1,79 als sehr gut benotet wurde, ist dies für Grocholl noch kein Grund, sich auf diesen Ergebnissen auszuruhen: „Das Bessere ist immer der Feind des Guten! Daher werden wir aus diesen Ergebnisse jetzt in Workshops Maßnahmen ableiten, um bei der nächsten Befragung noch bessere Werte zu erzielen", so Grocholl weiter.

Für Heinz Röder, Quality Manager bei Pitney Bowes, war die dauerhafte Steigerung der Kundenzufriedenheit einer der Hauptgründe, eine professionelle und vor allem unabhängige Analyse hierzu in Auftrag zu geben. „ Die Anforderungen, die sich aus der neuen ISO-Norm ableiten, nach der wir bereits zertifiziert wurden, gingen uns nicht weit genug. Wir möchten daher mit der kontinuierlichen Kundenbefragung ein Instrument schaffen, mit dem wir kundenorientiert steuernd in unsere Prozesse eingreifen können. Mit dem TÜV Saarland haben wir in diesem Bereich einen Partner gefunden, der unsere Erwartungen bei weitem übertroffen hat."

Thomas Fischmann, Leiter der TÜV Service Zertifizierung, ergänzt, dass Kundenzufriedenheit stets im Kontext zur Erwartungshaltung gesehen werden muss: „Kundenzufriedenheit entsteht im Grunde immer aus dem Vergleich zwischen Erwartungshaltung und Erfüllung dieser Erwartungen. Vor diesem Hintergrund ist ein Wert von 1,91 bei der Laufleistung der Produkte ein wirklich guter Wert. Schließlich kann der Ausfall eines Kuvertier- und/oder Frankiersystems kann zu erheblichen Störungen im innerbetrieblichen Ablauf führen. Entsprechend hoch ist die Erwartungshaltung der Kunden an die Zuverlässigkeit der Geräte."

Warum ein TÜV-Siegel für Kundenservice?

Mit dem Zertifikat „TÜV Service tested" können Unternehmen objektiv belegen, dass ihr Kundenservice strengen Prüfmaßstäben standhält. Als glaubhaft gelten gerade in Deutschland nur gute Erfahrungen anderer. Diese sind aber in den seltensten Fällen tatsächlich repräsentativ und sprechen damit nicht immer für wirklich konstante Leistungen des Anbieters.
Der TÜV Saarland hat sich dieses Themas angenommen und mit der TÜV Service Certification eine Prüfinstanz geschaffen, die **Objektivität** und **echte Erfahrungswerte vereint.** Damit eröffnen sich insbesondere für das Marketing ganz neue Möglichkeiten, um Werbeaussagen mit dem Zertifikat zu unterstützen. Schließlich kann der Name TÜV auf einen äußerst hohen Bekanntheitsgrad verweisen und genießt beim Kunden oder dem Verbraucher beträchtliches Vertrauen. Für **Armin Herla**, verantwortlich für die Markenkommunikation und Marktforschung der **HypoVereinsbank Gruppe**, kommt der TÜV in Bezug auf Bekanntheit und Glaubwürdigkeit gleich hinter dem Bundesadler.
Das Vertrauen, das der Verbraucher der Marke TÜV entgegenbringt, ist eines der Hauptargumente, weshalb u.a. auch die Hypo-Vereinsbank künftig mit TÜV Service tested werben wird.

(a) Einstellungsorientierte multiattributive Qualitätsmessung

Die **einstellungsorientierte multiattributive Qualitätsmessung** basiert auf der Annahme, dass die Qualitätseinschätzung eines Kunden „als gelernte, relativ dauerhafte, positive oder negative innere Haltung gegenüber einem Objekt" bzw. einer Dienstleistung zu bezeichnen ist (Trommsdorff 2002). Die Qualitätseinschätzung eines Dienstleistungskunden entsteht dabei durch Lernprozesse, die auf seine bisherigen Erfahrungen zurückgehen. Diese Erfahrungen sind entweder auf unmittelbare Erlebnisse mit der jeweiligen Dienstleistung zurückzuführen oder basieren auf Kommunikationsprozessen mit dem Dienstleistungsunternehmen oder anderen Konsumenten. Beim Einkomponentenansatz wird hierbei nur die Qualitätseinschätzung (Grad der Zufriedenheit) gemessen. Im Rahmen von einstellungsorientierten Verfahren wird häufig auf den Zweikomponentenansatz bzw. die so genannte **Eindrucksmessung** zurückgegriffen. Neben der Beurteilung von Qualitätsmerkmalen erfolgt damit zusätzlich eine Einschätzung der Wichtigkeit auf Ratingskalen durch den Kunden (beispielsweise Typ 2 in Abbildung 5-3-6). Als Aggregationsalgorithmus dient ein Modell, das das Produkt aus der Bewertungs- (QB_i) und der Wichtigkeitskomponente (w_i) eines Qualitätsmerkmals (i) additiv verknüpft (Fishbein 1967; Benkenstein 1993, S. 1103).

(b) Zufriedenheitsorientierte multiattributive Qualitätsmessung

Die **zufriedenheitsorientierte multiattributive Qualitätsmessung** definiert die Zufriedenheit mit einer Dienstleistung als Reaktion auf eine Diskrepanz zwischen erwarteter und tatsächlich erlebter Dienstleistungsqualität. Damit wird im Ergebnis die Kundenzufriedenheit gemessen, um daraus Rückschlüsse auf die Ausgestaltung der Dienstleistungsqualität zu ziehen.

Die Operationalisierung des Konstruktes Kundenzufriedenheit wird in unterschiedlicher Weise vorgenommen (Homburg/Rudolph 1998; Stauss 1999; Szymanski/Henard 2001). Am Weitesten verbreitet ist die Interpretation von Kundenzufriedenheit als Vergleich einer in der Vorstellung des Konsumenten bestehenden Soll-Komponente mit der erlebten Leistung als Ist-Komponente, der auch als **„Confirmation/Disconfirmation-Paradigm"** (C/D-Paradigm) bezeichnet wird.

Die **Soll-Komponente** beinhaltet einen individuellen Vergleichsstandard, der nach Erfahrungsnormen, Erwartungen sowie Idealen gebildet sein kann. **Erfahrungsnormen** resultieren aus früheren Erfahrungen mit der Dienstleistung bzw. ähnlichen Angeboten. Der Konsument hat für das Heranziehen von Erfahrungsnormen die zu beurteilenden Eigenschaften einer Dienstleistung bereits zu kennen, bevor er die entsprechende Dienstleistung nutzt. Werden **Erwartungen** als Vergleichsstandard herangezogen, so impliziert dies, dass der Konsument schon vor der Erfahrung mit der Dienstleistung bestimmte Ansichten hinsichtlich einzelner Dimensionen besitzt. Stellen **Ideale** den Vergleichsmaßstab dar, so verwendet der Konsument als Vergleichsmaßstab ein aus seiner Sicht optimales Leistungsniveau.

Abbildung 5-3-6 **Varianten multiattributiver Messansätze der Kundenzufriedenheit**

Typ 1: direkt, Einkomponentenansatz

Bitte beurteilen Sie Ihren letzten Besuch in der Wertpapierabteilung unserer Filiale xy auf der Grundlage der folgenden Kriterien, indem Sie jedem Kriterium einen Wert von 1 (nicht zufrieden) bis 7 (sehr zufrieden) zuordnen.

Der Berater bemüht sich, auf meine individuelle Situation einzugehen. — 1 2 3 4 5 6 7 □□□□□□□

Typ 2: direkt, Zweikomponentenansatz

Bitte beurteilen Sie zunächst die Wichtigkeit, die die folgenden Kriterien für Sie haben. Bitte beurteilen Sie dann Ihren letzten Besuch in der Wertpapierabteilung unserer Filiale xy auf der Grundlage dieser Kriterien.

Die Geschäftsräume machen einen ordentlichen Eindruck — – Wichtigkeit + □□□□□□□ — – Zufriedenheit + □□□□□□□

Typ 3: indirekt, Einkomponentenansatz

Bitte geben Sie für die folgenden Kriterien zunächst an, was Sie von einer guten Wertpapierabteilung erwarten (1 = sehr wahrscheinlich, 7 = sehr unwahrscheinlich). Beurteilen Sie dann bitte Ihren letzten Besuch in der Wertpapierabteilung unserer Filiale xy auf der Grundlage dieser Kriterien, indem Sie jedem Kriterium einen Wert von 1 (trifft gar nicht zu) bis 7 (trifft voll zu) zuordnen.

Der Berater wird mir die Anlagemöglichkeiten leicht verständlich erläutern. — 1 2 3 4 5 6 7 □□□□□□□

Der Berater in der Filiale xy hat mir die Anlagemöglichkeiten leicht verständlich erläutert. — 1 2 3 4 5 6 7 □□□□□□□

Typ 4: indirekt, Zweikomponentenansatz

Bitte geben Sie für die folgenden Kriterien zunächst an, was Sie von einer guten Wertpapierberatung erwarten (1 = sehr wahrscheinlich, 7 = sehr unwahrscheinlich). Beurteilen Sie dann bitte Ihren letzten Besuch in der Wertpapierabteilung unserer Filiale xy auf der Grundlage dieser Kriterien, indem Sie jedem Kriterium einen Wert von 1 (trifft gar nicht zu) bis 7 (trifft voll zu) zuordnen. Teilen Sie uns bitte auch mit, wie wichtig diese Kriterien für Sie sind.

Der Berater wird mir die Anlageform verständlich erläutern. — 1 2 3 4 5 6 7 □□□□□□□ — – Wichtigkeit + □□□□□□□

Der Berater hat mir die Anlageform verständlich erläutert. — 1 2 3 4 5 6 7 □□□□□□□

GABLER GRAFIK

Quelle: Schmitz 1996, S. 274; Hentschel 2000, S. 300

Der zweite Teil des Zufriedenheitsurteils, die **Ist-Komponente,** kann als die subjektiv wahrgenommene Erfahrung mit der zu beurteilenden Transaktion definiert werden. **Zufriedenheit** ist dementsprechend das Ergebnis eines kognitiven Vergleichsprozesses beider Komponenten. Dieses Ergebnis führt über eine affektive Reaktion zu einem verhaltensauslösenden Prozess, wie in Abbildung 5-3-7 dargestellt.

Abbildung 5-3-7 Wirkungsweise des C/D-Paradigmas

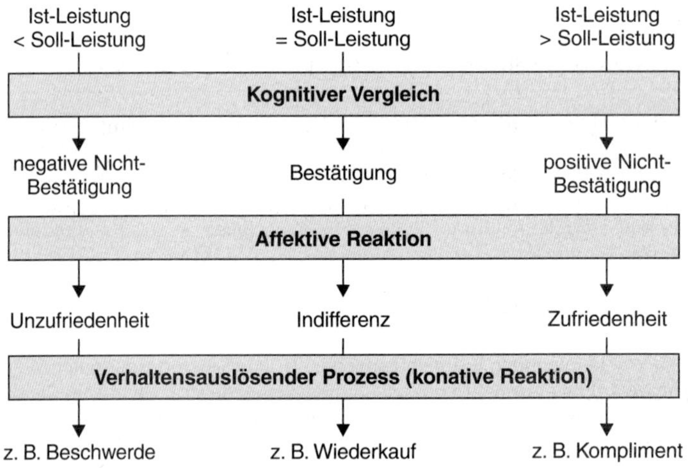

GABLER GRAFIK

Im Rahmen der so genannten **Divergenzmessung** werden neben der Qualitätsbeurteilung (QB_i) auch Qualitätserwartungen (QE_i) auf Ratingskalen erhoben und die Divergenzen als Maßstab für die Qualitätsbeurteilung herangezogen (vgl. die Typen 3 und 4 in Abbildung 5-8). Die Dienstleistungsqualität wird anschließend durch Addition der merkmalsbezogenen Einzeldiskrepanzen dargestellt (Benkenstein 1993, S. 1103).

Neben einer direkten Messung von Wichtigkeiten können bei gleichzeitiger Erhebung der Gesamtzufriedenheit mit Hilfe der Regressionsanalyse die Wichtigkeiten der einzelnen Merkmale als Beta-Koeffizienten ermittelt werden (Stauss 1999, S. 14).

Ein **Vergleich** zwischen einstellungs- und zufriedenheitsorientierter Messung der Dienstleistungsqualität macht deutlich, dass eine grundsätzliche Empfehlung für eine der Varianten nur bedingt möglich ist. Für eine Verwendung des einstellungsorientierten Ansatzes spricht, dass der Proband keine Erfahrung mit der Dienstleistung benötigt, da sich die Befragung nicht notwendigerweise auf ein spezifisches Konsumerlebnis bezieht. So kann ein Befragter durchaus die Einstellung haben, „Bank x gehöre zu den Qualitätsführern im Finanzdienstleistungsbereich", ohne mit dieser Bank eine Kontoverbindung zu unterhalten. Dagegen erscheint der zufriedenheitsorientierte Ansatz dann sinnvoll, wenn Kunde und Dienstleistungsunternehmen erstmalig für einen begrenzten Zeitraum aufeinandertreffen (Hentschel 2000, S. 301ff.). Welcher der beiden Ansätze zur Qualitätsmessung zu verwenden ist, hängt demnach davon ab, inwiefern der Dienstleister Informationen über antizipierende, von dauerhaften Überzeugungen geprägte Einstellungen der Kunden erhalten oder konkrete zufriedenheitsorientierte Bewertungen seiner Dienstleistungsqualität erfahren möchte.

(c) SERVQUAL-Ansatz

Zu den Verfahren der Einstellungs- und Zufriedenheitsmessung zählt auch der in den 1980er Jahren entwickelte **SERVQUAL-Ansatz** (Parasuraman/Zeithaml/Berry 1985, 1988). Gegenstand der Beurteilung ist hier das Dienstleistungsunternehmen selbst.

Zur Messung der wahrgenommenen Dienstleistungsqualität aus Kundensicht dient ein standardisierter Fragebogen, in dem 22 Items fünf **Qualitätsdimensionen** repräsentieren:

- Annehmlichkeit des tangiblen Umfeldes,
- Zuverlässigkeit,
- Reaktionsfähigkeit,
- Leistungskompetenz,
- Einfühlungsvermögen.

Zu jedem Item werden zwei Aussagen in Form einer **Doppelskala** formuliert. Mit der Aussage „so sollte es sein" werden die Erwartungen des Kunden hinsichtlich der Dienstleistungsqualität ermittelt, die Aussage „so ist es" fragt nach der erlebten Qualität eines Leistungsprozesses in Bezug auf eine spezielle Dienstleistungsunternehmung bzw. Dienstleistung. Auf einer 7er-Skala, die in Abbildung 5-3-8 an einem Beispiel dargestellt wird, werden die Probanden gebeten, ihr Urteil von „stimme vollkommen zu" (7) bis „lehne vollkommen ab" (1) abzugeben.

Die sich ergebende Differenz zwischen beiden Aussagen lässt sich als ein Wert zwischen – 6 und + 6 pro Item darstellen. Je größer dieser Wert ist, desto höher schätzt der Kunde die wahrgenommene Dienstleistungsqualität in Bezug auf das jeweilige Item ein.

Abbildung 5-3-8 Doppelskala im SERVQUAL-Ansatz

Beispiel für die Doppelskala (Item 16 im SERVQUAL-Fragebogen):	Lehne ich vollkommen ab						Stimme ich vollkommen zu
Mitarbeiter eines hervorragenden Service-Providers sind stets gleichbleibend höflich zu den Kunden	1	2	3	4	5	6	7
Mitarbeiter des Service-Providers x sind stets gleichbleibend höflich zu den Kunden	1	2	3	4	5	6	7

GABLER GRAFIK

Um ein globales Qualitätsurteil zu erhalten, wird zunächst der Durchschnitt aller zu einer Dimension gehörenden Items berechnet und dann anschließend der Mittelwert sämtlicher Dimensionen gebildet.

Trotz der empirischen Fundierung des Modells und seiner grundsätzlichen Eignung zur branchenübergreifenden Messung der Dienstleistungsqualität wurden in der Literatur mehrfach die begrifflichen und theoretischen Grundlagen sowie methodische Aspekte des Modells **kritisiert** (Carman 1990; Hentschel 1990b; Sachdev/Verma 2002; Chiu/Lin 2004). So stellt die verwendete Doppelskala hohe Ansprüche an die Urteilsfähigkeit der Probanden, ihre jeweiligen Erfahrungen mit verschiedenen Dimensionen der Dienstleistung nachträglich in eine Erwartungs- und Wahrnehmungskomponente zu zerlegen. Weiterhin kann eine so genannte „Anspruchsinflation" entstehen, indem zu hohe Werte im Rahmen der „So-sollte-es-sein"-Aussagen von den Probanden genannt werden (Hentschel 1990a, S. 235).

Ein wesentlicher Kritikpunkt betrifft die Differenzbildung des Modells. Für einen Dienstleistungskunden, der z. B. von den Mitarbeitern einer Bankfiliale einen hohen Grad an Leistungskompetenz erwartet (Bewertung des erwarteten Service mit 7) und diesen auch erlebt (Bewertung des erlebten Service ebenfalls mit 7), ergibt sich als Differenz ein Wert von 0. Ein anderer Bankkunde erwartet dagegen nur eine Leistungskompetenz von 1, beurteilt aber die Kompetenz der Mitarbeiter als sehr positiv mit einem Wert von 7. Seine wahrgenommene Dienstleistungsqualität in Bezug auf dieses Item besitzt damit einen Differenzwert von + 6. Gemäß der Interpretation dieser beiden Werte nach SERVQUAL schätzt der zweite Kunde die Qualität des Dienstleistungsunternehmens in Bezug auf die Leistungskompetenz seiner Mitarbeiter höher ein. Dieses Ergebnis führt aus Plausibilitätsgründen zu starker Kritik an dem vorgestellten Modell (Hentschel 1990a, S. 236).

Darüber hinaus ist im SERVQUAL-Ansatz eine konstante Interpretation in Bezug auf die „So-sollte- es-sein"-**Erwartungen** durch die Probanden nicht gewährleistet. Die Aussage „So sollte es sein" kann von den Kunden interpretiert werden als (Teas 1993, S. 37f.):

- Reine Annahme über das Niveau der Dienstleistungsqualität („Forecasted Performance"),
- Gewünschtes Niveau der Dienstleistungsqualität („Deserved Performance"),
- Angemessenes Niveau der Dienstleistungsqualität („Equitable Performance"),
- Mindestniveau der Dienstleistungsqualität („Minimum Performance"),
- Idealniveau der Dienstleistungsqualität („Ideal Performance"),
- Ausdruck der Wichtigkeit dieser Dimension der Dienstleistungsqualität für den Kunden („Service Attribute Importance").

Unterschiedliche Messergebnisse können daher auch durch unterschiedliche Interpretationen dieses Erwartungsbegriffes hervorgerufen werden.

Neuere Studien weisen zudem kritisch darauf hin, das in einigen Branchen auch Modifikationen hinsichtlich der Dimensionen selbst notwendig sind. In einer Untersuchung der Fast-Food- und der Bankenbranche zeigte sich, dass die bei ursprünglich von SERVQUAL verwendeten Merkmale nicht immer auf die angenommenen Zieldimensionen wirkten (Sachdev/Verma 2004, S. 49ff.). Gerade aufgrund der großen Vielfalt von Dienstleistungen sind in spezifischen Branchen möglicherweise individualisierte Messkonzepte erforderlich.

Trotz dieser Einwände in Bezug auf die **Validität des Modells** hat sich der SERVQUAL-Ansatz vor allem in amerikanischen Banken zur Messung der Dienstleistungsqualität durchgesetzt, da hier zum ersten Mal ein Messmodell für die Dienstleistungsqualität entwickelt wurde, das einen konkreten Praxisbezug enthält und daher aus Sicht der Unternehmen durchführbar erscheint (z. B. Jiang et al. 2002; Bauer et al. 2004).

Eine Alternative zu der Doppelskala des SERVQUAL-Modells ist die Bildung einer Einfachskala, die den Probanden auffordert, lediglich das Niveau der wahrgenommenen Dienstleistungsqualität, beispielsweise für das Kriterium bzw. die Aussage „die Gestaltung der Geschäftsräume der Bank x ist sehr gut", zu beurteilen (z. B. Hentschel 1990a, S. 239) und so eine implizite Erwartungsbewertung durch den Befragten anzunehmen (vgl. Abbildung 5-3-8). Darüber hinaus kann argumentiert werden, dass für Implikationen hinsichtlich notwendiger Leistungsverbesserungen die Aussage „So sollte es sein" nicht direkt zu erheben ist. Stattdessen ist es möglich, mit der Bewertung einzelner Merkmale und der Gesamtbeurteilung einer Leistung über multivariate Verfahren die relative Bedeutung eines Merkmals für die wahrgenommene Gesamtqualität zu ermitteln. Somit ist die ohnehin kritisch zu betrachtende Doppelskala nicht mehr erforderlich.

2. Integrierte Qualitätsmessung

Bei einer **integrierten Qualitätsmessung** wird wie bei den multiattributiven Messverfahren von der Annahme ausgegangen, dass globale Qualitätseinschätzungen von Dienstleistungskunden das Ergebnis einer individuellen Einschätzung der verschiedenen Qualitätsmerkmale sind. Bei einer integrierten Messung wird darüber hinaus die Qualität unter Einbeziehung ihrer Wirkungen (z. B. Kundenzufriedenheit, Kundenbindung) erfasst. Dieser Vorgehensweise liegt die Überlegung zugrunde, dass eine isolierte Messung der Dienstleistungsqualität – z. B. mittels des SERVQUAL-Ansatzes – lediglich eine Aussage über das Niveau der durch den Kunden wahrgenommenen Qualität eines Unternehmens zulässt, jedoch nur in beschränktem Maße die Ableitung von umfassenden Verbesserungspotenzialen und keine Aussage über die **Bedeutung der Qualität für das Kaufverhalten** der Kunden ermöglicht. Die integrierte Messung kann unternehmensunabhängig und unternehmensgesteuert erfolgen (Bruhn 2006, S. 455ff.).

Eine **unternehmensunabhängige integrierte Qualitätsmessung** wird seit einiger Zeit in Form so genannte **Nationaler Kundenbarometer** vorgenommen (vgl. ausführlicher Abschnitt 6.3 dieses Kapitels sowie Fornell 1992; Bruhn/Murmann 1998; Bruhn 2006).

Die Methodik Nationaler Kundenbarometer nutzen Unternehmen zunehmend für eine **unternehmensgesteuerte integrierte Zufriedenheitsmessung** durch den Einsatz so genannter zufriedenheitsbezogener Indexsysteme. Die Vorgehensweise dieser **Indexsysteme** entspricht derjenigen der Nationalen Kundenbarometer. Zwischen den beiden Verfahren bestehen jedoch Unterschiede im Hinblick auf die Berücksichtigung von Unternehmensspezifika und die Nutzung der Ergebnisse. Da das Indexsystem für ein einzelnes Unternehmen spezifisch entwickelt wird, kann eine exaktere Ausrichtung der einzubeziehenden Leistungsmerkmale auf die Besonderheiten des Unternehmens und seiner Kunden erfolgen. Bezüglich der Nutzung der Ergebnisse ist zum einen kein Vergleich mit den Wettbewerbern möglich. Zum anderen erlaubt die spezifische Ausgestaltung des Modells eine Ableitung von konkretem Handlungsbedarf sowie den (internen) Vergleich verschiedener Unternehmensbereiche.

Indexsystemen liegen **Kausalmodelle** zugrunde, in denen die Beziehungen zwischen affektiv-kognitiven und verhaltensbezogenen Größen gesamthaft abgebildet werden (vgl. Darstellung der Modelltheorie des Konsumentenverhaltens in Abschnitt 3.1 des Kapitels 2). Innerhalb der Kausalmodelle werden diese **Strukturvariablen** als latente Konstrukte aufgefasst, die mehrdimensional anhand von **Indikatorvariablen** gemessen werden (z. B. Merkmale einer Dienstleistung als Indikatoren für die wahrgenommene Dienstleistungsqualität). Ein solches Kausalmodell wird auf Basis der beim Kunden erhobenen Ausprägungen der Indikatorvariablen mit Hilfe der **Kausalanalyse** geschätzt, die in zahlreichen Iterationen die bestmögliche Wiedergabe der „realen" Zusammenhänge zwischen den Variablen durch das Modell identifiziert. Als Ergebnis liefern entsprechende Statistikprogramme (z. B. LISREL, Amos) die Stärke der Beziehungen zwischen den Variablen des Modells. Die Stärke der Beziehungen zwischen den Strukturvariablen (z. B. Einfluss der Kundenzufriedenheit auf die Kundenbindung) werden durch Strukturparameter quantifiziert. Die Stärke der Zusammenhänge zwischen den Strukturvariablen und den jeweiligen Indikatorvariablen wird durch Messparameter zum Ausdruck gebracht (vgl. Abbildung 5-3-9). Eine **Nutzung der Ergebnisse** der Kausalanalyse für die integrierte Wirkungskontrolle kann in zweierlei Hinsicht erfolgen.

Abbildung 5-3-9 **Beispiel eines Indexsystems**

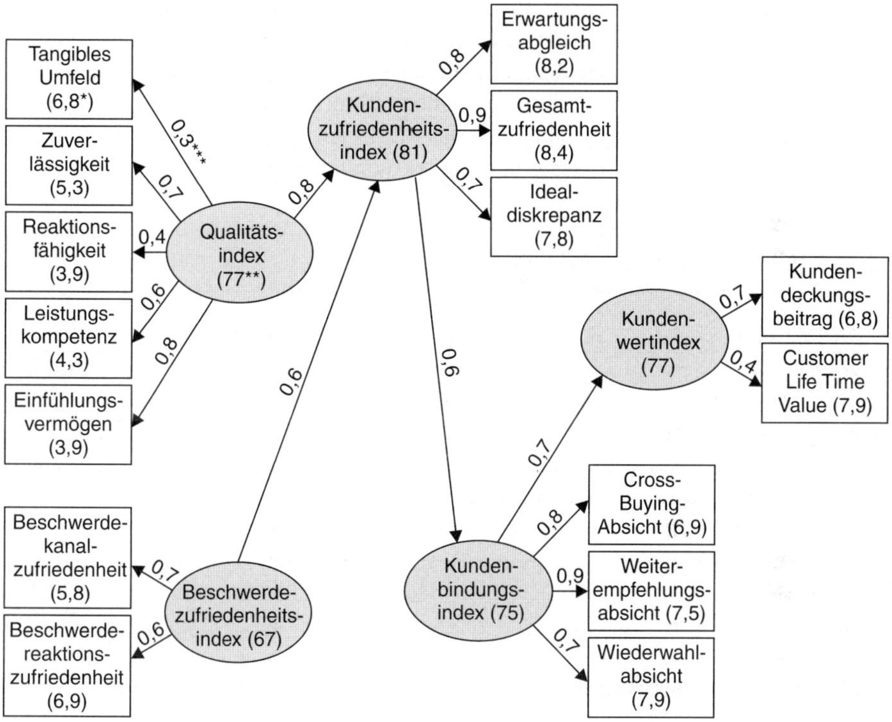

* Mittelwerte auf einer Skala von 1 (sehr schlecht) bis 10 (sehr gut)
** Indexwerte von 0 bis 100
*** Werte der Zusammenhänge zwischen 0 und 1,0

GABLER GRAFIK

Zunächst kann eine **Bildung von Indizes** (z. B. Qualitätsindex, Zufriedenheitsindex, Kundenbindungsindex) vorgenommen werden, indem die Mittelwerte einer Strukturvariablen über eine Gewichtung mit Hilfe der Messparameter aggregiert werden.

Darüber hinaus kann eine **Zusammenhangsanalyse** zwischen den Größen der Erfolgskette durchgeführt werden. Auf diese Weise wird z. B. ersichtlich, in welchem Ausmaß die affektiv-kognitiven Zielgrößen zur Realisierung der verhaltensbezogenen Zielgrößen beitragen.

Im Rahmen der Wirkungskontrolle können durch **kundenbezogene Indexsysteme** die Wirkungen des Qualitätsmanagements bestimmt und analysiert werden. Auf Basis der Bewertung der Indikatorvariablen gilt es, Maßnahmen in die Wege zu leiten, die an den zentralen Defiziten ansetzen. Als Instrument zur Ermittlung des Handlungsbedarfes kann ein **Aktivitätenportfolio** erstellt werden, durch das sich erste strategische Stoßrichtungen der zukünftigen Instrumentalstrategien erkennen lassen.

Innerhalb des Aktivitätenportfolios werden die ermittelten Kundenbeurteilungen sowie deren Bedeutung aus Kundensicht (Wichtigkeit) gegenübergestellt. Dabei werden die erfragten Indikatorvariablen (z. B. Zuverlässigkeit) mit der Kundenzufriedenheit in Beziehung gesetzt. Besteht ein hoher Zusammenhang zwischen Indikatorvariablen und Kundenzufriedenheit handelt es sich um ein wichtiges Merkmal. Besteht hingegen ein vergleichsweise geringer Zusammenhang ist das Merkmal als eher nicht wichtig einzustufen. Abbildung 5-3-10 zeigt beispielhaft ein Aktivitätenportfolio.

Abbildung 5-3-10 Beispiel eines Aktivitätenportfolios

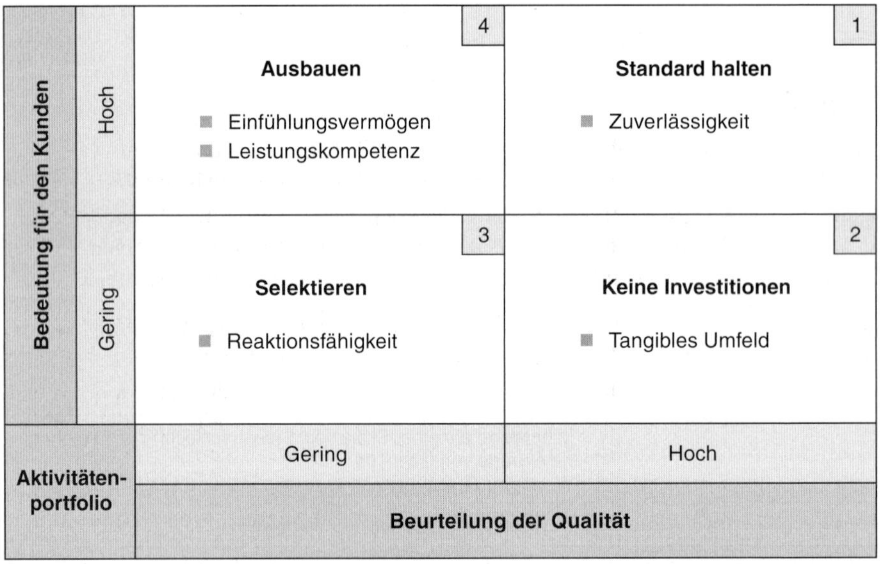

GABLER GRAFIK

Quadrant 1

Im ersten Quadranten sind sämtliche Leistungsparameter eingeordnet, die bislang sehr gut erfüllt werden (im Beispiel „Zuverlässigkeit“). Dieser Standard ist in Zukunft aufrecht zu erhalten.

Quadrant 2
Hinsichtlich der Faktoren im zweiten Quadranten ist ebenfalls kein akuter Handlungsbedarf zu erkennen (im Beispiel „Tangibles Umfeld"). Die Kunden beurteilen die Leistungen des Dienstleistungsunternehmens in diesen Punkten als sehr gut. Allerdings sind diese Aspekte für die Kundenzufriedenheit weniger wichtig. In der Folge erscheint es wenig sinnvoll, in diesem Bereich neue Investitionen zu ergreifen.

Quadrant 3
Im dritten Quadranten sind Leistungsdimensionen mit geringer Qualität sowie eher geringer Wichtigkeit eingeordnet (im Beispiel „Reaktionsfähigkeit"). Als strategische Stoßrichtung wird eine Selektionsstrategie empfohlen, d. h., hinsichtlich der einzelnen Leistungsdimensionen gilt es zu prüfen, welche Maßnahmen kurzfristig und ohne übermäßige Investitionen ergriffen werden können.

Quadrant 4
Im vierten Quadranten befinden sich all jene Leistungsdimensionen, die mit erster Priorität zu verbessern sind (im Beispiel „Einfühlungsvermögen", „Leistungskompetenz"). Es wurden relativ hohe Wichtigkeiten ermittelt, die Leistung wurde hingegen als verbesserungsfähig beurteilt.

3. Vignette-Methode

Die **Vignette-Methode** (Haller 1998; Bruhn 2006, S. 100f.) geht davon aus, dass Qualitätsurteile auf einer relativ geringen Zahl von Faktoren basieren, die in der Wahrnehmung des Kunden relevant sind, deren spezifische Gewichtungen er aber nicht beurteilen kann. Eine **Vignette** stellt dabei eine fiktive Situation dar, die anhand von bestimmten Charakteristika beschrieben werden kann und die der Kunde gesamtheitlich beurteilt.

Voraussetzung für die Vignette-Methode ist die Ermittlung so genannter **„Critical Quality Characteristics" (CQCs),** d. h. jener Attribute, die für die Qualitätsbeurteilung relevant sind. So kann die Qualitätsbeurteilung einer Bankfiliale, analog zu den Qualitätsdimensionen des SERVQUAL-Ansatzes, auf Faktoren basieren, die in Abbildung 5-3-11 am Beispiel einer Bankfiliale dargestellt sind. Die einzelnen Vignetten werden gebildet, indem jedem Faktor eines der zugehörigen Werturteile zugeordnet wird. Jede Vignette stellt damit eine Kombination unterschiedlicher Charakteristika und Werturteile dar.

Analog zur Conjoint-Analyse (Backhaus et al. 2000) wird der Kunde gebeten, die verschiedenen Vignetten zu beurteilen. Das kann auf einer Skala von „sehr gut" bis „sehr schlecht" geschehen. Im Rahmen der Auswertung stellen die Charakteristika die unabhängigen Variablen und die Gesamtbeurteilungen die abhängigen Variablen dar. Somit kann der Einfluss der einzelnen Attribute auf das globale Qualitätsurteil mittels eines Koeffizienten ausgedrückt werden.

Abbildung 5-3-11 „Critical Quality Characteristics" und die Werturteile einer Vignette

Critical Quality Characteristics	Werturteile
Annehmlichkeit des tangiblen Umfeldes: z. B. Ausstattung der Geschäftsräume	Ansprechend
	Nicht ansprechend
Zuverlässigkeit: z. B. Vermeidung von Fehlbuchungen	Hoch
	Niedrig
Reaktionsfähigkeit: z. B. schnelle Korrektur von Fehlbuchungen	Flexibel
	Unflexibel
Leistungskompetenz: z. B. Beratungskompetenz der Wertpapierberater	Kompetent
	Nicht kompetent
Einfühlungsvermögen: z. B. Berücksichtigung der individuellen Risikoneigung eines Privatkunden	Zuvorkommend
	Nicht zuvorkommend

GABLER GRAFIK

Das Ziel der Vignette-Methode ist damit die **Analyse der Rangfolge und Gewichtung von einzelnen Qualitätsattributen** der Dienstleistung und die **Ermittlung globaler Qualitätsurteile.** Als Nachteil des Verfahrens erweist sich der hohe Erhebungsaufwand, da aufgrund der hohen Anzahl von Vignetten viele Befragungen notwendig werden. Weiterhin besteht die Gefahr des Informationsverlustes, da die zahlreichen möglichen Qualitätsmerkmale einer Dienstleistung auf wenige „Critical Quality Characteristics" reduziert werden und damit die Möglichkeit differenzierter Aussagen verhindert wird (Haller 1993, S. 30).

Aufgrund der Nachteile des großen **Erhebungsaufwands** wurden Alternativen mit dem Ziel der Reduktion der Vignettenanzahl entwickelt. Eine Möglichkeit besteht darin, „unrealistische" Kombinationen von Ausprägungen zu eliminieren. Bei einer anderen Option werden jeweils zwei Vignetten einander gegenüber gestellt und die Präferenz für eine der beiden Vignetten befragt. Anwendung finden Vignetten in solcher Form vor allem bei komplexen Dienstleistungen und Produkten, wie z. B. strukturierten Anlageformen im Bankgeschäft, bei denen die Kunden eher in der Lage sind, das Gesamtprodukt zu bewerten, als aus der expliziten Bewertung einzelner Merkmale ein Gesamturteil zu bilden.

4. Willingness-to-Pay-Ansatz

Beim Willingness-to-Pay-Ansatz handelt es sich um ein Verfahren, das auf dem **wertorientierten Qualitätsbegriff** basiert (vgl. auch im Folgenden Haller 1998). Dabei wird davon ausgegangen, dass der Kunde zu seinem Qualitätsurteil hinsichtlich einer Leistung kommt, indem er die erhaltene Leistung mit den im Rahmen der Inanspruchnahme der Leistung in Kauf genommenen Opfern finanzieller, zeitlicher, psychischer oder physischer Art vergleicht. Diese „Opfer" werden meist durch den Preis der Leistung ausgedrückt. Die Beurteilung einer Leistung nach dem Willingness-to-Pay-Ansatz kann in zweierlei Hinsicht vorgenommen werden:

- Der **Nutzen** einer Leistung, der sich aus der gewichteten Bewertung einzelner Leistungsmerkmale zusammensetzt, wird zu dem Preis der Leistung in Beziehung gesetzt.
- Der **Preis** wird in die Merkmalsliste im Rahmen der oben genannten multiattributiven Verfahren aufgenommen.

Der Einsatz dieser Methode ist vor allem sinnvoll, wenn ein Unternehmen seine Dienstleistungen im Rahmen der Leistungspolitik variieren will. Dann kann mittels des Willingness-to-Pay-Ansatzes festgestellt werden, ob die Erweiterung oder Verbesserung eines Merkmals zu einer entsprechend höheren Zahlungsbereitschaft der Kunden führt.

Abbildung 5-3-12 **Zahlungsbereitschaft eines Individuums als Resultat der Willingness-to-Pay-Methode**

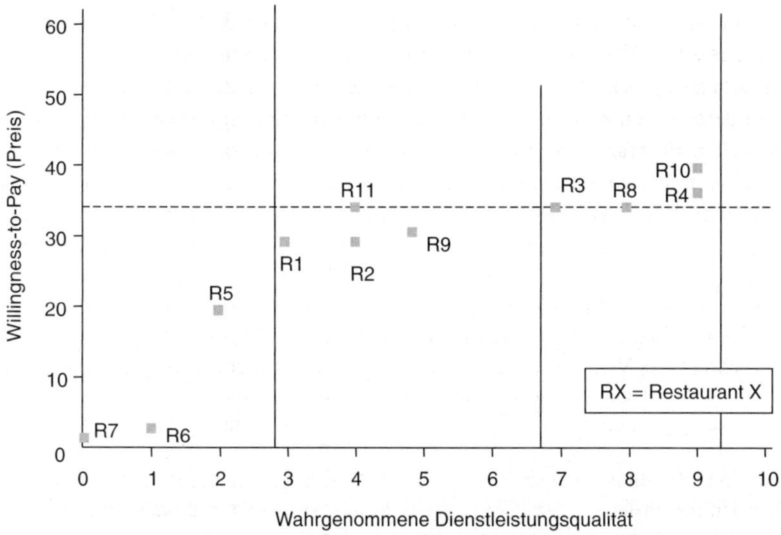

GABLER GRAFIK

Abbildung 5-3-13 **Aggregierte Zahlungsbereitschaft als Resultat der Willingness-to-Pay-Methode**

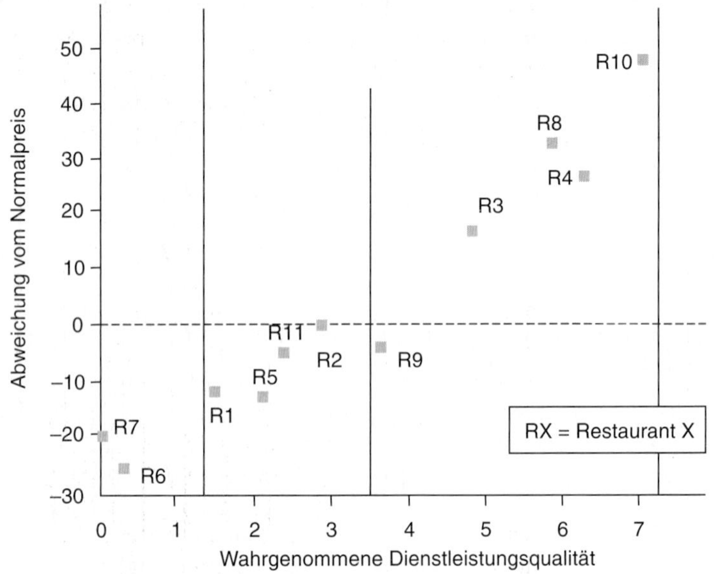

GABLER GRAFIK

Es ist in Experimenten zur Variation des Leistungsspektrums beispielsweise auch eine Kombination des Willingness-to-Pay-Ansatzes mit der Vignette-Methode denkbar. Liljander und Strandvik setzten diesen Ansatz in einem **Experiment** bezüglich der Zahlungsbereitschaft potenzieller Restaurantgäste ein (Liljander/Strandvik 1992, S. 15ff.). Diese Probanden sollten sich vorstellen, dass sie eine fiktive Stadt besuchen und elf Restaurants, die in Form von Vignetten beschrieben waren, zur Auswahl hätten. Um das „normale Qualitätsniveau" eines Restaurants für die jeweilige Befragungsperson zu ermitteln, sollten diese an ein Restaurant denken, in dem sie regelmäßig zu Mittag essen, seinen Namen und den „normalen Preis" nennen, den sie für ein Mittagessen in diesem Restaurant zahlen. Anschließend wurden die elf fiktiven Restaurants durch die Probanden beurteilt. Hierzu sollten sie erstens die Restaurants gemäß ihrer Beurteilung sortieren, zweitens den Preis für jedes Restaurant angeben, den sie zu zahlen bereit wären und drittens erklären, welches Restaurant sie zum „normalen Preis" besuchen würden. Im Rahmen der Auswertung wurde dann sowohl die Zahlungsbereitschaft des einzelnen Individuums (vgl. Abbildung 5-3-12) als auch die aggregierte Zahlungsbereitschaft analysiert (vgl. Abbildung 5-3-13). Erkenntnisse aus solch einer Erhebung lassen sich zusätzlich für Kosten-Nutzen-Analysen potenzieller Investitionen in einzelne Ausstattungsmerkmale oder Menügestaltungen des Restaurants verwenden.

5. Penalty-Reward-Faktoren-Ansatz/Kano-Methode

Der Penalty-Reward-Faktoren-Ansatz ist ein den multiattributiven Verfahren sehr ähnlicher Ansatz und unterteilt die Dimensionen der Dienstleistungsqualität in Routine- und Ausnahmekomponenten (Berry 1986; Brandt 1987, S. 61ff., 1988, S. 35ff.). Er basiert auf der Annahme, dass bei jeder Dienstleistung Qualitätsfaktoren existieren, deren Nichterfüllung beim Kunden Unzufriedenheit hervorruft. Diese werden als **Penalty-Faktoren** bezeichnet, während im Gegensatz dazu die **Reward-Faktoren** Zusatzleistungen darstellen, die beim Kunden eine höhere Qualitätswahrnehmung und daher eine höhere Zufriedenheit erzeugen. Während der Kunde für die Reward-Faktoren „Bonuspunkte" verteilt, bestraft er das Unternehmen bei Nichtvorhandensein der Penalty-Faktoren mit so genannten „Demerits" (Brandt 1987, S. 61).

Ziel dieses Messansatzes ist, die Penalty-Faktoren zu identifizieren. Daher wird zunächst ein Gesamturteil für die Dienstleistung auf einer 5er-Skala von „sehr zufrieden" bis „sehr unzufrieden" erhoben. Anschließend werden die Kunden gebeten, die einzelnen Attribute der Dienstleistung auf einer Skala von „viel schlechter als erwartet" bis „viel besser als erwartet" zu bewerten. Mit Hilfe dieser Daten wird eine multiple Regressionsanalyse durchgeführt („Penalty-Reward-Contrast-Analyse"; Brandt 1987, S. 62f.). Die Ergebnisse der Analyse hinsichtlich einzelner Merkmale werden wie folgt interpretiert:

- **Penalty-Faktoren** kennzeichnen diejenigen Attribute der Dienstleistungsqualität, bei denen der Kunde kein höheres globales Qualitätsurteil abgibt, obwohl die Leistung in Bezug auf das jeweilige Attribut besser als erwartet ausfiel. Dagegen sinkt das globale Qualitätsurteil, sofern die Qualität des jeweiligen Attributes schlechter als erwartet war.

- **Reward-Faktoren** zeichnen sich dadurch aus, dass das globale Qualitätsurteil steigt, sofern die Qualität des jeweiligen Attributes besser als erwartet eingeschätzt wurde, jedoch nicht sinkt, wenn die Leistung schlechter als erwartet gewesen ist.

Der **Vorteil** dieses Messansatzes liegt darin, dass nicht nur die Qualität der Dienstleistung aus der Sicht des Kunden gemessen wird, sondern auch ein gezielter Einsatz des Qualitätsmanagements in Bezug auf die Penalty-Faktoren ermöglicht wird. Zunächst ist es Aufgabe des Unternehmens, mit diesen Dienstleistungsattributen den Kunden zufrieden zu stellen, erst dann kann sich das Qualitätsmanagement auf zusätzliche „Bonusleistungen" konzentrieren (Haller 1993, S. 27).

In ähnlicher Weise wie der Penalty-Reward-Faktoren-Ansatz untersucht auch die **Kano-Methode** die unterschiedliche kundenseitige Wahrnehmung von Leistungsmerkmalen, d. h. den Vergleich von Erwartung und Erfahrung (C/D-Paradigma). Sie unterscheidet Basisfaktoren, Leistungsfaktoren und Begeisterungsfaktoren. **Basisfaktoren** beinhalten Qualitätsmerkmale, die bei Erfüllung der Erwartung nicht positiv, bei Nicht-Erfüllung jedoch negativ bewertet werden. **Leistungsfaktoren** können das Qualitätsurteil hingegen sowohl positiv (bei Übererfüllung der Erwartung) als auch negativ (bei Nicht-Erfüllung der Erwartung) beeinflussen, während **Begeisterungsfaktoren** nicht erwartet und daher positiv bewertet werden, wenn sie vorhanden sind und zur Qualitätswahrnehmung

Abbildung 5-3-14 **Blueprint am Beispiel einer Flugreise**

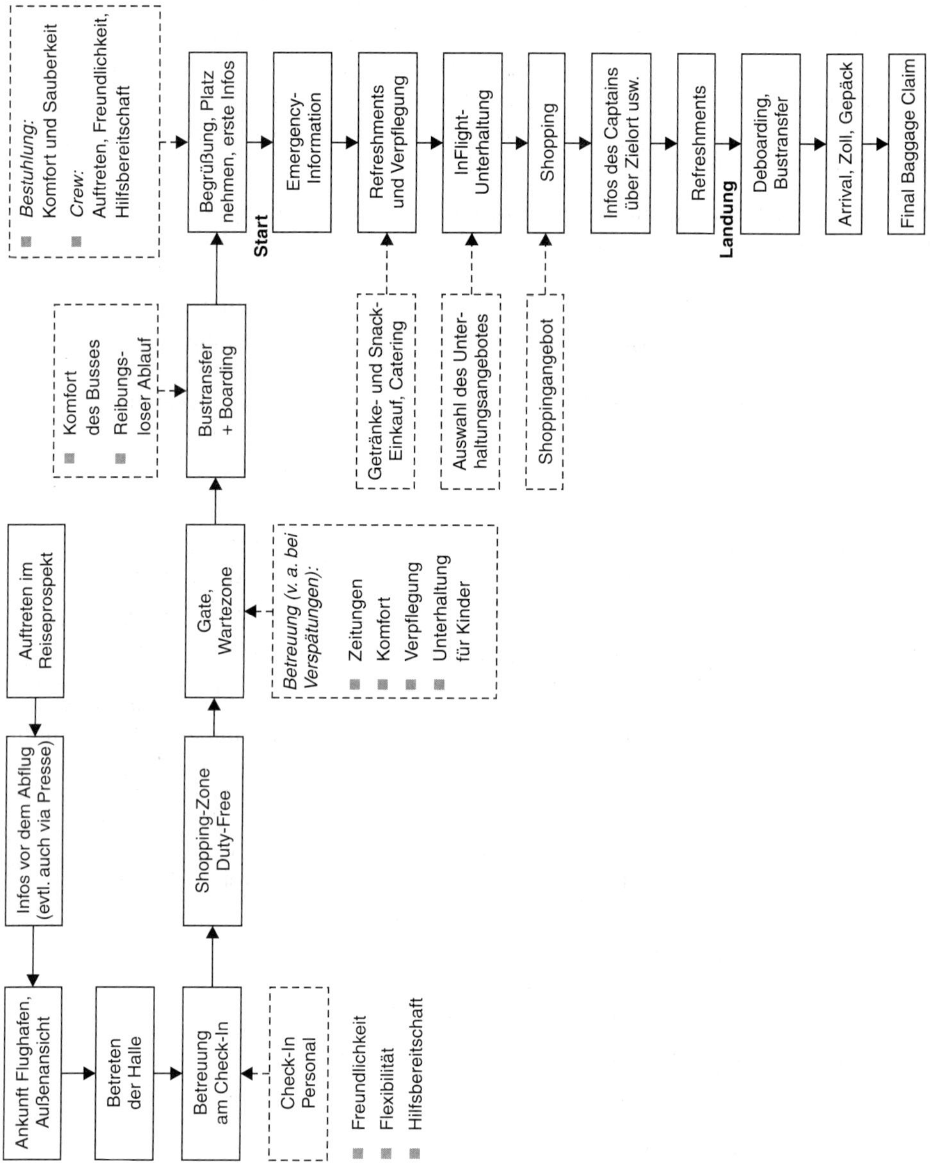

GABLER GRAFIK

Im Rahmen eines offenen, strukturierten Interviews werden hierbei die Kunden gebeten, den Ablauf ihres Dienstleistungserlebnisses noch einmal „gedanklich-emotional" zu rekonstruieren und ihre Eindrücke zu schildern. In Bezug auf jede einzelne Kundenkontaktsituation des Blueprints wird nach dem wahrgenommenen Ablauf, den Empfindungen und den jeweiligen Bewertungen gefragt (Stauss 2000a, S. 331).

Gegenüber dem Silent-Shopper-Verfahren und der Expertenbeobachtung (vgl. Abschnitt 3.211 dieses Kapitels) erweist sich die Sequenzielle Ereignismethode als vorteilhaft, da die einzelnen Phasen des Dienstleistungsprozesses aus aktueller und subjektiver Kundensicht bewertet werden. Dem gegenüber sind jedoch der relativ hohe Erhebungs- und Auswertungsaufwand und die entsprechend hohen Durchführungskosten dieses Messansatzes als Kritikpunkte zu erwähn.

2. Critical-Incident-Technik

Kritische Ereignisse können als **„Schlüsselereignisse"** eines Interaktionsprozesses zwischen Kunde und Dienstleistungsanbieter verstanden werden, die vom Kunden als außergewöhnlich positiv oder negativ empfunden werden (Bitner/Booms/Tetreault 1990, S. 71ff.).

Im Rahmen der Critical-Incident-Technik werden Kunden in offenen standardisierten Interviews gebeten, diese kritischen Ereignisse während eines Dienstleistungsprozesses zu schildern. Der Kunde wird dabei aufgefordert, die einzelnen Situationen mittels einer möglichst konkreten Beschreibung sämtlicher Details zu rekonstruieren. Die anschließende Interpretation der Fragebögen beinhaltet ein mehrstufiges Auswertungsverfahren, bei dem typische Erlebniskategorien gebildet werden und somit kategoriebezogen die Häufigkeiten der positiven oder negativen Erlebnisse aufgezeigt werden können.

Als **Beispiel** für die Critical-Incident-Methode kann eine Studie von Bitner/Booms/Tetreault herangezogen werden (vgl. auch im Folgenden Bitner/Booms/Tetreault 1990). Bei dieser Untersuchung wurden in Restaurants, Hotels und bei Fluggesellschaften – als Branchen mit hohem Interaktionsgrad – Kundenbefragungen durchgeführt. Dabei wurden den Probanden die folgenden Fragen gestellt:

- „Erinnern Sie sich an einen besonders (nicht) zufrieden stellenden Kontakt mit einem Angestellten eines Restaurants, Hotels oder einer Fluggesellschaft?"
- „Wann ereignete sich dies?"
- „Welche spezifischen Umstände führten zu dieser Situation?"
- „Was sagte oder machte der Angestellte genau?"
- „Was ereignete sich genau, so dass Sie den Kontakt als (nicht) zufrieden stellend empfanden?"

INSERT 5-3-5 Kundenzufriedenheitsmessung am Beispiel der BHW Bausparkasse

Kurzfallstudie: BHW Bausparkasse

Der Kreditbereich der BHW Bausparkasse, Hameln, beauftragte in 1999 die GPM Managementberatung, gemeinsam mit einem internen Projektteam ein „Messprogramm Kundenzufriedenheit“ zu entwickeln. Ziel war es, den Abteilungen und Teams des Bereichs, der jährlich circa 200.000 Kredite bearbeitet und circa 4 Mio. Kunden betreut, ein qualitäts- und prozessorientiertes Führungsinstrument anzubieten. Das Messprogramm verfolgt methodisch den Ansatz der „ereignisbezogenen“ Zufriedenheitsmessung. Dabei wird die Kundenzufriedenheit abgeleitet aus Schlüsselereignissen, in denen der Kunde die Leistung seiner Bausparkasse besonders sensibel erlebt und bewertet. Inhaltlich wird gemessen, wie zufrieden die Kunden mit dem gerade durchlaufenen Prozess der Darlehenszusage, Darlehensauszahlung, dem Korrespondenzkontakt oder der Beschwerdebehandlung waren. Die jährlich erscheinenden Kundenzufriedenheitsreports, die als Lernangebote an Teams, Abteilungen und Führungskräfte zu verstehen sind, zeigen auf, inwieweit die Arbeit der Teams den Erwartungen der Kunden entspricht. Die Zufriedenheitswerte werden in den Reports graphisch aufbereitet und leicht verständlich dargestellt (vgl. Abbildung). In die Graphiken werden unter anderem Vergleichszahlen aus dem Vorjahr, Durchschnitts- und Best-Practice-Werte integriert. Erste Erfahrungen zeigen, dass die Teams mit den neuen Messergebnissen aktiv arbeiten, daraus lernen und sie als Basis für laufende Verbesserungen von Arbeitsabläufen und Verhaltensweisen nutzen. Zusammenfassend lässt sich festhalten, dass diese Art der Kundenzufriedenheits-Messung die Gelegenheit bietet, die Erwartungen der Kunden besser zu verstehen, Anregungen für den Prozess der Leistungserstellung zu gewinnen und Abwanderungsrisiken frühzeitig zu erkennen.

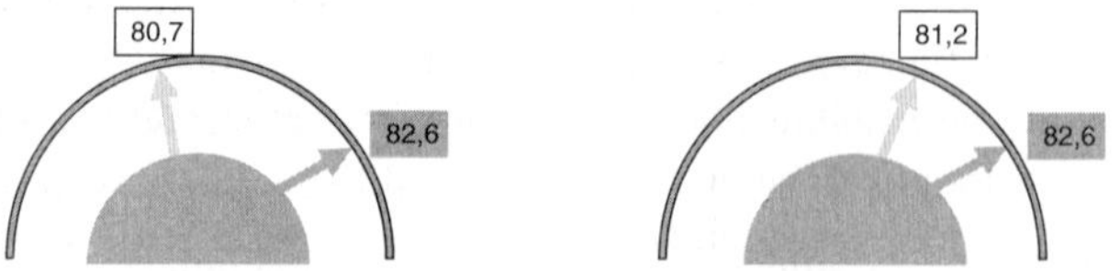

Zufriedenheitsfaktor	Teamvergleich Jahr 2000 (Index: Erreichte Punktzahl von 100)	Differenz zum Ø	Vorjahresvergleich (Index: Erreichte Punktzahl von 100)	Differenz zum Vj.
Freundlichkeit	93 / 86	+ 7	93 / 91	+ 2
Zuverlässigkeit	92 / 88	+ 4	92 / 92	0
Kompetenz	91 / 79	+ 12	91 / 89	+ 2
Individualität	57 / 67	– 10	57 / 56	+ 1
Erreichbarkeit	89 / 82	+ 7	89 / 87	+ 2
Bearbeitungszeit	74 / 82	– 8	74 / 72	+ 2

Erläuterungen: Teamwert; Ø Teams | Teamwert akt. Jahr; Teamwert Vorjahr

Quelle: Nüßler/Gröne 2000, S. 571ff.

Dieses Verfahren liefert insofern aussagefähige Informationen, als dass sämtliche Aspekte des Dienstleistungsprozesses, die für den Kunden subjektiv relevant sind, erfasst werden können (Bitner/Booms/Tetreault 1990, S. 71ff.). Damit sind nicht nur Aussagen über die Mindesterwartungen von Kunden bezüglich des Qualitätsniveaus von Dienstleistungen möglich, sondern auch Aussagen über ihre Erwartungen in Bezug auf das Reaktionsverhalten der Mitarbeiter, z. B. bei Kundenbeschwerden (Bruhn/Hennig 1993, S. 224). Im Vergleich zu den Verfahren der merkmalsorientierten Messung beinhaltet die Methode der kritischen Ereignisse den entscheidenden **Vorteil** der Eindeutigkeit der Aussagen, da die befragten Kunden nicht aufgefordert werden, eine vorgegebene Anzahl von abstrakt formulierten Qualitätsmerkmalen (z. B. Leistungskompetenz, Freundlichkeit) zu beurteilen, sondern frei die für sie persönlich bedeutsamen Erlebnisse in eigenen Worten schildern können (Bruhn/Hennig 1993, S. 224). Der **Nachteil** möglicherweise unvollständiger Kundenbeschwerden im Rahmen der Beschwerdeanalyse wird hierbei durch eine systematische Erfassung von Problembereichen aufgehoben. Analog zur Sequenziellen Ereignismethode ist jedoch auch hier ein nicht unerheblicher Aufwand des Verfahrens zu verzeichnen (Stauss 2000a, S. 333) (vgl. hierzu Insert 5-3-5).

3. Switching-Path-Analyse

Bei diesem Instrument handelt es sich um eine methodische Weiterentwicklung der dargestellten Critical-Incident-Technik, bei der jedoch nicht die einzelne Transaktion, sondern die Beziehungsperspektive im Vordergrund steht (vgl. Roos/Strandvik 1997, S. 623; Ross 1999, S. 71ff.; Ross et al. 2004, S. 257ff.). Die Switching-Path-Analyse verfolgt dabei das Ziel, den gesamten Abwanderungsprozess – angefangen von einem bestimmten Auslöser bis hin zur Aufnahme einer neuen Beziehung – abzubilden. Dieser Messansatz kann somit den Ausgangspunkt der Konzeption eines Rückgewinnungsmanagements bilden. Abbildung 5-3-15 zeigt beispielhaft einen solchen Abwanderungsprozess aus der Sicht eines Versicherungsnehmers.

Inhaltlich basiert das Instrument auf strukturierten, persönlichen Interviews mit abgewanderten Kunden. Abbildung 5-3-16 gibt einen Überblick über die verschiedenen Fragenkomplexe eines solchen Interviews.

Im Zentrum des dargestellten Analyseinstruments steht somit die Aufgabe, entscheidungsrelevante Informationen zur Planung des Rückgewinnungsmanagements bereitzustellen. Neben dem Nutzen der verbesserten Informationsbasis zu Leistungsdefiziten und grundsätzlichen Erkenntnissen zu Abwanderungsprozessen können die Ergebnisse ferner der Festlegung von geeigneten Indikatoren zur Identifikation abwanderungsgefährdeter oder abgewanderter Kunden dienen.

Abbildung 5-3-15 Analyse des Abwanderungsprozesses eines Versicherungskunden

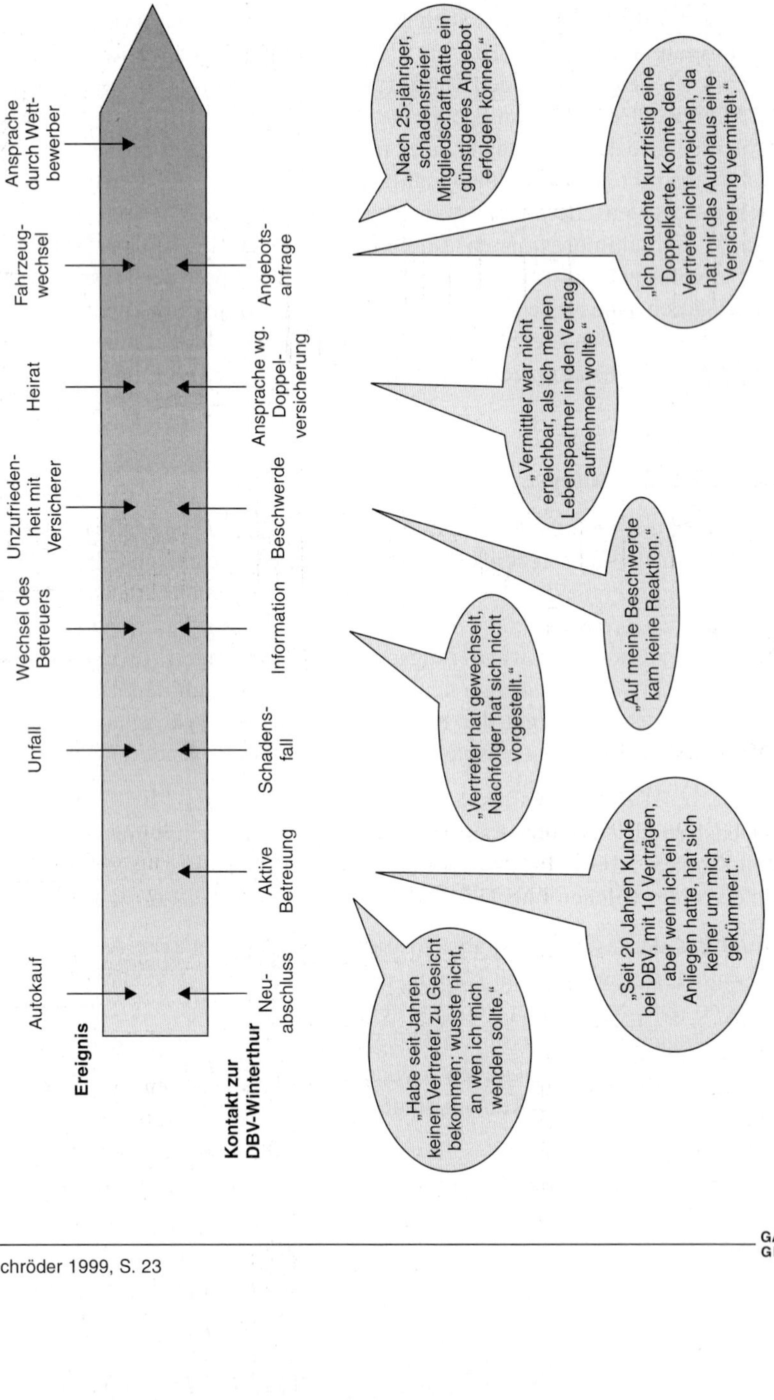

Quelle: Schröder 1999, S. 23

GABLER GRAFIK

Abbildung 5-3-16 Fragenkatalog einer Switching-Path-Analyse

Fragenkomplex	Beispiel
Abwanderungsentscheidung	Wann haben Sie erstmalig über eine Abwanderung nachgedacht?
Abwanderungsprozess	Wie lange hat sich die Entscheidung hingezogen?
Auslöser des Abwanderungsprozesses	Hat ein bestimmtes Ereignis den Abwanderungsprozess ausgelöst?
Vorherige Form der Geschäftsbeziehung	Wie war die Beziehung vor der Abwanderungsentscheidung?
Unternehmensverhalten nach Abwanderung	Wie hat das Unternehmen auf die Abwanderung reagiert?
Gründe für die Wahl des neuen Anbieters	Aus welchen Gründen wurde der neue Anbieter ausgewählt?
Vergleich der neuen mit der alten Beziehung	Wie ist die alte im Vergleich zur neuen Geschäftsbeziehung zu bewerten?

GABLER GRAFIK

Quelle: Roos 1996; Roos/Strandvik 1997, S. 624

4. Root-Cause-Analyse

Die Root-Cause-Analyse ist ein Ansatz zur **Analyse von Abwanderungsgründen** (vgl. Wilson et al. 1993, S. 9; Ammermann 1998, S. 52ff.). Diese ist komplexer als vielfach angenommen. Der Grund hierfür ist in dem Prozesscharakter der Kundenabwanderung zu sehen, der dazu führt, dass die Beendigung der Geschäftsbeziehung in der Regel nicht auf ein isoliertes Ereignis zurückzuführen ist, sondern dass eine Vielzahl von kritischen Ereignissen innerhalb einer bestimmten Zeitspanne die Entscheidung des Kunden bedingen. Aus diesem Grunde sind die traditionellen Methoden der Marktforschung, wie z. B. eine schriftliche Befragung der Kunden zu ihren Abwanderungsgründen, nur bedingt geeignet, die wahren Ursachen der Abwanderung zu untersuchen. Die Ergebnisse derartiger Befragungen bleiben sehr allgemein und konkrete Maßnahmen lassen sich kaum ableiten. Entscheidend ist folglich nicht die Aufarbeitung unternehmensspezifischer Abwanderungskategorien (z. B. Preis, Service, Leistung), sondern die Erfassung und Beschreibung der individuellen Kontaktpunkte bzw. Erlebnisse eines Kunden innerhalb der kritischen Phasen des Kundenlebenszyklus.

Abbildung 5-3-17 Ergebnis einer Root-Cause-Analyse am Beispiel einer Versicherung

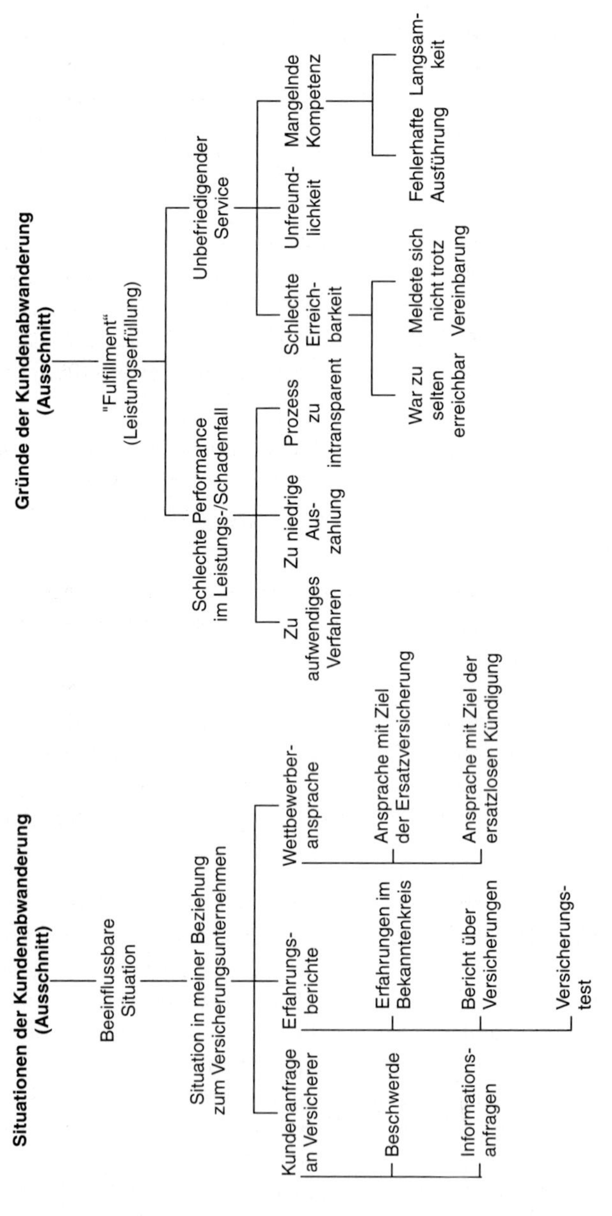

Quelle: Venohr/Zinke 1999, S. 160

GABLER GRAFIK

Bei der Root-Cause-Analyse werden die Ursachen der Kundenabwanderung in einem **mehrstufigen Verfahren** differenziert identifiziert. Den Ausgangspunkt des Verfahrens bilden Hypothesen zu möglichen Abwanderungsgründen, die in einem zweiten Schritt im Rahmen detaillierter Ursachenbäume näher beschrieben werden. Hieran schließt sich eine telefonische Befragung abgewanderter Kunden auf Basis des Story-Telling-Ansatzes an, mit dessen Hilfe eine Kausalkette der spezifischen Erlebnisse bis zur Abwanderungsentscheidung darzustellen ist. Die Aufzeichnung sowie Auswertung der Kundengespräche erfolgt anschließend mit Hilfe einer computergestützten Befragungssoftware (vgl. Venohr/Zinke 1999, S. 160). Das Ergebnis einer Root-Cause-Analyse zeigt Abbildung 5-3-17 am Beispiel einer Versicherung.

Neben den aufgezeigten **unternehmensbezogenen Abwanderungsgründen,** d. h. solchen Gründen, die durch das Unternehmen ausgelöst werden und somit auch beeinflussbar sind, können Abwanderungen ferner auf konkurrenz- sowie kundenbezogenen Gründen basieren. Unter die **konkurrenzbezogenen Gründe** fallen beispielsweise Abwerbungsversuche der Wettbewerber, ausgelöst durch kommunikationspolitische Maßnahmen.

In die Kategorie der **kundenbezogenen Abwanderungsgründe** fallen sämtliche Beweggründe der Abwanderung, die nicht aufgrund von Unzufriedenheit, sondern durch eine Veränderung der persönlichen Situation des Kunden ausgelöst werden (z. B. Kontoauflösung aufgrund eines Wohnungswechsels).

Der wesentliche **Vorteil** der dargestellten ereignisorientierten Messverfahren ist die Möglichkeit, die aus der Kundenperspektive relevanten Attribute zu ermitteln. Im Gegensatz zu den merkmalsorientierten Verfahren ist bei diesen Verfahren die Anzahl der Einzelmerkmale nicht eingeschränkt. Vielmehr werden die Verfahren dazu genutzt, eine Vielfalt an Attributen zu ermitteln und somit die Vollständigkeit der Merkmale zu erreichen. Insofern eignen sich diese Verfahren insbesondere auch als Voruntersuchungen zu den merkmalsorientierten Verfahren, aber auch zur regelmäßigen Prüfung der Vollständigkeit bzw. Richtigkeit der mit den merkmalsorientierten Verfahren gemessenen Merkmale.

Als **Nachteil** lässt sich anführen, dass eine quantitative Messung im Sinne einer Benotung von Leistungsattributen nicht möglich ist. Folglich ist auch der Einsatz solcher Verfahren im Rahmen regelmäßig stattfindender Messungen der Dienstleistungsqualität zur Prüfung von Qualitätsverbesserungen nur bedingt möglich.

3.2123 Problemorientierte Messverfahren

Im Rahmen der problemorientierten Ansätze werden aus Kundensicht qualitätsrelevante Problemfelder im Rahmen der Leistungserstellung betrachtet. Zu dieser Gruppe von Ansätzen gehören die Problem-Detecting-Methode, die Frequenz-Relevanz-Analyse für Probleme (FRAP) und die Beschwerdemessung.

1. Problem-Detecting-Methode

Im Rahmen der Problem-Detecting-Methode wird versucht, Aussagen über die **Dringlichkeit der Problembehebung** zu ermitteln. Dabei basiert das Verfahren auf der Annahme, dass ein Problem um so dringender der Aufmerksamkeit durch das Management der Dienstleistungsunternehmung bedarf, je häufiger es auftritt und je ärgerlicher bzw. bedeutsamer sein Auftreten von den Kunden empfunden wird (Bruhn 1994b, S. 5f.). Im Unterschied zu den oben genannten Verfahren findet hierbei jedoch keine generelle Entdeckung von Problemen statt, sondern es wird die jeweilige Bedeutung der Probleme aus Kundensicht erfasst. Folglich handelt es sich um ein lediglich ergänzendes Verfahren der Qualitätsmessung, das als Voraussetzung für seine Anwendung stets die Kenntnis der kundenrelevanten Probleme bedarf.

Das grundsätzliche Vorgehen bei der Problem-Detecting-Methode erfolgt in mehreren **Schritten** (Stauss/Hentschel 1990, S. 233ff.):

- Ermittlung einer Problemliste, beispielsweise durch die Critical-Incident-Technik,
- Komprimierung der Problemliste nach Relevanz- und Redundanzaspekten,
- Erstellung eines Fragebogens mit Statements zu den einzelnen Problemen,
- Datenerhebung der Kundenaussagen mittels schriftlicher, mündlicher oder telefonischer Befragung,
- Auswertung der Daten und Präsentation in Problemindizes oder -diagrammen.

In Bezug auf die Formulierung der Fragen und deren Auswertung existieren eine Reihe von Alternativen. In der ursprünglichen Version der Werbeagentur BBDO wurden zum einen die **Problemhäufigkeit** („Frequency") und die **Problemrelevanz** („Importance") ermittelt. Zum anderen wurde gefragt, ob dem Kunden **Lösungsmöglichkeiten,** beispielsweise bei der Konkurrenz, für das Problem bekannt sind („Preemptibility"). Eine Multiplikation der Skalenwerte ergab dann für jedes Ereignis einen **Problemwert,** der in eine Rangfolge nach der Höhe der Punktwerte eingeordnet werden konnte. Somit wurde eine einfache Übersicht über die Probleme ermöglicht, die häufiger auftreten und für die keine Lösungsansätze bekannt sind. Fraglich ist jedoch, ob eine solche Ermittlung der Lösungsansätze aus Kundensicht unbedingt sinnvoll ist. Sind der Konkurrenz beispielsweise bisher keine Problemlösungen bekannt, so ist das noch kein Indikator für eine (nicht) gegebene Dringlichkeit der Problembehebungen. Hätte ein Konkurrenzunternehmen dagegen bereits Lösungspotenziale entwickelt, so würde diese Tatsache die Dringlichkeit der Problembehebung wesentlich erhöhen.

2. Frequenz-Relevanz-Analyse für Probleme

Die **Frequenz-Relevanz-Analyse für Probleme (FRAP)** stellt eine Weiterentwicklung der Problem-Detecting-Methode dar und setzt bei den genannten Problemen der Frageformulierung und Auswertung an. Sie erfolgt analog zum Vorgehen der Problem-Detecting-Methode, beinhaltet allerdings folgende **Fragestellungen:**

- Ist das jeweilige Problem überhaupt aufgetreten?
- Wie groß ist das Ausmaß der Verärgerung?
- Wie erfolgt das faktische oder geplante Reaktionsverhalten des Kunden?

Den unterschiedlichen Kundenreaktionen, wie z. B. der Wechsel des Dienstleistungsunternehmens oder die Beschwerdeführung, werden anschließend Skalenwerte zugeordnet. Diese werden durch Multiplikation mit den Punktwerten für das Ausmaß der Verärgerung zu einem so genannten „Relevanzwert" verdichtet und dem Wert der Problemfrequenz in einer zweidimensionalen Matrix, analog zu Abbildung 5-3-18, gegenübergestellt (Stauss/Hentschel 1991, S. 242; Stauss 2000a; Woratschek 2004, S. 78).

Abbildung 5-3-18 Problemfrequenz-Problemrelevanz-Matrix der FRAP am Beispiel eines Restaurants

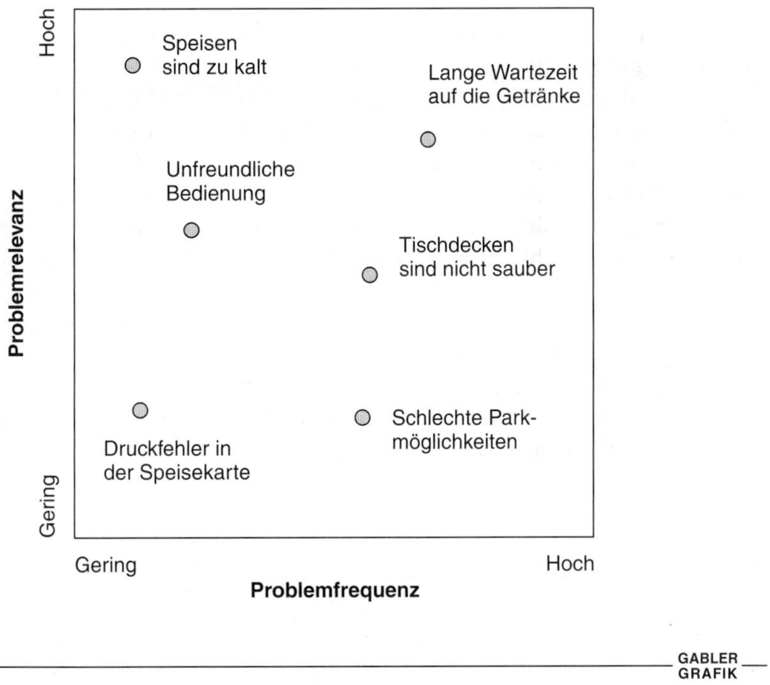

3. Beschwerdeanalyse

Beschwerden sind Artikulationen der Unzufriedenheit eines Kunden, die gegenüber einem Dienstleistungsunternehmen (oder auch Drittinstitutionen) vorgebracht werden, wenn der Kunde die erlebten Probleme subjektiv als gravierend betrachtet (Bruhn/Hennig 1993, S. 222; Stauss/Seidel 2002).

Vorteile der Nutzung von **Beschwerdemessungen** sind die Aktualität und Relevanz der Probleme (Kunden beschweren sich in der Regel sehr bald, sofern sie schwerwiegende Mängel der Servicequalität erfahren haben) und der relative Kostenvorteil dieses Verfahrens, da die Beschwerden auf Initiative und Kosten der Kunden artikuliert werden.

INSERT 5-3-6 Elektronische Beschwerdeannahme der Landessparkasse Oldenburg

Beispiel: Landessparkasse Oldenburg

Seit einiger Zeit hat sich neben den traditionellen Beschwerdekanälen das Beschwerdemanagement via Internet etabliert. Der Vorteil aus Sicht der Konsumenten liegt vor allem darin, dass die Beschwerde relativ unkompliziert an das Unternehmen herangetragen werden kann. Aus Unternehmenssicht bietet das Internet als Beschwerdekanal die Möglichkeit, kostengünstig und schnell auf Beschwerden zu reagieren. Der Einsatz von Content-Filtern, mit deren Hilfe der Inhalt von E-Mails nach bestimmten Schlüsselbegriffen durchsucht werden kann, trägt dazu bei, dass die Beschwerden direkt an den zuständigen Mitarbeiter gelangen. Neben der Chance für den Kunden, Beschwerden per E-Mail zu versenden, ist auch im Online-Bereich der Einsatz standardisierter „elektronischer Meinungskarten" denkbar. Ein Beispiel dafür zeigt die Abbildung. Die Landessparkasse Oldenburg bietet auf ihrer Homepage den Kunden die Möglichkeit, Beschwerden und Wünsche vorzubringen.

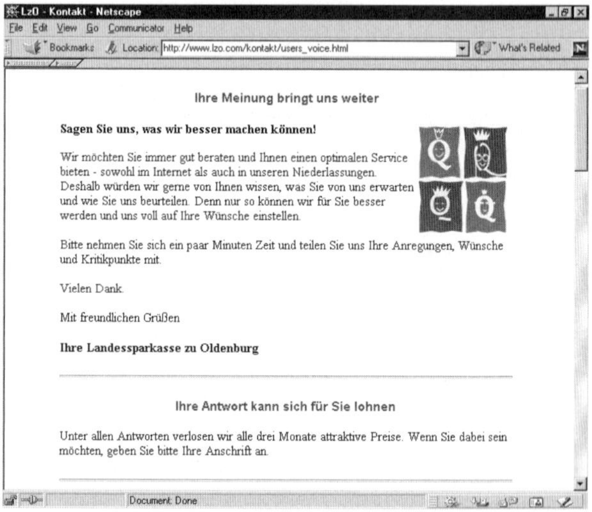

Quelle: www.lzo.com

Die **Probleme bei der Beschwerdeanalyse** betreffen vor allem:

- Die Schwierigkeit der Initiierung von Beschwerden durch das Unternehmen.
- Die Unvollständigkeit der Beschwerdeerfassung.

Auf die Bedeutung und die Durchführung eines **Beschwerdemanagements** von Dienstleistungsunternehmen wird intensiver im Rahmen der Ausführungen zu den Instrumenten der Leistungspolitik (vgl. Kapitel 6) eingegangen.

Insgesamt erscheint es sinnvoll, die problemorientierten Verfahren als Messinstrumente von Dienstleistungsunternehmen – insbesondere aufgrund der Unvollständigkeit der berücksichtigten Attribute – lediglich ergänzend zur Ermittlung offensichtlicher Probleme bzw. Handlungsnotwendigkeiten heranzuziehen.

Bevor im Folgenden die anbieterorientierten Verfahren genauer erläutert werden, stellt Abbildung 5-3-19 die Stärken und Schwächen der nachfragerbezogenen Messansätze zusammenfassend dar.

3.22 Anbieterbezogene Messung der Dienstleistungsqualität

Beim Einsatz unternehmensorientierter Messansätze wird die Qualität nicht aus Sicht der Kunden, sondern aus dem Blickwinkel des Unternehmens beurteilt. Dies kann entweder durch das Management oder durch die Mitarbeiter geschehen.

3.221 Managementorientierte Messansätze

Die managementorientierten Ansätze haben zum Ziel, aus der Sicht des Managements die für den Kunden qualitätsrelevanten Aspekte der Dienstleistung zu beleuchten. Zu dieser Gruppe von Ansätzen können das Benchmarking, die Fehlermöglichkeits- und -einflussanalyse (FMEA) und der Fishbone-Ansatz gezählt werden.

1. Benchmarking

Benchmarking stellt einen managementorientierten Ansatz zur Messung der Dienstleistungsqualität dar, mit dem die unternehmenseigenen Prozesse und Ergebnisse relativiert und anhand bestimmter Vergleichsgrößen evaluiert werden können (Madu/Kuei 1995, S. 27ff.). Als Objekte eines unternehmensinternen bzw. -externen Vergleichs kommen dabei Unternehmen, Leistungen und Personen in Betracht (vgl. Bruhn 2006, S. 264ff.):

Abbildung 5-3-19 **Beurteilung der nachfragerbezogenen Verfahren zur Messung der Dienstleistungsqualität**

Beurteilungs-kriterien/ Messverfahren	Qualitäts-relevanz	Vollständigkeit	Aktualität	Eindeutigkeit	Steuerbarkeit	Kosten	Dienstleistungs-spezifika	Gesamtwürdigung
Objektive Verfahren								
Silent-Shopper-Verfahren	Nicht gegeben	Nicht vollständig	Aktuell	Nicht eindeutig	Steuerbar	Hoch	Für alle Dienstleistungen geeignet	**Vorteil:** Ermöglicht einen Konkurrenzvergleich **Nachteil:** Verzerrte Wahrnehmung der Qualität durch Scheinkunden
Expertenbeobachtung	Nicht gegeben	Nicht vollständig	Aktuell	Nicht eindeutig	Steuerbar	Sehr hoch	Bei hohem Integrationsgrad des externen Faktors nicht geeignet	**Vorteil:** Verfahren kann Ansatzpunkte für den Einsatz subjektiver Verfahren liefern **Nachteil:** Gefahr von Beobachtungseffekten
Subjektive Verfahren								
Merkmalsorientierte Verfahren	Nicht gegeben	Nicht vollständig	Nicht aktuell	Nicht eindeutig	Steuerbar	Hoch	Für alle Dienstleistungen geeignet	**Vorteil:** Große Anzahl von Kundenbefragungen möglich **Nachteil:** Unternehmen gibt Qualitätsmerkmale vor
Ereignisorientierte Verfahren	Gegeben	Vollständig	Nicht aktuell	Eindeutig	Steuerbar	Sehr hoch	Für alle Dienstleistungen geeignet	**Vorteil:** Prozessorientierte Betrachtung einer Dienstleistung aus Kundensicht; Bildung von problemspezifischen Erlebniskategorien möglich **Nachteil:** Hoher Erhebungsaufwand
Problem-Detecting-Methode/Frequenz-Relevanz-Analyse für Probleme	Abhängig von den vorausgehenden Verfahren				Steuerbar	Sehr hoch	Für alle Dienstleistungen geeignet	**Vorteil:** Sehr anschaulich **Nachteil:** Nur als Ergänzung zu den anderen Verfahren
Beschwerdeanalyse	Gegeben	Nicht vollständig	Aktuell	Eindeutig	Steuerbar	Niedrig	Besonders bei hoher Intangibilität der Dienstleistung geeignet	**Vorteil:** Qualitätsrelevante, aktuelle Ergebnisse bei geringen Kosten **Nachteil:** Problem der Beschwerdeaufforderung

GABLER GRAFIK

(a) Benchmarking von Unternehmen

- **Benchmarking von Unternehmenseinheiten**
  In diesem Fall werden die Ergebnisse einer Tochtergesellschaft, Niederlassung, Abteilung oder Leistungseinheit mit bestimmten Kennzahlen anderer unternehmensinterner Leistungseinheiten verglichen. So kann beispielsweise die Leistung der Patentabteilung eines Großkonzerns mit den Leistungen anderer Patentabteilungen in Zweigniederlassungen des Unternehmens verglichen werden.

- **Benchmarking des Unternehmens mit Hauptkonkurrenten**
  In diesem Fall wird das gesamte Unternehmen oder eine kleinere Einheit z. B. im Hinblick auf die Marktauswahl oder Marktbearbeitung von Leistungseinheiten der Konkurrenzunternehmen verglichen (Meyer/Kantsperger 2005).

(b) Benchmarking von Leistungen

- **Benchmarking externer und interner Leistungen**
  Ausgangsbasis bei dieser Form des Benchmarking sind multiattributive, merkmalsorientierte Messverfahren wie z. B. der SERVQUAL-Ansatz. Ein Vergleich von Leistungen eines Unternehmens, die externen Kunden angeboten werden, oder solcher Leistungen, die innerhalb der unternehmensinternen Kunden-Lieferanten-Beziehungen erstellt werden (z. B. durch interne Servicebarometer, Abschnitt 6.4), liefert wichtige Ansatzpunkte für detaillierte Verbesserungsmaßnahmen (Bruhn 2004d).

- **Benchmarking innerhalb und außerhalb der Branche**
  Dies ist der klassische Fall des Benchmarking. Die Leistungen eines Unternehmens werden mit weitgehend identischen Leistungen in anderen Unternehmen verglichen (z. B. durch Konkurrenzanalysen oder Nationale Kundenbarometer). Beispiele solcher Benchmarks sind Werte zur Kundenzufriedenheit, Kundentreue oder auch Produktivität eines Dienstleistungsanbieters. Diese Form des Benchmarking, die sich nur bei der Ausrichtung an „ehrlichen“ Vergleichswerten als sinnvolles Instrument zur Messung der Dienstleistungsqualität darstellt, wird allerdings durch Vorbehalte konkurrierender Unternehmen bezüglich der Herausgabe von teilweise sensiblen Firmendaten erschwert.

Die Datenbasis eines branchenfremden Benchmarking kann in der Regel einfacher geschaffen werden. Hierbei werden zwar die gleichen Leistungen – beispielsweise die unternehmensinterne Verbuchung von Belegen oder das Telefonverhalten bei Anrufen – miteinander verglichen, doch erlaubt die Zugehörigkeit zu unterschiedlichen Branchen einen intensiveren – und offeneren – Datenaustausch. So kann ein Speditionsunternehmen beispielsweise ein Kreditkartenunternehmen als Benchmarkingobjekt für die Verbuchung von Belegen heranziehen.

(c) Benchmarking von Personen

- **Benchmarking von Mitarbeitern**
  In diesem Fall werden die Führungskräfte und Mitarbeiter innerhalb einzelner Unternehmenseinheiten (z. B. Abteilungen) bzw. zwischen verschiedenen Unternehmenseinheiten (z. B. die Mitarbeiter einer Filiale A mit denen der Filiale B) verglichen. Beispiele solcher Benchmarks sind Kennzahlen zur Mitarbeiterzufriedenheit, Mitarbeitertreue oder auch Leistungskennzahlen wie z. B. Zahl der akquirierten Neukunden innerhalb eines Quartals.

- **Benchmarking von Kundenkontaktmitarbeitern**
  Der externe Vergleich von Mitarbeitern mit denen der Konkurrenzunternehmen ist aufgrund der erschwerten Datengewinnung auf Mitarbeiter zu beschränken, die im Kundenkontakt stehen. Nur bei den Kundenkontaktmitarbeitern ist es möglich, durch Kundenbefragungen oder Mystery-Shopping Daten zu gewinnen. Da die Kundeninteraktion in vielen Branchen von hoher Bedeutung für die Dienstleistungsqualität ist und zum Aufbau von entscheidenden Wettbewerbsvorteilen verwendet wird, nimmt diese Form des Benchmarking eine wichtige Funktion ein, die aber in der Unternehmenspraxis heute noch wenig Beachtung findet.

Eine besondere Rolle im Rahmen des Benchmarking nehmen **Kundenbarometer** ein, auf die in Abschnitt 6.3 dieses Kapitels ausführlich eingegangen wird.

2. Fehlermöglichkeits- und -einflussanalyse (FMEA)

In Dienstleistungsunternehmen ist der Fehlervermeidung besondere Aufmerksamkeit zu widmen, da eine nachträgliche Fehlerkorrektur oftmals nicht mehr möglich ist (z. B. bei der Verspätung eines Zuges). Im Rahmen der **Fehlermöglichkeits- und -einflussanalyse (FMEA)** wird deshalb versucht, alle denkbaren Fehler und Irrtumsmöglichkeiten während eines Dienstleistungsprozesses systematisch aufzulisten, um so die Dringlichkeit vorbeugender Maßnahmen zu ermitteln und Lösungsansätze umzusetzen (Tlach 1993, S. 278; Masing 1995, S. 252; Pfeifer 2001, S. 59ff.).

Dabei wird anhand von vier **Phasen** vorgegangen:

- Fehlerbeschreibung,
- Risikobeurteilung,
- Festlegung von Maßnahmen der Qualitätsverbesserung,
- Erfolgsbeurteilung.

Im Rahmen der **Fehlerbeschreibung** gilt es, sämtliche potenzielle Fehler im Leistungserstellungsprozess, ihre Ursachen und Konsequenzen zu erfassen und verbal auszuformulieren. In der Phase der **Risikobeurteilung** werden die Bedeutung der Fehlerfolgen sowie die Wahrscheinlichkeiten des Fehlerauftretens und der Fehlerentdeckung auf einer Skala von 1 („bedeutungslos" bezüglich der Folgen, „unwahrscheinlich" hinsichtlich des Eintretens) bis 10 („katastrophal" bezüglich der Folgen, „wahrscheinlich" hinsichtlich des Eintretens) bewertet und anschließend wird durch Multiplikation der Werte eine „Risikoprioritätszahl" ermittelt. Je größer diese Zahl ist bzw. je größer die Einzelwerte sind, desto notwendiger erscheinen vorbeugende Maßnahmen im Unternehmen (Masing 1995, S. 252). Bei der **Festlegung von Maßnahmen für Qualitätsverbesserungen** existieren vier Ansatzpunkte:

- Vermeidung der Fehlerursachen,
- Reduzierung der Wahrscheinlichkeit des Fehlerauftretens,
- Reduzierung der Bedeutung der Fehlerfolgen,
- Erhöhung der Wahrscheinlichkeit der Fehlerentdeckung.

Dabei ist solchen Maßnahmen der Vorzug zu geben, die das Auftreten des Fehlers überhaupt verhindern. Eine **Erfolgsbeurteilung** kann z. B. durch eine Zeitreihenanalyse der Fehlerprioritätszahl hinsichtlich der jeweiligen Fehler vorgenommen werden.

Der FMEA-Ansatz wird in der Regel von Teams praktiziert, die aus erfahrenen Fachleuten des Unternehmens bestehen. Dabei ist die Erfahrung der Teilnehmer wichtige Voraussetzung für eine erfolgreiche FMEA (Frehr 1994, S. 235). Der Vorteil dieses Verfahrens liegt in der einfach zu verstehenden Methodik und in seiner Wirksamkeit, Fehlerquellen schon im Ansatz und in der Planungsphase zu erkennen und Maßnahmen zu ihrer Beseitigung zu entwickeln. Ein Nachteil dieses Messansatzes ist der erforderliche hohe Zeit- und Rechenaufwand, der allerdings durch den Einsatz von computergestützten Methoden reduziert werden kann (Frehr 1994, S. 235).

3. Fishbone-Analyse

Die **Fishbone-Analyse** beruht auf einem Ursache-Wirkungs-Diagramm („Ishikawa-Diagramm"), das der systematischen **Ermittlung von Qualitätsmängeln** innerhalb der Dienstleistungsunternehmung dient (Frehr 1994, S. 239). Dabei wird ein besonders dringlicher Qualitätsmangel stets in den Mittelpunkt der Untersuchung gestellt. Anschließend werden die Haupt- und Nebeneinflussgrößen dieses Problems erarbeitet und in Form einer „fischgrätenähnlichen" Grafik dargestellt.

Abbildung 5-3-20 zeigt, dass z. B. im Bereich der Finanzdienstleistungen der Qualitätsmangel „mangelhafte Beratungsleistung im Wertpapierbereich" durch die Hauptursachen „Personal" oder „technische Ausstattung" erklärt werden kann. Das Problem „Personal" wiederum kann durch Nebenursachen wie fehlendes Qualitätsbewusstsein oder fachliche Inkompetenz der Mitarbeiter hervorgerufen worden sein.

Abbildung 5-3-20 Beispiel einer Fishbone-Analyse im Bereich der Finanzdienstleistungen

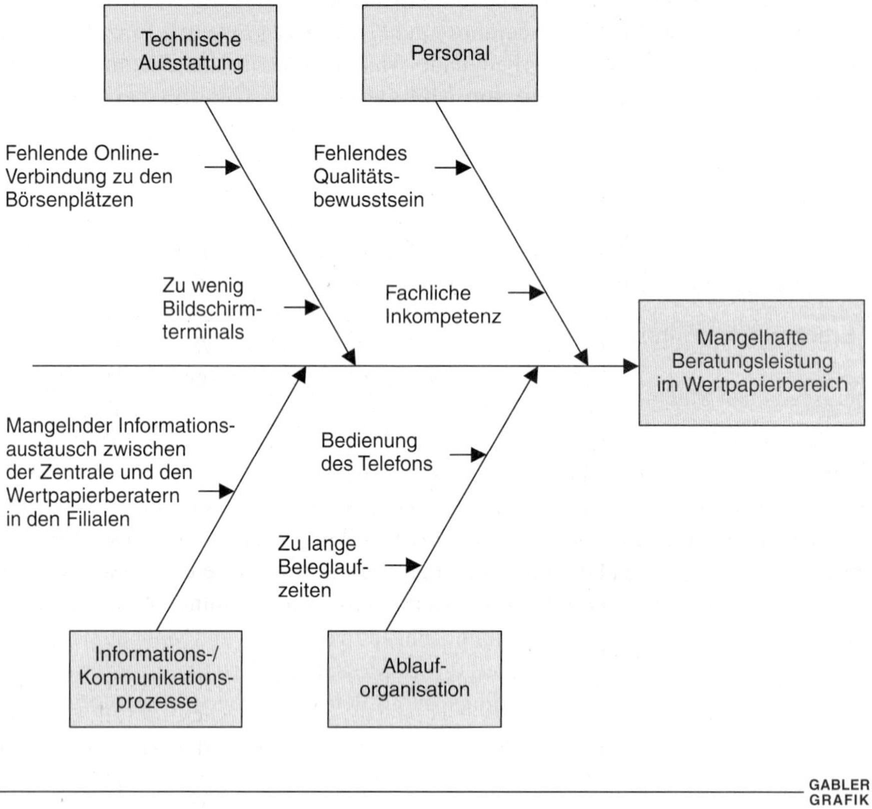

Der Vorteil des Ursache-Wirkungs-Diagramms liegt in der einfachen kommunikativen Darstellung von Qualitätsmängeln und ihren Einflussgrößen. Das qualitätsbezogene Hauptproblem wird durch die systematische Sammlung aller denkbaren Ursachen erklärt und nicht nur durch die Annahme einer oder zweier Einflussgrößen verdrängt (Frehr 1994, S. 239). Die einzelnen Ursachen werden dabei nicht empirisch ermittelt, sondern im Rahmen von Problemfindungs- und -lösungstechniken, wie z. B. mit Hilfe eines „Brainstorming", erarbeitet (Birkelbach 1993, S. 98).

3.222 Mitarbeiterorientierte Messansätze

Durch den Einsatz mitarbeiterorientierter Messansätze wird die externe und interne Qualitätswahrnehmung einzelner Mitarbeiter erhoben. Zu diesen Verfahren können die Qualitätsmessung durch Mitarbeiterbefragungen und das betriebliches Vorschlagswesen gerechnet werden.

1. Mitarbeiterbefragungen

Im Rahmen von **Mitarbeiterbefragungen** erhält das Dienstleistungspersonal – analog zu den nachfragerorientierten Verfahren der Qualitätsmessung – die Gelegenheit, subjektive Urteile über die Dienstleistungsqualität der Unternehmung zu äußern oder kritische Ereignisse im Umgang mit den Kunden zu schildern (Dotzler/Schick 1995, S. 281). Dabei ist in erster Linie der Bottom-up-Prozess der internen Kommunikation angesprochen, der der Auswertung von Informationen des Kundenkontaktpersonals dient. Ziel dieser Befragungen ist es, mit Hilfe der Mitarbeiterkommunikation die „falschen" Vorstellungen des Managements hinsichtlich der Kundenerwartungen der Dienstleistungsqualität zu revidieren (Zeithaml/Parasuraman/Berry 1992). Inhalte dieser regelmäßig stattfindenden Befragungen können Informationen über das Unternehmen selbst, äußere Arbeitsbedingungen, Aufgaben und Arbeitsanforderungen sowie die persönliche Einstellung des Mitarbeiters zum Thema „Qualität" sein (Haist/Fromm 1991, S. 75).

Bei der Gestaltung des Erhebungsdesigns wird idealtypisch eine anonyme schriftliche Befragung anderen Untersuchungsmethoden vorgeschaltet, um dem Mitarbeiter Gelegenheit zu geben, auf die Fragen offen, d. h. beispielsweise ohne Rücksicht auf berufliche Konsequenzen, zu antworten. Analog den nachfragerorientierten multiattributiven Messverfahren ist jedoch auch bei dieser Methode die Gefahr der Unvollständigkeit in Bezug auf die gemessenen Qualitätsdimensionen gegeben, da das Dienstleistungspersonal lediglich eine begrenzte Anzahl vorgegebener Fragen zu beantworten hat. Daher empfiehlt es sich, Mitarbeiterbefragungen um das Verfahren des betrieblichen Vorschlagswesens zu ergänzen.

2. Betriebliches Vorschlagswesen

Zur Verbesserung der Dienstleistungsqualität und der Leistungsprozesse ist es notwendig, dem Kundenkontaktpersonal jederzeit zu ermöglichen, sich an das Management zu wenden, sofern qualitätsrelevante Probleme in der Dienstleistungsunternehmung auftreten oder auftreten könnten. Zur Förderung dieses Bottom-up-Prozesses ist es sinnvoll, ein **Bonifikationssystem für Verbesserungsvorschläge der Mitarbeiter** einzurichten (Dotzler/Schick 1995, S. 281). Im Rahmen eines solchen Vorschlagsprogramms dokumentiert der Mitarbeiter seine Vorschläge auf einem Formblatt, indem er beschreibt, wo Qualitätsprobleme im Unternehmen aufgetreten sind und wie diese Probleme innerhalb

Abbildung 5-3-21 **Beurteilung der unternehmensbezogenen Verfahren zur Messung der Dienstleistungsqualität**

Beurteilungskriterien/ Messverfahren	Qualitätsrelevanz	Vollständigkeit	Aktualität	Eindeutigkeit	Steuerbarkeit	Kosten	Dienstleistungsspezifika	Gesamtwürdigung
Subjektive Verfahren								
Benchmarking	Nicht gegeben	Nicht vollständig	Nicht aktuell	Nicht eindeutig	Nicht steuerbar	Hoch	Für alle Dienstleistungen geeignet	**Nachteil:** Schwierige Datenerhebung
FMEA-Methode	Nicht gegeben	Nicht vollständig	Nicht aktuell	Nicht eindeutig	Steuerbar	Niedrig	Für alle Dienstleistungen geeignet	**Nachteil:** Nur als Ergänzung zu den anderen Verfahren
Fishbone-Analyse	Nicht gegeben	Nicht vollständig	Nicht aktuell	Nicht eindeutig	Steuerbar	Niedrig	Für alle Dienstleistungen geeignet	**Vorteil:** Sehr anschaulich **Nachteil:** Nur als Ergänzung zu den anderen Verfahren
Mitarbeiterbefragungen	Nicht gegeben	Nicht vollständig	Nicht aktuell	Nicht eindeutig	Steuerbar	Hoch	Für alle Dienstleistungen geeignet	**Vorteil:** Große Anzahl von Mitarbeiterbefragungen möglich **Nachteil:** Unternehmen gibt Qualitätsmerkmale vor
Betriebliches Vorschlagswesen	Gegeben	Nicht vollständig	Aktuell	Eindeutig	Steuerbar	Niedrig	Für alle Dienstleistungen geeignet	**Vorteil:** Dient nicht nur zur Qualitätsmessung, sondern auch zur Qualitätsverbesserung (Mitarbeitermotivation) **Nachteil:** Problem der Vorschlagsaufforderung

GABLER GRAFIK

der Unternehmung gelöst werden können. Bei Annahme des Vorschlags ist eine Prämierung anzustreben, die sich in der Regel an den eingesparten Kosten orientiert. Darüber hinaus können prämierte Vorschläge z. B. in Mitarbeiterzeitschriften veröffentlicht werden, um anderen Mitarbeitern Anreize zur Beteiligung am Vorschlagsprogramm zu geben (Haist/Fromm 1991, S. 74). Parallel zum Beschwerdemanagement als nachfragerorientiertes Messinstrument stellt das Vorschlagswesens damit ein zentrales Instrument der Qualitätsbestimmung dar. Es fördert die Motivation und Sensibilität des Kundenkontaktpersonals, qualitätsrelevante Probleme zu erkennen und sich für deren Lösung zu engagieren und erfordert dabei nur einen relativ geringen personellen und finanziellen Aufwand.

Abbildung 5-3-21 zeigt eine Übersicht über die Stärken und Schwächen der unternehmensbezogenen Verfahren der Qualitätsmessung.

4. Planung des Qualitätsmanagements für Dienstleistungen

Im Rahmen der Planung eines Qualitätsmanagements für Dienstleistungen gilt es, den grundsätzlichen Handlungsrahmen des Qualitätsmanagements und somit die qualitätsbezogene strategische Ausrichtung des Dienstleistungsunternehmens in Abstimmung mit der Unternehmensstrategie festzulegen. Somit kommen der **strategischen Planung eines Qualitätsmanagements für Dienstleistungen** vier grundlegende **Aufgaben** zu:

1. Festlegung der strategischen Qualitätsposition des Dienstleistungsunternehmens,
2. Festlegung der Qualitätsstrategie des Dienstleistungsunternehmens,
3. Festlegung von Qualitätsgrundsätzen des Dienstleistungsunternehmens,
4. Bestimmung der Qualitätsziele des Dienstleistungsunternehmens.

1. Festlegung der strategischen Qualitätsposition

Die Bestimmung der strategischen Qualitätsposition des Dienstleistungsunternehmens bildet die wesentliche Grundlage für den Entwurf eines Qualitätsmanagementkonzeptes, da – je nach momentaner und zukünftig angestrebter Qualitätsposition gegenüber den Wettbewerbern am Markt – im Rahmen des Qualitätsmanagements unterschiedliche Schwerpunkte zu setzen sind (Carlzon 1990, S. 62).

Zur Festlegung der Qualitätsposition können so genannte **Qualitätsportfolios** herangezogen werden, die die strategische Position des Unternehmens in Bezug auf die Dienstleistungsqualität einzelner strategischer Geschäftsfelder darlegen (Horváth/Urban 1990, S. 32f.; Bruhn 2006, S. 199). Eine Konkretisierung der aktuellen Qualitätsposition des Dienstleistungsunternehmens und ein Aufzeigen von Ansatzpunkten für die Erreichung der Soll-Position können mittels der qualitätsbezogenen SWOT-Analyse vorgenommen werden (vgl. Bruhn 2006, S. 201; Wu et al. 2004, S. 455).

2. Festlegung der Qualitätsstrategie

Ausgehend von den qualitätsbezogenen Stärken und Schwächen sowie Chancen und Risiken wird die Qualitätsstrategie festgelegt, mit der versucht wird, die angestrebte Qualitätsposition zu erreichen. Wettbewerbsorientierte Qualitätsstrategien zeigen die grundsätzliche Ausrichtung eines Dienstleistungsunternehmens und seines Qualitätsmanagements auf, die idealtypisch zu einer eindeutigen Positionierung des Unternehmens am Markt führen und gleichzeitig helfen, ein Gewinn bringendes Marktpotenzial zu erschließen (Heskett 1988, S. 47). Eindeutig formulierte, intern und extern orientierte Qualitätsstrategien zeigen unterschiedliche Richtungen für die Schaffung von Dienstleistungsqualität auf (Bruhn 2006, S. 202) und ermöglichen es, konkrete Aufgaben für die Qualitätslenkung und -prüfung abzuleiten.

3. Festlegung von Qualitätsgrundsätzen

Ausgehend von der gewünschten Qualitätsposition und der gewählten Qualitätsstrategie des Dienstleistungsunternehmens werden Qualitätsgrundsätze festgelegt (vgl. hierzu Insert 5-4-1). Diese konkretisieren die Qualitätsstrategie für die tägliche Qualitätsarbeit im Dienstleistungsunternehmen.

INSERT 5-4-1 Qualitätsgrundsätze der Migros

Beispiel: Migros

Aus **Sicht der Migros** sind hohe Anforderungen an die Qualität zu stellen, da diese, neben einem guten Preis-Leistungs-Verhältnis, den Grad des Ausbaus der Marktführerschaft bestimmt. Die Anforderungen an die Qualität aus Unternehmenssicht basieren auf folgenden **Leitsätzen**:

- **Migros-Qualitätsmanagementsystem**: Das Migros-Qualitätsmanagementsystem ist prozessorientiert ausgerichtet. Durch eine klare Aufbau- und Ablauforganisation wird bei der Migros festgelegt, welche Personen wann und wie qualitätsorientierte Aufgaben wahrnehmen müssen.
- **Mitarbeiter**: Die Unternehmensführung übernimmt die Aufgabe, jedem Migros-Mitarbeiter die Bedeutung einer hohen Kundenorientierung bewusst zu machen. Die Mitarbeiter sollen durch die Qualität ihrer Arbeit zur Steigerung der Produkt- und Servicequalität der Migros beitragen. Optimale Arbeitsbedingungen und eine angemessene, qualitäts- und kundenorientierte Aus- und Weiterbildung der Mitarbeiter bilden hierfür die Voraussetzung.
- **Produkt und Lieferant**: Durch die Wahl geeigneter Produkte sowie die sorgfältige Auswahl von Lieferanten soll sichergestellt werden, dass die erforderliche Qualität des Wertschöpfungsprozesses kundenorientiert, kostenoptimal und termingerecht realisiert wird.
- **Information**: Durch eine regelmäßige Berichterstattung über die aktuelle Qualitätslage und die Qualitätskosten an die Geschäftsführung der Migros soll gewährleistet werden, dass alle qualitätsorientierten Maßnahmen frühzeitig ergriffen werden. Das Informationssystem des Unternehmens muss dies sicherstellen.
- **Umwelt**: Im Rahmen der Qualitätsstrategie ist dafür Sorge zu tragen, dass alle Maßnahmen zur Verminderung der Umweltbelastung ergriffen werden bzw. bereits bei der Planung von Maßnahmen die Schonung der natürlichen Ressourcen in die Konzeption einbezogen wird.

Während die vorgestellten Leitsätze die Anforderungen an die Qualität eher allgemein und richtungsweisend beschreiben, wurden darüber hinausgehend **Handlungsanweisungen für die Mitarbeiter** (Qualitätsgrundsätze) formuliert, die die Anforderungen auf Filialebene konkretisieren.

Beispielhaft können folgende, für die Migros-Verkaufsstellen gültige, **Handlungsanweisungen** herausgestellt werden:

- Es dürfen keine Abfälle in den Gängen der Filiale liegen.
- Auf saubere Einkaufswagen ist zu achten.
- Die Toiletten müssen immer gereinigt werden.
- Im Eingangsbereich dürfen keine Wagen oder Tafeln den Zugang zur Filiale behindern.
- Auffüllarbeiten müssen schnell und ohne den Kunden zu stören getätigt werden.
- Es müssen immer genügend leere Einkaufswagen bereitstehen.
- Die laufenden Aktionen müssen in der Filiale deutlich erkennbar sein.
- Die Mitarbeiter müssen alle Tagesaktionen in ihrem Bereich kennen.

Quelle: Bruhn/Hess/List 2002, S. 197

Die Formulierung verbindlicher Qualitätsgrundsätze bildet gewissermaßen das Fundament für die im Dienstleistungsunternehmen durchzuführenden Qualitätslenkungs- und Verbesserungsmaßnahmen. Dementsprechend ist es Aufgabe der Unternehmensleitung, d. h. der jeweiligen Geschäftsführer und Geschäftsstellenleiter, zusammen mit Führungskräften verschiedener Hierarchiestufen konkrete Qualitätsgrundsätze zu entwickeln und in den **Unternehmensleitlinien** festzuschreiben (Frehr 1994, S. 42f.). Als Beispiel sind die in Abbildung 5-4-1 dargestellten zehn Qualitätsgrundsätze des Landhotels Schindlerhof zu nennen, mit denen das Unternehmen dokumentieren möchte, dass der Kunde stets im Mittelpunkt sämtlicher Unternehmensaktivitäten steht. Der Schindlerhof ist eines der „Erste-Adresse-Hotels" in der deutschen Tagungshotellerie und hat im Jahre 1998 den Preis der „Business-Excellence" der European Foundation for Quality Management (EFQM) für unabhängige kleine und mittelständische Unternehmen und das deutsche Pendant zum EFQM-Preis, den Ludwig-Erhard-Preis, gewonnen.

Abbildung 5-4-1 Qualitätsgrundsätze des Landhotels Schindlerhof

- Unsere Gäste sollen nicht nur zufrieden, sie sollen begeistert sein.
- Wir führen unser Unternehmen ehrlich, zuverlässig und gerecht.
- Wir befriedigen die hohen Ansprüche unserer Gäste ohne Einschränkung.
- Wir erfüllen unsere gesellschaftliche und soziale Verpflichtung.
- Wir bekennen uns zu unserer Verantwortung gegenüber der Umwelt.
- Wir verfolgen gemeinsame und gemeinsam erarbeitete Unternehmensziele.
- Wir haben unser Unternehmen klar gegliedert und Verantwortungsbereiche sauber abgesteckt.
- Zwischen unserem hohen Anspruch und unserer tatsächlichen Leistung besteht kein Unterschied.
- Wir erzielen einen Gewinn, der das Unternehmen finanziell unabhängig macht.
- Wir lassen uns von keinem Mitbewerber überbieten.

Quelle: Bruhn/Brunow/Specht 2002

GABLER GRAFIK

4. Bestimmung der Qualitätsziele

Die vorgestellten allgemeinen Qualitätsgrundsätze und -leitlinien sind im Rahmen der strategischen Qualitätsplanung der Dienstleistungsunternehmung für die verschiedenen Geschäftsstellen, Abteilungen und Funktionsbereiche zu konkretisieren, d. h., von der Unternehmensleitung als lang- und kurzfristig zu erreichende **Qualitätsziele** zu bestimmen.

Die Ziele des Qualitätsmanagements sind in der Hierarchie der Unternehmensziele von übergeordneten Unternehmenszielen wie Gewinn, Rentabilität und Sicherung von Wettbewerbsvorteilen abzuleiten (Weber 1989, S. 56f.). Diesen Zusammenhang gibt Abbildung 5-4-2 wieder. Demnach lassen sich Qualitätsmanagementziele den Marketingzielen unterordnen.

Abbildung 5-4-2 Ziele und Aufgaben des Qualitätsmanagements im Zielsystem von Dienstleistungsunternehmen

Innerhalb der Ziele des Qualitätsmanagements können sowohl **marktgerichtete** als auch **unternehmensgerichtete** Ziele identifiziert werden, die jeweils nach psychologischen und ökonomischen Zielen gegliedert werden können. Es wird angenommen, dass das Erreichen psychologischer **marktgerichteter** Ziele, wie die Steigerung von Kundenzufriedenheit und Kundenbindung sowie die damit verbundene Schaffung von Markteintrittsbarrieren, sich positiv auf den Realisierungsgrad ökonomischer Ziele auswirkt (Anderson/Fornell/Lehmann 1994; Heskett/Sasser/Schlesinger 1997; Kamiske/Brauer 1999, S. 75ff.). **Unternehmensgerichtete Ziele** eines Qualitätsmanagements sind die Verankerung von Kundenorientierung und die Schaffung eines Qualitätsbewusstseins bei den Mitarbeitern sowie die damit einhergehende Senkung von Qualitätskosten, die eine Effizienzsteigerung im Rahmen der Dienstleistungserstellungsprozesse bewirkt (Rucci/Kirn/Quinn 1998).

Zur Realisierung der **marktgerichteten** Ziele ist es erforderlich, dass dem Unternehmen Informationen über die kundenrelevanten Dimensionen bzw. Kriterien der Dienstleistungsqualität und ihrer Beurteilung vorliegen. Die zentrale marktgerichtete Aufgabe des Qualitätsmanagements ist es daher, diese **Kundenanforderungen** durch Methoden der Marktforschung und Mittel der internen Kommunikation zu ermitteln und in **Anforderungen an die qualitätsrelevante Leistungserstellung umzusetzen.** Dazu gehören auch Maßnahmen der externen Kommunikation, die dazu dienen, die Qualitätserwartungen der Kunden zu bilden und zu bestätigen sowie als Profilierungsinstrument gegenüber dem Wettbewerb dienen können.

Zu den **unternehmensgerichteten Aufgaben** gehört die Verankerung der **Qualitätsphilosophie** des Dienstleistungsanbieters in der Unternehmenskultur (Meffert 1998). Voraussetzung hierfür ist ein „Vorleben“ der Qualitätsphilosophie und die Vorbildfunktion der Führungskräfte im Dienstleistungsunternehmen selbst.

Eine Effizienzsteigerung der Dienstleistungsprozesse sowie eine generelle Kostenreduzierung können nur realisiert werden, wenn entsprechende **qualitätsbezogene Voraussetzungen** im Unternehmen gegeben sind. In diesem Zusammenhang sind sachliche, organisatorische und personelle Voraussetzungen zu schaffen. Ferner ist die Installation qualitätsorientierter Kommunikations- und Kontrollsysteme erforderlich (Bruhn 2000c, S. 42f.).

5. Umsetzung des Qualitätsmanagements für Dienstleistungen

5.1 Regelkreis des Qualitätsmanagements

Die Umsetzung des Total-Quality-Management-Konzeptes in der Dienstleistungsunternehmung erfordert die Entwicklung von konkreten Instrumenten eines integrierten Qualitätsmanagements (Algedri 1998; Boutellier/Masing 1998). In diesem Zusammenhang wird von einem **Regelkreis des Managements der Qualität** (Lehmann 1993, S. 109f.; Pfeifer 2001, S. 300f.) gesprochen, der sich an den klassischen Managementfunktionen der Planung, Durchführung sowie Kontrolle orientiert und die folgenden **Phasen** beinhaltet (DIN ISO 8402 1992, S. 22ff.; Schmidt/Tautenhahn 1996):

1. Qualitätsplanung,
2. Qualitätslenkung,
3. Qualitätsprüfung,
4. Qualitätsmanagementdarlegung.

An diesen Phasen orientieren sich die folgenden Ausführungen bezüglich der Instrumente des Qualitätsmanagements (vgl. Abbildung 5-5-1).

5.2 Instrumente der Qualitätsplanung

Die **Qualitätsplanung** ist notwendige Voraussetzung eines gezielten Qualitätsmanagements. Sie wird von der Deutschen Gesellschaft für Qualität (DGQ-Lenkungsausschuss Gemeinschaftsarbeit (LAG) der Deutschen Gesellschaft für Qualität e. V. 1995) wie folgt definiert:

> Die **Qualitätsplanung** umfasst alle Maßnahmen des Auswählens, Klassifizierens und Gewichtens der Qualitätsmerkmale sowie des schrittweisen Konkretisierens aller Einzelforderungen an die Beschaffenheit einer Leistung zu Realisierungsspezifikationen im Hinblick auf die durch den Zweck der Einheit gegebenen Erfordernisse, auf die Anspruchsklasse und unter Berücksichtigung der Realisationsmöglichkeiten.

Abbildung 5-5-1 Phasen eines Qualitätsmanagementsystem

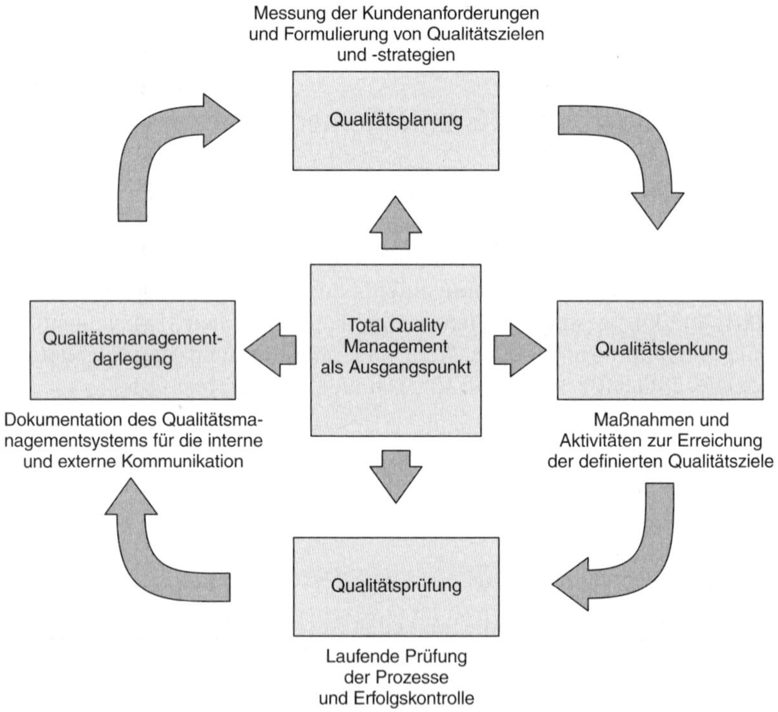

GABLER GRAFIK

Dementsprechend beinhaltet diese erste Phase des Qualitätsmanagements bei Dienstleistungsunternehmen die Planung und Weiterentwicklung der Qualitätsforderung an die verschiedenen Dienstleistungen des Unternehmens. Nicht die Qualität der Dienstleistungen selbst, sondern die verschiedenen Qualitätsanforderungen sind zu planen.

5.3 Instrumente der Qualitätslenkung

Unter **Qualitätslenkung** (auch „Quality Control“) werden sämtliche „vorbeugenden, überwachenden und korrigierenden Tätigkeiten bei der Realisierung einer Einheit“ verstanden, mittels derer „unter Einsatz von Qualitätstechniken die Qualitätsforderungen“ zu erfüllen sind (DGQ-Lenkungsausschuss Gemeinschaftsarbeit (LAG) der Deutschen Gesellschaft für Qualität e. V. 1995).

Sie basiert auf den Ergebnissen der Qualitätsplanung und beinhaltet alle Tätigkeiten, die zur Erfüllung der Anforderungen an die Dienstleistungsqualität aus Kunden- und Unternehmenssicht erforderlich sind.

Ein mitarbeiterbezogenes Instrument der Qualitätslenkung ist die **Einstellung neuer Mitarbeiter,** bei der insbesondere auf die Erfüllung qualitätsrelevanter Anforderungen des Unternehmens durch die Bewerber wie beispielsweise Servicementalität und Kommunikationsfähigkeit zu achten ist (Benkenstein 1998b, S. 451f.). Die aktuellen Mitarbeiter sind im Rahmen von **Schulungen** als weiterem Qualitätslenkungsinstrument ständig weiterzuqualifizieren. Schließlich sind bezüglich der mitarbeiterbezogenen Maßnahmen **Anreizsysteme** zu nennen, die der Steigerung der Mitarbeitermotivation hinsichtlich eines kunden- und serviceorientierten Verhaltens dienen (Hentze/Lindert 1998).

Ein wichtiges Instrument der Qualitätslenkung können **Qualitätszirkel** darstellen, die stellenübergreifend eingerichtet werden (Deutsche Gesellschaft für Qualität e. V. 1996) (vgl. hierzu Insert 5-5-1). Grundgedanke dieses aus der industriellen Fertigung stammenden Ansatzes ist es, das bisher weitgehend ungenutzte Problemlösungspotenzial der Mitarbeiter zu aktivieren (Corsten 1987, S. 196). Insbesondere das Kundenkontaktpersonal ist aufgefordert, die Schwierigkeiten, die sich im täglichen Umgang mit den Kunden ergeben, aufzugreifen und hierzu Lösungsvorschläge zu erarbeiten.

INSERT 5-5-1 Einsatz eines Qualitätszirkel beim Schindlerhof

Beispiel: Schindlerhof

Der Schindlerhof ist ein mit vielen Qualitätspreisen ausgezeichnetes Tagungshotel im fränkischen Boxdorf bei Nürnberg. Ein Instrument des Qualitätsmanagementsystems, das im Hotel Schindlerhof Einsatz findet, sind **Qualitätszirkel**, die die Abteilungsleiter je nach Bedarf einberufen. Es werden dabei Qualitätszirkel unterschieden, die der abteilungsübergreifenden Behandlung spezieller Vorkommnisse dienen, und Qualitätszirkel, die sich mit abteilungsspezifischen Fragestellungen auseinander setzen. Die Moderation der Qualitätszirkel wird durch den Abteilungsleiter oder durch einen externen Moderator durchgeführt.

Quelle: Bruhn/Brunow/Specht 2002, S. 165

In der Definition der „General Principles of the Quality Circle“ wird ein Qualitätszirkel als „eine kleine Gruppe von Mitarbeitern, die freiwillig Qualitätssicherungsaktivitäten innerhalb des gleichen Arbeitsfeldes betreibt“ bezeichnet (Oess 1993, S. 286f.). Dabei handelt es sich meist um vier bis fünf Mitarbeiter der gleichen Hierarchiestufe, die innerhalb ihrer Gruppe folgende **Aufgaben** bearbeiten (Corsten 1987, S. 198):

- Erkennen von Schwachstellen im eigenen Arbeitsbereich,
- Ursachenermittlung,
- Entwicklung von Problemlösungen,
- Präsentation der Ergebnisse vor dem Management,
- Realisation der Lösung,
- Laufende Überwachung.

Entscheidender Vorteil dieses Konzeptes ist seine Eignung als Instrument eines partizipativen Führungsstils (Corsten 1987, S. 199), das den Gedanken des Total Quality Managements, dass grundsätzlich jeder Mitarbeiter Qualitätsmanager des Unternehmens ist, positiv unterstützt (Oess 1991, S. 286ff.).

Schließlich ist für eine erfolgreiche Qualitätslenkung die qualitätsorientierte Anpassung der **Informations- und Kommunikationssysteme** des Dienstleistungsunternehmens unerlässlich.

5.4 Instrumente der Qualitätsprüfung

Der **Qualitätsprüfung** sind sämtliche Maßnahmen zu subsumieren, die im Rahmen des Qualitätsmanagements eingesetzt werden, um die Erfüllung der Qualitätsforderungen durch eine Einheit festzustellen, d. h., sämtliche qualitätsbezogenen Elemente, Prozesse und Tätigkeiten eines Dienstleistungsunternehmens im Hinblick auf die Erreichung der geplanten Qualitätsziele zu testen (DGQ 1995c, S. 108).

Qualitätsprüfungen können permanent in verschiedenen Bereichen der Unternehmung durchgeführt werden, d. h. an einem Dienstleistungsprodukt bzw. -ergebnis, während des Dienstleistungsprozesses oder auch bei der Potenzialdimension der Dienstleistungsqualität (DGQ-Lenkungsausschuss Gemeinschaftsarbeit (LAG) der Deutschen Gesellschaft für Qualität e. V. 1993, S. 97).

Im Rahmen einer internen Qualitätsprüfung kommen sowohl objektive als auch subjektive Verfahren der anbieterorientierten Qualitätsmessung zum Einsatz. Im Gegensatz dazu orientieren sich die Instrumente der externen Qualitätsprüfung an den qualitätsbezogenen Kundenwahrnehmungen und umfassen dabei insbesondere die kontinuierliche Beobachtung der Kundenzufriedenheitsentwicklung (Customer Satisfaction Tracking Systems) und das Beschwerdemanagement (vgl. die entsprechenden vorangegangenen Abschnitte).

5.5 Instrumente der Qualitätsmanagementdarlegung

Die **Qualitätsmanagementdarlegung** (auch „Quality Assurance“) beinhaltet „alle geplanten und systematischen Tätigkeiten, die innerhalb des Qualitätsmanagementsystems verwirklicht und wie erforderlich dargelegt sind, um angemessenes Vertrauen zu schaffen, dass die angebotenen Dienstleistungen die jeweilige Qualitätsforderung erfüllen werden“ (DGQ-Lenkungsausschuss Gemeinschaftsarbeit (LAG) der deutschen Gesellschaft für Qualität e. V. 1993, S. 132).

Ein **Qualitätsmanagementsystem** dient letztlich der Strukturierung und systematischen Umsetzung von Qualitätsaufgaben in einer Dienstleistungsunternehmung. So entsteht ein System vernetzter Regelkreise auf sämtlichen betrieblichen Ebenen, indem Ziele, Strukturen, Verantwortlichkeiten, Verfahren, Prozesse und die zur Durchführung erforderlichen Mittel zur Sicherung der Qualität festgelegt werden (Kamiske/Brauer 1999, S. 78). **Elemente eines Qualitätssicherungssystems** sind beispielsweise (Oess 1991, S. 98):

- Genau festgelegte Qualitätsziele,
- Exakte Aufgaben- und Verantwortungsbereiche,
- Hinweise über Rolle und Bedeutung von Dokumentation, Qualitätsprüfung, Audits, Qualitätskosten, Prüfmittelüberwachung u. a.

Gestaltung und Umfang eines Qualitätsmanagementsystems können nur unternehmensspezifisch festgelegt werden und sind in Form von **Qualitätsmanagement-Qualitätssicherungs-)Handbüchern** zu dokumentieren (Jahn 1988, S. 924). Diese definieren den Ist-Zustand des Qualitätsmanagementsystems und gelten gleichzeitig als Entwicklungsrichtlinie für die Zukunft (o. V. 1993, S. 9). Darüber hinaus ermöglichen sie eine regelmäßige Überprüfung des Qualitätsmanagementsystems in Bezug auf Wirksamkeit und Funktionsfähigkeit im Rahmen von Qualitätsaudits. Die genannte Qualitätsmanagementdarlegung dient in erster Linie Zwecken der internen und externen Kommunikation. Sie dient dazu, den Mitarbeitern und Führungskräften des Dienstleistungsunternehmens Vertrauen in die eigene Qualitätsfähigkeit zu geben und ist auch als Motivationsinstrument einzusetzen. Nach außen erfüllt sie Profilierungszwecke und kann beispielsweise als Basis für die Erteilung eines **Zertifikats** dienen, das der Unternehmung die Erfüllung ihrer Qualitätsanforderungen bescheinigt (DGQ-Lenkungsausschuss Gemeinschaftsarbeit (LAG) der Deutschen Gesellschaft für Qualität e. V. 1993, S. 132f.).

Ein abschließendes Beispiel für die Ausgestaltung des Phasenkonzeptes des Qualitätsmanagements für Dienstleistungsunternehmen ist in Abbildung 5-5-2 dargestellt.

Abbildung 5-5-2 **Beispielhafte Darstellung eines Phasenkonzeptes des Qualitätsmanagements für Dienstleistungsunternehmen**

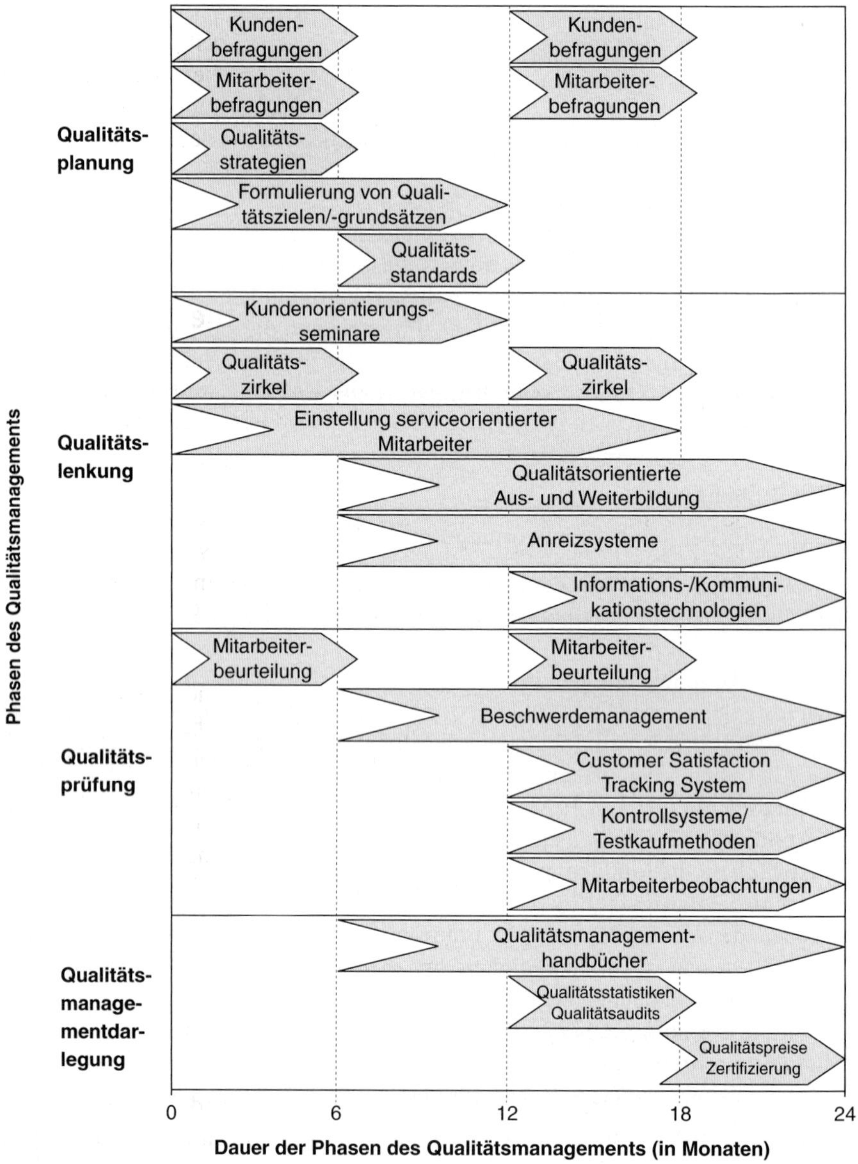

Quelle: Bruhn 2006, S. 360

GABLER GRAFIK

6. Steuerung des Qualitätsmanagements für Dienstleistungen

Neben den in den vorangegangenen Abschnitten besprochenen Instrumenten der Qualitätsplanung, -lenkung, -prüfung und -managementdarlegung haben sich in den letzten Jahren Qualitätspreise, Zertifikate und Nationale Kundenbarometer als Ansätze zur Steuerung und Demonstration der Qualitätsfähigkeit von Dienstleistungsunternehmen etabliert.

6.1 Qualitätspreise für Dienstleistungsunternehmen

Einen Ansatzpunkt für die Berücksichtigung der Kundenwahrnehmungen liefern Qualitätspreise (auch „Quality Awards"). Diese Qualitätspreise werden national oder international ausgeschrieben und an solche Unternehmen vergeben, die Qualitätsmanagementkonzepte in herausragender Weise umgesetzt haben (Stauss 2001). In Deutschland wird seit 1997 der Ludwig-Ehrhard-Preis als nationaler Qualitätspreis vergeben, internationale Preise sind der japanische Deming Prize, der European Quality Award und der Malcolm Baldrige National Quality Award (MBNQA) als bedeutsamster amerikanischer Qualitätspreis (George 1992; Oess 1993, S. 66; Stauss/Scheuing 1994) (vgl. hierzu Insert 5-6-1).

Während bereits die Bewerbung für einen Qualitätspreis insbesondere interne Wirkungen durch erhöhte Motivation und Leistungsbereitschaft der Mitarbeiter zeigen kann, so manifestiert sich der **Nutzen** für Gewinner von Qualitätspreisen bei hoher Aufmerksamkeitswirkung und Publizität der Preisverleihung in einer Verbesserung der mitarbeiterbezogenen, prozessbezogenen und kundenzufriedenheitsbezogenen Indikatoren (Stauss 2001b). Demgegenüber darf der teilweise nicht unerheblich finanzielle und personelle Aufwand für die Bewerbung zu einem Qualitätspreis nicht außer Acht bleiben.

6.2 Zertifizierung von Dienstleistungsunternehmen

Eine steigende Zahl von Unternehmen und Unternehmensverbänden fordert von ihren Lieferanten bzw. Mitgliedern Qualitätsnachweise. Daher gewinnt das internationale Normensystem DIN ISO 9000ff. zum Qualitätsmanagement an Bedeutung (Stauss 1994c). Im Dezember 2000 ist eine neue Ausgabe dieser Normenfamilie erschienen. Die bisherigen Normen DIN ISO 9001, 9002 und 9003 (Ausgabe 1994) sind nun in der Norm DIN ISO 9001 (Ausgabe 2000) zusammengefasst.

INSERT 5-6-1 **Der Malcolm Baldrige National Quality Award**

Beispiel: Malcolm Baldrige National Quality Award

Der Malcolm Baldrige National Quality Award (MBNQA) ist ein wettbewerbsorientierter Qualitätspreis und bescheinigt nicht exzellente Produkt- oder Servicequalität, sondern zeigt, in welchen Bereichen und auf welche Weise ein Qualitätsmanagementsystem eingesetzt wurde.

Um bewerten zu können, inwieweit die Unternehmen, die sich um den Preis bewerben, diese Grundsätze beachten, werden im Rahmen des MBNQA sieben Qualitätskategorien herangezogen, die dann wieder in Subkategorien und Einzelpunkte unterteilt werden, wobei unterschiedliche Gewichtungen die relative Bedeutung des jeweiligen Qualitätskriteriums angeben (vgl. Abbildung).

Kategorie/Subkategorie		Maximal erreichbare Punktzahl
1.	**Unternehmensführung**	110
1.1	Führungssystem	80
1.2	Soziale Verantwortung des Unternehmens	30
2.	**Strategische Planung**	80
2.1	Strategieentwicklungsprozess	40
2.2	Unternehmensstrategie	40
3.	**Kunden- und Marktorientierung**	80
3.1	Kunden- und Marktkenntnis	40
3.2	Kundenzufriedenheit und Beziehungsverbesserung	40
4.	**Information und Analyse**	80
4.1	Informationsauswahl und Nutzung	25
4.2	Auswahl und Nutzung von Vergleichsinformationen	15
4.3	Analyse und Überwachung der unternehmerischen Leistung	40
5.	**Human Resource Management**	100
5.1	Personalpolitische Systeme	40
5.2	Personalausbildung, -schulung und -entwicklung	30
5.3	Mitarbeiterwohlergehen und -zufriedenheit	30
6.	**Prozessmanagement**	100
6.1	Management von Produkt- und Dienstleistungsprozessen	60
6.2	Management von unterstützenden Prozessen	20
6.3	Management von Zulieferer- und Partner-Prozessen	20
7.	**Geschäftsergebnisse**	450
7.1	Ergebnisse aus Kundenzufriedenheitsbefragungen	130
7.2	Ergebnisse aus dem Finanz- und Marktbereich	130
7.3	Ergebnisse aus dem Bereich des Human Resource Managements	35
7.4	Ergebnisse in Bezug auf Zulieferer und Partner	25
7.5	Unternehmensspezifische Ergebnisse	130
Totale Punktzahl		1.000

Abbildung: Bewertungsschema des Malcolm Baldrige National Quality Award

Quelle: NIST 2002

Unter einer **Zertifizierung** wird die Durchführung eines umfassenden Qualitätsaudits durch einen unabhängigen Dritten verstanden. Bei einem positiven Auditergebnis wird durch die Zertifizierungsstelle ein Zertifikat ausgestellt, das die Eignung des Qualitätsmanagementsystems der Unternehmung nach außen dokumentiert. Seit 1985 existiert auch in Deutschland eine solche Zertifizierungsstelle, die „Deutsche Gesellschaft zur Zertifizierung von Qualitätssicherungssystemen (DQS)“ (Jahn 1988, S. 928). Während Qualitätssicherungsnormen international bereits standardisiert wurden (DIN ISO 9000ff.), arbeiten die Zertifizierungsstellen der Länder in der EU weiterhin auf nationaler Ebene, erkennen allerdings die jeweiligen Zertifizierungen untereinander an.

Grundlagen zum Aufbau und Betrieb eines Qualitätsmanagementsystems und damit auch Basis eines Qualitätsaudits sowie einer Zertifizierung ist die **Norm DIN ISO 9001 (Ausgabe 2000).** Die Normen mit der Bezeichnung ISO (International Standard Organization) charakterisieren, dass diese Normenreihe nicht nur in Deutschland, sondern weltweit in 40 Ländern verbindlich anerkannt ist.

Während ISO 9000 einige Definitionen, Konzepte sowie eine Zusammenfassung für die Auswahl und Anwendung der Normen umfasst, sind in ISO 9001 die Anforderungen an eine Auditierung enthalten. Diese sind in die vier Hauptabschnitte „Verantwortung der Leitung“, „Management von Ressourcen“, „Produktrealisierung“ und „Messung, Analyse und Verbesserung“ eingeteilt. ISO 9004 enthält einen Leitfaden zur Leistungsverbesserung und dient als Hilfe zur praktischen Umsetzung sowie der kontinuierlichen Verbesserung (Becker 2002, S. 44).

Neben dem Zeugnis eines systematischen Qualitätsmanagements liefert eine Zertifizierung die Basis für kontinuierliche Qualitätsverbesserungen des Dienstleistungsprozesses, indem sie Chancen zur Effizienzsteigerung und Kostensenkung aufzeigt. Unternehmensintern kann sie als Motivationsinstrument für die Mitarbeiter genutzt werden und unternehmensextern dient sie als Verkaufsargument gegenüber dem Wettbewerb (o. V. 1993, S. 9) sowie als Mittel zur Vertrauenssteigerung beim Kunden. Der Nutzen von Zertifikaten aus Kundensicht ist dabei nicht unumstritten, sondern die Wirkungen sind durchaus differenziert zu betrachten (Haas 1998).

6.3 Nationale Kundenbarometer als Informationsgrundlage für Qualitätsmanagementsysteme

Auch Nationale Kundenbarometer berücksichtigen in starkem Maße die qualitätsbezogenen Erwartungen und Wahrnehmungen der Kunden (Bruhn/Murmann 1998; Hansen/Korpiun/Henning-Thurau 1998). 1989 startete das Swedish Customer Satisfaction Barometer (SCSB) mit der Untersuchung der Zufriedenheit mit den größten Unternehmen Schwedens in verschiedenen Branchen (Fornell 1992; Meyer/Dornach 1995, S. 444ff.). 1994 wurde erstmals der American Customer Satisfaction Index (ACSI) ermittelt, der sich eng an der Konzeption des schwedischen Vorbildes orientiert (Fornell/Everitt/Bryant 1998; Zuba 1998).

Unter einem **Nationalen Kundenbarometer** ist eine branchenübergreifende Untersuchung durch eine neutrale Institution zu verstehen, die mittels periodischer Erhebungen die Kundenzufriedenheit sowie damit zusammenhängende Fragestellungen in zahlreichen Sektoren, Branchen und Unternehmen einer Nation bzw. eines Wirtschaftsraumes misst (in Anlehnung an Bruhn/Murmann 1998, S. 6, 49f.).

Auch in Deutschland werden seit 1992 Daten zur Kundenzufriedenheit erhoben. Der **Kundenmonitor Deutschland,** der durch die Deutsche Marketing Vereinigung e. V. und die Deutsche Post AG als Exklusivsponsor bis zum Jahre 1998 veröffentlicht wurde, verfolgt verschiedene Ziele (Meyer/Dornach 1998a, S. 292):

- Bereitstellung von qualitätsbezogenen Kennziffern für Führungskräfte, Entscheider und Aufsichtsgremien in Unternehmen, Verbänden, Organisationen, Institutionen und Gesellschaft.
- Identifikation von Bestleistungen und Champions der Kundenorientierung in einzelnen Branchen und Leistungsbereichen, um die Voraussetzungen für ein Benchmarking zu schaffen.
- Sensibilisierung schlecht bewerteter Branchen und Anbieter für eine verbesserte Kundenorientierung durch das Aufzeigen der Leistungsdefizite aus Kundenperspektive.
- Steigerung von Qualität und Kundenzufriedenheit durch das Bewusstmachen der Unterschiede zwischen Markt- und Selbsteinschätzung.
- Schnelle und flexible Anpassung an die Erwartungen sowie Wünsche der Nutzer des Kundenbarometers und damit Unterstützung bei der Realisierung von mehr Kundennähe.

Gegenstand der Erhebung ist die Kundenzufriedenheit von privaten Endverbrauchern und deren Auswirkungen auf die zukünftige Kundenbeziehung. Für den Kundenmonitor 2004 wurden 23 Branchen anhand von Einzelinterviews mit ca. 22.000 Kunden untersucht (Servicebarometer 2004). Die Ermittlung der Kundenzufriedenheit erfolgt dabei zum einen auf der Ebene der Globalzufriedenheit, zum anderen auf der Ebene der einzelnen Leistungsfaktoren (Meyer/Dornach 1998a, S. 298).

Zur Ermittlung der **Globalzufriedenheit** werden den Befragten Einzelfragen zu einem Unternehmen, einem Produkt oder auch der Leistung einer Institution vorgelegt, die mit ganzzahligen Zufriedenheitswerten zwischen „1" (sehr zufrieden) und „5" (unzufrieden) beantwortet werden sollen. Die Ergebnisse von 1994 bis 2001 sind in Abbildung 5-4-5 dargestellt.

Abbildung 5-6-2 **Globalzufriedenheit der Kunden in verschiedenen Branchen nach dem Kundenmonitor Deutschland**

Branche	1994	1996	1998	2000	2002	2004
Autohäuser (PKW-Werkstatt)	2,32	–	–	2,26	2,29	2,13
Automobilclubs	2,33	–	2,28	2,22	2,07	–
Bahnverkehr	–	–	2,86	3,11	–	–
Banken und Sparkassen	2,47	2,43	2,37	2,36	2,34	2,35
Bausparkassen	2,43	2,60	2,61	2,57	2,45	2,34
Bau- und Heimwerkermärkte	2,59	2,54	2,50	2,49	2,56	2,54
Briefpost (Deutsche Post Brief)	2,75	2,90	2,74	2,71	2,66	2,67
Buchversand/Buchclubs	–	–	–	2,26	2,25	2,14
Drogeriemärkte/-geschäfte	2,49	2,51	2,46	2,34	2,28	2,24
Elektrohaushaltsgroßgeräte	2,44	2,41	2,39	2,39	2,34	2,24
Fluggesellschaften	–	2,33	–	2,39	2,39	–
Flughäfen	–	–	2,55	2,60	2,49	2,41
Kaffeefachgeschäfte	–	–	–	2,26	2,25	2,20
Kfz-Prüfdienste	2,41	–	–	2,20	–	–
Kfz-Versicherungen	2,35	–	2,21	2,22	2,16	2,18
Krankenhäuser/Kliniken	–	2,44	–	2,34	–	–
Krankenkassen/-versicherungen	2,34	2,33	2,36	2,32	2,37	2,35
Lebensmittelmärkte/-geschäfte	2,43	2,49	2,44	2,39	–	2,35
Lebensversicherungen	–	–	2,58	2,54	2,39	–
Mobilfunktelefone	–	2,43	2,39	2,25	2,24	2,24
Optiker	–	–	–	2,00	2,01	1,95
Paket- und Expressdienste (Versand)	2,73	2,97	2,70	2,69	2,61	2,73
Personennahverkehr	2,78	2,97	3,01	2,96	–	–
Postfilialen	–	–	2,71	2,75	2,73	2,70
Reiseveranstalter	2,28	2,30	–	2,28	2,27	–
Stadt- und Kreisverwaltungen	3,03	3,12	3,00	2,95	2,84	–
Stromversorgungsunternehmen	–	–	2,52	2,44	2,48	2,55
Telefondienste (Festnetz)	2,86	3,13	2,74	2,60	2,77	–
Urlaubsregionen	1,98	2,03	–	–	–	–
Versandhandel (Bekleidung)	–	–	–	2,34	2,37	–
Wertstoffentsorgung (Duales System)	3,17	2,93	2,84	2,70	2,56	2,53

1 = sehr zufrieden; 5 = sehr unzufrieden

GABLER GRAFIK

Quelle: Servicebarometer 2005

Einzelne Leistungsfaktoren werden für den jeweils genutzten Anbieter bzw. ein spezifisches Angebot erhoben. Bei Dienstleistungen sind der Leistungserstellungsprozess bzw. die Kundenkontaktsituation von besonderem Interesse. Berücksichtigung finden folgende Dimensionen der Kundenzufriedenheit: Freundlichkeit, fachliche Kompetenz, Verlässlichkeit, Schnelligkeit und Erreichbarkeit. Die Zusammenhänge zwischen Kundenzufriedenheit und Kundenbindung werden dabei über Parameter wie z. B. die Weiterempfehlungsabsicht bzw. das Cross-Buying-Verhalten operationalisiert. Die Ergebnisse der Studie zeigen, dass es eindeutige Zusammenhänge zwischen der globalen Zufriedenheit und den einzelnen Faktoren der Kundenbindung gibt (Meyer/Dornach 1998a, S. 299ff.).

Vergleicht man die einzelnen nationalen Ansätze in Schweden, USA und Deutschland, so lässt sich festhalten, dass das Deutsche Kundenbarometer einen stärker betriebswirtschaftlich orientierten Bezug aufweist als die beiden anderen Barometer. Steht in Schweden und den USA hauptsächlich die globale Zufriedenheit im Vordergrund, so lassen sich aus den deutschen Daten für die betroffenen Unternehmen direkte, umsetzungsorientierte Rückschlüsse ziehen. Zu kritisieren bleibt, dass die ermittelten – absoluten – Globalzufriedenheitswerte insbesondere im Bereich der mittleren Zufriedenheit sehr wenig differenzieren. So beträgt der Wert der globalen Zufriedenheit 2001 für den 8. Platz 2,26 und für den 19. Platz 2,41. Die Eindrücke, die ein Ranking über alle Branchen vermittelt, relativieren sich vor diesem Hintergrund. Auch wäre es verfehlt, aus den Bewegungen in den vergangenen Jahren allzu große und tiefgreifende Tendenzen abzuleiten.

Zentraler **Nachteil** der aufgeführten Nationalen Kundenbarometer ist, dass ein internationaler Vergleich der Daten verschiedener Nationaler Kundenbarometer nahezu unmöglich ist, da in den meisten Ländern unterschiedliche Ansätze zur Messung der Kundenzufriedenheit verfolgt werden. Diese Situation ist insbesondere für international aktive Unternehmen äußerst unbefriedigend.

Vor diesem Hintergrund fand im Jahre 1999 – initiiert durch die Europäische Kommission und organisiert durch die European Organisation for Quality (EOQ) sowie die European Foundation for Quality Management (EFQM) – eine Pilotmessung im Rahmen des **European Customer Satisfaction Index** (ECSI, heute als European Performance Satisfaction Index (EPSI) geführt) statt. Dieses Nationale Barometer ermöglicht neben der branchenübergreifende Messung von Zufriedenheit auch eine internationale Vergleichbarkeit der Daten (Bruhn 2006).

6.4 Interne Servicebarometer

Neben der externen (Markt-) Perspektive der Dienstleistungsqualität wird seit einigen Jahren auch der Transfer auf die internen Prozesse eines Unternehmens thematisiert (z. B. Gremler et al. 1994; Bruhn 2004d). Es ist zum einen offensichtlich, dass die Qualität interner Prozesse auch die Dienstleistungsqualität für den externen Kunden beeinflusst. Zum anderen wird auch im Sinne einer Mitarbeiterorientierung ein **Qualitätsmanagement für interne Dienstleistungen** gefordert. Diese impliziert zunächst die Messung der internen Dienstleistungsqualität (z. B. Frost/Kumar 2000).

Interne Servicebarometer sind Messungen der Kundenzufriedenheit, ihrer Determinanten sowie ihrer Wirkungen bei internen Abteilungen, die durch eine neutrale Institution regelmäßig in einem Unternehmen durchgeführt werden.

Ebenso wie bei externen Kundenbarometern wird zur Messung ein Strukturgleichungsmodell aufgestellt, dessen Dimensionen (Satisfaction Driver) bei internen Barometern zusätzlich der speziellen Dienstleistung angepasst werden kann. Hierzu werden in qualitativen Interviews relevante Indikatoren für die Qualitätswahrnehmung erfragt (bei der IT-Abteilung z. B. der Online-Support für eingesetzte Software). So bieten sie einen detaillierten Aufschluss über Ursachen der Kundenzufriedenheit oder -unzufriedenheit (Reynoso 1999, S. 528). Obwohl interne Dienstleister meist über einen „Monopolistenstatus“ verfügen, da die Wahl eines externen Anbieters im Allgemeinen nicht besteht, kann auch die Kundenbindung, d. h. die Verbundenheit, insofern gemessen werden, als die internen Kunden z. B. gefragt werden, ob sie sich bei gegebener Wahlfreiheit ebenfalls für den internen Dienstleister entscheiden würden (Bruhn 2004d, S. 287f.). Ein entsprechendes Modell ist in Abbildung 5-6-3 dargestellt.

Abbildung 5-6-3 **Strukturgleichungsmodell eines internen Servicebarometers**

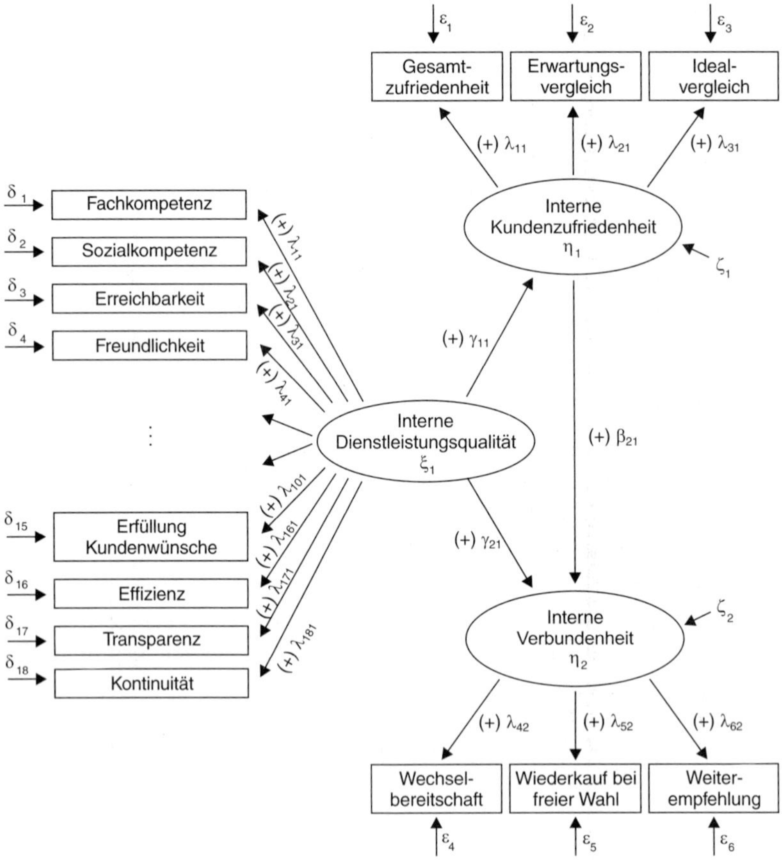

Quelle: Bruhn 2004e, S. 288

GABLER GRAFIK

Gegenüberstellungen externer und interner Servicebarometer weisen darauf hin, dass sich die so ermittelten Qualitäts- und Zufriedenheitswerte interner und externer Dienstleistungen aufgrund unterschiedlicher Perspektiven (wie z. B. der mangelnden Wahlfreiheit, Preisbereitschaft u. a.) nicht ohne weiteres vergleichen lassen. So schneiden interne Anbieter von Dienstleistungen grundsätzlich schlechter ab als externe. Aus diesem Grund bietet sich ein internes Benchmarking an (Bruhn 2004d, S. 290f.). Hier können zusätzlich zu den dienstleistungsspezifisch ermittelten Satisfaction Drivers interne Indizes ermittelt werden, anhand derer die Dringlichkeit hinsichtlich des Handlungsbedarfs für einzelne Abteilungen innerhalb des Unternehmens aufgezeigt werden kann (Abbildung 5-6-4).

Abbildung 5-6-4 **Indexbildung für ein internes Benchmarking**

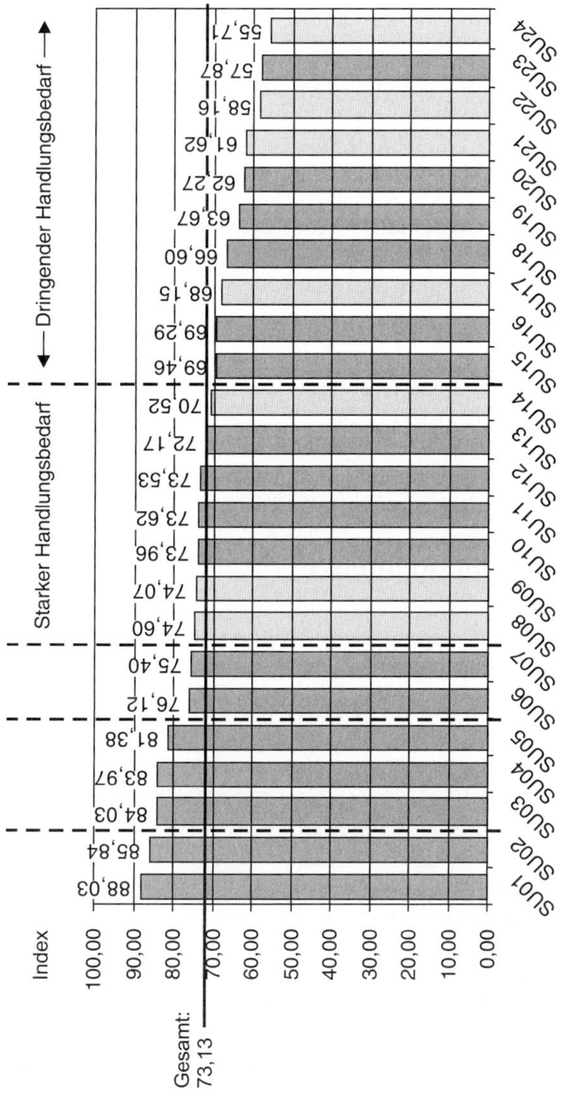

Bemerkung: Für die Bereiche SU 08, 09, 14, 17, 22, 23 und 25 war auf Grund einer zu geringen Stichprobengrösse keine eigene Modellschätzung möglich, d. h. die zugehörigen Indizes stellen eine Schätzung auf Basis der Gewichte eines Gesamtmodells und der Beurteilungen je Bereich dar.

Quelle: Bruhn 2004e, S. 289

GABLER GRAFIK

7. Wirtschaftlichkeit des Qualitätsmanagements

Die Wirtschaftlichkeit eines Qualitätsmanagementsystems stellt eine zentrale betriebswirtschaftliche Anforderung und Voraussetzung für die Implementierung eines solchen Systems dar (Deutsche Gesellschaft für Qualität e. V. 1995b; Bruhn 1998b). Doch insbesondere das unzureichende Verständnis der Kosten- und Erlöswirkungen von Qualitätsmanagementmaßnahmen kann zu einer zentralen Implementierungsbarriere werden (Wildemann 1992).

Die in Wissenschaft und Praxis zunehmend geforderte Auseinandersetzung mit der dienstleistungsspezifischen **Wirtschaftlichkeitsproblematik von Qualitätsmanagementsystemen** (z. B. Edvardsson/Gustavsson 1991, S. 324; Dale/Plunkett 1993; Atkinson/Hamburg/Ittner 1994; Bruhn 1998b) verlangt, dass hier nicht nur einzelne Aspekte untersucht werden. Es sind vielmehr systematisch Kosten- und Nutzenkategorien abzuleiten, deren Einflussfaktoren zu analysieren sowie wirtschaftlichkeitsrelevante Zusammenhänge aufzuzeigen (Bruhn/Georgi 1999).

7.1 Kosten des Qualitätsmanagements

Wesentlicher Ansatzpunkt zur Bestimmung der Wirtschaftlichkeit von Maßnahmen des Qualitätsmanagements in Dienstleistungsunternehmen bildet das **Konzept der Qualitätskosten** (z. B. Dale/Plunkett 1993; Steinbach 1994; Campanella 2000).

> Den **Qualitätskosten** bzw. qualitätsbezogenen Kosten werden sämtliche Kosten subsumiert, die „vorwiegend durch Qualitätsforderungen verursacht sind, d. h. (...) durch Tätigkeiten der Fehlerverhütung, durch planmäßige Qualitätsprüfungen sowie durch intern oder extern festgelegte Fehler sowie durch die externe Qualitätsmanagementdarlegung verursacht sind“ (DGQ 1995, S. 50).

Darüber hinaus werden auch „die Verluste infolge des Nichterreichens zufrieden stellender Qualität“ (AQS 1992, S. 31) als Qualitätskosten erfasst. Man unterscheidet grundsätzlich drei **Arten von Qualitätskosten** (Steinbach 1994):

- Zu den **Fehlerverhütungskosten** zählen die Kosten der Qualitätsplanung und -sicherung (z. B. Kosten für Schulungsmaßnahmen für die Mitarbeiter).
- **Prüfkosten** ergeben sich bei der Durchführung von Qualitätsanalysen und -kontrollen (z. B. Kosten für die Durchführung von Kundenbefragungen).

- Die **Fehlerkosten** werden in externe und interne Fehlerkosten unterteilt. Interne Fehlerkosten treten auf, wenn Qualitätsmängel beseitigt werden, bevor der Kunde in den Erstellungsprozess integriert wird (z. B. bemerkt der Kellner, dass ein Steak durchgebraten wurde, obwohl der Kunde es „medium" bestellte). Dahingegen entstehen externe Fehlerkosten z. B. bei einer nachträglichen Wiedergutmachung von Fehlern gegenüber dem Dienstleistungskunden, d. h., wenn der Fehler erst erkannt und beseitigt werden kann, wenn der Kunde bereits am Erstellungsprozess beteiligt ist.

Die Verluste infolge des Nichterreichens zufrieden stellender Qualität stellen qualitätsbezogene Opportunitätskosten dar, die vor allem im Dienstleistungsbereich von besonderer Bedeutung sind. Da sich Qualitätsmängel im Dienstleistungsunternehmen oft direkt auf den Kunden auswirken, führen sie nicht selten zu Kundenabwanderungen und damit auch zu Erlöseinbußen.

Diese Opportunitätskosten sind nicht ausgabewirksam und somit nur schwer quantifizierbar. Ihnen stehen weiterhin Qualitätssicherungs- bzw. -vorbeugungskosten gegenüber. Diese entwickeln sich gegenläufig zueinander, so dass ein Qualitätskostenminimum zu ermitteln ist, das zumindest theoretisch, wie in Abbildung 5-7-1 dargestellt, exakt bestimmbar ist.

Abbildung 5-7-1 **Traditionelle Sichtweise des Qualitätsoptimums**

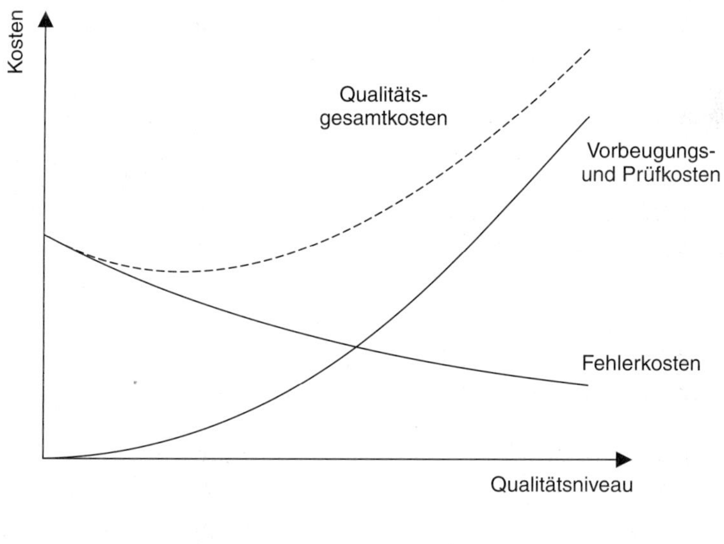

Quelle: Rust/Zahorik/Keiningham 1994, S. 94

GABLER GRAFIK

Diese traditionelle Sichtweise geht demnach davon aus, dass eine **Null-Fehler-Strategie** wenig sinnvoll ist, weil ab einem bestimmten Qualitätsgrad die Gesamtkosten wieder steigen. Das Problem dieser Sichtweise liegt in der Unterschätzung der mit schwacher Qualität einhergehenden Kosten. So haben Untersuchungen in den USA ergeben, dass diese Kosten in Dienstleistungsunternehmen 30 bis 50 Prozent des Umsatzes betragen. Daher geht eine neue Sichtweise der Qualitätskosten davon aus, dass die Gesamtkosten kontinuierlich abnehmen. Dieser Zusammenhang, der in Abbildung 5-7-2 wiedergegeben ist, führt zu der Forderung an Dienstleistungsunternehmen, eine möglichst hohe Qualität zu erstellen.

Abbildung 5-7-2 Neue Sichtweise des Qualitätsoptimums

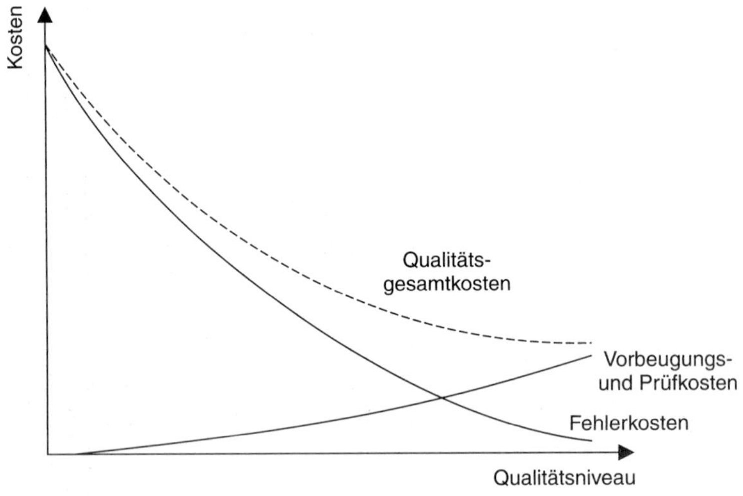

GABLER GRAFIK

Quelle: Rust/Zahorik/Keiningham 1994, S. 95

In der Praxis setzen Unternehmen eher an der Fehlerprüfung als an der Fehlervermeidung an. Dies liegt darin begründet, dass die Qualitätsprüfung an das Ende des Leistungserstellungsprozesses bzw. einzelner Teilschritte angeschlossen werden kann. Um Fehler zu vermeiden, ist jedoch der gesamte Dienstleistungsprozess neu zu planen und zu konzipieren. Dies ist zunächst mit einem höheren finanziellen und personellen Aufwand verbunden, weshalb zahlreiche Unternehmen diesen Schritt scheuen. So ergibt es sich, dass ein Großteil der Fehler auf Designprobleme bzw. Fehler bei Zuliefererleistungen zurückzuführen ist.

INSERT 5-7-1 **Handelsblatt, 06.12.2004, S. 12**

Schwacher Service aus Osteuropa verärgert Kunden von IBM

Verlegung der Auftragsabwicklung nach Bratislava steht wegen Qualitätsmängeln auf der Kippe

THOMAS NONNAST
HANDELSBLATT, 6.12.2004

FRANKFURT/M. **IBM Deutschland** kommt in Deutschland unter Druck. Der Computerkonzern hat begonnen, die Auftragsabwicklung für deutsche Kunden in die Slowakei zu verlagern. Die Folge sind massive Beschwerden der Kunden. Beispiel Rechnungen: Nur nach Rückfrage sei ermittelbar, was IBM da überhaupt in Rechnung stellt, heißt es bei einem großen Systemhaus. Andere Kunden aus dem Behördenumfeld verweigern inzwischen gar die Bezahlung.

IBM Deutschland kommentiere „die Situation und Details der Kundenbeziehungen nicht öffentlich", sagt ein Sprecher. Doch nach Informationen des Handelsblatts ist die Verärgerung inzwischen so groß, dass das die deutsche Geschäftsführung noch in dieser Woche darüber entscheiden will, ob die vorgesehene Verlagerung von insgesamt rund 700 Arbeitsplätzen von Deutschland nach Bratislava gestoppt wird. Denn auch der eigene Vertrieb ist inzwischen auf den Barrikaden: „Wir haben ein Qualitätsproblem", räumt ein IBM-Mitarbeiter ein und sieht die Verantwortung dafür beim europäischen Management und in den USA.

Drei Mrd. Dollar pro Jahr will der IT-Riese weltweit durch die Straffung des Einkaufs, der Produktion und der Auftragsabwicklung einsparen. Im Rahmen einer „Integrated Supply Chain" will IBM dabei die Auftragsabwicklung in Europa in Madrid und im slowakischen Bratislava zusammenfassen. Die Slowakei ist derzeit vor allem wegen niedriger Löhne ein beliebter Standort.

Doch der Umbau werde auf dem Rücken der deutschen Kunden vorangetrieben, ärgert sich ein IBM-Mitarbeiter. Man könne schließlich nicht von Kunden verlangen, dass „sie sich an die Prozesse des Lieferanten anpassen". Selbst mit einer simplen Adressänderung sei der IBM-Kundenservice mitunter überfordert, erzählt ein Mittelständler.

Der Imageschaden für IBM ist mittlerweile groß. Der weltgrößte Computerkonzern setzt in Deutschland nach Branchenschätzungen pro Jahr rund sechs Mrd. Euro um und beschäftigt 25 000 Mitarbeiter. Als Berater und Dienstleister wirbt IBM bei Behörden und Unternehmen für die Auslagerung kompletter Geschäftsprozesse an den Konzern. Durch den Umbau des eigenen Unternehmens wolle man „Kunden zeigen, was man durch den Einsatz unserer Technologie erreichen kann", sagte IBM-Supply-Chain-Spezialistin Barbara Martin im vergangenen Jahr dem Handelsblatt.

Doch nicht nur in Deutschland stößt die Billiglohnland-Strategie mittlerweile auf Widerstand. Die US-Fastfoodkette **McDonald's**s beendete im Februar Verhandlungen über die Auslagerung des Finanz- und Rechnungswesens. IBM wollte 70 Prozent der Finanz- und Rechnungsbearbeitung in Offshore-Länder auslagern.

Der deutsche Vertrieb sorgt sich unterdessen um das Jahresendgeschäft. Denn die Bearbeitungszeiten, bis Bestellungen in den internen IBM-Systemen auftauchen, sind länger geworden. „Was vorher einen Werktag gedauert hat, braucht nun bis zu fünf Werktage", schimpft ein IBM-Mitarbeiter. Sollte das Problem bis Jahresende nicht gelöst sein, fürchten Mitarbeiter um vereinbarte Umsatzziele. Denn in den letzten Tagen des Jahres werden in der IT-Branche noch einmal Millionen umgesetzt. Doch die finden möglicherweise nicht mehr rechtzeitig den Weg in die Bücher.

Dass der Ansatzpunkt, die Kosten in den Mittelpunkt der Betrachtungen zu stellen, oft in die falsche Richtung führt, zeigt das **Beispiel von IBM** in Insert 5-7-1. Hier wurde das Ziel, Einsparungen durch die Auslagerung von Call-Centern zu realisieren, durch hohe Fehlerkosten und vor allem unzufriedene Kunden erkauft. Eine hohe Zahl von Beschwerden führt hier zu höherem Zeitaufwand und erhöhter Abwanderungsgefahr der Kunden.

Die **Qualitätskostenerfassung** in Dienstleistungsunternehmen wirft zahlreiche Probleme auf. So lässt sich zunächst feststellen, dass Qualitätskosten in traditionellen Kostenrechnungssystemen nicht als eigenständige Kostenart ausgewiesen werden (Weidner 1992, S. 900). Demzufolge werden Sonderrechnungen erforderlich, die diejenigen Kostenkategorien als Qualitätskosten ausweisen, die im Rahmen der traditionellen Kostenrechnung unter anderen Kostenarten erscheinen, insbesondere also Fehlerverhütungs- und Prüfkosten sowie interne Fehlerkosten (Carr 1992, S. 74). Voraussetzung für ein auf Kundenbindung gerichtetes Qualitäts- und Zufriedenheitsmanagement ist darüber hinaus eine kundenbezogene Ausrichtung des Rechnungswesens (Köhler 1999).

Da „Nachbesserungen" häufig noch während des Dienstleistungserstellungsprozesses vorgenommen werden, liegen oft nur wenige Informationen über die Häufigkeit und Art der im direkten Kundenkontakt aufgetretenen Fehler vor. Demzufolge können qualitätsbezogene Kosteninformationen über Nachbesserungen in kundennahen Bereichen nur sehr schwer von den Herstellkosten getrennt erfasst werden.

Darüber hinaus stellen in der Interaktion zwischen Anbieter und Kunde Aspekte wie Höflichkeit, Freundlichkeit und Einfühlungsvermögen zentrale Qualitätsdeterminanten und damit auch Kosteneinflussgrößen dar, die sich jedoch mangels direkt messbarer Indikatoren einer objektiven Erfassung weitgehend entziehen (Rosander 1989, S. 141).

Schließlich sind auch Qualitätsfolgekosten, die durch das Kundenverhalten nach dem Prozess der Dienstleistungserstellung entstehen, schwer zu ermitteln, da der Nachweis eines eindeutigen Ursache-Wirkungs-Zusammenhangs nicht immer gelingt (Heskett/Sasser/Hart 1990, S. 82). Beispielsweise lässt sich eine kausale Beziehung zwischen wahrgenommener Dienstleistungsqualität und Weiterempfehlung oder Wiederwahl des Dienstleistungsunternehmens nur bedingt ermitteln und noch weniger kostenbezogen quantifizieren.

Abbildung 5-7-3 zeigt eine Beispielberechnung der Nichtqualitäts-Kosten, die von Werne am Beispiel dreier Schweizer Großbanken durchgeführt hat.

Abbildung 5-7-3 Berechnung der Nichtqualitäts-Kosten am Beispiel dreier Schweizer Großbanken

1.	Allgemeine Unternehmensdaten		
1.1	Anzahl der Mitarbeiter		55.827
1.2	Bilanzsumme		521,3 Mrd. CHF
1.3	Operativer Gewinn		2.524 Mio. CHF
2.	Annahmen für die Schätzung der Nichtqualitäts-Kosten		
2.1	Ungewollte Kundenfluktuation/Kundenbestand		1,8 %
2.2	Unzufriedene Kunden/Kundenbestand		20 %
2.3	Gewinnbeitragspotenzial ungewollt verlorener Kunden/ Operativer Gewinn		15 %
2.4	Gewinnabschlag auf das Gewinngefährdungspotenzial bei unzufriedenen Kunden/Operativer Gewinn		6 %
2.5	Materielle Ausschusskosten/Bilanzsumme		0,2 %
2.6	Arbeitszeit für die Korrektur fehlerhafter Ausführungen/ Gesamtarbeitszeit		10 %
2.7	Ungewollte Mitarbeiterfluktuation/Mitarbeiterbestand		3 %
2.8	Unzufriedene Mitarbeiter/Mitarbeiterbestand		10 %
2.9	Pauschaler Personalkostenabschlag für unzufriedene Mitarbeiter		20 %
2.10	Durchschnittliche Fluktuationskosten/Mitarbeiter		60.000 CHF
2.11	Durchschnittliche Personalvollkosten/Mitarbeiter		110.000 CHF
3.	Berechnung der Nichtqualitäts-Kosten		
3.1	Kosten ungewollt verlorener Kunden	= (2.3) * (1.3)	= 379 Mio. CHF
3.2	Kosten unzufriedener Kunden	= (2.4) * (1.3)	= 151 Mio. CHF
3.3	Materielle Ausschusskosten	= (2.5) * (1.2)	= 104 Mio. CHF
3.4	Immaterielle Ausschusskosten	= (2.6) * (2.11) * (1.1)	= 614 Mio. CHF
3.5	Kosten ungewollt verlorener Mitarbeiter	= (2.7) * (2.10) * (1.1)	= 100 Mio. CHF
3.6	Kosten unzufriedener Mitarbeiter	= (2.8) * (2.9) * (2.11) * (1.1)	= 123 Mio. CHF
	Gesamtsumme der Nichtqualitäts-Kosten		**1.471 Mio. CHF**

Quelle: von Werne 1994, S. 239

GABLER GRAFIK

Zusammenfassend lässt sich festhalten, dass die Erfassung der Qualitätskosten für Dienstleistungen mit zahlreichen Operationalisierungs- und Zurechnungsschwierigkeiten verbunden ist. Hier sind durch die Kostenrechnung und durch das Dienstleistungsmarketing weitere Forschungsarbeiten notwendig, um die Probleme der Quantifizierung qualitätsbezogener Kosten zu lösen.

7.2 Nutzenwirkungen des Qualitätsmanagements

Im Hinblick auf die Nutzenwirkungen eines Qualitätsmanagements für Dienstleistungsunternehmen lassen sich kostensenkende und erlössteigernde Nutzenwirkungen unterscheiden.

1. Kostensenkende Nutzenwirkungen

Häufig wird die Ansicht vertreten, dass höhere Qualität auch steigende Qualitätskosten verursache und damit über verteuerte Leistungen den Absatz negativ beeinflusse. Hierbei werden allerdings langfristig wirkende Kostensenkungseffekte nicht berücksichtigt (Harris 1989, S. 144).

Eine Erhöhung der Dienstleistungsqualität ist zum einen immer mit steigenden Qualitätsanpassungskosten, zum anderen aber mit langfristig sinkenden Qualitätsabweichungskosten verbunden (Hentschel 1992, S. 51f.). Werden im Rahmen des Qualitätsmanagements Investitionen zur präventiven Fehlerverhütung forciert, so steigen die Fehlerverhütungskosten. Gleichzeitig aber verringert sich auch die Fehlerhäufigkeit und damit auch die Höhe der Fehlerkosten. Zudem ergibt sich ein kostensenkender Effekt auf die Prüfkosten, da mit steigendem Qualitätsniveau auch die Zahl der Prüfungen reduziert werden kann (Haist/Fromm 1991, S. 58).

2. Erlössteigernde Nutzenwirkungen

Während kostensenkende Nutzenwirkungen eines wirtschaftlichkeitsorientierten Qualitätsmanagements eher als Sekundäreffekte betrachtet werden, stellen erlössteigernde Nutzenwirkungen das primäre Ziel qualitätsbezogener Aktivitäten dar (Primäreffekte). Über qualitätsbedingte Wettbewerbsvorteile wird angestrebt, Marktanteile auszuweiten und damit die Erlössituation des Unternehmens zu verbessern (Buzzell/Gale 1989; Engelhardt 1991, S. 399).

Dies kann vor allem über die Steigerung der Kundenbindung geschehen. Der Nutzen der **Kundenbindung** ist erst in den letzten Jahren erkannt worden (Reichheld 1996). Im Rahmen von Wirtschaftlichkeitsüberlegungen ist insbesondere die Profitabilität der Bindung auf kundenindividueller Ebene und damit die Höhe des abzuschöpfenden Kundenwertes zu berücksichtigen (Krüger 1997).

Bisher war der Großteil der Marketingmaßnahmen und damit auch der Maßnahmen des Qualitätsmanagements auf die Gewinnung neuer Kunden ausgerichtet. Zur Bestimmung des Nutzens der Kundenbindung können insbesondere die Problem-Impact-Tree-Analyse sowie Segmentierungsschemata herangezogen werden. Die **Problem-Impact-Tree-Analyse** kombiniert Wahrscheinlichkeitsüberlegungen bezüglich potenzieller Leistungserstellungsprobleme und ihrer Lösung mit dem Konzept des Kundenwertes. Zunächst werden die Wahrscheinlichkeiten für das Auftreten und das Erkennen von Problemen sowie die Lösung dieser Probleme geschätzt. Diese Wahrscheinlichkeiten können graphisch in einem Baumdiagramm dargestellt werden, das in Abbildung 5-7-4 beispielhaft skizziert ist. Multipliziert man die jeweiligen Wahrscheinlichkeiten mit dem Kundenwert, kann an der jeweiligen Stelle festgestellt werden, in welcher Höhe sich Veränderungen für den Kundenwert ergeben.

Abbildung 5-7-4 Problem Impact Tree am Beispiel eines Hotels

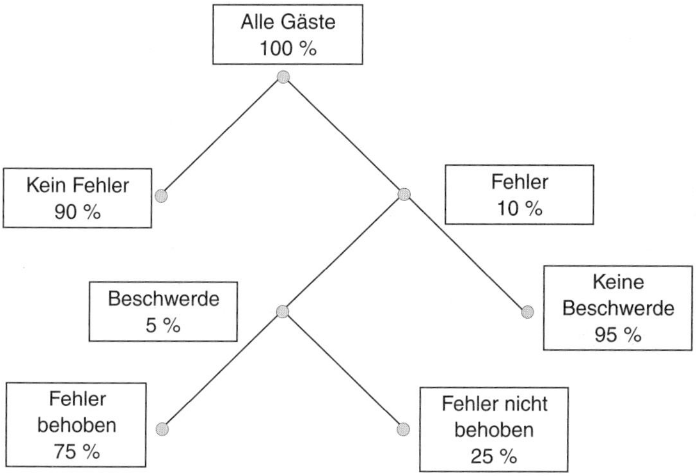

GABLER GRAFIK

7.3 Ansatzpunkte für einen Kosten-Nutzen-Vergleich

Ansatzpunkte für den Kosten-Nutzen-Vergleich von Maßnahmen des Qualitätsmanagements für Dienstleistungen ergeben sich mit Hilfe verschiedener Instrumente. Hier sind vor allem folgende **Verfahren** hervorzuheben:

- Kennzahlensysteme,
- Wirtschaftlichkeitsrechnungen,
- Qualitätsbilanzen.

Werden **Kennzahlensysteme** (Preßmar/Bielert 1995) im Hinblick auf ihre Eignung als Instrumente eines qualitätsbezogenen Kosten-Nutzen-Vergleichs untersucht, können drei Kategorien **qualitätsbezogener Wirtschaftlichkeitskennzahlen** abgeleitet werden (Wildemann 1992, S. 771):

- Mittels **kostenbezogener Kennzahlen** wird der Prozess der Qualitätskostenoptimierung abgebildet. Zu diesem Zweck werden Kennzahlen gebildet, die eine Beziehung zwischen den einzelnen Qualitätskostenkategorien (z. B. Fehlerverhütungskosten) und geeigneten Bezugsgrößen (z. B. Gesamtqualitätskosten, Umsatz) herstellen.
- Aufgabe der **erlösbezogenen Kennzahlen** ist es, sowohl die unternehmensinternen, kostensenkenden (z. B. Anzahl der Reklamationen) als auch die unternehmensexternen, erlössteigernden Nutzenwirkungen (z. B. Anzahl der Weiterempfehlungen) des Qualitätsmanagements zu erfassen.
- Schließlich ist es hilfreich, auch **qualitätsfähigkeitsbezogene Kennzahlen** zur Verfügung zu stellen stehen, mit denen gezeigt werden kann, wie sich die Fehlerverhütungsfähigkeit des Unternehmens verändert (Stebbing 1990, S. 37; Haist/Fromm 1991, S. 117f.; Wildemann 1992, S. 780).

Im Gegensatz zu qualitätsbezogenen Wirtschaftlichkeitskennzahlen, deren Aufgabe es ist, die Gesamteffizienz eines Qualitätsmanagements in Dienstleistungsunternehmen darzustellen, können **qualitätsbezogene Wirtschaftlichkeitsrechnungen** zur Identifikation effizienter Investitionsalternativen herangezogen werden (Bruhn/Georgi 1998; Rust/Zahorik/Keiningham 1998).

Genau wie materielle Investitionen im Industriegüterbereich führen auch qualitätsbezogene, materielle und immaterielle Investitionen in Dienstleistungsunternehmen kurzfristig zu „Anschaffungsauszahlungen“ und erst langfristig zu „laufenden Einzahlungen“, die zusammen die Rentabilität einer Investition bestimmen. In Bezug auf die Einzahlungen gilt es vor allem, sowohl die immateriellen Effekte, wie z. B. erhöhte Kundenbindung und Mitarbeitermotivation, als auch die materiellen Effekte, wie z. B. geringere Fehlerhäufigkeit, und damit geringere Fehlerkosten bzw. gesteigerte Nachfrage und damit höhere Gewinne, zu erfassen.

Ein weiteres Instrument zur Gegenüberstellung von Kosten- und Nutzenwirkungen des Qualitätsmanagements stellt die so genannte **Qualitätsbilanz** dar (Wildemann 1992, S. 780). Hierbei werden unternehmensspezifisch die verschiedenen Qualitätskosten- und Nutzenkategorien systematisch gegenübergestellt, um langfristig eine vergleichende Beurteilung und Analyse qualitätsbezogener Maßnahmen vornehmen zu können, qualitätsbezogene Trends abzuleiten und darauf aufbauend zukünftige Qualitätsbudgets zu planen (Campanella 2000).

Die vorgestellten Instrumente zur Wirtschaftlichkeit des Qualitätsmanagements werden im Rahmen eines Qualitätscontrolling in einen Regelkreis eingebunden (Töpfer 1998).

FRAGEN ZUM 5. KAPITEL

Punkt 1:

- Wofür steht der Qualitätsbegriff aus Kunden- und Unternehmenssicht?

Punkt 2:

- Welche fünf Qualitätsdimensionen von Dienstleistungen lassen sich unterscheiden und was beinhalten sie?
- Was beinhaltet die Realisierung eines Total Quality Management in einem Unternehmen?
- Wie wird ein Qualitätsmanagementsystem über den klassischen Managementprozess eingeführt?

Punkt 3:

- Welche Diskrepanzen sind zur Sicherstellung der Dienstleistungsqualität zu analysieren und zu überwinden? Durch welche Faktoren werden diese Diskrepanzen verursacht?
- Wie sehen die Prozesse der Qualitätsbeurteilung und Erwartungsbildung sowie der kundenseitigen Verhaltensabsichten im dynamisierten Modell von Boulding aus?
- Auf welcher Ebene der Kundenbindung befindet sich das Modell von Liljander/Strandvik? Inwiefern handelt es sich hierbei um ein dynamisches Modell?
- Warum ist es sinnvoll, insbesondere bei der Betrachtung von Dienstleistungen und der Messung von Dienstleistungsqualität dynamische Modelle zu verwenden?
- Was sind die messbaren Indikatoren für die Dienstleistungsqualität im Modell von Liljander/Strandvik?
- Wie kann die Dienstleistungsqualität objektiv gemessen werden?
- Unter welchen Voraussetzungen ist eine Qualitätsbeurteilung einer Dienstleistung anhand der kundenseitigen Einstellung möglich?
- Wie wird über das C/D-Paradigma die Qualität einer Dienstleistung beurteilt?
- Was sind die zentralen Elemente des SERVQUAL-Ansatzes?
- Welche Mängel des SERVQUAL-Ansatzes werden im integrierten Modell zur Qualitätsbeurteilung überwinden?
- Welche Aussagen können mit der Erstellung von Kundenbarometern getroffen und welche Schlussfolgerungen (in einer Portfolio-Matrix) gezogen werden?
- Welche Modelle finden beim integrierten Ansatz zur Qualitätsmessung von Dienstleistungen Anwendung und wie funktionieren sie? Welcher (multiattributive) Indikator ist hierbei entscheidend?
- Welcher Vorteil (und welcher Nachteil) ergibt sich aus der Vignette-Methode?

- Worin unterscheiden sich der Willingness-to-Pay und der Penalty-Reward-Ansatz? Was sind Gemeinsamkeiten beider Ansätze?
- Wofür sind Blueprints im Rahmen von Qualitätsmessungen sinnvoll?
- Wie wird eine Vollständigkeit der Qualitätsmessung bei der Critical-Incident-Methode erreicht?
- Bei welcher Strategie liegt der hauptsächliche Einsatzbereich der Switching-Path- und der Root-Cause-Analyse?
- Wann ist unter den problemorientierten Messverfahren die Beschwerdeanalyse der Problem-Detecting-Methode und der Frequenz-Relevanz-Analyse vorzuziehen?
- Wie wird eine Qualitätsbeurteilung über Benchmarking durchgeführt?
- Welches unternehmensbezogene Verfahren zur Qualitätsbeurteilung ist besonders hervorzuheben? Was leistet dieses im Vergleich zu anderen Verfahren?

Punkte 4–7

- Wie kann die Einhaltung von Qualitätskriterien unterstützt bzw. garantiert werden?
- Welchen Verlauf haben die Qualitätsgesamtkosten in Abhängigkeit vom Qualitätsniveau nach neueren Studien? Welche Kostenkomponenten spielen demnach eine größere Rolle?
- Welche Kosten- und Nutzenkategorien fließen in Wirtschaftlichkeitsrechnungen des Qualitätsmanagements ein?

KAPITEL

6 Operatives Dienstleistungsmarketing

Auf Grundlage der Marketingstrategien sowie unter Einbeziehung von Ergebnissen der Marktforschung und der darauf aufbauenden Marktsegmentierung sind die Marketinginstrumente hinsichtlich ihres zielgerichteten Einsatzes zu bestimmen. Ebenso wie im Marketing für Konsum- oder Industriegüter kann grundsätzlich eine **Systematisierung der Marketinginstrumente** in die vier Mixbereiche, die so genannten **„4 Ps“**, vorgenommen werden (Hilke 1984; Heskett 1988; Scheuch 2002):

- Leistungspolitik („**P**roduct“),
- Kommunikationspolitik („**P**romotion“),
- Vertriebspolitik („**P**lace“),
- Preispolitik („**P**rice“).

In der Literatur des Dienstleistungsmarketing besteht keine Einigkeit darüber, ob die klassische Systematisierung deckungsgleich auf den Dienstleistungsbereich übertragen werden kann. In der deutschen Literatur wird diese Einteilung häufig von dem Sachgüter- auf den Dienstleistungsbereich transferiert (Hilke 1989a, S. 16ff.; Corsten 2001, S. 349ff.). Zahlreiche Autoren, vor allem in den USA, vertreten jedoch die Auffassung, dass die Aufteilung in die dargestellten vier klassischen Mixbereiche den Besonderheiten des Dienstleistungsmarketing nicht gerecht wird (Magrath 1986; Beaven/Scotti 1990).

In diesem Zusammenhang diskutiert man im Dienstleistungsmarketing eine **Erweiterung des Marketingmix** um die Bereiche (Magrath 1986; Cowell 1993, S. 99ff.; Payne 1993, S. 24):

- Personalpolitik („**P**ersonnel“),
- Ausstattungspolitik („**P**hysical Facilities“),
- Prozesspolitik („**P**rocess Management“).

Die Gegenüberstellung des klassischen und des erweiterten Marketingmix ist in Abbildung 6-1-1 wiedergegeben.

Gegen eine solche weite Fassung des Dienstleistungsmarketingmix spricht die **klassische Marketingdefinition,** die lediglich Aktivitäten zur Verhaltensbeeinflussung des (externen) Kunden berücksichtigt (Meffert 2000). Diese Begriffsfassung entstand für das klassische Marketing von Konsum- und Industriegüterherstellern und hat in diesen Bereichen ihre volle Berechtigung.

Abbildung 6-1-1 **Erweiterter Marketingmix im Dienstleistungsbereich**

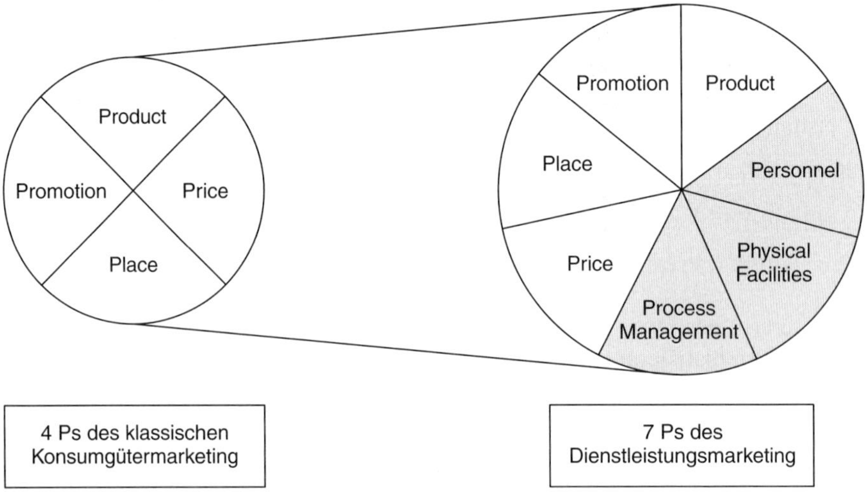

Quelle: Magrath 1986, S. 45

Im Bereich des Dienstleistungsmarketing hat sich in den letzten Jahren sehr deutlich gezeigt, dass die Anwendung eines **kundenorientierten Marketing als Leitidee** der Berücksichtigung auch **interner Kunden** bedarf (Bruhn 1999b, S. 17; Zeithaml/Bitner 2000, S. 287; Lovelock/Wirtz 2004, S. 448ff.). Daraus ergibt sich die Fragestellung, ob die Personalpolitik von Dienstleistungsunternehmen als eigenständiges (internes) Marketinginstrument zu betrachten ist (Bieberstein 2001). Für diese Sichtweise können folgende Argumente angeführt werden:

- Die Notwendigkeit einer permanenten Bereitstellung des **Leistungspotenzials** impliziert die Erfordernis der Aufrechterhaltung und kontinuierlichen Verbesserung des Fähigkeitenpotenzials der Mitarbeiter des Dienstleisters (Engelhardt et al. 1992, S. 51f.).
- Aufgrund der **Integration des externen Faktors** stehen Kunden und Mitarbeiter des Dienstleisters vielfach in direktem Kontakt. Dadurch haben Maßnahmen der Personalpolitik im Vergleich zum Sachgüterbereich einen direkten Einfluss auf das Verhalten des (externen) Kunden.
- Aufgrund der **Immaterialität** von Dienstleistungen werden die Mitarbeiter des Dienstleisters häufig als Surrogat der eigentlichen Leistung angesehen (Engelhardt et al. 1992, S. 48).

Aus Gründen der Zweckmäßigkeit wird somit im Folgenden von vier **externen Instrumenten des Dienstleistungsmarketing,** den klassischen Mixbereichen Leistungs-, Kommunikations-, Preis- und Distributionspolitik sowie einem **internen Instrument des Dienstleistungsmarketing,** der Personalpolitik, ausgegangen (vgl. Abbildung 6-1-2). Dabei erfolgt die Betrachtung der Personalpolitik jedoch nicht im Sinne eines umfassenden Personalmanagements. Vielmehr werden lediglich jene personalbezogenen Aspekte beleuchtet, die bei der Erstellung von Dienstleistungen aus Marketingsicht zu berücksichtigen sind.

Abbildung 6-1-2 **Marketingmix von Dienstleistungsunternehmen**

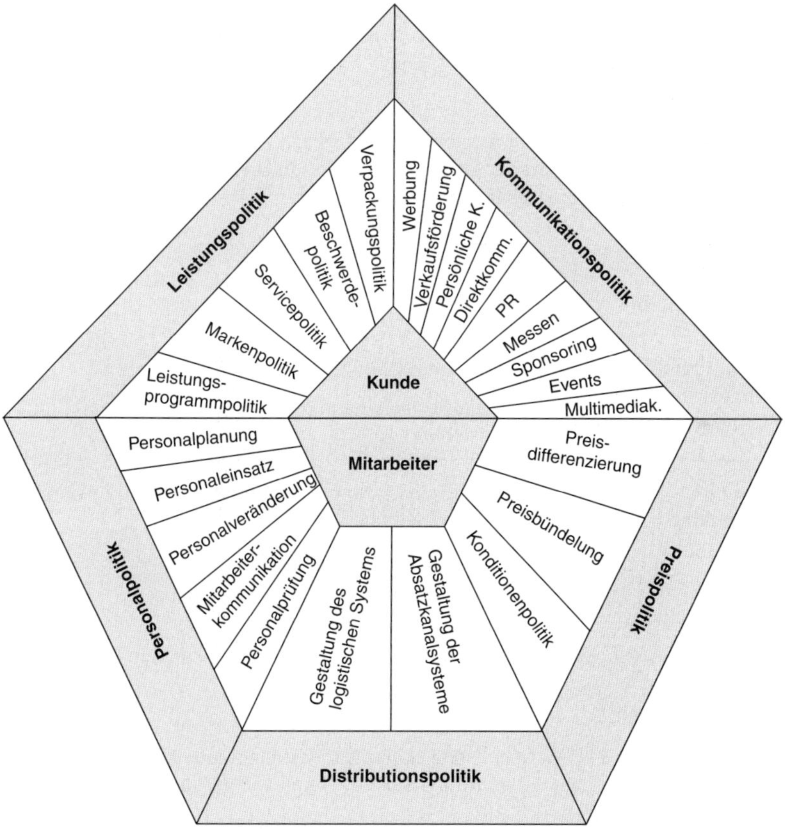

GABLER GRAFIK

1. Leistungspolitik

1.1 Grundlagen der Leistungspolitik

1.11 Besonderheiten der Leistungspolitik von Dienstleistungsunternehmen

Aufgrund der Notwendigkeit der permanenten Bereitstellung des Leistungspotenzials, der Integration des externen Faktors und der Immaterialität von Dienstleistungen ergeben sich zahlreiche Besonderheiten der Leistungspolitik von Dienstleistungsunternehmen gegenüber derjenigen von Sachgüteranbietern (z. B. Verbrauchs-, Gebrauchs-, Industriegüter). Einen Überblick über diese Besonderheiten gibt Abbildung 6-1-3.

Abbildung 6-1-3 Besonderheiten der Leistungspolitik von Dienstleistungsunternehmen

Besonderheiten von Dienstleistungen	Implikationen für die Leistungspolitik
Leistungsfähigkeit des Dienstleistungsanbieters	■ Automatisierung bei Standardleistungen ■ Berücksichtigung der Leistungspotenziale bei der Planung des Leistungsprogramms
Integration des externen Faktors	■ Externalisierung und Internalisierung im Rahmen der Leistungsvariation ■ Zeitabhängige Variation ■ Vereinfachte Beschwerdestimulierung
Immaterialität (Nichtlagerfähigkeit, Nichttransportfähigkeit)	■ Leistungsdimensionen als Ansatzpunkte für Variationen und Innovationen ■ Leistungsbündelung ■ Hohe Bedeutung der Markenpolitik aufgrund erhöhter Kaufunsicherheit und leichter Imitierbarkeit

GABLER GRAFIK

Aus der Notwendigkeit der **permanenten Leistungsfähigkeit** des Anbieters lassen sich folgende Besonderheiten der Leistungspolitik herausstellen:

- Bei Standardleistungen bietet sich bis zu einem gewissen Grad eine teilweise **Automatisierung** des Leistungserstellungsprozesses an. Dadurch kann eine ganztägige Leistungsbereitschaft demonstriert und die Konstanz der Leistungsqualität erhöht werden.
- Bei der Planung des Leistungsprogramms sind die **Leistungspotenziale** des Anbieters in Form der Qualifikation der Mitarbeiter oder vorhandener tangibler Einrichtungen zu berücksichtigen. Auf diese Weise wird sichergestellt, dass der Dienstleister in der Lage ist, die geplante Leistung auf dem gewünschten Qualitätsniveau zu erstellen.

Die **Integration des externen Faktors** in den Leistungserstellungsprozess lässt folgende Schlussfolgerungen für die Leistungspolitik zu:

- Im Bereich der Programmplanung können neben Variationen, Differenzierungen und Eliminierungen mögliche **Externalisierungen** bzw. **Internalisierungen** von Aktivitäten in Betracht gezogen werden.
- Da die Anwesenheit des Kunden bei der Leistungserstellung teilweise unerlässlich ist, ergeben sich im Rahmen der Leistungsprogrammpolitik Ansatzpunkte hinsichtlich einer **zeitabhängigen Variation** von Leistungen.
- Aufgrund des direkten Kontaktes zwischen Dienstleister und Kunden wird die **Beschwerdestimulierung** im Rahmen der Beschwerdepolitik vereinfacht.

Aus der **Immaterialität** von Dienstleistungen ergeben sich folgende Besonderheiten:

- Bei der Planung von **Leistungsinnovationen** bzw. **-variationen** kann an der Potenzial-, Prozess- und/oder Ergebnisdimension einer Dienstleistung angesetzt werden.
- Zur Abgrenzung von der Konkurrenz bietet sich eine **Leistungsbündelung** an. Dadurch wird die Vergleichbarkeit unterschiedlicher Leistungen für den Kunden eingeschränkt.
- Da Dienstleistungen nicht patentierbar sind, sind sie vergleichsweise leicht imitierbar. Darüber hinaus ist die Konsumtion für den Kunden mit Unsicherheiten verbunden. Vor diesem Hintergrund hat insbesondere die **Markenpolitik** zur Profilierung eines Anbieters bzw. dessen Leistung und als Vertrauensanker für den Konsumenten einen hohen Stellenwert. Auch das **Image** einer Leistung bzw. des Dienstleistungsanbieters gewinnt in diesem Zusammenhang an Bedeutung.

1.12 Festlegung des Leistungsprogramms

Die wachsende Anzahl der im Dienstleistungsbereich tätigen Unternehmen und die gestiegene Wettbewerbsintensität machen deutlich, dass eine zweckmäßige und attraktive Gestaltung des **Dienstleistungsprogramms** für die Erfolgsposition des Dienstleistungsanbieters im Wettbewerb, sein Unternehmenswachstum und die langfristige Unternehmensexistenz von zentraler Bedeutung ist. Der **Prozess der Festlegung des Leistungsprogramms** findet auf zwei **Ebenen** statt (vgl. Abbildung 6-1-4). Es wird zwischen Grund- und Zusatznutzen einer Leistung differenziert (Meffert 2000, S. 333).

Abbildung 6-1-4 Ebenen bei der Festlegung des Leistungsprogramms am Beispiel eines Pizza-Lieferservices

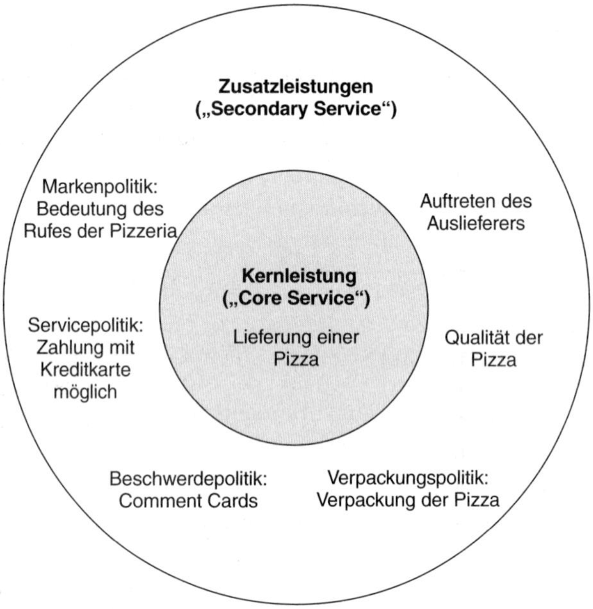

GABLER GRAFIK

Quelle: in Anlehnung an Palmer 2001, S. 129

Im Rahmen dieses Prozesses werden dabei wegen der hohen Interaktivität des Leistungserstellungsprozesses Kunden- und Unternehmensperspektive miteinander verbunden.

1. Ebene der Kernleistung („Core Service Level")

Um sich von der Konkurrenz abzugrenzen und die eigene Leistung für den Kunden attraktiv zu gestalten, stellt der Kundennutzen den Ausgangspunkt der Festlegung des Leistungsprogramms dar. Der Grundnutzen resultiert aus der in der amerikanischen Literatur bezeichneten Kernleistung („Core Service") (Palmer/Cole 1995, S. 68). Hierdurch kann bereits ein USP (Unique Selling Proposition) aufgebaut werden, sofern die Leistung einen höheren Nutzen als diejenige konkurrierender Dienstleistungen stiftet. So wurde durch den Nutzen eines Pizza-Lieferservices bei einigen Konsumenten der Besuch einer Pizzeria substituiert. In diesem Zusammenhang ist jedoch zu berücksichtigen, dass die Herausstellung des Grundnutzens zwar vergleichsweise einfach ist, jedoch zur Profilierung eines Anbieters vielfach nicht mehr ausreicht. Dies wird durch ein Beispiel aus dem Luftverkehr verdeutlicht: so kann der Kunde allein auf der Flugstrecke Frankfurt – New York zwischen 12 täglichen Nonstop-Flügen (identische Kernleistung) von sieben verschiedenen Anbietern auswählen. Dabei sind die Kernleistungen der unterschiedlichen Anbieter heute – unter anderem aufgrund fortgeschrittener Technologien – nicht mehr eine Domäne der Anbieter im oberen Preissegment, sondern können in vielen Fällen zu relativ niedrigen Kosten auch von anderen Anbietern erstellt werden. Als Resultat der als gleich wahrgenommenen Kernleistungen verschiedener Anbieter wird die Kaufentscheidung häufig nur noch aufgrund des Preises getroffen. Eine Differenzierung außerhalb des Preises verlagert sich daher vor allem auf die Ebene der Zusatzleistungen (Butcher et al. 2003, S. 192f.; Bruhn 2005a).

2. Ebene der Zusatzleistungen („Secondary Service Level")

Diese zweite Ebene ersetzt die im Rahmen der Festlegung des Leistungsprogramms von Konsumgüterherstellern unterschiedenen Phasen der Gestaltung des Produktes und der Erstellung des Leistungsprogramms (Palmer/Cole 1995, S. 67; Bruhn 2004c, S. 125f.). Ausgehend von der angestrebten Einzigartigkeit der Leistung kann die Kernleistung um Zusatzleistungen („Secondary Service"), die unterschiedliche Dimensionen von Zusatznutzen stiftet, ergänzt werden (Palmer/Cole 1995, S. 68). Aufgrund der konstitutiven Dienstleistungsmerkmale ist die Herausstellung der Zusatzleistung bzw. des Zusatznutzens jedoch mit Problemen behaftet. Anders als bei Sachgütern können die den Zusatznutzen determinierenden Eigenschaften nur schwierig dargestellt werden, wodurch die Möglichkeit eines Vergleichs mit anderen Leistungen durch die Kunden weitgehend eingeschränkt wird. Unterschiedliche Dimensionen hinsichtlich der Stiftung von Zusatznutzen ergeben sich insbesondere in folgenden Bereichen:

- Positionierung der Leistung,
- Design/Verpackung der tangiblen Elemente,
- Einsatz von Humankapital,
- Qualität der Leistung,

- Markierung,
- Value Added Services,
- Umgang mit Beschwerden.

Insbesondere die durch den technischen Fortschritt und die Neubewertung von Unternehmensstrategien zu beobachtenden Verknüpfungsprozesse zwischen einzelnen traditionellen Dienstleistungsbranchen (z. B. Banken und Versicherungen, Verkehrs- und Tourismusdienstleistungen) stellen Dienstleistungsunternehmen vor die Herausforderung, ihr Leistungsangebot ständig neu zu überdenken.

1.13 Planungsprozess der Leistungspolitik

Zur systematischen Regelung des Ablaufes der Leistungspolitik eines Dienstleistungsunternehmens kann der folgende **Prozess der Leistungsplanung** unterstellt werden (Bruhn 2001a, S. 130ff.):

1. Die **Situationsanalyse des Leistungsprogramms** gibt Aufschluss darüber, inwiefern es Handlungsbedarf für Veränderungen des Programms gibt. Dabei sind die Kundenbedürfnisse, die Leistungen der Konkurrenz, der Erfolg der eigenen Leistungen sowie die Zusammenstellung des eigenen Leistungsprogramms zu berücksichtigen.
2. Die **Ziele der Leistungspolitik** sind aus den Unternehmenszielen abzuleiten. Dabei ist auf Zielüberschneidungen mit anderen Zielen des Marketingmix zu achten.
3. Durch die **Entwicklung leistungspolitischer Strategien** wird festgelegt, wie die Ziele der Leistungspolitik zu erreichen sind. Mögliche Ansatzpunkte der Strategie sind die Qualität oder der Preis der Leistung.
4. Bei der Bestimmung des **Budgets der Leistungspolitik** sind verschiedene Kostenbereiche zu berücksichtigen, z. B. Kosten für Marktforschungs- und Beratungsleistungen oder die Entwicklung von Prototypen für tangible Elemente.
5. Mittels der Planung des **Einsatzes der leistungspolitischen Instrumente** wird festgelegt, auf welchem Wege die Strategie umgesetzt wird. Hierbei sind die Leistungsprogrammpolitik, die Markenpolitik, die Servicepolitik, die Beschwerdepolitik sowie die Verpackungspolitik zu berücksichtigen.
6. Im Rahmen der **Kontrolle des Leistungsprogramms** wird festgestellt, inwiefern die Ziele der Leistungspolitik erreicht wurden bzw. werden. Bei Nichtrealisierung von Zielen sind unter Umständen Anpassungsmaßnahmen vorzunehmen.

1.14 Ziele der Leistungspolitik

Leistungspolitische Ziele sind Sollzustände, die die Wahl zwischen den im Bereich der Leistungspolitik zur Verfügung stehenden Möglichkeiten mit dem Ziel der Zusammenstellung des optimalen Leistungsprogramms einer Dienstleistungsunternehmung bestimmen (Meffert 2000; Becker 2001). Sie haben sich dabei an den Oberzielen der Unternehmung und den daraus abgeleiteten Marketingzielen zu orientieren. Im Falle der Leistungspolitik ist, verglichen mit den anderen Zielen des Marketingmix, eine weitgehende Komplementarität mit den Unternehmenszielen gegeben. Im Einzelnen sind die folgenden **ökonomischen leistungspolitischen Zielsetzungen** für den Dienstleistungsbereich von besonderer Bedeutung:

- **Wachstumsziele** hinsichtlich Absatz, Umsatz und Gewinn sind z. B. unausweichlich, wenn Kostensteigerungen aufgrund der Wettbewerbsverhältnisse nur bedingt im Abgabepreis weitergegeben werden können. Wachstum ermöglicht in diesem Fall, statische und dynamische Degressionseffekte zu erzielen. Unter Umständen weisen allerdings die bisher angebotenen Hauptleistungen Wachstumsbarrieren auf, denen dann nur durch die Einführung von speziellen Zusatz- bzw. Serviceleistungen oder sogar gänzlich neuen Leistungen entgegengewirkt werden kann.
- Die Risikostreuung trägt zum Erreichen des **Erhaltungsziels** bei. Risiken können durch Abhängigkeiten von einzelnen Angebotsleistungen, Märkten oder Abnehmern induziert sein. Zu diesem Ziel trägt daher eine Leistungsdifferenzierung bei, die die Ansprache weiterer Segmente ermöglicht und somit die Abhängigkeit vermindert.
- **Ertragsziele** bedingen den effizienten Einsatz der vorhandenen, knappen Ressourcen (z. B. freie Mittel und Mitarbeiter), d. h., dass diese auf ertragsstarke Dienstleistungen zu verteilen sind.
- Als übergeordnetes Prinzip der Leistungsprogrammgestaltung ist weiterhin die **Rationalisierung des Leistungserstellungsprozesses** (Nutzung von Synergieeffekten, Implementierung von Leistungsmodulen, Degressionseffekte) zu nennen.
- Aufgrund der mangelnden Lagerfähigkeit der Dienstleistung werden zudem **Kapazitätsauslastungsziele** verfolgt. In diesem Zusammenhang kommt der Nachfragesteuerung eine große Bedeutung zu.

Neben diesen primär ökonomischen Zielen werden im Rahmen der Leistungspolitik auch **psychologische Zielsetzungen** verfolgt:

- **Profilierungsziele** gewinnen im Zuge des immer stärker werdenden Konkurrenzdrucks an Bedeutung. Eine Profilierung erfolgt in erster Linie über das Leistungsprogramm. Es ist derart auszugestalten, dass differenzierte Kundenbedürfnisse erfüllt werden können. Dazu gehört ebenfalls die Berücksichtigung veränderter Kaufverhaltensgewohnheiten und Trends.

- **Imageziele** lehnen sich eng an die Profilierungsziele an. Es kann unterstellt werden, dass Dienstleistungsanbieter, denen eine Profilierung gegenüber der Konkurrenz gelingt, auch ein eigenständiges Image erreichen. Darüber hinaus sind spezifische Imageziele, wie z. B. die Stärkung der Hauptleistungsposition und die Ausdehnung des Marken-/Unternehmensimages über das Angebot zusätzlicher Dienstleistungen, zu nennen.
- **Bekanntheitsziele** können z. B. dadurch erreicht werden, dass die Leistungspolitik und Kommunikationspolitik sorgfältig aufeinander abgestimmt werden. Eine Verstärkung des Werbedrucks in Medien der entsprechenden Zielgruppen kann – zumindest kurzfristig – Bekanntheitsgrade erhöhen.
- **Kundenbindungsziele** gewinnen in Zukunft gerade im Zuge der allgemein abnehmenden Loyalitätsraten an Bedeutung. Es ist zu überlegen, wie durch eine Attraktivitätssteigerung des Leistungsprogramms die Kundenbindung gehalten oder sogar erhöht werden kann. Dazu gehört auch das Angebot von Sekundärdienstleistungen, die als Kundenbindungsinstrument ausgestaltet werden können (z. B. Kundenzeitschrift, Kundenclub, komplementäre E-Services).

1.2 Instrumente der Leistungspolitik

Im Rahmen der Leistungspolitik von Dienstleistungsunternehmen sind zahlreiche Entscheidungen zu treffen. Zunächst werden Fragestellungen hinsichtlich der Leistungsprogrammgestaltung **(Leistungsprogrammpolitik)** beantwortet. Dazu zählen insbesondere Programminnovationen und -variationen sowie die Eliminierung einzelner Programmelemente. Als zweiter großer Block sind Entscheidungen hinsichtlich der **Markenpolitik** zu treffen, die im Dienstleistungsbereich deutliche Unterschiede zu den bekannten Ansätzen des Konsumgütermarketing aufweisen. Aufgrund der mixübergreifenden Wirkungen der Markenpolitik sind hierbei die Interdependenzen zu anderen Instrumenten zu berücksichtigen. Vergleichbar mit der Abrundung des Leistungsprogramms im Sachgüterbereich durch Zusatzleistungen (z. B. Kundendienst, Garantien) kann auch die definierte Kerndienstleistung um Zusatzleistungen **(Servicepolitik)** ergänzt werden. Dabei kann es sich sowohl um tangible (z. B. Tiefgarage eines Hotels) als auch um intangible Zusatzleistungen (z. B. Abholservice einer Autoreparaturwerkstatt) handeln. Eine besondere Rolle für Dienstleistungsunternehmen spielt im Rahmen der Leistungspolitik aufgrund der Integration des externen Faktors ferner die **Beschwerdepolitik**.

1.21 Leistungsprogrammpolitik

Aufgrund der Immaterialität von Dienstleistungen sind nicht materielle Güter Gegenstand von programmpolitischen Entscheidungen, sondern die Entwicklung und Veränderung von Dienstleistungspotenzialen, -prozessen und -ergebnissen (Meyer 1994). Hier ergeben sich ähnliche Probleme wie bei der in Kapitel 4, Abschnitt 4.21 diskutierten Standardisierung von Dienstleistungen. Bei einer Veränderung auf einer der drei Ebenen ist vielfach auch eine Anpassung zumindest einer der beiden anderen Ebenen erforderlich. So ist beispielsweise die Verbesserung des Ergebnisses eines Sprachkurses in der Regel an eine verbesserte Qualifikation des Lehrpersonals (Potenziale) und/oder an eine Veränderung des Unterrichts (z. B. verstärkte Einbeziehung der Lernenden; Prozesse) gebunden. Bei leistungsprogrammpolitischen Entscheidungen stehen im Dienstleistungsbereich folgende Ansatzpunkte im Vordergrund: die **materielle und personelle Ausstattung**, die **Verrichtungs-** bzw. **Ablaufprogramme** sowie im Zusammenhang damit die **räumliche und zeitliche Planung der Dienstleistungskapazitäten.**

Die Abschätzung des Erfolges von Leistungsprogrammerweiterungen durch Markteinführungen neuer Dienstleistungen wird dadurch erschwert, dass bei der Durchführung von Produkttests bzw. Dienstleistungstests stets der externe Faktor zu berücksichtigen ist. Somit sind dem Einsatz von Testmethoden in der Entwicklungsphase Grenzen gesetzt.

Der Begriff der Leistungsinnovation konzentriert sich im Wesentlichen auf die Neuentwicklung von Leistungen. Unter einer Leistungsvariation ist hingegen die Veränderung bereits bestehender Dienstleistungen zu verstehen. In der Regel sind bereits bestehende Leistungen zu verbessern. Es sind aber auch Modifikationen denkbar, die nicht eine Leistungsverbesserung, sondern – z. B. aus Rationalisierungsgründen – eine Reduktion des Leistungsumfangs zum Ziel haben. Grundsätzlich besteht die Zielsetzung von **Variationen/Modifikationen** und **Innovationen** im Dienstleistungsmarketing darin, marktorientierte Dienstleistungen anzubieten, die z. B. einem veränderten Nachfrageverhalten Rechnung tragen (Insert 6-1-1). Um dem Bedarf bestimmter Zielgruppensegmente besser gerecht zu werden, können **Differenzierungen** des Leistungsangebots vorgenommen werden (Meffert 2000, S. 335ff.). Im Rahmen der Dienstleistungsdifferenzierung werden zum bestehenden Programm neue Leistungsvarianten hinzugefügt.

Die drei grundlegenden Optionen der Leistungsprogrammgestaltung werden am Beispiel einer Fluglinie erörtert: Im Falle einer **Leistungsvariation** wird eine Teileigenschaft der Dienstleistung gewählt und verbessert. Hierfür lässt sich beispielsweise die Verkürzung der Flugzeit durch neue Überflugrechte (Variation) oder die Einrichtung neuer Nonstop-Verbindungen (Innovation) anführen. Bei einer **Leistungsmodifikation** hingegen erfolgt keine Veränderung von Teilleistungen mit dem ausschließlichen Ziel der Optimierung von aus Kundensicht wichtigen Beurteilungskriterien der Gesamtleistung. Vielmehr wird hier gezielt ein Wechsel der Beurteilungskriterien aus Kundensicht antizipiert und in Veränderungen von Leistungen umgesetzt (z. B. hat die Deutsche Lufthansa AG einer erhöhten Preissensitivität der Kunden dadurch Rechnung getragen, dass die Bordverpflegung in der Economy Class auf innerdeutschen Flügen deutlich reduziert und gleichzeitig die Flugpreise gesenkt wurden).

INSERT 6-1-1 Financial Times Deutschland, 09.03.2004, S. 3

McDonald's reagiert auf Kritik mit umfassendem Menüwechsel

Weniger Burger, stattdessen Joghurt und Obstsalat

Von **Jo Johnson**, Paris

Das Menü des Fastfood-Konzerns McDonald's steht vor der umfassendsten Überarbeitung in der fünfzigjährigen Geschichte des Unternehmens. In 16 europäischen Ländern werden die McDonald's-Restaurants Burger-Varianten durch Produkte wie Hühnchensalat, Joghurts und Obstsalat ersetzen.

„Das ist eine große Neuigkeit, auch für Länder, in denen wir bereits mit Beilagensalaten experimentiert haben", sagte Denis Hennequin, Vorstandsmitglied für McDonald's Europa. „Salate als vollständige Mahlzeiten entsprechen dem neuen Trend bei unseren Kunden, mehr auf Nahrung und Lebensstil zu achten."

McDonald's wird gemeinsam mit Lebensmittelexperten aus Brüssel ein Kennzeichnungssystem entwickeln. Das auf Piktogrammen basierende System soll bis Ende des Jahres fertig sein. Vergangenes Jahr hatten zwei New Yorker Teenager, die dem Konzern die Schuld für ihre Fettleibigkeit geben, McDonald's erfolglos verklagt. Rechtsexperten sagten, das neue Kennzeichnungssystem könnte wichtig sein, um vergleichbare Klagen in Zukunft abzuwehren.

„Piktogramme sind in jeder Sprache verständlich, sie sind klar und deutlich, ohne viel technische Details zu enthalten", sagte Hennequin. Erst vergangene Woche hatte McDonald's entschieden, extra-große Pommes-Frites-Portionen und Getränke im US-Markt aus dem Angebot zu nehmen. Die Riesenportionen waren ins Kreuzfeuer der Aktivisten gegen Fettleibigkeit geraten.

Die neuen Produkte wurden von dem französischen Küchenchef Olivier Pichot im neuen Pariser Food Studio von McDonald's entwickelt. Zunächst sollen sie ab Ende März in Deutschland und Großbritannien angeboten werden.

McDonald's bestätigte vergangene Woche, dass bis Ende des Jahres die größte Pommes-Frites-Portion (rund 200 Gramm) aus dem Angebot entfernet werden soll. Außerdem sollen die großen Getränkeportionen von der Speisekarte entfernt werden.

„Salate als vollständige Mahlzeiten entsprechen dem neuen Trend"

Denis Hennequin, McDonald's Europa

Erst vor zwei Monaten trat Hennequin seinen neuen Posten für europaweite Belange bei McDonald's an. Er versucht nun, die bei McDonald's in Frankreich eingeführten Rezepte schnell zu exportieren. Unter seiner Führung war Frankreich seit 1995 zur Triebfeder für das Konzernwachstum in Europa geworden.

Um für die acht gesünderen Produkte Platz zu schaffen, wird McDonald's eine Sorte des McBacon sowie eine Variante von Käse-Hamburgern aus dem Sortiment nehmen.

Die Einführung neuer Produkte war für McDonalds in den letzen Jahren keine leichte Aufgabe. In den vergangenen Jahren hat sich das Unternehmen ohne erkennbaren Erfolg angestrengt, einen ähnlichen Verkaufsschlager wie die 1983 eingeführten Chicken McNuggets zu finden.

Im Rahmen der **Leistungsdifferenzierung** (Service Customization) wird der Heterogenität der Konsumenten durch eine differenzierte Ausgestaltung des Leistungsprogramms und damit durch das Angebot zusätzlicher Wahloptionen Rechenschaft getragen. Voraussetzung der Leistungsdifferenzierung ist in der Regel die Aufteilung des Gesamtmarktes in einzelne Marktsegmente, die durch unterschiedliche Bedürfnisse der Nachfrager klassifiziert werden. Ansatzpunkte zur Dienstleistungsdifferenzierung sind wiederum Potenziale, Prozesse und Ergebnisse, wobei die neuen Varianten im Gegensatz zur Leistungsverbesserung und -modifikation zusätzlich im Programm geführt werden. Ein Ansatz zur Leistungsdifferenzierung ist die Variation bzw. Innovation der Potenzialfaktoren, z. B. durch die Neueinführung der Lufthansa First-Class mit veränderter Ausstattung im Luftfahrzeug und am Boden. Eine weitere potenzialbezogene Differenzierungsmöglichkeit ergibt sich durch ein unterschiedliches Angebot von Zusatzleistungen. Das Angebot alternativer Buchungsklassen (First, Business und Economy Class) kann hierfür angeführt werden. Ferner bietet sich bei einer hohen Heterogenität der angebotenen Leistungen eine Variation der Markenstrategie an. So ermöglicht insbesondere die Mehrmarkenstrategie eine differenzierte Bearbeitung von unterschiedlichen Segmenten. Vor diesem Hintergrund hatte sich Lufthansa im Rahmen der Markteinführung einer No-Frills-Airline entschlossen, diese als eigenständige, zielgruppenspezifische Marke „Germanwings" zu führen. Eine weitere Form der Leistungsdifferenzierung ergibt sich in Bezug auf die Art der Einbeziehung und Auswahl des externen Faktors. So hat der Passagier der US-amerikanischen Fluggesellschaft Southwest sein Gepäck bis zum Flugzeug eigenständig zu befördern, während diese Leistung von fast allen anderen Fluggesellschaften übernommen wird (Meyer/Blümelhuber 1998b, S. 386).

Eine dichotome Unterscheidung zwischen Dienstleistungsprogrammvariation und Dienstleistungsinnovation ist nicht möglich.. Vielmehr kann von einer graduelle Abstufung gesprochen werden. Daher wird im Folgenden zunächst der Fall der **Leistungsprogrammvariation** aufgegriffen und diskutiert. Anschließend wird auf diejenigen Entscheidungstatbestände eingegangen, die darüber hinaus überwiegend bei der Gestaltung von **Dienstleistungsinnovationen** auftreten.

1.211 Variation von Dienstleistungsprogrammen

Angesichts der Immaterialität von Dienstleistungen stellt sich die Frage, in welcher **Form** eine Veränderung bestehender Leistungen erfolgen kann. Bereits einleitend wurde hervorgehoben, dass sich die Veränderungen von Dienstleistungen auf Potenziale, Prozesse und Ergebnisse beziehen können (vgl. Abbildung 6-1-5).

Abbildung 6-1-5 Entscheidungstatbestände der Variation von Dienstleistungsprogrammen

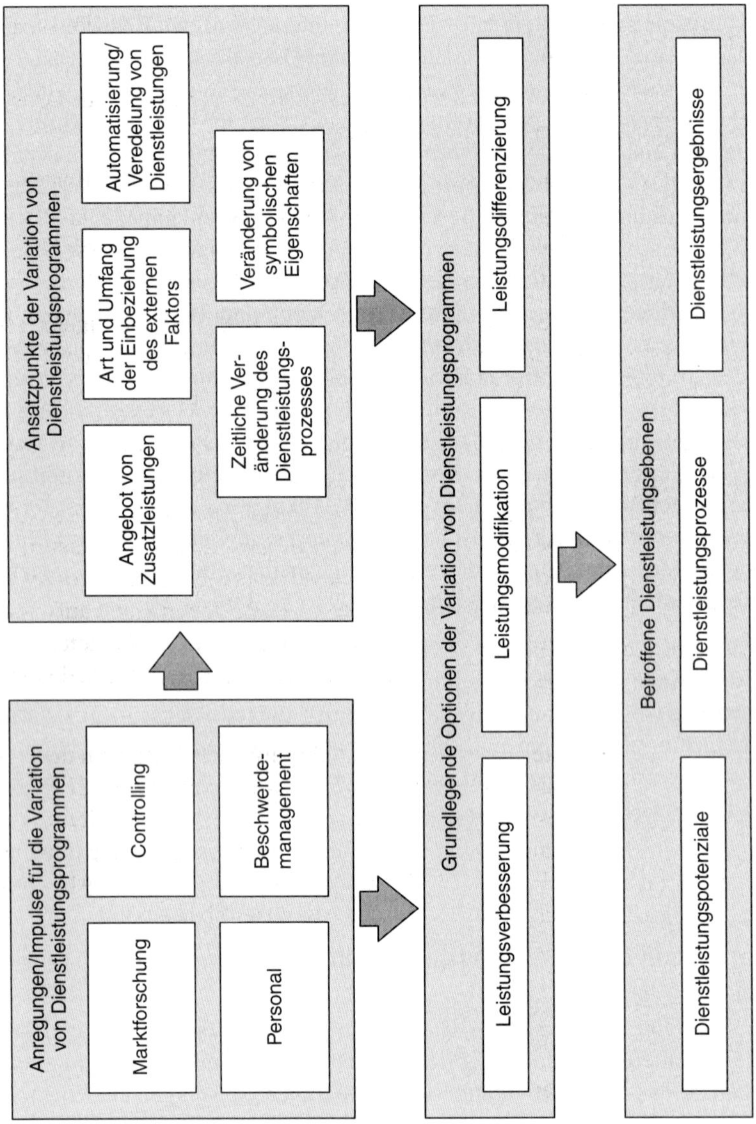

GABLER GRAFIK

Auslöser für Variationsentscheidungen können Anregungen und Impulse verschiedener unternehmensinterner und -externer Quellen sein:

- Dazu zählt zunächst die **Marktforschung,** die beispielsweise Trends im Konsumentenverhalten aufzeigen und im Rahmen von Kundenzufriedenheitsbefragungen spezielle Defizite ermitteln kann.
- Im Rahmen des betriebsinternen **Controlling** können darüber hinaus Daten abgeleitet werden, die eine Variation des Leistungsprogramms sinnvoll erscheinen lassen.
- Eine weitere wichtige Quelle von Anregungen sind die bei der Erstellung von Dienstleistungen im Kundenkontakt stehenden **Mitarbeiter.** Diese verfügen über detaillierte Kenntnisse der Kundenwünsche und den gegenwärtigen Grad der Bedürfnisbefriedigung (Zeithaml/Parasuraman/Berry 1992; Grönroos 2000).
- Schließlich ist auf die besondere Bedeutung des **Beschwerdemanagements** und der dort abgeleiteten Anregungsinformationen für die Ausgestaltung der Leistungsvariation hinzuweisen.

Die Anregungsinformationen können nicht ausschließlich in Form von **Leistungsverbesserungen** und **Leistungsmodifikationen** umgesetzt werden. Vielmehr bietet sich aufgrund der Heterogenität der Kundenwünsche in vielen Fällen eine **Leistungsdifferenzierung** an, die sich nicht auf eine grundsätzliche Veränderung der Leistung, sondern ein größeres Variantenspektrum bezieht. Insbesondere im Business-to-Business-Bereich, in dem die Leistungen im Allgemeinen eine größere Komplexität aufweisen als im konsumtiven Bereich, spielt die Differenzierung im Sinne einer Anbieterflexibilität – also der Fähigkeit, auf Kundenwünsche individuell einzugehen – eine bedeutende Rolle (Ivens 2004).

Neben den bisher dargestellten Entscheidungsabläufen bei der **Variation des Leistungsprogramms** (Ausgangspunkt: interne und externe Informationen; dann Entscheidung hinsichtlich Leistungsverbesserung, -modifikation und/oder -differenzierung in Abhängigkeit vom aktuellen Leistungsprogramm; abschließend Entscheidung hinsichtlich der Anpassung der Potenziale, Prozesse und Ergebnisse) gibt es – wie in Abbildung 6-1-5 dargestellt – fünf **inhaltliche Ansatzpunkte für eine Variation,** die auf fast jedes Dienstleistungsunternehmen zutreffen:

1. Angebot von Zusatzleistungen,
2. Art und Umfang der Einbeziehung des externen Faktors,
3. Automatisierung und Veredelung der Dienstleistung,
4. Zeitliche Veränderungen des Dienstleistungsprozesses,
5. Veränderung symbolischer Eigenschaften.

Diese Alternativen von Dienstleistungsvariationen werden im Folgenden ausführlich erläutert:

1. Angebot von Zusatzleistungen

Aufgrund einer zunehmenden Austauschbarkeit der Kernleistung in vielen Branchen (z. B. Luftverkehr, Banken) gewinnen **ergänzende Leistungen** zur Wettbewerbsdifferenzierung an Bedeutung. Hierbei kann zwischen **materiellen Zusatzleistungen** bzw. **-produkten** (z. B. Teilnehmer eines Sprachkurses erhalten Trainingskassetten und Bücher) und/oder **immateriellen Zusatzleistungen** bzw. **-diensten** (z. B. Kreditkartenangebote schließen eine Reiseversicherung mit ein) unterschieden werden (Corsten 2001).

Die Möglichkeit des Angebotes von Zusatzleistungen wird durch den Grundnutzen der Kernleistung determiniert. Insbesondere Dienstleistungen mit einem sehr hohen Interaktionsgrad zwischen internen und externen Faktoren weisen eine Vielzahl ergänzender Leistungen auf (Meyer 1998, S. 728).

Abbildung 6-1-6 **Profilierungsfelder von Services im Automobilbereich**

Grad der Affinität von Primärleistungen und Sekundärdienstleistungen / Erwartungshaltung auf Kundenseite	**Hohe Affinität**	**Mittlere Affinität**	**Geringe Affinität**
Muss-Services	■ Garantiearbeiten ■ Technischer Kundendienst **Profilierungsfeld I**		**Profilierungsfeld II**
Soll-Services	■ „TÜV"-Untersuchung ■ Leasing ■ Direktannahme	■ Mietwagenvermittlung	■ Cafeteria **Profilierungsfeld III**
Kann-Services	■ Haftpflichtversicherung	■ Mobilitätsgarantie ■ Schutzbrief	■ Kinderhort ■ Reisebüro

GABLER GRAFIK

Quelle: Laakmann 1995, S. 19

Eine Systematisierung von Zusatzleistungen lässt sich anhand der Dimensionen Erwartungshaltung der Kunden bzw. Affinität zur Kernleistung vornehmen (vgl. Abbildung 6-1-6). Geringe Profilierungsmöglichkeiten existieren im Feld I, da die diesbezüglichen Leistungen von den Kunden als selbstverständlich vorausgesetzt werden und eine hohe Affinität zur Primärleistung besteht. Eine Chance zur Differenzierung gegenüber Konkurrenzunternehmen bieten jedoch Zusatzleistungen, die in dieser Form vom Kunden nicht erwartet werden und keinen direkten Bezug zur Kernleistung aufweisen (Feld III) (vgl. hierzu auch Insert 6-1-2).

Hinsichtlich der zu erfüllenden **Funktionen** von Zusatzleistungen kann folgende Differenzierung vorgenommen werden (Jugel/Zerr 1989, S. 163; Meyer 1998, S. 728):

- **Obligatorische ergänzende Leistungen** sind für die Erstellung der Kernleistung zwingend notwendig (Check-in, Boarding im Luftverkehr) und somit auf die Erfüllung des Grundnutzens fokussiert. Eine Wettbewerbsdifferenzierung ist hierdurch kaum möglich.
- **Unmittelbar fakultative ergänzende Dienstleistungen** sind keine notwendigen Bestandteile einer Dienstleistung, beziehen sich jedoch auf eine verbesserte Funktionserfüllung der Kernleistung und steigern somit deren Attraktivität (z. B. Verpflegung an Bord, Gepäck-Check-in einer Fluggesellschaft am Bahnhof). Sie sind zur Differenzierung geeignet, allerdings durch den Wettbewerber vergleichsweise einfach imitierbar (Insert 6-1-3).
- **Mittelbar fakultative ergänzende Dienstleistungen** stehen in keinem Zusammenhang zur Kernleistung und dienen einer Stärkung der emotionalen Bindung des Kunden an den Anbieter. Aufgrund der psychologischen Dimension ist der geschaffene Zusatznutzen zur Profilierung besonders geeignet (z. B. Lufthansa-Kreditkarten).

Als besonders erfolgreich erweisen sich zudem **Mischformen,** die sowohl unmittelbar als auch mittelbar fakultativen Charakter haben. So dienen Vielfliegerprogramme von Luftverkehrsgesellschaften zum einen dem Aufbau einer emotionalen Bindung und ermöglichen zum anderen über einen bestimmten Status (z. B. Lufthansa Frequent Traveller, Lufthansa Senator) oder gegen die Einlösung von Prämienmeilen eine Steigerung der Attraktivität der Kernleistung, z. B. durch die Nutzung von Lounges oder Upgradings in eine höhere Buchungsklasse.

Zusatzleistungen eines Dienstleisters können dabei an den drei **Dimensionen einer Leistung** ansetzen (Donabedian 1980; Bieberstein 2001, S. 249f.):

- Potenzialdimension (z. B. Reservierung eines Hotelzimmers),
- Prozessdimension (z. B. Fernsehapparate in den Zügen der Deutschen Bahn),
- Ergebnisdimension (z. B. Garantien).

INSERT 6-1-2 Volkswagen Magazin, Juli 2000, S. 76–77

Service

ALLES

BEIM VOLKSWAGEN EXCLUSIV SERVICE GIBT

Eine alte Erfahrung ist heute aktueller denn je: Volkswagen Fahrer haben's gut. Der Grund dafür heißt Volkswagen Exclusiv Service und ist eine Initiative für mehr Freude am Automobil.
Der Exclusiv Service gilt für alle Volkswagen Modelle und bringt viele Vorteile mit sich. Zu den Wartungs- und Inspektionsarbeiten gibt es nun ein umfangreiches Paket von Service- und Garantieleistungen, die sich im Alltag als besonders nützlich erweisen können. All diese zusätzlichen Leistungen erwirbt der Kunde automatisch beim Kauf eines neuen Volkswagen.
Für die Servicearbeiten selbst wurden neue, verbindliche Richtlinien eingeführt und Zusatzdienste für alle Kunden verfügbar gemacht.
Ihr Auto steht? Sie fahren weiter! Ihr Auto muss in die Werkstatt, Sie müssen zu einem dringenden Termin in eine andere Stadt. Mit Exclusiv Service kein Problem. Ihr Volkswagen Partner stellt Ihnen zu einem sehr günstigen Preis ein Ersatzauto für die Dauer des Service zur Verfügung. Ist Ihr Terminplan noch dichter, so bietet Ihnen der Exclusiv Service eine weitere Dienstleistung an: den Hol und Bring Service. Dabei wird Ihr Auto von einem Mitarbeiter Ihres Volkswagen Partners abgeholt, wo Sie es wollen; der Werkstatt-Auftrag wird an Ort und Stelle aufgenommen, Sie ersparen sich unnötige Wartezeit. Egal ob Inspektions Service, Reparaturarbeit, Hauptuntersuchung mit AU-Abnahme, Ölwechsel, Reifenservice, Zubehör-Einbau oder andere Arbeiten – vom Hol und Bring Service wird Ihr fertiges Auto zurückgebracht. Selbstverständlich lassen sich beide Service-Leistungen kombinieren. Auf Wunsch holt Ihr Volkswagen Partner nicht nur Ihr Auto ab, sondern bringt gleich einen Ersatzwagen mit – Service-Freundlichkeit und individuelle Bedienung zu günstigen Konditionen.

Mehr als ein Versprechen: die Service Qualitätsgarantie. Für jede Arbeit, die von einem Volkswagen Partner ausgeführt wird, gibt es strenge Richtlinien. Mit dem Exclusiv Service sind die wichtigsten Vorgaben in einem drei Punkte umfassenden Garantiepaket enthalten. Wann immer Sie Ihr Auto in die Werkstatt bringen, haben Sie ein Recht auf beste, pünktliche und auftragsgemäße Arbeit. Das garantiert Ihnen Ihr Volkswagen Partner.
▶ Jede Arbeit wird auftragsgemäß durchgeführt. Sollten Sie Mängel entdecken, werden sie – natürlich gratis – behoben. Zudem genießen Sie ein volles Jahr Gewährleistung auf alle Arbeiten und alle dabei verwendeten Volkswagen Original Teile.
▶ Ihr Auftrag wird bis zum vereinbarten Termin erledigt. Sollte doch einmal eine Arbeit bis zum avisierten Zeitpunkt nicht fertig werden, so haben Sie Anspruch auf einen kostenlosen Er-

Das Leben wird ein wenig einfacher: *Auf Wunsch holt Ihr Volkswagen Partner nicht nur Ihr Auto ab, sondern bringt einen Ersatzwagen mit.*

INSERT 6-1-2 Volkswagen Magazin, Juli 2000, S. 76–77 (Fortsetzung)

INKLUSIVE!

ES MEHR: SICHERHEIT, QUALITÄT UND MOBILITÄT FREI HAUS.

satzwagen. Dieses Auto fahren Sie so lange, bis alle Arbeiten an Ihrem Wagen abgeschlossen sind.

▶ Jeder Punkt auf der Rechnung wird auf Wunsch erklärt – sonst ist die Leistung gratis. Die Rechnung ist übersichtlich gestaltet und detailgenau aufgeschlüsselt. Auf diese Weise behalten Sie stets den Überblick. Wenn Sie Fragen haben, steht Ihnen Ihr Service Berater zur Verfügung und erklärt Ihre Rechnung gerne Punkt für Punkt. So haben Sie die Gewissheit, dass nur die von Ihnen in Auftrag gegebenen Arbeiten ausgeführt werden und keine unerwarteten Kosten auf Sie zukommen.

Rat und Tat: das Volkswagen Service Telefon. Beschwerden, Wünsche, Anregungen, Fragen? Das Volkswagen Service Telefon ist immer für Sie da – 24 Stunden am Tag, sieben Tage in der Woche. Unter der gebührenfreien Telefonnummer 0800-VOLKSWAGEN (für Telefone ohne Buchstabenwahl: 0800-865 579 24 36) stehen Ihnen 400 qualifizierte Volkswagen Mitarbeiter zur Seite. Sie kümmern sich um Ihre Anliegen, organisieren Hilfe und beraten Sie – Hilfe ist nur einen Anruf entfernt.

Ein Leben lang: die Volkswagen LongLife Mobilitäts Garantie. Auch für diese beispiellose Mobilitätsgarantie ist der Exclusiv Service der Schlüssel. Denn nach jeder durchgeführten Inspektion verlängert sich Ihr Anspruch auf die LongLife Mobilitätsgarantie bis zum nächsten fälligen Inspektionstermin – egal, wie alt Ihr Auto ist, ob Sie es gebraucht gekauft haben oder Erstbesitzer sind. Von der LongLife Mobilitätsgarantie können in Deutschland gut zwölf Millionen Autos profitieren. Denn auch wer vorher bei seinem Volkswagen Partner keine Inspektion machen ließ, kann schon nach dem ersten Besuch die LongLife Mobilitätsgarantie in Anspruch nehmen. Im Rahmen dieser Garantie haben Sie viele Vorteile:

▶ Kostenlose Pannenhilfe in Deutschland und dem westeuropäischen Ausland.

▶ Wenn das Problem nicht vor Ort behoben werden kann, wird Ihr Auto kostenfrei bis zum nächsten Volkswagen Partner abgeschleppt.

▶ Ein Ersatzwagen wird bis zu einer Dauer von drei Tagen gratis und ohne Kilometerbegrenzung zur Verfügung gestellt.

▶ Falls Sie unterwegs sind, übernimmt die LongLife Mobilitätsgarantie alternativ die Kosten für eine Hotelübernachtung – auch für Ihre Mitfahrer.

▶ Bergungs- und Abschleppkosten nach einem Unfall werden abgedeckt.

▶ Nach einer Verletzung oder andauernder Erkrankung des Fahrers wird eine kostenlose Fahrzeug-Rückführung in die Wege geleitet.

▶ Die Kosten für eine außerplanmäßige Rückreise werden bis zu 5000 Mark pro Person ersetzt.

▶ Zur LongLife Mobilitätsgarantie gehört Hilfe bei der Organisation und beim Versand von Arzneimitteln ins Ausland.

▶ Ein Darlehen bei finanzieller Notlage im Ausland – etwa nach einem Diebstahl – bis zu einer Höhe von 3000 Mark hilft Probleme lösen.

▶ Die Service-Hotline bietet Unterstützung bei Behördenproblemen auf Reisen mit dem Auto – und vermittelt auf Wunsch einen Rechtsanwalt.

Diese und eine Reihe weiterer Leistungen können unkompliziert über die Telefonnummer 0800-VWSERVICE (0800-897 378 423) abgerufen werden.

Express Service oder rund um die Uhr: Kundendienst bei Volkswagen. Zwei weitere Initiativen sollen dafür sorgen, dass sich Volkswagen Fahrer noch besser betreut und umsorgt fühlen. Zum einen ist es der Express Service, der mehr Flexibilität beim Kontakt mit der Werkstatt bringen soll. Dieses Angebot ist für die kleinen Arbeiten am Auto gedacht, die sozusagen im Vorbeifahren erledigt werden können – etwa Reifenservice, Ölwechsel, Reparaturen an Auspuff, Bremsen, Stoßdämpfern und kleineren Wartungsarbeiten bis zu einem Zeitaufwand von bis zu zwei Stunden.

Für all diese Tätigkeiten im Rahmen des Express Service brauchen Sie keinen Termin bei Ihrem Volkswagen Partner zu vereinbaren. Wann immer Sie Zeit haben, hat er Zeit für Sie. Erledigt werden diese Arbeiten ohne Eil-Zuschlag und ohne Abstriche bei Qualität und Gewährleistung. Selbstverständlich genießen Sie für alle im Rahmen eines Express Service durchgeführten Arbeiten und eingebauten Original Teile ein Jahr Garantie.

Die zweite Initiative betrifft die Öffnungszeiten. Mehr als 600 Volkswagen Partner in Deutschland arbeiten bereits in zwei Schichten mit Öffnungszeiten bis 22 Uhr, um den Werkstatt-Besuch zu erleichtern. Einige Volkswagen Partner haben bereits einen ganz besonderen Service eingeführt: Sie haben rund um die Uhr geöffnet. Wenn Sie Ihr Auto am Abend zum Service bringen, bekommen Sie es am nächsten Morgen zurück.

Wie Sie erfahren, welcher Volkswagen Partner in Ihrer Umgebung längere Öffnungszeiten hat? Ganz einfach: Sie wählen das Volkswagen Service Telefon.

Exclusiv!

- **Hol und Bring Service:** Zum günstigen Preis wird Ihr Auto abgeholt und fertig zurückgebracht.
- **Ersatzwagen:** für die Zeit des Service oder der Reparaturarbeiten.
- **Volkswagen Service Telefon:** Unter der Nummer 0800-VOLKSWAGEN (0800-865 579 24 36) steht Ihnen gebührenfreie Assistenz rund um die Uhr zur Verfügung.
- **LongLife Mobilitätsgarantie:** Nach jeder Inspektion verlängert sich das Leistungspaket bis zum nächsten fälligen Wartungsintervall.
- **Service Qualitätsgarantie:** Detailgenaue Rechnung, pünktliche Arbeit und auftragsgemäße Durchführung sind garantiert.
- **Express Service:** Kleinere Arbeiten werden sofort und ohne Voranmeldung erledigt.
- **Neue Öffnungszeiten:** 600 Volkswagen Partner in Deutschland haben bis 22 Uhr geöffnet.

INSERT 6-1-3 Frankfurter Allgemeine Zeitung, 19.01.2005, S. 14

Flugzeug mit Doppelbett und Schönheitsfarm

Die meisten Vorstandsvorsitzenden loben die Wirtschaftlichkeit des Großflugzeugs A 380

noa. TOULOUSE, 18. Januar. Mit einer feierlichen Veranstaltung hat Airbus die offizielle Vorstellung des neuen Großraumflugzeugs A 380 am Dienstag in Toulouse begangen. Vor 5000 geladenen Gästen und den Regierungschefs und Präsidenten der vier beteiligten Staaten – Frankreich, Deutschland, Großbritannien und Spanien – wurde das neue Flugzeug in den neuen blau-weißen Airbus-Farben präsentiert. Dazu war die Hälfte der größten Halle Europas, der 490 langen Montagelinie des Modells, in eine Bühne und die Präsentationsfläche für den Riesenflieger umgestaltet worden. Die neuen Farben sollen den Meilenstein in der Geschichte von Airbus repräsentieren; seit drei Jahren Marktführer in der zivilen Luftfahrt.

Airbus A 380 im Größenvergleich

A 380	
Länge:	73 m
Höhe:	24,1 m
Spannweite:	79,8 m
Passagiere:	555 (max. 853)

Boeing 747	
Länge:	70,7 m
Höhe:	19,3 m
Spannweite:	64,3 m
Passagiere:	416 (max. 570)

Concorde	
Länge:	62,1 m
Höhe:	12,2 m
Spannweite:	25,5 m
Passagiere:	131

Airbus A 330	
Länge:	59 m
Höhe:	17,9 m
Spannweite:	60,3 m
Passagiere:	257 (max. 380)

F.A.Z.-Grafik Kaiser

Die A 380 ist das größte jemals gebaute zivile Flugzeug und wird wahrscheinlich Ende März zu seinem ersten Erprobungsflug von Toulouse aus abheben. Bisher haben sich 14 Fluggesellschaften, davon zwei Frachtfluggesellschaften, zum verbindlichen Kauf des A 380 oder des A 380F verpflichtet. Singapore Airlines wird das Flugzeug als erste Gesellschaft auf der Route Singapur–London im Liniendienst im Jahr 2006 einsetzen. Im Laufe der Jahre wird dann das Fluggerät den anderen Gesellschaften zugehen, wobei die Deutsche Lufthansa frühestens im September 2007 den Liniendienst aufnehmen wird. Die Deutsche Lufthansa hat 15 Flugzeuge bestellt, die – in einer noch unbekannten Konfiguration – auf den Fernstrecken nach Asien und Nordamerika eingesetzt werden sollen. Wolfgang Mayrhuber versprach, durch den Einsatz der A 380 würden sich der Komfort für die Kunden verbessern und die Renditen für die Anteilseigner erhöhen. Er sieht gute Chancen, die Bestellungen für dieses Flugzeug noch zu steigern: Schließlich würden gegenwärtig 70 Prozent des Luftverkehrs von nur 13 Prozent der Bevölkerung in Nordamerika und Europa verursacht.

Nicht von ungefähr befinden sich unter den ersten Bestellern auffällig viele Gesellschaften, die ihre Basis in den am schnellsten wachsenden Verkehrsmärkten in Asien und im Pazifik haben. So unterstrichen die CEOs und Vorstandsvorsitzenden von Quantas Airways, Singapore Airlines, Thai Airways International, Korean Air Lines und Malaysia Airlines die Fähigkeiten des neuen Großraumflugzeuges, mehr Passagiere zu geringeren Stückkosten zu befördern. Im Gegensatz zum bisher größten Flugzeug in der zivilen Luftfahrt - der Boeing 747 - liegen die Stückkosten um 15 bis 20 Prozent niedriger. Durch die deutlich größere Passagierzahl von rund 550 Fluggästen hat die A 380 zudem den Vorteil, daß sie bei Flughäfen mit begrenzter Kapazität diese besser nutzt, weil dadurch im Gegensatz zu heute andere Flüge entfallen.

Für den asiatischen Markt, der mit durchschnittlich sechs Prozent Verkehrswachstum deutlich schneller wächst als der amerikanische oder der europäische Markt, sind auch Flugzeugversionen mit mehr als 800 Passagieren denkbar, wenn auf die Drei-Klassen-Einteilung verzichtet wird. Das dies nicht das Ende möglicher Fluggastzahlen sein wird, steht bei Branchenexperten außer Zweifel.

Die A 380 mit 80 Meter Länge und einer Spannweite von 80 Metern scheint daher prädestiniert für eine längere Version, mit der dann bis zu 1000 Passagiere befördert werden können. Doch bis dahin werden rund zehn Jahre vergehen, war in Toulouse inoffiziell zu vernehmen.

Bei der Pressekonferenz hüllten sich die meisten Chefs der Fluggesellschaften in beredtes Schweisgen, was die konkrete Ausgestaltung der von ihnen bestellten Flugzeuge des A 380 angeht. Fast keiner wollte sich viele Monate vor dem ersten Start für einen Linienflug in die Karten schauen lassen. Aber es gab zwei Ausnahmen: Jean-Cyril Spinetta, Vorstandsvorsitzender der Air France sagte, die Gesellschaft plane mit 9 Sitzplätzen in der Ersten-Klasse, 80 in der Business- und 449 in der Economy-Klasse. Eine Aufteilung, die auch mit geringen Abweichungen für die Deutsche Lufthansa gelten dürfte. Denn schließlich müssen die Kapazitäten des 280 Millionen Dollar (Listenpreis) teuren Flugzeugs wieder eingeflogen werden.

Der andere, der den kurzen Auftritt zu einem kleinen Marketingevent nutze, war Richard Branson. Er freue sich auf das große Flugzeug, weil es nun die Möglichkeit gebe, die Ideen von Virgin Atlantic umzusetzen. Er kündigte an, seine insgesamt 12 Maschinen (6 Festbestellungen und 6 Optionen) mit Doppelbetten, Fitneßgelegenheiten, einem fliegenden Casino und einer kleinen „Schönheitsfarm" ausstatten zu wollen. Daher werde seine Fluggastzahl eher bei 500 liegen, während Air France mit 538 Sitzen plant.

Quatar Airways CEO Akbar Al Baker entgegnete Branson, er plane mit maximal 490 Fluggästen, die dann ein bisher nicht bekanntes Maß an Komfort und Bewegungsfreiheit genössen. „Die Welt wird staunen über unsere Innovationen", sagte Al Baker, der einer der am schnellsten wachsenden Fluggesellschaften der Welt vorsteht und bisher zwei Maschinen bestellt hat, die 2009 von neuen Flughafen in Doha starten sollen, dessen Grundstein in den vergangenen Tagen gelegt wurde.

Bestellungen für Airbus 380

Gesellschaft	Anzahl der Aufträge A 380	A380 F*
Air France	10	
Emirates	41	2
Etihad Airways	4	
Federal Express		10
International Lease Finance Corp.	5	5
Korean Airlines	5	
Lufthansa	15	
Malaysia Airlines	6	
Quantas Airways	2	
Qatar Airways	2	
Singapur Airlines	10	
Thai Airways International	6	
UPS		10
Virgin Atlantic Airways	6	

* Frachter

Quelle: Unternehmensangaben

Weiterhin können diese Zusatzleistungen vor, während oder nach dem Leistungserstellungsprozess zum Einsatz kommen. Demnach lassen sich die unterschiedlichen Zusatzleistungen anhand der Dimension einer Leistung und dem Zeitpunkt ihres Einsatzes typologisieren.

Eine zentrale Herausforderung stellt für den Dienstleistungsanbieter die Kreation geeigneter **Leistungs-** bzw. **Preisbündel** aus selbständigen und unselbständigen Leistungskomponenten dar (Corsten 2001). Die Leistungsbündelung ermöglicht es dem Dienstleistungsanbieter, sich vom Preiswettbewerb abzukoppeln. Einerseits wird ein direkter Preisvergleich von Servicepaketen verschiedener Dienstleistungsanbieter für den Konsumenten dadurch erschwert oder sogar unmöglich gemacht (eine detaillierte Diskussion der Optionen der Preisbündelung erfolgt in Abschnitt 3). Andererseits kann für den Dienstleistungsnachfrager durch den **Angebotsverbund** auch ein Vorteil in der Form gegeben sein, dass er ein seinen Bedürfnissen entsprechendes Dienstleistungsbündel erwerben kann und durch ein so genanntes „One Stop Shopping" der Koordinationsaufwand für den Einzelerwerb der Leistungen entfällt.

Für die Auswahl der in einem **Leistungsbündel** mit der Kernleistung angebotenen Zusatzleistungen beschreibt Friege drei alternative **Strategien** (Friege 1995, S. 52ff.):

- Im Rahmen des **Unbundling** enthält eine Dienstleistung lediglich das Kernangebot, bestehend aus der Kernleistung und den obligatorisch ergänzenden Leistungen. Darüber hinaus hat der Kunde entsprechend seinem eigenem Bedarf die Möglichkeit, Zusatzleistungen ergänzend hinzuzukaufen. Meyer spricht in diesem Zusammenhang von einem modularen Angebotssystem (Meyer 1998, S. 730). Da bei diesem hohen Individualisierungsgrad die Leistungen einzeln gekauft werden, bestehen hier nur geringe Möglichkeiten zur Realisierung von Mengenvorteilen.
- Alle fakultativ unmittelbar und gegebenenfalls auch mittelbar ergänzenden Leistungen werden im Rahmen des **Pure Bundling** zu einem einzigen Angebot verknüpft (z. B. „All-Inclusive"-Angebote in der Touristikbranche). Hierbei besteht jedoch langfristig die Gefahr, dass die Zusatzleistungen für den Kunden keinen echten Wert darstellen und er diese bei freier Entscheidung nicht bezogen hätte. Wenn er in einem solchen Fall nicht bereit ist, mit dem Kaufpreis auch die nicht gewünschte Zusatzleistung mit zu bezahlen, wird er sich gegen den Kauf entscheiden. Folglich sind Kostenvorteile aus der Bündelung der Leistungen gegen derartige Nachteile abzuwägen.
- Eine partiell freie Auswahl der Zusatzleistungen wird dem Kunden durch das **Mixed Bundling** ermöglicht. Hierbei existieren bestimmte Leistungsbündel, die wiederum von weiteren, individuell wählbaren Zusatzleistungen ergänzt werden können.

Das Angebot von Zusatzleistungen bezieht sich jedoch nicht allein auf eine Ergänzung der jeweiligen Kernleistung. So dient vielfach die Zusatzleistung selbst als Bezugsobjekt für das Angebot ergänzender Leistungen. In Abbildung 6-1-7 sind Beispiele für den unterschiedlichen Bezug der Zusatzleistung in Kombination mit alternativen Formen des Angebotsverbundes abgebildet.

Abbildung 6-1-7 **Formen des Angebotsverbundes bei unterschiedlichen Bezugsobjekten von Zusatzleistungen**

Art der Objekte		Formen der Preisbündelung: Unbundling	Mixed Bundling	Pure Bundling
Art der Objekte	**Value Added Service bei Sachgütern**	▪ Haftpflichtversicherung und Automobil ▪ Telefon und Telefondienstanbieter	▪ Kundendienstsparpaket und Neuwagen ▪ EDV-Gerät und Softwareinstallation	▪ Erweiterte Garantie und Automobil ▪ Kopiergerät und Ersatzteilservice
Art der Objekte	**Value Added Service bei Dienstleistungen**	▪ Gastronomie in Erlebnisparks ▪ Tenniskurs und Tauchkurs im Rahmen einer Pauschalreise	▪ Skipass und Hotel ▪ Antiviren und Antispam-Software ▪ LKW-Vermietung und Umzugsservice	▪ Serviceleistung im Rahmen von Kundenclub-Konzepten ▪ Zeitschriftenangebot bei Fluglinien

GABLER GRAFIK

Quelle: Laakmann 1995, S. 63

Die Vorteilhaftigkeit eines Leistungsbündels kann dem Kunden insbesondere dann deutlich gemacht werden, wenn die angebotenen Zusatzleistungen individuell einen echten Mehrwert spenden. Von daher ist die pauschale Verwendung des Begriffes **„Value Added Services"** für jegliche Arten von Zusatzleistungen zu relativieren und einer individuellen Prüfung zu unterziehen. Vielmehr ist darauf zu achten, dass ein Leistungsbündel gegenüber der Kernleistung einen deutlichen Nutzenzuwachs stiftet.

Ansatzpunkte zur **Gestaltung von Leistungsbündeln** ergeben sich insbesondere aus Marktforschungsergebnissen, die unterschiedliche Dimensionen des Kundennutzens erheben und gewichten (z. B. Conjointanalysen). In diesem Zusammenhang gewinnt ferner die Analyse bereits vorhandener Kundendaten im Rahmen eines Data Mining an Bedeutung hinzu. So verfügt allein die Hotelkette Ritz-Carlton über elektronisch gespeicherte Daten von 500.000 Kunden, die Erkenntnisse über individuelle Präferenzen ermöglichen (Kawasaki/Moreno 2000, S. 145). Weitere Anregungen zur leistungsadditiven Differenzierung bei der zielgruppenspezifischen Gestaltung des Leistungsangebotes ergeben sich vielfach aus den vom Dienstleistungsnachfrager bei der Inanspruchnahme einer Dienstleistung (Grundleistung) selbständig erbrachten (Vor-)Leistungen, deren „Internalisierung" neue Zusatzleistungen im Dienstleistungsprogramm darstellen können.

Beispiele für derartige Cross-Selling-Angebote sind die beim Erwerb von Kreditkarten eingeschlossenen Reiseversicherungen oder Transferleistungen von Reiseveranstaltern. Autohändler können in Kooperation mit Finanzinstituten Servicepakete anbieten, die von der Inzahlungnahme des alten Fahrzeugs über die Finanzierung, Versicherung und erweiterte Garantieleistungen zahlreiche Einzeldienste umfassen. Die Inzahlungnahme des alten Autos stellt dabei eine typische Form der Internalisierung von Leistungen dar, die auch vom Dienstleistungsnachfrager selbst erbracht werden können.

2. Art und Umfang der Einbeziehung des externen Faktors

Ein weiterer Ansatzpunkt für die Variation des Leistungsprogramms von Dienstleistungsunternehmen ist die Veränderung von Art und Umfang der Einbeziehung des externen Faktors. In diesem Zusammenhang stellen **Internalisierung und Externalisierung** mögliche Optionen für eine **Leistungsmodifikation** und **-differenzierung** dar (Corsten 2000). Bei einer deutlichen Abweichung der Leistung gegenüber bisher angebotenen Problemlösungen kann mittels dieser Optionen sogar eine **Innovation** generiert werden. Grundlegender Gedanke dieses Ansatzes ist die für den Dienstleistungserstellungsprozess typische **Integration des externen Faktors,** der vielfach in der Person des Dienstleistungsnachfragers selbst auftritt. Bei jeder Dienstleistung ist ein Ist-Integrationsgrad festzustellen. Eine Zunahme der Aktivitäten des Kunden wird als **Externalisierung** bezeichnet. Unter **Internalisierung** wird die Übernahme bisher vom Kunden durchgeführter Aktivitäten durch das Unternehmen verstanden. Beide Optionen bieten aus Sicht des Dienstleistungsanbieters bestimmte **Vorteile,** die im Folgenden kurz beleuchtet werden.

Eine **Internalisierung** von Leistungen durch das dienstleistende Unternehmen ermöglicht die Realisierung bereits angesprochener Convenience-Vorteile für den Konsumenten und führt damit zu Profilierungsvorteilen des Dienstleisters (z. B. Abholen des Fahrzeuges durch die Reparaturwerkstatt). Durch eine derartige Vergrößerung der Wertschöpfungstiefe, die im Grunde auf einer Ausweitung des Dienstleistungsangebotes basiert, können zum einen Umsatz und Gewinn direkt positiv beeinflusst werden. Zum anderen ergibt sich eine Steigerung der Kundenbindung. Zudem kann ein Abbau des empfundenen Kaufrisikos erfolgen, falls die integrierten Wertschöpfungsaktivitäten aus Kundensicht mit entsprechenden Erstellungsrisiken verbunden sind (z. B. Abschluss von Kurssicherungsgeschäften durch die Bank bei Geldanlage im Ausland).

Eine **Externalisierung** von Leistungen dagegen bedeutet eine Verlagerung von Wertschöpfungsaktivitäten auf den Dienstleistungsnachfrager, die nur dann sinnvoll erscheint, wenn sie vom Kunden gewünscht wird und dieser ausreichende Fähigkeiten zur Übernahme der Aktivitäten aufweist. Das ist insbesondere dann der Fall, wenn ein individuelles („customized“) Leistungsergebnis generiert wird. In diesem Zusammenhang wird vielfach die These vom „Customer as a Co-Producer“ bzw. von der Entwicklung des Konsumenten hin zum „Prosumenten“ gesprochen (Normann 1987; Meffert/Birkelbach 1992). Durch die verstärkte Einbeziehung des Konsumenten in den Erstellungsprozess erfolgt eine Intensivierung der sozialen Kontakte zwischen Dienstleistungsanbieter und

-nachfrager, die bei entsprechend positiver Beurteilung durch den Nachfrager die Kundenbindung steigert (Grund 1998). Zudem erhöht sich die Transparenz des Leistungserstellungsprozesses aus Kundensicht. Schließlich wird auch die Realisierung von Preisvorteilen durch die mit der Externalisierung verbundenen Kosteneinsparungen ermöglicht (Neumann/Hennig 1998).

Hinsichtlich der Diskussion um den **optimalen Integrationsgrad** ist jedoch zu beachten, dass insbesondere mit den Vorteilen der Externalisierung erhebliche **Risiken** einhergehen. So verliert der Anbieter zunächst die Kontrolle über die externalisierten Prozessphasen. In der Folge wird eine Gewährleistung der Qualitätskonstanz erschwert. Die Folgekosten der entstehenden Imageschäden könnten schließlich die Einsparungen der Externalisierung übersteigen. Es ist daher vor einer Externalisierung zu überprüfen, ob der Kunde zur Übernahme bestimmter Aktivitäten überhaupt befähigt ist (z. B. schließt die Fluggesellschaft Southwest insbesondere ältere Kunden aus, die nicht in der Lage sind, ihr Gepäck eigenständig bis zum Flugzeug zu befördern).

Insert 6-1-4 zeigt eine **Leistungsverbesserung bei der Externalisierung von Leistungskomponenten.** Die vom Kunden übernommene Registrierung von transportierten Gütern kann hier durch den Einsatz innovativer Technik vereinfacht werden. Hierdurch ist es möglich, sowohl Fehler bei Dateneingaben zu vermeiden als auch die erforderliche Zeit für die Abwicklung des Prozesses zu reduzieren.

Letztlich lassen sich keine generellen Empfehlungen hinsichtlich der beiden vorgestellten Optionen abgeben. Vielmehr ist es notwendig, im Einzelfall unter Berücksichtigung der Kundenwünsche und -fähigkeiten sowie der den zu internalisierenden bzw. externalisierenden Wertschöpfungsaktivitäten zurechenbaren Kostenpositionen zu entscheiden.

3. Automatisierung und Veredelung der Dienstleistung

Während im Rahmen der Diskussion von Integrationsoptionen der externe Faktor als von außen in den Dienstleistungserstellungsprozess einzubringender Produktionsfaktor im Mittelpunkt der Analyse steht, sind bei der Frage nach der Automatisierung und Veredelung die internen Faktoren von besonderer Bedeutung.

Zentrale Ansatzpunkte für die Diskussion der **Automatisierung** bzw. **Veredelung** lassen sich aus den konstitutiven Merkmalen der Dienstleistung ableiten. Die Immaterialität der Dienstleistung führt zur Nichtlagerfähigkeit, die eine zeitliche Übereinstimmung von Leistungserstellung und -konsumtion bedingt. Somit kann es kein „Transferobjekt“ geben, das eine Funktion als Wert- und Nutzenträger aufweist.

Aus der Integrationsnotwendigkeit des externen Faktors kann sich ein Zwang zur Individualisierung der internen Faktorkombination ableiten. Zudem ist gegebenenfalls der Interaktionsprozess zwischen den beteiligten externen Faktoren zu berücksichtigen.

INSERT 6-1-4 Innovation & Technologietransfer, Nr. 4, 2004, S. 15

Logistik-Management

Expressdienst

Um die Qualität und Effizienz ihres Beförderungsdienstes zu verbessern, musste die französische Logistikfirma lernen, neben Gütern auch Daten zu handhaben.

Tat Express gehört im Bereich von Business-to-business-Expressversand zu Frankreichs führenden Unternehmen. Sein Marktanteil liegt über 20 %. Als Transportfirma hat es keine Forschungs- oder Innovationsabteilung, und so bleiben seine innovativen Tätigkeiten wie bei den meisten Dienstleistungsunternehmen den offiziellen Statistiken verborgen. Im Rahmen neuer Innovationsprojekte wurden mithilfe von Datenverarbeitung Effizienz und Zuverlässigkeit der Operationen verbessert, Kundenbeziehungen rationalisiert und neue Service-Pakete entwickelt. Doch Tat Express' erhebliche Investitionen in die Entwicklung und den Ausbau dieser neuen Systeme bleiben in seinem IT-Gesamtbudget „unsichtbar".

Datenpakete

Wie viele Beförderungsunternehmen hat auch Tat mit vielen verschiedenen Waren zu tun. Es sammelt, transportiert und liefert physische Güter wie etwa mechanische Teile, elektronische Bauteile, Textilien und Kleidung, Lebensmittelprodukte und Arzneimittel, aber gleichzeitig muss es effizient und zuverlässig Informationen über diese Güter – Herkunft, Bestimmungsort, Gewicht, erwartete Lieferzeit und so weiter – verarbeiten.

Innovation in der Transportindustrie kann auch Systeme zur Handhabung materieller Güter betreffen. Bei den beiden großen Innovationsprojekten, die Tat Express kürzlich mit großem Erfolg betriebsintern durchführte, ging es jedoch um Datenverarbeitung und Kommunikation.

Bis 1996 benutzten die Fahrer ein Handgerät, mit dem sie am Sammelpunkt Frachtdaten erfassten. Die Kunden fanden diese Methode jedoch frustrierend. „Warum müssen sie jedes Mal die komplette Adresse eingeben?", fragten sie. Das EDIT-System ersetzt Handgeräte durch Computer, die mit Druckern und Strichcode-Scannern ausgerüstet sind. Dank eines an jedem Paket angebrachten Strichcode-Etiketts lassen sich die Güter schneller sammeln und zuverlässiger verfolgen. Am Ende jeder Reise werden die Daten auf einer Diskette an das Zentralsystem übertragen.

EDITs Entwicklung und Start nahmen ein Jahr in Anspruch. Das Projekt wurde von der IT-Abteilung geleitet, die 1996 als unabhängige Firma ausgegliedert wurde. Um sicherzustellen, dass es echte Kundenbedürfnisse in Angriff nimmt, wurden auch Zweigstellenleiter sowie Marketing- und Rechnungsabteilungen daran beteiligt.

Echtzeit

Vor kurzem investierte Tat in die Entwicklung eines Systems namens Datatex, das noch mehr zu bieten hat: Datatex ist ein Softwarepaket, das aus der Ferne konfiguriert werden kann und auf speziell dafür reservierten, von Tat bereitgestellten Computern mit Internet-Anschluss in den Räumen des Kunden installiert wird. So wird es möglich, Daten in dem Moment, wo die Güter die Geschäftsräume des Kunden verlassen, sofort an Tats Zentralrechner zu übertragen und die Fracht in Echtzeit zu verfolgen.

Kontakt
http://www.tatexpress.com/

Vor diesem Hintergrund erscheint sowohl eine Veredelung als auch eine Automatisierung insbesondere von persönlichen Dienstleistungen mit Schwierigkeiten verbunden. Demgegenüber besteht allerdings aufgrund festgestellter Produktivitätsschwächen in vielen Dienstleistungsbereichen die Notwendigkeit einer konsequenten Automatisierung und Veredelung.

Im Rahmen der **Automatisierung** werden bisher von menschlichen Leistungsträgern durchgeführte Dienstleistungsprozesse durch entsprechende Maschinen ersetzt. Dabei ist nach der Art des in den Erstellungsprozess eingebrachten externen Faktors zu unterscheiden. Zum einen kann es sich dabei um einen Menschen handeln. In diesem Zusammenhang kann die automatisierte Telefonauskunft als Beispiel herangezogen werden. Im anderen Fall bringt der Dienstleistungskunde ein Verfügungsobjekt in den Erstellungsprozess der Dienstleistung ein. Als Beispiel dient hier eine vollautomatische Waschstraße, die eine Autowäsche von Hand ersetzt (Meyer 1987; Quinn/Gagnon 1987).

An diesem Beispiel wird zudem deutlich, dass eine **graduelle Abstufung der Automatisierung** möglich ist. So führt Meyer (1987) verschiedene Stufen einer zunehmenden „Objektivation" bzw. Automatisierung menschlicher Leistungen bei der Autowäsche an, die vom Waschen mit Waschbürste und einigen Hilfsmitteln über Waschen in einer teilautomatisierten Anlage bis zu der bereits erwähnten vollautomatischen Waschanlage reicht. Anhand des Beispiels der Telefonauskunft lassen sich ähnliche Stufen ableiten: Während gegenwärtig nur die Ansage der Telefonnummer automatisch erfolgt, wird beim zukünftigen Fortschritt der elektronischen Spracherkennung auch eine vollautomatische Auskunft denkbar sein.

Automatisierungsbestrebungen im Dienstleistungsbereich sind jedoch zahlreichen Restriktionen unterworfen. So kann ein hohes Maß an **Heterogenität des externen Faktors** – wenn überhaupt – nur durch technisch sehr komplexe Einrichtungen ausgeglichen werden. Zudem ist sicherzustellen, dass zumindest der Beginn des Dienstleistungserstellungsprozesses vom Nachfrager ausgelöst werden kann (Meyer 1987). Schließlich erfordert die Automatisierung eine so weit fortgeschrittene technische Entwicklung, dass die automatisierte Dienstleistung besser und/oder billiger als die entsprechende von Menschen ausgeführte Leistung erbracht werden kann.

Grundsätzlich kann festgehalten werden, dass die Automatisierung in der Regel dann mit größeren Schwierigkeiten verbunden ist, wenn es sich beim externen Faktor um einen Menschen handelt. Hier bietet sich eine Automatisierung nur dann an, wenn der Dienstleistungsprozess weitestgehend standardisierbar ist.

Auch in der traditionell durch einen hohen Interaktionsgrad geprägten **Bankenbranche** wird der Industrialisierung und damit der Automatisierung der Geschäftprozesse eine große Bedeutung beigemessen. Einsparpotenziale liegen vor allem in der Standardisierung von Geschäftsprozessen. So ist z. B. eine Kreditvergabe denkbar, bei der Standardprodukte verkauft oder Pakete aus Standardmodulen automatisch zusammengestellt werden. Beim Wertpapierverkauf ist die Automatisierung aufgrund der Verbreitung des Online-Banking schon relativ weit vorangeschritten. Zahlreiche Banken zielen nach eigenen Angaben mit Prozessautomatisierungen allerdings nicht auf Personalabbau im Servicebereich ab, sondern versprechen sich hauptsächlich im Backoffice Rationalisierungserfolge (Insert 6-1-5).

INSERT 6-1-5 geldinstitute, Nr. 6, 2004, S. 16–17

Industrialisierung in der Finanzwirtschaft

Individuelle Kredite von der Stange

Autor: Dr. Franz Siener-Kirsch, Senior Manager Mummert Consulting AG.

Die Automobilindustrie hat es schon länger erkannt: Rationalisierung und Kundenzufriedenheit sind nicht unvereinbar, auch standardisierte Produkte können individuelle Kundenwünsche erfüllen. Eine Erkenntnis, von der zunehmend auch die Kreditwirtschaft profitiert. Die Folge: Neun von zehn Bankmanagern halten die Industrialisierung und die Optimierung der Vertriebsprozesse für ein wichtiges Unternehmensziel. 40 Prozent wollen in Zukunft mehr auf diesem Gebiet investieren; insbesondere die Kosten im Backoffice sollen sinken.

Noch wichtiger ist den Kreditinstituten nur die Kundenbindung, die 92 Prozent als sehr bedeutend einschätzen. Zu diesen Ergebnissen kommt der „Branchenkompass 2004 Kreditinstitute", eine Studie von Mummert Consulting und dem F.A.Z.-Institut.

Arbeitsteilung

Das Universalbankprinzip bröckelt. Viele Kreditinstitute konzentrieren sich auf ihre Kernkompetenzen. Dazu gehören insbesondere der Vertrieb und das Kundenmanagement. In diesem Bereich will fast jede zweite Bank ihre Investitionen erhöhen. In den Vertrieb sollen bis 2006 rund 22 Prozent des Gesamtbudgets fließen, in das Kundenmanagement 13 Prozent. Ziel der Banken ist es, sich durch zielgruppengerechte Produkte sowie gute Beratung zu profilieren, um so die Kundenzufriedenheit und Kundenbindung zu erhöhen. Um bei den Preisen konkurrenzfähig zu bleiben, setzen die Kreditinstitute auf Industrialisierung, Standardisierung und Arbeitsteilung. Der Vorteil: Standardisierte Produkte können modular und sogar bankenübergreifend kombiniert werden. Auf diese Weise kann für den Kunden ein Produkt weitestgehend nach seinen individuellen Ansprüchen zusammengestellt werden. Gleichzeitig steigt die Vertriebseffizienz und neue Kapazitäten für die Kundenbetreuung werden freigesetzt. Kurz: mehr Service, geringere Kosten.

Ein Schwerpunkt der Industrialisierungsmaßnahmen ist die Kreditabwicklung. Der „Kredit von der Stange" ist auf dem Vormarsch, insbesondere bei Konsumentenkrediten: Hier sehen 74 Prozent der Banken gute Möglichkeiten zur Automatisierung. Vor allem Genossenschaftsbanken und Sparkassen favorisieren eine Standardisierung auf diesem Gebiet. Doch auch Unternehmenskredite sind attraktiv: Hier glauben 64 Prozent an große Einsparpotenziale.

Kostensenkung durch Standardisierung

Die von der Bundesregierung und staatlichen KfW-Bankengruppe geplante, institutsübergreifende „Kreditfabrik" folgt ebenfalls diesem Rationalisierungskonzept. Ihr Ziel ist es, zunächst das staatliche Fördergeschäft zu vereinheitlichen und zu bündeln. In einem zweiten Schritt ist geplant, sie allen Banken und Sparkassen in Deutschland zu öffnen und deren Geschäft mit Kleinkrediten zentral zu bearbeiten. Ein weiteres Ziel ist es, die Finanzierungsengpässe im Mittelstand zu lösen. Durch Kreditvergabe beziehungsweise Übernahme der Bearbeitung von Krediten an kleine und mittelständische Firmen könnten die Kosten für die Kreditabwicklung bei den Banken dadurch signifikant sinken und zumindest teilweise die erwarteten Kreditverteuerungen durch Basel II (Risk-Pricing gemäß Ratingklasse) kompensieren.

Ein weiterer Schwerpunkt des Industrialisierungstrends liegt in der Standardisierung des Wertpapiergeschäftes. 58 Prozent der Befragten sehen hier große bis sehr große Einsparmöglichkeiten. Mehrere Transaktionsbanken wickeln bereits –

Die Banken wollen eine hohe Kundenbindung und setzen gleichzeitig auf Standardisierung.

INFO STUDIENERGEBNISSE

Kundenbindung vor Industrialisierung

Bedeutung von Industrialisierung von Geschäftsprozessen sowie Kundenbindung und -wertentwicklung für eigenes Unternehmen bis 2006; in Prozent der Befragten

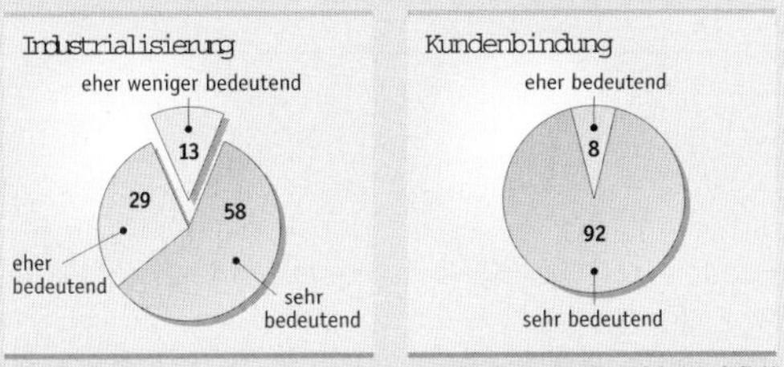

Quellen: Mummert Consulting, F.A.Z.-Institut · Grafik: 'gi'

INSERT 6-1-5 geldinstitute, Nr. 6, 2004, S. 16–17 (Fortsetzung)

neben Zahlungsverkehr und Krediten – auch erfolgreich Wertpapiergeschäfte ab.

Doch nicht nur die Vereinheitlichung von Geschäftsabläufen soll Einsparungen ermöglichen. Auch der Ausbau der IT-Infrastruktur und die Auslagerung ganzer Geschäftsbereiche scheinen lukrativ. So sollen beispielsweise IT-gestützte Management-Informationssysteme eingesetzt werden, um die Planungssicherheit zu verbessern. Rund 13 Prozent des Investitionsbudgets fließt in diesen Bereich. Mit neuen Software-Produkten könnten zudem Informationen deutlich effektiver erfasst und verwertet werden.

Das Herausfiltern bestimmter Ziel-Kundengruppen wäre dann kein Problem mehr. Nach jahrelangem Zögern, eigene Geschäftsbereiche an externe Dienstleister abzugeben, hat sich Outsourcing zu einem breiten Branchentrend entwickelt. Vier von fünf Banken haben bereits ausgelagert oder planen, dies bis 2006 zu tun. Die meisten kaufen dabei Dienstleistungen bei einem externen Anbieter ein. Knapp die Hälfte gründet neue Tochtergesellschaften, obwohl dieses Modell sich in der Vergangenheit selten als erfolgreich erwiesen hat. Weil sie sich verstärkt auf ihre Kernkompetenzen konzentrieren wollen, lagern viele Institute nicht nur aus finanziellen, sondern auch aus strategischen Gründen aus.

GRAFIK **DAS INDUSTRIALISIERUNGSPOTENZIAL**

Kreditautomatisierung vorrangig

Erwartetes „großes" bis „sehr großes" noch vorhandenes Industrialisierungspotenzial; in Prozent der Befragten

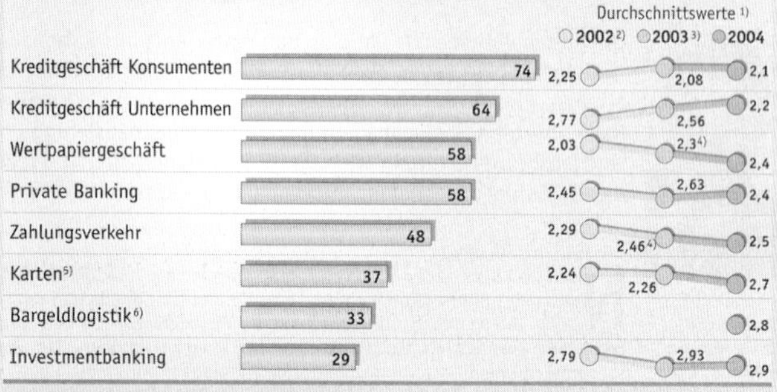

1) Durchschnittswerte von 1 „sehr großes" bis 4 „überhaupt kein" Potenzial.
2) Branchenkompass Kreditinstitute (2002).
3) Branchenkompass Kreditinstitute 2003.
4) Mittelwert aus Wertpapiergeschäft bzw. Zahlungsverkehr Inland, EU, global.
5) Kredit-, Debitkarten etc.
6) Dieses Item ist neu dazugekommen.

Quellen: Mummert Consulting, F.A.Z.-Institut · Grafik: 'gi'

Beratung Top-Thema

Neben dem Ziel, die Kosteneffizienz durch Standardisierung, fortschrittliche IT und Outsourcing zu verbessern, steht der Wunsch der Banken nach hoher Kundenzufriedenheit und mehr Kundenbindung. Im Wettbewerb um wechselfreudige Interessenten spielt Service eine immer größere Rolle. Im Gegensatz zu den vergangenen Jahren soll die Kundenbetreuung selbst nun wieder vermehrt in den Filialen oder durch mobile Beratung stattfinden. Nahezu 90 Prozent der Kreditinstitute wollen die persönlichen Kundengespräche bis 2006 ausweiten. Für zielgerichtetere Beratung und effizienteres Cross- und Upselling beabsichtigt rund die Hälfte aller Sparkassen und Genossenschaftsbanken, unterschiedliche Filialtypen für die verschiedenen Zielgruppen einzurichten.

Obwohl der Filialbetrieb als profitabelster Vertriebsweg angesehen wird, sind beim Internet mehr Finanzinstitute zu hohen Investitionen bereit. 62 Prozent planen, für Online-Banking viel Geld auszugeben – beim Filialbetrieb sind es 42 Prozent. Neun von zehn Banken wollen im Online-Bereich Investitionen tätigen, um Routinegeschäfte – etwa Daueraufträge oder Überweisungen – künftig kostengünstiger und zeitsparender abzuwickeln.

Kosten senken und Beratungsangebot erhöhen – das sind die beiden Trümpfe, mit denen die Kreditinstitute ihren Geschäften zusätzlichen Auftrieb verleihen wollen. Eine Strategie, von der auch die Kunden profitieren.

Der Schwerpunkt der Banken-Industrialisierung liegt auf dem Kreditgeschäft.

Überblicksartig können folgende **Vor- und Nachteile der Automatisierung** festgehalten werden (Meyer 1987; Scheuch 2002):

- **Vorteile:**
  - Verringerung der Personalkosten (z. B. Fahrkartenautomaten der Deutschen Bahn AG),
  - Unabhängigkeit von Öffnungszeiten (z. B. Geldautomat),
  - Leichte Multiplizierbarkeit bei Bewährung der Dienstleistung (z. B. Automaten zum Drucken von Visitenkarten),
  - Relative Unabhängigkeit des Leistungsergebnisses von der Heterogenität des externen Faktors (z. B. Autowaschanlage),
  - Bei Dienstleistungen mit Schwellenängsten bleibt Anonymität gewahrt (z. B. Kondomautomat).

- **Nachteile:**
  - Zum Teil hohe Investitionskosten,
  - Fehlen persönlicher Kontakte zum Aufbau von Kundenbindung und zur Realisierung von Cross-Selling-Potenzialen,
  - Geringe Möglichkeit des Ausgleichs von Kapazitätsüberhängen durch eine intensitätsmäßige Anpassung der Maschine,
  - Unmöglichkeit des Aufbaus von Markteintrittsbarrieren wegen leichter Imitierbarkeit durch Wettbewerber,
  - Fehlende Möglichkeit der Nachbesserung,
  - Berührungsängste vieler Nachfrager mit Maschinen.

Neben der Option der Automatisierung, die eines der Merkmale von Dienstleistungen, nämlich die menschliche Leistungsfähigkeit, zu überwinden versucht, existiert als zweite Option die **Veredelung von Dienstleistungen.** Mittels dieser Vorgehensweise wird ebenfalls versucht, konstitutive Merkmale von Dienstleistungen zu umgehen. Dazu gehören die Integration des externen Faktors und die Immaterialität der Dienstleistung. Im Rahmen der Veredelung wird die Multiplikation einer menschlichen Leistungsfähigkeit vorgenommen, die zu diesem Zweck zunächst mittels eines materiellen Trägermediums konserviert wird (Meyer 1987).

Damit setzt sich die Veredelung der Dienstleistung aus zwei klar definierten Teilprozessen zusammen: Zum einen dem **Speicherungsprozess,** bei dem eine persönliche Leistungsfähigkeit auf ein Speichermedium übertragen wird (z. B. Konservierung eines Konzertes auf einem Tonträger). Zum anderen wird im Rahmen des dann folgenden **Multiplikationsprozesses** das Speichermedium beliebig oft vervielfältigt. Das Marketing derartig veredelter Dienstleistungen entspricht weitgehend dem Marketing für Konsumgüter.

Die Option der Veredelung bietet sich aber nicht für alle Dienstleistungen an. So sind dies in der Regel **Leistungen mit informativem, kommunikativem oder künstlerischem Inhalt.** Neben den Vorteilen der Veredelung, wie der Möglichkeit der Massenproduktion, der leichten Markierbarkeit der Leistung und der Möglichkeit der Vorratshaltung entstehen auch gewichtige Nachteile. Insbesondere geht der persönliche Kontakt zum Nachfrager verloren. Darüber hinaus können gerade bei Leistungen, die sowohl als originäre Dienstleistung als auch als veredelte Leistung vermarktet werden (z. B. Konzerte), mitunter ungewollte Kannibalisierungseffekte zu Lasten der originären Leistung auftreten.

Insgesamt setzen sowohl die Option der Automatisierung wie auch der Veredelung die Standardisierbarkeit einzelner Elemente der Dienstleistung voraus, um damit bestimmte Restriktionen, die sich aus den dann entschärften konstitutiven Merkmalen der Dienstleistung ergeben, zu umgehen. Dabei ist jedoch zu beachten, dass gleichzeitig bestimmte Vorteile, die sich ursprünglich aus den nun entfallenden Merkmalen ergeben haben, aufgegeben werden.

4. Zeitliche Veränderungen des Dienstleistungsprozesses

Ausgehend von der These, dass Dienstleistungsangebote als Zeitverwendungsangebote verstanden werden können, stellt Stauss (1991) die Forderung nach einem **kundenorientierten Zeitmanagement** auf. Ein derartiges Zeitmanagement stellt eine grundlegende Option bei der Ausgestaltung des Leistungsprogramms, besonders bei der Variation von Leistungen, dar (Aleff 2002). Darüber hinaus kann der fokussierte Einsatz des Zeitmanagements zu innovativen Leistungen führen (Stauss 1991; Otto/Reckenfelderbäumer 1993).

Grundlegende Überlegung ist hier der Umstand, dass die im Rahmen der **Dienstleistungskonsumtion verbrachte Zeit** bei den Kunden durchaus heterogenen Nutzen stiften kann. Meyer unterscheidet daher hinsichtlich der Nutzenstiftung der Determinante „Zeit" zwischen drei grundsätzlichen Arten von Dienstleistungen (Meyer 1998, S. 795):

1. Zunächst existieren Dienstleistungen, deren primärer Nutzen der **Zeitvertreib** ist. Beispiele hierfür lassen sich insbesondere in der erlebnisorientierten Freizeitgestaltung finden (z. B. Besuch eines Freizeitparks).
2. Weiterhin bestehen Dienstleistungen, deren zentraler Nutzen in der **Zeitersparnis** zu sehen ist (z. B. Kurierdienste).
3. Darüber hinaus gibt es Dienstleistungen, bei denen die subjektive Einschätzung der Zeit stark **heterogen** ist und von der Person des Dienstleistungsnachfragers bestimmt wird. So kann der Besuch eines Frisörs als willkommener Zeitvertreib sowie als notwendiger Zeitverlust aufgefasst werden.

Das subjektive Empfinden der Zeit wird jedoch nicht nur von der Art der Dienstleistung, sondern auch von der jeweiligen Phase der Leistungserstellung mitbestimmt (Haynes 1990, S. 21). Daher bildet eine Aufteilung der mit der Inanspruchnahme der Dienstleistung verbundenen Kundenzeiten die Basis eines kundenorientierten Zeitmanagements. Stauss (1991) unterscheidet vier verschiedene Zeitarten, die in Abbildung 6-1-8 dargestellt werden.

Abbildung 6-1-8 Kundenzeiten des Dienstleistungskonsums

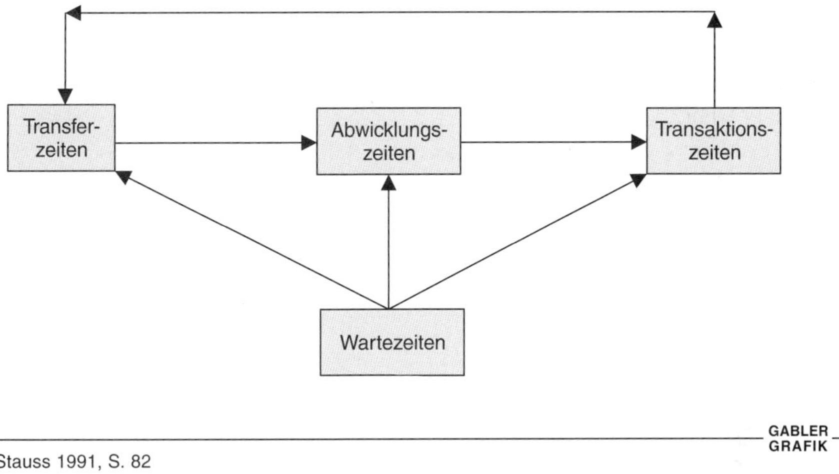

Quelle: Stauss 1991, S. 82

Im Folgenden werden die **Kundenzeiten** am **Beispiel einer Theateraufführung** verdeutlicht:

- Die **Transferzeiten** entfallen auf den Transport hin zum Dienstleister und wieder zurück. Im Rahmen des gewählten Beispiels wäre das etwa die Zeit für die Fahrt zum Theater und vom Theater wieder nach Hause, die wahlweise mit privaten Verkehrsmitteln, zu Fuß, mit dem Taxi oder mit öffentlichen Verkehrsmitteln durchgeführt werden kann. Je nach Art des gewählten Verkehrsmittels fällt die Transferzeit unterschiedlich lang aus und kann unterschiedlich positiv bzw. negativ bewertet werden.
- Die **Abwicklungszeit** wird zur Erledigung sämtlicher Formalien benötigt, die zwar mit der Dienstleistung in direktem Zusammenhang stehen, aber nicht selbst Bestandteil der Dienstleistung sind. Bezogen auf das gewählte Beispiel wäre das die für den Kauf der Tickets und die an der Garderobe verbrachte Zeit.
- In den **Wartezeiten** finden keinerlei Transaktionen statt. Im Beispiel wäre das etwa die Zeit in der Theaterpause oder vor Beginn der Vorführung. In diesem Zeitraum hat der Dienstleister die Gelegenheit zum Angebot weiterer Dienstleistungen entgeltlicher oder unentgeltlicher Art (z. B. Sektangebot), was zu einer positiven Wahrnehmung der Gesamtleistung beitragen kann.
- Die **Transaktionszeit** schließlich beschreibt den Zeitraum, der für die eigentliche Erbringung der Dienstleistung bzw. für den Kern des Interaktionsprozesses erforderlich ist. Bezogen auf das gewählte Beispiel wäre das die eigentliche Theateraufführung.

Ziel des Zeitmanagements ist folglich die Minimierung der in der Regel als negativ empfundenen Transfer-, Abwicklungs- und Wartezeiten. In Anlehnung an die Ausführungen von Graham (1981) und Stauss (1991) können darauf aufbauend die in Abbildung 6-1-9 dargestellten **strategischen Stoßrichtungen für Zeitstrategien** abgeleitet werden.

Abbildung 6-1-9 Zeitorientierte Dienstleistungsstrategien

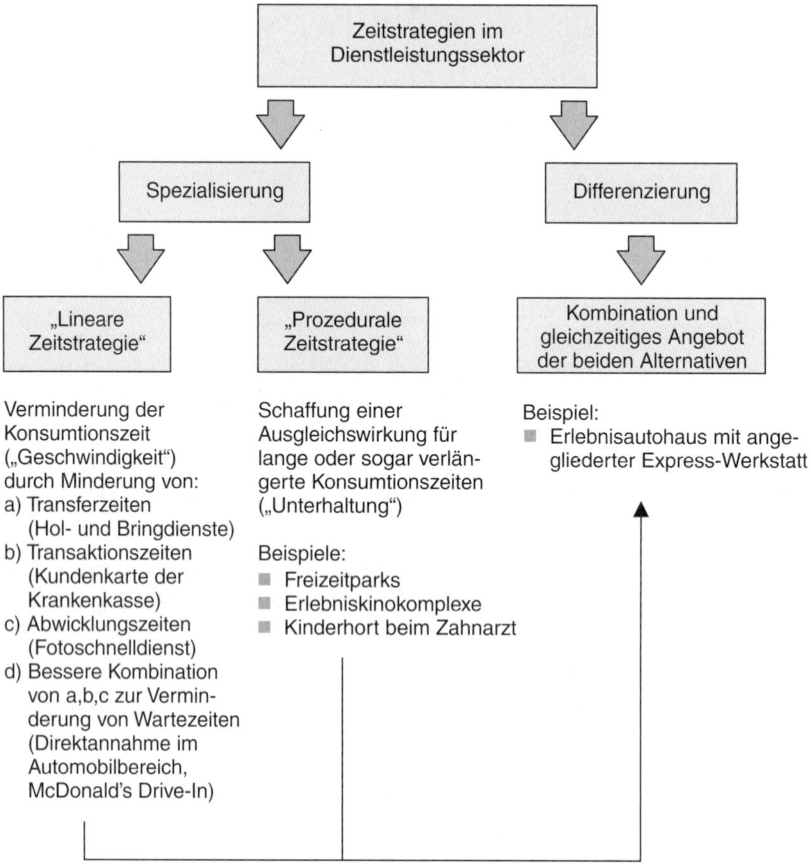

Quelle: in Anlehnung an Stauss 1991, S. 85

GABLER GRAFIK

Zum einen kann versucht werden, im Rahmen einer Spezialisierung eine **„Lineare Zeitstrategie“** zu verfolgen. Diese geht generell von einem knappen Zeitbudget des Nachfragers aus und versucht daher, neben der Transfer-, Abwicklungs- und Wartezeit auch die

Transaktionszeit zu verkürzen. Neben einer objektiven Verkürzung der Zeit in diesen Phasen kann zum anderen versucht werden, die subjektive Zeitwahrnehmung durch nicht-zeitliche Gestaltungsmittel zu beeinflussen (Haynes 1990, S. 22ff.; Stauss 1991, S. 86f.).

Beispiele für eine Verminderung der Transaktionszeit sind Bremsenschnelldienste und Fotoschnelldienste. Verkürzte Abwicklungszeiten werden beim Arztbesuch durch den Einsatz von Versichertenkarten der Krankenkassen erreicht. Durch Hol- und Bringdienste beispielsweise von Automobilwerkstätten können die Transferzeiten reduziert werden. Die Direktannahme im Bereich des Automobil-Kundendienstes kann als Beispiel für verkürzte Wartezeiten angeführt werden.

Eine andere Möglichkeit einer linearen Zeitstrategie, mit der versucht werden kann, dem knappen Zeitbudget des Kunden entgegenzukommen, ist die Erhöhung der Verfügbarkeit, die zum einen eine höhere Flexibilität für den Kunden bedeutet, zum anderen auch für das Unternehmen Kostenvorteile generieren kann. Insert 6-1-6 zeigt am Beispiel des russischen Discounters Lenta, wie durch eine automatisierte Abwicklung aller logistischen Prozesse nicht nur Öffnungszeiten rund um die Uhr, sondern auch die kontinuierliche Verfügbarkeit alle Produkte erreicht werden kann.

Als weitere Spezialisierungsstrategie ist die **„Prozedurale Zeitstrategie“** zu nennen. Generelle Zielsetzung ist hier die Schaffung eines möglichst hohen Zeitnutzens, in bestimmten Fällen sogar eine verlängerte Konsumtionszeit von Dienstleistungen. Als Beispiele sind hier Freizeitparks, Erlebniskinos oder etwa ein Kinderhort beim Zahnarzt zu nennen.

Schließlich ist auch eine **Kombination der beiden Strategien** denkbar. Ein Erlebnisautohaus mit angegliederter Express-Werkstatt stellt eine derartige Vorgehensweise dar. Zu bedenken ist hier allerdings, dass die Schaffung von Erlebnissen und den damit verbundenen Kosten vielfach einer Verlängerung der Verweildauer der Kunden und nicht zuletzt der Realisierung von Cross-Selling-Potenzialendient. Durch eine gleichzeitige Zeitreduktion werden dann derartige Bemühungen konterkariert. Richten sich die prozeduralen und linearen Strategieelemente an verschiedene Zielgruppen, um dieser Gefahr vorzubeugen, droht das Erscheinungsbild zu verwischen.

5. Veränderung symbolischer Eigenschaften

Die Veränderung symbolischer Eigenschaften zielt in der Regel auf **Elemente der Markenpolitik** ab und wird in diesem Zusammenhang in Abschnitt 1.22 diskutiert.

Im Laufe der Diskussion wurde deutlich, dass Schnittmengen zwischen den Problemfeldern der Variation und Innovation bestehen. Daher werden im Folgenden nur die bisher nicht behandelten Besonderheiten der Innovation im Dienstleistungsbereich diskutiert.

INSERT 6-1-6 Logistik Heute, Nr. 12, 2004, S. 42–43

Disposition im 30-Minuten-Takt

ERP-Lösung Die russische Cash & Carry-Kette Lenta führte die Branchenlösung SAP for Retail ein. Die Herausforderung dabei: Die Filialen haben rund um die Uhr geöffnet.

Der russische Einzelhändler Lenta profitiert vom wirtschaftlichen Wachstum der Russischen Föderation. Branchen wie der Einzelhandel und Dienstleistungen erleben dort zurzeit einen anhaltenden Aufschwung. Regionale und lokale Einzelhandelsketten haben die Atempause der globalen Handelsunternehmen genutzt und sich vor allem durch die Optimierung ihrer Lieferketten und die Entwicklung neuer Retail-Strategien auf die weitere Expansion der „Großen" vorbereitet. Daraus resultiert eine verstärkte lokale Konkurrenz für globale Handelsunternehmen, die auf der Suche nach neuen Absatzmärkten sind.

Lenta war dazu bereit, alle Geschäftsprozesse vollständig zu überdenken und neu zu gestalten.

Das 2.500-Mann-Unternehmen Lenta setzt auf das Discounterprinzip mit günstigen Konsumgütern und Öffnungszeiten an sieben Tagen in der Woche rund um die Uhr. Über 550 Lkw versorgen die derzeit sechs Filialen in der Fünf-Millionenmetropole St. Petersburg jeden Tag mit Lebensmitteln und gut verkäuflichen Produkten aus dem Non-Food-Bereich. Rund 150 t werden täglich pro Filiale angeliefert. In nur zehn Tagen wird der komplette Warenbestand einmal umgesetzt. Mit steigender Tendenz: Für 2004 rechnet der Discounter mit einer Umsatzverdopplung auf 480 Millionen US-Dollar. Lenta gilt als Pionier des russischen Einzelhandels, denn das Unternehmen reagiert auf die gestiegenen Ansprüche der russischen Bevölkerung. Gerade bei der jüngeren Generation hat ein Lebensstil Einzug gehalten, der sich am westlichen Modell orientiert. Somit geht das Konzept, auf großer Fläche ein begrenztes Sortiment an schnell drehenden Markenartikeln zu verkaufen, bestens auf. Auch wenn ein Großteil der Russen nach wie vor in kleinen „Tante Emma"-Läden einkauft, zieht Lenta – mit Verkaufsflächen zwischen 8.000 und 20.000 m² – bereits heute täglich mehr als 40.000 Kunden an.

Integration aller Prozesse

Im September 2004 eröffnete Lenta die sechste Filiale. Und der Expansionskurs wird konsequent weitergeführt. Bis Ende 2005 soll das Filialnetz allein in St. Petersburg auf zwölf Geschäfte ausgeweitet sein. Somit steigen auch die Anforderungen an die IT-Lösungen zur Unterstützung und Automatisierung der Geschäftsprozesse. Denn mit der Anzahl der Filialen haben auch die zu verwaltenden Datenmengen enorm zugenommen. Die bislang verwendete dezentral arbeitende Eigenentwicklung war überfordert. Lenta stand vor der Notwendigkeit, eine zuverlässige Informationstechnologie einzuführen. Mit „SAP for Retail" sollte das IT-Patchwork aus Einzellösungen und zahlreichen Schnittstellen der einzelnen Filialen und Abteilungen durch eine integrierte Lösung ersetzt werden. „Gefragt war eine Software, mit der wir im Hinblick auf unsere weiteren Expansionsbestrebungen optimal aufgestellt sind", begründet General-Manager und Eigentümer Oleg Jerebtsov die Entscheidung für SAP.

Mit der Implementierung sollte ein zuverlässiges ERP-System geschaffen werden, das eine höhere Transparenz für eine fundierte Entscheidungsfindung und die notwendige Investitionssicherheit gewährleistet. Ziel war es, die gesamten Geschäftsprozesse über ein sinnvolles Business Process Reengineering zu optimieren und damit Zeit und Kosten zu sparen. In puncto Anwenderfreundlichkeit sollte eine einheitliche Oberfläche die Kommunikation vereinfachen. Lenta war dazu bereit, alle Geschäftsprozesse vollständig zu überdenken und neu zu gestalten. Denn den Verantwortlichen war klar: Alle logistischen und finanztechnischen Funktionalitäten mussten neu konzipiert und umgesetzt werden. Lenta entschied sich für die Branchenlösung von SAP – und für die Heidelberger Novasoft AG als Beratungs- und Implementierungspartner. Zusätzlich zu „SAP for Retail" führte Novasoft die Module Finanzwesen (FI) und Controlling (CO) sowie die Kundenauftragsabwicklung (SD) und Materialwirtschaft (MM) ein.

Erfolg durch Schnelligkeit

Mit der Einführung des Warenwirtschaftssystems wurden alle Prozesse zur Abwicklung von Einkauf und Verkauf, die Stammdatenverwaltung und die individuellen Prozesse der einzelnen Filia-

INSERT 6-1-6 Logistik Heute, Nr. 12, 2004, S. 42–43 (Fortsetzung)

Auch in Russland sorgt SAP für die Integration von Prozessen.

len in einem integrierten System zusammengebunden. Für den Discounter Lenta war hierbei besonders wichtig, dass auch die Schnittstelle zu den Kassen stabil abgebildet und in das System integriert ist. Mit dem neu gestalteten Wareneingangsprozess lassen sich Preise und Mengen der angelieferten Produkte auf Knopfdruck prüfen. Das vereinfacht auch den Rechnungsprüfungsprozess. Die Disposition des Wareneingangs für Transporte wurde weitestgehend automatisiert. Aufgrund des enormen Volumens tat man

Der Vergleich der einzelnen Filialen untereinander wurde verbessert – und die individuelle Preis- und Sortimentsanpassung ist in jeder Filiale möglich.

sich bei Lenta damit bis dato schwer. „Jetzt haben wir einerseits einen wesentlich besseren Überblick über die aktuellen Abverkaufszahlen. Zum anderen verfügen wir über deutlich optimierte Dispositionsmöglichkeiten und können daher auf die aktuelle Nachfrage zeitnah reagieren – und in einem viel engeren Takt Lkw anfahren lassen", erläutert Jerebtsov die Vorteile der neuen Software. Im 30-Minuten-Takt werden die Anlieferungen heute neu disponiert, um Doppelbelegungen und Wartezeiten an den Toren der einzelnen Märkte zu vermeiden. Hinzu kommt, dass jetzt alle Filialen an sieben Tagen in der Woche rund um die Uhr mit neuer Ware versorgt werden können. Besonders im Bereich der Frische-Disposition – also der Bestellung und Lagerung schnell verderblicher Genussmittel – zahlt sich die kurzfristige Reaktionsmöglichkeit aus.

Die Fracht- und Transportprozesse sind heute komplett in den Logistik- und Wertefluss eingebunden. Die Warenlogistik ist im SAP-Finanzwesen integriert und optimiert so das Controlling. Ein spezifisches SAP-Modul zur Steuerung der Mehrwegtransportverpackung wurde von Novasoft so modifiziert, dass Lenta jederzeit nachverfolgen kann, welchem Zulieferer welche Mehrwegverpackungen zuzuordnen sind und an wen Pfand zu entrichten bzw. von wem es rückzufordern ist.

Kommunikation vereinfacht

Heute werden bei Lenta alle Unternehmensprozesse durchgängig und transparent gesteuert. Das Unternehmen verfügt dadurch über fundierte Daten für die Entscheidungsfindung. Die artikelgenaue Bestandsverwaltung ermöglicht eine exakte Sortimentsführung. Damit lässt sich der Deckungsbeitrag optimieren, die Umschlaggeschwindigkeit erhöhen und der Warenbestand senken.

Die neu geschaffene Datenkonsistenz über die gesamte Lösung hinweg erleichtert zudem die Kommunikation der Abteilungen und Märkte untereinander. Bislang bedienten sich die Filialen jeweils eines separaten Warenwirtschaftssystems. Mit der integrierten Lösung werden künftig fehleranfällige Doppelterfassungen vermieden. Auch der Vergleich der einzelnen Filialen untereinander wurde verbessert – und die individuelle Preis- und Sortimentsanpassung ist in jeder Filiale möglich. Daneben gewährleistet die neue IT-Landschaft die notwendige Sicherheit für ein Handelsunternehmen, dessen Filialen an sieben Tagen in der Woche rund um die Uhr geöffnet sind. Alle Daten werden parallel und zeitgleich auf einem gespiegelten System erfasst, wodurch ein möglicher Systemausfall ohne Zeit- und Datenverlust aufgefangen werden kann. *cr*

1.212 Innovationen im Dienstleistungsbereich

Die hohe Bedeutung von Innovationen im Zielsystem der Leistungspolitik von Dienstleistungsunternehmen resultiert nicht allein aus dem Wunsch, bisherige Leistungen zu ersetzen oder die bearbeiteten Geschäftsfelder zu erweitern. Ebenso wird mit Innovationen zum einen das Ziel einer **Produktivitätserhöhung** der Dienstleistungserstellung im Unternehmen und zum anderen eine **Verbesserung angebotener Qualitätsmerkmale** für den Kunden verbunden (Licht et al. 1997). Abbildung 6-1-10 gibt einen Überblick über die Wichtigkeit einzelner Innovationsziele von Dienstleistungsunternehmen.

Abbildung 6-1-10 **Bedeutung von Innovationszielen**

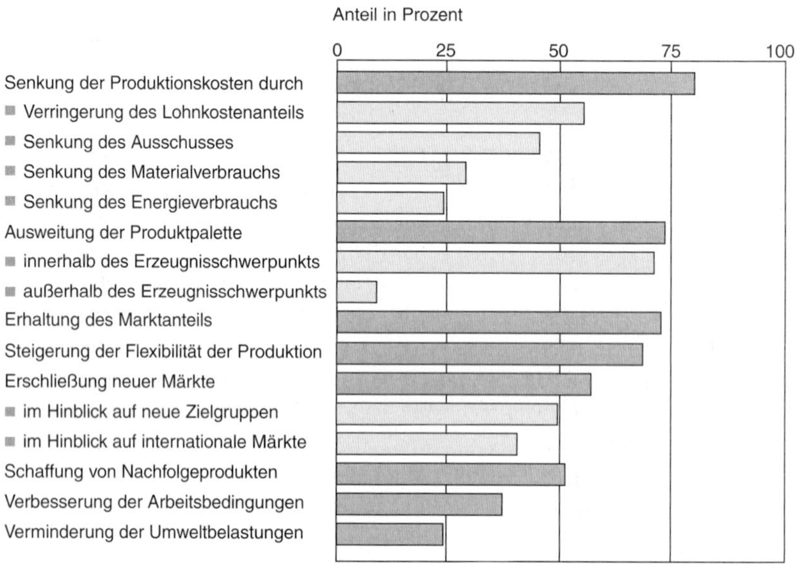

Quelle: ifo Innovationstest 2001

GABLER GRAFIK

Um eine Abgrenzung zu den bereits vorgestellten Variationen des Leistungsprogramms herzustellen, erscheint zunächst eine Definition des **Innovationsbegriffs** sinnvoll. Hier sind darunter die mit der Entwicklung von neuen Leistungen verbundenen Veränderungen in einem Unternehmen zu verstehen (Meffert 2000, S. 374). Hinsichtlich der **Bezugsobjekte** wird eine Differenzierung zwischen Leistungs- und Angebotsinnovationen vorgenommen. **Leistungsinnovationen** beinhalten eine tatsächliche Neuerung der Potenziale, Prozesse und Ergebnisse; **Angebotsinnovationen** hingegen umfassen die neuartige Bündelung, Gestaltung und/oder Vermarktung bestehender Angebote (Meyer 1998, S. 811). Vor diesem Hintergrund haben Angebotsinnovationen vielmehr den Charakter von Variationen, die in Abschnitt 1.211 dargelegt wurden. Zur näheren Beschreibung einer Dienstleistungsinnovation können vier weitere Dimensionen herangezogen werden (Meffert 2000, S. 375). Dabei werden die **Subjektdimension** festgelegt und ebenso die Frage nach der **Intensitätsdimension** beantwortet (Laakmann 1994, S. 93ff.). Ferner sind sowohl **Zeit-** als auch **Raumdimension** zu bestimmen.

- Der relative Charakter von Innovationen deutet bereits darauf hin, dass die Beurteilung dessen, was als neu zu bezeichnen ist, von der subjektiven Wahrnehmung einer Person abhängt. Die **Subjektdimension** unterscheidet dementsprechend zunächst nach der Art des Personenkreises, dessen Wahrnehmungen betrachtet werden, in Hersteller- und Kundeninnovationen. In diesem Zusammenhang werden Innovationen danach differenziert, ob sich ihr Neuigkeitsgehalt lediglich auf den Anbieter bezieht (New to the Company) oder eine wirkliche Marktneuheit darstellt (New to the World). Durch „New to the World"- Innovationen wird ein neuer Markt geschaffen, „New to the Company"-Innovationen ermöglichen Unternehmen, in einen neuen Markt einzutreten.

- Die Diskussion um den **Innovationsgrad** wird vor allem vor dem Hintergrund von „Technology-Push"- und „Market-Pull"-Innovationen geführt. „Technology-Push"-Innovationen bemessen den Innovationsgrad am technischen Fortschritt, der mit einer Innovation verbunden ist. „Market-Pull"-Innovationen orientieren sich an den Wünschen und Bedürfnissen der Kunden, wobei der psychologischen Natur des wahrgenommenen Neuartigkeitsgrads besondere Bedeutung zukommt (Benkenstein 1998a, S. 697). Diese beiden Ausprägungen beziehen sich auf das auslösende Moment einer Innovation. Um das Ausmaß einer Innovation zu erfassen, wird ein Kontinuum betrachtet, das sich zwischen den beiden Extremen radikale und inkrementale Neuerung erstreckt (Hauschild/Schlaak 2001, S. 166). Je innovativer eine Leistung aus Sicht der Kunden ist, desto mehr werden die individuellen Kaufentscheidungsprozesse von interpersonellen Kommunikationsprozessen mit denjenigen Personen, die die Leistung bereits einmal konsumiert haben, bestimmt. Die Unternehmen sind hier gefordert, im Rahmen ihrer Mixaktivitäten auf eine Übernahme der Innovation seitens der Konsumenten hinzuwirken (Warren/Abercrombie/Berl 1989). Vor dem Hintergrund der dienstleistungsspezifischen Kaufunsicherheit seitens der Kunden, die sich bei bisher unbekannten Innovationen ohnehin verstärkt, eröffnen insbesondere „Market-Pull"-Innovationen hohe Einführungschancen, da die natürlichen psychologischen Barrieren bei kundennutzenorientierten Innovationen deutlich geringer ausfallen. Insert 6-1-7 zeigt ein Beispiel für einen Market-Pull. Da Dienstleistungen meist nicht selbst Träger des technischen Fortschritts sind, ist der Market-Pull im Dienstleistungsbereich vorherrschend (Stauss/Bruhn 2004, S. 7).

INSERT 6-1-7 Fallstudie Authentidate

Digitale Zeitstempel und Signaturen lösen Papierform ab

Rechnungen, Ablagen, Abstimmungen, Archive: Für Unternehmen waren diese Vorgänge bisher mit großen Papiermengen verbunden. Doch zwischen den raschelnden Papierbergen verstecken sich deutliche Einsparpotenziale. Das Düsseldorfer Softwarehaus AuthentiDate bietet innovative Lösungen für signaturbasierte Geschäftsprozesse an, die sich durch einfache Integration und hohe Wirtschaftlichkeit auszeichnen. Das Spektrum umfasst Lösungen für E-Billing, E-Mail-Signaturen, Archiv-Signatur-Lösungen bis hin zu Signaturlösungen für Workflows in international operierenden Unternehmen.

Die Rechnung der Zukunft kommt elektronisch

Global agierende Unternehmen modernisieren ihren Rechnungsversand mit AuthentiDate

Beispiel Einsparen durch eBilling: Seit 2002 können Unternehmen nicht nur herkömmliche Papierrechnungen, sondern auch elektronische Rechnungen zum Vorsteuerabzug geltend machen, vorausgesetzt, diese tragen eine qualifizierte Signatur gemäß Signaturgesetz. Seit Januar 2004 haben auch die meisten EU-Staaten die Verwendnung von Signaturen für elektronische Rechnungen gesetzlich verankert. Für alle Unternehmen mit hohem Aufkommen an Einzelrechnungen, beispielsweise in den Bereichen Handel, Telekommunikation, Chemie und Pharma, ergeben sich dadurch große Potenziale zur Kosten- und Zeitersparnis. Doch um diese realisieren zu können, sind geeignete Technologien notwendig, die elektronische Rechnungen – insbesondere auch bei hohen Rechnungsvolumen – mit qualifizierten Signaturen

www.authentidate.de

INSERT 6-1-7 Fallstudie Authentidate (Fortsetzung)

AuthentiDate®

Gründung	2000
Mitarbeiter	25 im Jahr 2004
Geschäftsidee	Geschäftsprozesslösungen mit qualifizierten elektronischen Zeitstempeln und Signaturen
Rechtsform	Aktiengesellschaft
Schwerpunkt	Integrierte Wertschöpfungsketten

versehen. Hier setzt AuthentiDate an, indem sie eine Signaturlösung bietet, die sich nahtlos an bereits bestehende Prozesse anschließt.

Mit dem AuthentiDate-eBilling-Signatur-Server kann man elektronische Rechnungen beliebigen Formats in einem Massenverfahren automatisch mit qualifizierten personenbezogenen Signaturen versehen und an den Rechnungsempfänger übermitteln. Dadurch ist neben erhöhter Effizienz auch absolute Sicherheit garantiert: Anhand einer personenbezogenen Signatur kann genau nachgewiesen werden, wer welche Inhalte erstellt oder versandt hat – sie ist also verbindlich. Daneben ist sie die Garantie dafür, dass ein Dokument nicht von Dritten unbemerkt manipuliert wurde.

SCHNELLER GELD BEKOMMEN UND DABEI GELD SPAREN

Arbeitsschritte, die bisher zum Versand einer Rechnung nötig waren, wie z.B. Ausdrucken, Abzeichnen und Eintüten, fallen durch die eBilling Signaturlösung komplett weg. Auch der Rechnungsempfänger wird mit der elektronischen Übermittlung spürbar entlastet. Elektronisch vorliegende Rechnungen tragen zur Reduzierung des Erfassungsaufwandes und Vermeidung staubiger Archive bei und begründen verschiedenen Studien zufolge so eine Kostenersparnis von bis zu neun Euro pro Rechnung.

DIE DIGITALE WERTSCHÖPFUNGSKETTE REICHT WEIT

Die Nutzung und Integration ist für mittelständische Unternehmen über externe Dienstleister einfach, kostengünstig und schnell zu realisieren. Darüber hinaus kann die Signaturtechnologie als Ergänzung zu häufig bereits bestehenden komplexeren Systemen, wie z.B. Navision und SAP, sowie anderen Anwendungen einfach integriert werden.

Und da ein nahtloser Anschluss an bereits bestehende Prozesse möglich ist, macht sich die Investition in die eBilling Signaturlösung von AuthentiDate bei den Unternehmen meistens schon nach weniger als einem Jahr bezahlt.

Mit elektronischer Signatur auf der sicheren Seite

Von der Regulierungsbehörde akkreditiert

Seit 2001 ist die AuthentiDate International AG akkreditierter Zertifizierungsdiensteanbieter gemäß dem neuen deutschen Signaturgesetz und den europäischen Richtlinien. Der Unternehmensschwerpunkt liegt auf signaturbasierten Geschäftsprozesslösungen, die unter anderem den elektronischen Versand und Empfang einstiger Papierrechnungen ermöglichen. Der Nutzen dieser Lösungen ist offenkundig, wie Vorstandsvorsitzender Jan C. Wendenburg bekräftigt: „Elektronische Signaturen führen durch die Vermeidung von Papierprozessen zu Kosteneinsparungen und garantieren erhöhte Sicherheit von elektronischen Daten und Prozessen.“ Global agierende Unternehmen wie z.B. die METRO-Gruppe, Dow Chemical, National Car Rental oder John Deere haben sich bereits für den kostengünstigen elektronischen Versand von Rechnungen entschieden und schätzen neben der großen Erfahrung von AuthentiDate im Signaturumfeld vor allem die internationale Einsetzbarkeit der Lösungen.

VORSTANDSVORSITZENDER JAN C. WENDENBURG

Quelle: BMBF 2004

Ein **Beispiel für einen Technology-Push** ist die Verbreitung von Musik im MP3-Format. Eine neuartige Komprimierungstechnologie erlaubte es, Musikdateien so zu verkleinern, dass sie problemlos über das Internet übertragen werden konnten. Kundenwünsche hinsichtlich einer derartigen Leistung kamen erst nach der Einführung dieser Technologie auf. Das Beispiel des Satellitentelefon-Betreibers Iridium zeigt, dass Push-Innovationen mit einem hohen Risiko verbunden sein können, da die Reaktion des Marktes und damit die Erfolgsaussicht oft nicht abschätzbar ist. Die von Iridium angebotene Leistung , die aufgrund hoher Kosten nur von wenigen Kunden in Anspruch genommen wurde, sorgte so für einen Verlust von ca. 5 Mrd. Euro (Bruhn 2003e, S. 236).

- Die **Zeitdimension** kennzeichnet einen Zeitraum, in dem eine Innovation nach der Markteinführung als neu gilt. Da Dienstleistungsinnovationen von Kunden zunächst individuell erfahren werden (Erfahrungseigenschaften), dauert der Adaptions- und Diffusionsprozess deutlich länger als der von Konsumgütern. Gegensätzlich hierzu entwickeln sich die Erfahrungen der einzelnen Mitarbeiter des Dienstleistungsanbieters mit den Innovationen vergleichsweise schnell. Das hieraus resultierende Gap erfordert insbesondere von den Mitarbeitern, eigene Erfahrungen zum Abbau der Schwellenängste seitens der Kunden zu nutzen. Auch der Einsatz von Testimonials bei der Neueinführung von Dienstleistungen kann den Abbau von Barrieren weiter unterstützen. Testimonials stiften Vertrauen, so dass das wahrgenomme Kaufrisiko reduziert wird. Die glaubwürdige Dienstleistungserfahrung des Testimonials kann helfen, Erfahrungseigenschaften in Quasi-Sucheigenschaften umzuwandeln.
- Die **Raumdimension** des Innovationsbegriffes beschreibt den Sachverhalt, dass eine bereits in einem Gebiet verkaufte Dienstleistung für ein anderes Gebiet noch eine Neuheit darstellen kann. Insbesondere bei nur gering standardisierbaren Dienstleistungen treten räumliche Asymmetrien auf, da z. B. zunächst die Eröffnung einer Filiale am Wohnsitz des Kunden notwendig sein kann.

Unabhängig vom jeweiligen Begriffsverständnis einer Innovation sind für deren Erfolg vier **übergeordnete Problembereiche** zu charakterisieren. Diese lassen sich zunächst aus den unterschiedlichen Anforderungen der Anspruchsgruppen Kunden, Konkurrenz und Mitarbeiter ableiten. Ein weiterer Problembereich ergibt sich hinsichtlich der unternehmensinternen Systeme (Meyer 1998, S. 811).

- Die **Akzeptanz durch den Kunden** stellt die bedeutendste Herausforderung an eine Innovation dar. Durch eine innovationsorientierte Marktforschung lässt sich diese jedoch bereits im Vorfeld weitgehend überprüfen. Akzeptanzfördernd erscheint zudem die Integration des Kunden bereits in die Innovationsentwicklung, da hierbei Akzeptanzbarrieren frühzeitig erkannt und abgebaut werden können.
- Zur Sicherung des Innovationserfolges ist zudem ein ausreichender **Schutz vor Imitation durch die Konkurrenz** notwendig. Aufgrund der Immaterialität und den fehlenden Möglichkeiten zum Schutz durch Patente und rechtliche Grundlagen erscheinen Nachahmungen bei Dienstleistungen besonders einfach (Oke 2004, S. 39).

Jedoch basieren Innovationen vielfach auf den durch die Kunden und somit auch durch die Konkurrenz wahrnehmbaren Leistungsbestandteilen, während der Innovationserfolg hingegen auch durch nicht sichtbare Leistungsbestandteile bestimmt wird. So erklärt sich z. B. auch der Erfolg von Southwest Airlines gegenüber der Nachahmerin Continental Lite, die bereits nach kurzer Zeit gezwungen war, den Betrieb mangels Nachfrage wieder einzustellen (Meyer 1998, S. 811).

- Da mit der Einführung von Innovationen die Bereitstellung entsprechender Potenzialfaktoren verbunden ist, beschreiben die **Fähigkeiten der Mitarbeiter** einen weiteren Problembereich bei Dienstleistungsinnovationen. So sind diese durch entsprechende Schulungsmaßnahmen innerhalb eines Unternehmens rechtzeitig aufzubauen. Innovationen können ferner in einer zunehmenden Externalisierung bestehen. Hierbei ist zu überprüfen, ob Kunden über ausreichende Fähigkeiten verfügen, die ihnen übertragenen Aufgaben zu erfüllen (Corsten 1989, S. 30ff.).

- Schließlich erfordern Innovationen häufig auch spezifische maschinelle Fähigkeiten. Aufgrund der wachsenden Bedeutung der Vernetzung aller Informations- und Kommunikationssysteme innerhalb von Unternehmen sind die mit einer Innovation einhergehenden technischen Veränderungen auch hinsichtlich ihrer **Systemkompatibilität** mit den bestehenden Systemen zu überprüfen. So ist es z. B. bei der Entwicklung eines neuen Kundenbetreuungsprogramms einer deutschen Großbank notwendig gewesen, eine eigene Software zu erstellen, die jedoch zur Erlangung der relevanten Informationen mit allen bisherigen Systemen zu verknüpfen war.

Den unterschiedlichen Anforderungen ist vor dem Hintergrund der Notwendigkeit eines effizienten Einsatzes der Unternehmensressourcen durch ein **systematisches Innovationsmanagement** Rechnung zu tragen (Meffert 2000, S. 379; Stauss/Bruhn 2004, S. 3). Dieses kann als institutionalisierter Planungs-, Steuerungs- und Kontrollprozess definiert werden, der alle mit der Entwicklung, Durchsetzung und Einführung von neuen Dienstleistungen verbundenen Aktivitäten betrieblicher Führungspersonen umfasst. Jedoch kann auch noch ein deutliches **Defizit** der Marketingforschung im Dienstleistungsbereich gegenüber dem Konsumgüterbereich in Bezug auf die **Analyse und Konzeptionierung von Innovationsprozessen** festgestellt werden. Während Ansätze zur Gestaltung von Innovationsprozessen im Konsumgüterbereich bereits sehr früh vorgestellt wurden (Scheuing 1974; Pessemier 1977; Urban/Hauser 1993; Crawford 1999), sind derartige Bemühungen im Bereich des Dienstleistungsmarketing noch vergleichsweise unterrepräsentiert (Donelly/Berry/Thompson 1985; Bacon/Butler 1998; Kawasaki/Moreno 2000; Drejer 2004, S. 551).

Shostack (1984) und Heskett (1986, 1988) sehen in der Immaterialität von Dienstleistungen zentrale Gründe für einen derartig unterschiedlichen Forschungsstand, obwohl es unmöglich ist, die Qualität von Dienstleistungen zu gewährleisten, ohne eine detaillierte Planung zugrunde zu legen. Abbildung 6-1-11 zeigt beispielhaft den von Scheuing und Johnson (1989) entwickelten **Planungsprozess für Dienstleistungsinnovationen**. Als Elemente des Entwicklungsprozesses lassen sich die folgenden Kernstufen unterscheiden (Meffert 2000):

Abbildung 6-1-11 Planungsprozess für Dienstleistungsinnovationen

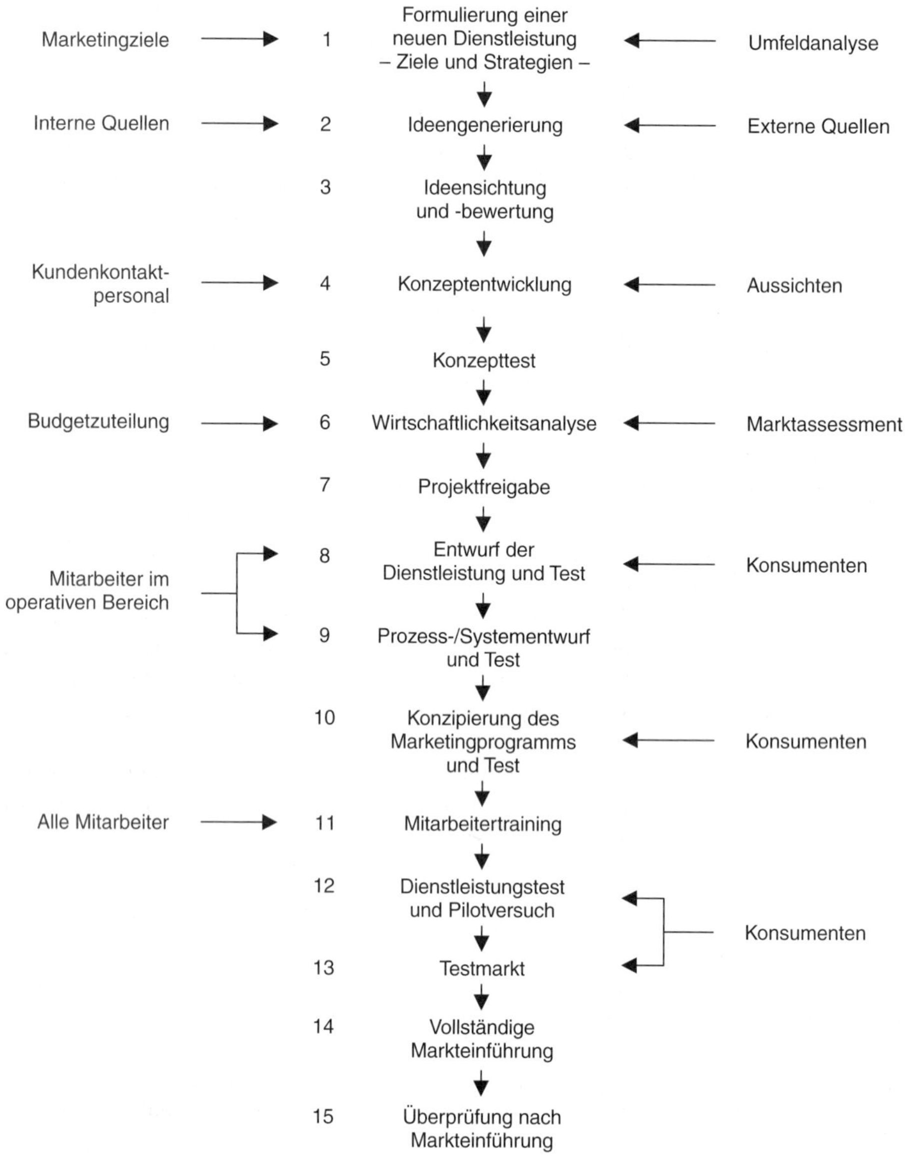

Quelle: Scheuing/Johnson 1989, S. 30

GABLER GRAFIK

- **Ideengewinnung (Phasen 1 und 2)**
  Durch interne (Dienstleistungspersonal, Beschwerdeabteilung, F&E-Abteilung usw.) und/oder externe Ideenquellen (Konsumenten, Konkurrenten, Absatzhelfer usw.) sowie den zielgerichteten Einsatz von Verfahren zur Ideenproduktion sind innovative Vorschläge für neue Dienstleistungsangebote zu generieren.

- **Ideenprüfung und -auswahl (Phasen 3 bis 7)**
  In einer ersten Grobauswahl sind Ideen, die hinsichtlich des Leistungspotenzials des Dienstleistungsunternehmens nicht zu realisieren sind oder in Bezug auf Akzeptanz beim Konsumenten wenig erfolgversprechend erscheinen, herauszufiltern. Bereits hierbei erscheint es sinnvoll, den externen Faktor bzw. Dienstleistungsnachfrager, z. B. im Rahmen von Fokusgruppengesprächen in der Vorauswahlphase, zu berücksichtigen. Erfolgversprechende Dienstleistungsideen sind in einem Serviceentwurf („Service Blueprint") zu konkretisieren und ersten Wirtschaftlichkeitsanalysen zu unterziehen. Auf Grundlage der Wirtschaftlichkeitsanalysen erfolgt der Übergang in die Verwirklichungs- und Markteinführungsphase.

- **Ideenverwirklichung (Phasen 8 bis 15)**
  Die endgültige Festlegung der Leistungsmerkmale und die Anpassung der zum Angebot einer Dienstleistung vom Anbieter bereitzustellenden Leistungspotenziale sowie die eigentliche Markteinführung von Serviceinnovationen bilden zentrale Bestandteile der dritten Stufe des Planungsprozesses. Bei persönlichen Dienstleistungen wird hier dem Personaltraining ein hoher Stellenwert beigemessen. Aufgrund der Immaterialität der Dienstleistungen und der Integration des externen Faktors sind durch Pilotversuche mögliche Fehlerquellen im Dienstleistungsprozess auszuschließen. Dies setzt z. B. bei ärztlichen Leistungen (Tests von neuen Medikamenten und Behandlungsmethoden) einen intensiven Kontakt zu den Testpersonen voraus.

Im Anschluss an diesen Prozess ist der **Erfolg der Innovation** am Markt zu beobachten und Abweichungen von ursprünglichen Zielen im Rahmen eines revolvierenden Prozesses erneut zu überdenken (Brown/Haynes/Saunders 1993).

Ein Vergleich des Planungsprozesses für Dienstleistungsinnovationen mit dem für Sachgüter offenbart in den einzelnen Planungsstufen eine Reihe dienstleistungsspezifischer Besonderheiten. Die in der **Ideengewinnungsphase** notwendige Kreativität zur Entdeckung von Informationen stellt dabei eine der größten Herausforderungen für die Unternehmen dar. Aufgrund des direkten Kontaktes zwischen Anbieter und Kunde während der Leistungserstellung ergeben sich für Dienstleistungsunternehmen jedoch zahlreiche Chancen, Innovationen durch den Kunden selbst in das Unternehmen tragen zu lassen. Hierfür bedarf es zunächst einer genauen Beobachtung des Kundenverhaltens, wobei er durch das Unternehmen bzw. die Mitarbeiter aktiv zur Meinungsäußerung aufzufordern ist. Während das **Beschwerdemanagement** im Sinne einer Verfolgung negativer Meinungsäußerungen in vielen Dienstleistungsunternehmen (z. B. Großbanken, Luftverkehrsgesellschaften) schon weitgehend professionalisiert ist, wird die systematische Nacharbeitung der von den Kunden geäußerten Wünsche vielfach vernachlässigt (Kurtz/Clow 1998). An dieses Defizit knüpft auch das **innerbetriebliche Vorschlagswesen** an, jedoch ist hierbei der Mitarbeiter Lieferant neuer Ideen. Dieser wird gegen entsprechende Anreize zur Generierung neuer Ideen ermutigt. Die Deutsche Bank AG hat dafür eigens eine Abteilung gegründet, die sich ausschließlich mit der Prüfung von Ideen beschäftigt und diese bei einer entsprechend positiven Bewertung an die entsprechenden Fachabteilungen weiterleitet. Hier werden die Ideen einer erneuten Überprüfung unterzogen. Abhängig von der Bedeutung einer Innovation für das Unternehmen erhalten die vorschlagenden Mitarbeiter schließlich Prämien, die bis zu einem Vielfachen des jeweiligen Monatsgehaltes betragen können. Insert 6-1-8 zeigt eine Umsetzung des betrieblichen Vorschlagswesens am Beispiel des Seminarhotels „Schindlerhof".

Ergänzend bietet sich die Anwendung von **Kreativitätstechniken,** wie z. B. Brainstorming und Synektik, in Mitarbeiter-Workshops an (Audehm 1995). Ebenfalls sind die verschiedenen Kreativitätstechniken zu nutzen, um externe Kunden in den Prozess der Ideengenerierung einzubinden. Ein weiterer Ansatz zur Nutzung externer Ideenquellen ergibt sich durch die Beauftragung von **Beratern** oder **Instituten.** Externe Unternehmensberater und Marktforschungsinstitute zeichnen sich in der Regel dadurch aus, dass sie in der Lage sind, unbefangen neue Vorschläge anzubieten. **Benchmarking** gilt ebenfalls als eine der zentralen externen Ideenquellen. Jedoch ist die Konkurrenzanalyse bei Dienstleistungen aufgrund der notwendigen Vergleichbarkeit nur für weitgehend standardisierte Dienstleistungen geeignet. Wettbewerbsbezogene Ansätze zur Innovationsgenerierung sind jedoch nicht auf einen Vergleich im Rahmen des Benchmarking beschränkt. So gewinnt auch die gemeinsame Entwicklung von Innovationen im Rahmen von forschungsbezogenen **Partnerschaften** an Bedeutung hinzu. Dies erscheint insbesondere dann erfolgreich, wenn es einer Gruppe von Unternehmen hierbei gelingt, gegenüber den weiteren Wettbewerbern Dienstleistungsstandards in den jeweiligen Märkten durchzusetzen (Gassert/Prechtl/Zahn 1998).

Der Stufe der Ideengewinnung folgt die **Ideenprüfungsphase** hinsichtlich ihrer Übereinstimmung mit den Unternehmenszielen. Ziel dieser Phase ist die Minimierung des Misserfolgsrisikos. Hierbei sind insbesondere die eingangs erwähnten Aspekte der Kundenakzeptanz, der Mitarbeiterfähigkeiten und der Möglichkeit des Innovationsschutzes zu erörtern. Aufgrund der Kundenintegration während der Dienstleistungserstellung empfiehlt sich eine **Einbeziehung des Kunden** auch in die Ideenprüfung (Reckenfelderbäumer/Busse 2003, S. 158ff.). In diesem Zusammenhang eröffnet die Übertragung bisher nur aus dem Konsumgüterbereich bekannter Testverfahren wie Produktkliniken auf den Dienstleistungsbereich, z. B. in Form von **Leistungskliniken,** neue Möglichkeiten, Kundenbewertungen frühzeitig in die Innovationsentwicklung zu integrieren. Sofern die Akzeptanz von Innovationen überprüft worden ist, folgt eine dezidierte **Wirtschaftlichkeitsanalyse.** Um eine solche durchzuführen, sind sowohl die notwendigen Aktivitäten (Teilprozesse) als auch die Kapazitäten in qualitativer und quantitativer Hinsicht vor der Markteinführung festzulegen. Die Disziplin des **„Service Engineering"** beschäftigt sich mit dieser Planung und der Entwicklung neuer Dienstleistungen (Bullinger/Scheer 2003, S. 4). Mittels Methoden wie „Service Blueprinting" (Shostack 1984), Arbeitsablaufplänen, Netzplantechniken und Entscheidungsanalysen kann ein Serviceplaner feststellen, welche Vorgänge während der Bereitstellung einer neuen Dienstleistung ablaufen, welche Potenzialfaktoren für den Erstellungsprozess bereitzustellen sind und wie der zeitliche Rahmen für die Dienstleistungserstellung gestaltet werden kann.

INSERT 6-1-8 wirtschaft & weiterbildung, Mai 2004, S. 12

titel vorschlagswesen

»Ein Verbesserungsvorschlag pro Monat ist Pflicht«

INTERVIEW. Das Seminarhotel »Schindlerhof« in der Nähe von Nürnberg gilt als eines der kundenfreundlichsten und kreativsten Seminar- und Tagungshotels in Deutschland. »wirtschaft & weiterbildung« sprach mit dem Gründer und Inhaber Klaus Kobjoll über seine Maßnahme, eine Pflicht zum Verbesserungsvorschlag in den Arbeitsvertrag aufzunehmen.

Wie kommen Sie als Unternehmen »Schindlerhof« zu neuen Ideen?

Klaus Kobjoll: Die wichtigste Quelle ist die Individualität meiner Mitarbeiter. Das ist die größte Wertreserve. Aber: Ich muss als Unternehmer diese Individualität zulassen können. Reinhard K. Sprenger sagt völlig zu Recht, dass alle Managementmethoden an »nicht akzeptierter Individualität« scheitern. Konformität gibt es bei mir nur in ganz wenigen Bereichen – zum Beispiel wenn es darum geht, Standards im Service einzuhalten. Die Formel heißt: So viel Individualität wie möglich und so wenig Konformität wie nötig.

Zu diesen Standards gehört bei Ihnen sogar, dass Verbesserungsvorschläge Pflicht sind?

Kobjoll: Meines Erachtens kann man ein funktionierendes Vorschlagswesen nur ankurbeln, indem man am Anfang Verbesserungsvorschläge zur Pflicht macht. Der Mensch ist ein Gewohnheitstier, deshalb könnte man auf äußeren Druck auch wieder verzichten, wenn das Vorschlagswesen in Fleisch und Blut übergegangen ist. Aber zur Zeit ist bei uns in jedem Arbeitsvertrag festgehalten, dass jeder Mitarbeiter einen Vorschlag pro Monat zu bringen hat. Der Mitarbeiter weiß also, worauf er sich einlässt, wenn er zu uns kommt.

Ist ein Vorschlag pro Monat auf Dauer nicht zu viel verlangt?

Kobjoll: Unsere 69 Mitarbeiter, von denen 19 Lehrlinge sind, haben im letzten Jahr 794 schriftliche Verbesserungsvorschläge eingereicht. Es wurden 82 Prozent davon umgesetzt. Ich glaube, dass man an jedem Arbeitsplatz eine kleine Verbesserung pro Monat machen kann.

Welche Unterstützung bekommt ein Mitarbeiter, um sich Verbesserungsvorschläge einfallen zu lassen?

Kobjoll: Das Vorschlagswesen läuft sehr pragmatisch ab. Das notwendige Formular ist sehr einfach gestrickt und überall zu finden. Oft hat man eine Idee, greift zum Blatt und damit ist es erledigt, man muss nicht immer eine halbe Stunde überlegen, was man schreiben soll. Unter besonderen Umständen, wie zum Beispiel im Bereich der Küche, setzen sich die Führungskräfte mit ihren Mitarbeitern zusammen und lassen sich die Vorschläge auch schon mal diktieren. Die Chance, dass man mit einem Verbesserungsvorschlag etwas ändern kann, was einen ärgert, wirkt sehr motivierend.

Gibt es Prämien zur Belohnung?

Kobjoll: Wir haben uns etwas ganz Neues ausgedacht. In unserem Hotel wird jedem Mitarbeiter ein »Aktienwert« zugerechnet. Alle starteten bei einem erdachten Wert von »1000 Pixel«. Am Ende jeden Monats wird die Aktie nachjustiert. Dazu gibt es 14 verschiedene Kriterien. Das wird bei uns spielerisch gemacht, indem der Aktienkurs steigen und fallen kann, je nachdem wie aktiv zum Beispiel ein Mitarbeiter Verbesserungsvorschläge abliefert. Wenn er einen Vorschlag abgibt, bekommt er zuerst mal nur zwei Pixel auf seinen Aktienkurs. Wenn sein Vorschlag genehmigt wird, bekommt er bereits fünf Pixel. Die Anzahl der umsetzungswürdigen Vorschläge stieg mit der Einführung der »Aktie« innerhalb eines Jahres von 68 Prozent auf 82 Prozent. Vorher wussten alle Mitarbeiter, dass sie einen Vorschlag abgeben mussten, aber der Inhalt hatte keine so große Bedeutung. Jetzt gibt es fast die dreifache Bewertung in Pixel, wenn der Vorschlag genehmigt wird. Also machen sich die Mitarbeiter auch über den Inhalt mehr Gedanken als vorher. Langfristig werden Beförderungen und Gehaltserhöhungen von dem Wert der Aktie abhängen.

Was bringt Ihre persönliche Kreativität am besten in Schwung?

Kobjoll: Meine Erfahrung aus 35 Jahren Selbstständigkeit ist, dass meine Mitarbeiter und ich immer dann am innovativsten waren, wenn es uns so richtig schlecht ging. Krisen sind immer Chancen. Krisen sind fast so etwas wie ein Garant für Innovationen.

Interview: Martin Pichler

Erste Wirtschaftlichkeitsanalysen zur endgültigen Auswahl von Serviceinnovationen lassen sich auf der Grundlage eines Service Blueprint systematisch erstellen. Dieser graphische Serviceentwurf – ergänzt durch Informationen weiterer Analyseverfahren – kann als „Prototyp" einer Dienstleistungsinnovation aufgefasst werden. Als **Vorteile des Service Blueprint** können folgende Gesichtspunkte hervorgehoben werden (Shostack 1984, 1987; Reckenfelderbäumer/Busse 2003, S. 160):

- In einem frühen Planungsstadium werden Serviceideen und Dienstleistungserstellungsprozesse konkretisiert und visualisiert.
- Der Ablaufplan gibt Hinweise zur Disposition der personellen und materiellen Einsatzfaktoren. Kundenkontaktpunkte, die so genannten „Moments of Truth", werden sichtbar und Möglichkeiten werden erkennbar, an welchen Teilprozessen Kosten eingespart werden können, z. B. durch Automatisierung.
- Konkurrierende Dienstleistungen können durch Darstellung in Blueprinting-Form mit eigenen Leistungen verglichen werden.
- Service Blueprints können in Ergänzung zu der bereits dargestellten Wertkettenanalyse einen weiteren Ausgangspunkt für Überlegungen über mögliche Produktivitätssteigerungen bieten.

Bei der Dienstleistungsentwicklung ist besonders auf die frühzeitige Einbindung von Kunden zu achten. Aufgrund der Tatsache, dass Dienstleistungen Vertrauensgutcharakter haben, ist den Kundenanforderungen große Aufmerksamkeit beizumessen. Ohne Einbindung potenzieller Kunden in den Entwicklungsprozess besteht die Gefahr, an den Forderungen des Marktes vorbeizuentwickeln (vgl. Hofmann/Meiren 1998, S. 83).

Die **Implementierung von Dienstleistungsinnovationen** stellt sowohl an das externe als auch an das interne Marketing veränderte Anforderungen. Während der Konsument bei Innovationen im Konsumgüterbereich, z. B. bei den ersten Auslieferungen eines neuen Pkw kleinere Mängel antizipiert und akzeptiert, können Qualitätsdefizite bei Dienstleistungen bereits das Scheitern einer Innovation bedeuten. Vor diesem Hintergrund ist es notwendig, dem bei der Konsumtion einer Dienstleistungsinnovation ohnehin verunsicherten Kunden sowohl seitens des Unternehmens als auch seitens der Mitarbeiter Vertrauen zu spenden. Das Vertrauen in ein Unternehmen kann insbesondere durch den rechtzeitigen Einsatz von Testimonials erreicht werden, wie es die Deutsche Post AG mit den Gottschalk-Brüdern oder O_2Genion mit Franz Beckenbauer bei der Einführung eines neuen Tarifsystems erfolgreich vollzogen haben. Unternehmensintern sind die technischen Systeme und insbesondere die personellen Fähigkeiten durch Weiterbildungsmaßnahmen aufzubauen. Dabei ist neben der rein fachlichen Qualifikation insbesondere die Identifikation der Mitarbeiter mit der neuen Leistung und deren Überzeugung hinsichtlich der Vorteilhaftigkeit notwendig.

Weiterhin erfordert die Entscheidung zur Einführung neuer Leistungsangebote eine Entscheidung über die bereitzustellenden **Kapazitäten** (Scheuch 2002). Die Kapazitätsplanung hat die potenzielle Inanspruchnahme sowohl in Bezug auf die Menge als auch auf die Zeit zu berücksichtigen. Hier treten bei Dienstleistungen jedoch große **Prognoseprobleme** auf. Darüber hinaus ist zu berücksichtigen, dass die Qualifikation des im Rahmen der innovativen Dienstleistung eingesetzten Personals ausreichend ist. Werden hier bereits im Planungsprozess Defizite deutlich, sind geeignete Schulungsprogramme oder die Akquisition von neuen Mitarbeitern anzustreben.

Aus der Immaterialität der Dienstleistung folgt weiterhin, dass Dienstleistungsinnovationen in der Regel nicht patentiert werden können (Hilke 1989b). Somit ist es für Dienstleister schwierig, durch Innovationen langfristig Wettbewerbsvorteile aufzubauen, die nicht imitiert werden können. Ein Beispiel hierfür ist die „Club-Idee" (des Club Méditerranée) im Tourismusbereich, die sehr schnell von anderen Reiseveranstaltern übernommen wurde (TUI, NUR).

Die **Imitierbarkeit** hängt gerade im Dienstleistungsbereich von der für die Erbringung der Dienstleistung notwendigen Qualifikation ab. Hieraus erklärt sich auch, dass es für qualifizierte, angestellte Mitarbeiter in Dienstleistungsbranchen vergleichsweise einfach ist, sich selbständig zu machen. Als Beispiel für diese so genannten „Easy Entry"-Branchen können Werbeagenturen, Seminarveranstalter oder auch Rechtsanwälte und Unternehmensberatungen genannt werden.

Das **Logistikunternehmen DHL** erstellt aus modularen Leistungen individuelle Leistungspakete. Die große Anzahl der zu verarbeitenden Aufträge mit individuellen Anforderungen stellt hohe Ansprüche an die einzelnen Prozesse der Leistungserstellung, die hier durch Mass Customization, d. h. eine automatisierte Zusammenstellung modularer Leistungseinheiten, realisiert wird (Insert 6-1-9).

Abschließend sind generelle **Erfolgsfaktoren von Innovationen im Dienstleistungsbereich** zu diskutieren. Untersuchungen im Finanzbereich zeigen, dass einige der Prozessphasen des Innovationsmanagements nicht durchlaufen werden. So wird beispielsweise auf der eigentlichen Entwicklung vorausgehende Marktstudien bei der Ideenentwicklung oder auf die Nutzung von Testmärkten während der Leistungsentwicklung verzichtet. Die Mehrzahl der Firmen verfügt über keinen formalisierten Entwicklungsprozess (Martin/Horne 1993). Daher verwundert es nicht, dass 30 bis 50 Prozent der Innovationen am Markt scheitern (Reichwald/Schaller 2003, S. 192). Interessant ist die Erkenntnis, dass bei einer Betrachtung des **Formalisierungsgrades der Innovationsprozesse** die Zahl der erfolgreichen Unternehmen nur dann die Zahl der erfolglosen Unternehmen übersteigt, wenn entweder keinerlei Formalisierung oder aber ein extrem hoher Formalisierungsgrad vorliegt.

Dieses bei den „Ad-hoc"-Entscheidern verwunderliche Ergebnis kann entweder auf deren hohe Kreativitätspotenziale zurückgeführt werden oder aber auf eine falsche Selbsteinschätzung, da gegebenenfalls auch keine formalisierte Erfolgsermittlung durchgeführt wurde.

INSERT 6-1-9 DHL Solutions

Kurzfallstudie: DHL Solutions

Das Unternehmen DHL, eine Tochter der Deutsche Post World Net, gehört zu den weltweit führenden Anbietern von Logistikdienstleistungen. In den Bereichen Express, Paket und Fracht befördert DHL allein in Europa über eine Milliarde Sendungen und 40 Millionen Tonnen Fracht pro Jahr. DHL beschäftigt über 170.000 Mitarbeitern, die mit rund 72.000 Fahrzeugen und 420 Flugzeugen (eigene und fremde Airlines) in der Lage sind, mit 4.400 Niederlassungen ihre Kunden an insgesamt mehr als 120.000 Zielorten zu bedienen. Diese erhalten alle Express-, Paket-, und Logistikservices aus einer Hand und können ein breites Spektrum harmonisierter und integrierter Produkte sowie Dienstleistungen für das Management und den Transport von Waren, Informationen und Zahlungsströmen nutzen.

DHL Solutions ist eine Sparte von DHL und bietet ihren Kunden individuell massgeschneiderte Supply-Chain-Lösungen an. Die Herausforderung besteht darin, den Grad der Individualisierung richtig zu wählen. Zum einen ist die Dienstleistung eng mit den Produktions- und Vertriebsaktivitäten der Kunden von DHL Solutions verzahnt, denn oft gehen Dienstleistungen im Zuge eines Outsourcing von Logistikleistungen bei den Kunden auf DHL Solutions über. Zum anderen ist es nur durch eine Standardisierung des Angebotes möglich, die gleiche Infrastruktur und Prozesse für mehrere Kunden zu nutzen und somit die Gesamtkosten für jeden einzelnen Kunden zu reduzieren.

DHL Solutions löst diesen Zielkonflikt durch Modularisierung des Angebotes und Mass Customization. Nach einem Baukastensystem werden komplexe Lösungen in einzelne Produkte und Produktmodule aufgegliedert. Während Produkte auch einzeln als standardisiertes Angebot vermarktet werden, sind Produktmodule unsichtbare „standardisierte Fähigkeiten", die in mehreren Produkten und Lösungen zum Einsatz kommen. Ein Risiko der Modularisierung besteht darin, dass einzelne Produkte leichter durch die Konkurrenz kopiert werden können als komplexe Lösungen. Der Einsatz von Produktmodulen und von anderen, nicht sichtbaren Leistungsbestandteilen – wie Kalkulationsmethoden, Vertragsmanagement, Systemintegration usw. – macht eine Nachahmung schwieriger.

Mass Customization bedeutet, dass der Kunde eine individuelle Lösung erhält, die sich aus mehreren Produkten, Produktmodulen und Zusatzdienstleistungen zusammensetzt. Häufig sind es gerade die kundenindividuellen Zusatzdienstleistungen, die aufwändige EDV-Systeme und Prozesse erfordern. Ziel der „Mass Customization" ist es, einen möglichst grossen Anteil der Wertschöpfung mit standardisierten Produkten zu erbringen. Der Anteil individueller Dienstleistungen wird dabei auf jenen Umfang beschränkt, der notwendig ist, um insgesamt den individuellen Nutzen des Kunden zu optimieren (siehe Abbildung 1).

Für Kunden von DHL Solutions hat diese Vorgehensweise einen deutlichen Vorteil: Sie erhalten eine einmalige, auf ihren Bedarf zugeschnittene Lösung, können aber alle wesentlichen Komponenten vorab im Einsatz sehen. Das wahrgenommene Risiko wird so reduziert, da sich deren Eignung bereits im Vorfeld prüfen lässt.

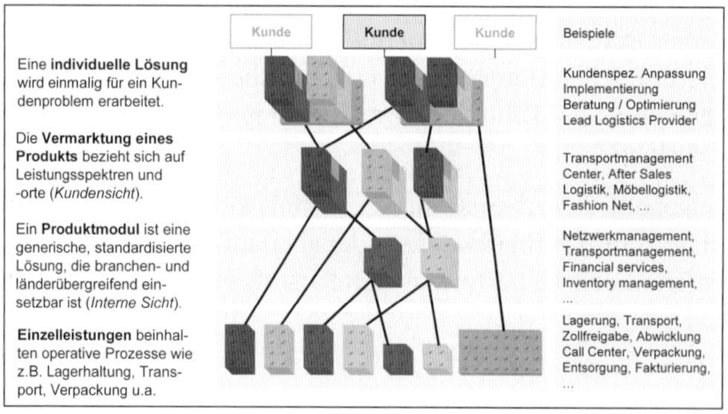

Abbildung:
Modularisierungskonzept der Angebotsstruktur von DHL Solutions

Eindeutig sind hingegen die Ergebnisse hinsichtlich der Erfolgsträchtigkeit in Abhängigkeit von der **Art der Innovation.** Die Ergebnisse der Studie zeigen, dass ein enger Bezug zum Kerngeschäft – d. h. zur Kernkompetenz – von den Konsumenten durch entsprechenden Markterfolg belohnt wird.

Gründe für den Erfolg sind darin zu sehen, dass Konsumenten auf Kompetenz schließen können, aber auch darin, dass ein Aufbau vollkommen neuer Kapazitäten zur Erbringung der Leistung größtenteils durch Synergien umgangen werden kann.

1.213 Eliminierung von Dienstleistungen

Eine **Leistungsprogrammreduzierung** bzw. **-straffung** erfolgt durch die Leistungselimininierung, mittels derer sich das Dienstleistungsunternehmen von unrentablen oder veralteten Leistungsarten trennt. Durch die Freisetzung von Ressourcen materieller, finanzieller und personeller Art kann ein Kostenabbau und eine effizientere Verwendung begrenzter Mittel erreicht werden (Meffert 2000).

Ebenso wie im Sachgüterbereich können im Dienstleistungsbereich verschiedene Kriterien eine Eliminierung ratsam erscheinen lassen (Meffert 2000):

- **Quantitative Kriterien:**
  - Sinkender Umsatz und/oder Marktanteil,
  - Geringer Umsatzanteil am Gesamtumsatz,
  - Sinkender Deckungsbeitrag.
- **Qualitative Kriterien:**
  - Negativer Einfluss auf das Firmenimage,
  - Änderung gesetzlicher Vorschriften,
  - Änderung der Bedarfsstruktur,
  - Einführung besserer Leistungen durch die Konkurrenz.

Eliminierungsentscheidungen werden in der Regel durch eine simultane Betrachtung verschiedener Kriterien, z. B. im Rahmen eines klassischen Punktbewertungsverfahrens, getroffen. In diesem Zusammenhang werden zunehmend strategische Analyse- und Planungskonzepte eingesetzt, wie sie in Kapitel 4, Abschnitt 2 diskutiert wurden.

Der US-amerikanische Film „Supersize Me", der auf die negativen gesundheitlichen Auswirkungen von Produkten der Fastfood-Kette McDonald's hinwies, führte dazu, dass die Unternehmensleitung Teile des Angebotsspektrums eliminierten, um einer nachteiligen Imageveränderung entgegenzuwirken. Zudem druckte das Unternehmen Kalorientabellen auf die Essensunterlagen, um dem Vorwurf zu begegnen, es fördere wissentlich Übergewicht und gesundheitliche Probleme aufgrund der Zusammensetzung seiner Menüs (siehe auch Insert 6-1-1).

Allerdings ist an dieser Stelle darauf hinzuweisen, dass notwendige Eliminierungen nicht immer durchgeführt werden können. Folgende **Barrieren von Eliminierungsentscheidungen** lassen sich identifizieren:

- Prestige-/Imagegründe,
- Synergieeffekte bzw. Cross-Selling-Potenziale mit anderen Leistungen,
- Vorleistungen für andere Leistungen,
- Soziale Gründe.

Liegen derartige Barrieren bei Eliminierungsentscheidungen vor, ist zu untersuchen, inwiefern eine Eliminierung umgangen werden kann. In diesem Falle können **alternative Vorgehensweisen** gewählt werden, die sich zumindest in dieselbe Richtung auswirken wie Eliminierungsentscheidungen. Dies können beispielsweise andere Maßnahmen in den Marketingmixbereichen sein.

Im Gegensatz zur Eliminierung von Dienstleistungen sind vom Anbieter bei der **Externalisierung** von Dienstleistungen vielfach die Voraussetzungen für eine problemlose Leistungsbeteiligung der Kunden zu schaffen, insbesondere wenn bisher angebotene Zusatzleistungen auf den Dienstleistungsnachfrager übertragen werden. Sofern beispielsweise ein Restaurant die Tischbedienung durch eine Selbstbedienung der Gäste ersetzen will, sind entsprechende Ausstattungen (Selbstbedienungstheke, Tabletts, Checkout usw.) bereitzustellen (Meyer/Rühle 1991). Die Servicequalität bei der Inanspruchnahme einer Grundleistung wird bei der Externalisierung von Zusatzleistungen davon beeinflusst, ob die Selbstbeteiligung problemlos erfolgen kann und die Leistungsbeteiligung aus Kundensicht mit einem höheren Individualisierungsgrad oder Aufwand assoziiert wird.

1.22 Markenpolitik

Während der Marke bei Konsumgütern seit jeher eine hohe Bedeutung zukommt, wurde diese von vielen Dienstleistungsanbietern erst seit Beginn der 1990er Jahre als erfolgreiches Instrument zur Profilierung gegenüber den Wettbewerbern entdeckt (Turley/Moore 1995). Dabei ergeben sich aus der Immaterialität von Dienstleistungen drei wesentliche **Problemstellungen,** zu deren Lösung die Einführung einer Marke geeignet erscheint (Stauss 2001a, S. 556f., 2004, S. 103f.):

Aufgrund der Intangibilität, d. h. des hohen Anteils von Erfahrungs- und Vertrauenseigenschaften, empfinden Dienstleistungskunden ex-ante tendenziell ein **höheres subjektives Kaufrisiko.** Starke Dienstleistungsmarken können als Vertrauensanker dienen und so zu Minderung des wahrgenommenen Risikos beitragen. Die Dienstleistungsmarke übernimmt primär eine Garantiefunktion.

Eine weitere Folge der Intangibilität ist die „Vergänglichkeit“ der Dienstleistung, die sich in einem erhöhten **Risiko des schnellen Vergessens** äußert. Dadurch, dass die Dienstleistung nach der Erstellung im allgemeinen nicht mehr physisch präsent ist, finden vor einer weiteren möglichen Transaktion keine Kontakte mehr mit dem Anbieter statt. Über eine Marke kann die Kontakthäufigkeit über Marketingmaßnahmen erhöht und so der Eindruck der Dienstleistung und des Anbieters erhalten werden (Stauss 2004, S. 104).

Dienstleistungen sind vergleichsweise schwer vor Imitationen zu schützen. Folglich entsteht das **Risiko einer Multiplikation von Angebotsideen,** die durch den Kunden nur schwer zu unterscheiden sind (z. B. Mobilfunkanbieter). Dienstleistungsmarken können vor Nachahmungen schützen und zur Differenzierung des Angebotes beitragen.

1.221 Begriff und Wesen der Dienstleistungsmarke

Vor diesem Hintergrund haben Fragestellungen bezüglich der inhaltlichen Ausgestaltung einer spezifischen Markenführung die Diskussion hinsichtlich Existenz und Notwendigkeit von Dienstleistungsmarken weitgehend ersetzt. Zudem wurde in dieser Entwicklung ein wesentlicher Wandel des Verständnisses vom Wesen einer Marke erforderlich (Meffert/Burmann 1996, S. 3ff.). So zählten nach der frühen Auffassung von Domizlaff (1992) ausschließlich Fertigwaren zu den markierungsfähigen Gütern, sofern sie dem Konsumenten mit konstantem Auftritt und Preis in einem größeren Verbreitungsraum dargeboten werden. Ähnlich besagte die **klassische Markenartikeldefinition** von Mellerowicz (1964), dass nur diejenigen Waren als Marken bezeichnet werden, die bestimmten konstitutiven Anforderungen entsprechen. Dazu gehören

- das Vorliegen einer Fertigware,
- mit einer Markierung als physische Kennzeichnung der Ware,
- in gleichbleibender oder verbesserter Qualität,
- in gleichbleibender Menge,
- in gleichbleibender Aufmachung,
- in einem größeren Absatzraum,
- mit kommunikativer Unterstützung beim Verbraucher und
- Anerkennung im Markt.

Die statische Sichtweise, die eine Existenz der Marke ausschließlich von der Erfüllung oben genannter Kriterien abhängig macht, schließt Dienstleistungen aufgrund ihrer Immaterialität jedoch völlig aus. Daher wurde im Folgenden versucht, auch Dienstleistungen in der Markenartikeldefinition zu berücksichtigen. So kann als Marke ein Zeichen verstanden werden, „das der Kennzeichnung von Sachgütern oder Dienstleistungen dient. Aufgabe der Marke ist es, die Herkunft des Produkts bzw. der Dienstleistung zu dokumentieren (Herkunfts- bzw. Identifizierungsfunktion) und das markierte Produkt bzw. die markierte Dienstleistung von anderen Produkten und Dienstleistungen abzuheben (Individualisierungsfunktion)" (Graumann 1983). Im Rahmen der Differenzierung wird die Notwendigkeit einer Erweiterung der traditionell herstellerbezogenen Perspektive um die Konsumentenwahrnehmung bereits angedeutet. So wird die Definition der Marke von weiteren Vertretern auf alle Güter und Dienstleistungen bezogen, die von den Konsumenten als Marke wahrgenommen werden (Meffert 1979). Daraus ergibt sich die für den Dienstleistungsanbieter wichtige Frage, welche Beschaffenheit einer Leistung erfoderlich ist, um diese Wahrnehmung in der Verbrauchersicht zu erreichen. Eine allgemein gültige Antwort auf diese Frage kann es jedoch nicht geben, da die Wahrnehmung und Interpretation der Marke immer auch von situativen Bedingungen abhängig ist.

Vor diesem Hintergrund beschreibt eine **Dienstleistungsmarke** ein in der Psyche des Konsumenten verankertes, unverwechselbares Vorstellungsbild von einer Dienstleistung. Die zugrunde liegende markierte Leistung wird dabei einem möglichst großen Absatzraum über einen längeren Zeitraum in gleichartigem Auftritt und in gleichbleibender oder verbesserter Qualität angeboten (Meffert 2002, S. 847).

Demnach verkörpert die Marke heute ein sozialpsychologisches Phänomen und gilt als spezifische Vermarktungsform, in deren Mittelpunkt die Entwicklung und Festigung des Vertrauens der Nachfrager in die angebotenen Leistungen stehen (Meffert/Perrey 1998, S. 1). Übergeordnete Zielsetzung der Marke ist somit die Vermittlung der erforderlichen Hilfeleistung und Sicherheit bei der Kauf- und Auswahlentscheidung (Meffert 2000, S. 847f.). Zur Sicherstellung dieser übergreifenden Zielsetzung ist insbesondere der Aufbau einer starken **Markenidentität** erforderlich, wobei zur Vermeidung von verwässerten Markenidentitäten eine Homogenität von Selbstbild und Fremdbild notwendig erscheint (Meffert/Burmann 1996, S. 13ff.). Das **Selbstbild** beinhaltet die Perspektive der internen Anspruchsgruppen. Aufgrund des intensiven Kundenkontakts ist die Bedeutung des Selbstbildes in der Dienstleistungsbranche für die Markenwahrnehmung weitaus bedeutender als im Konsumgüterbereich. Daher sind die internen Leistungspotenziale durch das Markenmanagement besonders zu berücksichtigen. Das **Fremdbild** der Markenidentität ergibt sich hingegen aus der Perspektive externer Anspruchsgruppen und wird mit dem Image gleichgesetzt. Da bei Dienstleistungen vor einer erstmaligen Inanspruchnahme die Unsicherheit bei den Kunden besonders hoch ist und diese vielfach durch eine gezielte Informationssuche bei Bekannten, Verbraucherverbänden oder sonstigen Meinungsführern reduziert wird, stellt auch das Fremdbild einen wesentlichen Ansatzpunkt für das Markenmanagement dar. Zudem führt die Betrachtung von Selbstbild und Fremdbild bei Dienstleistungen zu der Schlussfolgerung, dass die Bedeutung der Marke zur Profilierung eines Unternehmens im Dienstleistungssektor von primärer Bedeutung erscheint. Seit dem 1. April 1979 können Dienstleistungsmarken beim Deutschen Patentamt eingetragen werden und genießen damit den gleichen zeichenrechtlichen Schutz wie dies bei Warenzeichen der Fall ist (Meyer 1994; Stauss 1994a, S. 90ff.). Obwohl das Markengesetz die Unterscheidungsfähigkeit eines Kennzeichens als hinreichendes Kriterium für eine Eintragung betrachtet, führt es Dienstleistungsmarken, die 2003 insgesamt 42 Prozent der gesamten Markenanmeldungen ausmachten, explizit an (§ 3, Abs. 1 MarkenG) (DPMA 2004). Dienstleistungsmarken sind somit als Werte aufzufassen, die einen erheblichen Vermögensbestandteil von Dienstleistungsunternehmen darstellen können. Abbildung 6-1-12 zeigt exemplarisch die **Markenwerte von Dienstleistungsunternehmen,** die nach Berechnung der Agentur Interbrand zu den 100 wertvollsten Marken weltweit gehören. Im Ranking zeigt sich, dass zwischen den Jahren 2001 und 2004 die Zahl der Dienstleistungsunternehmen mit hohen Markenwerten von 18 auf 25 zugenommen hat (Interbrand 2004).

Abbildung 6-1-12 Markenwerte von Dienstleistungsunternehmen

Dienstleistungsmarke	Wert (Mrd. USD)	Top 100 Rang
Disney	27,11	6
McDonald's	25,00	7
Citibank	19,97	13
American Express	17,68	14
Merill Lynch	11,50	26
Morgan Stanley	11,50	27
J. P. Morgan	9,78	30
HSBC	8,67	33
SAP	8,32	34
Goldman Sachs	7,95	37
GAP	7,87	38
UBS	6,52	45
MTV	6,45	47
Accenture	5,77	50
KFC	5,11	54
Pizza Hut	5,05	55
Ebay	4,74	60
Yahoo!	4,54	61
Amazon.com	4,16	66
Reuters	3,69	71
TIME	3,65	73
Hertz	3,41	78
AOL	3,25	82
ING	2,86	88
Starbucks	2,40	98

GABLER GRAFIK

Quelle: Interbrand 2001

Eine Klassifizierung der **Formen von Dienstleistungsmarken** ist möglich nach (Stauss 1994a, S. 87ff.):

- dem **Markierungsmittel** in:
  - Wortmarken (z. B. Burger King, MTV, Credit Suisse, Yahoo!),
  - Bildmarken (z. B. Schrägstrich der Deutschen Bank, lachendes Gesicht von TUI),
  - Kombinationsmarken (z. B. Name „Starbucks Coffee" im Logo als Bildmarke und Erkennungszeichen, Hilton als Wortmarke mit „H" als Logo).
- dem **Wirtschaftssektor** des Markenträgers in:
  - Dienstleistungsmarke eines Dienstleisters (z. B. Lufthansa),spienstleistungsmarke eines Handelsunternehmens (z. B. PAYBACK Card von Galeria Kaufhof),
  - Dienstleistungsmarke eines Konsumgüterherstellers (z. B. Camel Reisen).
- dem **Markeninhalt** in:
  - Firmenmarken (z. B. TUI, McDonald's, Lufthansa),
  - Leistungsmarken (z. B. Mister Minit),
  - Phantasiemarken (z. B. Namen von Diskotheken, Robinson Club).
- dem **Anwendungsbereich** bzw. der **Zahl der markierten Güter** in:
  - Einzelmarken (Individual- oder Monomarken, z. B. Robinson Club),
  - Gruppenmarken (Familienmarken, z. B. Steigenberger Hotels; Mehrmarken, z. B. DERTOUR; Dachmarken, z. B. McKinsey, Hilton).

Trotz der schutzrechtlichen Möglichkeiten führen die Immaterialität von Dienstleistungen im Hinblick auf die rechtliche Anerkennung der Marke (z. B. können Probleme in Bezug auf die Prüfung der Gleichartigkeit und Verwechslungsgefahr als Eintragungsvoraussetzungen nicht auf der Grundlage eines materiellen Leistungskerns ermittelt werden) sowie das Fehlen eines Produktes als physischer Markenträger gegenüber der Markenpolitik bei Sachgütern zu veränderten Problemstellungen (Stauss 2004, S. 104). Bevor diese Aspekte näher erörtert werden, sind die mit der Gestaltung von Dienstleistungsmarken verbundenen Funktionen und Zielsetzungen zu kennzeichnen. Ebenso wie in der klassischen, auf Sachgüter ausgerichteten Markenpolitik erfüllen Marken für Dienstleistungen unterschiedliche Funktionen.

Dabei ist es zweckmäßig, die **Funktionen** nach den Marktbeteiligten zu differenzieren. In Abbildung 6-1-13 sind die wichtigsten Funktionen aus Sicht der Anbieter, Vermittler und Nachfrager von Dienstleistungen wiedergegeben. Die **Dienstleistungsanbieter** benötigen die Bündelung und Fokussierung ihrer Leistungen durch eine Dienstleistungsmarke, um Vertrauens- und Qualitätssignale an die Abnehmer zu senden. Auch die Dienstleistungsvermittler (z. B. Versicherungsmakler, Reisebüros, Intermediäre) nutzen die Dienstleistungsmarke des Anbieters zu ihrer eigenen Profilierung. Schließlich dient die Dienstleistungsmarke den **Dienstleistungsnachfragern** zur Orientierung und Schaffung von Vertrauen, indem vor der Kaufentscheidung die Marke als Qualitätssignal und -versprechen interpretiert wird (Bruhn 2001c).

Abbildung 6-1-13 Funktionen von Dienstleistungsmarken für die Marktbeteiligten

Dienstleistungsanbieter	Dienstleistungsvermittler	Dienstleistungsnachfrager
■ Kommunikationsfunktion ■ Profilierungsfunktion ■ Imageträgerfunktion ■ Innovationsfunktion ■ Unterstützungsfunktion im Marketingmix ■ Stabilisierungsfunktion	■ Risikominderungsfunktion ■ Renditefunktion ■ Vorverkaufsfunktion ■ Entlastungsfunktion im eigenen Marketingmix ■ Profilierungsfunktion ■ Stabilisierungsfunktion	■ Orientierungsfunktion ■ Informationsfunktion ■ Vertrauensfunktion ■ Identifikationsfunktion ■ Qualitätssicherungsfunktion ■ Risikominderungsfunktion ■ Prestigefunktion

Quelle: Bruhn 2001c, S. 33

GABLER GRAFIK

Dienstleistungsmarken erfüllen erkennbar unterschiedliche Funktionen, die bei der markenstrategischen Ausrichtung des Unternehmens zu berücksichtigen sind. Um die mit der Markenpolitik zusammenhängenden Entscheidungen treffen und die einzelnen Maßnahmen durchführen zu können, ist es notwendig, sich mit den **markenpolitischen Zielen** auseinanderzusetzen, die sich unter anderem aus den Funktionen von Dienstleistungsmarken ableiten lassen. Folgende globale, ökonomische und psychologische Zielgrößen der Markenpolitik können dabei von Bedeutung sein (Bruhn 2001c):

1. **Globale Ziele der Markenpolitik:**
   - Steigerung des Markenwerts,
   - Erhöhung der Kundenzufriedenheit,
   - Aufbau von Markentreue bzw. Kundenbindung.
2. **Ökonomische Ziele der Markenpolitik:**
   - Erhöhung des akquisitorischen Potenzials,
   - Schaffung eines preispolitischen Spielraums,
   - Erzielung einer absatzfördernden Wirkung,
   - Möglichkeit der differenzierten Marktbearbeitung.
3. **Psychologische Ziele der Markenpolitik:**
   - Schaffung von Präferenzen,
   - Schaffung von Identifikationspotenzialen bei den Mitarbeitern, Lieferanten und Vermittlern,
   - Schaffung von Vertrauen,
   - Steigerung der Markenbekanntheit,
   - Aufbau eines Markenimages.

1.222 Dienstleistungsspezifische Markierungsprobleme

Als Voraussetzung zur Erreichung der aufgeführten markenpolitischen Ziele und Funktionen sowie zur Etablierung einer erfolgreichen Marke sind in Anlehnung an die aufgezeigten Merkmale einer Dienstleistungsmarke folgende grundsätzliche **Problembereiche für das Markenmanagement** abzuleiten (Stauss 1994a, S. 93ff., 2004, S. 105ff.):

- Problem der Gewährung von Qualitätskonstanz,
- Visualisierung des Markenzeichens,
- Visualisierung des Markenvorteils,
- Schaffung von Phantasiemarken.

1. Problem der Gewährleistung von Qualitätskonstanz

Eine **gleichbleibende oder stetig verbesserte Qualität** der Dienstleistungen kann nicht garantiert, sondern lediglich angestrebt werden. Dies liegt darin begründet, dass von Dienstleistungsanbietern nur die „Potenzialqualität" autonom kontrollierbar ist. Daraus resultiert, dass der Anbieter ständig bemüht ist, einen hohen Standard aller internen Potenzialfaktoren zu gewährleisten, indem er eine dauernde Schulung und Kontrolle aller Mitarbeiter und eine ständige Wartung und Kontrolle aller maschinellen Einsatzfaktoren vornimmt. Die Gefährdung für die gleichbleibende Qualität resultiert hauptsächlich aus der mangelnden qualitativen Konstanz der Inputfaktoren und aus der Heterogenität des externen Faktors (Meyer 1994; Corsten 1998; Woratschek/Roth 2004, S. 365). Vor diesem Hintergrund streben Dienstleistungsunternehmen vielfach ein Angebot standardisierter Leistungen an. Hierbei ist die Potenzialqualität der internen Faktoren weitgehend gewährleistet, während sich die Risiken durch eine situative Abhängigkeit von der Leistungsfähigkeit des externen Faktors reduzieren. Die Leistung wird somit von den Kunden bei jeder Inanspruchnahme als konstant gut wahrgenommen. Neben der Standardisierung kann die Markenidentität jedoch auch durch die Individualität der angebotenen Leistung geprägt sein. Die empfundene hohe Qualität wird dabei durch die Fähigkeit des individuellen Eingehens auf Kundenwünsche gewährleistet. Ein Höchstmaß an Individualität und Qualität bei Luftverkehrsdienstleistungen gewährleistet z. B. die Schweizerische Fluggesellschaft „Jet Aviation". Diese hat sich auf das Chartergeschäft von Geschäftsreiseflugzeugen spezialisiert und ermöglicht ihren Kunden unabhängig von Flugplänen von fast allen Flugplätzen der Welt direkt zum individuell gewählten Zielflughafen zu fliegen. Allerdings ergeben sich aus der Notwendigkeit zur Einhaltung der versprochenen Qualität vielfach hohe Kosten, die nur im Rahmen einer Premium-Preis-Strategie an den Kunden weitergegeben werden können. Insert 6-1-10 zeigt die Anstrengungen eines Franchising-Unternehmens im Elektronikhandel, konstante Qualitätsstandards seiner Dienstleistungsmarke bei verbundenen Händlern durchzusetzen.

INSERT 6-1-10 IT-business news, 26.07.2004, S. 14

MARKENBEWUSSTSEIN OHNE WENN UND ABER

EP will mehr Gesicht zeigen

ANSPRUCH. *ElectronicPartner soll als kompetenter Anbieter besser positioniert werden. Die Partner müssen mitziehen, sonst droht der Ausschluss.*

Ein neuer Claim steht im Mittelpunkt der Bemühungen, ElectronicPartner stärker vom Wettbewerb abzugrenzen. „Service macht den Unterschied" hat sich die Verbundgruppe als „Untertitel" auf die Fahnen geschrieben. Damit will EP dokumentieren, dass man eine führende Rolle als Dienstleistungsmarke spielt. Man wolle „den Kompetenzvorsprung bei der Vermarktung von Innovationen, Design- und Lifestyleprodukten vergrößern", so das Ziel der Düsseldorfer.

Marke EP stärken

Umgesetzt werden soll das auf mehreren Wegen. Zum einen will man den Bekanntheitsgrad der Marke EP noch deutlich steigern. Das verbessere auch die Kundenbindung der EP-Markenhändler, ist Fred Pahl, Vorsitzender des EP-Aufsichtsrates, überzeugt. Zum anderen sollen die Qualitätsstandards der EP-Partner stärker durchgesetzt werden. Man habe sich im Sommer 2003 anspruchsvolle Ziele gesetzt und auch schon viel erreicht. Es gebe inzwischen viele Partner, die die geforderten Qualitätsstandards bereits heute schon umsetzen. Zu den Qualitätsstandards gehören auch die Innen- und Außendarstellung der Marke EP. „Wir werden sehr sorgsam und konsequent vorgehen, bei allen Kollegen, die unsere gemeinsamen Standards heute nicht erfüllen", kündigte Pahl an. Die Betroffenen werden derzeit von der Zentrale angeschrieben und zur Erfüllung und Umsetzung der von Aufsichtsrat und den Regionalbeiräten beschlossenen „Qualitätsstandards" aufgefordert.

QUALITÄT. EP will sich stärker als kompetente Marke positionieren

Partner unter Druck

EP unterstützt und subventioniert nach eigenen Angaben die Umstellung von „in die Jahre gekommenen Fassaden auf eine aktuelle, professionelle und einheitliche Außendarstellung". Außerdem bietet die Verbundgruppe im Rahmen des „EP:StoreCheck" die Unterstützung eines Innenarchitekten, der kostengünstige Möglichkeiten für eine verbesserte Innendarstellung erarbeitet. Für EP-Chef Oliver Haubrich steht das Konzept im eigenen Interesse der Partner. Die Qualitätsstandards sollten den EP-Markenhändlern helfen, das eigene Profil zu schärfen. „Nur ein von allen gelebtes Markenprofil sichert auf Dauer die Überlebensfähigkeit der Händler", so Haubrich.

Deshalb soll der gemeinsame Marktauftritt nun forciert werden. Partner, die nicht mitziehen, werden im ersten Schritt benachrichtigt und aufgefordert, die nötigen Maßnahmen zu ergreifen. Dabei würden auch die Konsequenzen der „Nichterfüllung der Qualitätsstandards" erläutert, kündigte Oliver Haubrich an. Bei Bedarf müsse man diese Konsequenzen dann auch ziehen und zusammen mit dem EP-Aufsichtsrat einen „Markenausschluss" gegen Partner aussprechen, die sich dem Konzept weiterhin verweigern. ■ *ha*

2. Problem der Visualisierung des Markenzeichens

Aus der mangelnden Greifbarkeit einer Dienstleistung für den Leistungsnehmer resultiert auch das Problem der Leistungsmarkierung, da eine Dienstleistungsmarkierung zwar im absatzpolitischen, jedoch nicht im technischen Sinne möglich ist. So kann ein Haarschnitt beispielsweise benannt und mit Hilfe absatzpolitischer Maßnahmen im Markt durchgesetzt werden, jedoch ist diese Dienstleistung nicht mit einem „Aufkleber" zu versehen. Die Suche nach alternativen **Markierungsobjekten,** auf denen das Markenzeichen im technischen/physischen Sinne angebracht wird, ist ebenfalls Aufgabe der Markenführung.

Zunächst liegt die Folgerung nahe, dass eine technische **Markierung immaterieller Leistungen** nicht erforderlich sei, da primäres Ziel die Durchsetzung der Marke beim Konsumenten ist. Gerade bei solchen Leistungen ist aber eine Visualisierung dringend angezeigt, da der Verbraucher bei Dienstleistungen stärker als bei Sachgütern nach Bewertungsmaßstäben sucht und diese Bewertung durch eine physische Markierung unterstützt wird. Während das Sachgütermarketing primär darauf abstellt, greifbare Produkte mit abstrakten Images zu verknüpfen, um sich auf diese Weise gegenüber gleichartigen Konkurrenzangeboten zu profilieren, wird beim Dienstleistungsmarketing vielfach der umgekehrte Weg beschritten. Für die Visualisierung der Dienstleistungsmarke sind Anhaltspunkte zu schaffen, die berührbare Evidenzbeweise erzeugen. Demnach ist notwendigerweise einem Inhaber einer Dienstleistungsmarke in erster Linie daran gelegen, jene Objekte seiner Leistung zu identifizieren und zu markieren, an denen sich die Leistungsnehmer orientieren (Abbildung 6-1-14).

Abbildung 6-1-14 Ansätze zur physischen Markierung von Dienstleistungen

		Kontaktträger	
		Kontaktobjekte (Dinge)	**Kontaktsubjekte (Menschen)**
Verfügungsbereich	Extern	**Externe Kontaktobjekte** ■ Schild am Kleidungsstück nach einer Textilreinigung ■ Hänger am Autospiegel nach einer Reparatur	**Externe Kontaktsubjekte** ■ Stempelaufdruck beim Besuch einer Diskothek ■ Textile Merchandising-Artikel (z. B. Mütze mit Euro-Disney-Aufdruck)
	Intern	**Interne Kontaktobjekte** ■ Markierung von Gebäuden, Flugzeugen, Zügen, Mietwagen usw. ■ Architektonische Gestaltung von Gebäuden (z. B. Sears Tower, Chrysler Building)	**Interne Kontaktsubjekte** ■ Einheitliche Bekleidung bei Fluggesellschaften

GABLER GRAFIK

Quelle: in Anlehnung an Meyer 1994, S. 98

Als **Träger des Markenzeichens** für Dienstleistungen bieten sich, wie in Abbildung 6-1-14 dargestellt, interne Kontaktobjekte und -subjekte, aber auch externe Kontaktobjekte und -subjekte an (Meyer 1994, S. 98). Da der Konsument zur Dienstleistungserstellung den Ort der Leistungserstellung, z. B. eine Bankfiliale, aufsucht, stehen zunächst die Gebäude, die Einrichtung und die technischen Objekte als Markierungsobjekte zur Verfügung **(interne Kontaktobjekte).** Hierbei ist insbesondere auf die einheitliche Verwendung des Markenzeichens zu achten. Die Forderung eines homogenen Erscheinungsbildes dieser Elemente wird zudem vielfach im Rahmen von Corporate-Identity-Diskussionen aufgegriffen. Aufgrund der persönlichen Interaktion zwischen Kundenkontaktpersonal und Kunden bietet sich auch die Markierung der Mitarbeiter an **(interne Kontaktsubjekte).** Insbesondere eine einheitliche Kleidung wird von Dienstleistungsanbietern häufig umgesetzt. Besonders differenziert erscheint in diesem Zusammenhang die Dienstbekleidung der Lauda-Air-Flugbegleiterinnen, die neben einer ansonsten untypischen, blauen Jeans insbesondere die obligatorische „rote Kappe" umfasst. Ein weiterer Ansatzpunkt zur Markierung ergibt sich durch den Kunden selbst. So kann zumindest temporär eine Markierung am Kundenobjekt vorgenommen werden **(externe Kontaktobjekte).** Sofern Kunden ein starkes Bedürfnis haben, den Dienstleistungskonsum z. B. bei prestigeorientierten Dienstleistungen nach außen zu dokumentieren, eignet sich auch die Aushändigung markierter Objekte. Häufig geschieht dies in Form kleiner Präsente, jedoch lässt sich auch eine zunehmende Zahlungsbereitschaft für Produkte dieser Art beobachten (Stauss 2001a, S. 564). So hat die Deutsche Lufthansa AG eigens einen „Lufthansa Sky Shop" eröffnet, der auf dem Versandwege von Reisegepäck über Schmuck, Spielzeug bis zum Bürobedarf verschiedene mit der Marke „Lufthansa" versehene Artikel offeriert. Diese geben den Kunden die Möglichkeit, den inneren Kontakt zur Dienstleistung aufrechtzuerhalten, die Erinnerung zu pflegen und den Konsum gegenüber Dritten zu demonstrieren (Graumann 1983, S. 161f.; Faßnacht 2004, S. 2172f.). Bei einem besonders stark ausgeprägten Wunsch des Kunden, seine Beziehung zum Dienstleistungsanbieter zu unterstreichen, kann auch eine Markierung des Kunden erfolgen **(externe Kontaktsubjekte).** Dazu werden Textilien eingesetzt, auf denen die entsprechende Markierung abgebildet wurde. Vielfach geht mit einer solchen Markierung auch der Wunsch eines Imagetransfers vom Anbieter auf den Kunden einher.

Gerade an der Schwierigkeit der physischen Markierung wird deutlich, dass die Markenpolitik von Dienstleistungsunternehmen sich als **Schnittmenge von leistungs- und kommunikationspolitischen Aktivitäten** darstellt. Auf die kommunikative Herausstellung der Dienstleistung als Marke wird daher ebenfalls in Abschnitt 2 eingegangen.

3. Visualisierung des Markenvorteils

Gerade bei komplexen Dienstleistungen, wie z. B. einem persönlichen Versicherungspaket, ist der individuelle Nutzen für den Kunden nur noch schwer darstellbar. Zudem sind die Möglichkeiten einer bildlichen Darstellung von Angeboten dieser Art stark begrenzt. Um der Abstraktheit wirksam entgegenzuwirken, sind Dienstleistungsunternehmen daher gefordert, immaterielle Leistungsbestandteile zu tangibilisieren (George/Marshall 1984, S. 409). Im Rahmen des Markenmanagements kann dies durch eine einfach verständliche Symbolik des Markenzeichens unterstützt werden (Stauss 2001a, S. 565). So verkörpert der Wasserturm im Markenzeichen der Hamburg-Mannheimer Versicherung oder die Burg der Nürnberger Versicherung den mit einer Inanspruchnahme der Leistung verbundenen Nutzen in Form einer Schutzfunktion, die drei Schlüssel im Logo der UBS die Merkmale Vertrauen, Sicherheit und Diskretion. Dabei ist allerdings anzunehmen, dass die Visualisierung der Marke zwar mit einer Assoziation in Bezug auf die Dienstleistungsqualität verbunden ist, die Inhalte der – meist stilisierten – Symbole selbst dafür jedoch über keine herausragende Bedeutung verfügen.

4. Problem der Schaffung von Phantasiemarken

In der Dienstleistungsliteratur wurde vielfach darauf hingewiesen, dass aufgrund der Immaterialität die Bildung von Phantasiemarken für Dienstleistungen nur erschwert möglich sei (Graumann 1983, S. 51; Schreiner 1983, S. 84). Das Vorherrschen von Firmenmarken wird durch die spezifischen Potenziale des Vertrauens- bzw. Imagetransfers eines Dienstleistungsunternehmens begründet. Stauss kritisiert jedoch eine prinzipielle Gleichsetzung von Dienstleistungs- und Firmenmarke sowie die Überbewertung der Schwierigkeiten beim Aufbau von Phantasiemarken (Stauss 1994a, S. 96). Vielmehr haben verschiedene innovative Dienstleister bereits bewiesen, zielgruppenspezifische Leistungspakete zu entwickeln und diese mittels eigener Marken – oft in Verbindung mit der Firmenmarke – zu profilieren (Stauss 2001a, S. 564). In der Praxis lassen sich in verschiedenen Bereichen Phantasiemarken antreffen:

- Finanzdienstleistungsbereich (z. B. die frühere Bank24),
- Unterhaltungsbereich (z. B. Cinemaxx-Kinos),
- Gastronomiebereich (z. B. Burger King),
- Freizeitbereich (z. B. Phantasialand),
- Tourismusbereich (z. B. Robinson Club),
- Energiebereich (z. B. e·on, vgl. Insert 6-1-11).

1.223 Markenstrategische Optionen im Dienstleistungsmarketing

Die Frage, ob die Führung einer oder mehrere Dienstleistungen unter einer Marke zielführend ist, gehört zu den zentralen markierungspolitischen Problemstellungen im Dienstleistungsmarketing. Grundsätzlich können die folgenden **markenstrategischen Optionen** im Hinblick auf ihre Anwendung im Dienstleistungsbereich diskutiert werden (Meffert 1992b; Stauss 1994a, S. 88; Bieberstein 2001, S. 239f.; Bruhn 2001c):

1. Dachmarkenstrategie,
2. Markenfamilienstrategie,
3. Einzelmarkenstrategie,
4. Mehrmarkenstrategie,
5. Markentransferstrategie,
6. Tandemmarkenstrategie.

Die bisher insbesondere im Konsumgütermarketing entwickelten markenstrategischen Ansätze können unter Berücksichtigung der dienstleistungsspezifischen Besonderheiten abweichende Eignungen aufweisen.

INSERT 6-1-11 Frankfurter Allgemeine Zeitung, 05.02.2001, S. 32

Mit neuem Namen in die Unternehmenszukunft

Trend zu Kunstnamen heftig umstritten / Von Hendrick Kafsack

FRANKFURT, 4. Februar. Keshen Teo von der Londoner Agentur Wolff Olins ist stolz auf seine Idee: „Der Name für den Energiekonzern nach der Fusion von Viag und Veba sollte ergonomisch und freundlich sein, nicht technisch und autoritär aussehen." Das ist ihm mit „eon" gelungen – glaubt er. Die Form strahle Leben aus, der Name sei Programm: Äon sei das griechische Wort für Unendlichkeit, und der Punkt signalisiere die Verankerung in der Gegenwart. Aufbruch und Begeisterung für das Neue, las Veba-Chef Ulrich Hartmann in den drei Buchstaben, als das Unternehmen diese in Düsseldorf vorstellte. „Der Wachstumsschalter für Energie steht auf on", sagte Viag-Chef Wilhelm Simson. „Eon – das steht für Energie on, für Excitement on", schwärmt Teo. „E – das steht für Elektronik: E-Commerce", sagt Manfred Gotta, der seit 1986 professionell Namen für Unternehmen entwirft. Namen wie Xetra für den Online-Handel der deutschen Börse, Avanza für den Privatstrom von RWE oder Aventis für die ehemalige Hoechst AG stammen aus seinem Computer. Wie kaum ein anderer steht Gotta für den Trend zu Kunstnamen, unter denen immer mehr Unternehmen in Europa firmieren.

Trotz seiner Vorliebe für lateinisch anklingende Marken gefällt dem Namensfinder eon nicht. So werde der Energiekonzern international Schwierigkeiten haben: „Wie soll man eon schon französisch aussprechen." Vier Millionen DM soll der Energiekonzern für den neuen Namen ausgegeben haben. Allerdings gingen Veba und Viag ungewöhnlich gründlich vor. Sie beauftragten mehrere Agenturen und befragten 2000 Personen in drei Ländern. Agenturen wie die Gotta GmbH oder die Hamburger Landor Associates berechnen für einen Namen zwischen 200 000 und 600 000 DM – je nachdem ob dieser in Europa oder international geschützt sein soll. eon investierte zudem im vergangenen Jahr mehr als 100 Millionen DM und somit beinahe ein Sechstel des Budgets aller deutschen Unternehmen in die Werbung – mit Aushängeschildern wie Götz George und Veronica Ferres. „Ein neuer Name ist wie eine leere Schublade, die man mit Inhalt füllen muß", sagt Gotta.

„Mit einer neuen Marke kann man einem Unternehmen eine andere Identität verleihen", sagt Ulf-Brün Drechsel, Geschäftsführer des Marken- und Designkonzerns Landor Associates. Deshalb stehe am Anfang der Suche nach einem passenden Namen ein intensives Gespräch über Ziele und Vorstellungen der Konzerne. Zunächst würden mit Hilfe von Computern und freien Mitarbeitern 500 bis 800 Namen entwickelt. Anschließend werde geprüft, ob sie vorhandenen Marken ähnelten. „Außerdem testen wir im Katastrophencheck, ob der Name im Ausland obszön klingt." Warnendes Beispiel ist der japanische Autohersteller Nissan: Der Name seines Jeeps „Pajero" ist auf spanisch ein Schimpfwort.

Ein Kunstname will ausführlich erklärt werden Foto dpa

Von den 40 bis 60 Namen, die übrigbleiben, kann häufig nur ein Drittel markenrechtlich geschützt werden. Von diesen wählt der Auftraggeber in der Regel zwei bis drei aus und testet sie. Gotta entwirft zu diesem Zweck eigens Geschäftsberichte mit dem neuen Namen: „Nur wenn man ihn auf dem Produkt sieht, kann man die Wirkung beurteilen." Vor allem müsse sich die Marke von anderen abgrenzen, sagt Drechsel: „Ein Name wie Apple war revolutionär – zum Anbeißen."

Ein neuer Name aber ist kein Allheilmittel. „Alte Zöpfe abzuschneiden ist nur sinnvoll, wenn sich das Unternehmen neu oder internationaler ausrichten will", sagt Drechsel. Marken wie Thyssen und Krupp seien so stark, daß es leichtsinnig wäre, sie zu ersetzen. „Ein Ring drum – das war es dann – und so ist es ja auch passiert", sagt der Wirtschaftsingenieur. Die Traditionsmarke Hoechst hingegen habe einen neuen Namen gebraucht, weil der Konzern sich von seiner reinen Chemie-Vergangenheit abgrenzen und zum Life-science-Unternehmen wachsen wollte. Zudem würden Altlasten der Vorgänger eliminiert. Veba und Viag seien ohnehin schwache Marken gewesen. „eon kann sich nun als allumfassende Autorität für Energie etablieren." Eine Neuausrichtung dürfe sich aber nicht auf einen neuen Namen beschränken. Die Unternehmen müßten ein neues Selbstverständnis, eine neue Corporate Identity, erhalten. Dazu gehöre neben einem neuen Logo auch, die neue Identität den Mitarbeitern zu vermitteln.

Genau das ist nach Ansicht von Klaus Brandmeyer vom Institut für Markentechnik in Genf häufig schwierig. „Wenn man bei eon mit jemandem spricht, wird er immer sagen, daß er ein Viag- oder Veba-Mann ist." Einen neuen Namen und eine neue Identität zu etablieren sei auch mit einem hohen Werbeetat – in der Regel koste die Einführung etwa 50 Millionen DM – kaum zu schaffen. „Bis der Name das Vertrauen seines Vorgängers hat, vergehen 20 bis 25 Jahre." Der Trend zum Kunstnamen sei deshalb geradezu abenteuerlich. Viele Konzerne verstünden nicht, welchen Wert sie verlören.

Ein Unternehmen solle nur in höchster Not nach einem neuen Markennamen suchen. „Die Menschen sind es gewohnt, Namen mit neuen Inhalten zu füllen", sagt Brandmeyer. Ein Konzern wie Siemens habe zunächst Telegraphen produziert und sich inzwischen als Hochtechnik-Unternehmen etabliert. Auch Dietmar Mühr, Geschäftsführer der Hamburger Corporate-Identity-Agentur Plex, warnt davor, Namen leichtfertig zu ändern. „Eine Marke wie Hoechst hätte man mit neuem Inhalt aufladen können", sagt der Designer. Häufig reiche es, Logo und Identität vorsichtig zu ändern. Selbst mit hohem Werbeaufwand sei ein Name zwar schnell bekannt, bedeute für die Menschen aber nichts.

Viele Unternehmen versprächen sich von einer neuen Corporate Identity ohnehin zuviel, sagt Drechsel. So habe der Konzern BP versucht, durch neues Logo und neue Identität mit einem Handstreich sein „Schmierfink-Image" aufzupolieren. „Ein Schritt zuviel auf einmal", meint der Markenexperte. Der Konzern hätte besser kontinuierlich an seinem neuen Image gearbeitet. So sei es, als ob man alten Wein in neuen Schläuchen verkaufe.

1. Dachmarkenstrategie

Im Rahmen einer **Dachmarkenstrategie** werden sämtliche Leistungen eines Unternehmens unter einer Marke zusammengefasst. Der größte Teil der Dienstleistungsunternehmen verwendet eine Dachmarke zur Markierung seiner Leistungen. Da im Rahmen dieser Strategie häufig der Name des Anbieters als Markenname oder zumindest als Teil des Markennamens Verwendung findet, birgt diese Vorgehensweise das Risiko negativer Ausstrahlungseffekte zwischen verschiedenen Leistungsarten, z. B. bei Qualitätsmängeln.

Insbesondere bei der **Einführung neuer Leistungsarten** wird der Goodwill oder das Vertrauenskapital, das beim Dienstleistungsnachfrager aufgrund der bisherigen Inanspruchnahme von Diensten aufgebaut wurde, auf die Folgeleistungen übertragen. Bei allen persönlichen Dienstleistungen (z. B. Unternehmensberatungen McKinsey, Kienbaum, Arthur D. Little), der Hotellerie (z. B. Mövenpick, Sheraton, Hilton, Maritim), dem Bankgewerbe (z. B. Deutsche Bank, Dresdner Bank, Credit Suisse) dominieren Firmenmarken als Dachmarken. In Kombination mit Einzelmarken wird hierbei häufig versucht, Einzelleistungen unter dem gemeinsamen Markendach ein eigenständiges Profil zu verleihen.

Aufgrund der Dominanz von Dachmarken im Dienstleistungsbereich erlangt die Wahl eines geeigneten **Dachmarkennamens/-symbols** besondere Bedeutung, da langfristig der Markenname das Spektrum möglicher Dienstleistungen eines Anbieters begrenzt. Zudem ist es notwendig, dass der Markenname im Hinblick auf eine Internationalisierung der Geschäftstätigkeit länderübergreifend einsetzbar sein. Ein Beispiel dafür ist die easy-Gruppe. Sie bietet unter dem easy-Dach verschiedene Dienstleistungen an, wie z. B. Flüge (easy-Jet), Autovermietung (easy-Car), Bankdienstleistungen (easy-Money) und Online-Shops (easy-Value). Insert 6-1-12 zeigt die Umsetzung einer Dachmarkenstrategie am Beispiel des Energiekonzerns e·on (vgl. S. 450f.).

2. Markenfamilienstrategie

Die **Markenfamilienstrategie** ist dadurch gekennzeichnet, dass mehrere Leistungen unter einer Marke geführt werden, wobei innerhalb eines Unternehmens durchaus mehrere Markenfamilien nebeneinander existieren können. Bei DER werden beispielsweise unter dem Markennamen DERTOUR Spezialprogramme für individuelle und spezielle Urlaubsarrangements zusammengefasst. Wüstenrot bietet unter der Markenfamilie IDEAL verschiedene Finanzdienstleistungen an (IDEAL Bausparen, IDEAL-Darlehen, IDEAL &INVEST). Dabei sind für die Leistungen innerhalb der Markenfamilie ähnliche bzw. konsistente Marketingmixstrategien und ein gleichwertiges Qualitätsniveau anzustreben. Durch die gegenseitige Stützung der „Familienmitglieder" wird die schnellere Akzeptanz eines neuen Angebots erreicht. Die Kosten der Markenbildung lassen sich durch die Nutzung von Synergien wesentlich herabsetzen. Wenn allerdings Bedingungen, wie z. B. konstante Qualität und Ähnlichkeit der Leistungen, nicht eingehalten werden, ergeben sich negative Ausstrahlungseffekte auf die anderen Leistungen der Markenfamilie. Wie bei der Einzelmarkenstrategie wirft auch die Markenfamilienstrategie für Dienstleistungen Probleme insbesondere hinsichtlich des Anbieterbezugs auf.

3. Einzelmarkenstrategie

Bei der **Einzelmarkenstrategie** wird jede Dienstleistung im Programm unter einer eigenen Markenbezeichnung geführt. Der Hersteller tritt als solcher nicht in Erscheinung. Die wesentlichen Vorteile dieser Strategie liegen in der Möglichkeit der individuellen Gestaltung von Dienstleistungen und der gezielten Ansprache einzelner Kundensegmente ohne die Gefahr negativer Ausstrahlungseffekte auf andere Marken. Diese Gefahr ist insbesondere bei der Neueinführung von Marken mit hohem Misserfolgsrisiko gegeben. Für die jeweilige Dienstleistung kann ein optimales Markenimage aufgebaut werden, da ein Imagetransfer von und zu anderen Dienstleistungen weitgehend ausbleibt. Die Nachteile einer solchen Vorgehensweise sind die hohen Kosten, da für jede Dienstleistung die Konzeption einer eigene Marke konzipiert und deren Durchsetzung am Markt erforderlich ist. Es stellt sich nun die Frage, welche praktische Eignung der Einzelmarkenstrategie beizumessen ist. Eine zentrale Rolle spielt hierbei die Tatsache, dass die Einzelmarke weitestgehend von ihrer Herkunft, d. h. der Unternehmung, losgelöst wird. Aufgrund des starken Anbieterbezugs bei Dienstleistungen kann eine solche Loslösung nur sehr begrenzt realisiert werden. Durch die Integration des Dienstleistungsnachfragers in die Dienstleistungserstellung wird auch bei einer Einzelmarkenstrategie der Dienstleistungsersteller vom Kunden identifiziert, so dass eine Vermeidung von Ausstrahlungseffekten zwischen den einzelnen Dienstleistungsarten und damit -marken häufig nicht verhindert werden kann. Einzelmarkenstrategien für Dienstleistungen bieten sich nur dann an, wenn Erstellung und Verkauf nicht an einen unternehmenseigenen Standort gebunden sind. Sie sind z. B. dann sinnvoll, wenn im Rahmen einer Internationalisierung die Erhaltung bestimmter Assoziationen mit einem Markennamen auch in einer anderen Sprache gewünscht wird.

Trotz der aufgeführten Nachteile und Probleme erfreut sich die Einzelmarkenstrategie bei Dienstleistungen aufgrund der Notwendigkeit differenzierter Markenbotschaften wachsender Beliebtheit (z. B. T-Online, Lufthansa-Party-Service). Zwar wurde lange Zeit die Auffassung vertreten, dass die dafür notwendige Schaffung von Phantasiemarken bei Dienstleistungen kaum möglich sei. Jedoch ist es einigen innovativen und kreativen Unternehmen mit Erfolg gelungen, kundenspezifische Leistungsangebote zu bündeln und diese unter einer Phantasiemarke am Markt durchzusetzen (z. B. die Marke Relax für ein Versicherungspaket der Zürich Versicherungen). Ein ähnliches Beispiel liefert die Mannheimer Versicherung, die ihre einzelnen Versicherungsleistungen als „Markenprodukte" unter lateinischen Namen anbietet. Jedoch verringern diese vielen einzelnen Marken die Transparenz erheblich. Für den Kunden ist es schwierig, die für seine Bedürfnisse richtige Versicherung herauszufinden.

INSERT 6-1-12 Frankfurter Allgemeine Zeitung, 01.10.2003, S. 16

„Anders als einige Wettbewerber haben wir

Der Eon-Konzern ist auf dem Weg zur Ein-Marken-Strategie /

Als Wulf Bernotat, seit fünf Monaten Chef des größten privatwirtschaftlichen Energiekonzerns der Welt, im August das Strategiekonzept „On-Top" präsentierte, hatte er die Meßlatte hoch angelegt: Innerhalb der nächsten drei Jahre soll das betriebliche Ergebnis um 2 Milliarden Euro oder mehr als 40 Prozent anziehen, die Dividende jährlich mit zweistelligen Zuwachsraten wachsen und die Ausschüttungsquote mindestens 50 Prozent erreichen. Warum dieses Tempo? „Das ist unsere klare Botschaft an den Kapitalmarkt," sagt Bernotat. Schon zu seinen Zeiten als Chef des mittlerweile an die Deutsche Bahn verkauften Logistikkonzerns Stinnes hat er einen beträchtlichen Teil seiner Arbeitszeit in die Kommunikation mit Investoren investiert. Nun möchte er die Eon-Aktie als ein lohnendes Investment positionieren.

Er spricht von positivem Streß: Wenn man ehrgeizige Vorgaben kommuniziert, dann setzt dies ein Unternehmen unter Zugzwang, das Versprochene auch zu liefern. „Wenn wir Quartal für Quartal die an uns gestellten Erwartungen erfüllen, erhalten wir im Kapitalmarkt wieder das Standing, das uns angemessen ist." Und das wäre unter Berufung auf Analystenreports ein Kurs von 54 bis 55 Euro. Derzeit wird die Eon-Aktie mit rund 42,40 Euro bewertet. Die kräftige Differenz zwischen Ziel und Realität führt er auf Unsicherheiten aus der Regulierungsdebatte und energiepolitischen Themen wie den Emissionshandel zurück. „Der Markt ist scheu, wenn irgendwo Unsicherheiten bestehen, gibt es gleich einen Risikoabschlag." Bernotat glaubt aber daran, daß Unternehmen künftig wieder mehr an fundamentalen Kriterien, so beispielsweise an der Dividendenrendite, gemessen werden.

Allein die beiden neuen Konzerngesellschaften Powergen und Ruhrgas werden in diesem Jahr nach Analystenschätzungen mehr als 1,5 Milliarden Euro zum Ergebnis beitragen. Eine Milliarde Euro Ergebnisplus soll nach seiner Prognose mittelfristig aus dem geplanten organischen Wachstum, Kosteneinsparungen oder Synergien aus der gemeinsamen Beschaffung generiert werden. Dieses Potential sei durch eine Fülle konkreter Projekte hinterlegt, versichert Bernotat. Eon sei in allen Ländern auf gutem Wege, bis 2006 die Zielrendite auf das eingesetzte Kapital (ROCE) von 10,5 Prozent zu realisieren. Bei dem für 2003 prognostizierten Ergebnisplus liegt also der Schluß nahe, daß der Eon-Konzern das erste Etappenziel erreicht, nämlich die Kapitalkosten von im Durchschnitt 9,5 Prozent zu verdienen. „Wir haben keine Problemfälle und die britische Tochtergesellschaft Powergen hat sich nicht zuletzt durch die Übernahme der TXU-Gruppe deutlich weiterentwickelt." Seit dem 1. September befassen sich die mit Repräsentanten aus dem gesamten Konzern besetzten Arbeitsgruppen bereits mit „On-Top 2", dem Feinschliff der am 1. Januar 2004 an den Start gehenden neuen Eon-Struktur. Dabei geht es weit über bloße Zahlen und Ergebnisziele hinaus. Nach der Fusion von Veba und Viag zu Eon wurde – von massivem Werbeaufwand begleitet – eine Marke geschaffen, die in der Bevölkerung einen Bekanntheitsgrad von mehr als 90 Prozent (gestützt) hat.

„Eine eigene Ruhrgas-Strategie gibt es nicht mehr."

„Nun geht es darum, die Marke mit Inhalt zu füllen und uns darüber klar zu werden, für welche Werte Eon steht und welche Botschaft transportiert werden soll." Der vor gut zwei Wochen angestoßene, zunächst vor allem nach innen gerichtete Prozeß steckt noch in den Anfängen. Doch verrät Bernotat schon so viel, daß der Konzern in wenigen Jahren im In- und Ausland nur noch unter der einheitlichen Marke Eon auftreten wird, alteingeführte Namen wie Ruhrgas, Powergen oder Sydkraft mehr und mehr in den Hintergrund treten. Um nicht wertvolle Markenwerte zu vernichten und den Teilkonzernen auch unter neuer Marke eine „emotionale Heimat" zu verschaffen, soll die Umstellung auf die Ein-Marken-Strategie behutsam erfolgen. „Den britischen Energieversorger Powergen von heute auf morgen in Eon UK umzubenennen, wäre viel zu radikal," weiß Bernotat: Das Unternehmen sponsert die Wetterberichte, also ist Powergen aus Sicht der britischen Haushalte fürs Wetter zuständig. Für die großen Teilkonzerne wird daher für eine Übergangsphase der Weg des „Dual Brandings" mit Doppelnamen wie Eon-Ruhrgas oder Eon-Sydkraft beschritten.

Die Schaffung der neuen gemeinsamen Identität des in jüngster Zeit durch große Übernahmen und fast ebenso gewichtige Verkäufe geformten Konzerns hat für ihn weitere Aspekte: Das neue Selbstverständnis von Eon soll das Image als attraktiver Arbeitgeber und interessanter Börsenwert schärfen. Und schließlich schwebt dem Politik-interessierten Manager vor, in der Öffentlichkeit wichtige energiepolitische Themen zu besetzen „und hier nicht nur der Politik die Lufthoheit zu überlassen", wie er sagt. „Unsere Branche ist es seit Jahrzehnten gewohnt, im politischen Umfeld zu arbeiten. Wir haben Know how und Erfahrungen und würden gern unsere Zusammenarbeit im anstehenden Regulierungsprozeß anbieten." Seit dem Start der neuen Eon im Jahr 2000 wurden für jeweils rund 40 Milliarden Euro Beteiligungen übernommen und abgegeben. Deshalb stehe nun die Konsolidierung und Integration neuer Tochtergesellschaften wie der Powergen oder Ruhrgas im Vordergrund, räumt Bernotat ein. „Aber anders als einige Wettbewerber haben wir uns nicht verausgabt und können daher weiter expandieren" erklärt Bernotat und bekräftigt, daß bis Ende 2006 über das Investitionsbudget von 18 Milliarden Euro hinaus weitere 8 Milliarden bis 10 Milliarden investiert werden könnten. Eon will dabei allerdings sehr selektiv vorgehen. Alle potentiellen Zukäufe würden nach strengen Investitionskriterien geprüft; neue Tochtergesellschaften müßten bald werterhöhend sein. „Bei allen Investitionsüberlegungen geht Profitabilität vor Wachstum", unterstreicht der Eon-Chef. Dabei sieht er gute Aussichten für eine externe Expansion, weil sich der Markt in einen Käufer-

Der Durchstarter

Analysten bescheinigen ihm die derzeit beste „Story" in der europäischen Energiebranche. Anfang Mai, nur wenige Tage nach seinem Antritt als Eon-Chef, hat Wulf Bernotat das On-Top-Programm präsentiert, das den strategischen und strukturellen Rahmen des Konzerns bis 2006 absteckt. Sein Ziel ist, ein nachhaltig wertschaffendes Wachstum zu realisieren und in allen Geschäftsfeldern die Leistungskennziffern zu steigern. Bernotat hat einen fliegenden Start hingelegt. Denn der ehemalige Stinnes-Vorstandsvorsitzende konnte sich mehrere Monate lang auf seine neuen Aufgaben bei Europas führendem privaten Stromkonzern vorbereiten, Geschäftseinheiten besuchen, mit den Management-Teams Gespräche führen und Menschen kennenlernen. Er pflegt einen kommunikativen Führungsstil. Nicht zuletzt durch seine Zeit bei Shell sei er durch eine wenig hierarchische Unternehmenskultur geprägt, so hat Bernotat, der zwanzig Jahre in leitenden internationalen Positionen für den Ölmulti tätig war, einmal gesagt. Der 55 Jahre alte Eon-Chef ist promovierter Jurist. Nach seiner langjährigen Shell-Karriere wechselte er 1996 in den Vorstand der damaligen Veba Oel, später führte er die ehemalige Eon-Tochtergesellschaft Stinnes erfolgreich an die Börse und empfahl sich damit für noch größere Herausforderungen im Konzern. In seiner Freizeit spielt er Golf, fährt Ski und geht auf Reisen. Er interessiert sich zudem für Politik und Kunst. *(B.K.)*

INSERT 6-1-12 Frankfurter Allgemeine Zeitung, 01.10.2003, S. 16 (Fortsetzung)

uns mit unseren Investitionen nicht verausgabt"

Mit dem Vorstandsvorsitzenden sprachen Brigitte Koch und Werner Sturbeck

markt gedreht habe und die Preise unter Druck geraten seien.

Der Eon-Vorstand hatte im Ringen um eine Ministererlaubnis für die Ruhrgas-Übernahme mit bis zu 6 Milliarden Euro geworben. Dieser Betrag sollte zur Stärkung der nationalen Versorgungssicherheit bei Erdgas investiert werden. Zur Frage, welche Strategie die Ruhrgas mit diesen Mitteln verfolge, stellt Bernotat zunächst klar: „Es gibt nur eine Eon-Strategie. Eine eigene Ruhrgas-Strategie gibt es nicht mehr." Den Weg gibt er vor: „Wir wollen uns nicht in der Erdgassuche engagieren, sondern nur in der Produktion." Der Konzern sehe sich um, wo in bestehenden Felder Beteiligungen angeboten werden, und zwar zunächst vorwiegend in Norwegen.

Die bisher von der Ruhrgas aufgebaute Beteiligung an der Gazprom – etwas mehr als sechs Prozent – hält er für gut und stark genug, um einen gewissen Einfluß auf den russischen Gasproduzenten ausüben zu können. Auch wenn sich der Wert der Gazprom-Beteiligung inzwischen erfreulich erhöht hat, wie Bernotat vermerkt, hält er den Zukauf weiterer Anteile für weniger sinnvoll als die Zusammenarbeit beider Unternehmen. Dies müsse nicht auf gemeinsame Förderprojekte beschränkt bleiben. Rußland verfüge über hohe Exportreserven ohne zusätzliche Förderung. Damit meint er die enorme Verschwendung sowohl in den Haushalten als auch in der Stromwirtschaft mit ihrer ineffizienten Technik. Bevor sich Eon aber zum Beispiel am Bau neuer Gaskraftwerke beteiligen kann, müßten zunächst die gesetzlich auf den Weg gebrachten Vorgaben zur Normalisierung der viel zu niedrigen Energiepreise durchgesetzt werden.

Ohnehin ist das Ganze noch nicht zu Ende gedacht. Denn erst Anfang nächsten Jahres will sich der Eon-Vorstand „detaillierter in eine Rußland-Strategie vertiefen", wie er es formuliert. Nach Darstellung des Eon-Chefs muß man diese Entscheidung auch in Verbindung mit den Perspektiven in den Vereinigten Staaten sehen. Dort soll das Engagement in Kentucky in den nächsten drei Jahren nicht ausgebaut, sondern nur der Markt beobachtet und dann über das weitere Vorgehen entschieden werden. Zwei so gewaltige Märkte könne Eon langfristig nicht gleichzeitig bearbeiten. Im Rahmen von „On Top" habe der Konzern bereits 51 Projekte identifiziert, bei denen man sich engagieren könnte, und dies ohne die Vereinigten Staaten und Rußland. „Das alles wäre natürlich zu viel für Eon", räumt Bernotat ein. Das bedeutet, daß der Konzern mittelfristig eine grundsätzliche, eine geo-strategische Entscheidung treffen muß: Rußland, ein „Emerging Market" mit hohen Risiken, aber auch größeren Ertrags-chancen, oder Nordamerika mit geringeren Risiken und Renditen. Mit Äußerungen wie „Rußland ist ein großer Markt, der nach ausländischen Investitionsmitteln ruft", läßt er durchaus Sympathien erkennen.

Bis hier freilich eine Entscheidung ansteht, wird sich Eon mit weniger spektakulären Zielgebieten befassen. Das sind nach Darstellung von Bernotat die kleineren Märkte in Zentral- und Osteuropa. In Italien ist der Konzern bereits im Gasgeschäft tätig. Mit kleineren Käufen könnten die Voraussetzungen für den Aufbau des in Italien noch recht ertragreichen Stromgeschäftes geschaffen werden. Der Verbrauchsanstieg sei dort überdurchschnittlich. Da die Stromerzeugung nicht mithalten könne, sei das Angebot tendenziell knapp. „Wir sehen Italien als einen Markt, in dem – ohne Big Bang – organisches Wachstum möglich ist", erklärt er.

Von den Auflagen zur Ruhrgas-Ministererlaubnis ist das interessanteste noch verbliebene Projekt der Rückzug aus der ostdeutschen Erdgasgesellschaft VNG. Einige Bieter hätten Sachwerte in ihren Preis einbezogen. Das werde zur Zeit bewertet, um die Angebote vergleichbar zu machen. „Bis zum Jahresende, also vor Fristablauf im Februar, müßten wir den VNG-Verkauf abgeschlossen haben", hofft Bernotat.

4. Mehrmarkenstrategie

Aufgrund der mit einer Ausdehnung des Leistungsspektrums unter einer Dachmarke verbundenen Risiken einer Deprofilierung ursprünglich konturierter Marken gewinnt die Marktbearbeitung mit mehreren, parallel auf den Absatzmarkt ausgerichteten Marken und somit die Ausübung einer **Mehrmarkenstrategie** zunehmend an Bedeutung (Kapferer 1992, S. 203f.). So offeriert die TUI ihre touristischen Leistungen neben der Stammmarke TUI über Marken wie Airtours, Dr. Tigges, 1-2-Fly, Wolters Reisen und Robinson Club. Im Flugverkehr trat British Airways im Heimatmarkt mit der zusätzlichen Discount-Marke Go! an, und auch die Lufthansa ist den rückläufigen Marktanteilen mit der Einführung eines abgespeckten „No-Frills-Angebots" unter eigener Markierung (Germanwings/Eurowings) entgegengetreten. Das No-Frills-Konzept beinhaltet eine Niedrigpreisstrategie bei minimalem Service. Die Einsparungen werden nahezu vollumfänglich an die Kunden weitergegeben. Wesentliches Charakteristikum der Mehrmarkenstrategie ist die Ausrichtung der Marken des Markenportfolios auf den gleichen Gesamtmarkt. Dabei unterscheiden sich die Marken durch ihre heterogene Positionierung, die aus einer Differenzierung der unter den Marken angebotenen Dienstleistungen und weiterer zentraler Leistungsmerkmale bzw. der Ausgestaltung der Marketinginstrumente resultiert.

Ein **Beispiel** für die gelungene Einführung verschiedener Einzelmarken ist die französische **Hotelgruppe Accor**, die derzeit die Marktführerschaft in Deutschland innehat. Das Markenportfolio des Accor-Konzerns enthält unterschiedlich umfangreiche Hotelleistungen von null bis fünf Sternen, die jeweils unter einer Einzelmarke angeboten werden (vgl. Abbildung 6-1-15). Ziel dieser Markenstrategie ist es, eine eigenständige Positionierung und gezielte Ansprache verschiedener Segmente zu erreichen, ohne dass Kannibalisierungseffekte entstehen. Die Nennung des Absenders bietet die Möglichkeit, Vertrauenskapital auf die Einzelmarken zu übertragen. Diese Markenstrategie ermöglicht es, den Kundenlebenszyklus eines Hotelgasts zu verlängern und dauerhaft an die Hotelgruppen zu binden. Im dem Fall, dass z. B. das Anspruchsniveau eines Kunden im Verlauf seines Erwerbslebens steigt, können ihm hochwertigere Leistungen verkauft werden (Up Selling).

Mehrmarkenstrategien ermöglichen dem Dienstleistungsanbieter wettbewerbsbezogen insbesondere eine verbesserte **Marktdurchdringung** und **Marktabsicherung.** So bietet sich hierbei die Chance, durch Einführung preisaggressiver Marken, wie es British Airways mit der Marke Go! vollzogen hat, die Referenzmarke vor einem Preiskampf weitgehend zu schützen. Zudem reduziert sich durch eine breite Streuung das **Marktrisiko** des Portfolios. Ein wesentliches nachfragergerichtetes Ziel liegt in der Erhöhung der **Kundenbindung,** da die Kunden durch eine unterschiedliche Positionierung zum Teil über den gesamten Lebenszyklus hinweg gehalten werden können („Customer-Life-Cycle-Konzept", Meffert 2000, S. 895). So werden jüngere Menschen bei der TUI bereits mit der Marke „1-2-Fly" gewonnen und im weiteren Verlauf, z. B. als junge Familie mit der Marke „Robinson Club" oder im Alter und bei entsprechendem Einkommen mit der Marke „Airtours" an das Unternehmen gebunden.

Abbildung 6-1-15 Mehrmarken mit Absendermarke am Beispiel der Hotelgruppe Accor

	Kategorie	Rezeptions-zeiten	Service	Zimmergröße
HOTEL FORMULE 1 Accor hotels	0 Sterne	Morgens/ abends Check-in-Automat	Getränkeautomaten, Snackautomaten	9 qm (Dusche und WC auf dem Gang)
ETAP	1 Sterne	Morgens/ abends Check-in-Automat	Getränkeautomaten, Snackautomaten	14 qm (inkl. Dusche & WC)
ibis Accor hotels	2 Sterne	24 h	Bar, Restaurants in einigen Hotels, Getränkeautomaten, Snackautomaten	16,5 qm (inkl. Bad)
mercure Accor hotels	3–4 Sterne	24 h	Bar, Restaurants in einigen Hotels, Minibar, Room-Service	Unterschiedlich groß
NOVOTEL Accor hotels	3 Sterne plus	24 h	Bar, Restaurants in einigen Hotels, Minibar, Room-Service	24 qm (inkl. Bad)

GABLER GRAFIK

Quelle: in Anlehnung an Schüller 2002, S. 65

Innengerichtet existieren zahlreiche **Synergiepotenziale,** die zu erheblichen Kosteneinsparungen führen können. Bei der Gründung der Bank24 war es dem Unternehmen aufgrund der Zugehörigkeit zur Deutschen Bank-Gruppe beispielsweise möglich, Kundendaten der Deutschen Bank gezielt zur Anwerbung eigener Kunden zu nutzen. Auch **Standardisierungspotenziale** durch Mehrmarkenstrategien sind in Dienstleistungsunternehmen insbesondere dann vorhanden, wenn sich ein hoher Anteil kostenintensiver Arbeit auf für den Kunden nicht sichtbare Elemente bezieht. So ist die gesamte Zahlungsverkehrsabwicklung in der Deutschen Bank-Gruppe weitgehend standardisiert.

Gefahren ergeben sich für den Dienstleistungsanbieter hinsichtlich der Mehrmarkenstrategie überwiegend durch die **hohen Kosten** der parallelen Marktbearbeitung und einer zu großen **Kannibalisierung** durch die gegenseitige Marktanteilssubstitution (Meffert/ Perrey 1998, S. 12ff.). Wenngleich die Bedeutung von Mehrmarkenstrategien bei Dienstleistungen in der Vergangenheit eher gering gewesen ist, so wird ihr künftiger Stellenwert aufgrund der angestrebten Marktausdehnung vieler Unternehmen deutlich zunehmen.

5. Markentransferstrategie

Als weitere markenstrategische Option werden Strategien des **Markentransfers** diskutiert, d. h., Markenimage und Bekanntheitsgrad bereits eingeführter Marken werden von den bestehenden Angeboten auf andere Angebotskategorien ausgedehnt (Meffert/Heinemann 1990). Ausgangspunkt ist die Überlegung, bereits für eine Marke bestehende Präferenzen auch für weitere Dienstleistungen nutzbar zu machen.

Als **Beispiel** können „Camel Reisen" herangezogen werden, bei denen das „Abenteuerimage" der Zigarette konsequent auf die neuen Leistungen übertragen wurde. Dabei ist zu berücksichtigen, dass der Effekt auch in Richtung Ursprungsleistung stattfindet. Weitere Beispiele finden sich im Finanzdienstleistungssektor, in dem z. B. Bausparkassen wie die BHW versuchen, ihre Dachmarke auch auf die Angebotskategorien von Versicherungs- und Bankdienstleistungen auszudehnen.

6. Tandemmarkenstrategie

Der Markentransferstrategie vergleichbar ist die **Tandemmarkenstrategie.** Sie liegt vor, wenn Dienstleister häufig mittels Lizenzvergabe Sachgüter unter Zuhilfenahme ihrer erfolgreichen Dachmarke anbieten (Stauss 1994a, S. 88). Demnach unterscheidet sie sich vom Markentransfer in dem Ziel, das Image einer Dienstleistungsmarke auf eine Sachgütermarke anstatt auf eine andere Dienstleistungsmarke zu übertragen. Beispiele für diese Strategie sind vor allem im Gastronomiebereich anzutreffen (z. B. Mövenpick-Marmelade, -Speiseeis; Käfer-Pizza).

1.224 Markenführung im Internet

Aufgrund der stark ansteigenden Nutzerzahlen hat sich das Internet bereits zu einem zentralen Bestandteil unternehmensstrategischer und markenpolitischer Entscheidungen entwickelt. Die Vorteile des Internet liegen in seinen Besonderheiten. Es ermöglicht seinem Nutzer, interaktiv auf Informationen zuzugreifen, dem Anbieter bietet es die Möglichkeit, Informationen individualisiert anzubieten. Das Internet kann dabei zugleich als Kommunikations- und Distributionsinstrument eingesetzt werden. Aus diesem Grund ist es wichtig, dass die Markenstrategie im Internet konsistent fortgeführt und umgesetzt wird. Da Konsumenten häufig Sicherheitsbedenken bezüglich einer Geschäftsabwicklung im Internet haben, erhält die **Marke als Vertrauensanker** eine noch größere Bedeutung als bei „herkömmlichen“ Dienstleistungen. Die Verwendung einer etablierten Marke im Internet bietet sich an, um bereits vorhandenes Vertrauenskapital auf eine neue Leistung zu übertragen und Kaufbarrieren zu senken. Der zentrale Aspekt einer Marke im Internet ist ihre Funktion als Vertrauens- und Kompetenzanker. Daraus lässt sich ihre Funktion als Orientierungs- und Navigationshilfe ableiten. Durch die Möglichkeit, markierte Leistungen einfacher aufzufinden, reduzieren Marken den Suchaufwand und damit verbundene Kosten (Meffert/Bongartz 2001, S. 9).

Etablierte Marken sind mehr als rein virtuelle Marken in der Lage, Besucher einer Internetseite zu einem Kauf zu bewegen. Die Conversion Rate misst das Verhältnis der Käufer zu den Besuchern einer Website und diese ist bei etablierten Marken in der Regel höher als bei neuen, rein virtuellen Marken (Meffert/Bongartz 2001, S. 10). Bei der Übertragung einer etablierten Marke auf Leistungen im Internet ist darauf zu achten, dass die ursprünglich aufgebaute Markenpersönlichkeit nicht verletzt wird. Es ist z. B. denkbar, dass eine bereits etablierte Marke darunter leidet, dass unter ihr angebotene internetbasierte Leistungen nicht fehlerfrei funktionieren. Jedes Element des Internetauftritts ist im Hinblick auf formale und inhaltliche Kongruenz mit der Marke zu überprüfen, bevor eine Marke im Internet präsentiert wird. Die formalen Gestaltungsmittel sind konsequent umzusetzen und orientieren sich notwendigerweise an der Marke und nicht am Medium (Meffert/Bongartz 2001, S. 24).

Rein virtuelle Marken verfügen im Gegensatz zu bereits etablierten Marken nicht über einen Vertrauensvorschuss, da hier keine Vertrautheit als Orientierungshilfe besteht, die Qualität verspricht. Sie stehen grundsätzlich für Transparenz, ständige Verfügbarkeit sowie einen hohen Individualisierungsgrad. Zahlreiche virtuelle Unternehmen bieten, z. B. unter „myYahoo!“, „myMSN“, „Mein Ebay“, „Mein Opodo“ oder „Mein Shop“ (Amazon.com), Personalisierungsmöglichkeiten. Hier werden die Seiteninhalte und Leistungsangebote nach der Anmeldung anhand zuvor einmalig angegebener Präferenzen gestaltet. Problematisch ist es für virtuelle Unternehmen, ihre Marken mit emotionalen Inhalten zu füllen (Bongartz 2002). Demgegenüber bietet das Internet gerade für Dienstleistungen eine Chance der Leistungsdarstellung, da im Gegensatz zu Sachgütern die Intangibilität des Internet für Dienstleistungen keinen Nachteil bedeutet. In vielen Fällen lassen sich Leistungspotenziale, Dienstleistungsprozesse und -ergebnisse im Internet multimedial darstellen, bevor der Kunde eine Kaufentscheidung trifft und die Leistung in Anspruch nimmt.

Die meisten Unternehmen haben das **Internet als Profilierungsraum** für ihre Marken erkannt. Eine empirische Untersuchung belegt, dass eine fehlende Markenpräsenz im Internet das Risiko eines Imageverlustes erhöht (Meffert/Bongartz 2001, S. 15). Aus diesem Grund ist das Internet zu einem unverzichtbaren Instrument der Markenführung geworden.

Das Internet kann eingesetzt werden, um verschiedene markenpolitische Zielsetzungen zu erreichen, wie z. B. die Stärkung der **Beziehung zwischen Marke und Kunden,** d. h., Vertrauen in die Marke kann gefestigt und Loyalität zu ihr erhöht werden. Dies kann durch die gezielte Information über die Marke und die unter ihr angebotenen Leistungen erfolgen. Informationen können zielgruppenspezifisch aufbereitet und als personalisierte Problemlösung angeboten werden. Neben der Vermittlung sachlicher Inhalte kann auch die gezielte Emotionalisierung Gegenstand der Markenstrategie sein. Dies geschieht durch die Vermittlung multimedialer Markenerlebnisse in Verbindung mit der Möglichkeit, den Kunden interaktiv einzubinden. Das Internet kann weiterhin einen Beitrag leisten, die Markenbekanntheit zu erhöhen. Allerdings ist es dazu – aufgrund seines Pull-Charakters – nur bedingt geeignet (Meffert/Bongartz 2001, S.18f.).

Insgesamt kann festgehalten werden, dass die Markenführung im Internet andere Kommunikationsmaßnahmen nicht ersetzen, sondern lediglich ergänzen kann. Im Hinblick auf die Zielsetzung eines integrierten Markenkonzeptes kann jedoch nicht auf die Präsenz im Internet verzichtet werden. Die Markenführung im Internet erfordert allerdings nicht, wie häufig gefordert, vollkommen neue Methoden und Ansätze. Die Grundprinzipien erfolgreicher Markenführung, wie ein eindeutiges Qualitäts- und Nutzenversprechen, Konsistenz im Erscheinungsbild und eine eindeutige Zielgruppenorientierung, bleiben weiterhin im Internet gültig (Meffert/Bongartz 2001, S. 28).

1.23 Beschwerdepolitik

Als weiteres Instrument der Leistungspolitik wurde die Beschwerdepolitik bisher vorwiegend im Bereich des Sachgütermarketing untersucht, obwohl sie aufgrund der Besonderheiten von Dienstleistungen gerade für die Gestaltung des Marketingmix im Dienstleistungsbereich von grundlegender Bedeutung ist. So führt die Tatsache, dass die Dienstleistungsqualität vor dem Kaufentscheid nicht prüfbar ist, bei Dienstleistungen zu einem hohen wahrgenommenen Kaufrisiko und damit in höherem Maße zu möglichen Quellen der Unzufriedenheit als beim Sachgüterkauf. Die vom Kunden artikulierten Beschwerden bilden einen zentralen Ausgangspunkt für die Durchführung von Leistungsverbesserungen, -modifikationen und -differenzierungen. Daher ist gerade bei Dienstleistungsunternehmen ein systematisches Beschwerdemanagement zu institutionalisieren.

Beschwerdemanagement ist ein Maßnahmensystem, um die Artikulation von Unzufriedenheit der Kunden anzuregen, zu bearbeiten und Aktivitäten zur Behebung der Unzufriedenheitsursachen einzuleiten. In der Folge besteht das Ziel darin, die Zufriedenheit der Kunden zu erhöhen und Kundenbindung zu erreichen.

Dabei sind folgende **Zielsetzungen** zu verfolgen (Meffert/Bruhn 1981; Bruhn 1987; Stauss/Seidel 2002):

- Herstellung einer hohen **(Beschwerde-) Zufriedenheit** durch unbürokratische Beschwerdebearbeitung, auch wenn aufgrund der Immaterialität der Dienstleistung Beschwerdeursachen nicht immer wie im Sachgüterbereich (z. B. defekter Motor, fehlerhafte Lackierungen) objektiv nachweisbar sind.
- **Vermeidung von Kundenabwanderungen** und **negativer Mund-zu-Mund-Kommunikation.** In diesem Zusammenhang verweisen Heskett et al. (1994) auf die besondere Bedeutung extrem unzufriedener Kunden, die wegen ihrer negativen Auswirkung auf aktuelle und potenzielle Kunden der Unternehmung mit dem plakativen Begriff „Terroristen" gekennzeichnet werden. Im umgekehrten Fall der extrem hohen Zufriedenheit werden die Kunden wegen der von ihnen ausgehenden positiven Mund-zu-Mund-Kommunikation als „Apostel" bezeichnet (Heskett et al. 1994).
- Beitrag zur Verbesserung des **Dienstleistungsimages** bzw. Herausstellung des Unternehmens als „kulanter Dienstleister".
- Im Rahmen der Leistungsprogrammgestaltung **Informationsgewinnung** als Grundlage von Leistungsverbesserungen, -modifikationen und -differenzierungen.
- **Reduzierung interner und externer Fehlerkosten** aufgrund von Korrekturmaßnahmen zur Vermeidung von Falsch- und Doppelarbeit sowie Garantieansprüchen.

Ein diesen Zielsetzungen gerecht werdendes Beschwerdemanagementsystem verfügt dabei über die folgenden **Elemente** (vgl. Stauss/Seidel 2002):

1. Beschwerdestimulierung,
2. Beschwerdeannahme,
3. Beschwerdebearbeitung/-reaktion,
4. Beschwerdeauswertung.

1. Beschwerdestimulierung

Um zu vermeiden, dass Dienstleistungsnachfrager ihre Beschwerden nicht artikulieren und stillschweigend zur Konkurrenz abwandern, ist eine entsprechende **Beschwerdestimulierung** durch Einrichtung leicht zugänglicher Beschwerdewege vorzunehmen.

In diesem Zusammenhang können der persönliche und der mediale Beschwerdeweg unterschieden werden. Dabei kommt der **persönliche Beschwerdeweg** vor allem für Dienstleistungen mit einem hohen Integrationsgrad des externen Faktors in Betracht. Beim **medialen Beschwerdeweg** können die folgenden Formen differenziert werden:

- Aus Kundensicht **passive schriftliche Beschwerden** (z. B. „Comment Cards" in Hotelzimmern),
- Aus Kundensicht **aktive schriftliche Beschwerden** (z. B. Beschwerdebrief an das Bankmanagement nach zehnwöchiger Verzögerung der Zustellung einer beantragten Scheckkarte),
- **Einsatz von Touch Screens** (z. B. Beschwerden am Geldautomaten),
- **Telefonische Beschwerden** (z. B. durch Einrichtung gebührenfreier Telefonnummern).
- **Online-Beschwerden** (z. B. über Formulare auf der Internetseite des Unternehmens)

2. Beschwerdeannahme

In dieser Phase werden die Beschwerden erfasst. Durch den direkten Kundenkontakt bei vielen Dienstleistungen kann bei persönlichen Beschwerden bereits zu diesem Zeitpunkt die Unzufriedenheit des Kunden zumindest verringert werden. Dazu ist es notwendig, den Mitarbeitern im Kundenkontakt durch Schulungen die gewünschten Verhaltensweisen in Beschwerdesituationen zu vermitteln.

3. Beschwerdebearbeitung/-reaktion

Die **Beschwerdebearbeitung** betrifft die internen Prozesse in einem Dienstleistungsunternehmen, die als Konsequenz auf eine Kundenbeschwerde ausgelöst werden (z. B. Festlegung von zeitlichen Vorgaben für die Bearbeitung eines Beschwerdefalles). Hingegen weist die **Beschwerdereaktion** einen externen Charakter auf. Dabei steht prinzipiell die Problemlösung/Wiedergutmachung im Vordergrund. Zur Steigerung der Kunden- und Beschwerdezufriedenheit sind jedoch zusätzlich prozessbegleitende Maßnahmen (z. B. Empfangsbestätigung bei schriftlichen Beschwerden, Zwischenbescheide über den jeweiligen Stand der Beschwerdebearbeitung) zu berücksichtigen.

4. Beschwerdeauswertung

Im Rahmen der Beschwerdeauswertung sind sowohl quantitative als auch qualitative Aspekte von Bedeutung. Durch die **quantitative Beschwerdeauswertung** wird mittels Kreuztabellierungen und Frequenz-Relevanz-Analysen insbesondere die relative Bedeutung einzelner Kundenprobleme untersucht. Die **qualitative Beschwerdeauswertung** dient vor allem der Identifikation von genauen Ursachen der Kundenunzufriedenheit. Die häufige Nennung gleicher Ursachen der Unzufriedenheit zeigt Ansatzpunkte zur Leistungsverbesserung auf. Zu berücksichtigen ist die **Heterogenität der Beschwerdeursachen.** So werden z. B. Hotelgäste, die ein Hotel in ruhiger Lage gebucht haben, auch dann ihre Unzufriedenheit artikulieren, wenn das Hotel zwar in einer ruhigen Umgebung liegt, aber andere externe Faktoren in Form von Mitgästen (z. B. Familien mit Kleinkindern, Kegelclubs) für „Ruhestörungen" verantwortlich sind. Im Hinblick auf Leistungsvariationen sind hier veränderte Auswahlkriterien für die Einbeziehung des externen Faktors (z. B. Ausschluss von Clubveranstaltungen, Festlegung von Altersgrenzen) oder Vorgaben von Verhaltenshinweisen (z. B. Hinweise für die Beachtung von Ruhezeiten) denkbar.

1.24 E-Services

Die Erstellung von Dienstleistungen über das Internet ist in der Regel auf Leistungen beschränkt, die auf der Vermittlung von Informationen beruhen (Hünerberg/Mann 1999, S. 281). Dienstleistungen, die materielle Veränderungen an Personen oder Objekten zur Folge haben, lassen sich demgegenüber nicht über das Internet abwickeln, da sie die physische Präsenz des Dienstleistungsanbieters und -nachfragers bzw. seiner Objekte an einem Ort bedingen. Dementsprechend handelt es sich bei im Internet angebotenen Dienstleistungen in der Regel um Ergänzungen einer (materiellen) Kernleistung. Typische Anwendungsfelder der E-Services liegen in der Online-Beratung bzw. -Information, im Bereich der Aus- und Weiterbildung und im Online-Kundendienst.

Im Unterschied zu den bereits beschriebenen Einsatzmöglichkeiten des Internet in der marktgerichteten Kommunikation steht bei der **Online-Beratung bzw. -Information** nicht die aktivierende und zu Kaufhandlungen motivierende Information im Mittelpunkt der Aktivitäten. Vielmehr ist es das Ziel der Online-Beratung bzw. -Information, speziell auf die konkreten Wünsche von Kunden aufbereitete Informationen über Kernleistungen zum Kunden zu transportieren. Denkbar sind dabei drei Vorgehensweisen (Dratva 1995, S. 106ff.; Hünerberg/Mann 1999, S. 283):

1. **On-Demand-Informationen:** Informationen werden von Interessenten/Kunden nachgefragt und individuell zusammengestellt. Beispielsweise gehen bei vielen Unternehmen E-Mail-Anfragen zu Anwendungsmöglichkeiten von Produkten ein. Antworten von Unternehmen erfolgen in der Regel ebenfalls mittels E-Mail.
2. **On-Stock-Informationen:** Da die individuelle Beantwortung von E-Mails aus Anbietersicht zeit- und kostenintensiv ist, gehen viele Unternehmen dazu über, „Standardfragen" online über so genannte Frequently-Asked-Questions (FAQ)-Listen zu beantworten. In diesen Listen werden Antworten zu häufig gestellten Fragen gegeben.
3. **On-Delivery-Informationen:** Zu den On-Delivery-Informationen zählen vor allem Elektronische Newsletter, die per E-Mail verschickt werden. Zunächst ist allerdings eine Registrierung seitens des Nutzers notwendig. Häufig kann der Nutzer dieses Services zunächst die ihn interessierenden Informationsbereiche angeben, so dass er nicht mit irrelevanten Informationen konfrontiert wird.

Wenngleich die Beratung und Information prinzipiell auch über klassische Medien wie Brief, Fax oder Telefon erfolgen kann, verfügt die Online-Beratung bzw. -Information aus Nachfragersicht über Vorteile. Neben der unmittelbaren Information (von den meisten Unternehmen werden beispielsweise E-Mails mindestens binnen eines Tages beantwortet) sind insbesondere die geringen Kosten der Internetnutzung zu Servicezwecken hervorzuheben. Die Kosten der Inanspruchnahme von Serviceleistungen außerhalb des Internet sind sowohl für den Konsumenten (z. B. Telefongebühren bzw. Portokosten) als auch für den Anbieter (insbesondere Personalkosten) höher.

Im Rahmen der **Aus- und Weiterbildung** können Schulungen aufgrund der Multimedialität des Mediums über das Internet durchgeführt werden (Mann 1996). Zum einen kann dies in Echtzeit mittels Chats geschehen. Zum anderen können Schulungsinhalte auf dem Server des Anbieters gespeichert und von den Kunden flexibel abgerufen werden. Zentrale Vorteile der Online-Schulung sind die räumliche und zeitliche Unabhängigkeit und die entfallenden Reise- und Raumkosten. Nachteile können vor allem im fehlenden persönlichen Kontakt gesehen werden.

Bei technischen Kernleistungen, die über technische Steuerungsmöglichkeiten bzw. digitale Wartungsmöglichkeiten verfügen, kann die Diagnose von Fehlern, die Wartung und zum Teil auch die Reparatur über das Internet erfolgen. Beispielsweise können Steuerungselemente von Maschinen repariert oder Software auf den neuesten Stand gebracht werden. Die Vorteile des **Online-Kundendienstes** liegen vor allem in der kostengünstigen und schnellen Bearbeitung. Darüber hinaus kann allerdings auch der Kontakt des Servicepersonals über das Internet erfolgen. Beispielsweise können über das Internet Servicemitarbeiter bestellt bzw. Termine abgestimmt werden.

Bei dem Versuch einer begrifflichen Abgrenzung von E-Services empfiehlt es sich, von den klassischen Dimensionen von Dienstleistungen auszugehen, d. h. der Potenzial-, Prozess- und Ergebnisdimension.

Auf dieser Grundlage können E-Services wie folgt definiert werden:

> **E-Services** sind selbständige, marktfähige Leistungen, die durch die Bereitstellung von elektronischen Leistungsfähigkeiten des Anbieters (Potenzialdimension) und durch die Integration eines externes Faktors mit Hilfe eines elektronischen Datenaustauschs (Prozessdimension) an den externen Faktoren auf eine nutzenstiftende Wirkung (Ergebnisdimension) abzielen (Bruhn 2002a, S. 6).

In der Literatur sind zahlreiche **Merkmale** zur näheren Beschreibung von E-Services zu finden. Die Besonderheiten des Internet beeinflussen alle Phasen des Dienstleistungserstellungsprozesses, die Dienstleistung selbst und die beteiligten Transaktionspartner. Abbildung 6-1-16 verdeutlicht die wesentlichen Unterschiede zwischen klassischen, nicht-elektronischen Dienstleistungen und E-Services. Diese unterscheiden sich hauptsächlich im Hinblick auf die Leistungsfähigkeit sowie die Notwendigkeit der Präsenz des

Anbieters, den Virtualisierungsgrad der Leistungen, die Verfügbarkeit des Angebots, die Art des Service Encounters sowie hinsichtlich der Kundenansprache. Klassische Dienstleistungen, die nur in Teilen online erstellt oder gar nur beworben werden, sind in einem Unschärfebereich anzusiedeln.

Abbildung 6-1-16 Abgrenzung der E-Services von klassischen Dienstleistungen

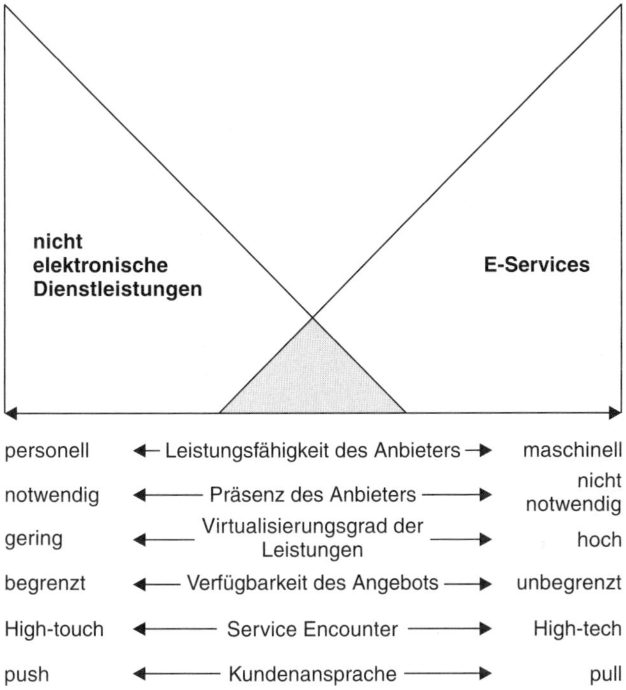

Quelle: Bruhn 2002a, S. 12

GABLER GRAFIK

Für Anbieter von Serviceleistungen ergibt sich bei zahlreichen **Einsatzfeldern** die grundsätzliche Frage der Substitution ihres klassischen Services, der nicht-elektronisch angeboten wird, durch die neuen Möglichkeiten des E-Services. Dabei ist es zweckmäßig, sowohl bei dem klassischen Service als auch bei dem E-Service zwischen einem vorhandenen und einem neuen Service zu unterscheiden, um die Möglichkeiten der Substitution bzw. Erweiterung des klassischen durch E-Services aufzuzeigen. Abbildung 6-1-17 zeigt eine entsprechende Matrix mit den Möglichkeiten auf.

Abbildung 6-1-17 Matrix der Kombination des klassischen Service mit E-Services

		E-Serviceangebot: Vorhanden	E-Serviceangebot: Neu
Angebot an klassischen Services	Neu	**Serviceerweiterung** Erweiterung des Angebots durch neue klassische Services bei bestehender elektronischer Unterstützung III	**Serviceinnovationen** Vollkommen neue Serviceleistungen mit vollkommen neuer elektronischer Unterstützung IV
	Vorhanden	**Serviceunterstützung** Unterstützung des bestehenden Service durch vorhandene E-Services II	**Servicesubstitution** Erweiterung/Substitution des klassischen durch neue E-Services I

GABLER GRAFIK

Quelle: Bruhn 2002a, S. 26

Die Möglichkeiten der **Kombination des klassischen Service mit E-Services** ergeben sich wie folgt:

1. Servicesubstitution

Die erste Kombinationsmöglichkeit ist gekennzeichnet durch ein vorhandenes Angebot an klassischen Services und einem neuen E-Service-Angebot. Als Beispiel hierfür kann das Online Banking genannt werden. Durch das neue Online-Angebot kann der Anbieter eine Vielzahl denkbarer Vorteile erreichen, wie z. B. eine steigende Effizienz und damit sinkende Kosten der Kundenbetreuung oder Erschließung weiterer Kundengruppen. Dem stehen allerdings Gefahren entgegen, z. B. der Verlust von Vertrauen aufgrund des fehlenden Kundenkontakts oder eine unzureichend individuelle Kundenbearbeitung und damit das Risiko einer sinkenden Kundenbindung. Weitere Möglichkeiten finden sich auch im Bereich medizinischer Dienstleistungen, die mit Hilfe von Informationstechnologie so genannte telemetrische Anwendungen erlauben (Insert 6-1-13). In vielen Fällen wird besonders im medizinischen Bereich aber auch weiterhin die Erstellung vor Ort notwendig sein, so dass hier oft eher von einer Serviceunterstützung als einer -substitution gesprochen werden kann.

INSERT 6-1-13 Handelsblatt, 07.12.2004, S. 17

Arzt betreut Patienten aus der Ferne

Telemetrie-Anwendungen erobern die Medizintechnik – Diagnosegeräte schicken Daten per E-Mail in die Praxis

JENNIFER LACHMAN
HANDELSBLATT, 7.12.2004

KÖLN. Das Handy hat nicht nur die Kommunikationsgewohnheiten umgekrempelt, sondern auch Tüftler zu neuen medizinischen Anwendungen inspiriert. Ingenieure und Informatiker wollen drahtlose Funktechnologien für medizinische Ferndiagnosen und die Überwachung von Risikopatienten nutzbar machen. Die ersten Produkte, die Zeit- und Kostenersparnisse versprechen, sind bereits auf dem Markt.

Auf der Medizinmesse Medica präsentierte **Vitaphone** eine mobile Lösung, mit der Patienten ein EKG aufnehmen und die Daten zur Überwachung an ihren Arzt schicken können (siehe Grafik). Und die Berliner Firma **Biotronik** brachte ihren „Home Monitoring"-Herzschrittmacher auf den Markt, der Herzrhytmus-Störungen beinahe in Echtzeit diagnostiziert. Das mit einer Antenne ausgestattete Gerät wird in den Körper eingepflanzt und sendet Informationen über die Herz-Aktivitäten per Funk an das „Biotronik-Telefon". Das ist eine Art Handy ohne Tasten und Anzeige, das die Daten per SMS an ein Service-Center weiterleitet.

„95 Prozent der Nachrichten kommen innerhalb von fünf Minuten an und ermöglichen so ein genaues Bild", sagt Hans-Jürgen Wildau, Geschäftsbereichsleiter bei Biotronik. Das System belaste den Patienten nur wenig, weil der Herzschrittmacher nur ganz kleine Impulse ausschickt.

Während sich Biotronik bei der Vermarktung der neuen Technologie fürs erste auf die schwersten Krankheitsbilder konzentriert, hat sich der Informatiker Christian Weigand vom Fraunhofer Institut für integrierte Schaltungen in Erlangen einer weniger bedrohlichen Krankheit verschrieben. Er will drahtlose Funktechnologien nutzen, um Patienten mit dem Verdacht auf Schlafapnoe den Gang ins Schlaflabor zu ersparen.

Zwischen einem und zwei Prozent der Bevölkerung leiden unter dieser Schlafstörung, die durch nächtliche Atemstillstände ausgelöst wird und die Gesundheit auf Dauer schädigen kann. Weigand und seine Kollegen entwickeln ein System, dass die telemetrische Patientenüberwachung zu Diagnosezwecken ermöglicht.

Statt sich von Kopf bis Fuß verkabelt im Schlaflabor zu betten, soll sich der Patient zur Diagnose künftig ins eigene Schlafzimmer begeben. Ein winziger Sensor, der an seinem Körper angebracht wird, misst den Puls, die Sauerstoffsättigung im Blut oder macht ein Elektrokardiogramm (EKG). Der Sensor übermittelt die Daten an ein leistungsfähiges Handy oder Modem, das sie an den behandelnden Arzt weiterleitet.

„Für die Ferndiagnose werden dem Patienten einfach ein paar kleine Elektroden auf die Haut geklebt", sagt Weigand. Via Bluetooth werden die Daten zunächst an eine kleine Elektronik-Box gefunkt, die neben dem Bett stehen sollte und die Informationen an ein Modem überträgt. „Da der Patient in seinem eigenen Bett schläft, erhalten wir ein authentisches Bild", sagt Weigand. Das neue System solle Mitte 2006 marktreif sein.

Wilhelm Stork will die Telemetrie nicht für die Diagnose, sondern für die Prävention von Krankheiten einsetzen. Am Institut für Technik der Informationsverarbeitung der Technischen Universität Karlsruhe entwickelt der Physiker einen „elektronischen Gesundheitsassistenten" für den Alltag.

Kernstück seiner Erfindung ist ein Gerät, das der Nutzer am Körper trägt. Es misst nicht nur Blutdruck und Puls, sondern auch die Bewegungsintensität und den Energieverbrauch. Zum Assistenten wird das Gerät, indem es die Daten auswertet und daraus Ratschläge ableitet, die es über Kurzstreckenfunk als Nachricht auf das Handy schickt.

Wenn jemand beispielsweise stundenlang am Computer gesessen habe, könnte das Gerät per SMS vor Nackenschmerzen warnen und vorbeugende Gymnastikübungen empfehlen. Die Technik hierfür sei schon „sehr weit", sagt Stork. Spätestens in zwei Jahren, schätzt der Wissenschaftler, könne das Gerät für Verbraucher erhältlich sein.

EKG per Mobilfunk an den Arzt schicken

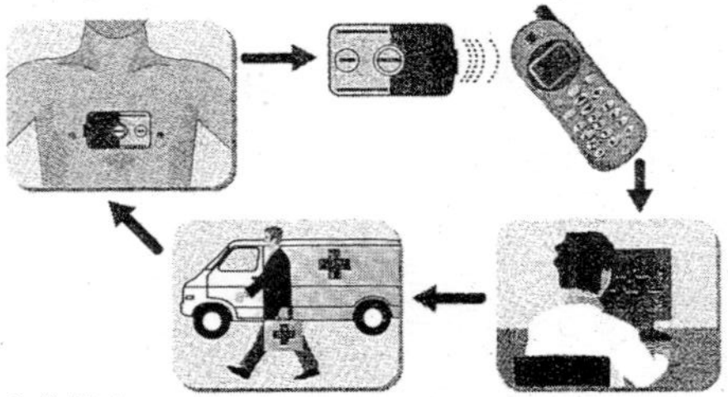

Die Ferndiagnose per Handy wird immer perfekter. Patienten mit Herzrhythmus-Störungen oder anderen Herzerkrankungen können zur Sicherheit zu Hause oder unterwegs mit einem scheckkartengroßen Aufnahmegerät bis zu 3 EKGs aufzeichnen und diese zur Auswertung an den behandelnden Arzt schicken. Die EKG-Monitoring-Card wird einfach auf die Brust gehalten. Die EKGs werden per Druckknopf aufgezeichnet und anschließend über die Infrarot-Schnittstelle an ein Handy übertragen. Das Mobiltelefon sendet dann das EKG als E-Mail oder Fax automatisch an den behandelnden Arzt. Der kann so den Erfolg der Behandlung optimal beobachten und eventuell korrigierend eingreifen oder, wenn es kritisch wird, direkt den Notarzt schicken.

Quelle: Vitaphone HANDELSBLATT-GRAFIK

2. Serviceunterstützung

Die zweite Kombinationsmöglichkeit ist dadurch charakterisiert, dass ein vorhandenes Angebot von klassischen Services durch vorhandene E-Services unterstützt wird. Als Beispiel hierfür kann der Vertrieb eines PCs angeführt werden, für den ein Online Support, z. B. in Form von FAQs, angeboten wird (z. B. Dell). Ein solches Angebot ist stets dann sinnvoll, wenn durch das Online-Angebot von E-Services ein höherer Nutzen generiert wird.

3. Serviceerweiterung

Die dritte Kombinationsmöglichkeit zeichnet sich dadurch aus, dass ein neues Offline-Angebot mit einem vorhandenen E-Service kombiniert wird. Dieser Fall würde beispielsweise dann vorliegen, wenn ein Unternehmen wie Amazon (amazon.de) als elektronischer Buchhandel zusätzlich reale Verkaufsstätten eröffnen würde. Mit einer solchen Serviceerweiterung ist es auf der einen Seite grundsätzlich möglich, Nachteile, die mit dem bestehenden E-Service-Angebot zwangsläufig einhergehen (z. B. wenig Kundenkontakt), zu verringern. Auf der anderen Seite können durch die Kombination eines neuen Offline- Services mit den bestehenden E-Services aber auch Vorteile realisiert werden. Vorteile für den neu angebotenen Offline-Service werden dann erreicht, wenn der Nutzen für den Kunden durch die Kombination mit bestehenden E-Services steigt (z. B. durch eine Online-Beschwerdemöglichkeit). Zum anderen kann ein Vorteil für das bestehende E-Services-Angebot dadurch erzielt werden, dass dieses durch die Kombination mit einem neuen Offline-Service dessen Bezugs- und damit Nutzenbasis erweitert.

Der Nahrungsmittelproduzent **Nestlé** hat unter dem Namen seiner Marke Maggi ein Serviceangebot etabliert, das neben 3.500 Rezeptvorschlägen auch einen Videoabruf („Look and Cook") als Kochhilfe anbietet. Durch die Verwendung der eigenen Marken in den Rezeptvorschlägen generiert das Unternehmen durch den kostenlosen Zusatzservices einen potenziell hohen Wert. Eine ebenfalls personalisierte Seite unter dem Namen „Mein Rezeptbuch" erlaubt darüber hinaus eine Kundenbindung an das virtuelle Angebot wie auch an die physischen Produkte des Unternehmens.

4. Serviceinnovation

Die vierte Kombinationsmöglichkeit ist durch das Angebot eines vollkommen neuen Offline-Services in Kombination mit einem vollkommen neuen E-Service gekennzeichnet. Als Beispiel hierfür kann die Einführung eines Kundenbindungsmanagements genannt werden, in dessen Rahmen ein Kundenclub eröffnet wird, der sowohl eine Zeitschrift als auch ein Online-Informationsangebot sowie eine Online-Bestellmöglichkeit umfasst (z. B. Maerklin.de). Dies kann im Bereich der Value Added Services etwa mit dem Ziel der Profilierung gegenüber der Konkurrenz sinnvoll sein. Im Bereich der Stand

Alone Services kann das Angebot vollkommen neuer Services mit Online-Angebot darüber hinaus mit dem Ziel einer Diversifikation erfolgen.

Unabhängig von der gewählten Kombination mit klassischen Services entscheidet letztlich die Art und Weise des zugrunde liegenden **Geschäftsmodells** über Erfolg und Misserfolg von E-Services. Als komplexer Planungsprozess zur Etablierung einer Dienstleistung umfasst die Definition eines Geschäftsmodells die Spezifizierung der Kunden und Wettbewerber, die Festlegung des Angebotes sowie die Ausgestaltung des Distributions- und Erlösprogramms. Bei genauerer Betrachtung lassen sich die vielfältigen Entscheidungen auf die drei Dimensionen Nutzenstiftung, Erlösmodell und Architektur zurückführen (vgl. Ahlert/Backhaus/Meffert 2001).

Die Frage der **Nutzenstiftung** als Ausgangspunkt des Marketing ist den Dimensionen Erlösmodell und Architektur gedanklich vorgelagert. Ein überlegener Nutzen kann entweder auf einem höheren Leistungsnutzen im Sinne von schneller, besser oder individueller oder bei gleichem Nutzen auf einem geringeren Leistungsentgelt beruhen. So bietet das amerikanische Internet-Auktionshaus ebay.com seinen Kunden auf Basis einer neuen Technologie und damit verbundenen geringeren Transaktionskosten einen Nutzen, der in dieser Form im Vor-Internet-Zeitalter nicht existierte. Während den Zeitvorteilen in der Informationsphase häufig noch Barrieren in der Auslieferung materieller Güter entgegenstehen, ist das Internet für das Angebot „reiner“ Dienstleistungen (z. B. Buchung von Reisen, Abschluss von Versicherungen usw.) aufgrund seiner Spezifika prädestiniert.

Ist der Ausgangspunkt eines E-Service-Geschäftsmodells unternehmensintern begründet, so ist dies häufig auf Überlegungen im Bereich der **Erlösgestaltung** zurückzuführen. Wurde die Idee der Transformation variabler in fixe Erlöse bereits vor einigen Jahrzehnten durch die Idee der Buchclubs verwirklicht, so gewinnt sie gegenwärtig durch innovative Geschäftsformen im Internet eine neue Dimension. Als Beispiel sei auf die zahlreichen Application Service Provider verwiesen, die ihren Kunden neben dem Software-Kauf die Möglichkeit einer zeitlich begrenzten Nutzung gegen ein entsprechendes Entgelt bieten.

Obgleich die Gestaltung der Architektur in der Regel dem Nutzen- oder Erlösgedanken nachgelagert ist, können interne Anstöße für E-Services auch in Entscheidungen über die **Leistungs- und Informationsströme** begründet sein. Eine innovative Business-to-Business-Architektur hat die Deutsche Post mit der Online Solution „Mailing Factory“ realisiert: Als Komplettlösung für die Durchführung adressierter Werbesendungen integriert die Plattform die Angebote angeschlossener Dienstleister und erleichtert die für die Mailingerstellung notwendigen Arbeitsschritte der Wertschöpfungskette von der Konzeption und Gestaltung bis zu Produktion und Versand.

Auch wenn unter Marketingaspekten dem Kundennutzen eine prioritäre Bedeutung zukommt, zeigt die Praxis, dass E-Services vornehmlich technologieinduziert sind: Als wichtigster Treiber neuer Geschäftsmodelle lassen sich **Fortschritte im informations- und kommunikationstechnologischen Bereich** identifizieren, während nicht gelöste

Kundenprobleme nur knapp vor den technischen Fähigkeiten des Unternehmens rangieren (vgl. Abbildung 6-1-18). Dennoch zeigt die Untersuchung des Marketing Centrum Münster, dass sich erfolgreiche E-Business-Dienstleister durch eine stärkere Markt- und Kundenorientierung von den weniger erfolgreichen Unternehmen abgrenzen. Sie sind in der Regel innovativer und haben eine stärkere ökonomische Fokussierung, d. h., sie priorisieren Umsatz- und Gewinnsteigerung als Oberziele. Darüber hinaus sind sie differenzierter und unterscheiden sich hinsichtlich der Dimensionen Nutzen, Erlös und Architektur stärker vom bestehenden Angebot am Markt.

Abbildung 6-1-18 Treiber von E-Service-Geschäftsmodellen

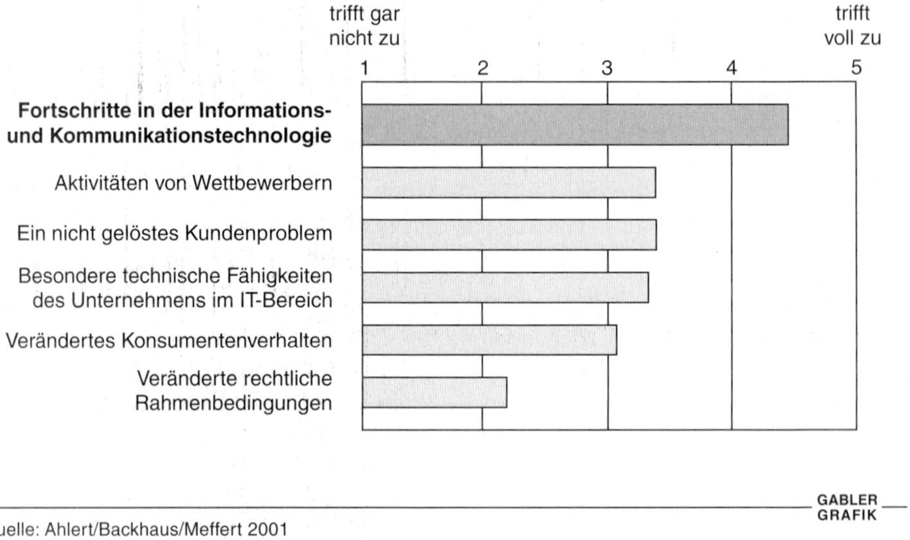

Quelle: Ahlert/Backhaus/Meffert 2001

2. Kommunikationspolitik

2.1 Grundlagen der Kommunikationspolitik

2.11 Besonderheiten der Kommunikationspolitik von Dienstleistungsunternehmen

Aus den **Besonderheiten beim Absatz von Dienstleistungen,** d. h. der Bereitstellung der Leistungsfähigkeit des Anbieters und der Integration des externen Faktors sowie der Immaterialität, Nichtlagerfähigkeit und Nichttransportfähigkeit von Dienstleistungen, ergeben sich zahlreiche **Implikationen für die Kommunikationspolitik** eines Dienstleistungsunternehmens, die in Abbildung 6-2-1 wiedergegeben sind.

Aus der Notwendigkeit der permanenten **Bereitstellung der Leistungsfähigkeit** des Dienstleistungsanbieters können folgende Implikationen für die Dienstleistungskommunikation abgeleitet werden:

- Da die Leistungsfähigkeit selbst nicht darstellbar ist, gilt es, **spezifische Dienstleistungskompetenzen zu dokumentieren,** (z. B. durch das Aufhängen der Siegerurkunde eines Frisörwettbewerbs im Salon).
- Ferner ist es Aufgabe der Kommunikationspolitik, das **Fähigkeitenpotenzial darzustellen** (z. B. durch den Hinweis auf eine besondere Klanganlage eines Kinos vor Filmbeginn).

Aus der **Integration des externen Faktors** folgen weitere Besonderheiten der Dienstleistungskommunikation:

- Wenn die Anwesenheit des externen Faktors in Form eines Objektes bzw. eines Menschen am Ort der Leistungserstellung zwingend notwendig ist und der Dienstleister hierfür eine **Transportmöglichkeit** anbietet, kann auf diese mit Hilfe von Kommunikationsmaßnahmen aufmerksam gemacht werden, z. B. in der Anzeige einer Autoreparaturwerkstatt mit einem Hinweis auf die Abholmöglichkeit eines zu reparierenden Fahrzeuges durch die Werkstatt.
- Da der Leistungserstellungsprozess aufgrund der Integration des externen Faktors nur schwer standardisierbar ist, können in Kommunikationsmaßnahmen unter Umständen lediglich die **internen Faktoren** präsentiert werden, z. B. durch Darstellung der Stewardessen im Werbespot einer Fluggesellschaft.
- In einigen Dienstleistungsbereichen ist es ferner möglich, den **externen Faktor** beispielhaft darzustellen, z. B. in einer Anzeigenkampagne von American Express mit Prominenten.

Abbildung 6-2-1 Besonderheiten der Kommunikationspolitik von Dienstleistungsunternehmen

Besonderheiten von Dienstleistungen	Implikationen für die Kommunikationspolitik
Leistungsfähigkeit des Dienstleistungsanbieters	■ Dokumentation spezifischer Dienstleistungskompetenzen ■ Materialisierung des Fähigkeitenpotenzials
Integration des externen Faktors	■ Hinweis auf eventuelle Abholmöglichkeit des externen Faktors ■ Darstellung interner Faktoren ■ Darstellung externer Faktoren ■ Einsatz der Kommunikationspolitik im Rahmen des Leistungserstellungsprozesses ■ Erklärung von Problemen im Leistungserstellungsprozess ■ Durchführung individueller Kommunikation zum Aufbau enger Kunden-Mitarbeiter-Beziehungen sowie zur Erleichterung der Erhebung von Kundendaten
Immaterialität (Nichtlagerfähigkeit, Nichttransportfähigkeit)	■ Materialisierung von Dienstleistungen durch die Darstellung tangibler Elemente ■ Visualisierung von Dienstleistungen durch die Hervorhebung tangibler Elemente ■ Wecken von Aufmerksamkeit mittels materieller Leistungskomponenten ■ Verbesserung des Unternehmens-/Leistungsimages ■ Unterstützung der kurzfristigen Nachfragesteuerung ■ Hinweis auf Maßnahmen zur Kapazitätsaufteilung ■ Ausnutzung von Cross-Selling-Potenzialen ■ Bekanntmachung von Leistungserstellungsbedingungen (Ort, Zeit usw.) ■ Bekanntmachung und Information bei großer räumlicher Distanz von Leistungsangebot und -nachfrage ■ Ausnutzung von Cross-Selling-Potenzialen ■ Kooperation zwischen Dienstleistungsanbietern

GABLER GRAFIK

- Aufgrund der Integration des externen Faktors bietet sich bei Dienstleistungen anders als bei anderen Gütern der Einsatz von **Kommunikationsmaßnahmen im Rahmen der Erstellung** an, z. B. das Angebot einer Reiseversicherung während eines Beratungsgesprächs bezüglich einer Autoversicherung.

- Außerdem kann die Kommunikation zur **Erklärung von Problemen** im Laufe der Leistungserstellung dienen, z. B. durch die Vorwarnung bezüglich möglicher Wartezeiten bei telefonischer Vereinbarung eines Arzttermins.

- Schließlich kann aufgrund der sich aus der Integration des externen Faktors ergebenden Interaktivität eine **individuelle Kommunikation** erreicht werden, die wiederum zum Aufbau enger Kunden-Mitarbeiter-Beziehungen (z. B. Kellner-Gast-Beziehung im Restaurant) sowie zur Erleichterung der Erhebung von Kundendaten (z. B. Kenntnis sämtlicher medizinischer Probleme eines Patienten durch den Hausarzt) führt.

Aus der **Immaterialität** von Dienstleistungen resultieren folgende Konsequenzen für die Kommunikationspolitik:

- Anders als bei anderen Gütern können Dienstleistungen in ihrer Gesamtheit dem Kunden nicht präsentiert oder dargestellt werden. Daher ist es Aufgabe der Kommunikation, eine **Materialisierung** der Leistungen zu erreichen. Dies kann durch die Darstellung tangibler Elemente geschehen (z. B. durch materielle Geschenke im Rahmen von Verkaufsförderungsaktionen).
- Eine weitere Möglichkeit, weitgehend intangible Dienstleistungen „greifbar" zu machen, liegt in der **Visualisierung** tangibler Leistungselemente (z. B. mit Hilfe der Darstellung von Mitarbeitern oder anderen Potenzialfaktoren in Werbespots) (Lovelock/Wirtz 2004, S. 127; vgl. auch Abbildung 6-2-2).
- Ferner dient die Unternehmenskommunikation dazu, die **Aufmerksamkeit** für neue oder auch bereits bekannte Leistungen mittels materieller Leistungskomponenten zu wecken (z. B. die Gestaltung von Hinweisschildern für ein Hotel).
- Schließlich spielt aufgrund der Immaterialität das Unternehmens- oder Leistungsimage eine besondere Rolle bei der Leistungsbeurteilung durch den Kunden. Daher kann mit entsprechenden Kommunikationsmaßnahmen die **Verbesserung des Images** erreicht werden (z. B. durch den Vortrag eines Bankvorstandes vor Unternehmern).

Aus der **Nichtlagerfähigkeit** können folgende Implikationen für die Kommunikation abgeleitet werden:

- Mit Hilfe unterschiedlicher Marketingmaßnahmen kann in verschiedenen Dienstleistungsbereichen eine **kurzfristige Nachfragesteuerung** erreicht werden. In diesem Zusammenhang kommt der Kommunikation eine unterstützende Funktion zu (z. B. durch die Bewerbung von Billigtarifflügen in einer Zeitungsanzeige).
- Ferner kann die Kommunikation Maßnahmen zur **Kapazitätsaufteilung** unterstützen (z. B. durch den Hinweis auf eine gewünschte Reservierung in einem Hotelprospekt).
- Schließlich ist es aufgrund der Nichtlagerfähigkeit empfehlenswert, mit Hilfe von Kommunikationsmaßnahmen **Cross-Selling-Potenziale** auszunutzen (z. B. durch den Hinweis in Rechtsberatungsgesprächen auf Steuerberatungsleistungen einer Kanzlei).

Abbildung 6-2-2 Visualisierung tangibler Leistungselemente durch einen virtuellen Hotelrundgang

Quelle: Hotel Adlon 2005

GABLER GRAFIK

Durch die **Nichttransportfähigkeit** von Dienstleistungen erhält die Kommunikationspolitik die folgenden Aufgaben:

- Aufgrund der Nichttransportfähigkeit ist es notwendig, dem Dienstleistungskunden gewisse **Bedingungen der Leistungserstellung,** wie Ort, Zeitpunkt der Erstellung usw., mitzuteilen (z. B. durch die Bekanntmachung der Filmvorführungstermine von Kinos in Tageszeitungen oder eine Wegbeschreibung zur Konzerthalle auf der Rückseite einer Eintrittskarte).
- Liegen **Leistungsangebot und -nachfrage räumlich weit auseinander,** werden Kommunikationsmaßnahmen durch den Anbieter erforderlich (z. B. das Versenden der Leistungsbeschreibung einer Unternehmensberatung).

- Ähnlich wie aus der Nichtlagerfähigkeit ergibt sich auch aus der Nichttransportfähigkeit die Notwendigkeit, **Cross-Selling-Potenziale** auszunutzen (z. B. die Frage einer Frisörin, ob außer einem Haarschnitt zusätzlich eine Rasur erwünscht ist).
- Schließlich kann die Nichttransportfähigkeit mittels **kooperativer Kommunikationsmaßnahmen** mehrerer Leistungsersteller umgangen werden (z. B. durch die Gewährung einer Preisreduktion in Verbindung mit einem Flug bei einer bestimmten Fluggesellschaft als verkaufsfördernde Maßnahme einer Autovermietung).

2.12 Begriff und Bedeutung der Dienstleistungskommunikation

Neben den Aktivitäten im Leistungsmix kommt den kommunikationspolitischen Maßnahmen im Dienstleistungsmarketing eine wichtige Rolle zu.

So hat die Kommunikationspolitik die Aufgabe zu lösen, eine immaterielle Dienstleistung bzw. das Dienstleistungspotenzial, den Dienstleistungsprozess oder das Dienstleistungsergebnis durch Visualisierungen oder eine anders geartete Verdeutlichung für den Dienstleistungskunden verständlich und „sichtbar" zu machen (Corsten 2001; Scheuch 2002). Generell kann unter **Kommunikation** die Übermittlung von Informationen und Bedeutungsinhalten zum Zweck der Steuerung von Meinungen, Einstellungen, Erwartungen und Verhaltensweisen bestimmter Adressaten gemäß spezifischer Zielsetzungen verstanden werden (Meffert 2000, S. 443; Bruhn 2005a, S. 1).

> Die **Kommunikationspolitik** eines Dienstleistungsunternehmens umfasst Maßnahmen der marktgerichteten, externen Kommunikation (z. B. Anzeigenwerbung), der innerbetrieblichen, internen Kommunikation (z. B. Mitarbeiterzeitschrift, Intranet) und der interaktiven Kommunkation zwischen Mitarbeitern und Kunden (z. B. Kundenberatungsgespräch) (Bruhn 2004c, S. 199).

Im Rahmen des Dienstleistungsmarketing erweist es sich zum Teil als besonders schwierig, zwischen den kommunikationspolitischen Maßnahmen und der eigentlichen Leistungserstellung zu differenzieren (Berry 1983; Congram/Czepiel/Shanahan 1987; Firnstahl 1990). Wie Abbildung 6-2-2 verdeutlicht, kann Kommunikation im Rahmen des Dienstleistungserstellungsprozesses zum einen ein wichtiges **Leistungsmerkmal** darstellen (z. B. Rechtsberatung, ärztliche Beratung), dem weniger die kommunikationspolitischen als vielmehr die leistungspolitischen Zielsetzungen (z. B. Erreichung einer hohen Servicequalität) zugrunde zu legen sind. Zum anderen kann die Kommunikation auch als reines **Instrument im Sinne der Kommunikationspolitik** zur Leistungsdarstellung eingesetzt werden (z. B. klassische Werbung, Sponsoring). Mitunter kann die wahrgenommene Servicequalität durch einen – im Sinne der angeführten Basisfunktionen nicht exakt getrennten – Einsatz der Kommunikationspolitik negativ beeinflusst werden. Dies kann beispielsweise dann der Fall sein, wenn der Dienstleistungsanbieter während eines Beratungsgesprächs, einer Theateraufführung oder einer Unterhaltungssendung Werbeargumente gegenüber dem Konsumenten artikuliert, um die Inanspruchnahme weiterer Dienste zu initiieren. Insofern ist es für einen Dienstleistungsanbieter wichtig, zwischen der Kommunikation als Leistungselement und als Instrument der Kommunikationspolitik im klassischen Sinne zur Darstellung der Leistung zu differenzieren.

Abbildung 6-2-3 **Kommunikationspolitische Ausprägungen im Dienstleistungsbereich**

Art des Kontaktes	Direkter Kontakt	Indirekter Kontakt
Mittelbare (unpersönliche) Kommunikationsbeziehung	■ Leistung: – Telefonische Beratung ■ Kommunikation: – Telefonwerbung – Direct Mail	■ Leistung: – Aufklärungswirkung (z. B. Aids-Kampagne) ■ Kommunikation: – Werbung (klassisch) – Sponsoring
Unmittelbare (persönliche) Kommunikationsbeziehung	■ Leistung: – Rechtsberatung – Ärztliche Beratung ■ Kommunikation: – Persönlicher Verkauf	■ Leistung: – Szenensponsoring ■ Kommunikation: – Mund-zu-Mund-Kommunikation

GABLER GRAFIK

Grundsätzlich kommt den Formen der **direkten Kommunikation** im Rahmen des Dienstleistungsmarketing eine besondere Relevanz zu, um dem Kunden mögliche Leistungsbeweise zu dokumentieren und ein entsprechendes Vertrauensverhältnis zur Reduktion des Kaufrisikos bei immateriellen Dienstleistungen aufzubauen.

Bei einer zunehmenden Bedeutung von Dienstleistungen für die Volkswirtschaft und die Absatzmärkte in Deutschland ist zu vermuten, dass auch die **Dienstleistungskommunikation in der werblichen Wirtschaft** einen höheren Stellenwert erreicht hat. Interessante Anhaltspunkte liefert dafür eine Analyse des werblichen Investitionsvolumens unterschiedlicher Dienstleistungsbranchen im Zeitraum 1999 bis 2004 (Datengrundlage: Gruner + Jahr 2004).

Im zugrunde liegenden Betrachtungszeitraum ist ein Wachstum der medialen Investitionen von Dienstleistungsunternehmen in Höhe von 25,0 Prozent auf 10,36 Mrd. EUR im Jahre 2004 festzustellen (1999: 8,29 Mrd. EUR). Sowohl im Vergleich zu anderen Branchen als auch in Relation zum Gesamtmarkt (+10,9 Prozent) weist der Markt für die Dienstleistungswerbung damit die bei weitem **höchste Wachstumsdynamik** auf.

Besonders deutlich wird diese Entwicklung bei differenzierter Betrachtung der **zehn (Teil-) Branchen** des Dienstleistungs- und Verbrauchsgütermarktes mit den höchsten werblichen Investitionsvolumina (vgl. Abbildung 6-2-4).

Abbildung 6-2-4 **Entwicklung des werblichen Investitionsvolumens in verschiedenen Wirtschaftssektoren in Mio. EUR**

Branchen	1992	2000	2001	2002	2003	2004	Veränderung 2003–2004	
							Absolut	Relativ
Dienstleistungsbranchen	**6.970**	**7.637**	**8.273**	**7.979**	**8.313**	**9.132**	**819**	**9,9 %**
Medien	2.041	2.461	2.510	2.583	2.756	2.997	241	8.8 %
Handel + Versand	1.441	1.931	1.938	1.911	2.180	2.355	175	8.0 %
Finanzen	1.160	1.563	1.385	1.108	1.004	1.219	216	21.5 %
Sonstige Dienstleistungen	590	774	657	666	789	954	166	21.0 %
Sonstige Werbung	640	849	806	677	712	707	–5	–0.7 %
Touristik	424	450	398	457	392	409	18	4.5 %
Reinigung	414	399	319	373	338	330	–8	–2.4 %
Energie	264	242	237	119	115	126	11	9.8 %
Kunst + Kultur	12	10	13	6	15	21	7	45.4 %
Freizeit + Sport	11	12	10	13	12	14	1	12,1 %
Verbrauchsgüterbranchen	**4.346**	**4.431**	**4.376**	**4.328**	**4.376**	**4.428**	**52**	**1,2 %**
Ernährung	1.674	1.724	1.634	1.559	1.600	1.666	66	4.2 %
Körperpflege	1.107	1.087	1.093	1.205	1.306	1.294	–11	–0.9 %
Getränke	976	1.006	1.025	936	881	892	11	1.2 %
Pharmazie	518	551	568	576	543	526	–16	–3.0 %
Tabak	71	63	56	52	46	50	4	7,9 %
Gebrauchsgüterbranchen	**4.431**	**4.698**	**4.127**	**3.936**	**3.978**	**4.069**	**91**	**2,3 %**
Verkehrsmittel + -einrichtungen	1.964	1.856	1.865	1.962	1.942	1.952	10	0,5 %
Büro + EDV + Kommunikation	1.422	1.756	1.202	907	975	1.014	39	4,0 %
Haus + Gartenausstattung	412	419	382	353	352	366	13	3.8 %
Textilien + Bekleidung	272	289	301	317	315	307	–14	–4.4 %
Persönlicher Bedarf	165	180	178	174	181	203	22	12.1 %
Foto + Optik	94	100	101	100	120	107	–13	–10.7 %
Audio + Video	93	98	98	123	93	126	33	35,1 %
Investitionsgüterbranchen	**516**	**514**	**437**	**347**	**398**	**416**	**18**	**4,5 %**
Bauwirtschaft	205	201	177	149	174	222	48	27.4 %
Haus-, Land-, Forst- + Jagdwirtschaft	202	212	150	112	109	89	–21	–19,2 %
Investitionsgüter	80	70	76	64	73	71	–2	–3.2 %
Industrielle Verbrauchsgüter	29	31	34	22	42	34	–8	–18,7 %

GABLER GRAFIK

Datengrundlage: Gruner + Jahr 2004

Die allgemeine Intensivierung des Kommunikationswettbewerbs hat insbesondere in der Dienstleistungsbranche dazu geführt, dass Konsumenten einer zunehmenden Anzahl von Werbeappellen gegenüberstehen und die Informationsüberlastung weiter gestiegen ist. Eine systematische und differenzierte Ableitung von Aufgaben der Dienstleistungskommunikation sowie die Feststellung ihrer (situationsabhängigen) Relevanz gewinnt daher an Bedeutung, um in einem sich verschärfenden dienstleistungsspezifischen Kommunikationswettbewerb erfolgreich sein zu können.

2.13 Planungsprozesse der Kommunikation

Die Vielfalt der Ebenen der Kommunikation und die Vielzahl der Kommunikationsinstrumente machen es erforderlich, dass Dienstleistungsanbieter eine **Integrierte Kommunikation** anstreben (Congram/Czepiel/Shanahan 1987; Piercy/Morgan 1990; Bruhn 2002f).

Integrierte Kommunikation ist ein Prozess der Analyse, Planung, Umsetzung und Kontrolle, der darauf ausgerichtet ist, aus den differenzierten Quellen der internen und externen Kommunikation von Unternehmen eine Einheit herzustellen, um ein für die Zielgruppen der Kommunikation konsistentes Erscheinungsbild über das Unternehmen bzw. ein Bezugsobjekt des Unternehmens zu vermitteln (Bruhn 2003c, S. 17).

Mit Hilfe einer verbesserten Integrierten Kommunikation erhoffen sich Dienstleistungsunternehmen Synergieeffekte, indem durch den abgestimmten Einsatz verschiedenartiger Kommunikationsmaßnahmen eine höhere Kommunikationswirkung für das Unternehmen erreicht wird als beim isolierten Einsatz der einzelnen Instrumente (Zorn 1997; Bruhn 2003).

Aufgrund der Vielfalt der Kommunikationsverantwortlichen, -situationen, -ziele, -zielgruppen und -instrumente handelt es sich bei der integrierten Kommunikation um ein komplexes Entscheidungsproblem. Um dieser Komplexität entsprechend zu begegnen, sind Unternehmen angehalten, einen strategischen und unternehmensweiten Planungsprozess der Kommunikationspolitik zu implementieren. Dabei ist an zwei unterschiedlichen Ebenen anzusetzen: zum einen an der **Ebene der Gesamtkommunikation** als Top-down-Planung und zum anderen an der **Ebene der einzelnen Kommunikationsinstrumente** als Bottom-up-Planung. Diese Entscheidungsebenen sind in Abbildung 6-2-5 wiedergegeben. Zentrales Erfordernis ist es, die Entscheidungsprozesse beider Ebenen in Form einer **iterativen Down-up-Planung** zusammenzuführen (Bruhn 2005a, S. 62ff.).

Abbildung 6-2-5 Kommunikationsplanung auf unterschiedlichen Ebenen

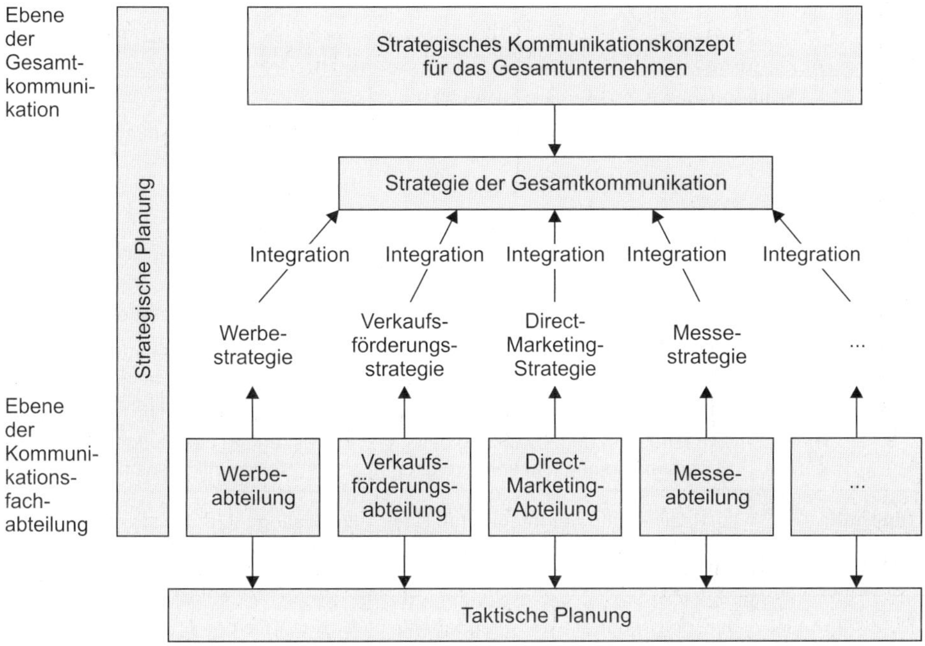

Quelle: Bruhn 2005a, S. 62

GABLER GRAFIK

Diese iterative Planung impliziert die Notwendigkeit der Abstimmung der unterschiedlichen **Träger der Kommunikation.** Bei den im Rahmen des Dienstleistungsmarketing in Frage kommenden Trägern der Kommunikation – als Absender und/oder als Adressat – wird hier eine Fokussierung auf drei Träger vorgenommen. Zunächst ist das **Management von Dienstleistungsunternehmen** Träger der Kommunikation, etwa durch Werbeanzeigen oder Öffentlichkeitsarbeit. Zum anderen sind es die **Mitarbeiter des Dienstleistungsunternehmens,** wie etwa das Kontaktpersonal bzw. die Mitarbeiter, die die Dienstleistung erbringen. Schließlich sind auch die **Kunden des Dienstleistungsunternehmens** Träger der Kommunikation, indem sie Informationen suchen, empfangen oder weitergeben.

Dieser iterative Planungsprozess ist eine heuristische Entscheidungsmethodik, die zu einer „guten“, nicht jedoch „optimalen“ Lösung führt. Der Prozess kann in verschiedene Phasen eingeteilt werden, wie sie in Abbildung 6-2-6 wiedergegeben sind.

Abbildung 6-2-6 Planungsprozess der Kommunikation und Einsatz des Instrumentariums

Phasen	Planungsprozess der Gesamtkommunikation	Planungsprozess der Kommunikationsinstrumente
Analysephase	■ Analyse der gesamten Kommunikationssituation	■ Analyse der Kommunikationssituation
Planungsphase	■ Festlegung der Ziele der Integrierten Kommunikation ■ Definition der Zielgruppen der Integrierten Kommunikation ■ Auswahl und Kategorisierung der Kommunikationsinstrumente ■ Integration der Elemente in ein Strategisches Konzept ■ Festlegung und Verteilung des gesamten Kommunikationsbudgets	■ Festlegung der Kommunikationsziele ■ Identifizierung der Zielgruppen ■ Festlegung der Kommunikationsstrategie ■ Integration der Kommunikationsstrategie in das Konzept der Unternehmenskommunikation ■ Festlegung des Budgets für ein Kommunikationsinstrument
Durchführungsphase	■ Realisierung der Integrierten Kommunikation	■ Festlegung und Verteilung von Einzelmaßnahmen der Kommunikation
Kontrollphase	■ Erfolgskontrolle der Integrierten Kommunikation	■ Kontrolle der Kommunikationswirkungen

GABLER GRAFIK

1. Analyse der Kommunikationssituation

In dieser Phase geht es darum, die Situation sowohl der Gesamtkommunikation als auch der einzelnen Instrumente zu untersuchen. Um die Analyse möglichst umfassend vollziehen zu können, bietet sich die Identifizierung möglicher Einflussgrößen anhand folgender sechs Kategorien an (Bruhn 2005a, S. 106ff.):

- Marktbezogene Einflussfaktoren,
- Kundenbezogene Einflussfaktoren,
- Absatzmittlerbezogene Einflussfaktoren,
- Konkurrenzbezogene Einflussfaktoren,
- Umfeldbezogene Einflussfaktoren,
- Unternehmensbezogene Einflussfaktoren.

Bei der Betrachtung der Einflussfaktoren ist zu berücksichtigen, dass aufgrund der zeitlichen und kausalen Interdependenz der Größen untereinander keine eindeutig deterministischen Ursache-Wirkungs-Zusammenhänge postuliert werden können. Bei einer zunehmenden Wettbewerbsintensität in vielen Dienstleistungsbranchen erhalten dabei die konkurrenzbezogenen Faktoren eine besondere Bedeutung. Gerade Dienstleistungsunternehmen benötigen im Kommunikationswettbewerb eine **„Unique Communication Proposition“ (UCP),** um sich von den Hauptkonkurrenten kommunikativ deutlich abzuheben.

2. Festlegung der Kommunikationsziele

Aufgrund der Zuordnungsproblematik von Ursachen und Wirkungen erfolgt die Formulierung von Zielen in der Kommunikationspraxis häufig unvollständig und zu wenig konkret. Um dies zu verhindern, haben Kommunikationsziele die folgenden **Anforderungen** zu erfüllen:

- Oberziel ist die verbindliche Verankerung der Integration der Kommunikation.
- Die Kommunikationsziele sind mit den Unternehmens- und Marketingzielen abzustimmen.
- Durch eine hierarchische Zielstrukturierung kann die Zuordnung zu einzelnen Instrumenten vereinfacht werden.
- Die Ziele sind zielgruppenspezifisch zu formulieren.
- Um eine Zuordnung zu einzelnen Instrumenten zu ermöglichen, ist es sinnvoll die Ziele operational nach Inhalt, Ausmaß, Zeit- und Segmentbezug aufzustellen.
- Schließlich sind sowohl eine Verbindlichkeit als auch eine Erreichbarkeit der Ziel Voraussetzungen für den Erfolg.

3. Definition der Zielgruppen der Kommunikation

Da die Ziele der Kommunikation zielgruppenspezifisch zu formulieren sind, hat in dieser Phase die Festlegung der Zielgruppen der Kommunikation zu erfolgen. Als **Hauptzielgruppen** sind Kunden, Mitarbeiter und Öffentlichkeit zu nennen.

Als Besonderheit ist bei vielen Dienstleistungsunternehmen zu beachten, dass die Mitarbeiter nicht nur eine eigene Zielgruppe für die interne Kommunikation darstellen, sondern bei der externen Kommunikation auch als **„Second Audience“** angesehen werden (Firestone 1983, S. 87f.; Berry 1984, S. 275f.; Bruhn 1999b, S. 30f.; Stauss 2000b, S. 215f.). Dies bedeutet, dass Botschaften, die primär an externe Zielgruppen der Kommunikation gerichtet sind, zum Teil auch die Mitarbeiter als Empfänger haben. Grundsätzlich können zwei Ausprägungsformen von Kommunikationsmaßnahmen mit den Mitarbeitern als „Second Audience“ unterschieden werden:

- Externe Kommunikationsmaßnahmen, mit denen sowohl externe als auch interne Kunden angesprochen werden (z. B. Anzeigen mit Mitarbeitern eines Dienstleistungsunternehmens).
- Externe Kommunikationsmaßnahmen, die primär auf externe Kunden ausgerichtet sind, jedoch auch interne Kunden erreichen (z. B. Werbung eines Dienstleisters zur Imageprofilierung, wie der über die Mediawerbung transportierte Slogan deutscher Volks- und Raiffeisenbanken „Wir machen den Weg frei").

Die Überlegungen zur „Second Audience" verdeutlichen zum einen die Bedeutung einer Integrierten Kommunikation, da Mitarbeiter beide Formen der Kommunikation zu verinnerlichen, sich inhaltlich mit ihnen zu identifizieren und sie gegenüber den Kunden zu repräsentieren haben. Zum anderen können sie eine Motivationsfunktion erfüllen. Durch Aussagen zur Leistungsfähigkeit und Leistungsqualität des Personals ist es möglich, diese implizit anzusprechen und ihr Verantwortungsgefühl bei der Interaktion mit dem Kunden zu fördern. Entsprechende Leitsätze der Unternehmenskommunikation (z. B. zur Innovationskraft und Dynamik des Unternehmens) können weiterhin der Identifikation der Mitarbeiter mit dem Unternehmen dienen und tragen somit dazu bei, auch die Mitarbeiterbindung zu stärken.

Auf der Ebene der Gesamtkommunikation gilt es, eine breite, möglichst umfassende Zielgruppe festzulegen, die sämtliche Zielgruppen des Unternehmens zusammenfasst und so die konsistente Gestaltung der Unternehmenskommunikation unterstützt. Auf der Ebene der einzelnen Instrumente hat eine differenzierte Festlegung zu erfolgen, um Ziele und Maßnahmen der Instrumente möglichst exakt auswählen zu können. Daher hat die Zielgruppenbeschreibung auf instrumenteller Ebene bestimmte **Anforderungen,** wie Segmentbildungseigenschaft, Wiedererkennbarkeit, Auffindbarkeit, Realisierbarkeit, Zielbezug und Konkretisierungsmöglichkeit, zu erfüllen. Bei der Integration der Instrumente ist schließlich eine mögliche Überschneidung von Instrumentenzielgruppen zu berücksichtigen, um eine bessere Abstimmung der Einzelinstrumente zu gewährleisten (Bruhn 2003c).

4. Auswahl und Kategorisierung von Kommunikationsinstrumenten

In dieser Phase wird überprüft, inwiefern die einzelnen Instrumente einen **Zielerreichungsbeitrag** leisten können und sich die verschiedenen Instrumente gegenseitig beeinflussen. Ausgehend von diesen Untersuchungen kann jedes Instrument in eine der folgenden vier Kategorien eingeteilt werden (Bruhn 2003c, S. 160):

- **Leitinstrumenten** kommt eine besonders starke strategische Bedeutung zu.
- **Kristallisationsinstrumente** sind sehr wichtig für die zielgruppenspezifische Kommunikation.
- **Integrationsinstrumente** haben die Möglichkeit, andere Instrumente zu unterstützen und zu vereinen.

- **Folgeinstrumente** haben eine geringe strategische Bedeutung und werden vor allem für einzelne Aufgaben im Rahmen der Kommunikation mit Teilzielgruppen eingesetzt.

Dabei ist anzumerken, dass je nach Art der Dienstleistung den Kommunikationsinstrumenten eine unterschiedliche Bedeutung im Kommunikationsmix zuzurechnen ist. Wie in Abbildung 6-2-7 dargestellt, sind jedoch Instrumente, mit denen eine **zielgruppenspezifische oder individuelle Kommunikation** ermöglicht wird, umso bedeutender,

- je immaterieller,
- je erklärungsbedürftiger und
- je weniger standardisiert

eine Leistung ist.

5. Integration der Planungselemente in ein strategisches Konzept der integrierten Kommunikation

Die Phasen der strategischen Positionierung als Hauptziel der Unternehmenskommunikation, der Festlegung der Kernbotschaften sowie die Kategorisierung der Kommunikationsinstrumente mit dem Ergebnis der Festlegung der Leitinstrumente ergeben das strategische Konzept der integrierten Unternehmenskommunikation. Ausgehend von diesem Konzept ist es notwendig, jedes Kommunikationsinstrument strategisch in die Gesamtkommunikation einzubinden (Bruhn 2003c, S. 173ff.). Ein **strategisches Konzept für die Gesamtkommunikation** eines Dienstleistungsunternehmens umfasst also die Festlegung

- der strategischen Positionierung,
- der Kernbotschaften,
- des/der Leitinstrument(e).

2.14 Ziele und Strategien der Dienstleistungskommunikation

Neben der Verfolgung von **ökonomischen Zielsetzungen,** wie Umsatz- und Gewinnexpansion oder Kostenersparnis durch kommunikative Steuerung der Dienstleistungsnachfrage im Zeitablauf, erlangen im Rahmen der Kommunikationspolitik insbesondere **psychologische Kommunikationsziele** große Bedeutung. Hierbei lassen sich nach den Stufen der Kundenreaktion kognitiv-, affektiv- und konativ-orientierte Zielsetzungen unterscheiden (vgl. z. B. Behrens 1970; Schmalen 1992; Meffert 2000; Bruhn 2005a, S. 138ff.):

Abbildung 6-2-7 Typologie von Kommunikationsinstrumenten im Dienstleistungsbereich

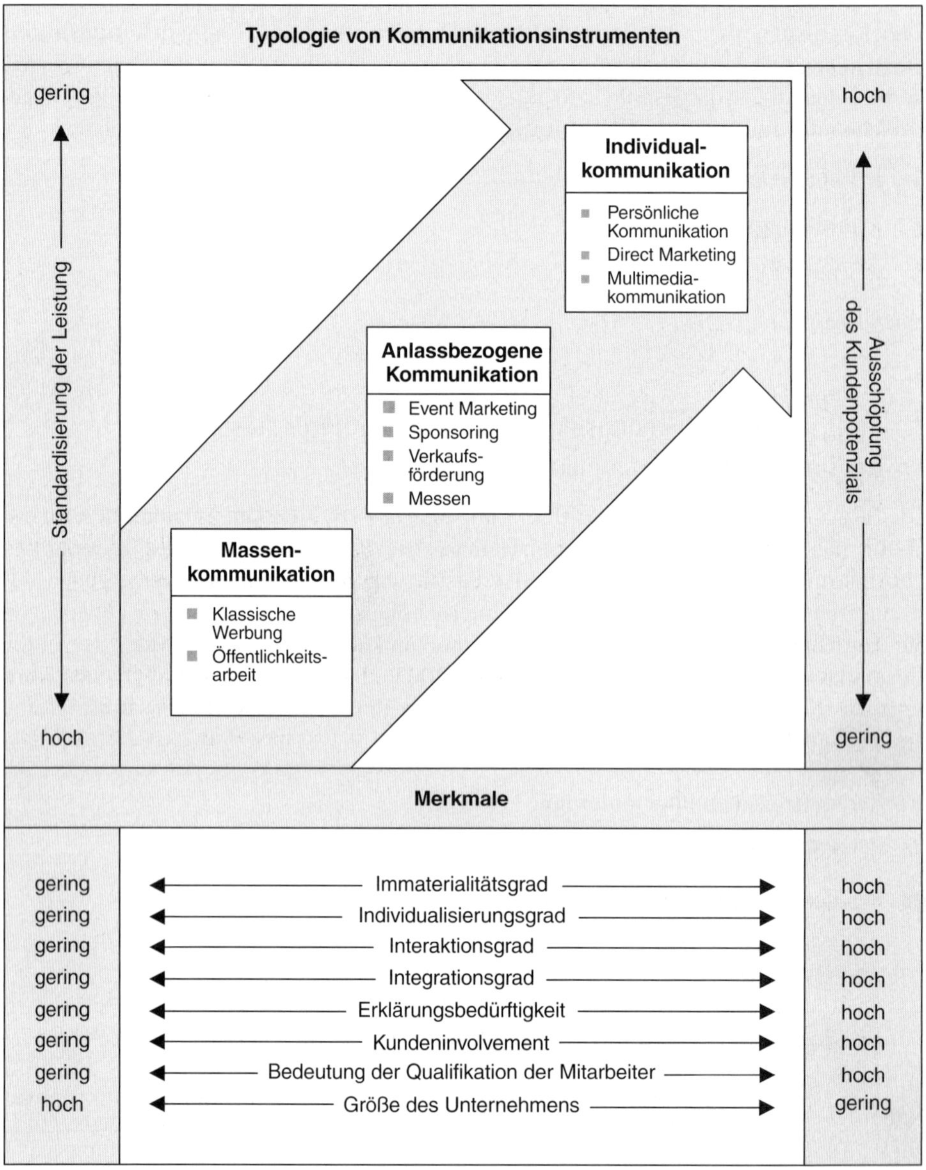

Kognitiv-orientierte Ziele

- **Berührungs- und Kontakterfolg**
Aufgabe der Werbebotschaften ist es, die ausgewählten Zielgruppen in den Marktsegmenten möglichst ohne Streuverlust zu erreichen. Streuverluste entstehen durch Kontakte mit Nichtzielpersonen (Personen, die weder als Käufer oder Verwender noch als Absatzhelfer in Frage kommen). Dies führt zu wirkungslosen Kommunikationsausgaben. Bei Nutzung von Medien lässt sich dieser Effekt zwar nicht vermeiden, aber durch bewusste Medienauswahl abschwächen.

- **Aufmerksamkeitswirkung**
Zunächst wird mit der Kommunikationsbotschaft beabsichtigt, den unbewussten Wahrnehmungsfilter des Umworbenen zu durchdringen. Eine weitere Aufgabe der jeweiligen Maßnahme besteht darin, im Feld der Konkurrenzwerbung bewusst, mindestens jedoch willkürlich wahrgenommen zu werden. Schließlich besteht das Ziel darin, dass die in der Botschaft enthaltenen Informationen aufgrund der speziellen Aufmerksamkeitswirkung bewusst aufgenommen werden.

- **Erinnerungswirkung**
Mehr oder weniger große Teile der durch die Kommunikation vermittelten Informationen werden im Gedächtnis gespeichert. Hierbei ist insbesondere die Verankerung einer Dienstleistungsmarke im „Evoked Set" des Konsumenten zu erreichen.

- **Informationsfunktion**
Aufgrund der Immaterialität von Dienstleistungen ist insbesondere bei komplexen Leistungsarten von der Kommunikationspolitik eine wichtige Informationsfunktion zur Verdeutlichung des Leistungsumfangs, der Leistungserstellung usw. zu erfüllen.

Affektiv-orientierte Ziele

- **Gefühlswirkung**
Ein affektiv-orientiertes Ziel der Botschaft ist es, auf das individuelle Empfinden des Umworbenen zu wirken und Emotionen zu wecken. Die Stärke (nicht die Art und Richtung) dieser Wirkung lässt sich bis zu einem gewissen Grad an den Reaktionen des Angesprochenen messen. Insbesondere bei erlebnis-, d. h. prozessorientierten Dienstleistungen (Kino, Freizeitpark, Reise) besteht im Hervorrufen von Emotionen ein zentrales Ziel, das idealtypisch bereits in der Kommunikation vor der Inanspruchnahme der Dienstleistung für den Kunden vorstellbar gemacht wird.

- **Positive Hinstimmung**
Die Botschaft hat zum Ziel, unbewusste Bedürfnisse zu konkretisieren, bewusst zu machen und den entsprechenden Wunsch zu rechtfertigen. Zudem ist die Überzeugung zu entwickeln oder zu bestätigen, dass die durch die Kommunikation versprochene Leistung dem Kunden nach allen Gesichtspunkten den größten Nutzen stiftet.

- **Interessenweckung**
  Die Kommunikation hat weiterhin zu Aufgabe, das Interesse an der Leistung so zu aktivieren, dass der Umworbene bereit ist, sich aktiv mit dieser auseinander zu setzen und diese Leistung als mögliches Kaufobjekt zu sehen.

- **Imagewirkung**
  Mit der Unternehmenskommunikation wird die Schaffung eines positiven Images des Unternehmens und seiner Leistungen angestrebt. Aufgrund der Immaterialität und Intangibilität von Dienstleistungen sowie dem damit einhergehenden Mangel an objektiven Beurteilungskriterien spielt das Image im Rahmen des Kaufentscheidungsprozesses zur Schaffung von Vertrauen bei den Dienstleistungskunden eine besondere Rolle.

Konativ-orientierte Ziele

- **Auslösung von Kaufhandlungen**
  Die Botschaft hat zu veranlassen, dass der Kaufwunsch in die Tat umgesetzt wird, dass der Angesprochene von der Konkurrenz auf die eigene Unternehmung wechselt bzw. der eigenen Unternehmung treu bleibt. Die Aufgabe der Kommunikation ist es folglich, den Umsatz zu steigern oder mindestens zu halten. Darüber hinaus sind kommunikationspolitische Instrumente zur mengen- und zeitbezogenen Steuerung der Dienstleistungsnachfrage, insbesondere für ein verstärktes Cross Selling bei den bestehenden Kunden einzusetzen.

- **Beeinflussung des Informationsverhaltens**
  Im Rahmen der Kommunikationspolitik besteht eine Herausforderung für Dienstleistungsunternehmen darin, sich dem Kunden als ein Unternehmen zu präsentieren, das darauf bedacht ist, ihn nach seinen Bedürfnissen über die Unternehmensleistungen zu informieren. Insbesondere durch die Bereitschaft der direkten Information des Kunden über potenzielle oder aktuelle Probleme im Rahmen des Leistungserstellungsprozesses könnte auch eine verstärkte aktive Beschwerdeführung durch den Kunden initiiert werden.

- **Beeinflussung des Weiterempfehlungsverhaltens**
  Ein weiteres Ziel der Kommunikationspolitik ist es, zu erreichen, dass der Kunde die Leistung des Unternehmens an andere potenzielle Kunden in seinem Bekanntenkreis weiterempfiehlt. Gerade aufgrund des immateriellen und intangiblen Charakters von Dienstleistungen gewinnt die Mund-zu-Mund-Kommunikation der Kunden für die Gewinnung neuer Kunden an Bedeutung und damit auch für den mittel- bis langfristigen Unternehmenserfolg (O'Cass/Grace 2004, S. 251; Helm 2005). Zur Systematisierung konkreter **Aufgaben und Inhalte der Dienstleistungskommunikation** ist es notwendig, zum einen eine Kategorisierung der Möglichkeiten zum Abbau dienstleistungsspezifischer Informationsasymmetrien vorzunehmen (Bruhn 2001d,

S. 579ff.). Wird die **Richtung des Informationsflusses** dabei als Kategorisierungskriterium herangezogen, so wird zwischen einem einseitigen und wechselseitigem Abbau vorhandener Informationsasymmetrien unterschieden:

- Beim **einseitigen Abbau von Informationsasymmetrien** wird die Marktkommunikation ausschließlich dazu eingesetzt, dienstleistungsspezifische Informationsdefizite auf der Seite der Nachfrager abzubauen.
- Im Gegensatz dazu kommt es beim **wechselseitigen Abbau vorhandener Informationsasymmetrien** zur Verringerung von (dienstleistungs- bzw. kundenspezifischen) Informationsdefiziten auf der Seite von Anbieter und Nachfrager.

Zum anderen sind potenziell durchführbare Kommunikationsaktivitäten grob in Massen- und Kundenkommunikation zu unterteilen. Aus dieser zweidimensionalen Kategorisierung ergeben sich vier **Aufgabenbereiche der Marktkommunikation von Dienstleistungsunternehmen** (vgl. Abbildung 6-2-8). Die vier Aufgabenbereiche werden im Folgenden weiter danach unterschieden, inwieweit sie vorrangig auf die Integration des externen Faktors oder die Immaterialität von Dienstleistungen zurückgeführt werden können.

Abbildung 6-2-8 Aufgaben der marktgerichteten Dienstleistungskommunikation

Abbau vorhandener Informationsasymmetrien / Formen der Marktkommunikation	Einseitig		Wechselseitig	
Massenkommunikation	▪ Bekanntmachung/Aktualisierung des Dienstleistungsangebotes ▪ Qualitätssignale	▪ Darstellung von Art und Ausmaß der Integration ▪ Darstellung des Ergebnisses der Integration	▪ Hinweis auf Rückkoppelungsmöglichkeiten bzgl. der Eigenschaften des Dienstleistungsangebotes	▪ Hinweis auf Rückkoppelungsmöglichkeiten bzgl. Art und Ausmaß der (potenziellen) Integration
	1		2	
Kundenkommunikation	▪ Eigenschaftsbezogene Kenntnisvermittlung ▪ Angebotsbezogene Kenntnisvermittlung	▪ Bereitstellung kommunikativer Integrationshilfen	▪ Eigenschafts- und prozessgerichtete Interaktion ▪ Angebotsgerichtete Interaktion	▪ Personengerichtete Interaktion (Kundenprofil; Kundenzufriedenheit/-unzufriedenheit)
	3		4	

Legende:
☐ = primär auf die Immaterialität zurückführbare Aufgaben
☐ = primär auf die Integration des externen Faktors zurückführbare Aufgaben

GABLER GRAFIK

Quelle: Bruhn 2001d, S. 588

1. Einseitig ausgerichtete Massenkommunikation

Die einseitig ausgerichtete Massenkommunikation hat im Hinblick auf die **Immaterialität** von Dienstleistungen die Aufgabe, das **Dienstleistungsangebot bekannt zu machen sowie zu aktualisieren.** Dies gilt insbesondere im Vorfeld der erstmaligen Inanspruchnahme einer Dienstleistung. Hierbei kommt es in erster Linie darauf an, das Dienstleistungsangebot, d. h. sowohl die Dienstleistungsmarke als auch einzelne Dienstleistungen, als relevante Alternative im Bewusstsein des Konsumenten zu verankern und durch kontinuierliche Hinweise zu aktualisieren (Kroeber-Riel/Esch 2004, S. 34f.). Aber auch nach der Inanspruchnahme ist es von besonderer Wichtigkeit, wiederholt an das Dienstleistungsangebot zu erinnern, um weitere Inanspruchnahmen der Dienstleistung zu realisieren bzw. vorhandene Cross-Selling-Potenziale zu erschließen.

Darüber hinaus ist es eine wesentliche, auf die Besonderheit der Immaterialität von Dienstleistungen zurückgehende Aufgabe der einseitigen Massenkommunikation, **Qualitätssignale** auszusenden, um die dienstleistungsspezifische Unsicherheit des Konsumenten zu reduzieren (Stauss 1989, S. 49; Kaas 1991a, S. 360f.; Weiber/Adler 1995, S. 47f.). Dies gilt in besonderem Maße für Dienstleistungen, bei denen die Immaterialität mit einem hohen Anteil an Erfahrungs- und Vertrauenseigenschaften verbunden ist sowie bei der erstmaligen Inanspruchnahme der Dienstleistung. Unsicherheitsreduzierende Qualitätssignale können beispielsweise die Höhe des wahrgenommenen Kommunikationsdrucks, das Kommunizieren von Garantien oder die kontinuierliche Präsenz der Dienstleistungsmarke in den Medien sein.

Aufgrund der **Integration des externen Faktors** ist es ein vorrangiges Anliegen der Massenkommunikation, Art und Ausmaß der Integration des externen Faktors darzustellen. Die **Art der Integration** kann beispielsweise im Mittelpunkt eines TV-Spots einer Hotelkette stehen, indem die Rolle des potenziellen Dienstleistungskunden beim Check-in gezeigt wird. Weiterhin kann die (einseitige) Massenkommunikation dazu eingesetzt werden, um auf das **Ausmaß der Integration** hinzuweisen. Dabei kann sowohl der notwendige als auch der mögliche Grad der Einbindung im Mittelpunkt massenkommunikativer Aktivitäten des Dienstleistungsanbieters stehen. Als ein Beispiel für die massenkommunikative Darstellung des notwendigen Integrationsgrades ist das Bemühen eines Bankdienstleisters anzusehen, die Schnelligkeit und Einfachheit der Abwicklung alltäglicher Bankdienstleistungen werblich zu akzentuieren (z. B. der HypoVereinsbank-Slogan „Leben Sie. Wir kümmern uns um die Details“, vgl. Insert 6-2-1).

Darüber hinaus ist die **Darstellung des Integrationsergebnisses** eine vorrangige Aufgabe der einseitigen Massenkommunikation. Hier bietet sich eine beispielhafte Darstellung der Zufriedenheit eines Kunden mit der Dienstleistung, der Dienstleistungsmarke und/oder des Dienstleistungsunternehmens an (z. B. die AOL-Werbung mit Boris Becker). Die einseitige Massenkommunikation kann auf diese Art und Weise nicht nur die Bereitschaft des potenziellen Dienstleistungskunden zur Inanspruchnahme des Dienstleistungsangebotes erhöhen, sondern auch eine wichtige Bestätigungsfunktion übernehmen.

INSERT 6-2-1 Anzeigenbeispiel HypoVereinsbank

2. Wechselseitig ausgerichtete Massenkommunikation

Im Rahmen der wechselseitig ausgerichteten Massenkommunikation kommt es darauf an, Hinweise auf **Rückkoppelungsmöglichkeiten** bereitzustellen. Dadurch wird der potenzielle Dienstleistungskunde explizit darauf aufmerksam gemacht, wo und wie er seine Informationsdefizite eigenständig abbauen kann, z. B. durch die Nutzung einer Hotline oder durch den Besuch der Internetseite eines Dienstleistungsanbieters.

Im Hinblick auf die **Immaterialität** ist es erstrebenswert, die massenkommunikativen Hinweise auf vorhandene Rückkoppelungsmöglichkeiten beziehen, durch deren Nutzung sich der potenzielle Dienstleistungskunde über die Eigenschaften des Dienstleistungsangebotes, z. B. über den Umfang des Leistungsangebotes einer Autovermietung, informieren kann.

Vor dem Hintergrund der notwendigen **Integration des externen Faktors** hat die Massenkommunikation Hinweise bereitzustellen, wo und wie der potenzielle Dienstleistungskunde Informationen über Art und Ausmaß der möglichen Integration erhalten kann.

3. Einseitige Kundenkommunikation

Aufgabe der einseitigen Kundenkommunikation ist es, im Hinblick auf die **Immaterialität** von Dienstleistungen den **eigenschaftsbezogenen Kenntnisstand** beim potenziellen Dienstleistungskunden zu erhöhen. Problematisch, aber gleichzeitig von hoher Bedeutung ist dies bei Dienstleistungen, die über ausgeprägte Vertrauenseigenschaften verfügen, wie beispielsweise medizinische oder beratende Dienstleistungen, da der Dienstleistungskunde deren Vorhandensein selbst nach der Dienstleistungsinanspruchnahme nicht bzw. erst nach Ablauf einer längeren Zeitspanne überprüfen kann. Aufgabe der einseitigen Kundenkommunikation ist es daher, **glaubwürdige Hinweise** auf das Vorhandensein dieser Eigenschaften, wie z. B. die Leistungsfähigkeit eines medizinischen Apparates, zu geben. Die Schaffung und Stabilisierung eigenschafts- und angebotsbezogenen Vertrauens erfolgt notwendigerweise, ähnlich wie bei der einseitig ausgerichteten Massenkommunikation, durch **Qualitätssignale.** Im Gegensatz zur Massenkommunikation ist das (persönliche) Glaubwürdigkeitspotenzial kundenkommunikativ transportierter Qualitätssignale jedoch erheblich höher einzustufen (Kaas 1973, S. 54ff.; Murray 1991, S. 13, 19), da die Kontaktintensität vergleichsweise hoch und die Distanz zwischen Sender und Empfänger relativ gering ist.

Aufgaben der einseitigen Kundenkommunikation, die sich aus der zur Leistungserstellung notwendigen **Integration des externen Faktors** ergeben, erstrecken sich in erster Linie auf die **Bereitstellung kommunikativer Integrationshilfen.** Dem Dienstleistungskunden ist zu vermitteln, wie er im Prozess der Leistungserstellung zu einem aus seiner Sicht optimalen Dienstleistungsergebnis beitragen kann, z. B. bei der Inanspruchnahme von Finanzdienstleistungen durch Hinweise zu den Einkommensverhältnissen oder zur persönlichen Risikopräferenz. Vor dem Hintergrund, dass die dienstleistungsspezifische Zufriedenheit des Kunden zunächst ansteigt, ab einem bestimmten Ausmaß kommunikativer Hilfestellungen jedoch wieder absinkt, ist es allerdings notwendig, den Unterstützungsbedarf des Kunden vor allem in Abhängigkeit der Häufigkeit vergangener Inanspruchnahmen zu ermitteln. So kann es in verschiedenen Situationen, z. B. bei „Routinedienstleistungen", durchaus sinnvoll sein, die Kontaktintensität der einseitigen Kundenkommunikation auf ein (notwendiges) Minimum zu reduzieren, da weitere Hinweise vom Dienstleistungskunden als lästig empfunden werden. Dies ist beispielsweise bei vielen Banken zu beobachten, die Bestandteile ihrer einseitigen Kundenkommunikation (z. B. Versenden von Kontoauszügen) automatisiert und damit auf die wesentlichen Elemente beschränkt haben.

4. Wechselseitig ausgerichtete Kundenkommunikation

Zur Sicherstellung eines umfassenden und differenzierten Verständnisses von Aufgaben der wechselseitig ausgerichteten Kundenkommunikation ist es erforderlich, den Prozess der Dienstleistungserstellung als **Interaktion** zwischen Mitarbeitern des Dienstleistungsunternehmens und Dienstleistungskunden aufzufassen. Die **Dialogkommunikation** spielt daher besonders bei Dienstleistungen eine bedeutende Rolle (Mann 2004). Als Interaktionsträger nimmt der Mitarbeiter durch die Ausrichtung des **eigenen kundenge-**

richteten Kommunikationsverhaltens unmittelbaren Einfluss auf das Ergebnis des Interaktionsprozesses. Zur zielorientierten Ausrichtung des Interaktionsergebnisses ist es notwendig, den Dienstleistungskunden als Interaktionsträger in seinem Kommunikationsverhalten zu beeinflussen. Dieses Bemühen kann zum einen darin zum Ausdruck kommen, dass der Mitarbeiter die Vorzüge der eigenen Dienstleistung hervorhebt, oder zum anderen, indem er den Kunden zur Kommunikation bewegt (beispielsweise durch versteckte Komplimente als „Eisbrecher"). Für den Mitarbeiter ist insbesondere die Fähigkeit von Bedeutung, im Interaktionsprozess agierende und reagierende Aufgaben zu erfüllen, die darauf abzielen, Qualitätsstandards zu halten bzw. bei Negativabweichungen entsprechende Korrekturen vorzunehmen.

Die mit der **Immaterialität** verbundenen Aufgaben der **wechselseitigen Kundenkommunikation** beziehen sich zum einen auf die Beeinflussung des Interaktionsprozesses hinsichtlich dienstleistungsspezifischer Eigenschaften sowie des Erstellungsprozesses. Zum anderen ist es eine Aufgabe des Mitarbeiters, auch weitere Komponenten des Dienstleistungsangebotes in den Mittelpunkt des Kundendialogs zu stellen, um auf diese Art und Weise Cross-Selling-Potenziale zu erschließen.

Die aus der **Integration des externen Faktors** resultierenden Aufgaben der **wechselseitigen Kundenkommunikation** zur Steuerung des Interaktionsprozesses beziehen sich auf personenbezogene Inhalte. Im Mittelpunkt der Kommunikation stehen Probleme, Anforderungen, das generelle Befinden des Dienstleistungskunden usw. Durch die Dokumentation von Interesse an der Person des Dienstleistungskunden kann auf der einen Seite eine emotionale Kundenbindung erzielt werden. Auf der anderen Seite kann dem (möglichen) Eindruck des Dienstleistungskunden, das Dienstleistungsunternehmen bzw. dessen Mitarbeiter seien lediglich an der Realisierung monetären Erfolges interessiert, entgegengewirkt werden. Darüber hinaus kann der Mitarbeiter wichtige Erkenntnisse zum Kundenprofil sowie zur aktuellen Kundenzufriedenheit/-unzufriedenheit gewinnen.

2.2 Einsatz der Kommunikationsinstrumente

Je nach Art der Zusammensetzung der kommunizierenden Partner können unterschiedliche Instrumente zum Einsatz kommen. Einen zusammenfassenden Überblick der auf der Ebene der Markt-, Kunden- und Mitarbeiterkommunikation einsetzbaren Instrumente und Mittel zeigt Abbildung 6-2-9. Ebenso wie bei materiellen Gütern lassen sich im Dienstleistungsbereich die folgenden **kommunikationspolitischen Instrumente** der Markt-, Kunden- und Mitarbeiterkommunikation anführen (Meffert 2000; Bruhn 2005a, S. 328):

- Mediawerbung,
- Verkaufsförderung (Promotions),

- Persönliche Kommunikation,
- Direktkommunikation (Direct Marketing),
- Öffentlichkeitsarbeit (Public Relations),
- Messen und Ausstellungen,
- Sponsoring,
- Event Marketing,
- Multimediakommunikation.

Abbildung 6-2-9 **Instrumente und Mittel der Kommunikation für Dienstleistungsunternehmen**

Ebene / Art der Kommunikation	Marktkommunikation Management – Kunde	Kundenkommunikation Mitarbeiter – Kunde	Mitarbeiterkommunikation Management – Mitarbeiter
Unpersönliche Kommunikation	■ Mediawerbung ■ Pressearbeit ■ Firmenbroschüren ■ Clubsysteme ■ Sponsoring	■ Prospekte ■ Spezialangebote ■ Preisausschreiben ■ Clubsysteme ■ E-Mail-Verteiler	■ Internes Berichtswesen ■ Arbeitsplatzbeschreibungen ■ Corporate Identity ■ Firmenbroschüren
Persönliche Kommunikation	■ Vorträge ■ Tag der offenen Tür ■ Kundenbeschwerden ■ Kundenbeiräte ■ Aufsichtsratssitzungen ■ Externes Berichtswesen	■ Kontakt-/Verkaufsgespräche ■ Verkaufsförderungsprogramme vor Ort ■ Beschwerdeabteilung ■ Clubsysteme ■ Messen/Ausstellungen	■ Mitarbeitergespräche ■ Arbeitssitzungen ■ Betriebsversammlungen ■ Workshops, Seminare ■ Qualitätszirkel ■ Recruiting-Veranstaltungen

Quelle: Bruhn 2000b, S. 415

GABLER GRAFIK

Eine besondere Rolle im Dienstleistungsmarketing spielt die **nicht-unternehmensgesteuerte Kommunikation, insbesondere die Mund-zu-Mund-Kommunikation.** Aufgrund der Intangibilität der Leistung sind die Konsumenten häufig auf Empfehlungen anderer Verbraucher angewiesen, um eine Leistung im vorhinein ansatzweise beurteilen zu können. Die Ausführungen im Bereich des Käuferverhaltens haben bereits die Bedeutung der Mund-zu-Mund-Kommunikation im Rahmen des Kaufentscheidungsprozesses aufgezeigt. Daher wird im Folgenden eine Konzentration auf die **Optionen der Steuerung** derartiger Kommunikationsprozesse vorgenommen.

Bei der Darstellung der einzelnen Kommunikationsinstrumente wird im Rahmen der Kommunikationsplanung für Dienstleistungsunternehmen vor allem auf die jeweiligen Erscheinungsformen, Schwerpunkte bei den Entscheidungstatbeständen sowie Besonderheiten für die Dienstleistungskommunikation eingegangen.

2.21 Mediawerbung

Vergleichbar der Meidawerbung im Konsumgüterbereich spielt auch die klassische Dienstleistungswerbung eine zentrale Rolle im Kommunikationsmix.

> **Mediawerbung** ist der Transport und die Verbreitung werblicher Informationen über die Belegung von Werbeträgern mit Werbemitteln im Umfeld öffentlicher Kommunikation gegen ein leistungsbezogenes Entgelt, um eine Realisierung unternehmens- und marketingspezifischer Kommunikationsziele zu erreichen (Bruhn 2005b, S. 223).

In der Dienstleistungswerbung geht es insbesondere darum, das immaterielle Gut „Dienstleistung" sichtbar zu machen und den Aufbau eines positiven Firmenimages zu unterstützen. Dabei hat das durch die Mediawerbung vermittelbare Image vor der Inanspruchnahme der Dienstleistung eine Schlüsselstellung im Rahmen der Kaufentscheidung potenzieller Erstkäufer. Gleichzeitig erfüllt die Imagebildung bei potenziellen Wiederkäufern eine Bestätigungs- und Programmierungs-(Habitualisierungs-)funktion (Meyer 1994). Die Planung des Einsatzes der klassischen Dienstleistungswerbung erfolgt anhand der Phasen des entscheidungsorientierten Planungsprozesses (Meffert 2000, S. 678ff.; Bieberstein 2001, S. 315ff.; Bruhn 2004c, S. 203ff.):

1. Situationsanalyse

Zu Beginn des Planungsprozesses geht es um die Untersuchung der Einsatzmöglichkeiten der Mediawerbung. Hierbei ist es sinnvoll, eine werbebezogene Informationssammlung und -strukturierung in den Bereichen Markt, Kunde, Absatzmittler, Konkurrenz,

Umfeld und Unternehmen durchzuführen, um das kommunikative Problem des Dienstleistungsunternehmens (z. B. Imageprofilierung) zu identifizieren.

2. Festlegung der Werbeziele

Zur Bestimmung der Werbeziele ist eine Orientierung an Modellen der Werbewirkung sinnvoll, von denen in den letzten Jahren zahlreiche entwickelt wurden. So ist es z. B. möglich, in Erweiterung des AIDA-Modells (Attention – Interest – Desire – Action) verschiedene **Wirkungsstufen** hinsichtlich der Verarbeitung von Werbeinformationen zu unterscheiden (Murphy/Cunningham 1993, S. 93; Bogart 1995, S. 156ff.; Meffert 2000, S. 691ff.; Schweiger 2001, S. 1890; Steffenhagen 2001, S. 1873; Kroeber-Riel/Weinberg 2003, S. 612ff. ; Bruhn 2004c, S. 206f):

- **Wahrnehmungswirkungen** sind für Dienstleistungsunternehmen wegen der Immaterialität der Leistung insbesondere bei Einführung neuer Leistungen von Bedeutung (z. B. die Werbekampagnen der Mobilfunkunternehmen bei der Etablierung des neuen UMTS-Standards auf dem Markt (Insert 6-2-2)).
- Da die Auswahl der Leistung eines bestimmten Unternehmens aufgrund ihrer Immaterialität und Intangibilität häufig nicht nach objektiv nachvollziehbaren Kriterien vorgenommen werden kann, streben Dienstleistungsunternehmen **Emotionswirkungen** mit Hilfe der Werbung an (z. B. Erzeugung von angenehmen Gefühlen durch die Darstellung von Urlaubsinseln in Werbespots von TUI).
- Aufgrund der Intangibilität von Dienstleistungen und der Integration des externen Faktors können sich Konsumenten den Nutzen einer Leistung häufig nur schwer vorstellen. Um dem Konsumenten den Charakter einer Leistung näher zu bringen, wollen Dienstleistungsunternehmen mit der Werbung teilweise spezifische **Informationswirkungen** erzielen (z. B. Prospekt von 1 & 1 mit Informationen darüber, wie man mit von 1 & 1 vertriebenen Leistungen das Internet nutzen kann).
- Ebenfalls aufgrund der Intangibilität der Leistung und der damit fehlenden objektiven Beurteilungskriterien für den Kunden kommt den **Einstellungswirkungen** der Dienstleistungswerbung, d. h. Imagebildung, Verbesserung der Qualitätswahrnehmung oder Schaffung von Kaufpräferenzen, eine große Bedeutung zu (z. B. Slogan „Leben Sie. Wir kümmern uns um die Details“ der HypoVereinsbank zur Bildung eines positiven Images beim Kunden).
- Zu den **Verhaltenswirkungen** zählen neben dem Kaufverhalten das Mediennutzungsverhalten, das Informationsverhalten, das Wiederwahlverhalten, das Weiterempfehlungsverhalten usw. Da es für ein Dienstleistungsunternehmen wesentlich teurer ist, einen neuen Kunden zu gewinnen als einen alten Kunden zu binden, ist das Wiederkaufverhalten von zentraler Bedeutung.

INSERT 6-2-2 Frankfurter Allgemeine Zeitung, 27.12.2004, S. 15

„UMTS ist zu teuer für den Massenmarkt"

2005 wird ein kritisches Jahr für Handy-Firmen / Virtuelle Netzbetreiber könnten den Markt aufmischen

ht. FRANKFURT, 26. Dezember. Im Jahr 2005 wird es spannend in der Mobilfunkbranche: „Wenn die mobile Datenkommunikation im kommenden Jahr nicht in Schwung kommt, war UMTS ein Flop. Die Geschäftspläne sind dann nicht mehr zu halten", sagte Roman Friedrich, Telekommunikationsfachmann der Unternehmensberatung Booz, Allen, Hamilton. Nach seiner Ansicht müssen die vier Netzbetreiber T-Mobile, Vodafone, E-Plus und O2 den Datenmarkt jetzt sehr schnell aufbauen und bis Ende 2005 mehr als eine Million UMTS-Kunden gewinnen. Allerdings unterlaufen den Netzbetreibern zur Zeit noch zahlreiche Fehler: „Die Preise für UMTS-Dienste sind zu hoch für den Massenmarkt. Außerdem müssen die Netzbetreiber mehr an die Kunden denken. Diese wollen keine Kilobytes oder Minuten kaufen, sondern Musikstücke oder Spiele. Das ist greifbarer, und die Kosten sind transparent", sagte Friedrich dieser Zeitung. Nach seiner Ansicht akzeptieren Kunden Preise für einzelne Produkte, für Abonnements oder Pauschaltarife viel besser als Zeit- oder Volumentarife, die kaum überschaubare Kosten mit sich bringen.

Anders als in den Zeiten der reinen Sprachtelefonie müßten die Netzbetreiber heute wie Konsumgüterhersteller denken. „Datenkommunikation ist kein essentielles Bedürfnis. Niemand braucht unbedingt Videotelefonie. Daher muß zunächst das Bedürfnis nach den neuen Datendiensten geweckt werden", empfiehlt Friedrich. Wichtig sei das schnelle Überschreiten einer kritischen Größe, damit niemand Videotelefonie ohne entsprechenden Gesprächspartner betreiben könne.

Den Wandel vom Infrastrukturanbieter zum Konsumgüterhersteller habe bisher kein Anbieter vollständig vollzogen: „Die Umsetzung ist schwierig, denn die Unternehmen müssen Ansichten über Bord werfen, die zehn Jahre lang richtig waren. Dafür müssen auch viele Mitarbeiter ausgetauscht werden", sagte Friedrich.

Die Entwicklung des Datenmarktes falle in die Zeit der Sättigung auf dem Handy-Markt. „Daher werden die Preise für Handy-Gespräche in diesem Jahr fallen", vermutet Friedrich. Obwohl die Handy-Tarife in Deutschland im internationalen Vergleich sehr hoch sind, ist aber ein harter Preiswettbewerb nicht zu erwarten. „Die Netzbetreiber wollen die Preise kontrolliert senken. Sie werden ihre Margen nicht freiwillig abgeben", sagte Friedrich. Der Hoffnung, stark sinkende Preise könnten überproportional starke Nachfrageeffekte auslösen, erteilte Friedrich eine Absage: „Kein Netzbetreiber glaubt, daß die Nachfrage nach einer Preissenkung überproportional steigt und damit zu höheren Umsätzen führt", sagte Friedrich.

Videotelefonie soll das UMTS-Geschäft ankurbeln Foto Edgar R. Schoepal

Viele Fehler unterlaufen den Netzbetreibern auch bei den Gerätesubventionen. „Subventionen für die Geräte sind neben dem Netz der dominante Kostenblock für die Unternehmen. Da wundert es schon, daß Subventionen oft undifferenziert und kurzsichtig vergeben werden", sagte Friedrich. Es gebe einen klaren Zusammenhang zwischen Endgeräten und den Umsätzen der Kunden. „Die Netzbetreiber sollten ihre Subventionen auf die Geräte konzentrieren, die ihnen einen hohen Umsatz bringen", erklärt Friedrich die scheinbar einfache, aber selten eingehaltene Faustregel. Sonst drohe ein Problem: „Wird die bisherige Subventionspraxis beibehalten, gehen die Gewinnmargen in die Knie", warnt Friedrich.

Für Spannung werde im kommenden Jahr auch der Eintritt sogenannter virtueller Netzbetreiber sorgen, die zwar kein Netz, dafür aber eine starke Marke haben. „Ähnlich wie der Kaffeeröster Tchibo werden viele klassische Händler in den Mobilfunkmarkt einsteigen", sagte Friedrich voraus. Im Gespräch seien Namen wie Ikea, Aldi oder McDonald's. Die Initiative gehe meist von den alteingesessenen Netzbetreibern aus. „Die Netzbetreiber wollen mit Hilfe der Händler eine Zweitmarke aufbauen, um neue Kundensegmente anzusprechen", sagte Friedrich. Allerdings werde der Preis, zu dem die neuen Anbieter Mobilfunkkapazitäten einkaufen können, zur Zeit noch hoch gehalten. „Es ist aber nur eine Frage der Zeit, bis der erste Netzbetreiber einknickt. Dann besteht die Gefahr einer Lawine", sagte Friedrich. Viele Experten halten E-Plus für den natürlichen Kandidaten, da das Unternehmen große Kapazitäten übrig hat.

3. Beschreibung der Werbezielgruppen

Im Rahmen dieser Phase des Planungsprozesses werden diejenigen Rezipienten bestimmt, die durch den Einsatz der Mediawerbung anzusprechen sind. Dabei wird anfangs die relevante Unternehmenszielgruppe identifiziert, die anschließend anhand von Merkmalen zu beschreiben ist. Letztlich wird die Zielgruppenerreichbarkeit analysiert, um festzustellen, mit welchen Werbeträgern die entsprechenden Personen und Gruppen erreicht werden können. Grundsätzlich können eine konsumentenbezogene (z. B. privater Bankkunde) und eine organisationsbezogene **Zielgruppenidentifikation** (z. B. ein Unternehmen nimmt die Leistung einer Beratung in Anspruch) unterschieden werden. Ferner können Käufer und Nichtkäufer bzw. Verwender und Nichtverwender differenziert werden. Aufgrund der Integration des externen Faktors bei Dienstleistungen entspricht der Käufer jedoch meist dem Verwender (z. B. Hotelgast, Fahrgast der Deutschen Bahn, Frisörkunde, Arztbesuch). Ausnahmen dieser Besonderheit liegen in folgenden Fällen vor:

- Der Käufer konsumiert die Leistung gemeinsam mit anderen Verwendern (z. B. der Familienvater zahlt die Restaurantrechnung für die Familie).
- Der Käufer erwirbt einen Leistungsanspruch, der von einer anderen Person (Verwender) genutzt wird (z. B. Verschenken eines Kinogutscheins, Buchen eines Fluges für einen Mitarbeiter durch das Unternehmen, Kinder sind über den Familienvater mitversichert).

Im Rahmen der **Zielgruppenbeschreibung** können verschiedene Gruppen von Kriterien herangezogen werden, die auf ihre Segmentbildungseigenschaft, Wiedererkennbarkeit, Auffindbarkeit (durch Marktforschungsaktivitäten) und ihren Zielbezug hin zu überprüfen sind. Je nachdem, ob es sich um konsumtive oder investive Dienstleistungen handelt, sind unterschiedliche Kriteriengruppen zu verwenden. **Zielgruppenkriterien für konsumtive Dienstleistungen** können sein:

- **Demographische und sozioökonomische Kriterien:** Geschlecht, Alter, Einkommen, geographische Kriterien, soziale Schichten, Familienlebenszyklus (z. B. Frauen als Zielgruppe von Werbemaßnahmen für Selbstverteidigungskurse; Personen über 65 als Zielgruppe der Werbung eines Einkaufsservices für Pensionäre; Familienväter mit einem hohen Einkommen als Werbezielgruppe eines luxuriösen Ferienparks).
- **Psychographische Kriterien:** Motive, Einstellungen, Lifestyle (z. B. Personen mit starkem Streben nach Selbstverwirklichung als Werbezielgruppe eines Veranstalters von Abenteuerreisen; Personen mit einer negativen Einstellung gegenüber Versicherungen als Werbezielgruppe einer von einem Versicherungsanbieter durchgeführten Imagekampagne).
- **Kriterien des beobachtbaren Kaufverhaltens:** Dienstleistungs-, kommunikations-, preis- oder einkaufsstättenbezogene Ansatzpunkte (z. B. regelmäßige Kinogänger als Werbezielgruppe einer Videothek; berufstätige Personen mit wenig Freizeit als Werbezielgruppe der Telebanking-Kampagne einer Bank).

Bei **investiven Dienstleistungen** können folgende Kriterien zur **Zielgruppenbeschreibung** herangezogen werden:

- **Objektive Bedarfsmerkmale:** Branche, internationale Ausrichtung (z. B. exportierendes Industrieunternehmen als Werbezielgruppe einer internationalen Spedition).
- **Subjektive Bedarfsmerkmale:** Häufigkeit der Bedarfssituation, Zufriedenheit mit der aktuellen Dienstleistungsversorgung, Kostensensitivität (z. B. Geschäftsreisende als Werbezielgruppe einer Fluggesellschaft; Unternehmen mit dringenden Postaufträgen als Werbezielgruppe eines Fahrradkurierunternehmens).
- **Organisationsdemographische Merkmale:** Unternehmensgröße, dienstleistungstechnologische Ausstattung (z. B. Unternehmen ohne Kantine als Werbezielgruppe eines Pizza-Lieferservices).
- **Dienstleistungsdemographische Merkmale:** Budget für Dienstleistungen, Aufwand für Dienstleistungsbeschaffung, Nutzungsgrad, Nutzer (z. B. tägliche Kunden des Paketdienstes als Werbezielgruppe eines Logistikanbieters im Rahmen von besonderen Aktionen).
- **Merkmale des Buying Center** (z. B. Entscheider für den Abschluss von Autoversicherungen in einer Autovermietung als Werbezielgruppe einer Versicherung).

4. Entwicklung der Werbestrategie

Eine Werbestrategie besteht aus Verhaltensplänen unterschiedlicher Fristigkeit, die Intensität, Gewichtung und Gestaltung der Werbemaßnahmen (Werbemittel und -träger) festlegen, durch deren Einsatz die Werbeziele des Unternehmens zu realisieren sind. Mittelpunkt der Strategieentwicklung ist die Festlegung der Kernbotschaft, die das Unternehmen den Rezipienten kommunizieren will. Ferner werden die Kernmedien bestimmt, durch deren Einsatz die Zielgruppen erreicht werden kann (Smith 1993, S. 209; Bruhn 2004c, S. 210ff.). Im Rahmen dieser so genannten **Intermediaselektion** werden die unterschiedlichen Medien hinsichtlich ihrer Eignung zur Verfolgung der Strategie anhand von Kriterien wie Kosten, Gestaltungsmöglichkeiten, Reichweite, Zielgruppenspezifizität, Verfügbarkeit und Image des Mediums beurteilt. Mögliche **Strategietypen** der klassischen Dienstleistungswerbung sind (Bruhn 2004c, S. 212):

- **Bekanntmachungsstrategie** (z. B. Werbespots zur Bekanntmachung von UMTS-Leistungen, vgl. Insert 6-2-2),
- **Informationsstrategie** (z. B. Kampagne von der CosmosDirekt Lebensversicherungs-AG, vgl. Insert 6-2-3),
- **Imageprofilierungsstrategie** (z. B. Kampagne von der Münchener Verein Versicherungsgruppe, vgl. Insert 6-2-4),
- **Konkurrenzabgrenzungsstrategie** (z. B. warb McDonald's lange Zeit mit dem Slogan „Das etwas andere Restaurant"),

- **Zielgruppenerschließungsstrategie** (z. B. an Jugendliche gerichtete „Fly and Away"-Kampagne der Lufthansa),
- **Kontaktanbahnungsstrategie** (z. B. Möbelschau am Sonntag in einem Möbelhaus).

INSERT 6-2-3 Anzeigenbeispiel CosmosDirekt

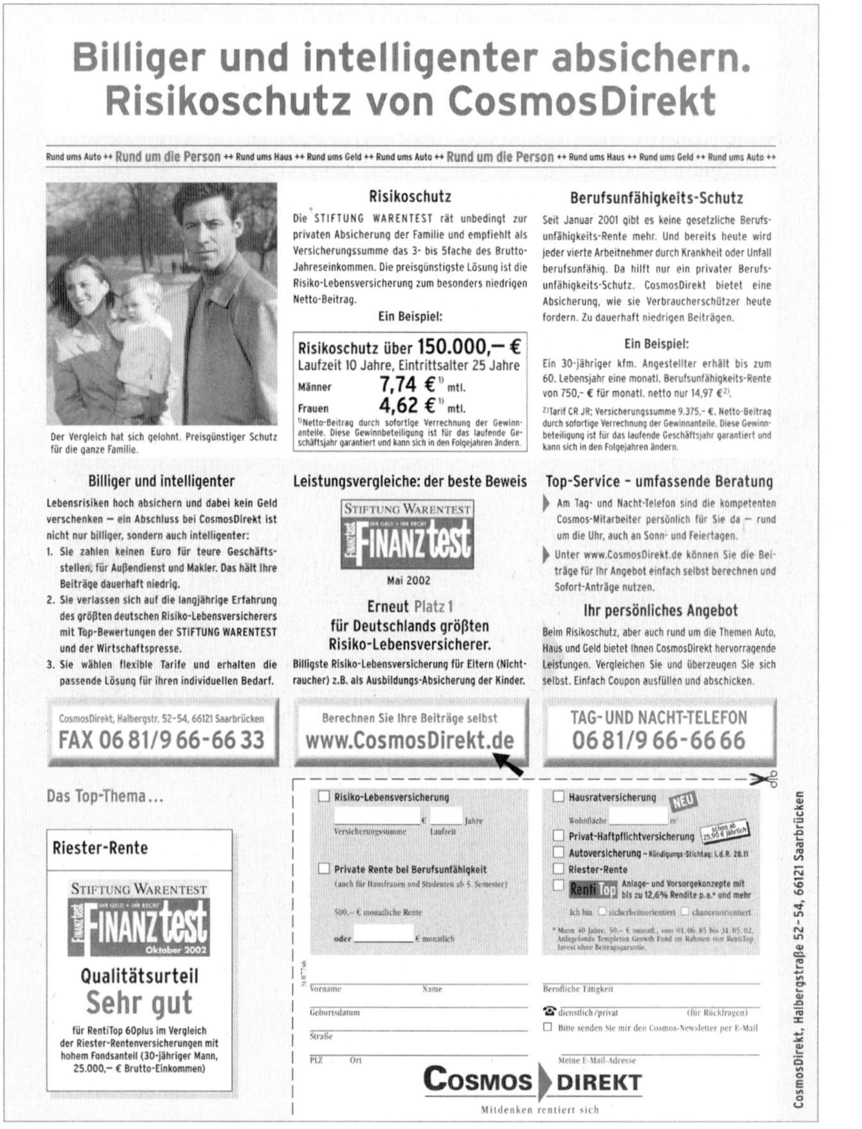

INSERT 6-2-4 Anzeigenbeispiel Münchener Verein Versicherungsgruppe

5. Festlegung und Verteilung des Werbebudgets

Bevor die festgelegte Strategie umgesetzt werden kann, ist der finanzielle Rahmen abzustecken, in dem sich die Ausgaben für Werbemaßnahmen innerhalb einer Planungsperiode bewegen können. Die Festlegung der **Höhe des Werbebudgets** wird dabei weniger nach **Optimierungsverfahren** erfolgen (z. B. marginalanalytische Ableitung; vgl. z. B. Tietz/Zentes 1980, S. 290ff.; Broadbent 1989, S. 85ff.; Meffert 2000, S. 785ff.; Bruhn 2004c, S. 212ff.), da die hierzu notwendigen Werbewirkungsfunktionen empirisch nicht nachgewiesen werden können. In der Praxis von Dienstleistungsunternehmen werden deshalb **heuristische Verfahren** vorherrschen (Tietz/Zentes 1980, S. 288ff.; Bruhn 2005b, S. 238ff.), die bestimmte Regeln (z. B. branchenübliche Umsatzanteile, Ausrichtung an den geplanten Werbemaßnahmen) als Kriterien für die Budgetbestimmung definieren.

Darüber hinaus ist im Rahmen der Werbestreuplanung das Budget auf die Einzelleistungen, Zielgruppen, Regionen, Werbemaßnahmen, Planungsperioden usw. aufzuteilen. Im Rahmen der **Intramediaselektion** bzw. Mediaplanung erfolgt eine zielgruppengerechte und planungsperiodenbezogene **Aufteilung des Werbebudgets** auf einzelne Werbeträger bzw. Medien. Auch Dienstleistungsunternehmen werden hierbei nach dem Affinitätenkonzept versuchen, durch die Verwendung von Kontaktmaßzahlen und die Berücksichtigung von Kontaktgewichtungen (Personen-, Medien-, Kontaktmengengewichte) ihre Zielgruppen durch die ausgewählten Medien möglichst optimal zu erreichen (Freter 1974; Schmalen 1992).

6. Gestaltung der Werbebotschaft

Aufgrund der Immaterialität von Dienstleistungen bereitet die Umsetzung der Werbestrategie in konkrete Werbemaßnahmen **Visualisierungs- und Argumentationsprobleme**. Eine bildliche Darstellung oder gar eine materielle Präsentation sind, abgesehen vom Spezialfall der veredelten Dienstleistung, nicht möglich (Meyer 1994; Corsten 2001; Scheuch 2002). Daher gilt es, die Werbebotschaft derart zu gestalten, dass diese Probleme umgangen bzw. zumindest abgeschwächt werden. Im Rahmen der Botschaftsgestaltung können verschiedene Ansatzpunkte unterschieden werden (Weilbacher 1979, S. 233; Schweiger/Schrattenecker 1995, S. 144ff.; Bieberstein 2001, S. 322ff.; Bruhn 2005b, S. 436ff.):

a. Surrogatbezogene Gestaltungsoptionen

Dienstleistungen verfügen aufgrund ihrer Immaterialität über keinen eigenständigen werblichen Aufforderungscharakter. Deshalb bietet es sich an, für die bildliche Darstellung des Werbeobjektes „Dienstleistung" so genannte **Surrogate** zu verwenden. Für dieses Vorgehen ergeben sich verschiedene Ansatzpunkte (Johnson/Scheuing/Gaida 1986; Schulze 1993; Meyer 1994; Meffert 1995), die in vier Kategorien eingeteilt werden können (vgl. Abbildung 6-2-10):

Abbildung 6-2-10 **Surrogatbezogene Gestaltungsoptionen der Mediawerbung für Dienstleistungen**

Dargestellte Faktoren / Gestaltungsziel	Materialisierung	Personifizierung
Externe Faktoren	▪ Vorher-Nachher-Darstellung ▪ Verpackung des Dienstleistungsobjektes ▪ Darstellung der Bedürfnisbefriedigung	▪ Referenzkunden ▪ Testimonials ▪ Prominente
Interne Faktoren	▪ Materielle (sachbezogene) interne Faktoren ▪ Objektproben ▪ Einsatz von Sinnbildern ▪ Herausstellung des Trägermediums	▪ Führungskräfte ▪ Mitarbeiter (mit oder ohne Kundenkontakt) ▪ Darstellung des Dienstleistungsprozesses

GABLER GRAFIK

Materialisierung durch Gestaltung bzw. Darstellung von externen Faktoren

- Wenn durch den Dienstleistungserstellungsprozess eine sichtbare Veränderung am externen Faktor eintritt, kann eine **„Vorher-Nachher"-Darstellung** gewählt werden (z. B. Frisör, Diät- bzw. Fitness-Programme).
- Wird die Veränderung am externen Faktor nicht ohne weiteres sichtbar (z. B. Hose nach der Änderung, chemische Reinigung, Autoreparaturen), so können **Verpackungen** des Dienstleistungsobjektes Kommunikationsfunktionen übernehmen (z. B. Kleiderhülle nach Reinigung).
- Auch ist eine Konkretisierung der abstrakten Leistung möglich, indem nicht die eigentliche Dienstleistung, sondern die damit verbundene **Bedürfnisbefriedigung** in den Mittelpunkt der Aussage gestellt wird, wie dies beispielsweise bei Bausparkassen durch die Darstellung fertiggestellter Eigenheime in der Fernsehwerbung häufig der Fall ist.

Materialisierung durch Darstellung von internen Faktoren

- Die Werbung kann auf die Darstellung **materieller, sachbezogener interner Faktoren,** wie z. B. Maschinen oder Gebäude, bis hin zur Darstellung des Erstellungsumfeldes (z. B. Herkunftsland, Feriengebiet, Zielorte bei Kreuzfahrten) zurückgreifen.
- Darüber hinaus bietet sich die Abgabe von **„Objektproben" in Form von „Dienstleistungssequenzen"** an, wie z. B. die Filmvorschau im Kino oder der Programmhinweis im Fernsehen.
- Weiterhin besteht die Möglichkeit des **Einsatzes von Sinnbildern** (z. B. der „freie Weg" der Volks- und Raiffeisenbanken oder der „Bulle" von Merril Lynch). Diese Sinnbilder übernehmen vielfach auch die Funktion eines Logos für die Marke des Dienstleistungsunternehmens (siehe auch die Ausführungen zur Markenpolitik in Abschnitt 1).
- Bei veredelten Dienstleistungen besteht die Option der **Herausstellung des Trägermediums** (z. B. einer DVD).

INSERT 6-2-5 **Horizont, 06.01.2005, S. 10**

Kontoführung zum Nulltarif

Postbank *wirbt in TV und Print für kostenloses Girokonto*

Mit einem 28-sekündigen TV-Spot plus Reminder von BBDO Campaign in Düsseldorf wirbt die Postbank, Bonn, bis Ende Februar auf allen reichweitenstarken privaten Fernsehsendern für ihr kostenloses Girokonto „Postbank Giro plus" sowie das „Postbank Giro extra plus", das zusätzlich die Visa Card und ein Wertpapierdepot zum Nulltarif umfasst.

In dem Commercial kommt einmal mehr das prominente Testimonial Franz Beckenbauer zum Einsatz. Der „Kaiser" mischt sich vom Fernsehgerät aus in eine Diskussion eines zuschauenden Paares ein, das über die Wahl des Abendprogramms – fernsehen oder unterhalten – diskutiert. Ergänzt wird der TV-Auftritt durch eine Anzeige, die in Publikumszeitschriften wie „Spiegel", „Focus", „Stern", „Capital", „Hörzu" und „TV-Spielfilm" geschaltet wird. Außerdem hat die Agentur flankierende Maßnahmen für das Internet und den Point of Sale entwickelt. Produziert wurde der TV-Spot von E&P Commercial in München. Regie führte Martines. Die Mediaplanung erledigt Carat in Wiesbaden.

Zuletzt war die Privatkundenbank im Spätherbst mit einer Werbekampagne zum Thema Altersvorsorge im TV zu sehen.

ems

Personifizierung durch Darstellung von externen Faktoren

- Weiterhin bietet sich die Möglichkeit der Werbung durch die Wiedergabe zufriedener Kundenstimmen **(Referenzen)** an.

- Es besteht die Alternative, **„Marktbeeinflusser“** (Meinungsbildner, Prominente) einzusetzen, mit denen das Unternehmen die Verbraucher von der Qualität und Notwendigkeit der Dienstleistung überzeugen möchte (z. B. Thomas Gottschalk für das Logistikunternehmen DHL oder Franz Beckenbauer für die Postbank, vgl. Insert 6-2-5). Besonders bei Dienstleistungen werden aufgrund fehlender Beurteilungsmöglichkeiten vor Inanspruchnahme der Leistung Testimonials oft eingesetzt, um Vertrauen zu generieren (Insert 6-2-6).

Personifizierung durch Darstellung von internen Faktoren

- Darstellung der **Führungskräfte** oder **Mitarbeiter** in der Werbung, z. B. Darstellung der Piloten in Werbeanzeigen von LTU (vgl. Insert 6-2-7).

- Darstellung des **Dienstleistungsprozesses,** z. B. Telefonisten der Citibank (Telebanking) im Werbespot.

Diese **Gestaltungsoptionen** hängen dabei wesentlich von der zu bewerbenden Dienstleistung ab. In diesem Zusammenhang stellen Hill und Ghandi einige Richtlinien vor (Hill/Ghandi 1992), die die generelle Forderung nach Personalisierung und Materialisierung konkretisieren:

- Je höher der Grad der Immaterialität einer Dienstleistung ausgeprägt ist, desto eher sind „tangible“ Hinweise in der Werbung zu geben.
- Je stärker der Kunde als externer Faktor in den Dienstleistungserstellungsprozess eingebunden wird, desto stärker ist dieser Vorgang werblich aufzugreifen. Dies kann insbesondere durch eine Thematisierung und Visualisierung der Interaktion zwischen Dienstleistungspersonal und Kunden geschehen.

- Je heterogener das Dienstleistungsergebnis in Abhängigkeit vom externen Faktor ausfällt, desto stärker sind Qualitätsaspekte in der Werbung herauszustellen.

b. Psychologische Gestaltungsoptionen

Aufgrund der Feststellung von Zeithaml (1991), dass sich Kunden in der Regel an Dienstleistungen im Vergleich zu Sachgütern seltener erinnern und Dienstleistungsmarken in geringerem Umfang im „Evoked Set“ verankert sind, lässt sich hinsichtlich der psychologischen Gestaltungsoptionen besonders der **Einsatz von Dramaturgie** fordern.

INSERT 6-2-6 Horizont, 20.01.2005, S. 20

Promi-Alarm auf allen Werbekanälen

TNS Sport veröffentlicht mit **Promi-Vision 2005** *erste repräsentative Grundlagenstudie über den Einsatz von Prominenten in der Werbung*

Fernsehmoderatoren, Spitzensportler und Schauspieler können aufatmen, denn lukrative Werbeverträge werden ihnen auch in Zukunft das Leben versüßen. Einer repräsentativen Umfrage unter deutschen Marketingexperten zufolge werden diese zusätzlichen Einnahmequellen der Werbepromis künftig sogar noch stärker als bisher sprudeln. Zu diesem Ergebnis kommt zumindest das Hamburger Marktforschungsinstitut TNS Sport, das zum ersten Mal eine Grundlagenstudie über den Einsatz von Prominenten in der Werbung veröffentlicht. Für die Untersuchung Promi-Vision 2005 wurden die 500 Marken mit den größten Werbebudgets ausgewählt und deren Marketingleiter beziehungsweise -verantwortliche befragt.

Von den insgesamt 202 befragten Unternehmensmanagern haben bereits 23 Prozent Erfahrung mit prominenten Testimonials und setzen auch in Zukunft auf deren Einsatz in ihren Werbekampagnen. 5 Prozent haben

Ferres, Beckenbauer im Einsatz: Der Promi-Boom geht weiter

auf den Promi anspringen und nicht der Entscheider in dem Unternehmen", betont der Geschäftsführende Gesellschafter der Aschaffenburger Promi-Agentur Promikativ.

Für drei Viertel der befragten Markenlenker ist die Identifikation von Beckenbauer & Co mit dem Produkt zwar sehr wichtig, die Auswahl der Promis bleibt aber eine überwiegend subjektive Entscheidung. Mehr als 80 Prozent achten dabei jedoch vor allem auf das Image und die Glaubwürdigkeit des Prominenten. Ob ein bekannter Showmaster oder Sportler schon andere Werbeträge hat, kümmert übrigens drei Viertel der Befragten herzlich wenig. Hier wäre es interessant gewesen zu erfahren, ob das die Verbraucher, für die Werbespots schließlich gedreht werden, auch so sehen. Generell räumt Krüger von TNS Sport aber ein, dass Promi-Vision stets aktualisiert wird. Sollte etwa der Trend zu Promi-Doubeln (HORIZONT 1/2005) anhalten, wird diese Frage in der nächsten Studie, die Anfang 2006 veröffentlicht wird, mit erhoben.

Auch wenn es rein subjektiv kaum noch eine Werbekampagne ohne Günther Jauch oder Thomas Gottschalk zu geben scheint – das größte Entwicklungspotenzial wird nicht den TV-Stars, sondern den aktiven Sportlern zugestanden. Völlig out sind hingegen Pseudo-Dschungelkönige wie Daniel Küblböck, die uns künftig in der Werbung erspart bleiben werden.

Aber nicht nur die Werbeauftritte dieser Z-Promis werden zurückgehen. Auch der mediale Einsatz von allseits akzeptierten Prominenten wird sich in Zukunft ändern, denn 75 Prozent der Marketingmanager sehen für sie mittlerweile die größten Steigerungsraten im Bereich der direkten Zielgruppenansprache. Prominente zum Anfassen am Point-of-Sale sind also gefragt und das vor allem im Bereich der Luxusprodukte. 70 Prozent der Marketingentscheider gehen davon aus, dass in diesem Segment der Einsatz von Promis am meisten zunehmen wird. 67 Prozent von ihnen setzen aber auch bei Produkteinführungen auf berühmte Gesichter. Zwangsläufig wird deshalb die Zahl der Promi-Spots steigen.

Trotz aller optimistischen Prognosen: Risiken bleiben dennoch. Am meisten fürchten die Marketer einen Imageverlust der Marke durch negatives Verhalten oder Skandale des VIPs. Hierbei sei nur an den Drogenausrutscher von Jan Ullrich oder den Bann von Dieter Bohlen bei Müller Milch erinnert. Ob sie tatsächlich den Marken geschadet haben, für die sie geworben hat, kann aber selbst Marktforscher Krüger nicht beweisen. „Wir haben darüber keine Daten, denn die Unternehmen ziehen sehr früh die Reißleine."

Elke Jacob

INSERT 6-2-7 Anzeigenbeispiel LTU

Zahlreiche **Beispiele** von Werbung verschiedener Dienstleistungsanbieter verdeutlichen, dass diese Forderung in der Praxis vielfach Berücksichtigung findet. So werden „dramatische Geschichten" zur Dienstleistungscharakterisierung, z. B. in der Fernsehwerbung, von folgenden Anbietern in den Vordergrund gestellt:

- Bausparkasse: Hektisches Agieren auf Konsumentenseite vor bauspartechnisch relevanten Stichtagen, z. B. Wüstenrot.
- Versicherung: Unfall im Ausland, Rettung durch bestimmten Anbieter von Versicherungsleistungen, z. B. Allianz.

Dienstleistungsanbieter streben vielfach eine starke **Aktivierung von Konsumenten** mit werblichen Maßnahmen an, damit relevante Dienstleistungsmerkmale (Zuverlässigkeit, Pünktlichkeit, Aktualität usw.) im Zusammenhang mit bestimmten Sachgeschichten oder vergleichbaren Lebenssituationen erinnert und in Anspruch genommen werden (z. B. Verlust und schnelle Erstattung von Kreditkarten im Ausland).

c. Modalitätsabhängige Gestaltungsoptionen

Im Rahmen der Werbegestaltung können weiterhin die Modalitäten Ton, Text und Bild (Tietz/Zentes 1980, S. 219ff.) variiert werden.

Hinsichtlich des **Tones** ist allgemein vor allem die Gestaltung der Lautstärke von Bedeutung. Ferner stellen Musik, die Stimme und Geräusche Ansatzpunkte für Variationen dar. Bezüglich des **Textes** kommen zahlreiche generelle Gestaltungsfaktoren in Betracht. Zusätzlich können spezielle Faktoren für den geschriebenen und den gesprochenen Text unterschieden werden. Was die Gestaltung von **Bildern** anbetrifft, sind spezielle Gestaltungsfaktoren zu berücksichtigen. Dies sind bei ruhenden Bildern besonders Form- und Farbgebung der ausgewählten Motive (Steffenhagen 2004, S. 158). Da die **interaktive und dynamische** Darstellung von Sachverhalten in bewegten Bildern die Gedächtniswirkung beim Rezipienten erhöht (Kroeber-Riel/Esch 2000, S. 79f.), ist insbesondere bei Dienstleistungen mit einem hohen Interaktionsgrad (z. B. Fluggesellschaften, Frisör, Restaurant) die Mitarbeiter-Kunden-Interaktion in der Werbung darzustellen (z. B. Anzeige von Fluggesellschaften, die eine Betreuung des Fluggastes durch eine Stewardess zeigt).

7. Erfolgskontrolle

Aufgrund des zentralen Stellenwertes der Dienstleistungswerbung in Bezug auf die Konkretisierung des Dienstleistungspotenzials bei den bestehenden und potenziellen Dienstleistungskunden ist eine systematische Werbewirkungskontrolle (vgl. z. B. Schweiger/Schrattenecker 1995, S. 256) im Dienstleistungsmarketing besonders wichtig. Zum einen ist hier die Messung der Werbewirkung beispielsweise anhand von Absatzzahlen oder gestützter bzw. ungestützter Erinnerung (z. B. nach einer Werbekampagne) von Bedeutung. Zum anderen interessiert, ob die vom Dienstleistungsanbieter vorgenommene Form und Art der Visualisierung einer Dienstleistung beim Konsumenten tatsächlich zu einem „richtigen Bild" hinsichtlich der Leistungsfähigkeit und der zu erwartenden Dienstleistungsqualität führt (Imagewirkung). Hier besteht insbesondere die Gefahr der Verfehlung eines konstant visualisierten Identitätskerns, da durch die Immaterialität von Dienstleistungen kein zentraler und beständiger Wahrnehmungsanker vorhanden ist, wie z. B. die Produktbeschaffenheit bei Sachgütern.

2.22 Verkaufsförderung (Promotions)

Bei der Verkaufsförderung handelt es sich um ein Instrument, das bei der Vermarktung einiger Produkte des Konsumgüterbereichs teilweise einen höheren Stellenwert aufweist als die Werbung. Seit einigen Jahren haben auch Dienstleistungsunternehmen die Bedeutung der Verkaufsförderung im Kommunikationsmix erkannt (Payne 1993, S. 158).

> **Verkaufsförderung** (Promotions) bedeutet die Analyse, Planung, Durchführung und Kontrolle meist zeitlich befristeter Maßnahmen, die das Ziel verfolgen, auf nachgelagerten Vertriebsstufen durch zusätzliche Anreize Kommunikations- und Vertriebsziele eines Unternehmens zu realisieren (Bruhn 2005b, S. 559).

Die Bedeutung der Verkaufsförderung im Rahmen des Kommunikationsmix ist dabei je nach Dienstleistungsbranche unterschiedlich zu bewerten. Werden Leistungsversprechen zeitlich getrennt vom Dienstleistungserstellungsprozess angeboten, wie z. B. bei Reiseveranstaltern, so können die **Aktivitäten der Verkaufsförderung** auf zwei **Ebenen** ansetzen (Palmer 2001):

- Absatzmittler (z. B. selbständige Reisebüros),
- Konsumenten (z. B. Interessenten für eine Reise).

Maßnahmen, die sich an das eigene Verkaufspersonal richten, sind weniger der Verkaufsförderung, sondern eher den Bereichen Vertriebs- und Personalpolitik zuzurechnen (Bruhn 2004a, S. 228).

Auf der Ebene der **Absatzmittler** (z. B. Reisebüros) bietet sich das Bereithalten von Katalogen, Displays usw. für den Verkaufsraum an. Die Produktkenntnis des Personals im Reisebüro kann durch Informationsreisen gesteigert werden. Die betriebswirtschaftliche Beratung sowie Verbundaktionen beispielsweise in Form von Werbekostenzuschüssen für Zeitungswerbung können gleichermaßen dem Bereich der Verkaufsförderung zugeordnet werden.

Da in vielen Dienstleistungsbranchen ein direkter Dienstleister-Kunden-Kontakt besteht, kommt der **konsumentengerichteten Verkaufsförderung** größere Bedeutung zu. Dabei kann eine Unterscheidung in unmittelbare und mittelbare Verkaufsförderungsmaßnahmen von Dienstleistungsunternehmen anhand der Unterscheidung vorgenommen werden, ob die Maßnahmen innerhalb oder außerhalb der direkten Kontrolle des Unternehmens durchgeführt werden (vgl. Abbildung 6-2-11):

- Der **unmittelbaren Verkaufsförderung** werden demnach solche Maßnahmen subsumiert, die vom Dienstleistungsunternehmen gänzlich kontrolliert werden können. Dabei kann es sich zum einen um Aktionen handeln, die außerhalb einer Verkaufsstätte durchgeführt werden (z. B. in einer Fußgängerzone oder auf der Straße). Zum anderen sind zu dieser Gruppe Maßnahmen zu zählen, die am Point of Sale (PoS) durchgeführt werden, sofern die Leistung durch das Unternehmen direkt an einem Ort verkauft wird (z. B. Gutschein vom Frisör) oder es sich um ein Unternehmen mit einem Filialsystem handelt, z. B. Preisausschreiben am Weltspartag durch Banken.
- Von einer **mittelbaren Verkaufsförderung** spricht man, wenn das Unternehmen zumindest nicht vollständigen Einfluss auf die Durchführung der Maßnahmen hat. Zu dieser Gruppe gehören zum einen Aktionen, die in den Räumen eines Absatzmittlers

stattfinden (z. B. PoS-Material von Reiseveranstaltern in Reisebüros). Zum anderen werden hierzu kooperative Verkaufsförderungsmaßnahmen gerechnet, die in Verbindung mit einem anderen Unternehmen durchgeführt werden (z. B. Hinweisschild und Prospekte für ein Restaurant in der Empfangshalle eines Hotels).

Abbildung 6-2-11 Erscheinungsformen der Verkaufsförderung im Dienstleistungsbereich

Erscheinungsformen	Unmittelbare Verkaufsförderung		Mittelbare Verkaufsförderung	
	Maßnahmen in Unternehmensfilialen	Maßnahmen außerhalb der Verkaufsstätte	Maßnahmen durch Absatzmittler	Kooperative Maßnahmen
Geschenke/ Merchandising	z. B. Spielzeug in Junior-Tüte bei McDonald's, Universitäts-T-Shirt	z. B. Taschenrechner bei Versicherungsabschluss	z. B. exklusives Geschenk bei Werben um neue Kreditkartenmitglieder	z. B. Verteilung von Fähnchen mit Logo des Unternehmens bei Sportveranstaltung
Preisreduktion/ Coupons	z. B. Seniorentarif der Deutschen Bahn	z. B. Miles-and-More-Programm der Lufthansa; Qualifyer der Swiss	z. B. Zusatzversicherung bei Abschluss einer bestimmten Anzahl von Verträgen	z. B. Preisnachlass von einigen Hotels in Verbindung mit Lufthansa-Flug, Gutscheine für Fachgeschäfte durch Parkticket
Demonstrationen	z. B. Frisurenschau im Frisörsalon	z. B. Vorstellung von Zirkustieren in der Fußgängerzone	z. B. Videoterminal von „Premiere“ im Fernsehfachhandel	z. B. Videovorführung lokaler Ausflugveranstalter im Hotel
Wettbewerbe	z. B. Sparwettbewerb einer Bank zum Weltspartag	z. B. Fußball-Quiz im Rahmen von „ran“ in SAT 1	z. B. Preisausschreiben von Reiseveranstalter über Reisebüros	z. B. Preisausschreiben von Varta mit James-Bond-Kinokarten als Gewinn
PoS-Material	z. B. Bildschirm mit Börsenkursen in Bankfiliale	z. B. Verteilung von Prospekten mit Angeboten von Volkshochschulkursen	z. B. Videovorführung im Reisebüro über Lufthansadestinationen	z. B. Hinweis auf Restaurant im Hotel mit Prospekten inkl. Speisekarte

GABLER GRAFIK

Da der Verkaufsförderung zunehmend auch eine strategische Rolle zugesprochen wird, sind Verkaufsförderungsmaßnahmen ebenfalls nach dem bekannten **Planungsprozess** vorzubereiten und durchzuführen.

Im Rahmen der **Situationsanalyse** gilt es, vor allem drei Bereiche zu überprüfen:

- Zunächst wird die Eignung der Leistungen für Verkaufsförderungsmaßnahmen untersucht.
- Ferner werden die Verkaufsförderungsmaßnahmen der Vergangenheit hinsichtlich ihres Erfolges und eventueller Problemfelder beleuchtet, um Konsequenzen für zukünftige Maßnahmen ziehen zu können.
- Schließlich ist es ratsam, die Verkaufsförderung der Konkurrenz zu untersuchen. Zum einen ist auf Verkaufsförderungsmaßnahmen der Konkurrenz entsprechend zu reagieren. Zum anderen können eventuell Schwachstellen der Konkurrenzaktionen entdeckt und bei eigenen Maßnahmen vermieden werden.

Bezüglich der mit der Verkaufsförderung primär verfolgten **Kommunikationsziele** können operative (kurzfristige) und strategische (langfristige) Zielsetzungen unterschieden werden. Dabei haben die kurzfristigen Ziele eher kognitiven oder konativen, die langfristigen vor allem affektiven Charakter. So gilt es auf operativer Ebene, den kurzfristigen Abverkauf und die Zahl der Wiederholungskäufe zu steigern. Ferner dienen Verkaufsförderungsaktionen der Bekanntmachung sowie der Information über neu eingeführte Leistungen des betreffenden Unternehmens. Im strategischen Bereich hingegen ist das Ziel, das Image bei Absatzmittlern und Konsumenten sowie die Markenprofilierung vor allem bei den Konsumenten zu verbessern.

Diese Ziele beziehen sich auf zwei verschiedene **Zielgruppen.** Zum einen werden mit den Maßnahmen notwendigerweise die Absatzmittler erreicht, um alle Potenziale auszuschöpfen, damit der Abverkauf an den Endkonsumenten erhöht werden kann. Zum anderen können sich Verkaufsförderungsaktivitäten direkt an den Konsumenten richten (Palmer 2001). Auf Besonderheiten bezüglich der Absatzmittler wird im Rahmen der Distributionspolitik (siehe Abschnitt 4) eingegangen.

Die **Strategie** der Verkaufsförderung ist nach den Dimensionen Objekt, Botschaft, Zielgruppen und Mittel der Verkaufsförderung zu formulieren. Auf Basis der festgelegten Strategie wird das **Budget** bestimmt.

Im Rahmen der Planung von **Maßnahmen der Verkaufsförderung** sind Entscheidungen in den folgenden Bereichen zu treffen:

- Auswahl der zu präsentierenden Leistungsmerkmale,
- Auswahl des Verkaufsförderungspersonals,
- Auswahl von tangiblen Hilfsmitteln,
- Einsatz von Kommunikationsmaßnahmen.

Aufgrund der Besonderheiten von Dienstleistungen kommt einigen Verkaufsförderungsmaßnahmen eine besondere Bedeutung zu, andere Maßnahmen sind dadurch mit Problemen behaftet:

- Wegen der **Immaterialität** von Dienstleistungen streben Unternehmen im Rahmen der Kommunikation eine **Materialisierung** der Leistung oder zumindest einzelner Leistungselemente an. In diesem Zusammenhang können vor allem Geschenke und Display-Material am PoS eingesetzt werden. Geschenke dienen dazu, den Konsumenten in Form eines Gegenstandes, den er mit der Leistung in Verbindung bringt, permanent an das Unternehmen und seine Leistung zu erinnern (z. B. Spielzeug in der Junior-Tüte von McDonald's). Mit Hilfe von Display-Material am PoS kann eine positive Hinstimmung des Kunden zur Leistung erreicht werden (z. B. Plakate von Reisezielen in Reisebüros).
- Eine weitere Möglichkeit, die Immaterialität der Leistung zu umgehen bzw. sogar zu nutzen, besteht darin, den Kunden zu einer **geistigen Auseinandersetzung mit der Leistung** zu bringen. Dies kann vor allem durch Wettbewerbe und Preisausschreiben erreicht werden, bei denen der Kunde sich unbewusst mit der Leistung beschäftigt (z. B. Sparwettbewerb für Kinder durch eine Bank anlässlich des Weltspartages).
- Besonders im Rahmen von Einführungen neuer oder unbekannter Leistungen bereitet die Immaterialität Probleme. Dies ist vor allem darauf zurückzuführen, dass der Kunde, anders als im Konsumgüterbereich, schwieriger mit tangiblen Elementen (z. B. Verpackung) zu Probierkäufen angeregt werden kann. Im Rahmen von Verkaufsförderungsaktionen können daher in einigen Dienstleistungsbereichen **Demonstrationen** durchgeführt werden (z. B. Videovorführung lokaler Ausflugveranstalter in der Empfangshalle eines Hotels, „Schnuppertage" für längere Ausbildungsprogramme). Ferner kann der Kunde durch kooperative Maßnahmen auf eine neue Leistung aufmerksam gemacht werden (z. B. Preisausschreiben von Varta mit James-Bond-Kinokarte als Gewinn).
- Zur Umgehung der **Nichtlagerfähigkeit** von Leistungen, d. h. zur **kurzfristigen Nachfragesteuerung,** bieten sich vor allem preispolitische Verkaufsförderungsmaßnahmen an. Hierbei können reine Preisreduktionen (z. B. Studentenermäßigung oder Happy-Hour in einer Diskothek), Coupon-Maßnahmen (z. B. Miles-and-More-Programm der Lufthansa) und Sampling-Aktionen unterschieden werden. Bei letzterer Gruppe ist das Sampling von Leistungen/Leistungselementen (z. B. Zusatzversicherung bei Abschluss einer bestimmten Anzahl von Versicherungsverträgen) vom Sampling von Kunden (z. B. Familien-Ticket für den Besuch eines Zoos) zu trennen. Durch solche Maßnahmen kann erreicht werden, dass Leistungspotenziale, die ansonsten verfallen würden, zumindest gegen ein geringeres Entgelt in Anspruch genommen werden.
- Im Zusammenhang mit der **Nichttransportfähigkeit** von Dienstleistungen wurden in den letzten Jahren **kooperative Verkaufsförderungsmaßnahmen** eingeführt. Hierbei geht es vor allem darum, den Kunden während bzw. nach der Inanspruchnah-

me einer Leistung auf eine andere, mit ersterer oft in Verbindung stehenden Leistung hinzuweisen (z. B. Preisnachlass in Hotels und bei Autovermietungen im Zusammenhang mit einem Lufthansa-Flug).

- Zahlreiche Verkaufsförderungsmaßnahmen sind aufgrund der **Integration des externen Faktors** in den Leistungserstellungsprozess mit Problemen verbunden. So können einige Leistungen zwar demonstriert werden. Es ist jedoch nicht gewährleistet, dass die Leistung bei einem anderen Kunden auf gleiche Weise verrichtet werden kann (z. B. Frisurenschau im Frisörsalon).

2.23 Persönliche Kommunikation

Neben der Mediawerbung nimmt die **Persönliche Kommunikation** im Rahmen der Kommunikationspolitik von Dienstleistungsanbietern eine bedeutende Stellung ein. Diese Bedeutung leitet sich vor allem aus der bereits beschriebenen Überschneidung von kommunikativen Aktivitäten zur Leistungserbringung und kommunikativen Aktivitäten zur Leistungsdarstellung ab. So ist die Persönliche Kommunikation durch den Dienstleistungsanbieter bei der Erbringung von persönlichen Dienstleistungen aufgrund des unmittelbaren Kontaktes mit den Kunden ein zentrales Kommunikationsinstrument.

> **Persönliche Kommunikation** bedeutet die Analyse, Planung, Organisation, Durchführung und Kontrolle sämtlicher unternehmensinterner und -externer Aktivitäten, die mit der wechselseitigen Kontaktaufnahme bzw. -abwicklung zwischen Anbieter und Nachfrager in einer durch die Umwelt vorgegebenen Face-to-Face-Kontaktsituation verbunden sind, in die bestimmte Erfahrungen und Erwartungen durch verbale und nonverbale Kommunikationshandlungen eingebracht werden, um damit gleichzeitig vorab definierte Ziele der Unternehmenskommunikation zu erreichen (Bruhn 2005b, S. 895).

Als **Hindernis** der Persönlichen Kommunikation kann der Trend zur Automatisierung von Dienstleistungen angeführt werden, der zu einer „Entpersonalisierung“ des Dienstleistungserstellungsprozesses (z. B. Geldausgabeautomaten) führt und damit zu einer Verringerung des direkten Kundenkontaktes.

Die **Erscheinungsformen** der Persönlichen Kommunikation können in die folgenden **Kategorien** eingeteilt werden:

- Ausführliches, terminiertes Beratungsgespräch (z. B. Geldanlageberatung für einen vermögenden Kunden),

- Standardberatungsgespräch (z. B. Aufzählen der Reisemöglichkeiten zu einem bestimmten Ort),
- „Small Talk“ bei persönlicher (z. B. Frage nach Gesundheitszustand der Mutter während eines Haarschnitts) oder automatisierter Leistungserstellung.

Eine exaktere Beschreibung der Erscheinungsformen wird durch die Heranziehung verschiedener Unterscheidungskriterien möglich (vgl. Abbildung 6-2-12).

Zur systematischen **Planung** des Einsatzes der Persönlichen Kommunikation wird anhand des klassischen Planungsprozesses vorgegangen. Im Rahmen der **Analysephase** ist zu untersuchen, inwiefern die Persönliche Kommunikation in der Vergangenheit Erfolg hatte und welche Ansatzpunkte es für Verbesserungen gibt. Hinsichtlich der **Zielfestlegung** ist zu erwähnen, dass mit Hilfe der Persönlichen Kommunikation Zielsetzungen aller drei psychologischen Kategorien verfolgt werden können. Mit entsprechenden Maßnahmen wird der Kunde über die Leistungen des Unternehmens informiert oder auf neue Leistungsangebote aufmerksam gemacht (kognitiv-orientierte Ziele). Ferner kann es bei entsprechendem Verhalten der Mitarbeiter gelingen, beim Kunden eine positive Einstellung zum Unternehmen zu erzeugen (affektiv-orientierte Ziele). Schließlich kann durch Persönliche Kommunikation der Abverkauf gesteigert und das Informationsverhalten des Kunden beeinflusst werden (konativ-orientierte Ziele). Durch ein direktes Feedback zwischen Dienstleistungskunde und -anbieter entstehen in der Regel erst die Voraussetzungen, um in hohem Maße individualisierte Dienstleistungen erstellen und verkaufen zu können (Meyer 1994). Als **Zielgruppen** der Persönlichen Kommunikation können aktuelle und potenzielle Kunden sowie die Öffentlichkeit (z. B. Bundesbank, andere Banken, Börsenvereine als Zielgruppen von Banken) in Betracht gezogen werden. Bei der **Strategieentwicklung** für die Persönliche Kommunikation sind folgende Strategieelemente festzulegen:

- Botschaft der Persönlichen Kommunikation,
- Träger der Persönlichen Kommunikation,
- Richtlinien der Persönlichen Kommunikation,
- Zielgruppen der Persönlichen Kommunikation.

Im Anschluss an die Strategieentwicklung und adäquate **Budgetierung** werden die **Maßnahmen** der Persönlichen Kommunikation geplant. Dabei sind Entscheidungen für die folgenden Phasen der Persönlichen Kommunikation zu treffen:

- Vorbereitungsphase,
- Kommunikationsphase,
- Nachbereitungsphase.

Abbildung 6-2-12 Erscheinungsformen der Persönlichen Kommunikation

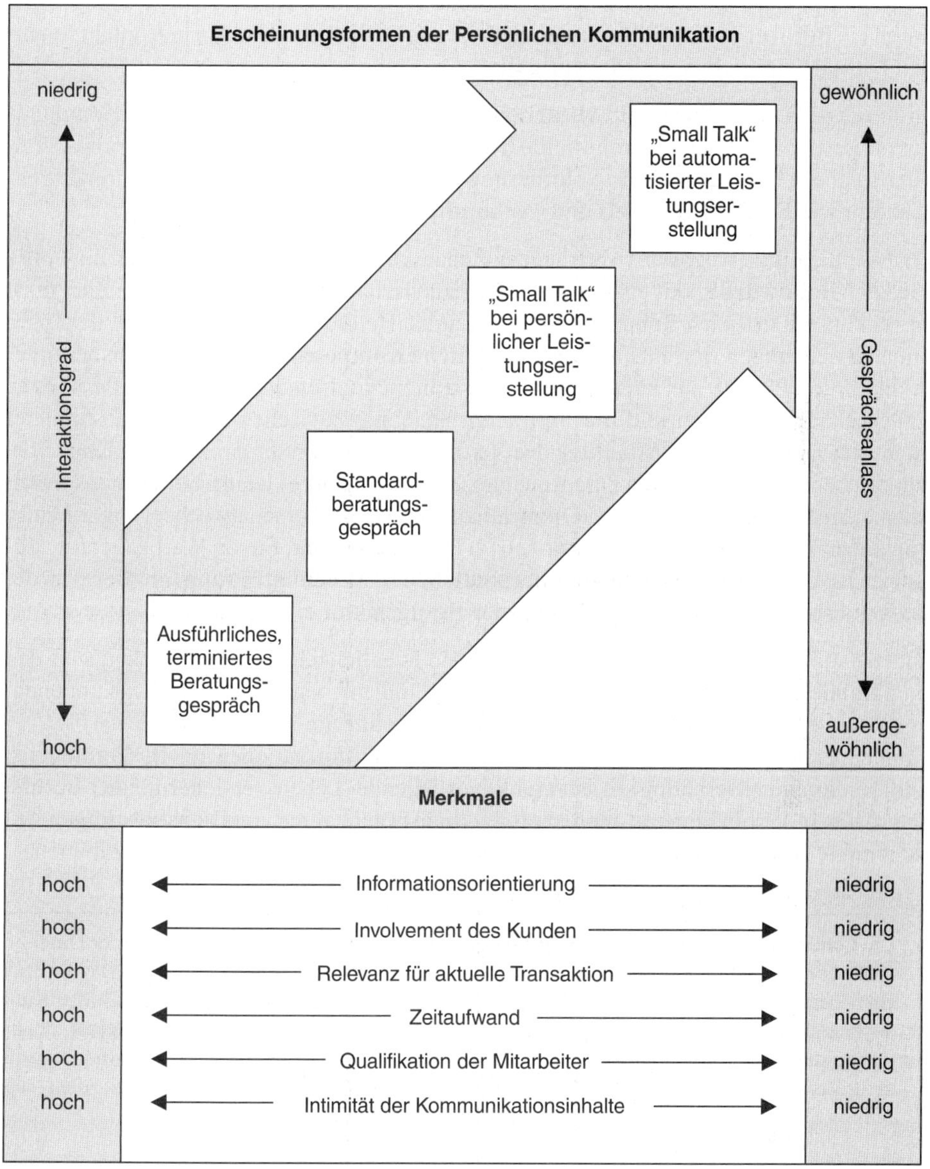

GABLER GRAFIK

In der **Vorbereitungsphase** ist zum einen die Erhebung von Marktforschungsdaten erforderlich, um auf Bedürfnisse und Wünsche der Kunden im Rahmen von Beratungsgesprächen eingehen zu können. Zum anderen ist hier die Schulung der Mitarbeiter notwendig. Bei der Persönlichen Kommunikation wird das Kaufverhalten maßgeblich durch die **Beratungs-** und **Überzeugungsleistung** des mit den Kunden in Kontakt tretenden Dienstleistungspersonals beeinflusst.

Grundsätzlich „betreiben" alle **Mitarbeiter** im Kundenkontakt Persönliche Kommunikation, seien es nun Schalterangestellte, Filialleiter oder gar der Vorstand, der mit Großkunden direkt Kontakt hat. Das Anforderungsprofil für Kundenberater wird durch Eigenschaften wie **Kontaktfähigkeit** und **Verhandlungsgeschick** geprägt.

Darüber hinaus ist wegen des Vertrauensgutcharakters vieler Dienstleistungen ein hohes Maß an **Glaubwürdigkeit** eine notwendige Eigenschaft des Kundenberaters. Zudem ist angesichts der in vielen Branchen vorzufindenden Heterogenität und Vielzahl der angebotenen Leistungen eine entsprechende **fachliche Kompetenz** erforderlich. Insbesondere durch den Einsatz nur kurz geschulter und branchenfremder Aushilfskräfte können Imageschäden auftreten und die Vertrauensbeziehung zwischen Kunde und Anbieter kann gestört werden. Zur Erhaltung des Vertrauensverhältnisses erwartet der Kunde bei zahlreichen Dienstleistungen eine Konstanz des Personals bei wiederholter Inanspruchnahme der Leistung. Bei einigen Dienstleistungen ist ein Personalwechsel sogar häufig mit einem Verlust des Kunden verbunden (z. B. Steuerberater, Frisör, Werbeagentur). Insofern ist die **Kontinuität in der persönlichen Kundenbetreuung** im Bereich der persönlichen Dienstleistungen als zentraler Erfolgsfaktor einzustufen.

Das persönliche Gespräch bietet weiterhin die Möglichkeit, in Abhängigkeit von den vom Kunden geäußerten Bedürfnissen in Verbindung mit bereits verfügbaren Kundendaten **Cross-Selling-Bemühungen** zu entfalten. Gerade im Bankenbereich verfügt ein Kundenberater über vielfältige persönliche Kundeninformationen (z. B. Vermögens- und Einkommensverhältnisse, eventuell vorliegende Lebensversicherungen, Berufsstand), die in Verbindung mit der bisherigen Inanspruchnahme von Dienstleistungen Ansatzpunkte aufzeigen, um bestehenden Kunden weitere Dienstleistungen anzubieten.

Die **Qualität in der Mitarbeiter-Kunde-Kommunikation** konnte im Rahmen einer Untersuchung im Bereich Private Banking genauer analysiert werden (Frommeyer 2005). Dazu wurde ein Modell zur Messung der vom Kunden wahrgenommenen Kommunikationsqualität in Kundenbeziehungen entwickelt. Die Ergebnisse zeigen, dass sich die Kommunikationsqualität aus den beiden Dimensionen einer fachlichen und persönlichen Kommunikationsqualität zusammensetzt und insgesamt über 22 Indikatoren gemessen wird. Ein Überblick über das Messmodell der Kommunikationsqualität gibt Abbildung 6-2-13.

Abbildung 6-2-13 **Modell zur Messung der Kommunikationsqualität im Private Banking**

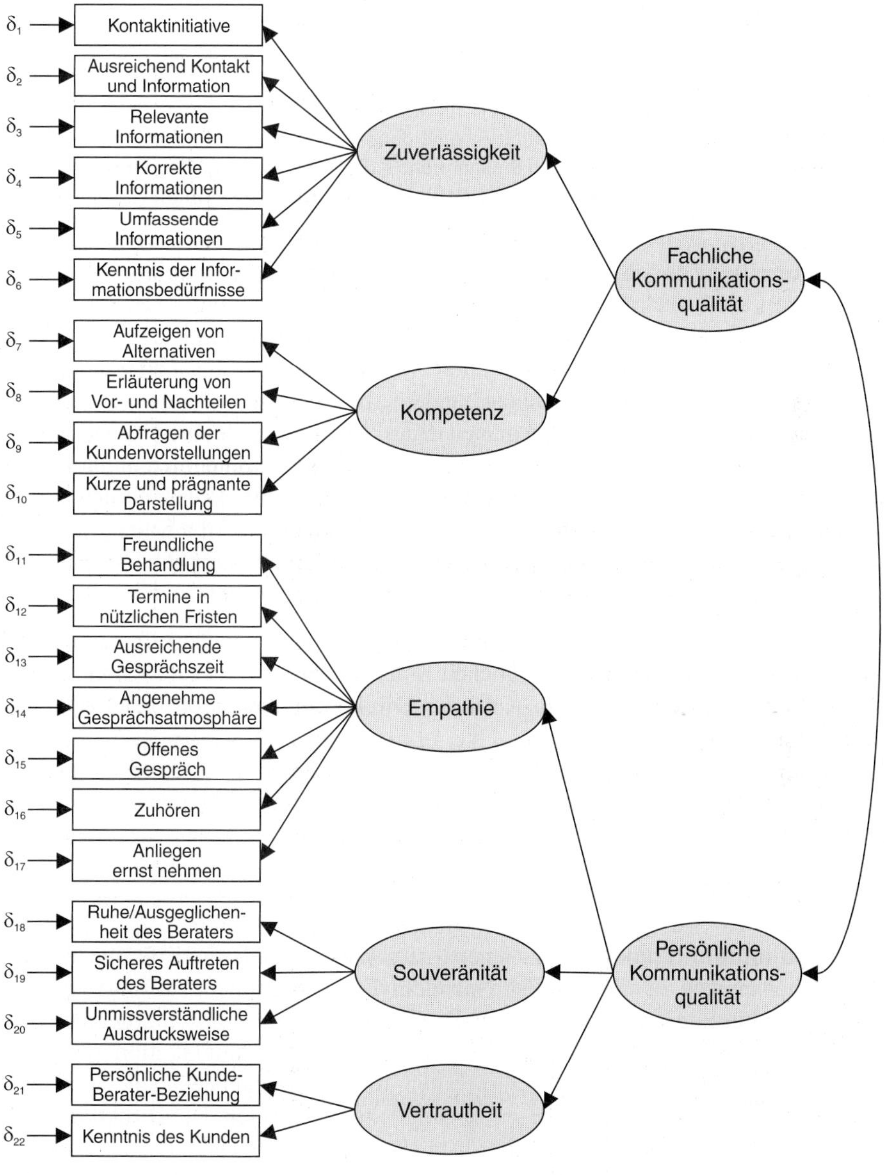

Quelle: Frommeyer 2005, S. 98

GABLER GRAFIK

Während die fachliche Kommunikationsqualität aus den Faktoren Zuverlässigkeit und Kompetenz des Mitarbeiters besteht, setzt sich die persönliche Kommunikationsqualität aus den Faktoren Souveränität des Beraters im Auftreten, Empathie des Beraters und der Vertrautheit zwischen Berater und Kunde zusammen. Beide Dimensionen haben eine annähernd gleiche Bedeutung für die Qualität der Mitarbeiter-Kunde-Kommunikation.

Des Weiteren wurden die Auswirkungen der Kommunikationsqualität auf zentrale Erfolgsgrößen eines Unternehmens, wie z. B. Kommunikationszufriedenheit, Vertrauen, Leistungsqualität, Kundenzufriedenheit und Kundenbindung, analysiert. Die Untersuchung ergab, dass die Persönliche Kommunikationsqualität entscheidend für den Aufbau von Vertrauen zwischen Kunde und Berater darstellt, während die fachliche Kommunikationsqualität entscheidend für die wahrgenommene Leistungsqualität der Bank ist (vgl. vertiefend Frommeyer 2005).

In der **Kommunikationsphase** geht es darum, den Mitarbeitern Materialien zur Verfügung zu stellen, die ihnen im Rahmen des persönlichen Gesprächs hilfreich sein können. Hierbei sind Informationsmaterialien zu erwähnen, die bei solchen Dienstleistungen einzusetzen sind, die aufgrund der Immaterialität einen hohen Erklärungsbedarf aufweisen. Ferner kann es sich dabei um Materialien handeln, die der Visualisierung und Materialisierung der immateriellen Leistungen dienen. Eine besondere Bedeutung im Rahmen der Persönlichen Kommunikation, vor allem in Dienstleistungsunternehmen mit hohem Interaktionsgrad (z. B. Hotels), hat das **Beschwerdemanagement.** Anders als den meisten Konsumgüterunternehmen ist es Dienstleistern aufgrund des direkten Kundenkontaktes und der damit einhergehenden geringeren Beschwerdebarrieren möglich, im Leistungserstellungsprozess mündliche Beschwerden zu stimulieren (Stauss/Seidel 2002).

Schließlich sind in der **Nachbereitungsphase** Kundendaten systematisch zu sammeln, die für spätere Maßnahmen der Persönlichen Kommunikation oder für Maßnahmen anderer Kommunikationsinstrumente, z. B. der Direktkommunikation, genutzt werden können.

2.24 Direktkommunikation (Direct Marketing)

Die **Direktkommunikation** gehört zu jenen Instrumenten, mit deren Hilfe eine individuelle Kundenansprache zu erreichen ist. Nachdem dieses Instrument zunächst vor allem von Industriegüterunternehmen und nur von wenigen Dienstleistungsunternehmen (z. B. Versandhandel) eingesetzt wurde, ist der Einsatz der Direktkommunikation inzwischen auch von weiteren Dienstleistungsunternehmen, die eine flächendeckende Marktbearbeitung betreiben (z. B. Versicherungen, Banken), zu beobachten. Die Direktkommunikation ist dem **Direct Marketing** zuzuordnen (Dallmer 2002). Da in diesem Abschnitt lediglich kommunikationspolitische Fragestellungen behandelt werden, wird hier der Begriff Direktkommunikation verwendet, wenngleich eine eindeutige Abgrenzung zu den distributionspolitischen Aufgaben des Direct Marketing nicht immer möglich ist.

Das Instrument **Direktkommunikation** umfasst sämtliche Maßnahmen, die darauf ausgerichtet sind, durch eine gezielte Einzelansprache einen direkten Kontakt zum Adressaten herzustellen und einen unmittelbaren Dialog zu initiieren oder durch eine indirekte Ansprache die Grundlage eines Dialoges in einer zweiten Stufe zu legen, um die Kommunikationsziele des Unternehmens zu erreichen (Bruhn 2003a, S. 302).

Aufgrund der **Integration des externen Faktors** und der Heterogenität der Leistungserstellung ist im Dienstleistungsbereich eine homogene Leistungserbringung weniger möglich als im Konsumgüterbereich. Daher ist es auch beim Absatz von Dienstleistungen von großer Bedeutung, die individuellen Bedürfnisse des einzelnen Kunden bei der Leistungserstellung zu berücksichtigen, weshalb Instrumenten, mit denen eine individuelle Kundenansprache möglich ist, wie der Direktkommunikation, eine zentrale Rolle zukommt.

Je nach Art der Responsemöglichkeit des Rezipienten können die **Erscheinungsformen** der Direktkommunikation eingeteilt werden in (Holland 1992, S. 5; Hilke 1993, S. 11f.):

- Passive Direktkommunikation (z. B. Standardwerbebrief einer Bank),
- Reaktionsorientierte Direktkommunikation (z. B. Werbebrief eines Fitnessstudios mit Gutschein für Saunabenutzung; Werbebrief eines Verlages mit Bestellkarte für Bücher),
- Interaktionsorientierte Direktkommunikation (z. B. Telefonmarketing des Bertelsmann Buchclubs).

Diese Klassifizierung kann mit Hilfe weiterer Kriterien charakterisiert werden. Einen Überblick über die Erscheinungsformen der Direktkommunikation gibt Abbildung 6-2-14.

Im Rahmen der Direktkommunikation ist es für das Unternehmen unerlässlich, über eine breite Datenbasis seiner aktuellen Kunden und unter Umständen seiner potenziellen Kunden zu verfügen. Aus diesem Grunde hat das **Database Marketing** an Bedeutung gewonnen (Dallmer 2002, S. 549f.; Bruhn 2004c, S. 232).

> Das **Database Marketing** wird als computer- und datengestütztes Dialog-Marketing bezeichnet (Wilde 1989), bei dem in Abhängigkeit von den in einer Kundendatei des Dienstleistungsanbieters gespeicherten Kundenmerkmalen (z. B. Soziodemographie, Aktions- und Reaktionsdaten) ein „maßgeschneidertes" Kommunikations- und Verkaufsförderungspaket erstellt werden kann.

Abbildung 6-2-14 Erscheinungsformen der Direktkommunikation

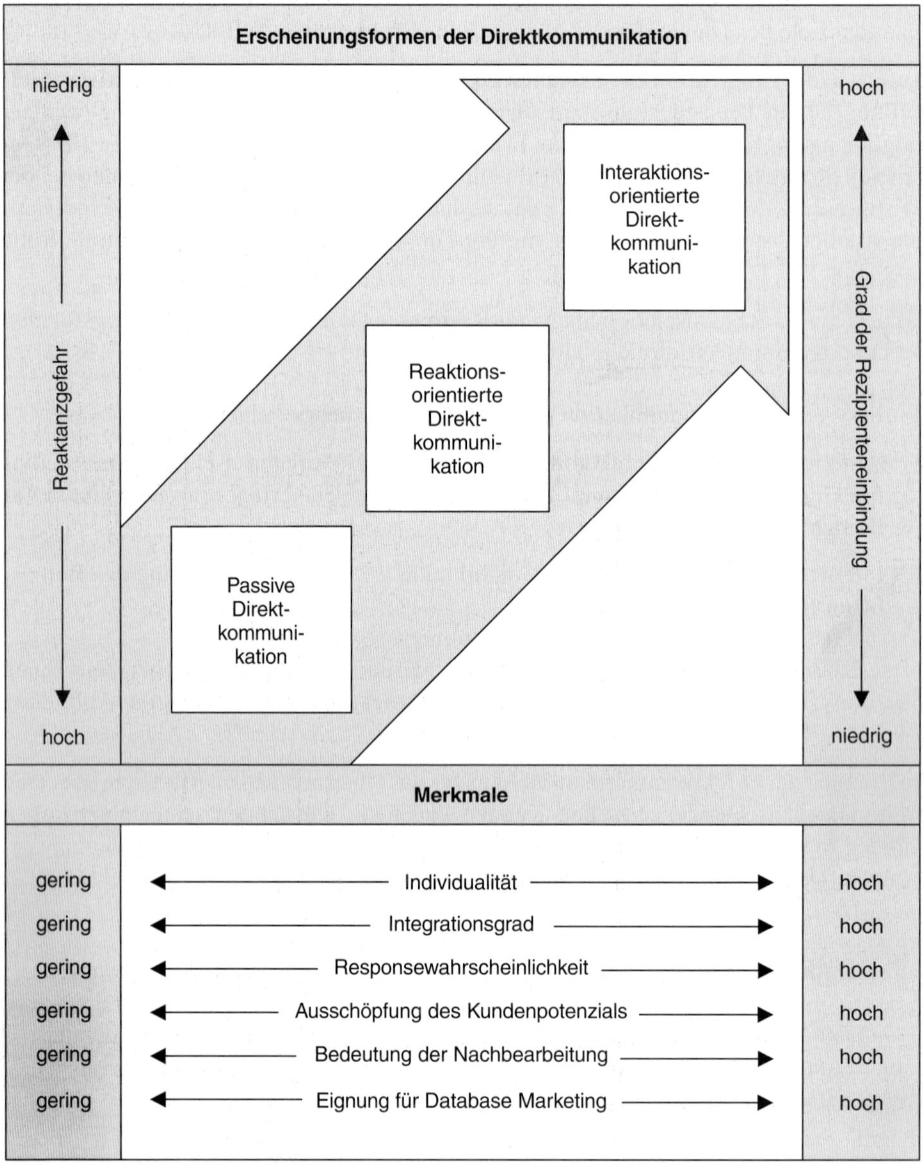

GABLER GRAFIK

Mit dem Database Marketing werden folgende **Ziele** angestrebt:

- Gezielte Ansprache auf bisher bevorzugte Dienstleistungen sowie Geben von Hinweisen auf aus den bisherigen Kundenmerkmalen abzuleitenden Nachfragelücken hinsichtlich anderer Dienstleistungen im Programm (z. B. Cross Selling bei Versicherungen).
- Erkennen „kritischer“ Kommunikationslücken mit der Gefahr des Abbruchs der Kundenbeziehung (insbesondere bei Dienstleistungen mit längeren Wiederkaufintervallen, wie z. B. Reisen) und Schließung der Lücken (z. B. mittels Direct Mailings).
- Durchführung einer gezielten Ansprache über bevorzugte Medien (Telefon/Fax/Brief/E-Mail).
- Bestimmung der „optimalen“ Ansprachehäufigkeit in Abhängigkeit des Nachfrageverhaltens bei bestimmten Dienstleistungen (z. B. bei der Anlageberatung einer Bank).

Somit stellt das Database Marketing eine geeignete Grundlage für eine **„kaufzyklusübergreifende Kommunikation“** zur Verminderung von Dissonanzen nach dem Kauf immaterieller Leistungsversprechen, zur Vorkonditionierung von Käufen weiterer Dienstleistungen sowie zur Stimulierung von Wiederkäufen dar.

Im Dienstleistungsmarketing besteht im Gegensatz zum Konsumgütermarketing durch den intensiven Kontakt des Servicepersonals mit dem externen Faktor während des Dienstleistungserstellungsprozesses die Möglichkeit, eine **Vielzahl individueller Kundendaten** aufzunehmen, die zur Ergänzung des Kundendatensatzes von Interesse sind. Hierbei sind vom Servicepersonal eine schnelle Erfassung von Kundeninformationen sowie deren Weitergabe an die Datenbank einzuleiten und durchzuführen.

Die **Planung** des Einsatzes der Direktkommunikation (Kirchner 1992, S. 117; Holland 1993, S. 41ff.) erfolgt nach dem klassischen, entscheidungsorientierten Ansatz und erfordert demnach zunächst eine **Situationsanalyse,** in deren Rahmen es den Erfolg bisheriger Maßnahmen, Einsatzmöglichkeiten zukünftiger Maßnahmen sowie das im Unternehmen vorhandene bzw. extern umgehend beschaffbare Datenmaterial über aktuelle und potenzielle Kunden zu untersuchen gilt. Mit Hilfe der Direktkommunikation werden insbesondere kognitiv- und konativ-orientierte **Ziele** verfolgt. Hinsichtlich der kognitiven Orientierung sind vor allem eine zielgruppenspezifische Ansprache ohne Streuverluste, eine hohe Aufmerksamkeitswirkung und eine Informationswirkung zu erreichen. Im konativen Bereich geht es darum, den Kunden zu einer interaktiven Kommunikation zu animieren. Ferner kann mit Direktkommunikation eine Kaufhandlung direkt ausgelöst werden. In der Phase der **Zielgruppenidentifizierung** können Verwender und Nichtverwender bzw. Käufer und Nichtkäufer unterschieden werden, wobei die Unterscheidung von Käufer und Verwender im Dienstleistungsbereich aufgrund der Integration des externen Faktors häufig nicht möglich ist. Bei der **Strategieformulierung** sind die Dimensionen Objekt, Botschaft, Mittel, Zielgruppe, Kontinuität und Intensität der Direktkommunikation zu berücksichtigen. Nachdem auch das **Budget** bestimmt wurde, können die **Maßnahmen** der Direktkommunikation festgelegt werden. Dabei werden notwendigerweise Entscheidungen in zwei Bereichen getroffen:

1. **Sammlung von Kundendaten**
   Insbesondere wenn die Durchführung einer interaktions- oder reaktionsorientierten Direktkommunikation geplant wird, ist das Wissen um soziodemographische und psychographische Merkmale des Kunden erforderlich. Aufgrund der Integration des Kunden in den Leistungserstellungsprozess ist es für Dienstleistungsunternehmen sogar möglich, Kaufverhaltensmerkmale durch Beobachtung zu erheben (z. B. Haarprobleme beim Frisör, Kontostand bei der Bank, Reisegewohnheiten bei den Bonusprogrammen der Fluggesellschaften).

2. **Auswahl von Kommunikationsmaßnahmen**
   In diesem Bereich geht es um die Auswahl rezipientenadäquater Kommunikationsmaßnahmen. Viele Direktkommunikationsaktionen bewirken Imageverschlechterungen beim Kunden, da sie sehr schematisch und wenig individuell gestaltet sind. Aufgrund des direkten Kontaktes zum Dienstleistungskunden ist es im Extremfall möglich, den Kunden zu fragen, ob und in welcher Art er an Maßnahmen der Direktkommunikation des Dienstleisters beteiligt werden möchte (z. B. Versand von Angebotslisten bei Weinhändlern, Einladungen zu Auktionen). Aufgrund der kurzfristigen Einsatzmöglichkeit der Direktkommunikation kann – bei entsprechender Datenbasis – die durch die Nichtlagerfähigkeit notwendig werdende kurzfristige Nachfragesteuerung unterstützt werden, indem aktuelle und potenzielle Kunden auf freie Kapazitäten hingewiesen werden (z. B. die Erstellung spezieller Angebote).

Nachbereitung

Beim Einsatz von reaktions- oder interaktionsorientierten Maßnahmen der Direktkommunikation sind die Kundenantworten auszuwerten. Dabei kann es sich um Antworten handeln, die entweder der Erweiterung der Kundendatenbasis dienen oder Kundenfragen oder -probleme betreffen. Bei letzterer Möglichkeit sind meist weitere Aktivitäten des Unternehmens notwendig.

2.25 Öffentlichkeitsarbeit (Public Relations)

Aufgrund der **Immaterialität** der Leistung ist die Imagewirkung der Unternehmenskommunikation für Dienstleistungsunternehmen und somit auch die Öffentlichkeitsarbeit (Public Relations) von großer Bedeutung. Da diesem Kommunikationsinstrument auch im Konsumgüter- und Industriegüterbereich die primäre Funktion der Darstellung des Unternehmens zukommt, sind seine Besonderheiten im Dienstleistungsbereich weniger gravierend als bei anderen Kommunikationsinstrumenten.

Öffentlichkeitsarbeit (Public Relations) als Kommunikationsinstrument beinhaltet die Analyse, Planung, Durchführung sowie Kontrolle aller Aktivitäten eines Unternehmens, um bei ausgewählten Zielgruppen (extern und intern) um Verständnis sowie Vertrauen zu werben und damit gleichzeitig kommunikative Ziele des Unternehmens zu erreichen (Bruhn 2005a, S. 375).

Die **Erscheinungsformen** der Public Relations sind vielfältig (Wilcox/Ault/Agee 1989, S. 22ff.; Naundorff 1993, S. 605ff.; Bieberstein 2001, S. 351f.; Köhler/Schaffranietz 2005). Grundsätzlich können sie in leistungsbezogene (z. B. Zeitungsartikel über die Anlageberatung einer Bank; Präsentation einer neuen Autowaschanlage für die Mitarbeiter), unternehmensbezogene (z. B. Bericht über die Hauptversammlung einer Versicherung) und gesellschaftsbezogene Öffentlichkeitsarbeit (z. B. Stellungnahme des Vorstandsvorsitzenden zum Wirtschaftsstandort Deutschland) klassifiziert werden. Eine spezifischere Unterscheidung unterschiedlicher Public-Relations-Aktivitäten kann anhand der folgenden Merkmale vorgenommen werden, die jeweils ein breites Spektrum an Ausprägungen zulassen (vgl. Abbildung 6-2-15):

- Bezugsrahmen der Aktivitäten,
- Zielgruppenorientierung,
- Informationsvermittlung,
- Imagebildung,
- Individualität,
- Kontinuität,
- Internalisierung,
- Streuverluste,
- Zeitlicher Horizont.

Zur **Planung** des Einsatzes der Öffentlichkeitsarbeit gilt es zunächst, eine **Situationsanalyse** durchzuführen. Dabei wird untersucht, inwiefern das Unternehmen Ansatzpunkte liefert, sich in der Öffentlichkeit positiv darzustellen bzw. ob es die Notwendigkeit gibt, Korrekturen des Unternehmensbildes bei den Zielgruppen vorzunehmen. Schließlich sind Maßnahmen der Öffentlichkeitsarbeit aus der Vergangenheit in die Analyse mit einzubeziehen.

Im zweiten Schritt werden die **Ziele** der Öffentlichkeitsarbeit festgelegt. Dabei stehen die Verbesserung des Unternehmens- und Leistungsimages, Kontaktpflege zu unternehmensrelevanten Personen und die Beeinflussung gesellschaftlicher Meinungen und Einstellungen im Vordergrund (Beger/Gärtner/Mathes 1989, S. 64ff.). Diese Ziele sind nach den **Zielgruppen,** wie aktuellen und potenziellen Mitarbeitern, aktuellen und potenziellen Kunden sowie der Öffentlichkeit, auszurichten. Bei der Wahl der **PR-Strategie** sind die Strategiedimensionen PR-Objekt, PR-Botschaft, PR-Zielgruppe und PR-Medium zu berücksichtigen.

Abbildung 6-2-15 Erscheinungsformen der Öffentlichkeitsarbeit

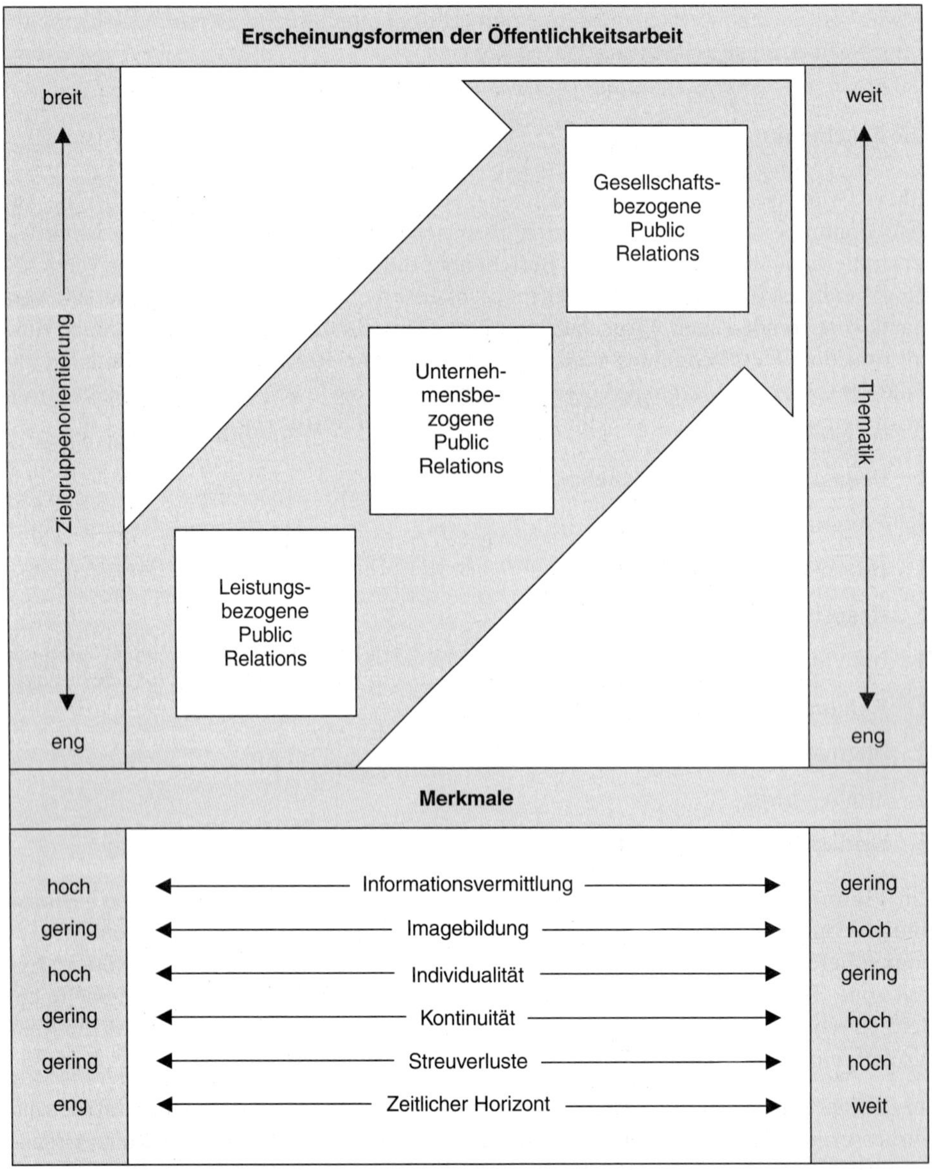

GABLER GRAFIK

Nachdem die Strategie und das **Budget** festgelegt wurden, werden in einem nächsten Schritt die einzelnen **Maßnahmen** der Öffentlichkeitsarbeit bestimmt. Die Auswahl einer PR-Maßnahme hängt dabei von verschiedenen Kriterien ab, wie der gewünschten Katalysatorwirkung oder der Aktualität der PR-Botschaft.

Für Dienstleistungsunternehmen lassen sich aus den Besonderheiten von Dienstleistungen die folgenden **Implikationen für die Öffentlichkeitsarbeit** ableiten:

- Aufgrund der **Immaterialität** von Dienstleistungen spielt das **Image** bei der Beurteilung der Leistung durch den Kunden eine besondere Rolle. Die Öffentlichkeitsarbeit wiederum eignet sich besonders, eine Imageprofilierungsstrategie zu unterstützen.
- Im Dienstleistungsbereich werden aufgrund der Immaterialität der Leistungen häufig **Firmenmarken** eingesetzt. Aufgrund der Funktion der Unternehmensdarstellung der Öffentlichkeitsarbeit beziehen sich PR-Maßnahmen häufig auf Firmenmarken.
- Da die **Mitarbeiter** bei vielen Dienstleistungen ein wesentliches Beurteilungsmerkmal der Leistung darstellen, ist es wichtig, ein vertrauensvolles Verhältnis zwischen Unternehmen und Mitarbeitern aufzubauen. Je positiver die Einstellung des Mitarbeiters zum Unternehmen ist, desto eher wird er dem Kunden und der Öffentlichkeit gegenüber einen positiven Eindruck bieten („Multiplikatorwirkung" der Mitarbeiter).
- Dem Schaffen von Verständnis und Vertrauen vor allem bei Kunden und der Öffentlichkeit kommt im Dienstleistungsbereich aufgrund der Bedeutung der **Mund-zu-Mund-Kommunikation** besondere Relevanz zu.

2.26 Messen und Ausstellungen

Aufgrund der in der Immaterialität von Dienstleistungen begründeten Schwierigkeit, die Leistungen eines Unternehmens zu präsentieren, existierten Messen und Ausstellungen lange Zeit lediglich für Hersteller von Konsum- und Industriegütern. In den letzten Jahren werden jedoch immer mehr Messen für Dienstleistungsanbieter veranstaltet. Da Dienstleistungen, wie Leistungen im Tourismus- oder Bildungsbereich, High-Involvement-Charakter aufweisen, d. h., die Kunden ein ausgeprägtes Informationsinteresse vor der Inanspruchnahme einer Leistung haben, ist die Teilnahme an Messen und Ausstellungen für Dienstleister aus solchen Bereichen eine sinnvolle Ergänzung des Kommunikationsmix. Als **Beispiele für Messen im Dienstleistungsbereich** lassen sich erwähnen:

- ITB – Internationale Tourismus-Börse in Berlin,
- EUROCARGO – Internationale Fachmesse für Transport und Logistik in Düsseldorf,

- TRAVEL TREND – Die Internationale Reise-Fachmesse in Frankfurt am Main,
- QUALIFIKATION – Internationale Fachmesse für Berufliche Qualifizierung in Hannover,
- SYSTEC – Internationale Fachmesse für Systemintegration, Automatisierung und Qualitätssicherung in München,
- FIBO – Internationale Messe für Fitness und Freizeit in Nürnberg,
- INTERSCHUL – Europäische Bildungsmesse in Stuttgart.

> **Messen und Ausstellungen** als Kommunikationsinstrumente umfassen
> - die Analyse, Planung, Durchführung sowie Kontrolle und Nachbearbeitung aller Aktivitäten,
> - die mit der Teilnahme an einer zeitlich und räumlich festgelegten Veranstaltung verbunden sind,
> - deren Zweck in der Möglichkeit zur Leistungspräsentation, Information eines Fachpublikums und der interessierten Allgemeinheit, Selbstdarstellung des Unternehmens und Möglichkeit zum unmittelbaren Vergleich mit der Konkurrenz liegt, um damit gleichzeitig spezifische Marketing- und Kommunikationsziele zu erreichen (Bruhn 2005a, S. 409).

Ausgehend von der obigen Definition können die folgenden **Merkmale** von Messen und Ausstellungen herausgearbeitet werden:

- Zeitliche und räumliche Begrenzung,
- Teilnahme einer Vielzahl von Unternehmen aus einer Branche,
- Präsentation der Unternehmensleistungen.

Obwohl in der Praxis Messen und Ausstellungen sehr unterschiedlicher Art anzutreffen sind, lassen sich die **Erscheinungsformen** nach den folgenden Kriterien strukturieren (Strothmann/Roloff 1993, S. 715; Kirchgeorg 2003, S. 66, Bruhn 2005b, S. 410):

- Geographische Herkunft der Aussteller: regionale, überregionale, nationale und internationale Messen/Ausstellungen.
- Breite des Angebotes: Universal-, Spezial-, Branchen-, Solo-, Mono-, Fachmessen/ -ausstellungen.
- Hauptrichtung des Absatzes: Export- und Importmessen/-ausstellungen.
- Funktion der Veranstaltung: Informations- und Ordermessen/-ausstellungen.

Um einen effizienten und effektiven Einsatz von Messen und Ausstellungen zu gewährleisten, ist es für das Dienstleistungsunternehmen erstrebenswert, sich an einem **Prozess der Planung des Messeeinsatzes** zu orientieren: Im Rahmen der **Situationsanalyse** ist es Aufgabe des Unternehmens, Informationen hinsichtlich der Möglichkeiten zur Teilnahme an einer Messe und der Gestaltung des Engagements bei einer Messe/Ausstellung zu sammeln. Diese Informationen lassen sich in unternehmens-, leistungs-, konkurrenz- und konsumentenbezogene Informationen unterteilen:

- Zu den **unternehmensbezogenen Informationen** zählt der (Miss-)Erfolg bei früheren Messeeinsätzen. Daraus lassen sich eventuell Verbesserungen für ein nächstes Engagement ableiten. Ferner ist zu untersuchen, inwiefern ein Messeeinsatz einen Beitrag zur Erreichung der Kommunikationsziele leisten kann.
- Die **leistungsbezogenen Informationen** beziehen sich vor allem auf das (Nicht-) Vorhandensein einer Veranstaltung, bei der sich eine Teilnahme des Unternehmens lohnt. Ferner ist zu beleuchten, ob die Leistung bzw. einzelne Elemente der Leistung geeignet sind, auf einer Messe präsentiert zu werden.
- Bei den **konkurrenzbezogenen Informationen** ist insbesondere von Bedeutung, ob sich die Hauptkonkurrenten des Unternehmens an Messen/Ausstellungen beteiligen. Ist dies der Fall, wird die Teilnahme des eigenen Unternehmens zu einer Muss-Maßnahme, während sie ansonsten als Kann-Maßnahme anzusehen ist.
- Hinsichtlich der benötigten **konsumentenbezogenen Informationen** sind vor allem die Bedürfnisse und Ansprüche der Konsumenten und die Zahl der mit Messen erreichbaren aktuellen und potenziellen Kunden abzuschätzen.

Ausgehend von der oben beschriebenen Situationsanalyse und – basierend auf den Unternehmens- und Kommunikationszielen – werden die **Ziele des Messeeinsatzes** definiert. Hinsichtlich der psychologischen Ziele stehen die Bekanntmachung und Information (kognitiv-orientierte Ziele) sowie die Auslösung einer Kaufhandlung (konativorientiertes Ziel) im Vordergrund.

Neben der Festlegung der Messeziele gilt es an dieser Stelle, die **Zielgruppen des Messeeinsatzes** zu bestimmen. Bei Messen und Ausstellungen lassen sich die folgenden Nutzergruppen unterscheiden, die hinsichtlich ihrer Kongruenz mit der Unternehmenszielgruppe zu beurteilen sind (vgl. Strothmann 1992; Bruhn 2003a, S. 296f.):

- Gruppe der intensiven Messenutzer,
- Gruppe der punktuellen Messenutzer,
- Gruppe der Messebummler,
- Gruppe der praxisorientierten Messenutzer.

Die Festlegung der **Messestrategie** wird anhand der Dimensionen Messeobjekt (Unternehmen oder einzelne Leistungen), Messebotschaft, Messebeteiligung (Auswahl der Messe), Messezielgruppen und Messeinstrumente (Kommunikationsmittel und -träger) vorgenommen. Die Strategie ist an der Kommunikationsstrategie des Unternehmens auszurichten und ist die Basis für die Bestimmung des zur Verfügung stehenden **Budgets.** Im Rahmen der aus der Strategie abzuleitenden **Maßnahmen,** die in der Vor- und Nachbereitung der Messe zu treffen sind, werden innerhalb der folgenden Bereiche Entscheidungen getroffen (Meffert 1993b, S. 80):

Auswahl der präsentierten Leistungselemente

Aufgrund der Intangibilität und **Immaterialität** von Dienstleistungen sowie der Integration des externen Faktors sind in dieser Phase wichtige Entscheidungen hinsichtlich der **Präsentation** des Unternehmens und seiner Leistungen in der Messephase zu treffen. Anders als bei Konsum- oder Industriegüterunternehmen können die Leistungen nicht in ihrem vollen Umfang vorgestellt werden. Je nach Art der Leistung ist es jedoch möglich, die Potenzial-, Prozess- und/oder die Ergebnisdimensionen der Leistung darzustellen. Hinsichtlich der **Potenzialdimension** ist die Darstellung der Mitarbeiter des Unternehmens sowie tangibler Elemente (z. B. eingesetzte technische Geräte) im Leistungserstellungsprozess denkbar. Bei Leistungen, die während der Messe vorgeführt oder getestet werden können, bietet sich die Darstellung der **Prozessdimension** an. Auf diese Weise können Kunden am ehesten in die Lage versetzt werden, sich unter der intangiblen Leistung etwas Konkretes vorzustellen (z. B. Simulation medizinischer Behandlungsmethoden auf einer Fachmesse für Ärzte, Datenaustausch über ein Funknetz auf einer IT-Messe). Wegen der Integration des externen Faktors und der Heterogenität des Leistungserstellungsprozesses ist eine realitätsgetreue Präsentation der Leistung jedoch nicht möglich. Einige Leistungen können auch betreffend ihres **Ergebnisses** präsentiert werden. Dabei handelt es sich vor allem um solche Leistungen, die am Menschen oder am Objekt durchgeführt werden und zu konkreten physischen Veränderungen führen (z. B. Frisör, kosmetische Behandlungen). Hinsichtlich aller drei Dimensionen bieten sich die physische Präsentation und die Präsentation über **Medien** an. Beispiele für die verschiedenen Möglichkeiten der Präsentation der Unternehmensleistung sind in Abbildung 6-2-16 wiedergegeben.

Konzeption des Messestandes

Im Rahmen der Konzeption des Messestandes gilt es, das Design der physischen Elemente des Messestandes auszuwählen. Wenngleich der Messestand auch bei Konsum- und Industriegütern für den Messebesucher angenehm zu gestalten ist, stellt dies für Dienstleistungsunternehmen aufgrund der **Immaterialität** der Leistung ein besonderes Erfordernis dar. Während bei anderen Gütern das vorgestellte Produkt im Mittelpunkt des Interesses steht, kann die Dienstleistung nicht in ihrer Gesamtheit präsentiert werden. Daher wird der Besucher die Leistung eines Unternehmens um so eher nach der äußeren Beschaffenheit des Messestandes beurteilen, je immaterieller eine Leistung ist. Diese umfasst die Professionalität des Informationsmaterials, Präsentationsformen der Information, die Hochwertigkeit der Standausstattung, gegebenenfalls die Modernität der technischen Geräte, aber auch von der Dienstleistung völlig unabhängige Faktoren wie z. B. die Größe des Messestandes. Besonders bei innovativen Dienstleistungen schließen die Messebesucher von solchen Eigenschaften nicht nur auf die Qualität der Dienstleistung, sondern auch auf die Bedeutung der Dienstleistung, die Marktposition oder die wirtschaftliche Situation des Unternehmens.

Abbildung 6-2-16 **Beispiele für präsentierte Leistungsmerkmale im Rahmen von Dienstleistungsmessen**

Hauptleistungsdimension / Präsentationsart	Potenzialdimension	Prozessdimension	Ergebnisdimension
Physisch	z. B. Lehrer eines Weiterbildungsunternehmens als Messepersonal	z. B. Denkmalpflege-Demonstration auf einer Messe für Denkmalpflege	z. B. Models eines Frisörs auf einer Frisörmesse
Medial	z. B. Präsentation durch einen Reiseführer über Video	z. B. Flugsimulator-Terminal auf einer Messe für Reisen	z. B. Fotos von Teilnehmern eines Diätkurses

GABLER GRAFIK

Auswahl und Einsatz des Standpersonals

Für die Auswahl des Standpersonals gilt ähnliches wie für die Konzeptionierung des Messestandes. Da auch die Mitarbeiter des Unternehmens und – im Fall von Messen – das Standpersonal vom Kunden für die Leistungsbeurteilung herangezogen werden, ist bei der Auswahl des Personals auf dessen äußeres Erscheinungsbild, seinen Wissensstand und seine Kommunikationsfähigkeit zu achten. Besonders im Dienstleistungsbereich sind für das Standpersonal Mitarbeitende (und nicht etwa Hostessen der Messe) einzusetzen, die auch bei ihrer täglichen Arbeit im Kundenkontakt stehen, um den potenziellen Kunden einen kompetenten und authentischen Eindruck der Dienstleistung und der Leistungserstellung zu vermitteln.

2.27 Sponsoring

In der Literatur findet sich eine intensive Diskussion über die Erscheinungsformen, Ziele und Ausgestaltungsformen des Sponsoring. Dabei wird keine Fokussierung auf den Konsumgüter- bzw. den Dienstleistungsbereich vorgenommen, da sich nur wenige Unterschiede ergeben (Mertess 1974; Sedgwick 1978; Stevens 1981; Turner 1987; Loock 1988; Drees 1989; Hermanns 1997; Bruhn 2003a, 2003b).

Sponsoring bedeutet die Analyse, Planung, Organisation, Durchführung und Kontrolle sämtlicher Aktivitäten, die mit der Bereitstellung von Geld, Sachmitteln, Dienstleistungen oder Know-how durch Unternehmen und Institutionen zur Förderung von Personen und/oder Organisationen in den Bereichen Sport, Kultur, Soziales, Umwelt und/oder den Medien verbunden sind, um damit gleichzeitig Ziele der eigenen Unternehmenskommunikation zu erreichen (Bruhn 2005a, S. 387).

Hinsichtlich der unterschiedlichen **Sponsoringbereiche** können Sport-, Kultur-, Sozio-, Umwelt- und Programmsponsoring unterschieden werden (vgl. zum Thema Sport-Sponsoring den Einstieg der Deutschen Bahn als Sponsor der Fußball-WM 2006, Insert 6-2-8). Die Gesamtheit unterschiedlicher Sponsoringformen kann dahingehend unterteilt werden, ob sie aus Sicht des Sponsors oder des Gesponserten betrachtet werden (Bruhn 2003a, S. 312ff.).

Bei den **Sponsoringformen aus Sicht des Sponsors** kann eine Klassifizierung vorgenommen werden nach:

- der **Art der Sponsorenleistung** in:
  - Sponsoring mit Geldmitteln,
  - Sponsoring mit Sachmitteln: aufgrund des grundsätzlich intangiblen Charakters von Dienstleistungen kommt die Bereitstellung von Sachmitteln für Dienstleistungsunternehmen weniger in Betracht, z. B. die Bereitstellung von Fahrzeugen durch eine Autovermietung,
  - Sponsoring mit Dienstleistungen, z. B. wenn ein Catering Service die Versorgung der VIP-Lounge bei einem Tennisturnier organisiert;
- der **Anzahl der Sponsoren** in:
  - Exklusiv-Sponsorships, d. h., das Unternehmen ist alleiniger Sponsor einer Institution, Veranstaltung oder Person,
  - Co-Sponsorships, d. h., das Unternehmen ist ein Sponsor unter mehreren;

INSERT 6-2-8 Horizont, 09.12.2004, S. 4

Bahn stößt WM-Offensive an

Schienenkonzern startet 2005 zwei Werbekampagnen und zeigt erste Aktivitäten als **Sponsor** *der Fußball-WM 2006*

Mit einer veränderten Werbestrategie, einem erhöhten Mediabudget sowie ersten Aktivitäten als offizieller Sponsor der Fußball-WM 2006 startet die Deutsche Bahn ins neue Jahr. Damit wollen die Berliner die Fahrgastzahlen erhöhen, die Wahrnehmung des Konzerns verbessern und ihre 240000 Mitarbeiter motivieren.

Am Dienstag gab die Deutsche Bahn ihre Sponsorship der Fifa-Fußball-Weltmeisterschaft 2006 bekannt. „Unsere Rolle als offizieller Mobilitäts- und Logistikdienstleister ermöglicht es, alle Konzernbereiche einzubringen", sagt Bahn-Chef Hartmut Mehdorn. Nicht nur durch die Transportleistungen wird das Engagement nach außen sichtbar – auch das Erscheinungsbild von Zügen und Bahnhöfen wird auf die WM abgestimmt. Intern soll das Turnier als Aufhänger für eine Service- und Qualitätsoffensive dienen; als Prämien bei Mitarbeiterwettbewerben werden Tickets ausgelobt.

Zum finanziellen Volumen macht die Bahn keine Angaben. Als sicher gilt, dass die knapp 13 Millionen Euro, die die sechs nationalen Förderer – neben der Bahn noch EnBW, Hamburg-Mannheimer, Obi, Postbank und Oddset – ursprünglich jeweils an die Fifa zahlen sollten, nicht in voller Höhe fließen. Insgesamt will die Fifa von den sechs Unternehmen nun rund 60 Millionen Euro eingenommen haben. HORIZONT-Schätzungen zufolge dürften von der Bahn zwischen 4 und 6 Millionen Euro kommen; der Rest wird als geldwerte Transportleistung erbracht.

In den nächsten Monaten eruiert das Unternehmen, wie es seine Sponsorship in der Kommunikation einsetzt. Schon jetzt steht fest, dass die WM 2006 ein Thema der Corporate-Kampagne wird, die Mitte 2005 startet.

Hauptziel der Sponsorship wie der Imagekampagne ist es, das gesamte Leistungsprofil des Konzerns darzustellen. Daher wird der Auftritt anders aussehen als die frühere Kampagne (HORIZONT 4/2004). Grund: Bisher wurde die Wahrnehmung des Konzerns sowie kapitalmarktrelevanter Inhalte zu sehr vom Personenverkehr dominiert. Auch der Claim („Die Bahn macht mobil") steht zur Disposition.

Umso deutlicher wird eine aggressive Personenverkehr-Kampagne bereits ab Mitte Januar vor allem derzeitige Nichtkunden ansprechen – unter dem bekannten Claim. In TV-Spots und Anzeigen sollen Kunden als glaubhafte Testimonials erklären, dass Bahnfahren einfach, schnell, zuverlässig und preiswert ist. Für beide Kampagnen (Agentur: O&M, Frankfurt) nimmt der Konzern mehr Mediageld in die Hand als 2004, wo die Bahn brutto bei 36 Millionen Euro landen dürfte. Stattdessen werden Werbeproduktion und Marktforschung effizienter organisiert; gespart wird auch beim übrigen (Sport-)Sponsoring.

Roland Pimpl

Bahn-Boss Hartmut Mehdorn und OK-Chef Franz Beckenbauer freuen sich über den Deal

Team komplett

Ralf Klein-Bölting, Generalbevollmächtigter Konzernmarketing, hat sein Team komplett: Der bisherige freie Berater Markus Hofmann, 46, wird Leiter Marketingstrategie. Wie berichtet, verantworten Gabriele Handel-Jung Media und Frank Schübel Markenführung (HORIZONT 32/2004).

- der **Art des Sponsors** in:
  - Produkt-/Leistungssponsoren: z. B. Sponsoring der ATP-Weltmeisterschaft durch Mercedes Benz,
  - Unternehmen als Sponsor: z. B. Sponsoring von Kunstausstellungen durch die Deutsche Bank,
  - Stiftungen als Sponsoren: z. B. Sponsoring eines Forschungspreises durch die Bertelsmann Stiftung;
- dem **Initiator des Sponsoring** in:
  - Fremdinitiiertes Sponsoring, d. h., an das Unternehmen wird seitens eines potenziellen Gesponserten hinsichtlich eines Sponsoringengagements herangetreten,
  - Eigeninitiiertes Sponsoring, d. h., das Unternehmen sucht aktiv nach potenziellen Gesponserten;
- der **Vielfalt des Sponsoring** in:
  - Einseitiges Sponsoring, d. h., der Sponsor engagiert sich nur für einen Gesponserten,
  - Vielseitiges Sponsoring, d. h., der Sponsor engagiert sich für mehrere Gesponserte.

Die **Sponsoringformen aus der Sicht des Gesponserten** können klassifiziert werden nach der

- **Art der Gegenleistung des Gesponserten** (z. B. Mediawerbung mit Gesponserten als Nutzer der Dienstleistung),
- **Art der gesponserten Individuen/Gruppen** (z. B. Fußballclub für gemeinschaftlich genutzte Dienstleistungen wie Telekommunikationsdienste, Golfspieler für hochpreisige Individualdienstleistungen wie z. B. Luxushotels),
- **Klasse des Gesponserten** (z. B. Profis versus Amateure),
- **Art der gesponserten Organisation** (z. B. von Privatbank gesponsertes Museum, von Sparkasse gesponserte Musikschule),
- **Art der gesponserten Veranstaltung** (z. B. von Energieunternehmen gesponsertes Autorennen, von Fernsehsender gesponsertes Popkonzert).

Zur **Planung** des Einsatzes des Sponsoring (Bruhn 2003b) ist zunächst eine **Situationsanalyse** anhand der Bereiche Unternehmen, Leistung, Markt, Konkurrenz, Kunden und Umfeld vorzunehmen. Dabei gilt es, den (Miss-)Erfolg vergangener Sponsoringmaßnahmen zu berücksichtigen. Anschließend werden, ausgehend von den Zielen der Unternehmenskommunikation, die **Sponsoringziele** festgelegt. Eine mit Sponsoring zu verfolgende kognitiv-orientierte Zielsetzung ist die Bekanntmachung des Unternehmens, wobei darauf hinzuweisen ist, dass im Gegensatz zur Mediawerbung eine spezifischere Zielgruppenansprache möglich ist. Im affektiv-orientierten Bereich kommt der Imagewirkung des Sponsoring eine zentrale Bedeutung zu. Hinsichtlich der Besonderheiten von Dienstleistungen kann dieses Instrument demnach hilfreich sein, um dem Unternehmen und seinen Leistungen ein positives Image bei der Zielgruppe zu verschaffen. Das konative Ziel der Weiterempfehlung des Unternehmens kann ebenfalls mittels Sponsoring verfolgt werden, wenn die angesprochenen Zielgruppen das Leistungsangebot des Sponsoren direkt nutzen können. In einem nächsten Schritt ist die **Zielgruppe** von Sponsoringaktivitäten zu identifizieren. In diesem Zusammenhang können die Untergruppen „aktive Teilnehmer", „Besucher" und „Mediennutzer" differenziert werden.

Anschließend ist die mit der Kommunikationsstrategie abzustimmende **Sponsoringstrategie** festzulegen. Hinsichtlich der inhaltlichen Bestimmung der Strategie werden die Dimensionen Sponsor (Unternehmen oder einzelne Leistungen), Sponsoringbotschaft (Name, Slogan, Emblem), Gesponserter (in sachlicher, personeller und zeitlicher Hinsicht), Sponsoringzielgruppen und Sponsoringinstrumente (Kommunikationsmittel und -träger) berücksichtigt. Nach der Bestimmung des **Budgets** geht es in der Phase der **Maßnahmenplanung** darum, die festgelegte Sponsoringstrategie unter Berücksichtigung des vorgesehenen Budgets in Form von konkreten Maßnahmen umzusetzen. In diesem Zusammenhang sind die Auswahl von Sponsorships und die Entwicklung von Einzelmaßnahmen zentrale Aktivitäten. Zur Beurteilung der Tauglichkeit eines potenziellen Gesponserten können die folgenden **Anforderungskriterien** herangezogen werden:

- Bekanntheit des Gesponserten,
- Sympathie des Gesponserten,
- Glaubwürdigkeit des Gesponserten,
- Leistungsstärke/Erfolg des Gesponserten,
- Affinität zwischen Sponsor und Gesponsertem.

Hinsichtlich des Kriteriums **Affinität** ist zu prüfen, ob Verbindungslinien zwischen Sponsor und Gesponsertem festgestellt werden können, denn nicht jede Sponsoringmaßnahme eignet sich für die unterschiedlichen Unternehmen in gleichem Ausmaß. Auf Grundlage der differenzierten Ziele ist zunächst die grundsätzliche Eignung von Sponsoringobjekten für das Unternehmen im Rahmen einer Grobbewertung zu untersuchen. Hierbei sind mögliche Verbindungslinien zwischen den Unternehmen und den Sponsoringobjekten zu überprüfen (Bruhn 2003b):

- **Unternehmens-/Leistungsaffinität**
  Zusammenhang zwischen Unternehmen bzw. Dienstleistung und Förderbereich (z. B. Sponsoring einer Ausstellung historischer Wertpapiere und Münzen durch eine Bank).
- **Imageaffinität**
  Kongruenzvergleich von Firmen- bzw. Leistungsimage mit dem Image des Sponsoringobjektes (z. B. Sponsoring eines Reiseführers durch ein Versicherungsunternehmen).

- **Zielgruppenaffinität**
  Übereinstimmung von Zielgruppen des Sponsors und des Gesponserten (z. B. Sponsoring von Kunstausstellungen durch die Deutsche Bank).
- **Know-how-Affinität**
  Eignung der Unternehmensleistung zur Lösung von Problemen des Gesponserten; im Wesentlichen handelt es sich hier um eine fachliche Affinität (z. B. sponsert DEKRA die Deutsche Tourenwagenmeisterschaft).

Im Zusammenhang mit der Entwicklung konkreter Sponsoringmaßnahmen ist darauf hinzuweisen, dass es einem Dienstleistungsunternehmen durch den Einsatz des Sponsoring gelingen kann, die durch die **Besonderheiten** von Dienstleistungen entstehenden Probleme zu verringern:

- Zum einen werden die im Bereich der Werbung bestehenden Einschränkungen für Dienstleistungsanbieter, die aus der **Immaterialität** der Dienstleistungen resultieren, zumindest gemildert. So besteht insbesondere bei Sponsorships nicht die Notwendigkeit, die Leistung in „materialisierter“ Form darzustellen.
- Die häufige Verwendung von **Firmenmarken** bei Dienstleistungsunternehmen kommt ebenfalls dem Sponsoringgedanken entgegen. Gerade beim Sponsoring reduziert sich häufig die Darstellung des Unternehmens auf die Firma. Während Konsumgüterhersteller, die häufig über eine Vielzahl von einzelnen Marken verfügen, keine klaren Synergieeffekte nutzen können, werden Dienstleistungsunternehmen ganzheitlich präsentiert.
- Insbesondere durch das Sponsoring von Personen oder Personengruppen kann es gelingen, die sich aus der Dienstleistungsimmaterialität und damit der **Intangibilität** ableitenden Kommunikationsprobleme zu mildern. So kann ein entsprechend sorgfältig ausgewählter Sponsorträger zu einer **Personalisierung** der Dienstleistung führen und in diesem Zusammenhang Testimonialfunktionen übernehmen. Hier sind aber zum einen die Kongruenz zwischen dem Firmenimage und dem Image des Gesponserten sicherzustellen (z. B. DEKRA/Michael Schumacher). Zum anderen führt die überdurchschnittliche Stärke der Übertragung zwischen Gesponsertenimage und Dienstleisterimage natürlich auch zu einem gesteigerten Sponsoringrisiko. Hier sind z. B. Dopingskandale im Sportbereich bei den Gesponserten zu nennen.
- Ferner kann als Besonderheit der Sponsoraktivitäten von Dienstleistungsanbietern noch hervorgehoben werden, dass eine positive Wahrnehmung der gesponserten Personen, Aktivitäten oder Leistungen zu einem **Vertrauenstransfer** bei aktuellen und potenziellen Kunden und damit zu einer subjektiv wahrgenommenen **Risikoreduktion** führen kann.
- Wenn es sich bei der Sponsoringmaßnahme um die Bereitstellung einer Dienstleistung handelt, kann die aufgrund der **Integration des externen Faktors** und der **Intangibilität der Leistung** nicht vorhandene Möglichkeit von **„Testkäufen“** umgangen werden. In einem solchen Fall können potenzielle Kunden die vom Unterneh-

men angebotene und im Rahmen des Sponsoring eingesetzte Leistung freiwillig und ohne Entgelt „ausprobieren". Dadurch kann ebenfalls ein Vertrauenstransfer und eine Reduktion des wahrgenommenen Risikos stattfinden. Bei Kunden, die die Leistung bereits in Anspruch genommen haben, kann eine solche Sponsoringaktivität zur Bestätigung und Vermeidung bzw. Verringerung kognitiver Dissonanzen führen. Als Beispiele für solche Sponsoringmaßnahmen können die Bewirtung der VIP-Gäste bei einem Tennisturnier durch einen Catering-Service, die Bereitstellung von Flügen und die Abwicklung des Zahlungsverkehrs durch Kreditkarten angeführt werden.

2.28 Event Marketing

Beim Event Marketing handelt es sich ebenfalls um ein Kommunikationsinstrument, dessen Bedeutung in den letzten Jahren zugenommen hat. Dabei ist eine begriffliche Abgrenzung zwischen **Events** als solchen und dem Instrument **Event Marketing** vorzunehmen.

Ein **Event** ist eine besondere Veranstaltung oder ein spezielles Ereignis, das multisensitiv vor Ort von ausgewählten Rezipienten erlebt und als Plattform zur Kommunikation von Unternehmen genutzt wird (Bruhn 2005b, S. 1048).

Da es im Rahmen einer systematischen Kommunikationsplanung jedoch unerlässlich ist, den Einsatz von Events als eigenes Instrument zu verstehen, bietet sich eine Zusammenfassung unter dem Begriff Event Marketing an.

Event Marketing bedeutet die zielgerichtete, systematische Analyse, Planung, Inszenierung und Kontrolle von Veranstaltungen als Plattform einer erlebnis- und dialogorientierten Präsentation einer Dienstleistung oder eines Unternehmens, so dass durch emotionale und physische Stimuli starke Aktivierungsprozesse in Bezug auf Dienstleistungen oder Unternehmen mit dem Ziel der Vermittlung von unternehmensgesteuerten Botschaften ausgelöst werden (Bruhn 2005a, S. 418).

Eine Unterscheidung verschiedener **Erscheinungsformen von Events** (Diller 1992b, S. 289; Bruhn 2003a) im Rahmen des Event Marketing kann nach verschiedenen Kriterien vorgenommen werden, deren Ausprägungen jeweils ein Spektrum an Erscheinungsformen ergeben. Eine **Klassifizierung** ist möglich nach folgenden Aspekten:

- Gerichtetheit des Events (extern versus intern gerichtete Events),
- Zielgruppenansprache (breit versus eng definierte Zielgruppe),

- Rezipientennutzen (informative versus unterhaltsame Events),
- Bedeutung für den Rezipienten (gewöhnliche versus einmalige Events),
- Grad der Interaktion (stark versus schwach interaktive Events),
- Affinität des Event-Themas zu der Unternehmung/Leistung (Events, die in starkem versus keinem Zusammenhang zur Unternehmung/Leistung stehen).

Im Rahmen der **Planung** des Einsatzes des Event Marketing wird zunächst eine **Situationsanalyse des Event Marketing** vorgenommen. Dabei gilt es, unter Berücksichtigung des Erfolges vergangener Event-Marketing-Aktivitäten den Handlungsrahmen für weitere Aktivitäten anhand der Bereiche Markt, Kunden, Absatzmittler, Konkurrenz, Umfeld und Unternehmen zu untersuchen. Die **Ziele des Event Marketing** werden auf zwei Stufen betrachtet. Auf der ersten Stufe stehen vor allem kognitive Ziele im Mittelpunkt. Es geht darum, die gewünschten Teilnehmer durch die Kontaktaufnahme zu einem Besuch des Events zu bewegen. Auf der zweiten Stufe werden insbesondere affektiv-orientierte Zielsetzungen verfolgt. Es ist wichtig, dass der Kunde das Unternehmen in einem von ihm als positiv empfundenen Umfeld kennenlernt und dadurch das Unternehmen und seine Leistungen mit diesen positiven Eindrücken in Verbindung bringt. Aufgrund der Immaterialität von Dienstleistungen ist eine positive Einstellung zum Unternehmen besonders erstrebenswert. Zur zielgruppenspezifischen Zielformulierung wird die **Zielgruppe des Event Marketing** ausgewählt und beschrieben. Hierbei können die Primärzielgruppe, d. h. die gewünschten Teilnehmer des Events, und die Sekundärzielgruppe, d. h. die Rezipienten, denen von den Teilnehmern über den Event berichtet wird, unterschieden werden. Die **Event-Marketing-Strategie** wird anhand der Dimensionen Event-Marketing-Objekt (Unternehmung/einzelne Leistungen), Event-Marketing-Botschaft (Art der beabsichtigten Erlebniswahrnehmung), Eventintensität und -zahl, Eventinszenierung, Eventtyp (z. B. mit oder ohne Bezug zur Unternehmensleistung), Event-Marketing-Zielgruppe sowie Event-Marketing-Instrumente (Kommunikationsmittel, -träger) festgelegt.

Nach der strategieabhängigen Bestimmung des **Budgets** gilt es, die **Maßnahmen** des Event Marketing zu planen. Dabei sind Entscheidungen in folgenden Bereichen zu treffen:

- Gewinnung des Interesses der gewünschten Besucher (z. B. durch Gutscheine für kostenlose Upgrades von Flügen einer Fluggesellschaft),
- Konzeptionierung des Events, z. B. hinsichtlich des Event-Ortes und der inhaltlichen Gestaltung (z. B. Freizeitpark für Event eines Reiseveranstalters),
- Auswahl von Kommunikationsmaßnahmen während des Events (z. B. Engagement einer Band beim Event eines neuen privaten Radiosenders).

Im Rahmen des Einsatzes von Event-Marketing-Maßnahmen ist es möglich, Schwierigkeiten, die aus den **Besonderheiten** von Dienstleistungen entstehen, teilweise zu umgehen:

- Durch den Einsatz tangibler Elemente im Rahmen des Events (z. B. durch die Aufmachung der Stätte des Events) kann eine aufgrund der **Immaterialität** der Leistungen erforderliche **Materialisierung und Visualisierung** des Leistungscharakters erreicht werden, z. B. in Form einer Unterstreichung des Exklusivitätsanspruchs eines Dienstleisters durch das Engagement erstklassiger Künstler.

- Da aufgrund der Immaterialität objektive Kriterien zur Leistungsbeurteilung fehlen, kann im Rahmen des Event Marketing mittels der **Schaffung eines Erlebnisses** für die Rezipienten der Transfer von während des Events empfundenen positiven Emotionen auf die Leistungstransaktion mit dem Unternehmen und dadurch eine positivere Leistungsbeurteilung erreicht werden. Dabei wird vorausgesetzt, dass der Event derart konzipiert ist, dass der Kunde beim nächsten Kontakt mit dem Unternehmen an den Event erinnert wird.

- Aufgrund der **Integration des externen Faktors** ist es wichtig, eine enge Kunden-Mitarbeiter-Beziehung aufzubauen, um dem Kunden das Gefühl zu geben, dass ein Unternehmen bzw. dessen Mitarbeiter Verständnis für die Bedürfnisse und Probleme des Kunden besitzen. Im Rahmen eines Events ist es möglich, dem Kunden ein Erlebnis zu verschaffen, durch das er emotional an das Unternehmen gebunden werden kann.

2.3 Multimediakommunikation

2.31 Grundlagen der Multimediakommunikation

Als zentrale **Auslöser der Multimediatechnologie** können die zunehmende Digitalisierung von Informationen, die Datenkompression sowie die Verfügbarkeit leistungsfähiger Datennetze genannt werden. Die neue Technologie ermöglicht die Integration verschiedener Medien, die globale Verfügbarkeit von Informationen und den interaktiven Umgang mit diesen. Gleichfalls haben die technischen Innovationen das Zusammenwachsen der so genannten TIME-Industrien (Telekommunikation, Informationstechnologie, Medien und Elektronik) und die Auflösung der zwischen den Unterhaltungs-, Ausbildungs- und Informationsmärkten bestehenden Grenzen die Entwicklung der Multimediakommunikation forciert.

Die Verwendung des **Begriffs Multimediakommunikation** erfolgt in unterschiedlichen Zusammenhängen. Zum einen wird als Multimediakommunikation – in Anlehnung an die allgemeine Definition von Kommunikation – der rechnergestützte Austausch von Informationen zwischen einem Sender und einem Empfänger unter Rückgriff auf verschiedene zeitunabhängige (z. B. Text, Bild) und zeitabhängige Medien (z. B. Ton, Animation) verstanden (Gerpott 1996, S. 15; siehe Insert 6-2-9).

INSERT 6-2-9 Horizont, 10.02.2005, S. 36

Mit Nebengeschäft und Beigaben auf die Marke einzahlen

Die **Frankfurter Allgemeine Zeitung** *forciert ihre Kernkompetenz / Kooperation mit Spiegel TV / BBC-Produktionen*

Für Zeitungsverlage wird es mittlerweile immer schwieriger, sich über das Marketing voneinander abzuheben. Bucheditionen, Internetshops und Reisen sind alles andere als unique – originelle Ideen, die wirklich auf die Marke einzahlen, werden rar.

Die „Frankfurter Allgemeine Zeitung" startet im Frühjahr gleich ein ganzes Maßnahmenbündel und deckt damit alle Facetten, vom Nebengeschäft über Paketangebote bis hin zur klassischen Beigabe, ab. „Entscheidend für das Engagement unseres Hauses ist, dass die Projekte immer aus der Kompetenz der ‚FAZ' heraus entwickelt werden, und die Leserschaft noch besser an den Titel gebunden wird", meint Marketingchef Jan P. Klage.

Da kommt so richtig Fernweh auf: Die BBC-Produktion „Amazonas", die der „FAZ" beiliegt

Im März startet die Zeitung in Kooperation mit Spiegel TV eine zwölfteilige DVD-Dokumentationsreihe zur deutschen Geschichte im 20. Jahrhundert. Ab 5. März wird jede Woche eine neue Folge erscheinen, von „Hitlers Weg zur Macht" bis zu „Deutschland im 21. Jahrhundert". Zu jeder Dokumentation haben „FAZ"-Mitherausgeber Frank Schirrmacher und „Spiegel"-Chef Stefan Aust gemeinsam einen prominenten Zeitzeugen oder Historiker interviewt. (HORIZONT 5/2004). „Die Initiative zu dem Projekt ging von der ‚FAZ' aus", meint Schirrmacher. Dass die Wahl auf Spiegel TV fiel, sei kein Zufall gewesen: „Es soll klar sein, dass die Edition aus einem Umfeld von einer schreibenden und einer filmenden Redaktion kommt." Vor allem im editorischen Anspruch will sich die Historien-Reihe von anderen Angeboten abheben: „Wir bieten keinen Zeitzeugensalat, sondern sorgfältige filmische Dokumente", meint Michael Kloft, Leiter History bei Spiegel TV.

Bereits im Februar veröffentlicht die „FAZ" unter dem Titel „Faszinierende Natur" eine zehnteilige Reihe mit BBC-Dokumentationen. Im Rahmen der bundesweiten Aktion erscheint wöchentlich eine DVD, die im Zeitungshandel zusammen mit der Zeitung erworben werden kann. Der Preis pro Zeitung inklusive DVD beträgt 4,90 Euro. Die DVD wird immer wochenweise von Montag bis Freitag nur in Verbindung mit der Zeitung angeboten und nicht einzeln verkauft. Abonnenten können die Gesamtedition zum Vorzugspreis beziehen. Das Projekt wird von einer nationalen Werbekampagne begleitet, die Scholz & Friends, Berlin, entwickelt hat. Unter anderem sind Beileger, Anzeigenwerbung sowie werbliche Maßnahmen im Hörfunk, im Internet, auf Bauzaunplakaten sowie PoS-Präsenz geplant.

Darüber hinaus starten die Frankfurter ab dieser Woche eine Beilagenaktion: Jeweils samstags liegen der „FAZ"-Kioskausgabe ausgesuchte Karikaturen von Greser & Lenz bei. Insgesamt veröffentlicht die Zeitung zehn Drucke der beiden Zeichner, die bereits für das Satiremagazin „Titanic" gearbeitet haben. **nr**

Im unternehmerischen Sinne wird Multimediakommunikation deshalb als die Nutzung multimedialer Technologien zur Erreichung von Unternehmenszielen angesehen. Zur Multimediakommunikation zählen damit auch das Versenden von E-Mails oder die Durchführung von Videokonferenzen über das Internet. Zum anderen erfolgt häufig eine Eingrenzung des Begriffes der Multimediakommunikation auf den Marketingmixbereich der Marktkommunikation:

Multimediakommunikation bedeutet die zielgerichtete, systematische Analyse, Planung, Umsetzung und Kontrolle eines computergestützten, interaktiven und multimodalen Kommunikationssystems als zeitunabhängige Plattform eines zweiseitigen, von den individuellen Informations- und Unterhaltungsbedürfnissen des Rezipienten gesteuerten Kommunikationsprozessen mit dem Ziel der Vermittlung unternehmensgesteuerter Botschaften (Bruhn 2005a, S. 427).

Den weiteren Ausführungen wird eine weiter gefasste Definition von Multimediakommunikation zugrunde gelegt, da die Anwendungsbereiche von Multimedia über den Bereich der Marktkommunikation hinausgehen. So dient Multimedia auch als Verkaufs- und Vertriebsmedium (z. B. Verkauf und Lieferung von Software über das Internet), als Leistungsbestandteil von Produkten (z. B. multimediale Bedienungsanleitungen auf DVD) und als Plattform für neue Strategien im Rahmen der Preispolitik. Insofern wird eine Eingrenzung des Begriffs der Multimediakommunikation den umfassenden Möglichkeiten der neuen Medien nicht gerecht. Insbesondere im Bereich des Dienstleistungsmarketing ist eine eindeutige Zuordnung der Multimediakommunikation zum Marketingmixbereich der marktgerichteten Kommunikation nicht möglich, da die multimediale Kommunikation häufig auch ein wichtiges **Leistungsmerkmal** darstellt (z. B. das Angebot von Börseninformationen über das Internet), dem weniger die kommunikationspolitischen als vielmehr die leistungspolitischen Zielsetzungen zugrunde zu legen sind.

Zur Verdeutlichung des **mixübergreifenden Charakters** der Multimediakommunikation sind in Abbildung 6-2-17 beispielhaft mögliche Bankdienste, die über das Internet abgewickelt werden können, dargestellt. Diese reichen von der Leistungsdarstellung (Kommunikation) bis hin zur Abwicklung von Prozessen und der Leistungserstellung (Transaktion). Wenn die Multimediakommunikation hier dennoch inhaltlich der Kommunikationspolitik subsumiert wird, so erfolgt dies zur Verdeutlichung, dass mit jedem Element der Multimediakommunikation immer auch die Kommunikationspolitik des Dienstleistungsanbieters tangiert wird.

Die **Erscheinungsformen** der Multimediakommunikation sind vielfältig (vgl. Abbildung 6-2-18) und lassen sich anhand der folgenden Ausprägungspaare klassifizieren:

- **Online-/Offline-Kommunikation:** Im Gegensatz zur Offline-Kommunikation (z. B. CD-ROM mit Computerspiel der Commerzbank) besteht bei der Online-Kommunikation (z. B. Homepage der Deutschen Bank im Internet) über Datennetze eine direkte Verbindung zwischen Sender und Rezipient.

- **Domizile/Nicht-domizile Kommunikation:** Bei der domizilen Kommunikation (z. B. Internet) kann der Rezipient die Botschaft zu Hause empfangen, während dies bei der nicht-domizilen Kommunikation (z. B. Terminal am Point of Sale) an einem dritten Ort geschieht.

Abbildung 6-2-17 Bankdienste im Internet

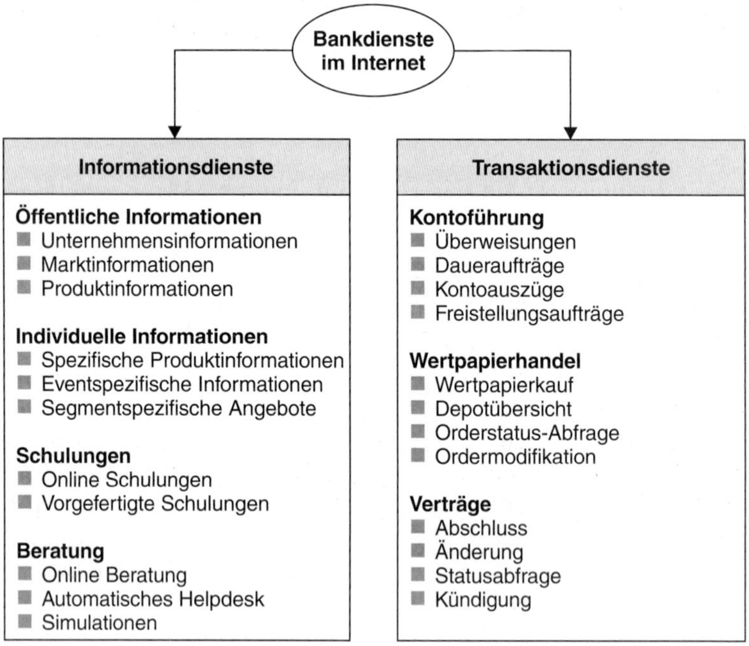

Quelle: in Anlehnung an Sänger 1997

GABLER GRAFIK

Um mit dem Kunden über elektronische Mittel in Interaktion treten zu können, ist es zwingend notwendig, für diesen eine Antwortmöglichkeit zu erlauben. Für eine Kommunikation mit direkter elektronischer **Interaktionsmöglichkeit** ist eine Online-Verbindung erforderlich (Rengelshausen 1995, S. 235). Multimediamittel, die lediglich in dieser Hinsicht Online-Charakter haben (z. B. PoS-Terminal mit Bestellmöglichkeit), jedoch auf Offline-Datenbestände zurückgreifen, werden der Offline-Kommunikation zugerechnet. Diese Gestaltungsmöglichkeit ist nur bei der nicht-domizilen Offline-Kommunikation möglich.

Abbildung 6-2-18 Erscheinungsformen der Multimediakommunikation

	Domizile Anwendungen	Nicht-domizile Anwendungen
Offline-Anwendungen	▪ CD-ROM mit Produktinformationen	▪ PoS-Terminals in Kaufhäusern ohne Anbindung an ein Netzwerk
Online-Anwendungen	▪ Werbung/Vertrieb/Service oder Angebote im Internet	▪ PoS-Terminals in Kaufhäusern mit Anbindung an ein Netzwerk (Möglichkeit der Bestands-prüfung, Bestellmöglichkeit)

GABLER GRAFIK

Quelle: Fink 1997, S. 23

2.32 Planungsprozess der Multimediakommunikation

Zur **Planung** des Einsatzes der Multimediakommunikation ist zunächst eine **Situationsanalyse** hinsichtlich der Bereiche Markt, Kunden, Absatzmittler, Konkurrenz, Umfeld und Unternehmen vorzunehmen. Daran anschließend sind die mit den Zielen der Unternehmenskommunikation abgestimmten **Ziele** der Multimediakommunikation festzulegen. Neben ökonomischen Größen (z. B. Umsatz und Gewinn) sind bei den psychologischen Zielen sowohl kognitiv-orientierte (insbesondere Erzielen von Informationswirkung) als auch affektiv-orientierte (Erzielen von Image- und Gefühlswirkungen) und konativ-orientierte Zielsetzungen (Steuerung des Informationsverhaltens, Beeinflussung der Mund-zu-Mund-Kommunikation) denkbar. Allen Zieltypen kommt im Dienstleistungsbereich deshalb eine hohe Bedeutung zu, weil jedes der genannten Ziele zur Reduktion des wahrgenommenen Risikos beitragen kann.

Als **Zielgruppe** für den isolierten Einsatz der Multimediakommunikation kommen lediglich Nutzer von Multimediamitteln in Betracht. Da es sich bei dieser Personengruppe immer noch um eine relativ eingegrenzte Zielgruppe handelt, hat eine adäquate Integration der Multimediakommunikation in die Gesamtkommunikation zu erfolgen.

Die Entwicklung der **Multimediastrategie** umfasst die Dimensionen:

- Multimediaobjekt (Unternehmen, einzelne Leistungen),
- Multimediabotschaft (Transaktionsmöglichkeit, Informations- oder Unterhaltungscharakter, Kommunikation mit/ohne Interaktionsmöglichkeit usw.),
- Multimediazielgruppe und
- Multimediainstrumente.

Hinsichtlich des Multimediaobjektes bietet es sich bei Dienstleistungen an, auf einzelne Leistungen Bezug zu nehmen, da die Dienstleistung durch Multimedia trotz Intangibilität zumindest teilweise greifbar darstellbar ist. Dies gilt auch für die Multimediabotschaft, innerhalb derer der Erstellungsprozess (z. B. Leistungsmerkmale einer Flugreise) bereits vor einer Kaufentscheidung realitätsnah simuliert werden kann. Dies hat zur Folge, dass der Kunde die Möglichkeit hat, sowohl den Prozess der Inanspruchnahme als auch das Ergebnis der Dienstleistung zu antizipieren.

Nach der unter Berücksichtigung der Strategie durchgeführten Bestimmung des **Multimediabudgets** werden die **Multimediamaßnahmen** geplant. Dabei sind in den folgenden Bereichen Entscheidungen zu treffen:

- Auswahl der zu kommunizierenden Inhalte: Diese können grundsätzlich informativen (z. B. Informationsseite im Internet, Geschäftsbericht auf DVD, Unternehmenspräsentation auf DVD) oder unterhaltsamen Charakter (z. B. Computerspiel auf DVD) aufweisen.
- Auswahl der einzusetzenden Multimediamittel und -träger (z. B. DVD, POS-Terminals, Homepage im Internet).
- Bestimmung der Gestaltungsform, d. h. Auswahl einzusetzender Gestaltungselemente visueller, akustischer und verbaler Art.

2.33 Offline-Kommunikation

Zu den Medien der Offline-Kommunikation zählen transportable Datenträger (CD und DVD), Kioskterminals und portable Rechner (Heimbach 1997, S. 25).

Die transportablen Datenträger **CD** und **DVD** werden insbesondere zu Zwecken der Leistungspräsentation und Unternehmenswerbung (PR) eingesetzt und an aktuelle und potenzielle Kunden per Direct Mailing verschickt oder vom Personal gezielt verteilt. Der Nutzwert für den Dienstleistungsnachfrager liegt vor allem im Visualisierungs- und Simulationspotenzial eines interaktiven Werbemittels. Beispielsweise demonstriert der Logistikdienstleister DHL nicht nur sein breites intangibles und damit relativ schwer zu vermittelndes Leistungsangebot auf einer CD, sondern stellt auf der CD dem Nutzer auch ein Modul zur individuellen Simulation von Kosten bei Inanspruchnahme der Serviceleistungen von DHL zur Verfügung. Auf diese Weise demonstriert DHL seine Leistungskompetenz und kann zur Reduzierung von Unsicherheit bei Kunden schon in der Anbahnungsphase einer Transaktion oder einer längerfristigen Geschäftsbeziehung beitragen.

Der Einsatz von **Kioskterminals** dient ebenfalls in erster Linie der Kundenkommunikation über Leistungen und Unternehmen. Die Einsatzfelder reichen von der Präsentation auf Messen und Ausstellungen über unternehmensinterne Standorte (Eingangshalle, Werkhallen, Hausmessen) bis hin zu öffentlichen Standorten (z. B. in Einkaufszentren).

Zunehmende Bedeutung im Dienstleistungsmarketing erlangt vor allem der Einsatz von portablen Rechnern zu Zwecken der **Verkaufsunterstützung** (insbesondere im Außendienst). Zur aktiven Verkaufsunterstützung kann der portable Rechner überall dort hilfreich eingesetzt werden, wo beim Verkaufsgespräch das Vorstellungsvermögen des Kunden stark gefordert ist (z. B. bei Finanzdienstleistungen). Im Einzelnen liegen die **Vorteile** des Einsatzes von portablen Rechnern zur multimedialen Verkaufsunterstützung in den folgenden Punkten (Bless/Matzen 1995, S. 301):

- Durch den vorstrukturierten Ablauf des Gespräches durch das Programm erfolgt ein **systematisches Verkaufsgespräch,** wenngleich die Software in der Regel auch Sprünge zu vertiefenden Ausführungen zulässt (z. B. zu einzelnen Anlageformen bei der Erstellung eines Vermögensplans).
- Der Verkäufer ist nicht nur auf die verbale Darstellung von Sachverhalten angewiesen, sondern wird durch **multimediale Elemente** unterstützt. Durch die Integration von verschiedenen Medien erfolgt eine „Quasi-Materialisierung" von Dienstleistungen (z. B. Beschreibung von Urlaubszielen mit Text, Bildern und Videoclips).
- Der **Kunde** wird in den Gesprächsverlauf **aktiv integriert,** indem er aus den angebotenen Möglichkeiten und Variationen selbst auswählen kann (z. B. gewünschte Leistungsübernahmen einer privaten Krankenkasse).
- Der Verkäufer macht durch die Computerunterstützung **weniger Fehler** und kann durch Rückgriff auf umfangreiche Datenbanken seine **Leistungskompetenz** unter Beweis stellen. Kunden fühlen sich „von einem Experten beraten" (z. B. durch die Verwendung von Datenbanken mit Urteilssprüchen bei einer Rechtsberatung).
- Der Einsatz der multimedialen Verkaufsunterstützung wird von Kunden nach wie vor als innovativ bewertet und dient damit dem Aufbau eines **innovativen Unternehmensimages** (z. B. Unternehmensberatungen im IT-Sektor).

2.34 Online-Kommunikation (Internet)

2.341 Besonderheiten und Bedeutung des Internet

Durch das Zusammenspiel von technischen Innovationen wie der Digitalisierung, der Leistungssteigerung und der Miniaturisierung einerseits und der steigenden Nachfrage nach interaktiven, individualisierten und jederzeit verfügbaren Angeboten andererseits sind kommerzielle Online-Dienste (in Deutschland vor allem T-Online und AOL) und das **Internet** binnen kürzester Zeit zu vollwertigen Medien gereift.

In Deutschland nutzten im Jahr 2003 insgesamt 73 Prozent aller Unternehmen das Internet für ihre Geschäftsabläufe (Statistisches Bundesamt 2004). Schwerpunkte der Nutzung liegen neben Informationsbeschaffung und der Kommunikation zu Geschäftspartnern vor allem in der Darstellung der eigenen Leistungen auf der Unternehmenshomepage sowie der Beschaffung und der Vermarktung der Leistungen. Hierzu werden besonders Online-Auktionen auf speziellen virtuellen B2B-Marktplätzen genutzt. Auch zu öffentlichen Ausschreibungen von Großprojekten, z. B. Beratungsleistungen oder Raumplanung, werden solche Marktplätze genutzt.

Die **Bedeutung des Internet für das Marketing** ist nach Ansicht führender Forschungsinstitute wie International Data Corporation (IDC) und Forrester Research selbst angesichts der Krise an den Technologiebörsen und der Krise in der New Economy nach wie vor steigend. Dies lässt sich zum einen aus der steigenden Anzahl der Internet-Nutzer ablesen. Gab es 1995 etwa 26 Mio. Internutzer weltweit, so waren es im Frühjahr 2005 bereits knapp 900 Mio. (Internet World Stats 2005). Noch stärker drückt sich die Bedeutung des Internet im Wachstum der E-Commerce-Umsätze aus. So schätzt Infratest den weltweiten Umsatz im E-Commerce für 2005 auf 3.500 Mrd. EUR (TNS Infratest 2005). Auch wenn die Schätzungen diesbezüglich zum Teil sehr weit auseinander gehen (Forrester Research nahm bereits für das Jahr 2003 einen weltweiten Umsatz von mehr als 3.500 Mrd. EUR an), so sind sich doch alle darin einig, dass die E-Commerce-Umsätze in den nächsten Jahren einem starken Wachstum unterliegen werden (Infratest 2005).

Die herausragende Bedeutung des Internet für das Dienstleistungsmarketing verdeutlicht eine Anfang 2000 veröffentlichte Studie zur **Nutzung des Internet als Verkaufsmedium.** Bei dieser Studie handelt es sich um einen Expertenpanel, in dessen Rahmen insgesamt 151 Werbeleiter zur Nutzung des Internet für den E-Commerce befragt wurden (GfK-WirtschaftsWoche-Werbeklima I 2000). Von den befragten Unternehmen nutzten Anfang 2000 im Konsumgüterbereich nur 30 Prozent das Internet als Verkaufsmedium, im Industriegüterbereich waren dies 49 Prozent. Demgegenüber gaben 60 Prozent der Vertreter aus der Dienstleistungsbranche an, ihr Unternehmen nutze das Internet bereits als Verkaufsmedium.

Dem **Internet** und speziell dem **World Wide Web** kommen eine Reihe von **Eigenschaften** zu, die das neue Medium nicht nur als Weiterentwicklung klassischer Medien, sondern als originär-innovativ ausweisen und im besonderen Maße das Marketing mit diesen Technologien beeinflussen (Fink 1997, S. 24ff.; Hünerberg/Heise/Mann 1997, S. 16f.):

- Mit der **Multifunktionalität** des Mediums Internet ist die Möglichkeit angesprochen, dass Unternehmen das Internet zur personenbezogenen Individualkommunikation („One to One"), zur Ansprache einer eingegrenzten Zielgruppe („One to Few") und zur Bereitstellung standardisierter Informationen für die Gesamtheit der Nutzer („One to Many") nutzen können. Aufgrund der unmittelbaren Responsemöglichkeit erschließt sich die Möglichkeit eines Informationsaustausches mit einzelnen Konsumenten im Sinne eines Dialog-Marketing.
- Durch die **Interaktivität** des Internet kann der Nutzer sowohl die Form der Darstellung als auch den Inhalt in Echtzeit auswählen, abrufen, weiterverfolgen, ignorieren und unter Umständen selbst Inhalte hinzufügen. Im Gegensatz zur klassischen Kommunikation (TV, Hörfunk usw.) wird der Rezipient selbst aktiv.

- Darüber hinaus zeichnet sich das Internet durch **Hypermedialität** – dem Prinzip der nicht-linearen bzw. modulhaften Anordnung von Kommunikationsinhalten verschiedener Mediengattungen, die durch Querverweise miteinander verbunden sind – aus.

- Von besonderer Bedeutung für das Marketing ist ebenso die **Transaktionsfähigkeit** des Internet. Geschäfte können nicht nur über das Internet angebahnt werden, sondern bei digitalisierbaren Leistungen (Informationen, Software usw.) können sowohl die Lieferung als auch die Zahlung – mittels elektronischer Verfahren – digital erfolgen (Insert 6-2-10).

- Schließlich ist die **weltweite Reichweite** des Mediums als ein wesensbestimmendes Merkmal des Internet zu nennen.

Die Eigenschaften des Internet führen dazu, dass bei seinem Einsatz eine Reihe **ökonomischer Besonderheiten** zu bedenken sind:

- Als neues Marktgesetz in der **„Internetökonomie"** ist zunächst die veränderte **Kostenstruktur** zu nennen (OECD 1998). Die Verbreitung von Inhalten im Internet zeichnet sich durch eine Dominanz der fixen gegenüber variablen Kosten aus. Beispielsweise fallen bei der Verbreitung von Medieninhalten über das Internet in der Regel Fixkosten von mehr als 90 Prozent der Gesamtkosten an, während in der Zeitschriftenbranche circa 65 Prozent der Gesamtkosten auf Fixkosten (First-Copy-Costs) und 35 Prozent auf variable Kosten durch Vervielfältigung und Vertrieb entfallen. Der Grund für die veränderte Kostenstruktur liegt in der Automatisierung von Prozessen und dem Selbstbedienungscharakter bei der Abwicklung von Geschäften über das Internet. Im Dienstleistungssektor ist eine Einsparung bei den variablen Kosten um bis zu 95 Prozent möglich. So beläuft sich bei der Abwicklung von Banktransaktionen über das Internet die Einsparung auf 89 Prozent der variablen Kosten.

> Der Internethändler **Amazon.com** benötigt kein Verkaufspersonal und nur wenige Mitarbeiter für die Annahme von Bestellungen und Reklamationen. Der Kernprozess läuft stattdessen über ein hochautomatisiertes Lager- und Verpackungssystem. Die Internetbestellungen werden über ein EDV-System verarbeitet, das entsprechende Anweisungen für die logistischen Prozesse bis zum Warenausgang weiterleitet.

- Aus der Fixkostendominanz und den hohen Anfangsinvestitionen resultiert eine im Vergleich zu traditionellen Märkten lange Zeitspanne bis zum Erreichen der Gewinnzone. Der Lohn für die hohen Marketinginvestitionen in den ersten Jahren ist allerdings die **Überwindung des klassischen Ertragsgesetzes,** nach dem die Erträge zunächst recht schnell ansteigen, ihren Scheitelpunkt erreichen und schließlich wieder sinken. Im Internet hingegen wächst der Ertrag überproportional an. Amazon.com verzeichnete z. B. zu Beginn seiner Entwicklung von 1996 bis 1997 einen Umsatzanstieg von 15.7 Mio. USD um 838 Prozent auf 147.8 Mio. USD. Ein Abflachen der Kurve ist in der Regel nicht zu erkennen (Hagel/Armstrong 1997, S. 58ff.;

INSERT 6-2-10 Bankmagazin, Nr. 2, 2005, S. 48–49

IT/TK + Banktechnologie

Garantierte Zahlung im Internet

Mit Hilfe der elektronischen Signatur können Geschäftspartner auch im Internet auf ein Bezahlverfahren mit Zahlungsgarantie bauen – einfach per Bank- und Kreditkarte.

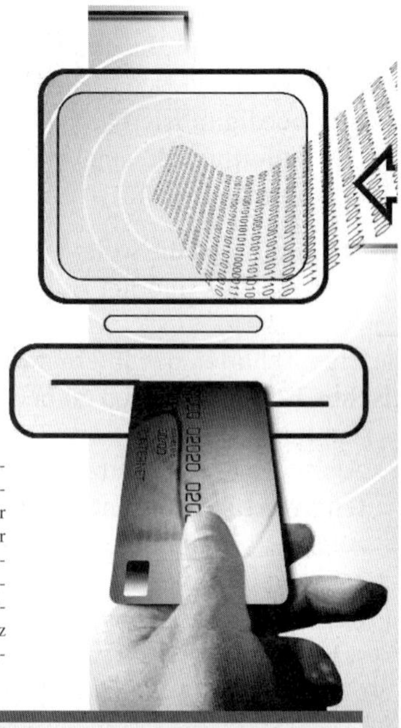

MATHIAS J. BÖHM / MATTHIAS BÜGER / MARKUS KECK

Wer im Internet Waren oder kostenpflichtige Dienstleistungen anbietet, ist auf ein gut funktionierendes Bezahlverfahren angewiesen. Zahlungen auf Basis von Kredit- oder Debitkarten (ec-Karten) können im Internet jedoch nicht mit einer handschriftlichen Unterschrift autorisiert werden. Widerspricht der Kunde später der Zahlung gegenüber seiner Bank, wird der Betrag dem Händler zurückbelastet. Die Durchsetzung der Forderung des Händlers gegenüber dem Kunden auf dem Rechtsweg wird durch das Fehlen einer Unterschrift auf dem Zahlungsbeleg deutlich erschwert.

Lückenhaft: Bezahlverfahren im Internet

Ein weiterer Nachteil für den Händler besteht darin, dass es im Internet bisher kein Verfahren gibt, das ihm eine Zahlungsgarantie bietet, wie etwa das ec cash-/Maestro-Verfahren, bei dem bereits bei der Bezahlung an der Ladenkasse eine direkte Online-Verbindung mit der Bank des Händlers hergestellt und der Zahlungsbetrag online autorisiert wird. Die ec-PIN, die beim ec cash-Verfahren zur Freigabe der Zahlung eingesetzt wird, eignet sich nicht für den Einsatz in offenen Netzen. Eine Autorisierung der Zahlung durch den Kunden gegenüber der Bank ist jedoch zwingend erforderlich, um garantierte Transaktionen durchführen zu können.

Die elektronische Signatur schließt diese Lücke: Mit ihrer Hilfe kann auch im Internet ein auf Debitkarten gestütztes Bezahlverfahren mit Zahlungsgarantie angeboten werden. Gemeinsam mit dem Bankverlag haben Commerzbank, Deutsche Bank, Dresdner Bank und HypoVereinsbank auf der CeBIT 2004 demonstriert, wie eine garantierte Zahlung mit Signatur auf Basis von Bankkarten durchgeführt werden kann. Dabei wird der Grundsatz verfolgt, auf etablierten Kartenzahlun-

Bündnis für elektronische Signaturen

Das Bündnis für elektronische Signaturen wurde im April 2003 zwischen Vertretern von Wirtschaft und öffentlicher Hand in Berlin gegründet. Die Anzahl der Mitglieder hat sich von 13 im Frühjahr 2003 auf über 40 im Sommer 2004 mehr als verdreifacht. Ziel des Bündnisses ist, in einer gemeinsamen Initiative die kritische Masse von Signaturkarten, Lesegeräten und Anwendungen für die Einführung einer neuen Sicherheitsinfrastruktur zu schaffen. Dabei bringt die öffentliche Hand ihre E-Government-Projekte, Technologiepartner und die erforderlichen IT-Kenntnisse ein. Die deutsche Finanzwirtschaft gibt ihre Erfahrungen bei der Ausgabe von (Chip-)Karten weiter. Insbesondere die Einbindung und Ausgestaltung geplanter E-Government-Projekte haben eine hohe Bedeutung für den Erfolg des Signaturbündnisses. So soll zum Beispiel eine virtuelle Poststelle geschaffen werden, die eine zentrale Annahme und Verteilung rechtswirksamer elektronischer Post an Behörden erlaubt. Die Bundesregierung plant ferner, dass die elektronische Signatur im Rahmen der Job-Card-Anwendung den Zugang zu Sozialversicherungsdaten freigeben und so Prozesse bei der Bundesagentur für Arbeit verschlanken soll. Das vorgestellte Zahlungsverfahren kann eine darüber hinausgehende Anwendung von Signaturkarten darstellen.
Die Multifunktionalität der Signaturkarte ist dabei eine ihrer größten Stärken: So kann der Bürger mit derselben Signaturkarte einen Antrag beispielsweise auf Ausstellung eines polizeilichen Führungszeugnisses stellen und die fällige Gebühr unmittelbar entrichten. Die anschließende Zahlung der Gebühr kann mit Hilfe derselben Signaturkarte (und damit durch Eingabe derselben Signatur-PIN) erfolgen. Der Antragsteller bestätigt die Zahlung, auch in diesem Beispiel wie im vorgenannten Ablauf beschrieben.

INSERT 6-2-10 Bankmagazin, Nr. 2, 2005, S. 48–49 (Fortsetzung)

Zahlungssysteme

IT/TK + Banktechnologie

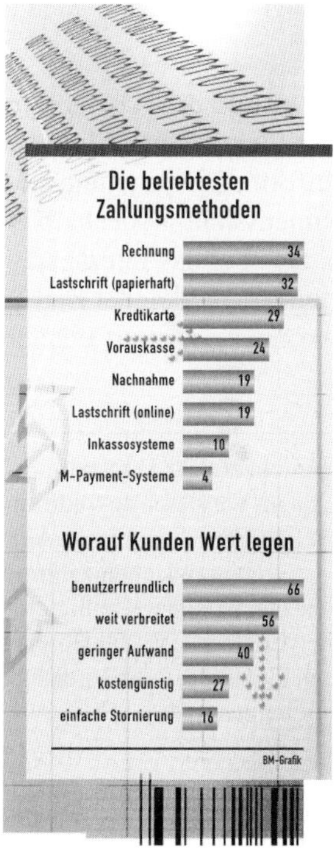

gen und bestehenden kreditwirtschaftlichen Prozessen aufzubauen. Für den Kunden wie für den Händler soll sich die Bezahlfunktion mit Signatur in der Handhabung möglichst wenig von bekannten Abläufen unterscheiden.

Der Kunde benötigt lediglich eine Signaturkarte seiner Bank sowie einen an den PC angeschlossenen Kartenleser. Die Signaturkarten müssen neben den kryptographischen Schlüsseln im Chip über eine eindeutige Zuordnung zum ausgebenden Kreditinstitut verfügen. Ist die Signaturkarte nicht ohnehin kontobezogen, muss der Kunde zuvor mit seiner Bank ein Referenzkonto festlegen.

Ablauf einer Transaktion auf Basis der elektronischen Signatur

Der Händler muss seine Kassensoftware mit einem entsprechenden Plug-In um die neue Zahlungsfunktion erweitern. Da die Systemschritte für das internationale Maestro-Verfahren im Internet bislang am weitesten ausgearbeitet sind, werden die Abläufe beispielhaft im Rahmen von Maestro dargestellt. Wenn der Kunde im Internetshop des Händlers die Option „Zahlen mit Signaturkarte" ausgewählt hat, wird automatisch das Händler-Plug-In innerhalb der Händler-Shopsoftware gestartet. Zur Abwicklung benötigt das Plug-in die 19-stellige internationale Kartennummer (PAN). Diese kann vom Kunden manuell eingegeben oder über den Kartenleser von der Signaturkarte abgefragt werden.

Bietet Sicherheit: Der zweistufige Genehmigungsprozess

Anschließend startet ein zweistufiger Genehmigungsprozess: Die Prüfung der Authentizität des Kunden könnte in dem System zentral beim Bankverlag erfolgen. Die für eine Zahlungsgarantie relevante Betragsprüfung am Konto des Kunden erfolgt anschließend in Form einer gewohnten Autorisierungsanfrage bei der kartenausgebenden Bank.

Am Bildschirm werden die relevanten Daten in Form eines elektronischen Zahlungsbelegs in einem geschützten Browserfenster angezeigt. Zur Freigabe der Zahlung klickt der Kunde auf den Button „signieren". Daraufhin wird der Kartenleser aktiviert und der Signiervorgang gestartet. Mit Eingabe der Signatur-PIN bestätigt der Kunde den Zahlungsvorgang. Die Signatur wird an einen zentralen Authentikationsserver übertragen, der die Korrektheit der Transaktion bestätigt. Dazu benötigt er die im Transaktions-Datensatz sicher hinterlegten Informationen der Karten ausgebenden Bank. Die Information über die Signaturprüfung wird dem Zahlungsauftrag hinzugefügt.

Danach erfolgt die eigentliche Betragsautorisierung. Das Plug-in im Internetshop des Händlers gibt einen formalisierten Datensatz mit Karten-Nummer und Token über die etablierten kreditwirtschaftlichen Systeme zur Autorisierung weiter. Im Rahmen dieser Anfrage wird die Kontodeckung geprüft, bei einem positiven Ergebnis die Zahlungsgarantie für den Händler ausgesprochen und die Zahlungstransaktion angestoßen. Beide Prozessschritte – Signaturprüfung und Betragsautorisierung – erfolgen integriert und werden von Kunde und Händler nicht getrennt wahrgenommen.

Das Geschäftsvolumen im Internet in Deutschland betrug 2004 über zehn Milliarden Euro. Das Forschungsinstitut Forrester Research rechnet mit Umsatz-Volumina von bis zu 42 Milliarden Euro in den kommenden fünf Jahren und einer weiterhin steigenden Nachfrage nach einfachen und sicheren Bezahlsystemen im Internet.

Neuere Studien, etwa von Deutsche Bank Research aus dem Jahr 2004 sowie vom Institut für Wirtschaftspolitik und Wirtschaftsforschung von 2003, zeigen, dass Konsumenten etablierte Bezahlverfahren bevorzugen, die sie von der Ladentheke oder dem Versandhandel kennen (siehe Grafik oben). Dies sind neben der Zahlung auf Rechnung oder Nachnahme insbesondere Zahlungen mit Kredit- oder Debitkarte (Lastschriftzahlungen). Eine Verbindung von klassischer Debit-Karte und Signaturfunktion kommt somit den Kundenwünschen in besonderem Maße entgegen.

Konsumenten bevorzugen etablierte Bezahlverfahren

Der Ablauf einer Zahlung entspricht aus Sicht des Käufers weitgehend der bekannten POS-Transaktion. Damit erfüllt die „Garantierte Zahlung mit elektronischer Signatur" alle wesentlichen Anforderungen der Kunden für ein Internet-Bezahlsystem (siehe untere Grafik). Voraussetzung für den Erfolg einer Verbindung von Debitkartenzahlungen und Signatur ist jedoch eine weite Verbreitung von Signaturkarten und Kartenlesegeräten. Die erforderliche kritische Masse von Signaturkarten und zugehörigen Anwendungen zu schaffen, ist das Ziel des im Frühjahr 2003 gegründeten „Bündnis für elektronische Signaturen". ■

Dr. Matthias Büger ist Projektmanager für das Signaturbündnis bei der Deutschen Bank AG in Frankfurt, Mathias Böhm ist Produktmanager Karten bei der Deutschen Bank AG und Markus Keck ist Leiter Trust- & SB-Banking bei der Commerzbank AG in Frankfurt.

Andersen Consulting 1998). Das Internet eröffnet bei der Marktbearbeitung damit nicht nur Effizienz-, sondern auch Effektivitätsvorteile: Neben Kostensenkungs- und Zeitvorteilen sowie Nutzensteigerungen für den Kunden aufgrund der räumlichen und zeitlichen Unabhängigkeit **(Effizienzsteigerung)** bringt das Internet auch zusätzliche Erträge **(Effektivitätssteigerung).**

- Aus dem umfassenden Angebot von Produktinformationen und dem Aufkommen von Preisagenturen im Internet resultiert schließlich eine **Stärkung der Macht des Konsumenten.** Die Preistransparenz erhöht sich, die Informationsasymmetrie zu Lasten des Konsumenten wird verringert. Aus Unternehmenssicht ist deshalb eine geringere Abschöpfung der Konsumentenrente möglich. Da über das Internet darüber hinaus Transaktionen auf elektronischem Wege von jedem Ort zu jeder Zeit ausgelöst und zum Teil auch digital durchgeführt werden können, existiert eine sehr **hohe Reaktionsgeschwindigkeit** der Marktteilnehmer.

> Die schnelle Verfügbarkeit von Information sorgt im Internet nicht nur für Transparenz. Im Gegenteil entsteht ein so genannter „information overload", da im Vergleich zu traditionellen Ladengeschäften und Dienstleistern vor Ort eine sehr viel größere Anzahl von Anbietern zur Verfügung steht. Zur Erhöhung der Transparenz existieren inzwischen zahlreiche Internetseiten, die Preis- und Leistungsvergleiche zwischen Dienstleistern anbieten. So hält die Seite **holidaycheck.de** Bewertungen und Vergleiche von über 100.000 Hotels bereit, die von Hotelgästen selbst eingegeben werden. Die Seiten idealo.de und ciao.de bieten Preisvergleiche von bis zu 2 Mio. Produkten aus allen Bereichen an.

2.342 Ziele und Strategien des Interneteinsatzes

Die Ziele der Multimediakommunikation lassen sich in ökonomische und psychologische Ziele unterteilen. Während die **psychologischen Ziele des Interneteinsatzes** unmittelbar an den übergreifenden Zielen der Dienstleitungskommunikation bzw. der Multimediakommunikation anknüpfen (kognitiv-, affektiv- und konativ-orientierte Ziele), ergeben sich bei den **ökonomischen Zielen des Interneteinsatzes** von Dienstleistungsunternehmen einige Besonderheiten:

- **Umsatzziele:** Aufgabe der Kommunikationsmaßnahmen im Internet ist nicht nur ein indirekter Effekt auf den Umsatz durch das Erreichen psychologischer Ziele. Vielmehr besteht das Ziel durch das Angebot von Dienstleistungen im Internet darin, neue Zielgruppen anzusprechen und dadurch zusätzliche Umsätze zu generieren.

> **Tchibo** verfolgt über das Internet eine breite Diversifikationsstrategie. Nachdem der Konzern als Kaffeehändler begann, entwickelte er sich in den letzten Jahren zu einem der führenden Einzelhändler in Deutschland. Vor allem über die Internetseite werden weitere Geschäftsbereiche erschlossen. So bietet Tchibo inzwischen neben Kaffee und Produkten des täglichen Gebrauchs Reisen, Versicherungen und Mobilfunkdienste an. Der Online-Umsatz erhöhte sich im Jahr 2003 um 60 Prozent auf 141 Mio. EUR.

- **Kostenziele:** Durch die digitale Anbahnung und Abwicklung von Geschäften im Internet kann der Kunde verstärkt in die Dienstleistungserstellung integriert, die Mitarbeiter von Routineaufgaben entlastet und damit insbesondere die variablen Kosten durch Automatisierung gesenkt werden.

Die **Bedeutung der Ziele,** die Dienstleistungsanbieter durch Angebote im Internet erreichen wollen, unterlagen in den vergangenen Jahren einem fortwährenden Wandel (vgl. Abbildung 6-2-19). Während in den ersten Jahren der kommerziellen Nutzung vor allem ein erstes **„Ausprobieren"** im Mittelpunkt der unternehmerischen Aktivitäten stand, diente das Internet in den vergangenen Jahren insbesondere der **marktgerichteten Kommunikation.** Kommunikationsziele stehen auch aktuell bei den meisten Dienstleistungsanbietern im Vordergrund der Internetaktivitäten, werden aber zunehmend um **Transaktionsziele** ergänzt. Darüber hinaus ist bei einer zunehmenden Anzahl von Anbietern der Trend einer verstärkten Integration des Internet in die gesamte Wertschöpfungskette sowie einer stärkeren **Verzahnung mit klassischen Instrumenten der Marktbearbeitung** (z. B. der Mediawerbung) festzustellen.

Abbildung 6-2-19 Entwicklung des Internet Marketing

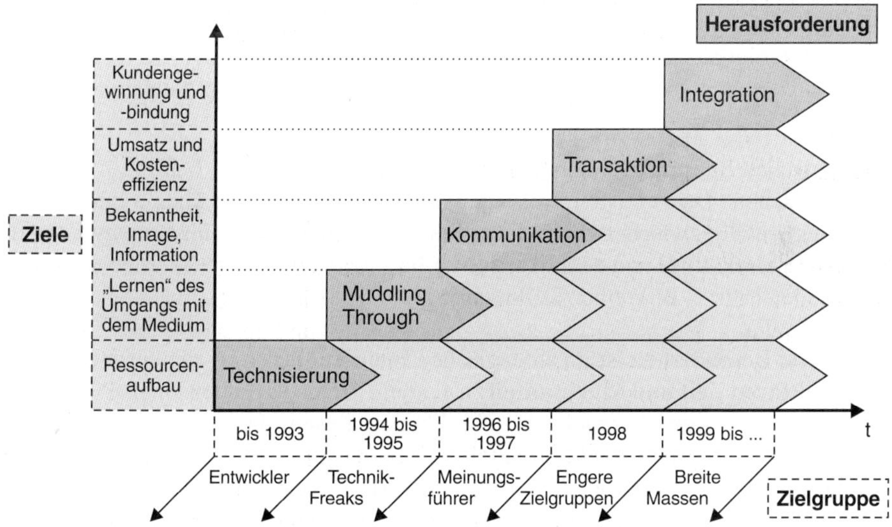

GABLER GRAFIK

Mit der Ausweitung der erreichbaren Zielgruppe im Internet in Richtung einer breiteren Öffentlichkeit übernimmt das Internet bei Dienstleistern auch vermehrt Aufgaben bei der Umsetzung eines an der Beziehungspflege mit Kunden ausgerichteten **Relationship**

Marketing. Ein Beleg hierfür ist einer Studie von Forrester Research aus dem Jahr 1998 zu entnehmen: Bei einer Umfrage unter Banken, die Internet Banking anbieten, wurden die zentralen Gründe für das Engagement im neuen Medium erforscht. Von den befragten Anbietern nutzen 45 Prozent das Internet hauptsächlich zu Kundenbindungszwecken und 24 Prozent zum Aufbau eines innovativen Images. Lediglich 12 Prozent streben durch das Internet die Neukundengewinnung an. Weitere 12 Prozent nutzen das Internet hauptsächlich zur Realisierung von Kostensenkungspotenzialen (sonstige Gründe: 5 Prozent).

Im **strategischen Internet Marketing** ergeben sich einige Besonderheiten im Vergleich zum „klassischen" Dienstleistungsmarketing. In der Literatur zum Thema Internet wird deshalb regelmäßig zwischen dem Marketing im „Marketplace" (als Synonym für das „klassische" Marketing) und dem Marketing im „Marketspace" (Internet Marketing) unterschieden (vgl. z. B. Weiber/Kollmann 1999, S. 48f.).

Mit der Ausweitung der erreichbaren Zielgruppe im Internet in Richtung einer breiteren Öffentlichkeit übernimmt das Internet bei Dienstleistern auch vermehrt Aufgaben bei der Umsetzung eines an der Beziehungspflege mit Kunden ausgerichteten **Relationship Marketing.** Ein Beleg hierfür ist einer Studie von Forrester Research aus dem Jahr 1998 zu entnehmen: Bei einer Umfrage unter Banken, die Internet Banking anbieten, wurden die zentralen Gründe für das Engagement im neuen Medium erforscht. Von den befragten Anbietern nutzen 45 Prozent das Internet hauptsächlich zu Kundenbindungszwecken und 24 Prozent zum Aufbau eines innovativen Images. Lediglich 12 Prozent streben durch das Internet die Neukundengewinnung an. Weitere 12 Prozent nutzen das Internet hauptsächlich zur Realisierung von Kostensenkungspotenzialen (sonstige Gründe: 5 Prozent).

Im strategischen Internet Marketing ergeben sich einige **Besonderheiten** im Vergleich zum „klassischen" Dienstleistungsmarketing. In der Literatur zum Thema Internet wird deshalb regelmäßig zwischen dem Marketing im „Marketplace" (als Synonym für das „klassische" Marketing) und dem **Marketing im „Marketspace"** (Internet Marketing) unterschieden (vgl. z. B. Weiber/Kollmann 1999, S. 48f.).

- Als erste Besonderheit ist im strategischen Internet Marketing die besondere Rolle der **Faktoren Zeit und Marktanteil** zu nennen. Treten Dienstleister als Pioniere mit Innovationen in den Internetmarkt ein, können diese in kurzer Zeit eine hohe Bekanntheit und einen hohen Marktanteil erreichen (bekannte Beispiele sind das Auktionshaus eBay und der Händler amazon.com). Folgern bleibt in der Regel ein breiter Markterfolg nicht zuletzt deshalb verwehrt, weil Pioniere aus der Vielzahl der Kontakte mit Nutzern gelernt haben, ein bedarfsgerechtes Angebot mit relevanten Value Added Services bereitzuhalten und damit die Kundenbindung zu stärken. Pionierunternehmen können infolgedessen binnen weniger Monate nahezu uneinholbare Zeitvorsprünge realisieren und Markteintrittsbarrieren durch ein qualitativ hochwertiges Angebot, das auf Erfahrungsvorsprüngen basiert, aufbauen. Jeder Zugriff von Kunden kann damit letztlich als Chance interpretiert werden, Bedürfnisse von Konsumenten zu erkennen und vom Kunden zu lernen. Die gute Marktkenntnis kann die

Basis zur langfristigen Differenzierung von Konkurrenten durch Qualitätsvorsprünge darstellen. Die besondere Relevanz eines frühen Markteintritts zeigt sich in diesem Zusammenhang auch durch die vielzitierte Besonderheit der so genannten Internetzeitrechnung, nach der sich ein Jahr im Internetzeitalter auf nur drei Monate beläuft.

- Darüber hinaus können durch den Markteintritt als Pionier so genannte **„Lock-in"-Situationen** entstehen (Clement/Litfin/Peters 1998, S. 82). Die Kosten für den Wechsel zu einem anderen Anbieter werden bei Lock-in-Situationen aus Nutzersicht höher als der daraus resultierende Nutzen empfunden. Beispielsweise führt die Nutzung einer neuen Online-Banking-Plattform im Internet zu Kosten in Form von zusätzlicher Einarbeitungszeit in die Bedienung.

- Ist ein hinreichend großer Marktanteil erreicht, treten darüber hinaus so genannte **positive Feedbacks** ein. Die gestiegene Anzahl von Kunden sichern dem Unternehmen eine solide Refinanzierungsbasis. Die Erträge können wiederum in die Professionalisierung des Internetangebotes investiert werden, so dass weitere Nutzer zum Besuch einer Internetseite motiviert werden können und letztlich der Marktanteil erhöht werden kann. Durch die Schaffung von Lock-in-Situationen und durch positive Feedbacks ist es einigen Dienstleistern sogar gelungen, eine monopolartige Stellung aufzubauen (z. B. AOL in den USA).

- Eine weitere Besonderheit des Internet Marketing ist in der Möglichkeit zur **„Mass Customization"** zu sehen (Fink 1998, S. 137ff.; Tseng/Piller 2003; Kreuzer 2005). In „klassischen" Märkten sieht sich ein an individuellen Bedürfnissen ausgerichtetes Marketing grundsätzlich dem Spannungsfeld zwischen höherem Umsatz einerseits und steigenden Kosten (insbesondere Komplexitätskosten) andererseits ausgesetzt. Aufgrund der hohen Kosten ist ein am einzelnen Kunden orientiertes One-to-One-Marketing in der Regel kaum realisierbar. Insbesondere die Erfassung individueller Bedürfnisse und die Entwicklung maßgeschneiderter Problemlösungen gehen häufig mit einem kaum vertretbaren Aufwand einher. Im **Internet** können hingegen sowohl die Erfassung individueller Bedürfnisse durch Protokollierungstechniken als auch die Zusammenstellung maßgeschneiderter Problemlösungen automatisiert erfolgen und Kosten gesenkt werden. Damit besteht in diesem Medium die Möglichkeit, durch „Massenindividualisierung" des Leistungsangebotes die Kundenloyalität und die Kundenwerte durch die Abschöpfung von Zahlungsbereitschaften zu erhöhen bzw. zusätzliche Umsätze zu generieren.

Beispielsweise bieten einige Suchmaschinen im Internet den Nutzern die Möglichkeit einer individuellen Gestaltung der Einstiegsseite (so genannte Portalseite) an. Der Nutzer gibt seine Präferenzen per Internetfragebogen bekannt und erhält anschließend bei jedem Aufruf der Internetseite die auf seine individuellen Präferenzen zugeschnittenen aktuellen Informationen (Nachrichten aus bestimmten Kategorien, Surftipps, Buchtipps usw.). Buchhändler im Internet bieten ihren Kunden ebenfalls einen auf die individuellen Präferenzen zugeschnittenen Service an: Interessiert sich ein Besucher der Webseite für ein bestimmtes Buch, werden ihm automatisch weitere Bücher angeboten, die von anderen Kunden mit ähnlichen Interessen bereits bestellt wurden. Bei vielen Versicherungsunternehmen können Versicherungen heute ebenfalls online abgeschlossen werden. Auch hier können detaillierte Angaben zur Person erfragt und ein individuell auf den Versicherungsnehmer zugeschnittenes Versicherungspaket angeboten werden.

- Als letzte Besonderheit des Dienstleistungsmarketing im strategischen Internet Marketing sei hier die **Notwendigkeit von Kooperationen** genannt. Attraktive Systemangebote und ein konkurrenzfähiges Preis-Leistungs-Verhältnis sind im Internet in der Regel nur durch die Bildung von Wertschöpfungspartnerschaften in strategischen Allianzen (so genannte Business Webs) zu erreichen. Durch die Konzentration auf die eigenen Kernkompetenzen können die notwendigen Skalenerträge zur Erreichung einer hohen Effizienz erzielt werden. Dies ist insbesondere vor dem Hintergrund der Kostenstruktur (Dominanz der fixen gegenüber den variablen Kosten) in der Internet-Ökonomie von besonderer Bedeutung.

2.343 Internetwerbung

Der Einsatz des **Internet als Werbemedium** im Rahmen der Kommunikation ist vereinfacht durch die drei **Formen** E-Mail, Banner Ads und unternehmenseigene Homepage realisierbar:

1. Durch Versenden von **E-Mails** können Konsumenten direkt und individuell kontaktiert werden. Dies setzt zum einen die Sammlung von E-Mail-Adressen und zum anderen die Akzeptanz des Konsumenten voraus (Insert 6-2-11).

2. Durch **Banner Ads** kann auf stark frequentierten Internetseiten (z. B. bei Suchmaschinen, Magazinen oder Zeitungen) für die eigene Webseite geworben werden. E-Mail und Banner Ads zählen zu den Werbeformen der Push-Werbung, da sie auf Initiative des werbetreibenden Unternehmens erfolgen und nicht explizit vom Konsumenten angefordert werden. Es bietet sich an, für Banner Ads mit den Anbietern verwandter Dienstleistungen zu kooperieren. Beispielsweise schaltet die Deutsche Bahn auf den Internetseiten des Reiseanbieters expedia.de Werbung für seine Sonderangebote in Verbindung mit Urlaubsreisen.

3. Die **unternehmenseigene Homepage** zählt zum Bereich der Pull-Werbung, da werbliche Informationen lediglich zur Verfügung gestellt werden. Die Initiative für den Abruf von Informationen geht allein vom Nutzer aus, weshalb diese Werbeform als „Advertising on Demand" bezeichnet wird. Werbung wird hier zu einer angeforderten statt zu einer gesendeten Botschaft. Insbesondere bei Dienstleistungen, die nur selten nachgefragt werden bzw. bei Dienstleistungen im Business-to-Business-Bereich wird nur die unternehmenseigene Homepage als Kommunikationsmittel im Internet verwendet, beispielsweise für Unternehmensberatung, Wirtschaftsprüfung, Privatbanken oder Steuerberatung.

INSERT 6-2-11 Beispiel einer Direct Mail der Lufthansa-Tochter Swiss

30. März 2005

Swiss
Newsletter

swiss
Swiss International Air Lines

Index

Swiss Web Specials Europa
Special Offers
SWISS News
Kontakt
Feedback

Schneller unterwegs mit SWISS am Flughafen Zürich

Sehr geehrter Herr Meier

Ab sofort kommen Sie mit SWISS noch direkter an Ihr Ziel: Alle Flüge innerhalb Europas und nach Nordafrika starten jetzt von Dock A und alle Langstreckenflüge von Dock E. Wenn Sie von einem SWISS-Flug auf einen anderen umsteigen, ermöglicht Ihnen das neue Benutzerkonzept am Flughafen Zürich einen schnellen und einfachen Transfer, vor allem bei Flügen innerhalb Europas.

Weitere Informationen finden Sie hier.

Wir freuen uns schon jetzt, Sie vom verbesserten Bodenservice in Zürich überzeugen zu dürfen.

Freundliche Grüsse

Aufgrund des Pull-Charakters und der exponentiell steigenden Größe abrufbarer Informationen im Internet stellt es eine zunehmend schwierige Aufgabe dar, Konsumenten erstmals zum Besuch der eigenen Internetseiten zu bewegen. Insofern existiert im Internet eine neue Dimension der **„klassischen Aktivierungsproblematik“.** Von zentraler Bedeutung ist deshalb die Abstimmung aller Kommunikationsmaßnahmen im Sinne einer Integrierten Kommunikation. Die Angabe der Internetadresse in allen Medien und bei jeder Gelegenheit, der Verweis auf bestimmte Events im Internet usw. sind Ausdruck dieses Prinzips.

Im Vergleich zur Mediawerbung (TV, Print) weist die Internetwerbung eine verhältnismäßig geringe Reichweite auf und kann deshalb nur einen geringen Beitrag zur Erhöhung der **Markenbekanntheit** oder der **Markenaktualität** leisten. Des Weiteren verfügen klassische Medien über Vorteile gegenüber der Internetwerbung durch die (noch) größeren Möglichkeiten bei der Botschaftsgestaltung und die geringeren Kontaktkosten (größere Breitenwirkung bei niedrigeren Tausenderkontaktpreisen). Internetwerbung zeichnet sich demgegenüber durch die (additive) Erreichbarkeit spezieller Zielgruppen (Special Interest Groups, Meinungsführer) mit hohem Produktinteresse und -involvement bei jederzeitiger Verfügbarkeit und hohem Dialogpotenzial aus (größere Tiefenwirkung). Kontakte von Konsumenten zu eigenen Webseiten können deshalb – wie kein anderes Medium – zur **Stärkung der Markenpersönlichkeit** beitragen.

Einen wesentlichen Beitrag zur Erklärung des **Informationsverhaltens im Internet** und damit zur Erforschung der **Werbewirkung im Internet** haben die Autoren Hoffman und Novak (1996) geleistet. Diese konnten empirisch nachweisen, dass die Informationssuche im Internet durch einige aus Marketingsicht sehr entscheidende Merkmale bei den Konsumenten gekennzeichnet ist:

- **Erhöhte Aufnahmefähigkeit:** Informationen werden im Internet aufgrund der Multimedialität des Mediums schneller aufgenommen und besser behalten als bei der Information über klassische Medien. Somit können auch komplexe Sachverhalte im Internet beschrieben werden. Insbesondere die Interaktivität des Mediums erlaubt dem Informationsnachfrager eine seinen Fähigkeiten entsprechende Geschwindigkeit bei der Informationsdarbietung.
- **Subjektiv wahrgenommene Verhaltenskontrolle:** Der Nutzer sieht sich in einer Situation, in der er seine Umgebung (den Informationsfluss im Internet) vollkommen beherrscht. Aufdringliche Werbung existiert nach Meinung des Konsumenten im Internet damit nahezu nicht.
- **Experimentierfreude:** Personen, die Informationen im Internet abrufen, sind (bisher) generell Neuem gegenüber besonders aufgeschlossen. Es bietet sich damit aus Anbietersicht im besonderen Maße die Chance, im Internet auf Innovationen oder Weiterentwicklungen von Dienstleistungen hinzuweisen.
- **Imagewirkung:** Das Angebot von Informationen, die den Nutzer interessieren, von ihm abgerufen werden und zur Deckung seines Informationsbedarfs beitragen, führt zu einer positiven Einstellung gegenüber dem Anbieter bzw. der angebotenen Dienstleistung.

Zusammenfassend stellt damit das Angebot von detaillierten Informationen über das Leistungsspektrum eines Unternehmens im Internet eine geeignete Möglichkeit dar, die **wahrgenommene Unsicherheit** seitens der Konsumenten zu reduzieren. Über das Internet können wesentlich detailliertere Informationen über Leistungen als in klassischen Medien wie dem Fernsehen oder Rundfunk transportiert werden, so dass auch für hoch erklärungsbedürftige Leistungen mit der notwendigen Informationsbreite und -tiefe kommunikative Botschaften an den Kunden herangetragen werden können.

Eine besondere Herausforderung in der Internetwerbung besteht darin, dem Nutzer auf Dauer interessante Inhalte zur Verfügung zu stellen, um ihn zum **wiederholten Besuch** einer Internetseite zu bewegen. Die Generierung innovativer Inhalte stellt sich jedoch für eine Vielzahl von Unternehmen als durchaus schwierig dar. Darüber hinaus stoßen „Innovationen" wie Werbespiele oder Downloadmöglichkeiten von Bildschirmschonern u. Ä. auf ein abnehmendes Interesse seitens der Internetnutzer. Vor diesem Hintergrund tendieren einige Unternehmen mittlerweile dazu, nicht unter dem Markennamen Inhalte im Internet zu publizieren, sondern ein bestimmtes Thema in den Mittelpunkt der Internet-Werbung zu stellen, um eine **virtuelle Community** zu formen. Im Konsumgüterbereich gibt es zu dieser Form der Online-Werbung bereits einige interessante Websites (ein erfolgreiches deutschsprachiges Beispiel für Low-Involvement-Produkte findet sich auf der Seite www.milka.de). Im **Dienstleistungsbereich** wird diese Form der Online-Werbung bislang erst wenig angewendet. Erwähnenswert sind hier die beiden Virtuellen Communities „IMAFDI“ (www.imafdi.de) und „Spotlight“ (www.spotlight.de). Bei **IMAFDI** (= Internet Marketingtipps für Diplomanden) handelt es sich um eine Community für Studenten, die sich mit Themen wie Marketing in den neuen Medien, E-Commerce, One-to-One-Marketing usw. beschäftigen. Neben dem Angebot von Informationsquellen (z. B. Online-Ressourcen, Online-Diplomarbeiten) auf der IMAFDI-Website, unterstützt IMAFDI den Erfahrungsaustausch der Studenten untereinander und stellt die Verbindung zwischen Unternehmen, Forschungseinrichtungen oder Verbänden her. Weitere Angebote für den User beinhalten eine Mailingliste, ein Diskussionsforum sowie ein IMAFDI-Chat-Café. Die Community **Spotlight** ist ein als Studienprojekt gestarteter Online-Treffpunkt, der zahlreiche Diskussionsforen anbietet, hauptsächlich zu Themen rund um den Computer, aber auch zu anderen Themen (z. B. Reisen, Auto, Finanzen, Musik, Astrologie und Sport). Hier sind Websurfer aufgerufen, zu diskutieren, sich zu informieren und eigene Ideen den anderen Mitgliedern der Community anzubieten. Werbung erfolgt hier nur auf indirektem Weg in einer wenig aufdringlichen Form.

2.344 Kontrolle der Internetkommunikation

Im Internet Marketing ergibt sich grundsätzlich der Vorteil, dass die Protokollierung jedes Nutzungsvorganges zur **Kontrolle des Internetangebotes** möglich ist. Die Protokollierung erfolgt durch so genannte Logfiles, die Nutzungsvorgänge in Echtzeit und sekundengenau in digitaler Form festhalten. Zu den wichtigsten protokollierten Informationen eines Logfiles gehören neben dem Zeitpunkt einer Abfrage und der vom Nutzer abgefragten Adresse des Internetangebotes (so genannte URL) auch diejenige Webseite, die ein Nutzer zuvor besucht hat („Referrer URL“). Somit kann ansatzweise auf die Qualität einer Internetseite geschlossen werden. Die Auswertung von Logfiles gibt einen ersten Aufschluss sowohl über den **quantitativen Erfolg einer Webseite** als auch über die Notwendigkeit von Anpassungen der Inhalte an die Wünsche der Online-Nutzer. Für die effiziente Auswertung der Protokollierungsdaten stehen mittlerweile einige Softwarelösungen zur Verfügung, die die Analyse der Logfiles übernehmen (Dastani 1998).

Aus Marketingsicht ist aber nicht nur der quantitative Erfolg der Internetseiten von Bedeutung, sondern auch und insbesondere deren **qualitative Wirkungen** auf den Online-Nutzer. Daher sind Einstellungsänderungen und der Aufbau von Markenpräferenz oder Markenbekanntheit durch das Internet zu erfassen, um Aussagen über den kommunikativen Erfolg des Internetengagements machen zu können. Zur Ermittlung der Wirkungen der Internetwerbung (qualitative Erfolgsmessung) ist es deshalb notwendig, auch traditionelle Verfahren der Werbewirkungskontrolle einzusetzen, bei denen eine Messung anhand der Informationsverarbeitung, der Produktbeurteilung und des Kaufverhaltens erfolgen kann.

3. Preispolitik

3.1 Grundlagen der Preispolitik

3.1.1 Besonderheiten der Preispolitik von Dienstleistungsunternehmen

Ebenso wie bei den zuvor vorgestellten Entscheidungstatbeständen der Leistungs- und Kommunikationspolitik nehmen die **dienstleistungsspezifischen Besonderheiten** auch Einfluss auf die Preispolitik von Dienstleistungsunternehmen (Woratschek 2001c, S. 609; Docters et al. 2004, S. 23). Die offensichtlichste Besonderheit besteht in der – im Gegensatz zum Konsum- und Industriegüterbereich – seltenen Verwendung des Terminus „Preis“. Vielmehr werden je nach Dienstleistungsbranche für die vom Konsumenten zu erbringende materielle Gegenleistung Begriffe wie Honorar, Provision, Tarif, Gebühr, Porto usw. verwendet (Simon 1992a, S. 565; Lovelock/Wirtz 2004, S. 151). Abbildung 6-3-1 zeigt einen Überblick über dienstleistungsspezifische Besonderheiten der Preispolitik, die im Folgenden erläutert werden.

Abbildung 6-3-1 Besonderheiten der Preispolitik von Dienstleistungsunternehmen

Besonderheiten von Dienstleistungen	Implikationen für die Preispolitik
Leistungsfähigkeit des Dienstleistungsanbieters	■ Schwierige Kostenzurechnung bei der Preisgestaltung ■ Preis- und Konditionenpolitik als Instrument zur Steuerung der Kapazitätsauslastung
Integration des externen Faktors	■ Heterogenität innerhalb der Preisfestsetzung ■ Preisgestaltung mit Berücksichtigung von Selbstbeteiligungen des Dienstleistungsnachfragers ■ Qualität des externen Faktors als Determinante der Preiskalkulation
Immaterialität (Nichtlagerfähigkeit, Nichttransportfähigkeit)	■ Preis als Qualitätsindikator ■ Dokumentation des Preis-Leistungs-Verhältnisses schwierig ■ Schwierige Ermittlung der Preisbereitschaft

GABLER GRAFIK

Die Notwendigkeit der permanenten **Leistungsfähigkeit** führt zu folgenden Besonderheiten der Preispolitik von Dienstleistungsunternehmen:

- Die Aufrechterhaltung der Leistungsbereitschaft des Dienstleistungsanbieters führt zu einem hohen Anteil von fixen Bereitstellungskosten (Corsten 2001), die in der Regel Gemeinkostencharakter aufweisen (z. B. Personalkosten im Hotelgewerbe, Kosten für die Bereitstellung von Transportmitteln bei Verkehrsdienstleistungen) und denen verhältnismäßig geringe variable Nutzungskosten gegenüberstehen (Haase/Salewski/Skiera 1998, S. 1054). Diese im Dienstleistungsbereich besonders ausgeprägte Kostenstrukturproblematik verhindert eine **verursachungsgerechte Verteilung auf die Kostenträger** und erschwert so kostenbasierte Ansätze der Preisfestlegung.
- Der **Kapazitätsauslastung** über die Instrumente der Preis- und Konditionenpolitik (z. B. Last-Minute-Tickets) kommt eine besondere Erfolgsrelevanz zu.

Die **Integration des externen Faktors** hat folgende Konsequenzen für die Preispolitik:

- Die Integration des externen Faktors führt bei Dienstleistungen mit einem hohen Individualisierungsgrad zum **Problem der Festlegung einheitlicher Preise** für die Inanspruchnahme einer Dienstleistung (Scheuch 2002, S. 244). Verschiedene Dienstleistungsanbieter lösen dieses Problem, indem sie mit jedem Kunden Rahmenregelungen für die Entlohnung einer Dienstleistung festlegen und erst nach Abschluss des Dienstleistungsvollzugs die endgültige Fixierung des Dienstleistungspreises vornehmen (z. B. Unternehmensberatungen, Kostenvoranschlag bei Reparatur).
- Die bewusste **Auslagerung von Teilaktivitäten** des Dienstleistungserstellungsprozesses **auf den externen Faktor** (Customer as Co-Producer) ist auch in der Preispolitik angemessen zu berücksichtigen (z. B. Preisnachlass vieler Frisöre, wenn der Kunde die Haare selbst fönt).
- Die **Qualität des externen Faktors** ist zum Teil eine bedeutende Preisdeterminante, etwa weil sie das Ausmaß der für ein vereinbartes Ergebnis einzusetzenden Ressourcen determiniert (z. B. Nachhilfeunterricht mit Erfolgsgarantie).

Aus der **Immaterialität** von Dienstleistungen folgt:

- Aufgrund der fehlenden sichtbaren Leistungsmerkmale kann dem Preisniveau einer Dienstleistung als **Ersatzkriterium zur Qualitätsbeurteilung** beim Dienstleistungskauf eine hohe Bedeutung beigemessen werden (z. B. Restaurants, Hotels). So ist es trotz der Schwierigkeiten der Ermittlung einer Preisresponse- bzw. Preisabsatzfunktion bei Dienstleistungen als notwendig anzusehen, mögliche Preis-/Qualitäts-/Absatzmengenzusammenhänge zu ermitteln (Steenkamp/Hoffmann 1994).

Die Nichtlager- und die Nichttransportfähigkeit eröffnen in Verbindung mit dem Uno-Actu-Prinzip einen breiten Spielraum für Preisdifferenzierungsstrategien, da hier Arbitrage, d. h. die Möglichkeit von Kunden, die Differenzierung zu umgehen, in vielen Fällen ausgeschlossen werden kann (Simon 1992a, S. 573ff.).

- Ein direkter Preisvergleich kann im Allgemeinen nicht erfolgen und ohne die tatsächliche Inanspruchnahme einer Dienstleistung (z. B. Durchführung einer Urlaubsreise, Ausführung eines neuen Modehaarschnitts) kann auch das **Preis-Leistungs-Verhältnis** nur mit großer Unsicherheit beurteilt werden (Cannon/Morgan 1990).
- Aufgrund der Immaterialität von Dienstleistungen erweist es sich als schwierig, die **Preisbereitschaft für neue Dienstleistungen** aus Sicht der Dienstleistungsnachfrager zu erfassen, da der die Preisbereitschaft determinierende Nutzen einer innovativen Dienstleistung nur schwer vermittelt werden kann (z. B. Preisbereitschaft für das Angebot einer Komplettreise „Tür-zu-Tür" durch die Deutsche Bahn).

Die Heterogenität des Dienstleistungssektors erschwert dabei generelle Aussagen über die preispolitischen Besonderheiten des Dienstleistungsmarketing. Je nachdem, in welchem Ausmaß die Charakteristika permanente Aufrechterhaltung der Leistungsbereitschaft, Integration des externen Faktors und Immaterialität für eine spezifische Dienstleistung Gültigkeit besitzen, variiert auch die individuelle Relevanz der aufgezeigten Spezifika der Preispolitik.

In jüngerer Zeit wird neben klassischen preisbezogenen Strategien auch diskutiert, die **Ziele des Relationship Marketing,** das im Dienstleistungsbereich eine besondere Rolle spielt, im Rahmen der Preispolitik zu beachten (Diller 1997, 2000b; Simon et al. 2000; Siems 2003).

Es wird dahingehend argumentiert, dass durch eine bestimmte preispolitische Ausrichtung eine **Preiszufriedenheit** erzeugt werden kann, die ihrerseits die Gesamtzufriedenheit beeinflusst. Als strategische Grundsätze zur Erreichung dieses Ziels werden insbesondere der Verzicht auf Preisschönungen und versteckte Zusatzkosten, übersichtliche, verständliche und nachvollziehbare Tarifsysteme und eine Beachtung des Kundenurteils über den Preis genannt (Diller 2000b, S. 580).

Des Weiteren wird diskutiert, inwieweit die Preispolitik herangezogen werden kann, um die **Kundenbindung** zu steigern. Als eine Möglichkeit werden hier insbesondere Preisdifferenzierungsstrategien genannt, d. h., Instrumente wie die BahnCard können ebenso als Kundenbindungsmaßnahme verstanden werden wie Treuerabatte und andere. Simon et al. stellen hierzu z. B. fest, dass durch den Erwerb einer BahnCard die Nutzung der Dienstleistung Bahn bei diesen Kunden vermehrt erfolgt (Simon et al. 2000, S. 324).

Eine weitere Möglichkeit, die Kundenbindung durch die Preispolitik zu beeinflussen, besteht darin, die Kundenbindung (bzw. mit dieser in Verbindung stehende Größen wie die Wiederkaufbereitschaft und die Referenzbereitschaft) über eine positive Preisbeurteilung zu verbessern (Diller 2000b). Dieser Effekt wurde von Diller (2000b) und Siems (2003) empirisch im Dienstleistungsbereich für unterschiedliche Dienstleistungen nachgewiesen. Kritisch anzumerken ist jedoch, dass eine durch den Preis verursachte Kundenbindung zum Teil als **„Cold Loyalty"** anzusehen ist, d. h., auf diese Art erzeugte Kundenbindung hält bei einem Teil der Kunden nur so lange an, wie der monetäre Anreiz besteht (Siems 2003).

3.12 Planungsprozess der Preisfestlegung

Vergleichbar mit der Planung des Einsatzes anderer Marketinginstrumente kann die Preisfestlegung anhand verschiedener Phasen strukturiert werden (Bruhn 2004c, S. 1701f.).

1. Analyse des preispolitischen Spielraums

Um unter Berücksichtigung sämtlicher Einflussfaktoren eine sinnvolle Preisfestlegung vornehmen zu können, ist zunächst eine Situationsanalyse mit dem Ziel vorzunehmen, den preispolitischen Spielraum des Unternehmens zu eruieren (z. B. staatliche Reglementierungen, Wettbewerbssituation).

2. Bestimmung preispolitischer Ziele

In der nächsten Phase gilt es, die preispolitischen Ziele des Dienstleistungsunternehmens festzulegen. Bei Zielkonflikten zwischen einzelnen Zielen, insbesondere zwischen unternehmens- und marktorientierten Zielen, ist zunächst zu prüfen, ob die konfliktäre Zielbeziehung durch geeignete Maßnahmen veränderbar ist. Ist dies nicht der Fall, sind Prioritäten zu setzen, um die Verfolgung einer widersprüchlichen Strategie zu vermeiden.

3. Festlegung preispolitischer Strategien

- Hinsichtlich der **Preispositionierung** des Unternehmens können eine Hoch-, Mittel- und Niedrigpreisstrategie unterschieden werden.
- Betrachtet man den **Preiswettbewerb,** sind Strategien der Preisführerschaft, des Preiskampfes sowie der Preisfolgerschaft zu unterscheiden. So ist z. B. in den letzten Jahren vermehrt zu beobachten, dass Billig-Fluggesellschaften wie z. B. die irische Ryanair, die britische Easyjet oder die deutschen Gesellschaften Germanwings und AirBerlin in das europäischen Fluggeschäft einsteigen und es hierdurch vermehrt zu einem Preiskampf mit den etablierten Fluglinien wie der Lufthansa kommt.
- Angelehnt an das Konzept des Produkt- bzw. **Leistungslebenszyklus** kann gemäß der Phasenabhängigkeit des Preises zwischen einer Penetrations- und einer Skimmingstrategie differenziert werden.
- Bezüglich der **Variabilität** der Preise können eine Festpreisstrategie, eine flexible Preisstrategie sowie eine pulsierende Preisstrategie verfolgt werden.
- Aufgrund ihrer besonderen Bedeutung im Dienstleistungsbereich wird auf die Strategien der **Preisdifferenzierung** und **Preisbündelung** später noch ausführlicher eingegangen.

4. Festlegung preispolitischer Maßnahmen

Zu den preispolitischen Maßnahmen zählen

- die genaue Festlegung der Höhe des von den Kunden zu entrichtenden Preises,
- im Fall einer Preisdifferenzierungsstrategie die Festlegung der Art der Differenzierung, der Differenzierungskriterien und der unterschiedlichen Preisstrukturen,
- im Fall einer Strategie der Preisbündelung die Festlegung der Art der Bündelung und der zugehörigen Preisstrukturen,
- die Festlegung von allen noch nicht im Rahmen von Preisdifferenzierungs- oder Preisbündelungsmaßnahmen festgelegten Preisnachlässen (z. B. Boni, Skonti) und Preiszuschlägen (z. B. Entgelte für Sonderleistungen, Mindermengenzuschläge).

5. Kontrolle im Rahmen der Preispolitik

Im Rahmen der Preispolitik ist es zum einen notwendig, den Zielerreichungsgrad der preispolitischen Maßnahmen zu kontrollieren. Ein Reiseveranstalter z. B. hat unter anderem zu prüfen, ob und in welchem Umfang Frühbucherrabatte, Gruppenermäßigungen und Preisnachlässe für bestimmte Marktsegmente (z. B. Kinder) von den Kunden in Anspruch genommen werden. Die Kontrolle umfasst allerdings auch die regelmäßige Überprüfung der Preisbereitschaft für die Dienstleistung, um festzustellen, inwieweit bestehende Preispotenziale ausgeschöpft wurden.

Zum anderen ist zu kontrollieren, inwieweit Veränderungen der Unternehmens-, Wettbewerbs- und sonstiger Umweltbedingungen eingetreten sind, die eine Anpassung der Preispolitik erfordern (Lauszus/Kalka 1998, S. 179).

Im Folgenden werden mögliche Ziele der Preispolitik eines Dienstleistungsunternehmens als Ausgangspunkt der Preisfestlegung ausführlicher diskutiert.

3.13 Ziele der Preispolitik

Zur Sicherstellung einer stringenten Ausrichtung preispolitischer Maßnahmen ist die Vorgabe preispolitischer Ziele als kanalisierendes Instrument unabdingbar. Sowohl in der Theorie als auch in der Praxis kommt dabei dem Ziel der Gewinnmaximierung ein besonderer Stellenwert zu. Gleichwohl besteht heute Einigkeit darüber, dass die **Gewinnmaximierung** nicht die alleinige und schlechthin geltende Maxime der Preispolitik ist. Ausgehend vom Gewinnziel lassen sich die **Zielsetzungen preispolitischer Maßnahmen** in unternehmensgerichtete Ziele, die stärker auf die Kostenkomponente als dem negativen Gewinnbestandteil abzielen, und marktgerichtete Ziele, die stärker auf den Umsatz als positivem Gewinnbestandteil gerichtet sind, unterscheiden (Meffert 2000, S. 485ff.; Bruhn 2004c, S. 166). Zu den **unternehmensgerichteten Zielsetzungen** zählen unter anderem:

- Möglichst hohe und gleichmäßige **Auslastung der aufgebauten Dienstleistungskapazitäten** durch eine preisbezogene Nachfragesteuerung im Rahmen eines „Yield Managements" (Enzweiler 1990; Krüger 1990; Smith/Leimkuhler/Darrow 1992). So führte beispielsweise die Steigerung des Sitzladefaktors um einen Prozentpunkt bei der Lufthansa-Passage im Jahr 1997 zu einer Ertragsverbesserung von rund 50 Mio. Euro (o. V. 1998b).
- Maximierung des **Marktanteils** einhergehend mit der Realisierung von Kostensenkungen auf Basis von Erfahrungskurven.

Zu den **marktgerichteten Zielen** zählen unter anderem:

- Förderung der **Einführung neuer Dienstleistungen** durch preis- und konditionenpolitische Maßnahmen (z. B. niedrigpreisiges oder kostenloses Angebot zur Nutzung der Dienstleistung bei Einführung, Insert 6-3-1),
- Abschöpfung von **Preisbereitschaften** (z. B. durch Maßnahmen der Preisdifferenzierung und nutzenorientierte Preisfestlegung),
- Positive Beeinflussung psychologischer Einflussfaktoren des Kaufverhaltens, z. B. Verbesserung der wahrgenommenen Dienstleistungsqualität, falls der Preis von Kunden als Qualitätsindikator verwendet wird **(Imagewirkung des Preises),** Erhöhung der **Kundenzufriedenheit** durch Verbesserung der Zufriedenheit mit dem Preis („Preiszufriedenheit"), Steigerung der **Kundenbindung** durch preispolitische Kundenbindungsmaßnahmen (z. B. Bonusprogramme) (Siems 2003).

Die genannten Ziele gelten in erster Linie für Dienstleistungsunternehmen, die privatwirtschaftlich organisiert sind und damit dem erwerbswirtschaftlichen Prinzip unterliegen. Für öffentliche Dienstleistungsunternehmen, wie z. B. Krankenhäuser, Theater, Museen, Schwimmbäder und öffentliche Verkehrsunternehmen rücken **andere Zielsetzungen** der Preispolitik in den Mittelpunkt. Derartige, nicht ausschließlich durch preispolitische Maßnahmen realisierbare Ziele sind beispielsweise:

- Erschließung der Dienstleistung für eine breite Bevölkerungsschicht (z. B. Theater, Museen),
- Verminderung von Kosten im Gesundheitswesen (z. B. Schwimmbäder, Sportstätten),
- Zurückdrängen des Individualverkehrs aus den Innenstädten (z. B. öffentlicher Nahverkehr).

INSERT 6-3-1 Handelsblatt, 21.03.2005, S. 16

Mit Skype gegen die Telekom

Niklas Zennström feiert Erfolge mit der Internet-Telefonie

HELMUT STEUER, STOCKHOLM
HANDELSBLATT, 21.3.2005

Er sieht nicht aus wie einer, der den Bossen der großen Telekom-Konzerne das Fürchten lernen kann. Niklas Zennström wirkt eher schüchtern, macht den Eindruck, er käme gerade aus dem Büro eines Zwangsvollstreckers. Etwas blass, die dunkelblonden Haare adrett zur Seite gekämmt, eine schmalrandige Brille, und dieser unschuldige Blick, der ständig signalisiert: Vor mir müsst ihr keine Angst haben.

Doch man kann sich in dem 39-jährigen Schweden schwer täuschen. Zusammen mit seinem dänischen Jugendfreund Janus Friis ist er ausgezogen, der Telekom-Branche den Garaus zu machen. Ihr Gratis-Programm Skype ermöglicht das Telefonieren zum Nulltarif. In Luxemburg registriert, mit Sitz in London und Entwicklungsabteilung im estnischen Tallinn bietet **Skype** mit seinen etwa 80 Mitarbeitern die Voice over IP-Telefonie, kurz VoIP, an.

Wenn beide Partner die kostenlose Skype-Software auf ihrem Rechner installiert haben, können sie in hervorragender Tonqualität stundenlang plaudern ohne einen einzigen Cent zu zahlen. Die Software, die mittlerweile für alle gängigen Betriebssysteme erhältlich ist, wandelt die Sprache in kleine Datenpakete um, die wie Musikdateien blitzschnell durchs Netz geschickt werden.

Auch Konferenzschaltungen, kurze Textmitteilungen und Datentransfer sind via Skype möglich. „Unser oberstes Ziel ist es derzeit, so viele Anwender wie nur möglich zu gewinnen", sagt der schüchterne Zennström im Gespräch mit dem Handelsblatt. Bislang geht seine Rechnung auf: Mittlerweile haben 29 Mill. Anwender, darunter immer mehr Unternehmen, weltweit Skype für sich entdeckt. Anfang des Jahres waren es gerade einmal 13 Mill. Seit einiger Zeit gibt es auch SkypeOut und SkypeIn, Bezahldienste, bei denen man von seinem Computer kostengünstig ins gewöhnliche Festnetz und umgekehrt telefonieren kann. „Eine Million unserer Anwender nutzen die kostenpflichtigen Dienste", sagt Zennström.

Die Gefahr für die etablierten Telekom-Konzerne, durch Skype unter die Räder zu geraten, ist allerdings gering. „Eigentlich ändern sich nur ihre die Einnahmequellen", sagt Håkan Wranne, Analyst bei Fischer Partners in Stockholm.

Tatsächlich verdienen die Telekom-Konzerne an Skype mit, denn der Anwender muss einen ADSL- oder Breitband-Anschluss haben und bezahlen, um die Gratistelefonie nutzen zu können. Pessimistischer sind dagegen die Analysten von Evalueserve in Neu Delhi, die in einer kürzlich erschienen Analyse bis 2009 mit einem Umsatzrückgang bei den europäischen Telekom-Konzernen von rund acht Prozent und einem Gewinnsturz von 20 bis 25 Prozent ausgehen. Zennström rechnet selbst mit mindestens 100 Mill. Menschen, die in fünf Jahren übers Internet telefonieren.

Kooperation ist ein neues Leitwort für den Internet-Profi Zennström: Mit **Siemens,** immerhin auch Großlieferant der traditionellen Telekom-Unternehmen, entwickelte Skype ein neues schnurloses Telefon, das „normales" Telefonieren ohne Kopfhörer und Mikrofon übers Internet ermöglicht. Und mit den Telekom-Konzernen hat Zennström Abkommen geschlossen, damit man aus dem Internet ins Fest- oder Mobilfunknetz und umgekehrt telefonieren kann.

Vor ein paar Jahren forderte Zennström mit seiner Musiktauschbörse Kazaa die gesamte Musikindustrie heraus. Die reagierte auf die Millionen illegal heruntergeladenen Songs mit einer Flut von Klagen. Kazaa hat er mittlerweile verkauft, aber er ist vorsichtig geworden: Ein Besuch in der Softwareschmiede von Skype außerhalb Tallinns ist unmöglich. Skype-Mitarbeiter, die das Handelsblatt in der estnischen Hauptstadt getroffen hat, dürfen nicht einmal die Adresse ihres Arbeitsplatzes nennen.

Im Zusammenhang mit dem Absatz von **Nonprofit-Leistungen** ist die Verwendung des Terminus Preis allgemein eher selten anzutreffen. Dies liegt hauptsächlich daran, dass die geforderten Gegenleistungen für Nonprofit-Leistungen häufig nicht durch marktliche Mechanismen zustande kommen, sondern aufgrund von politischen oder sozialen Überlegungen festgelegt werden. Neben die genannten gemeinwohlorientierten Ziele tritt angesichts der angespannten Finanzsituation öffentlicher Haushalte allerdings in immer stärkerem Maße die Verlustminimierung oder **Kostendeckung als notwendige Nebenbedingung** der Preispolitik öffentlicher Dienstleistungsunternehmen.

So wird bei Museen, Orchestern oder auch gesetzlichen Krankenkassen zunehmend der so genannte Selbstversorgungsgrad erhöht. Oft versucht der Staat nach Möglichkeit darüber hinaus, öffentliche Einrichtungen zu privatisieren.

3.14 Ansatzpunkte der Preisfestlegung

Preisentscheidungen können nach der Neuartigkeit der Leistung in Preisentscheidungen für neue Leistungen und für bereits vorhandene Leistungen eingeteilt werden. Ferner sind Entscheidungen im Bereich der Zahlungsbedingungen im Sinne von regulierten Preisen festzulegen. Dabei ist zu beachten, dass im Dienstleistungsbereich vielfach **Preisnormierungen** anzutreffen sind (Meyer 1994; Corsten 2001). Hierbei handelt es sich weniger um einen preispolitischen Entscheidungstatbestand als vielmehr um eine von außen vorgegebene Restriktion bei der Preisfestlegung. Normpreise werden als Einheitspreis, Höchstpreis, Mindestpreis, Spannenpreis oder Richtpreis entweder von staatlicher Seite durch Gesetze und Verordnungen oder durch Vereinbarungen von Berufsverbänden festgesetzt. Als Beispiel für Preisnormierungen können Gebührenordnungen von Ärzten, Rechtsanwälten oder Steuerberatern aufgeführt werden, die von den Berufsverbänden in Zusammenarbeit mit staatlichen Stellen festgesetzt werden. In ehemals staatlichen, monopolistischen Unternehmen spielen ebenfalls regulative Beschränkungen bei der Preisfestlegungen eine Rolle (z. B. Telekommunikation, Bahn, Post, Energieversorger). So wurde die Deutsche Telekom zur Abgabe von Kapazitäten an Wettbewerber und zur Einhaltung festgelegter Höchstpreise verpflichtet. Damit können nach dem Grad der Entscheidungsfreiheit des Dienstleistungsunternehmens regulierte und freie Preisentscheidungen unterschieden werden. Im Weiteren wird auf die Diskussion der Preisnormierung sowie damit verbundener Probleme verzichtet und nur die **freie Preisentscheidung** als Ansatzpunkt der Preisfestlegung betrachtet.

Im Rahmen der Preisfestlegung sind zahlreiche Einflussfaktoren zu berücksichtigen. Dabei können die **Preisdeterminanten** in fünf Gruppen unterteilt werden:

1. Zu den **unternehmensbezogenen** Faktoren zählen die Kosten der Leistungserstellung, die Unternehmensziele, die angestrebte Positionierung des Unternehmens, das Lebenszyklusstadium der betrachteten Leistung, die strategische Rolle des Preises für das Unternehmen bzw. in seiner Branche sowie die Kapazitätsplanung des Dienstleisters.

2. Den **konsumentenbezogenen** Determinanten des Leistungsentgeltes können die Zahl der Nachfrager, die Substituierbarkeit der Leistung durch die Konkurrenz bzw. durch die Konsumenten selbst (Michel 1996), die Preisvorstellungen und Preisbereitschaft der Konsumenten, die Preiselastizität der Nachfrage, die Möglicheit einer preisabhängigen Qualitätsbeurteilung sowie die allgemeine wirtschaftliche Lage subsumiert werden.

3. Bei indirekt vertriebenen Leistungen sind hinsichtlich der Vertriebspartner insbesondere die Stellung und das Ansehen des Unternehmens und seiner Leistungen als **absatzmittlerbezogene** Einflussfaktoren zu berücksichtigen.

4. Bei den **konkurrenzbezogenen** Einflussfaktoren sind vor allem der Wettbewerberpreis sowie die Wettbewerbssituation zu erwähnen.

5. Besonders im Dienstleistungsbereich sind bezüglich der **umfeldbezogenen** Faktoren Regulierungen des Preises zu nennen (z. B. durch politische Entscheidungen) sowie auch Einflüsse auf die Preisentscheidung durch konjunkturelle Entwicklungen, gesetzliche Auflagen u. a.

In Verbindung mit der Steuerung der konsumentenbezogenen Determinanten Preisbeurteilung und Preiszufriedenheit werden eine Reihe weiterer, vorgelagerter Konstrukte diskutiert (Müller/Klein 1993; Diller 2000a, 2000b; Siems 2003).

Diesbezüglich lässt sich zunächst festhalten, dass die Preisbeurteilung selbst auf verschiedene Urteilsarten zurückgeführt werden kann. Wird ein Preisurteil ausschließlich auf Basis preislicher Aspekte – also ohne Einbezug einer Leistungs- bzw. Qualitätsbeurteilung – gebildet, wird dies als **Preisgünstigkeitsurteil** bezeichnet. Für den Dienstleistungsbereich wird vermutet (Müller/Klein 1993, S. 1ff.), dass diese Art der Preisbeurteilung bei einem Individuum umso relevanter wird,

- je größer der Standardisierungsgrad der Dienstleistung bei allen Anbietern dieser Dienstleistung ist,
- je geringer die Differenz zwischen einzelnen Leistungsmerkmalen zwischen den Anbietern ist und
- je mehr Erfahrung das Individuum mit der jeweiligen Dienstleistung bereits hat.

Werden neben preislichen Aspekten auch Leistungsaspekte – insbesondere die Leistungsqualität – in das Preisurteil einbezogen, spricht man von **Preiswürdigkeitsurteilen** (Diller 2000a). Generell gilt das Preiswürdigkeitsurteil, das oft mit der Beurteilung des Preis-Leistungs-Verhältnisses gleichgesetzt wird, nicht nur als Determinante der Preisbeurteilung und der Preiszufriedenheit, sondern auch als wichtiges Entscheidungsmerkmal eines Kunden für die Wahl eines Anbieters. Gleichzeitig wird – wie bereits erwähnt – gerade bei Dienstleistungen insbesondere aufgrund der Immaterialität die Ex-ante-Beurteilung des Preis-Leistungs-Verhältnisses durch den Kunden als schwierig eingestuft.

Eine weiterführende Erklärung, wie Preisurteile entstehen, liefert die **Theorie des Ankerpreises** (auch Referenzpreis) (Winer 1988; Kalyanaram/Winer 1995; Hruschka 1996, S. 135ff.). Demnach vergleichen Individuen beobachtete Preise mit internen Preisnormen („Ankerpreisen"). Den Ankerpreis unterschreitende Preise führen entsprechend dieser Theorie zu einer positiven Beurteilung durch das Individuum („Gewinn"), während ein den Ankerpreis überschreitender Preis eine negative Bewertung („Verlust") zur Folge hat und einen entsprechenden Anreiz zum Bezug der Leistung darstellt.

Zur **Entstehung eines Ankerpreises** gibt es unterschiedliche Theorien. Entsprechend der verhaltenstheoretischen Adaptionsniveau-Theorie (Helson 1964) resultiert der Ankerpreis aus der Preisgeschichte, d. h. den bisherigen Erfahrungen des Individuums, sowie seinen Erwartungen an zukünftige Preise. Vereinfachend kann der Referenzpreis dann auch als „normal gezahlter Preis" eines Produktes gesehen werden (Müller/Klein 1993, S. 20). Daneben existiert eine Vielzahl weiterer Theorien, z. B. dass für bestimmte Leistungen insbesondere der Konkurrenzpreis – z. B. der Preis des Marktführers – ausschlaggebend für den Ankerpreis ist (Simon 1997; Siems 2003).

Neben dem Ankerpreisurteil ist die wahrgenommene **Preisfairness** als Determinante des Preisurteils zu nennen. Zur Erklärung dieses Konstrukts wird insbesondere die Equity-Theorie herangezogen (Homans 1961; Boyd/Bhat 1998; Herrmann/Wricke/Huber 2000; Siems 2003). Demnach vergleicht ein Individuum sein Ergebnis eines Austauschprozesses mit dem seines Austauschpartners sowie gegebenenfalls den Ergebnissen anderer Individuen. Für den Dienstleistungsbereich i. V. m. der Preiswahrnehmung heißt dies, dass das Urteil eines Kunden über die Preisfairness eines Anbieters davon abhängt, wie der Kunde das Verhältnis seiner eigenen Aufwand-Nutzen-Relation zu der des Anbieters sowie zu der anderer Kunden einstuft (Martins/Monroe 1994, S. 75f.; Herrmann/Wricke/Huber 2000, S. 134). Entsprechend fungiert auch hier ein interner Referenzpreis bei einem Kunden als Maßstab, mit dem der zu beurteilende Preis als fair oder unfair bewertet wird (Martins/Monroe 1994, S. 75f.; Bolton/Lemon 1999; Varki/Colgate 2001, S. 237).

Ein weiterführender Ansatz zur Erklärung der Preisfairness findet sich bei Diller (2000a, S. 184ff.), der mit Beachtung von Gesichtspunkten wie Verteilungsgerechtigkeit, Verfahrensgerechtigkeit, Interaktionsgerechtigkeit und Machtasymmetrie eine Weiterentwicklung des Equity-Ansatzes aufgreift und darauf basierend von Preisfairness als einem mehrdimensionalen Konstrukt mit den Komponenten Preisgerechtigkeit, Konsistenz, Preiszuverlässigkeit, Preisehrlichkeit, Einfluss- und Mitspracherecht, Respekt und Achtung gegenüber dem Partner und Kulanz ausgeht. Unter Preisgerechtigkeit versteht Diller dabei die Nähe zum marktüblichen Preis-Leistungs-Verhältnis, unter Konsistenz den Verzicht auf ein einseitiges Abweichen eines der Interaktionspartner von Gesetzmäßigkeiten (z. B. eine Änderung des Verfahrens der Preisfestlegung durch den Hersteller), unter Preiszuverlässigkeit die Einhaltung von bei Vertragsabschluss in Aussicht gestellten Preisen und unter Preisehrlichkeit die Klarheit und Wahrheit von Preisinformationen.

In letzter Zeit wird in der Preisforschung dem allgemeinen Trend im Marketing, insbesondere im Dienstleistungsmarketing folgend, emotionale Aspekte stärker zu beachten (Forberger 2000; O'Neill/Lambert 2001; Siems 2003), neben den genannten Konstrukten auch **Preiserlebnissen** und **-emotionen** verstärkt Beachtung geschenkt, die in Anlehnung an die Terminologie des Konsumentenverhaltens als positive oder negative, bewusste oder unbewusste Empfindungen über Preise oder mit dem Preis in Verbindung stehende Tatbestände (z. B. Rabatte) verstanden werden können (Diller 2000a; Siems 2003). Beispiele für Preiserlebnisse sind Preisfreude (z. B. ausgelöst durch eine vorübergehende, überraschende Preisreduktion), Preiseuphorie (z. B. bei Schlussverkäufen), Preisstolz (z. B. nach erfolgreichen Preisverhandlungen) oder Preisneid (z. B. bei Nichtpartizipationsmöglichkeit an Preisvergünstigungen, von denen andere profitieren) (Diller 2000a).

Insgesamt lässt sich festhalten, dass die Preiswahrnehmung eine Vielzahl von Aspekten umfasst und sowohl wissensbasierte (kognitive) als auch subjektive, emotionale (affektive) Komponenten aufweist (Siems 2003). Hier besteht ein breites Spektrum an Ansatzmöglichkeiten für Dienstleistungsunternehmen, durch preispolitische Maßnahmen die Preiswahrnehmung zu beeinflussen und so (potenzielle) Kunden zu gewinnen bzw. an das Unternehmen zu binden.

3.15 Methoden der Preisfestlegung

In der Marketingliteratur werden zahlreiche **Methoden der Preisfestlegung** diskutiert (Simon 1992a, S. 86ff.; Diller 2000a, S. 63ff.; Meffert 2000, S. 506ff.; Bruhn 2004c, S. 174ff.). Diese können grundsätzlich eingeteilt werden in:

- Methoden der **kostenorientierten** Preisfestlegung (Inside-out-Perspektive),
- Methoden der **marktorientierten** Preisfestlegung (Outside-in-Perspektive).

1. Methoden der kostenorientierten Preisfestlegung

Die kostenorientierte Preisfestlegung wird auf Basis der Kostenträgerrechnung des Dienstleistungsunternehmens durchgeführt (Diller 2000a, S. 150ff.). Wird die **Vollkostenrechnung** als Kalkulationsgrundlage verwendet, berechnet sich der Preis für die Leistung, indem zu den Selbstkosten der Leistung ein Gewinnzuschlag addiert wird. Voraussetzung für eine solche Preisfestlegung ist damit die Verteilung der gesamten Gemeinkosten des Unternehmens auf die einzelnen Leistungseinheiten. Ein grundsätzliches Problem bei der kostenorientierten Preisfestlegung für Dienstleistungen ist im hohen Anteil der fixen Kosten mit Gemeinkostencharakter an den Gesamtkosten zu sehen (vgl. Abbildung 6-3-2). Die Festlegung eines Kostenverteilungsschlüssels, um eine geeignete Kalkulationsgrundlage für die kostenorientierte Preisfestsetzung zu erlangen, gestaltet sich ungeachtet der Fortschritte in der Prozesskostenrechnung somit als besonders schwierig (Bieberstein 2001, S. 296). Bei vielen Dienstleistungen wird die zeitliche Inanspruchnahme der Dienstleistungskapazitäten durch den externen Faktor (z. B. zeitbezogene Verrechnungssätze von Unternehmensberatungen, Telefongebühren) als Verteilungsschlüssel gewählt.

Abbildung 6-3-2 **Fixe und variable Kostenfaktoren verschiedener Dienstleistungen**

Branche \ Kostenart	Fix	Variabel
Restaurants	■ Gebäudewartung ■ Miete, Zinsen ■ Personalkosten für Köche, Bedienung	■ Nahrungsmittel ■ Spülkosten
Banken	■ Personalkosten ■ Gebäudewartung ■ Werbung	■ Provisionen ■ Papier, Porto
Fluggesellschaften	■ Flugzeugwartung ■ Overheads	■ Flughafensteuer ■ Verpflegung der Gäste
Frisörsalons	■ Gebäudewartung ■ Personalkosten ■ Miete, Zinsen	■ Shampoo ■ Haarspray

GABLER GRAFIK

Quelle: Palmer 1994, S. 251

Die Verrechnungsproblematik kann bei Verwendung der **Teilkostenrechnung** als Grundlage der kostenorientierten Preisfestlegung entschärft werden. Bei dieser Methode wird eine Unterteilung in Einzel- und Gemeinkosten vorgenommen, wobei sich der Preis aus den Einzelkosten und einem Deckungsspannenzuschlag zusammensetzt. Eine isolierte Orientierung an den Einzelkosten birgt angesichts der aufgezeigten Kostenstruktur allerdings das Risiko nicht gesamtkostendeckender und damit verlustbringender Preise.

Unabhängig von Teil- oder Vollkostenorientierung erschwert die Tatsache, dass bei vielen Dienstleistungen die Preise festzulegen sind, bevor die Leistung erstellt wird und somit, bevor die entstehenden Kosten bekannt sind (z. B. Preisfestlegung einzelner Speisen eines Restaurants, bevor bekannt ist, wie viel Zeit- und Personalaufwand die Bedienung eines Gastes in Anspruch nimmt), eine kostenorientierte Preisfestlegung.

Insgesamt stellt die Methode der kostenorientierten Preisfestlegung angesichts der Kostenstruktur ein nur bedingt taugliches Verfahren zur Preisbildung im Dienstleistungsbereich dar. Allenfalls für die Berechnung von Preisuntergrenzen können Kosteninformationen als relevante Entscheidungsgrundlage dienen.

2. Methoden der marktorientierten Preisfestlegung

Ausgangspunkt einer marktorientierten Preisfestlegung ist die Tatsache, dass die Kaufentscheidung des Konsumenten von seiner subjektiven Beurteilung des **Nettonutzens** der zur Disposition stehenden Alternativen abhängt. Der Nettonutzen ergibt sich dabei als Differenz aus positivem Leistungsnutzen und in der Regel (Ausnahmen können sich bei preisabhängiger Qualitätsbeurteilung und Veblen-Effekten ergeben) negativem Nutzen des Preises. Der Preis markiert somit aus Konsumentenperspektive das für die Inanspruchnahme einer Dienstleistung zu erbringende Opfer. Notwendige Bedingung für eine Transaktion zwischen Dienstleistungsanbieter und -nachfrager ist ein vom Konsumenten wahrgenommener positiver Nettonutzen. Als hinreichende Bedingung tritt hinzu, dass der Nettonutzen größer zu sein hat als derjenige der relevanten Wettbewerber. Vor diesem Hintergrund ist es für die Preisfestlegung zunächst erforderlich, den positiven Leistungsnutzen der eigenen Leistung sowie den Gesamtnutzen der relevanten Wettbewerber zu ermitteln. In Kenntnis dieser Größen kann der Preis als **wettbewerbsorientierter Nutzenpreis** so festgelegt werden, dass der Nettonutzen der eigenen Leistung größer ist als jener der Wettbewerber (Friege 1997, S. 9f.). Da bei einer solchen Betrachtungsweise zunächst nur die Kunden- und Wettbewerbsperspektive berücksichtigt werden, erfordern diese zur Ermittlung optimaler Preise eine Ergänzung um eine Inside-out-Betrachtung. So wäre es etwa denkbar, dass der für eine spezifische Zielgruppe ermittelte wettbewerbsorientierte Nutzenpreis im Hinblick auf die Kostensituation nicht zu realisieren ist oder dieser Preis nicht konform mit der ansonsten verfolgten Preisstrategie ist.

Insert 6-3-2 zeigt am **Beispiel des deutschen Mobilfunkmarktes** den Eintritt neuer Wettbewerber über eine Niedrigpreisstrategie. Die hohen Preise, die nur aufgrund eines vorliegenden Oligopols gehalten werden können, sind beim Eintritt von Wettbewerbern im Low-Price-Segment durch einen höheren Nettonutzen zu rechtfertigen, um bestehende Marktanteile zu halten. In diesem Fall spaltet sich der Markt in einen Teilmarkt, der nur die Kernleistung (Telefonate und Textnachrichten) anbietet, und einen Teilmarkt, der zu Premiumpreisen Datendienste und weitere Zusatzleistungen verkauft.

Die **Ermittlung wettbewerbsorientierter Nutzenpreise** ist im Dienstleistungsbereich mit einigen Problemen behaftet. Die hohe Varianz des Leistungsspektrums und die damit einhergehende Intransparenz des Preisgefüges erschwert im Dienstleistungsbereich zunächst die Vergleichbarkeit des Wettbewerbsangebotes und somit sowohl für Nachfrager als auch Anbieter die Identifikation des Wettbewerbspreises. Darüber hinaus bereitet auch die Ermittlung des nutzenäquivalenten Preises aufgrund der bei vielen Dienstleistungen nur sehr geringen Nutzentransparenz für den Konsumenten nicht unerhebliche Schwierigkeiten. Die zahlreichen Vertrauens- und Erfahrungseigenschaften erschweren für den Konsumenten eine zuverlässige Prognose des Nutzens vor Inanspruchnahme der Dienstleistung. Der Konsument kann insofern die Angemessenheit des Preises im Verhältnis zu seinem Nutzen nur schwer beurteilen.

Abbildung 6-3-3 gibt zur Veranschaulichung eine Klassifizierung von Dienstleistungen anhand der Kriterien **Nutzentransparenz** und **Preistransparenz** wieder. Je größer Preis- und Nutzentransparenz einer Dienstleistung sind, umso eher kann der Ansatz des wettbewerbsorientierten Nutzenpreises verfolgt werden.

Abbildung 6-3-3 **Klassifizierung von Dienstleistungen nach den Nutzen und Preistransparenzen**

Nutzentransparenz \ Preistransparenz	Niedrig	Hoch
Niedrig	Beispiele: ■ Banken ■ Versicherungen ■ Beratung	Beispiele: ■ Chemische Reinigung ■ Telekommunikation
Hoch	Beispiele: ■ Hotels ■ Gesundheitsbereich ■ Urlaubsreisen	Beispiele: ■ Autowäsche ■ Spedition ■ Luftverkehr (Standardrouten)

GABLER GRAFIK

Quelle: Simon 1992a, S. 567

Neben der Unsicherheit über das Ausmaß der Nutzenstiftung einer Dienstleistung beeinflussen auch der Zeitpunkt der Preisfestlegung sowie die Heterogenität der Dienstleistung das wahrgenommene Risiko eines Dienstleistungsnachfragers. In Abbildung 6-3-4 sind aus der Kombination unterschiedlicher **Heterogenitätsgrade** und dem **Zeitpunkt der endgültigen Preisfestlegung** vier verschiedene Ausgangssituationen der Preispolitik dargestellt.

Aus der Einordnung verschiedenartiger Leistungen in die Felder der Matrix lassen sich unterschiedliche **preispolitische Optionen** ableiten, die im Wesentlichen auf das vom Konsumenten empfundene Kaufrisiko zielen (Zeithaml 1991; Müller/Klein 1993). Grundsätzlich kann davon ausgegangen werden, dass das Risiko umso höher eingeschätzt wird, je später der endgültige Preis feststeht, je höher die Heterogenität der Dienstleitung und je schwieriger die Leistungsbeurteilung aus Konsumentensicht ist.

INSERT 6-3-2 Horizont, 10.02.2005, S. 20

Mobile Brands unter Zugzwang

Neue Mobilfunkmarken à la Tchibo und **Freenet** *zwingen die Netzbetreiber zur Neuausrichtung ihrer Kommunikation*

Dem Mobilfunkmarkt droht eine Markeninflation. Unter den Experten herrscht Einigkeit darüber, dass neben den Netzbetreibern (T-Mobile, Vodafone) und Service-Providern (Mobilcom, Debitel) vermehrt branchenfremde Unternehmen wie zuletzt Tchibo am lukrativen Geschäft mit Handynutzern partizipieren wollen. Das zeigt auch die jüngste Ankündigung der Mobilcom-Tochter Freenet. Der Internet-Provider will unter der Marke „Freenet-Handy" in den Mobilfunkmarkt einsteigen und zunächst mit dem Verkauf von Verträgen seiner Muttergesellschaft neue Erlösquellen erschließen. Die Vereinbarung ist allerdings nicht exklusiv, sodass eine Kooperation auch mit anderen Anbietern möglich ist.

Die Erfahrungen in anderen europäischen Ländern legen nahe, dass die Neueinsteiger entweder mit Nischenprodukten für spezielle Zielgruppen oder mit abgespeckten Billigangeboten für die breite Masse in den Markt drängen werden. Für die Kommunikationsstrategien der etablierten Netzbetreiber kann das nur eines heißen: Eine noch stärkere Fokussierung auf die Marke und die Besetzung des Premium-Segments.

Auf den ersten Blick entbehrt die aktuelle Entwicklung jeglicher Logik. Ob in Dänemark, Großbritannien, Polen oder eben in Deutschland – es sind immer die Mobilfunkanbie-Wechsler von den direkten Wettbewerbern.

Dass die etablierten Netzbetreiber derzeit offenbar ihre Blockadehaltung gegenüber neuen Playern aufgeben, lässt sich auch mit dem wachsenden Bedürfnis nach einfachen und preisgünstigen Angeboten begründen. Laut einer Umfrage von McKinsey gehört in Deutschland jeder dritte Mobilfunknutzer zu der so genannten „Netzbetreiber nicht den anderen das Feld überlassen und ein Scheitern ihrer Markenstrategie riskieren wollen, müssen sie sich frühzeitig im Low-Price-Segment positionieren."

In der Branche geht man entsprechend davon aus, dass es sich bei dem Schulterschluss von O2 und Tchibo, der kürzlich von E-Plus und der Jugend-Community Uboot gestarteten Mobilfunkmarke „Schwarzfunk" sostützt wird die Prognose von E-Plus in Düsseldorf. Chief Commercial Officer Wilko van der Meer macht kein Geheimnis daraus, dass er das Branded-Reseller-Modell für ausbaufähig hält. „Wir wollen das Geschäftsmodell weiter erschließen." Auch O2-Sprecher Stefan Zuber will weitere Aktivitäten in dieser Richtung nicht ausschließen. Etwas zurückhaltender geben sich die beiden Big Player. Bei der Telekom-Tochter T-Mobile, die in Deutschland bislang lediglich eines ihrer Prepaid-Produkte gemeinsam mit Lekkerland-Tobaccoland über Tankstellen und Kioske vertreibt, will man hierzulande von MVNO-Plänen offiziell nichts wissen. Und das, obwohl der Billigflieger Easyjet in Großbritannien demnächst mithilfe von T-Mobile als virtueller Anbieter durchstartet. Auch bei Vodafone verweist man darauf, dass sich die eingefahrenen Vertriebswege bewährt hätten. Gleichwohl wird kolportiert, dass auch die beiden Big Player entsprechende Projekte in Planung haben. „Es laufen Gespräche mit mindestens fünf Anbietern", verrät ein Insider. Potenzielle MVNO-Anwärter gibt es zuhauf. Neben den üblichen Verdächtigen wie Payback, Ikea, Tele 2 sowie Aral und Shell werden derzeit auch Konzerne wie Ebay, Der Club Bertelsmann, McDonald's und diverse Supermarktketten

INSERT 6-3-2 **Horizont, 10.02.2005, S. 20 (Fortsetzung)**

ter selber, die entweder mit dem Weiterverkauf von Netzkapazitäten an so genannte virtuelle Netzbetreiber (MVNOs) oder dem Vertrieb eigener Mobilfunkleistungen unter fremdem Markennamen über „Branded Reseller" (siehe Kasten) die neuen Anbieter erst zulassen. Und damit den verschärften Wettbewerb und Preiskampf mitanzetteln.

Allerdings haben die Unternehmen keine andere Wahl. Zum einen wächst angesichts der in Deutschland inzwischen auf knapp 90 Prozent gestiegenen Marktpenetration und des zunehmenden Verdrängungswettbewerbs der Druck auf die Anbieter, neue Zielgruppen zu erschließen. Dass es sich durchaus lohnen kann, dafür die Vertriebskanäle einer etablierten Partnermarke mit einem gewachsenen Kundenstamm zu nutzen, legt die Kooperation von O2 mit Tchibo nahe. Die Allianz mit dem Kaffeeröster hat dem Münchner Mobilfunker binnen drei Monaten fast 150000 Neukunden beschert – die meisten kamen laut Unternehmenssprecher Stefan Zuber als Frills"-Fraktion – und damit zu einer Kundengruppe, die – ganz zum Leidwesen der Netzbetreiber – kein großes Interesse an Datendiensten hat, sondern mit ihrem Handy einfach nur telefonieren will. Und das zu einem möglichst günstigen Preis. Eine Tatsache, die zu ignorieren sich die Netzbetreiber nicht leisten können. Der Grund: „Billiganbieter werden sich in Deutschland ohnehin ausbreiten, wenn nicht unter Mitwirkung der hiesigen Mobilfunker, dann über Roaming-Verträge mit ausländischen Konzernen", ist ein Brancheninsider überzeugt. „Wenn die wie der neuen Marke „Freenet-Handy" erst um die Spitze des Eisbergs handelt. „Es werden mit Sicherheit weitere Player ihr Glück versuchen", sagt Steffen Binder, Research Director bei Soreon Research in München. Roman Friedrich, Telekommunikationsspezialist und Partner bei Booz Allen Hamilton in Düsseldorf, hält es gar für möglich, dass das Tchibo-Modell noch in diesem Jahr von bis zu fünf weiteren Anbietern kopiert wird. „Für die Mobilfunker besteht der Vorteil auch darin, dass sie die Auslastung ihrer Netze erhöhen können", weiß Friedrich. Ge-

Die Gerüchteküche brodelt: Nach Tchibo sind auch Ikea, McDonald's und Aral als virtuelle Mobilfunkanbieter im Gespräch

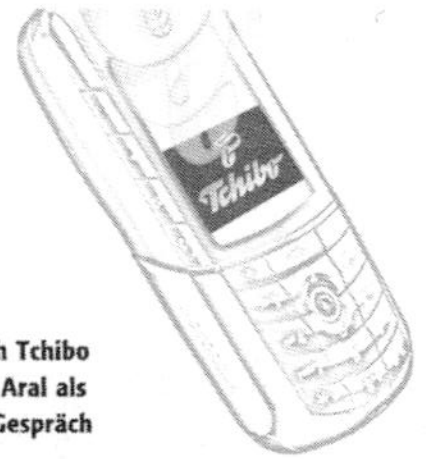

ins Spiel gebracht. *Alles Unternehmen, für die ein Mobilfunk-Engagement schon aufgrund ihrer breiten Kundenbasis interessant wäre.*

Allerdings hätte der Markteintritt weiterer Player im Low-Price- und Nischen-Segment nicht unerhebliche Folgen für die Kommunikationsstrategien der Netzbetreiber. „Um die Angreifer auf Distanz zu halten, müssten sich die etablierten Mobilfunker zunächst trennschärfer gegenüber dem Wettbewerb positionieren und in Zukunft noch stärker auf das Thema Marke sowie auf Premium-Produkte setzen", sagt Berater Friedrich. Damit erscheint im deutschen Mobilfunkmarkt eine Spaltung in zwei Lager zumindest denkbar. Eines davon würde von Billig- und Nischenanbietern dominiert, das andere von den etablierten Netzbetreibern, die ihr Geschäftsmodell künftig stärker auf anspruchsvolle Nutzergruppen und Geschäftskunden ausrichten. **Marco Saal**

Kontakt: saal@horizont.net

Die Player im Mobilfunkmarkt – ein Überblick

- **Klassische Netzbetreiber** verfügen über eine eigene technische Infrastruktur und können die gesamte Bandbreite an Mobilfunkservices anbieten. In Deutschland sind dies T-Mobile, Vodafone, E-Plus und O2.
- **Virtuelle Mobilfunker** wie Virgin Mobile in UK und Heyah in Polen kaufen zwar nur Netzkapazitäten bei den klassischen Mobilfunkern ein, entwickeln und vermarkten aber eigene Produkte unter der eigenen Marke und verfügen über ein Billing-System. Gegenüber dem Endkunden treten MVNOs als alleiniger Absender auf.
- **Service-Provider** wie Mobilcom, Debitel und Talkline sind Telekommunikationsanbieter, die unter einer eigenen Marke auftreten, aber über kein Netz verfügen und daher zum Großteil die Angebote der Netzbetreiber verkaufen, die für den Endkunden als Absender erkennbar bleiben.
- **Branded Reseller** wie Tchibo sind in der Regel branchenfremde Unternehmen ohne Netz, die Angebote der Mobilfunker unter der eigenen Brand und über die eigenen Vertriebswege weiterverkaufen. Der beteiligte Netzanbieter bleibt im Hintergrund.

Fallbeispiel: Telmore erobert dänischen Markt

Das Geschäftsmodell des virtuellen Mobilfunkanbieters hat sich vor allem in Großbritannien mit Unternehmen wie **Virgin Mobile** und der Supermarktkette Tesco bewährt, aber auch in Polen (Anbieter: Heyah) und in Skandinavien ist das Modell bereits weit verbreitet. Ein Paradebeispiel bietet Dänemark.

So hat dort im Jahr 2000 der Mobilfunkanbieter **TDC Mobile** damit begonnen, dem Neueinsteiger Telmore Kontingente an Mobilfunkminuten zu verkaufen. Das Unternehmen, das keinerlei Ausgaben für Infrastruktur hat und mit dem günstigen Vertriebsweg Internet zusätzliche Kosten spart, kam mit einem abgespeckten Billigangebot auf den Markt, das sich vornehmlich an Studenten richtete und rund 20 Prozent günstiger als die entsprechenden Angebote der Wettbewerber war.

Mit dieser Strategie gelang es **Telmore**, einen Anteil von rund 20 Prozent des dänischen Mobilfunkmarktes zu erobern. Zudem haben Umfragen ergeben, dass Telmore in Sachen Kundenzufriedenheit besser abschneidet als sämtliche Wettbewerber auf dem dänischen Mobilfunkmarkt.

Abbildung 6-3-4 Klassifizierung von Dienstleistungen nach dem Zeitpunkt der Preisfestsetzung und der Heterogenität der Dienstleistung

		Zeitpunkt der Preisfestlegung	
		A priori	A posteriori
Heterogenität der Dienstleistung	Niedrig	① Zum Beispiel – Kino – Kleiderreinigung	② Zum Beispiel – Telefon – Sondermüllentsorgung
	Hoch	③ Zum Beispiel – Komplettpakete – Pauschalreise	④ Zum Beispiel – Kfz-Reparatur – Beratungsleistung

GABLER GRAFIK

Quelle: Simon 1992a, S. 567

Im einfachsten Fall von Abbildung 6-3-4 **(Feld 1)** erfolgt die Preisfestlegung ähnlich wie bei Sachleistungen. Im Fall eines Kinobesuchs oder einer Kleiderreinigung kann der Konsument die Leistung aufgrund der geringen Heterogenität relativ gut beurteilen. Zudem ist der Preis im Voraus bekannt, so dass das Kaufrisiko in der Regel als begrenzt zu bezeichnen ist.

Das Gegenteil ist der Fall, wenn eine Preisfestlegung erst nach Erbringung der Dienstleistung erfolgt und sowohl Dienstleistungsprozesse als auch -ergebnisse zwischen unterschiedlichen Anbietern sehr heterogen ausfallen **(Feld 4).** Hier ist das Kaufrisiko generell als hoch zu bezeichnen.

Daraus lassen sich zwei grundsätzliche **preispolitische Stoßrichtungen** ableiten. Zum einen kann der Dienstleister den Grad der Heterogenität der Dienstleistung abschwächen, d. h., sich in Richtung **Feld 2** bewegen. Derartige Optionen fallen in den Bereich der Leistungspolitik. Am Beispiel von Beratungsleistungen würde das bedeuten, dass die Dienstleistung „Beratung" in klar strukturierte Leistungsmodule unterteilt wird (z. B. das Paket der Gemeinkostenwertanalyse einer Unternehmensberatung). Eine derartige Vorgehensweise bietet sich aber nicht für alle Dienstleistungen an.

Der einfachere und gängige Weg ist eine Bewegung in Richtung **Feld 3.** Am Beispiel der Kfz-Reparatur wäre hier ein Angebot von Komplettpreispaketen oder die Abgabe von verbindlichen Kostenvoranschlägen empfehlenswert. Dabei ist die auf die Heterogenität der individuell eingebrachten Faktoren zurückzuführende unterschiedliche Kostenbelastung mit dem Risiko eines im Einzelfall nicht kostendeckenden Preises bewusst in Kauf zu nehmen und im Rahmen einer Mischkalkulation auszugleichen.

Vor dem Hintergrund der unterschiedlichen Ansatzpunkte zur Festlegung von Preisen für Dienstleistungen werden nachfolgend wichtige preispolitische Strategien des Dienstleistungsmarketing erörtert.

3.2 Preispolitische Strategien

3.21 Preisbezogene Strategien

3.211 Preisdifferenzierung

Die Preisdifferenzierung ist im Dienstleistungsmarketing zum einen ein wichtiges **Instrument zur Beeinflussung des Nachfrageverhaltens** der Konsumenten mit dem Ziel einer gleichmäßigeren Auslastung der Dienstleistungskapazitäten und damit der Vermeidung von Leerkosten (Faßnacht/Homburg 1997; Corsten 2001). Zum anderen kann die Preisdifferenzierung unter Berücksichtigung der spezifischen Bedingungen (z. B. Preisbereitschaft, Preisreaktionsfunktion) in einzelnen Zielgruppensegmenten zur besseren **Ausschöpfung von Marktpotenzialen** beitragen (Simon 1992a).

Zur Differenzierung können verschiedene **Kriterien,** die in Abbildung 6-3-5 dargestellt sind, isoliert oder kombiniert herangezogen werden:

1. **Räumliche Kriterien** (z. B. regionale Differenzierung),
2. **Zeitliche Kriterien** (z. B. Zeitpunkt der Inanspruchnahme sowie der Bestellung von Dienstleistungen),
3. **Abnehmerorientierte Kriterien** (z. B. Alter, Geschlecht, soziale Stellung),
4. **Mengenorientierte Kriterien** (z. B. Inanspruchnahme von Einzelleistungen versus Dauer- oder Mehrfachleistungen).

1. Räumliche Preisdifferenzierung

Bei der **räumlichen Preisdifferenzierung** werden die Dienstleistungen auf **geographisch unterschiedlichen Märkten** zu unterschiedlichen Preisen angeboten. Dies kann bei Dienstleistungsunternehmen z. B. durch Filialisierung erreicht werden. Eine häufig vorzufindende Form der räumlichen Preisdifferenzierung ist bei Dienstleistungen gegeben, die der Dienstleistungsanbieter direkt vor Ort beim Kunden erbringt (z. B. Wartungsarbeiten, Reparaturdienstleistungen). Hier werden häufig – je nach Entfernung des Dienstleistungsnachfragers vom Firmenstandort – unterschiedliche Tarifklassen für die Erstellung von Dienstleistungen vorgesehen bzw. differenzierte Anfahrtskosten in die Gesamtrechnung einbezogen.

Abbildung 6-3-5 Formen der Preisdifferenzierung

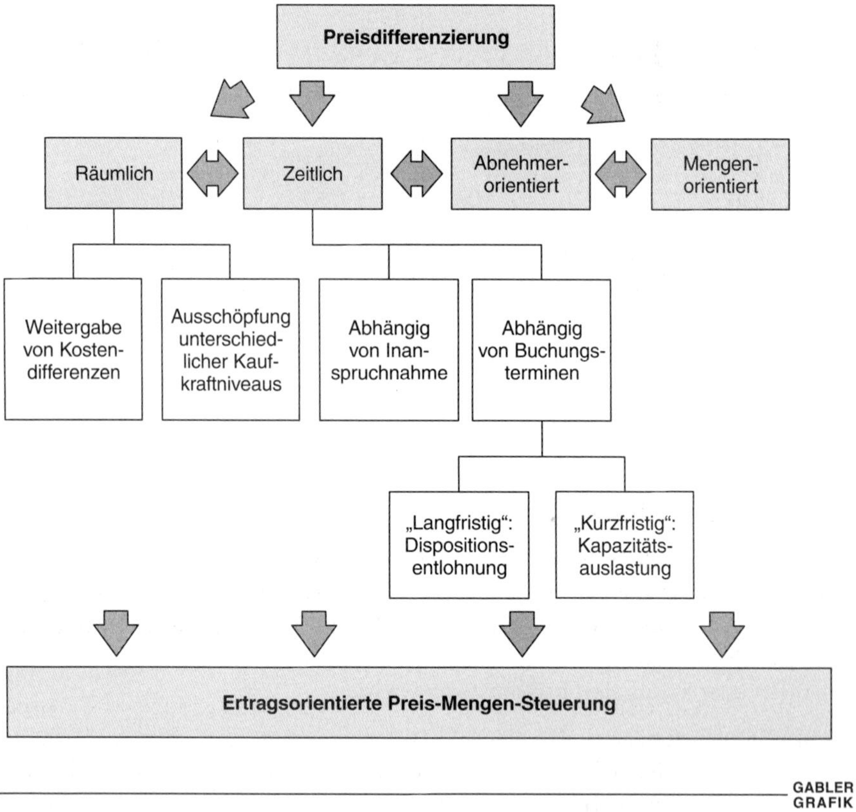

Bei Reiseveranstaltern werden beispielsweise für Flugreisen in Abhängigkeit des gewählten Flughafens vielfach unterschiedliche Preise festgelegt. Im Rahmen einer derartigen Vorgehensweise werden Kostendifferenzen zumindest teilweise auf die Preise übertragen. Hier bieten sich beispielsweise Möglichkeiten, angesichts der zunehmenden verkehrstechnischen Probleme von Großflughäfen die Kapazitäten kleiner Flughäfen unter gleichzeitiger Verbesserung der Servicequalität (z. B. Vermeidung von langen Wartezeiten beim Check-in) besser auszunutzen. Vielfach wird auch eine **regionen- oder länderspezifische Differenzierung** der Preisforderungen vorgenommen, um unterschiedlichen Kaufkraftniveaus gerecht zu werden.

Dem „Billigflieger" **Ryanair** wurde Anfang 2005 untersagt, Preisvergleiche mit Wettbewerbern durchzuführen, die von Großflughäfen abfliegen. Die Preisdifferenzierung war nach Ansicht eines Gerichts vor allem auf räumliche Gesichtspunkte zurückzuführen, da Ryanair zu günstigen, teilweise quersubventionierten Preisen Flughafenkapazitäten auf abgelegenen kleinen Flughäfen nutzt (Insert 6-3-3).

INSERT 6-3-3 Handelsblatt, 01.02.2005, S. 14

Gericht untersagt Werbung von Ryanair

Richter halten Vergleich von Durchschnittspreisen für irreführend – Fluggesellschaft hebt Gewinnprognose an

HANDELSBLATT, 1.2.2005

Reuters DÜSSELDORF. Die irische Billigfluggesellschaft **Ryanair** darf einem Gerichtsurteil zufolge ihre Flugpreise vorerst nicht mehr mit den Durchschnittspreisen von Wettbewerbern vergleichen. Das Kölner Landgericht untersagte Ryanair auf Antrag der Zentrale zur Bekämpfung unlauteren Wettbewerbs einen solchen Preisvergleich.

Ryanair hatte mit eigenen Durchschnittspreisen geworben und sie mit den durchschnittlichen Preisen der Konkurrenten **Germanwings** und **Air Berlin** verglichen. Dieser Vergleich sei irreführend, weil die Wettbewerber in der Regel von Großflughäfen aus starteten, während Ryanair zumeist von Regionalflugplätzen aus operiere, argumentierte das Landgerichts. Ryanair spare durch die Nutzung abseits gelegener Flughäfen Gebühren, Reisende müssten aber für die Anreise mehr Zeit und Kosten aufwenden.

Ryanair kommentierte den Beschluss gestern nicht. Die Fluggesellschaft gab hingegen bekannt, dass sie nach einem besser als erwartet ausgefallenen dritten Quartal ihre Gewinnprognose für das Geschäftsjahr 2004/05 um fast ein Viertel anhebt. Der Aktie von Ryanair bescherte die Nachricht einen Kurssprung von in der Spitze mehr als 13 Prozent. Für das Gesamtjahr erwartet der Konzern nun einen Gewinn von 246 Mill. Euro.

Im dritten Quartal (bis Ende Dezember) fiel der Nettogewinn geringer als von den Analysten erwartet, was Ryanair unter anderem mit dem Kapazitätsabbau der Wettbewerber begründete. Der Konzern verzeichnete einen Rückgang des Nettogewinns um 15,8 Prozent auf 34,5 Mill. Euro. Mit Ryanair flogen im dritten Quartal insgesamt 6,9 Mill. Passagiere, 13 Prozent mehr als im Vorjahreszeitraum. Der Umsatz stieg um 15 Prozent auf 294,4 Mill. Euro.

2. Zeitliche Preisdifferenzierung

Insbesondere die **zeitliche Preisdifferenzierung** dient im Dienstleistungsmarketing als wichtiges Instrument zur Steuerung der Dienstleistungsnachfrage. Dabei werden Preisdifferenzierungen häufig nach dem **Zeitpunkt der konkreten Inanspruchnahme** einer Dienstleistung vorgenommen.

So werden z. B. bei Reiseveranstaltungen in Zeiten höherer Nachfrage nach Reiseangeboten (z. B. Feiertage, Ferienzeiten) höhere Preise gefordert, während in nachfrageschwächeren Zeiten die gleichen Dienstleistungsangebote zum Teil wesentlich günstiger angeboten werden. Häufig findet sich auch eine zeitbezogene Preisdifferenzierung nach Haupt-, Vor- und Nebensaison. Bei Kurzreisen findet zum Teil sogar eine wochen- (Wochenende, Wochenmitte) bzw. tagesbezogene (Feiertage) Preisdifferenzierung Anwendung (z. B. Skipässe, Ferienwohnungen). Dienstleistungen, die nur stundenweise in Anspruch genommen werden (z. B. Vermietung von Tennisplätzen, Unterhaltungsdienste wie Kino-, Theater-, Diskothekenbesuche) sind vielfach nach verschiedenen Tageszeiten im Preis differenziert. Darüber hinaus kann für Dienstleistungen, die stundenweise in Anspruch genommen werden und deren Nachfrage sowohl tageszeiten- und wochentagsbezogene als auch saisonale Schwankungen aufweist (z. B. Ski- oder Segelkurse, deren Inanspruchnahme insbesondere vormittags, an Wochenenden und in Schulferien präferiert wird), ein komplexes zeitbezogenes Preisdifferenzierungssystem aufgebaut werden, bei dem mehrere Differenzierungskomponenten Berücksichtigung finden.

Neben der Preisdifferenzierung nach der zeitlichen Inanspruchnahme finden sich im Dienstleistungsbereich zahlreiche Beispiele dafür, dass eine Preisdifferenzierung in Abhängigkeit des **Zeitraumes zwischen der Buchung einer Dienstleistung** (z. B. Buchung einer Flugreise, Hotelreservierung, Kauf einer Konzertkarte) bzw. dem **Kauf eines Dienstleistungsversprechens** und dem Beginn des Dienstleistungserstellungsprozesses vorgenommen wird. In diesem Zusammenhang „entlohnt“ der Dienstleistungsanbieter den ihm vom Kunden zur Verfügung gestellten Dispositionsspielraum, da er im Rahmen der so ermöglichten frühzeitigen Planung seine variablen Dienstleistungskapazitäten der Nachfrage anpassen kann.

Beispiele hierfür finden sich bei Verkehrsdienstleistungen, Autovermietungen oder Angeboten von Reiseveranstaltern. So ermöglicht ein frühzeitiger Überblick des Dienstleistungsanbieters über die Auslastungsquoten seiner Potenziale in der Regel eine kostengünstigere Anpassung seiner Dienstleistungskapazitäten, als wenn kurzfristig eine unerwartete Spitzennachfrage zu bewältigen ist (z. B. Festeinstellung von Tennislehrern für bestimmte Monate gegenüber einer kurzfristigen Bereitstellung und stundenweisen Vergütung von Lehrkapazitäten).

Neben der Vergütung des zeitlichen Dispositionsspielraumes ist eine zweite Variante der vom Zeitpunkt der Buchung abhängigen Preisdifferenzierung anzuführen. In diesem Zusammenhang können zur Auslastung von Dienstleistungskapazitäten (z. B. Last-Minute-Flüge, Hotelzimmer), insbesondere wenn der Dienstleistungserstellungsprozess unabhängig von der Anzahl der einzubeziehenden externen Faktoren vollzogen wird, kurzfristig Dienstleistungsnachfrager zur Teilnahme am Erstellungsprozess durch **Preisnachlässe** stimuliert werden (z. B. Stand-by-Flüge). Hierbei wird insbesondere eine Deckung der Fixkosten angestrebt.

Eine Sonderform der zeitlichen Preisdifferenzierung stellt die **ertragsorientierte Preis-Mengen-Steuerung (Yield Management)** dar, die in den letzten Jahren intensiv diskutiert wurde (Daudel/Vialle 1989; Vogel 1989; Bertsch 1990; Hopper 1990; Krüger 1990; Simon 1992a; Smith/Leimkuhler/Darrow 1992; Kirstges 1996; Wübker 2001). Diese bietet insbesondere Dienstleistungsanbietern mit unflexiblen Kapazitäten und hohen Fixkosten (z. B. Fluglinien, Transport- und Reiseunternehmen) Vorteile. Hinter diesem Begriff, der sich mit **Ertragsmanagement** übersetzen lässt, verbirgt sich ein **preisgesteuertes Kapazitätsmanagement**.

Die **Grundidee** besteht darin, dass preissensiblen Nachfragern die Leistungen zu niedrigen Preisen und preisunsensiblen Nachfragern die Leistungen zu hohen Preisen angeboten werden. Dabei ist vor allem zu vermeiden, dass preisunsensible Nachfrager auf die preisgünstigen Leistungsvarianten zugreifen können. So wird beispielsweise von Unternehmen der **Luftfahrtindustrie** ausgenutzt, dass preissensible Privatreisende ihre Flüge meist deutlich vor dem Abflugszeitpunkt buchen können und oft auch eine Reise über das Wochenende hinweg durchführen, während die weniger preissensiblen Geschäftsreisenden ihre Flüge meist nur kurzfristig buchen können und zudem üblicherweise nicht über das Wochenende bleiben. Die Preise für Linienflüge steigen deshalb meist kurz vor dem Abflugzeitpunkt an und sind für Flüge, die über das Wochenende hinausgehen, deutlich günstiger. In der Folge wird die Zahlungsbereitschaft der Geschäftsreisenden abgeschöpft. Darüber hinaus wird die Kapazität preisgünstiger Sitze mit zunehmender Ausbuchung einer Maschine zugunsten von teuren Sitzen zurückgefahren. Dies führt dazu, dass die Kapazität optimal, nicht aber zwangsläufig immer maximal ausgelastet wird. Letzteres ist nur der Fall, wenn die maximale Auslastung auch zum maximalen Gewinn führt (Wübker 2001, S. 1921).

Mit Überlegungen zum **Yield Management** ist auch die Abgabe von Kapazitäten an neue Wettbewerber im Mobilfunkmarkt zu erklären, die in Insert 6-3-2 dargestellt wurde. Es erscheint grundsätzlich nicht sinnvoll, Wettbewerbern, die über keine eigene Infrastruktur zur Erstellung der Leistung verfügen, Kapazitäten des eigenen Netzes zu überlassen. Allerdings ist diese Maßnahme durchaus zielführend, wenn auf diese Weise Kunden angesprochen werden, die zu den Preisen des Netzbetreibers dessen Leistungen nicht nutzen würden. Zum einen werden so Überkapazitäten genutzt, zum anderen werden auch mögliche Konflikte mit der eigenen angestrebten Markt- und Markenpositionierung als Premiumanbieter vermieden. In diesem Fall wurden hier zwar Kannibalisierungseffekte ausgelöst, jedoch zumindest „indirekt" Marktanteile gesichert und möglicherweise auch der Eintritt weiterer Wettbewerber verhindert.

Vereinzelt wird das Yield Management bereits als „Wunderwaffe für jeden Dienstleister" gepriesen (Enzweiler 1990). Allerdings ist zu bedenken, dass es sich hier im Wesentlichen um eine Form der Preisdifferenzierung handelt, die bereits seit längerer Zeit zum Einsatz kommt.

Die angeführten Beispiele (Theaterkartenvorverkauf, Last-Minute-Flüge usw.) haben gezeigt, dass der Preis für die Dienstleistung im Zeitablauf schwanken kann, wenn man ihn in Abhängigkeit vom Nutzen des Dienstleistungsanbieters gestaltet. Idealtypisch ist der Preis zunächst relativ niedrig, da er dem Dienstleister zu diesem Zeitpunkt große Dispositionsspielräume ermöglicht. Daraufhin steigt der Preis wegen enger werdender Dispositionsspielräume an, um schließlich, kurz vor Beginn des Erstellungsprozesses, zur Vermeidung des Verfalls der bereitstehenden Dienstleistungspotenziale im Fall der Nichtnutzung wieder deutlich zu sinken.

Neben dieser anbieterbezogenen Perspektive lässt sich noch die **nachfragerbezogene Perspektive** aufspannen. Dienstleistungen haben für unterschiedliche Nachfrager zu verschiedenen Zeiten einen unterschiedlichen Wert (Enzweiler 1990). Der Kunde möchte zunächst einen niedrigen Preis realisieren, da er auf Dispositionsspielräume verzichtet. Diesen Verzicht möchte er entsprechend vergütet bekommen. Im Zeitablauf steigt der Preis dann, weil der Kunde auf weniger Dispositionsfreiräume verzichtet und entsprechend weniger Preisnachlässe beansprucht. Kurz vor Beginn des Dienstleistungsprozesses sinkt der Preis dann wieder, weil der Kunde das Risiko entlohnt haben möchte, die Dienstleistung wegen Kapazitätsmangel beim Anbieter nicht mehr beziehen zu können (Last-Minute-Risiko).

Aus den beschriebenen Verlagerungen von Dispositionspotenzialen sowie den Risikoüberlegungen von Anbieter und Nachfrager ergeben sich die beschriebenen **Preisänderungen im Zeitablauf.** Im Rahmen des Yield Managements werden diese Überlegungen nun in einen IT-gestützten Optimierungsprozess überführt. Dies stellt den wesentlichen Unterschied zu bisher bekannten Ansätzen dar.

Eine Preispolitik auf Basis des Yield Managements wurde erstmals bei American Airlines umgesetzt. Das Unternehmen war Ende der 1970er Jahre aufgrund der Deregulierung des amerikanischen Luftverkehrsmarktes mit einer steigenden Anzahl kleinerer Fluggesellschaften als Wettbewerber konfrontiert, die sich durch Niedrigpreisstrategien im Markt zu etablieren versuchten. Durch den Einsatz des Yield Managements konnte American Airlines diese Bedrohung meistern und eine Umsatzsteigerung von 1978 bis 1988 um 221 Prozent erreichen. Gegenwärtig wird Yield Management von zahlreichen Fluggesellschaften und Hotelketten betrieben. Aus diesem doch recht begrenzten Branchenfokus wird bereits erkennbar, dass ein Einsatz des Yield Managements nicht für alle Dienstleistungsunternehmen geeignet ist (Desiraju/Shugan 1999).

Für einen sinnvollen **Einsatz des Yield Managements** ist der Einbezug folgender **Kriterien** notwendig (Daudel/Vialle 1989, 1994; Friege 1996, S. 616f.; McMahon-Beattie/Donaghy 2001, S. 233ff):

- Die Leistungspotenziale verfallen bei Nicht-Inanspruchnahme der Dienstleistung (z. B. Linienflug).
- Eine Kontrahierung kann bereits vor Inanspruchnahme der Dienstleistung erfolgen (handelbares Leistungsversprechen; z. B. nicht möglich bei Steuerberatungen).
- Die Nachfrage unterliegt hohen Schwankungen, die a priori weitgehend unbekannt sind, d. h., ohne systematische Erfassung von Buchungsverläufen schwer zu prognostizieren sind.
- Eine Stimulierung der Nachfrager durch Variationen der Preisgestaltung ist grundsätzlich möglich (preiselastische Nachfrage; nicht möglich z. B. bei Krankenhäusern, Ärzten).
- Der Dienstleistungsanbieter sieht sich mit einem hohen Fixkostenblock konfrontiert.
- Der Dienstleistungsanbieter verfügt über eine bestimmte Größe, so dass sich der erforderliche, kostenintensive IT-Einsatz lohnt.

Bei Erfüllung dieser Voraussetzungen kann dann ein **Yield-Management-System** implementiert werden, das sinnvollerweise über folgende Teilmodule verfügt (Daudel/Vialle 1989; Simon 1992a; Wübker 2001, S. 1922f.; Okumus 2004, S. 65ff.):

- **Datenerfassungs, -aufbereitungs- und -bereitstellungsmodul**
  Eine Aufgabe dabei besteht in der Erfassung historischer Daten. Dazu zählen die Kundenhistorie mit sämtlichen Daten zur Dienstleistungsnutzung inklusive der vorgenommenen Stornierungen. Falls die Dienstleistung in Kooperation mit anderen Anbietern erfolgt, sind alle Daten bezüglich dieser Zusammenarbeit zu erfassen. Neben den historischen Daten sind über ein Buchungssystem die aktuellen Anfragen und Buchungen zu erfassen. Weiterhin ist es erforderlich, dass die Datenbank Informationen zu den Kapazitäten des Dienstleisters enthält.
- **Analysemodul**
  Im Rahmen dieses Moduls werden den historischen Daten die Gegenwartsdaten gegenübergestellt. In diesem Zusammenhang werden auch Prognosen beispielsweise über die zukünftig zu erwartenden Buchungseingänge, über allgemeine und personenspezifische Stornierungsraten sowie die für wahrscheinlich erachteten Buchungsverläufe erstellt. Durch Lösungsalgorithmen werden dann unter Berücksichtigung der Deckungsbeiträge oder Umsätze pro Engpasseinheit Entscheidungen hinsichtlich der Vergabe der knappen Einheiten und ihrer Preise getroffen.

- **Ausgabemodul**
  Im Anschluss an den Optimierungsprozess erfolgt je nach Problemstellung eine Angebotserstellung bzw. eine Entscheidung hinsichtlich der Annahme oder Ablehnung einer Anfrage. Diese Entscheidung wird entweder mündlich vom Personal des Dienstleistungsanbieters überbracht oder – entsprechende technische Ausstattung des Nachfragers vorausgesetzt – mittels Datenaustausch zwischen Yield-Management-System und EDV des Nachfragers transferiert.

Diese Unterteilung stellt selbstverständlich nur ein Grobraster dar, das von dem betreffenden Unternehmen noch individuell den eigenen Belangen anzupassen ist (Smith/Leimkuhler/Darrow 1992).

Die **Erfolgswahrscheinlichkeit** derartiger Yield-Management-Systeme wird als hoch beurteilt. So können beispielsweise Hotels angeblich Umsatzsteigerungen um zehn Prozent realisieren. Den Umsatzsteigerungen sind jedoch zu einer abschließenden Beurteilung die durch den Einsatz des Systems entstehenden Kosten gegenüber zu stellen. Insgesamt kann das Yield Management als innovative und effiziente Gestaltung bisher eher heuristischer Vorgehensweisen im Rahmen der Preispolitik bewertet werden (Insert 6-3-4).

3. Abnehmerorientierte Preisdifferenzierung

Die **abnehmerorientierte Preisdifferenzierung** knüpft in der Regel an die mit verschiedenen abnehmerbezogenen Merkmalen (z. B. Alter, Familienstand, Geschlecht, soziale Stellung) variierende Preisbereitschaft bei der Inanspruchnahme von Dienstleistungen an. Hierbei kann auf die im Rahmen der Marktsegmentierung gebildeten Zielgruppensegmente und deren Preisbereitschaft Bezug genommen werden.

> Als **Beispiel** hierfür können die differenzierten Preise für gewerbliche und private Zeitungsanzeigen herangezogen werden. In Abhängigkeit des Abnehmermerkmals „Alter" bieten auch öffentliche Verkehrsträger mit Junioren- und/oder Seniorentarifen ein preislich differenziertes Dienstleistungsangebot an.

Nicht nur die Preisbereitschaft allein kann zu einer abnehmerorientierten Preisdifferenzierung führen. Wenn zu erwarten ist, dass bestimmte Kundengruppen unterschiedliche Kosten beim Dienstleistungsanbieter verursachen, so verlangt dies ebenfalls nach einer Preisdifferenzierung. Besonders bei Versicherungen sind daher abnehmerorientierte Preisdifferenzierungen vorzufinden. So verursachen junge männliche Autofahrer ebenso wie männliche Autofahrer allgemein deutlich mehr Unfälle als Frauen, weshalb es sinnvoll erscheint, eine Differenzierung nach Geschlecht und Alter vorzunehmen. Frauen verursachen hingegen durchschnittlich höhere Kosten bei Krankenkassen. Daher sind die Prämien bei Krankenkassen für Frauen im Allgemeinen höher als für Männer. Mit solchen Preisdifferenzierungen einher gehen allerdings möglicherweise wiederum Überlegungen zur Preisbereitschaft der Kunden. Es ist anzunehmen, dass die Abwanderungsgefahr von Kunden steigt, wenn sie erkennen, dass sie mit ihren Versicherungsprämien zum großen Teil die hohen Kosten anderer Versicherungsnehmer zu tragen haben.

INSERT 6-3-4 Touristik Report, Nr. 4, 2005, S. 8–11

Titel

Netz- gegen Low-Cost-Carrier. Der gnadenlose Preiskampf im europäischen Geschäft zwingt die Netzcarrier, ihr Ertragsmanagement neu zu organisieren. Lufthansa Systems will im Sommer ein neues Werkzeug dafür anbieten.

Rechnen als Waffe

von Stefan Becker

Es herrscht ein Luftkampf über Europa, ein Kampf, der nicht mit Flugzeugen ausgetragen wird, sondern mit Flugpreisen. Die Low-Cost-Carrier haben Waffen entwickelt, denen die etablierten Netzcarrier bisher wenig entgegenzusetzen haben, sie haben eine neue Preislogik eingeführt, die den Platzhirschen gewaltig zu schaffen macht.

Netzcarrier, die auf einer ihrer Strecken von einem Billigflieger angegriffen werden, reagieren bisher vor allem mit klassischen Mitteln: Sie bauen ihren Service aus, um höhere Preise zu rechtfertigen, sie erweitern die Meilenprogramme, damit Gutschriften den Preis relativieren und arbeiten an der Senkung ihrer Kosten. „Insgesamt reagieren die Netzcarrier mehr als offensiv zu agieren", sagt Ralph Beisel vom Aviation Competence Center der Unternehmensberatung Arthur D. Little. „Den Stein der Weisen hat noch kein Netzcarrier gefunden."

Das zentrale Problem, nämlich über die Preise zu antworten, stellt die Ertragsmanager vor verzwickte Fragen. Denn Netzcarrier stecken, eben wegen des Netzes, in einem historisch gewachsenen Prozesskorsett, das perfekt auf ihre Bedürfnisse abgestimmt ist, aber auch jeder Veränderung Grenzen setzt.

Die Frage heißt daher: Wie schafft es ein Carrier, mit den klassischen Instrumenten der Low-Cost-Logik zu folgen?

Die Logik der Ryanairs und Easyjets beruht auf dem Prinzip der Stufenpreise. Es gibt eine Liste möglicher Preise und eine Erwartungshaltung, wie viele Sitze für wie viel Geld verkauft werden sollen. Der Verkauf beginnt mit einem niedrigen Preis, und die Yieldsysteme der Fluggesellschaften prüfen regelmäßig, wie viele Buchungen zu diesem Preis eingehen. Wird die geplante Zahl verkaufter Sitze erreicht, springt das System zum nächsthöheren Preis.

Die Preise gelten für alle Sitze eines Fluges und unterliegen alle denselben, einfachen Regeln. Vertrieben wird direkt. Wer also Billigflieger über Internet oder Callcenter nach einem Sitz fragt, bekommt einen Preis angeboten, fertig.

Die Netzcarrier-Logik dagegen funktioniert über Buchungsklassen. Für jeden Flug gibt es bis zu 26 dieser Klassen. An jeder hängen ein fester Preis und ein Bündel Regeln zur Vorausbuchungsfrist oder Mindestaufenthalt. Das Ertragsmanagement hat die Klassen aus langer Erfahrung auf bestimmte Kundentypen zugeschnitten – so dass etwa von Geschäftsreisenden höhere Preise verlangt werden können als von Touristen. Je nachdem, welche Auslastung das Ertragsmanagementsystem vorhersagt, werden Buchungsklassen geöffnet oder bleiben geschlossen. Wer den Carrier nach einem Sitz fragt, bekommt keinen einfachen Preis, sondern eine (sich ändernde) Auswahl an Buchungsklassen angeboten. Erst eine „Fare-Quote"-Abfrage zeigt tatsächlich den Preis.

„Obwohl die Abgrenzung der Kundentypen nie perfekt sein kann, funktioniert das System und sichert einen hohen Ertrag für jeden Flug", sagt Gero von Götz, leitender Manager des Airlinesoftware-Spezialisten Lufthansa Systems. „Es wäre auch künftig das richtige Verfahren, wenn es nicht den Angriff der Low-Cost-Airlines gäbe."

Die wichtigen Unterschiede zum Stufenpreismodell:

▷ Es ist nicht möglich, den Preis für eine Buchungsklasse kurzfristig und in Schritten zu erhöhen. Die Preise werden auf lange Zeit festgelegt, jede Änderung zieht einen Rattenschwanz an Prozessen nach sich, bis jede Iata-Agentur neue Preistabellen hat. Das läuft teilweise über Post und Fax – tägliche, gar stündliche Änderungen einer Airline für Hunderte von Flügen sind undenkbar.

▷ Ebenso wenig ist es möglich, nach und nach erst die billigen, dann die teureren Buchungsklassen zu schließen – jeder Preis hat andere Regeln.

▷ Die Netzcarrier können auch nicht das Buchungsklassensystem über Bord werfen. Sie vertreiben weltweit über die globalen Vertriebssysteme (GDS) wie Amadeus und Sabre. Und die fußen auf dieser Einteilung und Logik.

Natürlich haben sich die Netzcarrier im Krieg der Preise Waffen geschmiedet. Nur fragt sich, was sie taugen. Gero von Götz und sein für strategische Projekte verantwortlicher Kollege Dieter Westermann nennen diese Problemlösungen politisch korrekt „nicht optimal". Sie haben drei Gruppen von Netzcarrier-Strategien definiert.

Gruppe 1 streicht einfach einige oder alle Regeln aus den Buchungsklassen. Das haben Anfang des Jahres unter anderem Delta Airlines und American Airlines für inneramerikanische Flüge getan. Die Zuordnung Klasse zu Kundentyp dürfte damit weitgehend passé sein – was eine genaue Preissteuerung natürlich erschwert.

Diese Carrier bekommen zudem das Netz mit Macht zu spüren. So kann es zum Beispiel leicht passieren, dass sie auf einer Strecke die niedrigste Buchungklasse schließen, weil der konkurrierende Low-Cost-Carrier bereits einen höheren Preis verlangt – warum also nicht auch mehr kassieren? Damit schließt der Carrier diese Klasse allerdings auch für alle Anschlussverbindungen. Denn die GDS setzen Flüge von A über B nach C aus den Segmenten „A nach B" und „B nach C" zusammen. Und auf den Interkont-Strecken gilt unverändert das traditionelle System. Sollte es also nötig sein, auf der Gesamtstrecke von A nach C eine niedrige Buchungsklasse zu öffnen, so kann das schnell zum Konflikt führen: Entweder wird die Billigklasse auf der Teilstrecke geöffnet, dann verdient die Airline dort weniger, als sie könnte. Oder die Klasse bleibt zu, dann verkauft sich der Gesamtflug schlecht.

Gruppe 2 versucht die Mischung der Systeme. Einige der 26 Buchungsklassen werden freigeräumt. Hier installiert die Fluggesellschaft reine Preise ohne viele Regeln. Sie spricht also zum einen über diese Angebote preissensible Kunden an, parallel dazu über die bisherigen Klassen die bekannten Kundentypen.

So funktionieren zum Beispiel die innerdeutschen Preise der Lufthansa, die seit dem Winter 2002/03 für einen Teil der Sitze feste Preise in mehreren Stufen vorsehen. Auch Air France geht diesen Weg: Die „Flyby"-Tarife bieten seit vergangener Woche für Flüge ex Deutschland einheitliche, günstige Preise in 22 Länder. Sie gelten in vier Stufen je nach Vorbuchung, mit einfachen Regeln – gleichzeitig laufen die klassischen Buchungsklassen.

Auch hier liegen Umfänge und Preise der einzelnen Klassen vor Verkaufsstart fest – nach Einschätzung von Airline-Berater Ralph Beisel sind solche Preise „lediglich aggressiv vermarktete Frühbucher-Rabatte, die es schon immer gegeben hat". Die Preisstufen sind zudem relativ grob gestrickt.

Lufthansa Systems will diesen Strategien im Sommer 2005 eine dritte gegenüberstellen, eine Waffe, die ohne die Macken der anderen auskommt. Die Grundidee ist, im Yield-Management der Netzcarrier parallel zu den Buchungsklassen Stufenpreise zu installieren – und dazu eine Instanz, die die an-

INSERT 6-3-4 Touristik Report, Nr. 4, 2005, S. 8–11 (Fortsetzung)

Titel

Die beiden Preislogiken

	Buchungsklassen Klasse	Preis	Erstattg.	Umbuchg.	Mindest-Aufenthalt	Vorausb.-Frist
Y-Kundentyp	Y	499	–	–	–	–
C-Kundentyp	C	299	Nein	–	–	–
D-Kundentyp	D	259	Nein	Fee 50	–	–
R-Kundentyp	R	199	Nein	–	Ja	–
M-Kundentyp	M	149	Nein	Nein	Ja	7 Tage
Q-Kundentyp	Q	119	Nein	Nein	Ja	14 Tage
W-Kundentyp	W	99	Nein	Nein	Ja	21 Tage

alle Kundentypen

Modifizierte Stufenpreise Klasse	Preis	Beschränkungen	Bemerkungen
Y*	499	keine	voll flexibel
C	299	keine Erstattung, Umbuchungsentgelt	mehrere Preisspannen für verschiedene Kundengruppen
D	259		
R	199		
M	149		
Q	119		
W	99		

Quelle: LH Systems

fragenden Kunden ins eine oder ins andere System schickt. Damit wäre es möglich, für denselben Flug Tickets nach beiden Systemen zu verkaufen.

Die Stufenpreise sähen nach dem Entwurf von Gero von Götz und Dieter Westermann etwas anders aus als bei den Billigfliegern. Während es dort eine einzige Preisspanne gibt, die von unten nach oben abgearbeitet wird, wollen von Götz und Westermann drei oder vier Preisspannen setzen. Jede von ihnen soll einem zu definierenden Kundentypen zugeordnet werden. So bleibt es möglich, Kunden, die mehr zu zahlen bereit sind, auch mehr zu berechnen.

Damit das klappt, muss das System den Kunden aufgrund der Informationen seiner Anfrage, der richtigen Preisspanne zuordnen, bevor es den aktuellen Preis aus dieser Spanne ausspuckt. „Das wird nicht zu 100 Prozent funktionieren", sagt von Götz. „Hauptsache ist, es klappt besser als die Einheitsspanne der Low-Cost-Carrier." Dann sei mehr Ertrag möglich.

Das ist die dynamische Seite. Das klassische Vorgehen mit bis zu 26 Buchungsklassen auf der anderen Seite bleibt völlig unverändert.

Das neue System, das als „Profit-Line/Yield O & D" im Sommer herauskommen soll, muss also für jeden Kunden entscheiden, nach welcher Logik ein Preis angeboten werden soll.

▷ Fragt er eine Strecke an, auf der es Low-Cost-Konkurrenz gibt, schickt ihn das System ins Stufenmodell. Der Kunde sieht einen aktuellen Preis, der Konkurrenz wie Nachfrage berücksichtigt.

▷ Wird eine andere Strecke angefragt oder aber eine Gesamtstrecke, rutscht der Kunde in das klassische Modell mit den erprobten Ertragsmechanismen.

Die technischen Voraussetzungen dafür sind vorhanden. Beide Logiken nutzen unverändert die buchungsklassen-gebundenen GDS – auf der Stufenpreisseite werden aus den Klassen praktisch reine Preisstufen.

Voraussetzung ist allerdings, dass der komplette Verkauf im so genannten O-&-D-Verfahren läuft (Origin & Destination). Bisher kommt das nur zum Tragen, wenn jemand von A über B nach C fliegen will. Um die Segmente zusammenzufügen, holt sich die Fluggesellschaft den Vorgang aus den GDS in die eigenen Systeme. Alle anderen Verkäufe laufen innerhalb des GDS – um aber die Hoheit über die Verkaufslogik zu sichern, müssten auch sie zur Airline kommen.

Konsequenz: Das neue Ertragsmanagementsystem greift tief in die gewachsenen Prozesse der Fluggesellschaft ein. Hinzu kommt die knifflige Aufgabe, zwei Ertragslogiken ins Gleichgewicht zu bringen. Die Erträge werden erst einmal geringer ausfallen als bisher – aber höher, als wenn nichts geschieht oder der Carrier mit ungenügenden Waffen in die Schlacht zieht. Von Götz und Westermann, die ihr Projekt im November erstmals Ertragsmanagern vorstellten, sprechen von „sehr guter Resonanz im Markt". Das Grundmodul will LH Systems im Sommer herausbringen und es 2006 erweitern, unter anderem um Direktanschlüsse für einzelne Vertriebskanäle.

Dass die Idee funktioniert, zeigt die Swiss. Sie prüft für jede Anfrage, wie der Wettbewerb auf der Strecke aussieht. Während für Interkont-Flüge das klassische System gilt, hat die Fluggesellschaft für Flüge innerhalb Europas vor anderthalb Jahren das System „Swiss in Europe" eingeführt, das jede Buchung individuell beurteilt und als einzige Regel den Mindestaufenthalt kennt. „Die Preise entstehen nicht automatisch nach Low-Cost-Vorbild", sagt der oberste Ertragsmanager Elton D' Souza. „Hier treffen wir auf dynamische Preise von Air Berlin, dort auf feste Preise von Helvetica." Entsprechend unterschiedlich werde reagiert.

Weltweit allerdings sehen von Götz und Westermann noch viel Nachholbedarf und rechnen daher mit Nachfrage nach ihrem Modell. Zumal Experten wie Ralph Beisel erwarten, dass Netzcarrier Zubringerflüge mit ertragsstarken Netzpassagieren „bis aufs Blut" verteidigen werden.

Ob und wie die neue Waffe wirkt, hängt auch davon ab, wie die aktuelle Diskussion ausgeht: ob nämlich Netzcarrier den Kont-Verkehr künftig selbst fliegen oder an Regional- oder Low-Cost-Carrier auslagern. Lufthansa hat vergangene Woche deutlich gesagt, sie werde ihren dezentralen Europa-Verkehr nicht an Germanwings abgeben. ■

Zwei Logiken unter einem Hut: Dieter Westermann, Gero von Götz (v. l.)

„Buchungsklassen wären weiter ideal – wenn es die Low-Coster nicht gäbe"
Gero von Götz

Netzcarrier reagieren statt zu agieren: Berater Ralph Beisel

Eine weitere Motivation zur abnehmerorientierten Preisdifferenzierung ergibt sich neben der kundenseitigen Preisbereitschaft aus **sozialen** oder **kundenbindungsbezogenen Gesichtspunkten.** So existieren bei den meisten Freizeitangeboten günstige Preise für Kinder und Jugendliche, Auszubildende und Studenten sowie Rentnern. Hiermit kommen die Anbieter dem durchschnittlich geringen Einkommen dieser Kundengruppen entgegen. Banken hingegen bieten für Studenten meist günstige Konditionen an, um diese im Hinblick auf ein zukünftig überdurchschnittliches Einkommen und dementsprechend höhere Profitabilität an sich zu binden.

4. Mengenorientierte Preisdifferenzierung

Schließlich bieten sich Dienstleistungsunternehmen noch Formen der **mengenorientierte Differenzierung** an. Preisdifferenzierungen werden hier in Abhängigkeit von der Anzahl der nachgefragten Dienstleistungseinheiten vorgenommen. In diesem Zusammenhang sei auf den Kauf von Abonnements, Dauerkarten oder Mengenkarten für Kinobesuche oder Gruppenreisen verwiesen.

Häufig erfolgt eine **kombinierte Anwendung der vorgestellten Kriterien** im Dienstleistungsmarketing. So wird beispielsweise im Bereich der Nonprofit-Organisationen (z. B. Museen, Theater, Schwimmbäder) hauptsächlich nach den Kriterien Abnehmer und Menge differenziert (Bruhn 2005d). Zum einen bezahlen Kinder, Schüler, Studenten, Lehrlinge und Rentner verminderte Eintrittspreise für die genannten Einrichtungen. Zum anderen werden gleichzeitig Abonnements, Dauer- und Zehnerkarten zu einem reduzierten Preis angeboten (mengenbezogene Preisdifferenzierung). Hier wird deutlich, dass es beim Einsatz verschiedener Arten der Preisdifferenzierung zu Überschneidungen kommen kann, deren Behandlung a priori vom Dienstleistungsanbieter festzulegen ist („doppelte", d. h. kumulierte versus „einfache" Ermäßigung). Zudem kann beim Einsatz mehrerer Differenzierungsarten die Transparenz der Preisbildung leiden und dadurch die Akzeptanz beim Konsumenten gefährdet sein. Gleichzeitig können sich hier innovative Dienstleister profilieren, indem sie als Zwischenhändler (z. B. Reisebüro) oder als reiner Berater (z. B. Preisagenturen) die für den jeweiligen Kunden günstigsten Anbieter herausfiltern.

Im Bankenbereich wird häufig eine Preisdifferenzierung nach den Kriterien Abnehmer, Zeit und Menge vorgenommen. So erhalten Privatkunden oftmals ungünstigere Konditionen als Firmenkunden. Diese Vorgehensweise hat gleichzeitig aber auch einen indirekten Bezug zum Geschäftsvolumen und damit zum Differenzierungsmerkmal „Menge". Längerfristige Anlageformen von Geld erbringen höhere Zinsen (Zeit) und höhere Kreditbeträge sind in der Regel günstiger zu erhalten als kleinere (Menge). Neben der Überschneidung im Rahmen der Anwendung (kombinierter Einsatz mehrerer Differenzierungsmechanismen) sind also auch Überschneidungen der Zielsetzungen einzelner Differenzierungsarten denkbar und üblich.

Insert 6-3-5 zeigt ebenfalls die Preispolitik als zunehmend strategisches Element des Marketing im **Bankenbereich.** Dabei spielen sowohl zeit- und orts- als auch abnehmer- und mengenbezogene Preisdifferenzierungen eine Rolle. Beim Ort ist hauptsächlich von Bedeutung, ob die Leistung vom Mitarbeiter in der Filiale oder vom Kunden selbst online automatisch erstellt wird. Für die Bank kostengünstige, meist automatisierbare Leistungen wie das Online-Banking, werden zu niedrigen Preisen angeboten, während für die gleichen Leistungen bei persönlicher Erstellung durch Mitarbeiter der Bank deutlich höhere Preise verlangt werden. Die DAB Bank bietet so genannte „Happy Trading Hours" an, in denen zu günstigeren Konditionen Wertpapiere gehandelt werden können. Einige Anbieter bieten auch Transaktionen zu Fixkosten an, so dass bei großen Handelsvolumina die anteiligen Transaktionskosten sinken.

INSERT 6-3-5 Bankmagazin, Nr. 11, 2004, S. 32–33

Neuer Kundentrend: Discount-Banking

„Geiz ist Geil" - Die Kunden achten auch bei Bankprodukten immer mehr auf den Preis. Das stellt die übliche Kundensegmentierung in Frage und zwingt die Banken zu neuen Preisstrategien.

BERND BRAUN

Discount-Banking ist auf dem Vormarsch. Dabei muss es Ziel der Banken sein, mit marktgängigen Konzepten auch preisbewusste Kunden zu gewinnen. Zugleich müssen in einem integrierten Ansatz die Information der Öffentlichkeit und Kunden, die Schulung des Vertriebs, das Preiscontrolling und nicht zuletzt die Pflege der Preisfindungsinstrumente berücksichtigt werden.

Aus Kundensicht ist der heimliche Billigkauf emotional dem Stolz auf erfolgreiches = billigeres Kaufen oder Handeln gewichen. Der Satz „Schatz, ich hab' es billiger bekommen" ist nicht nur salonfähig, sondern zum Lebensgefühl geworden. Führende Marketingspezialisten sprechen von der Ästhetik des Geizes. Sie beschreiben die Situation als einen unumkehrbaren gesellschaftlichen Trend.

Geld – und das Drumherum der Banken – hat seinen Mythos verloren. Heute verhandelt man ganz selbstverständlich um den Zinssatz für das Cashkonto und erwartet im Geschäft mit Retailprodukten – und alleine um diese standardisierte, leicht verständliche Massenware geht es – ordentliche Qualität zu erstklassigen Preisen. Das Marketing im Retailgeschäft findet zunehmend an der Preisfront statt.

Der Umbruch in diesem Teilsegment des Bankwesens ist dramatisch. Im Produktionsbereich hat ein Prozess der Industrialisierung begonnen. Ingenieure untersuchen die Prozessabläufe auf der Suche nach Einsparungspotenzialen, die im Wettbewerb um den Kunden in Preisvorteile umgesetzt werden können. Produktspezialisten wie die norisbank bilden starke Marken wie „easyCredit", die gute Preis-Leistungsverhältnisse verankern und somit Kaufwahrscheinlichkeiten erhöhen. Produktionsfabriken wie VR Kreditwerk senken die Kosten durch Größendegressionen. Klassische Allfinanzanbieter sehen sich kosteneffizient operierenden Spezialproduktanbietern gegenüber. Die eigenen Preise erscheinen kaum mehr marktfähig. Denn der Kunde findet im Wettbewerb Konditionen, nach denen er beim Besuch seiner Filiale vergeblich sucht.

Einzelne Banken – vor allem Direktbanken – setzen ganz auf den Preis als die zentrale Markektingbotschaft und besitzen den Ehrgeiz, im für sie relevanten Markt der „Billigste" zu sein. Sie positionieren sich als Discount-Banken. Zweifellos zeigen die enormen Wachstumsraten der überregional operierenden Institute wie DAB oder ING-DiBa, dass sie mit dieser Strategie nicht nur den Nerv der Zeit getroffen haben, sondern dabei sind, den klassischen Banken spürbar Marktanteile im Retailbereich abzunehmen.

Zielgruppe Smart Shopper: Preisorientierte Segmentierung

Kundensegmentierungen nach Alter und Einkommen genügen heute nicht mehr. Gefragt sind entscheidungsorientierte Clusterbildungen, die am Verhalten anknüpfen. Im Bankenbereich steigt die Zahl der so genannten Smart Shopper massiv. Das sind Kunden, die preisorientiert kaufen, aber auch luxusorientiert konsumieren. Interessant für Allfinanzanbieter ist dabei, dass nicht der strenge Discount-Kunde, sondern der Smart Shopper mit einem Anteil von erwarteten 50 Prozent im Jahr 2010 auf dem Vormarsch ist.

Es kommt also darauf an, den Kunden Preiserlebnisse, „Schnäppchen" zu

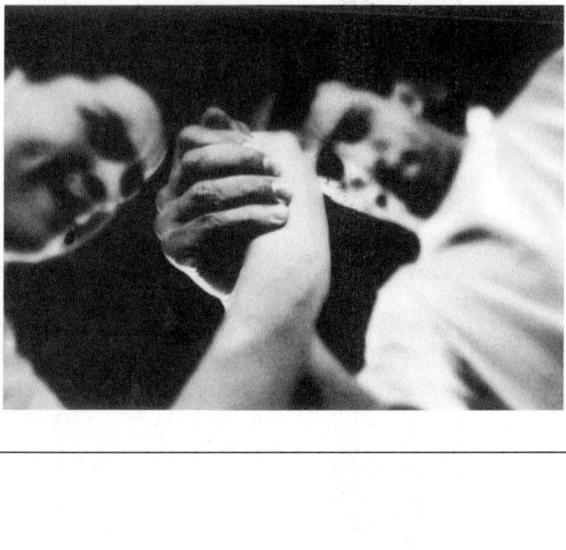

Kräftemessen: Klassische Allfinanzanbieter treten mit Discount-Banken in einen Wettstreit um die Kunden.

INSERT 6-3-5 **Bankmagazin, Nr. 11, 2004, S. 32–33 (Fortsetzung)**

bieten. Dies allein ist jedoch zu kurz gesprungen. In sich weiter differenzierenden Märkten sind immer präziser auf den Kundenwunsch zugeschnittene Angebote unabdingbar. Bedarfsgerecht kann sich dabei auch über den Preis definieren. Langjährige Kunden sind

■ Den Preis als Marketinginstrument verstehen.

meist mit dem bestehenden Preis-Leistungs-Verhältnis zufrieden. Andere haben möglicherweise eine so ausgeprägte Preiselastizität (Reaktion auf Preisveränderungen), dass sie mit einem neuen discountorientierten Preis-Leistungs-Mix gewonnen werden. Um dem Argument der Kannibalisierung zu begegnen, muss eine innovative Produktstrategie entwickelt werden.

Gerade im Retailbanking hilft ein gutes Angebot oft mehr als die perfekteste Themen- oder Imagewerbung. Erste Banken bieten bewusst Angebote an, die von vornherein keinen positiven Deckungsbeitrag schreiben können. Die entgangenen Deckungsbeiträge werden jedoch sehr genau kalkuliert und dem Marketingetat belastet. Der Hinweis „Solange der Vorrat reicht" verdeutlicht dabei, dass nur eine kalkulierte Tranche am Markt platziert wird. Das Ziel: neue Kunden gewinnen und Kontakte knüpfen. Die Voraussetzung hierfür sind moderne Steuerungsinstrumente, wie sie der genossenschaftliche FinanzVerbund mit VR-Control eingeführt hat.

Den Anbietern stellt sich die Frage, ob Discount-Leistungen grundsätzlich als eigener Vertriebsweg oder nur für bestimme Produkte anzubieten sind. Der Genossenschaftsverband Frankfurt initiiert gemeinsam mit seiner Beratungsgesellschaft GenoConsult GmbH Vertriebsprojekte, die mit kontingentierten Produktvolumina arbeiten. Die Projektergebnisse belegen, dass dabei nicht nur das „Sonderangebot" gekauft wird, sondern der Absatz weiterer Produkte anhand systematisierter Bedarfsermittlung möglich ist.

Auch die Regionalbanken können zusätzliche Verkaufsimpulse setzen, indem sie die Preiswürdigkeit des Bankangebotes ganz neu ins kommunikative Spiel bringen. Dies gelingt etwa, wenn ein Produkt leicht verändert und ein elektronischer Verkaufskanal fest verdrahtet wird. Auf Basis geringerer Produktionskosten kann eine andere Bepreisung erfolgen. Der Kunde hat nun die Wahl, sich sein Produkt gemäß seiner Präferenzen selbst auszusuchen. Weiterere Konzepte wie das Schnüren von Produktpaketen (oder Preisbündelung), die volumenbezogene Preisdifferenzierung oder Couponing-Ansätze sind ebenfalls denkbar.

Pricing als Managementaufgabe
All dies kann nicht aus der Innensicht erfolgen. Permanent müssen über einen engen Benchmarking-Prozess die Marktnähe des Angebotes, aber auch die gewählten Kundensegmentierungen betrachtet werden. In diesem Zusammenhang kann sich auch die Frage des Zukaufs eines Produktes stellen.

Preispolitik ist eine zentrale Managementaufgabe: Die Vorgabe der Regelpreise ist nur eines der anstehenden Themen. Auch die systematische Durchführung entsprechender Verkaufsförderungsaktionen gehört dazu. Unter Beibehaltung von TOP-Qualitätsstandards muss dem Kunden die Wahl gelassen werden. Kunden erleben so ihre Bank als fair, nachvollziehbar und wettbewerbsfähig. Die Preise müssen so kalkuliert sein, die Tranchen oder Kontingente so gestaltet sein, dass alle gewinnen, Kunden wie Bank. ■

Bernd Braun ist Bereichsleiter Vertrieb, Beratung und Bildung beim Genossenschaftsverband Frankfurt

Eine Sonderform der mengenorientierten Preisdifferenzierung ist die **nicht-lineare Preisbildung.** Hierbei sinkt der Preis pro Einheit mit zunehmender gekaufter Menge (Sebastian/Kolvenbach 2000, S. 64). Diese Art der Preisbildung ist nur möglich, wenn die Absatzmenge einer Dienstleistung anhand eines geeigneten Maßstabes (z. B. zurückgelegte Flugkilometer) quantifiziert werden kann.

Folgende **Formen nicht-linearer Preisbildung** sind gebräuchlich (Sebastian/Kolvenbach 2000, S. 64):

1. **Mengenrabatte** werden auf größere Abnahmemengen oder Umsätze gemäß einer Rabattstaffel gewährt, so dass der tatsächlich zu zahlende Durchschnittspreis mit zunehmender Menge bzw. zunehmendem Umsatz sinkt.

2. **Bonusprogramme** zielen auf eine Steigerung der Kundenbindung ab und beinhalten Vergünstigungen, die der Anbieter je nach Dauer der Kundenbeziehung oder dem Maß an Loyalität gewährt. Prominente Beispiele für Bonussysteme sind die Vielfliegerprogramme, bei denen Punkte gesammelt werden, die in Kombination mit Partnerunternehmen zu Freiflügen, kostenlosen Übernachtungen oder kostenlosen Mietwagen genutzt werden können.

3. **Mehrstufige Preissysteme** basieren auf einem einmalig pro Periode zu zahlenden Grundpreis und einem (festen) Preis pro Einheit (Beispiele sind Mietwagengebühren, Clubgebühren, Telefon- und Stromtarife usw.). Bei so genannten Blocktarifen können die Kunden unter verschiedenen Preisstrukturen je nach individueller Bedarfssituation wählen, um so den für sie günstigsten Preisfall nutzen zu können.

Die Bedeutung der Preisdifferenzierung insbesondere für die erfolgskritische Auslastungssteuerung auf der einen und die besondere Eignung von Dienstleistungen für den Einsatz verschiedener Formen der Preisdifferenzierung auf der anderen Seite haben im Ergebnis in vielen Dienstleistungsbereichen zu einem extensiven Einsatz des Preisdifferenzierungsinstrumentariums geführt.

Den Chancen einer derart stark differenzierten Preispolitik, etwa im Hinblick auf eine optimierte Auslastung oder abgeschöpfte Konsumentenrente, steht allerdings das Risiko einer übermäßigen **Tarifkomplexität** gegenüber, von dem in der Literatur **Opportunitätskosten in Form entgangener Erlöse** vermutet werden (Faßnacht 1996, S. 147). Ein allzu komplexes Preissystem verringert für den Kunden die Transparenz des Preis-Leistungs-Verhältnisses und kann im Ergebnis dazu führen, dass Kunden zu anderen Leistungsanbietern mit für sie nachvollziehbareren Kosten-Nutzen-Relationen abwandern (Berry/ Yadav 1997, S. 61). Andererseits kann eine sinnvolle Lösung des Problems der Preiskomplexität auch nicht in einer Vereinfachung der Preise im Sinne eines Einheitspreises bestehen, da der Nutzen dieser Maßnahme in keinem angemessenen Verhältnis zu den entgangenen Gewinnen durch den vollständigen Verzicht auf Preisdifferenzierung besteht.

Der Grad an Differenzierung eines Preissystems ist somit kein Maximierungs-, sondern ein Optimierungsproblem. Unter diesem Gesichtspunkt stellt sich zum einen die Frage nach dem **optimalen Grad an Preisdifferenzierung** und zum anderen nach den Möglichkeiten, etwaige negative Folgen eines komplexen Tarifsystems abzumildern. Die optimale Preisdifferenzierungsintensität im Hinblick auf die angewandte Zahl unterschiedlicher Implementationsformen hängt dabei sehr stark von den Merkmalen des Dienstleistungsanbieters und -nachfragers ab. Je größer der Fixkostenanteil, je flexibler die Nachfrage beispielsweise im Hinblick auf eine zeitliche Verlagerung, je stärker der externe Faktor in den Dienstleistungserstellungsprozess integriert wird und je individueller die Dienstleistung ist, umso größer fällt die optimale Preisdifferenzierungsintensität aus. Umgekehrt senkt ein hohes wahrgenommenes Kaufrisiko der Konsumenten das Ausmaß der optimalen Preisdifferenzierungsintensität (Faßnacht 1998, S. 738).

INSERT 6-3-6 Preisdifferenzierung im Mobilfunkmarkt

Kurzfallstudie: Mobilfunkmarkt

Die Auswahl eines Tarifs im Mobilfunkmarkt wird sehr stark von den mit einem Tarif verbundenen Preisen beeinflusst. Als potenzieller Kunde kann man bei den vier größten deutschen Netzbetreibern (T-Mobil, D2 Vodafone, E-Plus und O2) aus knapp 300 verschiedenen Tarifen, die sich in ihrer Struktur zum Teil erheblich voneinander unterscheiden, wählen. Aufgrund der hohen Preisintransparenz orientieren sich Konsumenten an objektiven Vergleichtests, zum Beispiel durch die Stiftung Warentest, die Wirtschaftsmagazine Capital, impulse und Wirtschaftswoche. Auch die Anbieter selbst bieten im Internet Tarifrechner an, um dem hohen wahrgenommenen Kaufrisiko – hervorgerufen durch die Notwendigkeit einer langfristigen Vertragsbindung – zu begegnen. Diese Tarifrechner erstellen in Interaktion mit dem potenziellen Kunden ein Gesprächsprofil, welches das Gesprächsaufkommen in verschieden bepreisten Zeitzonen, angewählte Fest- und Mobilnetze sowie weitere Aspekte beinhaltet. Aufbauend darauf wird aus den angebotenen Tarifen der günstigste ermittelt (vgl. Abbildung 1).

Mobilfunktarife setzen sich in erster Linie aus folgenden fixen bzw. variablen Bestandteilen zusammen:

1. Bestandsgebühren (zum Beispiel eine monatliche Grundgebühr)
2. Nutzungsgebühren (zum Beispiel Minutenpreise).

Abbildung 1: Tarifrechner von e-plus

Die Unterscheidung in Bestands- und Nutzungsgebühren kann als Preisdifferenzierung nach der Menge, hier in der Form eines zweiteiligen Tarifs, charakterisiert werden. Aufgrund der sich durch unterschiedliche monatliche Gesprächsvolumina ergebenden durchschnittlichen Minutenpreise wird dies auch als nicht-lineare Preisbildung bezeichnet. Jeder Mobilfunkanbieter bietet mehrere Tarife an, wobei Bestands- und Nutzungsgebühren negativ miteinander korrelieren. Eine niedrige Bestandsgebühr wird durch hohe Nutzungsgebühren „erkauft" und richtet sich damit an Wenigtelefonierer, der umgekehrte Fall begünstigt Vieltelefonierer. Stellt man zum Beispiel die beiden E-Plus-Business-Tarife S und XL graphisch da, ergibt sich ein Break-Even-Punkt bei genau 100 Minuten (Annahme über die Verteilung der Gespräche: 50 Prozent Inland und E-Plus zu E-Plus, 30 Prozent andere Mobilfunknetze und 20 Prozent City-Tarif). Telefoniert der Kunde weniger als 100 Minuten im Monat, ist für ihn der S-Tarif günstiger, telefoniert er mehr, lohnt sich der XL-Tarif (vgl. Abbildung 2).

Eine weitere Unsicherheitskomponente wird bei den Kunden dadurch verursacht, dass das eigene Gesprächsprofil zeitlichen Schwankungen unterliegen kann. Somit besteht bei Abschluss eines Mobilfunkvertrages stets Unsicherheit darüber, ob man auch in Zukunft den jeweils günstigsten Tarif ausgewählt hat. E-Plus umgeht dies durch eine geschickte „Tarifautomatik". Diese zeichnet sich da-

INSERT 6-3-6 Preisdifferenzierung im Mobilfunkmarkt (Fortsetzung)

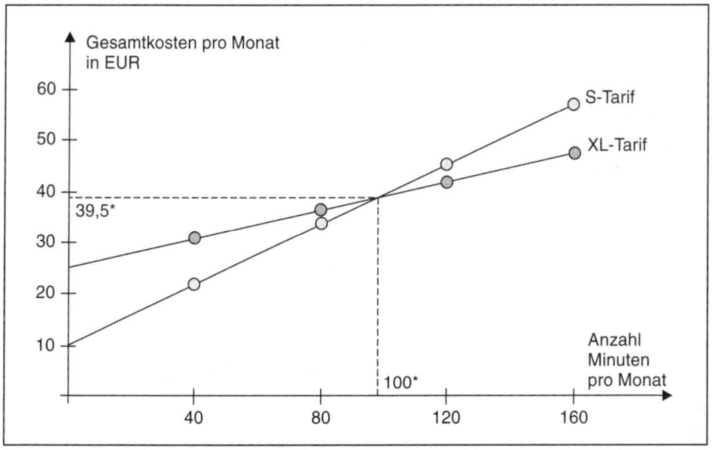

Abbildung 2: Vergleich der E-Plus-Business-Tarife S und XL

durch aus, dass der E-Plus-Kunde nach Ablauf einer Rechnungsperiode den günstigsten Professional-Tarif ex post in Rechnung gestellt bekommt (vgl. Abbildung 3). Auf das Beispiel in Abbildung 2 bezogen würde dies bedeuten, dass der Kunde bis 100 Minuten Gesprächsaufkommen den Business-Tarif S in Rechnung gestellt bekommt, bei darüber hinausgehendem Volumen den Business-Tarif XL.

Rechnung August 2002 für Rufnummer 0177 – 123 45 67

	Summe Aktiver Tarif ( )	**Summe Bester Tarif ( )**
Einmalig berechnet		
Ermäßigung durch Tarifautomatik (Vergelich Professional XL Tarif)	**16,0802**	
Summe	**-16,0802**	**0,0000**
Monatlich berechnet (01.08-2002 – 31.08.2002)		
Professional S-Tarif / Professional XL-Tarif	10,2258	25,5646
Ermäßigung monatlicher Grundpreis 10 %	-1,0225	-2,5565
Summe	**9,2033**	23,0081
Berechnete Verbindungen		
Verbindungen von E-Plus zu E-Plus	42,6928	12,8078
Summe	**42,6928**	**12,8078**
Rechnungsbetrag/zu zahlender Betrag	**35,82**	
In diesem Betrag enthaltene Umsatzsteuer 16%	4,94	
Rechnungsbetrrag (Netto)	30,88	

Abbildung 3: Vergleich der E-Plus-Business-Tarife S und XL

Zur Verminderung der negativen Folgen eines komplexen Tarifsystems eignet sich die **Bildung eines positiven Preisimages.** Erfolgreiche Beispiele aus dem Discountbereich des Lebensmitteleinzelhandels, wo Konsumenten die wahrgenommene Komplexität des Preisvergleichs zwischen einer Vielzahl unterschiedlicher Produkte häufig durch die Wahl einer als preisgünstig empfundenen Einkaufsstätte reduzieren (Gröppel-Klein 1998, S. 150), belegen in diesem Zusammenhang die hohe Bedeutung eines positiven Preisimages auch für Dienstleistungsunternehmen (Schneider 1999). Ein positives Preisimage entbindet den Kunden von Suchkosten und vermindert sein wahrgenommenes Risiko (Müller 1996, S. 29), da es als Indikator für eine generelle Preisgünstigkeit des Unternehmens fungiert und auf einzelne Transaktionen transferiert werden kann.

3.212 Preisbündelung und Preisbaukästen

Ebenso wie im Sachgüterbereich besteht im Dienstleistungssektor die Möglichkeit, Dienstleistungskunden die Wahl zu bieten, verschiedene Dienstleistungen einzeln oder im Verbund als „Servicepaket" mit einem gewissen Preisvorteil zu erwerben (Hanson/ Martin 1990; Wilson/Weiss/John 1990; Simon 1992a, S. 442, 1992b, S. 1214; Diller 1993, S. 270f.). Es kann sogar davon ausgegangen werden, dass z. B. aufgrund der hohen Komplementarität einzelner Dienstleistungskomponenten eine derartige Bündelung im Dienstleistungsbereich häufiger als im Sachgüterbereich vorgenommen wird (Dolan 1987; Guiltinan 1987, S. 74; Simon 1992a, S. 442). Guiltinan, der erstmals einen konzeptionellen Modellansatz zur **Preisbündelung** im Servicebereich vorstellt (Guiltinan 1987), räumt der Anwendung dieses preispolitischen Instruments im Dienstleistungsmarketing gegenüber dem Konsumgütermarketing aufgrund der folgender Aspekte eine besonders hohe Relevanz ein:

- Ein Ziel im Dienstleistungsmanagement besteht darin, Dienstleistungskapazitäten gleichmäßig auszulasten und aufgrund der hohen Fixkostenbelastung der Verkauf bisher wenig in Anspruch genommener Dienstleistungen zu fördern,
- Es ist sinnvoll, aufgrund des höheren wahrgenommenen Risikos beim Kauf von Dienstleistungen von unterschiedlichen Dienstleistungsanbietern dem Kunden ein „One Stop Shopping" anzubieten,
- Die Kundenzufriedenheit mit dem Dienstleistungsangebot (Preis-Leistungs-Verhältnis) spielt aufgrund der höheren Bedeutung langfristiger Kundenbeziehungen eine besondere Rolle.

Beispiele für eine Preisbündelung sind (vgl. z. B. Guiltinan 1987, S. 74; Simon 1992b, S. 1214):
- Wochenendangebote von Hotels in Verbindung mit dem Besuch einer kulturellen Veranstaltung,
- Angebot von Flugtickets, die die Möglichkeit der Nutzung eines Mietwagens am Flughafen einschließen,
- Kombination der Vermietung von Skiausrüstungen mit einem Kursangebot,
- Angebot von Versicherungspaketen, wie z. B. Reiseversicherungen, die eine Haftpflicht-, Krankengeld- und Unfallversicherung umfassen,
- Blockbuchung in der Filmindustrie, bei der dem Kinobetreiber von dem Filmverleiher ganze Blöcke von Filmen angeboten werden,
- Pauschalreisen, die Flug und Hotelaufenthalt umfassen,
- Menüs in Restaurants,
- Jahreskarten für Fußballspiele eines Bundesligavereins,
- Theater- und Konzertkartenabonnements.

Bei genauerer Betrachtung dieser Beispiele fällt auf, dass vielfach **Überschneidungen** zwischen der Preisbündelung und anderen Maßnahmen des preispolitischen und sonstigen Marketinginstrumentariums auftreten, wie:

- Abonnements als Maßnahme der Rabattpolitik,
- Menüs in Restaurants als Maßnahme der Leistungspolitik,
- Hotelaufenthalt in Verbindung mit dem Besuch einer kulturellen Veranstaltung als Maßnahme der Kommunikationspolitik (kooperative Verkaufsförderungsmaßnahme).

Hinsichtlich der **Erscheinungsformen der Preisbündelung** kann grundsätzlich zwischen einem „Pure Bundling" („reine Bündelung") und einem „Mixed Bundling" („gemischte Bündelung") differenziert werden (Guiltinan 1987; Simon 1992b). Im Falle eines **„Pure Bundling"** sind die zu einem Kombinationspreis angebotenen Dienstleistungen für den Konsumenten nicht einzeln zu erwerben. Diese Form der Preisbündelung kann insbesondere die Transparenz von Dienstleistungsangeboten und -entgelten im Vergleich zu Konkurrenzangeboten für den Kunden erschweren, weil unter Umständen unterschiedliche Leistungsarten in die jeweiligen Servicepakete einbezogen werden.

Beim **„Mixed Bundling"** hat der Konsument die Wahl, die Dienstleistungsangebote einzeln oder als Servicepaket mit einem Preisvorteil zu erwerben. Erhält der Kunde einen Rabatt auf eine zweite Leistung bei Inanspruchnahme der „Leitleistung", spricht man vom „Mixed Leader Bundling", während „Mixed Joint Bundling" die Existenz eines eigenständigen Bündelpreises bedeutet.

Wird einem Kunden die Möglichkeit gegeben, aus mehreren Bündeln eines zu wählen (z. B. bei einer Pauschalreise „All Inclusive" oder „Übernachtung mit Frühstück") oder kann er selbst sich ein Bündel zusammenstellen (z. B. beim Frisörbesuch Waschen, Schneiden, Färben) wird dies auch als **Preisbaukasten** bezeichnet (Bruhn/Homburg 2001, S. 550).

Je nachdem, welche der in dem Bündel zusammengefassten Leistungen der Kunde bereits vor der Bündelung in Anspruch genommen hat, kann die Preisbündelung folgende **strategische Konsequenzen** haben (Guiltinan 1987, S. 77):

- Ausschöpfung von Cross-Selling-Potenzialen, wenn der Kunde zuvor nur einen Teil der Bündelleistungen in Anspruch genommen hat,
- Neukundenakquisition, wenn der Kunde zuvor keine der betroffenen Leistungen in Anspruch genommen hat,
- Kundenbindung, wenn der Kunde zuvor beide Leistungen in Anspruch genommen hat.

Der Anreiz für einen Dienstleistungsnachfrager, anstelle einer Dienstleistung weitere Leistungen zu kaufen, liegt in der Regel in einem mit dem Erwerb des „Servicepaketes" verbundenen preislichen Vorteil begründet. Zur Verdeutlichung der Wirkungsweise des „Pure Bundling" und des „Mixed Bundling" kann ein von Simon angeführtes **Beispiel** mit zwei Dienstleistungen aufgegriffen werden (Simon 1992a, 1992b; Diller 1993).

In Abbildung 6-3-6 sind unter der Teilabbildung **„Einzelpreisstellung"** die Preisbereitschaften von fünf Konsumenten (gekennzeichnet von 1 bis 5) für zwei Leistungen A und B eingetragen. Gleichzeitig sind die unter Vernachlässigung von variablen Kosten optimalen Preise für Leistung A (pA = 5) und Leistung B (pB = 4) eingetragen. Im Rahmen dieser Preissetzung werden dann jeweils zwei Produkte von A und B abgesetzt, so dass ein Gesamtumsatz von 18 Einheiten erzielt wird.

Im Falle des **„Pure Bundling"** ergibt sich ein optimaler Bündelpreis von 5,5 Einheiten, der hier durch einfaches Ausprobieren ermittelt werden kann. In komplexeren Fällen, insbesondere wenn mehr als zwei Leistungen gebündelt werden, bietet sich der Einsatz von mathematischen Lösungsalgorithmen an (Kinberg/Sudit 1979; Hanson/Martin 1990). Der durch den Absatz von vier Bündeln erzielte Umsatz liegt bei 22 Einheiten, also um vier Einheiten höher als im Falle der Einzelpreisstellung. Die Steigerung begründet sich durch eine bessere Abschöpfung der Konsumentenrente (Konsument 1: + 0,5 Einheiten; Konsument 2: + 1,5 Einheiten; Konsument 3: – 3,5 Einheiten; Konsument 4: + 5,5 Einheiten; Konsument 5: keine Abschöpfung).

Dieses auf den ersten Blick eindrucksvolle Ergebnis ist in seiner Aussagekraft für den praktischen Einsatz allerdings zu relativieren (vgl. z. B. Simon 1992b, S. 1228ff.):

Zunächst wird vorausgesetzt, dass alle individuellen Preisbereitschaften ermittelt werden können, was trotz der Fortschritte in den Methoden zur Messung von Preisbereitschaften mit Problemen behaftet ist. Dann allerdings sind die dafür notwendigen Ausgaben den im Rahmen der Preisbündelung ermittelbaren zusätzlichen Deckungsbeiträgen gegenüberzustellen, was a priori nicht möglich ist.

Weiterhin sind alle betrachteten Konsumenten an beiden Leistungen interessiert (Preisbereitschaft größer 0). Falls diese Annahme entfällt, ändert das zwar nichts an der grundlegenden Vorgehensweise, allerdings kann sich dann eine Gewinnverschlechterung ergeben.

Abbildung 6-3-6 **Preisbündelung von Dienstleistungen**

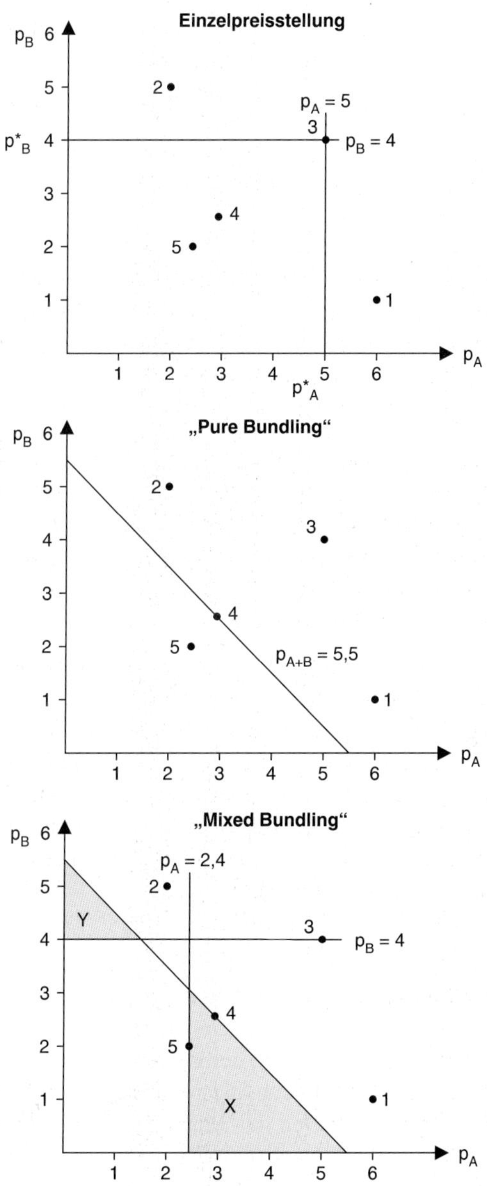

Quelle: Simon 1992a, S. 447

GABLER GRAFIK

Beispiel: Zwei Konsumenten, von denen Konsument 1 nur Leistung A zum Preis von fünf Einheiten kaufen will und Konsument 2 nur Leistung B zum Preis von ebenfalls fünf Einheiten. Der Bündelpreis beträgt dann fünf Einheiten, so dass sich ein Gesamtumsatz von zehn Einheiten einstellt. Diese zehn Geldeinheiten hätten auch im Rahmen einer Einzelpreissetzung erzielt werden können. Allerdings wäre es dann nicht notwendig gewesen, jeweils eine Leistung A und B zu „verschenken", um deren variable Kosten sich das Ergebnis nun reduziert. In diesem Zusammenhang sind zur Ableitung von Optimalitätsaussagen die Kosten zu berücksichtigen. Darüber hinaus kann die Reduzierung der Preistransparenz durch den Einsatz von Bündelpreisen zu Dissonanzen bei potenziellen Nachfragern führen und der Anwendung von Preisbündeln im Rahmen eines Preisbaukastens kartellrechtliche Überlegungen entgegenstehen.

Zur Darstellung der Vorgehensweise im Rahmen des **„Mixed Bundling"** kann wiederum das Beispiel von Simon verwendet werden (vgl. Abbildung 6-3-6). Der Bündelpreis liegt erneut bei 5,5 Einheiten. Da die Summe der Einzelpreise notwendigerweise höher zu sein hat als diese 5,5 Einheiten, wird der Preis für Leistung A auf 2,4 Geldeinheiten und der von Leistung B auf 4 Einheiten festgelegt. Damit teilt sich der Markt in kleinere Einheiten auf bzw. wird deutlicher segmentiert. Alle Konsumenten, die im schraffierten Dreieck X liegen, werden zu Käufern der Leistung A und die Konsumenten im Feld Y zu Käufern der Leistung B. Somit steigt der Umsatz gegenüber dem „Pure Bundling" um 2,4 Geldeinheiten auf 24,4 Geldeinheiten (Simon 1992a, 1992b). Allerdings ist an diesem Beispiel nicht einsichtig, warum beispielsweise Konsument 1 weiterhin das Bündel beziehen wird. Sinnvollerweise wird er jetzt nur das Produkt A zum Preis von 2,4 Geldeinheiten kaufen, da die Differenz zum Paketpreis mit 3,1 Geldeinheiten deutlich über seiner Preisbereitschaft für Leistung B liegt.

Einige Autoren haben sich mit der Frage der **relativen Vorteilhaftigkeit der Einzelpreisstellung** gegenüber der Preisbündelung befasst (Adams/Yellen 1976; Telser 1979; Schmalensee 1984; Simon 1992b, S. 1223ff.; Wübker 1998). Die Untersuchungen ergaben die folgenden Ergebnisse:

- Die **Einzelpreisbildung** ist empfehlenswert, wenn der Nutzen der einen Leistung besonders hoch, derjenige der anderen besonders niedrig ist.
- Die **reine Bündelung** ist vorteilhaft, wenn der Nutzen bei der Leistungen und damit der Bündelnutzen relativ hoch ist.
- Die **gemischte Bündelung** ist bei einem hohen Heterogenitätsgrad der Kundschaft zu empfehlen, d. h., wenn ein Teil der Kunden extreme Präferenzen, ein anderer Teil ausgewogene Präferenzen hinsichtlich der beiden Leistungen hat. Dieser Fall trifft häufig auf Restaurantgäste zu. Kunden, die ausgewogene Präferenzen bezüglich einzelner Menügänge haben, bestellen das Menü. Gäste, die Extrempräferenzen hinsichtlich einzelner Gänge (z. B. Nachspeise) gegenüber anderen Gängen (z. B. Suppe) haben, werden „à la carte" bestellen. Jüngste empirische Studien kommen dabei zu dem Schluss, dass eine gemischte Bündelung im Vergleich zur reinen Bündelung und zur Einzelpreisbildung tendenziell zu höheren Gewinnen führt (Wübker 1998, S. 201; vgl. auch Insert 6-3-7).

INSERT 6-3-7 **Preisbündelung bei McDonald's**

Kurzfallstudie: McDonald's

McDonald's nutzt – wie fast alle anderen Fast-Food-Anbieter auch – die gemischte Preisbündelung. Neben einzelnen Fast-Food-Produkten werden auch Bündel in Form von Menüs angeboten. Zum Beispiel werden in einem solchen Angebot ein BigMac, eine Portion Pommes Frites und ein Getränk zusammengefasst.

Preise bei Einzelerwerb:

BigMac
2,65 €

Portion
Pommes
Frites
1,25 €

Softdrink
1,50 €

Preis des Leistungsbündels:

Sparmenü
4,35 €

Damit ergibt sich beim Menükauf eine Ersparnis von 1,05 € gegenüber dem Einzelkauf (2,65 € + 1,25 € + 1,50 € – 4,35 €).

Ein grundsätzliches Problem der Preisbündelung besteht darin, die relevanten Zahlungsbereitschaften zu ermitteln. Aufgrund des abnehmenden Grenznutzens eines zusätzlichen Produktes (hervorgerufen unter anderem durch die Tatsache, dass die einzelnen Produkte teilweise substitutiv sind), liegt die Zahlungsbereitschaft für ein Bündel im Fast-Food-Bereich unter der Summe der Zahlungsbereitschaften für die Einzelprodukte.

Zur Erhebung der Zahlungsbereitschaften sind verschiedene Verfahren denkbar. So könnten die Zahlungsbereitschaften für die Einzelprodukte und das Menü direkt erhoben werden. Alternativ ist es denkbar, die Conjoint-Analyse als Methode heranzuziehen.

Wübker (1998) hat mit Hilfe der adaptiven Conjointanalyse die individuellen Zahlungsbereitschaften für den vorliegenden Fall ermittelt. Neben Einzelprodukten und einem Zweierbündel (BigMac und Pommes Frites) zu fixierten Preisen wurde ein Dreierbündel mit verschiedenen Preisen in das Conjoint-Design aufgenommen.

Unter Berücksichtigung der Preisbereitschaften wurde die Vorteilhaftigkeit der verschiedenen Preisbündelungsoptionen sowie die der Einzelpreisbildung überprüft. Die Tabelle zeigt eine Übersicht der ermittelten gewinnoptimalen Preis-Mengen-Kombinationen.

	Einzelpreisbildung			Reine Preisbündelung
	Große Portion Pommes Frites	Mittleres Getränk (0,4 l)	BigMac	Dreierbündel
Optimale Preise (€/Stck.)	1,25	1,25	2,50	4,00
Variable Stückkosten (€/Stck.)	0,38	0,38	0,75	1,50
Optimale Absatzmenge (Stck.)	61,00	19,00	71,00	68,00
Optimale Gewinne (€)	53,07	16,53	124,25	170,00
Summe		193,85		170,00

	Gemischte Preisbündelung			
	Große Portion Pommes Frites	Mittleres Getränk (0,4 l)	BigMac	Dreierbündel
Optimale Preise (€/Stck.)	1,25	1,25	2,50	4,65
Variable Stückkosten (€/Stck.)	0,38	0,38	0,75	1,50
Optimale Absatzmenge (Stck.)	0,50	2,00	11,00	42,00
Optimale Gewinne (€)	0,88	1,74	19,25	132,30

Insgesamt zeigt sich, dass Preisbündelungen zum Erfolg der Dienstleistungsunternehmen beitragen können. Dieser Zusammenhang ist aber nicht zwingend, vielmehr ist im Einzelfall eine Entscheidung zu treffen, die sich zwar auf bestimmte Prognosen stützen kann, die aber dennoch mit erheblicher Unsicherheit behaftet ist. Grundsätzlich kann die Preisbündelung aber zu einer gerade für Dienstleistungsunternehmen wichtigen **Auslastung der Potenziale** beitragen. Über die bereits beschriebenen Optionen der Preisdifferenzierung hinaus besteht auch die Möglichkeit der Entbündelung von Leistungen, die dann entweder einzeln bezogen werden oder aber auf den Konsumenten verlagert werden können.

3.213 Preispolitik im Internet (Internet Pricing)

Die **Preispolitik** im Internet wird zunehmend von spezialisierten **Preisagenturen** beeinflusst, die Konsumenten zu mittlerweile allen Bereichen detaillierte Informationen über Preishöhe, Zahlungsbedingungen, Lieferzeiten, Service usw. liefern. Aufgrund der daraus resultierenden erhöhten Markt- bzw. Preistransparenz ist tendenziell nur noch eine geringere Abschöpfung der Konsumentenrente seitens der Anbieter möglich. Auktionen und Preisdifferenzierung stellen zwei Wege dar, der Preistransparenz entgegenzuwirken:

1. Eine Möglichkeit für Unternehmen zur Umgehung der erhöhten Preistransparenz besteht durch **Auktionen** (Klein/Zickhardt 1997). Beispielsweise versteigert die Deutsche Lufthansa AG Angebote im Internet und kann so individuelle Zahlungsbereitschaften abschöpfen bzw. den Auslastungsgrad kurzfristig erhöhen. Das inzwischen klassische Beispiel für Internetauktionen stellt das Unternehmen Ebay dar. Der Anreiz für Anbieter liegt in der Möglichkeit, überschüssige Kapazitäten auf einfache Weise einem großen Markt anzubieten und diejenigen mit der maximalen Preisbereitschaft zu erreichen. Es können sowohl Mindestpreise als auch Festpreise bei sofortigem Kauf ohne Teilnahme an einer Auktion gesetzt werden. Der Anreiz für Käufer besteht zum einen im Erlebniswert bei der Teilnahme an einer Auktion und zum anderen in der Preistransparenz innerhalb eines inzwischen sehr umfangreichen Produkt- und Leistungsspektrums. Diese jeweiligen Nutzenbeiträge haben bei Ebay zu einem Wachstum von 225 Mio. USD im Jahr 2000 auf 3,27 Mrd. USD im Jahr 2004 geführt.

2. Eine weitere Möglichkeit, trotz der erhöhten Preistransparenz die Abschöpfung von Konsumentenrente zu erreichen, stellt das **Angebot differenzierter Preise** bzw. **Leistungen** dar. Beispielsweise sendet das Unternehmen PAWWS Financial Network professionellen Nutzern für monatlich 50 USD in Echtzeit Finanzinformationen über das Internet. Für monatlich 8,95 USD werden die gleichen Informationen mit 20-minütiger Verzögerung verschickt. Bei der virtuellen Bank comdirect bekommt der Kunde nicht nur ein kostenloses Konto zur Verfügung gestellt, sondern sogar eine Vergütung von 1 EUR pro Monat. Voraussetzung ist allerdings eine monatliche Einzahlung in der Höhe von mindestens 1.250 EUR. Ziel hierbei ist es vermut-

lich, Kunden dazu zu bewegen, ihr virtuelles Konto nicht mehr allein für Wertpapiertransaktionen, sondern als Standardkonto für jeglichen Zahlungsverkehr zu nutzen (Insert 6-3-8). Allgemein lassen sich aufgrund der automatisierten und standardisierten Erstellung von Leistungen im Internet meist Kostenvorteile generieren, die oft als Preisvorteile an den Kunden weitergegeben werden. So verlangt die Fluggesellschaft Ryanair beispielsweise hohe (Gesprächs-)Gebühren für eine telefonische Buchung, für die das Unternehmen gezwungen ist, Personal zu beschäftigen, während Internetbuchungen nur (geringen) Fixkostencharakter aufweisen, d. h. eine einzelne Buchung kaum Extrakosten verursacht.

INSERT 6-3-8 Preisdifferenzierung am Beispiel einer Direktbank

Quelle: comdirect AG 2005

Bei der **Preisfindung** für im Internet angebotene Dienstleistungen ist die Erkenntnis aus zahlreichen Studien über das Verhalten von Internetnutzern zu berücksichtigen, dass sich diese durch eine geringe Zahlungsbereitschaft für Leistungen im Internet auszeichnen. Entsprechend ist eine Abschöpfungspreisstrategie mit hohen Preisen beim Markteintritt in der Regel wenig Erfolg versprechend. Die Notwendigkeit der Realisierung von angemessenen Skaleneffekten wird durch die Preisstrategie der Abschöpfung meist nicht erreicht. Statt dessen finden sich viele Beispiele von Anbietern im Internet, die durch wirksame **Preisstrategien der Marktpenetration** schnell einen großen Marktanteil erreichen konnten. Insbesondere die Strategie des „Follow the Free" – die kostenlose Produktabgabe, die als Extremform der Penetrationsstrategie interpretiert werden kann – stimuliert die Nachfrage in einzigartiger Weise. So vertrieb das Unternehmen Network Associates seine Antivirensoftware McAfee zunächst kostenlos und erreichte einen Marktanteil von 75 Prozent. Durch kostenpflichtige Upgrades konnten erhebliche Umsätze generiert werden. Der Marktanteil sichert dem Unternehmen eine gute finanzielle Basis zur Weiterentwicklung des Produktes. Die Software gilt hinsichtlich der Qualität als Marktführer. Aufgrund der nahezu uneinholbaren Qualität der Software wird von den Nutzern ein Anbieterwechsel in der Regel nicht in Erwägung gezogen. Sie befinden sich in einer Lock-in-Situation.

3.22 Konditionenbezogene Strategien

Neben der Festlegung von Preisen steht dem Dienstleistungsanbieter auch das Instrument der **Gestaltung der Zahlungsbedingungen** zur Verfügung:

- Bei längerer Dauer des Dienstleistungsprozesses oder im Fall des Angebots von Dienstleistungsversprechen (z. B. Buchung einer Reise) können **Teilzahlungsoptionen** angeboten werden. Dabei ist zu beachten, dass die einzelnen Komponenten einer solchen Preisbildung (effektiver Zinssatz, Monatsrate, Laufzeit, Anzahlung) unterschiedlich stark auf die Preisbeurteilung wirken (Herrmann 1998) und es sinnvoll ist, sie dementsprechend zu kombinieren. Für eine verbesserte Preisbeurteilung kann auch die Wirkung von Vorauszahlungen positiv nutzbar gemacht werden (Diller 1999, S. 24). Solche vor der Inanspruchnahme der Dienstleistung erbrachte Zahlungen sind für den Kunden „Sunk Costs" und können die Nutzenwahrnehmung der erst später in Anspruch genommenen Dienstleistung deutlich verbessern (z. B. bei einer im Voraus bezahlten Urlaubsreise).

- Eine weitere Möglichkeit zur konditionenbezogenen Preisdifferenzierung besteht in unterschiedlichen Vertragslaufzeiten. So versuchen Unternehmen, bei einigen Dienstleistungen für langfristige Verträge Anreize zu schaffen, indem sie günstigere Tarife anbieten. So sind Abonnements für Fitnessstudios, die über zwei Jahre laufen, oft monatlich günstiger als ein Einjahresvertrag. Gleiches gilt für einige zahlreiche Dienste im Internet, z. B. für Partnervermittlungsagenturen. Während solche Verträge Unternehmen langfristig sichere Einkünfte garantieren, anhand derer sie Investitionen planen können, kompensieren sie die mangelnde alternative Dispositionsmöglichkeit ihrer Kunden durch Preisvorteile.

- Die Nichtinanspruchnahme einer bestellten Dienstleistung, wie z. B. eines Linienfluges, einer Reiseveranstaltung oder Theateraufführung, führt zum „Verfall" dieser Leistung, da aufgrund der Nichtlagerfähigkeit von Diensten keine Möglichkeit besteht, sie für eine spätere Nutzung „aufzubewahren“. Somit sind auch im Interesse des Kunden Vereinbarungen über Rücktrittsmöglichkeiten mit **Abstandszahlungen** oder über den Abschluss von **Rücktrittskostenversicherungen** zu treffen.

- Aufgrund der Immaterialität von Dienstleistungen ist in den **„Lieferungsbedingungen“** möglichst präzise die zu erbringende Dienstleistung zu konkretisieren (z. B. Checklisten mit Teilleistungen bei Reparaturdiensten), um dem Dienstleistungsnachfrager einen möglichst genauen Überblick über die Verrichtungsschritte zu geben und damit Auseinandersetzungen über nicht erbrachte Leistungen zu vermeiden. Nachkaufdissonanzen sind in diesem Zusammenhang durch differenzierte Rechnungserstellung, möglichst verbunden mit einer im persönlichen Gespräch stattfindenden Aufschlüsselung, entgegenzuwirken.

- Als Sonderform der Gestaltung von Zahlungsbedingungen kann die **Garantie** angesehen werden. Diese bietet sich insbesondere bei Dienstleistungen an, die sich durch ein hohes wahrgenommenes Risiko auszeichnen. Es ist wichtig, dass die Garantien dabei keine einschränkenden Bedingungen enthalten, leicht einsehbar und vermittelbar sowie rasch und ohne große Mühen zu beanspruchen bzw. einzulösen sind (Hart 1989). Darüber hinaus sind aber den positiven Wirkungen des Einsatzes von Garantien die durch sie verursachten Kosten gegenüber zu stellen. Hier gilt es, mit Hilfe versicherungsmathematischer Modelle einen sinnvollen Kompromiss zu finden.

4. Distributionspolitik

Die **Distributionspolitik** bezieht sich auf die Gesamtheit der Entscheidungen und Handlungen, die mit der Übermittlung von Dienstleistungen zum Endabnehmer in Zusammenhang stehen (in Anlehnung an Meffert 2000, S. 600).

Auch im Rahmen der Distributionspolitik wirken sich die konstitutiven Eigenschaften von Dienstleistungen aus und begrenzen die Zahl der einsetzbaren Instrumente und deren Ausgestaltungsmöglichkeiten. So sind Dienstleistungen nicht wie Sachgüter handelbar, sondern erfordern in der Regel eine lokale/multi-lokale Leistungserstellung. Lediglich Leistungsversprechen (Versicherungspolicen, Eintrittskarten, Lottoscheine usw.) bilden hier eine Ausnahme und sind über eigene oder fremde Verkaufsorgane zu vertreiben. Insgesamt ergeben sich so besondere Anforderungen an die Distributionspolitik von Dienstleistungsunternehmen, die im Folgenden, mit Schwerpunkt auf die multi-lokale Leistungserstellung, konkretisiert werden.

4.1 Grundlagen der Distributionspolitik

4.11 Besonderheiten der Distributionspolitik von Dienstleistungsunternehmen

Aufgrund der Merkmale von Dienstleitungen ergeben sich einige Besonderheiten für die Distributionspolitik von Dienstleistungsunternehmen, die in Abbildung 6-4-1 dargestellt sind.

Die Notwendigkeit der permanenten **Leistungsfähigkeit** eines Dienstleistungsunternehmens hat folgende Aspekte für die Distributionspolitik zur Konsequenz:

- Die Erfüllung des **raumzeitlichen Präsenzkriteriums** ist die zentrale logistische Aufgabe für Dienstleistungsunternehmen.
- Es wird von Dienstleistungsunternehmen eine Dokumentation ihrer **permanenten Leistungsbereitschaft** gefordert.
- Im Dienstleistungsbereich kommt auch eine **Kombination** von direkter und indirekter Distribution zum Einsatz.
- Bei der indirekten Distribution hat nicht nur der Dienstleister selbst, sondern auch der **Absatzmittler** seine Leistungsfähigkeit zu dokumentieren.

Abbildung 6-4-1 **Besonderheiten der Distributionspolitik von Dienstleistungsunternehmen**

Besonderheiten von Dienstleistungen	Implikationen für die Distributionspolitik
Leistungsfähigkeit des Dienstleistungsanbieters	■ Erfüllung des raumzeitlichen Präsenzkriteriums als zentrale logistische Aufgabe ■ Dokumentation der Leistungsfähigkeit des Absatzmittlers ■ Häufig kombinierte Distribution ■ Dokumentation der Lieferbereitschaft
Integration des externen Faktors	■ Vorherrschen der direkten Distribution ■ Bedeutung des Standorts
Immaterialität (Nichtlagerfähigkeit, Nichttransportfähigkeit)	■ Bedeutung des Franchising ■ Absatzmittler als „Co-Producer" ■ Möglichkeit der Online-Distribution ■ Lagerung materieller Leistungselemente ■ Transport materieller Leistungselemente

GABLER GRAFIK

Die **Integration des externen Faktors** in den Leistungserstellungsprozess führt zu folgenden Implikationen für die Distributionspolitik:

- Die meisten Dienstleistungen werden **direkt** vertrieben.
- **Standortentscheidungen** haben im Dienstleistungsbereich aus Kundensicht eine größere Bedeutung als im Konsum- oder Industriegüterbereich.

Aus der **Immaterialität** von Dienstleistungen lässt sich folgern:

- Aufgrund der Notwendigkeit einer einheitlichen Präsentation des Dienstleisters kommen **Filialsystemen** und insbesondere **Franchisesystemen** eine besondere Bedeutung zu.
- Beim indirekten Vertrieb tritt der Absatzmittler unter Umständen als so genannter **„Co-Producer"** auf.
- Bei Dienstleistungen besteht grundsätzlich die Möglichkeit einer **Online-Distribution** (vgl. Abschnitt 2.3). In den vergangenen Jahren hat sich dieses Medium in ausgewählten Branchen mehr und mehr gegenüber den traditionellen Vertriebskanälen durchgesetzt (vgl. Insert 6-4-1).

INSERT 6-4-1 Horizont, 11.11.2004, S. 30

Mit einem Klick Kuba und zurück

Online-Reiseportale *trotzen der schlechten wirtschaftlichen Lage – und entwickeln sich von Reisemittlern zu Spezialisten mit eigenen Angeboten*

In kaum einer Branche hat sich das Geschäft via Monitor und Heim-PC so etabliert wie in der Touristik. „Rund 80 Prozent der touristischen Internetseiten in Deutschland bieten inzwischen Buchungsfunktionen. Dieser Umstand sorgte im vergangenen Jahr für deutlich steigende Internet-Umsätze in der Tourismusindustrie“, sagt Dominik Rossmann, Geschäftsführer der auf Web-Tourismus spezialisierten Marktforschungs- und Beratungsagentur Ulysses, München.

Für 2003 ermittelten die Experten hierzulande verkaufte Online-Reisedienstleistungen in Höhe von 4,92 Milliarden Euro – eine Steigerung gegenüber dem Vorjahr von 64 Prozent. Auf das Konto der reinen Onlineanbieter – die ihre Umsätze zumeist nicht offen legen – floss davon ein geschätzter dreistelliger Millionenbetrag. Vermitteln Opodo und Co Reisen von großen Veranstaltern, winken dafür 5 bis 8 Prozent Provision. Zum Vergleich: Europas größter Reiseveranstalter TUI beziffert seine – allerdings europaweiten – Online-Umsätze im vergangenen Jahr mit 730 Millionen Euro und einer Steigerung von 60 Prozent.

Ein Grund für die Popularität der Web-Buchungen: „Es gibt im Internet mittlerweile viel umfassendere Informationen als im Katalog“, glaubt Martin Meister, Geschäftsführer des Online-Reiseportals Travelchannel.de. Sein Webportal buhlt – ähnlich wie die Konkurrenten Expedia, Avigo und Opodo – mittlerweile mit großem optischen und inhaltlichen Aufwand um die Gunst der reisewilligen Surfer. Das kommt nicht von ungefähr, stehen hinter den futuristisch klingenden Namen doch große Konzerne wie die Rewe-Gruppe bei Avigo oder der Otto-Konzern bei Travelchannel.

Neuerdings entwickeln sich die Reisemittler dabei gleichzeitig auch zum Veranstalter: „Wir legen immer mehr eigene Produkte auf, die man so im Reisebüro nicht findet“, sagt Meister. Damit versuchen die Portale, den User vom Gang ins Reisebüro abzuhalten. „Bei unseren Click&Mix Reisen handelt es sich um individuell zusammenstellbare Bausteinreisen, die dennoch den Schutz einer Pauschalreise mit Preisersparnis gegenüber der Buchung von Einzelleistungen garantieren“, sagt Jürgen Seiler, Marketing Director bei Expedia.de, München. Kaufzurückhaltung stellt er nicht fest, eher einen Anstieg von Buchungen im Hochpreis-Segment.

„Die Geiz-ist-geil-Zeit ist vorbei“, glaubt Travelchannel-Chef Meister. Er beobachtet eine Verschiebung der Kundenwünsche von der Preisorientierung zum Qualitätsanspruch. „Wir können uns als Online-Anbieter nicht dadurch profilieren, dass wir immer günstiger sind, sondern über Angebot und Qualität.“

Eine Tendenz, die die Online-Reisebranche vielen anderen Varianten des E-Commerce schon voraus hat: Der User akzeptiert die Angebote und sieht dank TÜV-Prüfungen und Safer-Shopping-Siegeln kaum noch Grund zum Misstrauen bei der Kaufabwicklung. Die Marken etablieren sich, weshalb Travelchannel-Mann Meister bereits die Verlängerung der Marken ins Stationärgeschäft vor sich sieht. Gut möglich, auch wenn das niemand bestätigen will, dass die traditionellen Reisebüros irgendwann Konkurrenz von einem Travelchannel-Shop oder einem Expedia-Laden bekommen könnten.

Doch das ist – vorerst jedenfalls – Zukunftsmusik. Noch müssen die Online-Reiseportale ihren USP täglich beweisen. Etwa gegen Vorwürfe wie den der Managementberatung Sapient, Düsseldorf. Die analysierte im Sommer die Nutzerfreundlichkeit von Avigo, Expedia, Opodo, Sixt, Thomas Cook, Travel 24, Travelchannel und TUI. Dabei stellten die Experten kein gutes Zeugnis aus. „Allzu oft versteht das System den Nutzer nicht und umgekehrt,“ erläutert Marcel Tack, Director Business Development bei Sapient. Die Experten empfehlen den Portalanbietern, ihre Services stärker am Reisebuchungsverhalten der Anwender zu orientieren und intuitive Konzepte aufzubauen. Expedia-Marketingleiter Seiler kontert gelassen: „Die Vorwürfe erinnern ein wenig daran, als würde ein Hersteller von Antiviren-Software eine Studie über die Gefährlichkeit von Computerviren schreiben.“

Detlev Brechtel

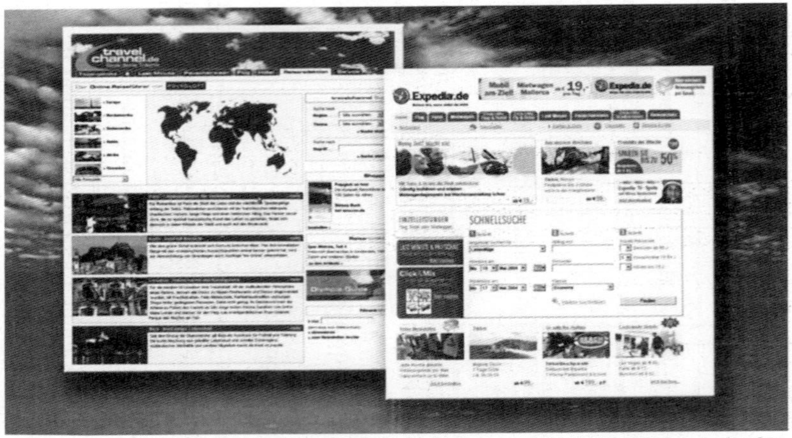

Online-Reiseportale verzeichnen wachsendes Geschäft – eine Studie bemängelt indes die mangelnde Nutzerfreundlichkeit von Opodo und Co

Expedia führt Top Ten an

Reiseportal	Nettonutzer in Millionen	Reichweite aktive Nutzer in Prozent
Expedia	2,74	7,97
T-Online on Reisen	2,35	6,84
Opodo	1,96	5,70
Travelchannel.de	1,89	5,49
L'Tur	1,75	5,08
Hapag-Lloyd	1,39	4,04
TUI	1,35	3,94
Lastminute.com	1,15	3,34
Buchungsmaschine	0,99	2,89
Lastminute.de	0,96	2,80

Erhebungszeitraum: Juli bis September 2004

Quelle: Nielsen Netratings Netview HORIZONT 46/2004

Die konstitutive Eigenschaft der Nichtlagerfähigkeit von Dienstleistungen bedingt, dass **Lagerhaltungsentscheidungen** lediglich für materielle Leistungselemente und Faktoren zu treffen sind. Wegen der Nichttransportfähigkeit betreffen **Transportentscheidungen** ebenfalls lediglich materielle Leistungselemente und Faktoren. Falls Leistungsversprechen, d. h. Anrechte auf eine Dienstleistung vertrieben werden, kommt in diesem Zusammenhang der Kapazitätsplanung ein hoher Stellenwert zu. Es sind z. B. Reservierungssysteme einzurichten, die die aktuelle Nachfrage und die spätere Leistungserbringung zusammenführen.

4.12 Planungsprozess der Distributionspolitik

Zur systematischen Distributionsplanung wird anhand der Phasen des entscheidungsorientierten Planungsprozesses vorgegangen (Specht 1998; Bruhn 2004c, S. 247f.). Im Rahmen der **Situationsanalyse der Distribution** werden unternehmensexterne (z. B. Eröffnung neuer Distributionswege mittels der neuen Medien) und -interne (z. B. Expansionsbestrebungen eines Restaurants) distributionspolitisch relevante Faktoren untersucht. Ferner ist die Stellung des Distributionsweges im Markt (z. B. Vertrieb der Leistungen eines Reiseveranstalters über Reisebüros aufgrund ihrer starken Marktstellung) zu berücksichtigen. Aufbauend auf der Situationsanalyse erfolgt die Ableitung konkreter **Distributionsziele** aus den übergeordneten Unternehmenszielen des Dienstleisters. Mit der **Festlegung der Distributionsstrategie** wird der Weg der Zielerreichung abgesteckt und inhaltlich bestimmt, welche Leistungen über welche Distributionswege vertrieben werden. Hierbei sind insbesondere Entscheidungen hinsichtlich eventueller vertraglicher Bindungen der Absatzmittler (z. B. innerhalb eines Franchisesystems) zu treffen. Im Rahmen der **Bestimmung des Distributionsbudgets** können die bei der Werbebudgetierung eingesetzten Verfahren in modifizierter Form verwendet werden. Auf Basis der Distributionsstrategie gilt es, die **Festlegung der Distributionsmaßnahmen** durchzuführen. Schließlich wird im Rahmen der **Distributionskontrolle** untersucht, inwiefern die Distributionsziele erreicht wurden und welche Ursachen für eventuelle Abweichungen verantwortlich sind.

4.13 Ziele der Distributionspolitik

Eine zentrale Orientierungsfunktion der Entscheidungsprozesse innerhalb der Distributionspolitik kommt den distributionspolitischen Zielen zu. Diese sind konsistent aus den übergeordneten Unternehmens- und Marketingzielen abzuleiten und möglichst operational zu formulieren. Falls es einem Dienstleister nicht gelingt, Leistungskomponenten derart zu lagern, zu verwalten, umzuschlagen und zu transportieren, dass die Nachfrage in ausreichender Quantität und Qualität befriedigt werden kann, verliert der Anbieter die

Nachfrage, woraus für ihn Fehlmengenkosten/Opportunitätskosten entstehen (vgl. Herrmann/Huber 1999, S. 861). Neben den übergeordneten Zielen, wie Umsatz- und Marktanteilssteigerung, können den distributionspolitischen Entscheidungen folgende **versorgungsorientierte Zielgrößen** zugrunde gelegt werden:

- **Präsenz und Erreichbarkeit**
  (Distributionsgrad und -dichte von Dienstleistungen)
  Die Nichttransportfähigkeit von Dienstleistungen und die im Rahmen ihrer Erstellung notwendige Integration des externen Faktors erfordert die simultane Präsenz des Dienstleisters und des Kunden bzw. seines Objektes. Daraus leitet sich die Forderung nach **kundennahen Standorten** (bei standortgebundenen Dienstleistungen) bzw. nach einem dichten Außendienstnetz (bei räumlich flexibler Dienstleistungserstellung) ab. Insbesondere bei Dienstleistungen des täglichen Bedarfs (Verkehrsdienstleistungen, Bankdienste, Postdienste) wird die schnelle Erreichbarkeit des Dienstleistungsanbieters zu einem zentralen Qualitätsmerkmal. Gleiches gilt für den Fall, dass der Dienstleister zum Kunden kommt (z. B. Handwerker, Pizzadienst). Besonders deutlich wird dieser Zusammenhang bei bestimmten öffentlichen Dienstleistungen wie Notarzt, Polizei, Feuerwehr. Hier ist der Standort so zu wählen, dass eine den Anforderungen der Kunden entsprechende Präsenz gewährleistet ist.

- **Zugang des externen Faktors zum Erstellungsprozess**
  Zielsetzung der Distributionspolitik im Dienstleistungsmarketing ist weiterhin die problemlose und kundengerechte Integration des externen Faktors in den Dienstleistungserstellungsprozess. Aufgrund der Nichtlagerfähigkeit von Dienstleistungen sind kundengerecht ausgestattete Warteräume zur Lagerung bzw. zum Aufenthalt des externen Faktors (z. B. Bahnhof, Arztpraxis) einzurichten und Beförderungseinrichtungen (z. B. Shuttle-Verkehr auf Flughäfen) sowie Reservierungssysteme und Ähnliches vorzusehen.

- **Lieferzeit**
  Insbesondere bei Dienstleistungen, die vor Ort beim Kunden erbracht werden, sowie beim Verkauf von Leistungsversprechen (z. B. Abschluss eines Wartungsvertrages für einen Computer und Inanspruchnahme des Kundendienstes) ist die zuverlässige Einhaltung der „Lieferzeit“ sowie eine schnelle Reaktionszeit im Rahmen der Distributionspolitik sicherzustellen. Insgesamt sind die Ziele „Lieferzeitminimierung“ und „Erreichen einer ausreichenden Marktpräsenz“ komplementär.

- **Lieferbereitschaft**
  Weiterhin ist eine kontinuierliche Lieferbereitschaft durch den Dienstleister zu gewährleisten. Aufgrund der Nichtlagerfähigkeit und der Integration des externen Faktors ist während der Öffnungszeiten das Leistungspotenzial des Unternehmens permanent bereit zu stellen. Anders als im Konsumgüterbereich kann der Zeitpunkt des „Vertriebs“ grundsätzlich nicht vom Unternehmen festgelegt werden.

- **Lieferzuverlässigkeit**
  Schließlich ist eine kontinuierliche Lieferzuverlässigkeit notwendig. Es ist notwendig, sicherzustellen, dass der Kunde sich vor und im Zeitpunkt der Inanspruchnahme auf den Dienstleister verlassen kann.

Im Rahmen der Distributionspolitik eines Dienstleistungsunternehmens sind folgende **psychologisch-orientierte Zielsetzungen** von Bedeutung:

- **Image des Absatzkanals**
  Das Image des Absatzkanals, die Ausstattung und persönliche Identifikation der einbezogenen Absatzmittler stellen bereits erste Indikatoren zur Beurteilung und Konkretisierung der „nicht greifbaren“ Dienstleistungen dar. Ziel ist daher die Kompatibilität des Images von Absatzmittlern und eigentlichem Dienstleistungsanbieter.

> Die **LTU** etwa warb zeitweise auf der Internetseite des Nachrichtenmagazins „Der Spiegel“ für ihre Businessflüge, da das Reiseunternehmen annehmen konnte, dass das Image und die Zielgruppe des Magazins mit dem angestrebten Image und der Zielgruppe des Leistungsangebotes der LTU (z. B. reisefreudig, komfortorientiert, überdurchschnittliches Einkommen) weitgehend übereinstimmen.

- **Kooperationsbereitschaft**
  Im Hinblick auf einen einheitlichen Außenauftritt ist eine enge Kooperation zwischen dem Dienstleistungsersteller und seinen Absatzmittlern anzustreben. Diese Form der Zusammenarbeit wirkt sich auch positiv im Rahmen der Steuerung der Auslastung von Dienstleistungskapazitäten aus, da hier eine Errichtung von gemeinsamen Reservierungs- und Buchungssystemen notwendig ist.

> Die Schweizer Fluggesellschaft **Swissair** ging zunächst 2001 in Konkurs, wurde dann als Nachfolgegesellschaft der Crossair unter dem Namen Swiss weitergeführt und 2005 von der Lufthansa übernommen. In den 1990er Jahren hatte sie sich in Kooperationen mit qualitativ minderwertigen Airlines verstrickt. Dadurch erlitt auch das Qualitätsimage der Fluggesellschaft einen Schaden, da die schlechte Bewertung ihrer Kooperationspartner auch auf sie zurückfiel. Dies zeigt die Bedeutung der Auswahl geeigneter Partner beim Eingehen von Kooperationen, die mit dem für das eigene Unternehmen gewünschten Image harmonieren.

Unter Zugrundelegung dieser Zielsetzungen lassen sich die distributionspolitischen Entscheidungstatbestände mit Entscheidungen hinsichtlich Wahl und Struktur der Absatzkanäle sowie Gestaltung des logistischen Systemskennzeichnen. Angesichts der dienstleistungsspezifischen Besonderheiten sind diese jedoch gegenüber dem Sachgüterbereich entsprechend zu modifizieren.

4.2 Einsatz distributionspolitischer Instrumente

4.21 Gestaltung von Absatzkanalsystemen für Dienstleistungen

Das Anliegen der Distributionslogistik besteht darin, die mengen- und artmäßige, räumlich und zeitlich abgestimmte Bereitstellung von Leistungen sicherzustellen, so dass vorgegebene Lieferzusagen eingehalten werden können (Herrmann/Huber 1999, S. 861). Im Rahmen der Gestaltung des Absatzkanalsystems geht es in erster Linie darum, die Absatzwege festzulegen und potenzielle Absatzmittler zu akquirieren und zu koordinieren. Bei der **Wahl der Absatzwege** kann zwischen den Grundformen eines direkten und indirekten Absatzweges differenziert werden. Bei der **direkten Distribution** erfolgt die Verpflichtungserklärung sowie die Erbringung der Dienstleistung durch den gleichen Betrieb. Bei der **indirekten Distribution** wird dagegen ein Absatzmittler zum Vertrieb der Leistungen eingesetzt (z. B. erfolgt die Leistungserstellung eines Reiseveranstalters bei Reiseantritt des Nachfragers direkt, jedoch werden die Leistungsversprechen in Bezug auf eine Reise in der Regel indirekt vertrieben). Außer diesen Grundformen existieren **Kombinationslösungen aus direkter und indirekter Distribution.**

Beispiele für verschiedene Ausgestaltungsformen des Absatzkanalsystems zeigt Abbildung 6-4-2.

Abbildung 6-4-2 Beispiele für Absatzkanalsysteme für Dienstleistungen

Vertriebsweg \ Vertreibsobjekt		Eigentliche Leistung	Leistungsversprechen
Direkt	Unmittelbar (Eigenvertrieb)	z. B. Frisör	z. B. Vorverkauf von Eintrittskarten durch ein Kino
	Mittelbar (Filialsystem)	z. B. Bank	z. B. Flugtickets in Lufthansa-Agenturen
	Mittelbar (Franchisesystem)	z. B. Fast-Food-Ketten	z. B. Franchisesystem einer Konzertagentur
	Mittelbar (Online-Vertrieb)	z. B. Homebanking	z. B. Fahrkarten der Deutschen Bahn über T-Online
Indirekt		z. B. Autoversicherung über Autovermietung	z. B. Eintrittskarten für ein Musical in einer Vorverkaufsstelle

GABLER GRAFIK

Im Folgenden werden die drei genannten **Alternativen** der Gestaltung von Absatzkanalsystemen für Dienstleistungen im Einzelnen vorgestellt.

1. Direkte Distribution

Im Rahmen der **direkten Distribution** können wiederum zwei Ausgestaltungsformen unterschieden werden:

- **Unmittelbare Direktdistribution** (Eigenvertrieb): Hierbei handelt es sich um eine zentralisierte Vertriebsform, d. h., der Dienstleister stellt sein Leistungspotenzial dem Kunden meist an einer zentralen Stelle zur Verfügung (z. B. einzelner Frisörsalon, einzelnes Restaurant).
- **Mittelbare Direktdistribution** (z. B. in einem Filial- oder Franchisesystem): Bei dieser Ausgestaltungsform bietet der Dienstleister sein Leistungspotenzial an unterschiedlichen Stellen an (z. B. Geschäftsbank, Fast-Food-Ketten).

Da bei der direkten Distribution auf Absatzmittler verzichtet wird, sind den Dienstleistungsanbietern enge Grenzen in Hinblick auf die **Geschwindigkeit der Expansion** gesetzt.

In diesem Zusammenhang kommen Multiplikationsbestrebungen des Dienstleistungsanbieters eine besondere Bedeutung zu. Hübner definiert **Multiplikation** als die „Vervielfältigung von definierbaren Einheiten. Diese Einheiten sind notwendigerweise unabhängig und beinhalten die als erfolgskritisch angesehenen Bestandteile bzw. Merkmale vollständig, um die Basis für neue zieladäquate Einheiten bilden zu können und somit als Vorbild im Prozess der Multiplikation zu dienen. Die Multiplikation basiert auf dem bestehenden Leistungsprogramm und auf schon bearbeiteten Zielgruppen mit dem Ziel, trotz der Beibehaltung der vorhandenen Absatzmarktprogrammstruktur ein marktorientiertes Wachstum durch intensivere Marktpotenzialnutzung zu erreichen“ (Hübner 1993).

Übertragen auf die Problemstellung von Dienstleistungsanbietern ergeben sich die in Abbildung 6-4-3 dargestellten Optionen. Zum einen wird hinsichtlich der Multiplikation von Leistungsprozessen und -potenzialen unterschieden. Im Rahmen der Marktdimension wird dann zusätzlich zwischen Multiplikationen ohne bzw. mit geographischer Marktausdehnung differenziert.

Falls keine geographische Marktausdehnung erfolgt und lediglich Prozesse multipliziert werden, liegt der Fall der **reinen Marktdurchdringung** vor. Denkbar wäre hier eine ärztliche Untersuchung, die in ihrer zeitlichen Ausdehnung reduziert wird, so dass eine größere Anzahl von Patienten pro Zeiteinheit behandelt werden kann.

Abbildung 6-4-3 Systematisierung von marktgerichteten Multiplikationsstrategien

Objektdimension / Marktdimension	Multiplikation von	
	Leistungserstellungs-prozessen	**Leistungserstellungs-potenzialen**
Ohne geographische Marktausdehnung	Reine Marktdurchdringung ➡ Intensivierung durch Leistungsmultiplikation	Konzentrische Multiplikation ➡ Intensivierung durch Potenzialmultiplikation
Mit geographischer Marktausdehnung	Expansive Multiplikation (ohne Strukturerweiterung) ➡ Extensivierung durch Leistungsmultiplikation	Expansive Multiplikation (mit Strukturerweiterung) ➡ Extensivierung durch Potenzial- (und Leistungs-) multiplikation

GABLER GRAFIK

Eine **expansive Multiplikation ohne Strukturerweiterung** findet dann statt, wenn Leistungserstellungsprozesse multipliziert werden und gleichzeitig eine geographische Marktausdehnung erfolgt. Als Beispiele können hier der Export veredelter Dienstleistungen über die bisherigen Vertriebsgrenzen hinaus sowie die Entsendung von Mitarbeitern (z. B. Unternehmensberatung, Anwaltskanzlei, Architektur- und Ingenieurbüros) angeführt werden.

Im Rahmen der Multiplikation von Leistungspotenzialen ohne geographische Marktausdehnung kann von einer **konzentrischen Multiplikation** gesprochen werden. Diese kann durch Franchising oder Filialisierung im bestehenden Vertriebsbereich oder durch Übernahme lokaler Wettbewerber erreicht werden.

Die **expansive Multiplikation mit Strukturerweiterung** schließlich liegt dann vor, wenn im Rahmen einer geographischen Marktausdehnung eine Multiplikation von Leistungserstellungspotenzialen erfolgt. Eine derartige Extensivierung kann wiederum durch Franchising oder Akquisitionen erfolgen. Darüber hinaus sind Lizenzvergaben oder Direktinvestitionen zur Filialisierung denkbar.

Gerade im Dienstleistungsbereich wird dem **Franchising** als Konzept der „Quasi-Filialisierung“ ein bedeutender Stellenwert beigemessen. Cross und Walker kennzeichnen den Einsatz von Franchisekonzepten bei Serviceleistungen treffend als „A Practical Business

Marriage" und sehen einen engen Zusammenhang zwischen der Ausweitung des Dienstleistungsbereiches und der zunehmenden Anzahl von Franchisekonzepten (Cross/Walker 1987). Franchising lässt sich dabei wie folgt definieren (Kaub 1990; Tietz 1991; Ahlert 2001):

Franchising ist eine Form der Kooperation, bei der ein Kontraktgeber (Franchiser) aufgrund einer langfristigen vertraglichen Bindung rechtlich selbständig bleibenden Kontraktnehmern (Franchisees) gegen Entgelt das Recht einräumt, bestimmte Waren oder Dienstleistungen unter Verwendung von Namen, Warenzeichen, Ausstattungen oder sonstigen Schutzrechten sowie der technischen und gewerblichen Erfahrungen des Franchisegebers und unter Beachtung des von letzterem entwickelten Absatz- und Organisationssystems anzubieten.

Im Dienstleistungsbereich findet Franchising häufig in der Form statt, dass dem Franchisenehmer die Einrichtung und Führung einer Dienstleistungs-„Filiale" bzw. die Organisation zur Dienstleistungserstellung gegen Entgelt obliegt. Das Dienstleistungsunternehmen als Franchisegeber stellt zur Führung der Dienstleistungs-„Filiale" bzw. zur Durchführung der Dienstleistungserstellungsprozesse ein umfassendes Hard- und Softwarepaket zur Verfügung. Durch einheitliche Ausgestaltung dieses Paketes kann eine weitgehende Systemkonformität der Franchisenehmer sichergestellt werden. Der gewichtigste Vorteil dieses Konzeptes liegt für den Franchisegeber darin, dass er mit geringem Kapitalaufwand schnell expandieren kann.

Aufgrund der Immaterialität von Dienstleistungen kann im Rahmen von Franchisesystemen insbesondere eine einheitliche „Materialisierung" von Dienstleistungspotenzialen durch die Verwendung gleicher Ausstattungen, Dienstleistungsmarken und -programme angestrebt werden. Vorgaben zur Erstellung der jeweiligen Dienstleistungen dienen der Sicherung einer konstanten Dienstleistungsqualität.

Typische **Beispiele** für Franchisesysteme finden sich im Bereich der Fast-Food-Ketten (z. B. McDonald's, Burger King), im Hotelgewerbe (z. B. Holiday Inn) und im Handel (z. B. OBI, Benetton) (siehe auch Insert 6-4-2).

2003 waren in Deutschland 830 Franchisegeber und rund 43.000 Franchisenehmer tätig, von denen 56 Prozent in verschiedenen Dienstleistungsbereichen, weitere 24 Prozent im Handel und 13 Prozent in der Gastronomie angesiedelt waren. Die gesamte Franchisewirtschaft erzielte einen Umsatz in Höhe von 25,4 Mrd. Euro durch circa 390.000 Beschäftigte (Deutscher Franchiseverband 2003). Dies belegt, dass Franchisekonzepte mittlerweile einen hohen Stellenwert erreicht haben.

Die Beliebtheit des Franchising im Dienstleistungsbereich gründet sich auf die zahlreichen Vorteile sowohl für den Franchisegeber als auch für den Franchisenehmer (Tietz 1991):

INSERT 6-4-2 Wettbewerbsgerichtete Distributionsstrategie in Franchise-Systemen

Kurzfallstudie: Starbucks

Die Starbucks Coffee Company wurde 1971 mit der Eröffnung des ersten Standorts in Seattle als Lieferant von Kaffee an gehobene Bars und Restaurants gegründet. Nach der Umstellung der Unternehmensstrategie auf ein eigenständiges Kaffeebarkonzept begann man Mitte der 1980er Jahre mit der Errichtung neuer Standorte außerhalb Seattles. Bereits 1995 verfügte das Unternehmen über mehr als 500 Filialen in Nordamerika und Kanada. Heute ist Starbucks der weltweit führende Anbieter von Kaffeebars und steht mit seinem Namen für Coffee Houses in Nordamerika, dem asiatisch-pazifischen Raum sowie im Nahen und Mittleren Osten. Die mehr als 5.000 Standorte werden von über 18 Mio. Kunden pro Woche besucht.

Als zentraler Erfolgsfaktor der Unternehmensexpansion kann die wettbewerbsgerichtete Distributionsstrategie ausgemacht werden, die ähnlich McDonald's oder Body Shop auf dem Prinzip des „Clustering" basiert. Trotz des enormen Wachstums um gegenwärtig einen Laden pro Tag beschränkt sich das Unternehmen auf relativ wenige Gebiete und eröffnet zunächst zahlreiche Filialen in den Innenstädten. Die Expansion innerhalb eines Clusters wird anschließend fortgeführt, obwohl aufgrund von Sättigungstendenzen der Absatz einer einzelnen Verkaufsstelle bereits sinkt. Da die Marktanteilsverluste durch die neu eröffneten Verkaufsstellen in der Regel überkompensiert werden, ist dennoch ein steigender Gesamtumsatz aller Verkaufsstätten zu verzeichnen (vgl. Abbildung). Opfer dieser vom Unternehmen als „Cannibalization" bezeichneten Strategie ist die aus unabhängig betriebenen Kaffeebars und Restaurants bestehende Konkurrenz. Da diese Unternehmen ihren Gewinn nur aus einer einzigen Verkaufsstelle beziehen, ist eine Möglichkeit der Kompensation nicht gegeben. Folge dieser aggressiven Franchisingstrategie ist ein Konkurs dieser Einzelunternehmen und damit die Sicherung und der Ausbau der Wettbewerbsposition von Starbucks.

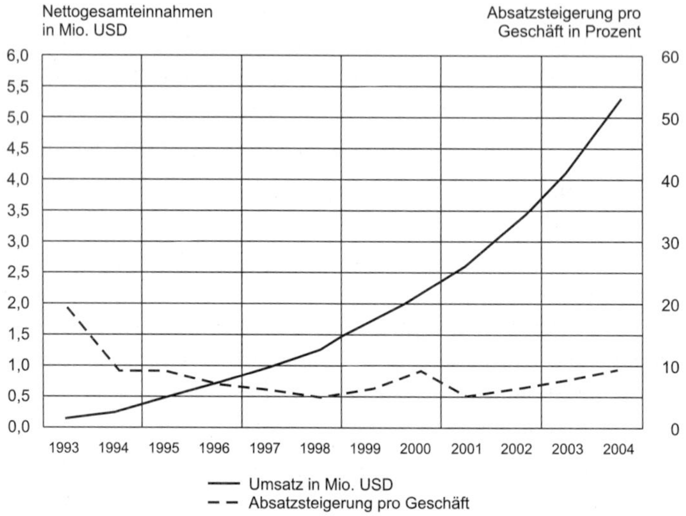

Abbildung: Entwicklung von Starbucks 1993–1998

Quelle: Starbucks Jahresberichte 1997, 1998

- **Vorteile des Franchisegebers:**
  - Risikominderung (insbesondere des finanziellen Risikos),
  - Dezentralisierung von Personalfragen,
  - Einsatzmöglichkeit lokaler Expertise,
  - Loyalität der Franchisenehmer trotz selbständigem Unternehmertum,
  - Regelmäßige Franchisegebühr,
  - Beitrag zum Bekanntheitsgrad des Gesamtsystems,
  - Systematische Informationsweitergabe über Zielmarkt,
  - Begrenzter Kapitaleinsatz.

- **Vorteile des Franchisenehmers:**
  - Risikominimierung,
  - Zentrale Kommunikationsaktivitäten,
  - Gebietsschutz im Absatzmarkt,
  - Einkaufsvorteile im Beschaffungsmarkt (insbesondere auch Humankapital),
  - Unterstützungsleistungen hinsichtlich Unternehmensführung, Aus- und Weiterbildung sowie Marketingaktivitäten,
  - Erleichterte Kapitalbeschaffung.

Insgesamt stellt das Franchising eine Option dar, Dienstleistungskonzepte mit begrenztem Kapitaleinsatz und gleichzeitig intensiven Steuerungsmöglichkeiten zu verknüpfen.

Schließlich kann die **Durchführung des Direktvertriebs** auch beim **Kunden** oder an einem **dritten Ort** stattfinden. Aufgrund der Integration des externen Faktors in den Leistungserstellungsprozess wird bei der ersten Möglichkeit der Aufwand für den Kunden reduziert, da sich dieser nicht mehr zum Ort der Leistungserstellung zu bewegen braucht. Der Direktvertrieb an einem dritten Ort kommt meist dann zum Tragen, wenn sich der Kunde nicht zu Hause befindet und auch nicht zum Dienstleister kommen kann. Dies ist meist in speziellen Notsituationen der Fall (z. B. Notarzteinsatz bei Autounfall, Anwaltsbesuch im Gefängnis).

Ein Sonderfall der direkten Distribution besteht im Internetvertrieb, der meist im Zusammenhang mit dem Stichwort **E-Commerce** diskutiert wird. Allerdings bestehen zu diesem Begriff unterschiedliche Begriffsauffassungen. Während einige Autoren E-Commerce dem Begriff des Internet Marketing gleichsetzen und damit ein sehr breites Begriffsverständnis haben (vgl. z. B. Bliemel/Fassott/Theobald 1999, S. 2), sehen andere Autoren im E-Commerce die „digitale Anbahnung, Aushandlung und/oder Abwicklung von Transaktionen zwischen Wirtschaftsobjekten“ (Clement/Peters/Preiß 1998, S. 50) und grenzen damit explizit Bereiche wie die Internetwerbung aus.

Als Instrument im Rahmen der Vertriebspolitik kann das Internet sowohl der Anbahnung und Abwicklung von Transaktionen als auch als logistischer Absatzweg fungieren (bei digitalisierbaren Produkten wie Informationen oder Software). Ein aus der Marketingperspektive interessantes Phänomen ist hierbei in der Veränderung von klassischen Wertschöpfungsstrukturen (z. B. Beziehung zwischen Zulieferer, Hersteller, Handel und Konsument) zu sehen. In der Literatur wird dieses Phänomen als **„Disintermediation“**

bezeichnet (Gerth 1999, S. 151; Tomczak/Schögel/Birkhofer 1999, S. 109). Das Prinzip der Disintermediation bedeutet die Umgehung von Absatzmittlern und damit den Aufbau eines eigenständigen Direktvertriebs über das Internet. Darüber hinaus entstehen aber auch neue Zwischenstufen im Absatzkanal **(neue Intermediäre).** Die Entstehung von neuen Intermediären ist vor allem auf die Unabhängigkeit des Mediums Internet von Raum und Zeit und die geringen Transaktionskosten sowie die damit einhergehenden Möglichkeiten zur Erzielung von Arbitragegewinnen zurückzuführen. Beispielsweise ist das Unternehmen E*TRADE schon sehr früh in den Internetmarkt als Finanztransaktionsbroker eingetreten und bietet eine Vermittlerrolle zwischen Finanzdienstleistern und Endkunden.

Durch den Direktvertrieb über das Internet bieten sich sowohl auf Nachfrager- als auch auf Anbieterseite Vorteile (vgl. Abbildung 6-4-5). Aus **Nachfragersicht** ergeben sich beim Shopping über das Internet Vorteile durch den Wegfall räumlicher und zeitlicher Grenzen. Durch Suchfunktionen und detaillierte Produktinformationen erhöht sich die Markttransparenz, und der Suchaufwand ist vergleichsweise gering.

Abbildung 6-4-5 Vorteile des E-Commerce aus Nachfrager- und Anbietersicht

Nachfragersicht	Informationsphase	Vereinbarungsphase	Abwicklungsphase
Funktionalität	Erhöhte Markttransparenz	Übersicht über frühere Einkäufe	Zusatzinformationen für Installation und Gebrauch
Transaktionskosten	Geringerer Such- und Vergleichsaufwand	Einfacher Bestellvorgang	Schnelle Kommunikation; teilw. elektr. Lieferung
Convenience	Zeitersparnis	Einfache Such- und Selektionssoftware	Transparenz über Status der Auftragsbearbeitung
Anbietersicht			
Funktionalität	Leistungsbündelung für eine homogene Zielgruppe	Speicherung von Kundendaten	Automatisierte Auftragserfassung
Transaktionskosten	Geringere Akquisitions- und Werbekosten	Nutzung gespeicherter Kreditkarteninformationen	Automatisierung des Zahlungsverkehrs
Convenience	Schnelle und einfache Angebotsänderung	einfache E-Mail-Kommunikation bei Nachfragen/ Bestätigungen	Einfachere Kundenbindung

Quelle: Loos 1998, S. 123

GABLER GRAFIK

Aus **Anbietersicht** ergeben sich durch den **E-Commerce** vor allem Vorteile durch die Automatisierung von Teilprozessen bzw. die Integration des Kunden in die Auftragserfassung, so dass Medienbrüche (z. B. durch das Abtippen der Kundendaten von einem Brief) vermieden und damit Kosten eingespart werden können. Beispielhaft sind in Abbildung 6-4-6 die Kostensenkungspotenziale durch den Vertrieb über das Internet im Vergleich zur Abwicklung über traditionelle Absatzkanäle aufgeführt.

Abbildung 6-4-6 **Kostensenkungspotenziale im Internetvertrieb**

	Distributionskosten bei der traditionellen Abwicklung	Distributionskosten im Internet	Einsparung
Flugtickets	8 USD	1 USD	87 %
Banktransaktionen	1,08 USD	0,13 USD	89 %
Rechnungsabwicklung	2,22 USD	0,65 USD	71 %
Lebensversicherung	400 – 700 USD	200 – 300 USD	50 %
Softwaredistribution	15 USD	0,2 – 0,5 USD	97 – 99 %

GABLER GRAFIK

Quelle: OECD 1998

Der Einsatz des Internet als Absatzkanal bietet neben den genannten Effizienz- auch **Effektivitätsvorteile:** E-Commerce kann zum einen zu Umsatzsteigerungen durch die Ansprache bisher nicht erreichter Zielgruppen führen. Zum anderen kann der Hersteller die Struktur des Absatzkanals selbst bestimmen und alle Marketingmaßnahmen aufeinander abstimmen. Schließlich besteht die Möglichkeit, direkt mit dem Endkunden zu kommunizieren, durch Protokollierungsfunktionen seine individuellen Informations- und Kaufpräferenzen kennenzulernen und gezielte Marketingmaßnahmen im Sinne eines Segment-of-One-Marketing zu ergreifen und damit Kundenbindung und Kundenwert zu steigern. Ein Beispiel hierfür sind Anbieter, die maßgeschneiderte Hemden über das Internet vertreiben. Dabei sind vom Kunden die Körpermaße einzugeben und Stoff sowie Schnitt des Hemdes zu wählen. Der Kunde erhält nur wenige Tage später sein Hemd per Post. Auch wenn diese Anbieter nicht als Dienstleister im klassischen Sinne zu bezeichnen sind, steigt der Umfang der Dienstleistungskomponente durch die ausgeprägte Convenience-Orientierung der Transaktionsabwicklung, da die zeitliche Dauer der Integration des externen Faktors minimiert wird (vgl. Insert 6-4-3).

INSERT 6-4-3 Beispiel Internetvertrieb: Müller Maßhemden

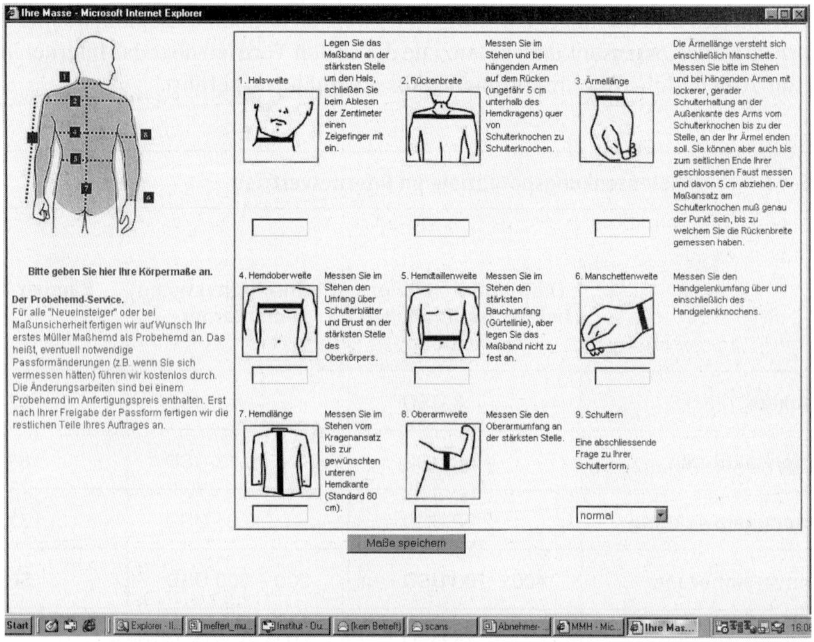

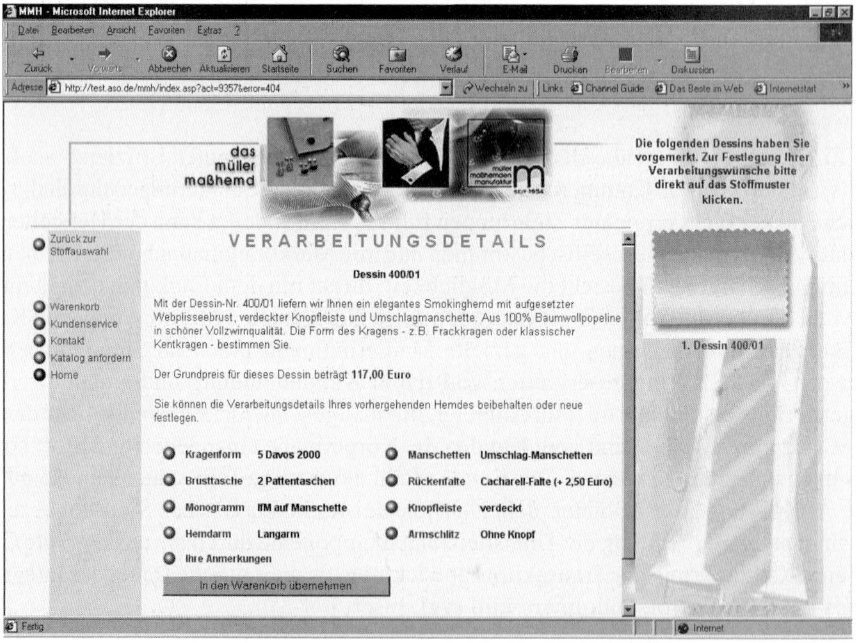

Quelle: www.muellermasshemden.de

Zur Verdeutlichung der zunehmenden Bedeutung des E-Commerce sind im Folgenden einige **Branchen** beispielhaft aufgeführt, in denen der Online-Vertrieb bereits zu einem festen Bestandteil in der Vertriebspolitik geworden ist (MGM 1996, S. 53ff.):

- Finanzdienstleistungen (z. B. Home Banking),
- Verkehrsdienstleistungen (z. B. Ticketbuchung bei der Deutschen Lufthansa AG),
- Reisedienstleistungen (z. B. Buchung von Reisen bei L'tur, TUI oder Deutsche Bahn),
- Informationsdienstleistungen (z. B. Datenbankabfrage von Gebrauchtwagenpreisen bei Schwacke),
- Unterhaltungsdienstleistungen (z. B. Online-Vertrieb von Musik im MP3-Format),
- Bildungsdienstleistungen (z. B. kostenpflichtiger Download von Veröffentlichungen).

Abbildung 6-4-7 Eignung von Gütern zum E-Commerce

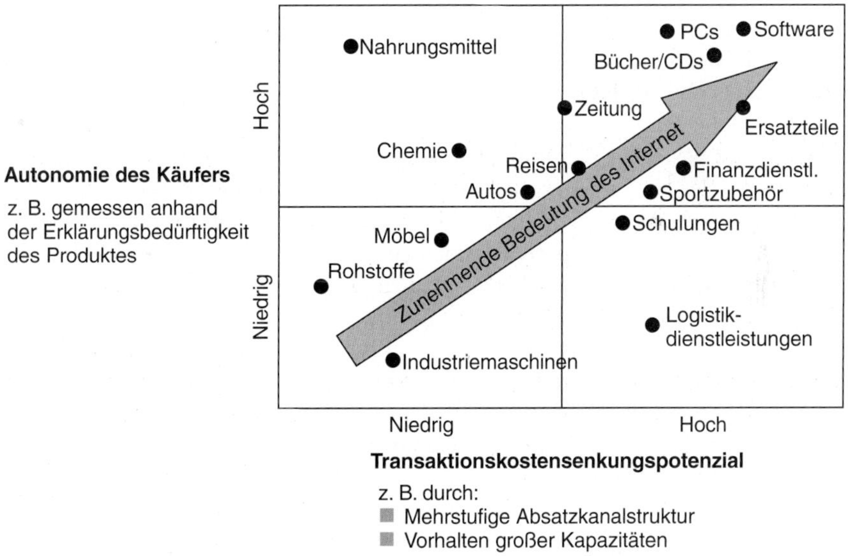

GABLER GRAFIK

Quelle: in Anlehnung an Berryman et al. 1998, S. 156

Zur genaueren **Spezifikation „onlinefähiger" Dienstleistungen** sind zwei zentrale Faktoren heranzuziehen (vgl. Abbildung 6-4-7). Zum einen entscheidet das vorhandene **Transaktionskostensenkungspotenzial** über die grundsätzliche Eignung von Leistungen zum E-Commerce. Je mehr Transaktionskosten beispielsweise durch die Umgehung von Absatzmittlern oder durch die digitale Lieferung (z. B. bei Software) eingespart werden können, desto geeigneter sind Leistungen für den Online-Vertrieb. Zum anderen ist von entscheidender Bedeutung, ob ein Kunde die Leistungen relativ autonom in Anspruch nehmen kann **(„Autonomie des Käufers“).** So eignen sich beispielsweise Leistungen, die über einen hohen Anteil an Vertrauenseigenschaften verfügen oder sehr komplex und damit erklärungsbedürftig sind (insgesamt geringe Autonomie des Käufers), in der Regel weniger für den Vertrieb über das Internet.

Die **besondere Eignung von Dienstleistungen** für den Vertrieb über das Internet ist vor allem deshalb gegeben, da in vielen Fällen **Anrechte** auf eine bestimmte Leistung gehandelt werden und nicht die eigentliche Leistung selbst, wie es bei materiellen Gütern der Fall ist. Beispielsweise stellt der Kauf einer Eintrittskarte für ein Musikkonzert aus Konsumentensicht den Erwerb eines Anrechtes auf den Besuch der Veranstaltung dar. Über die größte Eignung für E-Commerce verfügen **Informations-** (z. B. exklusive Wirtschaftsnachrichten) und **Programmierleistungen** (Software). Diese Leistungen sind digitalisierbar, weshalb das Internet nicht nur als Medium zur Anbahnung einer Transaktion, sondern auch als zentrales Transportmedium fungieren kann. Entsprechend ist von einem hohen Transaktionskostensenkungspotenzial bei Informations- und Programmierleistungen auszugehen.

Als zentrales Problem des Online-Vertriebs aus **Nachfragersicht** erweist sich, dass das Internet immer noch als **relativ unsicher** angesehen wird. So besteht Skepsis, ob die übermittelten Daten vertraulich behandelt und vor Übergriffen von „Hackern“ genügend geschützt werden (vgl. Gräf/Tomczak 1997, S. 49). Eine weitere Diffusionsbarriere des Internetvertriebs besteht in der Notwendigkeit eines aus Konsumentensicht **echten Zusatznutzens** bei der Nutzung des Internet . Ein Zusatznutzen liegt für den Konsumenten beispielsweise dann vor, wenn im Internet Informationsmehrwerte durch Anbieter-, Produkt- und Preisvergleiche geschaffen werden und damit dem Käufer die Wahl für ein Produkt erleichtert wird oder wenn Routinevorgänge wesentlich effizienter abgewickelt werden (beispielsweise eine Überweisung per Internet im Rahmen des Home Banking, das dem Kunden den Weg zur Bank erspart). Aus **Anbietersicht** stellt vor allem das **Konfliktpotenzial mit verbundenen Absatzmittlern** eine zentrale Akzeptanzbarriere des Online-Vertriebs dar. Gerade wenn Kannibalisierungseffekte zu vermindertem Absatz in klassischen Vertriebskanälen führen, ist von einem hohen Konfliktpotenzial auszugehen.

2. Indirekte Distribution

Aufgrund der Immaterialität von Dienstleistungen sind diese nicht in gleicher Weise wie z. B. Konsumgüter über Absatzmittler (Handel, Großhandel) zu vertreiben. Allerdings können Dienstleistungsversprechen gehandelt werden, also die Verpflichtung des Dienstleistungsanbieters, zu einem späteren Zeitpunkt eine mehr oder weniger genau definierte Leistung zu erbringen (Hilke 1989b). Diese Verpflichtung wird häufig an ein materielles Trägermedium gebunden, z. B. eine Eintrittskarte oder Versicherungspolice

(Meyer 1994; Maleri 1997). Ferner unterscheidet sich die indirekte Distribution von Dienstleistungen gegenüber derjenigen materieller Güter dahingehend, dass der Absatzmittler als reiner Verkäufer der Leistung/des Leistungsversprechens oder aber als so genannter „Co-Producer" der Leistung auftritt. Im zweiten Falle übernimmt er Teile der Leistungserstellung (Palmer/Cole 1995, S. 204ff.). Demzufolge ergeben sich vier **Formen der indirekten Distribution,** die in Abbildung 6-4-8 gezeigt sind, und folgendermaßen benannt werden können:

- **Indirekte Distribution der Leistung mittels eines Co-Producers**
  Beispiel: Vertrieb des Autoversicherungsschutzes durch eine Autovermietung, wobei die Angestellten der Autovermietung den Versicherungsnehmer hinsichtlich der Versicherung beraten und dadurch die Erstellung von Teilleistungen übernehmen.
- **Indirekte Distribution der Leistung über einen reinen Absatzmittler**
  Beispiel: Vertrieb der Telekommunikationsleistungen der Telekom durch eine Gaststätte, in der ein öffentlicher Telefonapparat installiert ist.
- **Indirekte Distribution des Leistungsversprechens mittels eines Co-Producers**
  Beispiel: Vertrieb von Eintrittskarten für Musicals durch eine Vorverkaufsstelle, deren Mitarbeiter den Zuschauer über Inhalt des Stückes, Qualität bestimmter Sitze usw. informieren.
- **Indirekte Distribution des Leistungsversprechens über einen reinen Absatzmittler**
  Beispiel: Vertrieb von Telefonkarten über Tankstellen.

Abbildung 6-4-8 Formen des indirekten Vertriebs von Dienstleistungen

Vertriebsobjekt / Funktion des Absatzmittlers	„Co-Producer"	Verkäufer
Eigentliche Leistung	**Indirekter Vertrieb der Leistung mittels eines „Co-Producers"** z. B. Autoversicherung über Autovermietung	**Indirekter Vertrieb der Leistung über einen reinen Absatzmittler** z. B. Telekommunikationsleistung über Gaststätte
Leistungsversprechen	**Indirekter Vertrieb des Leistungsversprechens mittels eines „Co-Producers"** z. B. Eintrittskarte über Vorverkaufsstelle	**Indirekter Vertrieb des Leistungsversprechens über einen reinen Absatzmittler** z. B. Telefonkarten über Tankstelle

GABLER GRAFIK

Bei der Durchführung einer indirekten Distribution stehen grundsätzlich drei **Arten von Absatzmittlern** zur Auswahl (Palmer/Cole 1995, S. 209):

- **Dienstleistungsagenten** haben das Recht, einen Vertrag zwischen Dienstleistungsanbieter und -nachfrager abzuschließen (z. B. Reisebüro als Agent der Lufthansa AG beim Vertrieb von Flugtickets).
- **Dienstleistungs-Großhändler** kaufen Leistungsanspruchsrechte vom Dienstleister und vertreiben diese an Einzelhändler (z. B. Hotelbuchungsagenturen, die Zimmerreservationen verschiedener Hotels „kaufen“ und diese an Reisebüros „vertreiben“).
- **Dienstleistungs-Einzelhändler** kaufen Leistungsanspruchsrechte vom Dienstleister oder von Dienstleistungs-Großhändlern und vertreiben diese an Endkunden (z. B. Reisebüros).

Entscheidet sich ein Dienstleister für die teilweise indirekte Distribution seiner Leistungen, so strebt er an, dass der Absatzmittler gewisse Aufgaben im Rahmen des Leistungsabsatzes übernimmt. Zu diesen **Funktionen des Absatzmittlers** zählen (vgl. z. B. Palmer/Cole 1995, S. 204f.; Bieberstein 2001, S. 279f.):

- **Verkaufsfunktion:** In erster Linie hat der Absatzmittler dafür für einen steigenden Absatz des Dienstleistungsangebotes zu sorgen (z. B. Bankberater, der Bausparverträge eines Drittanbieters verkauft).
- **Beratungsfunktion:** Insbesondere vor Verkauf der Dienstleistung bzw. des Leistungsversprechens übernimmt der Absatzmittler die Aufgabe, die Kunden bezüglich der angebotenen Leistung zu beraten. In Einzelfällen besteht seitens der Kunden auch nach Inanspruchnahme der Leistung Beratungsbedarf (z. B. bei Verlust einer Kamera in einem Hotel).
- **Kommunikationsfunktion:** Ferner hat der Absatzmittler dazu beizutragen, Kommunikationsziele des Dienstleisters (z. B. Information, Kundenakquisition) zu realisieren.
- **Raumüberbrückungsfunktion:** Weiterhin ist es Aufgabe des Absatzmittlers, räumliche Distanzen zwischen Leistungsanbieter und -nachfrager zu überwinden (z. B. Versicherungsmakler im Außenvertrieb).
- **Beschwerdefunktion:** Durch den direkten Kundenkontakt kann der Absatzmittler auch die Aufgabe erfüllen, Kundenbeschwerden entgegenzunehmen, an den Dienstleister weiterzuleiten sowie unter Umständen selbst zu behandeln. Aufgrund der Intangibilität von Dienstleistungen kommt der Qualitätsbeurteilung einer Leistung durch den Konsumenten besondere Bedeutung zu. Daher ist es empfehlenswert, den am Vertrieb der Leistung Beteiligten die Stellung einer qualitätsorientierten Beratung beim Absatz von Dienstleistungen zu verdeutlichen.

- **Sortimentsfunktion:** Aus Kundensicht dient der Absatzmittler der Zusammenstellung eines umfangreichen Komplexes an Angeboten verschiedener Dienstleister (z. B. Reisebüro als Absatzmittler verschiedener Reieanbieter).
- **Kreditfunktion:** Absatzmittler können ihren Kunden Zahlungsziele einräumen (z. B. der Kreditkartenanbieter einem Bankkunden).

Da der Absatzmittler Teile der Leistungserstellung übernimmt (z. B. Beratung, Information) hat der Dienstleister zur Erfüllung der genannten Funktionen einige **absatzmittlergerichtete Maßnahmen** festzulegen. Hierzu zählen z. B.:

- Bereitstellung von Informationsmaterialien,
- Bereitstellung von Musterverträgen,
- Bereitstellung von Verkaufsförderungsmaterialien,
- Durchführung von Schulungen des beim Absatzmittler angestellten Kundenkontaktpersonals.

Ähnlich wie bei Konsumgütern hat der Dienstleister bei einem zum Teil indirekten Distributionssystem zwei grundsätzliche Alternativen der **Zusammenarbeit mit dem Absatzmittler** (Bruhn 2004c, S. 251ff.).

Bei Verfolgung einer **absatzmittlergerichteten Strategie (Push-Strategie)** werden die Absatzmittler vom Dienstleister intensiv bearbeitet, um so einen engagierten Vertrieb der Leistungen an die Endverbraucher zu bewirken (z. B. durch Prämien pro Vertragsabschluss). Bei einer **konsumentengerichteten Strategie (Pull-Strategie)** besteht das Ziel des Dienstleisters insbesondere darin, durch Endverbraucherwerbung (z. B. Werbung eines Reiseveranstalters für Tunesien als Reiseziel) einen Nachfragesog zu schaffen, der die Endverbraucher dazu bringt, beim Absatzmittler nach der Leistung des Unternehmens zu verlangen.

Werden die Dienstleistungen eines Anbieters ganz oder zumindest zum Teil über Absatzmittler vertrieben, so ist eine Entscheidung hinsichtlich

- **universalem Vertrieb,**
- **exklusivem Vertrieb** oder
- **selektivem Vertrieb**

notwendig (Ahlert 2001). Grundsätzlich gilt es hierbei zu berücksichtigen, dass aufgrund der Immaterialität von Dienstleistungen das Image des Absatzkanals, die personelle Qualifikation der Absatzmittler, das Erscheinungsbild und die technischen Voraussetzungen als mögliche Indikatoren zur Leistungsbeurteilung eines Dienstleisters herangezogen werden. Deshalb wird den **vertraglichen Bindungen** zwischen Dienstleistungsersteller und Absatzmittler zur Koordination der marktgerichteten Aktivitäten ein besonderer Stellenwert beigemessen.

In verschiedenen Dienstleistungsbereichen, wie z. B. in der Versicherungsbranche, in denen Dienstleistungen zum einen direkt (z. B. über ein eigenes Filialsystem) und zum anderen auch indirekt über Absatzmittler vertrieben werden, besteht parallel ein direkter wie auch indirekter Kundenkontakt und damit eine **triadische Beziehungsstruktur zwischen Endkunde, Vermittler und Dienstleistungsanbieter** (Murmann 1999).

Eine besondere Problematik liegt hierbei in der **Qualitätswahrnehmung der Endkunden**. Es ist eine zentrale Frage, ob der Endkunde Anbieter und Vermittler gesamthaft wahrnimmt und ein einheitliches Qualitätsurteil fällt oder aber separate und gegebenenfalls unterschiedliche Qualitätseinschätzungen vornimmt. Die Bestimmung der **Dienstleistungsqualität in einer triadischen Beziehungsstruktur** erfolgt in den unterschiedlichen Dienstleistungsinteraktionen zwischen Kunde, Vermittler und Dienstleistungsanbieter (Weatherly/Tansik 1993; Kellog/Chase 1995; Collier 1996). Dienstleistungsinteraktionen können – in Abhängigkeit von den verschiedenen Marktteilnehmern – in interne und externe Interaktionen unterschieden werden. Zum einen bestehen externe Dienstleistungsinteraktionen zwischen

- Kunde und Vermittler,
- Kunde und Dienstleistungsanbieter,
- Vermittler und Dienstleistungsanbieter.

Zum anderen finden interne Dienstleistungsinteraktionen sowohl auf der Ebene des Vermittlers als auch auf der Dienstleistungsanbieterebene statt.

Innerhalb der direkten und indirekten Dienstleistungsinteraktionen entstehen Qualitätsurteile in Form von Fremd-, Eigen- und Drittbildern. **Fremdbilder** repräsentieren die Beurteilung des direkten Beziehungspartners (z. B. Beurteilung des Vermittlers durch den Kunden). Im Rahmen der Entwicklung eines **Eigenbildes** bewerten Beziehungspartner ihr eigenes Verhalten durch den Vergleich der Erwartungen an die eigenen Leistungen mit der Wahrnehmung der eigenen Leistung (z. B. hat der Vermittler jeweils ein Eigenbild in Bezug auf sein Verhalten gegenüber dem Kunden und gegenüber dem Dienstleistungsanbieter). Darüber hinaus bestehen in triadischen Beziehungsstrukturen so genannte **Drittbilder.** So beurteilt beispielsweise der Dienstleistungsanbieter die Dienstleistungsqualität der Vermittlerleistung an den Kunden.

Innerhalb der Beziehungstriade bestehen folgende Interdependenzen der Qualitätsurteile:

- **Interdependenz der Kundenwahrnehmungen,** z. B. wird das Fremdbild des Kunden hinsichtlich der Vermittlerleistungen vom Fremdbild des Kunden hinsichtlich der Dienstleistungsanbieterleistungen beeinflusst.
- **Interdependenz der Kundeninteraktionen** mit den Interaktionen zwischen Vermittler und Dienstleistungsanbieter, z. B. werden die Leistungen des Vermittlers an den Kunden beeinflusst von den Leistungen des Dienstleistungsanbieters an den Vermittler – also dem Fremdbild des Vermittlers hinsichtlich der Leistungen des Dienstleistungsanbieters an den Vermittler.

- **Interdependenz der Fremdbilder** in den unmittelbaren Interaktionen zwischen Vermittler und Dienstleistungsanbieter **mit den Drittbildern** hinsichtlich der mittelbaren Kundeninteraktionen, z. B. ist das Drittbild des Dienstleistungsanbieters hinsichtlich der Vermittlerleistung an den Kunden abhängig von dem Fremdbild des Dienstleistungsanbieters hinsichtlich der Vermittlerleistungen an ihn.

In Abbildung 6-4-9 werden zusammenfassend die Interdependenzen der Qualitätsurteile im Überblick dargestellt (vgl. Murmann 1999).

Abbildung 6-4-9 **Interdependenzen der Qualitätsurteile einer Beziehungstriade**

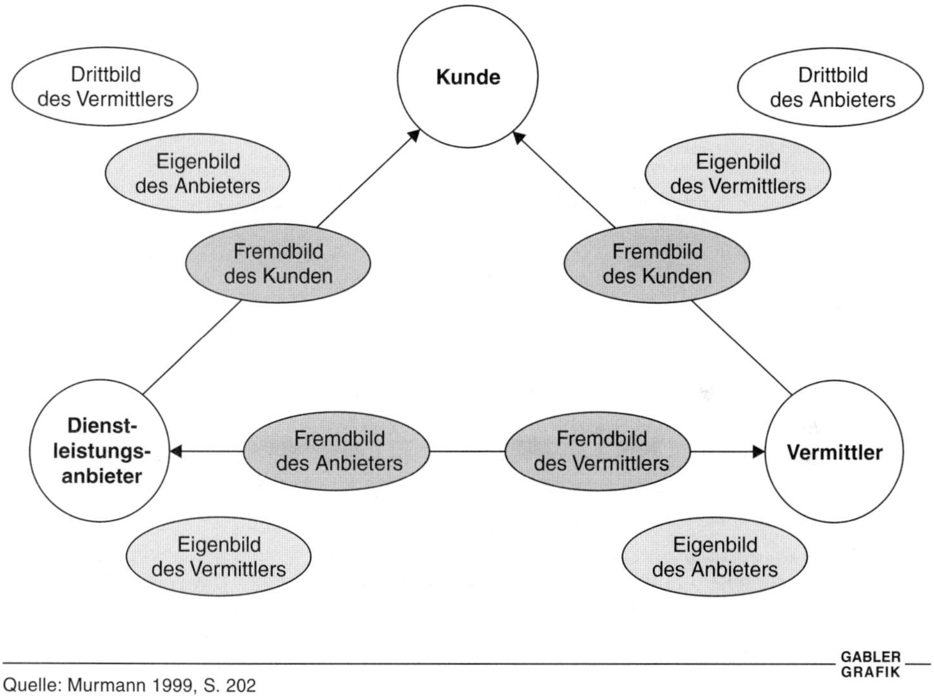

Quelle: Murmann 1999, S. 202

3. Kombinierte Distribution

Bei vielen Dienstleistungen bietet es sich nicht an, lediglich einen der beiden alternativen Absatzwege zu wählen. Vielmehr ist in der Praxis häufig der kombinierte Einsatz der beiden Arten von Absatzwegen zu beobachten (vgl. Insert 6-4-4). Eine **Kombination von direktem und indirektem Vertrieb** wird beispielsweise von der Deutschen Bahn und verschiedenen Luftfahrtgesellschaften genutzt, die einerseits eigene Verkaufsstellen un-

INSERT 6-4-4 Frankfurter Allgemeine Zeitung, 06.09.2001, S. 22

Das Internet ist als Vertriebskanal nicht mehr wegzudenken

Kunden nutzen Geschäfte, Internet und Call Center parallel / Handel verknüpft Kanäle am besten

ht. FRANKFURT, 5. September. Nur wenige Unternehmen, die Produkte über das Internet verkaufen, erzielen damit Gewinn. Dennoch ist das Internet als Vertriebskanal nicht mehr wegzudenken. Inzwischen setzen fast alle Unternehmen auf eine Mehrkanalstrategie: Traditionelle Vertriebskanäle wie stationäre Geschäfte und Kataloge werden immer enger mit den neuen Kanälen Internet und Call Center verknüpft – weil die Kunden es so wollen. 85 Prozent aller Kunden nutzen beim Kauf eines Produkts mindestens drei verschiedene Kanäle, hat die Beratungsgesellschaft Cambridge Technology Partners mit einer Befragung unter 560 Online-Nutzern herausgefunden.

In fast allen Fällen nutzten die Kunden die Möglichkeit des persönlichen Kontakts. In mehr als 80 Prozent griffen die Konsumenten auf die Möglichkeit zurück, im Unternehmen anzurufen oder die Website anzuschauen. Nur in der Hälfte der Fälle schickten die Kunden einen Brief, ein Fax oder eine E-Mail an das Unternehmen. „Die Ergebnisse revidieren eine Überzeugung aus den frühen Tagen der New Economy, daß etablierte Unternehmen das Internet nur erfolgreich nutzen können, wenn sie ihr E-Business in eine separate Tochtergesellschaft auslagern", sagt Holger Silberberger, Berater bei Cambridge Technology Partners. „Heute ist klar: Das Offline-Geschäft muß mit den unbestreitbaren Vorteilen des Online-Vertriebs verbunden werden." Die neuen Möglichkeiten der Kunden werfen allerdings Probleme auf: Viele Unternehmen bieten zwar verschiedene Vertriebskanäle an, haben aber nur selten mehr als zwei Kanäle synchronisiert.

Zwischen den einzelnen Branchen haben die Marktforscher erhebliche Unterschiede festgestellt: Die befragten Konsumenten haben im Einzelhandel immer den persönlichen Kontakt gesucht, in 40 Prozent der Fälle aber parallel die Website des Händlers genutzt. Für ihre Bankgeschäfte setzten die Verbraucher in fast 90 Prozent der Fälle auf den persönlichen Kontakt in der Filiale, aber immerhin jeder fünfte Bankkunde besuchte auch die Website des Finanzinstituts. Um Verträge mit Versicherungen abzuschließen, mußten die Konsumenten in vielen Fällen den direkten Kontakt zum Außendienstmitarbeiter suchen oder auf die teuren Kontaktformen Telefon, Brief und Fax zurückgreifen, haben die Berater herausgefunden. Das Internet spielt in diesen Branchen trotz der Kostenvorteile noch keine wichtige Rolle.

Besonders enttäuscht zeigten sich die Berater über die Internet-Auftritte der Telekommunikationsgesellschaften. „Eigentlich sollte man von dieser als internetaffin geltenden Branche erwarten, daß sie das Web besonders intensiv zur Vermarktung ihrer Produkte einsetzt. Doch weit gefehlt: Über das Internet werden nahezu keine Handyverträge geschlossen", sagt Silberberger. Fast 90 Prozent aller Konsumenten, die in den vergangenen zwölf Monaten einen Handyvertrag abgeschlossen hätten, taten dies mit einem persönlichen Gespräch. Die Telekom-Unternehmen nutzten selbst das Telefon kaum in der Kaufvorbereitungsphase.

In den Vereinigten Staaten übersteigen die indirekten Internet-Verkäufe die direkten Verkäufe etwa um den Faktor 4. Viele Käufer fällen eine Vorentscheidung am Bildschirm – zumindest für eine Marke, oft sogar schon für einen Händler. Für den tatsächlichen Kauf suchen die Menschen dann wie bisher den Weg in den Laden. Herstellern und Händlern ist daher anzuraten, die Bedeutung ihrer Internet-Präsenz für ihre Offline-Verkäufe zu ermitteln und in ihren Wirtschaftlichkeitsrechnungen zu berücksichtigen. Das Potential des Internets als direkter oder indirekter Vertriebskanal zum privaten Endkunden ist noch lange nicht ausgeschöpft.

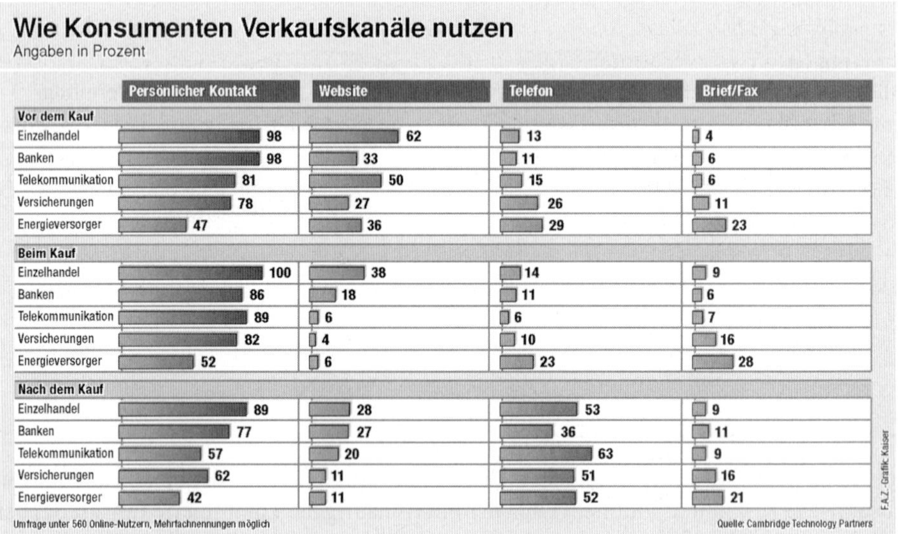

terhalten und ihre Leistungen andererseits über Reisebüros anbieten. In diesem Zusammenhang ist eine Ausdehnung des Leistungsvertriebs mit Hilfe neuer Medien (Online-Distribution) möglich. So können beispielsweise Reiseangebote der Lufthansa von eigenen Verkaufsstellen oder auch von Reisebüros über das Internet vertrieben werden (vgl. Abschnitt 2.3).

Mit dem Aufbau von Mehrkanalsystemen sind, losgelöst von der konkreten Markt- und Wettbewerbssituation, spezifische **Chancen und Risiken** für die Unternehmen verbunden. So ermöglicht eine Distribution über verschiedene Absatzwege im Vergleich zum singulären Vertrieb in vielen Fällen eine erhöhte Marktabdeckung. Darüber hinaus können Kunden entsprechend ihrer unterschiedlichen Bedürfnisse und Anforderungen an die Distribution angesprochen werden, wodurch eine Steigerung des Kundennutzens und eine Differenzierung im Wettbewerb ermöglicht wird. Besonders über das Internet kann eine individuelle Anpassung im Rahmen eines **Category Management** realisiert werden. So ist es z.B: möglich, die Zusammenstellung von zusammenhängenden Leistungsangeboten an spezielle Kundensegmente (z. B. Reiseangebote für Studenten, Kulturinteressierte, Senioren) anzupassen (Ahlert/Hesse 2003, S. 18). Darüber hinaus werden einzelne Distributionskanäle für Dienste genutzt, die einem speziellen Kundenbedürfnis entgegenkommen. Das Internet dient vor allem bei Leistungen mit einem hohen Anteil an Vertrauens- und Glaubenseigenschaften vielfach als reine Informationsquelle. Beschwerden werden gerne per Mail mitgeteilt, da Kunden oft Hemmungen vor einer persönlichen Auseinandersetzung mit einem Mitarbeiter haben. Der tatsächliche Kauf bzw. Vertragsabschluss findet hingegen meist telefonisch oder im direkten (d. h. auch visuellen) persönlichen Kontakt statt (Schulz-Moll/Walthelm 2003, S. 113). Durch Mehrkanalsysteme werden des Weiteren Abhängigkeiten von einzelnen Intermediären verringert.

Neben diesen Chancen lassen sich aber auch Risiken identifizieren, die insbesondere auf eine mangelnde Koordination und Abstimmung der Absatzalternativen zurückzuführen sind. Ein zentrales Risiko besteht in potenziellen Konflikten im vertikalen Marketing. Intermediäre sehen sich aufgrund des in vielen Fällen wahrgenommenen horizontalen Wettbewerbs oftmals in ihrer Marktstellung bedroht. Eingespielte kooperative Aktionsmuster mit etablierten Absatzmittlern können dadurch gefährdet werden, so dass unter Umständen ein Mehrkanalvertrieb kontraproduktiv im Hinblick auf die Unternehmensziele wirken kann. Ein weiteres Problem besteht auch darin, dass von Seiten der Absatzmittler differenzierte Anforderungen an das Dienstleistungsunternehmen herangetragen werden. Gefahrenpotenzial besteht hier insbesondere, wenn Unternehmen versuchen, eine einheitliche Ausrichtung der Unternehmensaktivitäten losgelöst von den spezifischen Merkmalen der Intermediäre umzusetzen. Diese Nichtbeachtung kann zur Beeinträchtigung der Effektivität der Mehrkanalstrategie führen.

Zur **Beurteilung verschiedener Alternativen von Absatzkanalsystemen** für eine Dienstleistung können verschiedene Kriterien herangezogen werden, die in die folgenden Kriteriengruppen einteilbar sind (vgl. z. B. Bieberstein 2001, S. 280f.; Bruhn 2004c, S. 258):

- **Dienstleistungsbezogene Faktoren:** Erklärungsbedürftigkeit (U-Bahnfahrt versus Reise ins Ausland), Bedarfshäufigkeit (Postdienste versus Unternehmensberatung), räumliche Flexibilität des Dienstleistungserstellungsprozesses (Kinobesuch, Krankenhausbehandlung, Besichtigung eines Freizeitparks versus Partyservice, Steuerberatung usw.).
- **Konsumentenbezogene Faktoren:** Anzahl der potenziellen Konsumenten (Bank versus Frisör), geographische Verteilung der Konsumenten (Fast-Food-Ketten versus Touristeninformation), Kaufgewohnheiten.
- **Unternehmensbezogene Faktoren** (z. B. Marktstellung des Anbieters: Lufthansa versus Gesellschaft für kurzfristig zu buchende Geschäftsflüge).
- **Absatzkanalsystembezogene Faktoren** (z. B. Flexibilität des Vertriebskanals, Kosten des Absatzkanalsystems).
- **Konkurrenzbezogene Faktoren** (z. B. Marktstellung der Konkurrenten in den Vertriebskanälen).
- **Umfeldbezogene Faktoren** (z. B. Einfluss neuer Technologien).

Nach der Festlegung eines adäquaten Absatzkanals für die Dienstleistung gilt es in einem nächsten Schritt, Entscheidungen hinsichtlich des logistischen Systems zu treffen.

4.22 Gestaltung des logistischen Systems

> Das **logistische System** befasst sich mit der physischen Bewegung der Leistungen zwischen Hersteller und Endkäufer. Aufgabe der Marketinglogistik ist es, dafür zu sorgen, dass das richtige Produkt zur gewünschten Zeit in der richtigen Menge an den gewünschten Ort gelangt (Ihde 1978; Pfohl 2000).

Gilt diese Aufgabenbeschreibung unbeschränkt für materielle Güter, so ist sie angesichts der Immaterialität von Dienstleistungen für diesen Leistungstyp zu modifizieren. Anders als im Industriegüterbereich wird die Standortentscheidung von Dienstleistern maßgeblich durch die Transaktionskosten der Kunden bestimmt. Der Vermarktungserfolg einer Dienstleistung hängt häufig davon ab, inwieweit es gelingt, die Kosten der Inanspruchnahme zu senken (vgl. Woratschek 2001b, S. 420).

Im Dienstleistungsbereich beziehen sich die logistischen Aufgaben insbesondere auf die **Erfüllung des raumzeitlichen Präsenzkriteriums** und auf das **Tätigwerden des Dienstleistungspotenzials.** Der Anbieter von Dienstleistungen hat somit Planungs- und Vorbereitungsverrichtungen zu vollziehen, um die raumzeitliche Bereitschaft des Dienstleistungspotenzials sicherzustellen (Scheuch 2002). Bezüglich der Gestaltung des logistischen Systems ist die Bearbeitung folgender Entscheidungsfelder von Bedeutung:

1. Ort der Leistungserstellung,
2. Lagerhaltung materieller Leistungselemente und Faktoren,
3. Transport materieller Leistungselemente und Faktoren.

Standortentscheidungen gehören zu den konstitutiven Investitionsentscheidungen eines Dienstleistungsunternehmens und somit kommt diesen eine herausragende Bedeutung zu (vgl. Woratschek 2001b, S. 419).

1. Ort der Leistungserstellung

Unter dem Ort der Leistungserstellung ist der geographische Ort zu verstehen, an dem der Dienstleister seine Leistungspotenziale bereithält, um die Leistung zu erstellen. Aufgrund der Integration des externen Faktors in den Leistungserstellungsprozess besteht eine wesentliche Aufgabe der Distributionspolitik darin, Angebot und Nachfrage der Leistung zusammenzubringen. Dabei besteht beim Vertrieb von Dienstleistungen die Notwendigkeit, Anbieter und Nachfrager nicht nur bei Kaufabschluss und Übergabe zusammen zu bringen, sondern auch während eines Großteils des Erstellungsprozesses. Ein hoher Integrationsgrad einer Dienstleistung macht es zumeist unumgänglich, Geschäftsstätten in der Nähe des Kunden anzusiedeln. Es sind aber im Allgemeinen drei verschiedene **Grundkonstellationen** denkbar, auf denen logistische Ausgestaltungsoptionen aufbauen können:

- Die Dienstleistungserstellung findet beim **Nachfrager** statt (z. B. handwerkliche Dienstleistungen, ärztliche Hausbesuche).
- Die Dienstleistungserstellung findet beim **Anbieter** statt (z. B. Autoreparatur).
- Die Dienstleistungserstellung findet an einem **„dritten Ort“** statt (z. B. Konzertveranstaltung, Auto-Pannendienst).

Je nach Konstellation sind unterschiedliche Standortfaktoren von Bedeutung. Eine Übersicht über die Relevanz der oben beschriebenen Standortfaktoren gibt Abbildung 6-4-10.

Im Folgenden wird anhand ausgewählter **Beispiele** die Bedeutung unterschiedlicher logistischer Anforderungen erläutert.

Ein typisches Beispiel für die **Dienstleistungserstellung beim Nachfrager** sind ärztliche Hausbesuche. Zum einen ist hier die permanente Erreichbarkeit der Dienstleistungszentrale zu gewährleisten. Hier bietet sich eine entsprechende Telefonanlage an, die bei Nichtpräsenz des Personals Telefonanrufe automatisch weiterleitet. Zur effizienten Steuerung der Hausbesuche sind darüber hinaus zeitminimale Wegepläne zu erarbeiten. Um situativen Anforderungen genügen zu können, ist eine jederzeitige Erreichbarkeit des Arztes zu gewährleisten. Weiterhin sind Ausweichpläne erforderlich, die bei Notfällen greifen und eine entsprechende Behandlung des Patienten bzw. den Transport in ein nahegelegenes Krankenhaus sicherstellen.

Abbildung 6-4-10 Relevanz ausgewählter Standortfaktoren für Dienstleistungsunternehmen in Abhängigkeit vom Ort der Leistungserstellung

Leistungserstellung beim Nachfrager	Leistungserstellung beim Anbieter	Leistungserstellung an einem dritten Ort
■ Größe des Einzugsgebiets ■ Lage des Standortes ■ Raumkosten ■ Örtliche Konzentration der Kunden ■ Kosten zur Bewältigung der Distanz zum Kunden	■ Größe des Einzugsgebiets ■ Lage des Standortes ■ Qualität des Umfeldes ■ Nähe zu zentralen Einrichtungen ■ Anwesenheit der Konkurrenz ■ Erreichbarkeit ■ Raumqualität	■ Größe des Einzugsgebiets ■ Lage des Standortes ■ Erreichbarkeit ■ Raumkosten ■ Kosten zur Bewältigung der Distanz zum Kunden

GABLER GRAFIK

Autoreparaturen in einer Vertragswerkstatt sind ein typisches Beispiel für **beim Anbieter erbrachte Dienstleistungen.** Zum einen ist hier die Lage des Betriebes so zu wählen, dass eine aus Konsumentensicht zumindest akzeptable Erreichbarkeit gewährleistet ist. Die logistischen Überlegungen betreffen weiterhin ein Wegeleitsystem auf dem Firmengelände sowie die Organisation der Annahmeprozedur. Gegenwärtig versuchen sich beispielsweise viele Automobilhändler durch innovative Direktannahmekonzepte zu profilieren. Die Bereitstellung und insbesondere Koordination der Dienstleistungskapazität zur Gewährleistung einer zeitminimalen Durchführung des Dienstleistungsprozesses ist eine weitere logistische Aufgabe, die beispielsweise durch ein EDV-gestütztes Zeitmanagementsystem gelöst werden kann.

Falls die **Dienstleistungen an einem dritten Ort** stattfinden, lassen sich am Beispiel eines Pop-Konzertes zahlreiche logistische Aufgaben ableiten. So ist z. B. für die Auswahl des Standorts entscheidend, ob die Halle bzw. das Areal groß genug ist, um die erwarteten Zuschauer aufzunehmen. Die Erreichbarkeit mit öffentlichen Verkehrsmitteln und PKW und ein genügend hohes Marktpotenzial für die Veranstaltung (im realistisch geschätzten Einzugsbereich) sind erforderlich. Weiterhin ist für ärztliche Notbetreuung und sanitäre Anlagen zu sorgen.

Die Wahl eines Standortes ist eine langfristige Investitionsentscheidung, da die Standortwahl die wahrgenommene Dienstleistungsqualität mitbestimmt. Sie kann in der Regel nur unter Inkaufnahme massiver Abschreibungen wieder rückgängig gemacht werden. Hinsichtlich der **Wahl des Standortes** können verschiedene Kriterien zur Bewertung unterschiedlicher Standorte und zur Kontrolle bisheriger Standorte herangezogen werden (vgl. z. B. Bieberstein 2001, S. 284ff.). Unter Standortfaktoren werden dabei jene Eigenschaften des Standortes verstanden, die die Zielerreichung eines Unternehmens beeinflussen (Müller-Hagedorn 1993, S. 114). Diese Faktoren können in struktur-, umfeld- und raumbezogene Faktoren unterteilt werden:

a. Strukturbezogene Faktoren

- Die **Größe des Einzugsgebietes** ist ein wichtiger Standortfaktor für Leistungen des täglichen Bedarfs.
- Die **Lage des Standortes** ist ein bedeutendes Kriterium für Leistungen des täglichen Bedarfs, um einen hohen Umschlag zu erzeugen (z. B. die zentrale Lage einer Bank oder eines Schnellrestaurants). Die Erreichbarkeit ist ein zentraler Faktor der wahrgenommenen Dienstleistungsqualität. Dementsprechend kommt der Standortwahl von Dienstleistungsbetrieben, wie z. B. Sportclubs oder Fitness-Studios, die Rolle eines strategischen Erfolgsfaktors zu (vgl. Woratschek 2001b, S. 422).

Die Standortplanung kann allgemein in vier Phasen gegliedert werden: (1) die Suche nach einem geeigneten Standort, (2) die Bewertung von Standorten, (3) die Auswahl von Standorten sowie (4) die Inbetriebnahme eines Standortes (vgl. Woratschek 2001b, S. 423).

Um eine Standortentscheidung zu treffen, sind zunächst die **relevanten Faktoren** zu bestimmen und die Ausprägungen dieser Faktoren an den verschiedenen Standortalternativen zu ermitteln. Die Auswahl kann dann z. B. systematisch anhand eines **Punktbewertungsverfahrens** vorgenommen werden. Dabei sind alle relevanten Eigenschaften im Hinblick auf ihren Beitrag zur Zielerreichung zu gewichten und von erfahrenen Standortplanern zu bewerten. Es ist im Rahmen dieser Vorgehensweise darauf zu achten, dass bestimmte Ausschlusskriterien nicht durch die Erfüllung anderer – weniger wichtiger Kriterien – kompensiert werden. Dies kann dann zu gravierenden Fehlentscheidungen führen. Insgesamt liefert dieses Verfahren nur qualitative Hinweise über die Vorteilhaftigkeit eines Standortes gegenüber einem anderen. Beispielsweise gibt es keinen Aufschluss über das Renditepotenzial oder zu erwartende Umsätze eines Standortes.

Weiterhin kann eine Beurteilung neuer Standorte in **Analogie** zu bereits bestehenden erfolgen. Dazu sind sowohl interne Unternehmens- als auch externe Standortfaktoren zu bestimmen. Die Bewertung erfolgt dann durch Hochrechnung statistischer Kennzahlen auf den neuen Standort (z. B. Umsätze pro Käufer). Allerdings ist dieser Analogieschluss das zentrale Problem dieser Methode. In der Praxis dürfte es nur schwierig möglich sein, zwei Standorte zu finden, die vergleichbare Bedingungen aufweisen. Diese Methode kann allerdings quantitative Aussagen zur Prognose der Umsätze treffen. Dies geht über die pauschale Aussage der Vorteilhaftigkeit eines Standortes hinaus.

So genannte **Gravitationsmodelle,** die insbesondere zur Planung von Handelsstandorten angewendet werden, stellen eine weitere Kategorie von Methoden dar. Diese finden ihren Ursprung in der Physik und versuchen zu erklären, welche Anziehungskraft bestimmte Standorte auf Konsumenten ausüben (vgl. Kapitel 3, Abschnitt 2.1). Die relevanten Faktoren sind dabei insbesondere die Bevölkerungszahlen im Einzugsgebiet sowie die Distanzen zu den Standorten, die räumlich oder zeitlich interpretiert werden können. Aufgrund der Anziehungskraft kann dann eine Umsatzprognose erstellt werden (vgl. Woratschek 2001b, S. 429ff.).

b. Umfeldbezogene Faktoren

- Die **Qualität des Umfeldes** ist wichtig für Leistungen mit Exklusivcharakter (z. B. Unternehmensberatung in repräsentativer Gegend).
- Die **Nähe zu zentrenfördernden Einrichtungen** ist ein entscheidender Faktor für Leistungen des täglichen Bedarfs (z. B. Lotto-Annahmestelle in der Nähe einer U-Bahn-Station).
- Die **Anwesenheit von Konkurrenz** kann einerseits die Ansiedlung von Leistungsanbietern fördern (z. B. mehrere Fachärzte in einem Gebäude). Andererseits kann sie die Ansiedlung weiterer Anbieter einer bestimmten Leistung verhindern (z. B. Apotheken).
- Die **Erreichbarkeit** des Standortes ist entscheidend für Leistungen des täglichen Bedarfs (z. B. Parkplatzsituation und Anbindung an öffentliche Verkehrsmittel).

c. Raumbezogene Faktoren

- Die **Raumkosten** werden insbesondere solche Leistungsanbieter gering zu halten versuchen, die außerhalb der Räumlichkeiten des Unternehmens in Kontakt mit dem Kunden treten (z. B. Notarzt, Fensterreinigungsunternehmen) und infolgedessen lediglich Räume für die Administration benötigen.
- Eine große Rolle spielt die **Raumqualität** bei Dienstleistungen, bei denen der externe Faktor zum Anbieter kommt. Der Standort des Dienstleisters hat dementsprechend eine Repräsentanzfunktion (z. B. Unternehmensberatung, Fitness-Studio). Die Raumqualität hängt stark mit den Raumkosten zusammen.
- Die **Raumkapazitäten** sind vor allem bei solchen Dienstleistungen ein entscheidendes Kriterium, bei deren Erstellung mehrere externe Faktoren gleichzeitig anwesend sind (z. B. Restaurants, Diskotheken, Messegelände).

2. Lagerhaltung

Aufgrund der Immaterialität von Dienstleistungen sind Entscheidungen hinsichtlich der Lagerhaltung im Dienstleistungsbereich weniger wichtig als bei anderen Gütern. Dennoch besteht die Notwendigkeit, einzelne Elemente der jeweiligen Dienstleistung zwischenzulagern. Je mehr materielle Bestandteile eine Leistung enthält bzw. je eher materielle Faktoren zur Leistungserstellung notwendig sind, desto bedeutender sind lagertechnische Entscheidungen im Rahmen der Vertriebspolitik des Dienstleisters. Dabei kann es sich bei den zu lagernden Gegenständen um interne oder um externe **Faktoren** handeln. Demnach können hinsichtlich des Lagerbedarfs vor, während und nach dem Leistungserstellungsprozess drei Typen von Leistungen unterschieden werden:

- Leistungen ohne Lagernotwendigkeit (z. B. Nachhilfeunterricht),
- Leistungen mit der Notwendigkeit der Lagerung externer Faktoren (z. B. Autowerkstatt),
- Leistungen mit der Notwendigkeit der Lagerung interner materieller Leistungsmerkmale oder Faktoren (z. B. Vergnügungspark).

3. Transport

Aus der Immaterialität folgt für viele Dienstleistungen die Nichttransportfähigkeit. Auch hier ist es jedoch je nach Art der Leistung erforderlich, entweder **externe** (z. B. im Fall einer Autoreparatur) oder **interne Faktoren** (z. B. bei einem Hausbesuch des Arztes) zu transportieren. Einen beispielhaften Überblick über Dienstleistungen mit der Notwendigkeit des Transportes gibt Abbildung 6-4-11.

Abbildung 6-4-11 Beispiele für Dienstleistungen mit Transportbedarf

Transportierte Faktoren / Ort der Erstellung	Interne Faktoren	Externe Faktoren
Beim Nachfrager	z. B. Hausbesuch eines Arztes	z. B. Maschinenreinigung
Beim Anbieter	z. B. Einsatz eines Branchenexperten im Rahmen eines Unternehmensberatungsprojektes	z. B. Autoreparatur
Dritter Ort	z. B. Notarzt	z. B. Open-Air-Konzert

GABLER GRAFIK

Im Rahmen der Bewältigung des jeweiligen Transportproblems sind verschiedene Aspekte zu berücksichtigen:

- **Transportmittel** (z. B. Unterhalt eines Fuhrparks, Reiseveranstalter, Schleppwagen für Autowerkstatt, Rettungshelikopter),
- **Transportzeit** (z. B. hohe Relevanz bei Notärzten; geringere Relevanz bei Außendienstmitarbeitern einer Versicherung),
- **Transportsicherheit** (z. B. hohe Relevanz bei Banken, Krankenhäusern; geringere Relevanz bei Pizza-Services),
- **Transportkosten.**

Zusammenfassend ist festzustellen, dass die Immaterialität der Dienstleistungen besondere Anforderungen an das logistische System für diesen Leistungstyp stellt. Somit ist die Aufgabenbeschreibung der Marketinglogistik nicht unbeschränkt übertragbar, sondern erfordert für Dienstleistungen eine Modifikation. Für die Sicherstellung der raumzeitlichen Bereitschaft des Dienstleistungspotenzials sind vor allem Aufgaben in den drei genannten Bereichen **Ort der Leistungserstellung, Lagerhaltung** und **Transport** zu erfüllen. In Abhängigkeit von der jeweiligen Dienstleistung sowie deren Materialitätsgrad bieten sich für den Anbieter bei der Erfüllung dieser Aufgaben die oben aufgeführten Gestaltungsmöglichkeiten an.

5. Personalpolitik

5.1 Grundlagen der Personalpolitik

5.11 Internes Marketing als Ausgangspunkt

In der Dienstleistungsliteratur wird diskutiert, die vier Felder des operativen Marketing, d. h. die so genannten 4 Ps: Leistungs-, Kommunikations-, Preis- und Distributionspolitik, um den Bereich der Personalpolitik zu ergänzen (Cowell 1993, S. 69; Payne 1993, S. 123; Bieberstein 2001, S. 335; Illeris 2002; vgl. auch die einführenden Bemerkungen zu Kapitel 6). Im Folgenden wird daher auf das interne Instrument des Dienstleistungsmarketing, die Personalpolitik, eingegangen.

Die **Personalpolitik** eines Dienstleistungsunternehmens umfasst die Analyse, Planung, Umsetzung und Kontrolle sämtlicher Entscheidungen, die mit der Einstellung von Mitarbeitern, dem Arbeitsplatz und -umfeld der Mitarbeiter, der Entwicklung der Mitarbeiter, der Kommunikation mit und zwischen den Mitarbeitern sowie der Freisetzung in Verbindung stehen.

Aufgrund des hohen Interaktionsgrades im so genannten „magischen Dreieck" Unternehmen – Mitarbeiter – Kunde, wird dabei jedoch von der traditionellen Sichtweise Abstand genommen, dass die Personalpolitik ein isoliert zu betrachtender Teil der Unternehmensführung sei. Vielmehr wird ein **ganzheitlicher Ansatz** gewählt, dessen Grundlage das **Konzept des Internen Marketing** darstellt, das versucht, die Personal- und Marketingsichtweise im Sinne einer ganzheitlichen Kundenorientierung zu integrieren:

Internes Marketing ist die systematische Optimierung unternehmensinterner Prozesse mit Instrumenten des Marketing- und Personalmanagements, um durch eine konsequente Kunden- und Mitarbeiterorientierung das Marketing als interne Denkhaltung durchzusetzen, damit die marktgerichteten Unternehmensziele effizienter erreicht werden (Bruhn 1999b, S. 20).

Wesentliches Merkmal dieser Definition ist die Forderung einer **parallelen Kunden- und Mitarbeiterorientierung.** Dies impliziert gleichzeitig die Betrachtung des Mitarbeiters als internen Kunden sowie der Mitarbeiterzufriedenheit als Unternehmensziel (Thomson 1993, S. 7; Nerdinger/Rosenstiel 1995, S. 115; Whitener 2001, S. 530). Dadurch entstehen die in Abbildung 6-5-1 dargestellten **Interdependenzen** (Bruhn 1999b, S. 21):

- Die **Unternehmen-Kunden-Beziehung** setzt eine Kundenorientierung voraus, die durch das externe Marketinginstrumentarium sicherzustellen ist.
- Die **Unternehmen-Mitarbeiter-Beziehung** verlangt eine interne Kunden- und Mitarbeiterorientierung, die durch das Interne Marketing umgesetzt wird.
- Die **Mitarbeiter-Kunden-Beziehung** fordert eine individuelle Kundenorientierung bei der Leistungserstellung.

Abbildung 6-5-1 Kunden- und Mitarbeiterorientierung als zentrale Maximen des Internen Marketing

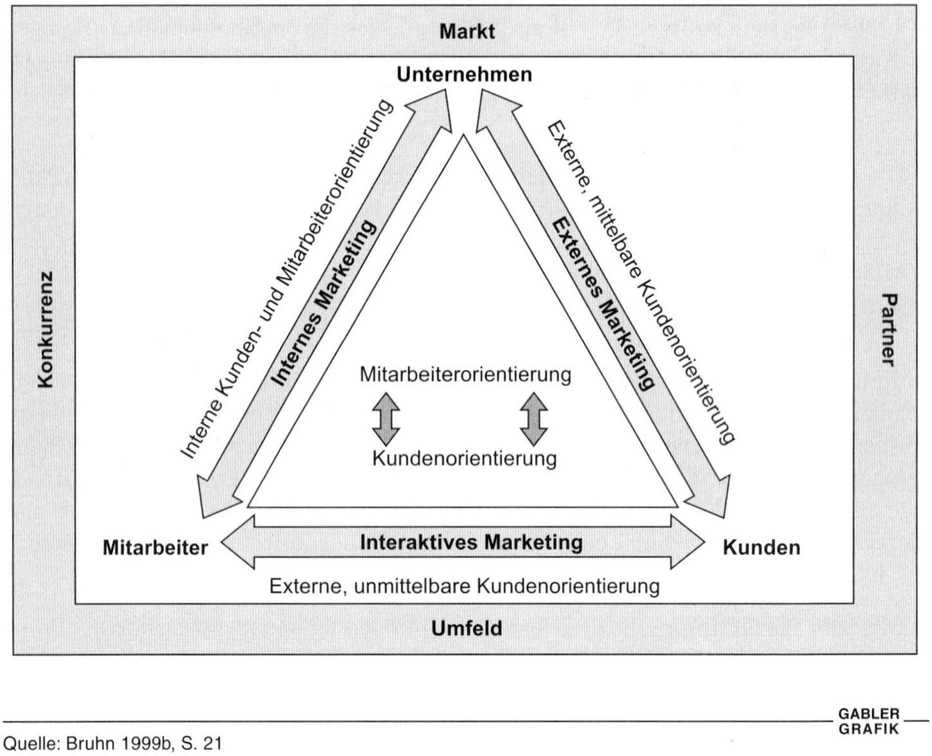

Quelle: Bruhn 1999b, S. 21

Im Hinblick auf die Optimierung der unternehmensinternen und -externen Austauschbeziehungen können für das Konzept des Internen Marketing vier **Themenkomplexe** unterschieden werden, die in Abhängigkeit von der jeweiligen Unternehmenssituation von unterschiedlicher Bedeutung sind (Bruhn 1999b, S. 25):

1. Optimierung der unternehmensinternen Austauschbeziehungen

Die Optimierung der unternehmensinternen Austauschbeziehungen fokussiert vor allem die (Dienst-) Leistungsströme zwischen den einzelnen organisatorischen Einheiten eines Unternehmens. Das Spektrum reicht von individuellen Austauschbeziehungen zwischen den Mitarbeitern einzelner Abteilungen bis hin zu Kunden-Lieferanten-Beziehungen einzelner Unternehmensstandorte. Im Mittelpunkt stehen die Themenbereiche interne Kundenorientierung sowie Sicherstellung der internen Dienstleistungsqualität (z. B. Homburg/Faßnacht 2000).

2. Parallele Förderung von Kunden- und Mitarbeiterzufriedenheit

In engem Zusammenhang mit den internen Austauschbeziehungen ist der Themenbereich der parallelen Förderung von Kunden- und Mitarbeiterzufriedenheit zu sehen. Mitarbeiterzufriedenheit wird in diesem Zusammenhang als notwendige Voraussetzung interner und externer Leistungsqualität verstanden. Damit eng verbunden sind verhaltensrelevante Fragestellungen der Mitarbeitermotivation, der Förderung des Commitment sowie der Mitarbeiterbindung (Stock 2003).

3. Interne Kommunikation

Die Kommunikation gegenüber den Mitarbeitern ist ein weiteres zentrales Thema des Internen Marketing. Unter den internen Kommunikationsprozessen sind sowohl direkt tätigkeitsbezogene Aufgaben des Informationsaustausches zur internen und externen Leistungserstellung als auch Aufgaben im Zusammenhang mit den zuvor angesprochenen Fragestellungen der Mitarbeiterzufriedenheit zu subsumieren, hier vor allem in Hinblick auf Klima, Vertrauen und Einbindung in das Unternehmen (Schmitz 2004, S. 25).

4. Implementierung von Marketingkonzepten

Der vierte Themenkomplex des Internen Marketing betrifft die unternehmensinterne Umsetzung und Durchsetzung der Marketingstrategie. Von besonderer Bedeutung sind in diesem Zusammenhang die Sicherstellung der entsprechenden Potenziale (z. B. durch modifizierte Strukturen und Prozesse, Personalentwicklung) sowie der Abbau von Vorbehalten und Barrieren gegenüber Veränderungsprozessen (vgl. z. B. Malhotra/Mukherjee 2004).

Da es sich hierbei um Themenschwerpunkte handelt, die nicht isoliert nebeneinander betrachtet werden können, lässt sich als wesentliches Element des Internen Marketing die **Integration von Kunden- und Mitarbeiterorientierung** herausarbeiten.

5.12 Besonderheiten der Personalpolitik von Dienstleistungsunternehmen

Ausgehend von einem ganzheitlichen, unternehmensweiten Verständnis der Personalpolitik ergeben sich für diese im Dienstleistungsbereich aufgrund der Notwendigkeit der Bereitstellung der Leistungsfähigkeit, der Integration des externen Faktors sowie der Immaterialität der Leistungen einige Besonderheiten (vgl. Abbildung 6-5-2). In diesem Zusammenhang ist zu beachten, dass deren Bedeutung je nach Art der Dienstleistung unterschiedlich sein kann. Die im Folgenden wiedergegebenen Besonderheiten der Personalpolitik sind insbesondere für solche Dienstleistungen bedeutsam, bei denen Mitarbeiter in engem Kontakt zum Kunden stehen.

Abbildung 6-5-2 Besonderheiten der Personalpolitik von Dienstleistungsunternehmen

Besonderheiten von Dienstleistungen	Implikationen für die Personalpolitik
Leistungsfähigkeit des Dienstleistungsanbieters	■ Qualifizierung der Mitarbeiter ■ Einstellung von Mitarbeitern mit entsprechenden Fähigkeiten zur Dokumentation des Leistungspotenzials
Integration des externen Faktors	■ Schaffung einer Mitarbeiter-Kunden-Partnerschaft ■ Information der Mitarbeiter über mögliche Probleme im Leistungserstellungsprozess ■ Externe Kundenorientierung über interne Kundenorientierung ■ Zusammenhang zwischen Mitarbeiter- und Kundenzufriedenheit
Immaterialität (Nichtlagerfähigkeit, Nichttransportfähigkeit)	■ Mitarbeiter als Qualitätsindikator ■ Maßnahmen der Standardisierung des internen Faktors Personal ■ Personenbezogenes Unternehmensimage ■ Forderung einer ganzheitlichen Betrachtung des Internen Marketing ■ Unterstützung der kurzfristigen Nachfragesteuerung

GABLER GRAFIK

Aus der Notwendigkeit der permanenten **Bereitstellung des Dienstleistungspotenzials** ergeben sich die folgenden Implikationen für die Personalpolitik:

- Insbesondere bei Dienstleistungen mit engen Mitarbeiter-Kunden-Beziehungen rücken eine **umfassende Qualifikation und der Charakter** der Mitarbeiter in den Vordergrund. Dabei sind nicht nur die technischen und fachlichen Fähigkeiten von Bedeutung (z. B. Technik des Haareschneidens einer Frisörin), sondern auch soziale Kompetenzen wie Kommunikationsfähigkeit, Einfühlungsvermögen usw. (vielen Frisörkunden ist z. B. an einem Gespräch mit der Frisörin während des Haarschnitts gelegen) (Hennig-Thurau 2004). Um diese Merkmale bei neuen Mitarbeitern zu gewährleisten, sind entsprechende **Maßnahmen der Personalauswahl und Personalentwicklung** zu realisieren (z. B. Durchführung von psychologischen Tests und Berücksichtigung kommunikativer Fähigkeiten in Vorstellungsgesprächen im Rahmen der Personalauswahl) (Jones et al. 2004, S. 452).
- Ferner gilt es, das vorhandene **Leistungspotenzial des Dienstleisters zu dokumentieren.** Daher ist es notwendig, dass die Mitarbeiter dieses Potenzial kommunizieren können, (z. B. Hinweis auf Autorückgabemöglichkeit an einem anderen Ort durch Angestellten einer Autovermietung). Um dies zu gewährleisten, sind insbesondere **Maßnahmen der Personalauswahl** notwendig.

Aus der **Integration des externen Faktors** in den Leistungserstellungsprozess lassen sich ebenfalls Schlussfolgerungen ziehen:

- Durch die Integration des externen Faktors folgt die Heterogenität des Leistungserstellungsprozesses. Zur Erreichung einer teilweisen **Homogenisierung der Leistungserstellung** ist die Kontinuität der Mitarbeiter-Kunden-Beziehungen und damit eine Partnerschaftsbildung zwischen Unternehmen bzw. Mitarbeiter und Kunde anzustreben (Stauss/Neuhaus 1995, S. 581). Die hierzu notwendige niedrige Fluktuationsrate und Mitarbeiterbindung kann mit Hilfe von **Maßnahmen des Personaleinsatzes und der Personalentwicklung** erreicht werden, z. B. Angebot materieller und nicht-materieller Anreize, mitarbeitergerechte Arbeitsplatzgestaltung (Schmitz 2004, S. 25f.).
- Im Rahmen der Darstellung der Kommunikationspolitik von Dienstleistungsunternehmen wurde auf die Notwendigkeit hingewiesen, den Kunden auf mögliche **Probleme bei der Leistungserstellung** hinzuweisen und ihm diese zu erklären. Da dies unter Umständen seitens der Mitarbeiter vorzunehmen ist, mit denen der Kunde in direktem Kontakt steht, ist es unerlässlich, diese Mitarbeiter zunächst mittels **Maßnahmen der Einarbeitung und der Mitarbeiterkommunikation** auf diese Problemfelder aufmerksam zu machen bzw. ihnen mögliche Aktivitäten zur Behebung der Probleme aufzuzeigen, z. B. durch die Dokumentation eines „perfekten" Erstellungsprozesses beim Einführungsgespräch oder Hinweise auf häufig auftretende Fehler in einem Rundschreiben.

- Zur Förderung der Verinnerlichung einer externen Kundenorientierung kann die **Internalisierung einer internen Kundenorientierung** hilfreich sein. Um dies zu gewährleisten, sind insbesondere **Maßnahmen der Personalentwicklung** durchzuführen, z. B. Workshops zur Kundenorientierung.

- Schließlich wird aufgrund der Integration des externen Faktors und des direkten Mitarbeiter-Kunden-Kontaktes angenommen, dass ein positiver **Zusammenhang zwischen Mitarbeiter- und Kundenzufriedenheit** besteht (Homburg/Stock 2001, S. 377ff.; Malhotra/Mukherjee 2004, S. 170). Daraus ergibt sich die Notwendigkeit der Erreichung einer möglichst hohen Mitarbeiterzufriedenheit durch **Maßnahmen des Personaleinsatzes,** der **Personalentwicklung** und **Mitarbeiterkommunikation.**

Aus der **Immaterialität der Leistungen** lässt sich folgern:

- Da die Immaterialität dazu führt, dass die Qualitätsbeurteilung von Dienstleistungen durch den Kunden anhand der wenigen tangiblen Elemente vorgenommen wird, rücken die **Mitarbeiter als Qualitätsindikator** in den Vordergrund (Woodruffe 1995, S. 178, Lüth/Spiller 2003). Insbesondere bei Dienstleistungen, die durch einen hohen Anteil an Glaubenseigenschaften charakterisiert sind, werden Nachfrager bestrebt sein, ihr wahrgenommenes Kaufrisiko zu reduzieren. Dies geschieht durch die Beurteilung von Ersatzindikatoren, wie eben dem Personal oder anderen greifbaren Elementen. Aus diesem Grund kommt der Personalpolitik eine herausragende Bedeutung zu. Die primäre Aufgabe der Personalpolitik im Dienstleistungsbereich besteht deshalb darin, ein konsistentes Bild der Mitarbeiter zu erzeugen, das Kompetenz signalisiert und dementsprechend Vertrauen generiert. Es reicht jedoch nicht aus, Kompetenz lediglich zu signalisieren. Falls der Dienstleister die signalisierte Kompetenz nicht zu halten in der Lage ist, hat er mit hoher Wahrscheinlichkeit Sanktionen, im Extremfall Abwanderung von Kunden, zu erwarten. Deshalb ist es Aufgabe der Personalpolitik, dafür zu sorgen, dass ein tatsächliches Kompetenz- und Qualitätsniveau der Mitarbeiter erreicht wird.

- Aufgrund der hohen Bedeutung der Mitarbeiter im Dienstleistungsbereich sind **Maßnahmen der Standardisierung** des internen Faktors Personal zu ergreifen. Ein möglichst einheitlicher Auftritt der Mitarbeiter des Unternehmens ist beispielsweise erstrebenswert. Dies gilt nicht nur für die äußere Erscheinung, wofür insbesondere Maßnahmen der Marken- und Kommunikationspolitik Sorge tragen, sondern auch für das Verhalten der Mitarbeiter gegenüber dem Kunden. Dieses ist daher durch **Maßnahmen der Einführung in den Arbeitsplatz,** der **Personalentwicklung** sowie **Personalführung** zu steuern, z. B. das Erlernen der Begrüßungsformel im Rahmen der Einarbeitung für Telefonistinnen einer Bank mit Telebanking, die Festlegung des Ablaufes der Bedienung der Gäste in einem Restaurant und Bekanntgabe in Mitarbeiterbesprechungen. Dadurch gelingt es, zumindest einzelne Elemente der Leistung zu standardisieren, was zum einen Gedächtniswirkungen und zum anderen ein Gefühl der Vertrautheit beim Kunden zur Folge haben kann.

- Die Immaterialität von Dienstleistungen führt weiterhin dazu, dass dem Image des Unternehmens im Rahmen der Leistungsbeurteilung eine besondere Bedeutung zukommt. Insbesondere bei personalintensiven Dienstleistungen mit engem Mitarbeiter-Kunden-Kontakt wird in erster Linie ein **personenbezogenes Unternehmensimage** aufgebaut, das positiv mit der Einstellung des Mitarbeiters zum Unternehmen und zum Kunden korreliert.

- Für einen kompetenten Dienstleister ist ein Wissensvorsprung gegenüber dem Kunden erforderlich (z. B. Geldanlageberatung einer Bank, Versicherungsmakler, Autoreparaturwerkstatt). Der Kunde zieht daher die **Qualifikation der Mitarbeiter als Qualitätsmerkmal** heran. Deshalb ist es von Bedeutung, die Mitarbeiter durch **Maßnahmen der Personalentwicklung,** z. B. interne Schulungen, zu fördern, um den Kunden fachkundige Beratung und eine kompetente Problemlösung anbieten zu können. Ein Unternehmensimage, das auf kompetenten Mitarbeitern gründet, stellt einen Wettbewerbsvorteil dar, der nur sehr schwierig von Mitbewerbern imitiert werden kann.

- Um der **Forderung einer ganzheitlichen Betrachtung des Internen Marketing** gerecht zu werden, kann das Konzept des Total Quality Management (TQM) auf das Interne Marketing übertragen werden. Aus den TQM-Prinzipien lassen sich Anforderungen an die Personalpolitik ableiten. Dabei ist die **Definition interner Kunden-Lieferanten-Beziehungen** zu berücksichtigen, die zu einer Reduzierung der unternehmensinternen Schnittstellen führen sowie eine Steigerung der Leistungsqualität herbeiführen kann. Der hieraus folgende häufigere Einsatz von Arbeitsprinzipien wie der Teamarbeit führt zu der Notwendigkeit einer zusätzlichen Qualifizierung der Mitarbeiter, die wiederum durch **Maßnahmen der Personalentwicklung** erreicht werden kann (Töpfer 1999, S. 418f.) So werden z. B. Mitarbeiter von Unternehmensberatungen häufig zu Beginn ihrer Tätigkeiten hinsichtlich der von dem Unternehmen verwendeten Methoden und Werkzeuge geschult, um den Mitarbeitern, die zukünftig in einem Team zusammenarbeiten, hinsichtlich dieser Methoden die gleiche Wissensbasis zu vermitteln. Die konsequente Umsetzung eines Internen Marketing betont die Sichtweise, dass Mitarbeitern im Dienstleistungsbereich ein zentraler Stellenwert zuzuschreiben ist. Die richtige Umsetzung eines Internen Marketing gewährleistet, dass Mitarbeiter kontinuierlich alle nötigen Informationen, Kenntnisse und Fähigkeiten erlangen, die zur Erbringung der Dienstleistung notwendig sind.

- Ein wichtiges Ziel von Dienstleistungsunternehmen ist die Auslastung der Kapazitäten, um Leerkosten zu vermeiden. Aufgrund des direkten Mitarbeiter-Kunden-Kontaktes können die Mitarbeiter eines Dienstleisters die **kurzfristige Nachfragesteuerung** gezielt unterstützen. Es sind die Voraussetzungen zu schaffen, dass Mitarbeiter im Kundenkontakt jederzeit über die Auslastung der Dienstleistungskapazitäten Bescheid wissen und Auskunft geben können. Falls zum Zeitpunkt einer Kundenanfrage keine freien Kapazitäten mehr vorhanden sind, ist es notwendig, dass der Mitarbeiter aktiv eine alternative Möglichkeit vorschlagen kann. Aber auch im umgekehrten Fall hat ein Mitarbeiter aktiv Cross Selling zu betreiben und einem Kunden weitere Leistungen anzubieten, um eventuell noch freie Kapazitäten auszulasten. Die Personalpolitik hat die Aufgabe, z. B. durch Maßnahmen, wie Empowerment, darauf hinzuwirken, dass Mitarbeitern im Kundenkontakt die notwendige Kompetenz im Hinblick auf Entscheidungen zur Nachfragesteuerung und die Disposition der Kapazitäten eingeräumt wird.

5.13 Ziele der Personalpolitik

Aufgrund der großen Bedeutung der Mitarbeiter zur Erzielung einer hohen Dienstleistungsqualität tritt im Rahmen der Personalpolitik das Ziel der Entwicklung und Erhaltung kundenorientierter und motivierter Mitarbeiter neben das Ziel der Erzielung einer hohen Kundenzufriedenheit (Grönroos 1980, S. 16f.; Bruhn 1999b, S. 26f.).

Abbildung 6-5-3 **Ziele der Personalpolitik unter Implementierungsgesichtspunkten**

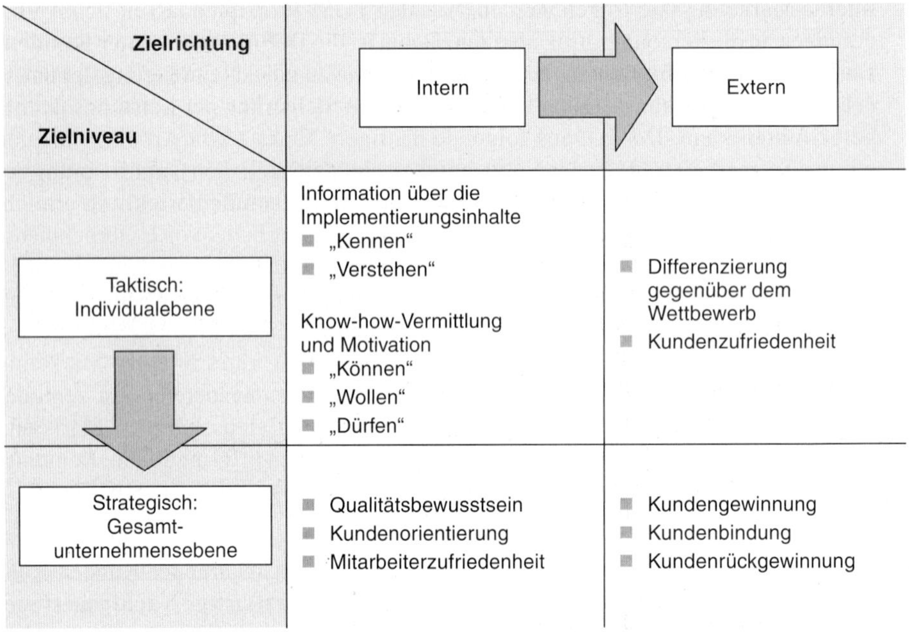

GABLER GRAFIK

Zur Kategorisierung der Ziele der Personalpolitik können zunächst eine **strategische** und eine **taktische Ebene** unterschieden werden. Da sich die Maßnahmen der Personalpolitik nicht lediglich auf den internen, sondern auch auf den externen Kunden auszurichten haben, bietet sich zur Kategorisierung der Ziele der Personalpolitik zudem eine Untergliederung in interne und externe Zielsetzungen an. Aus dieser Systematisierung ergeben sich vier Gruppen von Zielsetzungen der Personalpolitik, die in Abbildung 6-5-3 dargestellt sind.

1. Taktisch-interne Zielsetzungen

Das Erreichen taktisch-interner Ziele sind zunächst hinsichtlich jener Mitarbeitern wichtig, die bereits im Unternehmen tätig sind. Das bedeutet, unter den taktisch-internen Zielsetzungen sind diejenigen Ziele zu subsumieren, durch deren Realisierung kurz- bis mittelfristig **kognitive, affektive** und **konative** Wirkungen bei den einzelnen Mitarbeitern ausgelöst werden und deren Ziel somit in einer Akzeptanz von Unternehmenszweck, -ziel und -strategie besteht. Zu unterscheiden sind dabei zwei Schwerpunkte: Zum einen die Information der Mitarbeiter über Implementierungsinhalte und deren Bedeutung für den Unternehmenserfolg („Kennen" und „Verstehen"und „Anwenden" der Implementierungsinhalte), zum anderen die Know-how-Vermittlung gegenüber den Mitarbeitern, d. h. der benötigten Fähigkeiten und Fertigkeiten der Mitarbeiter sowie der Motivation, das erlernte Wissen anzuwenden („Können", „Wollen" und „Dürfen" der Implementierungsinhalte). Auf der Basis unternehmensspezifischer Oberziele sind in weiteren Schritten Subziele zu definieren, die in Form differenzierter Zielkataloge für die einzelnen Mitarbeitersegmente Gültigkeit besitzen (Compton 1987, S. 18; Stauss 1994d, S. 477f.; Patterson et al. 2004).

2. Taktisch-externe Zielsetzungen

Entsprechend eines kundenorientierten Qualitätsverständnisses besteht das Ziel auf der taktisch-externen Ebene in einer positiven Wahrnehmung der Dienstleistungsqualität durch die aktuellen und potenziellen externen Kunden. Naturgemäß hat dabei die Qualität der Kundenkontaktsituation bzw. der Interaktion zwischen Mitarbeitern und Kunden bei Dienstleistungsunternehmen einen besonderen Stellenwert. Durch eine entsprechende Differenzierung gegenüber dem Wettbewerb kann die Kundenzufriedenheit und positive Mund-zu-Mund-Kommunikation gesteigert werden – mit entsprechend positiven Wirkungen auf nachgelagerte interne und externe Zielgrößen.

3. Strategisch-interne Zielsetzungen

Der strategisch-internen Ebene sind insbesondere jene Zielsetzungen zu subsumieren, die auf mentale Prozesse bei Management und Mitarbeitern zielen und mittel- bis langfristig zu realisieren sind (Holtbrügge/Berg 2005, S. 133). Im Mittelpunkt stehen die Entwicklung einer kundenorientierten und qualitätsbewussten Unternehmenskultur sowie die Steigerung der Mitarbeiterzufriedenheit.

Unternehmensinterne Beziehungen werden uneingeschränkt als Kunden-Lieferanten-Beziehungen verstanden. Wünschenswert ist in diesem Zusammenhang auch die Entwicklung von Commitment gegenüber Kunden und Unternehmen, so dass eine langfristige Internalisierung der Unternehmensziele erfolgen kann. Es ist anzustreben, dass die Ziele der Personalpolitik nicht aufgrund externen Drucks, sondern vielmehr aufgrund innerer Überzeugung von den Mitarbeitern verfolgt werden. Daher spielen hier insbesondere Überlegungen zur Mitarbeiterzufriedenheit eine Rolle.

4. Strategisch-externe Zielsetzungen

Strategisch-externe Zielsetzungen bilden den eigentlichen Fokus der Personalpolitik. Hierzu gehören z. B. die Gewinnung, Bindung und Rückgewinnung von Kunden sowie die Auslösung positiver Mund-zu-Mund-Kommunikation, die ihrerseits von der Erreichung der Ziele in den übrigen Kategorien abhängt. Strategisch-externe Ziele sind dabei Teil einer Wirkungskette, die auch als „Cycle of Success" Eingang in die Diskussion gefunden hat (Schlesinger/Heskett 1991; Heskett et al. 1994; siehe auch Kapitel 4, Abschnitt 3).

5.2 Instrumente eines Personalmanagementsystems

Zu den Instrumenten der Personalpolitik gehören sämtliche Maßnahmen, deren Einsatz auf affektive, kognitive und konative Wirkungen bei den Mitarbeitern abzielt. Der Einsatz der Instrumente kann anhand eines Personalmanagementsystems systematisch vorgenommen werden. Dieses System umfasst verschiedene Phasen, die in Abbildung 6-5-4 veranschaulicht sind. Sie umfassen die Planungsphase (Personalplanung), die Durchführungsphase (Personaleinsatz, Personalveränderung, Mitarbeiterkommunikation) sowie die Kontrollphase (Personalprüfung).

5.21 Personalplanung

Die Personalplanung ist die notwendige Voraussetzung einer systematischen Personalpolitik.

> Unter **Personalplanung** wird die gedankliche Vorwegnahme sämtlicher Maßnahmen verstanden, die der Überwindung von Differenzen zwischen mitarbeiterbezogenen Ist- und Soll-Zuständen im Hinblick auf die Ziele der Personalpolitik dienen.

Abbildung 6-5-4 Phasen eines Personalmanagementsystems

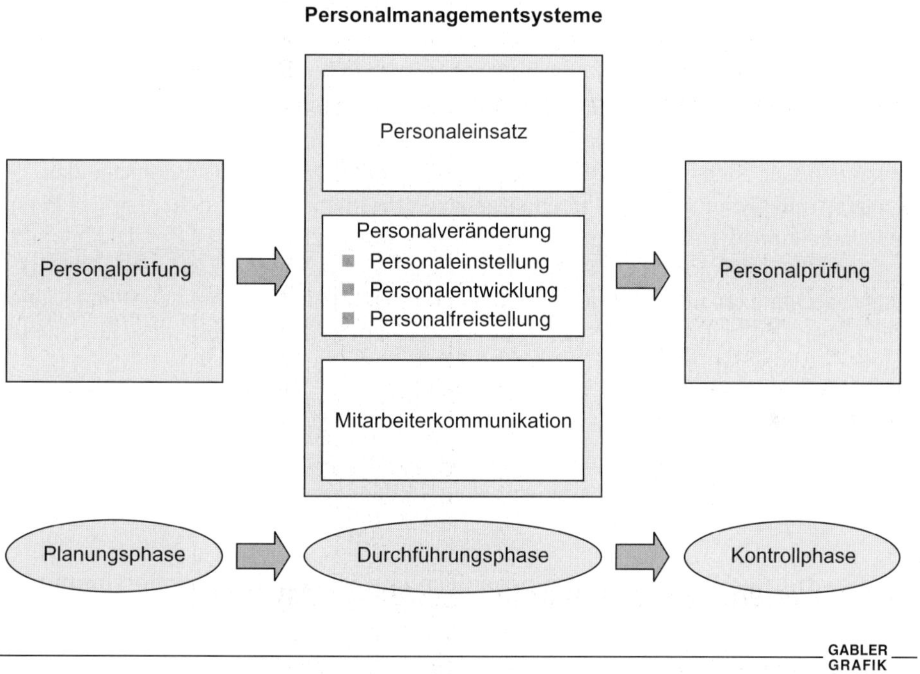

Im Rahmen der Planungsphase können zwei Gruppen von Instrumenten unterschieden werden:

- Instrumente zur Bestimmung des Personalbestands und -bedarfs,
- Festlegung der Anforderungen an die interne Dienstleistungsqualität.

5.211 Bestimmung des Personalbestands und -bedarfs

Ausgangspunkt für die Festlegung von Personalmaßnahmen jeglicher Art sind die Personalbestandsanalyse und die Personalbedarfsbestimmung. Mit Hilfe der Personalbestandsanalyse erhält man den mitarbeiterbezogenen Ist-Zustand, während der Personalbedarf den mitarbeiterbezogenen Soll-Zustand determiniert, also festlegt, wie viele Mitarbeiter welcher Qualifikation aufgrund des geplanten Leistungsprogramms zu welchen Zeitpunkten zur Verfügung zu stehen haben. Mittels beider Instrumente werden vier Funktionen erfüllt:

- Diagnosefunktion,
- Projektionsfunktion,
- Handlungsfunktion,
- Prognosefunktion.

Beide Instrumente betrachten auf der zeitlichen Dimension nicht nur die gegenwärtigen Zustände, sondern darüber hinaus Entwicklungen in der Zukunft. In der inhaltlichen Dimension lassen sich jeweils quantitative und qualitative Aspekte unterscheiden. Im Dienstleistungsbereich besteht in einer genauen Prognose und Absicherung des Personalbedarfs durch die Auswahl geeigneter Mitarbeiter ein kritischer Faktor. Die Interaktion und die Interaktionszeit mit dem Kunden nimmt einen großen Anteil an der Dienstleistungserstellung ein und ist zudem durch technische Maßnahmen und Schulungen kaum reduzierbar, da die notwendige Zeit für die Information und Beratung des Kunden vom Kunden und dessen Informations- und Beratungsbedarf abhängt. Die erforderliche Anzahl qualifizierter Mitarbeiter kann somit nur in geringem Maße durch höhere Produktivität, also einer Reduktion der Durchlaufzeit, kompensiert werden. Eine Beobachtung des Marktes verfügbarer Arbeitskräfte mit geeigneten Qualifikationen und eine frühzeitige Rekrutierung nehmen daher einen hohen Stellenwert ein (Insert 6-5-1).

1. Quantitative Personalbestandsanalyse und Personalbedarfsbestimmung

Im Rahmen der quantitativen Betrachtung geht es um die zahlenmäßige Erfassung der Mitarbeiter (Personalbestand) sowie die Bestimmung der erforderlichen Anzahl von Mitarbeitern zur Erfüllung der Unternehmensziele (Personalbedarf). Dabei wird insbesondere die so genannte **Skontrationsrechnung** angewandt, die – ausgehend vom gegenwärtigen Bestand über den projektierten Soll-Bestand – zum prognostizierten Bestand führt (Scholz 1991, S. 56; Thommen 1991, S. 589ff.; Rossow 1994, S. 41; Weber et al. 2005).

Insbesondere bei Dienstleistungen mit vom Unternehmen wenig beeinflussbaren **Nachfrageschwankungen** ist diese quantitative Sichtweise wichtig. Hierbei lassen sich nach der Schwankungsursache zeitabhängige und naturabhängige Schwankungen unterscheiden. Hinsichtlich der **zeitabhängigen Schwankungen,** die vom Unternehmen aufgrund von Erfahrungswerten und Marktforschungsergebnissen vorhersehbar sind, können die folgenden **Arten von zeitabhängigen Nachfrageschwankungen** nach ihrer Frequenz unterschieden werden:

- Tageszeitabhängige Schwankungen, z. B. Restaurants, Tennishalle, Wach- und Schließgesellschaften,
- Wochentagsabhängige Schwankungen, z. B. Diskotheken, Freizeitparks, Speditionen,
- Jahreszeitabhängige (saisonale) Schwankungen, z. B. Reiseunternehmen.

INSERT 6-5-1 Handelsblatt, 28.04.2005, S. 20

Prüfer stocken Personal wieder auf

HANDELSBLATT, 28.4.2005

cuk DÜSSELDORF. Im Wettstreit um die besten Bewerber bauen die großen Wirtschaftsprüfer ihre Werbebudgets wieder deutlich aus. So steigen die Aufwendungen für das Personal-Marketing bei **Pricewaterhouse Coopers** (PwC) um 25 Prozent. Alle vier großen Gesellschaften suchen nach einigen Jahren Stagnation verstärkt Nachwuchs. PwC will in diesem Jahr 1 000 Menschen einstellen, **KPMG** ebenso viele, **Ernst & Young** 700, **Deloitte** plant mit 400. Nach Abzug der Fluktuation sind ein Großteil echte Personalaufstockungen.

„Ich gehe davon aus, dass wir im Laufe des Jahres wieder einen 'war of talents' erleben, wie wir ihn schon vor drei Jahren hatten", sagt Karen Hochrein, Leiterin Human Ressources bei Ernst & Young. Um das Ziel zu erreichen, könnten auch die Einstiegsgehälter steigen.

Zunächst setzen die Personaler jedoch neben Imageanzeigen auf Werbung an den Hochschulen. So veranstaltet PwC erstmals seit drei Jahren wieder einen eigenen Bewerberworkshop. 80 Kandidaten sollen sich in Fallstudien beweisen. Um sich auf dem Bewerbermarkt besser durchsetzen zu können, stellt PwC seit diesem Geschäftsjahr kontinuierlich ein. Bislang hatten die Frankfurter nur im Herbst rekrutiert.

Konkurrent Deloitte stellt sich bereits auf die geburtenschwachen Jahrgänge ein. „In den nächsten zwei bis fünf Jahren wird es eine sehr starke Konkurrenz um die besten Absolventen geben", sagt Personaldirektor Dieter Schlereth. Deshalb baut er schon heute die Zusammenarbeit mit Hochschulen aus.

Die kleineren Wirtschaftsprüfer sind dennoch optimistisch, im Kampf um die besten Köpfe zu bestehen. „Wir haben genügend Bewerbungen in der Post", sagt Peter Kaldenbach, Geschäftsführer beim Düsseldorfer Wirtschaftsprüfer **Warth & Klein**, der sich den Einstellungszahlen des Boomjahrs 2000 nähern will. Der Mittelstand überzeuge Anfänger mit einem breiteren Tätigkeitsfeld als die weltweiten Gesellschaften.

Die **naturabhängigen Schwankungen** sind vom Unternehmen nicht vorhersehbar und lassen sich unterteilen in:

- Wetterabhängige Schwankungen, z. B. Surfschule,
- Naturkatastrophenabhängige Schwankungen, z. B. Ärzte, Rechtsanwälte, Krankenhäuser, Rettungsorganisationen.

Insbesondere bei Unternehmen, deren Nachfrage zeitabhängigen Schwankungen unterliegt, ist es aufgrund der **Nichtlagerfähigkeit von Dienstleistungen** notwendig, den jeweiligen quantitativen Personalbestand an den zeitabhängigen Personalbedarf anzupassen. In der Phase der Personalplanung sind daher mögliche Differenzen festzustellen und zu antizipieren, um Maßnahmen des Personaleinsatzes, der Personalentwicklung sowie der Mitarbeiterkommunikation festlegen zu können. Bei der zeitabhängigen Personalplanung ist also zu berücksichtigen, wie kurz- oder langfristig der Personalbedarf im Zeitablauf schwankt. Es sind folgende Schwankungen möglich:

- zyklische Schwankungen im Tagesverlauf,
- saisonale Schwankungen,
- stochastische, d. h. unregelmäßige Schwankungen.

Denkbar wäre bei im Tagesablauf schwankenden Dienstleistungen der Einsatz flexibler Arbeitszeiten. Ein Beispiel hierfür sind Call-Center, bei denen die Auslastungsspitzen beispielsweise am frühen Morgen und am Abend liegen. Für Call-Center können Arbeitsplätze zumindest teilweise ausgelagert und als Telearbeit eingeplant werden. Dabei werden Mitarbeiter nur mit einem bestimmten Stundensatz für ihre Leistungsbereitschaft bezahlt und erhalten den größten Teil ihrer Vergütung entsprechend der Zeit, die sie tatsächlich für Kundengespräche aufgewendet haben.

Bei saisonalen Schwankungen besteht eine Möglichkeit darin, Personal von Zeitarbeitsfirmen zu beschäftigen. Diese Form der Arbeit hat in den letzten Jahren in Deutschland stark zugenommen, da Unternehmen zunehmend bestrebt sind, Fixkosten (zu denen Personalkosten zumindest im nord- und mitteleuropäischen Raum aufgrund von Gesetzen des Kündigungsschutzes zählen) zu senken. Am schwierigsten stellt sich die Personalplanung bei Dienstleistungen mit zufälligen Schwankungen dar. Hier ist zu kalkulieren, ob sich ein höherer Personalbestand über eine besonders starke Nachfrage in nicht voraussehbaren Zeiträumen lohnen kann, oder ob es besser ist, Marktpotenziale in Zeiten hoher Nachfrage nicht ganz auszuschöpfen und stattdessen eine kontinuierlich hohe Auslastung eines geringeren Personalbestandes anzustreben.

2. Qualitative Personalbestandsanalyse und Personalbedarfsplanung

Die qualitativen Aspekte von Personalbestand und Personalbedarf beziehen sich auf die Eignung der Mitarbeiter, mit Hilfe ihrer Fähigkeiten einen Beitrag zur Erreichung der Unternehmens- und Personalziele zu leisten. Bei der Betrachtung der hierbei verwendeten Instrumente bietet sich eine Unterscheidung in mitarbeiterbezogene und unternehmens- bzw. abteilungsbezogene Instrumente an.

a. Mitarbeiterbezogene Instrumente

Diese Gruppe von Instrumenten dient der Betrachtung der Fähigkeiten des einzelnen Mitarbeiters. Im Rahmen der Personalbestandsanalyse werden hierzu **Eigenschaftsprofile** des jeweiligen Mitarbeiters erstellt (Bisani 1989, S. 230ff.). In Eigenschaftsprofilen werden die Ausprägungen von mitarbeiterbezogenen Merkmalen dargestellt.

Dabei lassen sich positions- und unternehmensrelevante Merkmale unterscheiden. Zu den **positionsrelevanten Merkmalen** gehören:

- Fähigkeitsmerkmale: z. B. Merkmale in Bezug auf das Wissen und Können.
- Persönlichkeitsmerkmale: z. B. Verantwortungsbewusstsein, Kommunikationsfähigkeit, Sozialkompetenz.

Da im Dienstleistungsbereich der Kundenkontakt bzw. der Kundendialog aufgrund höherer Interaktionszeiten und hoher Vertrauens- und Glaubenseigenschaften der Leistungen eine größere Rolle spielt als im Konsumgüterbereich, kommt **sozialen Kompetenzen** – wie beispielsweise Kommunikationsfähigkeit, Empathie und Vertrauenswürdigkeit – eine besondere Bedeutung zu. Auf diese Persönlichkeitsmerkmale ist vor allem beim Kundenkontaktpersonal zu achten, wobei die konkrete Dienstleistung oft entscheidend für die Bedeutung einzelner Persönlichkeitsmerkmale ist. So sind z. B. in einem Pflegeheim andere Merkmale gefragt als bei einem Freizeitveranstalter oder einer Privatbank.

Zu den **unternehmensrelevanten Merkmalen** zählen:

- Mitarbeiterorientierte Merkmale: z. B. Teamfähigkeit, Bereitschaft zu sozialer Verantwortung.
- Unternehmensorientierte Merkmale: z. B. unternehmenskulturbedingte Merkmale.

Betrachtet man die **mitarbeiterbezogenen Instrumente des Personalbedarfs,** dann steht die Festlegung der vom Leistungsprogramm sowie unternehmensinternen und -externen Kontextfaktoren abhängigen Anforderungen an die Mitarbeiter im Vordergrund (Bisani 1989, S. 230ff.). Eine Übersicht über Anforderungen an das Kundenkontaktpersonal von Dienstleistungsunternehmen zeigt Abbildung 6-5-5.

Abbildung 6-5-5 **Anforderungen an das Kundenkontaktpersonal von Dienstleistungsunternehmen**

Potenzialorientierte Anforderungen	Prozessorientierte Anforderungen	Ergebnisorientierte Anforderungen
Belastbarkeit	Klare Ausdrucksweise	Zuverlässigkeit
Stresstoleranz	Einfühlungsvermögen	Genauigkeit
Beharrungsvermögen	Kommunikationsfähigkeit	Pünktlichkeit
Geistige Flexibilität	Kontaktfähigkeit	Erreichbarkeit
Qualifikation	Selbstbeherrschung	Entscheidungsfähigkeit
Energie	Fähigkeit, zuzuhören	Flexibilität
Äußerer Eindruck	Eigeninitiative	Kritikfähigkeit

GABLER GRAFIK

Die Mitarbeiteranforderungen können in einem Anforderungsprofil dargestellt werden, das aus den vom Unternehmen geforderten Ausprägungen der oben genannten Merkmale besteht. Bei der Erstellung eines Anforderungsprofils ist nach den folgenden Schritten vorzugehen (Bisani 1989, S. 236ff.):

1. Auswahl der Anforderungsmerkmale

Es sind in einem ersten Schritt die relevanten Anforderungen zu bestimmen. Dabei ist es wichtig, die für die jeweilige Dienstleistung charakteristischen Besonderheiten zu beachten, z. B. die Art und Dauer des Kundenkontaktes. Diese stehen in direkter Verbindung mit den erforderlichen Eigenschaften, wie z. B. Belastbarkeit und dem Kommunikationsvermögen. Bei einer Privatbank ist z. B. damit zu rechnen, dass die Kunden mehrheitlich aus höheren Bildungsschichten kommen. Hieraus resultieren entsprechende Anforderungen an das Personal hinsichtlich des notwendigen Kommunikationsvermögens.

2. Zusammenstellung der von einem Positionsinhaber zu erfüllenden Funktionen

Hinsichtlich der für einen Mitarbeiter des mittleren Managements relevanten Funktionen können z. B. die folgenden **Merkmale** mit spezifischem Bezug zu Dienstleistungen genannt werden:

- Initiativfunktion (z. B. bei der Anpassung der Leistungen nach Verbesserungsvorschlägen von Kundenseite),
- Planungsfunktion (z. B. zur Kapazitätsanpassung in unterschiedlichen Nachfragezeiten),
- Entscheidungsfunktion (z. B. für die Individualisierung bestimmter Leistungen des Angebotsspektrums),
- Delegations- und Koordinationsfunktion (z. B. zur Zuordnung von Zuständigkeitsbereichen für die Bearbeitung von Beschwerden),
- Informationsfunktion (z. B. Ergreifen von Maßnahmen zum Signaling der Leistungsfähigkeit gegenüber den Kunden),
- Kontrollfunktion (z. B. Sicherstellung der Leistungsbereitschaft bestimmter Supportfunktionen),
- Personalführungs- und insbesondere Motivationsfunktion (z. B. Vorleben der Unternehmensgrundsätze zur Kundenorientierung),
- Repräsentationsfunktion (z. B. bei Messeanlässen oder Key-Account-Gesprächen).

3. Ableitung eines detaillierten Anforderungsprofils

Aus den in Schritt 2 ermittelten Funktionen lassen sich die in Schritt 1 ausgewählten Merkmale detaillierter erfassen. Die Inhalte einer Initiativfunktion unterscheiden sich bei der genannten Position im mittleren Management in Abhängigkeit vom Leistungsspektrum, von Kundengruppen, der Intensität des Kundenkontaktes und weiteren Faktoren. So umfasst die Initiativfunktion beim Leiter eines Call Centers für den telefonischen Softwaresupport z. B. den stetigen Kontakt zur Entwicklungsabteilung. Die Aufgaben des Abteilungsleiters im Controlling eines Versicherungsunternehmens hingegen beinhaltet in vergleichsweise größerem Umfang die Kommunikation mit dem oberen Management sowie den einzelnen Produktsparten. Entsprechend sind hier unterschiedliche interdisziplinäre Fähigkeiten und Fachwissen verbundener Abteilungen erforderlich.

4. Gewichtung der einzelnen Anforderungen

So wie die einzelnen Funktionen eine unterschiedliche Wertigkeit für den jeweiligen Aufgabenbereich haben, haben auch die einzelnen Detailanforderungen je nach Position ein unterschiedliches Gewicht. Daher gilt es, in diesem letzten Schritt eine Gewichtung der einzelnen Anforderungen (z. B. mittels einer Skala „für die Position bedeutungslos" bis „für die Aufgabenerfüllung auf der Position unerlässlich") für die jeweilige Position vorzunehmen. Generell lässt sich für den Dienstleistungssektor festhalten, dass sozialen und kommunikativen Fähigkeiten aufgrund der Dienstleistungsbesonderheiten – wie z. B. der Interaktionsintensität – eine hohe Bedeutung zukommt. Dass diese Eigenschaften in besonderem Maße zur Beurteilung der Dienstleistungsqualität beitragen, zeigen beispielsweise die Ergebnisse des SERVQUAL-Ansatzes (vgl. 5. Kapitel, Abschnitt 3.2121). Abbildung 6-5-6 stellt beispielhaft ein **Anforderungsprofil** für einen Mitarbeiter des Qualitätsmanagements auf der mittleren Führungsebene dar.

Abbildung 6-5-6 **Beispiel für Anforderungen an einen Mitarbeiter der mittleren Führungsebene im Qualitätsmanagement**

Anforderungen		Ausprägungsgrad				
		sehr gering	gering	mittel	hoch	sehr hoch
Potenzialorientierte Anforderungen	Belastbarkeit					■
	Fachwissen und -können				■	
	Äußerer Eindruck					■
Prozessorientierte Anforderungen	Klare Ausdrucksweise				■	
	Einfühlungsvermögen				■	
	Kommunikationsfähigkeit					■
	Kontaktfähigkeit				■	
	Eigeninitiative			■		
Ergebnisorientierte Anforderungen	Zuverlässigkeit					■
	Genauigkeit				■	
	Erreichbarkeit			■		
	Pünktlichkeit				■	
	Entscheidungsfähigkeit			■		
	Flexibilität				■	
	Kritikfähigkeit					■

GABLER GRAFIK

b. Abteilungs-/Unternehmensbezogene Instrumente

Bei diesen Instrumenten wird nicht der einzelne Mitarbeiter betrachtet, sondern eine Abteilung bzw. das ganze Unternehmen. Hierbei können die folgenden **Instrumente** herangezogen werden:

1. Fähigkeitsbezogene Aggregation

Im Rahmen der Bestandsanalyse kann, ausgehend von den Fähigkeitsprofilen, eine fähigkeitsbezogene Aggregation vorgenommen werden. Den für einzelne Personen aufgestellten Anforderungskatalogen mit Gewichtungen der relevanten Fähigkeiten als SOLL-Position kann eine aggregierte IST-Analyse der Mitarbeiter gegenüber gestellt und so der Handlungsbedarf bei einzelnen Mitarbeitern, beispielsweise hinsichtlich der Zuverlässigkeit bei der Beschwerdebearbeitung, verdeutlich werden. Der Vergleich zwischen den aggregierten Ausprägungen der Fähigkeitsprofile und denen einzelner Mitarbeiter dient somit als Maßgabe für Schwachpunkte in der Abteilung. Darüber hinaus können die Leistungen von Mitarbeitern, die in bestimmten Bereichen herausragende Leistungen erbringen, als Benchmark genutzt werden, von dem andere Mitarbeiter als Best-Practice-Beispiel lernen können. Es ist allerdings ein sensibler Umgang mit den erhobenen Daten erforderlich, um die Ergebnisse zur Motivation der Mitarbeiter mit Defiziten zu verwenden und nicht zu deren „Bloßstellung" in der Abteilung beizutragen.

2. Mitarbeiterbezogene SWOT-Analyse

Basierend auf der SWOT-Analyse aus dem Bereich der strategischen Planung können auch für den Personalbereich Stärken, Schwächen, Chancen und Risiken analysiert werden. Bei den Stärken und Schwächen handelt es sich um unternehmensinterne, mitarbeiterbezogene Kriterien, wie z. B. die Qualifikation der Mitarbeiter, Kundenorientierung der Mitarbeiter, Einstellung der Mitarbeiter gegenüber dem internen Kunden. Unter Chancen und Risiken werden hingegen solche mitarbeiterbezogenen Kriterien zusammengefasst, die unternehmensextern und daher vom Unternehmen nicht zu beeinflussen sind, d. h. Anzahl und Qualifikation ausgebildeter Mitglieder eines Berufsstandes, Qualifikation von Mitarbeitern der Konkurrenz, tarifliche Bestimmungen u. a.

3. Mitarbeiterportfolio

In der Personalliteratur finden sich bereits Ansätze einer mitarbeiterbezogenen Modifikation der marktbezogenen Portfoliomatrix der Boston Consulting Group. Bei diesem so genannten Human-Ressourcen- oder Personalportfolio (Hentze 1989, S. 510f.; Schreyögg 1991, S. 110ff.; Wunderer/Kuhn 1995, S. 177; Papmehl 1999, S. 65) wird anhand der beiden Dimensionen „strategische Bedeutung der Geschäftsbereiche" und „Personalqualität der Geschäftsbereiche" eine Vier-Felder-Matrix aufgespannt. Unter Berücksichtigung des Konzeptes des Internen Marketing sowie der Besonderheiten von Dienstleistungen wird hier eine Matrix mit den folgenden Dimensionen gebildet:

- Kundenorientierung der Mitarbeiter,
- Unternehmensorientierung der Mitarbeiter.

Unter Verwendung einer hohen und einer niedrigen Ausprägung für die jeweilige Dimension ergeben sich die vier in Abbildung 6-5-7 dargestellten Typen von Mitarbeitern bzw. Abteilungen:

- „Misserfolgsmitarbeiter",
- Kundenorientierte Mitarbeiter,
- Unternehmensorientierte Mitarbeiter,
- „Erfolgsmitarbeiter".

Abbildung 6-5-7 Mitarbeiterportfolio eines Dienstleistungsunternehmens

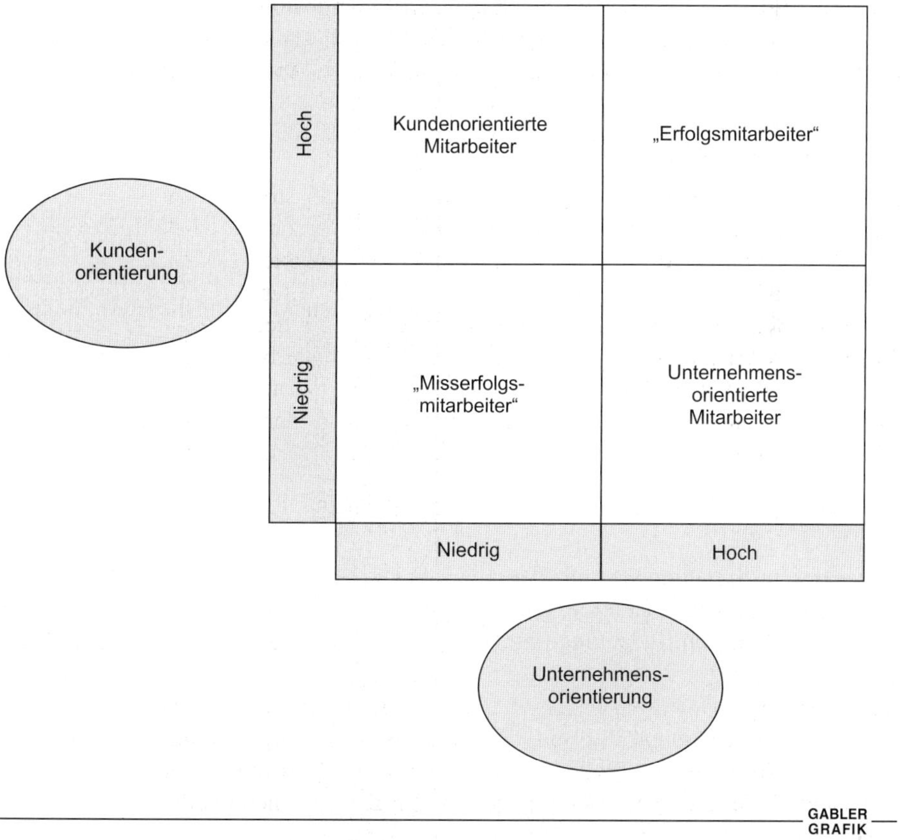

Für den Unternehmenserfolg ist sowohl eine Kunden- als auch eine Unternehmensorientierung der Mitarbeiter unerlässlich. Daher ist es das Ziel eines Dienstleistungsunternehmens, möglichst viele so genannte „Erfolgsmitarbeiter" zu beschäftigen. Lediglich **unternehmensorientierte Mitarbeiter** neigen dazu, wenig Rücksicht auf Kundenwünsche zu nehmen. Dies kann vor allem bei Dienstleistungen mit einem hohen Integrationsgrad des externen Faktors eine Kundenabwanderung zur Folge haben. Dahingegen besteht bei einseitig **kundenorientierten Mitarbeitern** die Gefahr, dass sie die Unternehmens- und Marketingziele des Dienstleisters aus den Augen verlieren. Dies wiederum kann eine negative Entwicklung finanzieller Größen (z. B. Umsatz, Gewinn) zur Folge haben. Aus diesen Gründen haben Dienstleistungsunternehmen sämtliche Maßnahmen der Personalpolitik auf das Ziel auszurichten, Mitarbeiter zu engagieren, die sowohl eine Kunden- als auch eine Unternehmensorientierung zu realisieren gewillt und fähig sind.

In der Matrix können nun einzelne Abteilungen oder Mitarbeiter in Form von Kreisen eingezeichnet werden, wodurch man den qualitativen Personalbestand (Ist-Position) erhält. Unter Hinzunahme der vom Unternehmen verlangten Anforderungen können in einem weiteren Schritt Soll-Positionen für die einzelnen Mitarbeiter oder Abteilungen eingezeichnet werden. Je nach Abstand zwischen der jeweiligen Ist- und Soll-Position kann anschließend die Notwendigkeit für Personalmaßnahmen abgeleitet werden. Wenn es sich z. B. ergeben hat, dass ein Großteil des Kundenkontaktpersonals einer Bank aus Sicht der Unternehmensleitung, der Kunden oder der Mitarbeiter/Kollegen als wenig qualifiziert und motiviert eingeschätzt wird, ist der Einsatz von Maßnahmen der Personalpolitik zur Qualifizierung und Motivation der Mitarbeiter, z. B. durch Trainingsmaßnahmen, notwendig.

Das Instrument der Portfoliomatrix kann dahingehend kritisiert werden, dass die Beurteilung der beiden Dimensionen trotz der Möglichkeit der Heranziehung unterschiedlicher Kriterien sehr unspezifisch ist. Die Ursache ist in der Bestimmung eines einzelnen Wertes je Dimension und Mitarbeiter/Abteilung zu sehen. Mit Hilfe dieser Methode können jedoch Tendenzaussagen hinsichtlich der Notwendigkeit von Maßnahmen der Personalpolitik getroffen werden.

5.212 Festlegung der Anforderungen an die interne Dienstleistungsqualität

Neben der Bestimmung der Anforderungen der Unternehmensleitung an einzelne Mitarbeiter und Abteilungen ist ferner die Messung der Anforderungen an die interne Dienstleistungsqualität von Bedeutung (vgl. Kapitel 5, Abschnitt 6.4).

Interne Dienstleistungsqualität ist die Fähigkeit eines Lieferanten, die Beschaffenheit einer primär intangiblen und der Kundenbeteiligung bedürfenden Leistung aufgrund von internen Kundenerwartungen auf einem bestimmten Anforderungsniveau zu erfüllen (Bruhn 1999c, S. 541).

Als relevante **interne Qualitätsdimensionen** kommen dabei die Folgenden in Betracht (Bruhn 1999c, S. 544):

- **Sachliche Dimension:** z. B. Pünktlichkeit, Zuverlässigkeit, Genauigkeit der erwarteten Dienstleistung,
- **Persönliche Dimension:** z. B. Offenheit, Ehrlichkeit, Freundlichkeit der beteiligten Manager und Mitarbeiter,
- **Zwischenmenschliche Dimension:** z. B. Entgegenkommen, Flexibilität, Einfühlungsvermögen, Fairness im Umgang mit anderen Führungskräften, Mitarbeitern, Kollegen, Abteilungen.

Die Anforderungen der internen Leistungsempfänger können anhand dieser Dimensionen z. B. mittels Befragungen erfasst werden.

Im Anschluss an die Personalplanung gilt es, unter Berücksichtigung der Personalziele Maßnahmen der Organisations- und Realisierungsphase der Personalpolitik festzulegen.

5.22 Instrumente der Personalpolitik in der Durchführungsphase

In der **Durchführungsphase** eines Personalmanagementsystems kommen die folgenden Instrumente zur Anwendung:

- Instrumente des **Personaleinsatzes,**
- Instrumente der **Personalveränderung,**
- Instrumente der **Mitarbeiterkommunikation.**

5.221 Personaleinsatz

> Dem **Personaleinsatz** im weiteren Sinne werden sämtliche Maßnahmen subsumiert, die mit der Festlegung und Gestaltung der Arbeitsorganisation, des Arbeitsplatzes sowie der Arbeitszeit in Verbindung stehen.

Ausgehend von der Definition des Personaleinsatzes lassen sich die folgenden Kategorien von Instrumenten unterscheiden:

a. Arbeitsplatzbezogene Instrumente,

b. Arbeitszeitbezogene Instrumente,

c. Arbeitsorganisationsbezogene Instrumente,

d. Tätigkeitsunabhängige Maßnahmen.

a. Arbeitsplatzbezogene Instrumente

Die arbeitsplatzbezogenen Instrumente des Personaleinsatzes betreffen Maßnahmen, die mit dem **Arbeitsplatz des einzelnen Mitarbeiters** direkt in Verbindung stehen.

Zu Beginn eines Arbeitsverhältnisses sowie bei Veränderungen in der Unternehmenspolitik, die Auswirkungen auf den einzelnen Arbeitsplatz haben, ist es wichtig, dem Mitarbeiter eine entsprechende **Einweisung** in seine Aufgaben, Befugnisse und Verantwortlichkeiten zu geben (Dill/Hügler 1987, S. 199). Nur so kann gewährleistet werden, dass er sich an seinem Arbeitsplatz wohlfühlt und zur Erstellung einer den Anforderungen entsprechenden internen und externen Dienstleistungsqualität befähigt wird. Aufgrund der Immaterialität versuchen viele Dienstleistungsunternehmen einerseits, durch eine weitgehende Standardisierung des Mitarbeiterverhaltens Teile der Leistung zu homogenisieren. Daher ist es notwendig, dem Mitarbeiter entsprechende Verhaltensweisen zu vermitteln (z. B. Bedienung des Bordpersonals im Flugzeug). Andererseits ist ein kundenspezifisches Verhalten und insbesondere ein Eingehen auf die individuellen Bedürfnisse des Kunden ein Ziel der Leistungserstellung, wodurch die Homogenisierung des Mitarbeiterverhaltens in vielen Situationen wiederum nicht erwünscht sein kann (z. B. Pflegeverhalten des Personals im Krankenhaus).

Für die Leistungsqualität der Mitarbeiter bedeutsam ist daher die Weite des ihnen zugestandenen **Handlungsspielraums.** Dabei können unterschieden werden (Bokranz 1989, S. 429):

- Eine **Aufgabenerweiterung** (Job Enlargement) bedeutet die Ausdehnung des Tätigkeitsspielraums z. B., wenn ein Kofferträger im Hotel zusätzlich für den Zimmerservice oder die Erfüllung spezieller Wünsche von Gästen zuständig ist. Auch eine so genannte „job rotation" ist besonders im Kundenkontaktbereich denkbar. Eine derartige Aufgabenerweiterung kann zum einen zu einer höheren Motivation der Mitarbeiter führen und damit zu einer stärker ausgeprägten Kundenorientierung. Darüber hinaus wird der Mitarbeiter für unterschiedliche Prozesse der Leistungserstellung während des Kundenkontakts sensibilisiert und in die Lage versetzt, den Leistungserstellungsprozess ganzheitlich kennen zu lernen und für den Kunden kritische Prozessschritte besonders zu beachten. Meist sind in diesem Zusammenhang allerdings Maßnahmen der Personalentwicklung und der Mitarbeiterkommunikation Voraussetzung für eine Erfüllung der neuen Anforderungen.

- Eine **Aufgabenbereicherung** (Job Enrichment) bedeutet die Vergrößerung des Dispositionsspielraums, wenn z. B. ein Bankangestellter über die Kreditvergabe höherer Beträge entscheiden kann. Auch hier ist eine Motivationssteigerung der Mitarbeiter beabsichtigt. Ferner wird dem Mitarbeiter auf diese Weise ermöglicht, auf spezifische Kundenwünsche eigenständig einzugehen. Ein Beispiel hierfür ist das Konzept des Empowerment. Dies beinhaltet, den Mitarbeitern mehr Handlungsspielräume zu gewähren, um Kundenwünsche zu erfüllen und auf Beschwerden einzugehen. Der Begriff des „complaint ownership" besagt hierzu, dass derjenige Mitarbeiter für die Bearbeitung der Beschwerde und die Zufriedenstellung des Kunden verantwortlich ist, dem sie zugetragen wurde. Im Ritz-Carlton Hotel steht beispielsweise jedem Mitarbeiter ein Budget von 2.000 USD zur Verfügung, um einen Kunden nach einer Beschwerde wieder zufrieden zu stellen.
- Eine **Aufgabenbegrenzung** bedeutet die Verringerung des Tätigkeits- und/oder Dispositionsspielraums; z. B., wenn eine Frisösin nur noch für Herren-, jedoch nicht mehr für Damenhaarschnitte zuständig ist. Auf den ersten Blick erscheinen Maßnahmen der Aufgabenbegrenzung eine Form der „Bestrafung" für die Erstellung schwacher Leistungsqualität zu sein. Es ist jedoch auch denkbar, eine solche Maßnahme durchzuführen, um Kundenorientierung des Mitarbeiters durch Spezialisierung zu bewirken. Beispielsweise ist es vorstellbar, dass sich ein Bankangestellter nur noch um Anleger mit Aktienportfolios kümmert und nicht mehr um Kunden mit festverzinslichen Anleihen. Dadurch wird dem Mitarbeiter ermöglicht, sich im Bereich des Aktienmarktes zu spezialisieren und somit den Kunden qualifizierter zu beraten.

Da die Höhe des Gehalts ein wesentlicher Motivationsfaktor für die Mitarbeiter ist (vgl. Kohli/Jaworski 1990; Ruekert 1992; Evers 1998; Widmeier 2002), wird es unerlässlich sein, ein wesentliches Augenmerk auf das **Vergütungssystem** des Unternehmens zu legen. Durch ein angemessenes Gehalt kann dem Mitarbeiter signalisiert werden, dass das Unternehmen qualitativ hochwertige Leistungen von ihm erwartet.

Eng verbunden mit der Mitarbeitervergütung steht das Angebot von **Incentives.** Unter Incentives wird die Gesamtheit der materiellen und immateriellen Anreize verstanden, die der Dienstleister dem Mitarbeiter neben der Zahlung des Festgehalts für seinen Beitrag zur Realisierung der Unternehmensziele anbietet. Mit Hilfe solcher Incentives kann eine Steigerung der Motivation des Mitarbeiters erreicht werden, sich gemäß den Vorstellungen des Unternehmens zu verhalten, (z. B. stärker kundenorientiert).

Als Ausgestaltungsformen für **materielle Incentives** im Dienstleistungsbereich können angeführt werden:

- Prämie für besonders kundenorientiertes Verhalten, z. B. für Bedienungen eines Restaurants, wenn sie die Namen von 100 Stammkunden kennen (Bieberstein 2001, S. 375).
- Prämie für Kundenlob, z. B. für eine Stewardess mit den meisten positiven Kommentaren von Fluggästen.

- Prämie für interne Kundenorientierung, z. B. Spende für die Kasse der Abteilung, die von anderen Abteilungen als sehr kundenorientiert eingestuft wird.

Immaterielle Incentives im Dienstleistungsbereich können sein:

- Verleihung von Urkunden, z. B. Ernennung eines „Mitarbeiters des Monats“ bei McDonald’s,
- Verleihung von Sachpreisen, z. B. das Schenken einer Urlaubsreise,
- Mitgliedschaft in Mitarbeiterclubs, für die sporadisch besondere Veranstaltungen organisiert werden.

Schließlich sind auch ganzheitliche kundenorientierte Vergütungssysteme als verhaltenssteuerndes Instrument denkbar, um das kundenorientierte Verhalten der Mitarbeiter zu fördern und kontinuierlich aufrecht zu erhalten.

> Ein **kundenorientiertes Vergütungssystem** ist ein strategisch-orientiertes und durch den Einsatz finanzieller Incentives charakterisiertes Führungsteilsystem, deren Ausschüttung an die individuelle und/oder kollektive Mitarbeiterleistung geknüpft ist und sich anhand kundenorientierter Erfolgsgrößen bemisst (Tuzovic 2005, S. 38).

Eine leistungs- bzw. erfolgsorientierte Vergütung wird insbesondere bei Mitarbeitern des mittleren und höheren Managements als variabler Bestandteil des Gehalts zur Motivation eingesetzt. Ein kundenorientiertes Vergütungssystem beinhaltet, einen variablen Bestandteil des Gehaltes nicht nach unmittelbar ökonomischen Maßstäben zu vergeben, sondern den Kunden als Träger der Leistungsbeurteilung einzusetzen (Tuzovic 2004, S. 178). Es sind dabei zahlreiche Varianten nicht nur hinsichtlich ihrer anteiligen und maximalen Höhe, sondern auch in Bezug auf die zur Festlegung heranzuziehenden Parameter denkbar. Zunächst kann zwischen direkten und indirekten Vergütungsmodellen differenziert werden.

Bei einem **direkten Vergütungssystem** hat der Kunde unmittelbaren Einfluss auf die variable Vergütung. Besonders bei einer hohen Intensität der Kundenintegration kann ein solches Vergütungssystem eingesetzt werden. So verteilt etwa die Fluggesellschaft Northwest Airlines Schecks über 50 USD an besonders freundliche Flugbegleiter. Die direkte Festlegung der kundenorientierten Vergütung erscheint jedoch aufgrund von arbeits- und tarifrechtlichen Restriktionen, aber auch aufgrund von kulturellen Unterschieden in der individuellen Beurteilung der Kundenorientierung problematisch. Eine direkte Festlegung der Vergütung durch die Kunden ist schließlich auch hinsichtlich situativer Faktoren (weitere Einflüsse, bei einem Flug z. B. Wetter, Verspätungen, andere Fluggäste), die keine einheitliche Budgetierung und Zuteilung innerhalb des Vergütungssystems erlauben, mit Problemen behaftet.

Ein **indirektes Vergütungssystem** beinhaltet einen umfassenderen Einbezug der Kunden und bietet bessere Möglichkeiten für die Festlegung der variablen Vergütung. Für die Höhe der Vergütung ist zunächst ein Standard zu definieren, der als „Normalleistung" anzuerkennen ist. Ferner sind eine Obergrenze und eine Untergrenze zu setzen, die eine Spannbreite für den variablen Anteil der Vergütung vorgibt. Die Basis für die Höhe der Vergütung bildet bei kundenorientierten Vergütungssystemen die Kundenzufriedenheit, für deren Erhebung unterschiedliche Möglichkeiten existieren. Diese wird dadurch erschwert, dass die Kundenzufriedenheit grundsätzlich eine subjektive Größe und ein theoretisches Konstrukt darstellt. Es ist daher eine Methode zu verwenden, die trotz der unvermeidbaren Subjektivität stets die gleichen Maßstäbe ansetzt, um ein gerechtes Vergütungssystem zu gewährleisten. So bieten sich beispielsweise ereignisorientierte Verfahren wie die Critical-Incident-Technik bei realen Kunden oder die Silent-Shopper-Methode mit „fiktiven" Kunden weniger an, da die Messungen nur Momentaufnahmen darstellen bzw. bei häufiger Messung hohe Kosten verursachen.

Innerhalb der für die Erhebung der Kundenzufriedenheit zu verwendenden Methoden ist besonders die **multiattributive Kundenzufriedenheitsmessung** zu erwähnen. Bei dieser Messung werden unterschiedliche Merkmale der Zufriedenheit (z. B. Erreichbarkeit, Schnelligkeit der Bearbeitung einer Anfrage) erhoben und zu Dimensionen (z. B. Reaktionsfähigkeit) zusammengefasst. Auf Basis der einzelnen Merkmale kann ein Gesamtindex der Zufriedenheit individuell für Abteilungen und ebenso für das ganze Unternehmen errechnet werden. Durch ein einheitliches Design der multiattributiven Messung ist dieser Index abteilungsübergreifend vergleichbar. Zudem besteht die Möglichkeit, bei einem wiederholten und umfassenden Einsatz der Messungen Vergütungshöhen einzelner Bereiche in Bezug auf folgende Kennzahlen festzulegen:

- Niveau des Gesamtindex der Zufriedenheit,
- Zufriedenheit im jeweiligen Bereich gegenüber dem Vorjahr oder
- Veränderung des Gesamtindex.

Im Rahmen der **Konzeption** eines kundenorientierten Vergütungssystems ist eine Differenzierung notwendig. Der konsequente Einsatz des Systems im gesamten Unternehmen erfordert eine unterschiedliche Behandlung von Bereichen, die sowohl interne als auch externe Kontakte pflegen, und solchen mit rein internen Kontakten. Studien zeigen, dass die Kundenzufriedenheit für interne Leistungen grundsätzlich schlechter ausfällt als für externe Leistungen. Die Maßstäbe für die „Normalleistung" sind daher individuell, d. h. auf die jeweilige Abteilung bezogen, festzulegen. Bei Abteilungen, die hauptsächlich in externem Kundenkontakt stehen (Verkaufspersonal), werden traditionelle Kundenzufriedenheitsmessungen, z. B. mit SERVQUAL, durchgeführt. Bei Abteilungen, die ausschließlich intern tätig sind (z. B. Controllingpersonal), bieten sich dafür **Interne Servicebarometer** an (vgl. 5. Kapitel, Abschnitt 6.4; Bruhn 2004e, S. 292). Die Wahl eines geeigneten Messverfahrens kann insgesamt allerdings nur unternehmensindividuell und unter Beachtung der Kosten erfolgen.

Auch hinsichtlich der **Umsetzung** einer Kundenzufriedenheitsmessung sind mehrere Aspekte einzubeziehen. Es besteht beispielsweise die Gefahr fehlender Objektivität, insbesondere bei nicht repräsentativen Messungen. Dem daraus möglicherweise resultierenden Vorwurf mangelnder Vergleichbarkeit zwischen einzelnen Messungen kann bei externen Kunden z. B. begegnet werden, indem Silent-Shopper eingesetzt werden, die konstante Bewertungsmaßstäbe gewährleisten (Tuzovic 2004, S. 178). Weiterhin ist es bei internen Kunden möglich, die relevanten Merkmale der Zufriedenheit entweder durch die jeweilige Abteilung oder die Kunden selbst festlegen zu lassen, um gegenüber den Mitarbeitern zu kommunizieren, dass das kundenorientierte Vergütungssystem faire Bewertungsmaßstäbe gewährleistet.

Bei der Implementierung eines kundenorientierten Vergütungssystems ist somit in erster Linie die **gerechte Allokation** von Incentives und erfolgsabhängigen Boni zu beachten (Barber/Simmering 2002, S. 26). Hierzu ist eine Einbindung aller Mitarbeiter in das System notwendig. Durch eine solche Belohnung von auf interne und externe Kunden bezogenen Ergebnissen wird auch ein Perspektivenwechsel der Mitarbeiter ohne Kundenkontakt von einer „inside-out“- hin zu einer „outside-in“-Betrachtung gefördert. Die Problematik besteht dabei allerdings oft in der Bewertung interner Aufgaben an kundenorientierten Maßstäben. Es ist entscheidend, dass trotz der nur indirekten Zuordnung dieser Aufgaben zu Kundenprozessen das Vergütungssystem transparent gestaltet wird, da nur dann die Unterstützung des Systems durch die Mitarbeiter gewährleistet werden kann (Heneman 2002, S. 76f.).

Eine **Studie** untersuchte stark wachsende und weniger stark wachsende Unternehmen nach den eingesetzten Kriterien für die Höhe der variablen Vergütung. Sie zeigte, dass Unternehmen mit Vergütungssystemen, die neben ökonomischen Kriterien auch Kundenzufriedenheit oder Gespräche mit Kollegen und den Mitarbeitern selbst zur Festlegung der Höhe der variablen Bezüge einsetzten, ein größeres Wachstum aufzeigen konnten, als Unternehmen mit rein umsatzbzw. auf ökonomische Zielvereinbarungen bezogenen Vergütungssystemen (Hewitt Associates 2005, S. 3, vgl. auch Insert 6-5-2).

Hinsichtlich einer **Beurteilung** eines kundenorientierten Vergütungssystems ist anzumerken, dass es die Kundenorientierung zum einen als zentrales vorökonomisches Ziel und als Erwartung an die Leistungen des Kundenkontaktpersonals verdeutlicht. Zum anderen wird signalisiert, dass auch interne Prozesse an den Bedürfnissen der internen und externen Kunden auszurichten sind, da die Kundenzufriedenheit nicht allein durch das Kundenkontaktpersonal, sondern nur durch zahlreiche vorangehende und unterstützende interne Prozesse erreicht werden kann (Zeithaml/Bitner 2003, S. 306f.). Aus diesem Grund ist ein allein arbeitsplatzbezogenes System zur Vergütung nicht ausreichend zur Realisierung der kundenorientierten Ziele (z. B. ist bei einer langen Wartezeit am Schalter einer Fluggesellschaft nicht unbedingt das – möglicherweise schlecht beurteilte – Schalterpersonal verantwortlich, sondern die für den Personaleinsatz zuständigen Mitarbeiter).

INSERT 6-5-2 Handelsblatt, 24.05.2005, S. 20

Mitarbeiterbeteiligung rentiert sich

Unternehmenserfolg wächst mit Zahl der beteiligten Beschäftigten

OLIVER STOCK
HANDELSBLATT, 24.5.2005

ZÜRICH. Seitdem die Gewinne bei den Unternehmen wieder sprudeln, gewinnen auch Mitarbeiterbeteiligungsprogramme an Attraktivität. Die Renditen, die Mitarbeiter erzielen können, liegen oft im zweistelligen Bereich. Zu diesem Ergebnis kommt die Gesellschaft für innerbetriebliche Zusammenarbeit (Giz) aus dem fränkischen Forchheim, die seit 36 Jahren Firmen beim Aufbau von Beteiligungsmodellen berät. „Seit Ende des vergangenen Jahres spüren wir eine Erholung", sagt Giz-Gesellschafter Stefan Fritz.

Damit ist offenbar eingetreten, was Ökonomen längst erwartet haben. In einer umfassenden Studie des Instituts für Wirtschafts- und Sozialforschung der Fachhochschule im nordschweizerischen Solothurn wird schon 2001 darauf verwiesen, dass die Zahl der Beteiligungsprogramme stark wachsen wird. Als Grund nennen die Schweizer Wissenschaftler das Eigeninteresse der Unternehmen: Die Studie zeigt, dass Unternehmen, die ihre Mitarbeiter beteiligen, beim Wachstum von Umsatz und Unternehmensgewinn besser abschneiden als andere Firmen. Die Fehlzeiten sinken, das unternehmerische Denken steige. Gleichzeitig mit dieser Studie allerdings kam vor vier Jahren der Einbruch an den Börsen, womit die Attraktivität der Mitarbeiterbeteiligungsprogramme zunächst rapide gesunken ist.

Inzwischen zeigt der Trend wieder nach oben. Das nach eigenen Angaben drittgrößte Biotechnikunternehmen der Welt, die Schweizer Serono aus Genf, war eins der ersten, das 2001 ein umfangreiches Beteiligungsprogramm installierte. Bei den Genfern sind nicht nur alle Mitarbeiter abhängig von ihrer Stellung im Unternehmen am Erfolg beteiligt. Es gibt darüber hinaus auch ein Aktienprogramm, das den Beschäftigten die Möglichkeit gibt, Anteile zum Vorzugspreis zu erwerben. Da der Rabatt 15 Prozent beträgt, sind zweistellige Renditen kein Problem.

Ein Jahr nach den Genfern entwickelte der Schweizer Pharmariese Roche im Jahr 2002 mit „Roche-Connect" ein neues Beteiligungsprogramm. Inzwischen sind 23 Prozent der Mitarbeiter dabei. 8,5 Mill. Euro hat sich Roche das Programm bislang kosten lassen. Das Geld wird bezahlt, um Mitarbeitern den Kauf von Roche-Genussscheinen um 20 Prozent zu vergünstigen. Ein Roche-Angestellter, der im vergangenen Jahr monatlich einen gleich bleibenden Betrag ins „Connect"-Programm investiert hat, erzielte so 2004 je nach Währung einen Gewinn von bis zu 36 Prozent.

Gottlieb Keller, der das Programm bei dem Pharma-Unternehmen betreut, strebt eine noch höhere Zahl von Beteiligten an. „Was „Connect" dem Unternehmen bringt, lässt sich nicht in Rappen und Franken ausdrücken. Es dient aber sicher dazu, Vertrauen in das Unternehmen zu schaffen", sagt Keller. Das „Connect"-Programm nimmt sich allerdings vergleichsweise bescheiden aus gegen das „Longterm"-Programm, mit dem Roche seine rund 2000 Führungskräfte am Unternehmenserfolg beteiligt. 33 Mill. Euro ließen sich die Basler dieses Programm bislang kosten – für Keller kein Indiz für überhöhte Managergehälter, sondern eher ein Signal an die Mitarbeiter, was bei Roche zu verdienen ist.

Die Basler liegen damit gut im Schnitt. Die Ökonomen aus Solothurn haben herausgefunden, dass Mitarbeiter durchschnittlich 1300 Euro pro Jahr mit Beteiligungsprogrammen verdienen. Führungskräfte heben sich davon deutlich ab. Bei jedem zehnten von ihnen liegt der Bonus bei mehr als 25000 Euro im Jahr.

Die Unternehmensberater der Giz warnen allerdings davor, nur die Glanzseiten der Beteiligungsprogramme hervorzuheben. Wenn es schlecht läuft, müssen auch Verluste einkalkuliert werden, was oft einen „gewissen Schock" auslöse, berichtet Fritz. Wenn Mitarbeiter dann reihenweise ihre Beteiligungen versilbern, kann es für Unternehmen eng werden. Konzerne wie Roche sichern sich dagegen ab, indem sie unter anderem eine Mindesthaltefrist vorschreiben. „Unsere Beteiligungsprogramme", sagt Keller, „sind langfristig angelegt."

Foto: Roche/ap

Auch die Mitarbeiter der Immundiagnostik bei Roche können von der Arbeitnehmerbeteiligung profitieren.

Ökonomen-Streit

Die Mitarbeiterbeteiligung ist bei deutschen Ökonomen umstritten.

- **Pro:** Das Institut für angewandte Wirtschaftsforschung Tübingen kommt in einer Studie zu dem Schluss, dass Unternehmen mit Mitarbeiterbeteiligung produktiver sind, eine bessere Ertragslage haben und ihre Belegschaften schneller vergrößern.
- **Contra:** Das Zentrum für empirische Wirtschaftsforschung in Mannheim kommt zu anderen Schlüssen. Die Ökonomen sehen keinen Zusammenhang zwischen Mitarbeiterbeteiligung und Produktivität. Sie stellen fest, dass Firmen, die eine Beteiligung eingeführt haben, schon vorher bei Produktivität und Ertrag besser als andere dagestanden haben.

Generell stellen kundenorientierte Vergütungssysteme ein wirksames Instrument zur langfristigen Verankerung der Kundenorientierung im Unternehmen dar, zu der jedoch die Einbindung aller Mitarbeiter in das System erforderlich ist. Dies ist deshalb grundlegend für die Erfolgswirksamkeit des Systems, weil nur so verdeutlicht werden kann, dass interne Prozesse die externe Leistungsbeurteilung entscheidend beeinflussen. Bei einer entsprechenden Implementierung und Kommunikation der Ziele des kundenorientierten Vergütungssystems kann jedoch der Perspektivenwechsel auch im Back Office unterstützt und insgesamt sowohl die interne als auch die externe Kundenzufriedenheit verbessert werden (Tuzovic 2005, S. 246).

b. Arbeitszeitbezogene Instrumente

Zur Betrachtung der arbeitszeitbezogenen Instrumente ist zunächst eine Kategorisierung von Dienstleistungen hinsichtlich der **Leistungserstellungszeiten** erforderlich. Dabei sind folgende Dimensionen bedeutsam:

- **Zeitdauer des Kunden-Mitarbeiter-Kontaktes:** Bei Dienstleistungen, die einen hohen Integrationsgrad des externen Faktors aufweisen, ist die Zeitdauer relativ lang. Dieser Tatbestand ist dem jeweiligen Mitarbeiter bewusst zu machen, damit er die Kundenkontaktzeit nicht als verschwendete Zeit ansieht.
- **Zeitflexibilität:** Einige Dienstleistungen sind aus Kundensicht zwingend mit einem bestimmten Zeitpunkt der Erstellung verbunden. Dieser Notwendigkeit können Kundengewohnheiten (z. B. bei Restaurants: Abendessen zwischen 18 und 23 Uhr) oder Zeitzwänge seitens der Kunden (z. B. beim Personentransport: Fahrgast möchte nicht zwei Stunden auf einen Bus warten; bei Weiterbildungskursen: Teilnehmer können häufig nur abends oder am Wochenende an solchen Kursen teilnehmen) zugrunde liegen. Je eher eine Leistung aus diesem Grunde zeitflexibel zu erstellen ist, desto eher ergeben sich Besonderheiten für die Gestaltung der Arbeitszeit. In diesem Zusammenhang kann beispielsweise das Instrument der Schichtarbeit (z. B. Bedienungen in einem Restaurant, das ganztägig geöffnet hat) oder der Einsatz von Aushilfskräften (z. B. Studenten als Nachtportier in einem Hotel) Anwendung finden.

c. Arbeitsorganisationsbezogene Instrumente

Zur Verringerung der psychologischen (z. B. unangenehme Gäste in einem Restaurant) und physischen Belastungen (z. B. Bedienung einer hohen Anzahl an Fluggästen durch Stewardess) im Rahmen einer Tätigkeit in einem Dienstleistungsunternehmen ist das Instrument der Teamarbeit eine sinnvolle und notwendige Maßnahme. Unter der Voraussetzung, dass die Teammitglieder gewillt sind, gut miteinander auszukommen, kann es durch den Einsatz von Teams gelingen, den Mitarbeitern ein positiveres Arbeitsumfeld zu bieten sowie die Leistungserstellungsabläufe effizienter zu gestalten und somit die Leistungsbereitschaft und die Motivation der Mitarbeiter zu erhöhen (Berry/Zeithaml/Parasuraman 1990, S. 33).

Studien von Berry und Parasuraman zeigen, dass Kundenkontaktmitarbeiter, die nach Aussagen von Kollegen und Vorgesetzten die Leistungsstandards nicht erfüllen, die folgenden Statements verneinten (Berry/Parasuraman 1995, S. 99):

- Ich fühle mich als Mitglied eines Teams in meiner Abteilung.
- Jeder in meiner Abteilung trägt zu den gemeinsamen Anstrengungen für die Kunden bei.

- Ich fühle mich dafür verantwortlich, meinen Kollegen dabei zu helfen, ihre Arbeit gut auszuführen.
- Meine Kollegen und ich kooperieren eher miteinander, als dass wir konkurrieren. Ich fühle mich als wichtiges Mitglied meines Unternehmens.

Diese Erkenntnisse zeigen, dass nicht nur hinsichtlich des Kundenkontaktes, sondern in Bezug auf alle Prozesse im Rahmen der Dienstleistungserstellung soziale Kompetenzen notwendig sind. Dies gilt vor allem für die Führungspositionen des Kundenkontaktpersonals, die das Arbeitsklima meist signifikant besser einschätzen als die Angestellten in Nicht-Führungspositionen (Patterson et al. 2004, S. 193). Dies ist in zweifacher Hinsicht ein mögliches Problemfeld für die Personalpolitik. Zum einen sind Führungskräfte in besonderem Maße für das Klima und die Motivation der Mitarbeiter verantwortlich. Zum anderen beeinflusst die Mitarbeiterzufriedenheit beim Kundenkontaktpersonal, d. h. meist auf den unteren Hierarchiestufen, zu einem hohen Grad die Kundenzufriedenheit. Daher ist das Bewusstsein dieser Zusammenhänge und das Ergreifen von hierarchieübergreifenden und teambildenden Maßnahmen zur Behebung der Diskrepanz in der Wahrnehmung von Führungskräften und Angestellten notwendig. Zur Realisierung erfolgreicher Teamarbeit können die folgenden Anforderungen angeführt werden:

- Dauerhafte Mitgliedschaft im Team,
- Regelmäßige Kontakte im Team,
- Teamorientierte Personalführung,
- Gemeinsame Ziele,
- Teambezogene Leistungsmessungen und -belohnungen.

Ein weiteres Instrument der Arbeitsorganisation ist die Einführung eines Systems der **Job Rotation.** Dies bedeutet, dass ein systematisches Wechseln des Arbeitsplatzes in festgelegten Zeitabständen stattfindet (Thommen 1991, S. 615). Dadurch wird erreicht, dass der Mitarbeiter seine Tätigkeit weniger monoton empfindet, wodurch motivations- und identifikationsfördernde Wirkungen erzielt werden. Schließlich gehört die **Art der Mitarbeiterführung** zu den Instrumenten der Arbeitsorganisation. Je partizipativer der Führungsstil ist, desto eher fühlt sich der Mitarbeiter in Entscheidungsprozesse des Unternehmens eingebunden und desto eher wird er gegenüber dem Kunden als verantwortungsbewusster Dienstleister auftreten können.

d. Tätigkeitsunabhängige Maßnahmen

Immer mehr Unternehmen bieten ihren Mitarbeitern besondere Leistungen an, die nicht in Zusammenhang mit der Tätigkeit im Unternehmen stehen. Dadurch zielen Unternehmen darauf ab, sich als mitarbeiterfreundlich zu präsentieren und die Einstellung der Mitarbeiter gegenüber dem Dienstleister zu verbessern. So bietet z. B. die Unternehmensberatung Accenture ihren Mitarbeitern einen Reinigungsservice für private Zwecke an. Die

Angestellten können ihre zu reinigenden Kleidungsstücke an einem Schalter im Hause des Unternehmens abgeben und nach der Reinigung wieder abholen (Caudron 1995, S. 88ff.).

Derartigen Maßnahmen liegt die Erkenntnis zugrunde, dass zufriedene Mitarbeiter sich auch eher kundenorientiert verhalten. Folglich wirkt sich die Mitarbeiterzufriedenheit auch direkt auf die Kundenzufriedenheit aus (Ryan 2002, S. 124 f.; vgl. Ausführungen zum Organizational Citizenship Behavior z. B. Schmitz 2004).

Es konnte durch Studien belegt werden, dass der Mitarbeiterzufriedenheit nicht nur für die Qualität der Dienstleistungserstellung eine hohe Bedeutung zukommt (Koop 2004, S. 29), sondern dass darüber hinaus krankheitsbedingte Fehlzeiten, die durch Stressbelastung am Arbeitsplatz hervorgerufen wurde, signifikant abnehmen. Da Fehlzeiten dieser Art einen Anteil von bis zu 50 Prozent der gesamten Arbeitsausfälle ausmachen, kann durch eine höhere Mitarbeiterzufriedenheit auch eine Senkung der Personalkosten erreicht werden. Zusätzlich ist anzunehmen, dass die Mitarbeiterbindung an das Unternehmens zunimmt (Lee/Bruvold 2003, S. 995). Eine niedrigere Fluktuationsrate führt ebenfalls zu niedrigeren Kosten für die Einarbeitung neuer Mitarbeiter, so dass auch von diesem Gesichtspunkt her die Steigerung der Mitarbeiterzufriedenheit sinnvoll erscheint.

5.222 Personalveränderung

Die **Personalveränderung** beinhaltet sämtliche Maßnahmen, die mittels Einstellung, Entwicklung oder Freistellung von Mitarbeitern auf eine Modifikation des quantitativen oder qualitativen Mitarbeiterpotenzials abzielen.

5.2221 Personalbeschaffung

Der Prozess der Personalbeschaffung kann in die Phasen der Personalakquisition und -auswahl unterteilt werden, denen sich jeweils bestimmte Instrumente zuordnen lassen.

a. Instrumente der Personalakquisition

Für die Gewinnung neuer, motivierter und qualifizierter Mitarbeiter für ein Dienstleistungsunternehmen ist es unerlässlich, mit potenziellen Angestellten Kontakt aufzunehmen, um ihnen einen Arbeitsplatz anzubieten, an dem sie die Voraussetzung dafür finden, Mitarbeiter- und Kundenzufriedenheit gleichzeitig zu realisieren.

Personalakquisition ist die Summe der Maßnahmen, durch die im Rahmen der Personalbeschaffung mit potenziellen Mitarbeitern Kontakt aufgenommen wird (Weber/Mayrhofer/Nienhüser 1993, S. 197).

Die Vielfalt der **Instrumente der Personalakquisition** kann in direkte und indirekte Instrumente eingeteilt werden. Anders als bei **indirekten Instrumenten** wirbt das Unternehmen durch den Einsatz **direkter Instrumente** potenzielle Mitarbeiter ohne Zwischenschaltung anderer Institutionen an.

Je nachdem, ob bei der Akquisition bestimmte Gruppen potenzieller Mitarbeiter angesprochen werden, sind die **direkten Instrumente** wiederum in spezifische direkte und unspezifische direkte Instrumente der Personalakquisition unterteilbar. Bei den **spezifischen direkten Instrumenten** stehen beispielsweise Hochschulkontakte im Vordergrund. Insbesondere die Anwerbung von (Nachwuchs-)Führungskräften erfolgt mittels der Teilnahme an Bewerbungskongressen, der Zusammenarbeit mit Career Services von Hochschulen, der Durchführung von Unternehmenspräsentationen usw. (Fröhlich/Langecker 1989, S. 154ff.).

Bei den **unspezifischen direkten Instrumenten** sind zu nennen:

- **Personalimagewerbung**
  Die Personalimagewerbung dient der Schaffung eines Images als attraktiver und mitarbeiterorientierter Arbeitgeber. Diese Wirkung wird durch die Ansprache potenzieller Mitarbeiter mittels Instrumenten der externen Kommunikation (z. B. Werbung, Öffentlichkeitsarbeit, Sponsoring) erreicht (Fröhlich/Sitzenstock 1989, S. 134ff.; Insert 6-5-3). Bei Dienstleistungen nimmt die Bedeutung der Mitarbeiter als Potenzialfaktoren bei der Leistungserstellung eine zentrale Stellung ein. Dies ist nicht nur in der Kommunikation der Arbeitsanforderungen zu erörtern, sondern bietet eine Möglichkeit, spezifische Persönlichkeitsmerkmale und die Möglichkeit zur persönlichen Entfaltung besonders herauszustellen.

  Das Century Plaza Hotel in Los Angeles veranstaltete gemeinsam mit zwei Schulen Informationstage für eine Gruppe von 14- bis 18-jährigen Schülern aus ärmlichen Verhältnissen. Dabei wurden den Teilnehmern Ausbildungs- und Karrieremöglichkeiten in der Hotelbranche aufgezeigt (Laabs 1995, S. 50).

- **Stellenanzeigen in Printmedien**
  Mit Hilfe von Stellenanzeigen in großen überregionalen Zeitungen ist ein relativ großer Teil potenzieller, d. h. für eine spezielle Stelle geeigneter Mitarbeiter erreichbar. Der Erfolg einer Stellenanzeige hängt dabei davon ab, inwiefern mit ihr
  - kognitive Wirkungen (z. B. Wecken von Aufmerksamkeit aufgrund der Anzeige),
  - affektive Wirkungen (z. B. positive Hinstimmung zu der angebotenen Stelle) und
  - konative Wirkungen (z. B. Anfertigen einer Bewerbung)

  erzielt werden.

INSERT 6-5-3 Horizont, 10.02.2005, S. 23

Commerzbank kämpft um cooles Image

Großbank forciert ihr **Personalmarketing** */ Werbekampagne soll Trainees locken*

Früher wollte mal so gut wie jeder Student zur Bank. Das hat sich mittlerweile geändert: „Obwohl wir die Restrukturierungswelle bereits hinter uns haben, färben die Probleme anderer Banken auf uns ab", sagt Harald Stender, Leiter Personalmarketing bei der Commerzbank in Frankfurt. Während er bei der Rekrutierung von Azubis weniger Probleme hat – 2005 werden rund 600 junge Leute eingestellt –, machen die Trainees noch Sorgen. „Auch abgesehen von der gegenwärtigen Entlassungsthematik haben Banken bei einer breiten Schicht von Studenten das Problem, steif und bieder zu wirken", so Stender.

Genau deshalb startet die Commerzbank nun eine Printkampagne, die mehr Nähe zur Lebenswelt der Studenten schaffen soll. Gearbeitet wird dabei mit Klischees über Studenten, die durch die Motive widerlegt werden. „Man sagt: Studenten sind bequem", lautet etwa der Copytext auf einer Anzeige. „Wir suchen Talente, die auch außerhalb des Hörsaals zupacken können." Dazu wird ein junger Mann abgebildet, der offenbar in einer Bar als Kellner jobbt. Ein anderes Motiv zeigt eine Frau, die sich bereits um 6.34 Uhr morgens die Zähne putzt und damit den Satz „Studenten sind Langschläfer" Lügen straft. Insgesamt werden sechs Motive in Titeln wie „Financial Times Deutschland", „Junge Karriere", „Unicum" und „Hochschulanzeiger" geschaltet. Die Kreation inklusive Web-Auftritt übernahm die Kommunikationsberatung Schelenz in Mainz. Für die Mediaplanung ist Carat 21 in Eschborn bei Frankfurt zuständig. **kj**

Auch Szene-Kellner können Banker werden

Stellenanzeigen im Internet

Stellenanzeigen auf der **unternehmenseigenen Homepage** haben sich bereits seit längerer Zeit etabliert. Zunehmend setzt sich auch die Online-Bewerbung über die Unternehmenshomepage als Standard durch, die für Unternehmen Vorteile effizienterer Verarbeitungsprozesse, wie z. B. bessere Archivierung und effizientere Vergleiche unter den Bewerbern und somit unter anderem eine kürzere Bearbeitungszeit, bietet. Dadurch ergeben sich Einsparpotenziale von bis zu 50 Prozent der Einstellungskosten (Mummert Consulting 2005). Im Hinblick auf potenzielle Bewerber ist in diesem Zusammenhang nicht nur die Gestaltung der Stellenanzeige von Bedeutung, sondern der gesamte Internetauftritt, dessen Aufgabe es ist, dem Bewerber ein konsistentes Bild des Unternehmens zu vermitteln. Die Homepage kann somit – wie die Personalimagewerbung – zum Aufbau eines Images und der Positionierung dienen.

Eine weitere Möglichkeit für Stellenangebote im Internet sind so genannte **Job-Portale.** Hier gibt der Stellensuchende sein Profil, d. h. seine Qualifikationen und seine gewünschte Position an und erhält gegebenenfalls passende Stellenanzeigen von Unternehmen. Um sich hier von im Wettbewerb um Arbeitskräfte konkurrierenden Unternehmen abzuheben, ist ebenso wie beim Dienstleistungsangebot eine klare Positionierung über Alleinstellungsmerkmale des Unternehmens erforderlich. Zum

Imageaufbau eignen sich Jobportale allerdings nicht, da die Anzeigen auf der Basis von Suchbegriffen in standardisierter Form aufgelistet werden. Somit besteht eine Chance für kleinere und mittelständische Unternehmen, ihre Stellenangebote zu platzieren und einem großen Kreis von möglichen Interessenten zugänglich zu machen. Insert 6-5-4 erläutert Unterschiede hinsichtlich der Verwendung von Printmedien und Internet und zeigt auf, inwiefern sich beide Kanäle ergänzen.

Direktansprache
Schließlich besteht die Alternative, potenzielle Mitarbeiter direkt und persönlich anzusprechen. Dies ist in den folgenden Fällen gegeben:
- Abwerben von Mitarbeitern der Konkurrenz (z. B. auf Messen),
- Abwerben von Mitarbeitern von Kunden,
- Abwerben von Mitarbeitern von Zulieferern (z. B. Abwerben eines Unternehmensberaters durch eine Bank),
- Anwerben von Kunden (z. B. Anwerben einer Diskothekbesucherin als Bedienung).

Beim Einsatz von **indirekten Instrumenten** der Personalakquisition verläuft die Kundenansprache über eine vermittelnde Institution. Hierbei sind die folgenden **Alternativen** möglich:

Personalberatung
Der Einsatz von Personalberatungen bietet mehrere Vorteile gegenüber der eigenen Personalwerbung, wie z. B. ein guter Überblick über den Arbeitsmarkt, weniger Zeitaufwand für die eigenen Mitarbeiter. Hier ist allerdings darauf zu achten, dass der Personalberater die Prozesse der Leistungserstellung bei dem jeweiligen Dienstleistungsunternehmen kennt bzw. umfangreich über die Anforderungen, die im Rahmen der relevanten fachlichen und persönlichen Merkmale festgestellt wurden, informiert wird. Insbesondere für Unternehmen, die Leistungen mit hohen Glaubenseigenschaften, einem hohen wahrgenommenen Risiko und einer hohen Bedeutung der Reputation (z. B. Unternehmensberatung, Privatbank) kann es problematisch sein, sich auf Personalberatungen zu verlassen, da zur Feststellung der Eignung eines Bewerbers für eine Stelle eine genaue Kenntnis des suchenden Unternehmens erforderlich ist.

Führungskräftevermittlung/Arbeitsagenturen
Diese Alternativen haben mit den Personalberatungen einen großen Überblick über den Arbeitsmarkt gemein, meist bieten sie jedoch im Gegensatz zu den Personalberatungen keine qualifizierte Selektion von Bewerbern an.

INSERT 6-5-4 **werben & verkaufen, Nr. 1–2, 2005, S. 44–45**

Und sie ergänzen sich doch

Wo findet man besser qualifizierte Bewerber: im Internet oder in Print? Eine vergleichende Studie gibt aufschlussreiche Antworten. Print bringt Klasse, Online sorgt für Masse.

Lange war der Stellenmarkt für die Tageszeitungen eine sichere Einnahmequelle. Um die musste man sich ungefähr so viel kümmern wie um den Gummibaum neben dem Schreibtisch: wenig Pflege, trotzdem munterer Wuchs. Kleinere Rückgänge, etwa 1994 oder 1996, waren konjunkturbedingt, und schon im nächsten Jahr wurden wieder stattliche Zuwächse verzeichnet. Auf leichten Regen folgte eben Sonnenschein.

Inzwischen denken viele Verlagsmanager wehmütig an jene Zeiten zurück, als schlicht noch von der „Anzeigenannahme" die Rede war. Seit 2001 befindet sich der Stellenmarkt im Sinkflug, wenn auch zuletzt mit etwas gebremstem Abschwung (siehe Grafik). Erst wenn eine spürbare wirtschaftliche Erholung einsetze, werde sich auch der Stellenmarkt in den Zeitungen wieder „richtig erholen", sagt Hans Joachim Fuhrmann, Sprecher des Tageszeitungsverbands BDZV.

Das klingt nicht gerade optimistisch, aber schon deutlich zuversichtlicher als noch vor zwei, drei Jahren. Damals hatten zahlreiche Verlagsvertreter gemutmaßt, der Stellenmarkt sei gar nicht mehr in der Lage, sich überhaupt erholen zu können. Denn der Internet-Hype hatte den Tageszeitungen bis zum Jahr 2000 nicht nur zu einer Flut an Personalanzeigen verholfen. Er hatte auch ihre ärgsten Widersacher geboren:Online-Jobbörsen wie Monster, Jobpilot oder Stepstone.

„Online wird die Printmedien niemals vollständig ersetzen", sagt jetzt Christian Hagedorn, „sondern in Deutschland ein sinnvolles, ergänzendes Rekrutierungsmedium darstellen." Hagedorn ist Inhaber der Werbeagentur Westpress, Hamm, die im Auftrag großer Unternehmen Personalanzeigen entwirft und schaltet.

Gebremster Abschwung

Entwicklung der Stellenanzeigen zum Vorjahr

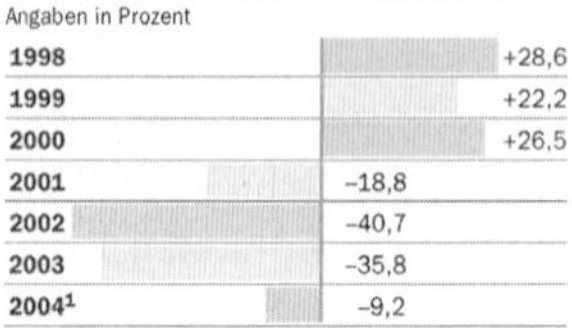

Basis: Stellenanzeigenvolumen (Spaltenmillimeter) in regionalen Abo-Zeitungen. [1]Nur erstes bis drittes Quartal 2004 gegenüber Vorjahreszeitraum (alle Zeitungen). Quelle: ZMG. © W&V

Da bislang bei der Abwägung „Print oder Online?" viel Bauchgefühl im Spiel war, kreierte der Werber vergangenes Jahr einen Medialeistungstest. Er sollte aussagekräftige Ergebnisse über spezifische Stärken und Schwächen von Stellenbörsen in Tageszeitungen und Internet liefern.

Extrem hohe Rückläufe

Sechs Online-Jobportale (Jobpilot.de, Stepstone.de, Monster.de, Jobscout.de, Stellenanzeigen.de, Sueddeutsche.de) und sieben Tageszeitungen (*WAZ*, *Rheinische Post*, *Süddeutsche Zeitung*, *VDI-Nachrichten*, *Ruhr-Nachrichten*, *Frankfurter Rundschau*, *Tagesspiegel*) beteiligten sich an dem Test.

An dessen Ende stellte Christian Hagedorn vorsichtshalber eine Eidesstattliche Versicherung: „Es sind keine Bewerberzahlen vorsätzlich manipuliert oder zugunsten eines Teilnehmers ausgewiesen worden."

INSERT 6-5-4 werben & verkaufen, Nr. 1–2, 2005, S. 44–45 (Fortsetzung)

Um vergleichbare Daten zu erhalten, schrieb Westpress über das Internet und die Tageszeitungen diverse Positionen aus, vom Abteilungsleiter Marketing über den Entwicklungsingenieur und den Leiter Controlling bis hin zum Geschäftsführer. Die Zahl der eingehenden Bewerbungen wurde in drei Gruppen eingeteilt: in sehr gute (A), gut geeignete (B) und ungeeignete Bewerber (C).

Keine Zeit für Datenbanken

Und siehe da: Nicht nur die Qualifikation der Printbewerber war im Schnitt hochwertiger als die der Online-Anbieter, sondern ganz grundsätzlich auch die der schriftlich verfassten Bewerbungen. „Die Rückläufe waren insgesamt extrem hoch", so Hagedorn. Wobei Online hauptsächlich Masse bringe, Print hingegen Klasse.

In Zahlen: Von den über 2000 eingegangenen Bewerbungen kamen 1650 über das Internet und 421 über Print. Die Zeitungen aber hatten mit 21,85 Prozent einen höheren Anteil an sehr qualifizierten Bewerbern. Bei Online waren es 18,18 Prozent.

Surfen hoch qualifizierte Kandidaten denn nicht im Internet? Doch, sagt Hagedorn. Aber nur im Job und nicht am Wochenende. Da empfänden viele die Nutzung des PC eher als Zumutung. Außerdem seien die Kandidaten täglich beruflich so stark ausgelastet, dass sie gar keine Zeit hätten, sich in die verschiedenen Internet-Bewerberdatenbanken einzutragen.

Ein anderer Vorteil der Tageszeitungen: Der Stellenmarkt wird aus Interesse durchgeblättert, nicht unbedingt nur, weil man selbst auf Jobsuche ist. Arbeitgeber nutzen die Seiten, um sich als attraktive Adresse zu empfehlen. Employer Branding heißt das in der Fachsprache. Die Folge: Auch latent wechselwillige Kandidaten werden erreicht, die Zahl der Initiativbewerbungen steigt.

Ein weiteres Ergebnis der Studie: Die meisten Bewerbungen unter den teilnehmenden Tageszeitungen liefert die *WAZ*, die mit 73 Prozent A- und B-Kandidaten auch qualitativ das beste Ergebnis zeigt.

Hohe Resonanz über das Internet

Rücklaufquoten nach Gruppen

Angaben in absoluten Zahlen

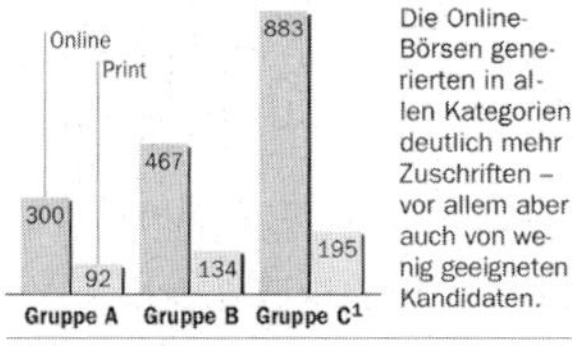

Mehr Top-Bewerber über Print

Rücklaufquoten nach Gruppen

Angaben in Prozent

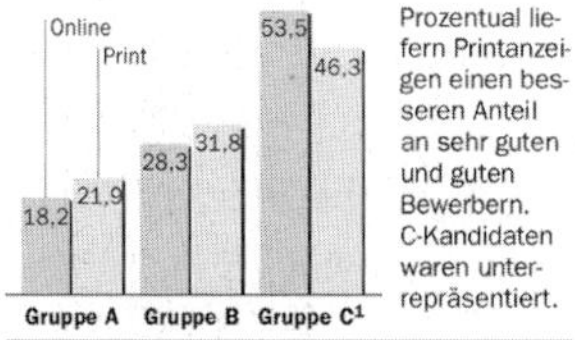

Geschäftsführer gesucht

Direkter Vergleich zwischen Print und Online

Angaben in Prozent

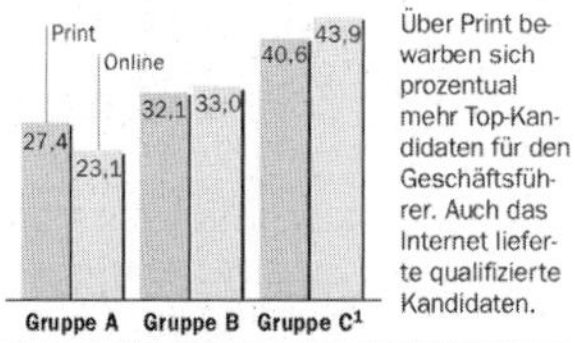

[1]Gruppe A=sehr gut geeignete Bewerber, Gruppe B= gut geeignete Bewerber, Gruppe C=ungeeignete Bewerber.
Quelle: Werbeagentur Westpress 2004. © WV

Es folgt die *SZ*, die vor allem im High-Potential-Bereich „enorm gute Ergebnisse" brachte. Platz drei belegt in dem Westpress-Test die *Rheinische Post*. Bei den Online-Jobbörsen rekrutierte Monster die meisten Eingänge. In qualitativer Hinsicht führt Jobpilot die Rangfolge an.

Richtig deutlich wird dieses Bild, wenn man die Resonanz auf die einzelnen Anzeigen betrachtet. Der gesuchte Entwicklungsingenieur brachte über die Jobbörsen nur drei A-qualifizierte Bewerber, dagegen 23 aus dem C-Bereich. Über die Printmedien gingen insgesamt nur 22 Bewerbungen ein. Davon aber waren sechs A-Kandidaten.

Die ausgeschriebene Position des Geschäftsführers lieferte im Test die mit Abstand meisten Bewerbungen. Insgesamt kamen 530 Schreiben, davon 424 aus dem Online-Bereich. Allein Monster rekrutierte hier 161 Bewerbungen, von Jobpilot waren es 108.

Der gefragte Geschäftsführer

Über die Printmedien kamen deutlich weniger, damit auch deutlich weniger ungeeignete Kandidaten. 27,35 Prozent aller Printmedien-Bewerbungen waren A-klassifiziert, bei den Onlinern waren es 23,11.

Stellt dann aber nicht auch das Internet ein ausgezeichnetes Medium zur Rekrutierung geeigneter Kandidaten dar? Das ist davon abhängig, wie hoch qualifiziert der gesuchte Geschäftsführer sein muss. „Die Bewerbungen aus dem Printbereich waren zum Teil exorbitant gut."

Es hätten sich Personen beworben, von denen es mit dieser Qualifikation nur „extrem wenige" geben dürfte. Zu einer abschließenden Beurteilung sei allerdings eine nochmalige Differenzierung der A-Kandidaten erforderlich.

Die Jobportale können dafür mit ihren niedrigen Anzeigenpreisen werben, die – je nach Aufmachung – vielleicht ein Zehntel der Tageszeitungen betragen. Dafür machen die Bewerber dem Personalchef eine Menge Arbeit. Denn die Masse der Zuschriften will bewältigt werden.

Helmut van Rinsum; hvr@wuv.de

- Nutzung von Mitarbeitern in Zeitarbeit
  Im Rahmen der Zeitarbeit wird temporär die Arbeitskraft von Mitarbeitern in Anspruch genommen, die von Personalleasinggesellschaften vermittelt werden. Neben der Nutzung der Zeitarbeit im Rahmen des Interimsmanagements (z. B. bei Schwangerschaften, Ausscheiden von Führungskräften) bietet sie sich insbesondere bei Dienstleistungen mit zeitabhängigen, vorhersehbaren Nachfrageschwankungen an, weil die betroffenen Mitarbeiter lediglich für einen vorab festgelegten Zeitraum angestellt werden. Die kurze Anstellungszeit hat den Nachteil, dass sich der Einsatz von Personalentwicklungsmaßnahmen für diese Mitarbeiter häufig nicht lohnt.

  Dieses Instrument ist daher vor allem dann attraktiv, wenn
  - es sich um Stellen handelt, für die kein hohes Qualifikationsniveau erforderlich ist,
  - die Personalleasinggesellschaft zusichern kann, dass die Mitarbeiter über die benötigte Qualifikation verfügen.

In jedem Fall ist jedoch auch den Teilzeitkräften, insbesondere mit direktem Kundenkontakt, deutlich zu kommunizieren, welchen großen Einfluss ihr Verhalten gegenüber dem Kunden auf dessen Qualitätswahrnehmung der Leistungen und sein Image vom Unternehmen hat.

b. Instrumente der Personalauswahl

Der Einsatz von **Maßnahmen der Personalauswahl** ist notwendig, wenn für eine Stelle mehrere Bewerbungen vorliegen (Scholz 1991, S. 165). Da in Dienstleistungsunternehmen die Erfüllung der an die Mitarbeiter gestellten Anforderungen zur Erreichung der Unternehmensziele besondere Relevanz hat, sind Instrumente der Personalauswahl in jedem Falle zur Bewerbungsanalyse heranzuziehen (vgl. hierzu auch Insert 6-5-5).

Bei der Auswahl von Bewerbern sind zwei **Gruppen von Kriterien** zu berücksichtigen:

- Formale Kriterien (z. B. Alter, Ausbildung, Staatsbürgerschaft),
- Anforderungskriterien des Unternehmens, bezogen auf die Stelle (z. B. Kompetenz, Flexibilität).

Die Erfüllung der gewünschten Ausprägungen dieser Kriterien kann mit Hilfe der folgenden **Instrumente** überprüft werden:

- Schriftliche Bewerbung,
- Referenzen,
- Persönliches Gespräch,
- Assessment Center,
- Fragebogen,
- Psychologische Testverfahren,
- Musterleistungserstellung.

INSERT 6-5-5 Horizont, 28.03.2002, S. 54

RECRUITING Personalentscheidungen sind Investitionsentscheidungen / Auswahlmethoden und -inhalte im Blickfeld

Noch keine gläsernen Kandidaten

Für die richtige Personalentscheidung kommt es darauf an, das Potenzial der Kandidaten zu erkennen.

FRANKFURT Es gibt Naturtalente: Führungspersönlichkeiten, die nach einem einstündigen Interview aus dem Bauch heraus erkennen, ob der Mann oder die Frau gegenüber der oder die Richtige ist – geeignet für eine offene Position oder zur weiteren Karriereförderung. Derartige Naturtalente mit herausragender Menschenkenntnis sind allerdings selten. „Wir wissen nicht, wer bei uns diese Gabe hat, und wenn wir es wüssten, könnten diese wenigen nicht alle unsere Personalentscheidungen treffen", sieht es Robert Holzapfel, bei der Hypovereinsbank in München Leiter Zentrale Personalentwicklung, nüchtern.

Da „Personalentscheidungen wichtige Investitionsentscheidungen" sind und auf die Naturtalente kein Verlass ist, schwört Holzapfel auf ein Instrument, das Bewerberkandidaten zum Handeln zwingt und sie nicht nur (gut) über sich erzählen lässt. Im Assessment Center (AC) agieren gleich mehrere Kandidaten, spielen Gruppendiskussion und Teamarbeit, schlüpfen schon mal in die Rolle des Chefs und leisten Überzeugungsarbeit im Vier-Augen-Gespräch. Alles unter aufmerksamer Beobachtung geschulter Trainer oder erfahrener Praktiker. In vielen Unternehmen – vor allem den großen – ist das die Methode der Wahl, so auch für die Hypovereinsbank, die seit 15 Jahren mit diesem Instrument arbeitet. Alle internen Potenzialträger müssen da durch, wenn sie die Karriereleiter erklimmen wollen. Als Auswahlmethode ist das AC verbreitet und bewährt: So gibt Lutz von Rosenstiel, an der Münchner Universität Leiter des Lehrstuhls Wirtschafts- und Organisationspsychologie, in einer vergleichenden Untersuchung dem AC gute Noten: Seine Gültigkeit (Validität) wurde mit dem Korrelations-Koeffizienten von 0,4 bis 0,75 am höchsten aller untersuchten Verfahren bewertet. Zum Vergleich: Interviews erreichen höchstens einen Wert von 0,25 und Zeugnis-Noten als Auswahlkriterium treffen lediglich mit einem Faktor von 0,1 bis 0,2 ins Schwarze (siehe Kasten).

Test im Vergleich

- Interview 0,0 - 0,25
- Intelligenztest 0,2 - 0,3
- Leistungstest 0,1 - 0,2
- Persönlichkeitstest 0,2 - 0,4
- Kollegen-Urteil 0,3 - 0,5
- Zeugnis-Noten 0,1 - 0,2
- Biographische Fragen 0,3 - 0,7
- Arbeitsproben 0,28 - 0,40
- Referenzen 0,18

Werte bezeichnen die beobachteten Korrelations-Koeffizienten

Quelle: Lutz von Rosenstiel: Lehrstuhl für Wirtschafts- und Organisationspsychologie, Uni München

Es gibt dennoch Argumente gegen das Assessment Center. So können erfahrene „AC-Hopper", mit wachsender Erfahrung ohne Mühe das gewünschte Verhalten an den Tag legen und damit ihre Gastgeber an der Nase herumführen. Diese Erkenntnis ist besonders bitter angesichts der hohen Kosten, die mit dieser aufwendigen Potenzialanalyse zu Buche schlagen. „Zwischen 2500 und 5000 Euro pro Kandidat" veranschlagt Robert Holzapfel. Der AC-Verfechter räumt immerhin ein: „sehr teuer bei unbestritten begrenzter Validität".

Als preiswerte Alternative bringen sich hier psychologische Persönlichkeitstests ins Spiel. Aus den Antworten mehr oder weniger tiefgründiger Multiple-Choice-Fragen treffen sie Aussagen über die Persönlichkeitsstruktur eines Kandidaten. Hier tut sich ein weites Feld auf zwischen Scharlatanerie und wissenschaftlich fundierter Analysemethodik. „Die Bezeichnung psychologischer Test ist nicht geschützt" moniert Harald Hauschildt, Geschäftsführer von Alpha Plus Profile in Wachtberg bei Bonn. Hauschildt hält die internationale General-Lizenz für die Persönlichkeitsanalysen, die von dem Psychologen und Psychotherapeuten Joern J. Bambeck entwickelt wurden. Skeptikern gegenüber verweist er auf die „teststatistischen Gütekriterien", auf die sich Wissenschaftler für die Bewertung derartiger Test geeinigt haben. „Die werden von den Alpha-Plus-Profilen hochgradig erfüllt oder sogar übererfüllt", unterstreicht Hauschildt. In die Diskussion pro- oder kontra Assessment-Center oder psychologischer Test will sich dagegen Bernd Wildenmann, Inhaber des gleichnamigen Karlsbader Consulting-Unternehmens, nicht einmischen: „Es kommt darauf an, dass bei der Beurteilung der Kandidaten auf die erfolgsentscheidenden Potenziale geschaut wird". Um hier die richtigen Kriterien herauszufinden, untersuchte Wildenmann die Persönlichkeitsmerkmale von Managern, die bereits nachweislich ökonomischen Erfolg vorzuweisen haben.

Auf der Grundlage eines so genannten 360-Grad-Feedbacks ließ er Mitarbeiter, Kollegen und Vorgesetzte über Eigenschaften und Verhalten dieser Manager befragen. „Es ging uns darum, Faktoren zu finden, die in hoher Beziehung stehen zu erfolgreichem Management in komplexen Strukturen", erläutert Wildenmann seine Methode. Zehn Kompetenzen haben der Consultant und seine Mitarbeiter herausgefiltert, die vor allem anderen ökonomisch erfolgreiche Manager einen: Dazu gehören beispielsweise Inspirations- und Begeisterungsfähigkeit, analytisches Vorgehen, Humor oder ein hohes Maß an natürlicher Autorität. Eigenschaften, die ein deutlich überdurchschnittliches Erfolgspotenzial versprechen und deshalb bei der Beurteilung von Bewerbern und Nachwuchsführungskräften stärker in den Fokus gerückt werden sollten, ist Wildenmann überzeugt. Dabei genügten schon die gezielten Blicke auf vier grundlegende Eigenschaften, die erfolgreiche Manager in der Regel in sich vereinen (siehe Interview). Keine Korrelation konnte Wildenmann in seinen Untersuchungen hingegen zwischen Erfolg und den so genannten „weichen" Management-Skills, wie Einfühlungsvermögen oder sozialer Intelligenz, herausfinden. „Diese Lieblingsthemen der Personalentwicklung haben offensichtlich keine ökonomische Relevanz", so Wildenmann.

Die Konsequenzen aus seinen Untersuchungen sieht er für die alltäglichen Personalentscheidungen pragmatisch. Entscheidend sei, dass in Interview, AC oder im psychologischen Test der Fokus auf die wichtigen Faktoren gelenkt werde. „Dazu müssen wir nicht die ganze Psyche erforschen". *I. Sichau*

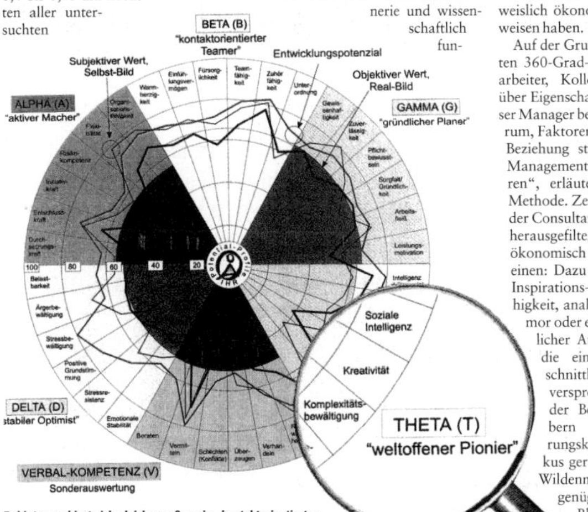

Dahinter verbirgt sich gleichermaßen ein „kontaktorientierter Teamer" und ein „gründlicher Planer": Persönlichkeitsprofil auf dem Business-Level nach Alpha Plus

5.2222 Personalentwicklung

Der **Personalentwicklung** sind sämtliche Maßnahmen zu subsumieren, die der Veränderung von
- kognitiven Persönlichkeitsmerkmalen der Mitarbeiter (z. B. Kenntnisse, Fähigkeiten),
- affektive Persönlichkeitsmerkmalen der Mitarbeiter (z. B. Einstellungen, Motivation),
- konativen Persönlichkeitsmerkmalen der Mitarbeiter (z. B. kundenorientiertes Verhalten)

dienen, um eine effizientere Erreichung der Unternehmensziele zu gewährleisten (Kitzmann/Zimmer 1982, S. 11).

Eine **Unternehmensberatung** stellte in einer Studie unter 123 Unternehmen fest, dass für die Akquisition neuer Mitarbeiter fünfmal mehr Geld ausgegeben wird als für die Förderung kritischer Mitarbeiter der bestehenden Belegschaft. Allerdings geben 75 Prozent der befragten Unternehmen an, ihre Investitionen in Mentoring, Coaching, im E-Learning-Bereich und Präsenzschulungen erhöhen zu wollen (Insert 6-5-6).

INSERT 6-5-6 **wirtschaft & weiterbildung, Nr. 5, 2005, S. 23**

Mehr Geld für Coaching

Nach einer Studie der Wirtschaftsprüfungsgesellschaft Deloitte planen US-Unternehmen für 2005, ihre Investitionen in herkömmliche Personalmanagementlösungen weiter zu erhöhen. Etwa 60 Prozent der Befragten wollten die Anwerbung erfahrener Arbeitskräfte intensivieren und 42 Prozent mehr Mitarbeiter direkt aus den Universitäten und Ausbildungsstätten gewinnen. Außerdem werde verstärkt in Bonusleistungen für besonders erfahrene Mitarbeiter (39 Prozent) und Neueinsteiger (30 Prozent) investiert.

Das ist jedoch nach Ansicht von Jörg Schiele, Leiter von Human Capital Services bei Deloitte, zu wenig, wenn sich Unternehmen für die Zukunft rüsten oder ihre Performance steigern wollten. Um diese Ziele zu erreichen, müssten unter anderem die Karrieren kritischer Mitarbeiter gefördert werden. Stattdessen gäben Betriebe heute fünfmal mehr Geld aus, um neue Mitarbeiter zu finden, als es in Trainings für die Belegschaft beziehungsweise in die Einarbeitung neuer Mitarbeiter zu investieren.

Fast drei Viertel der von Deloitte befragten 123 Firmen hätten in diesem Jahr allerdings vor, ihre Investitionen in Mentoring und Coaching zu erhöhen. Ähnlich sehe es bei E-Learning (64 Prozent) und Präsenzschulungen (49 Prozent) aus.

Die **Ziele der Personalentwicklung** lassen sich in unternehmens- und mitarbeiterbezogene Ziele einteilen (Berry/Parasuraman 1995, S. 95; Becker 1999, S. 275). Zu den **unternehmensbezogenen Zielen** zählen:

- Erhaltung und Verbesserung der Wettbewerbsfähigkeit (z. B. durch Innovationen, vgl. Insert 6-5-7),
- Erhöhung der Flexibilität der Mitarbeiter (z. B. in Bezug auf spezielle Kundenwünsche,
- Änderung der Einstellungen und Werte der Mitarbeiter (z. B. hinsichtlich der internen Kundenorientierung),
- Mitarbeitermotivation,
- Sicherung und Verbesserung eines qualitativen und quantitativen Personalbestands.

Im Dienstleistungsbereich kommt der Personalentwicklung die Besonderheit zu, den Mitarbeitern ihre Rolle als Marktforscher deutlich zu machen (Thomson 1993, S. 75; Bieberstein 2001, S. 368f.; Schmitz 2004, S. 15). Aufgrund der Integration des externen Faktors in den Leistungserstellungsprozess sind die Kundenkontaktmitarbeiter in ständigem Kontakt mit dem Kunden. Dies versetzt sie in die Lage, Informationen hinsichtlich der Bedürfnisse und des Kaufverhaltens des Kunden aus erster Hand zu erhalten. Aus diesem Sachverhalt ergibt sich darüber hinaus die bei Dienstleistungen hohe Bedeutung der Mitarbeiterbindung. Beispiele hierfür finden sich in besonders ausgeprägter Form bei Unternehmen, deren Geschäft durch langfristige Beziehungen und gegenseitiges Vertrauen geprägt ist. Solche Beziehungen sind für Banken und Beratungsleistungen ebenso charakteristisch wie für Ärzte, Steuerberatungsunternehmen, Werbeagenturen oder Frisöre. In diesen Unternehmen besteht bei einer hohen Fluktuation bzw. jeder Kündigung von Mitarbeitern des Kundenkontaktpersonals gleichzeitig die Gefahr der Kundenabwanderung. Es ist für Dienstleistungsunternehmen daher unterlässlich, ihren Mitarbeitern nicht nur eine angemessene Vergütung zu bieten, sondern auf weitere wichtige Bedürfnisse der Mitarbeiter einzugehen. Hierunter fallen unter anderem Karrieremöglichkeiten, harmonische Teamzusammenstellungen, herausfordernde Aufgaben, Möglichkeiten zur Weiterentwicklung sowie Alternativen zur flexiblen Gestaltung von Arbeits- und Privatleben.

Den **mitarbeiterbezogenen Zielen** lassen sich zuordnen:

- Aktivierung des Qualifikationspotenzials,
- Minderung der Risiken des Arbeitsplatzverlustes,
- Erhöhung individueller Mobilität,
- Erhaltung und Verbesserung der persönlichen Qualifikation,
- Befriedigung materieller und immaterieller Motive.

INSERT 6-5-7 Die News, Nr. 3, 2005, S. 72–73

WISSENSMANAGEMENT UND QUALIFIZIERTE MITARBEITER – SCHLÜSSEL FÜR DEN ERFOLG

AUTOR_DR. BERTRAM LOHMÜLLER, „GIMA CONSULT"

Konkurrenzdruck, Globalisierung und kürzere Produktlebenszyklen vergrößern den Druck auf Unternehmen. Durch die Jagd nach neuen und stets besseren Produkten wollen Firmen diesem äußeren Druck begegnen. Doch viel zu häufig wird die Jagd nach Innovationen von internen Hindernissen begleitet.

Eine Ursache liegt darin, dass der Begriff Innovation nicht auf einen bestimmten Unternehmensbereich fixiert werden kann, sondern das Ergebnis eines Zusammenwirkens mehrerer Faktoren ist. Zunächst ist die Art und Weise, wie im Unternehmen neues Wissen geschaffen und mit vorhandenem Wissen umgegangen wird, entscheidend. Betrachtet werden sollte auch die Qualifikation der Mitarbeiter und deren Fähigkeit, ihr Wissen in die Entwicklung neuer Produkte und Dienstleistungen einzubringen.

LERNEN ALS TEIL DER UNTERNEHMENSKULTUR

Ein gutes Wissensmanagement erkennt man daran, wie in einem Unternehmen die Ergebnisse von abgeschlossenen Projekten aufbereitet und dokumentiert werden. Oft ist spezifisches Projektwissen nur beim Projektleiter vorhanden. Dass mit diesem Wissen sehr fahrlässig umgegangen wird, zeigt eine Untersuchung von Baden-Württembergischen Unternehmen. Diese hat ergeben, dass in nur zwei von zehn Unternehmen Projekt-Nachbesprechungen stattfinden und abgeschlossene Projekte systematisch analysiert werden. Sofern Unternehmen ein aktives Wissensmanagement überhaupt praktizieren, begehen sie häufig den Fehler, sich zu stark auf Software-Module zu konzentrieren. Zielführender ist es, eine Unternehmenskultur zu schaffen, bei der Lernen im Arbeitsprozess als Schlüssel zum Erfolg gesehen wird. Die Unternehmensleitung sollte hierfür die notwendigen Strukturen schaffen und dies auch in der Unternehmensstrategie verankern.

MEHR QUALIFIZIERUNG, MEHR INNOVATIONSKRAFT

Qualifizierte Mitarbeiter sind die Voraussetzung dafür, Wissen im Unternehmen zu generieren und anschließend optimal einzusetzen. Dieser Zusammenhang wurde im Rahmen einer Auswertung von Unternehmensdaten der „International Best Factory/Service Awards" untersucht. An dem Benchmarking-Programm, das seit 1997 von der Export-Akademie Baden-Württemberg durchgeführt wird, nehmen jährlich ca. 80 Unternehmen teil. Die Analyse zeigt, dass Unternehmen, die mehr in die Qualifizierung der Mitarbeiter investieren, eine höhere Innovationskraft haben. Die Auswertung zeigt außerdem, dass die bes-

KURZ VORGESTELLT

Die „GiMA consult GmbH" wurde 1991 als ein Spin off-Unternehmen der Export-Akademie Baden-Württemberg von Prof. Rolf Pfeiffer gegründet. Im Jahr 2000 hat Dr. Bertram Lohmüller die Geschäftsführung übernommen. Neben der Sparte Beratung umfasst das Leistungsspektrum des Tübinger Unternehmens Trainings zu den Themenbereichen Unternehmensführung für Executives, Projektmanagement, Mitarbeiterführung und Marketing. Besonderen Wert legt man auf die Ausrichtung der Trainingsinhalte am Bedarf der Kunden und auf Praxisorientierung. Dabei kommen neueste Methoden und Entwicklungen aus der Welt des Lernens zum Einsatz. So werden E-Learning-Module wahlweise mit Präsenztrainings kombiniert. Mit Hilfe von Simulationen werden angehende Führungskräfte und Executives für das Projektmanagement und die Unternehmensführung getrimmt.

KONTAKT:
WWW.GIMACONSULT.COM

INSERT 6-5-7 Die News, Nr. 3, 2005, S. 72–73 (Fortsetzung)

Dr. Bertram Lohmüller ist Geschäftsführer der „GiMA consult Gesellschaft für integriertes Management mbH“ in Tübingen

ten Unternehmen im Vergleich zum Durchschnitt höhere Anstrengungen in der Mitarbeiterqualifizierung unternehmen. Eine Analyse der Wei-

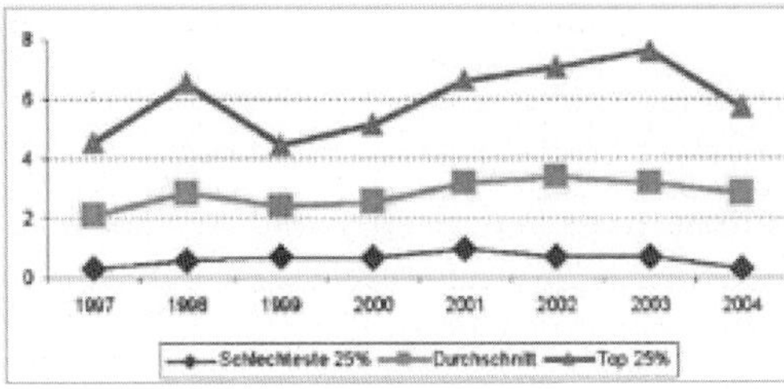

Weiterbildungstage pro Beschäftigtem und Jahr
(QUELLE: INTERNATIONAL BEST FACTORY AWARD DEUTSCHLAND)

terbildungstage pro Mitarbeiter von über 400 Unternehmen macht dies deutlich. Während Mitarbeiter in durchschnittlichen Unternehmen zwischen zwei und vier Tage pro Jahr an Qualifizierungsprogrammen teilnehmen, sind es im oberen Viertel zwischen vier und acht Tage. Mitarbeiter von Unternehmen, die sich im hinteren Viertel befinden, sind dagegen weniger als zwei Tage im Jahr in Weiterbildungsmaßnahmen eingebunden. Die Grafik zeigt, dass der Vergleich mit Durchschnittswerten zu Fehleinschätzungen führen kann. Vergleiche mit durchschnittlichen Unternehmen führen oft zu der Schlussfolgerung, dass man ganz gut da steht – im Vergleich zu den Top-Unternehmen aber gibt es ein hohes Aufholpotenzial. Deshalb sind Unternehmen im Rahmen ihrer Zukunftssicherung aufgefordert, trotz angespannter finanzieller Ressourcen Mitarbeiter gezielt zu fördern. Aber nur individuell abgestimmte und qualitativ hochwertige Qualifizierungsmaßnahmen führen zum erhofften Erfolg.

Um Unternehmen bei der Beurteilung und Festlegung ihrer Innovationspotenziale zu unterstützen, wurde vom Autor in Zusammenarbeit mit der Export-Akademie Baden-Württemberg eine „InnovationScorecard“ entwickelt. Mit diesem effizienten und einfach zu handhabenden Tool sind Unternehmer in der Lage, Verbesserungspotenziale auf Unternehmens- und Projektebene zu identifizieren. Die „InnovationScorecard“ kann als Selbsteinschätzung (Selfassessment) kostenlos über das Internet genutzt werden. Als Ergebnis erhält der Nutzer Informationen darüber, wo in seinem Unternehmen die höchsten Verbesserungspotenziale schlummern. ■

Unter Verwendung des Kompetenzbegriffes ist die **Aufgabe der Personalentwicklung** in Veränderungen der Handlungskompetenz von Mitarbeitern zu sehen (Becker 1999, S. 275; Agarwala 2003, S. 191f.). Dabei lassen sich vier **Typen der Handlungskompetenz** unterscheiden:

- **Fach-** bzw. **Sachkompetenz:** Fachspezifische Kenntnisse für die jeweilige Stelle, z. B. Kenntnisse des Versicherungsmarktes für einen Versicherungsmakler.
- **Methoden-** bzw. **Konzeptkompetenz:** Fähigkeit, unterschiedliche Lösungsmethoden auf ein Problem anwenden zu können, Selektions- sowie Lernfähigkeit, z. B. Behandlung spezifischer Kundenprobleme.
- **Sozialkompetenz:** Teamfähigkeit, Verantwortungsbewusstsein, Kommunikationsfähigkeit, Kundenorientierung.
- **Psychologische Kompetenz:** Motivation, Einstellungen, Einsatzwillen, z. B. Fähigkeit, eine kundenorientierte Unternehmenskultur zu verwirklichen.

Durch die Veränderung dieser Kompetenzen werden die Mitarbeiter auf zukünftige Aufgaben vorbereitet, d. h. qualifiziert. Je nach **Qualifizierungsrichtung** lassen sich differenzieren (Becker 1999, S. 276):

- **Erweiterungsqualifizierung:** Vergrößerung des Ausmaßes der Handlungskompetenz, ohne dass ein Stellenwechsel angestrebt wird, z. B. Einarbeitung eines Kreditsachbearbeiters in eine neue Methode zur Beurteilung der Kreditwürdigkeit.
- **Anpassungsqualifizierung:** Anpassung der Qualifikation des Mitarbeiters an unternehmensexterne oder -interne Entwicklungen, z. B. Computerkurs für Bankmitarbeiter.
- **Aufstiegsqualifizierung:** Vorbereitung eines Mitarbeiters auf eine neue Stelle, z. B. „Kreativitätstechniken"-Kurs für einen Mitarbeiter, der als zukünftiger Projektleiter eingesetzt wird.

Die Vermittlung von kundenorientierten Einstellungen und Verhaltensweisen sowie deren Einsatz im täglichen Arbeitsumfeld kann am **Beispiel eines Bankdienstleisters** für die direkten Kundenkontaktpersonen (z. B. Finanzberatern) sowie den ebenso wichtigen, wenn auch nur indirekt in Kundenkontakten tätigen Mitarbeitern (aus dem Back Office) skizziert werden. Je nach Ausgangspunkt der individuellen Qualifikationen kann eine Anpassungs- bzw. Aufstiegsqualifizierung intendiert sein, die sich jeweils verschiedener Methoden bedienen: z. B. interne und externe Fortbildung (durch Informationsveranstaltungen, Workshops usw.) oder auch stellengestaltende Tätigkeiten. Abbildung 6-5-6 illustriert die Anwendung unterschiedlicher Entwicklungsmaßnahmen und die Umsetzung des erlernten Wissens im konkreten Tätigkeitsfeld.

Abbildung 6-5-6 **Exemplarische Gestaltung der Qualifizierung von Filialmitarbeitern eines Bankdienstleisters**

<table>
<tr><th>Finanzberater (Front Office)</th><th>Back-Office-Mitarbeiter</th></tr>
<tr><td colspan="2">Informationsveranstaltung (Vortrag) über anstehende Änderungen (zentral)</td></tr>
<tr><td colspan="2">Gemeinsamer Workshop (1-tägig; über Zusammenarbeit, Schnittstellenproblematik und Aufgabenteilung überregional; aus verschiedenen Filialen)</td></tr>
<tr><td>Seminare zur Vermittlung der notwendigen Fachkompetenz für „normale“ Privatkundenbetreuer wie für Vermögensberater (1- bis 2-tägig; überregional)</td><td>Seminare zur Vermittlung der notwendigen Fach- und Methodenkompetenz (1- bis 2-tägig; überregional)</td></tr>
<tr><td colspan="2">Aufgabenerfüllung in der Filiale unter den neuen Bedingungen
■ Schaffung von Situationen zur Anwendung des Erlernten
■ Supervising- und Coaching-Möglichkeiten</td></tr>
<tr><td>Workshops zur Vermittlung bzw. Vertiefung der Methoden- und Sozialkompetenz „kundenorientiertes und segmentspezifisches Verhalten“ (2-tägig; überregional)</td><td>Workshops zu „kundenorientiertem Verhalten im Back-Office-Bereich“ (1- bis 2-tägig; überregional)</td></tr>
<tr><td colspan="2">Aufgabenerfüllung in der Filiale unter den neuen Bedingungen
■ Schaffung von Situationen zur Anwendung des Erlernten
■ Supervising- und Coaching-Möglichkeiten</td></tr>
<tr><td colspan="2">Gemeinsamer Workshop zur Erarbeitung üblicher Problemsituationen und zu Ansätzen der Problemhandhabung (1-tägig; überregional oder regional)</td></tr>
<tr><td colspan="2">Aufgabenerfüllung in der Filiale unter den neuen Bedingungen
■ Schaffung von Situationen zur Anwendung des Erlernten
■ Supervising- und Coaching-Möglichkeiten</td></tr>
</table>

Quelle: Becker/Günther 2001, S. 766

GABLER GRAFIK

Die Vielzahl der **Instrumente der Personalentwicklung** kann nach dem Tätigkeitsbezug der Maßnahme und der Kontinuität ihres Einsatzes klassifiziert werden in (vgl. z. B. Becker 1999, S. 288):

- **Stellengebundene Personalentwicklung (On-the-Job)**
  Hierbei findet eine kontinuierliche Qualifizierung am Arbeitsplatz statt, z. B. Einsatz als Assistent, Modelllernen, Leittextmethode. Im Dienstleistungssektor kommt insbesondere bei Stellen, die eine Interaktion mit dem Kunden beinhalten, dieser Form der Personalentwicklung eine besondere Bedeutung zu. In „sensiblen" Dienstleistungsbereichen wie dem Bankensektor kann ein noch nicht hundertprozentig ausgebildeter Mitarbeiter des Kundenkontaktpersonals (z. B. nach der Einführung einer neuen Software) allerdings zu Irritationen und Verärgerungen der Kunden führen (In solchen Fällen erscheint eine der folgenden Alternativen sinnvoller).

- **Stellenübergreifende Personalentwicklung (Near-the-Job)**
  Hierbei handelt es sich um Maßnahmen, die in enger räumlicher, zeitlicher und inhaltlicher Nähe zum Arbeitsplatz stattfinden, z. B. Qualitätszirkel, Projektgruppenarbeit. Derartige stellenübergreifenden Gruppen bieten sich insbesondere an, um die interne Kundenorientierung im Unternehmen zu verankern, d. h., die Bedürfnisse der internen Kunden kennen zu lernen und deren Bedeutung für die externen Kunden zu realisieren.

- **Stellenungebundene Personalentwicklung (Off-the-Job)**
  Solche Maßnahmen werden losgelöst vom Tätigkeitsfeld des Mitarbeiters außerhalb des Arbeitsplatzes durchgeführt, z. B. Vortrag, Tagung, Kurse. Diese Art der Ausbildung bietet sich unter anderem für die Vorbereitung auf den Umgang mit solchen Kunden und Kundensegmenten an, bei denen deutliche Unterschiede im Vergleich zum bekannten Umfeld bestehen. Ein Beispiel hierfür ist der Eintritt in Märkte mit großen kulturellen Differenzen, für den vorausgehende interkulturelle Trainings des Kundekontaktpersonals zwingend erforderlich sind. Gleiches gilt z. B. für Luxushotels, bei denen der Umgang mit Gästen besondere Kenntnisse erfordert.

Zur detaillierteren Beschreibung der Instrumente können weitere **Kriterien** herangezogen werden:

- Qualitätsorientierung der Maßnahmen,
- Standardisierbarkeit der Maßnahmen,
- Individualisierbarkeit der Maßnahmen,
- Steuerbarkeit durch die Unternehmensleitung.

Dabei kommt den stellenübergreifenden Instrumenten eine besondere Bedeutung im Dienstleistungsbereich zu. Da der Dienstleistungserstellungsprozess häufig einen Charakter der Interaktivität zwischen Mitarbeiter und Kunde aufweist, können mit Hilfe von Maßnahmen des Training Near-the-Job (z. B. Rollenspiele) **Dienstleistungserstellungsprozesse simuliert** werden (Bieberstein 2001, S. 371). Dabei hat der Kunde einen „Musterkunden" (z. B. Psychologe, Trainer) zu bedienen, so dass eine sofortige Beurteilung der exemplarischen Mitarbeiterleistung möglich ist und er sofort auf mögliche Schwächen aufmerksam gemacht werden kann.

Schließlich ist anzumerken, dass jedes der Instrumente im Hinblick auf die Ziele der Personalentwicklung in Abhängigkeit der Persönlichkeit des Mitarbeiters unterschiedliche Wirkungen hervorrufen kann. Daher ist es empfehlenswert, die Instrumente nicht isoliert einzusetzen, sondern aufeinander abzustimmen. Ferner wird insbesondere von der amerikanischen Dienstleistungsliteratur (Berry/Parasuraman 1995, S. 97) **Kreativität** bei der Auswahl und Durchführung von Personalentwicklungsmaßnahmen gefordert.

Eine amerikanische Bank verlangte von Mitarbeitern, denen mit Vaseline verschmierte Brillen aufgesetzt wurden, Überweisungsscheine auszufüllen und mit drei zusammengebundenen Fingern Geld zu zählen. Diese Maßnahme hatte zum Ziel, den Mitarbeitern zu verdeutlichen, welche Probleme ältere und behinderte Kunden im Leistungserstellungsprozess haben können.

5.2223 Personalfreistellung

Wenn Mitarbeiter den Anforderungen ihrer und anderer freier Stellen im Unternehmen nicht entsprechen, ist es erforderlich, diese Stelle durch eine andere Person zu besetzen. Dabei bestehen für die Behandlung des alten Stelleninhabers zwei **Handlungsalternativen:**

- Kündigung,
- Outplacement.

In zahlreichen Fällen ist die Kündigung des Mitarbeiters nicht möglich bzw. nicht erwünscht. Dies kann z. B. eine vertragliche Bindung oder soziale Gründe als Ursache haben. Im Hinblick auf die bei Dienstleistungen oftmals bestehende enge Bindung zwischen Mitarbeitern und Kunden gilt es für ein Dienstleistungsunternehmen, durch die Freisetzung eines Mitarbeiters die Kunden, die zu dem entsprechenden Mitarbeiter eine persönliche Beziehung aufgebaut haben, nicht ebenfalls zu verlieren. Bei einer nicht einvernehmlichen Trennung besteht zusätzlich die Gefahr, dass die entsprechenden Mitarbeiter aktiv Abwanderungsempfehlungen gegenüber „ihren" Kunden aussprechen. Außer ethischen Gründen ist gerade bei Großunternehmen, die umfangreichen Personalabbau planen, auch die Reputation des Unternehmens einem Risiko ausgesetzt, wenn Entlassungen nicht sozialverträglich realisiert werden oder nicht verständlich kommuniziert werden. Daher ist in den letzten Jahren das Instrument des Outplacement entwickelt worden.

Outplacement bezeichnet sämtliche Maßnahmen, die dazu dienen, dem Unternehmen und dem freizustellenden Mitarbeiter unter Federführung eines erfahrenen Personalberaters eine einvernehmliche Trennung zu ermöglichen (Heymann/Motz 1990, S. 649).

Gegenüber traditionellen Kündigungen hat das Outplacement für das Unternehmen unter anderem folgende **Vorteile** (Heymann/Motz 1990, S. 651):

- Vermeidung von Störungen des Betriebsklimas,
- Stärkung des öffentlichen Ansehens durch Verantwortungsübernahme für Mitarbeiter,
- Verkürzung des Trennungsprozesses bei Führungskräften,
- Verhinderung von arbeitsrechtlichen Schritten.

Bei der Durchführung des Outplacement kann der folgende **Prozess** zugrunde gelegt werden (Heymann/Motz 1990, S. 655):

- Schilderung des Problems gegenüber dem Mitarbeiter durch das Unternehmen, Aufzeigen von Alternativen, z. B. Outplacement,
- Bereitschaftserklärung des Mitarbeiters zum Outplacement,
- Gemeinsame Suche nach erfahrenem Personalberater,
- Beratung durch den Personalberater in der Emotions-/Aufrüstphase, der Sammlungs-/Sichtungsphase sowie der Bewerbungsphase,
- Finden einer den Fähigkeiten und Kenntnissen des Mitarbeiters entsprechenden neuen Stelle,
- Aufgabenadäquate Besetzung der frei gewordenen Stelle.

Im Zuge einer solchen einvernehmlichen Trennung besteht ein weiteres Ziel darin, das Wissen über die Kunden, das ein freizustellender Mitarbeiter im Unternehmen gesammelt und erarbeitet hat, im Unternehmen zu halten, d. h., dieses im Rahmen des Outplacement-Prozesses an einen verbleibenden Mitarbeiter weiterzugeben.

5.223 Mitarbeiterkommunikation

Der **Mitarbeiterkommunikation** werden sämtliche Informations- und Kommunikationsabläufe in einem Unternehmen subsumiert, die der Steuerung von Meinungen, Einstellungen und Verhalten der Mitarbeiter und Führungskräfte dienen (Bruhn 2005b, S. 1203).

Die **Aufgaben der Mitarbeiterkommunikation** umfassen:

- Kommunikation aller Maßnahmen, Programme und Instrumente der Personalpolitik (z. B. Aufzeigen der Karrieremöglichkeiten, Vorstellung von Weiterbildungsangeboten),
- Unterstützung der Führungskräfte aller Ebenen bei ihren Kommunikationsaufgaben,
- Information von Mitarbeitern und Führungskräften bei Veränderungsprojekten.

Da Dienstleistungen überwiegend von Menschen erstellt werden, erfordern sämtliche Maßnahmen, die mit einer Veränderung der Tätigkeiten von Mitarbeitern im Kundenkontakt einhergehen, bei der Mitarbeiterkommunikation eine besondere Aufmerksamkeit. Der Erfolg der Einführung einer neuen Dienstleistung (z. B. Angebot neuer Anlageprodukte bei einer Bank) hängt ausschließlich bzw. in hohem Maße von der Leistungsfähigkeit der Mitarbeiter ab. Gleiches gilt für Modifikationen der internen Prozesse (z. B. Umstellung des Bestellsystems eines Versandhandels) für das Kundenkontaktpersonal, die für den Kunden nicht direkt sichtbar sind, bei Komplikationen aber möglicherweise Unzufriedenheit hervorrufen.

Eine spezielle Situation ergibt sich außerdem im Fall von **Unternehmenszusammenschlüssen** oder Übernahmen. Im Rahmen der Integrierten Kommunikation sind hierbei Kundenprozesse zu vereinheitlichen, um ein in sich konsistentes Image zu kommunizieren und die gleichzeitige Existenz unterschiedlicher Unternehmensphilosophien zu vermeiden. Die umfassende, kontinuierliche und zeitnahe Kommunikation über alle Hierarchiestufen, d. h. Information und Vorbereitung bzw. Schulung der Mitarbeiter, bedarf in solchen Fällen im Dienstleistungsbereich einer besonderen Aufmerksamkeit.

Bei vielen **Fusionen** und **Akquisitionen** ergeben sich – beispielsweise hinsichtlich des Dienstleistungsangebots – zahlreiche Veränderungen für die Kunden. Unternehmen haben ihren Mitarbeiter – insbesondere die Mitarbeiter mit direktem Kundenkontakt – auf die Kundenanfragen zur Fusion vorzubereiten. Es kann daher sinnvoll sein, den Mitarbeitern spezielle Argumentationshilfen zur Verfügung zu stellen, um bestehende Kunden gezielt von den Vorteilen der Transaktion zu überzeugen und gegebenenfalls auf die Erweiterung des Leistungsspektrums (z. B. bei der Akquisition der Dresdner Bank AG durch den Versicherungskonzern der Allianz AG) hinzuweisen.

Unabhängig von der Art der Veränderung ist weiterhin deren **Zeitpunkt** kritisch zu betrachten, da aufgrund der Simultaneität von Erstellung und Inanspruchnahme der Leistung keine „Lagerbestände" von Leistungen existieren, die einen fließenden Übergang erlauben. Ferner führt die Individualität der Dienstleistung aufgrund der Integration des externen Faktors dazu, dass mit hoher Wahrscheinlichkeit nicht alle denkbaren Mängel und möglichen Fehler bei der Erstellung in einer Testphase eliminiert werden können. Der Erfahrung des Kundenkontaktpersonals und dessen Rolle als Marktforscher kommt hierbei eine hohe Bedeutung zu. Daraus lässt sich die Schlussfolgerung ableiten, dass besonders durch eine umfassende Aufwärtskommunikation das Risiko von Diskrepanzen in der Dienstleistungsgestaltung auf strategischer und der Umsetzung auf operativer Ebene reduziert werden kann. Diese beinhaltet, dass alle wichtigen Erkenntnisse über Mängel der Leistung sowie bislang unbekannte oder veränderte Kundenbedürfnisse den Führungskräften und der Unternehmensleitung mitzuteilen sind, damit notwendige Maßnahmen schnell ergriffen werden können. Ausgehend von diesen Aufgaben lassen sich drei grundsätzliche **Arten der Mitarbeiterkommunikation** unterscheiden:

- Kommunikation der Unternehmens-/Personalleitung mit Führungskräften,
- Kommunikation der Unternehmens-/Personalleitung mit Mitarbeitern,
- Kommunikation der Führungskräfte mit Mitarbeitern.

Die Gesamtheit der **Maßnahmen der Mitarbeiterkommunikation** lässt sich nach zwei Dimensionen gliedern:

- Medium der Ansprache in persönliche und mediale Mitarbeiterkommunikation,
- Kontinuität des Einsatzes in kontinuierliche und sporadische Mitarbeiterkommunikation.

Bei der Bildung einer Vier-Felder-Matrix aus diesen beiden Dimensionen lassen sich vier **Instrumentegruppen der Mitarbeiterkommunikation** bilden, die in Abbildung 6-5-7 dargestellt sind:

- Kontinuierliche persönliche Mitarbeiterkommunikation (z. B. Mitarbeiterbesprechungen, Qualitätsgruppen, Projektsitzungen),
- Kontinuierliche mediale Mitarbeiterkommunikation (z. B. Führungskräfteinformation, Mitarbeiterzeitschrift, Betriebliches Vorschlagswesen, internes Stellenmagazin),
- Sporadische persönliche Mitarbeiterkommunikation (z. B. Managementtagung, Workshops, Seminare, Unternehmensversammlung),
- Sporadische mediale Mitarbeiterkommunikation (z. B. Mitarbeiterbrief, Mitarbeiterbroschüren, Aushänge, Datenbanken).

Die **Deutsche Bank** hat eine unternehmensweite interne Kommunikationsplattform eingeführt. Das Intranetportal „dbnetwork“ bedient die individuellen Informationsbedürfnisse der Mitarbeiter zu den Themen: Nachrichten, Research, Richtlinien, Karriere, Geschäftsreisen, Links, Konferenzräume und Services. Weltweit werden die neuesten Nachrichten verfasst, die in kürzester Zeit ins Intranet gestellt werden. Die Webseiten werden mehrere hunderttausend Mal täglich besucht. dbnetwork bietet den Mitarbeitern nicht nur einen schnellen und transparenten Informationsfluss, sondern fördert auch die Zusammengehörigkeit zwischen den Bereichen und sorgt dafür, dass sich jeder Mitarbeiter in jeder Abteilung und an jedem Ort der Welt über alle Neuigkeiten und Vorgänge in der Bank informieren kann (Dahlhoff 2002).

Abbildung 6-5-7 Instrumente der Mitarbeiterkommunikation

Ansprache / Kontinuität des Einsatzes	Persönlich	Medial
Kontinuierlich	Kontinuierliche persönliche Mitarbeiterkommunikation Beispiele: ▪ Mitarbeiterbesprechung ▪ Qualitätsgruppen ▪ Projektsitzungen	Kontinuierliche mediale Mitarbeiterkommunikation Beispiele: ▪ Führungskräfteinformation ▪ Mitarbeiterzeitschrift ▪ Internes Stellenmagazin
Sporadisch	Sporadische persönliche Mitarbeiterkommunikation Beispiele: ▪ Managementtagung ▪ Workshops ▪ Unternehmensversammlung	Sporadische mediale Mitarbeiterkommunikation Beispiele: ▪ Mitarbeiterkommunikation ▪ Aushänge ▪ Datenbanken

GABLER GRAFIK

Vielfach erfolgt die Information von Führungskräften und Mitarbeitern erst, nachdem Entscheidungen bereits getroffen sind. Um den Mitarbeitern das Gefühl zu geben, mitverantwortlich für den Unternehmenserfolg und nicht nur Empfänger von Weisungen zu sein, ist es ratsam, bereits im Prozess der Entscheidungsfindung permanent die neuesten Informationen zur Verfügung zu stellen. Diese offene Informationspolitik der Unternehmensleitung kann Steigerungen von Motivation und Einsatzwillen seitens der Mitarbeiter zur Folge haben, z. B. die permanente Information über die Entwicklung eines Qualitätsprogramms. Hierbei kann beispielsweise auch speziell darauf eingegangen werden, wie Vorschläge von Mitarbeiterseite in das Qualitätsprogramm aufgenommen wurden. Gerade im Dienstleistungsbereich ist es aufgrund des ständigen Kundenkontaktes wichtig, Mitarbeiter insbesondere über den Kunden betreffende Entwicklungen in den Bereichen Markt, Unternehmen, Konkurrenz, Umfeld zu informieren. So wird es ihnen ermöglicht, diese Informationen bei Kundenberatungen mit einzubeziehen und so dem Kunden gegenüber als kompetenter und gut informierter Dienstleister aufzutreten. Ein Beispiel hierfür ist die Information des Bankpersonals über Vorhaben des Finanzministers, steuerlich relevante Veränderungen vorzunehmen. Diese Art der kontinuierlichen Information wird in der Literatur **Prozesskommunikation** genannt (Dotzler 1999, S. 673).

Die Prozesskommunikation hat gegenüber der traditionellen Mitarbeiterkommunikation eine Reihe von **Vorteilen** (Schick 2005, S. 90ff.):

- Höhere Akzeptanz von Entscheidungen,
- Höhere Loyalität gegenüber Entscheidern,
- Engagierte und selbstverantwortliche Umsetzung,
- Geringere Widerstände bei der Umsetzung,
- Geringere Kosten der Umsetzung,
- Höhere Entscheidungssicherheit.

Allerdings stellt die Prozesskommunikation auch höhere **Anforderungen** an Führungskräfte und Mitarbeiter als die traditionelle Mitarbeiterkommunikation (Dotzler 1999, S. 674):

- Vertrauen von Führungskräften und Mitarbeitern,
- Selbstbewusstsein und Sicherheit der Führungskräfte und Mitarbeiter,
- Bereitschaft, Entscheidungen aktiv mitzutragen und zu verantworten,
- Bereitschaft, sich mit Fragestellungen, die über den eigenen Aufgabenbereich hinausgehen, auseinander zu setzen.

Hinsichtlich der Besonderheiten von Dienstleistungen scheint es insgesamt unzweifelhaft, dass die Vorteile der Prozesskommunikation überwiegen. Studien belegen, dass der Erstellungsprozess, d. h. die Kunde-Mitarbeiter-Interaktion, für die Beurteilung der Dienstleistung eine zentrale Rolle spielt. Durch die bessere Akzeptanz von Entscheidungen und die höhere Loyalität gegenüber den Entscheidern ist zum einen eine höhere Identifikation des Personals mit dem Unternehmen und somit ein mit der Unternehmensphilosophie und -strategie konformes Verhalten gegenüber dem Kunden zu erwarten. Zum anderen wirkt die Prozesskommunikation positiv auf die Mitarbeiterzufriedenheit, die ihrerseits die Kundenzufriedenheit positiv beeinflusst.

Es lassen sich auch Beispiele finden, in denen eine Information der Mitarbeiter bzw. eine Weitergabe dieser Information an Kunden nicht erwünscht ist. Bei einem Lagerausverkauf im Einzelhandel, günstigen Verkäufen von Restkapazitäten eines Fluges oder einer zukünftigen Zinssenkung von Krediten ist zu überlegen, ob eine Vorabinformation der Mitarbeiter und Kunden möglicherweise eher zu ökonomischen Nachteilen oder eher zu Vertrauensvorteilen führt. Schließlich ist für die Informationspolitik zu entscheiden, welcher der beiden Faktoren langfristig höher einzuschätzen ist.

5.23 Personalprüfung

In der Kontrollphase eines Personalmanagementsystems steht die Personalprüfung im Vordergrund.

> Die **Personalprüfung** beinhaltet sämtliche Maßnahmen, mit deren Hilfe festgestellt wird, inwieweit die Mitarbeiter die an sie gestellten Anforderungen seitens des Unternehmens sowie das Unternehmen und die Mitarbeiter die an sie gestellten Anforderungen seitens der Mitarbeiter im Hinblick auf die Ziele der Personal- und Marketingpolitik erfüllen.

Die Personalprüfung besteht in der **Messung der internen Dienstleistungsqualität.** Diese geht unter Zugrundelegung des Konzeptes des Internen Marketing über die traditionelle Personalbeurteilung hinaus. Während unter letzterer die Einschätzung des Beitrages einzelner Mitarbeiter zu den Unternehmenszielen verstanden wird (Weber/Mayrhofer/Nienhüser 1993, S. 204), zielt die Messung der internen Dienstleistungsqualität auf die Beurteilung der potenzial-, prozess- und ergebnisorientierten Qualität interner Leistungen bezüglich folgender **Ebenen** ab (Bruhn 1999c, S. 542f.):

- Personale Ebene (Führungskraft, Mitarbeiter),
- Gruppenbezogene Ebene (Leitung, Abteilungen),
- Organisationale Ebene (Zentrale, Filiale).

Insert 6-5-8 stellt ein Beispiel für die Messung der internen Dienstleistungsqualität anhand eines Personalbeurteilungsbogens dar.

Bei der Messung der internen Dienstleistungsqualität geht es darum, den Erfüllungsgrad interner Dienstleistungen zu beurteilen. Ähnlich wie bei der Messung der externen Dienstleistungsqualität haben Messmethoden die folgenden **Anforderungskriterien** zu erfüllen, um sinnvolle Implikationen für die Personalpolitik zu ermöglichen (Bruhn 1999c, S. 553):

- Interne Qualitätsrelevanz der gemessenen Merkmale,
- Vollständigkeit der gemessenen Kriterien,
- Aktualität der Messergebnisse,
- Eindeutigkeit der Messergebnisse,
- Umsetzbarkeit der Ergebnisse,
- Validität der Ergebnisse,
- Kosten der Durchführung der Messmethoden.

INSERT 6-5-8 **Personalwirtschaft, Nr. 06, 1997, S. 41**

Personalbeurteilungsbogen

Name des Beurteilten: ______

Position/Stelle des Beurteilten: ______

Name des Beurteilenden: ______

Datum der Beurteilung: ______

	0 1 2 3 4 5	
Fachliche Leistungen		SOLL
a) Führung der Kostenträgerrechnung		
b)		
c)		
Soziale Kompetenz		
a) Teamfähigkeit		
b) Konfliktfähigkeit		
c) Kommunikationsfähigkeit		
d)		
e)		
Führungskompetenz		IST x
a) Motivationsfähigkeit		
b) Verhandlungsgeschick		
c)		
Sonstiges		
a) Pünktlichkeit		
b)		
Qualifikation (Abschluss)		

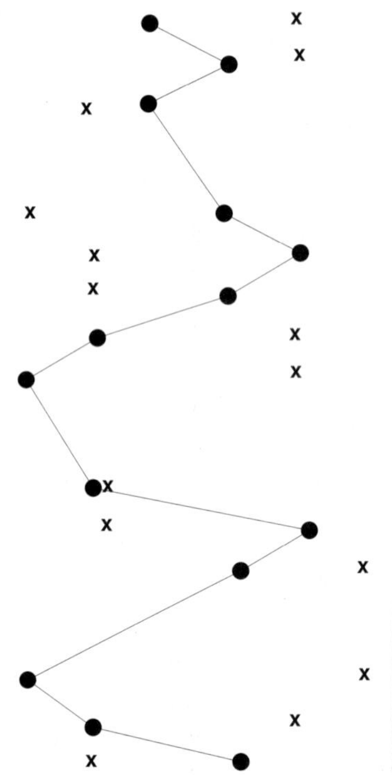

Datum und Unterschriften: Mitarbeiter und Beurteiler

Anhand dieser Anforderungskriterien sind die jeweiligen Methoden auf ihre Eignung zur Messung der internen Dienstleistungsqualität hin zu überprüfen. Aufgrund der Ähnlichkeit der Definitionen der internen und externen Dienstleistungsqualität erscheint es sinnvoll, externe Messmethoden auf den internen Bereich anzuwenden, wie dies z. B. durch Interne Servicebarometer realisiert wird (Kapitel 5, Abschnitt 6.4). Diese Methoden können eingeteilt werden in **Methoden aus Sicht des internen Lieferanten** sowie Verfahren aus **Sicht des internen Kunden.** Zur ersten Gruppe gehören:

- **Globale Eigenbewertung:** Diese Form der Messung ist relativ undifferenziert, weil keine Rücksicht auf die Anforderungen des internen Kunden genommen wird. Dies kann eine zu positive Wahrnehmung seitens des Messobjektes „Lieferant" zur Folge haben.
- **Benchmarking** der eigenen Leistung mit anderen externen und internen Lieferanten: Hierbei ist auf die Vollständigkeit der Qualitätsmerkmale zu achten, wobei auch in diesem Fall Wahrnehmungsverzerrungen möglich sind.
- **Expertenanalysen:** Ähnlich dem Benchmarking vergleichen Experten (z. B. Unternehmensberater) die Leistungen verschiedener interner und externer Lieferanten.
- **Qualitätsstatistiken:** Erstellung von Statistiken über ausgewählte Merkmale durch die Messung von Potenzialen und Ergebnissen der Mitarbeiterleistungen.
- **Qualitätskostenanalysen:** Zuordnung der relevanten internen Qualitätskosten.
- **Fishbone-Analyse:** Ursachenanalyse für Probleme im Personalbereich.
- **Fehlermöglichkeits- und -einflussanalyse:** Analyse der Fehlerwahrscheinlichkeit und des -einflusses auf die Leistungsqualität.

Aufgrund der auf der Vernachlässigung von internen Kundenerwartungen beruhenden mangelnden Vollständigkeit und Qualitätsrelevanz der zur Messung herangezogenen Merkmale lassen diese Verfahren keine eindeutigen Schlüsse für die Personalpolitik zu. Diese Mängel können mit Hilfe von Methoden aus Sicht des internen Kunden teilweise vermieden werden. Bei diesen Verfahren sind zu nennen:

- **Erfassung eines globalen Qualitätsurteils:** Bestimmung der Zufriedenheit mit den Leistungen einer bestimmten Abteilung. Aufgrund der undifferenzierten Messung, z. B. durch Mitarbeiterbefragungen, wird keine Erfassung der Ursachen von Qualitätsdefiziten ermöglicht.
- **„Meckerkasten":** Diese Option liefert aktuelle, qualitätsrelevante Ergebnisse, sie kann allerdings niemals vollständig sein, weil sie unter Umständen nicht von allen Mitarbeitern genutzt wird und nicht unbedingt alle Probleme genannt werden.
- **Betriebliches Vorschlagswesen:** Diese Methode verfügt über eine hohe Qualitätsrelevanz.

- **Problem-Detecting-Methode:** Erfassung von Problemen und der Dringlichkeit ihrer Lösung, hohe Qualitätsrelevanz.
- **Frequenz-Relevanz-Analyse für Probleme:** Sammlung von Kundenproblemen und Bestimmung ihrer Relevanz für die Beurteilung interner Dienstleistungen.
- **Sequenzielle Ereignismethode:** Anhand von Blueprints, insbesondere bei stark interaktiven internen Kunden-Lieferanten-Beziehungen einsetzbar.
- **Critical-Incident-Technik:** Erfassung kritischer positiver und negativer Ereignisse bei internen Kunden-Lieferanten-Beziehungen.

Grundsätzlich ist bei Kontrollmaßnahmen des Personals von Seiten des Managements anzumerken, dass diese einen negativen Einfluss auf die Mitarbeiterzufriedenheit haben (z. B. Rose/Wright 2005, S. 156). Daher ist abzuwägen, inwieweit die Erhöhung von Kontrollmaßnahmen zur Überprüfung der Dienstleistungsqualität der Mitarbeiter zur Erhaltung oder Erhöhung der Qualität beiträgt. Dies bedeutet, dass hier sowohl Kosten-Nutzen-Aspekte als auch Motivationsaspekte sowie indirekte Wirkungen der Personalprüfung auf die Kundenzufriedenheit zu berücksichtigen sind.

5.3 Implementierung eines Personalmanagementsystems

5.31 Barrieren der Implementierung

Der Implementierung eines Personalmanagementsystems, dem der Gedanke des Internen Marketing als Basis dient, begegnen einige **Widerstände.** Diese umfassen (Bruhn 1999b, S. 32f.):

- Inhaltlich-konzeptionelle Barrieren,
- Organisatorisch-strukturelle Barrieren,
- Personell-kulturelle Barrieren.

Die **inhaltlich-konzeptionellen Barrieren** beziehen sich auf das Verständnis der Notwendigkeit der Implementierung des internen Marketinggedankens seitens Führungskräften und Mitarbeitern. Zunächst kann es zu Fehlinterpretationen des Begriffes „Internes Marketing“ kommen. Beispielsweise ist es möglich, dass Führungskräfte versuchen, die Mitarbeiter von der Qualität der eigenen Dienstleistungen und der Richtigkeit in Bezug auf die Strategie und Positionierung des Unternehmens zu überzeugen. Anstelle dessen ist den Führungskräften zu vermitteln, dass das Interne Marketing beinhaltet, auf die Bedürfnisse der Mitarbeiter als interne Kunden einzugehen, um so eine stärkere Kundenorientierung der Mitarbeiter zu erreichen. Ferner sind sich viele Unternehmen nicht bewusst, dass auf dem Arbeitsmarkt kein Überangebot an hochqualifizierten potenziellen Mitarbeitern besteht. Dadurch werden aktuelle Mitarbeiter häufig so behandelt, als seien sie jederzeit ersetzbar, wodurch negative Auswirkungen auf deren Motivation entstehen können. Viele Unternehmen erkennen nicht, dass es notwendig ist, ein umfassendes Verständnis der Personalpolitik zu haben. Dies führt zur Implementierung von Teilkonzepten, die zum Teil eine reine Alibifunktion für das Management übernehmen. Schließlich ist die Erfolgskontrolle von internen Marketingaktivitäten schwierig.

Die **organisatorisch-strukturellen Barrieren** entwachsen der Tatsache, dass der interne Marketinggedanke auf eine Integration von Marketing- und Personalmanagement abzielt. Vielfach fehlen den für den jeweiligen Bereich zuständigen Mitarbeitern Kompetenzen für den anderen Bereich. Beispielsweise obliegt die Verantwortung und die Zuständigkeit für Weiterbildungsmaßnahmen den jeweiligen Abteilungen, die weniger über einen Blick für den Gesamtnutzen als für den aus ihrer Perspektive fachlichen Einzelnutzen verfügen. Ferner ist ein Macht- und Abteilungsdenken anzutreffen. Dies liegt darin begründet, dass die zuständigen Abteilungen die Abgabe von Verantwortungsbereichen fürchten. Der Verlust des Grundgedankens, gemeinsam an einer Leistung für den Kunden zu arbeiten, fällt besonders in Großunternehmen auf, in denen komplexe hierarchische und funktionale Strukturen vorherrschen. Schließlich fällt es in vielen Unternehmen schwer, die Bewusstseinsprozesse von Führungskräften und Mitarbeitern in Richtung des internen Marketinggedankens zu modifizieren.

Hinsichtlich der **personell-kulturellen Barrieren** ist zunächst der Mangel an fachlichen und sozialen Fähigkeiten von Führungskräften und Mitarbeitern zu nennen. Insbesondere die Verbesserung der sozialen Kompetenz ist ein sehr komplexer Prozess. Verstärkt wird er zusätzlich, wenn Mitarbeiter ohne Führungsposition das Vorleben interner Kundenorientierung von Führungskräften nicht erkennen können. Ähnlich wie auf Abteilungsebene entstehen auch auf der Ebene des einzelnen Mitarbeiters Angstgefühle, aufgrund der Integration von Personal- und Marketingmanagement Kompetenzen oder sogar die Stelle zu verlieren. Wird beispielsweise die Marketingabteilung personell ausgeweitet, um Maßnahmen zur internen Kundenorientierung zu implementieren, so liegt es nahe, dass beim Versuch abteilungsübergreifender Gespräche zwischen beiden Bereichen die Mitarbeiter des Personalbereichs ihre Zuständigkeiten eingeengt sehen und sich entsprechend gegen derartige Maßnahmen sperren. Schließlich sind als personelle Barrieren Demotivations- und Frustrationseffekte bisheriger Maßnahmen zu erwähnen. Dies gilt insbesondere, wenn in relativ kurzen Zeitabständen neue Maßnahmen der Kommunikation und abteilungsübergreifenden Zusammenarbeit aufgenommen werden, die zu keinen sichtbaren Verbesserungen führen. Dies gilt insbesondere, wenn die Unternehmensleitung und Führungskräfte es nicht schaffen, Konzepte wie Total Quality Management, Empowerment, Kaizen oder Change Management für die Mitarbeiter verständlich mit Inhalten zu füllen.

5.32 Ansatzpunkte der Implementierung

Die Implementierung eines auf dem internen Marketinggedanken beruhenden Personalmanagementsystems kann anhand der folgenden vier **Phasen** erfolgen (Bruhn 1999b, S. 34ff.):

Verpflichtung des Managements

Um den Gedanken des Internen Marketing effizient und effektiv umzusetzen ist es erforderlich, dass sich die Führungskräfte des Unternehmens dazu verpflichten, aktiv an der Implementierung des Personalmanagementsystems mitzuwirken. Diese Beteiligung bezieht sich zunächst auf die Auseinandersetzung mit dem Gedanken dieser neuen Art von Personalpolitik. Im Weiteren beinhaltet sie sowohl die Anerkennung und Motivation für entsprechende Ideen als auch das Einbringen eigener Inhalte (z. B. Vorschläge zur Weiterentwicklung der Mitarbeiter oder zur Flexibilisierung der Arbeitszeiten). Außerdem kann die unternehmensweite Implementierung aufgrund der Vorbildfunktion der Führungskräfte für die Mitarbeiter nur vollzogen werden, wenn das Management bereit ist, die Prinzipien des Internen Marketing vorzuleben (z. B. indem es die eigenen variablen Vergütungsansprüche ebenfalls an dem einzuführenden kundenorientierten Vergütungssystem ausrichtet).

Kommunikation mit den Mitarbeitern

Nachdem die Führungskräfte sich mit dem Internen Marketing auseinandergesetzt und die Prinzipien akzeptiert und verinnerlicht haben, sind die Mitarbeiter von der Idee zu überzeugen und mit ihr vertraut zu machen. Hierbei geht es weniger um das Erlernen von Methoden der Personalpolitik, als vielmehr um die Erlangung eines Grundverständnisses des Internen Marketing. Dies kann wirkungsvoll durch offene persönliche Gespräche der Führungskräfte mit ihren Mitarbeitern bewerkstelligt werden, bei dem sie auf die Ziele der Maßnahmen d. h. den Grundgedanken, über die Berücksichtigung der Mitarbeiterbedürfnisse auch die Kundenzufriedenheit zu verbessern, hingewiesen werden.

Vermittlung des erforderlichen Know-hows

Nachdem auch die Mitarbeiter den internen Marketinggedanken der Personalpolitik verinnerlicht haben, besteht die nächste Aufgabe darin, ihnen das erforderliche Know-how, d. h., Methoden und Techniken der auf dem Internen Marketing beruhenden Personalpolitik, näherzubringen. Dabei geht es um die Vermittlung des Unternehmensleitbildes sowie der Marketingstrategien, neuer Führungsmethoden (z. B. Workshops), Qualitätstechniken (z. B. Qualitätszirkel) und Techniken zur Lösung interner und externer Leistungsprobleme (z. B. Behandlung von Beschwerden).

Verpflichtung der Mitarbeiter

Nach der erfolgreichen Umsetzung der ersten drei Phasen ist anzunehmen, dass die Mitarbeiter in der Lage sind, die Notwendigkeit einer Implementierung des Internen Marketing im Rahmen der Personalpolitik zu erkennen. Dabei ist es wichtig, dass sie aktiv an der Implementierung mitwirken (z. B. an der Flexibilisierung der Arbeitszeiten, Entwicklung neuer Kriterien zur Festlegung der variablen Vergütung). Die Verpflichtung der Mitarbeiter wird erleichtert, wenn das Unternehmen die kontinuierliche prinzipiengetreue Implementierung glaubwürdig gewährleisten kann.

Schließlich ist darauf hinzuweisen, dass bei der Implementierung des Internen Marketing im Rahmen der Personalpolitik wie bei anderen Marketinginstrumenten Aspekte der **Wirtschaftlichkeit** zu berücksichtigen sind. Daher hat eine Gegenüberstellung der Kosten und des Nutzens einer solchen Personalpolitik zu erfolgen (George/Grönroos 1999, S. 53). Mögliche **Kostenfaktoren** sind:

- Großes Engagement aller Mitarbeiter auf allen Unternehmensebenen,
- Zeiteinsparungen aller Mitarbeiter,
- Veränderungen in Denkstrukturen und Verhaltensweisen,
- Kosten für ein Implementierungsteam,
- Implementierungsbudget.

Demgegenüber sind folgende **Nutzenaspekte** zu erwähnen:

- Synergetische Wirkung auf Zielbeiträge einzelner Abteilungen und Mitarbeiter,
- Kundenbindung,
- Mitarbeiterbindung,
- Erreichung von Wettbewerbsvorteilen.

Sowohl das erforderliche große Engagement der Mitarbeiter als auch die Veränderungen in Denkstrukturen hat insbesondere bei Dienstleistungen eine bedeutende Wirkung auf die Kundenbindung, da die Kunde-Mitarbeiter-Interaktion vor allem bei Dienstleistungen zu einem hohen Anteil Ursache für eine positive oder negative Beurteilung der Leistung und somit für die Kundenbindung ist. Des Weiteren kommen möglichen Synergien zwischen Abteilungen, wie z. B. durch kürzere Informationswege und transparente Informationen, im Dienstleistungsbereich nicht nur dem Unternehmen zugute, sondern werden auch von den Kunden eher wahrgenommen als eine Produktivitätssteigerung in Sachgüterbranchen. Wie bereits erläutert, ist die **Mitarbeiterbindung** wegen des bei vielen Dienstleistungen wichtigen persönlichen und oft langfristigen Verhältnisses zwischen Kunde und Mitarbeiter ein strategisches Ziel für Dienstleistungsunternehmen.

Die Ausführungen dieses Abschnitts haben die Bedeutung einer systematischen Personalpolitik für Dienstleistungsunternehmen aufgezeigt. Es kann hervorgehoben werden, dass insbesondere bei Dienstleistungen mit intensivem Mitarbeiter-Kunden-Kontakt die Mitarbeiter durch ihr Verhalten das gesamte Dienstleistungsunternehmen repräsentieren und dieses Verhalten demnach gemäß den Marketingzielen (z. B. Kundenorientierung) zu steuern ist. Aufgrund des Zusammenwirkens der verschiedenen Marketinginstrumente (z. B. sind die Leistungen in der durch die Werbung versprochenen Weise zu erbringen) ist eine unternehmensweite Planung der Personalpolitik und ihre Integration in die klassischen 4 Ps notwendig.

FRAGEN ZU KAPITEL 6

Punkt 1:

- Bei welchen Dienstleistungen und Wettbewerbssituationen sollte ein Unternehmen ihre Marketingstrategien auf Kernleistungen und bei welchen auf Zusatzleistungen ausrichten?
- Welche kundenbezogenen Ziele gehen mit der Fokussierung des Leistungsprogramms auf Kern- und auf Zusatzleistungen einher?
- Was für eine Art der Leistungsdifferenzierung beinhaltet der Personentransport mit dem Transrapid?
- Wann ist eine Externalisierung von Dienstleistungsprozessen sinnvoll? Wo bestehen Risiken bei der Externalisierung?
- Auf welche Zeitstrategie könnte die Einführung einer neuen Premium-Klasse bei Fluggesellschaften abzielen?
- Durch welche Anreize und Maßnahmen kann in Dienstleistungsunternehmen ein „Innovationsklima" geschaffen werden?
- Wodurch entstehen Risiken bei der Einführung von Innovationen im Dienstleistungsbereich?
- Welche Herausforderungen stellen sich bei der Markierung von Dienstleistungen?
- Wann ist die Einführung einer Dachmarke als Marketingstrategie geeignet?
- Welche Probleme bei der Dienstleistungserstellung können durch E-Services reduziert oder eliminiert werden?

Punkt 2:

- Worin besteht bei einer Kommunikationsstrategie für Dienstleistungsunternehmen die Bedeutung tangibler Elemente?
- Warum spielen kundengerichtete konative Ziele eine wichtige Rolle bei Dienstleistungen?
- Welche Kommunikationsform ist für Dienstleistungen besonders hervorzuheben?
- Worauf ist bei der Zielgruppenansprache über Mediawerbung hinsichtlich der angebotenen Dienstleistungen zu achten?
- Welche Optionen stehen für die Medienkommunikation von Dienstleistungsversprechen zur Verfügung?
- Wie können Verkaufsverförderungsmaßnahme für Fluggesellschaften aussehen?
- Was sind Ziele der Persönlichen Kommunikation vor und während der Dienstleistungserstellung?
- Welche Dienstleistungsbereiche sind besonders für Database Marketing geeignet?
- Warum ist Sponsoring als Kommunikationsstrategie für Dienstleistungsunternehmen sinnvoll?
- Welche Chancen und welche Risiken stehen sich beim Interneteinsatz für die Kommunikation gegenüber?

Punkt 3:

- Wie ist die Preispolitik mit der Kapazitätsplanung von Dienstleistungen in Übereinstimmung zu bringen?
- Welche Preisdifferenzierung oder Kombination von Preisdifferenzierungsarten ist für einen IT-Dienstleister geeignet?
- Welche kundenbezogenen Ziele können mit Hilfe der Preispolitik erreicht werden?
- Für was für Dienstleistungen bietet sich eine möglichst einfache und transparente Preisfestlegung an?
- Für welche Unternehmen und Dienstleistungen ist ein Yield Management sinnvoll?
- Wann lohnt sich für einen Reiseveranstalter eine gemischte Preisbündelung?
- Vor welche Herausforderungen sehen sich Dienstleistungsunternehmen hinsichtlich ihrer Preispolitik im Internet gestellt?

Punkt 4:

- Auf der Basis welcher Kriterien wird über die Distributionswege für eine Dienstleistung entschieden?
- Wann ist Franchising als Form einer Marktexpansion für Dienstleistungsunternehmen empfehlenswert?
- Warum kann es sinnvoll sein, Absatzmittler für die Distribution von Dienstleistungen einzusetzen?
- Worin bestehen Risiken beim Einsatz von Absatzmittlern?
- Was ist hinsichtlich der konkret angebotenen Dienstleistung bei der Standortwahl zur Distribution der Dienstleistung zu berücksichtigen?

Punkt 5:

- Welchen Aufgabe hat das Interne Marketing in Bezug auf die Kundenzufriedenheit?
- Was sind die Ziele der Personalpolitik, die hinsichtlich der Dienstleistungsbesonderheiten herausgestellt werden können?
- Welche arbeitsplatzbezogenen Instrumente der Personalpolitik bieten sich bei einer Fluggesellschaft an?
- Worauf ist bei der Personalakquisition zur Darstellung des eigenen Unternehmens zu achten?
- Wie lassen sich unternehmensbezogene und mitarbeiterbezogene Ziele der Personalentwicklung in Einklang bringen?
- Wie kann die Kundenorientierung des Personals gemessen werden und welche Bedingungen sind dabei zu beachten?
- Durch welche Ansätze lassen sich spezifische Probleme der Implementierung eines Personalmanagements lösen?

KAPITEL

7 Implementierung des Dienstleistungsmarketing

1. Grundlagen der Strategieimplementierung

1.1 Begriff und Inhalt der Strategieimplementierung

Seit Beginn der 1960er Jahre werden Schwierigkeiten, die mit der **Umsetzung der Marketingkonzeption** verbunden sind, in der betriebswirtschaftlichen Forschung und Praxis thematisiert (ein umfassender Überblick zu dieser Problematik findet sich u. a. bei Tarlatt 2001). Obgleich noch kein allgemein akzeptiertes Implementierungsmodell existiert, besteht doch Einigkeit darüber, dass sich die konkrete Umsetzung des Marketingkonzeptes weitaus häufiger als problematisch erweist als dessen Planung und daher einen zentralen Erfolgsfaktor darstellt. Diese Aussage gewinnt insbesondere durch empirische Studien an Bedeutung, die den **positiven Zusammenhang der Marktorientierung** einer Unternehmung, verstanden als Umsetzung des Marketingkonzeptes, **auf den Unternehmenserfolg** empirisch nachweisen (Narver/Slater 1990; Webster 1993; Fritz 1995, 1997; Esteban et al. 2002; Homburg/Krohmer/Workman 2003; Kara/Spillan/DeShields 2005).

Neben der Marktorientierung rückt seit einigen Jahren die **Kundenorientierung** verstärkt in den Fokus der Unternehmensführung (vgl. z. B. Bruhn 2002g; Henning-Thurau 2004, S. 460ff. sowie Insert 7-1-1). Wachsende Konkurrenz im Dienstleistungssektor und ein verändertes Konsumentenverhalten führen dazu, dass das umfassende Management von Kundenbeziehungen – im Sinne eines Customer Relationship Management (CRM) – an Bedeutung gewinnt. In diesem Zusammenhang bezweckt die kundenorientierte Unternehmensführung, dass sich die Ausrichtung aller Unternehmensaktivitäten an den Kundenbedürfnissen orientiert. Die Zusammenhänge zwischen der kundenorientierten Unternehmensführung und dem unternehmerischen Erfolg sind dabei in zahlreichen Studien behandelt worden. In den meisten Fällen konnte ein signifikant positiver Einfluss auf das untersuchte Erfolgsmaß ermittelt werden (für eine Übersicht vgl. Homburg/Becker 2000, S. 20; Homburg/Bucerius 2003, S. 107ff.).

Die erfolgreiche Umsetzung einer neuen Marketing- bzw. Unternehmensstrategie ist allerdings mit Schwierigkeiten behaftet. Insbesondere drei Problembereiche können ein Scheitern der Strategie zur Folge haben. Im Einzelnen sind dies die folgenden Defizite:

- Analyselücke,
- Planungslücke,
- Implementierungslücke.

Die so genannte **Analyselücke** bezieht sich auf eine Diskrepanz zwischen der Unternehmens- und Kundeneinschätzung in Bezug auf die (erforderliche) Kompetenz und Leistungsfähigkeit des Dienstleistungsanbieters. Dieses Defizit lässt darauf schließen, dass die eigenen Stärken und Schwächen nicht gründlich genug analysiert worden sind. Die formulierte Strategie deckt sich nicht mit den eigenen Kompetenzen und Ressourcen.

INSERT 7-1-1 Kundenorientierung als zentraler Grundsatz bei der Allianz

Allianz
CORPORATE WEBSITE
Über die Allianz Gruppe | Investor Relations | Presse | Karriere | Verantwortung
Unsere Themen | Transparenz | Nachhaltigkeit | Engagement | Mitgliedschaften | Publikationen

Nachhaltigkeitsstrategie
Ökonomie
-Wirtschaftliche Herausforderungen
-Risikomanagement
-Wissensmanagement
-Kundenorientierung
-Nachhaltigkeitsorientierte Produkte
Umweltschutz
Soziales

English
Home
Kontakt
Service
Sitemap
Produkt-Suche
Allianz.com
Unternehmen weltweit
Suche
Go!

Kundenorientierung

Unternehmensstrategie und Geschäftspolitik der Allianz Group werden durch Grundsätze geleitet. Der oberste Grundsatz lautet: "Wir glauben, unseren Aktionären am besten dadurch zu dienen, dass wir unsere Kunden in den Mittelpunkt unserer Arbeit stellen."

Kundenservice

Das seit 1997 bestehende Serviceprogramm der Allianz hat entscheidend dazu beigetragen, die Servicequalität zu verbessern. Die inzwischen für alle Mitarbeiter der Allianz Group geltenden Standards beim Umgang mit den Kunden umfassen die Kategorien Erreichbarkeit, Schnelligkeit, Freundlichkeit, Verständlichkeit, Kompetenz, Kontakthäufigkeit und Erscheinungsbild.

Kundenbarometer

Um die Servicequalität langfristig zu sichern, überprüft die Allianz regelmäßig die Zufriedenheit ihrer Kunden und nimmt – falls erforderlich – Korrekturen vor. Mithilfe des Kundenbarometers ermittelt sie kontinuierlich im Rahmen einer repräsentativen Umfrage die Zufriedenheit von 20.000 Privatkunden der Allianz. In telefonischen Interviews erteilen die Kunden Auskunft über ihre Zufriedenheit mit Neuabschlüssen, der Betreuung, der Vertragsverwaltung und der Schadensbearbeitung. Um die Ergebnisse zu überprüfen, gibt die Allianz zudem alle drei Jahre eine externe Grundlagenstudie in Auftrag. Seit 2004 führt die Allianz bei Kündigungen zusätzlich regelmäßig Befragungen nach den Gründen und Motiven durch.

Quelle: Allianz 2005

Die **Planungslücke** bezieht sich darauf, dass keine längerfristige und koordinierte Strategieplanung vorgenommen wurde. Das Unternehmen konzentriert sich dementsprechend stark auf das operative Tagesgeschäft. Die Ressourcenplanung und -entwicklung wird nicht unter längerfristigen Gesichtspunkten vorgenommen, so dass keine zielkonformen Maßnahmen eingeleitet werden (z. B. Personalentwicklung, Investitionen in Technologien usw.).

Die **Implementierungslücke** beschreibt den Zustand, dass zwar strategische Ziele formuliert sind und eine Strategie zur Zielerreichung vorliegt, diese jedoch nur mangelhaft umgesetzt wird. Dieses Umsetzungsdefizit kann auf mehrere Ursachen zurückgeführt werden. So kann z. B. eine fehlende Unterstützung der Strategie durch das Topmanagement sowie eine mangelhafte interne Kommunikation Ursache für ein Umsetzungsdefizit sein.

Der **Begriff der Strategieimplementierung** wird (in Anlehnung an Kotler/Bliemel 2001, S. 1176) wie folgt definiert:

Implementierung ist ein Prozess, durch den die Marketingpläne in fassbare Einzelaufgaben umgewandelt werden und durch den sichergestellt wird, dass diese Aufgaben so durchgeführt werden, dass sie zur Erreichung der Unternehmensziele beitragen. Übertragen auf das Dienstleistungsmarketing bezeichnet die Implementierung einen Prozess, durch den das Konzept des Dienstleistungsmarketing in aktionsfähige Aufgaben mit dem Ziel umgesetzt wird, profitable Kundenbeziehungen zu initiieren, aufzubauen und zu intensivieren.

Bezugsobjekt der Implementierung ist die konkrete Marketingstrategie als langfristiger, bedingter Verhaltensplan. Auf einer höheren Aggregationsebene kann darüber hinaus die Umsetzung des Marketingkonzeptes in Form einer unternehmensweiten, markt- und kundenorientierten Denkhaltung das Bezugsobjekt der Implementierung sein (Kühn 1991; Meffert 2000, S. 1103).

Die Aufgabe dieses **„Make the Strategy Work“** bzw. **„Make the Concept Work“** kann in drei wesentliche Teilaufgaben untergliedert werden (Meffert/Burmann 2002):

- Spezifizierung der globalen Strategievorhaben,
- Schaffung von Akzeptanz für die Strategie bei den betroffenen Mitarbeitern,
- Anpassung von Unternehmensstrukturen, -systemen und -kultur.

Hinsichtlich des instrumentellen Vorgehens bei ihrer Realisation können diese drei Teilaufgaben leicht modifiziert als **Implementierungsebenen** dargestellt werden (Abbildung 7-1-1).

Abbildung 7-1-1 Ebenen der Implementierung

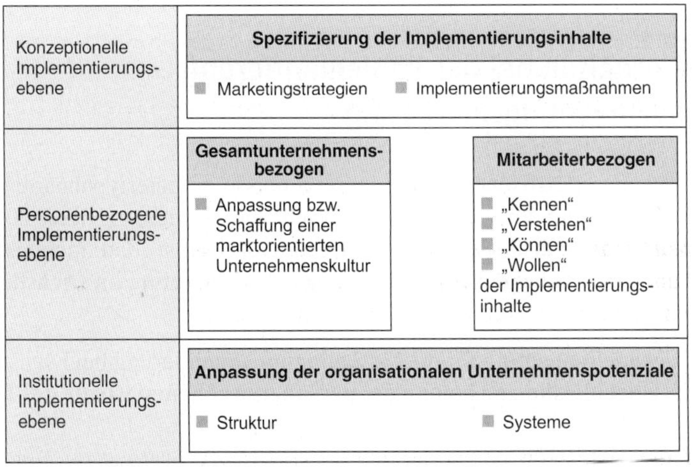

GABLER GRAFIK

- Auf der **konzeptionellen Implementierungsebene** ist die Spezifizierung der Implementierungsinhalte und -maßnahmen Aufgabe der strategischen und operativen Marketingplanung. Sie bildet den Ausgangspunkt der Implementierung und bedient sich der in Kapitel 4 vorgestellten Planungsinstrumente.
- Auf der **personenbezogenen Implementierungsebene** ist zunächst kurz- bis mittelfristig die Akzeptanz der einzelnen Mitarbeiter für die zu implementierenden Marketingstrategien zu schaffen. Dies umfasst neben der **Änderungsbereitschaft** in Form des „Wollens" eine **Änderungsfähigkeit,** d. h. das „Kennen", „Verstehen" und „Können" der Implementierungsinhalte (Kolks 1990, S. 110ff.). Mittel- bis langfristig ist darüber hinaus eine **markt- und kundenorientierte Unternehmenskultur** durch alle Mitarbeiter des Unternehmens zu entwickeln und zu leben. Beiden Teilaufgaben dienen Informations-, Qualifikations- und Motivationsinstrumente, auf die im Rahmen des Internen Marketing eingegangen wird (Grimmeisen 1998, S. 16ff.).
- Im Rahmen der Marketingimplementierung werden darüber hinaus auch Anpassungen hinsichtlich der Strukturen (Aufbau- und Ablauforganisation) sowie Systeme (z. B. Controlling- und Informationssysteme) einer Unternehmung notwendig. Dies geschieht insbesondere mit Techniken aus dem Führungs- und Organisationsbereich innerhalb der **institutionellen Implementierungsebene.**

Innerhalb und zwischen diesen Betrachtungsebenen bestehen vielfältige **Interdependenzen.** So ist in der Praxis insbesondere eine Trennung zwischen der individuellen Durchsetzung der Strategie und der auf dem kollektiven Bewusstsein aller Unternehmensmitglieder basierenden Unternehmenskultur kaum möglich, da sich faktisch jede Maßnahme, die auf den einzelnen Mitarbeiter abzielt, mittel- bis langfristig auch auf die Unternehmenskultur auswirkt. Gleiches gilt für Anpassungen der Struktur und Systeme, die sich ebenfalls auf die personelle Ebene oder die gegenseitigen Einflüsse von konzeptioneller und personeller Ebene auswirken.

1.2 Besonderheiten bei der Implementierung des Dienstleistungsmarketing

Obgleich noch keine spezifischen Forschungsergebnisse zur gütertypabhängigen Bedeutung bzw. Ausgestaltung der Implementierungsebenen existieren (Hilker 2001), lassen sich anhand der bereits diskutierten Unterschiede von Dienst- und Sachleistungen bestimmte Besonderheiten bei der Implementierung des Marketing im Dienstleistungsbereich ausmachen.

Eine herausragende Bedeutung für die Marketingimplementierung bei Dienstleistungen im Vergleich zu Sachleistungen kommt der **personenbezogenen Ebene der Implementierung** zu:

- Die Notwendigkeit einer permanenten Bereitstellung des **Leistungspotenzials** impliziert die Erfordernis der Schaffung, Aufrechterhaltung und kontinuierlichen Verbesserung des **Fähigkeitenpotenzials der Mitarbeiter** in Dienstleistungsunternehmen (Engelhardt/Kleinaltenkamp/Reckenfelderbäumer 1992, S. 51f.). Hierbei bezieht sich das Fähigkeitenpotenzial zum einen auf die fachlich kompetente Erstellung der Leistung an sich, zum anderen auf den sozial kompetenten Umgang mit den Leistungsnachfragern.
- Aufgrund der **Integration des externen Faktors** stehen Kunden und Mitarbeiter des Dienstleisters vielfach in direktem, persönlichen Kontakt. Dadurch haben personalorientierte Implementierungsinstrumente einen direkteren Einfluss auf das Verhalten des (externen) Kunden – und damit auf den Unternehmenserfolg – als im Sachgüterbereich.
- Aufgrund der **Immaterialität** von Dienstleistungen werden die Mitarbeiter des Dienstleisters häufig als **Surrogat der eigentlichen Leistung** angesehen (Engelhardt/Kleinaltenkamp/Reckenfelderbäumer 1992, S. 48). Entsprechend ist ihr Auftreten und ihre Erscheinung für die Kaufentscheidung und Leistungsbeurteilung der Kunden ein zentrales Kriterium.

Die **Materialisierung des Fähigkeitenpotenzials** wird neben dem eingesetzten Personal des Weiteren durch die Gestaltung der **physischen Ausstattung** realisiert, z. B. in Form von Gebäuden, Räumen oder (Dienst-) Bekleidung. Diese Aspekte sind als Teil der nach außen wirkenden **Unternehmenskultur** bei deren Gestaltung ebenfalls stärker zu beachten als bei Sachgüterunternehmen, da für Kunden von Dienstleistungsunternehmen diese Potenzialfaktoren in der Regel sichtbar sind.

Die Ausgestaltung der **Unternehmenskultur und -struktur** hat besondere Anforderungen hinsichtlich der Flexibilität der Abstimmungsprozesse zu gewährleisten: Die **Nichtlagerfähigkeit** von Dienstleistungen bei gleichzeitiger **Nichttransportfähigkeit** bedingt eine intensive Koordination zwischen Dienstleistungsproduktion und -nachfrage, insbesondere bei einer hohen Distributionsdichte.

Die hohe Bedeutung des Faktors Mensch für die Implementierung des Dienstleistungsmarketing ist auch bei der **Ausgestaltung der Managementsysteme** zu berücksichtigen: Im Vergleich zum Sachgüterbereich gewinnen personenbezogene, d. h. **mitarbeiter- und kundenspezifische Informationsgewinnungs-, Steuerungs- und Kontrollsysteme** gegenüber den klassischen Controllinginstrumenten auf Basis des kostenorientierten Rechnungswesens an Bedeutung. Dies zeigt sich nicht zuletzt daran, dass viele Dienstleistungsunternehmen in den letzten Jahren verstärkt in CRM-Systeme investiert haben, die eine individualisierte Steuerung und Kontrolle von Kundenbeziehungen ermöglichen.

Bei der **Spezifizierung der globalen Strategievorhaben** lassen sich hinsichtlich des generellen Marketingverständnisses keine inhaltlichen Besonderheiten im Dienstleistungsbereich identifizieren. Marketing ist demnach nicht nur eine klassische Unternehmensfunktion, sondern eine umfassende Unternehmensphilosophie, die von allen Mitarbeitern und Führungskräften getragen und gelebt wird (Bruhn 2001g, S. 710; Meffert/Burmann 2002; vgl. Kapitel 1). Der Aspekt der Strategiespezifizierung wird von Kolks (1990, S. 78f.) als **„Umsetzung"** verstanden, während die Akzeptanzschaffung von ihm mit dem Begriff **„Durchsetzung"** belegt wird. Die Anpassung der Unternehmenspotenziale (Strukturen, Systeme und Kultur) kann schließlich weitgehend der Umsetzung von Strategien zugerechnet werden (Meffert/Burmann 2002). Lediglich die Anpassung der Unternehmenskultur umfasst sowohl Aspekte der Umsetzung als auch der Durchsetzung.

Die Besonderheiten der Strategiewahl und -ausgestaltung wurden bereits in Kapitel 4 ausführlich diskutiert. Auf die Akzeptanzschaffung wurde in den Ausführungen zum Konzept des Internen Marketing in Kapitel 6.5 (Personalpolitik) eingegangen. Auf die Darstellung dieser beiden Teilaufgaben der Implementierung wird daher nachfolgend verzichtet. Für die weitere Argumentation ist die **Unterteilung in Strukturen, Systeme und Kultur** gewählt.

Um die geplanten Marketingstrategien im Unternehmen erfolgreich um- und durchzusetzen, sind verschiedene Anpassungen innerhalb des Dienstleistungsunternehmens vorzunehmen, die sich aus der Notwendigkeit eines **Fits zwischen der Strategie und den Unternehmenspotenzialen** ergeben.

Zunächst ist es für eine erfolgreiche Implementierung erforderlich, dass ein Fit zwischen der Strategie und den Unternehmensstrukturen besteht. Beispielsweise ist es ein Indikator für einen mangelnden **Strategie-Struktur-Fit,** wenn nur wenige Mitarbeiter eines Unternehmens im Kundenkontakt stehen, d. h. die Kundensituation und deren Bedürfnisse kennen. Dies erschwert den Aufbau und die Intensivierung profitabler Geschäftsbeziehungen erheblich.

Damit kundenspezifische und sonstige marketingrelevante Informationen an möglichst alle Mitarbeiter gelangen können, hat **Hewlett-Packard** (HP) in den USA und in Schweden Büroräume mit Abgrenzung auf Augenhöhe oder ganz ohne Abgrenzung eingerichtet. Hierdurch hat sich der Austausch so genannten „stillen Wissens" erheblich verbessert (Team Success 2005).

Weiterhin kann eine Implementierung durch einen mangelnden Fit zwischen Strategie und Managementsystemen des Unternehmens (z. B. Informationssysteme) behindert werden. Ein nicht vorhandener **Strategie-System-Fit** liegt beispielsweise vor, wenn die Informationssysteme des Unternehmens nicht in der Lage sind, kundenindividuelle Informationen zu generieren, zu speichern, zu verarbeiten und weiterzugeben. Ist dies der Fall, ist eine Steuerung und damit ein Aufbau sowie eine Intensivierung der einzelnen Kundenbeziehung mit Problemen verbunden.

Als Grundlage für eine individuelle Gestaltung ihrer Kundenbeziehungen haben die Beratungsunternehmen **McKinsey** und **Bain & Company** eine Datenbank entwickelt, in der Erfahrungen sämtlicher Aufträge inklusive der Teilnehmernamen und Kundenreaktionen detailliert erfasst werden. Die hierin gespeicherten Daten dienen sämtlichen Mitarbeitern zur individualisierten Kundenansprache (Team Success 2005).

Schließlich können Implementierungsprobleme auftreten, wenn es nicht gelingt, einen Fit zwischen Strategie und Unternehmenskultur herzustellen. Ein **Strategie-Kultur-Fit** ist beispielsweise nicht gegeben, wenn die Mitarbeiter ein stark technik- und produktorientiertes Denken an den Tag legen, das im Widerspruch zur Kundenorientierung des Marketingkonzeptes steht. Wenn die Kultur eines Unternehmens eine Kundenorientierung nicht mitträgt, wird die Ausrichtung der Unternehmensaktivitäten an einzelnen Kundenbeziehungen und somit der Aufbau und die Intensivierung profitabler Kundenbeziehungen mit Schwierigkeiten behaftet sein.

Sun-Microsystems – einer der führenden Serviceanbieter für Computernetzwerktechnologie – bietet seit Jahren unter dem Motto „Mehr Menschen-, weniger Technikorientierung" für Mitarbeiter Trainings an, um eine kundenorientierte Unternehmenskultur zu implementieren und die in dieser Branche häufig anzutreffende technikzentrierte Denkweise zu überwinden. Hierzu wurden zehn Grundsätze ausgearbeitet, die von den jeweiligen Servicestellen einzuhalten sind (Sun 2005):

(1) Halten Sie die Beziehung zu Ihren internen und externen Kunden lebendig.
(2) Prüfen Sie Ihre Systeme.
(3) Weniger versprechen, mehr halten.
(4) Wenn der Kunde fragt, ist die Antwort immer ja.
(5) Jeder Mitarbeiter ist Qualitätsprüfer und jeder Mitarbeiter ist verantwortlich für Kundenbeziehungen.
(6) Keine Reklamationen? Irgend etwas läuft falsch.
(7) Messen Sie alles.
(8) Festgehälter sind unfair.
(9) Denken Sie an Ihre Kinderstube.
(10) Erfinden Sie das Rad nicht neu! Lernen Sie, wie es die Besten wirklich machen. Machen Sie deren System zu dem Ihren und verbessern Sie es.

Im Einzelfall ist zu prüfen, wie intensiv eine Anpassung der bestehenden Unternehmenspotenziale, insbesondere der Strukturen, Systeme und der Unternehmenskultur, vorgenommen wird.

1.3 Implementierungsbarrieren des Dienstleistungsmarketing

Obwohl sich die Literatur intensiv mit dem Dienstleistungsmarketing beschäftigt, existieren nur sehr wenige theoretische und empirische Studien, die sich explizit mit den Barrieren bei der Implementierung von kundenorientierten Marketingstrategien auseinander setzen. Eine empirische Untersuchung von Plinke (1996) liefert zu Fragen bezüglich der Arten von Implementierungsbarrieren hilfreiche Erkenntnisse. Aus der branchenübergreifenden Befragung von 340 Führungskräften der deutschen Industrie wird deutlich, dass es sich primär um Fragen der Struktur, Systeme und Kultur handelt, die die Implementierung der Kundenorientierung behindern oder zumindest verlangsamen (Abbildung 7-1-2). Die Bedeutung dieser Faktoren wird durch zahlreiche Erfahrungsberichte aus der Praxis bestätigt (Reinecke/Sipötz/Wiemann 1998, S. 278f.; Witte 2000). Die Herausforderung besteht nun darin, die mit diesen Hauptbarrieren verbundenen Einzelaspekte zu steuern und zu kontrollieren.

Abbildung 7-1-2 **Implementierungsbarrieren der Kundenorientierung**

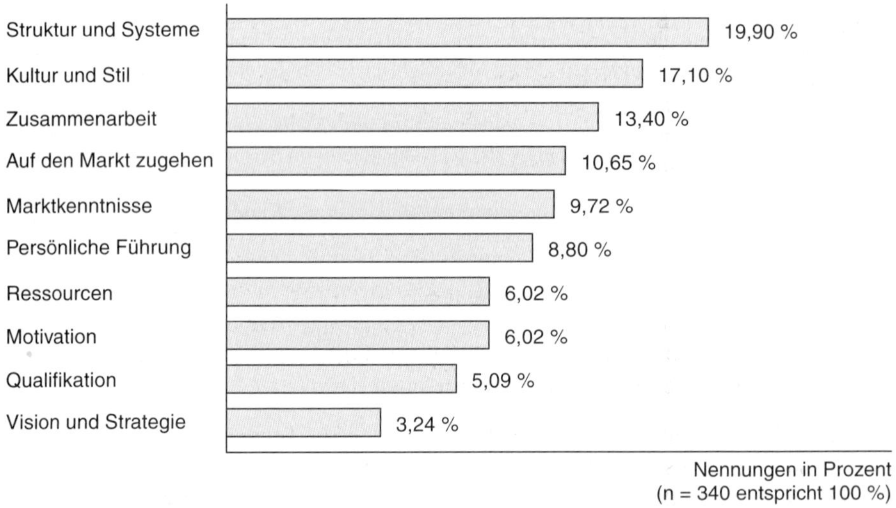

GABLER GRAFIK

Quelle: Plinke 1996, S. 42

Die **strukturbezogenen Barrieren** betreffen die organisatorische Verankerung des Marketing im Unternehmen sowie die Existenz bestehender Unternehmensstrukturen bzw. -hierarchien. Mögliche Barrieren bei der Umsetzung des Dienstleistungsmarketing können beispielsweise darin liegen, dass das Marketing nicht auf der Führungsebene des Dienstleistungsunternehmens verankert ist oder darin, dass Abteilungen für Kundenprobleme, wie z. B. ein Beschwerdemanagement oder ein Customer Care Center, fehlen. Eine mangelnde Flexibilität bezüglich der Kundenbedürfnisse durch zu viele Hierarchieebenen im Unternehmen ist eine weitere häufig genannte Barriere, die vor allem bei großen Unternehmen anzutreffen ist.

Zu den **systembezogenen Barrieren** gehören Defizite im Einsatz von Informations- und Kontrollsystemen. Hierzu zählen beispielsweise fehlende Datenbanken oder fehlende kundenbezogene Controllingsysteme zur Messung der Erfolgsgrößen des Dienstleistungsmarketing. Damit einher gehen häufig auch Probleme der monetären Bewertung von Prozessoptimierungen.

Die Probleme im **kulturellen Bereich** liegen z. B. in der Gleichgültigkeit und Unsensibilität der Mitarbeiter im Kundenkontakt oder in der Wahrnehmung der Mitarbeiter, dass Kundenorientierung kein durch das Topmanagement getragener Wert des Unternehmens ist. Hierzu zählen auch Probleme der Zusammenarbeit der einzelnen Partner in der Wertschöpfungskette oder auch innerhalb des Unternehmens. Abstimmungsprobleme, Angst vor Machtverlusten, Bereichsegoismen, subjektive Vorbehalte usw. können hier die Implementierung des Dienstleistungsmarketing behindern.

Die **Zürcher Kantonalbank** (ZKB) ist die drittgrößte schweizerische Bank. Bei der Einführung der integrierten „Beratung und Betreuung mit System" – ein Programm zur Erhöhung der Kundenorientierung – stieß die Bank auf starke kulturelle Barrieren, die zu überwinden waren. Beispielsweise galt es, die festgefahrenen Verhaltens- und Denkmuster der Mitarbeiter, wie das reaktive Verhalten in Bezug auf Telefongespräche oder die geringe Flexibilität bei der Kundenbetreuung, zu überwinden. Mit gezielten Schulungsmaßnahmen wurde versucht, diese kulturellen Barrieren zu minimieren (Rudolf-Sipötz/Arnet 2005).

Beachtlich erscheint das Ergebnis der oben erwähnten Studie, dass die **inhaltlich-konzeptionelle Ausgestaltung** der Kundenorientierung in Form einer Vision und Strategie (in Abbildung 7-1-2 mit 3,24 Prozent der Nennungen) als unproblematisch eingestuft wurde. Aussagen, die sich beispielsweise auf eine unzureichende Geschäftsfeldabgrenzung oder auf fehlende Zielvorgaben der Kundenorientierung beziehen, sind daher offensichtlich als Einzelproblem von Unternehmen zu werten.

Angesichts der zahlreichen Probleme einer erfolgreichen Implementierung des Dienstleistungsmarketing, insbesondere im IT-Bereich (Abbildung 7-1-3), hat die Unternehmensführung Sorge dafür zu tragen, dass die notwendigen Voraussetzungen im Unternehmen geschaffen werden, um bestehende Barrieren abzubauen und damit die Maßnahmen des Dienstleistungsmarketing ihre volle Wirkung entfalten können. Demnach ist das Augenmerk im Rahmen der Implementierung des Dienstleistungsmarketing vermehrt auf den Aufbau kundenorientierter Organisationsstrukturen, Managementsysteme sowie einer dazu passenden Unternehmenskultur zu richten.

Abbildung 7-1-3 **Misserfolgsquoten von IT-Projekten im angelsächsischen Raum**

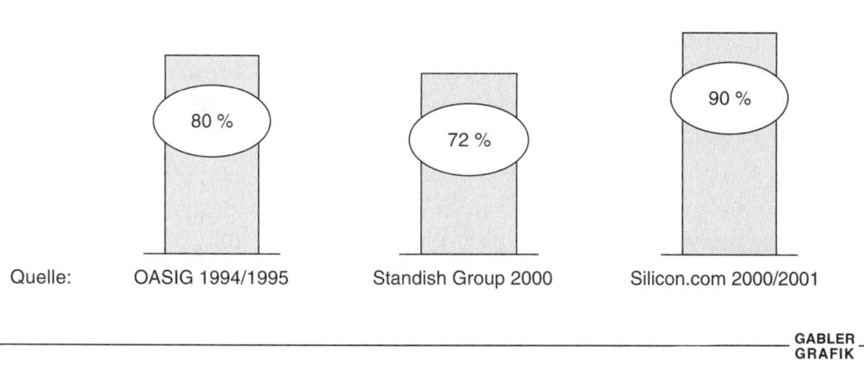

2. Betrachtungsebenen bei der Implementierung des Dienstleistungsmarketing

2.1 Gestaltung der Unternehmensstruktur

Im Rahmen der Implementierung von Dienstleistungsstrategien gilt es, bestehende Strukturen im Unternehmen den geänderten Anforderungen am Markt anzupassen. In diesem Zusammenhang sind insbesondere Aspekte der **Organisation und Führung von Dienstleistungsunternehmen** zu analysieren und ggf. entsprechend zu verändern. Seitdem Chandler (1962) seine These „Structure Follows Strategy" in die Diskussion einbrachte, werden die Vor- und Nachteile unterschiedlicher Organisationsformen, wie z. B. Produkt-, Sparten- oder Matrixorganisation, im Hinblick auf die Strategieimplementierung intensiv und kontrovers diskutiert. Einigkeit besteht darin, dass den Vorteilen der traditionellen Organisationsformen, wie etwa klare Kompetenzverteilung und geringer Koordinationsbedarf, erhebliche Nachteile in Bezug auf Flexibilität und Reaktionsvermögen gegenüberstehen.

Grundsätzlich ist zu beachten, dass in Dienstleistungsunternehmen im Gegensatz zum Konsumgüter- und Industriegüterbereich der Kundenkontakt vor allem durch **Mitarbeiter aus dem „unteren" Bereich der Unternehmenshierarchie** erfolgt. Durch das Uno-Actu-Prinzip, d. h. die Simultaneität von Produktion und Konsumtion einer Leistung, haben diese „dienstleistungsproduzierenden" Mitarbeiter zwingend direkten Kontakt mit den Kunden des Unternehmens (z. B. Bedienungen in einem Restaurant, Kassenpersonal bei einem Supermarkt usw.). Sie bedürfen daher neben dem im Rahmen des Internen Marketing vermittelten marketingrelevanten Wissen und Know-how einer **spezifischen organisatorischen Einbindung,** die es ihnen erst ermöglicht, auf die verschiedenen Bedürfnisse der Kunden umfassend und flexibel zu reagieren.

Insbesondere für individuelle und interaktiv erbrachte Dienstleistungen wird daher zunehmend die Forderung nach einem neuen **Leitbild der Organisation und Führung** erhoben (Reichheld/Sasser 1991, S. 108ff.; Schlesinger/Heskett 1991, S. 72; Drucker 1992, S. 64ff.; Kuprenas 2003, S. 51ff.). Wie in Abbildung 7-2-1 deutlich wird gilt es, **Kunden und Mitarbeiter** stets in den **Mittelpunkt der Überlegungen zur Führung** des Unternehmens zu stellen und das Geschäftssystem dann um diese Personengruppen herum zu ordnen (Bleicher 1990, S. 152). Gleichzeitig wird ein Höchstmaß an Flexibilität nach innen und außen angestrebt (Grönroos 1989, S. 512). Geleitet von der Erkenntnis, dass die starke Vertikalisierung traditioneller Strukturen diesen Anforderungen nicht gerecht wird, gewinnen Maßnahmen an Bedeutung, die eine Entbürokratisierung der Organisation und eine stärker **horizontale Ausrichtung** ermöglichen (Peters 1995).

Abbildung 7-2-1 Optimierung von Strukturen im Dienstleistungsbereich

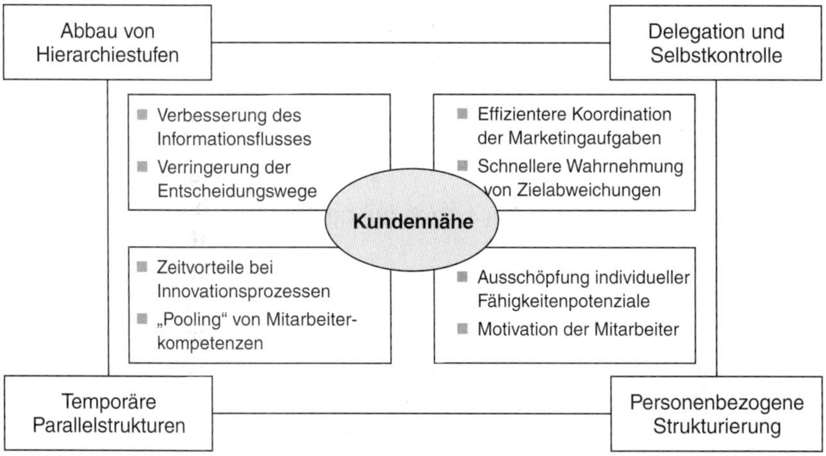

Zur Umsetzung dieser Zielvorgaben können folgende, auch in Abbildung 7-2-1 ersichtliche, **organisatorische Maßnahmen** dienen (Bruhn 2002d, S. 41ff.):

- Abbau der Hierarchiestufen im Unternehmen,
- Größtmögliche Delegation und Selbstkontrolle seitens der Mitarbeiter,
- Einführung temporärer Parallelstrukturen,
- Personenbezogene Strukturierung des gesamten Unternehmens.

Durch den **Abbau von Hierarchiestufen** wird insbesondere ein besserer Informationsfluss, wie er für eine effektive Koordination unabdingbar ist, sichergestellt. Gleichzeitig verringert eine wenig ausgeprägte Hierarchiestruktur die Entscheidungswege und trägt somit zu mehr Kundennähe bei. Ein Beispiel für eine derartige Politik ist das Unternehmen Rewe-Touristik, dessen Organisationsstruktur nur drei Hierarchieebenen aufweist (karriere 2005).

Zudem kann eine nachhaltige, strukturorientierte Motivationssteigerung beim Kontaktpersonal und damit die Unterstützung des personalorientierten Internen Marketing erreicht werden, wenn der Hierarchieabbau durch einen Wandel von einer pyramidenförmigen hin zu einer tannenförmigen Organisationsstruktur begleitet wird. Der **Abbau von Stellen im mittleren Management** führt in diesem Zusammenhang zu Mittelfreisetzungen, die beispielsweise für Gehaltserhöhungen beim Kontaktpersonal sowie intensivere

Schulungs- und Trainingsmaßnahmen genutzt werden können oder dabei behilflich sind, in konjunkturell schwierigen Zeiten zu überleben (Schlesinger/Heskett 1991, S. 77ff.). Insert 7-2-1 zeigt, dass der Abbau von Hierarchien bei Dienstleistern – nicht zuletzt aus Kostengründen – inzwischen weit vorangeschritten ist.

INSERT 7-2-1 Abbau von Hierarchien

Unternehmensnahe Dienstleister setzen auf optimierte Geschäftsabläufe

Aufgrund der verhaltenen Konjunkturentwicklung erschien es unternehmensnahen Dienstleistern zunehmend für wichtig, ihre Geschäftsabläufe zu optimieren und damit ihre Kosten zu reduzieren. So haben viele unternehmensnahe Dienstleister ihre internen Prozesse über den Abbau von Hierarchiestufen effizienter gestaltet. Dies geht aus einer Umfrage hervor, die das Zentrum für Europäische Wirtschaftsforschung in Zusammenarbeit mit Creditreform im Dezember 2001 durchgeführt hat.

Der Umsatzanteil der unternehmensnahen Dienstleister, die angaben, eine flache Hierarchie eingeführt zu haben, beträgt im Jahr 2001 mehr als 32 Prozent. Den größten Umsatzanteil erwirtschaften Unternehmen mit einer flachen Hierarchie in der Werbebranche. Hier lag ihr Umsatzanteil in 2001 bei mehr als 60 Prozent.

Weiterhin organisieren sich die unternehmensnahen Dienstleister in Einheiten mit eigener Kosten- und Ergebnisrechnung (Profitcenter). Der Umsatzanteil der unternehmensnahen Dienstleister, die angaben, Einheiten mit eigener Kosten- und Ergebnisrechnung zu haben, beträgt im Jahr 2001 fast 30 Prozent. Dieses Kostenkontrollinstrument ist bei den westdeutschen unternehmensnahen Dienstleistern deutlich weiter verbreitet als bei den ostdeutschen Dienstleistern.

Während in Westdeutschland Unternehmen mit Profitcentereinheiten mehr als 30 Prozent des Umsatzes erwirtschaften, liegt der entsprechende Umsatzanteil in Ostdeutschland bei lediglich 10 Prozent. Am häufigsten haben sich EDV-Dienstleister in Profitcentereinheiten organisiert, gefolgt von Speditionen und Lagereien, Werbeagenturen und Unternehmensberatungen.

Quelle: Creditreform 2002

Diese strukturellen Maßnahmen werden idealtypisch von einer **Anpassung des Führungssystems** flankiert. Nicht Leitungs- und Kontrollfunktionen sind schwerpunktmäßig von den Vorgesetzten wahrzunehmen, sondern vielmehr Coaching- und Unterstützungsfunktionen (Wohlgemuth 1989, S. 341; Schlesinger/Heskett 1991, S. 77; Niehoff et al. 2001, S. 93ff.). Die Funktionsverschiebung ist verbunden mit einer größtmöglichen **Delegation von Aufgaben und Kompetenzen** an die unteren Hierarchiestufen. Diese reicht bis zu umfangreichen Verantwortlichkeiten im Rahmen des Innovationsmanagements für neue Dienstleistungskonzepte (Grönroos 1989, S. 517). Hohe Delegationsgrade verfügen aus Sicht von Dienstleistungsunternehmen über zwei wesentliche Vorteile. Sie ermöglichen eine effiziente, weil auf der Ebene der Bedarfsentstehung stattfindende Koordination der Aufgaben sowie eine größtmögliche Markt- und Kundennähe. Eine effiziente Gestaltung der Aktivitäten ist insbesondere dann zu erreichen, wenn die planenden und ausführenden Einheiten im Rahmen der **Selbstkontrolle** Zielabweichungen identifizieren und revolvierend in ihren Planungsprozess einfließen lassen.

Seit Ende der 1980er Jahre wird in Wissenschaft und Praxis zunehmend gefordert, dem Kundenkontaktpersonal mehr Selbständigkeit und Entscheidungsfreiheit im Umgang mit den Kunden zuzugestehen, damit die Mitarbeiter nach eigenem Ermessen so handeln können, wie sie es zur Zufriedenstellung der Kunden für richtig halten. Das unter der Bezeichnung **Empowerment** diskutierte Konzept (Zeithaml/Parasuraman/Berry 1990; Swartz/Bowen/Brown 1992; Mudie/Cottam 1993, S. 124ff.; Bowen/Lawler 1998; Hill/Huq 2004; Seibert/Silver/Randolph 2004) beinhaltet demnach die Gesamtheit aller Maßnahmen, die zum einen den Kundenkontaktmitarbeitern eine weitgehende Entscheidungsfreiheit sowohl im Kundenkontaktmoment als auch in Bezug auf ihre Arbeitsplatzgestaltung verleihen, und die zum anderen dazu bestimmt sind, dem Mitarbeiter zu einem Gefühl der Selbstbestimmtheit und der Kontrolle über seine Arbeit zu verhelfen sowie ihn zu selbständigem Handeln zu bewegen. Wie ein Empowerment umsetzbar ist, wird exemplarisch durch die Regelungen des Hilton Hotels im Walt Disney World Village aufgezeigt (Insert 7-2-2). Gleichzeitig veranschaulicht Insert 7-2-3, dass ein sehr starkes Empowerment und extrem flache Hierarchien nicht immer wünschenswert sind. Vielmehr ist es auch denkbar, dass dadurch zum einen Mitarbeiter überlastet werden, zum anderen die Aufstiegschancen für engagierte Mitarbeiter eingeschränkt sind. Demnach kommt es bei der Einführung des Empowerments und dem damit i. d. R. verbundenen Hierarchieabbau auf das Richtige Maß an.

INSERT 7-2-2 **Strukturiertes Empowerment des Hilton Hotels im Walt Disney World Village**

Strukturiertes Empowerment	
Gästebeschwerden oder Probleme	**Maßnahmen, die Mitarbeiter an der Rezeption ergreifen können**
Gast gibt während des Check-out an, in seinem Hotelzimmer habe es ein Problem gegeben (z. B. kein heißes Wasser usw.).	Angebot eines teureren Zimmers zum gleichen Preis für den nächsten Besuch oder Reduzierung des Rechnungsbetrages um $ 100.
Gast berichtet, dass seine Beschwerde von einer Abteilung zur anderen weitergereicht wurde.	Angebot eines teureren Zimmers zum gleichen Preis für den nächsten Besuch oder Reduzierung des Rechnungsbetrages um $ 100.
Beim Check-out beschwert sich ein Gast über etwas, das mit dem Hotelzimmer nichts zu tun hat, z. B. über • den Service im Restaurant • die Verspätung der Gepäckzustellung • fehlende Benachrichtigung von Mitteilungen oder Post	Reduzierung des Rechnungsbetrages um $ 50,– $ 50,– $ 100,–
Einem Gast wird ein falscher Zimmerpreis berechnet.	Nicht mehr im Kompetenzbereich des Mitarbeiters, sondern der Manager übernimmt die Regelung.
Gast bezweifelt die Telefonkosten.	Entsprechende Anpassung vornehmen.
Gast beschwert sich über unverschämtes oder unsensibles Mitarbeiterverhalten.	Weiterleitung des Problems an den Manager.

Quelle: Seidel/Stauss 2002, S. 138

INSERT 7-2-3 Empowerment und flache Hierarchien

Telekom Austria Business

TELE KOM AUS TRIA

Kundenbereich | Produkte&Services | News&Infos | Extras | Kontakt&Support | Über Telekom Austria

Home » News & Infos » Businesstainment

Suche: GO

Navigation

» Fitness-Tipps für Bewegungsmuffel!
» Fit mit der Kraft des Frühlings!
» Im Test: Können Sie gut bluffen?
» Gruß vom Osterhasen - mit persönlicher Note!
» Können Sie sich gut benehmen?
» Sind Sie unersättlich?
» Weg mit dem Weihnachtspeck!
» Golf and the city
» Partytime! – die besten Tipps für Ihre Silvester-Nacht!
» Weihnachtsgeschenke - jetzt zuschlagen!
» Archiv

Wichtige Links

» AGBs
» Kontakt

Verantwortung – nein danke!

Empowerment und flache Hierarchie – Abwälzung von Managementaufgaben an die Mitarbeiter?

Empowerment wird ein Managementstil bezeichnet, der jedem einzelnen Mitarbeiter die **Verantwortung** für seinen Zuständigkeitsbereich gibt. Prinzipiell ist der Grundgedanke sehr gut, da die Mitarbeiter durch mehr Verantwortung zu Eigenständigkeit und Selbstinitiative geführt werden. Gerade dieser Gedanke ist aber auch das große Minus der Idee. Der Manager hat zwar weniger zu tun, die Mitarbeiter reagieren jedoch mit Verständnislosigkeit. Warum mehr arbeiten bei einem stagnierendem Gehalt? Oft wird vor unerfüllbaren Erwartungen zurückgeschreckt, die durch die neue Zuständigkeit an die Mitarbeiter gestellt werden und sie gehen mit **weniger Elan** an Aufgaben heran.

Ebenso ist die **flache Hierarchie**, die keinen Unterschied zwischen Chef und Praktikant kennt, nicht immer sinnvoll. Jung und dynamisch präsentiert sich dieser Führungsstil, der zwar wahrlich einige Vorteile hat, doch auch eine negative Seite. Stellen Sie sich vor, Sie bringen Ideen und Verbesserungsvorschläge ein und revolutionieren damit das gesamte Unternehmen? Oder Sie haben es geschafft, die Ausgaben zu halbieren und die Einnahmen zu verfünffachen. BRAVO! Doch wo bleibt die **Aufstiegschance**? Ihr Unternehmen hat ja schließlich eine flache Hierarchie! Tja – der Nachteil liegt auch hier auf der Hand!

Artikel zu diesem Thema

» Strategien, die Manager nicht brauchen – oder vielleicht doch?
» So fühlt sich das Umfeld besser!
» Verantwortung – nein danke!
» Hilfe – Feind hört mit!
» Wenn gar nichts mehr klappt!

Business Media

» Bizmail Newsletter
» business solutions Kundenmagazin

Quelle: Telekom Austria 2005

In diesem Zusammenhang ist festzustellen, dass die **organisatorische Verankerung des Marketing** in Dienstleistungsunternehmen aufgrund der konstitutiven Merkmale von Dienstleistungen oftmals deutlich von entsprechenden Ansätzen im Konsumgüterbereich abweicht. Während dort vielfach eine **Zentralisierung der Marketingaufgaben** durch die organisatorische Implementierung der Marketingabteilung erfolgt, ist dies in Dienstleistungsunternehmen aufgrund der im Folgenden angeführten Überlegungen zum Teil weniger ratsam (Grönroos 1990; Bednarczuk/Friedrich 1992).

Zum einen werden in Dienstleistungsunternehmen wichtige Marketingentscheidungen oft direkt im Rahmen des Interaktionsprozesses mit den Kunden während der Leistungserstellung getroffen (z. B. Reaktion auf spontan geäußerte Kundenwünsche oder Beschwerden), zum anderen ist an diesen operativen Prozessen die grundsätzlich mit Marketingaufgaben betraute organisatorische Einheit in der Regel nicht beteiligt. Insbesondere spezielle Innovationsprozesse im Unternehmen und die damit verbundene Planung der Mitarbeiter-Kunde-Interaktion könnten nur über zeitintensive Rückkoppelungsprozesse mit dem ausführenden Personal durchgeführt werden, wenn eine zentrale Marketingabteilung stets in die Entscheidungen einbezogen werden müsste.

Die in Dienstleistungsunternehmen so bedeutende **horizontale Koordination bei dezentraler Übernahme von Marketingaufgaben** gilt es durch eine flexible Aufgabenverteilung an **Projektteams** zu unterstützen (Wohlgemuth 1989, S. 341f.; Servatius 1991, S. 178; Kraus/Westermann 1998, S. 103ff.). Diese übernehmen die Lösung komplexer Problemstellungen, wie etwa die Entwicklung neuer Verbundkonzepte, die häufig eine intensive funktions- und geschäftsbereichsübergreifende Zusammenarbeit erfordern. Derartige **temporäre Parallelstrukturen** können insbesondere bei Innovationsprozessen Zeitvorteile sowie ein größtmögliches „Pooling" von Mitarbeiterkompetenzen herbeiführen.

Die **Gerling-Gruppe** war einer der ersten Versicherungsanbieter, die ihren Kunden die private Risikoabsicherung und Vorsorge sowie eine Vielzahl neuartiger E-Services über das Internet anboten. Über den Versicherungsabschluss hinaus besteht die Möglichkeit, sämtliche versicherungsrelevanten Informationen abzurufen und genaue Tarifberechnungen durchzuführen. Außerdem kann ein Online-Kundenkonto eingerichtet werden, in dem Versicherungen verwaltet und direkt über das Internet aktualisiert werden können. Gespräche mit einem Kundenberater oder telefonische Beratungen lassen sich mittels Callback Button anfordern. Für die Entwicklung und Umsetzung dieser neuen Dienstleistungen stellte Gerling ein Projektteam aus eigenen Mitarbeitern und externen Partnern zusammen. So gelang es, zum einen den neuesten Stand der Technik in das Projekt einfließen zu lassen, zum anderen, die Erfahrungen der Mitarbeiter beim Versicherungsabschluss konsequent zu integrieren und die neue Dienstleistung schnell am Markt zu etablieren (Markgraf 2001).

Angesichts der vielen Freiheitsgrade und der hohen individuellen Verantwortung, die eine derartige Organisationsstruktur mit sich bringt, kommt den **Fähigkeiten** und der **Motivation der Mitarbeiter** eine überaus hohe Bedeutung zu. Um eine optimale Ausschöpfung individueller Fähigkeitspotenziale im Unternehmen zu gewährleisten ist es oftmals sinnvoll, eine relativ stark **personenbezogene Strukturierung** mit entsprechender Berücksichtigung der jeweiligen Stärken-Schwächen-Profile der Mitarbeiter zu wählen (Wohlgemuth 1989, S. 341f.).

2.2 Gestaltung der Unternehmenssysteme

Für die erfolgreiche Implementierung von Dienstleistungsstrategien bedarf es neben der Überzeugung und Befähigung der Mitarbeiter auch einer **Anpassung der Systeme von Dienstleistungsanbietern** (Bruhn 2002g, S. 89ff.). Im Mittelpunkt steht dabei die Forderung nach mitarbeiter- und kundenbezogenen Informations- und Kontrollsystemen.

Im Folgenden werden diejenigen Unternehmenssysteme genauer untersucht, die bei der Implementierung von Marketingkonzepten in Dienstleistungsunternehmen von besonderer Bedeutung sind und hierbei folgende grundsätzliche **Funktionen** erfüllen:

- **Informationsversorgungsfunktionen,** d. h. die Erfassung und Lieferung sämtlicher planungs-, entscheidungs- und kontrollrelevanter Informationen,
- **Planungsfunktionen,** d. h. die Managementunterstützung auf sämtlichen Ebenen des Planungsprozesses,
- **Kontrollfunktionen,** d. h. die Prüfung und Beurteilung der Ziele, Strategien, Organisation, Marketingaktivitäten sowie deren Ergebnisse u. Ä.

Grundsätzlich kann zwischen **innen- und außengerichteten Systemen** unterschieden werden. Die innengerichteten Systeme beschäftigen sich mit der Erfassung und Kontrolle innerbetrieblicher Größen (z. B. Mitarbeiterzufriedenheit, Mitarbeiterbindung, Prozesseffizienz usw.), während außengerichtete Systeme vornehmlich auf kundenbezogene Informationen (z. B. Kundenwert, Kundenzufriedenheit, Qualitätswahrnehmung) abzielen.

Zu den **innengerichteten Systemen** zählt das **Human Resources Controlling.** Zwei Aufgabenkomplexe lassen sich für ein derartiges personalorientiertes Controlling identifizieren (Welge 1988, S. 139ff.):

- **Erfolgskontrollen im Personalwesen,** die sowohl die Personalbeschaffungs- und -freisetzungskontrolle als auch die Kontrolle von Personalerhaltungs- und -entwicklungsmaßnahmen umfassen.
  Bei Dienstleistungsunternehmen wird die Leistung der Mitarbeiter im Kundenkontakt zum Teil an den konkreten Leistungsergebnissen (z. B. Verkäufe pro Woche) gemessen. Diese so genannten **Ergebniskontrollsysteme** basieren dann oftmals auf schriftlichen Geschäftsvorgängen (z. B. Vertragsabschlüsse), können allerdings bestimmte, nicht unmittelbar quantifizierbare Leistungen der Mitarbeitenden bei der Erstellung der Dienstleistungsqualität, wie beispielsweise Kompetenz, Höflichkeit oder Freundlichkeit bei der Bedienung am Schalter, nicht erfassen (Ouchi 1981; Zeithaml/Berry/Parasuraman 1988). Demgegenüber beabsichtigen so genannte **Verhaltenskontrollsysteme,** mit Hilfe von Beobachtungen, Testkäufen („Mystery Shopping“, Insert 7-2-4) oder anderen Verfahren die Arbeitsweise und das kundenrelevante Verhalten der Mitarbeitenden im Kundenkontakt zu überwachen (Ouchi 1981; Zeithaml/Berry/Parasuraman 1988).

Die Hotelkette **Ritz-Carlton** setzt im Rahmen der Personalakquisition auf ein umfangreiches Personalcontrolling. Sobald eine Bewerbung auf Interesse des Managements stößt, wird ein so genannter Quality Selection Process (QSP) durchgeführt; ein Telefoninterview, bei dem durch standardisierte Fragen relevante Fähigkeiten und insbesondere charakterliche Eigenschaften der potenziellen Mitarbeiter überprüft werden. Besteht der Bewerber diesen Selektionsprozess, so erfolgt ein persönliches Gespräch, das durch zwei bis vier Instanzen läuft. Am Beispiel des Ritz-Carlton Berlin sind mittels dieses aufwändigen Verfahrens aus 5.500 Bewerbungen etwa 350 Vollzeit- und 100 Teilzeitmitarbeiter ausgewählt worden, die die Personalauswahlkriterien erfüllen (Junger 2004, S. 356).

Ein weiteres Beispiel für ein Personalcontrolling ist das so genannte Probezeitendgespäch bei **Cablecom** (die Cablecom ist in der Schweiz Marktführer im Bereich Multimedia mit einem weit verzweigten Breitband-Kommunikationsnetz). In der Probezeit besteht für die Personalverantwortlichen bei Cablecom und die neuen Mitarbeiter die Gelegenheit, im beruflichen Alltag beidseitig zu überprüfen, ob eine längerfristige Zusammenarbeit erwünscht wird. Mit den neuen Mitarbeitern werden zeitlich und inhaltlich überprüfbare Ziele vereinbart, deren Erfüllung im Probezeitendgespräch bewertet wird. Ziel dieser Controllingmaßnahme ist die Schaffung einer Grundlage bezüglich einer Entscheidung über die Fortführung des Arbeitsverhältnisses. Ein Messkriterium zur Bewertung der Arbeitsleistung von Call Agents ist beispielsweise die Fehlerfreiheit bei der Arbeit und die Vermeidung von Schäden. Der Call Agent hat 80 Prozent der eingehenden Anrufe fallabschließend zu bearbeiten. Fälle, die nicht direkt von ihm erledigt werden können, sind in der vorgesehenen Form in den definierten Prozess einzugeben. Im Falle von eigenverursachten Fehlern ist die zuständige Person umgehend per Mail oder mündlich zu informieren. Weitere Kriterien zur Beurteilung von Call Agents sind u. a. das Einhalten von Vorgaben und Terminen, die mengenmäßige Arbeitsleistung und die Sozialkompetenz (Schmid 2003, S. 186ff.).

INSERT 7-2-4 Ansätze eines Personalcontrolling durch Mystery Shopping im Autohandel

Autokauf

Hochmut kommt vor dem Fall

Immer mehr Frauen kaufen ein eigenes Auto, aber viele Verkäufer nehmen die weibliche Kundschaft nicht ernst.

Von Ute Dommel

Bis ins Jahr 2020 werden 20 Millionen Autos in Deutschland auf Frauen zugelassen sein; gegenüber dem Jahr 2000 steigt damit die Zahl der weiblichen Pkw-Halter um 65 Prozent.

Allerdings: Die Botschaft der Marktforscher, dass Frauen neben den Senioren die Autokäufer der Zukunft sind, ist bei vielen Verkäufern offensichtlich noch nicht angekommen.

Zu diesem Schluss kamen jetzt 35 Marketing-Studenten der Hochschule Niederrhein in Mönchengladbach, die im Auftrag des „Kompetenzzentrums Frau und Auto" die Frauen-Orientierung von sechs Einzelhandels-Branchen beim so genannten Mystery Shopping testeten.

Allerlei Verkleidung

Neben Autohäusern besuchten die Testkäufer auch Juweliere, Musikalienhandlungen, Elektro- und Nähmaschinenfachgeschäfte sowie Küchenstudios. Dabei traten sie als Paare oder junge Familien, als Arbeitnehmerinnen oder Unternehmerinnen sowie als Migrantinnen auf. „Ein Auto kauft frau am besten beim Juwelier", fasst Doris Kortus-Schultes, die Leiterin des Kompetenzzentrums, die Ergebnisse der Testkäufe in 52 Autohäusern kurz zusammen.

Autos und Küchen offenbar uninteressant?

Bereits beim Betreten der Geschäfte gab es Minuspunkte, denn: Nur bei jeder zweiten Kundin signalisierte das Verkaufspersonal, dass man sie bemerkt habe und sich alsbald um sie kümmern werde; in einem Viertel der Fälle wurden Hinweise der Kundinnen auf den Nutzungszweck des neuen Autos von den Verkäufern nicht wahrgenommen. Ähnlich desinteressiert an ihren Kundinnen zeigte sich nur noch das Verkaufspersonal der Küchenstudios.

Waren die Autokäuferinnen in männlicher Begleitung, richteten viele Verkäufer ihr Augenmerk auf dessen Äußerungen, statt sich um die Wünsche der potenziellen Kundin zu kümmern.

Wenige schriftliche Angebote

Schlechte Noten bekamen die Autoverkäufer zudem für ihre mangelhafte Darstellung der Produkt- und Servicemerkmale einzelner Automodelle und -marken. Immerhin boten fast alle Verkäufer den Testkäuferinnen eine Probefahrt an, aber: Nur jede zweite Kundin erhielt nach dem Verkaufsgespräch ein schriftliches Angebot für das gewünschte Automodell.

Alles in allem sieht Doris Korus-Schultes nach Auswertung der „statistisch nicht abgesicherten, aber aussagekräftigen Untersuchung" noch erheblichen Schulungsbedarf für den derzeit vom Verkaufserfolg wahrlich nicht verwöhnten Autohandel.

Quelle: Dommel 2005

- **Personalinformationswirtschaft,** deren wichtigste Funktion in der Implementierung umfangreicher Personalinformationssysteme besteht.

Während Erfolgskontrollen schwerpunktmäßig zur Erhöhung der Effizienz des Personalmanagements beitragen, kommt **Personalinformationssystemen** (vgl. z. B. Mülder 2000, S. 98ff.; Strohmeier 2000, S. 90ff.) eine wesentliche Bedeutung bei der Verfolgung von Motivations- und Personalbindungszielen zu. Sie erleichtern damit die notwendige Anpassung der Führungssysteme und unterstützen kulturorientierte Koordinationskonzepte. So richtete etwa Mövenpick zur Senkung der im Gastronomie- und Hotelleriebereich besonders hoch liegenden Fluktuationsrate ein innovatives Zeiterfassungssystem ein. Es bietet die Möglichkeit einer individuellen und flexiblen Arbeitszeitplanung und führt zu einem Höchstmaß an Zeitsouveränität der Mitarbeiter (Lange 1991, S. 159ff.; Schulz/Hentschel 1992, S. 53). Häufig wird mittels Personalinformationssystemen auch die individuelle Weiterbildung der Mitarbeiter geplant oder deren Lohnentwicklung aufgezeichnet und gesteuert. Welche Daten gemäß des Bundesbeauftragten für den Datenschutz grundsätzlich im Rahmen von Personalinformationssystemen gespeichert werden dürfen, zeigt Insert 7-2-5.

INSERT 7-2-5 Information des Bundesbeauftragten für den Datenschutz zum Stichwort Personalinformationssystem

Personalinformationssystem

In einem Personalinformationssystem oder Personalverwaltungssystem könnten z. B. folgende Informationen über die Beschäftigten enthalten sein: Name, Vorname, Geburtsdatum, Geschlecht, Anschrift, Telefonnummer, Personalnummer, Telefonnummer am Arbeitsplatz, Datum des Eintritts in den Betrieb, Kfz-Kennzeichen, Nummer des Parkplatzes, Urlaubsdaten, Krankheitszeiten, Wehr-/Ersatzdienst, Schwerbehindertenprozentsatz, Mutterschutzdaten, Angaben über Aufgabenstellung, Besondere Kenntnisse, Fähigkeiten (z. B. Führerscheinlizenzen, Fremdsprachen), Leistungsdaten (Beurteilungen, Zeugnisse, Testergebnisse), Zulagen, Aufzeichnungen über Gleitzeit, Schul- und Berufsausbildung, Fortbildungskurse, Religionszugehörigkeit (für Zwecke der Kirchensteuer), Mitgliedschaft in einer Gewerkschaft (für Zwecke der Beitragseinziehung), frühere Beschäftigungen, frühere Arbeitgeber, Lohndaten/Gehaltsdaten, Aufzeichnungen von Telefonverbindungsdaten (dienstlich geführte Telefonate). Je nach den Verhältnissen des Einzelfalles können oder müssen einige der Daten aufgrund entsprechender gesetzlicher Regelungen vom Arbeitgeber an andere Stellen weitergegeben werden, z. B. an Träger der Sozialversicherung.

Quelle: BFD 2005

Die **außengerichteten Systeme** in Form **kundenbezogener Informations- und Kontrollsysteme** verfügen über eine wesentliche Unterstützungsfunktion bei der Planung und Durchführung effizienter Kundengewinnungs- und -betreuungsaktivitäten. Dazu müssen disaggregierte Ein- und Auszahlungsgrößen bereitgestellt werden. Aus den prognostizierten Einzahlungsgrößen lässt sich der **Lebenszeitwert eines Kunden** ermitteln (Dwyer 1989; Hart/Heskett/Sasser 1990, S. 148ff.; Cornelsen 1996; Gelbrich 2001; Tewes 2003 sowie die Ausführungen in Kapitel 8). Dieser erfasst den Barwert aller durch einen Kunden direkt oder indirekt generierten Umsätze und stellt eine zentrale Steuerungsgröße im Rahmen individualisierter Marktbearbeitungsstrategien, im Extremfall so genannter „Segment-of-One"-Strategien, dar.

Zu den kundenbezogenen **außengerichteten Informations- und Kontrollsystemen** zählen:

- Regelmäßige Erfassungen der Kundenzufriedenheit und Kundenloyalität zur Überprüfung des Erfolgs der umgesetzten Marketingstrategie,
- Laufende Erfassungen der Kundenaktivitäten (z. B. Käufe, Reaktionen auf Werbemaßnahmen usw.) und gezielte Beeinflussung des Kunden im Rahmen eines Database Marketing,
- Gestaltung von Beschwerdemanagementsystemen (Bruhn 1982, 1986; Stauss 1989; Hansen/Jeschke 1991, 1995; Stauss/Seidel 2002).

Beim Schweizer Telekommunikationsunternehmen **Swisscom** wurde erkannt, dass die unternehmensweite Steuerung der Kundenbeziehungen von erfolgskritischer Bedeutung ist. Die stark produktorientierte Sicht (Kunde = Telefonanschluss) galt es, durch eine kundenorientierte Sicht (Kunde = Person XYZ) zu ersetzen. Hierzu wurde ein Projekt zur Verbesserung der kundenbezogenen Informationsprozesse initiiert. Mit Hilfe eines so genannten Workflow-Managementsystems, das in der Lage ist, sämtliche Informationen (Beschwerdebrief, Telefonnotiz, E-Mail) zu speichern, zu sortieren und dem entsprechenden Mitarbeiter direkt zukommen zu lassen, wurde angestrebt, dieses Ziel zu erreichen. Durch die stärkere Konzentration auf die kundenbezogenen Geschäftsprozesse konnten die Bearbeitungszeiten verkürzt und auch die Transparenz der Prozesse wesentlich erhöht werden.

Im Bereich Corporate Investmentbanking der **Deutschen Bank** wurde im Jahr 2002 beschlossen, das Management der Kundenbeziehungen auf eine neue Grundlage zu stellen. Ausgangspunkt für diese Entscheidung war die Erkenntnis, dass in der Vergangenheit weder Geschäftsprozesse noch Managementfokus und IT-Systeme eine effiziente, bedarfsorientierte Kundenbearbeitung ermöglichten. Unter der Projektbezeichnung „db client first" wurde deshalb zum einen eine kundennähere organisatorische Struktur verwirklicht, zum anderen die Informationssysteme so weiterentwickelt, dass ein ganzheitlicher Blick auf den Kunden möglich wurde. Im Detail beinhaltet Letzteres die folgenden Teilbereiche (Lamberti 2003, S. 652ff.):

- Information Aggregation: Sämtliche Kundeninformationen aus bestehenden Datenbanken wurden verdichtet und zusammengeführt.
- Client-Service-Team: Alle Mitarbeiter der Deutschen Bank, die für einen Kunden arbeiten, werden in der Datenbank aufgeführt.

- Client Communication and Contacts: Dieser Teilbereich der Datenbank umfasst ein globales Kundentelefonbuch, die Kundenhistorie, Gesprächsprotokolle, Berichte usw.
- DB Deals: In diesem Modul werden historische, laufende und geplante Verträge festgehalten.
- Deals in the Market: Hier werden weltweit öffentlich zugängliche Informationen über vermutete oder bekannte Deals des jeweiligen Kunden aufgeführt.
- Credit and Revenue: Dieses Datenbankmodul listet alle verfügbaren Finanzdaten des Kunden auf.
- Client Planning: Hiermit wird eine Steuerung der Bankaktivitäten des Kunden ermöglicht.
- DB Equity Research: Modul mit aktuellen Berichten des internen Research.

Der Einsatz dieser Systeme hängt erkennbar von dem jeweiligen Dienstleistungstyp bzw. der Dienstleistungsbranche sowie der Größe und Professionalität des Dienstleisters ab. Sämtliche Kundeninformationssysteme versuchen allerdings, den relevanten Anspruchsgruppen Informationen über Reaktionen der Kunden auf die erbrachten Dienstleistungen in verdichteter Form zur Verfügung zu stellen, um so den Implementierungserfolg laufend ermitteln zu können. Zielabweichungen sind dann daraufhin zu überprüfen, ob sie auf unzureichende Marketingstrategien oder auf Mängel bei der Implementierung selbst zurückzuführen sind. Gleichzeitig sind bei Zielabweichungen entsprechende Maßnahmen zu planen und umzusetzen, um zukünftig eine bessere Zielerreichung zu gewährleisten.

2.3 Gestaltung der Unternehmenskultur

Trotz der Bedeutung der Unternehmenskultur sowie einer intensiven Auseinandersetzung mit diesem Thema in Wissenschaft und Praxis existiert kein einheitliches Begriffsverständnis (Meffert/Burmann 2002). Folgt man der Definition von Heinen und Dill, so lässt sich Unternehmenskultur als **Grundgesamtheit gemeinsamer Werte- und Normenvorstellungen sowie geteilter Denk- und Verhaltensmuster** beschreiben, die Entscheidungen, Handlungen und Aktivitäten der Organisationsmitglieder prägen (Heinen/Dill 1990, S. 17).

Diese größtenteils unsichtbaren Elemente der Unternehmenskultur spiegeln sich in den nach außen wirkenden **aktiven Ausdrucksformen** im Verhalten der Unternehmensmitglieder und in der externen Kommunikation sowie als **passive Ausdrucksformen** in der Gestaltung der materiellen Attribute eines Unternehmens wider (Meffert/Burmann 2002). Diese drei Teilbereiche der Unternehmenskultur haben einen entscheidenden Einfluss auf das Image des Unternehmens im Wahrnehmungsraum externer Anspruchsgruppen und damit für die erfolgreiche Positionierung des Dienstleisters (Abbildung 7-2-2).

Werte drücken verhaltensbestimmende Präferenzen und Orientierungsmaßstäbe für Ziele und Zustände aus; sie gelten somit als eher globale Handlungsorientierungen für Individuen und können z. B. eine konsequente Ausrichtung sämtlicher Unternehmensaktivitäten an den Kundenwünschen beinhalten.

Abbildung 7-2-2 Ebenen der Unternehmenskultur

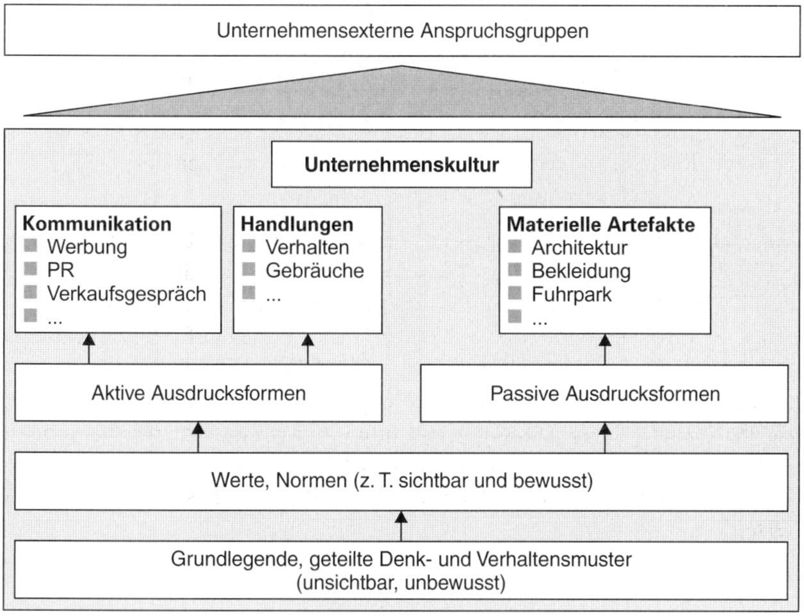

Quelle: nach Schein 1995, S. 30

GABLER GRAFIK

Im Rahmen der Restrukturierung der ehemaligen **Bundesanstalt für Arbeit** zu einem anspruchsgruppenorientierten Dienstleistungsbetrieb – der Bundesagentur für Arbeit – wurden sämtliche Mitarbeiter im Hinblick auf eine stärkere Serviceorientierung geschult, mit dem Ziel, eine effektivere Vermittlung von Arbeitssuchenden durchzuführen und das Image des Arbeitsamtes zu verbessern. Es galt also, die Anspruchsgruppenorientierung als zentralen Wert bei den Mitarbeitern zu verankern.

Demgegenüber sind **Normen** konkreter gefasst im Sinne von spezifischen Regeln und Verhaltensvorschriften, beispielsweise im Umgang mit Mitarbeitern und Kunden (Heinen/Dill 1990).

Die **Ritz-Carlton Hotel Company** fixiert die Verhaltensgrundsätze auf einem kleinen Faltblatt, das jeder Mitarbeiter zusammengeklappt mit sich führen kann. Ritz-Carlton legt dabei hohen Wert darauf, dass die Mitarbeiter über ihre Dienstleistungsfunktion hinaus eine eigene Persönlichkeit entwickeln und nach dem Grundsatz „We are Ladies and Gentlemen serving Ladies and Gentlemen" handeln (vgl. Insert 7-2-6).

INSERT 7-2-6 Verhaltensgrundsätze der Ritz-Carlton Hotelgruppe

Vorderseite

THREE STEPS OF SERVICE

1
A warm and sincere greeting. Use the guest name, if and when possible.

2
Anticipation and compliance with guest needs.

3
Fond farewell. Give them a warm good-bye and use their names, if and when possible.

"We Are Ladies and Gentlemen Serving Ladies and Gentlemen"

THE EMPLOYEE PROMISE

At The Ritz-Carlton, our Ladies and Gentlemen are the most important resource in our service commitment to our guests.

By applying the principles of trust, honesty, respect, integrity and commitment, we nurture and maximize talent to the benefit of each individual and the company.

The Ritz-Carlton fosters a work environment where diversity is valued, quality of life is enhanced, individual aspirations are fulfilled, and The Ritz-Carlton mystique is strengthened.

THE RITZ-CARLTON®

CREDO

The Ritz-Carlton Hotel is a place where the genuine care and comfort of our guests is our highest mission.

We pledge to provide the finest personal service and facilities for our guests who will always enjoy a warm, relaxed yet refined ambience.

The Ritz-Carlton experience enlivens the senses, instills well-being, and fulfills even the unexpressed wishes and needs of our guests.

Rückseite

THE RITZ-CARLTON® BASICS

1. The Credo is the principal belief of our Company. It must be known, owned and energized by all.
2. Our Motto is: "We Are Ladies and Gentlemen serving Ladies and Gentlemen." As service professionals, we treat our guests and each other with respect and dignity.
3. The Three Steps of Service are the foundation of Ritz-Carlton hospitality. These steps must be used in every interaction to ensure satisfaction, retention and loyalty.
4. The Employee Promise is the basis for our Ritz-Carlton work environment. It will be honored by all employees.
5. All employees will successfully complete annual Training Certification for their position.
6. Company objectives are communicated to all employees. It is everyone's responsibility to support them.
7. To create pride and joy in the workplace, all employees have the right to be involved in the planning of the work that affects them.
8. Each employee will continuously identify defects (M.R. B.I.V.) throughout the Hotel.
9. It is the responsibility of each employee to create a work environment of teamwork and lateral service so that the needs of our guests and each other are met.
10. Each employee is empowered. For example, when a guest has a problem or needs something special, you should break away from your regular duties to address and resolve the issue.
11. Uncompromising levels of cleanliness are the responsibility of every employee.
12. To provide the finest personal service for our guests, each employee is responsible for identifying and recording individual guest preferences.
13. Never lose a guest. Instant guest pacification is the responsibility of each employee. Whoever receives a complaint will own it, resolve it to the guest's satisfaction and record it.
14. "Smile – We are on stage." Always maintain positive eye contact. Use the proper vocabulary with our guests and each other. (Use words like – "Good Morning," "Certainly," "I'll be happy to" and "My pleasure.")
15. Be an ambassador of your Hotel in and outside of the workplace. Always speak positively. Communicate any concerns to the appropriate person.
16. Escort guests rather than pointing out directions to another area of the Hotel.
17. Use Ritz-Carlton telephone etiquette. Answer within three rings with a "smile." Use the guest's name when possible. When necessary, ask the caller "May I place you on hold?" Do not screen calls. Eliminate call transfers whenever possible. Adhere to voice mail standards.
18. Take pride in and care of your personal appearance. Everyone is responsible for conveying a professional image by adhering to Ritz-Carlton clothing and grooming standards.
19. Think safety first. Each employee is responsible for creating a safe, secure and accident free environment for all guests and each other. Be aware of all fire and safety emergency procedures and report any security risks immediately.
20. Protecting the assets of a Ritz-Carlton hotel is the responsibility of every employee. Conserve energy, properly maintain our Hotels and protect the environment.

Grundlegende Denk- und Verhaltensmuster können als unbewusste kognitive Schemata verstanden werden, die sich bei der Lösung von internen und externen Aufgaben bewährt haben und von den Unternehmensmitgliedern als richtig angesehen werden. Sie werden nicht mehr hinterfragt oder diskutiert, sondern sind selbstverständlich geworden. Diese Ebene der Unternehmenskultur ist aufgrund ihrer unbewussten Natur weder direkt zu erheben noch zu verändern (Gabele 1993, S. 121f.; Schein 1995, S. 24ff.; Pflesser 1999, S. 80ff.).

Allgemein wird die Unternehmenskultur als ein Schlüsselfaktor zur Unternehmenssteuerung für das strategische Management angesehen, da durch das Grundraster von Werten sowie Verhaltensmustern Normen mit impliziter Kontroll- und Koordinationsfunktion geschaffen werden (Wilkins/Ouchi 1983; Webster 1993). Die Bedeutung der Unternehmenskultur im Rahmen der Marketingimplementierung ergibt sich aus der Definition des Marketingkonzeptes als funktionsübergreifendes, integratives Führungskonzept, das ein markt- und kundenorientiertes Verhalten sämtlicher Unternehmensmitglieder impliziert. Die Umsetzung des so verstandenen Marketingkonzeptes bedingt demnach die langfristige Entwicklung einer marktorientierten Unternehmenskultur.

Besondere Bedeutung kommt bei Dienstleistungsunternehmen der **Gestaltung der materiellen Elemente der Unternehmenskultur** bzw. den **„Physical Facilities"** (Magrath 1986) zu, da diese unmittelbar vom Kunden wahrgenommen werden und das Unternehmensimage beeinflussen. So zeigen insbesondere die aktuellen Beispiele der Deutschen Telekom und der Deutschen Post Möglichkeiten auf, durch die einheitliche und integrierte Gestaltung des physischen Auftritts (z. B. Ausstattung der Verkaufsräume, Verhalten der Mitarbeiter, Bekleidung, Logos) eine marktorientierte Unternehmenskultur externen Anspruchsgruppen zu vermitteln und so eine Neupositionierung des gesamten Unternehmens – zumindest ansatzweise – zu realisieren. Beispielsweise wird die Organisationskultur der Deutschen Post stark durch Handlungsmuster bestimmt, wie die Hilfsbereitschaft der Mitarbeiter sowie materielle Artefakte, wie gelbe Fahrzeuge und die Kleidung der Angestellten (Insert 7-2-7).

INSERT 7-2-7 Materielle Elemente der Unternehmenskultur bei der Deutschen Post

Quelle: Deutsche Post 2005

Als Ausgangspunkt für Kulturveränderungen ist zunächst eine genaue **Bestimmung der unternehmenseigenen Kulturposition** notwendig. Diese Analyse der Ist-Unternehmenskultur kann anhand von grundsätzlichen Eckpfeilern der Dienstleistungsunternehmung, wie Kunden- und Mitarbeiterorientierung, Qualitäts- oder Technologieorientierung, erfolgen. Hierbei sind insbesondere divergierende Subkulturen im Unternehmen zu identifizieren.

Anschließend gilt es, die **Beziehungen zwischen Unternehmenskultur und Marketingstrategie** zu ermitteln. Es ist zu prüfen, ob die kulturellen Werte und Normen im Unternehmen den Anforderungen zur Umsetzung geplanter Dienstleistungsmarketingkonzepte genügen oder eine Anpassung erforderlich ist. Bei erkennbar fehlender Übereinstimmung zwischen historisch gewachsenem Kulturkern im Unternehmen und den gestellten Ansprüchen an das Dienstleistungsmarketing ist jedoch zu beachten, dass sich die bestehende Unternehmenskultur möglicherweise nur zum Teil an veränderte Bedingungen und Aufgaben anpassen wird und somit die postulierte Marketingstrategie grundsätzlich in Frage stellen kann. Dies ist häufig bei Anbietern von Nonprofit-Leistungen der Fall, da die Mitarbeiter in Nonprofit-Organisationen oftmals grundsätzliche Hemmnisse und Befürchtungen gegenüber Marketing als Denkhaltung haben. Mitarbeiter einer Nonprofit-Organisation sehen häufig einen Widerspruch zwischen den ideellen Zielen der Nonprofit-Organisation und dem Marketingdenken (Bruhn 2005d, S. 420ff.).

Im Bereich **Kirchenmarketing** vertreten einige orthodoxe Theologen eindeutig die Auffassung, Marketing habe für die Kirchen keinen Anwendungsbezug. So werden als Grund für die Nichtübertragbarkeit des Marketing auf Kirchen insbesondere die – in sich ähnlichen – Argumente angeführt, das Evangelium sei nicht zum Verkaufen bestimmt, das Kreuz könne und dürfe nicht vermarktet werden, Liebe und Zuwendung ließen sich nicht vermarkten und eine Ökonomisierung der Kirche würde ihrer eigentlichen Aufgabe widersprechen bzw. zu einer Vernachlässigung der geistlichen Inhalte führen. Des Weiteren wird in einem Kirchenmarketing die Gefahr der Verweltlichung von Religion gesehen (Bruhn 2005d, S. 422).

Eine Studie von Andreasen et al. (2002) belegt die grundsätzlichen Vorurteile bei Nonprofit-Mitarbeitenden gegenüber Marketing. So ergaben Tiefeninterviews von Managern, die aus kommerziellen Organisationen in Nonprofit-Organisationen gewechselt sind, dass sie starke Probleme in ihrer neuen Umgebung hatten, marktorientierte Denkansätze zu implementieren. Häufig waren Entscheidungen vergleichsweise schwer zu treffen und die meisten Mitarbeiter hatten starke Bedenken gegenüber der neuen Denkweise. Allerdings ist auch in kommerziellen Dienstleistungsunternehmen teilweise eine starke Diskrepanz zwischen angestrebter Marketingstrategie und Unternehmenskultur zu beobachten.

Je nach Dienstleistungsanbieter sind unterschiedliche Anforderungskriterien in Bezug auf die Unternehmenskultur von Bedeutung, wenn strategische Konzepte implementiert werden. Webster (1993) hat in einer empirischen Untersuchung sechs **dienstleistungsspezifische Kulturdimensionen** ermittelt, hinter denen sich 34 einzelne Items verbergen.

Abbildung 7-2-3 **Dimensionen der Unternehmenskultur**

Dimensionen der Dienstleistungskultur	Subsumierte Items	
Dienstleistungsqualität	■ Explizite Definitionen der Dienstleistungsstandards ■ Commitment des Topmanagements zur Bereitstellung von qualitativ hochwertigen Dienstleistungen ■ Systematische Erfassung von Mitarbeiterleistungen ■ Grad, zu dem Mitarbeiter den Konsumbedürfnissen Rechnung tragen ■ Überzeugung der Mitarbeiter, dass ihr Verhalten das Unternehmensimage beeinflusst	■ Übereinstimmung der Mitarbeiter-Performance mit den Firmenerwartungen ■ Bedeutung der kommunikativen Fähigkeiten der Mitarbeiter in der Zielhierarchie der Unternehmung ■ Aufmerksamkeit der Mitarbeiter hinsichtlich einzelner Details ihres Aufgabenkreises
Interpersonale Beziehungen	■ Bedeutungszumessung hinsichtlich der Empfindungen der Mitarbeiter durch das Unternehmen (soziale Kompetenz) ■ Grad, zu dem jeder einzelne Mitarbeiter als wichtiger Teil der Gesamtunternehmung anerkannt wird	■ Möglichkeit von Mitarbeitern, ihre Meinung höhergestellten Hierarchiestufen vorzutragen ■ „Open Door Policy“ des Managements ■ Interaktion von Managern und Mitarbeitern mit Kundenkontakt
Verkaufsaufgaben	■ Gewichtung der Personalbeschaffung ■ Ausbildung der Mitarbeiter im Kundenkontakt ■ Anerkennung außergewöhnlicher Leistungen im Verkauf ■ Begeisterung der Mitarbeiter bei der Suche nach neuen Kundenpotenzialen	■ Unterstützung kreativer Ansätze im Verkauf ■ Vergabe von Incentives zur Forcierung des Verkaufs (im Vergleich zur Konkurrenz) ■ Starke Zielorientierung der Mitarbeiter bei der Anbahnung neuer Geschäfte
Organisation	■ Jeder Mitarbeiter hat seine Arbeit deutlich strukturiert ■ Sorgfältige Planungen sind charakteristisch für tägliche Arbeitsabläufe der Mitarbeiter ■ Mitarbeiter räumen ihrer Arbeit Priorität ein	■ Die Arbeitsbereiche der Mitarbeiter sind gut „organisiert“ ■ Jeder Mitarbeiter verfügt über ein gutes Zeitmanagement ■ Das Management lässt die Mitarbeiter auch an finanziellen Informationen partizipieren
Interne Kommunikationsprozesse	■ Das Unternehmen verfügt über ein bewährtes Set von Verfahren und Abläufen, das jedem Mitarbeiter zugänglich ist ■ Vorgesetzte stellen ihre Anforderungen an die Mitarbeiter klar heraus ■ Jeder Mitarbeiter versteht die „Business Mission“ und die zentralen Leitlinien der Unternehmung	■ Aufforderung an Mitarbeiter im Kundenkontakt, an der Formulierung von Standards mitzuwirken ■ Bemühung um Weiterbildung und Motivation der Mitarbeiter
Innovationen	■ Empfänglichkeit der Mitarbeiter für innovative Ideen ■ Bereitschaft zum Wandel	■ Unternehmen hält mit den technischen Verbesserungen Schritt

Quelle: Webster 1993, S. 121

GABLER GRAFIK

Diese Einzelkriterien können auf einer 6er-Skala, deren Ausprägung von „notwendig" bis „unwichtig" reicht, unternehmensintern abgefragt werden. Die in Abbildung 7-2-3 vorgestellten Dimensionen und Einzelitems verdeutlichen die Vielschichtigkeit und Komplexität einer marktorientierten Unternehmenskultur. Mit Hilfe dieser Checkliste von Einzelaussagen können bei einer Mitarbeiterbefragung zum einen die gegenwärtigen Ausprägungen der Unternehmenskultur des Dienstleisters erfasst werden, zum anderen stellen die aufgeführten Größen differenzierte Ansatzpunkte zur möglichen Beeinflussung und Veränderung der bestehenden Unternehmenskultur hin zu einer zieloptimalen Soll-Unternehmenskultur dar.

Generell hängt es von situativen Faktoren ab, welche Form der Unternehmenskultur idealtypisch anzustreben ist (Schulze 1992, S. 79ff.; Meffert 1998, S. 126ff.). Eine Typologie von Kulturen in Dienstleistungsunternehmen, die explizit auf die von Webster ermittelten Kulturinhalte Bezug nimmt, wurde von Meffert entwickelt (Meffert 1998, S. 126ff.). Anhand der **Dimensionen Individualisierungsgrad** und **Interaktionsgrad** werden vier idealtypische Dienstleistungskulturtypen abgeleitet, die im Folgenden näher erläutert werden (Abbildung 7-2-4).

Abbildung 7-2-4 Typologie von Dienstleistungskulturen

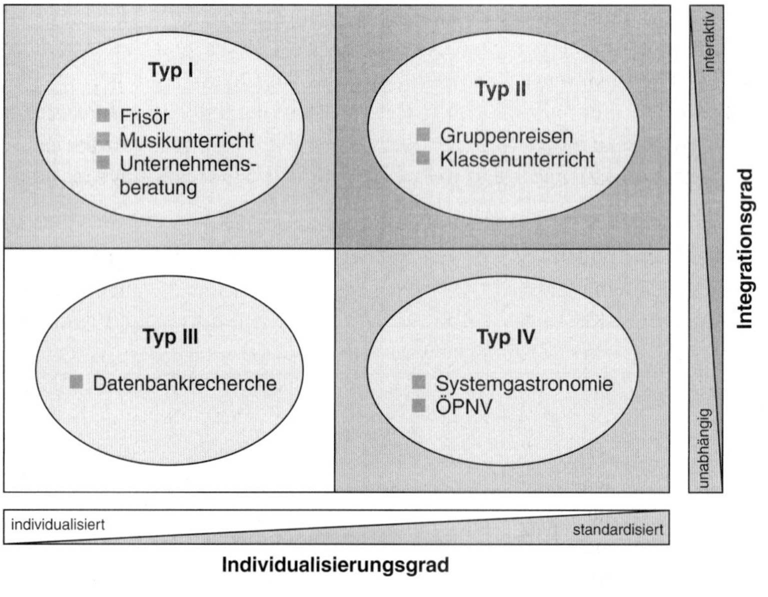

Quelle: Meffert 1998, S. 130

GABLER GRAFIK

- **Interaktiv-individualisierter Dienstleistungskulturtyp (Typ I)**
  Die Mehrzahl aller Dienstleistungen ist durch eine hohe Kundeninteraktion sowie einen stark individualisierten Dienstleistungsprozess mit ebenfalls individualisiertem Dienstleistungsergebnis gekennzeichnet, z. B. die klassische Unternehmensberatung, Frisörleistungen oder Einzelunterricht bei einer Musikschule. Der hohe Interaktionsgrad, der in der Regel auch mit affektiven Erwartungen seitens der Kunden einhergeht (Richter 2005), erfordert eine ausgeprägte soziale Kompetenz des Kundenkontaktpersonals und die Fähigkeit, auf die individuellen Bedürfnisse und Wünsche der Kunden zum Teil mit innovativen Lösungen einzugehen. Zudem können diese Mitarbeiter als Informationsdrehscheibe agieren, wenn die Interaktion mit höheren Hierarchiestufen dies ermöglicht, z. B. im Rahmen einer „Open Door Policy" des Managements. Unerlässlich ist darüber hinaus die Identifikation der Mitarbeiter mit dem Unternehmen, da bei hohem Interaktions- und Individualisierungsgrad vielfach ein enges Vertrauensverhältnis zwischen Kunde und Kundenkontaktpersonal besteht. Diese Anforderungen erfordern eine stärkere Ausprägung der Kulturdimensionen „interpersonale Beziehungen", „Verkaufsaufgaben" und „Innovation" im Vergleich zu den übrigen Kulturdimensionen, um eine vom Kunden positiv wahrgenommene Dienstleistungsqualität sicherzustellen.

- **Interaktiv-standardisierter Dienstleistungskulturtyp (Typ II)**
  Wie bei den interaktiv-individualisierten Dienstleistungen führt die Kundeninteraktion zur besonderen Bedeutung der Kulturdimensionen „interpersonale Beziehungen" und „Verkaufsaufgaben" beim Typ der interaktiv-standardisierten Dienstleistungen (z. B. Gruppenreisen, Klassenunterricht). Aufgrund der Standardisierung kommt der Dimension „Innovation" hier eine vergleichsweise geringe Bedeutung zu. Stärkeres Gewicht gilt es dagegen auf die Kulturdimension „Interne Kommunikationsprozesse" zu legen, da die Standardisierung ein Set von bewährten Verfahren und Abläufen impliziert, an dessen Entwicklung die Mitarbeiter möglichst zu beteiligen sind.

- **Unabhängig-individualisierter Dienstleistungskulturtyp (Typ III)**
  Diesem Typ können Dienstleistungen zugerechnet werden, die mit einem begrenzten Anbieter-Kunden-Kontakt auskommen und dennoch individuelle Kundenwünsche berücksichtigen, wie z. B. Anbieter von Datenbankdiensten sowie die meisten E-Service-Anbieter (z. B. amazon.de). Aufgrund der geringen Kundeninteraktion können die Mitarbeiter ihren Arbeitseinsatz besser strukturieren und planen, was eine starke Ausprägung der Kulturdimension „Organisation" impliziert. Da zudem das individualisierte Dienstleistungsergebnis vielfach mit Hilfe moderner Technologien erstellt wird und oftmals kreative Ideen erfordert, ist auch hier auf die Kulturdimension „Innovation" besonderes Augenmerk zu legen. Durch den begrenzten Kundenkontakt kommt den Dimensionen „Verkaufsaufgaben" und „interpersonale Beziehungen" im Vergleich mit interaktiven Dienstleistungstypen eine eher untergeordnete Bedeutung zu.

- **Unabhängig-standardisierter Dienstleistungskulturtyp (Typ IV)**
  Einen vergleichsweise geringen Interaktionsgrad bei gleichzeitig starker Standardisierung weisen z. B. die Systemgastronomie oder der Öffentliche Personennahverkehr auf. Die Standardisierung des Dienstleistungsergebnisses impliziert wiederum eine höhere Bedeutung der Kulturdimension „Interne Kommunikationsprozesse", während die Unabhängigkeit vom externen Faktor bei der Leistungserstellung eine stärkere Ausprägung der „Organisation" erfordert. Dagegen treten die bei interaktiv-individualisierten Dienstleistungen bedeutenden Dimensionen „interpersonale Beziehungen", „Verkaufsaufgaben" und „Innovation" in den Hintergrund.

Die Ausführungen zeigen, dass der Typ der erstellten Dienstleistung maßgeblich unternehmenskulturelle Notwendigkeiten impliziert. Unabhängig vom Dienstleistungstyp liegt es angesichts der besonderen Bedeutung des Qualitätsmanagements bei Dienstleistungen jedoch nahe, die Dimension der Dienstleistungsqualität als eine übergeordnete Kulturdimension zu interpretieren, die für jedes Dienstleistungsunternehmen eine hohe Bedeutung aufweist (Meffert 1998, S. 124).

Ist ein **Wandel der Unternehmenskultur** notwendig, gestaltet sich dieser als langfristiger und schwieriger Prozess. Zum einen verhalten sich die Mitarbeiter häufig ablehnend gegenüber solchen Veränderungen, die im Widerspruch zu dem über Jahre gewachsenen und fest verankerten Werte- und Normengefüge stehen. Zum anderen ist es im Gegensatz zur Neustrukturierung von Organisationen oder der Einführung von Systemen nicht bzw. nur sehr eingeschränkt möglich, grundlegende Kulturveränderungen ausschließlich durch formale Anordnungen durchzusetzen. Es bedarf zunächst der Überzeugung und der Motivation jedes einzelnen Mitarbeiters für einen Kulturwandel. Ein integrativer Ansatz, der explizit der Veränderung einer Unternehmenskultur dient (Stauss/Schulze 1990, S. 154) und sich insbesondere im Bereich des Dienstleistungsmarketing entwickelt hat, ist das in Kapitel 6, Abschnitt 5 (Personalpolitik) diskutierte Konzept des Internen Marketing. Eine starke Kultur ist ein wesentlicher Vorteil für kundenorientierte Dienstleistungsunternehmen, da der Umgang mit Kunden nicht standardisiert und vorhergesagt werden kann. Kultur vermittelt allen Mitarbeitern Sicherheit im Umgang mit Kunden, auch in unvorhergesehenen Situationen (Grönroos 2000, S. 359).

Zusammenfassend kann als Ergebnis eines integrierten Zusammenspiels struktur-, system- und kulturorientierter Maßnahmen das Dienstleistungsmarketing erfolgreich implementiert und damit die in Abbildung 7-2-5 dargestellte Wirkungskette realisiert werden. Die Umsetzung des Marketingkonzeptes darf dabei nicht als einmaliges, diskontinuierliches Projekt betrachtet werden. Es bedarf einer kontinuierlichen, den situativen Bedingungen angepassten Weiterentwicklung des Dienstleistungsmarketing im Sinne einer lernenden Organisation (Hilker 2001).

Abbildung 7-2-5 **Wirkungskette einer erfolgreichen Marketingimplementierung im Dienstleistungsbereich**

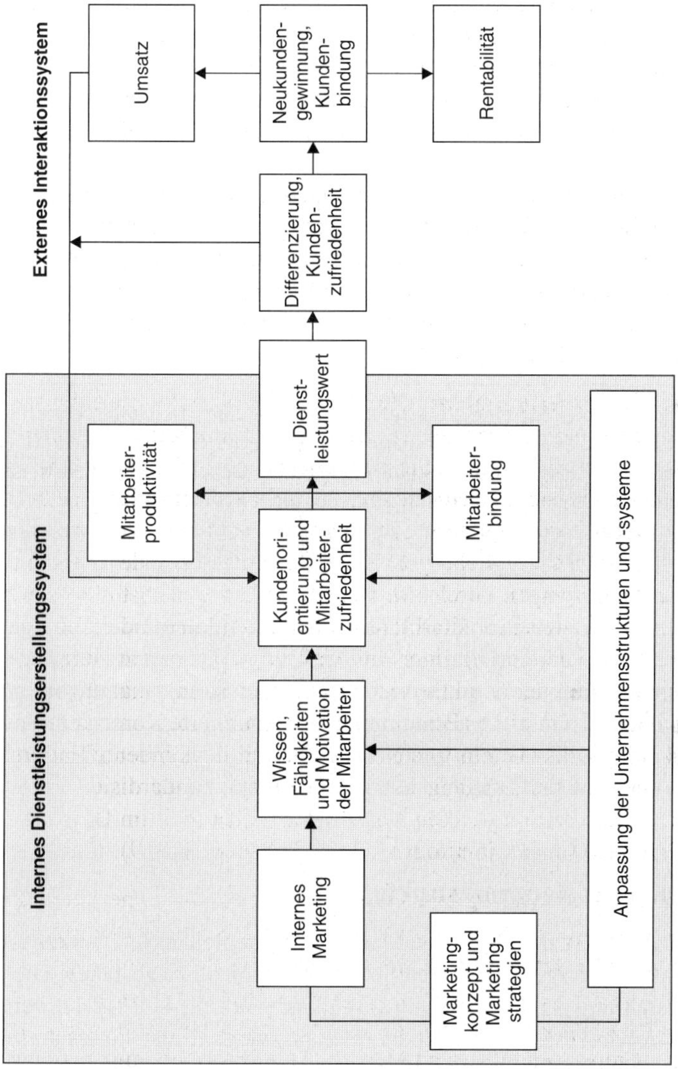

GABLER GRAFIK

Aufgrund der Tatsache, dass seit Jahren der Trend festzustellen ist, dass sich die Unternehmensgrenzen auflösen und sich neue Organisationsformen der Wirtschaftstätigkeit im Sinne von **Netzwerken** entwickeln (Bruhn/Stauss 2003), sind in Zukunft verstärkt auch Überlegungen anzustellen, wie Dienstleistungsmarketingstrategien netzwerkübergreifend abgestimmt und implementiert werden können. Hierbei stellen sich beispielsweise die Fragen, wie eine hohe Dienstleistungsqualität im gesamten Netzwerk umsetzbar ist oder wie ein netzwerkübergreifendes Beziehungsmanagement aussehen kann. Die einzelnen Dienstleistungsanbieter eines Netzwerkes sind dabei auf Kooperationspartner angewiesen, deren Marketingdenken konform mit der eigenen Marketingstrategie ist. Hauptmotive für die Bildung von Netzwerken sind einer empirischen Untersuchung von Zahn/Erich (2003, S. 602) zufolge die Erschließung neuer Geschäftsfelder (69 Prozent), die Nutzung von Synergieeffekten (57 Prozent), die Erzielung von Zeitvorteilen (55 Prozent) und der Zugang zu Humanressourcen (37 Prozent). Bei der Studie wurden 236 Fragebögen ausgewertet, die zuvor an zufällig ausgewählte Dienstleistungsunternehmen aus dem Raum Stuttgart versendet wurden.

Ein typisches **Beispiel für eine Netzwerkbranche** im Dienstleistungsbereich ist der Tourismus. So ergibt sich erst aus der Kombination verschiedener Teilleistungen (z. B. Dienstleistungen vor Antritt der Reise, Transport in die Destination, Beherbergungsdienstleistung, Verpflegungsleistungen usw.) der Gesamtnutzen für den Kunden (Fuchs/Weiermair 2003, S. 434). Entsprechend wichtig ist die Kooperation der verschiedenen Dienstleister, um für den Kunden ein insgesamt zufriedenstellendes Leistungsniveau zu entwickeln.

Analog zu den generellen Problemschichten bei der Implementierung von Marketingstrategien ist auch bei der Umsetzung von Marketingstrategien in Netzwerken eine zielgerichtete Optimierung der Strukturen, Systeme und Kultur vorzunehmen, wobei hier der Schwerpunkt auf einer Abstimmung bzw. Entwicklung einer gemeinsamen Netzwerkstruktur, Netzwerksystemen und Netzwerkkultur liegt. Welche Entwicklungen hier im Einzelnen relevant sind, wird nachfolgend kurz skizziert.

1. Entwicklung der Netzwerkstrukturen

Als Grundlage für die Umsetzung von Marketingstrategien in Netzwerken ist es zunächst erforderlich, die interorganisationalen Strukturen planvoll zu gestalten. Die Vielzahl potenzieller Gestaltungsparameter (Sydow/Winkler 1994, S. 4) lässt sich hierbei idealtypisch anhand der drei Phasen des Netzwerklebenszyklus (Entstehungsphase, Konfigurationsphase und Leistungserstellungsphase) aufzeigen.

In der **Entstehungsphase** eines Netzwerkes liegt die zentrale Aufgabe in der Selektion der Netzwerkpartner. Diese bildet die Grundlage des Netzwerks und beeinflusst entscheidend die Aufgabenerfüllung in den späteren Lebenszyklusphasen. Beispielsweise hat ein Reiseveranstalter zu überlegen, mit welchen Hotels er zusammenarbeitet, welche Reisebüros als Absatzmittler fungieren und ob er ggf. andere Reiseveranstalter als Netzwerkpartner auswählt (z. B. Spezialveranstalter für Ausflüge in der Tourismusdestination). Hierbei kommt bei Dienstleistungsunternehmen hinzu, dass deren Konkurrenzvorteil i. d. R. auf Mitarbeiterkompetenzen und Know-how basiert und demzufolge intensive Netzwerkverbindungen mit dem Risiko eines Know-how-Transfers verbunden sind (Gebauer/Schiermeier/Wall 2003). Entsprechend ist es erfolgsrelevant, mit großer Sorgfalt die Kompatibilität potenzieller Netzwerkpartner zu überprüfen. Hierzu ist es beispielsweise denkbar, die potenziellen Netzwerkpartner hinsichtlich Kriterien wie Humankapital (z. B. Anzahl Fachkräfte), Vertrauenswürdigkeit und Abstimmungskosten zu bewerten, um darauf aufbauend eine Rangfolge als Entscheidungsgrundlage für die Partnerselektion ableiten zu können (Gebauer/Schiermeier/Wall 2003, S. 200ff.).

Im Rahmen der **Konfigurationsphase** werden vor allem Art und Intensität der Bindung festgelegt. Dabei steht die Entwicklung sowie Durchsetzung von Koordinationsregeln und -instrumenten für das Netzwerk im Vordergrund. Die hierzu in der Literatur diskutierten Koordinationsmechanismen (vgl. die Übersicht bei Well 2001, S. 85ff.) lassen sich grob in hierarchisch-orientierte und heterarchisch-orientierte Mechanismen unterteilen. **Hierarchisch-orientierte Koordinationsmechanismen** implizieren, dass die Entscheidungs- und Weisungsrechte zentral auf einzelne Netzwerkmitglieder übertragen werden (z. B. großer Reiseveranstalter, der die Koordination vieler kleinerer Netzwerkpartner übernimmt und beispielsweise Qualitätsrichtlinien erlässt oder Kommunikationsmittel an die Netzwerkpartner verteilt). Zentrale Weisungen sind allerdings primär dann umsetzbar, wenn ungleiche Machtverhältnisse zwischen den Netzwerkpartnern bestehen. Denkbar sind Programme als generelle Verhaltensrichtlinien, die angeben, wie in bestimmten Situationen zu handeln ist (z. B. gemeinsames Qualitätshandbuch) oder Planungssysteme mit Zielvorgaben (Stauss/Bruhn 2003, S. 17). Demgegenüber wird bei **heterarchischen Koordinationsinstrumenten** eine dezentrale Abstimmung innerhalb des Netzwerkes angestrebt. Hierzu sind vor allem Maßnahmen der Selbstabstimmung in interorganisationalen Gremien und interne Marktmechanismen (z. B. netzwerkinterne Auktionen) einsetzbar (vgl. z. B. Hess/Wittenberg 2003).

Die netzwerkbezogenen Aufgabenbereiche in der **Leistungserstellungsphase** bestehen ebenfalls primär darin, die Koordinationsproblematik zu lösen. Hierbei steht jedoch nicht die Auswahl grundlegender Koordinationsstrukturen und -mechanismen im Vordergrund, sondern deren konkrete Ausgestaltung. Beispielsweise sind Entscheidungen darüber zu treffen, wer welche Teilaufgaben unter den Partnern übernimmt, welche Kapazitäten eingesetzt werden oder zu welchem Zeitpunkt die Leistungserstellung bei den einzelnen Partnern idealtypisch erfolgt. Die aus der Aggregation dieser Teilentscheidungen resultierenden Netzwerkstrukturen sind dann z. B. über Verträge explizit zu definieren.

2. Entwicklung der Netzwerksysteme

Die Entwicklung von Netzwerksystemen dient vor allem dazu, bei längerfristig ausgerichteten Kooperationen einen effizienten Informationsfluss zu garantieren. Dabei ist die Entwicklung der Netzwerksysteme nicht auf eine der oben dargestellten Netzwerklebenszyklusphasen begrenzt, sondern als phasenübergreifende Aufgabe zu verstehen. Hierbei stellt insbesondere die informationstechnologische Verknüpfung einen zentralen Erfolgsfaktor dar, da ein permanenter Informationsaustausch eine Voraussetzung für die koordinierte Leistungserstellung im Netzwerk ist. Am Beispiel eines Reiseveranstalters ist es etwa notwendig, dass dieser von Reisebüros in Echtzeit über eine Buchung benachrichtigt wird, die Verfügbarkeit von Hotelzimmern prüfen oder an kooperierende Reiseveranstalter Kundendaten weitergeben kann. Neben dem Austausch von derart grundlegenden Informationen ist es oftmals auch sinnvoll, z. B. marketingrelevante Informationen über einzelne Kunden (z. B. spezifische Wünsche, Bedürfnisse) oder Lieferanten an alle Netzwerkpartner weiterzugeben. Unternehmensübergreifend abgestimmte Informationssysteme bilden die Grundlage für eine angestrebte Effizienzsteigerung, erleichtern die direkte zwischenmenschliche Kommunikation, ermöglichen eine Automatisierung und Integration von Teilprozessen sowie eine Erhöhung der Informationstransparenz (Corsten/Gössinger 2001, S. 36). Eine Vielzahl von Technologien wie Intranet und Extranet, netzwerkinterne Trackingsysteme zur Verfolgung des Warenflusses, unternehmensübergreifende Datenübertragungs- und Datenbankstandards oder Videokonferenzen steht zur Verfügung, um den Informationsfluss netzwerkintern sicherzustellen.

3. Entwicklung der Netzwerkkultur

Die Netzwerkkultur als Gesamtheit der im Netzwerk geteilten Werte und Normen schafft ein gemeinsames Bezugssystem, verbessert die Verständigung zwischen den Netzwerkpartnern und prägt die Handlungen der einzelnen Akteure (Stauss/Bruhn 2003, S. 21). Demzufolge ist die Netzwerkkultur entscheidend dafür verantwortlich, wie effizient die Kooperation im Netzwerk verläuft. Hierbei kommt es darauf an, eine Kultur des gegenseitigen Vertrauens zu schaffen. Vertrauen erleichtert die Verhaltensabstimmung und reduziert mögliches opportunistisches Verhalten. Insofern lässt sich Vertrauen quasi als Koordinationsmechanismus interpretieren, wobei zwischen Systemvertrauen und persönlichem Vertrauen zu unterscheiden ist. Systemvertrauen ist dabei vor allem das Ergebnis positiver Erfahrungen mit den netzspezifischen Systemen, das sich im Rahmen mehrfacher positiver Austauschprozesse bildet (Loose/Sydow 1994). Demgegenüber bezieht sich das persönliche Vertrauen auf die „menschlich-emotionale Ebene" in Netzwerken (Spinting 2003). Der Aufbau persönlichen Vertrauens wird beispielsweise durch regelmäßige Treffen der Netzwerkpartner und intensiven E-Mail-Kontakt erleichtert.

FRAGEN ZUM 7. KAPITEL

Punkt 1:

- Was wird unter dem Begriff „Implementierung“ verstanden? Welche Inhalte sind mit der Implementierung des Marketing bei Dienstleistern verbunden?
- Welche zentralen Problembereiche sind häufig für ein Scheitern der Marketingstrategie in der Praxis verantwortlich?
- Wie sehen die wesentlichen Teilaufgaben einer Strategieimplementierung aus?
- Welche Besonderheiten sind bei der Implementierung von Strategien im Dienstleistungsbereich zu berücksichtigen und welche Konsequenzen ergeben sich daraus für Dienstleistungsunternehmen?
- Wie lässt sich ein mangelnder Strategie-Struktur-Fit identifizieren?
- Was sind typische struktur-, system- und kulturbezogene Barrieren der Kundenorientierung?

Punkt 2:

- Was spricht für bzw. gegen die von Chandler formulierte These „Structure Follows Strategy“?
- Welche organisatorischen Maßnahmen kann ein Dienstleistungsunternehmen ergreifen, um marktorientierte Strategien besser umzusetzen?
- Was wird unter dem Konzept Empowerment verstanden?
- Welche Unternehmenssysteme sind bei der Implementierung von Marketingstrategien von besonderer Relevanz?
- Im Zusammenhang mit der Erfolgskontrolle im Personalbereich wird zwischen Verhaltenskontrollsystemen und Ergebniskontrollsystemen unterschieden. Welche Vor-/Nachteile haben Verhaltenskontrollsysteme im Vergleich zu Ergebniskontrollsystemen?
- Welches für die Implementierung relevante Hauptziel wird mit dem Einsatz von Kundeninformationssystemen bezweckt?
- Welche unterschiedlichen Ebenen der Unternehmenskultur können unterschieden werden?
- Warum hat die Gestaltung der materiellen Elemente der Unternehmenskultur im Dienstleistungsbereich eine vergleichsweise hohe Bedeutung?
- Welche dienstleistungsbezogenen Kulturdimensionen lassen sich unterscheiden?
- Welche idealtypischen Dienstleistungskulturtypen können differenziert werden? Was wäre der geeignete Kulturtyp für eine Sprachschule?
- Wie sieht die Wirkungskette einer erfolgreichen Marketingimplementierung im Dienstleistungsbereich aus?

KAPITEL

8 Controlling im Dienstleistungsmarketing

1. Grundlagen des Dienstleistungscontrolling

1.1 Begriff des Dienstleistungscontrolling

Die idealtypisch letzte Phase im Marketingmanagementprozess ist das **Contolling des Dienstleistungsmarketing.** Der Begriff „Controlling“ wird häufig fälschlicherweise mit der ausschließlichen Kontrolle von Unternehmensaktivitäten gleichgesetzt (Horváth 2003, S. 26f.). Dagegen wird mit dem Begriff Controlling vielmehr ein bestimmter Teil der Unternehmensführung charakterisiert, dessen Aufgabe lediglich teilweise in der Kontrolle von Unternehmensaktivitäten – im Sinne eines Soll-Ist-Abgleichs – besteht.

Die einschlägige Literatur des Controlling ist heterogen und durch eine Vielzahl sehr unterschiedlicher Definitionsansätze gekennzeichnet. Im Folgenden sind vier **Definitionstypen** unterschieden und kurz vorgestellt (Weber/Schäffer 2001):

- Einige, zumeist ältere und in der Literatur zunehmend weniger vertretene Definitionsversuche verstehen Controlling im Kern als **Informationsversorgungsfunktion.** Den Bezugspunkt bildet dabei in der Regel das Rechnungswesen (Heigl 1978; Köhler 1998).
- Andere Autoren definieren Controlling als einen **Teilbereich der Unternehmensführung,** der die konsequente Steuerung und Zielausrichtung des Unternehmens zum Ziel hat (Siegwart 1986; Dellmann 1992). Die Kritik an diesem Ansatz zielt insbesondere auf die mangelnde Abgrenzbarkeit zur Unternehmensführung (Weber 1999, S. 23ff.).
- Eine weitere Gruppe von Definitionen sieht die zentrale Aufgabe des Controlling in der **Koordination der unterschiedlichen Teilsysteme der Unternehmensführung** (Küpper 1997; Horváth 1998). Die koordinationsbezogene Sichtweise des Controlling ist in der Literatur weit verbreitet, erscheint jedoch – unabhängig von der konkreten Definitionsvariante – in der wissenschaftlichen Diskussion nicht unumstritten (Schneider 1991, S. 765ff.; Weber/Schäffer 2000, S. 109ff.). Auch in der Praxis stößt sie nicht immer auf Akzeptanz und verursacht vielfach terminologische Schwierigkeiten.
- Ein letzter, noch junger Ansatz versteht Controlling als spezifische **Funktion zur Sicherstellung einer rationalen Unternehmensführung** (Weber/Schäffer 1999, S. 731ff.; Wall 2000, S. 295ff.; Pietsch/Scherm 2001a, S. 81ff.; 2001b, S. 206ff.). Rationalität wird dabei als Zweckrationalität verstanden, die sich aus einer Gemeinschaft handelnder Akteure heraus konstituiert und an ein internes Modell dieser Akteursgemeinschaft gebunden ist. Rationalitätssicherung heißt somit konkret, für bestimmte Führungsprobleme effektive und effiziente Lösungsansätze zu ermöglichen und für ihre Realisierung zu sorgen.

Folgt man der Rationalitätssicherungssicht des Controlling, lässt sich das Dienstleistungscontrolling als spezifische Funktion der Sicherstellung eines rationalen Dienstleistungsmanagements beschreiben. Die übergeordnete Aufgabe des Controlling ist die Koordination des Führungssystems eines Unternehmens (Weber 1990, S. 22f.). Der Kern eines entsprechenden Controllingverständnisses deckt sich auch mit der Bedeutung des zugrunde liegenden englischen Verbs „to control", das mit steuern, lenken oder regeln übersetzbar ist (Homburg/Krohmer 2003, S. 295). Vor diesem Hintergrund wird der **Begriff des Dienstleistungscontrolling** folgendermaßen definiert (Bruhn 1998b, S. 63):

> **Dienstleistungscontrolling** ist die Analyse, Planung, Durchführung und Kontrolle der Unterstützung und Koordination kundenbezogener Aktivitäten im Hinblick auf eine wirtschaftliche Ausrichtung des Dienstleistungsmanagements.

1.2 Aufgaben des Dienstleistungscontrolling

Ausgehend von der Definition des Dienstleistungscontrolling stellt die Steigerung der Effektivität und Effizienz des Dienstleistungsmanagements das Oberziel des Dienstleistungscontrolling dar (Horváth/Urban 1990, S. 15; Palloks 1991, S. 81ff.; Auerbach 1994, S. 41; Horváth/Gentner/Lingscheid 1994, S. 3). Während unter der **Effektivität** die Leistungserstellung gemäß der Kundenanforderungen zu verstehen ist, betrifft die **Effizienz** die wirtschaftliche Umsetzung entsprechender Unternehmensaktivitäten (Bruhn 1998b, S. 64). So sind beispielsweise die Steigerung der Kundenzufriedenheit oder der Kundenorientierung der Mitarbeiter zu den Zielen des Dienstleistungsmanagements zu rechnen. Dahingegen dient das Dienstleistungscontrolling der effektiven und effizienten Realisierung dieser Ziele.

Um die Sicherstellung der Effektivität und Effizienz des Dienstleistungsmanagements zu gewährleisten, hat das Dienstleistungscontrolling vier **Funktionen** zu erfüllen (Bruhn 1998b, S. 71ff.):

1. Koordinationsfunktion,
2. Informationsversorgungsfunktion,
3. Planungsfunktion,
4. Kontrollfunktion.

1. Koordinationsfunktion

Die Koordinationsfunktion betrifft die zentrale Aufgabe des Dienstleistungscontrolling, die verschiedenen kundenbezogenen Aktivitäten des Unternehmens aufeinander abzustimmen (Horváth/Urban 1990, S. 12; Tomys 1995, S. 90). Das Erfordernis der **Koordi-**

nation kundenbezogener Aktivitäten ergibt sich beispielsweise, weil Mitarbeiter der unterschiedlichen Hierarchiestufen Qualitätsverantwortung tragen. Ferner haben die Aktivitäten sämtlicher Unternehmensbereiche eine Auswirkung auf die Qualität der Unternehmensleistungen (Bruhn 1998b, S. 72). Ausgehend von diesen Überlegungen können zwei **Richtungen der kundenbezogenen Koordination** unterschieden werden (Bruhn 1998b, S. 73f.):

- Die **horizontale Koordination** dient der Abstimmung der Maßnahmen zwischen den verschiedenen Unternehmensbereichen (z. B. zwischen der Produktion und dem Marketing oder zwischen verschiedenen Sparten).
- Durch die **vertikale Koordination** werden die kundenbezogenen Aktivitäten unterschiedlicher Hierarchiestufen aufeinander abgestimmt (z. B. zwischen Management und Mitarbeitern im Kundenkontakt).

2. Informationsversorgungsfunktion

Im Rahmen des Dienstleistungsmanagements eines Unternehmens werden zahlreiche kundenrelevante Informationen generiert, so dass dem Dienstleistungscontrolling im Rahmen der Informationsversorgungsfunktion folgende **Aufgaben** zukommen (Bruhn 1998b, S. 74ff.):

- Verknüpfung der im Rahmen des Dienstleistungsmanagements generierten Informationen mit weiteren relevanten Informationen (z. B. aus dem Rechnungswesen) (Horváth/Urban 1990, S. 54f.),
- Verdichtung und Kombination sämtlicher im Unternehmen vorhandener kundenbezogener Informationen,
- Beschaffung nicht vorhandener kundenbezogener Informationen (z. B. Resultate Nationaler Kundenbarometer zum Wettbewerbsvergleich oder Bonitätsprüfung potenzieller Kunden).

Um die Erfüllung der Informationsversorgungsfunktion sicherzustellen, ist eine Orientierung an den **Phasen des Informationsprozesses** sinnvoll, d. h. der Informationsbedarfsanalyse (Welche Informationen bzw. welches Wissen wird im Dienstleistungsunternehmen benötigt?), Informationsbeschaffung (Wie gelangt das Dienstleistungsunternehmen an die relevanten Informationen?), Informationsaufbereitung (Mittels welcher Verfahren können die Informationen für operative Zwecke einsetzbar gemacht werden?) und -speicherung (Wo werden die aufbereiteten Informationen abgelegt?) sowie Informationsübermittlung (Wie gelangen die Informationen an die entsprechenden Anspruchsgruppen?) (Berthel 1975).

In Insert 8-1-1 ist beispielhaft für die Versicherungsbranche dargestellt, wie kundenbezogene Informationen, die sich durch den Besuch von Kunden auf der Unternehmenshomepage ergeben, für die Optimierung der Internetangebote nutzbar sind.

INSERT 8-1-1 Web-Controlling: Wie Versicherer den E-Commerce-Erfolg planen

„[...] Die Nutzung ihrer Internet-Präsenzen werten die meisten Versicherungen gar nicht oder nur mit einfachen Statistiken aus: Gelistet werden beispielsweise Besucherzahlen, Klickraten der Werbebanner oder häufig besuchte Seiten. Dabei wartet auf jeder Website ein wahrer Datenschatz darauf, mit intelligenter Analysemethodik einen wichtigen Beitrag für den Erfolg des Online-Marketing zu liefern.

Nutzen bringendes Web-Controlling ist nicht auf den Einsatz von Standardtools reduzierbar. Schließlich müssen unterschiedliche Informationsquellen – wie zum Beispiel Sitenutzung, Responsezahlen, Vertragsdatenänderungen, Call-Center- und Außendienstkontakte – nach sinnvollen Regeln verknüpft werden, damit zuverlässige Aussagen getroffen werden können. [...] Wer diese Chance frühzeitig nutzt, schafft die Basis für zielgenaue, bedarfsgerechte und damit wirtschaftlich erfolgreiche Internet-Angebote.

Wertvolle Kundenkontakte

Das Internet ermöglicht es, über jede Phase der Online-Wertschöpfungskette – etwa bei Kontaktaufnahme, Erstinformation oder Beratung – wertvolle Informationen zu erheben. Insbesondere im Falle des Online-Vertriebs von erklärungsbedürftigen Produkten und Dienstleistungen wie Versicherungen oder Individualreisen bildet eine Online-Dialogführung das Verkaufsgespräch zwischen Anbieter und Interessenten ab. Der Verlauf eines solchen Online-Verkaufsgespräches wird detailliert in den Logdateien des Servers aufgezeichnet. Anders als im klassischen Vertrieb eröffnen diese Gesprächsprotokolle die Möglichkeit der standardisierten Analyse. Denn die Folge der gespeicherten Zugriffe eines Besuchers (so genannte Click-Streams) können Aufschluss darüber geben, was angeschaut, ausgewählt, zurückgestellt wurde und letztendlich überzeugt hat. Auf jede einzelne Seite bezogen ist die Verweildauer ermittelbar und welche oder wie viele Auswahlen getroffen wurden. Im Falle eines Versicherungstarifrechners kann ausgewertet werden, wie oft Anwender in den Abfragen für die Tarifberechnung zurückgesprungen sind und neuerlich Veränderungen vorgenommen wurden.

Intelligente Analysetechniken

Direkt für die Dialogführung lassen sich entsprechend dem Nutzerverhalten Strategien für die Abfragesequenz ableiten. Für die Online-Ermittlung einer Kfz-Versicherungsprämie könnte es zum Beispiel heißen, dass am Anfang das günstigste Basisangebot gezeigt wird, welches sich dann nach und nach entsprechend den Auswahlen des Nutzers im Angebotsumfang und damit im Preis erhöht. Auch Aussagen über die Attraktivität der Teilleistungen und deren zugehörige Preise sind ermittelbar, sogar differenziert nach Anwendergruppen. So könnten sich hohe Absprungraten bei bestimmten Autotypklassen oder beim Rabatt für Garagennutzung zeigen, weil der angebotene Preis nicht den Erwartungen der Interessenten entspricht. Derartige Ergebnisse liefern die Basis für den Zuschnitt der Angebots-, Dialog- und Interfacegestaltung speziell auf das Medium Internet und seine Nutzer.

Aus den gespeicherten Click-Streams können für die gesamte Site typische Bewegungspfade ermittelt werden, die man in drei Gruppen einteilen kann. Die so genannten Mainpfade zeigen die Wege, auf denen sich die meisten Besucher durch die Site bewegen. Die Winpfade führen zu konkreten Interaktionen mit dem Unternehmen wie Rückrufwunsch, Angebotsanfragen per Formular oder Online-Kauf. Auf so genannten Lostpfaden verlassen die Nutzer rasch wieder die Site.

Im Extremfall kann für jede einzelne Seite die Bedeutung des Inhalts für die Besucher (Userzahlen, textmengenabhängige Verweildauer, Absprungrate, Anzahl Folge-Klicks) und für das Unternehmen (Winpfadnutzer, Lostpfadnutzer, Absprungrate) ermittelt werden. Durch Verknüpfung dieser Charakteristika können die Seiten für die Maßnahmenplanung in eine Art Online-Portfolio überführt werden. Die Analyse führt dazu, dass Ausdünnungs- und Absprungstellen innerhalb der Site beseitigt, die User auf Winpfade geführt oder beispielhafte Erfolgspfade über die ganze Site adaptiert werden können [...].“

Quelle: Heyden/Steinke 2001, S. 20f.

3. Planungsfunktion

Die Unterstützung der Planung des Dienstleistungsmanagements durch das Dienstleistungscontrolling ist die zentrale Aufgabe im Hinblick auf die Planungsfunktion. In diesem Zusammenhang sind Methoden bereitzustellen, mit denen die Planungsaktivitäten des Dienstleistungsmanagements gemäß einer unternehmensweiten Systematik erfolgen können, indem erfolgsrelevante Zielgrößen (insbesondere finanzielle, personalbezogene und kundenbezogene Kennziffern) kontinuierlich erhoben und gegebenenfalls neu definiert werden.

4. Kontrollfunktion

Schließlich betrifft das Dienstleistungscontrolling auch die Kontrolle kundenbezogener Aktivitäten. Zu diesem Zweck sind ebenfalls entsprechende Methoden bereitzustellen. Insbesondere ist es erfolgsrelevant, die Wechselwirkungen zwischen Planung und Kontrolle zu berücksichtigen, die keine voneinander isolierten Aufgaben darstellen (Bruhn 1998b, S. 77). Im Rahmen des Controlling gilt es demnach, mögliche Zielabweichungen zu realisieren (Kontrolle) und diese – nach eingehender Analyse der Abweichungsursachen – als Basis für eine eventuell notwendige Neudefinition der Ziele zugrunde zu legen (Planung).

1.3 Organisatorische Stellung des Dienstleistungscontrolling

Organisatorisch ist das Controlling meist auf der ersten oder zweiten Leitungsebene angesiedelt (vgl. Link/Gerth/Voßbeck 2000, S. 17 sowie exemplarisch Insert 8-1-2, in dem die Organigramme der Bavaria-Production GmbH und der Deutschen Bahn AG dargestellt sind). Teilweise sind diesem auch das interne Rechnungswesen und EDV untergeordnet. Neben dieser zentralen Stellung auf der obersten Unternehmensebene wird in Großunternehmen ein breites Spektrum von Controllingaufgaben auf den unteren Ebenen wahrgenommen. Hierzu werden so genannte Subcontroller eingesetzt, die in der Regel geschäftsbereichspezifische und/oder marketingspezifische Controllingaufgaben (z. B. Kundenzufriedenheitsstudien) übernehmen.

In mittleren Betrieben leitet der Controller oft gleichzeitig das Finanz- und Rechnungswesen oder ist unter Umständen sogar kaufmännischer Leiter. Sehr häufig ist bei Mittelbetrieben auch eine organisatorische Integration des Controlling als Stabsstelle neben der Geschäftsführung zu beobachten (Ehrmann 2004, S. 24ff.).

INSERT 8-1-2 Organigramm der Bavaria-Production Services GmbH und der Deutschen Bahn AG

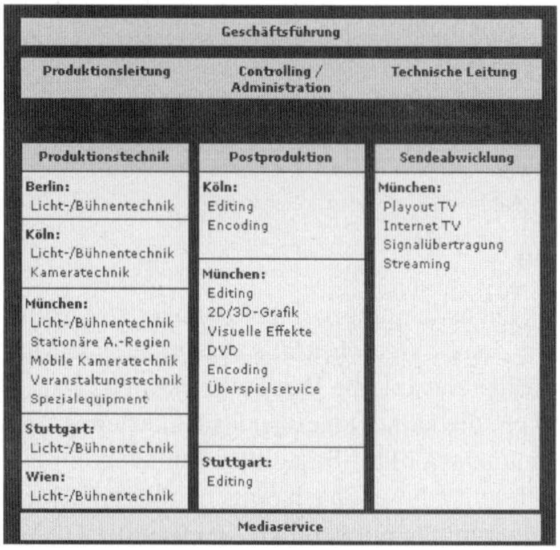

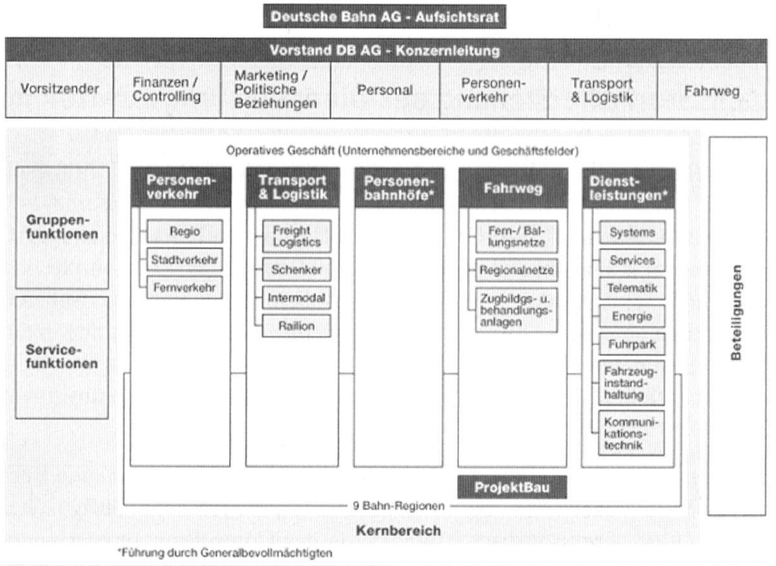

Quelle: Bavaria-Production Services GmbH 2005; Deutsche Bahn 2005

Das **Klinikum Kemperhof gGmbH,** Koblenz, das Akademische Lehrkrankenhaus der Johannes Gutenberg-Universität Mainz mit über 542 Planbetten und ca. 1.390 Mitarbeitern, hat vor einigen Jahren eine Stabsstelle Controlling eingerichtet, um der zunehmenden Komplexität der Controllingaufgaben gerecht zu werden. Vom Verständnis her sieht sich die Stabsstelle Controlling als ein Steuerungsinstrument des Direktoriums an, wobei sie direkt dem Verwaltungsdirektor unterstellt ist. Als Schwerpunkte stehen neben der Überprüfung von Arbeitsabläufen und Aufgaben einzelner Bereiche insbesondere die Weiterentwicklung der Organisationsstruktur durch Auswirkungen der gesetzlichen Rahmenbedingungen auf das Unternehmen und Wirtschaftlichkeitsprüfungen im Vordergrund. Durch aktive Koordination und enge Kooperation mit allen Beteiligten werden Vorschläge zur Optimierung und Erreichung von Unternehmenszielen erarbeitet, überwacht und über deren Entwicklung berichtet (Quelle: Kemperhof 2005).

Die Stellung eines Controllers – insbesondere eines Subcontrollers – kann als ambivalent bezeichnet werden. Zum einen ist er Ratgeber und interner Serviceleister, z. B. für die Marketingleitung. Zum anderen ist er für die Kontrolle und Berichterstattung zuständig und hat damit unter anderem auch die Aufgabe, „unangenehme" Wahrheiten zu erkennen (z. B. die Nichterreichung von Marketingzielen) und z. B. an das Zentralcontrolling oder die Geschäftsleitung weiterzuleiten.

Für die objektive Wahrnehmung dieser Aufgaben stellt die organisatorische Verankerung des Controlling eine wesentliche Voraussetzung dar. Alternativ kann der Dienstleistungscontroller disziplinarisch und/oder fachlich der Marketingleitung oder dem Zentralcontroller unterstellt werden.

Beim **subordinierten Controlling** ist der Dienstleistungscontroller fachlich und disziplinarisch der Marketingleitung unterstellt. Problematisch an dieser Alternative ist, dass die für das Controlling notwendige Integration verschiedener Funktionsbereiche über den Marketingbereich hinaus durch die Dezentralisierung und einen möglichen Ressortegoismus behindert wird.

Das **ressortgebundene** und das **zentralgebundene Controlling** beinhalten eine „Doppelunterstellung" des Dienstleistungscontrollers. Er ist fachlich dem Zentralcontroller und disziplinarisch der Marketingleitung unterstellt bzw. vice versa. Diese Lösungen führen zu einem Spannungsverhältnis zwischen Dienstleistungscontroller, Marketingleitung und Zentralcontroller. Die Alternativen sind stark davon abhängig, wie kooperativ die einzelnen Parteien sich verhalten.

Schließlich ergibt sich die Lösung einer **zweigleisigen Unternehmensführung,** die zu einem autonomen Controller-Strang neben der Managementhierarchie führt. Vorteilhaft ist hierbei die hohe Unabhängigkeit des Dienstleistungscontrollers. Jedoch kann er dadurch auch leicht als „Fremdkörper" im Marketingbereich gelten und auf mangelnde Akzeptanz stoßen. Entsprechend ist es bei einer zweigleisigen Unternehmensführung von besonderer Relevanz, die Vorteile eines (unabhängigen) Marketingcontrolling zu verdeutlichen, um sachliche und persönliche Konflikte zu vermeiden.

2. Controllingsystem im Dienstleistungsmarketing

2.1 Controlling als Subsystem des Dienstleistungsmanagements

Die Hauptaufgabe des Dienstleistungscontrolling stellt die Koordination sämtlicher relevanter Aktivitäten eines Dienstleisters dar, die zur effizienten Erstellung von Dienstleistungen entsprechend der Kundenanforderung notwendig sind. Seinen organisatorischen Niederschlag findet das Dienstleistungscontrolling im Dienstleistungscontrollingsystem:

> Ein **Dienstleistungscontrollingsystem** ist die Zusammenfügung verschiedener gebündelter Maßnahmenkataloge, die der systematischen Unterstützung und Koordination der kundenbezogenen Aktivitäten eines Dienstleisters dienen.

Es kann deshalb auch als Subsystem des Dienstleistungsunternehmens bezeichnet werden, das die Controllingfunktionen wahrnimmt.

2.2 Relevante Subsysteme

Bei einer systemischen Betrachtung bilden das Dienstleistungsmanagementsystem und das Leistungserstellungssystem das **Dienstleistungsausführungssystem** (Abbildung 8-2-1).

Im Rahmen des **Dienstleistungserstellungssystems** lassen sich drei Phasen der Dienstleistungserstellung differenzieren:

1. Potenzialphase,
2. Prozessphase,
3. Ergebnisphase.

Die **Potenzialphase** betrifft die Strukturen und Fähigkeiten eines Anbieters, die zur Erstellung einer Dienstleistung erforderlich sind (z. B. Mitarbeiterpotenziale, Räumlichkeiten usw.). In der **Prozessphase** treten Dienstleistungsanbieter und -nachfrager in Kontakt zueinander. Eine Dienstleistung kann nur durch die Integration des Kunden (z. B. Beratungsgespräch) oder seiner Verfügungsobjekte (z. B. Auto zur Reparatur) erstellt werden. Dies hat zum einen zur Folge, dass der Kunde selbst die Qualität der Dienstleistung beeinflussen kann. Zum anderen bedeutet dies, dass der Anbieter seine Leistungen nicht erst erstellen und anschließend an den Kunden verkaufen kann. Vielmehr erstellen die Mitarbeiter des Dienstleisters im Kontakt mit dem Kunden die Leistung jedes Mal von Neuem. Schließlich mündet der Dienstleistungserstellungsprozess in ein zu einem gewissen Grade immateriellen **Leistungsergebnis** (z. B. Sicherheit durch eine Versicherung).

Abbildung 8-2-1 Subsysteme des Dienstleistungscontrolling im Überblick

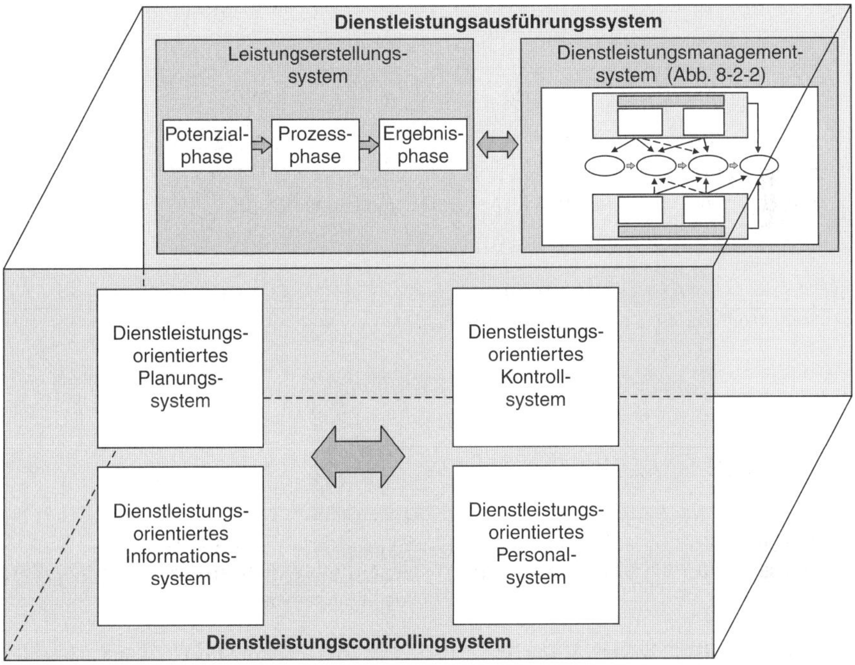

GABLER GRAFIK

Der Erfolg eines Dienstleistungsunternehmens hängt auch vom **Management der moderierenden Variablen** der Erfolgskette ab. Exzellente Dienstleistungsunternehmen zeichnen sich durch das Denken in der Erfolgskette aus, in dessen Zentrum ein professionelles Qualitätsmanagement steht. Darüber hinaus gelingt es ihnen aber auch, die externen und internen „Störfaktoren" der Erfolgskette durch Einsatz eines Beschwerde- und Kundenbindungsmanagements sowie eines Value Managements zu kontrollieren (Bruhn 2002g, S. 147ff.). Während Qualitäts- und Beschwerdemanagement auf eine **leistungsbezogene** Unterstützung der Kundenorientierung zielen (Sicherstellung einer hohen Leistungsqualität bzw. Reaktion auf Leistungsfehler), dienen Kundenbindungs- und

Kundenwertmanagement der **personenbezogenen** Unterstützung des Dienstleistungsmarketing. Durch den Einsatz dieser Instrumente im Rahmen des Dienstleistungsmanagementsystems kann die Realisierung der Erfolgskette positiv beeinflusst werden (Abbildung 8-2-2). Im Rahmen des Dienstleistungsausführungssystems kommt dem **Dienstleistungsmanagementsystem** somit die Aufgabe der Koordination des Leistungserstellungssystems im Hinblick auf die Realisierung eines professionellen Dienstleistungsmarketing zu.

Abbildung 8-2-2 Dienstleistungsmanagementsystem

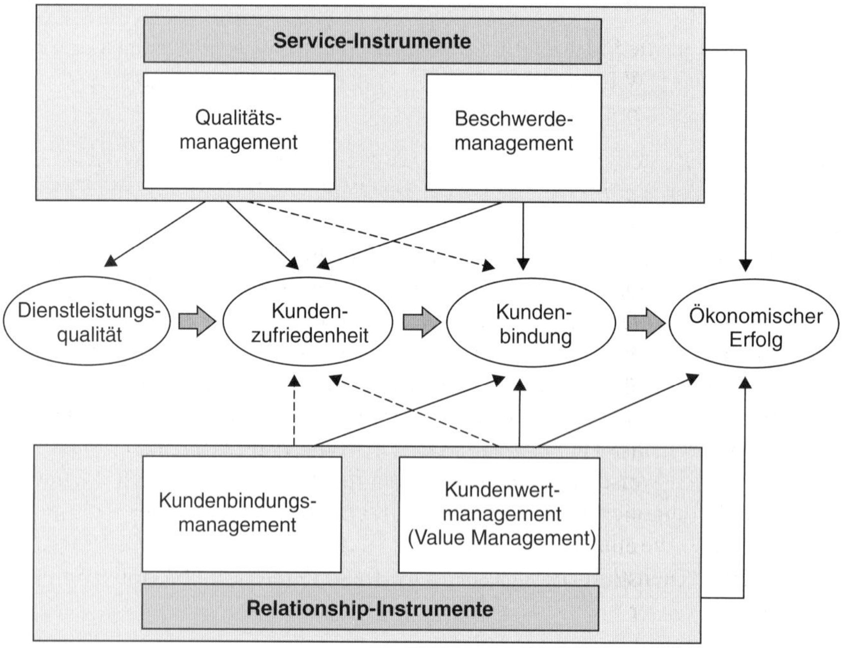

GABLER GRAFIK

Wie Abbildung 8-2-1 zeigt, sind als relevante Subsysteme des **Dienstleistungscontrolling** das Planungs-, Kontroll-, Informations- sowie Personalsystem zu differenzieren. Je nach unternehmensindividueller Situation ist jedoch eine Erweiterung der Subsysteme (z. B. hinsichtlich eines Organisations- oder Wertesystems) oder auch eine Konzentration auf wenige zentrale Subsysteme (z. B. Informations- und Kontrollsystem) denkbar. Die Behebung der planungs-, kontroll-, informations- sowie personalbezogenen Defizite innerhalb des Ausführungssystems lässt sich durch Prozesse umsetzen, die die Erfolgskette kontrollieren.

Das zentrale Ziel des Controlling ist die Sicherung der Funktionsfähigkeit des Dienstleistungsmarketing. Dieses Ziel lässt sich innerhalb des **Ausführungssystems** und somit mit direktem Bezug zur Erfolgskette anhand von vier **Phasen eines Controllingkreises** umsetzen (Abbildung 8-2-3):

1. Im Rahmen des **Systemauditing** gilt es, sämtliche Strukturen und Prozesse des Dienstleistungsmanagementsystems auf ihre Zweckmäßigkeit hin zu überprüfen.

2. Die **Wirkungskontrolle** dient der Analyse der Wirkungen des Dienstleistungsmanagements auf seine psychologischen (z. B. Qualitätswahrnehmung), verhaltensbezogenen (z. B. Kundenbindung) und ökonomischen Zielgrößen (z. B. Umsatz).

3. Zweck des **System-Wirkungs-Auditing** ist die gemeinsame Überprüfung des Dienstleistungsmanagements und seiner Wirkungen.

4. Schließlich dient die **Erfolgskontrolle** der Verknüpfung des Dienstleistungsmanagements mit seinen Wirkungen und somit der Analyse der Profitabilität des Dienstleistungsmanagements.

Das **Auditing** beinhaltet grundsätzlich eine kritische Überprüfung von Verfahrensweisen und Entscheidungsprozessen im Marketing (Köhler 1989; 1993). Insofern werden innerhalb des Systemauditing die im Unternehmen bestehenden Strukturen und Prozesse zur Leistungserstellung auf ihre Zweckmäßigkeit hin untersucht. Gegenstand ist die Überprüfung von Planungsprämissen, beispielsweise hinsichtlich der Frage, ob eine Kundenbeziehung immer noch als stabil anzusehen und im Rahmen des Kundenbindungsmanagements zu bearbeiten ist oder es sich bereits um einen abwandernden Kunden handelt, der dann möglicherweise durch Rückgewinnungsmaßnahmen zu bearbeiten ist. Im Rahmen des Auditing sind im Prinzip die einzelnen Ablaufschritte des Dienstleistungsmanagements kritisch in Frage zu stellen. In diesem Zusammenhang sind insbesondere auch Verfahrensweisen und Prozesse zu überprüfen, die sich über Jahre hinweg als selbstverständlich etabliert haben und möglicherweise zweckmäßiger gestaltbar sind. Das Auditing ist für die einzelnen Systeme durchzuführen. So wird das Qualitätsmanagementsystem eines Dienstleistungsanbieters auf Basis der DIN ISO-Normen im Hinblick auf die Erfüllung dieser Normen geprüft.

Eine für Dienstleistungsunternehmen vergleichsweise neue Form des Auditing ist das so genannte Öko-Audit (Insert 8-2-1). Durch ein Öko-Audit signalisieren die entsprechenden Unternehmen, dass die Leistungen umweltgerecht erbracht werden (z. B. in Bezug auf den Energieverbrauch). Das Hauptziel eines Öko-Audits besteht dabei – neben Kosteneinsparungen – im Aufbau eines positiven, innovationsfreundlichen Image. Ferner ist das Öko-Audit für die Vergabe öffentlicher Aufträge hilfreich.

Abbildung 8-2-3 Controllingkreis für Dienstleistungen

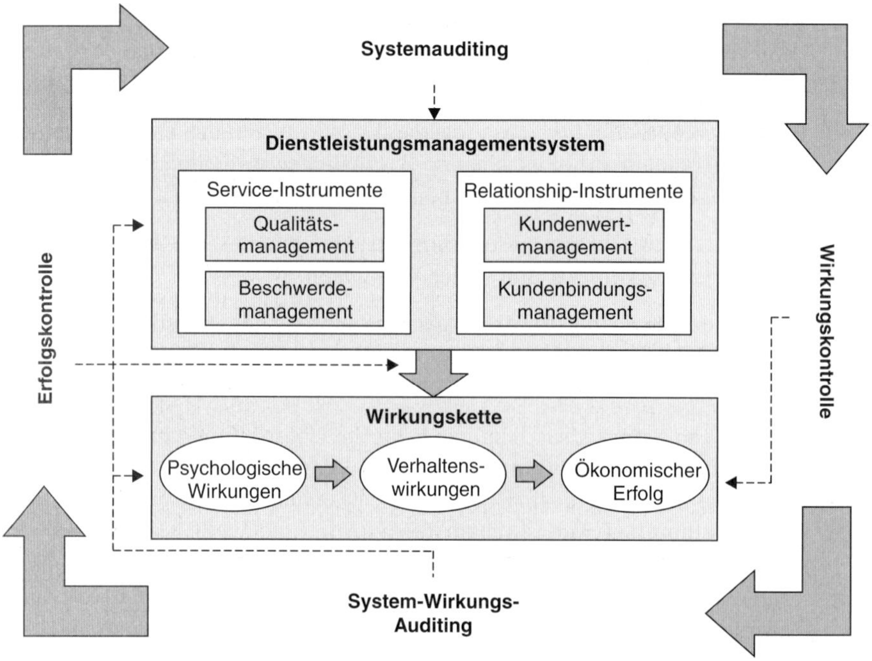

GABLER GRAFIK

Während durch das System-Wirkungs-Auditing die Maßnahmen des Dienstleistungsmanagements und seine Wirkungen gemeinsam, aber getrennt voneinander beurteilt werden, dient die Erfolgskontrolle der Zurechnung von Erfolgswirkungen zum Dienstleistungsmanagementsystem. Durch die Verknüpfung von Maßnahmen und Wirkungen gilt es, Aussagen über die **Wirtschaftlichkeit** der Maßnahmenumsetzung zu treffen (Effizienzkontrolle).

Schließlich dient die **Erfolgskontrolle** des Dienstleistungsmanagements der Zurechnung von Erfolgswirkungen zu den einzelnen Managementbausteinen Qualitäts-, Beschwerde-, Kundenbindungs- und Kundenwertmanagement. Hier gilt es, Aussagen über die Effizienz sowie Wirtschaftlichkeit der einzelnen Maßnahmenumsetzungen zu treffen (Bruhn 1998b).

Das zentrale Instrument zur **Wirtschaftlichkeitskontrolle** repräsentiert die Kosten-Nutzen-Analyse, bei der die Kosten und der Nutzen der einzelnen Managementsysteme gegenüber gestellt werden (Bruhn/Georgi 1999; Hansen/Kamiske 2002).

INSERT 8-2-1 Öko-Audit bei Dienstleistungsanbietern

EU-Öko-Audit

Dienstleister mit dabei

p./ak. Die Öffentlichkeit verlangt eine umweltverträgliche Produktion. Die Industrie reagiert mit Umweltmanagementsystemen und fordert verstärkt auch von den Dienstleistern umweltgerechte Leistungen. Seit fünf Jahren können Produktionsbetriebe ihre Standorte durch ein Öko-Audit der Europäischen Union prüfen, zertifizieren und im offiziellen Register des Deutschen Industrie und Handelstages (DIHT) registrieren lassen. Den Dienstleistern war dies bisher offiziell verwehrt. Nur wenige Logistikdienstleister wie die Spedition Kieserling *(s. LH 1-2/98 Seite 23)* haben daher in den vergangenen Jahren die Mühe auf sich genommen, ein Umweltmanagementsystem nach den Kriterien der EU-Verordnung 1863/93 vorzunehmen.

Mit einer Erweiterungsverordnung wurde deshalb das Umweltauditgesetz (UAG) Anfang Februar ergänzt: Dienstleistungsunternehmen können nun eine "Standortvalidierung" nach der EU-Öko-Audit-Verordnung 1836/93 vornehmen. Die am 9. Februar im Bundesgesetzblatt veröffentlichte UAG-Erweiterungsverordnung spezifiziert die Branchen, die sich nun ebenfalls am Umweltsystem der Europäischen Union beteiligen können. Neben dem Groß- u. Außenhandel, der Kreditwirtschaft, dem Gastgewerbe und öffentlichen Verwaltungen wurden namentlich folgende Bereiche der Verkehrswirtschaft in der Verordnung genannt:

- Eisenbahnen
- sonstiger Landverkehr (z.B. Güterverkehr auf der Straße)
- Binnenschiffahrt
- Linienflugverkehr und Gelegenheitsflugverkehr
- Hilfs- und Nebentätigkeiten für Verkehr und Verkehrsvermittlung (z.B. Spedition, Lagerei, Frachtumschlag und Reisebüros)
- Nachrichtenübermittlung (z.B. Post-, KEP- und Fernmeldedienste)

Quelle: o. V. 1998, S. 38

Bei der **Wirkungskontrolle** werden die Ausprägungen einzelner Zielgrößen innerhalb der Erfolgskette gemessen. Insofern sind drei Arten der isolierten Wirkungskontrolle zu unterscheiden. Erstens die Messung der psychologischen Wirkungen, zweitens die Messung der verhaltensbezogenen Wirkungen sowie drittens die Messung des kundenbezogenen ökonomischen Erfolgs. Durch welche konkreten Indikatoren die Messung erfolgen kann, ist Gegenstand von Abschnitt 3.

Während sich die Wirkungskontrolle auf die isolierte Messung einzelner Zielgrößen innerhalb der Wirkungskette bezieht, ist es Aufgabe des **Wirkungsauditing,** die Gesamtzusammenhänge innerhalb der Erfolgskette zu evaluieren. Dies kann beispielsweise durch eine unternehmensindividuelle Messung der Erfolgsgrößen im Rahmen von Kausalmodellen realisiert werden, in denen die Beziehungen zwischen den einzelnen Variablen gesamthaft abgebildet werden. Unternehmensübergreifend bietet sich für ein Wirkungsauditing der Einsatz Nationaler Kundenbarometer an (Fornell 1992; Bruhn/Murmann 1998; Bruhn/Hadwich 2004), bei denen eher global und branchenbezogen die Wirkungen innerhalb der Erfolgskette überprüft werden. Auch im Rahmen des EFQM-Modells kann das Qualitätsmanagementsystem – in Form der Befähiger – und die Wirkungen des Qualitätsmanagements – in Form der Ergebnisse – evaluiert werden.

3. Instrumente des Controlling in Dienstleistungsunternehmen

3.1 Erfolgskette als Ausgangspunkt des Controlling

Die **Kontrolle des Dienstleistungsmarketing** betrifft vor allem seine Wirkungen, so dass entsprechend der Einteilung der Wirkungen des Dienstleistungsmarketing eine vorökonomische und ökonomische Wirkungskontrolle unterschieden werden kann (Abbildung 8-3-1).

Abbildung 8-3-1 **Ansätze zur Kontrolle des Dienstleistungsmarketing**

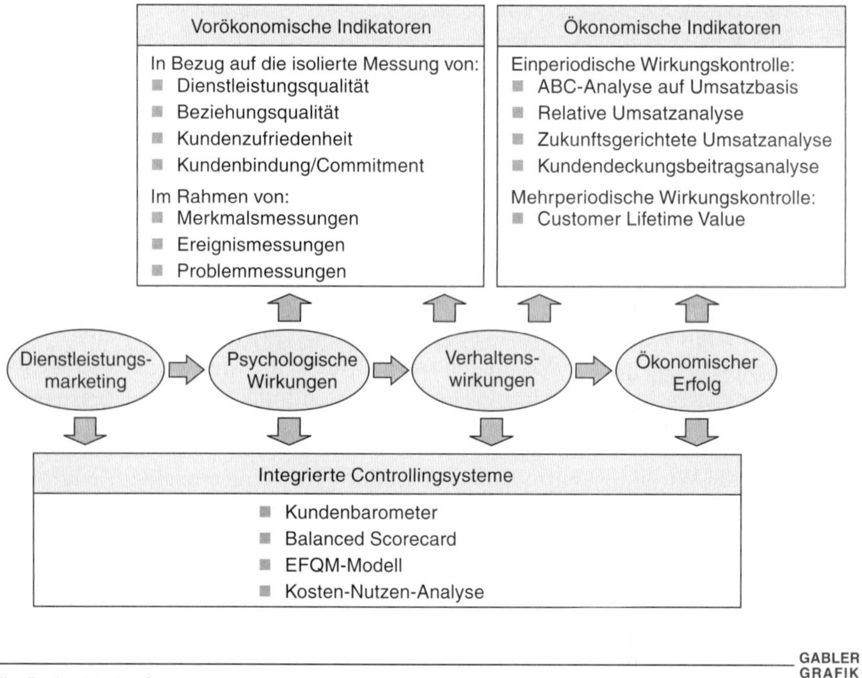

Quelle: Bruhn 2001e, S. 200

Insbesondere der vorökonomischen Kontrolle kommt aufgrund der Determinierung des ökonomischen Erfolgs und der direkteren Beeinflussbarkeit dieser Größen durch Marketingmaßnahmen eine große Bedeutung zu. Darüber hinaus bestehen Ansätze einer integrierten Kontrolle, bei denen vorökonomische und ökonomische Wirkungen gemeinsam und interdependent untersucht werden. Ferner werden bei der integrierten Kontrolle teilweise Zusammenhänge zwischen Maßnahmen (z. B. Verbesserung der Leistungsqualität) und Auswirkungen (z. B. Erhöhung der Kundenzufriedenheit) berücksichtigt.

3.2 Controlling von vorökonomischen Indikatoren

Beim Einsatz vorökonomischer Indikatoren des Dienstleistungscontrolling werden die Ausprägungen einzelner Zielgrößen der Wirkungskette durch ausgewählte Indikatoren gemessen. Es handelt sich dabei um eine isolierte Messung von relevanten Konstrukten, wie z. B. die wahrgenommene Dienstleistungsqualität, die Kundenzufriedenheit, die Beziehungsqualität, das Commitment, die Kundenbindung usw.

Methodisch sind grundsätzlich merkmals-, ereignis- und problemorientierte **Messansätze** zu unterscheiden, die zur Messung vorökonomischer Größen zum Einsatz gelangen (vgl. Kapitel 5). Dabei ist es denkbar, dass zum Controlling nicht nur einer der Messansätze gewählt wird, sondern beispielsweise problemorientierte und merkmalsorientierte Verfahren gleichzeitig eingesetzt werden. Dies trägt dazu bei, dass die Verantwortlichen in Dienstleistungsunternehmen einen ganzheitlicheren Eindruck über die Effektivität des Dienstleistungsmarketing erhalten.

Im Rahmen der **merkmalsorientierten Messung** wird die Beurteilung einzelner Leistungsmerkmale durch den Kunden in standardisierter Form (z. B. auf Basis eines Fragebogens) erhoben. Zur Messung der einzelnen Kettenglieder haben sich mittlerweile verschiedene merkmalsorientierte Messverfahren herausgebildet. Zur Messung der **Dienstleistungsqualität** wird häufig der branchenübergreifend einsetzbare SERVQUAL-Ansatz herangezogen (Zeithaml et al. 1992; kritisch hierzu Sureshchandar et al. 2001). Die **Kundenzufriedenheit** wird in zahlreichen unternehmensinternen sowie -übergreifenden Studien durch die Frage nach der Globalzufriedenheit mit dem Unternehmen sowie nach verschiedenen Teilzufriedenheiten erhoben (Oliver 1996; Bruhn 2001b; zur unternehmensübergreifenden Messung von Kundenzufriedenheit vgl. auch ServiceBarometer 2004). Zur Messung der **Kundenbindung** hat sich im Rahmen der Merkmalsmessung die Verwendung der Indikatoren Wiederkaufabsicht, Weiterempfehlungsabsicht sowie Cross-Selling-Absicht durchgesetzt (Homburg/Giering/Hentschel 1999, S. 88f.; Krafft 2002, S. 25; Homburg/Bruhn 2005, S. 4ff.). Die Ergebnisse der merkmalsorientierten Messung dienen dabei nicht nur zur Identifizierung von Schwachpunkten bei der Servicequalität. Vielmehr lassen sich die entsprechenden Controllingergebnisse auch im Rahmen der Kommunikationspolitik von Unternehmen einsetzen, wie in Insert 8-3-1 dargestellt.

INSERT 8-3-1 **Kommunikationspolitische Nutzung von Kundenzufriedenheitsurteilen bei der Sparda-Bank**

» Sparda-Bank Berlin eG BLZ 120 965 97

// Homepage / Bank für Privatkunden / Wir über uns / Kundenzufriedenheit

Kundenzufriedenheit

Freundlich & fair

... das ist die Philosophie der Sparda-Bank Berlin eG.

Bei uns steht der Mensch im Mittelpunkt. Wir orientieren uns an der Zufriedenheit unserer Kundinnen und Kunden. Für uns ist es wichtig, dass man sich bei der Sparda-Bank wohlfühlt. Dass wir für den Kunden Zeit haben und uns um ihn richtig kümmern sind dabei zwei entscheidende Faktoren.

Freundlich & fair heißt, eine positive Einstellung zum Menschen zu haben und viel natürliche Offenheit für die Belange des Einzelnen.

Dabei sind individuelle Lösungen für uns selbstverständlich, flexibel und unbürokratisch.

Freundlich & fair bedeutet auch, dass wir ein Preis-Leistungs-Verhältnis bieten, das nahezu einmalig ist. Dass dies bei unseren Kundinnen und Kunden gut ankommt, beweisen auch die neuesten Umfragen zur Kundenzufriedenheit.

Zum zwölften Mal in Folge landeten die Sparda-Banken 2004 mit einer Spitzennote von 1,83 auf Platz eins bei der Umfrage des „Deutschen Kundenmonitor" zur Globalzufriedenheit.

Quelle: Sparda 2005

Die **ereignisorientierte Messung** dient der Erfassung relevanter Begebenheiten im Rahmen des Leistungserstellungsprozesses aus Kundensicht. Sie setzt somit insbesondere bei der Messung der **Dienstleistungsqualität** an. Zu den bekanntesten Verfahren dieser Kategorie zählt die Critical Incident Technique (Bitner et al. 1990; Stauss 2000a; Gremler 2004), bei der die Kunden in persönlichen Interviews die Phasen des Leistungserlebnisses nochmals gedanklich nachvollziehen. Die Methode der Erfassung und Auswertung der so genannten kritischen Ereignisse ist bereits seit den 1950er Jahren Gegenstand der Forschung. Als Weiterentwicklung dieser Methode ist die Sequenzielle Ereignismethode (Stauss/Weinlich 1997) sowie die Switching-Path-Analyse (Roos/Strandvik 1997; Roos 1999; Michalski 2002) anzusehen, die bestimmte Dienstleistungssequenzen oder sogar längere Beziehungsphasen (insbesondere die Abwanderungsphase) analysieren.

Der Untersuchungsgegenstand der **problemorientierten Messung** sind die aus Kundensicht relevanten Problemfelder im Hinblick auf die Leistungserstellung eines Dienstleisters (Stauss/Hentschel 1990). Bei einer aktiven Problemmessung beurteilen Kunden die Häufigkeit und die Relevanz von problematischen Aspekten einer Dienstleistung. Eine passive Problemmessung lässt sich anhand von Kundenbeschwerden vornehmen, die als Indikator für eine schwache wahrgenommene **Dienstleistungsqualität** bzw. **Kundenunzufriedenheit** zu interpretieren sind.

Eine im April 2002 publizierte Studie der Unternehmensberatung Loyalty Hamburg GmbH zur **Kundenbindung im Hotelgewerbe** hat ergeben, dass in Deutschland eine systematische Dokumentation und Analyse von Kundenproblemen bisher kaum erfolgt. So sind Beschwerden und Kundenvorschläge nur für ca. die Hälfte der befragten Hotels Anlass für Leistungsverbesserungen. Ähnliches gilt für die Auswertung der Kundenzufriedenheitsbefragungen: Zwar liegen in den meisten Hotels Fragebögen aus (bei ca. 80 Prozent der befragten Hotels ist dies der Fall), die Ergebnisse werden jedoch nur in Ausnahmefällen als Anstoß für Leistungsoptimierungen genutzt (Quelle: Loyalty Hamburg 2002).

3.3 Controlling von ökonomischen Indikatoren

Eine Steuerung der vorökonomischen Größen innerhalb der Erfolgskette des Dienstleistungsmarketing dient letztlich einer Optimierung der ökonomischen Zielgrößen. Im Rahmen der ökonomischen Kontrolle des Dienstleistungsmarketing gilt es, die Realisierung dieser ökonomischen Zielgrößen zu überprüfen. Wie der Kundenbeziehungslebenszyklus unterstellt, weisen Kundenbeziehungen einen dynamischen Charakter auf, so dass sich zwei **Formen der ökonomischen Kontrolle** unterscheiden lassen:

1. Einperiodische Kontrolle von Kundenbeziehungen,
2. Mehrperiodische Kontrolle von Kundenbeziehungen.

3.31 Einperiodische Kontrolle von Kundenbeziehungen

Eine einperiodische ökonomische Kontrolle von Kundenbeziehungen kann vor allem durch **Kundenumsatz- und -deckungsbeitragsanalysen** vorgenommen werden. Diese lassen sich jeweils differenzieren in (Homburg/Schnurr 1998):

- Analysen auf Basis tatsächlicher versus potenzieller Werte,
- Absolute versus relative Analysen.

Bei der **Kundenumsatzanalyse** werden die Umsätze mit einem einzelnen Kunden betrachtet. Als Untersuchungsgrößen können hierbei neben dem aktuellen Umsatz (tatsächlicher Wert) der für die Zukunft erwartete Umsatz sowie der Maximalumsatz, d. h. das Umsatzpotenzial mit einem Kunden (potenzielle Werte) herangezogen werden (Rieker 1995; Krafft 1998, S. 167).

Die absoluten Umsatzzahlen sagen jedoch häufig wenig über eine Kundenbeziehung aus. Daher ist es sinnvoll, eine **relative Kundenumsatzanalyse** durchzuführen, in deren Rahmen folgende **Kennzahlen** eingesetzt werden (Cornelsen 1996, 2000; Homburg/Schnurr 1998):

- Zunächst gibt der **Umsatzanteil** eines Kunden am Gesamtumsatz des Unternehmens die Bedeutung des jeweiligen Kunden für das Unternehmen an.
- Die **Kundendurchdringungsrate** basiert auf der Definition des absoluten Marktanteils und setzt den Umsatz mit einem Kunden ins Verhältnis zum Gesamtbedarf des Kunden an der betrachteten Leistung („Share of Customer", „Share of Wallet").

Die besondere Relevanz dieser Kennziffer wird anschaulich in Insert 8-3-2 dargestellt, das die Ergebnisse einer von der Unternehmensberatung Capgemini im Jahre 2005 durchgeführten **Studie aus dem Bankenbereich** wiedergibt. Demnach werden sich in den nächsten drei Jahren viele Banken auf die Anhebung des Share of Wallet konzentrieren und sich dazu intensiv mit der Implementierung von Relationship-Marketing-Strategien beschäftigen. Die Untersuchung basiert auf der Befragung von 40 hochrangigen Managern aus 27 verschiedenen Banken.

INSERT 8-3-2 **Prognostizierte Relevanz des Share of Wallet als Quelle für Gewinnsteigerungen in Banken**

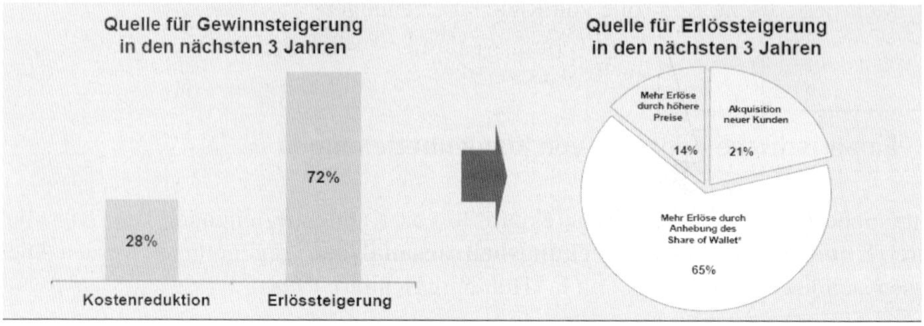

Quelle: Capgemini 2005

- Die **relative Lieferantenposition** ist an den relativen Marktanteil angelehnt und bezeichnet das Verhältnis aus dem Umsatz des betrachteten Anbieters mit einem Kunden und dem Umsatz des größten Konkurrenten mit diesem Kunden.

Ein **Vergleich von Umsatzkennzahlen zwischen verschiedenen Kunden** ist mit der so genannten **ABC-Analyse** möglich (Homburg/Schnurr 1998; Köhler 2005). Bei der ABC-Analyse werden die Kunden gemäß des Umsatzes, den der Anbieter durch sie erzielt, in eine Reihenfolge gebracht. In einem zweidimensionalen Diagramm mit den Achsen „kumulierter Anteil am Kundenbestand" und „kumulierter Umsatzanteil" werden auf der ersten Achse die jeweiligen Kunden abgetragen. Dabei wird auf der linken Seite der Achse mit den umsatzstärksten Kunden begonnen. Auf der zweiten Achse wird jeweils der zusätzliche Umsatzbeitrag des betrachteten Kunden abgetragen. Häufig wird hierbei ersichtlich, dass ein relativ kleiner Kundenanteil einen relativ großen Umsatzanteil ausmacht. Vereinfacht wird in diesem Zusammenhang von der 20:80-Regel gesprochen (auch Pareto-Regel genannt), die besagt, dass häufig 20 Prozent der Kunden 80 Prozent des Umsatzes generieren. Anhand der resultierenden Kurve lassen sich die Kunden in A-, B- und C-Kunden einteilen, von denen die A-Kunden die umsatzstärksten Kunden darstellen, in die folglich am ehesten zu investieren ist (Abbildung 8-3-2; Insert 8-3-3). Ein entsprechender Ansatz der Kundenbewertung wird beispielsweise bei dem Express-Kurier-Unternehmen Federal Express angewendet, das seine Kunden plakativ in „the good, the bad, and the ugly" unterteilt (Rust/Zeithaml/Lemon 2000, S. 187).

Abbildung 8-3-2 ABC-Analyse auf Basis des Kundenumsatzes

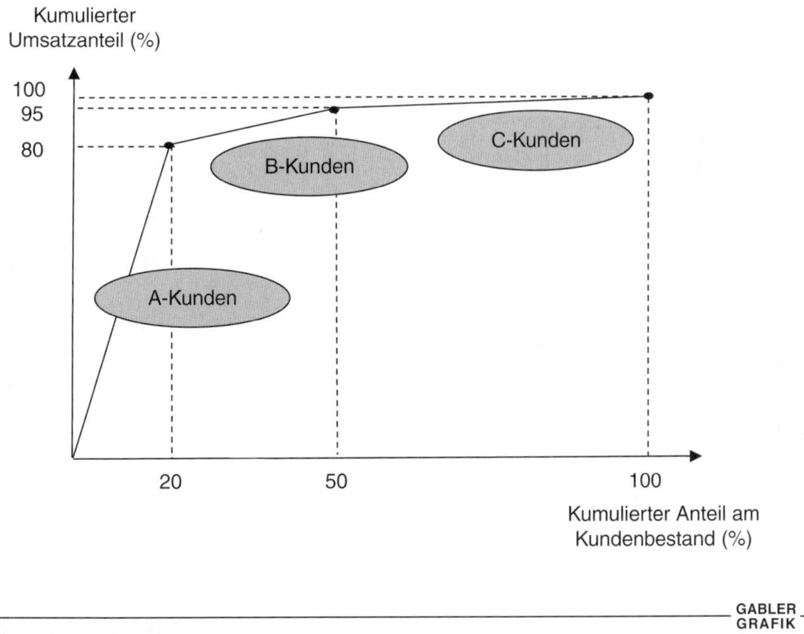

INSERT 8-3-3 **ABC-Analyse als Basis für gezieltes Direct Marketing und die Optimierung des Category Managements bei Real**

Real intensiviert Kontakt mit Kunden-Segmenten

Payback-Daten wirkungsvoll für gezieltes Direktmarketing und Optimierung des Category Managements

„... Real kann seine mit Hilfe von Kundenkarten gewonnenen Erkenntnisse sowohl für ein gezielteres Ansprechen seiner guten Kunden als auch für die Optimierung des Category Managements bestens gebrauchen. Diese Bilanz zog Karsten Hemmer, CRM-Chef von Metros SB-Warenhaus-Linie, bei der Category Management Jahrestagung von Euroforum in Düsseldorf.

Vier Jahre nach dem Start der Kundenkarten-Dachmarke Payback zog Hemmer eine positive Bilanz des Karten-Nutzens für Real. 7,4 Mio. Payback-Karten hat alleine Real ausgegeben, weitere 5 Mio. Besitzer von Payback-Karten anderer Händler haben die Plastikkarte mindestens einmal an den Kassen der SB-Warenhäuser der Metro Group genutzt. Alleine im Dezember kauften 4,6 Mio. Payback-Nutzer bei Real ein und ließen dabei 12,7 Millionen mal die Kassen der Metro-Tochter klingeln. Dementsprechend stieg das Datenvolumen im Data Warehouse der Metro Group um 12,7 Mio. Real-Einkaufsbons an.

Die Kundenkarten-Daten ermöglichen Real die Segmentierung seiner Kunden nach verschiedenen Kriterien. Die Analyse dieser Segmente wiederum erlaubt der rot-blauen Vertriebsschiene nach Hemmers Worten einerseits eine zielgenauere, Push-Strategie durch Direktmarketing, andererseits eine verbesserte, Pull-Strategie durch optimiertes Category Management und damit den Wünschen der umworbenen Kunden-Segmente entsprechendes Sortiment.

Rein nach Jahresumsatz teilt Real seine Kunden in die Kategorien A, B und C ein. Weniger als 20 Prozent der Kunden-Haushalte sind A-Kunden, diese erzielen aber über 60 Prozent des Kundenkarten-Umsatzes. Ihr Bon ist höher als der des durchschnittlichen Real-Kunden, aber der Anteil an Promotions in ihrem Warenkorb ist kleiner. Von A-Kunden überproportional gekaufte Waren haben laut Hemmer im Category Management auch beim Abrutschen in untere Umsatz- und Wertschöpfungs-Grenzwerte gute Chancen, im Sortiment zu bleiben ...“

Quelle: Rode 2004, S. 28

Insgesamt gilt es jedoch zu berücksichtigen, dass die ABC-Analyse ein eher pragmatisches Verfahren zur Kundenbewertung darstellt. Vor allem ist kritisch anzumerken, dass jene Kunden, die den höchsten Jahresumsatz generieren, keineswegs auch zwangsläufig den größten Beitrag zum Gewinn erbringen (Barth/Wille 2000). Entsprechend ist es oftmals fragwürdig, gegenüber einem B-Kunden weniger Marketingbemühungen vorzusehen als gegenüber einem A-Kunden. Darüber hinaus ist es denkbar, dass sich die Klassenzugehörigkeit einzelner Kunden im Zeitablauf verändert (Köhler 2005, S. 408).

Bei einer zukunftsgerichteten Kundenumsatzanalyse wird auch das **Cross-Selling-Potenzial** eines Kunden in die Untersuchung einbezogen (Homburg/Schnurr 1998; Homburg/Schäfer 2000; 2001; 2002). Dieses gibt an, ob ein Kunde Bedarf an bisher nicht genutzten Leistungen hat, die das Unternehmen auch anbietet. Das Cross-Selling-Potenzial kann in Abhängigkeit der betrachteten Branchen stark variieren. Darüber hinaus variiert die Bedeutung des Cross-Selling-Potenzials in Abhängigkeit von der Bedeutung der potenziell zu nutzenden Leistungen im Angebotsprogramm des Unternehmens. In diesem Zusammenhang ist beispielsweise eine Unterscheidung in Haupt- versus Nebenleistungen sowie profitablen versus unprofitablen Leistungen von Relevanz. Bei einer Bank wären denkbare Haupt- bzw. Einstiegsleistungen beispielsweise das Angebot von Sparkonten, Girokonten, Krediten usw., wohingegen Nebenleistungen z. B. Versicherungsleistungen oder umfassende Vermögensberatungen darstellen. Aus Sicht des Anbieters ist das Cross Selling immer dann vorteilhaft, wenn der dadurch erzielten Umsatzsteigerung keine entsprechende Steigerung bei den Kosten der Kundenbearbeitung gegenüberstehen (Homburg/Krohmer 2003, S. 795).

Der deutsche Energieversorger **RWE** verfolgt im Rahmen einer sog. „Multi-Utility-Strategie" seit einiger Zeit das Ziel, Kunden enger an das Unternehmen zu binden. Hierzu wird versucht, vorhandene Cross-Selling-Potenziale auszunutzen, indem z. B. Stromkunden auch auf Gas- und Wasserprodukte der RWE aufmerksam gemacht werden (o. V. 2005).

Auch in der Finanzdienstleistungs- und Versicherungsbranche hat das Cross Selling einen hohen Stellenwert. So bezeichnet beispielsweise die Bausparkasse **Schwäbisch Hall AG** das Cross Selling als inzwischen fest etablierte Aufgabe des Außendienstes. Die 3.600 Außendienstmitarbeiter haben, wie in Insert 8-3-4 dargestellt, im Jahr 2003 ihre Vermittlungsleistung von Cross-Selling-Produkten um 23,6 Prozent auf etwa 185.000 Produkte gesteigert. Vermittelt wurden ca. 87.000 Bankprodukte der Geno-Banken (plus 17,1 Prozent), 67.000 Investmentfonds der Union Investment (plus 18,5 Prozent), 27.500 Versicherungen der R+V (plus 67,1 Prozent) rund um die Immobilie sowie rund 27.000 R+V Risiko-Lebensversicherungen (o. V. 2004).

INSERT 8-3-4 Cross-Selling-Produkte bei Schwäbisch Hall

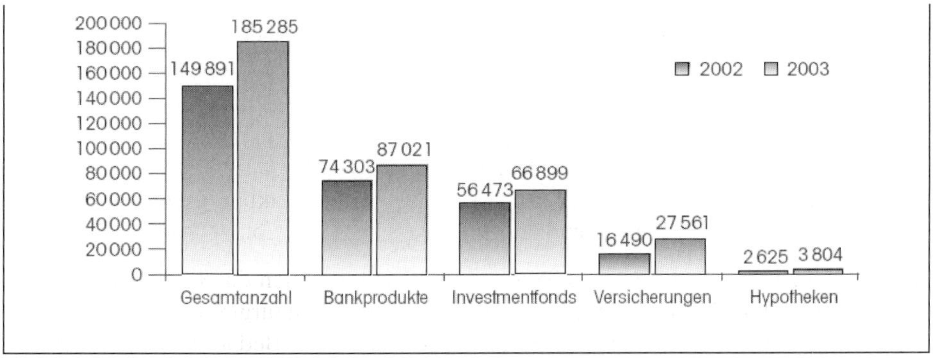

Quelle: o. V. 2004

Bei einer Betrachtung unterschiedlicher **Leistungstypen** ist eine Bestimmung des Einzelkundenumsatzes nicht bei sämtlichen Leistungstypen einfach durchzuführen. So ist bei Standardleistungen (z. B. Fast-Food-Anbieter) häufig ein wenig enger Kontakt zwischen Anbieter und Nachfrager gegeben. Als Folge kennt das Unternehmen nicht das Verhalten des einzelnen Kunden und kann demnach keine Umsatzzahlen für die einzelne Kundenbeziehung bestimmen. Um in nicht kontaktintensiven Branchen zumindest annähernd einschätzen zu können, welche Kunden einen hohen Umsatz generieren, ist es beispielsweise hilfreich, Kundenkarten mit Rabattfunktion auszugeben. Aufgrund der Höhe des gegebenen Rabatts lässt sich dann die relative Bedeutung des Kunden beurteilen.

Der Umsatz auf Einzelkundenebene sagt allerdings noch nichts über die Profitabilität einer Kundenbeziehung aus. Daher ist der Kundenumsatz nur eine erste Richtgröße einer ökonomischen Beziehungskontrolle. Eine Erweiterung der Kundenumsatzanalyse stellt die **Kundendeckungsbeitragsanalyse** dar, bei der neben dem Umsatz auch die Kosten berücksichtigt werden, die in einer Kundenbeziehung entstehen (Köhler 1992; 2005). Die Kostenermittlung auf Kundenebene ist dabei teilweise mit Problemen verbunden. Zur Ermittlung des Kundendeckungsbeitrages ist zu eruieren, welche Kosten aufgrund der Beziehung zu einem bestimmten Kunden anfallen und folglich entfallen, wenn die Beziehung zu dem jeweiligen Kunden nicht mehr besteht (Haag 1992). Der **Kundendeckungsbeitrag** berechnet sich wie folgt (Köhler 2005, S. 410):

	Kunden-Bruttoerlöse pro Periode
–	Erlösschmälerungen
=	Kunden-Nettoerlöse pro Periode
–	Kosten der vom Kunden bezogenen Leistungen (variable Kosten pro Leistungseinheit, multipliziert mit den Kaufeinheiten)
=	Kundendeckungsbeitrag I
–	Eindeutig kundenbedingte Auftragskosten (z. B. variable Reservationskosten)
=	Kundendeckungsbeitrag II
–	Eindeutig kundenbedingte Besuchskosten (z. B. Kosten der Anreise zum Kunden)
–	Sonstige relative Einzelkosten des Kunden pro Periode (z. B. Gehalt eines speziell zuständigen Kundenbetreuers, Mailing-Kosten, Zinsen auf Forderungs-Außenstände)
=	Kundendeckungsbeitrag III

Die Ergebnisse der Kundendeckungsbeitragsrechnung sind jedoch oftmals nur bedingt aussagekräftig, da es im Umsatz mit dem Kunden A nicht berücksichtigt ist, wenn beim Kunden B erzielte Erlöse auf eine Weiterempfehlung durch A zurückgehen. Der Erlösausweis erfolgt hier ausschließlich bei B. Ebenso wenig werden Opportunitätskosten, die wegen der Inanspruchnahme einer Engpasskapazität durch Kunde A entstehen, in der auf A bezogenen Deckungsbeitragsrechnung berücksichtigt (Köhler 2005, S. 410).

Bei einer **kritischen Würdigung** der einperiodischen ökonomischen Kontrolle anhand von **ergebnisbezogenen Kriterien** weisen die entsprechenden Verfahren eine geringe Entscheidungsorientierung auf. Die Ursachen und möglichen Ansatzpunkte der Steuerung von Umsätzen und Deckungsbeiträgen können mit diesen Verfahren nicht identifiziert werden. Eine hohe Reliabilität und Validität der Ergebnisse ist gegeben. Die Aktualität hängt von der zugrunde gelegten Rechnungsperiodizität ab. Eine vollständige Messung der Zielgrößen ist möglich. Hinsichtlich des Disaggregationsniveaus ist die Umsatz- und Deckungsbeitragsrechnung – wie die Verhaltensmessung auch – in bestimmten Branchen (z. B. Finanzdienstleistungsbereich, Telekommunikationsbereich) einfacher auf der Einzelkundenebene durchzuführen.

Auch im Hinblick auf **durchführungsbezogene Kriterien** ergeben sich branchenspezifische Unterschiede. Je enger der Kontakt zwischen Anbieter und Nachfrager ist und über je mehr Informationen der Anbieter über den Kunden verfügt, desto weniger aufwändig und kostenintensiv ist die Durchführung der Umsatz- und Deckungsbeitragsrechnung auf Einzelkundenebene.

Aufgrund ihrer Einfachheit erfreuen sich diese Ansätze einer großen Beliebtheit in der Praxis. Einer entsprechenden Studie zufolge (Tomczak/Rudolf-Sipötz 2003, S. 155) wird die umsatzabhängige bzw. kundendeckungsbeitragsbezogene Einteilung der Kunden in A-, B- oder C-Kunden bei circa 65 Prozent bzw. 40 Prozent der erfassten Unternehmen regelmäßig durchgeführt; weit häufiger als alle anderen Analyseinstrumente. Allerdings darf bei Anwendung dieser Verfahren nicht übersehen werden, dass sich damit nur Tendenzaussagen hinsichtlich der Profitabilität einer Kundenbeziehung ableiten lassen. Eine fundiertere Analyse der Beziehungsprofitabilität kann mit der mehrperiodischen Kontrolle erfolgen.

3.32 Mehrperiodische Kontrolle von Kundenbeziehungen

Im Rahmen einer mehrperiodischen Kontrolle von Kundenbeziehungen werden Analysen des **Kundenwertes im Sinne eines Customer Lifetime Value** (CLV) durchgeführt. Bei der Konzeptionalisierung des Customer Lifetime Value können drei **Stufen der Kundenbewertung** differenziert werden (Bruhn et al. 2000):

1. Kundenbewertung auf Basis von Ein- und Auszahlungen,
2. Einbeziehung einer Kundenbindungswahrscheinlichkeit,
3. Einbeziehung eines Referenzwertes.

Die Kundenbewertung auf Basis von Ein- und Auszahlungen stellt die klassische investitionstheoretische Customer Valuation dar, die durch die Einbeziehung einer Kundenbindungswahrscheinlichkeit und eines Referenzwertes weiter spezifiziert werden kann. Damit wird durch die erste Variante eine Basis für eine systematische Analyse der Beziehungsprofitabilität geschaffen. Allerdings ist zur umfassenden Betrachtung der Beziehungsprofitabilität aufgrund der hohen Bedeutung der Kundenbindung im Dienstleistungsmarketing eine Erweiterung in Form der zweiten und/oder dritten Variante sinnvoll.

1. Kundenbewertung auf Basis von Ein- und Auszahlungen

Der Customer-Lifetime-Value-Ansatz im allgemeinen Sinne ist ein Berechnungsverfahren, das Prinzipien der dynamischen Investitionsrechnung auf Kundenbeziehungen überträgt. Dabei wird die Kundenbeziehung als eine Investition betrachtet, und die Qualität dieser Investition mittels der dynamischen Investitionsrechnung bewertet (Plinke 1989). Der CLV wird zumeist als **Present CLV** definiert, d. h. durch die Abzinsung und Aufsummierung der Zahlungsströme (Differenz aus Einnahmen und Ausgaben) auf den aktuellen Zeitpunkt ermittelt. Diese Vorgehensweise beruht auf dem Sachverhalt, dass zukünftige Einzahlungen weniger wert sind als gegenwärtige (Homburg/Daum 1997, S. 402). Der Customer Value entspricht somit dem Kapitalwert der Geschäftsbeziehung mit einem Kunden. Der Gegenwartswert eines Kunden ist insofern von Interesse, als die gesamten strategischen Entscheidungen nur auf Grundlage des aktuellen (prognostizierten) Wertes getroffen werden können.

Ein **Berechnungsbeispiel** für den CLV ist in den Abbildungen 8-3-3 und 8-3-4 dargestellt. In der Bewertung der Kundenbeziehung wird eine durchschnittliche Kundenbeziehungsdauer von acht Jahren angenommen und ein interner Zinssatz von 10 Prozent verwendet. Die kundenspezifischen Akquisitionskosten (Investitionskosten) in Höhe von 50 Geldeinheiten werden in der ersten Periode in Abzug gebracht. Ein positiver Wert des CLV spricht hierbei für eine positive wirtschaftliche Bewertung der Geschäftsbeziehung.

Abbildung 8-3-3 **Formeln zur Berechnung eines investitionstheoretischen Customer Lifetime Value**

Customer Lifetime Value (Present Value)	$CLV = -I_0 + \sum_{t=0}^{T} \frac{x_t \cdot (p-k) - M_t}{(1+r)^t} = 320{,}55 \text{ GE}$
Customer Lifetime Value (Present Value mit Kundenbindungswahrscheinlichkeit)	$CLV = -I_0 + \sum_{t=0}^{T} (x_t \cdot (p-k) - M_t) \cdot \frac{R^t}{(1+r)^t} = 63{,}21 \text{ GE}$

t = Jahr
T = voraussichtliche Zahl der Jahre, in denen der Umworbene Kunde bleibt
x_t = Abnahmeprognose für Jahr t
p = (kundenindividueller) Produktpreis
k = Stückkosten
M_t = kundenspezifische Marketingaufwendungen im Jahr t
r = Kalkulationszinsfuß
R = Retention Rate
I_0 = Akquisitionskosten im Zeitpunkt t = 0

GABLER GRAFIK

Quelle: in Anlehnung an Link/Hildebrand 1997, S. 165

2. Einbeziehung einer Kundenbindungswahrscheinlichkeit

Die Berücksichtigung einer **Kundenbindungswahrscheinlichkeit** basiert auf der Überlegung, dass bei der Ermittlung des Kundenwertes das Risiko einer Beziehung einzubeziehen ist, um die Unsicherheit der Beziehungserhaltung in die Berechnung des CLV zu integrieren. Ausgehend von der Unterscheidung von Märkten anhand des so genannten Always-a-Share-Modells auf der einen Seite und des so genannten Lost-for-Good-Modells auf der anderen Seite (Jackson 1985) kann diese Unsicherheit in einem Migration-Modell und einem Retention-Modell konzeptionalisiert werden (Dwyer 1997).

Abbildung 8-3-4 Beispielrechnung für einen investitionstheoretischen Customer Lifetime Value

	t = 0	t = 1	t = 2	t = 3	t = 4	t = 5	t = 6	t = 7	
Abnahmeprognose	4	6	10	16	20	20	20	20	
Produktpreis	10	10	10	10	10	10	10	10	
Stückkosten	3	3	3	3	3	3	3	3	
Marketingaufwendungen	20	30	40	40	30	30	20	20	
Akquisitionskosten	50	–	–	–	–	–	–	–	
Erlös	– 42,00	12,00	30,00	72,00	110,00	110,00	120,00	120,00	
Abzinsungsfaktor (r = 0,1)	1,00	1,10	1,21	1,33	1,46	1,61	1,77	1,95	**Present CLV**
Erlös (diskontiert)	– 42,00	10,91	24,79	54,09	75,13	68,30	67,74	61,58	**Σ = 320,55 GE**
Kundenbindungswahrscheinlichkeit (R = 0,75) und Abzinsung (r = 0,1)	1,00	0,68	0,46	0,32	0,22	0,15	0,10	0,07	**Present CLV mit Kundenbindungswahrscheinlichkeit**
Erlös (diskontiert und mit Retention Rate)	– 42,00	8,18	13,95	22,82	23,77	16,21	12,06	8,22	**Σ = 63,21 GE**

GABLER GRAFIK

Quelle: Bruhn et al. 2000, S. 172

Das **Migration-Modell** basiert auf dem Always-a-Share-Modell und geht von der Annahme aus, dass die Wahrscheinlichkeit der erneuten Berücksichtigung eines Unternehmens durch den Kunden umso geringer ist, je länger der vorherige Kauf zurückliegt. Darauf aufbauend wird ein Wahrscheinlichkeitsbaum aufgestellt, mit dessen Hilfe der Kundenwert in Form eines Erwartungswertes ermittelt wird. Aufgrund der sehr hohen Beziehungsunsicherheit – spezifisch im Transaktionsmarketing – ist dieser Wert jedoch mit Vorbehalten zu verwenden.

Der Berechnung des CLV im Lost-for-Good-Modell dient das **Retention-Modell.** Ausgehend von der Annahme, dass die Beziehung zum Kunden langfristig sein wird, werden die Ein- und Auszahlungsströme um die Wahrscheinlichkeit, dass die Kundenbeziehung für die nächste Periode bestehen bleibt, mittels einer Kundenbindungswahrscheinlichkeit korrigiert. Diese kann einen Wert zwischen Null (Beziehungsbeendigung) und Eins (sichere Beziehungsweiterführung) annehmen.

Im Idealfall wird für jeden Kunden (oder zumindest jedes Kundensegment) eine Kundenbindungswahrscheinlichkeit ermittelt, die seine Wiederkaufabsicht der nächsten Jahre angibt. Im **Beispiel** (Abbildung 8-3-4) wird eine Kundenbindungswahrscheinlichkeit in Höhe von 0,75 angenommen, die besagt, dass der Kunde mit einer Wahrscheinlichkeit von 75 Prozent beim nächsten Kauf (in der nächsten Periode) wieder Kunde des Unternehmens sein wird. Dies vermindert den CLV wiederum zugunsten einer zusätzlichen Berücksichtigung des kundenspezifischen Risikos.

Teilweise wird vorgeschlagen, aus **Kundenabwanderungsmodellen,** beispielsweise mit Hilfe des Markovketten-Ansatzes, Anhaltspunkte für die Prognose der Kundenbindungsdauer zu gewinnen (Schulz 1995; Krüger-Strohmayer 2000). Dies setzt allerdings das Vorhandensein einer entsprechend ausgebauten Datenbasis über Kundenabwanderungsprozesse der Vergangenheit sowie gleichbleibende Abwanderungsmuster voraus. Letzteres ist problematisch, da durch Kundenbindungsmaßnahmen ja gerade versucht wird, eine Veränderung der Kundenfluktuation zu erreichen (Köhler 2005).

Das Energieversorgungsunternehmen **E.ON** Bayern AG setzt seit einiger Zeit ein CRM-Tool ein, um abwanderungsgefährdete Kunden zu identifizieren und deren Kündigung zu vermeiden. Dazu werden zunächst die Kündigungsgründe analysiert und diese Analyseergebnisse in die Kundendatenbank übertragen. Ziel dabei ist es, eine möglichst kleine Gruppe von Kunden mit der größten Kündigungswahrscheinlichkeit zu identifizieren. Diese Gruppe wird dann mit individuellen Mailings angeschrieben, wobei zwischen „extrem gefährdeten" und „stark gefährdeten" Kunden unterschieden wird. Gleichzeitig wird das Mailing differenziert verfasst; je nachdem, ob der Kunde als eher preissensitiv oder umweltbewusst einzustufen ist. Durch dieses sog. „Kündiger-Präventionsprogramm" wurde ein messbarer Erfolg bei der Vermeidung von Kündigungen erzielt (Grootenhuis 2003, S. 274f.).

Die Kundenbindungswahrscheinlichkeit ist ein grundlegender Faktor der CLV-Berechnung, denn nur diese kann die Beziehung zwischen Kunde und Unternehmen sowie die darin beinhalteten Chancen und Risiken im erweiterten investitionstheoretischen Ansatz bewerten. Es bestehen darum Bestrebungen, diese Wahrscheinlichkeit genauer und spezifischer für den einzelnen Kunden zu analysieren. **Grundbedingung** dieser Analyse ist das Verständnis, warum ein Kunde sich veranlasst sieht, erneut das Angebot eines Unternehmens zu nutzen. Geht man von der Annahme aus, dass die Kundenbindung primär durch die Beziehung des Kunden zum Unternehmen beeinflusst wird, ist die Wahrscheinlichkeit des Wiederkaufs bzw. der Beziehungsweiterführung abhängig vom Grad der Bindung.

Die **Einflussfaktoren** der Bindung umfassen eine große Anzahl möglicher Indikatoren (Abbildung 8-3-5). Aufgabe des Unternehmens ist die Identifikation der relevanten Faktoren, die ausschlaggebend für die Berechnung eines Kundenwertes sind (Bruhn et al. 2000). Als Beispiel einer Analyse solcher Faktoren zeigt eine Studie über Automobilkäufer den Einfluss verschiedener Kundeneigenschaften auf den Kundenwert (Gierl/Kurbel 1997). Hierzu gehören Kundenclub-Zugehörigkeit, Bekanntheitsgrad, Anzahl der Weiterempfehlungen, Erscheinungsbild, Anzahl der PKW und Alter des gekauften PKW.

Die **Berechnung einer kundenbindungsspezifischen Wahrscheinlichkeit** lässt sich anhand eines Scoringmodells, in dem die verschiedenen Faktoren gewichtet werden, ermitteln. Scoringmodelle haben den Vorzug, dass sie eine Kombination von Rechnungswesendaten mit qualitativen Informationen und damit die Berücksichtigung aller relevanten Determinanten der Kundenbindung ermöglichen (Köhler 2005, S. 414). Weiterführend ist die Identifikation der Kundenwertfaktoren dank dem Einsatz von Faktor- oder Kausalanalysen möglich (Backhaus et al. 2000). Eine weitere Möglichkeit, die Beziehung zum Kunden in die Berechnung des CLV miteinzubeziehen, ist die Bildung von nachfrager- und anbieterspezifischen Qualitäts- und Potenzialwerten mittels verschiedener beziehungsspezifischer Determinanten (Hoekstra/Huizingh 1999; Abbildung 8-3-6). Der erste Summand ermittelt auf Basis der Nachfragerqualität den schon in der Vergangenheit erbrachten Wert eines Kunden. Dieser wird durch das zukünftige Wertpotenzial (Anbieterqualität, Anbieter- und Kundenpotenzial) des Kunden ergänzt.

3. Einbeziehung eines Referenzwertes

Eine Berücksichtigung der Weiterempfehlungen eines Kunden als Bestandteil des Kundenwertes wird im so genannten **Referenzwert-Modell** vorgenommen (Cornelsen 1998, 2000). Berechnet wird der Wert eines Kunden, der durch interpersonelle Kommunikation zwischen einem Kunden und Dritten über den Anbieter und seine Dienstleistungen entsteht (z. B. positive Mund-zu-Mund-Kommunikation). Grundannahme des Referenzwertmodells ist es, dass in der Vorkaufphase wie auch in der Nachkaufphase eine Kommunikation (Rat, Erfahrungsaustausch usw.) zwischen Kunden entsteht, in der positive oder negative Informationen (Referenzen) aufgenommen oder weitergegeben werden.

Welche Relevanz Weiterempfehlungen haben lässt sich am Beispiel der **PSD-Banken** (vormals Post-Spar- und Darlehensvereine) aufzeigen. Im Sinne der neuen Werbekampagne „psd ... weitersagen“ setzen die PSD-Banken auf Weiterempfehlung. Bei der PSD Bank Köln eG geht dieses Konzept auf: Sie gewann in den vergangenen Jahren jeden vierten Neukunden durch eine Empfehlung anderer Kunden (PSD-Bank 2005).

Abbildung 8-3-5 Einflussfaktoren der Kundenbindung

Ökonomische Determinanten	Kaufbezogen	■ Auftragsfrequenz ■ Umsatzvolumen ■ Cross-Selling-Rate ■ Kundendauer
	Vertraglich	■ Verträge ■ Club ■ Kundenkarte
	Situativ	■ Konkurrenz ■ Wechselbarrieren
	Technisch-funktional	■ Technische Abhängigkeit
Vorökonomische Determinanten	Affektiv	■ Zufriedenheit ■ Akzeptanz ■ Vertrauen ■ Loyalität ■ Anbieterimage
	Kognitiv	■ Risikobereitschaft ■ Bekanntheitsgrad ■ Qualitätsbewusstsein ■ Preissensibilität
	Konativ	■ Cross-Buying-Absicht ■ Wiederkaufabsicht ■ Akquisitions-/Kommunikationsverhalten – Meinungsführerschaft – Weiterempfehlungsverhalten ■ Informationsverhalten ■ Beschwerdeverhalten

Quelle: Bruhn et al. 2000, S. 178

GABLER GRAFIK

Abbildung 8-3-6 **CLV-Verfahren von Hoekstra/Huizingh**

$$LTV_j = \sum_{t=0}^{p} CQ_{jt} \cdot (1+r)^{p-t} + \sum_{t=p+1}^{n} (CS_{jt} \cdot CP_{jt}) \cdot (1+r)^{p-t}$$

LTV_j = Lebenswert des Kunden j, berechnet zum Zeitpunkt t = p
CQ_{jt} = Kundenqualität = f(Verkäufe pro Periode, Gewinnbeitrag, Anzahl verschiedener Produkte, ...)
CS_{jt} = Kundenanteil = f(SQ_{jt}, SP_{jt})
SQ_{jt} = Anbieterqualität = f(Kundenzufriedenheit, Commitment, Vertrauen, ...)
SP_{jt} = Anbieterpotenzial = f(Kaufintention, vorgesehener Kundenanteil, Budget Produktlinie, ...)
CP_{jt} = Kundenpotenzial = f(Prognose des Verkaufsvolumens, Prognose des Gewinns, ...)
r = Abzinsungsfaktor
p = Anzahl der Perioden seit erster Transaktion (Gegenwart)

	Kundenqualität	Anbieterqualität
Vergangenheit	▪ Kundendauer ▪ Anzahl verkaufter Produkte pro Periode ▪ Anzahl verschiedener verkaufter Produkte ▪ Verkäufe pro Periode ▪ Gesamtzahl verkaufter Produkte seit erster Transaktion ▪ Gesamtverkäufe seit erster Transaktion ▪ Gewinnbeitrag pro Periode ▪ Gewinnbeitrag seit erster Transaktion	▪ Kundenzufriedenheit mit produktspez. Services ▪ Kundenzufriedenheit mit gekauften Produkten des letzten Jahres ▪ Höhe des Kundenbudgets ▪ Weiterempfehlung durch Kunden ▪ Anteil des verwendeten Kundenbudgets im Unternehmen ▪ Wechselkosten (durch Kunden wahrgenommen)
	Kundenpotenzial	**Anbieterpotenzial**
Zukunft	▪ Verkaufsprognose ▪ Prognostizierte Kundendauer ▪ Trend in den Verkäufen ▪ Prognose der Gewinne	▪ Wiederkaufsabsicht ▪ Weiterempfehlungsabsicht ▪ Änderungen im verwendeten Kundenbudget ▪ Änderungen im gesamten Kundenbudget

GABLER GRAFIK

Quelle: Hoekstra/Huizingh 1999, S. 268, 270

Der Referenzwert setzt sich aus der branchenspezifischen Referenzrate, der Rolle als Kommunikator (z. B. Meinungsführer), der Größe des sozialen Netzes und der Zufriedenheit zusammen. Die einzelnen Faktoren werden durch empirische Analysen ermittelt und durch einen Verrechnungsalgorithmus zu einem monetären Kunden-Referenzwert verrechnet (Cornelsen 1998, S. 29):

$$RW_k = \left[\sum_{i=1}^{I} (P_i \cdot G_i) \right]_k \cdot MF_k \cdot KZ_k \cdot RR_b$$

RW_k = Periodenbezogener Referenzwert des Kunden k
P_i = Anzahl der Personen im Personenkreis i
G_i = Gewichtungsindex der Gesprächsintensität bzgl. des Personenkreises i
MF_k = Meinungsführerindex des Kunden k
KZ_k = Kundenzufriedenheitsindex des Kunden k
RR_b = Durchschnittliche branchenspezifische Referenzrate in Branche b

Allerdings gibt es Kriterien, die gegen diese Operationalisierung des Referenzwertes sprechen (Gelbrich 2001, S. 64). So ist die Differenzierung zwischen Meinungsführer und Größe des sozialen Netzes kritisch, da die beiden Faktoren miteinander in Zusammenhang stehen. Meinungsführer kann nur sein, wer über ein großes soziales Netzwerk verfügt. Dementsprechend führt eine multiplikative Verknüpfung der beiden Größen zu einer Überbewertung des Meinungsführereffektes. Darüber hinaus ist es zur Berechnung des Referenzwertes erforderlich, die Kundenzufriedenheit des Käufers zu kennen. Da die Kundenzufriedenheit aber erst mit bzw. nach der Leistungsinanspruchnahme entsteht, kann der Kundenwert nur für den bereits bestehenden Kundenstamm berechnet werden. Der Wert von potenziellen Kunden kann somit nicht geschätzt werden. Weiterhin ist die Kundenzufriedenheit – durch Qualitäts- oder Erwartungsmanagement – direkt durch den Anbieter steuerbar und somit keine dem Kunden inhärente Größe.

Für eine ganzheitliche Bewertung der Kunden sind die erläuterten Kriterien der Kundenwertberechnung nicht hinreichend. Neben der Kundenbindungswahrscheinlichkeit und dem Referenzwert existieren einige weitere Einflussfaktoren, die bei einer ökonomischen Gesamtbetrachtung des Kunden zu berücksichtigen sind. Dabei ist zum einen der direkte Beitrag des Kunden zum Unternehmenserfolg durch dessen Geschäftstätigkeit (Marktpotenzial) zu berücksichtigen, zum anderen dessen Ressourcenpotenzial (Abbildung 8-3-7). Der Ressourcenbegriff weist darauf hin, dass die Kundenbeziehung quasi als Wert- und Vermögensbestandteil des Anbieters betrachtet wird. Wie Abbildung 8-3-7 zu entnehmen ist, setzt sich das **Ressourcenpotenzial eines Kunden** dabei über den Referenzwert hinaus aus den folgenden drei Größen zusammen (Tomczak/Rudolf-Sipötz 2003, S. 138ff.):

1. **Informationspotenzial:** Das Informationspotenzial eines Kunden bezieht sich auf die vom Kunden gelieferten Informationen, die das Unternehmen nutzen kann. Ein Beispiel sind vom Kunden eingebrachte und vom Dienstleister umsetzbare Verbesserungsvorschläge für Produkte bzw. Leistungen. Verbesserungsvorschläge lassen sich beispielsweise im Rahmen von Kundenbefragungen, Workshops oder durch ein aktives Beschwerdemanagement stimulieren. Als mögliche Kriterien für die Bewertung des Informationspotenzials sind die Bereitschaft des Kunden zur Teilnahme an Befragungen, dessen generelle Feedbackbereitschaft sowie die Qualität der gelieferten Informationen heranzuziehen.

2. **Kooperationspotenzial:** Unter dem Kooperationspotenzial wird die Bereitschaft und die Fähigkeit des Kunden verstanden, vor, während und nach dem Leistungserstellungsprozess durch kooperatives Verhalten zum ökonomischen Erfolg des Dienstleistungsanbieters beizutragen. Dem Kooperationspotenzial sind hierbei sämtliche Wertsteigerungspotenziale zuzurechnen, die durch eine verstärkte Zusammenarbeit von Anbieter und Nachfrager in einem bestimmten Zeitraum realisierbar sind. Zu den Kooperationspotenzialen zählt z. B. die Bereitschaft, als Referenzkunde für neue Kunden zur Verfügung zu stehen, neue, kostensenkende Technologien des Anbieters zu nutzen (z. B. Nutzung des Online-Angebots einer Bank) oder im „Notfall" dem Anbieter auch aktiv zu helfen (z. B. Werbung im Bekanntenkreis, wenn bei einem Weiterbildungsseminar noch Plätze frei sind).

3. **Synergiepotenzial:** Werden durch Kunden positive Verbund- bzw. Wechselwirkungen ausgelöst, so ist dies ein Indikator für vorhandenes Synergiepotenzial. Verbundwirkungen treten beispielsweise dann auf, wenn ein Kunde gleichzeitig bei einem Tochterunternehmen als bedeutender Abnehmer auftritt.

Abbildung 8-3-7 **Bestimmungsfaktoren des Kundenwertes**

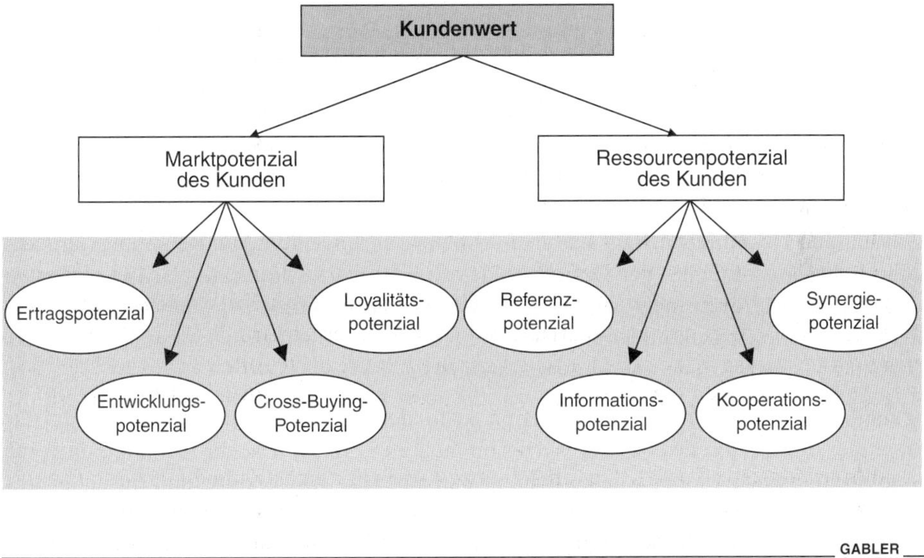

Quelle: Tomczak/Rudolf-Sipötz 2003, S. 138

Nicht nur im Rahmen des so genannten Ressourcenpotenzials (Tomczak/Rudolf-Sipötz 2003) lassen sich einige über die klassischen Determinanten des Kundenwertes hinausgehende Größen diskutieren, sondern auch bei der Bestimmung des Marktpotenzials. Neben herkömmlichen Faktoren, wie dem Ertrags- und dem Entwicklungspotenzial, werden das Cross-Buying-Potenzial und das Loyalitätspotenzial explizit als eigenständige Determinanten des Kundenwertes hervorgehoben.

In der Unternehmenspraxis finden sich in der Zwischenzeit einige **Beispiele für die multidimensionale Ermittlung des Kundenwertes.** So wird etwa bei der Deutschen Telekom der Kundenwert von mittelständischen Geschäftskunden im Telekommunikationsmarkt auf der Basis eines dreidimensionalen Ansatzes berechnet. Die Kriteriengruppen zur Positionierung der Kunden sind der Wert des Kunden für Telekommunikation (im engeren Sinne), die Bedürfnisse nach Telekommunikationsleistungen und das Risiko eines Umsatzrückgangs bei den

Kunden. Während der Wert (im engeren Sinne) auf Basis ökonomischer Kriterien, wie z. B. Umsatz und Umsatzwachstum sowie externer Marktdaten bestimmt wird, erfolgt die Ermittlung der zukünftigen Kundenbedürfnisse mittels Leading Edge-, Innovation Step- und Gap-Analysen. Dabei lassen sich auf Basis dieser Analysen Kunden identifizieren, die in Relation zu anderen Unternehmen ein hohes Potenzial zur individuellen Weiterentwicklung oder als Referenzkunde aufweisen. Als Grundlage für derartige Analysen dient primär die relative Produktnutzung sowie die Reaktion auf die kommunikative Ansprache. Die dritte von der Telekom herangezogene Dimension zur Kundenwertermittlung, das Gefährdungspotenzial, lässt sich u. a. durch Beschwerdeanalysen oder bisheriges Wechselverhalten bestimmen (Rieker/Strippel 2003, S. 745ff.).

Eine kritische Würdigung des CLV-Ansatzes anhand von **ergebnisbezogenen Kriterien** führt zu dem Resultat, dass der Ansatz insbesondere bei Berechnung einer bindungsspezifischen Kundenbindungswahrscheinlichkeit, d. h. bei der Berücksichtigung von Einflussfaktoren der Kundenbindung eine hohe Entscheidungsorientierung aufweist. Mit zunehmender Berücksichtigung vorökonomischer Faktoren nimmt die Reliabilität und Validität der Ergebnisse allerdings ab. Die Aktualität der Ergebnisse hängt, wie bei den Umsatz- und Deckungsbeitragsanalysen, von der zugrunde gelegten Rechnungsperiodizität ab. Die Komplexität der Definition des Kundenwertes impliziert Schwierigkeiten bei der Sicherstellung einer vollständigen Analyse. Hinsichtlich des Datenaggregationsniveaus ist eine Einzelkundenanalyse wiederum umso eher realisierbar, je enger der Kontakt zwischen Kunde und Unternehmen ist.

Bezüglich der **durchführungsbezogenen Anforderungen** ist vor allem bei der Umsetzung aller drei Stufen des CLV-Ansatzes ein hoher organisatorischer Aufwand und eine hohe Komplexität gegeben, die zu hohen Kosten bei der Anwendung des Ansatzes führen. Insbesondere bei der Konzeptionalisierung von Größen, wie Referenzpotenzial oder Kooperationspotenzial steht eine umsetzungsfähige Operationalisierung nach wie vor aus.

In diesem Zusammenhang ist insbesondere das **Datenproblem** zu erwähnen (Bruhn et al. 2000). Gerade die Qualität der Daten ist von besonderer Bedeutung für eine solvente CLV-Berechnung und führt bei vorliegenden schlechten Daten zu unbeabsichtigten Konsequenzen für das Kundenmanagement. Ein weiteres Problem birgt die Aggregation der Daten in Rechnungswesensystemen und Kundendatenbanken, da die Daten nur in disaggregierter Form sinnvoll zur CLV-Berechnung verwendbar sind. Die Ermittlung der im Verlauf einer Geschäftsbeziehung tatsächlich anfallenden monetären Größen birgt sachliche und zeitliche Zuordnungsprobleme (Weiber/Weber 2000, S. 485). Diese Probleme können lediglich durch Disaggregation vermieden werden. In vielen Unternehmen verlangt diese Anforderung eine veränderte Speicherung sämtlicher Informationen im Unternehmen (Insert 8-3-5). Naturgemäß bestehen allgemeine Prognoseprobleme (z. B. zu erwartende Kundenumsätze), wenn mehrperiodische prospektive Kundenwertermittlungen vorgenommen werden.

INSERT 8-3-5 Datenprobleme bei der Kundenwerterfassung

Brachliegende Chancen nutzen

Banken sind bestrebt, mehr über ihre Kunden zu erfahren. Gegenwärtig misst allerdings kaum ein Kreditinstitut den Kundenwert systematisch.

ROBERT SYMANNEK

Die Banken entdecken zunehmend den Kundenwert, fand die Studie „Branchenkompass Kreditinstitute" von Mummert Consulting und dem F.A.Z.-Institut heraus. Vier von fünf Kreditinstituten werden bis 2006 in ein so genanntes segmentspezifisches Betreuungskonzept investieren. Die Kunden werden entsprechend ihrem potenziellen Wertschöpfungsbeitrag für das Institut betreut und mit Angeboten angesprochen, die speziell auf ihre Lebens- und Vermögenssituation zugeschnitten sind.

Allerdings weiß derzeit kaum eine Bank über den genauen Wert ihrer Kundenbeziehungen Bescheid. Nur drei Prozent der Kreditinstitute messen den Kundenwert systematisch und können so das Wertschöpfungspotenzial bestimmen. Viele Banken verwenden keine zukunftsorientierten Daten wie etwa die berufliche Entwicklung oder die Bereitschaft zur Weiterempfehlung. Der zukünftige Wertschöpfungsbeitrag wird nur anhand weniger Daten wie Vermögen, Einkommen und bisherigem Umsatz berechnet. Eine der Folgen: Die Banken beraten an den aktuellen Bedürfnissen der Kunden vorbei. Unzufrieden mit der Beratung, könnte der Kunde die Geschäftsverbindung kündigen.

Häufig fehlt ein einheitliches Datenbanksystem

In den bestehenden Informationsinfrastrukturen sind Daten eines einzigen Kunden häufig über verschiedene Systeme und Datenbanken einzelner Geschäftsbereiche verteilt. Das Sammelsurium an Kundeninformationen verstreut sich über Programmordner, Excel-Tabellen und Karteikarten und ist aufgrund fehlender Schnittstellen und inkompatibler Datenformate niemals vollständig abrufbar. Die Lösung: ein einheitliches, zentrales Datenbanksystem. Aber selbst Banken, die bereits derartige IT-Lösungen, wie etwa ein geschäftsübergreifendes Data Warehouse, implementiert haben, sehen in den kommenden Jahren noch erheblichen Verbesserungs- und Erweiterungsbedarf auf sich zukommen.

Außerdem verhindert das mangelnde Wissen über die eigenen Kunden die genaue Berechnung des zukünftigen Potenzials. Problematisch: Meistens sehen die Geldinstitute nur einen Teil des Gesamtvermögens. Bankkunden geben bei Beratungsgesprächen äußerst ungern Auskunft über ihre aktuellen finanziellen Verhältnisse – wie zum Beispiel die Höhe ihres Einkommens – und über ihre Zukunftsplanung. Den Beratern fehlen damit wichtige Daten, um den Kundenwert genau zu bestimmen.

Die Banken haben die Problematik mittlerweile erkannt. Sie möchten künftig häufiger das intensive Gespräch mit dem Kunden suchen, um damit systematisch Lebenssituation und Geschäftspotenzial zu ergründen. Die Banken investieren daher bis 2006 verstärkt in Mitarbeiterschulung und Verkaufsförderung, 85 Prozent möchten stark in die individuelle Finanzberatung und -planung für Privatkunden investieren. Die Berater müssen aber dabei klar den Mehrwert einer individuellen Finanzplanung für den Kunden kommunizieren, denn dann ist dieser eher bereit, über seine finanzielle Situation Auskunft zu geben. ■

Robert Symannek ist Senior Manager und Partner bei der Mummert Consulting AG.

Quelle: Symannek 2005, S. 43

Eine weitere – das Qualitätsproblem der Daten tangierende – Gefahr ist im **Datenschutz** und der **Datenverweigerung** von Kunden zu sehen. Die verstärkte Angst vor Datenmissbrauch und gesetzliche Vorschriften behindern Unternehmen oft bei der Sammlung von kundenspezifischen Daten (Insert 8-3-6). In diesem Zusammenhang wird es in Zukunft vor allem darauf ankommen, das Vertrauen der Kunden zu gewinnen, um diese freiwillig zur Preisgabe von relevanten Daten zu bringen.

INSERT 8-3-6 CRM versus Datenschutz

CRM versus Datenschutz

Keine „gläsernen" Verbraucher

„... Um im E-Business erfolgreich zu sein, ist es wichtig, kundenorientiert zu handeln. Für gezielte Marketingaktivitäten gibt es inzwischen effiziente Systeme, um Kundendaten zu analysieren und zu aussagefähigen Kundenprofilen zu verknüpfen. Ein Data Warehouse sammelt als zentraler Speicher – innerhalb des Konzerns auch unternehmensübergreifend – personenbezogene Daten die mit Hilfe von Data Mining analysiert und genutzt werden. Mit der Learning Relationship wird die Datenbasis kontinuierlich bei jedem erneuten Aufruf einer Website verfeinert. Es wird an Standards gearbeitet, um durch die Internetnutzung gewonnene personalisierte Kundenprofile trotz unterschiedlicher E-Shop-Systeme austauschen zu können. Noch einen Schritt weiter geht das Web Scoring, mit dem die Zahlungsfähigkeit potenzieller Kunden vor Vertragsschluss analysiert wird.

Allerdings: so verständlich der Wunsch nach dem „gläsernen Verbraucher" – nicht alles was technisch an Datenerhebung möglich ist, ist auch rechtlich zulässig. Die durch Nutzung von E-Mail oder durch Aufruf von Websites erfolgende Übermittlung digitaler Kundeninformationen (Konsumgewohnheiten, Kreditdaten) über weltweite Netze mit den daraus resultierenden Gefährdungen (Mitlesen privater E-Mails; Erstellung von Persönlichkeitsprofilen durch Unbefugte beispielsweise über Cookies oder durch Packet-Sniffing; Offenbarung von Konten- und Kreditkarten) rückt das Problem der Durchsetzbarkeit des Datenschutzes immer mehr in den Vordergrund.

Denn zulässig sind allein Nutzerprofile in den sehr engen Grenzen des Gesetzes unter Verwendung anonymer Daten oder nach Einwilligung. Unternehmen sind daher gut beraten, die Interessen der Verbraucher an der Wahrung ihrer informationellen Selbstbestimmungsrechte nicht nur ernst zu nehmen, sondern sogar zu fördern.

Die neue Datenschutzgesetzgebung gibt mit marktwirtschaftlichen Instrumenten den verantwortlichen Stellen hierzu genügend Anreize. Datenschutz-Audit und Kommunikation der Verhaltensregeln (Datenschutzerklärung, Privacy Policy, Codes of Conduct) gibt E-Business-Unternehmen die Möglichkeit, die Prozesse des Umgangs mit personenbezogenen Daten offen zu legen und den Nutzer ein Stück weit selbst bestimmen zu lassen, ob und welche Daten er bei der Nutzung der Dienste preisgeben will.

Auch wenn nach jüngsten Erhebungen in den letzten zwölf Monaten schon jeder dritte Deutsche ein Produkt im Internet gekauft hat – wer an nachhaltig guten Geschäften im Internet interessiert ist, muss die Akzeptanz der Verbraucher gewinnen und der Versuchung, im Verborgenen durch technische Verfahren (z. B. Cookies) weitere Daten für eigene und fremde Marketingzwecke zu erlangen, widerstehen."

Quelle: Weil 2003, S. 10

Nicht zuletzt scheitert eine umfassende Ermittlung des Kundenwertes teilweise auch daran, dass eine wirtschaftliche Erfassung bestimmter Kundeninformationen kaum möglich ist. Dies gilt insbesondere bei Dienstleistungstypen, die nur eine geringe Interaktion mit den Kunden erfordern (z. B. Fast-Food-Restaurants). Im Hinblick auf seine **Bedeutung im Dienstleistungsmarketing** ist hinsichtlich des Customer Lifetime Value hervorzuheben, dass durch seine Verwendung der Dynamik und Langfristigkeit von Kundenbeziehungen Rechnung getragen wird. Es werden nicht nur aktuelle Erfolgskomponenten hinsichtlich eines Kunden berücksichtigt, sondern vielmehr auch Erfolgspotenziale, die das Unternehmen im Rahmen der betrachteten Kundenbeziehung realisieren kann. Aus diesem Grunde wird der Customer Lifetime Value häufig zur Konkretisierung des Kundenbeziehungslebenszyklus herangezogen (Stauss 2000a). Daher ist der Customer Lifetime Value als die zentrale ökonomische Kontrollgröße des Dienstleistungsmarketing und damit als Zielgröße mit herausragender Bedeutung für Dienstleistungsunternehmen anzusehen.

Obgleich Kommentare aus der Unternehmenspraxis die Messung und das Management des Kundenwertes als wichtige Themen ansehen, werden doch Bedenken geäußert, dass die bisherigen Modelle und Ansätze aus der Marketingwissenschaft an der Umsetzungsfähigkeit mangeln. Ein Grund hierfür ist darin zu sehen, dass kaum Arbeiten existieren, die zum einen ein implementierungsorientiertes Konzept des Kundenwerts präsentieren und zum anderen die systematische Nutzung der Ergebnisse durch ein Kundenwertmanagement aufzeigen (Rust/Lemon/Zeithaml 2000; Blattberg/Getz/Thomas 2001; Payne/Holt/Frow 2001). Ein **Kundenwertmanagement** umfasst neben der Analyse des Kundenwertes eine darauf aufbauende Segmentierung. Im Unterschied zur klassischen Marktsegmentierung werden dabei Daten eingesetzt, die direkt bei den aktuellen Kunden erhoben werden (z. B. über Transaktionsdatenbanken oder Kundenbefragungen). Anders als im Rahmen der generellen Kundenwertanalyse werden hier segmentspezifische Zielsetzungen festgelegt (z. B. Ertragssteigerung in einem bestimmten Segment, Kostenreduzierung in einem anderen Segment). Basierend auf der Kundensegmentierung oder direkt auf der Kundenanalyse werden kundenwertorientierte Strategien mit dem Ziel entwickelt, individuelle, segmentbezogene Kundenwerte oder den Gesamtkundenwert zu verbessern (Payne/Holt/Frow 2001). Beispielsweise werden für unterschiedliche Segmente Strategien im Sinne von Portfoliostrategien festgelegt. In Abhängigkeit von den gewählten Strategien entwickeln Unternehmen konkrete Maßnahmen, die den Kundenwert als Selektionskriterium verwenden und das Ziel haben, durch einen spezifischen Instrumenteeinsatz den Kundenwert zu erhöhen (Sargeant 2001). Schließlich wird sowohl das Kundenportfolio selbst als auch die Strategien und Maßnahmen dahingehend kontrolliert, ob die gesetzten Ziele erreicht wurden (vgl. zum Kundenwertmanagement auch Bruhn/Georgi 2004 sowie Bruhn/Hadwich/Georgi 2004).

Die **Deutsche Bank** hat im Bereich der Private and Business Clients ein CRM-System mit der Bezeichnung KUNST (Kundenanalyse- und Steuerungssystem) aufgebaut, mit dessen Hilfe attraktive Kundengruppen identifiziert und analysiert werden können sowie gleichzeitig ein Kundenwertmanagement umsetzbar ist. Auf Basis dieses Systems werden die Kunden zum einen wertbasiert, zum anderen bedürfnisorientiert unterteilt. Die wertbasierte Analyse der Kunden führte zu sechs Kundengruppen (von Entwicklungskunden mit geringem Deckungsbeitrag bis hin zu Topkunden mit Potenzial). Bei der bedürfnisorientierten Segmentierung wurden drei Kundensegmente identifiziert: Moderne Privatkunden, Private Investoren und Geschäftskunden. Zudem konnten klar definierte Zielgruppen und Teilzielgruppen mit vergleichbaren Bedürfnissen gebildet werden. Darauf aufbauend war es möglich, Kundengruppen zu identifizieren, die mit hoher Wahrscheinlichkeit in höherwertige Segmente überführt werden können und die Interesse an bestimmten Cross-Selling-Leistungen haben. Darüber hinaus kann bestimmt werden, welche Kampagnen welchen Erfolg bei einzelnen Kundensegmenten haben, so dass die Segmentzuordnung die Grundlage für die Steuerung der Kundenbeziehungen bildet (Lambert 2003, S. 658ff.).

3.4 Controlling mit integrierten Kontrollsystemen

3.41 Ansätze integrierter Kontrollsysteme

Eine vorökonomische Kontrolle von Kundenbeziehungen misst die Ausprägungen vorökonomischer Zielgrößen des Dienstleistungsmarketing, während die ökonomische Kontrolle die finanziellen Wirkungen innerhalb einer Kundenbeziehung untersucht. Zur systematischen Ableitung von Steuerungsmaßnahmen im Rahmen des Dienstleistungsmarketing ist es erforderlich, eine **Verknüpfung von vorökonomischer und ökonomischer Ebene** vorzunehmen. Nur auf diese Weise können die vorökonomischen Stellhebel für ökonomischen Erfolg innerhalb einer Beziehung identifiziert werden. Die vorökonomischen Stellhebel wiederum bieten Ansatzpunkte für die Ableitung von Steuerungsmaßnahmen.

Diese Verknüpfung ist Gegenstand von **integrierten Kontrollsystemen** des Dienstleistungsmarketing, auf deren Basis eine möglichst umfassende Kontrolle der vorökonomischen und ökonomischen Zielgrößen des Dienstleistungsmarketing sowie ihrer Interdependenzen realisiert werden. Die **Notwendigkeit von Interdependenzanalysen** liegt in der Tatsache begründet, dass einzelne Größen, wie z. B. die Qualitätswahrnehmung oder die Kundenzufriedenheit, für sich genommen keine isolierte Bedeutung für ein Unternehmen aufweisen. Vielmehr sind die **Interdependenzen innerhalb der Erfolgskette** für das Dienstleistungsmarketing relevant. Ein Beispiel für diese Interdependenzen ist der indirekte Einfluss der Kundenzufriedenheit auf den ökonomischen Erfolg, der zum einen über eine Beeinflussung der Kundenloyalität und zum anderen über eine Beeinflussung des Weiterempfehlungsverhaltens zustande kommen kann.

In Abhängigkeit von der Dimensionalität lassen sich drei Arten von **Ansätzen integrierter Kontrollsysteme** differenzieren: Ein-, zwei- und mehrdimensionale Ansätze. Scoringtabellen als eindimensionale und Kundenportfolios als zweidimensionale Ansätze stellen einfache Formen einer Verknüpfung von vorökonomischen und ökonomischen Daten dar. Mit Hilfe von **Scoringtabellen** (Bruhn 2001e) kann eine integrierte Bewertung von Kundenbeziehungen durch die entsprechende Gewichtung und Bewertung vorökonomischer und ökonomischer Kriterien vorgenommen werden. Im Rahmen von **Kundenportfolios** lassen sich vorökonomische und ökonomische Dimensionen einander gegenüberstellen. Beispielsweise ist es auf diese Weise möglich, zu eruieren, bei welchen Kunden Zufriedenheit und Kundenbindung (vorökonomische Größen) zu Gewinn (ökonomische Größe) führen. Der Nachteil beider Ansätze ist darin zu sehen, dass eine Berücksichtigung der Wirkungszusammenhänge zwischen den verschiedenen Zielgrößen des Dienstleistungsmarketing nicht möglich ist. Bei den folgenden **mehrdimensionalen Verfahren** fließen die Interdependenzen der Zielgrößen umfassend in die Betrachtung ein:

1. Kundenbarometer,
2. Balanced Scorecard,
3. EFQM-Modell,
4. Kosten-Nutzen-Analyse.

3.42 Kundenbarometer

Im Rahmen von **Kundenbarometern** werden verschiedene Wirkungen des Dienstleistungsmarketing gemäß der Erfolgskette gemeinsam gemessen. Hierbei werden sowohl die Zusammenhänge zwischen den entsprechenden Größen sowie die absoluten Konstruktausprägungen kontrolliert (vgl. Kapitel 5). Aus methodischer Sicht wird hierzu häufig auf die Kausalanalyse zurückgegriffen.

Eine **Nutzung der Ergebnisse** der Kausalanalyse für die integrierte Wirkungskontrolle kann folgendermaßen erfolgen (Bruhn 2001b; Bruhn/Hadwich 2004):

- Zusammenhangsanalyse,
- Simulation,
- Indexbildung,
- Indexvergleich.

Zunächst wird eine **Zusammenhangsanalyse** zwischen den Größen der Erfolgskette durchgeführt. Auf diese Weise wird ersichtlich, in welchem Ausmaß die vorökonomischen Zielgrößen (z. B. Kundenzufriedenheit, Kundenbindung) zur Realisierung der ökonomischen Zielgrößen beitragen. Aber auch die Zusammenhänge zwischen den vorökonomischen Größen lassen sich schätzen. Dabei werden sowohl direkte als auch indirekte Effekte untersucht (z. B. die indirekte Wirkung der Leistungsqualität eines Dienstleistungsangebotes – über Kundenbindung oder Weiterempfehlungen – auf die ökonomischen Ergebnisse des Dienstleisters).

Auf Basis der Ergebnisse der Zusammenhangsanalyse lässt sich eine **Simulation** von Auswirkungen der Veränderungen bei einzelnen Variablen vornehmen. Abbildung 8-3-8 zeigt eine derartige Simulation. Gelingt es dem entsprechenden Dienstleistungsanbieter, seine Reaktionsfähigkeit auf einer 7er-Skala von 6 auf 6,5 zu erhöhen, können entsprechende Verbesserungen beim Qualitäts-, Zufriedenheits- und Kundenbindungsindex erreicht werden.

Abbildung 8-3-8 **Exemplarische Simulation im Rahmen eines Kundenbarometers**

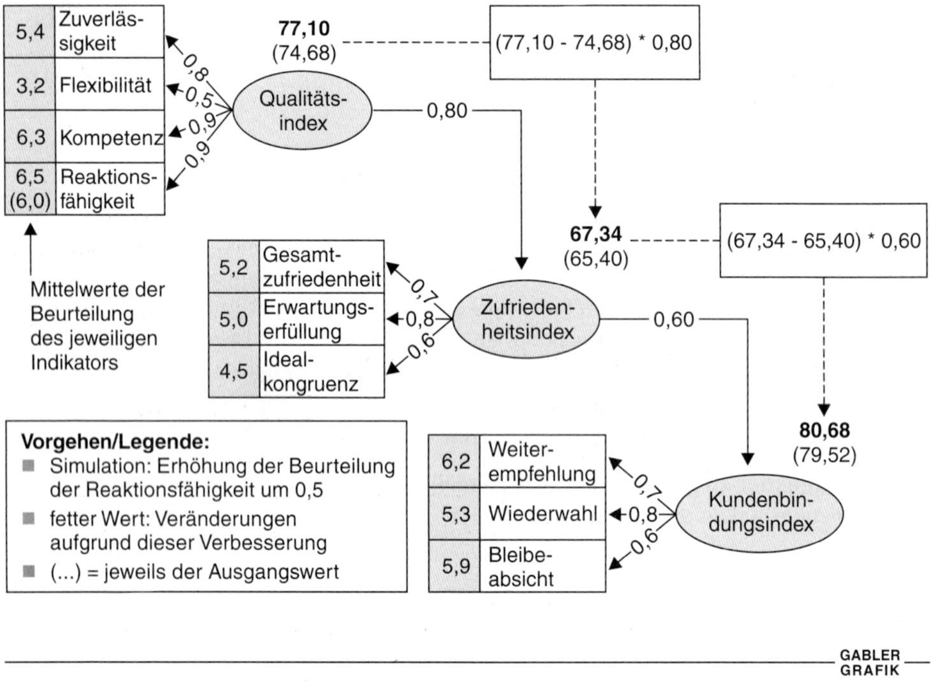

Weiterhin kann eine **Bildung von Indizes** (z. B. Zufriedenheitsindex, Kundenbindungsindex) vorgenommen werden, indem die Mittelwerte einer Strukturvariablen über eine Gewichtung mit Hilfe der Messparameter aggregiert werden. Die Gewichtungsfaktoren werden dabei durch die Schätzung des Gesamtmodells ermittelt. Dabei werden nicht nur die Zusammenhänge zwischen zwei Konstrukten (z. B. Kundenzufriedenheit und Kundenbindung), sondern auch zwischen einem Konstrukt und seinen Einzelmerkmalen bzw. Indikatoren (z. B. Zuverlässigkeit als Einzelmerkmal der Leistungsqualität) ermittelt. Diese Werte können als Bedeutungsgewichte bei der Indexermittlung genutzt werden.

Durch die Indexbildung wird eine Vergleichbarkeit der entsprechenden Konstrukte im Hinblick auf verschiedene Vergleichsobjekte möglich. Beispielsweise lässt sich die Kundenzufriedenheit im Zeitablauf analysieren oder im Sinne eines Benchmarking zwischen verschiedenen Anbietern vergleichen. Ein solcher **Indexvergleich** ist auf folgende Arten durchführbar:

- Zeitvergleich,
- Filialvergleich,
- Regionenvergleich,
- Unternehmensvergleich (bei Nutzung der Ergebnisse Nationaler Kundenbarometer).

Bei einer **kritischen Würdigung** von Kundenbarometern sind zunächst die **ergebnisbezogenen Anforderungen** zu betrachten. Dabei weist der Ansatz eine hohe Entscheidungsorientierung auf, da er der Erfassung der Zusammenhänge zwischen sämtlichen Wirkungen des Dienstleistungsmarketing dient. Da zahlreiche Größen in die jeweiligen Analysen einbezogen werden, hängt die Reliabilität und Validität der Ansätze von den zur Messung der Einzelgrößen genutzten Verfahren ab. Dies gilt ebenso für die Aktualität der Ansätze. Aufgrund der breiten Konzeptionalisierung können sie als vollständig angesehen werden. Hinsichtlich des Disaggregationsniveaus ist eine Einzelkundenbetrachtung bei der Umsetzung von Kundenbarometern nicht angestrebt. Vielmehr werden grundsätzliche Wirkungen des Dienstleistungsmarketing aufgezeigt. Hinsichtlich der **durchführungsbezogenen Kriterien** sind die Kundenbarometer mit hohem Aufwand und hoher Komplexität sowie in der Folge mit hohen Kosten verbunden.

Durch Kundenbarometer lässt sich somit eine kontinuierliche Kontrolle der Zielgrößen des Dienstleistungsmarketing und ihrer Interdependenzen in Form so genannter **Trackings** durchführen. Dabei betrachten Kundenbarometer den kundenseitigen Teil der Erfolgsgrößen des Dienstleistungsmarketing und können damit die Basis einer Balanced Scorecard darstellen. In Insert 8-3-7 sind einige zentrale Ergebnisse des Kundenmonitors Deutschland zusammengefasst.

Nicht nur bei Dienstleistungen aus dem kommerziellen Bereich lassen sich Kundenbarometer zur Messung des Erfolges einsetzen, sondern ebenso im nicht-kommerziellen Bereich. Im Vergleich zum kommerziellen Bereich sind bei Nonprofit-Organisationen die Erfolgsgrößen des Marketing jedoch wesentlich komplexer. Im Idealfall gelingt es, ein Kausalmodell zu entwickeln, bei dem ersichtlich wird, in welchem Ausmaß das Nonprofit-Marketing einen positiven Einfluss auf die Missionserfüllung, die Fachlichkeit und den ökonomischen Erfolg ausübt.

INSERT 8-3-7 Kundenmonitor Deutschland 2004

Kundenmonitor Deutschland 2004

„Im Kundenmonitor werden jährlich in Deutschland 21.876 Kunden telefonisch zum aktuellen Niveau der Kundenorientierung in insgesamt 23 Branchen befragt. Erstmals seit dem Jahr 2000 zeigt sich wieder eine Zunahme der Kundenbindung. Sie war – gemessen über die Wiederkauf- oder Wiederwahlabsicht – in den meisten Branchen kontinuierlich gesunken. Die Entwicklung hat sich gewendet: Während sich in den vergangenen drei Jahren die Kundenbindung nur in maximal drei Branchen erhöhte, nahm sie in dieser Erhebung in elf Branchen signifikant zu. Sieben Branchen erzielten sogar den Fünf-Jahres-Bestwert.

Auf die Frage „Wie zufrieden sind Sie mit den Leistungen von diesem (hauptsächlich genutzten) Anbieter insgesamt?" wurde in acht der erhobenen Branchen der Fünf-Jahres-Bestwert erreicht. Zehn Branchen verzeichneten in der Globalzufriedenheit signifikante Zugewinne, nur fünf Branchen Verluste. Den stärksten Zuwachs weisen hierbei die Autohäuser (Pkw-Werkstatt) sowie Fondsgesellschaften mit plus neun Basispunkten auf. Im Branchenvergleich 2004 liegen die Autohäuser mit einem Mittelwert von 2,13 unter Zugrundelegung der 5-stufigen Skala von „vollkommen zufrieden" (=1) bis „unzufrieden" (=5) vor den Branchen Tiefkühlheimdienste (2,02) und Optiker (1,95). Die Optiker behaupten hiermit – trotz leichtem Rückgang – das dritte Jahr in Folge die Spitzenposition. Der beste Mittelwert von 1,95 bei den Optikern entspricht zum Beispiel einem Anteil von 76 % vollkommen bzw. sehr zufriedener Kunden.

Zur detaillierten Analyse der Kundenbindung fließen die Ergebnisse des Kundenmonitor Deutschland seit Jahren in eine Kundenbindungstypologie ein: Unterschieden werden hierbei die „echt gebundenen" von den „systemisch gebundenen" Kunden. Während bei den echt gebundenen Kunden die hohe Wiederkauf- oder Wiederwahlabsicht mit einem hohen wahrgenommenen Wettbewerbsvorteil einhergeht, sehen die systemisch gebundenen Kunden nur geringe Wettbewerbsvorteile. Sie bleiben den Unternehmen weniger aufgrund der erlebten Leistung, sondern eher aufgrund mangelnder Alternativen oder aus produktspezifischen Bindungsgründen („Systembindungen") treu. Der Kundenmonitor Deutschland fragt die wahrgenommenen Wettbewerbsvorteile mit der Fragestellung „Glauben Sie, dass Ihnen dieser Anbieter mehr Vorteile bietet als andere Anbieter, die für Sie in Frage kommen?" ab.

Auch hier zeigt sich eine positive Entwicklung: Den meisten Branchen ist es gelungen, den Anteil der über Wettbewerbsvorteile gebundenen Kunden (= „echt gebunden") im Vergleich zum Jahr 2002 zu erhöhen. Die höchste Steigerung verzeichnen hierbei die Branchen Autohäuser (+7,3 Prozentpunkte), Buchversand und -clubs (+3,6), Bausparkassen (+3,3) und Bau- und Heimwerkermärkte (+3). In der Branche Elektrohaushaltsgroßgeräte (Kundendienst) war es sogar möglich, den Wert der „echt gebundenen" Kunden seit 2000 kontinuierlich zu verbessern. Dieser liegt derzeit bei 58 %; besser sind nur noch die Optiker mit 63 % und die Pkw-Werkstätten mit 65 %. Gesunken ist der Anteil zum zweiten Mal in Folge nur in den Branchen Mobilfunktelefone, Stromversorgungsunternehmen, Tiefkühlheimdienste sowie Fondsgesellschaften."

Quelle: Planung & Analyse 2004, S. 11

„University of Basel – Stakeholder-oriented Index of Quality“ (UBIQ) bzw. „Universität Basel – Anspruchsgruppenbasierter Qualitätsindex“ nennt sich eine vom Lehrstuhl für Marketing und Unternehmensführung der Wirtschaftswissenschaftlichen Fakultät, Universität Basel, im Auftrag des Universitätsrats und des Rektorats durchgeführte Umfrage. Diese hatte zum Ziel, herauszufinden, wie die **Qualität der Universität** von deren Anspruchsgruppen wahrgenommen wird und wie hoch der Grad der Zufriedenheit sowie der Verbundenheit mit der Institution ist. Angesprochen wurden Angehörige der Departemente der Universität und Servicebereiche, Studierende sowie sog. „Meinungsführer/-innen“ aus Politik, Wirtschaft oder Medien. Die Untersuchung geht von der Annahme aus, dass eine Wirkungskette existiert, nach der die wahrgenommene Qualität der Universität sich im Grad der Zufriedenheit und der Verbundenheit ihrer Anspruchsgruppen niederschlägt. Die angewandte Methode orientierte sich an der Vorgehensweise für die Erstellung von Nationalen Kundenbarometern. Die Ergebnisse stellen eine Argumentationsgrundlage für Veränderungsmaßnahmen dar, deren Erfolg dann jeweils in weiteren Messungen zu kontrollieren ist. Umfragen wie UBIQ sind also nicht auf die Erhebung eines Zustandes hin angelegt, sondern auf das Management des Wandels. Sie entfalten ihr Potenzial, wenn sie – im Sinne einer Langzeitstudie – in regelmäßigen Abständen wiederholt werden. Die erste Durchführung dieser Umfrage an der Universität lässt sich somit als eine Art „Nullmessung“ betrachten, die erst vorläufige Hinweise auf mögliche und nötige Veränderungen gibt.

3.43 Balanced Scorecard

Eine Abstimmung von vorökonomischen und ökonomischen Zielgrößen des Dienstleistungsmarketing kann weiterhin durch die so genannte **Balanced Scorecard** (Kaplan/Norton 1992; 1993; 1996; 1997; Horváth et al. 2004) realisiert werden. Grundidee der Balanced Scorecard ist die Einteilung des Unternehmens in eine finanz-, kunden-, prozess- und potenzialorientierte Perspektive. Für jede dieser Perspektiven sind entsprechende Kennzahlen zu definieren, die als erfolgskritisch für die Erreichung der strategischen Ziele angesehen werden. Abbildung 8-3-9 zeigt die vier grundlegenden Perspektiven der Balanced Scorecard im Überblick, die je nach Dienstleistungsunternehmen (Insert 8-3-8) und teilweise auch Geschäftsbereich (Abbildung 8-3-10) spezifisch auszugestalten bzw. zu ergänzen sind. Durch die Verknüpfung dieser vier Perspektiven im Rahmen eines umfassenden Kennzahlensystems wird angestrebt, eine Balance herzustellen zwischen:

- externen und internen Kennzahlen,
- vergangenheits- und zukunftsbezogenen Kennzahlen,
- leicht und schwer quantifizierbaren Kennzahlen.

Abbildung 8-3-9 **Grundelemente der Balanced Scorecard**

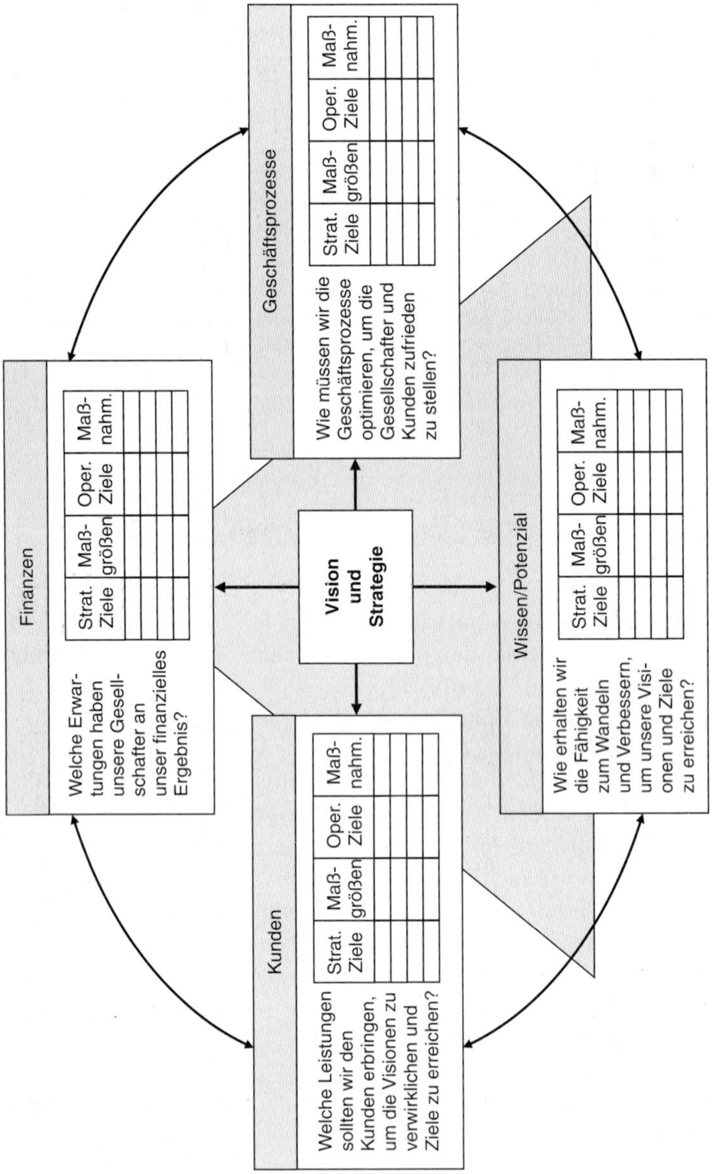

GABLER GRAFIK

Quelle: Kaplan/Norton 1992, S. 72

INSERT 8-3-8 Beispielhafte Kennzahlen eines Finanzdienstleisters

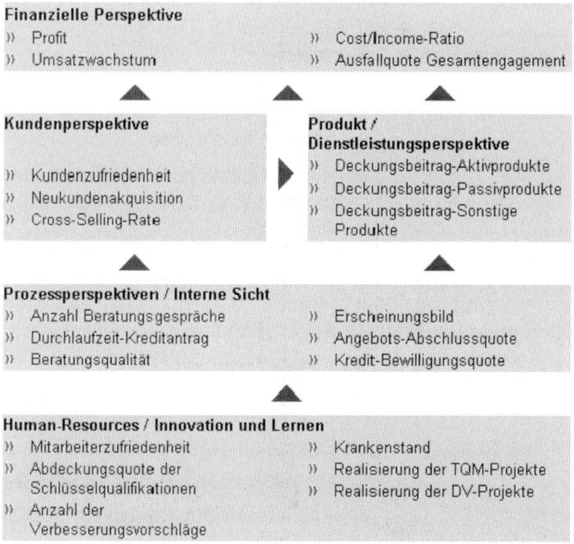

Quelle: Kienbaum 2005

Die Balanced Scorecard dient vor allem als Instrument zur Verbesserung der **Transparenz von unternehmerischen Kennzahlensystemen.** Insbesondere Unternehmen, deren Geschäftsbereiche eine hohe Autonomie aufweisen, nutzen die Balanced Scorecard als Managementsystem mit vorrangig strategischen Steuerungs- und vor allem Implementierungsaufgaben (ein Beispiel ist ABB Schweden, die die Balanced Scorecard seit 1996 mit Erfolg einsetzen; Ewing/Lundahl 1996 sowie auch der Einsatz bei der Swisscom; Kemper/Bommer/Leu 1998; weitere Beispiele für den Einsatz der Balanced Scorecard in der Praxis finden sich u. a. auf der Internetseite www.balanced-scorecard.de).

Die Erfüllung von Steuerungs- und Implementierungsaufgaben entspricht der Grundidee der Balanced Scorecard, der im Einzelnen folgende vier **Aufgaben** zugeschrieben werden können (Kaplan/Norton 1997, S. 11):

- Klärung und „Herunterbrechen" von Vision und Strategie (Verknüpfung von strategischem und operativem Management),
- Kommunikation und Verknüpfung von strategischen Zielen und Maßnahmen,
- Planung bzw. Festlegung von Zielen und Abstimmung strategischer Initiativen,
- Verbesserung von strategischem Feedback und Lernen.

Abbildung 8-3-10 Ergänzende, geschäftsbereichspezifische Kennzahlen einer Balanced Scorecard im Bankenbereich

Perspektive	Geschäftseinheit	Kennzahlen
Lern- und Entwicklungs-perspektive	Retail Banking	■ Kenntnisstand der Mitarbeiter bezüglich aller angebotenen Leistungen ■ Kenntnisstand der Filial-Mitarbeiter über andere Vertriebswege (Internet Banking, SB-Banking, Telefon-Banking)
	Private Banking	■ Anzahl Schulungstage Mitarbeiter
	Corporate Banking	■ Anzahl Schulungstage Mitarbeiter ■ Anzahl Mitarbeiter E-Commerce ■ Investitionen in E-Commerce
Interne Prozess-perspektive	Retail Banking	■ Bearbeitungszeit Kreditantrag (andere Leistungen) ■ Prozesskosten Kreditantrag (andere Leistungen) ■ Anteil Geschäftsabwicklung über Internet, SB-Service, Call-Center ■ Cross Selling Ratio ■ Anzahl Produkte, die an weniger als xx % der Kunden verkauft werden
	Private Banking	■ Bearbeitungszeit Kreditantrag (andere Leistungen) ■ Prozesskosten Kreditantrag (andere Leistungen) ■ Möglichkeit des externen Zugriffs auf Informationen durch Mitarbeiter
	Corporate Banking	■ Anteil innovativer Produkte (neue Geschäftsfelder) am Geschäftsvolumen ■ Anteil Echtzeit-Transaktionen
Kunden-perspektive	Retail Banking	■ Verhältnis Arbeitszeit im direkten Kundenkontakt/ Anzahl Kunden ■ Beurteilung Beratungskompetenz durch Kunden
	Private Banking	■ Beurteilung Beratungskompetenz durch Dritte und Kunden ■ Beurteilung des Leistungsangebotes durch Kunden
	Corporate Banking	■ Image als Anbieter innovativer Problemlösungen

GABLER GRAFIK

Quelle: Wiedemann 2001, S. 15

Obwohl im Detail eine klare Abgrenzung dieser Aufgaben erforderlich wäre, kann die grundsätzliche Erfolgskette des Balanced-Scorecard-Konzeptes wie folgt beschrieben werden: Mission/Vision → Festlegung der Strategie → Identifikation und Verknüpfung der „Value Drivers" (Finanzen, Kunden, Prozesse, Potenzial) → Übersetzung der „Value Drivers" in operative Kennzahlen, wobei jede dieser Kennzahlen einen bestimmten Ursache-Wirkungs-Zusammenhang (z. B. Kundenzufriedenheit begünstigt Kundenbindung) widerspiegelt (Bruhn 1998f).

Zusammenfassend kann hinsichtlich einer **kritischen Würdigung** festgehalten werden, dass das Konzept der Balanced Scorecard insbesondere durch den Versuch einer ganzheitlichen Sicht der verschiedenen Wertperspektiven ein möglicher Ansatz ist, Unternehmensstrategien zu entwickeln und diese auch in aktionsfähige Aufgaben umzusetzen. Damit trägt die Balanced Scorecard dem Denken in Beziehungen im Rahmen des **Dienstleistungsmarketing** Rechnung. Insbesondere der Erfolgsbeitrag von Kundenbeziehungen lässt sich durch die Berücksichtigung verschiedener Zielgrößen realisieren. Im Hinblick auf die Anforderungen an die Kontrolle ist die kritische Würdigung der Balanced Scorecard mit derer der Kundenbarometer vergleichbar, da auch hier eine konsequente Umsetzung von Interdependenzanalysen ermöglicht wird.

3.44 EFQM-Excellence-Modell

Eine Analyse, ob Aktivitäten des Dienstleistungsmarketing im Unternehmen konsequent umgesetzt werden, ist mit Hilfe des **EFQM-Excellence-Modells** (European Foundation for Quality Management) möglich, in dessen Rahmen Aktivitäten und Zielgrößen des Dienstleistungsmarketing einen wesentlichen Stellenwert einnehmen. Das EFQM-Excellence-Modell strukturiert die Bewertungskriterien, nach denen der European Quality Award vergeben wird. Die Kriterien sind hierbei in zwei Hauptgruppen eingeteilt (Abbildung 8-3-11; Malorny 1999, S. 264ff.; EFQM 2005):

1. Die **Befähiger** („Enablers") beschreiben Sachverhalte, die die Bemühungen eines Anbieters für gute Beziehungen zu seinen Anspruchsgruppen zum Ausdruck bringen.
2. Die **Ergebnisse** („Results") betreffen die Wirkungen der eingesetzten Maßnahmen.

Abbildung 8-3-11 Grundelemente des EFQM- Excellence-Modells

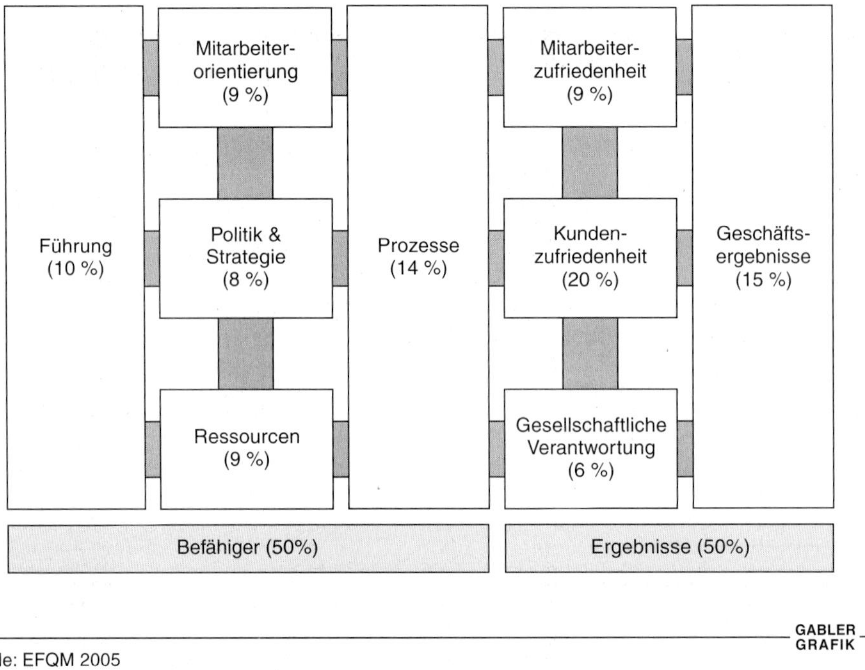

Quelle: EFQM 2005

Im Rahmen des EFQM-Excellence-Modells werden die Maßnahmen des Unternehmens – in Form der Befähiger – und die Wirkungen dieser Maßnahmen – in Form der Ergebnisse – evaluiert. Hierbei wird ein Unternehmen im Hinblick auf jedes Kriterium anhand einer 5er-Kategorisierung beurteilt. Auch wenn es der ursprüngliche Zweck des EFQM-Excellence-Modells ist, auf seiner Basis den European Quality Award zu vergeben, gehen immer mehr Unternehmen dazu über, ein **Self-Assessment** auf Basis des Modells vorzunehmen. Auf diese Weise kann auch ein Auditing der Maßnahmen des Dienstleistungsmarketing vorgenommen werden. Der Selbstbewertungsprozess ist dabei nicht als einmalige Aktion zu betrachten, sondern hat in regelmäßigen Abständen zu erfolgen. Um die Selbstbewertung zu erleichtern hat die EFQM einen Leitfaden entwickelt, der die Vorgehensweise detailliert beschreibt (Deutsche EFQM 2005). In Insert 8-3-9 ist mit der Beschreibung der verschiedenen Stufen der Excellence ein Teil des Leitfadens wiedergegeben.

INSERT 8-3-9 Programm EFQM-Levels of Excellence

5. Das Programm EFQM Levels of Excellence – Stufen der Excellence

Das Programm EFQM Levels of Excellence wurde als europaweites Anerkennungsprogramm für Organisationen konzipiert. Einige Organisationen suchen einfache, praktikable Ansätze, ihren Weg in Richtung Excellence zu beginnen, wohingegen reifere Organisationen weitergehende Unterstützung ihrer Anstrengungen beim Erreichen höherer Stufen der Excellence erwarten. Nun können sich Organisationen auf der Stufe bewerben, die ihrem Reifegrad entspricht. Das Programm wird von der EFQM selbst und von ihren Nationalen Partnerorganisationen umgesetzt. Dadurch können Bewerbungen in der jeweiligen Landes-sprache erfolgen. In allen Stufen erfolgt eine Bewertung nach dem EFQM-Modell für Excellence.

Die wichtigsten Ziele des Programms sind:

- Die Anerkennung für Organisationen auf alle Reifegradstufen ausdehnen;
- die Anzahl der Organisationen, die die Prinzipien des EFQM-Modells für Excellence zur organisationellen Verbesserung anwenden maximieren;
- die unabhängige Bewertung und Analyse durch praxiserfahrene Führungskräfte zur Unterstützung der Verbesserungsaktivitäten von Organisationen beisteuern;
- Produkte und Dienstleistung zur Verfügung stellen, die Organisationen helfen, einen höheren Excellence-Reifegrad zu erreichen.

Das Programm EFQM Levels of Excellence in drei Stufen

I. European Quality Award (EQA)

Der European Quality Award ist der prestigeträchtigste Preis für Excellence von Organisationen und steht an der Spitze der Stufen der Excellence. Der EQA wurde seit 1992 jährlich ausgeschrieben. Die Anerkennung durch einen prestigeträchtigen Preis ist nach wie vor ein wichtiger Ansporn für Excellence. Zielgruppe für den EQA sind Organisationen, die Weltklassestandards in Bezug auf Qualität erreichen, sie sind potenzielle Bewerber für den EQA. Die Teilnahme ist offen für Mitglieder und Nicht-Mitglieder der EFQM, unabhängig von Größe oder Branche. Es gibt eigene Kategorien für Großunternehmen (large business) Organisationeinheiten (operational units), den Öffentlichen Dienst (public sector) und kleine und mittlere Unternehmen, KMUs (SMEs).

II. Recognised for Excellence – Anerkennung für Excellence

Auch diese Stufe ist für Mitglieder der EFQM und für Nicht-Mitglieder zugänglich. Sie basiert auf dem vollständigen EFQM-Modell für Excellence. Recognised for Excellence ermöglicht Bewerbern, die Vorteile eines strukturierten Ansatzes zur Identifikation von Stärken und Verbesserungspotenzialen zu nutzen und erkennt erfolgreiche Bemühungen zur Einführung von Excellence und Guter Praxis an. Die Bewerbung für Recognised for Excellence erfordert eine weniger umfangreiche Dokumentation als der EQA und wird nach einen modifizierten Bewertungsprozess vorgenommen. Organisationen, die mehr als 400 Punkte nach der RADAR-Bewertungsmethodik erzielen, erhalten eine formale Anerkennung. Bewerber, die diese Stufe erreichen, gelten als gutgeführte Organisationen und können diese Anerkennung zu kommerziellen und Werbezwecken verwenden.

III. Committed to Excellence – Verpflichtung zu Excellence

Committed to Excellence wurde für Organisationen am Beginn des Wegs zu Excellence geschaffen. Hier lernen Organisationen, ihre gegenwärtige Leistungsfähigkeit einzuschätzen und Verbesserungspotenziale zu finden und daraus resultierende Projekte zu priorisieren. Committed to Excellence basiert auf einem zweischrittigen Prozess. Bewerber durchlaufen zunächst eine fundierte Selbstbewertung, die alle Kriterien des EFQM-Modells für Excellence umfasst. Dadurch verschafft sich der Bewerber einen Überblick über seinen Leistungsstand gemessen an der Rahmenstruktur, die auch vorbildliche Organisationen zugrunde legen. Das Ergebnis der Bewertung besteht darin, eine begrenzte Anzahl von Verbesserungsprojekten zu identifizieren, die für die Organisation relevant sind. Der zweite Schritt erfordert den Nachweis, dass die Organisation die Verbesserungsprojekte umsetzt. Organisationen, die erfolgreich Committed to Excellence eingehen, können die formale Anerkennung zu kommerziellen und Werbezwecken verwenden.

An wen richtet sich das Programm?

Teilnahmeberechtigt sind alle Organisationen – Großunternehmen, Organisationen des Öffentlichen Dienstes, kleine und mittlere Unternehmen und Organisationseinheiten. (Für den EQA ist die Teilnehme auf europäische Organisationen beschränkt.) Das Programm bietet angemessene, praktikable Ansätze, den Weg einer Organisation in Richtung Excellence zu beginnen und richtet sich deshalb besonders an Organisationen, die:

- mehr darüber wissen möchten, wie sie ihr Geschäft oder eine operative Einheit in ihrem Geschäftsbereich managen, und die Wert auf eine unabhängige Analyse durch aktive, externe Führungskräften legen;
- eine ganzheitliche Vorgehensweise zur Verbesserung suchen;
- eine einfachen und praktikable Vorgehensweise suchen, mehr darüber zu erfahren, wie führende Organisationen ihre Aktivitäten managen und verbessern;
- die für ihre Leistungen auf dem Weg zu Excellence eine Form der Anerkennung wünschen.

Wenn Sie mehr erfahren möchten

Wenn Sie mehr über EFQM Levels of Excellence erfahren möchten, finden Sie unter www.efqm.org (in englischer Sprache) oder www.afqm.at, www.deutsche-efqm.de oder www.saq.de (jeweils in deutscher Sprache) weitergehende Information über das Programm sowie Bewerbungsformulare. Die EFQM Internetseite veröffentlicht auch eine Liste der Organisationen, die im European Quality Award und in den andern Stufen des Programms anerkannt wurden.

Quelle: Deutsche EFQM 2005, S. 10

Eine **kritische Würdigung** des EFQM-Excellence-Modells führt hinsichtlich der **ergebnisbezogenen Kriterien** zunächst zum Schluss, dass eine gewisse Entscheidungsorientierung gegeben ist. Die Überprüfung des Modells zeigt auf, welche Maßnahmen des Dienstleistungsmarketing durch ein Unternehmen eingesetzt werden. Die Forderung bestimmter Maßnahmen ist allerdings als idealtypisch anzusehen. Da die geforderten Maßnahmen in unterschiedlicher Art und Weise umgesetzt werden können, ist das EFQM-Excellence-Modell mit Reliabilitäts- und Validitätsproblemen verbunden. Darüber hinaus weist es nicht zwingenderweise eine hohe Aktualität auf. Durch den breiten Rahmen, der dem Modell zugrunde liegt, kann von einem hohen Vollständigkeitsgrad ausgegangen werden. Hinsichtlich des Disaggregationsniveaus ist eine Einzelkundenanalyse weder möglich noch angestrebt.

Hinsichtlich der **durchführungsbezogenen Anforderungen** steht der Einsatz des EFQM-Excellence-Modells mit einem hohen Aufwand in Zusammenhang. Weiterhin ist der Einsatz durch eine starke Komplexität gekennzeichnet, so dass mit hohen Kosten zu rechnen ist.

Für das **Dienstleistungsmarketing** weist das EFQM-Excellence-Modell den Vorteil auf, dass es mögliche Aktivitäten zur Steuerung der Beziehungen eines Unternehmens zu seinen Anspruchsgruppen umfassend berücksichtigt. Eine Gegenüberstellung der Aktivitäten und ihrer Wirkungen erfolgt im Rahmen der Kosten-Nutzen-Analyse des Dienstleistungsmarketing.

3.45 Kosten-Nutzen-Analyse

Die **Kosten-Nutzen-Analyse des Dienstleistungsmarketing** dient der Zurechnung von Erfolgswirkungen zum Maßnahmensystem des Dienstleistungsmarketing. Durch die Verknüpfung von Maßnahmen und Wirkungen gilt es, Aussagen über die Wirtschaftlichkeit der Maßnahmenumsetzung zu treffen und somit das Verhältnis zwischen Kosten und Nutzen des Dienstleistungsmarketing zu konkretisieren.

Das zentrale Instrument zur Erfolgskontrolle repräsentiert die **Kosten-Nutzen-Analyse des Dienstleistungsmarketing,** bei der Kosten und Nutzen des Dienstleistungsmarketing erfasst und einander gegenübergestellt werden. Dabei geht es nicht nur um eine ökonomische Gesamtbetrachtung des Dienstleistungsmarketing, sondern die Kosten-Nutzen-Analyse kann gleichermaßen für Teilbereiche durchgeführt werden, so etwa für ein Qualitäts-, Kundenbindungs- oder Beschwerdemanagement (Bruhn 1998b; Bruhn/Georgi 1999; 2005). Hierdurch resultieren **Kosten-Nutzen-Kennziffern,** bei denen statische und dynamische Kennziffern unterschieden werden können. Die statische Hauptkennziffer ist der Gewinn des Dienstleistungsmarketing, der sich aus der Differenz zwischen dem Nutzen und den Kosten des Dienstleistungsmarketing ergibt. Die Rendite des Dienstleistungsmarketing ergibt sich als Quotient aus Gewinn zum Aufwand des Dienstleistungsmarketing. Die dynamische Hauptkennziffer ist der Wert des Dienstleistungsmarketing, der sich als die Summe aus den – auf den aktuellen Zeitpunkt abgezinsten – Gewinnen/Verlusten des Dienstleistungsmarketing pro Jahr ermitteln lässt. Die dynamische Rendite des Dienstleistungsmarketing folgt aus der Division des Wertes des Dienstleistungsmarketing durch die kumulierten und abgezinsten Kosten des Dienstleistungsmarketing. Im Rahmen der Kosten-Nutzen-Analyse gilt es somit, die Kosten und den Nutzen des Dienstleistungsmarketing zu ermitteln und einander zuzurechnen.

Im Hinblick auf die **Ermittlung der Kosten** sind diejenigen Kosten zu bestimmen, die durch Maßnahmen des Dienstleistungsmarketing hervorgerufen werden. Hierbei besteht das Problem, dass zahlreiche Aktivitäten des Dienstleistungsmarketing nicht isoliert von den Leistungserstellungsaktivitäten erfasst werden können, so dass die Kostenstellenrechnung nur in wenigen Fällen zur Ermittlung der Kosten des Dienstleistungsmarketing eingesetzt werden kann. Vielmehr ist es erforderlich, auf Basis einer Prozessanalyse diejenigen Aktivitäten zu identifizieren, die direkt dem Dienstleistungsmarketing zugerechnet werden können, da die hierfür entstehenden Kosten Teil der Kosten des Dienstleistungsmarketing sind (Bruhn 1998b). Die Vorgehensweise der Prozesskostenrechnung des Dienstleistungsmarketing orientiert sich an der Methodik der herkömmlichen Prozesskostenrechnung (Mayer 1991, S. 85). Zentrale Voraussetzung für die Durchführung einer spezifischen Prozesskostenanalyse des Dienstleistungsmarketing ist die Existenz einer allgemeinen Prozesskostenrechnung für sämtliche Abläufe im Unternehmen. Auf diese Weise kann der Aufwand für die Konzeption der dienstleistungsmarketingbezogenen Prozesskostenrechnung relativ gering gehalten werden, ohne auf deren Vorzug einer verursachungsgerechten Kostenermittlung verzichten zu müssen. Anhand diverser Beispielrechnungen in der Literatur können die generelle Vorgehensweise der Prozesskostenrechnung (z. B. Mayer 1991) sowie ihre Besonderheiten im Dienstleistungsbereich (z. B. Reckenfelderbäumer 1995) und im Qualitätsmanagement für Dienstleistungen (Bruhn 1998, S. 168ff.) nachvollzogen werden.

Der Nutzen des Dienstleistungsmarketing ergibt sich aus den Erfolgswirkungen des Dienstleistungsmarketing gemäß der Erfolgskette. Zur **Ermittlung des Nutzens** können somit die Ergebnisse aus der Wirkungsanalyse herangezogen werden. Der monetarisierte Nutzen besteht aus dem ökonomischen Erfolg, der auf das Dienstleistungsmarketing zurückgeführt werden kann. Hierzu ist eine Verknüpfung der Glieder der Erfolgskette vorzunehmen. Beispielsweise entspricht der Nutzen des Dienstleistungsmarketing in der Kundenbindungsphase vereinfacht dem ökonomischem Erfolg, der auf diejenigen gebundenen Kunden zurückzuführen ist, deren Kundenbindung durch ihre Kundenzufriedenheit verursacht ist. Hierbei kann nicht die Kundenbindung sämtlicher gebundener Kunden auf ihre Kundenzufriedenheit zurückgeführt werden. Ebenso kann nicht der gesamte ökonomische Erfolg mit gebundenen Kunden auf die Kundenbindung zurückgeführt werden. Daher ist eine **Zurechnung der Erfolgswirkungen zum Dienstleistungsmarketing** vorzunehmen. Hierbei können die Ergebnisse von Kundenbarometern genutzt werden. Durch eine einfache Multiplikation lässt sich der Nutzen des Dienstleistungsmarketing als Anteil des ökonomischen Erfolgs bestimmen, der auf das Dienstleistungsmarketing zurückgeführt werden kann.

Bezüglich **Problemen bei der Nutzenermittlung** ist nicht auszuschließen, dass die erhobenen Verhaltensabsichten nicht immer das tatsächliche Kaufverhalten repräsentieren. Ferner ist bei der Auswahl eines Messansatzes für den Gewinn pro Kunde die Heterogenität des Kundenstamms des jeweiligen Unternehmens zu berücksichtigen. Schließlich können bei der Nutzenmessung Wirkungen anderer Aspekte (z. B. andere Maßnahmen, Konkurrenzaktivitäten) auftreten, die durch eine entsprechende Operationalisierung zu isolieren sind.

Das Marktforschungsunternehmen **IHA-GfK** hat in Zusammenarbeit mit der Universität St. Gallen in einer empirischen Studie eine systematische Ist-Aufnahme des Marketingeffizienzcontrolling bei Schweizer Unternehmen durchgeführt. Dabei zeigte sich, dass lediglich 13 Prozent der befragten Marketingverantwortlichen mit der heutigen Situation zufrieden sind; fast ein Drittel ist der Meinung, dass es ihnen nicht gut gelingt, die Marketingeffizienz bzw. -effektivität sicherzustellen. Marketing wird immer noch als „weiches", wenig „greifbares" Gebiet eingeschätzt: 56 Prozent der Fachleute sehen in der Messbarkeit des Marketing weiterhin die größte Herausforderung. Die Umfrage ergab zudem, dass weniger erfolgreiche Unternehmen mit der derzeitigen Situation weniger zufrieden sind als die erfolgreichen. Die Studie belegt aber auch, dass das Thema Marketingeffizienzkontrolle in den letzten drei Jahren maßgeblich an Bedeutung gewonnen hat. Auch wenn die Marketingetats in der jüngeren Vergangenheit in Frage gestellt wurden, so scheint dennoch Optimierungspotenzial zu bestehen, denn über 50 Prozent der Befragten unterstellten in ihren Budgets eine Wirtschaftlichkeits- und Umsatzreserve von mehr als fünf Prozent; jedes fünfte Unternehmen sieht sogar ein Umsatzsteigerungspotenzial von über 15 Prozent (Bascheck 2005; IHA-GfK 2005).

Eine **kritische Würdigung** der Kosten-Nutzen-Analyse orientiert sich zunächst an den **ergebnisbezogenen Anforderungen.** Hier ist durch die Berücksichtigung der gesamten Erfolgskette des Dienstleistungsmarketing eine hohe Entscheidungsorientierung zu konstatieren. Aufgrund der Vielzahl an einfließenden Größen ist mit Reliabilitäts- und Validitätsproblemen zu rechnen. Dies gilt insbesondere für die Nutzenermittlung, die in starkem Maße auf vorökonomischen Daten beruht. Aufgrund der Breite des Ansatzes ist es darüber hinaus schwierig, eine hohe Aktualität sicherzustellen. Dahingegen ist der Anspruch der Vollständigkeit in dem Ansatz implizit enthalten. Bezüglich des Disaggregationsniveaus ist die Durchführung von Einzelkundenanalysen nicht möglich.

Wie die übrigen Verfahren einer integrierten Kontrolle sind auch Kosten-Nutzen-Analysen des Dienstleistungsmarketing im Hinblick auf **durchführungsbezogene Anforderungen** mit hohem Aufwand, hoher Komplexität und in der Folge hohen Kosten verbunden. Aus praktischer Perspektive lässt sich bezüglich der Durchführbarkeit feststellen, dass eine statische Kosten-Nutzen-Analyse mit einem geringeren Aufwand als die dynamische Analyse verbunden ist, weil letztere insbesondere durch die erforderliche Schätzung zukünftiger Kosten- und Nutzenausprägungen Schwierigkeiten mit sich bringt.

Im Hinblick auf ihre **Bedeutung für das Dienstleistungsmarketing** kann mit der Kosten-Nutzen-Analyse eine vollständige Verknüpfung der verschiedenen Zielgrößen des Dienstleistungsmarketing anhand der Erfolgskette vorgenommen werden. Allerdings ist vor allem die Nutzenermittlung und ihre Zuordnung zu konkreten Maßnahmen des Dienstleistungsmarketing mit Schwierigkeiten behaftet. Daher bestehen hier offene Forschungsfragen bei einer weiteren Auseinandersetzung mit dem Konzept des Dienstleistungsmarketing.

Die Ergebnisse der Kontrollphase liefern die Basis für zukünftige Entscheidungen in den übrigen Phasen des Planungsprozesses des Dienstleistungsmarketing. Damit ist die Kontrolle nicht – vergleichbar mit einer deterministischen Planung – als isoliertes „Ende" des Planungsprozesses zu betrachten. Vielmehr ist der Planungsprozess als kontinuierlicher Prozess anzusehen, in dessen Rahmen die Kontrolle im Mittelpunkt steht. Durch die Überprüfung der Ausprägungen der Zielgrößen des Dienstleistungsmarketing durch die Kontrollinstrumente werden Ansatzpunkte für eine revidierte Zielplanung geliefert und somit ein erneutes Durchlaufen des Planungsprozesses in Gang gesetzt.

FRAGEN ZUM 8. KAPITEL

Punkt 1:

- Was wird unter dem Begriff „Controlling" im weiteren Sinne verstanden?
- Welche Funktionen hat das Dienstleistungscontrolling zu erfüllen, um die Effektivität und Effizienz des Dienstleistungsmanagements sicherzustellen?
- Welche Problematik ergibt sich beim sog. subordinierten Controlling?

Punkt 2:

- Welche Subsysteme des Dienstleistungscontrolling lassen sich unterscheiden?
- Wie sehen die idealtypischen Phasen eines Controllingkreises für Dienstleistungen aus?
- Welchen Zweck verfolgen Dienstleistungsunternehmen mit einem System-Wirkungs-Auditing?
- Wie lassen sich die Wirkungskontrolle und die Erfolgskontrolle voneinander abgrenzen?

Punkt 3:

- Welche grundlegenden Verfahren zum Controlling von vorökonomischen Indikatoren existieren?
- Was wird unter dem Begriff „Share of Customer" bzw. „Share of Wallet" verstanden?
- Welche Ziele werden mit einer ABC-Analyse verfolgt?
- Wie berechnet sich der Kundendeckungsbeitrag und welche Probleme sind mit der Kundendeckungsbeitragsanalyse verbunden?
- Im Rahmen von mehrperiodischen Kontrollen von Kundenbeziehungen wird das Konzept des Customer Lifetime Value diskutiert. Welche Stufen der Kundenbewertung lassen sich differenzieren?
- Wie wird zur Ermittlung des sog. Present CLV vorgegangen?
- Im Zusammenhang mit der Berücksichtigung der Kundenbindungswahrscheinlichkeit bei der Kundenwertermittlung wird zwischen dem sog. Migration-Modell und dem Retention-Modell unterschieden. Welche Ausgangsüberlegungen stehen hinter dem jeweiligen Modell?
- Welche Faktoren beeinflussen den Referenzwert eines Kunden?
- Welche – über den Referenzwert hinausgehenden – Determinanten sind bei einer umfassenden Ermittlung des Kundenwertes zu berücksichtigen?
- Warum ist die Ermittlung eines Kundenwertes in der Unternehmenspraxis oftmals schwierig?
- Ein Ansatz zur integrierten Kontrolle von vorökonomischen und ökonomischen Wirkungen des Dienstleistungsmarketing stellen Kundenbarometer dar. Welche controllingrelevanten Informationen lassen sich mithilfe von Kundenbarometern gewinnen?
- Welche Grundidee steckt hinter dem Konzept der Balanced Scorecard?
- Wie lässt sich eine Kosten-Nutzen-Analyse des Dienstleistungsmarketing durchführen? Welche Schwierigkeiten können hierbei auftreten?

KAPITEL

9 Internationales Dienstleistungsmarketing

1. Grundlagen des internationalen Dienstleistungsmarketing

1.1 Bedeutung internationaler Dienstleistungen

Seit den 1980er Jahren ist eine zunehmende Dynamik im internationalen Wettbewerb zu beobachten. Diese Globalisierung des Wettbewerbs zeichnet sich durch die integrierte Planung und Abstimmung von Unternehmensaktivitäten auf weltweiter Ebene aus, um sich gegenüber anderen globalen Wettbewerbern zu profilieren (Toyne/Walters 1989, S. 307).

Im Mittelpunkt der wissenschaftlichen Diskussion dieses Internationalisierungsprozesses steht primär die internationale Vermarktung von Konsum- und Gebrauchsgütern, während das internationale Marketing von Dienstleistungen zunächst nur rudimentär behandelt wurde (Kothari 1988, S. 209; Cowell 1993, S. 257; Mösslang 1995, S. 1; o. V. 1997, S. 26). Erst in letzter Zeit ist eine Intensivierung der wissenschaftlichen Diskussion über ausgewählte Aspekte des **internationalen Dienstleistungsmarketing** festzustellen (Nicoulaud 1989; Dahringer 1991; Lehtinen 1991; Erramilli/Rao 1993; Stauss 1995; Clark/Rajaratnam 1999; Laird/Kirsch/Evans 2003; Gardini/Dahlhoff 2004; Bruhn/Stauss 2005). Die relative Nichtbeachtung dieses Themengebietes steht in auffallendem Missverhältnis zu der in sämtlichen hoch entwickelten Volkswirtschaften festzustellenden Bedeutungszunahme des Dienstleistungssektors im Welthandel. Insbesondere produktionsorientierte Dienstleistungen als Inputfaktoren gewinnen zunehmend an Bedeutung hinsichtlich einer grenzüberschreitenden Vermarktung, wenngleich der gesamte Handel mit Dienstleistungen im Vergleich zum Sachgüterhandel noch eine geringere Rolle spielt (Behofsics 1998, S. 36).

Als **Gründe für eine zunehmende internationale Ausrichtung von Dienstleistungsanbietern** lassen sich unter anderem erwähnen (Porter 1991, S. 274ff.; Hermanns/Wißmeier 2001, S. 527f.; Javalgi/White 2002, S. 565; Swoboda/Foscht 2005, S. 43ff.):

- Die Liberalisierung des Dienstleistungshandels, d. h. der Abbau von Handelshemmnissen und Deregulierung, im Rahmen der GATT (General Agreement on Tariffs and Trade)-Verhandlungen (Uruguay Runde) bzw. des speziellen Dienstleistungsabkommens GATS (General Agreement on Trade in Services) und insbesondere im Rahmen der Konferenzen der WTO (World Trade Organisation), vereinfacht den Dienstleistungsexport (Javalgi/White 2002, S. 565; Peters/Weiermair 2005, S. 347).
- Im Rahmen der Internationalisierung erzielen Dienstleister Effizienzvorteile wie Economies of Scale bzw. Scope.

- Eine komplementäre Beziehung zwischen Sachgütern und Dienstleistungen bedingt, dass ein verstärkter internationaler Warenhandel in der Folge auch eine Zunahme des internationalen Dienstleistungshandels verursacht (Behofsics 1998, S. 37) („Follow-the-Customer").
- Durch Technologiefortschritte vereinfachte Informationsflüsse und verbesserte Transportmöglichkeiten haben dazu geführt, dass Unternehmen zunehmend ihre Leistungen weltweit einkaufen („Global Sourcing").
- Die durch die Globalisierung bedingte zunehmende Ähnlichkeit der Dienstleistungsbedürfnisse bringt es mit sich, dass die Nachfrage nach international verfügbaren Dienstleistungen steigt.
- Zuletzt ist auch die Streuung des Unternehmensrisikos durch Diversifikation als weiterer Grund für den Anstieg des internationalen Dienstleistungshandels anzuführen.

Abbildung 9-1-1 zeigt die Entwicklungen des internationalen Handels mit Dienstleistungen zwischen 1995 und 2003. Hierbei zeigt sich, dass der grenzüberschreitende Handel mit Dienstleistungen im Jahre 2003 insgesamt, d. h. weltweit, um 13 Prozent zugenommen hat. Der internationale Dienstleistungshandel stellt damit einen wachstumsstarken Bereich des Welthandels dar. Besonders fällt das hohe Wachstum des Dienstleistungshandels Europas (exklusiv dem innergemeinschaftlichen EU-Handel), des Nahen Ostens sowie Afrikas und Chinas auf – wenngleich das wertmäßige Volumen des Dienstleistungshandels dieser Regionen noch relativ gering ist. Mit über 70 Prozent der grenzüberschreitenden Umsätze sind die Industrienationen deutlich vor den Zweit- und Drittländern positioniert (Dahringer/Mühlbacher 1999, S. 402; Czinkota/Ronkainen 2000, S. 736). In diesem Zusammenhang gilt es zu beachten, dass der Handel innerhalb der EU-Mitgliedstaaten in dieser Statistik nicht erfasst wird. Ebenfalls ist anzumerken, dass die Zahlen zum Dienstleistungshandel auf Länder- und Regionenebene aufgrund häufiger Überarbeitungen und Anpassungen der Daten z. T. Unterbrechungen und Diskontinuitäten aufweisen (World Trade Organization 2004).

Die **Ausfuhr an Dienstleistungen durch deutsche Unternehmen** betrug im Jahre 2003 ca. 110 Mrd. USD (WTO 2004). Im Hinblick auf die relative Bedeutung von Dienstleistungen im internationalen Kontext macht die Dienstleistungsausfuhr 13,3 Prozent an der gesamten Ausfuhr von Waren und Dienstleistungen aus (WTO 2004).

Die Bedeutung des internationalen Dienstleistungshandels dokumentiert sich auch in der **Dienstleistungsbilanz.** In dieser „Bilanz des unsichtbaren Handels" erfolgt die wertmäßige Gegenüberstellung der Aus- und Einfuhren von Dienst- und Faktorleistungen einer Volkswirtschaft in einer Periode. Im internationalen Vergleich ergibt sich dabei ein differenziertes Bild (Abbildung 9-1-2). Während die USA und Spanien einen deutlichen Überschuss aufweisen, haben Japan und Deutschland ein Dienstleistungshandelsdefizit. Dieser Sachverhalt zeigt, dass diese beiden traditionellen Industrieländer Nachholbedarf bezüglich der Exporttätigkeiten ihrer Dienstleistungsindustrien haben. Insbesondere das als serviceorientiert geltende Japan exportiert einen nur sehr geringen Teil seiner erstellten Dienstleistungen. Dies kann jedoch auf die kulturelle und sprachliche Spezifität der Leistungen zurückgeführt werden.

Abbildung 9-1-1 **Wertmäßiges Wachstum des Welthandels mit Dienstleistungen**

Exporte					Importe			
Wert*	Jährliche prozentuale Änderung			Länderregionen	Wert*	Jährliche prozentuale Änderung		
2003	1995–2000	2002	2003		2003	1995–2000	2002	2003
1.795	4	7	13	**Welt**	1.780	4	5	13
330	7	3	5	**Nord Amerika**	279	9	3	9
61	8	–3	7	**Latein Amerika**	68	6	–9	4
916	4	9	19	**Westeuropa**	852	4	8	18
823	4	10	18	**Europäische Union (15)**	794	4	8	18
69	2	10	16	**Mittel- undOsteuropa/Baltische Staaten**	78	2	14	17
39	3	4	21	**Afrika**	48	2	5	16
30	11	–3	10	**Naher Osten**	56	6	1	23
352	3	7	8	**Asien**	402	2	4	7
71	1	2	9	**Japan****	110	–1	0	3
46	10	20	18	**China**	55	8	18	19

* Gemessen in Mrd. USD

** Die Ermittlung der Exporte in 2003 basiert auf der Methode, die bis 2002 von der Japanischen Nationalbank verwendet wurde.

GABLER GRAFIK

Quelle: WTO 2004

Insgesamt können die Exporte als Erlöse und die Importe als Kosten des internationalen Handels betrachtet werden. Für Länder wie Deutschland, die eine hohe Einfuhrquote von Dienstleistungen aufweisen, ist es eine zentrale Aufgabe, die Finanzierung dieser Importe über Ausfuhren von anderen (industriellen) Produkten sicherzustellen. Insgesamt stellt sich somit vor dem Hintergrund der zunehmend geringer werdenden Wettbewerbsfähigkeit deutscher Industrien die Herausforderung, die Finanzierung der Dienstleistungsimporte zu sichern oder diese Dienstleistungen selbst zu erstellen. Dazu ist jedoch ein Umdenken in Richtung einer stärkeren Serviceorientierung erforderlich.

Abbildung 9-1-2 **Dienstleistungsimport- bzw. -exportüberschüsse ausgewählter Länder 2003 (in Mrd. USD)**

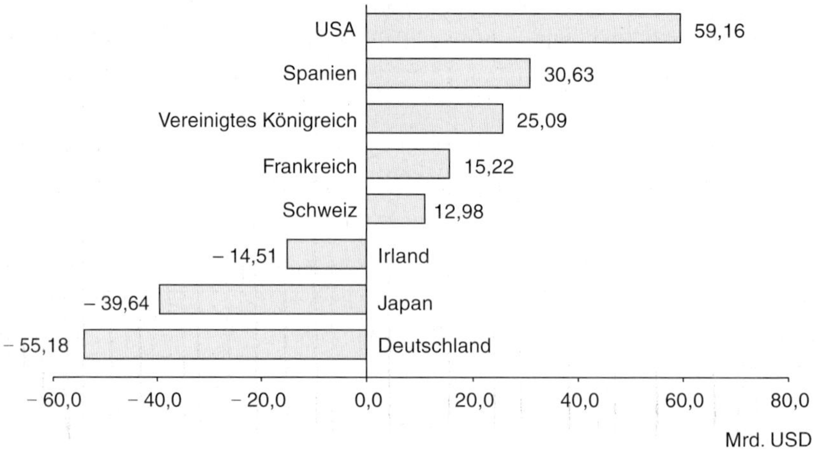

Quelle: WTO 2004

Allerdings ist die Aussagekraft von Zahlenmaterial im Zusammenhang mit internationalen Dienstleistungen nicht nur aufgrund begrifflicher Abgrenzungsprobleme, sondern auch durch die Unzuverlässigkeit offizieller Daten erschwert (Köhler 1991, S. 2; Hübner 1996, S. 62 Corsten 2001; WTO 2004). Insbesondere die Analyse einzelner Dienstleistungsbranchen im internationalen Vergleich wird durch die ungelöste Branchenzuordnungsproblematik (Corsten 2001, S. 2ff.) und den hohen Aggregationsgrad der Daten erschwert (Hermanns/Wißmeier 1995, S. 243).

Das **länderspezifische Angebot internationaler Dienstleistungen** unterscheidet sich in der skizzierten quantitativen Hinsicht gleichermaßen wie in qualitativer Hinsicht. Beispielsweise weisen Schweizer Unternehmen Stärken in den Bereichen Bankwesen, Handel, bei logistischen Dienstleistungen, Zeitarbeit, Sicherheitsdiensten, Beratung und Ausbildung auf. Britische Firmen hingegen haben eine starke Position bei Versicherungen, Kapitalanlagen und Beratungsdiensten. Schwedische Firmen haben Vorteile in den Bereichen wie Spezialfracht und Umwelttechnik. Beratung, Werbung und Hotelwesen zählen zu den Stärken US-amerikanischer Unternehmen (Porter 1999, S. 263f.).

In **Deutschland** sind die grenzüberschreitend erbrachten Dienstleistungen ebenfalls stark gestiegen. Von 1995–2003 wurde für die Dienstleistungsexporte ein Wachstum von jährlich vier Prozent und für die Dienstleistungsimporte zwei Prozent verzeichnet (WTO 2004), allerdings ist im internationalen Vergleich eine **„Dienstleistungslücke“** zu konstatieren (WTO 2004):

- Der Anteil der Beschäftigten im Dienstleistungssektor liegt in Deutschland weit unter den entsprechenden Anteilen der USA und anderer europäischer Länder (vgl. Kapitel 1).
- Die Bilanz des deutschen Dienstleistungshandels zeigt traditionell ein hohes Defizit (2003: 55 Mrd. USD); nur Japan hat ein ähnlich hohes Defizit zu verzeichnen (Abbildung 9-1-2).
- Der Dienstleistungsanteil an den deutschen Gesamtexporten (Total Merchandise Trade) lag 2003 mit ca. 13,3 Prozent unter dem durchschnittlichen Anteil aller Nationen (19,5 Prozent), der EU (23,1 Prozent) oder anderen führenden Industrienationen (Abbildung 9-1-3).

Abbildung 9-1-3 **Dienstleistungsanteil am Gesamtexport ausgewählter Länder 2003 (in Prozent)**

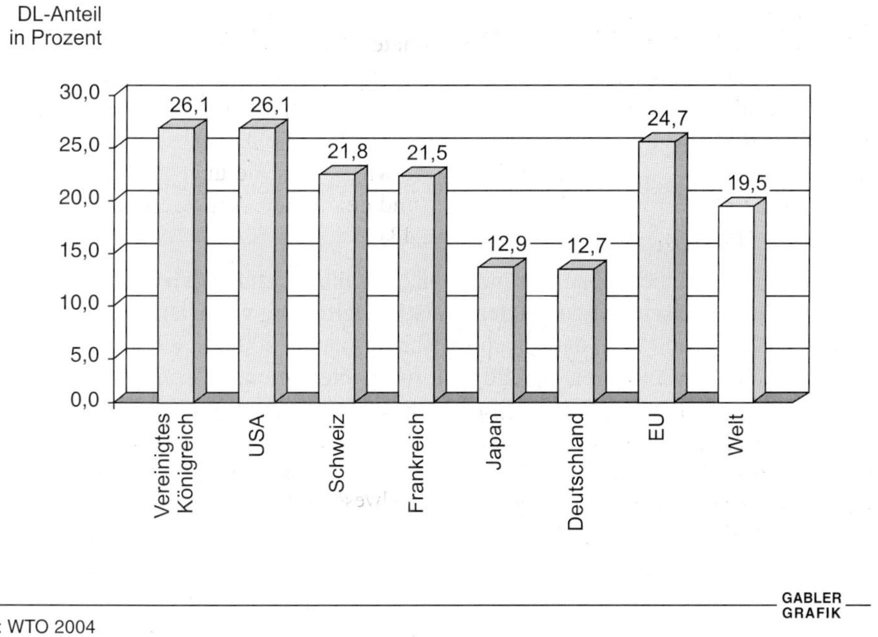

Quelle: WTO 2004

Für deutsche Unternehmen als Anbieter internationaler Dienstleistungen lässt sich die Situation wie folgt kennzeichnen (vgl. Stauss 1995, S. 446f.):

- Aufgrund hoher Dienstleistungsexporte und -importe im weltweiten Vergleich gehört Deutschland zu den großen internationalen Dienstleistungshandelspartnern.
- International tätige deutsche Dienstleistungsbetriebe nehmen – mit Ausnahme einiger weniger „Global Player" (z. B. Deutsche Bank, Allianz, Lufthansa) – im internationalen Vergleich bisher eine untergeordnete Position ein.

1.2 Ursachen und Motive für eine Internationalisierung von Dienstleistungsanbietern

Für die Bedeutungszunahme des internationalen Dienstleistungshandels können vielfältige **Ursachen** identifiziert werden (Porter 1999, S. 274ff.; Czinkota/Ronkainen 2000, S. 736f.; vgl. auch Insert 9-1-1):

- Ähnlichkeit der Dienstleistungsbedürfnisse,
- Mobilere und informiertere Dienstleistungskunden,
- Economies of Scale bzw. Scope,
- Größere Mobilität der Dienstleistungskräfte,
- Gestiegene Fähigkeit des Austausches mit entfernten Kunden,
- Abbau staatlicher Regulierungen,
- Kosten- und Qualitätsunterschiede der in den einzelnen Ländern erbrachten Dienstleistungen.

Neben diesen marktbezogenen Gründen sind vor allem **betriebswirtschaftlich relevante Motive und Zielsetzungen bei der Markterweiterung von Dienstleistungsangeboten** ausschlaggebend (vgl. dazu auch Dolski/Hermanns 2004, S. 88f.). Eine empirische Untersuchung zur relativen Wichtigkeit von Internationalisierungszielen deutscher Dienstleistungsanbieter (Mann 1998, S. 228) zeigt, dass sowohl interne (Sicherung des Unternehmenswachstums) als auch externe Ziele (zusätzliche Marktchancen) von hoher Bedeutung sind (Abbildung 9-1-4). Ähnliche Studien finden sich auch für andere Länder (vgl. z. B. Sharma 1991).

INSERT 9-1-1 Gründe für die Auslandsexpansion am Beispiel von Call Centern

Bertelsmann-Tochter Arvato wächst um über zehn Prozent - In Deutschland tobt der Preiskampf

Callcenter forcieren Auslandsexpansion

Von Hans-Peter Siebenhaar, Handelsblatt

Weil die Konjunktur in Deutschland schwächelt, setzen die großen Call-Center-Unternehmen auf Geschäfte im Ausland: „Die großen internationalen Konzerne suchen Dienstleister, die weltweit aufgestellt sind, als Kunden", sagte Rolf Buch, Vorstandsmitglied des Gütersloher Mediendienstleister Arvato, dem Handelsblatt.

DÜSSELDORF/NÜRNBERG. Die Tochter des Medienriesen Bertelsmann bietet bereits jetzt mehr als 20 Sprachen an. „Wir wollen in diesem Jahr mit einem Call-Center in Südamerika starten", sagt der 39-Jährige. Die Druck- und Logistiktochter ist mit Callcentern bereits in meisten europäischen Märkten präsent. Erst 2004 hatte Arvato das in Casablanca beheimatete Call-Center „Phone Assistance" mit 1 000 Mitarbeitern übernommen. Außerdem wurden Töchter in der Türkei und in Polen aufgebaut.

Auch der Konkurrent Sellbytel setzt auf nicht-deutsche Märkte: „Unser Wachstum generieren wir aus dem Ausland. Dadurch wachsen wir sehr schnell", sagte Gründer und Chef Michael Raum. Die hoch profitable Tochter des Düsseldorfer Werbekonzerns BBDO - die Umsatzrendite liegt nach Unternehmensangaben über 20 Prozent - ist bereits in den 14 Länder aktiv, darunter Frankreich, Spanien, Tschechien, Polen, Großbritannien. In diesem Jahr kamen Russland und Tunesien hinzu. Nach der Expansion in Osteuropa steht nun für Sellbytel die Ausdehnung nach Nordafrika auf dem Programm.

Die Arvato AG hat nach eigenem Bekunden ihre hoch gesteckten Ziele im Call-Center-Bereich erreicht. „Mit dem Jahr 2004 sind wir im Call-Center-Bereich sehr zufrieden. Wir erzielen ein Wachstum von mindestens zehn Prozent", sagt Arvato-Vorstand Buch. Mit Spannung werden daher die Zahlen von Arvato erwartet. Sie werden heute im Rahmen der Bertelsmann-Jahresbilanz in Berlin von Konzernchef Gunter Thielen vorgestellt. 2003 erwirtschaftete Arvato mit Logistik, Drucksparte und Telefondienstleistungen einen Umsatz von 3,539 Mrd. Euro.

Anbieter, die fast ausschließlich vom deutschen Markt leben, haben es unterdessen schwer. Walter Tele-Medien, größter konzernunabhängiger Anbieter in Deutschland, kämpft mit Problemen: „Wir haben die Umsatzgrenze von 100 Mill. Euro übersprungen, sind aber unter zehn Prozent Wachstum geblieben. Auch die Rendite ist leicht hinter den Erwartungen zurückgeblieben", sagte Ralf Kogeler, Chef der Walter Tele-Medien, bereits vor einiger Zeit. Der Ettlinger Dienstleister gehört der Schweizer Beisheim Holding.

Nicht nur die schwache Binnennachfrage macht den Call-Centern in der Bundesrepublik zu schaffen, sondern auch der Preiskampf. Vor allem mittlere und kleine Anbieter müssen Preiszugeständnisse machen. „Die kleinen Dienstleister werden sich künftig schwer tun", sagt der Nürnberger Call-Center-Pionier Raum.

Quelle: Siebenhaar 2005

Abbildung 9-1-4 Internationalisierungsziele

Rang	Internationalisierungsziel	Angaben (in %)
1.	Zusätzliche Marktchancen	83,5
2.	Sicherung des Unternehmenswachstums	60,6
3.	Auslastung bestehender Kapazitäten	42,6
4.	Schaffung eines internationalen Images	30,5
5.	Internationalisierung von Kunden	30,1
6.	Streuung des Unternehmensrisikos	18,5
7.	Sonstige Ziele	4,8

n = 249 Unternehmen; Mehrfachantworten möglich

GABLER GRAFIK

Quelle: Mann 1998, S. 228

1.3 Begriff des internationalen Dienstleistungsmarketing

In der Literatur existiert keine einheitliche Definition des internationalen Dienstleistungsmarketing. Jedoch kann in Anlehnung an verschiedene Autoren internationales Dienstleistungsmarketing wie folgt definiert werden (Terpstra/Sarathy 1994, S. 597ff.; Hermanns 1995, S. 25f.; Stauss 1995, S. 457; Wißmeier 1995, S. 49; Clark/Rajaratnam 1999, S. 299ff.; Dahringer/Mühlbacher 1999, S. 401ff.; Backhaus/Büschken/Voeth 2003, S. 44ff.):

> **Internationales Dienstleistungsmarketing** umfasst die Analyse, Planung, Koordination und Kontrolle aller auf die aktuellen und potenziellen internationalen Absatzmärkte ausgerichteten Unternehmensaktivitäten eines Dienstleistungsunternehmens.

Konkrete Handlungsempfehlungen für das internationale Dienstleistungsmarketing können aus dem klassischen (nationalen) Dienstleistungsmarketing und dem klassischen internationalen Industriegüter- bzw. Konsumgütermarketing entnommen werden. Die **Prinzipien des Marketingmanagements** gelten international wie national. Grundlage des internationalen Dienstleistungsmarketing ist somit ebenfalls der Planungsprozess der strategischen Unternehmens- und Marketingplanung. Auf der Basis einer Unternehmens- und Umfeldanalyse werden dementsprechend Unternehmensziele für länderbezogene oder länderübergreifende Segmente abgeleitet, um in einem weiteren Schritt Marktwahlentscheidungen zu treffen sowie das Ausmaß der möglichen Standardisierung und

Markteintrittsstrategien festzulegen. Darauf aufbauend wird die Ausgestaltung der operativen Marketinginstrumente festgelegt, d. h. der internationale Marketingmix. Der wissenschaftliche Teilbereich des **internationalen Marketing** liefert Kenntnisse, inwiefern und in welchem Maße den unterschiedlichen sozialen, politischen, rechtlichen, ökonomischen und kulturellen Rahmenbedingungen im Hinblick auf internationale Marketingaktivitäten Rechnung zu tragen ist. Insbesondere bei Strategieentwicklung und Marketingmixeinsatz sind diese internationalen Besonderheiten zu berücksichtigen (Dülfer 2001).

Hinsichtlich des **internationalen Dienstleistungsmarketing** stellen sich zwei grundsätzliche Fragen (Hermanns/Wißmeier 2001, S. 525ff.):

- Unterscheidet sich internationales Dienstleistungsmarketing gravierend von nationalem Dienstleistungsmarketing?
- Unterscheidet sich internationales Dienstleistungsmarketing gravierend von internationalem Produktmarketing?

Unterschiede zwischen internationalem Dienstleistungsmarketing und internationalem Produktmarketing ergeben sich aus den konstitutiven Merkmalen von Dienstleistungen. Auch wenn sich aufgrund technologischer Entwicklungen wie z. B. dem Internet die Unterschiede zwischen internationalem Dienstleistungsmarketing und Produktmarketing verringern, kann derzeit nicht von marginalen Unterschieden (Hübner 1996, S. 54; Hermanns/Wißmeier 2001; Ahlert/Evanschitzky/Woisetschläger 2005, S. 232ff.; Dolski/Hermanns 2005, S. 205ff.) gesprochen werden. Trotz zu konstatierender umfänglicher Affinitäten zwischen internationalem Produkt- und Dienstleistungsmarketing bzw. zwischen nationalem und internationalem Dienstleistungsmarketing sind Besonderheiten des strategischen und operativen internationalen Dienstleistungsmarketing zu beachten. Ähnlich wie beim klassischen Dienstleistungsmarketing bilden aufgrund der Heterogenität von Dienstleistungen Typologien internationaler Dienstleistungen den Ausgangspunkt für ein systematisches internationales Dienstleistungsmarketing.

1.4 Typologisierung internationaler Dienstleistungen

Zur Typologisierung internationaler Dienstleistungen können folgende **Strukturierungsansätze** herangezogen werden:

1. Typologisierung auf Basis konstitutiver Dienstleistungsmerkmale,
2. Typologisierung auf Basis von Markt-Ressourcen-Kombinationen,
3. Typologisierung auf Basis kultureller Besonderheiten,
4. Typologisierung auf Basis von Mobilitätsüberlegungen,
5. Typologisierung nachfragerstandortbasierter Dienstleistungen auf Basis konstitutiver Dienstleistungsmerkmale.

Durch die Verknüpfung der konstitutiven Merkmale von Dienstleistungen mit internationalen Aspekten kann eine **Typologisierung auf Basis konstitutiver Dienstleistungsmerkmale** erfolgen. Hierbei lässt sich z. B. eine Matrix mit den Dimensionen Intangibilität und Interaktionsintensität bilden, die zugleich mögliche Internationalisierungsformen aufzeigt (Vandermerwe/Chadwick 1991; Abbildung 9-1-5).

Abbildung 9-1-5 **Typologisierung internationaler Dienstleistungen auf Basis konstitutiver Dienstleistungsmerkmale**

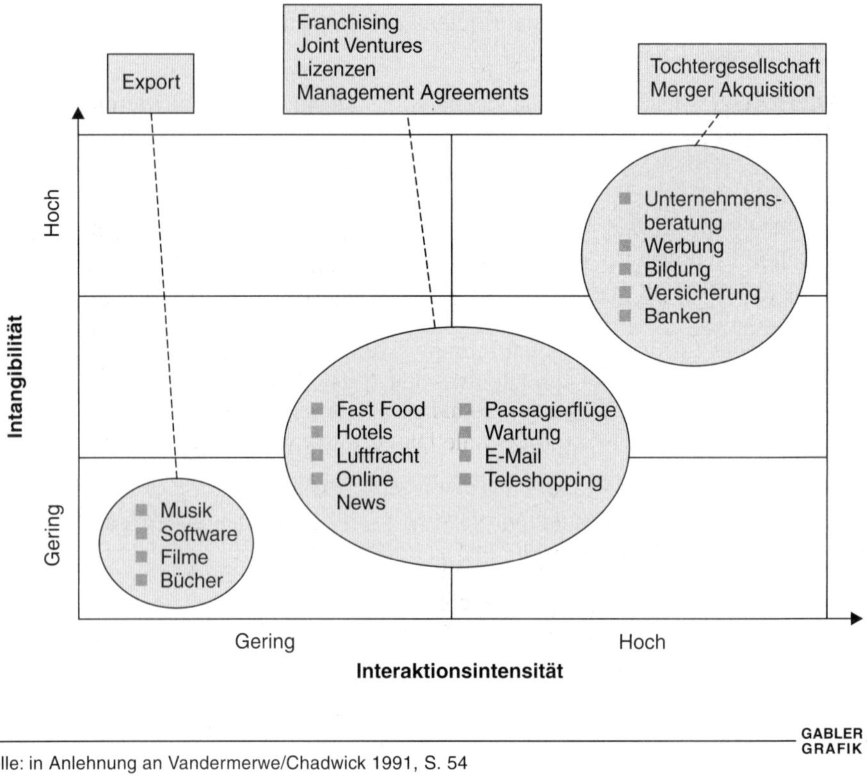

Quelle: in Anlehnung an Vandermerwe/Chadwick 1991, S. 54

Grundlage für die Einbeziehung des Intangibilitätsgrades ist die Annahme, dass das Internationalisierungspotenzial von Dienstleistungen mit zunehmendem Anteil von tangiblen Elementen an der Leistungserstellung steigt. Dazu werden unterschiedliche Dienstleistungen innerhalb dieser Matrix positioniert und drei intern homogene Cluster von Dienstleistungen gebildet. Diesen Clustern werden unterschiedliche **Formen des internationalen Markteintritts und der Marktbearbeitung** zugewiesen (Vandermerwe/Chadwick 1991, S. 50ff.):

- **Cluster 1: Direktexport**
  Die den Sachgütern ähnlichen Leistungen können aufgrund ihrer einfachen Transportfähigkeit direkt exportiert werden (z. B. CDs).
- **Cluster 2: Franchising, Joint Ventures, Lizenzen, Management Agreements**
  Dienstleistungen mit mittlerer Interaktionsintensität und mittlerem Intangibilitätsgrad werden insbesondere durch kooperative Markteintrittsformen, wie Franchising oder Joint Ventures, internationalisiert (z. B. Hotels).
- **Cluster 3: Tochtergesellschaft, Merger, Akquisition**
  Bei Dienstleistungen mit hoher Interaktionsintensität und hohem Intangibilitätsgrad bieten sich Unternehmenskäufe oder (selbst gegründete) Tochtergesellschaften an (z. B. Versicherungen).

Vor dem Hintergrund einer Vielzahl von Möglichkeiten der internationalen Marktbearbeitung ist eine strikte und ausschließliche Zuordnung nicht eindeutig vorzunehmen. Außerdem erscheint die implizierte Kausalität zwischen den Ausprägungen der angeführten Dienstleistungscharakteristika und der Wahl der Internationalisierungsform problematisch (Mösslang 1995, S. 150). Insbesondere durch die fortschreitende Technologisierung von Dienstleistungen und deren Erstellung lässt sich keine konzise Differenzierung ableiten (Vandermerwe/Chadwick 1991, S. 52ff.). Trennschärfe verliert dieser Eingrenzungsversuch zudem, wenn Dienstleistungsanbieter bei der Internationalisierung kombinierte Vorgehensweisen wählen und sich die Vorgehensweisen immer mehr angleichen.

Demgegenüber versuchen Typologien, die den Besonderheiten internationaler Dienstleistungen stärker Rechnung tragen, den genannten Kritikpunkten zu begegnen und differenziertere Aussagen für das internationale Dienstleistungsmarketing zu generieren.

Eine einfache Struktur zur Feststellung des **Globalisierungspotenzials** von Dienstleistungsbranchen stellt die in Abbildung 9-1-6 dargestellte **Typologisierung auf Basis von Markt-Ressourcen-Kombinationen** dar.

Hinzuweisen ist insbesondere auf die technologisch unterstützte Option, sich von einer ortsgebundenen zu einer exportfähigen Branche zu entwickeln (wie z. B. bei einer Unternehmensberatung).

Zur Analyse des Globalisierungspotenzials unter Berücksichtigung der kulturellen Spezifität einer Dienstleistung kann eine **Typologisierung auf Basis kultureller Besonderheiten** herangezogen werden (Bradley 1995, S. 436). Durch die Gegenüberstellung von Skaleneffekten und kulturellen Effekten lässt sich das Potenzial von Dienstleistungen für einen internationalen Marktauftritt ableiten (Abbildung 9-1-7).

Abbildung 9-1-6 Typologisierung auf Basis von Markt-Ressourcen-Kombinationen

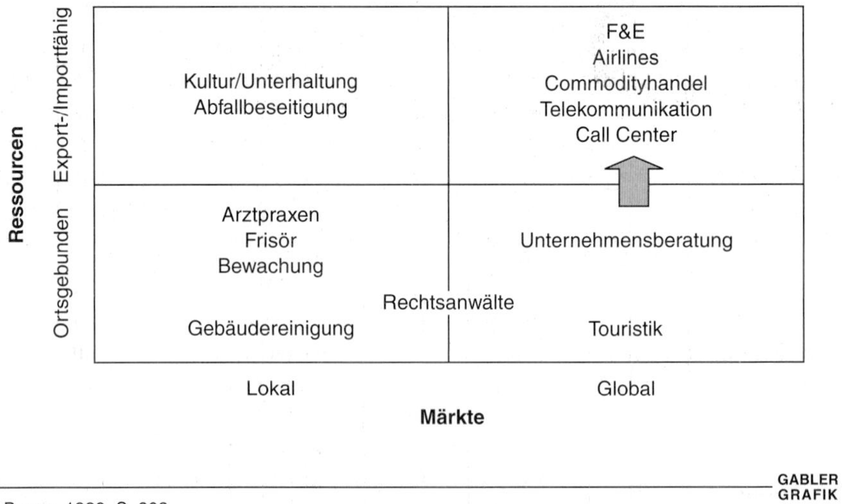

Quelle: Berger 1999, S. 208

Abbildung 9-1-7 Typologisierung internationaler Dienstleistungen auf Basis kultureller Besonderheiten

Quelle: Bradley 1995, S. 436

So sind z. B. bei CDs oder auch Bankautomaten hohe Skaleneffekte erzielbar und die kulturelle Anpassungsbedürftigkeit ist gering. Damit ist diese Art von Dienstleistungen relativ problemlos internationalisierbar, wohingegen z. B. eine Theateraufführung fast keine Skaleneffekte und hohe kulturelle Effekte mit sich bringt.

Wenngleich diese Einteilung interessante Einsichten in die Besonderheiten internationaler Dienstleistungen gibt, können die Schlussfolgerungen für strategische Markteintritts- und -bearbeitungsentscheidungen nicht verallgemeinert werden. Zahlreiche Beispiele zeigen, dass auch Dienstleistungen mit hohen kulturellen Einflüssen erfolgreich internationalisiert werden können (z. B. amerikanische MBA-Programme, spanische Flamencoshows).

Eine **Typologisierung auf Basis von Mobilitätsüberlegungen,** die so genannte Sampson-Snape-Box, differenziert internationale Dienstleistungen nach der Mobilität bzw. Ortsgebundenheit der Nachfrager auf der einen Seite und den Produktionsfaktoren des Anbieters auf der anderen Seite (Sampson/Snape 1985; DIW 1999). Auf dieser Basis lassen sich vier Typen des internationalen Dienstleistungshandels ableiten (Abbildung 9-1-8):

- Typ A: Standortunabhängiger Dienstleistungshandel,
- Typ B: Nachfragerstandortbasierter Dienstleistungshandel,
- Typ C: Anbieterstandortbasierter Dienstleistungshandel,
- Typ D: Quasi-industrieller Dienstleistungshandel.

Abbildung 9-1-8 **Typologisierung internationaler Dienstleistungen auf Basis von Mobilitätsüberlegungen**

Produktionsfaktoren \ Nachfrage	mobil	ortsfest
mobil	Typ A Standortunabhängiger Dienstleistungshandel	Typ B Nachfragerstandortbasierter Dienstleistungshandel
ortsfest	Typ C Anbieterstandortbasierter Dienstleistungshandel	Typ D Quasi-industrieller Dienstleistungshandel

GABLER GRAFIK

Quelle: in Anlehnung an Sampson/Snape 1985; DIW 1999

- **Typ A: Standortunabhängiger Dienstleistungshandel (Third Country Trade)**
  Dieser Typ von Dienstleistungen verlangt Mobilität des Nachfragers und der Produktionsfaktoren. Beispiele hierfür sind der Geschäftsreiseverkehr und private internationale Ferngespräche. Dienstleistungen vom Typ A verlangen hinsichtlich der Unternehmensaktivitäten einen Fokus auf die Auswahl internationaler Standorte.
- **Typ B: Nachfragerstandortbasierter Dienstleistungshandel (Foreign Earning Trade)**
  Bei diesem Dienstleistungstyp sind die Produktionsfaktoren des Anbieters im Gegensatz zum Dienstleistungsnachfrager mobil. Die Dienstleistungserstellung erfolgt demnach beim Kunden. Beispiel hierfür ist die Beratungsleistung eines Anbieters beim Kunden im Ausland (Insert 9-1-2), Radio- und Fernsehberichterstattung vor Ort oder internationale Gebäudeunterhaltung. Hinsichtlich der Marketingaktivitäten sind hier die größten Unterschiede sowohl zum Marketing von Sachgütern als auch zum nationalen Marketing zu verzeichnen.

INSERT 9-1-2 **Beratungsleistungen der Deutschen Post für Kunden mit Firmensitz im Ausland**

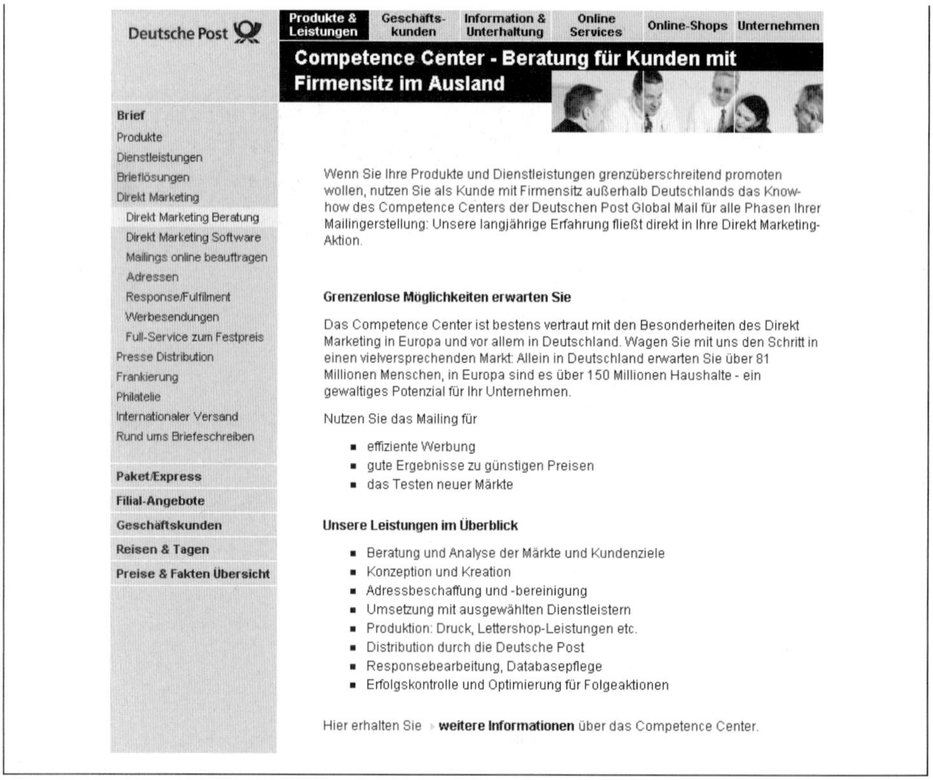

Quelle: Deutsche Post 2005

- **Typ C: Anbieterstandortbasierter Dienstleistungshandel (Domestic Establishment Trade)**
  Hierbei erfolgt der Dienstleistungshandel, indem mobile Kunden Dienstleistungen bei Anbietern mit ortsgebundenen Produktionsfaktoren nachfragen. Es werden somit Dienstleistungen im Inland für ausländische mobile Kunden erstellt. Dies ist beispielsweise für ausländische Touristen, Gesundheitsdienstleistungen und Leistungen der Unterhaltungsbranche zutreffend. Für Typ C ergibt sich eine weitgehende Anpassung an das nationale Marketing. Fragen der Standortwahl oder bezüglich internationaler Marktstrategien entfallen weitgehend. Eine Ausnahme bilden hierbei Dienstleistungsanbieter, die bewusst eine internationale Kundschaft akquirieren (Insert 9-1-3, Insert 9-1-4).

INSERT 9-1-3 Gesundheitstourismus

GESUNDHEITSTOURISMUS / Behandlungen im Ausland werden immer beliebter. Reisevermittler verdienen prächtig daran

Brücken und Kronen aus Stettin

Grenzenlose Zahnarztwahl in der EU: Patienten aus Deutschland nutzen das Angebot und reisen für günstige Dentalmedizin Richtung Osten.

von: AMELIE ERNST

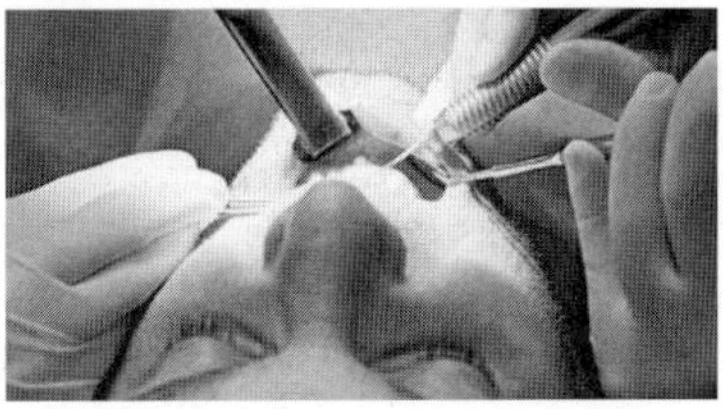

SCHMERZHAFT: Konkurrenz aus Osteuropa zieht teuren deutschen Dentisten den Zahn. Foto: Joker/ Ernst

Arzt auf Wanderschaft: Doppeltes Einkommen

Werner Radtke staunt. So hatte er eine Zahnarztpraxis nicht in Erinnerung. Grauer Steinfußboden, edler Wandteppich, kunstvoll arrangierte blassrosa Tulpen auf einem gläsernen Beistelltisch. Der letzte Zahnarztbesuch des 45-Jährigen liegt schon etwas länger zurück, irgendwann kurz nach der Wende muss das gewesen sein. Höchste Zeit für seinen Entschluss: Ein neues, makelloses Lächeln muss her – jedoch nicht um jeden Preis. Zahnärzte gibt es zwar auch zu Hause in Berlin mehr als genug; aber hier, 150 Kilometer weiter nordöstlich, erhofft sich der Elektriker den großen Preisvorteil. In Polen.

„Herr Radtke bitte!" Jetzt wird es ernst. „Stomatologia" steht auf der Tür zum Behandlungszimmer. Dahinter geht das Staunen weiter. Behandlungsstühle, Untersuchungsbesteck, PC-Monitore – alles hochmodern, alles blitzt. „Wir legen schon Wert auf Qualität. Damit derjenige, der hierher kommt, das Gefühl hat, er sitzt in einer Praxis in Deutschland."

Roland Rose beobachtet das Geschehen aus dem Hintergrund. Seit einem Jahr vermittelt der gebürtige Münsterländer Zahnpatienten nach Polen und Ungarn. Auch Werner Radtke. Den hat Rose heute sogar persönlich nach Stettin begleitet. „Man muss die Leute auch verstehen: Jeder Großkonzern lagert aus, lässt billig in Polen oder sonst wo produzieren. Warum soll da nicht der Letzte in der Kette, nämlich der Bürger, das Recht haben, seine Zähne günstig im Ausland machen zu lassen?" Bis zu 80 Prozent Ersparnis verspricht der 55-Jährige seinen Kunden. Niedrige Lohn-, Labor- und Mietkosten in Osteuropa machen es möglich.

Und die Preise locken immer mehr Interessenten: 23 000 Klicks verzeichnet Roses Internetseite www.zahnarzt-planet.com mittlerweile pro Woche, 15 bis 30 Anfragen im selben Zeitraum sind die Regel. Hat ein Kunde Interesse an einer Behandlung im Ausland, kümmert sich Rose um den Kontakt zum Zahnarzt und in der Regel auch um die Erstellung des obligatorischen Heil- und Kostenplans. Doch mit seiner Dienstleistung macht sich der gelernte Industriekaufmann nicht nur Freunde. „Die Zahnärzte-Verbände machen natürlich Druck. Das ist eine Lobby, das kann man sich gar nicht vorstellen. Jetzt merken die nämlich: Mensch, da ist ja ein wahnsinniger Schwund da."

Quelle: Ernst 2005

INSERT 9-1-4 Leichentourismus

19.03.2004

Das makabere Geschäft

5000 Euro, so viel kostet im Durchschnitt eine Beerdigung in Deutschland - knapp das Doppelte des durchschnittlichen Monatseinkommens. Viele Familien stellt der Tod eines Angehörigen vor finanzielle Schwierigkeiten.

Sarg oder Urne, Erd- oder Feuerbestattung, ein Grab mit einem Stein und Pflanzen: Egal für welche Bestattungsform sich die Angehörigen entscheiden, viele von ihnen können die traditionelle Beerdigung kaum noch bezahlen. Der Berliner Bestattungsunternehmer Hartmut Woite hat das Problem der hohen Bestattungskosten erkannt. Er macht sich in einer Marktlücke breit: Seit einigen Jahren laufen seine Filialen unter dem Namen "Berolina Sarg Discount". Sein Konzept: Billige Beerdigungen. Bei den Särgen fängt das Sparen an: "Ich kaufe die Särge LKW-weise. Da kommen die LKW direkt aus der Fabrik angefahren und bringen mir 250 Särge. Das heißt, ich habe einen ganz anderen Preis und diesen Preis kann ich natürlich an meine Kunden weitergeben", erklärt Woite. So kostet der Einäscherungssarg 200 Euro. Der sei aber auch aus einfachem Holz und ohne Farbe oder Lack, sagt Woite.

Einäscherung in Tschechien

Allerdings: die Angehörigen müssen nicht nur einen Sarg kaufen und den Bestatter bezahlen, auch die Städte und Kommunen erheben Gebühren: Die Familien müssen den Platz für das Grab auf dem Friedhof ebenso bezahlen wie die Einäscherung im Krematorium, wenn der Tote verbrannt werden soll. Um die hohen Gebühren in Deutschland zu umgehen, bietet Woite seinen Kunden deswegen einen ungewöhnlichen Service. Er lässt die Leichen in Tschechien einäschern, denn dort sind die Preise wesentlich günstiger. So herrscht zwischen Berlin und Tschechien ein reger Toten-Verkehr: "Es gibt Bestattungsfahrzeuge, die haben eine Hebebühne, da kriegt man 4 Särge auf einmal rein und dadurch kann sich das rentieren. Wir fahren jede Woche dreimal, ein Auto ist ununterbrochen unterwegs, das fährt morgens los und ist abends wieder zurück", sagt Woite.

Wer will, kann die Angehörigen direkt auf dem örtlichen Friedhof in Tschechien bestatten lassen. Auf Wunsch bringt Woite Urnen auch wieder mit nach Deutschland zurück. Es besteht zwar Friedhofszwang für Leichen und Asche aber es gebe eine Lücke im Gesetz, sagt Woite: " Wenn die Asche mit Erde vermengt ist, kann ich die Urne den Angehörigen in Deutschland aushändigen.

"Leichentourismus"?

Für seine Fahrten nach Tschechien wird Woite von seinen Kollegen aus der Branche heftig kritisiert. Sein Angebot sei pietätlos; mit den Fahrten nach Tschechien betreibe er Leichentourismus. Doch der Berliner Bestatter reagiert darauf gelassen. Er will seinen Service künftig noch bekannter machen. Im April plant er eine organisierte Busfahrt nach Tschechien - damit die interessierten Berliner sehen können, wo sie selbst oder ihre Angehörigen im Todesfall eingeäschert würden.

Autor: Silke Ballweg

Quelle: Ballweg 2004

- **Typ D: Quasi-industrieller Dienstleistungshandel (Across the Border Trade)**
  Internationale Dienstleistungstransaktionen ohne grenzüberschreitende Mobilität von Anbieter und Nachfrager sind nur möglich, wenn kein direkter Kontakt beim Leistungserstellungsprozess notwendig ist. Beispiele sind die telefonische Auslandsauskunft oder grenzüberschreitender Datenverkehr. Aufgrund von technologischen Innovationen im Kommunikationsbereich ist von einer zukünftigen Bedeutungszunahme dieser Art des Dienstleistungshandels auszugehen (Stauss 1995, S. 454). Auf diese Weise kann eine Bewegung in Richtung der Typen A, B und C erfolgen (DIW 1999). Beispiele für derartige Entwicklungen finden sich in den Bereichen Beratung oder medizinische Diagnose (Insert 9-1-5).

INSERT 9-1-5 Ferndiagnose im Flugzeug via Internet

Ferndiagnose im Flugzeug via Internet

Die Lufthansa will gemeinsam mit Ärzten der Berliner Charité die medizinische Versorgung von Notfallpatienten an Bord verbessern. Der Arzt kann dabei mittels vom Boden aus Daten eines Patienten prüfen. Per Kamera kann er sich darüber hinaus über den Zustand des Patienten informieren.

Ab kommender Woche testet die Fluglinie nach einem Bericht der Zeitung "Tagesspiegel" weltweit erstmals einen Medizincomputer, der etwa bei einem Patienten mit Herzanfall ein EKG erstellt und Blutwerte misst. Die Daten werden dann per Internet an einen Arzt am Boden übertragen, der den Patienten zusätzlich mit einer Internetkamera in Augenschein nehmen kann. Der Arzt soll dann per Ferndiagnose Behandlungsempfehlungen geben oder eine Ausweichlandung anordnen können, um einen erkrankten Passagier schnell in eine Klinik zu bringen. Bewährt sich der Notfall-Alleskönners, soll er in einem Jahr in Serie gehen, sagt Manfred Dietel, Telemedizin-Beauftragter der Charité.

Die technische Voraussetzung für die Telemedizin ist ein stabiler Internetzugang vom Flugzeug aus, denn eine normale Telefonverbindung reicht dafür nicht aus.

Quelle: T-Online 2005

Diese Typologie basiert vor allem auf der Notwendigkeit physischer Nähe zwischen Anbieter und Nachfrager bei der Erstellung von Dienstleistungen. Sie berücksichtigt, dass internationale Dienstleistungstransaktionen an die Mobilität von Personen oder im Falle einer räumlichen Entkoppelung von Produktion und Konsum an Trägermedien wie beispielsweise das Internet gebunden sind (Feketekuty 1988, S. 28). Es darf jedoch nicht übersehen werden, dass sie im Wesentlichen zur Analyse makroökonomischer Fragestellungen entwickelt wurde (Mösslang 1995, S. 129). Die **Aussagekraft** zur Erklärung des Verhaltens eines individuellen Dienstleistungsunternehmens bei der Internationalisierung ist daher eingeschränkt (Erramilli/Rao 1993, S. 140). Weiterhin ist die Frage zu stellen, ob sich durch neue (Kommunikations-)Technologien Veränderungen hinsichtlich der Einteilung und Einschätzung der verschiedenen Typen ergeben (Hermanns/Wißmeier 2001).

Bei nachfragerstandortbasierten Dienstleistungstransaktionen (Typ B) unterscheidet sich die Marketingaufgabe in Abhängigkeit der Ausprägungen der zeitlichen, funktionalen und sozialen Dimension der Kundenbeteiligung. Daher erleichtert eine weitergehende Differenzierung dieses Typs die Ableitung von Implikationen für das internationale Dienstleistungsmarketing, indem eine **Typologisierung nachfragerstandortbasierter Dienstleistungen auf Basis konstitutiver Dienstleistungsmerkmale** vorgenommen wird. Als entsprechende Unterscheidungskriterien lassen sich die Interaktionsintensität, der Intangibilitätsgrad und die kulturelle Spezifität des Faktoreinsatzes heranziehen (Stauss 1994b; 1995, S. 456).

Die dem Begriff **Interaktionsintensität** subsumierten Dimensionen determinieren die internationalen Dienstleistungsaktivitäten des Anbieters. Eine hohe Interaktionsintensität ist bei folgenden **Merkmalen** gegeben (Stauss 1994b, S. 11; 1995, S. 456):

- Hoher Anteil des zeitlichen Kontaktes an der Gesamtzeit der Leistungserstellung,
- Häufiger Kundenkontakt,
- Hohes Maß an intellektueller oder körperlicher Mitwirkung des Nachfragers,
- Starke, kundenindividuelle Anpassung des Leistungsangebotes,
- Großer Umfang an persönlicher Kommunikation von Dienstleistungsanbieter und -nachfrager.

Neben der Interaktionsintensität bestimmt der **Intangibilitätsgrad** maßgeblich die Marketingkonzeption eines internationalen Dienstleistungsanbieters, da das Internationalisierungspotenzial von Dienstleistungen mit steigendem Anteil tangibler Elemente wächst. Des Weiteren bestimmt die **kulturelle Spezifität des Faktoreinsatzes** die Anforderungen an das internationale Dienstleistungsmarketing. Darunter ist das Ausmaß, in dem kulturspezifisches bzw. länderbezogenes Know-how und Expertenwissen für die Dienstleistungserstellung von Relevanz ist, zu verstehen. In diesem Zusammenhang wird auch von Interkultureller Kompetenz gesprochen (Baumer 2002). Mit Zunahme der kulturellen Spezifität wird es notwendiger, am Erstellungsort permanent präsent zu sein, einheimische Mitarbeiter einzusetzen und länderspezifische Anpassungen vorzunehmen.

Mit Hilfe dieser drei Kriterien lassen sich die folgenden beiden Typen internationaler Dienstleistungen unterscheiden (Stauss 1995, S. 457; Abbildung 9-1-9):

- **Typ B-1: Consulting**
  Dieser Dienstleistungstyp ist durch eine hohe Ausprägung der Interaktionsintensität, des Intangibilitätsgrades und der kulturellen Spezifität des Faktoreinsatzes gekennzeichnet, die tendenziell die Präsenz am Erstellungsort erfordern. Beispiele für Consulting-Leistungen stellen in der Regel Professional Services, wie Dienstleistungen von Unternehmensberatungen, Rechtsberatungen oder Weiterbildungsveranstaltern, dar.

- **Typ B-2: Fast Food**
  Im Gegensatz zum Typ B-1 zeichnet sich Typ B-2 durch einen tendenziell mittleren bis niedrigen Grad an Interaktionsintensität, Intangibilität und Spezifität des Faktoreinsatzes aus. Beispiele hierfür sind Systemgastronomie, Hotels, Fluggesellschaften oder Autovermietungen.

Abbildung 9-1-9 **Typologisierung nachfragerstandortbasierter Dienstleistungen auf Basis konstitutiver Dienstleistungsmerkmale**

Typ / Merkmal	Typ B-1 „Consulting“	Typ B-2 „Fast Food“
Interaktionsintensität	hoch	mittel/gering
Intangibilitätsgrad	hoch	mittel/gering
Spezifität des Faktoreinsatzes	hoch	mittel/gering

GABLER GRAFIK

Quelle: in Anlehnung an Stauss 1995, S. 458

Die aufgeführten Typologisierungsansätze mit ihren spezifischen Merkmalen stellen sinnvolle Hilfsmittel zur Strukturierung der Vielzahl an unterschiedlichen international erbrachten Dienstleistungen dar. Vergleichbar mit klassischen Dienstleistungstypologien ist auch bei diesen Ansätzen zu berücksichtigen, dass aufgrund der Heterogenität von Dienstleistungen eine vollständige und eindeutige Typologisierung nicht möglich ist. Vielmehr müssen Dienstleistungsanbieter diejenigen Typologien zum Ausgangspunkt nehmen, die für ihre Situation zweckmäßig sind (einen Überblick über weitere Typologien finden sich u. a. bei Peters/Weiermair 2005, S. 350ff.).

Vor der strategischen und operativen Gestaltung des Dienstleistungsmarketing sind die Informationsgrundlagen eines internationalen Dienstleistungsmarketing zu betrachten.

2. Informationsgrundlagen des internationalen Dienstleistungsmarketing

Im Hinblick auf die Informationsgrundlagen des internationalen Dienstleistungsmarketing ist sowohl auf die Besonderheiten des Käuferverhaltens als auch auf die Besonderheiten der Marktforschung einzugehen.

2.1 Internationales Käuferverhalten im Dienstleistungsbereich

Die Analyse des Käuferverhaltens stellt eine wichtige Grundlage für die Marketingaktivitäten eines Dienstleistungsanbieters dar. Hinsichtlich der Internationalisierung kommt der Eruierung des **länderspezifischen Käuferverhaltens** eine besondere Bedeutung zu.

Dies gilt für investive und konsumtive Dienstleistungen gleichermaßen. Im Hinblick auf **Kaufentscheidungsprozesse bei investiven Dienstleistungen** sind im internationalen Dienstleistungsmarketing folgende Einflussfaktoren zu berücksichtigen (Samli et al. 1988, S. 19ff.):

- Individuelle Unterschiede in der Risikowahrnehmung,
- Umwelteinflüsse,
- Regierungs- und Gesetzeseinflüsse,
- Soziale und kulturelle Einflüsse,
- Unsicherheitsfaktoren.

Neuerdings zeichnen sich industrielle Abnehmer durch ein stark koordiniertes und international zentralisiertes Beschaffungsverhalten aus. Dieser Trend zum **Global Sourcing** manifestiert sich in Bestrebungen, auf globaler Basis länderübergreifend gleichmäßige Qualität einzukaufen und Kosteneinsparungen zu realisieren (Meffert/Bolz 2001, S. 57; Kotabe/Murray 2004, S. 7ff.).

Beispielsweise lässt sich im Sachgüterbereich die Tendenz beobachten, dass international tätige Hersteller bei der Entwicklung von Werbekampagnen für verschiedene nationale Märkte zunehmend eine zentrale Werbeagentur einsetzen.

Analog zu den Unterschieden bei industriellen Beschaffungsprozessen variieren auch die **Kaufentscheidungsprozesse bei konsumtiven Dienstleistungen** in den einzelnen Ländern. Insbesondere die Wahrnehmung von Dienstleistungsattributen, wie Zuverlässigkeit, Schnelligkeit der Lieferung und Flexibilität hinsichtlich der Finanzierung, aber auch die generelle Bereitschaft, Dienstleistungen überhaupt in Anspruch zu nehmen, divergiert von Land zu Land (Lewis 1991; Sultan/Simpson 2000). Ein länderweit zu beobachtender Trend zur Individualisierung ist zu konstatieren, der sich in einer verstärkten Hinwendung der Verbraucher zu landes- oder regionenspezifischen traditionellen Werten und Normen manifestiert (Meffert/Bolz 2001, S. 55).

Abbildung 9-2-1 Die Position der Euro-Socio-Styles

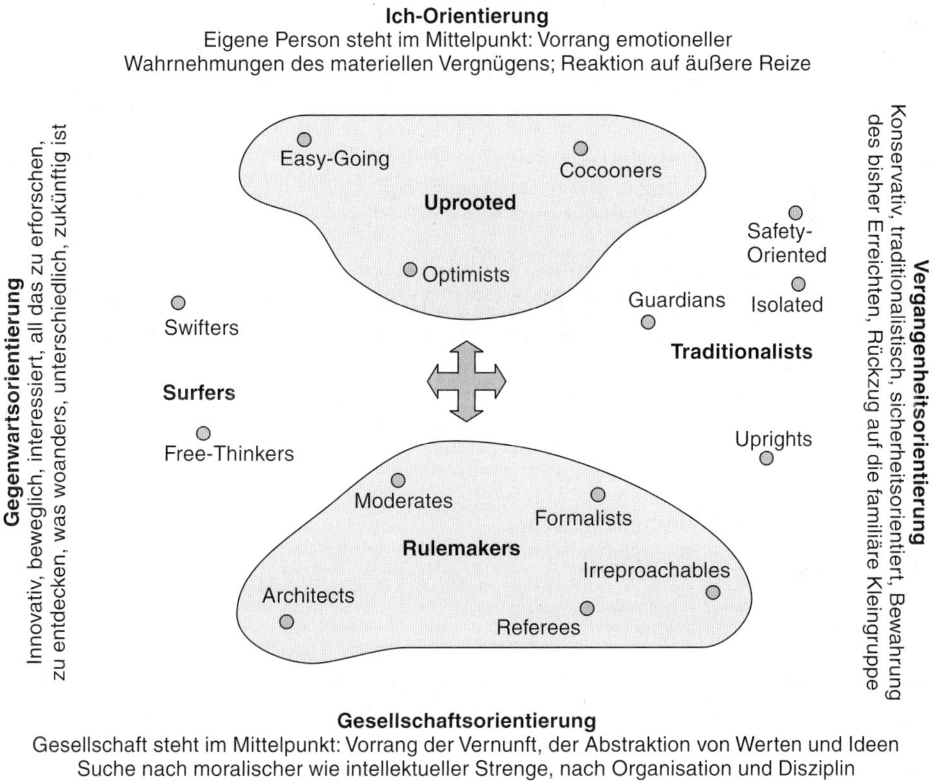

GABLER GRAFIK

Quelle: GfK AG, Lebensstilforschung 2002

Als Folge der Zersplitterung der Nachfragestrukturen und einer länderübergreifenden Homogenisierung der einzelnen Segmente gehen viele Dienstleistungsanbieter dazu über, ihre Marktsegmentierung nicht mehr länderspezifisch, sondern eher anhand von **internationalen Konsumententypologien** vorzunehmen, um die Zusammenhänge zwischen soziokulturellen Werten und Trends einerseits sowie Konsumgewohnheiten und

INSERT 9-2-1 Schnäppchenjäger als länderübergreifende Zielgruppe

Dr. Matthias Hauck, GfK Methoden- und Produktentwicklung, Deutschland, stellt eine Typologie dieser modernen Konsumentengruppe vor

Schnäppchenjäger - die smarte Art zu shoppen

Handel und Industrie fürchten seit geraumer Zeit das Schreckgespenst des auf Schnäppchen fixierten Konsumenten. Dieses Phänomen gilt in Deutschland aktuell noch genauso wie in den Jahren zuvor. Anders die übrigen europäischen Länder: Dort achten Verbraucher heute weniger auf den Preis als früher. Nur die Italiener sind heute preisorientierter als zuvor.

Einer Studie der GfK zufolge sind so genannte Schnäppchenjäger eine klar abgrenzbare, zugleich aber auch heterogene Zielgruppe, die – richtig angesprochen – ein enormes wirtschaftliches Potenzial beinhaltet.

Weder in Deutschland noch in den fünf weiteren untersuchten Ländern Frankreich, Großbritannien, Italien, Polen und Spanien ist die Schnäppchenjagd ein neues Phänomen. Allerdings scheint deutschen und polnischen Verbrauchern der Preis mit Abstand wichtiger zu sein als ihren europäischen Nachbarn. Im Verhältnis dazu gibt es in Polen mit einem Anteil von 62 Prozent zwar noch mehr „preisbewusste" Konsumenten als in Deutschland, allerdings ist dieser Anteil seit dem Jahr 2001 bereits um vier Prozentpunkte zurückgegangen.

Drei attraktive, aber eben unterschiedlich anzusprechende Zielgruppen bilden das Fundament der neuen Verbraucherbewegung der Schnäppchenjäger, zu der 32 Prozent der Europäer zu zählen sind.

Die Konsumenten in den vier anderen europäischen Ländern sind bei Weitem nicht so preissensibel wie in Deutschland und Polen. Dafür bildet Italien eine bemerkenswerte Ausnahme im Hinblick auf den Wandel der Einstellung zur Preisorientierung: Es ist das einzige Land, in dem der Anteil der Preissensiblen von 2001 auf 2003 um sechs Prozentpunkte auf insgesamt 44 Prozent gestiegen ist. Allerdings ist die Zahl der preisbewussten Konsumenten im Vergleich zu den anderen Europäern in Italien insgesamt nach wie vor niedrig. Für die Briten, Franzosen und Spanier hingegen verliert der Preis offensichtlich zunehmend an Bedeutung.

Preisorientierung in Europa

Land	Preisorientierung 2001	Preisorientierung 2003	Veränderung in Prozentpunkten
Italien	38%	44%	+6
Deutschland	56%	56%	0
Polen	66%	62%	-4
Großbritannien	45%	41%	-4
Frankreich	54%	49%	-5
Spanien	50%	44%	-6
Europa	51%	49%	-2

Quelle: GfK Lebensstilforschung 2004

Konsumhedonisten als neue Zielgruppe

Wie sehen nun diese besonderen „Schnäppchenjäger" aus, die nicht aus einer wirtschaftlichen Zwangslage heraus nach Sonderangeboten suchen, sondern vielmehr nach günstigen und somit legitimen Gelegenheiten zu lustvollem Konsum? Der Studie zufolge bilden drei attraktive, aber eben unterschiedlich anzusprechende Zielgruppen das Fundament dieser neuen Verbraucherbewegung, zu der 32 Prozent der Europäer zu zählen sind.

Die ersten beiden Gruppen sind die so genannten „Träumer" und die „Abenteurer". Hierbei handelt es sich um eher junge, modebewusste und risikofreudige Singles mit stark materialistischer Wertestruktur, die sich durch den Konsum passender Marken profilieren wollen, und sich durch diese Werbebotschaft in ihrem Handeln absolut legitimiert fühlen. Am ehesten findet man sie in Italien mit 28 Prozent der Verbraucher, in Polen mit 23 Prozent und in England mit 22 Prozent, während ihr Anteil in Deutschland bei 18 Prozent liegt.

Als dritte Gruppe im Bund der Konsumhedonisten fungieren die „Weltoffenen". Diese stark weiblich geprägte Gruppe in den besten Jahren, der in Deutschland 12 Prozent der Bevölkerung angehören, pflegt einen gehobenen Lifestyle und ist hochwertigen Innovationen gegenüber sehr aufgeschlossen. Abgesehen von England und Spanien mit einem Anteil von 12 Prozent ist sie in anderen Ländern deutlich schwächer vertreten: in Italien mit 10 Prozent und in Polen mit vier Prozent.

Exakt abgegrenzte Zielgruppen, für die Konsum mehr bedeutet als nur Preisvergleiche anzustellen, bestehen also in allen europäischen Ländern. Die für Konsumgüterindustrie wie klassischen Handel gleichermaßen riskante Spirale, stetige Preissenkungen in Gang zu setzen, ist für diese Gruppe kontraproduktiv. Ein günstiger Preis kann zwar einmal als Kaufkriterium herangezogen werden, wer sie jedoch dauerhaft erreichen will, sollte differenziertere Marketingstrategien verfolgen, bei denen beispielsweise Faktoren wie Design, Qualität und Innovation individuell abgestuft zum Tragen kommen.

Weitere Informationen:
Dr. Matthias Hauck, Tel.: +49 (0)911 395 3638
e-Mail: matthias.hauck@gfk.de

Zur Studie

Die Ergebnisse stammen aus einer Studie des GfK-Nürnberg e.V. in Verbindung mit der Lebensstil-Typologie Euro-Socio-Styles. Befragt wurden Ende 2003 rund 7.000 repräsentativ ausgewählte Personen aus sechs europäischen Ländern (Siehe Seite 12).

Quelle: GfK AG, Lebensstilforschung 2004

-einstellungen andererseits innerhalb eines Markt- oder Bevölkerungssegments aufzuzeigen (Woesler-de Panafieu 1988, S. 55). Abbildung 9-2-1 zeigt beispielhaft eine **Typologie europäischer Lebensstile,** die von der GfK Lebensstilforschung entwickelt wurde. Diese Typologie basiert zum einen auf objektiven demographischen und ökonomischen Daten, zum anderen auf Einstellungen, Motivationen, Verhalten und Gewohnheiten. Jeder Sozio-Typ ist in jedem europäischen Land vertreten und mentalitätsbedingte Unterschiede zwischen den Ländern spiegeln sich in dem anteiligen Verhältnis der Typen zueinander wider. Als Beispiel für eine länderübergreifend klar abgrenzbare Zielgruppe werden in Insert 9-2-1 die so genannten Schnäppchenjäger herausgegriffen und näher betrachtet. Die Ergebnisse stammen aus einer Studie der GfK Nürnberg in Zusammenhang mit der Lebensstiltypologie Euro-Socio-Styles.

2.2 Internationale Marktforschung im Dienstleistungsbereich

Neben den Besonderheiten des Käuferverhaltens gilt es für einen internationalen Dienstleistungsanbieter, die **Spezifika der internationalen Marktforschung** zu beachten. Die Erforschung des zu bearbeitenden Marktes stellt auch für internationale Dienstleister eine wichtige Voraussetzung für erfolgreiches Agieren dar. Die zunehmende Bedeutung einer international ausgerichteten Marktforschung hat für Marktforschungsinstitute die Notwendigkeit zur Folge, sich ebenfalls international auszurichten. In diesem Zusammenhang sind in der Praxis entsprechende Zusammenschlüsse und **Netzwerke von Marktforschungsinstituten** zu beobachten (z. B. GfK, Gallup).

Insbesondere der Abstimmung des verwandten **Erhebungsinstrumentariums** und der Interpretation der gewonnenen Ergebnisse kommt herausragende Bedeutung zu. Grundsätzlich ist zu beachten, dass in unterschiedlichen sozialen und kulturellen Systemen die Bedeutung von und die Reaktion auf Datenerhebungsmethoden unterschiedlich sein kann (Usunier 1996, S. 90ff.; Baumgartner/Steenkamp 2001, S. 143ff.).

Beispielsweise variiert die Intensität der eingesetzten Datenerhebungsmethoden schon im europäischen Vergleich stark (Abbildung 9-2-2), obgleich die kulturellen und sozialen Unterschiede nicht in dem Maße evident sind, wie z. B. bei einem Vergleich zwischen Asien und Europa oder Asien und Amerika.

Der Vergleich des Kaufverhaltens in verschiedenen Ländern erfordert die Abstimmung der abgefragten Marktforschungsobjekte. Um die Vergleichbarkeit der Erhebungssachverhalte zu gewährleisten, ist die **Äquivalenz der Gegenstände der Marktforschung** in den einzelnen Ländern von Bedeutung. Dabei kann zwischen einer funktionalen bzw. konzeptionellen und einer kategoriellen Äquivalenz unterschieden werden (Holzmüller 1986, S. 54ff.; 1995, S. 300ff.).

Abbildung 9-2-2 **Intensität von Datenerhebungsformen in ausgewählten Ländern**

Form / Land	Frankreich	Niederlande	Schweden	Schweiz	Groß-britannien
Schriftliche Befragung	4 %	33 %	23 %	18 %	9 %
Telefoninterview	15 %	18 %	44 %	64 %	16 %
Persönliches Interview auf der Straße	52 %	37 %	keine Angabe	keine Angabe	keine Angabe
Persönliches Interview zu Hause	keine Angabe	keine Angabe	8 %	16 %	54 %
Gruppeninterview	13 %	keine Angabe	5 %	keine Angabe	11 %
Tiefeninterview	12 %	12 %	2 %	keine Angabe	keine Angabe
Analyse von Sekundärdaten	4 %	keine Angabe	4 %	2 %	keine Angabe

Quelle: Demby 1990, S. 24; Buhmann 2002, S. 9

GABLER GRAFIK

Funktionale/konzeptionelle Äquivalenz

Objekte oder Verhaltensmuster haben in einzelnen Ländern oft unterschiedliche Bedeutung und Aufgaben. Dies bezieht sich sowohl auf die Dienstleistung als solche als auch auf zu erhebende Konstrukte im Rahmen der Marktforschung.

Im Hinblick auf die betrachtete Dienstleistung kann diese in verschiedenen Ländern eine unterschiedliche **funktionale Bedeutung** haben. So kann die Erwachsenenweiterbildung in bestimmten Kulturkreisen als Freizeitbeschäftigung, in anderen wiederum als Kriterium für den beruflichen Aufstieg angesehen werden (Holzmüller 1986, S. 55; 1995, S. 300ff.; Usunier 2000, S. 215f.). Darüber hinaus bestehen Unterschiede im Hinblick auf die Abwägung zwischen Eigenerstellung und Fremdbezug von Leistungen durch den Kunden (z. B. Schuhputzen in USA versus Europa; Bedienung in Restaurants in Japan versus Europa).

Hinsichtlich der in der Marktforschung erhobenen Konstrukte können Unterschiede in der Interpretation bzw. **Wertigkeit der Konstrukte** bestehen. Beispielsweise werden bestimmte Persönlichkeitsmerkmale, wie Introvertiertheit, Aggressivität oder Konformität, in verschiedenen Kulturen unterschiedlich interpretiert (Holzmüller 1986, S. 55; 1995, S. 300ff.; Hagemann 2000, S. 20ff.). Ein weiteres Beispiel stellt das Konstrukt der

Umweltfreundlichkeit dar, das in Abhängigkeit des industriellen Entwicklungsgrades einer Gesellschaft unterschiedlich ausgeprägt sein kann. Ferner können die Ausprägungen der entsprechenden Konstrukte in Abhängigkeit der kulturellen Besonderheiten eine unterschiedliche Bedeutung für das Kaufverhalten aufweisen (Holzmüller 1986, S. 55).

Zur Erreichung einer funktionalen bzw. konzeptionellen Äquivalenz ist eine **internationale Ausrichtung der Marktforschung** notwendig. Bei einer länderübergreifenden Marktforschung ist es daher erfolgsrelevant, entweder nur Inhalte abzufragen, die international sinnvoll vergleichbar sind, oder Länderspezifika sowohl bei der Erhebung als auch bei der Interpretation zu berücksichtigen.

Kategorielle Äquivalenz

Weiterhin ist die länderübergreifende definitorische Übereinstimmung im Rahmen der jeweils gewählten Kategorien zu beachten, d. h. die Kategorisierung von Objekten, Stimuli oder Verhaltensweisen hat den nationalen Besonderheiten Rechnung zu tragen. So sind Leistungsklassen in verschiedenen Ländern unterschiedlich abgegrenzt und führen somit zu unterschiedlichen Konkurrenzsituationen. Die kategoriellen Unterschiede betreffen auch soziodemographische Klassifizierungen. Beispielsweise weisen bestimmte Berufsgruppen je nach betrachtetem Land einen unterschiedlichen sozialen Status auf (Holzmüller 1986, S. 55f.; 1995, S. 300ff.), so dass internationale Marktforschungsergebnisse verschiedenartige Interpretationen zulassen. In diesem Zusammenhang ist es oftmals sinnvoll, Ersatzindikatoren zu bilden, um so die Vergleichbarkeit der Daten sicherzustellen (Schopphoven 1991, S. 34f.; Berndt/Fantapié Altobelli/Sander 2003, S. 46).

Zur Sicherstellung einer größtmöglichen Äquivalenz von Konstrukten können **Expertenurteile, Revalidierung** und **semantische Differenziale** dienen (Holzmüller 1986, S. 56; 1995, S. 300ff.; Douglas/Craig 1999, S. 134ff.).

Die internationalen Besonderheiten der Marktforschung sind vor allem für die **internationale Zufriedenheitsforschung** von hoher Relevanz, da die Kundenzufriedenheit das zentrale kaufverhaltensrelevante Konstrukt im Dienstleistungsbereich darstellt. Neben der Äquivalenz im Hinblick auf Konstruktinterpretationen sind in diesem Zusammenhang auch Interpretationsunterschiede bezüglich der verwendeten Skalen zu berücksichtigen. Wenn beispielsweise ein japanischer Konsument als Leistungsurteil sehr gut äußert, so kann er u. U. dasselbe meinen wie ein Holländer, der die Leistung mit ziemlich gut beurteilt. So wäre der Schluss, dass in Japan größere Marktchancen für das Produkt bestehen als in Holland, als falsch zu bewerten.

Ein Vorhaben, Zufriedenheitsurteile von Konsumenten auf einer internationalen Basis vergleichbar zu machen, ist in der Einführung von Nationalen Kundenbarometern auf europäischer Ebene durch den **European Performance Satisfaction Index (EPSI)** (ehemals European Customer Satisfaction Index ECSI) zu sehen. Hier beteiligen sich 15 europäische Länder an der Ausarbeitung einer Konzeption zur Durchführung von länderübergreifenden Zufriedenheitsstudien (Bruhn/Murmann 1998, S. 157ff.).

Im Jahr 1999 fanden im Rahmen der ersten **Pilotuntersuchung** in zwölf europäischen Ländern (Belgien, Dänemark, England, Finnland, Frankreich, Griechenland, Island, Italien, Portugal, Spanien, Schweden, Schweiz) parallel Untersuchungen in mindestens drei gemeinsamen Branchen (Banken, Telekommunikation und Supermärkte) zu Kundenzufriedenheit und Kundenbindung sowie deren Einflussfaktoren statt (erste Ergebnisse hierzu finden sich bei ECSI 2000; Eklöf 2000). Die Datenerhebung erfolgte auf dem Wege von Telefoninterviews mit Kunden, die in letzter Zeit ein bestimmtes Produkt bzw. eine Dienstleistung genutzt haben. Insgesamt wurden in den teilnehmenden Ländern in dem Zeitraum von März bis Mai 1999 mehr als 50.000 Interviews geführt. Deutschland hat sich an dem Pilotprojekt nicht beteiligt.

EPSI wurde unter der Federführung der Europäischen Kommission, der European Organization for Quality (www.eoq.org) sowie der European Foundation for Quality Management (EFQM) mit dem primären Ziel konzipiert, ein System von leistungsorientierten Indikatoren zu entwickeln, um die Wettbewerbsfähigkeit europäischer Unternehmen zu verbessern.

Der EPSI basiert auf **Kundenurteilen** bezüglich Gütern und Leistungen, die von europäischen Firmen produziert worden sind. Leistungen von nicht-europäischen Firmen werden berücksichtigt, falls sie einen bestimmten Marktanteil in Europa erreichen. Wichtig ist in diesem Zusammenhang, dass über die Messung der Kundenzufriedenheit Rückschlüsse auf die Qualität der angebotenen Leistungen gezogen werden. So lassen sich über die Messung der Zufriedenheit indirekt Aussagen über Preis- und Produktivitätsveränderungen machen. Ein Anliegen des EPSI ist es, Hilfe zur Interpretation makroökonomischer Kennzahlen anzubieten. So wird z. B. untersucht, ob Preissteigerungen vollumfänglich einer Steigerung der wahrgenommen Qualität entsprechen. Auf Basis einer zeitlich parallelen, länderübergreifenden Erhebung werden mittels einheitlicher Fragebögen Daten zur Kundenzufriedenheit und -bindung sowie zu deren Einflussfaktoren erhoben.

Das EPSI-Modell stützt sich einerseits auf **modelltheoretische Grundlagen** der bereits bestehenden und geprüften Nationalen Kundenbarometer, anderseits werden eigene Ansätze zur methodischen und konzeptionellen Verbesserung aufgegriffen, die die besondere Leistungsfähigkeit von EPSI begründen. Zu nennen sind hier die indirekte Messung der einbezogenen Konstrukte auf Basis eines Strukturmodells sowie die Auswertung der Daten mit Hilfe der Kausalanalyse. Basierend auf dem Grundgedanken der Qualitätskette wird Qualität als Einflussfaktor für Kundenzufriedenheit betrachtet, auf die sich Kundentreue aufbaut und die zu steigendem Unternehmensprofit führen kann (Bruhn/Murmann 1998, S. 158ff.). Als neues Konstrukt wird bei diesem Kundenbarometer auch das Image berücksichtigt. Die kausalen Zusammenhänge der Variablen des EPSI-Modells sind in Abbildung 9-2-3 wiedergegeben.

Nutznießer der EPSI-Daten sind zum einen europäische Konsumenten, denen eine Möglichkeit geboten wird, Lob und Kritik zu artikulieren, aber auch Firmen und Branchenverbände. Insbesondere können sich Firmen, die operative Maßnahmen zur Kundenbindung umsetzen, die Daten zunutze machen. EPSI quantifiziert, in welchem Ausmaß Kunden Bemühungen zur Qualitätsverbesserung wahrnehmen und schätzen. Mittels der EPSI-Daten können Defizite des Qualitätsmanagements erkannt und ausgebessert werden. Somit liefern die Erkenntnisse aus den EPSI-Daten Hinweise zur systematischen Qualitätssteigerung. Der Anbieter erhält Informationen über seine eigene Position im internationalen Zufriedenheitsvergleich und auch Hinweise darauf, wie er sein Leistungsangebot verbessern kann.

Abbildung 9-2-3 Strukturmodell des European Performance Satisfaction Index (EPSI)

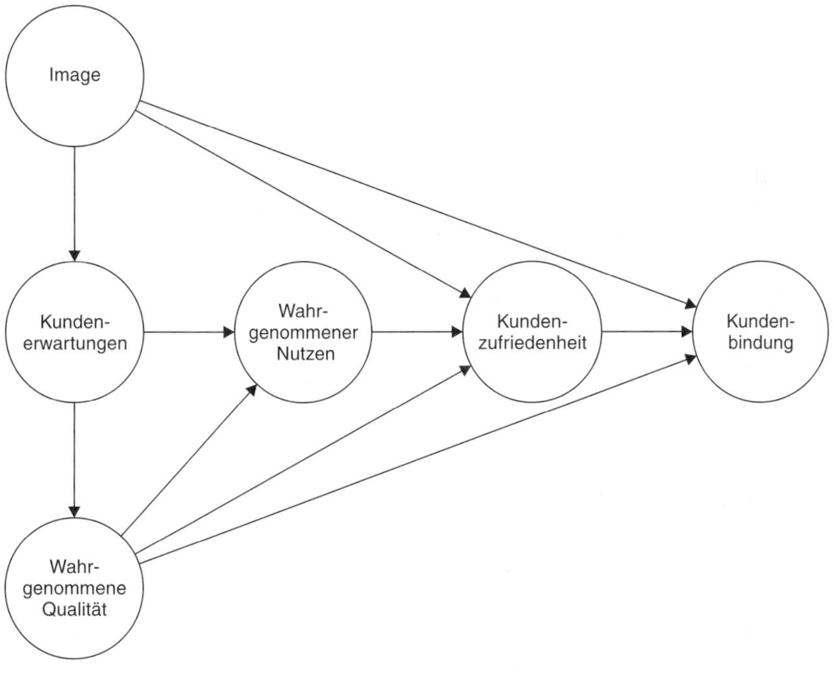

Quelle: in Anlehnung an EPSI 2005

Vor dem Hintergrund der Realisierung des EPSI werden sich Branchenvergleiche und Benchmarkingstudien zukünftig nicht mehr auf die nationale Ebene beschränken. Vielmehr wird der internationale Vergleich der Ergebnisse zur Kundenzufriedenheit, Kundenbindung und damit in Zusammenhang stehenden Erfolgsfaktoren in den kommenden Jahren einen starken Bedeutungszuwachs erfahren.

Auf Basis der Informationsgrundlagen lassen sich das international ausgerichtete strategische und operative Dienstleistungsmarketing gestalten.

3. Strategisches internationales Dienstleistungsmarketing

3.1 Strategischer Planungsprozess des internationalen Dienstleistungsmarketing

Vor dem Hintergrund der Ähnlichkeiten im Planungsverhalten von Sachgüter- und Dienstleistungsunternehmen stellen sich im Rahmen einer Internationalisierung von Dienstleistungsunternehmen die gleichen grundsätzlichen Fragen wie bei sachgüterproduzierenden Unternehmen. Zur Strukturierung grundlegender strategischer Entscheidungen kann deshalb auf den in Abbildung 9-3-1 wiedergegebenen **Managementprozess der internationalen strategischen Planung** zurückgegriffen werden.

Für internationale Dienstleistungen sind die im Folgenden näher betrachteten **Entscheidungsfelder** mit den jeweiligen Fragestellungen von zentraler Bedeutung (Stauss 1995, S. 459; Hermanns/Wißmeier 2001, S. 525ff.; Berndt/Sander/Fantapié Altobelli 2003, S. 86ff.):

- Internationale Situationsanalyse,
- Internationale Marktwahlstrategie,
- Internationale Markteintrittsstrategie,
- Internationale Marktbearbeitungsstrategie.

3.2 Internationale Situationsanalyse

Maßgebliche Grundlage für den strategischen Planungsprozess ist die **Analyse der externen und internen Umwelt.** Gerade für Dienstleistungsunternehmen im internationalen Umfeld gilt es, diese Faktoren einer detaillierten Analyse zu unterziehen, denn die internationale Geschäftstätigkeit erfordert besondere Aufmerksamkeit bei der Beschaffung und Verarbeitung relevanter Informationen (Meissner 1995, S. 27ff.; Berndt/Fantapié Altobelli/Sander 2003, S. 8). Insbesondere ist zu beachten, dass durch die in der Regel geringere Vertrautheit mit den Verhältnissen auf den Auslandsmärkten eine Vielzahl von entscheidungsrelevanten Daten erst zu erheben ist.

Aufgrund der hohen **Bedeutung des Kundenkontaktpersonals** für den Erfolg eines international agierenden Dienstleisters erlangt z. B. die Beschaffung relevanter und valider Informationen hinsichtlich der Qualität und Quantität des im angestrebten Ausland verfügbaren Personals sowie der entsprechenden Personalkosten hohe Wichtigkeit.

Abbildung 9-3-1 Managementprozess der internationalen strategischen Planung

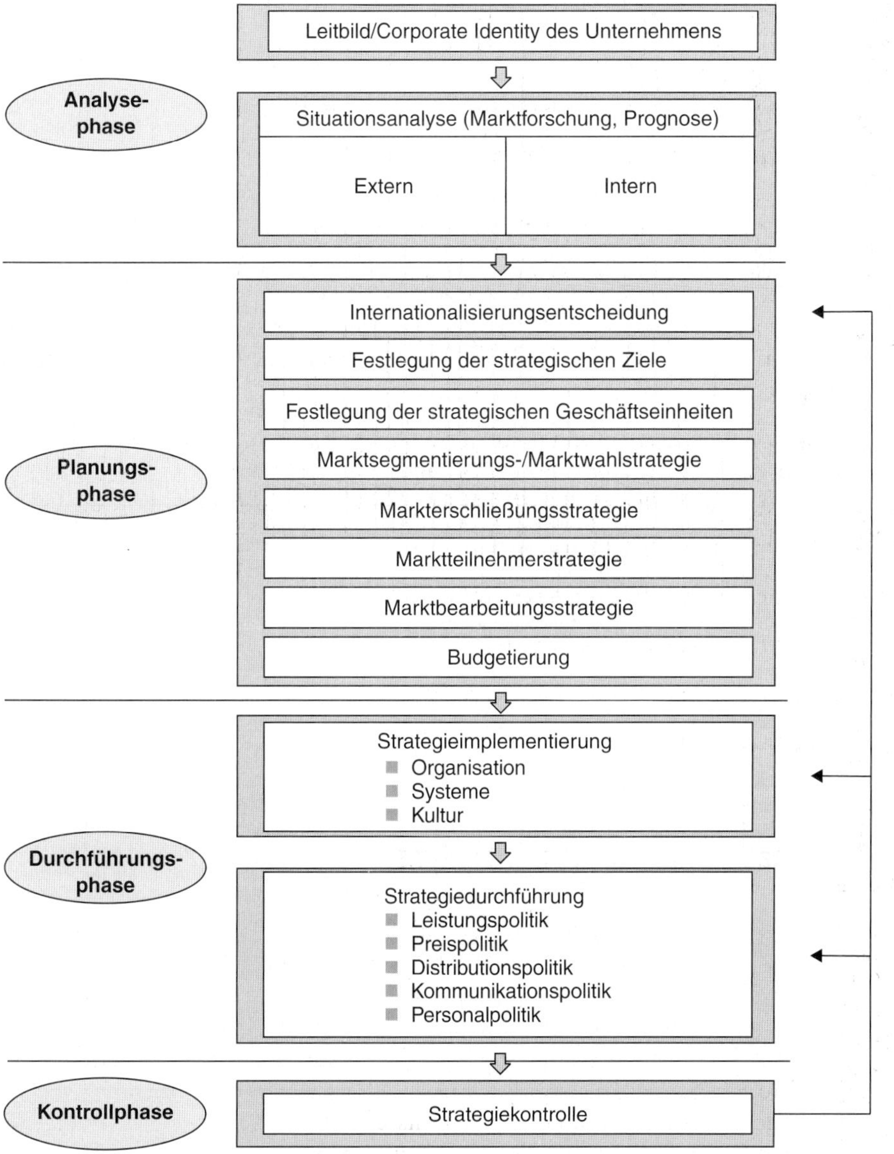

GABLER GRAFIK

Quelle: Meffert/Bolz 2001, S. 36

Abbildung 9-3-2 Faktoren der Situationsanalyse für das internationale Dienstleistungsmarketing

	Faktoren	Beispiele
Globale Rahmenbedingungen	Ökonomische Faktoren	■ Marktgröße ■ Bruttosozialprodukt ■ Pro-Kopf-Einkommen ■ Kaufkraft ■ Zinsentwicklung ■ Wechselkursentwicklung ■ Lohnkosten
	Politisch-rechtliche Faktoren	■ Heimat- und Gastlandrecht ■ Internationales Recht ■ Politische Stabilität ■ Arbeitskämpfe ■ Wirtschaftsabkommen ■ Tarifäre und nichttarifäre Handelshemmnisse
	Soziokulturelle Faktoren	■ Sprache und Religion ■ Werte und Normen ■ Gepflogenheiten ■ Bildungsstand ■ Soziale Institutionen und soziales Verhalten
	Geographische Faktoren	■ Klima ■ Topographie ■ Ressourcen ■ Infrastruktur
Branche und Wettbewerb	Branchenkultur	■ Marktform ■ Eintrittsbarrieren ■ Kapitalintensität der Branche ■ Wertschöpfung innerhalb der Branche ■ Technologischer Wandel innerhalb der Branche
	Wettbewerber	■ Art, Anzahl und Größe der Konkurrenten ■ Wettbewerbsintensität ■ Leistungsprogramm der Konkurrenten ■ Marktanteile
	Abnehmer	Endverbraucher ■ Nachfrageverhalten ■ Bedürfnisstruktur ■ Beschaffenheit und Größe der Marktsegmente ■ Preisbereitschaft ■ Phase im Lebenszyklus Vertriebspartner ■ Nachfragemacht der Partner ■ Einkaufsvolumen der Partner ■ Konzentrationsrate der Partner ■ Distributionsstrukturen
Unternehmensspezifische Faktoren	Unternehmensziele	■ Oberste Unternehmensziele/Unternehmensphilosophie ■ Länderspezifische Marketingziele
	Finanzkraft	■ Kapitalstruktur ■ Liquidität ■ Kreditwürdigkeit
	Leistungsmerkmale	■ Standardisierbarkeit ■ Servicequalität ■ Nebenleistung
	Personal	■ Qualifikation ■ Auslandserfahrungen
	Dienstleistungskapazität	■ Vorhandene Kapazität ■ Kapazitätsauslastung

GABLER GRAFIK

Quelle: in Anlehnung an Berndt et al. 1997, S. 24

Um die Informationsgrundlagen der internationalen Unternehmensplanung systematisch zu erfassen, können die Faktoren der Situationsanalyse in die Bereiche globale Rahmenbedingungen, Branche und Wettbewerb sowie unternehmensspezifische Einflussfaktoren eingeteilt werden (Berndt/Fantapié Altobelli/Sander 2003, S. 24; Abbildung 9-3-2).

Die Situationsanalyse eines Dienstleistungsunternehmens im internationalen Kontext ist jedoch kein a priori vorgegebenes fixes Raster, sondern ist an die individuellen Unternehmensziele anzupassen. Als Ergebnis einer solchen Situationsanalyse können die Chancen und Risiken des Auslandsengagements sowie auslandsspezifische Stärken und Schwächen des Unternehmens gewonnen und damit die Informationsgrundlage für die Entscheidungsfindung geschaffen werden.

3.3 Internationale Marktwahlstrategie

Für Dienstleistungsunternehmen ist im Rahmen einer Internationalisierung zu entscheiden, welche Länder vornehmlich bearbeitet werden. Bei der **internationalen Marktabdeckung** sind Entscheidungskriterien wie das Marktpotenzial des betreffenden Landes, die erzielbaren Preise für die anzubietende Leistung, Umfeldfaktoren und allgemeine Rahmenbedingungen (z. B. Infrastruktur, Ressourcenverfügbarkeit), rechtliche Faktoren sowie kulturelle Besonderheiten heranzuziehen (Backhaus/Büschken/Voeth 2001, S. 102ff; Hermanns/Wißmeier 2001, S. 525ff.; Raff/Billen 2005, S. 154ff.). Dabei ist die Gesamtheit der potenziellen Länder durch Anwendung von Ausschlusskriterien zunächst auf eine überschaubare Anzahl relevanter Märkte einzugrenzen. Darauf aufbauend sind beispielsweise mittels Scoringtabellen anschließend diejenigen Länder herauszufiltern, die besonders erfolgversprechend für den Dienstleister erscheinen (Berndt/Fantapié Altobelli/Sander 2003, S. 97ff.).

Im Rahmen der **Marktwahl** ist festzustellen, dass Dienstleistungsunternehmen zur Zeit eher in geographisch nahe Länder expandieren. Allerdings relativiert sich diese Tendenz angesichts sich schnell entwickelnder Telekommunikationsmöglichkeiten. Hierbei ergeben sich Chancen und Möglichkeiten für Dienstleistungsgeschäfte, die auf elektronischem Wege umgesetzt werden können. Insbesondere die Nutzung der neuen Medien erschließt neue Möglichkeiten für die Internationalisierung von Dienstleistungsanbietern (z. B. der Online-Buchhandel, virtuelle Reisebüros, Online Broker, virtuelle Auktionshäuser).

Eine zentrale Voraussetzung, um eine **Auslandsexpansion durch den Einsatz neuer Medien** erfolgreich voranzutreiben, ist die zielgruppengerechte Ansprache der potenziellen Kunden in den verschiedenen nationalen Märkten. Hierzu ist neben einer landesspezifischen Internetdomain und dem segmentspezifischen Einsatz der Marketinginstrumente auch die verwendete Sprache von Relevanz. Vor diesem Hintergrund hat das Versandhandelsunternehmen Quelle in Italien eine deutschsprachige Internetpräsenz eingerichtet (www.quelle.it), um speziell die deutschsprachige Bevölkerung in Südtirol zu erreichen (Lingenfelder/Loevenich 2005, S. 382).

Die Auswahl von Ländermärkten ist wesentlich durch die von Unternehmen angestrebte **Internationalisierungsstrategie** beeinflusst (Backhaus/Büschken/Voeth 2001, S. 56). In diesem Zusammenhang versteht man unter einer Internationalisierungsstrategie die Grundorientierung bzw. die Leitlinien des Managements bei der Gestaltung der grenzüberschreitenden Unternehmenstätigkeit.

Eine **Strukturierung von Internationalisierungsstrategien** kann anhand der Dimensionen Integrationsvorteile und Differenzierungsvorteile erfolgen. Durch ein hohes Maß an **Integrationsvorteilen** lassen sich Globalisierungsvorteile wahrnehmen. Beispiel hierfür ist ein hoher Weltmarktanteil, der deutliche Kosteneffekte ermöglicht. **Differenzierungsvorteile** lassen sich durch eine länderspezifische Anpassung (z. B. heterogene Bedürfnisse, Normen, gesetzliche Regelungen) erzielen. Dieses Vorgehen ist durch eine geringe Integration internationaler Aktivitäten gekennzeichnet, wobei Lokalisierungsvorteile angestrebt werden. Indikatoren für Lokalisierungsvorteile sind länderspezifische Marktanteile, Marktausschöpfungsgrade oder Umsatzvolumina (Meffert/Bolz 2001, S. 26).

Abbildung 9-3-3 **Typen von Internationalisierungsstrategien**

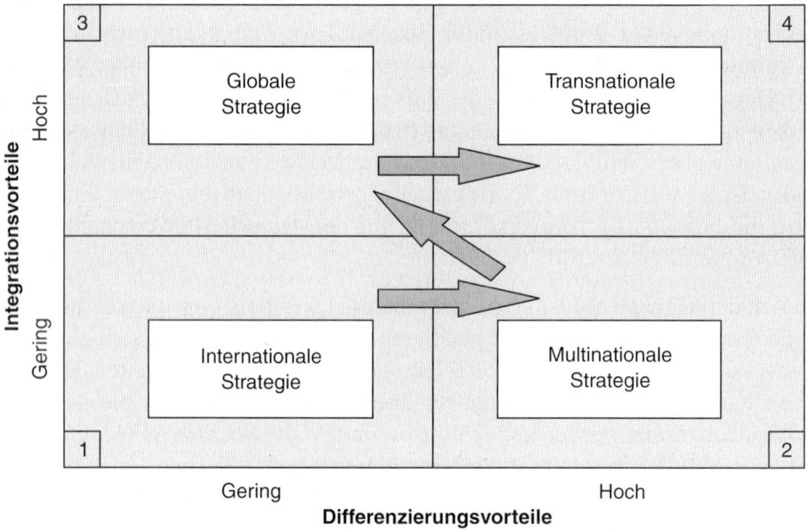

GABLER GRAFIK

Quelle: in Anlehnung an Meffert/Bolz 2001, S. 27

Anhand der Realisierung von Integrations- und Differenzierungsvorteilen lassen sich vier **Typen von Internationalisierungsstrategien** unterscheiden (Perlmutter 1969; Kreutzer 1989, S. 12ff.; Cateora 2001, S. 20ff.; Meffert/Bolz 2001, S. 25ff.; Abbildung 9-3-3):

1. Internationale Strategie (ethnozentrische Orientierung),
2. Multinationale Strategie (polyzentrische Orientierung),
3. Globale Strategie (geozentrische Orientierung),
4. Transnationale Strategie.

Diese vier Strategietypen zeichnen sich durch die in Abbildung 9-3-4 aufgezeigten **Merkmale** aus.

Vereinfacht lassen sich diese Strategien auch als **Entwicklungsprozess der internationalen Geschäftstätigkeit** von (Dienstleistungs-)Unternehmen interpretieren. Dabei sind das multinationale und das globale Marketing als gegensätzliche Pole im Spannungsfeld zwischen globalem Wettbewerbsdruck und nationalen Bedürfnissen anzusehen (Meffert/Bolz 2001, S. 26).

Die **zunehmende Bedeutung einer transnationalen Marketingstrategie** in einigen Branchen, d. h. die gleichzeitige Ausrichtung des Auslandsengagements an den Erfordernissen von globaler Integration und lokaler Anpassungsfähigkeit, ist auf die Herausforderung des Managements zurückzuführen, die konfligierenden Interessen zwischen der Wahrnehmung globaler Kostenvorteile, nationaler bzw. regionaler Anpassung und weltweitem Lernen auszubalancieren bzw. miteinander zu verbinden. In der Praxis hat dementsprechend auf Grundlage weltweit konzipierter Rahmenstrategien eine nationale bzw. lokale Anpassung der gewählten Strategien zu erfolgen (Meffert/Bolz 2001, S. 28f.). Die strategischen Kompetenzen eines transnationalen Unternehmens sind insbesondere in der globalen Wettbewerbsfähigkeit, multinationalen Flexibilität und weltweiten Lernfähigkeit zu sehen (Bartlett/Goshal 1990; Lovelock 1999, S. 279ff.; Bergmann 2000, S. 83ff.).

Im Dienstleistungsbereich sind transnationale Strategien insbesondere in Branchen anzutreffen, bei denen ein hohes spezifisches Know-how erforderlich ist (z. B. Werbeagenturen, Marktforschungsunternehmen). Durch ein transnationales Marketing wird in diesen Bereichen die **Bündelung bestimmter strategischer Kompetenzen** umgesetzt.

Die internationale **Expansionsstrategie des Musiksenders VIVA** bzw. der VIVA-Gruppe erfolgt auf Basis der Philosophie Think Global, Act Local. Damit verfolgt VIVA das Ziel, auch im Ausland individuell auf die jeweiligen Märkte hin konfigurierte Inhalte anzubieten. Beispielsweise sendet VIVA Schweiz auf schweizer-deutsch und beschäftigt sich intensiv mit der schweizerischen Pop-Szene. Analoges gilt für die polnischen, ungarischen und niederländischen Anstalten von VIVA. In Abhängigkeit von den wirtschaftlichen Rahmendaten, Wachstumsaussichten und Markteintrittsmöglichkeiten strebt die VIVA Media AG durch Erwerb von oder Kooperation mit anderen Unternehmen die Gründung weiterer internationaler Tochtergesellschaften an. Bei zukünftigen Expansions- und Internationalisierungsschritten der VIVA-Gruppe ist hierbei geplant, die weltweiten und multimedialen Netzwerke des Großaktionärs und Joint-Venture-Partners Time Warner Corp. intensiv zu nutzen (VIVA 2005).

Abbildung 9-3-4 Merkmale von Internationalisierungsstrategien

Strategie / Merkmal	Internationale Strategie	Multinationale Strategie	Globale Strategie	Transnationale Strategie
Philosophie	Ausrichtung am Heimmarkt und Export	Ausrichtung an den jeweiligen nationalen Märkten	Ausrichtung am Weltmarkt	Ausrichtung am Weltmarkt und an den nationalen Märkten
Bearbeitung	Wenige Länder und Segmente	Viele Länder und Segmente; differenziert	Viele Länder; standardisiert	Viele Länder; differenziert
Internationalisierungsform	Direkter Export, Vertriebsgesellschaften	Internationale Filialen, Tochtergesellschaften	Internationale Filialen, Tochtergesellschaften, Franchising	Internationale Filialen, Tochtergesellschaften, Netzwerke/Partnerschaften
Wettbewerbsorientierung	Orientierung am Wettbewerb im Heimatmarkt	Orientierung am national stärksten Wettbewerber	Orientierung am weltweit stärksten Wettbewerber	Orientierung am weltweit stärksten Wettbewerber sowie an den national stärksten Wettbewerbern
Organisation	Auslandsabteilung	Gebietsorganisation	Produktorganisation	Matrix-/Netzwerkorganisation
Beispiele	■ Export von Musik ■ Software ■ Online-Dienste	■ Beratungen ■ Banken ■ Versicherungen	■ Fast-Food-Ketten ■ Baumärkte ■ Hotels	■ Werbeagenturen ■ Marktforschungsinstitute ■ Projektentwicklung

Quelle: in Anlehnung an Meffert/Bolz 2001, S. 25ff.

GABLER GRAFIK

3.4 Internationale Markteintrittsstrategie

Nach der Marktwahl ist über die Form des Markteintritts zu entscheiden. In der Literatur existieren hierzu unterschiedliche **Kriterien zur Systematisierung** der verschiedenen Formen des Markteintritts (Kutschker 1992, S. 500ff.; Meissner 1995, S. 52f.; Kutschker/Schmid 2002, S. 890ff.):

- Managementleistungen und Kapitaleinsatz im In- und Ausland,
- Kontrollmöglichkeiten der Auslandsaktivitäten,
- Kooperationsabhängigkeit,
- Institutionelle Ansiedelung der Aktivitäten.

Die Unterscheidung in Managementleistungen sowie Kapitaleinsatz im Stamm- und Gastland bietet sich aufgrund ihrer Einfachheit und Stringenz an (Abbildung 9-3-5). Dabei weist der Export auf der einen Seite den größten Anteil an Kapital- und Managementleistungen im Stammland auf, die Tochtergesellschaft als das andere Extrem den größten Anteil an Kapital- und Managementleistungen im Gastland. Die Chancen, Risiken und Kosten einer Markteintrittsstrategie nehmen mit zunehmenden Leistungen im Gastland zu.

Welche **Form des Markteintritts** das Dienstleistungsunternehmen schließlich wählt, hängt insbesondere von der Ausprägung der dienstleistungstypischen Charakteristika ab. Grundsätzlich kann hinsichtlich der einzelnen Markteintrittstrategien zwischen dem Export und einer ständigen Präsenz im Ausland unterschieden werden (Köhler 1991, S. 174ff.; Stauss 1995, S. 461).

Obwohl Exporte für Dienstleistungen keine überragende Rolle spielen, bietet sich ein **Direktexport** für Dienstleistungen an, die keine persönliche Mobilität des Anbieters verlangen. Diese Möglichkeit ist auf digitalisierbare Dienstleistungen beschränkt, die sich z. B. mittels Telefon- oder Datennetzen übertragen lassen oder auf Datenträgern gespeichert gehandelt werden können (veredelte Dienstleistungen). Beispiele hierfür sind elektronisch transferierte Darlehen, Shopping im Internet, Fernwartung und Instandhaltung sowie internationaler Datenaustausch und Datenanalyse. In Insert 9-3-1 ist exemplarisch für eine Strategie des Direktexports der grenzüberschreitende Medikamentenversand sowie die dazugehörende Beratung thematisiert.

Ebenso kann der Direktexport eine Form des Markteintritts für den **Dienstleistungstyp Consulting** (vgl. Abschnitt 1.4) mit hohem Intangibilitätsgrad, hoher Interaktionsintensität und hoher Spezifität des Faktoreinsatzes sein, falls der Kundenkontakt nur einmalig oder sehr selten auftritt und die Einreise- sowie Aufenthaltsbestimmungen weniger restriktiv sind. Als Beispiel ist eine stark spezialisierte medizinische Leistung zu erwähnen.

Abbildung 9-3-5 Formen internationaler Markteintrittsstrategien

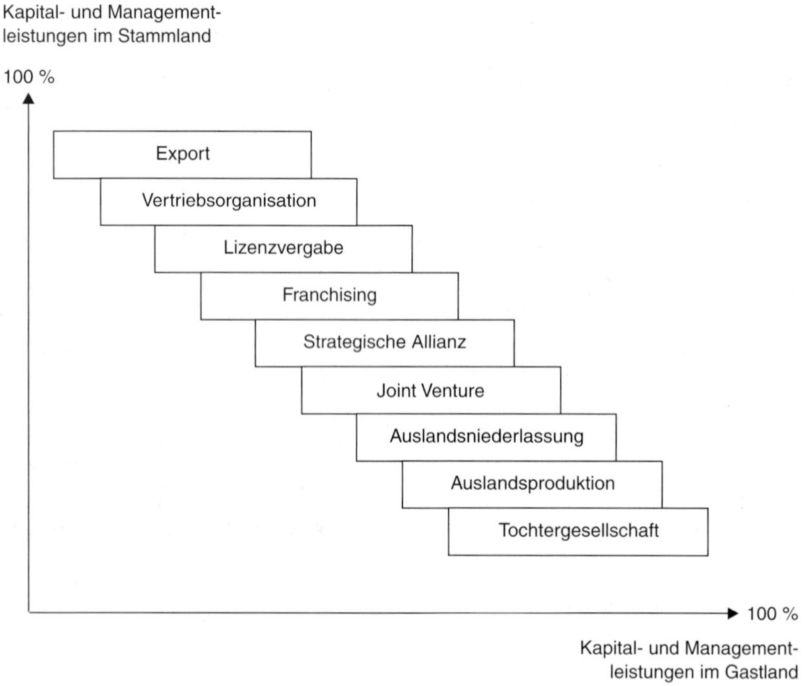

GABLER GRAFIK

Quelle: Meissner/Gerber 1980, S. 224

Bei folgenden Merkmalen einer Dienstleistung ist die **ständige Präsenz im Ausland** anzuraten (Köhler 1991, S. 175f.):

- Intensive und dauerhafte Kundenbeziehungen,
- Hohe Anzahl an Kunden,
- Intensiver Kontakt zu lokalen (Beschaffungs-)Märkten,
- Hohe Priorität des Kontaktes zu staatlichen Stellen,
- Starke Präsenz der Wettbewerber im Auslandsmarkt,
- Notwendigkeit zu unmittelbaren Kundenkontakten.

INSERT 9-3-1 Medikamente per Mausklick

Internet-Apotheke

Arzneiversand rechtens

Niederländer sind nicht an deutsche Preisverordnung gebunden.

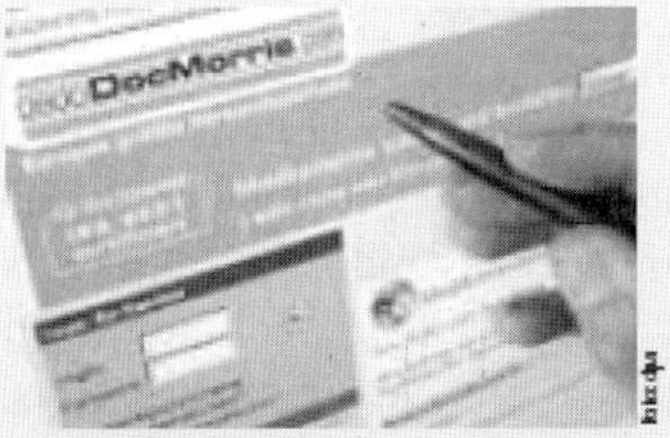

Arzneimittel kosten beim Versender durchschnittlich 15 Prozent weniger.

Das Oberlandesgericht (OLG) Hamm hat am 21. September den Arzneimittelversand durch die niederländische Internet-Apotheke DocMorris nach Deutschland für zulässig erklärt. Nach Meinung der Richter kann es dem Unternehmen nicht verboten werden, apothekenpflichtige Arzneimittel zu Preisen anzubieten, die nicht der deutschen Arzneimittelpreisverordnung entsprechen. Das Gericht konnte daher keinen Verstoß gegen das Wettbewerbsrecht erkennen. Ein Apotheker aus dem Münsterland hatte gegen DocMorris geklagt.

Die Arzneimittel aus den Niederlanden kosten durchschnittlich 15 Prozent weniger als Präparate aus deutschen Apotheken. Nach Ansicht des OLG verstößt die Internet-Apotheke nicht gegen die Arzneimittelpreisverordnung, weil der Gesetzgeber keine Regelung für den grenzüberschreitenden Warenverkehr mit Arzneimitteln getroffen habe. Auch dass DocMorris in einigen Fällen auf die in Deutschland übliche Zuzahlung verzichte, sei nicht zu beanstanden.

Das Urteil ist noch nicht rechtskräftig. Wegen der grundsätzlichen Bedeutung hat das OLG die Revision zum Bundesgerichtshof zugelassen (Az.: 4 U 74/04). ddp

Quelle: Deutsches Ärzteblatt 2004, S. 2650

Präsenz im Ausland lässt sich für Dienstleistungsunternehmen insbesondere durch **Lizenzvergabe, Franchisesysteme, Joint Ventures, eigene Tochtergesellschaften** sowie **Akquisitionen** im Ausland erreichen, wobei auch eine Mischung aus den genannten Strategien denkbar ist.

Ein Dienstleistungsunternehmen, das erst mit dem Aufkommen des Internets in dieser Form möglich wurde und das in der Zwischenzeit in 28 nationalen Märkten agiert, ist die elektronische Auktionsplattform **Ebay.** Das Unternehmen Ebay wurde 1995 in den USA gegründet und zählt inzwischen zu den erfolgreichsten E-Commerce-Anbietern überhaupt. Vor dem Eintritt in den deutschen Markt im Jahre 1999 war den meisten Internetnutzern die Marke Ebay unbekannt. Die Bekanntheit stieg jedoch schlagartig innerhalb eines Jahres, wobei insbesondere der Mund-zu-Mund-Kommunikation eine zentrale Bedeutung beim Reputationsaufbau in Deutschland zukam. Die von Ebay gewählte Internationalisierungsstrategie beschränkte sich nicht auf den landesspezifischen Ausbau der Auktionsplattform, sondern beinhaltete gleichzeitig den Aufbau einer nationalen Präsenz vor Ort. Weiterhin übernahm Ebay den bis dahin größten deutschsprachigen Auktionsanbieter Alando.de, um einen deutschen Kundenstamm zu erhalten (ca. 50.000 registrierte Nutzer), wobei schrittweise der Übergang auf die Auktionsplattform von Ebay vorbereitet wurde und schließlich die Internetadresse wechselte. Als Hauptgrund für die Akquisition sprach, dass bei steigender Wettbewerbsintensität die Zeit des Reputationsaufbaus erfolgskritisch war (Eberl/Franke 2005, S. 416ff.).

Durch den Abschluss einer **Lizenzvereinbarung** verzichtet der Lizenzgeber auf die exklusive Nutzung des entsprechenden Vorteils, den er gegenüber seinen Mitbewerbern erworben hat. Der Lizenznehmer erhält das Recht, die gewerblichen Schutzrechte zu nutzen, um dadurch Leistungen zu erstellen oder zu vertreiben. Hinsichtlich der maximal möglichen Gewinnabschöpfung auf den jeweiligen Märkten, die Lizenznehmern überlassen werden, kann dies ein Nachteil sein. Der wesentliche Vorteil einer Internationalisierung durch Lizenznahme liegt im schnellen und problemlosen Einstieg in den ausländischen Markt, der keine sozialen, rechtlichen und politischen Risiken beinhaltet. Dementsprechend leicht ist ein Rückzug möglich, falls die Nachfrage im Auslandsmarkt zurückgeht. Nicht nur für kapitalschwache Unternehmen ist ein Markteintritt durch Lizenzvergabe ein gangbarer und vergleichsweise risikoloser Weg (Behofsics 1998, S. 54; Insert 9-3-2).

INSERT 9-3-2 **Internationalisierung von Geschäftsanwendungen durch Lizenzvergabe am Beispiel der von Swisscom entwickelten Technologie Mobile Unlimited**

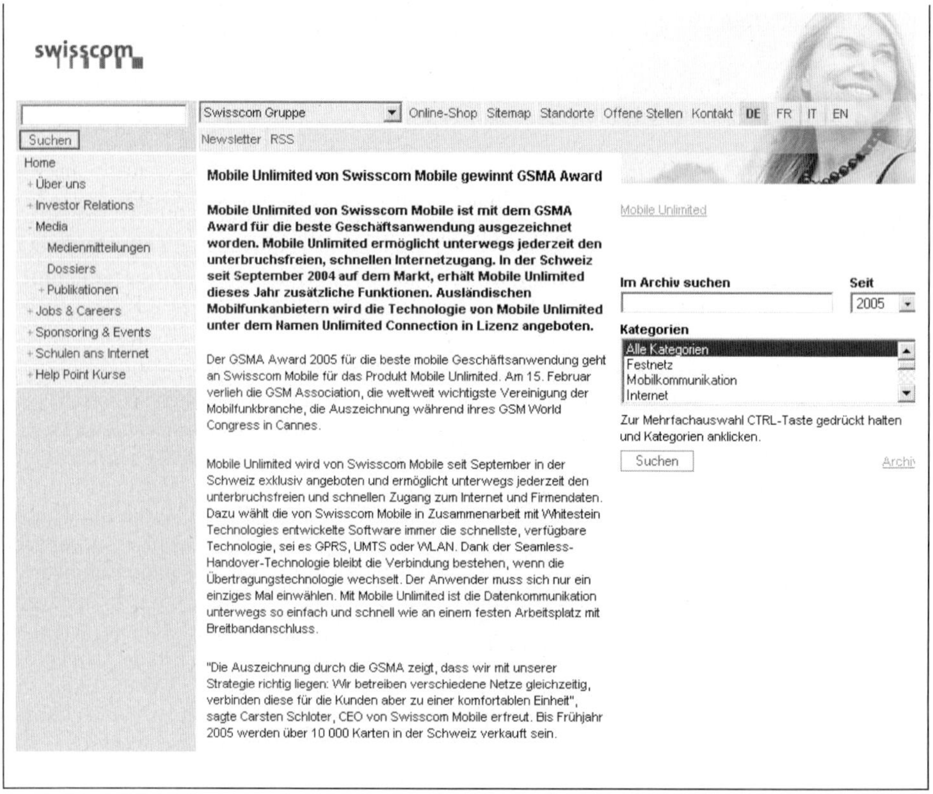

Quelle: Swisscom 2005

Im Gegensatz zur Lizenzvergabe hat das **Franchising** die Überlassung eines gesamten Geschäftskonzeptes zum Gegenstand. Der Franchisegeber stellt dem Franchisenehmer im Rahmen einer langfristigen, individualvertraglich vereinbarten Zusammenarbeit seinen Firmen- oder Produktnamen sowie sein Know-how zur Verfügung. Der Franchisegeber kann auf diese Weise mit begrenztem Kapitaleinsatz auf ausländische Märkte expandieren. Der Franchisenehmer stellt dafür seinen Betrieb und sein Marketing in den Dienst des Franchisegebers und verpflichtet sich in der Regel zur Einhaltung der vorgegebenen Qualitätsanforderungen und profitiert von der Reputation des Franchisegebers (Behofsics 1998, S. 56f.; Woratschek/Pastowski/Roth 2005, S. 171ff.).

Als klassische Beispiele für die erfolgreiche Auslandsexpansion durch Franchising lassen sich die amerikanischen Fast-Food-Ketten wie z. B. McDonald's und Burger King anführen (Insert 9-3-3). Ein Beispiel eines deutschen Dienstleistungsanbieters, der durch die Vergabe von Franchiseverträgen eine internationale Expansion anstrebt, ist der Tierfachmarktbetreiber Fressnapf (Insert 9-3-4).

Im Rahmen einer Initiative des Deutschen Franchise-Verbandes DFV, der 1978 gegründet wurde und heute 250 Mitglieder zählt, haben sich Franchisesysteme, die sich für eine Expansion ins Ausland eignen, im sog. Franchise Pool International zusammengeschlossen. Der Franchise Pool International sieht seine Aufgabe darin, deutsche Franchiseunternehmen potenziellen Interessenten auf den internationalen Märkten vorzustellen.

Der Franchise Pool International fungiert somit als Vermittler für ausländische Investoren, Franchiseunternehmen oder Prospects, die mit deutschem Franchise-Know-how im eigenen Land erfolgreich werden möchten. Die Systeme des Franchise Pool International bieten ihr Know-how an in Form der Lizenzvergabe für bestimmte Regionen, stehen aber auch Joint Ventures oder anderen Formen der Zusammenarbeit offen gegenüber (Deutscher Franchise Verband 2005).

Ein **Joint Venture** ist eine dauerhafte Kooperation zweier oder mehrerer Partnerunternehmen, die durch die kapitalmäßige Beteiligung aller Partnerunternehmen gekennzeichnet ist. Bei einem **Equity Joint Venture** werden das notwendige Kapital und weitere Ressourcen für die Kooperation in Form eines formal eigenständigen Unternehmens zwischen den Partnern zu gleichen bzw. vertraglich festgelegten Teilen bereitgestellt und die Rückflüsse ebenso aufgeteilt. Das **Contractual Joint Venture** hingegen bezieht sich nur auf die Aufteilung von Kosten, Risiko und Gewinn.

Bei internationalen Joint Ventures ist mindestens einer der Partner im Ausland niedergelassen. Die Partner eines Joint Ventures geben in einem spezifischen Bereich, wie z. B. Forschung, Produktion oder Vertrieb, ihre Unabhängigkeit zugunsten eines koordinierten Verhaltens auf (vgl. Kutschker/Schmid 2002, S. 240).

INSERT 9-3-3 Internationalisierung durch Franchising am Beispiel Burger King

Bigger. Better. Burger King.

Mit Qualität auf Expansionskurs

Burger King erzielt in 2003 einen Rekordumsatz von 504 Millionen Euro und wächst mit 10,6 Prozent Umsatzplus zum sechsten Mal in Folge zweistellig.

Seit 1997 hat sich demzufolge der Netto-Umsatz verdreifacht. Service, Qualität und Innovationen sind die Erfolgsfaktoren, mit denen das Unternehmen diese sensationellen Ergebnisse erzielt und sich als eines der am schnellsten wachsenden Quick-Service-Restaurants in der Branche positioniert. Burger King feiert im November 2003 die 400. Restauranteröffnung in Deutschland

und setzt damit einen weiteren Meilenstein für kontinuierliches Wachstum. Das Unternehmen schafft Arbeitsplätze und bietet beste Erfolgsaussichten für angehende Franchisees. Burger King kann attraktive Kapitalrenditen abwerfen und somit eine gesicherte Existenz bieten – und das ohne große Risiken, wie die Franchise-Nehmer bestätigen.

History and Personality

1954 Miami, Florida: James McLamore und David Edgerton haben die zündende Idee, qualitativ hochwertiges und preiswertes Essen in einer ansprechenden und sauberen Umgebung schnell zu servieren. Sie gründen das heute weltweit operierende Unternehmen Burger King, dessen Konzept in seiner Einfachheit noch heute gilt. Burger King gehört einer Investorengruppe bestehend aus Texas Pacific Group, Bain Capital und Goldman Sachs Capital Partners. Die Unternehmensgeschichte ist eine wahrhaftige Erfolgsstory. Seit der ersten Restauranteröffnung in Deutschland/Berlin 1976 arbeiten Crews, Franchise-Nehmer und Management von Burger King gemeinsam daran, die Marke in Deutschland weiter auszubauen. Großer Erfolg krönt den Einsatz, denn Burger King ist mittlerweile eine der bekanntesten Marken. Kaum ein Unternehmen in der Branche kann ein vergleichbares Wachstum vorweisen. Die Zusammenarbeit innerhalb des Franchise-Systems ist von sehr guter Partnerschaft geprägt. Viele Restaurants sind in Besitz von Familien, die seit Jahrzehnten im Geschäft sind.

Facts and Market

Aktuell kann das Unternehmen weltweit einen Umsatz von 11,1 Milliarden Dollar verbuchen. Burger King und seine Franchisees führen zusammen mehr als 11.280 Restaurants in allen 50 Staaten der USA und in 58 Ländern auf der ganzen Welt. Mehr als 91% davon werden von Franchise-Nehmern geführt, in Deutschland 65%. An über 410 Standorten in Deutschland entscheiden sich täglich mehr als 400.000 Gäste für Burger King, weil das Angebot stimmt. Starprodukt ist seit Jahren der bekannte Whopper. Es werden ständig neue Produktkonzepte anhand der aktuellen Food Trends entworfen, wie die Kooperation mit FIT FOR FUN zur Einführung der gleichnamigen Salate zeigt. Die Strategie „Wachstum durch Franchising" begleitet Burger King durchweg auf seinem Erfolgskurs. Franchising ist eines der weltweit bewährtesten Geschäftssysteme der Branche. Besonders bei Burger King ist diese Art der Partnerschaft von hohem Erfolg geprägt, was die steigende Anzahl der franchisegeführten Restaurants beweist. Jeder Partner hat die Möglichkeit, Eigentümer seines Restaurants zu sein und somit die Kontrolle über seine Umsätze zu wahren. Daneben bestehen Partnerschaften mit starken Marken, wie Tank & Rast und verschiedenen Mineralölgesellschaften, wie Aral oder Shell. Highlight im Bereich Franchising ist das Konzept „Gastroconversion". Angesprochen werden engagierte Manager aus der Hotel- und Gastro-Branche. Derzeit arbeitet Burger King mit über 100 Franchisepartnern zusammen und sucht auch in Zukunft noch neue, engagierte Partner – vorrangig in den Bundesländern Nordrhein-Westfalen (speziell in der Region Niederrhein),

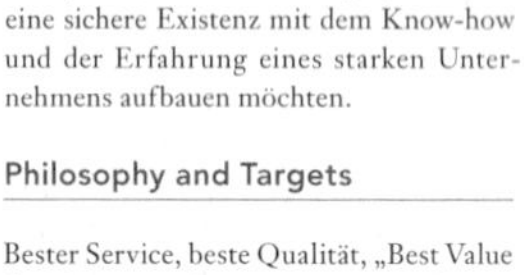

Seit 1997 Verdreifachung des Nettoumsatzes.

Rheinland-Pfalz (insbesondere in der Eifel), Thüringen (speziell im Vogtland) und in Bayern (insbesondere Allgäu) - die sich eine sichere Existenz mit dem Know-how und der Erfahrung eines starken Unternehmens aufbauen möchten.

Philosophy and Targets

Bester Service, beste Qualität, „Best Value for Money" und ein innovatives Marketing sind die Unternehmensgrundsätze von Burger King. Wachstum und Expansion beschreiben die Zukunft des Unternehmens. Es gilt die Nummer 1 in der Branche zu werden und den Claim „Bigger. Better. Burger King." zu bestätigen. Ziel ist, bis spätestens 2005 das 500ste Restaurant zu eröffnen, 6.500 zusätzliche Arbeitsplätze zu schaffen und die Zahl der Ausbildungsplätze zu verdoppeln. ■

Kontaktadresse

Burger King GmbH
Franchiseabteilung /
Yvonne Steinmetz
Peschelanger 3
D-81735 München

MITGLIED IM DFV DEUTSCHER FRANCHISE VERBAND E.V.

Telefon +49 (089) 63804-201
Telefax +49 (089) 63804-258
E-Mail: ysteinmetz@whopper.com
Internet: www.burgerking.de

Quelle: Franchise-Erfolge 2005

INSERT 9-3-4 **Internationalisierung durch Franchising am Beispiel des Tierfachmarktbetreibers Fressnapf**

FRESSNAPF
Alles für Ihr Tier
FRESSNAPF

Fressnapf will sich in ganz Europa ausbreiten
Tierfachmarktbetreiber forciert Auslandsexpansion – langfristig 1400 Läden geplant – Italien und Frankreich im Visier

„Der Tierfachmarktbetreiber Fressnapf sieht fast unbegrenzte Wachstumspotenziale. Das gilt für Deutschland und vor allem fürs Ausland. Langfristig wollen die Krefelder in Europa mit rund 1400 Märkten vertreten sein. Gegenwärtig lotet das Unternehmen Möglichkeiten aus, sein Franchise-Konzept nach Italien und Frankreich zu bringen, so Unternehmenschef Torsten Toeller in einem Gespräch mit der LZ.
Von diesen Renditen können Lebensmittelhändler in Deutschland nur träumen. Trotz der eindeutig discountorientierten Preisgestaltung beziffert Fressnapf seine Umsatzrendite auf durchschnittlich 5, in Spitzenlagen auf 8 Prozent. An dem 2,8 Mrd. Euro großen deutschen Markt für Tiernahrung und -zubehör hält Fressnapf mittlerweile 15 Prozent.
Mit hohem Expansionstempo ist die Fressnapf Tiernahrungs GmbH innerhalb der vergangenen zehn Jahre zum größten Fachmarktbetreiber für Tiernahrung und -zubehör in Deutschland geworden. Insgesamt rund 430 Tierfachmärkte mit einem Jahresumsatz von 406 Mio. Euro werden hierzulande nach dem Franchise-Konzept des Krefelder Unternehmens betrieben. Der Marktanteil soll in den nächsten acht bis zehn Jahren auf rund 25 Prozent ausgebaut werden. Mit dann 800 Märkten sei "das Limit für Deutschland jedoch erreicht", so Fressnapf-Chef Torsten Toeller.
Den Expansionsmotor will Toeller am Laufen halten. Ehrgeiziges Ziel des Fressnapf-Gründers, der das Konzept seiner großflächigen Fachmärkte mit mehr als 10000 Artikeln erst Anfang der 90er Jahre aus den USA nach Deutschland holte, ist es, Europas größter Tierfachmarktbetreiber zu werden. Für ganz Europa seien 1200 bis 1400 Fressnapf-Märkte möglich. "Wir können die erforderliche Dominanz erreichen, weil der Markt sehr klein ist und sich andere nie damit beschäftigt haben", ist Toeller zuversichtlich, sein Ziel innerhalb der nächsten zehn Jahre zu erreichen.
Von derzeit zwei auf bis zu sieben Prozent soll der Anteil an dem 25 Mrd. Euro schweren europäischen Markt für Tiernahrung und -zubehör wachsen. Bisher ist Fressnapf mit rund 70 Standorten im Ausland vertreten. Allein 30 Märkte mit einem Jahresumsatz von 21,2 Mio. Euro betreibt das Unternehmen in Österreich, wo im Mai der 500. Fressnapf-Markt in Wiener Neustadt eröffnet wurde. Weitere 40 Märkte setzen in der Schweiz, Luxemburg, Holland, Dänemark und Ungarn gut 40 Mio. Euro um. Pro Jahr ist der Einstieg in ein bis zwei neue Länder geplant. Derzeit lotet das Unternehmen die Möglichkeiten aus, sein Tierfachmarkt-Konzept nach Italien (Marktvolumen: 1,7 Mrd. Euro) und nach Frankreich, dem mit einem Volumen von 2,8 Mrd. Euro außer England und Deutschland größtem europäischen Markt für Tiernahrung und -zubehör, zu bringen.
Ob noch in diesem Jahr ein neuer Markt erschlossen werden kann, hänge jedoch entscheidend davon ab, einen geeigneten Masterfranchise-Partner zu finden, so Toeller. Wenn der Faktor Mensch stimme, sei jedes Land in Europa für Fressnapf eine Option.
Eine Ausnahme macht Toeller nur für den 2,6 Mrd. Euro großen englischen Markt. In England, wo mehr als 50 Prozent (Deutschland: 33 Prozent) aller Haushalte Heimtiere halten, wolle er sich nicht "in den aussichtslosen Wettbewerb" zu dem britischen Tierfachmarktbetreiber "Pets at Home" begeben, der auf der Insel 150 Märkte betreibt.
Toeller setzt lieber auf bisher unerschlossene Märkte. Großes Potenzial sieht der Fressnapf-Chef in den zehn osteuropäischen Ländern, die im kommenden Frühjahr der EU beitreten werden. Die Heimtierpopulation sei hier sehr hoch - Tierfachmärkte aber bisher so gut wie unbekannt. Erfolgreich könne Fressnapf mit seinem Konzept in Osteuropa jedoch erst sein, wenn das verfügbare Einkommen steige und Heimtiere einen höheren Stellenwert erreichen.“

Quelle: Kahlen 2003, S. 9

Vorteile eines Joint Ventures gegenüber einer gänzlich im Eigentum befindlichen Tochter ist die geringere Kapitalbeteiligung, die ein geringeres Risiko bedeutet. Das Partnerunternehmen erhofft sich in erster Linie die Nutzung der besseren Marktkenntnisse des lokalen Partnerunternehmens sowie dessen Verhandlungskompetenz im Umgang mit öffentlichen Stellen des Gastlandes (Behofsics 1998, S. 67). Die Internationalisierung durch die Bildung eines Joint Ventures eignet sich vor allem für Märkte, die aufgrund kultureller Differenzen oder spezifischer Handelshemmnisse als schwierig gelten (z. B. China). So arbeitet beispielsweise das Versandhandelsunternehmen Otto bei allen Engagements im asiatischen Raum mit renommierten nationalen Unternehmen zusammen, um die Akzeptanz in den Augen der potenziellen Kunden zu erhöhen (Lingenfelder/Loevenich 2005, S. 379). Einen wesentlichen Nachteil eines Joint Ventures stellt jedoch die fehlende Managementkontrolle dar, die in Konfliktsituationen die Durchsetzung von Unternehmensstandards, wie z. B. ein bestimmtes Qualitätsniveau, problematisch macht. Ein aktuelles Beispiel für ein internationales Joint Venture ist die Kooperation zwischen Swisscom und Belgacom (Insert 9-3-5).

Unter **Akquisitionen** wird der Kauf, die Übernahme bzw. der mehrheitliche Anteilserwerb eines Unternehmens verstanden. Insbesondere die hohen einmaligen Kosten stellen dabei für viele Unternehmen eine Hürde dar. Die Vorteile einer Akquisitionsstrategie liegen darin, dass auf diese Weise die Managementkontrolle an dem jeweiligen Unternehmen gesichert und die Internationalisierung in einem schnelleren Zeitraum als durch einen Eigenaufbau erreicht werden können. Jüngere Beispiele für Akquisitionen finden sich unter anderem im Telekommunikationsbereich (z. B. die Übernahme der tschechischen Telekomgesellschaft Cesky Telekom von der spanischen Telefonica im Jahre 2005) sowie bei Fluggesellschaften (z. B. Akquisition der SWISS durch die Lufthansa, Insert 9-3-6).

Der Aufsichtsrat der Deutschen Lufthansa AG und der Verwaltungsrat der Swiss International Air Lines AG haben am 23.03.2005 dem gemeinsam von beiden Unternehmen entwickelten Geschäftsmodell zur Übernahme und **Integration der SWISS in den Lufthansa-Konzern** zugestimmt. Lufthansa will mit der Integration von SWISS ihre Stellung als international führender Netzwerkcarrier weiter ausbauen. Durch den Zugang zu einem attraktiven Markt mit hoher Wirtschaftskraft und die Harmonisierung des Nachbarschaftsverkehrs stärkt Lufthansa nachhaltig ihre Wettbewerbsposition. Durch die Übernahme entstehen erhebliche Synergien auf der Ertrags- und Kostenseite, die sich schrittweise erhöhen und ab dem Jahre 2007 jährlich schätzungsweise rund 160 Millionen Euro (rund 250 Millionen Schweizer Franken) betragen. Dabei liegt der Kaufpreis für den vollständigen Erwerb von SWISS zwischen ca. 45 Millionen Euro und 300 Millionen Euro (zwischen 70 Millionen und 460 Millionen Schweizer Franken). Im Folgenden ist exemplarisch der voraussichtliche Zeitplan bis zur vollständigen Übernahme aufgezeigt (SWISS 2005):

- März 2005: Erwerb einer Minderheitsbeteiligung an SWISS,
- Mai 2005: Öffentliches Übernahmeangebot an die Free-Float-Aktionäre,
- 3. Quartal 2005: Erwerb von Anteilen an SWISS von bis zu 49 Prozent nach kartellrechtlicher Freigabe durch die Europäische Kommission,
- 30. Oktober 2005: Schrittweise operative Integration ab dem Winterflugplan 2005/2006,
- 2006/2007: Vollständige Übernahme von SWISS nach Sicherung der Verkehrsrechte.

INSERT 9-3-5 Internationalisierung durch Joint-Venture-Bildung am Beispiel der Swisscom und Belgacom

Grünes Licht für Swisscom-Belgacom-Joint-Venture

EU-Kommission winkt geplantes Gemeinschaftsunternehmen durch

autopress.be

Brüssel (pte/20.05.2005/14:06) - Die Europäische Kommission http://europa.eu.int hat das geplante Gemeinschaftsunternehmen der belgischen Belgacom http://www.belgacom.be und der Schweizer Swisscom http://www.swisscom.com durchgewunken. Die Kommission sei zu dem Ergebnis gekommen, dass das Vorhaben den wirksamen Wettbewerb im europäischen Wirtschaftsraum oder einem wesentlichen Teil desselben nicht "erheblich behindern" werde, teilte die EU-Kommission heute, Freitag, in einer Aussendung mit.

Mit dem Ende Februar angekündigten Joint Venture (pte berichtete: http://www.pte.at/pte.mc?pte=050223027), soll laut Konzernangaben vor allem die Wettbewerbsfähigkeit auf dem internationalen Wholesale-Markt gestärkt werden. Laut den Plänen werden die Belgier 72 Prozent der Anteile und die Schweizer den Rest an dem Gemeinschaftsunternehmen halten.

Nach Angaben der EU-Kommission ist das Bics getaufte Joint Venture in diesem Jahr durch die Auslagerung aller bestehenden internationalen Dienstleistungen im Telekombereich seitens der Belgacom entstanden und befindet sich derzeit noch zu 100 Prozent im Besitz der Belgier. In Zukunft will die Swisscom ihrerseits das internationale Carrier-Geschäft in die Gesellschaft einbringen und dafür Anteile an Bics bekommen.

Nach der Transaktion kontrollieren Belgacom und Swisscom das Unternehmen gemeinsam. Trotz der starken Position Belgacoms auf verschiedenen belgischen Telekommärkten wird die Transaktion nach dem Urteil der EU-Kommission zu keinen Wettbewerbsproblemen führen. Etwaige horizontale Überschneidungen und vertikale Beziehungen seien beschränkt. Der Zusammenschluss werde sich deshalb nicht wesentlich auf den Großkundenmarkt für internationale Dienstleistungen von Telekomprovidern auswirken, so die EU-Kommission. (Ende)

pressetext

Aussender: pressetext.schweiz
Redakteur: Jörn Brien
email: brien@pressetext.com
Tel. +43-1-81140-318

Quelle: Brien 2005

INSERT 9-3-6 **Investor Relations Maßnahme im Rahmen der Integration der SWISS in den Lufthansa-Konzern**

SWISS und Lufthansa

Frankfurt/Zürich, 2. Mai 2005

SWISS bleibt SWISS. Mit Lufthansa.

Liebe SWISS-Aktionäre,

wir freuen uns, Ihnen mitteilen zu dürfen, dass der Verwaltungsrat der Swiss International Air Lines AG und der Aufsichtsrat der Deutschen Lufthansa AG dem gemeinsam von beiden Unternehmen entwickelten Geschäftsmodell zur Einbindung der SWISS in den Lufthansa-Konzernverbund zugestimmt haben.

Ziel dieser Integration ist es, für den Wirtschaftsstandort Schweiz ein bestmögliches kontinentales und interkontinentales Streckennetz zu gewährleisten, insbesondere auch durch Direktverbindungen. Zudem gilt es, die Kundenattraktivität der SWISS durch den Zugang zu dem globalen Streckenangebot von Lufthansa und Star Alliance weiter zu verbessern. Wesentlich ist dabei die Sicherung der Qualitätsmarke SWISS und der Erhalt der SWISS als eigenständige operative Fluggesellschaft mit einem leistungsfähigen Drehkreuz Zürich.

Wie aus den Medien zu entnehmen war, stehen die Schweizerische Eidgenossenschaft, der Kanton Zürich und weitere Grossaktionäre der SWISS hinter dieser Transaktion und haben sich gegenüber AirTrust verpflichtet, im Rahmen dieser Transaktion ihre Aktien abzugeben. Der Luftverkehrsmarkt befindet sich im Umbruch. Um künftig den Wettbewerb aus einer gesicherten Position heraus zu gestalten und die Weichen nachhaltig auf Wachstum und Erfolg zu stellen, bedarf es einer Bündelung der Kräfte. Wir bitten dazu alle Publikumsaktionäre der SWISS um ihre Unterstützung, indem sie das Kaufangebot der AirTrust annehmen.

Mit freundlichen Grüssen

Wolfgang Mayrhuber
Vorstandsvorsitzender
Deutsche Lufthansa AG

C. Franz

Dr. Christoph Franz
Präsident der Konzernleitung und CEO
Swiss International Air Lines AG

Quelle: SWISS 2005

Für Unternehmen, die Dienstleistungen mit eher geringer Ausprägung der Interaktionsintensität, des Intangibilitätsgrades und Spezifität des Faktoreinsatzes anbieten, d. h. Unternehmen des **Typs Fast Food** (vgl. Abschnitt 1.4), ist insbesondere die Überwachung und Kontrolle des Managementkonzeptes, die Qualitätssicherung und Realisierung von Größeneffekten wichtig. Insofern bieten sich **vertragliche Regelungen** und **Joint Ventures** als Markteintrittsstrategien an. Als Beispiele hierfür sind neben Fast-Food-Restaurants (Insert 9-3-7) Hotels und Autovermietungen zu nennen. Die Autovermieter Avis und Hertz treiben ihre Auslandsexpansion beispielsweise über ein Franchisekonzept voran (vgl. Kutschker/Schmid 2002, S. 234).

INSERT 9-3-7 Franchising bei McDonald's

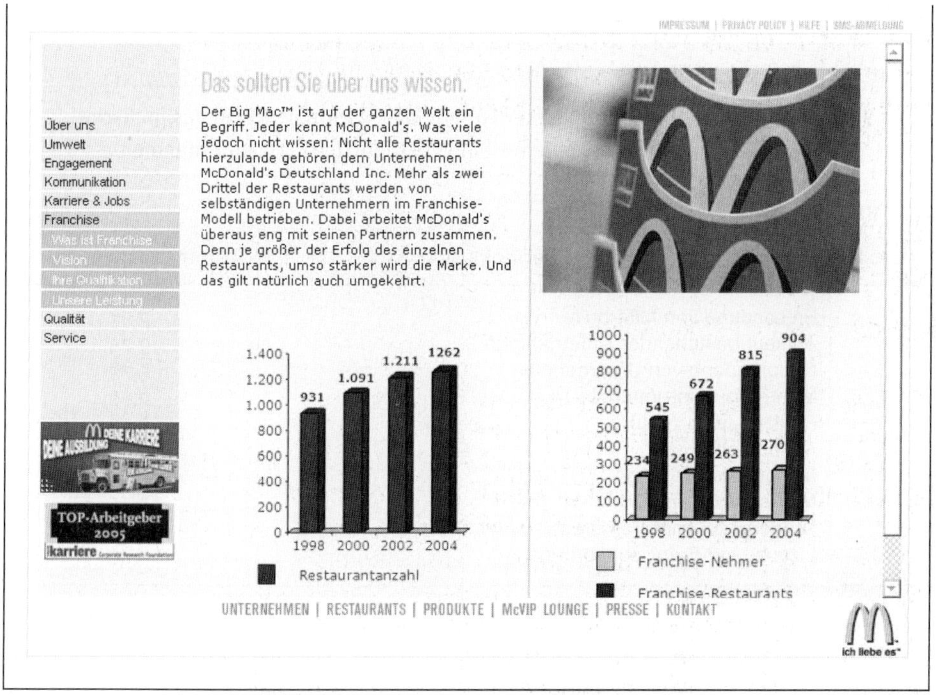

Quelle: McDonald's 2005

Unternehmen des **Typs Consulting** (vgl. Abschnitt 1.4) integrieren sich i. d. R. stärker in das politisch-gesellschaftliche Umfeld des Auslands. Weiterhin kommt dem Verhalten des Personals eine entscheidende Bedeutung zu. Dies impliziert die Notwendigkeit einer ständigen Präsenz im Ausland und einen hohen Bedarf an auslandserfahrenen bzw. interkulturell kompetenten Mitarbeitern. Daher sind hier Direktinvestitionen, die eine maximale Präsenz und ein hohes Maß an Kontrolle ermöglichen, insbesondere durch **Akquisitionen mit Mehrheitsbeteiligungen,** aber auch **Joint Ventures** und **Neugründungen** anzuraten (Erramilli/Rao 1993). Diese zumeist kooperativen Markteintrittsformen werden vornehmlich dann gewählt, wenn kein geeignetes Personal vorhanden ist, eine große soziokulturelle Distanz existiert, das Marktwissen gering oder das Länderrisiko hoch ist (Hübner 1996, S. 227ff.).

Abbildung 9-3-6 zeigt die Ergebnisse einer **empirischen Untersuchung** zur Bedeutung verschiedener Formen des Markteintritts in ausländische Märkte von Dienstleistungsunternehmen (Köhler 1991, S. 173). Der Eintritt von Dienstleistern in ausländische Märkte kann demnach auf vielfältige Weise vollzogen werden. Die Bewertung der einzelnen Optionen legt den Schluss nahe, dass Dienstleistungsunternehmen im Zuge der Internationalisierung vor allem eine personelle und gesellschaftsrechtliche Kontrolle anstreben, um den Dienstleistungsbesonderheiten Rechnung zu tragen. Ein Beispiel hierfür ist das britische Mobilfunkunternehmen Vodafone, das durch Mehrheitsbeteiligungen an Anbietern auf allen fünf Kontinenten zum größten Mobilfunkkonzern weltweit aufgestiegen ist (Insert 9-3-8).

Abbildung 9-3-6 **Bedeutung verschiedener Formen des Markteintritts in ausländische Märkte für produzentenorientierte Dienstleistungsunternehmen**

Rang	Form des Markteintritts	Arithmetisches Mittel*
1.	Entsendung von Mitarbeitern	2,67
2.	Aufkauf bestehender Unternehmen	2,75
3.	Neugründung von Unternehmen	2,79
4.	Mehrheits-Joint-Ventures	2,90
5.	Paritäts-Joint-Ventures	3,46
6.	Annahmebüros	3,47
7.	Managementverträge	3,50
8.	Marketingabkommen	3,55
9.	Minderheits-Joint-Ventures	3,80
10.	Lizenz- und Franchiseverträge	4,08

* Skala von 1 = sehr wichtig bis 5 = völlig unwichtig; n = 75 Unternehmen aus Europa und USA

GABLER GRAFIK

Quelle: Köhler 1991, S. 173

Es stehen allerdings nicht allen Unternehmen sämtliche Formen der Internationalisierung offen. Bedingt durch Markt- und Unternehmensgrößenrestriktionen wird sich eine Vielzahl von Unternehmen nicht über eine eigene **Tochtergesellschaft** hinaus bewegen (Behofsics 1998, S. 47). Auch diese Form der Internationalisierung kann aber – neben mangelnder Marktkenntnis – problematisch sein, etwa aufgrund gesetzlicher Vorgaben für Mindesthöhen der Direktinvestition, der Verpflichtung zur Zusammenarbeit mit einem lokalen Unternehmen (wie z. B. in vielen Branchen der Volksrepublik China) oder zumindest der Beschäftigung inländischer Arbeitskräfte.

Wenn sich Dienstleistungsunternehmen für eine Form des Markteintritts entschieden haben, folgt die Festlegung der Art der Marktbearbeitung.

INSERT 9-3-8 **Vodafone als Beispiel eines globalen Unternehmens**

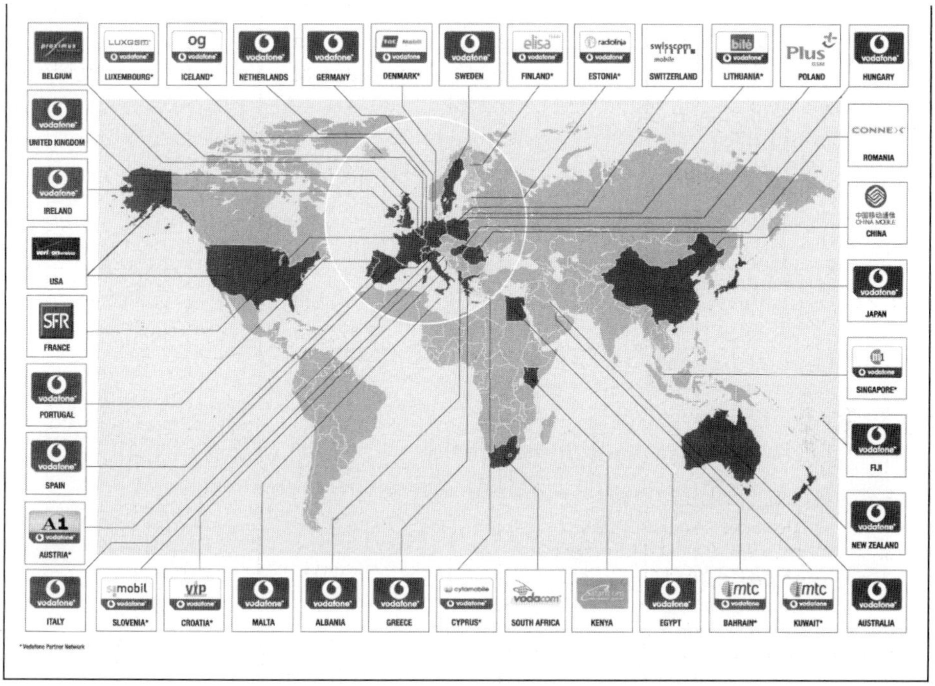

Quelle: Vodafone 2005

3.5 Internationale Marktbearbeitungsstrategie

Im Rahmen der wissenschaftlichen und praktischen Diskussion der Chancen und Risiken eines weltweiten Engagements steht die Frage im Mittelpunkt, ob und unter welchen Voraussetzungen international übergreifend eine Vereinheitlichung des gesamten Marketinginstrumenteneinsatzes sinnvoll ist, da es sich im internationalen Marketing nicht um eine länderspezifisch isolierte, sondern um eine Gesamtbetrachtung handelt (Meffert/Bolz 2001, S. 155f.). Im Zentrum dieser Diskussion steht dabei die Frage der **Standardisierung versus Differenzierung** von Instrumenten im Rahmen der internationalen Marktbearbeitung (vgl. z. B. Jenner 1994, S. 15ff.; Meffert/Bolz 2001, S. 155ff.; Köhler 2002, S. 23ff.; Berndt/Fantapié Altobelli/Sander 2003, S. 165ff.) (Insert 9-3-9).

INSERT 9-3-9 **Marktbearbeitungsstrategien im internationalen Markt für Logistikdienstleistungen**

Logistikdienstleistungen

Nach der Entscheidung zur Internationalisierung des Paket- und Distributionsbereich, der Deutschen Post galt es Entscheidungen hinsichtlich einer geeigneten Marktbearbeitungsstrategie zu treffen. Im Spannungsfeld zwischen Standardisierung und Differenzierung stand dabei insbesondere die **markenpolitische Integration** der akquirierten Tochterunternehmen im Mittelpunkt der Diskussion. Da die Realisierung von Größen- und Synergievorteilen sowie die Förderung des Images eines europaweit führenden Paketdienstleisters zentrale Ziele der Deutschen Post darstellten, entschied man sich für die langfristig vollständige Integration der Tochterunternehmen unter der einheitlichen Marke „DHL".

Vor diesem Hintergrund vereinigte der Konzern im Jahre 2003 alle seine Express- und Logistikaktivitäten unter der Marke DHL. Zu DHL gehört seitdem das Know-how verschiedener Unternehmen, die das Deutsche Post World Net bereits erworben hatte. Dazu einige Beispiele:

- Deutsche Post Express: entstanden ab 1997 durch Eigenaufbau und Beteiligungen an führenden europäischen Unternehmen (z.B. Quickstep in Tschechien, MIT in Italien), Netzwerk für Paket- und Expressleistungen in über 20 Ländern, Marktführer bei Geschäftskunden in Europa.
- Danzas: gegründet 1815, Sitz in Basel, 2000 akquiriert, weltweiter Marktführer in der Luftfracht und Nummer 2 bei Seefracht. Landtransport und Supply Chance Management runden das Portfolio ab.
- Air Express International: größter amerikanischer Dienstleister in der Luftfracht, 2001 eingegliedert in die Danzas-Gruppe.

Die Unternehmensfarben von DHL sind gelb und rot. Im April 2003 begann weltweit die optische Umgestaltung aller Fahrzeuge, Verpackungsmaterialien und Gebäude. Auch die Zusteller wurden neu eingekleidet.

Quelle: Deutsche Post 2005

Ein weiteres **Beispiel einer markenpolitischen Integration** stellt die Strategie der **Allianz Group** dar (Maskus 2004). Im Zuge der Globalisierung der Märkte unternahm die Allianz Group Akquisitionen auf internationaler Ebene. Einher ging die Verbreiterung des Geschäftsmodells. Agierte das Unternehmen vorher in Deutschland in den Geschäftsfeldern der Versicherung und Vorsorge, kam durch Erweiterung um das Geschäftsfeld Vermögen sowie der Übernahme der Dresdner Bank der Wandel von einem Versicherer zu einem global agierenden, integrierten Finanzdienstleister. Das erworbene Markenportfolio war durch die vergangene Expansionstätigkeit sehr komplex geworden. Im hart umkämpften internationalen Wettbewerb bedurfte es einer konsequenten Neuordnung. Um die neuen Aufgabenstellungen bewältigen zu können, entwickelte das Group Marketing der Allianz eine Brand-Management-Systematik zur faktenbasierten Ordnung und Steuerung des vielschichtigen Markenportfolios. Im Zuge dessen wurde durch Re-Branding-Maßnahmen die Zahl der Marken reduziert und unter die übergreifende Dachmarke Allianz Group gefasst (Insert 9-3-10).

INSERT 9-3-10 Branding Systematik der Allianz Group

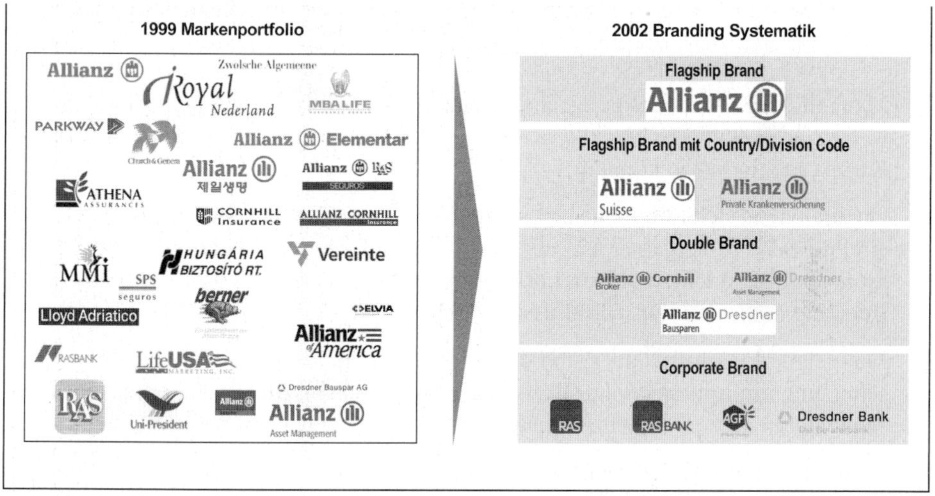

Quelle: Maskus 2004, S. 2218

Als **Vorteile einer Standardisierung** gegenüber einer Differenzierung sowohl der Marketinginhalte als auch der Marketingprozesse können folgende Aspekte erwähnt werden (Meffert 1989c, S. 447; Hünerberg 1994, S. 415; Cateora 2001, S. 264; Berndt/Fantapié Altobelli/Sander 2003, S. 167):

- Realisierung eines international harmonischen Marktauftritts im Sinne einer Corporate Identity (z. B. in sämtlichen Ländern gleiches tangibles Umfeld von McDonald's),

- Steigerung der globalen Wettbewerbsfähigkeit durch Ausschöpfung von Kostensenkungs- und Synergiepotenzialen, insbesondere durch das Ausnutzen von Volumen-, Spezialisierungs- und Lerneffekten (z. B. Erhöhung der Kapazitätsauslastung durch internationale Kooperationen von Fluggesellschaften),
- Effizienzsteigerung der Planung und Kontrolle (z. B. Nutzung von internationalen Umfeldanalysen in mehreren Ländern),
- Erleichterung des Transfers von Personal und Know-how aus der Muttergesellschaft (z. B. internationale Einsatzfähigkeit der Mitarbeiter von Unternehmensberatungen aufgrund standardisierter Beratungstools),
- Nutzbarmachung der Ausstrahlungseffekte des Firmenimages (z. B. American Express),
- Erhöhung des Kundennutzens durch die Etablierung einheitlicher Standards (z. B. bei Serviceanbietern aus dem EDV-Bereich).

Durch die Übertragung vereinheitlichter Leistungen und Prozesse auf mehrere Ländermärkte können für bestimmte Dienstleistungsunternehmen Wettbewerbsvorteile errungen werden. Jedoch stehen den deutlichen Vorteilen auch **Nachteile der Standardisierung** im Vergleich zur Differenzierung gegenüber:

- Mangelnde Berücksichtigung länderspezifischer Konsumentenbedürfnisse (z. B. würden amerikanische Motelketten, wie Motel 6, nicht mit dem gleichen Konzept in Europa Erfolg haben können),
- Unzureichende Zielgruppenansprache (z. B. steht in Deutschland und den USA eher ein Full-Service-Angebot bei Leistungen von Unternehmensberatungen im Vordergrund, während Unternehmen in Osteuropa eher eine auf das nötigste beschränkte Beratung erwarten; Lunsford/Fussell 1993, S. 16f.),
- Mangelnde Flexibilität aufgrund der mit einer Standardisierung verbundenen Entscheidungszentralisation (z. B. ist bei einem hohen Standardisierungsgrad ein schnelles Reagieren auf neue, landesspezifische Trends nicht mehr möglich),
- Hemmung innovativer Prozesse,
- Mangelnde Akzeptanz der standardisierten Konzepte bei vergleichsweise unabhängig operierenden Tochtergesellschaften und damit Probleme bei der Strategiedurchsetzung.

Unter Einbeziehung der konstitutiven Merkmale von Dienstleistungen, wie z. B. der Integration des externen Faktors, ergeben sich bei internationalen Dienstleistungen vor allem Besonderheiten hinsichtlich der Standardisierbarkeit der Kernleistung, der Bestimmung des optimalen Ausmaßes der Standardisierung und der Standardisierbarkeit des sonstigen Marketingmix (Stauss 1995, S. 458; Maleri 2004, S. 37ff.).

Die grundsätzliche **Standardisierbarkeit der Kernleistung** hängt insbesondere von der Ausprägung der Interaktionsintensität, der Intangibilität der Leistung sowie der kulturellen Spezifität der Leistung ab. Die kulturelle Spezifität des Faktoreinsatzes bezieht sich darauf, in welchem Ausmaß die Dienstleistungserstellung und -vermarktung kultur- bzw. länderbezogenes Know-how erfordert (Stauss 1995, S. 457ff.; vgl. Abschnitt 1.4, Abbildung 9-3-7). Je höher die Interaktionsintensität, der Intangibilitätsgrad und die kulturelle Spezifität der Leistung sind, desto geringer ist das Standardisierungspotenzial.

Dienstleistungen vom Typ Fast Food weisen im Gegensatz zum Typ Consulting generell ein sehr hohes Maß an Standardisierung auf (Stauss 1995, S. 458; Abbildung 9-3-7). Für diesen Typ ist insbesondere die Standardisierung des Leistungserstellungsprozesses und des Angebots ein entscheidender Erfolgsfaktor (Palmer 1985).

So gibt es bei dem Fast-Food-Konzern McDonald's international gültige Normvorschriften, die z. B. die Verweildauer einer Hackfleischscheibe auf dem Grill weltweit auf die Sekunde genau festlegen.

Abbildung 9-3-7 Dienstleistungsmerkmale und strategisches internationales Dienstleistungsmarketing

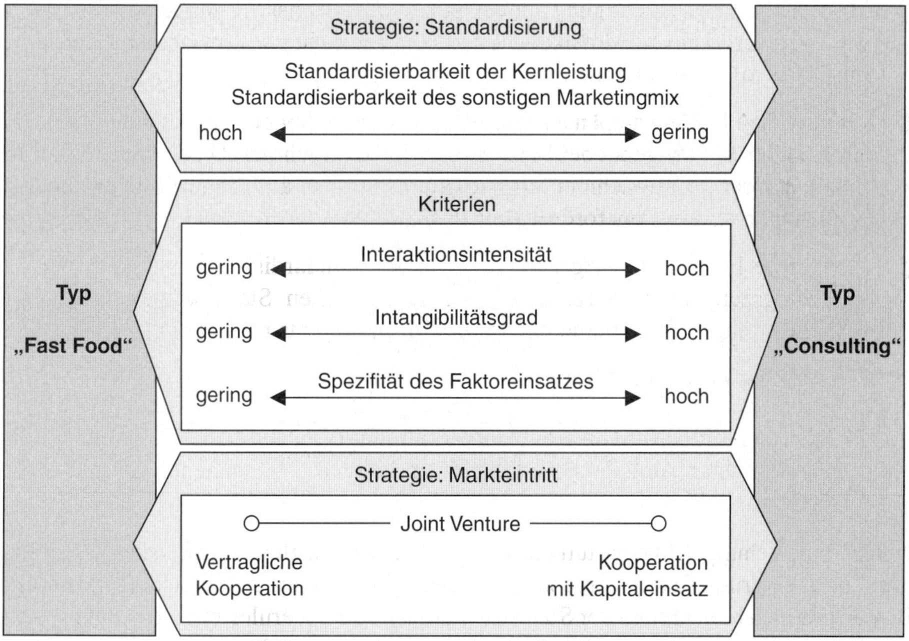

Quelle: Stauss 1995, S. 458

Unabhängig von der Position der untersuchten Leistung innerhalb des Kontinuums zwischen den extremen Ausprägungen Consulting und Fast Food ist die zentrale Aufgabe des Managements die **Bestimmung des optimalen Standardisierungsgrades.** Grundsätzlich streben beide Typen mit fortschreitender Internationalisierung ein höheres Maß an Standardisierung an, um von den zuvor schon erwähnten Vorteilen einer Standardisierung zu profitieren (Stauss 1995, S. 459). Allerdings sind hierbei die international unterschiedlichen Bedürfnisstrukturen und kulturellen Besonderheiten zu beachten.

Eine **empirische Untersuchung** zu den Problemen bei der Internationalisierung von Dienstleistungen in osteuropäische Länder führte auf Basis einer Delphi-Befragung zu folgenden Ergebnissen (Lunsford/Fussell 1993, S. 16f.):

- Westliche Firmen berücksichtigen die gesellschaftlichen, kulturellen und insbesondere einstellungsmäßigen Wandlungsprozesse nicht in ausreichendem Maße.
- Die Beschaffungsstrukturen in den dortigen Unternehmen werden falsch eingeschätzt.
- Sie berücksichtigen nicht oder vernachlässigen die wirklichen Bedürfnisse ihrer Kunden.
- Es wird ein Over Service, d. h. zu anspruchsvolle und komplexe Dienstleistungen, angeboten.
- Westliche Dienstleistungen werden als zu teuer und mit unnötigen Zusätzen versehen betrachtet.

Anhand dieser Ergebnisse ist der Stellenwert des **Eingehens auf international unterschiedliche Gegebenheiten** erkennbar. Die Notwendigkeit zur lokalen Anpassung hängt sehr stark von der Art der angebotenen Dienstleistungen, den Internationalisierungsmotiven, den betrachteten Tätigkeiten und der kulturellen Distanz zum Gastland ab (Perlitz 2000, S. 383). So können z. B. Finanzdienstleistungen relativ einfach und ohne Anpassungsprozeduren in verschiedenen Ländern angeboten werden (Heskett 1988, S. 155ff.), wohingegen bei einer großen kulturellen Distanz zum Ursprungsland eine vollständige Standardisierung nicht sinnvoll erscheint. Da zwischen den extremen Formen der beiden Optionen ein **Kontinuum** besteht, kann eine für den entsprechenden Dienstleistungsanbieter passende Strategie ausgewählt werden, die sowohl Aspekte einer Differenzierungs- als auch einer Standardisierungsstrategie enthält. Die Basisleistung kann dabei weitgehend standardisiert sein und von einer Adaption des übrigen Marketinginstrumentariums bzw. von Zusatzleistungen begleitet sein. Diese modulare Vorgehensweise wird im Allgemeinen auch als Baukastensystem bezeichnet und versucht die Vorzüge der Standardisierung und Differenzierung zu verknüpfen (Reis 1999, S. 77). Welche Leistungselemente zu standardisieren sind, hängt stark von der angebotenen Leistung ab.

Als **Beispiele** für eine Standardisierungsstrategie mit Differenzierungselementen seien Fast-Food-Anbieter genannt, die weltweit einheitliche Hauptleistungen anbieten, Nebenleistungen jedoch nach Ländern differenziert anbieten. Beispielsweise gibt es bei McDonald's in Spanien neben den herkömmlichen Produkten auch Gazpacho (landestypische kalte Gemüsesuppe) oder eine Salatsauce mit Sherry-Essig im Leistungsangebot.

In vielen Märkten hat sich das Gewicht von standardisierungsbegünstigenden Einflussfaktoren in jüngerer Zeit vergrößert. Vor allem die länderübergreifende **Angleichung von Kundenbedürfnissen** und der zunehmende internationale Informationsaustausch sind Gründe dafür, dass sich in immer mehr Märkten die Notwendigkeit und Chance ergibt, aus ehemals differenzierten Dienstleistungen im internationalen Bereich standardisierte Dienstleistungen zu entwickeln (Voeth/Wagemann 2004). Allerdings gilt dies nicht für alle Arten von Dienstleistungen und Länder. Vielmehr gibt es eine Reihe von Faktoren, die den idealen Grad der Marketingstandardisierung von Dienstleistungen beeinflussen. Dies sind zum einen Faktoren der Makroumwelt (z. B. Einfluss des kulturellen, ökonomischen oder politischen Umfelds), zum anderen Faktoren der Mikroumwelt (z. B. Einfluss der Wettbewerber, Nachfrager, Intermediäre) (Dolski/Hermanns 2005, S. 211ff.). Beispielsweise ist es für Anbieter von Fast Food erforderlich, religionsspezifische Normen zu beachten (z. B. kein Schweinefleisch oder Alkohol im Islam, kein Rind in Indien usw.).

4. Operatives internationales Dienstleistungsmarketing

Im Hinblick auf das operative internationale Dienstleistungsmarketing ergeben sich Aufgaben und entsprechende **Handlungsempfehlungen auf Basis der konstitutiven Merkmale von Dienstleistungen** Notwendigkeit der Leistungsfähigkeit des Anbieters, Integration des externen Faktors und Immaterialität des Ergebnisses. Die jeweiligen Implikationen betreffen die fünf Marketingmixbereiche Leistungs-, Kommunikations-, Preis-, Distributions- und Personalpolitik in unterschiedlichem Ausmaß.

4.1 Implikationen aus der Notwendigkeit der Leistungsfähigkeit des Anbieters

Aus der Notwendigkeit der Leistungsfähigkeit des Dienstleistungsanbieters resultieren die Aufgaben der **Sicherstellung und Dokumentation der internationalen Leistungsfähigkeit** (Abbildung 9-4-1). Beide Aufgaben können hierbei sowohl eine länderspezifische Leistungsfähigkeit als auch eine länderübergreifende Leistungsfähigkeit betreffen. Während bei der **länderspezifischen Leistungsfähigkeit** die Anpassung einzelner Leistungselemente an die Besonderheiten der jeweiligen Länder im Vordergrund steht, bezieht sich die **länderübergreifende Leistungsfähigkeit** auf das Leistungs- und Qualitätsniveau, das der Dienstleistungsanbieter unabhängig von Länderbesonderheiten anstrebt (Potenzialdimension).

1. Sicherstellung der internationalen Leistungsfähigkeit

Eine Sicherstellung der länderspezifischen Leistungsfähigkeit ist erforderlich, um eine Ausrichtung der Leistungserstellung an den **Besonderheiten der Länder** zu ermöglichen, in denen der Dienstleistungsanbieter auftritt. In den Gastländern können andere Dienstleistungskompetenzen relevant sein als im Herkunftsland, oder die relative Bedeutung der verschiedenen Dienstleistungskompetenzen unterscheidet sich in den verschiedenen Ländern (z. B. hat die Schnelligkeit einer Leistungsausführung in südeuropäischen Ländern unter Umständen eine relativ geringere Bedeutung als in mittel- und nordeuropäischen Ländern). Zur Gewährleistung der länderspezifischen Leistungsfähigkeit können Maßnahmen der Leistungs-, Distributions- und Personalpolitik eingesetzt werden.

Abbildung 9-4-1 **Implikationen für das operative internationale Dienstleistungsmarketing aus der Notwendigkeit der Leistungsfähigkeit des Anbieters**

Hauptaufgabe	Einzelaufgaben
Sicherstellung der internationalen Leistungsfähigkeit	Sicherstellung der länderspezifischen Leistungsfähigkeit durch: ▪ Leistungs-/Distributionspolitik: Kooperationen ▪ Personalpolitik: Länderspezifische Personalauswahl und -entwicklung
	Sicherstellung der länderübergreifenden Leistungsfähigkeit durch: ▪ Leistungspolitik: Nutzung internationaler Synergien ▪ Personalpolitik: Nutzung internationaler Synergien
Dokumentation der internationalen Leistungsfähigkeit	Dokumentation der länderspezifischen Leistungsfähigkeit durch: ▪ Kommunikationspolitik: Schaffung von Vertrauen im Bekenntnis zum einheimischen Markt
	Dokumentation der länderübergreifenden Leistungsfähigkeit durch: ▪ Kommunikationspolitik: Schaffung von Vertrauen in die Realisierung internationaler Synergien durch den Anbieter

GABLER GRAFIK

Durch **Kooperationen in der internationalen Leistungs- und Distributionspolitik** (Abbildung 9-4-2) mit einheimischen Anbietern der entsprechenden Leistungen bzw. bestimmter Leistungselemente kann sich ein Dienstleistungsunternehmen länderspezifische Dienstleistungskompetenzen indirekt aneignen (z. B. Beteiligung von mindestens einem einheimischen Unternehmen an den mit der Planung eines Bauprojektes betrauten Konsortien im Rahmen der Projektentwicklung in osteuropäischen Ländern; Gemeinschaftsprojekte deutscher Telekommunikationsanbieter mit Anbietern aus Ländern, deren Telekommunikationsmärkte bereits länger dereguliert sind). Bei der Distributionspolitik kommt weiterhin **Franchisingsystemen** eine besondere Bedeutung im internationalen Dienstleistungsmarketing zu (z. B. McDonald's, Benetton, OBI). Durch Franchising können ein weltweit einheitlicher länderübergreifender Marktauftritt auf der einen Seite und ein länderspezifischer Marktauftritt auf der anderen Seite sinnvoll kombiniert werden. Im Rahmen der **internationalen Personalpolitik** werden durch Maßnahmen der Personalauswahl (z. B. Einstellung von einheimischem Personal) und der Personalentwicklung (z. B. Schulungen von Mitarbeitern aus dem Herkunftsland) länderspezifische Kompetenzen der Kundenkontaktmitarbeiter aufgebaut.

Abbildung 9-4-2 Beispiele internationaler Kooperationen im Dienstleistungsbereich

- Lufthansa – SAS – United Airlines – Thai – Air Canada
- Aer Lingus – American Airlines – British Airways – Cathay Pacific
- Lufthansa Cargo – Deutsche Post
- Vodafone – Debitel AG – MobilCom
- Messe Düsseldorf – Messe Shanghai
- Hertz – Ryanair
- Steigenberger – American Express – Zeitungsgruppe Berlin

GABLER GRAFIK

Durch die **Sicherstellung der länderübergreifenden Leistungsfähigkeit** ermöglicht ein Dienstleistungsanbieter eine Erstellung seiner Kernleistungen auf einem in sämtlichen Ländern gleichbleibenden Niveau. In diesem Zusammenhang kommt der leistungs- und personalpolitischen **Nutzung internationaler Synergien** eine besondere Bedeutung zu.

Im Rahmen der **Leistungspolitik** gilt es, spezifische Erfahrungen bei der Leistungserstellung in sämtlichen Ländern zu nutzen (z. B. Planung von Leistungsvariationen unter Berücksichtigung entsprechender Erfahrungen in anderen, kulturell ähnlichen Ländern; weltweite Verteilung von im Unternehmen vorhandenen Beschwerdeinformationen, Anlageprogrammen, Beratungsprodukten).

Im Hinblick auf die **Personalpolitik** gilt es zum einen, durch Maßnahmen des Personaleinsatzes eine höchstmögliche Leistungsqualität zu unterstützen (z. B. Einbeziehung eigener Branchenexperten durch eine Unternehmensberatung unabhängig vom jeweiligen Stammsitz der Berater). Zum anderen ist eine weltweite interne Kommunikation hinsichtlich leistungsrelevanter Aspekte vor allem durch die Nutzung neuer Technologien, wie z. B. durch das Intranet zu gewährleisten.

Die **Danzas-Gruppe** (die inzwischen vollständig in die Marke DHL integriert wurde) ist ein weltweit führendes Logistikunternehmen mit rund 45.000 Mitarbeitern. Um die globale interne Kommunikation zu verbessern, hat das Unternehmen im Jahr 2000 sein Intranetsystem komplett umgestellt. Aufgeteilt in ein globales und ein lokales Intranet pro Land, sind alle Länderintranets über die globale Navigation eingebunden. Insgesamt werden bis heute etwa 27.000 Inhaltsseiten und Dateien mit ca. 1.200 MB Speicherplatz verwaltet. Weltweit beschäftigen sich ca. 320 Webredakteure mit der Pflege der Inhalte (Weblication 2005).

2. Dokumentation der internationalen Leistungsfähigkeit

Neben der Sicherstellung der internationalen Leistungsfähigkeit stellt die **Dokumentation** sowohl der **länderspezifischen** als auch der **länderübergreifenden** Leistungsfähigkeit eine Aufgabe des internationalen Dienstleistungsmarketing dar.

Durch die Dokumentation der länderspezifischen Leistungsfähigkeit wird bei den Kunden im Gastland Vertrauen in die Anpassungsfähigkeit des Dienstleistungsanbieters an die Situation im Gastland und in das Bekenntnis zum einheimischen Markt geschaffen. Dies lässt sich vor allem durch Maßnahmen der **Kommunikationspolitik** (z. B. persönliche Kommunikation in der Sprache des Gastlandes) erreichen.

Robinson Europe, ein Anbieter von Dienstleistungen für Transportunternehmen mit 15 Niederlassungen in acht Ländern, wirbt mit dem Slogan **„ Wir sprechen Ihre Sprache“**, um länderspezifische Kompetenz zu dokumentieren. Mehrsprachige Ansprechpartner, die alle europäischen Sprachen sprechen und die transportrelevanten Besonderheiten der einzelnen Länder kennen, haben die Aufgabe, dieses Versprechen einzulösen (Robinson Europe 2005).

Die Dokumentation der länderübergreifenden Leistungsfähigkeit dient der Vermittlung von Wettbewerbsvorteilen sowohl gegenüber der einheimischen als auch gegenüber der internationalen Konkurrenz. Hierdurch wird angestrebt, Vertrauen in die Fähigkeit eines Anbieters zu schaffen, sein weltweit vorhandenes Know-how in dem entsprechenden Land zum Nutzen des Kunden zu bündeln. Auch hierbei sind vor allem Maßnahmen der **Kommunikationspolitik** (z. B. Werbung einer Bank bezüglich eines Finanzprodukts, das in einem bestimmten Land neuartig ist, die Bank jedoch in anderen Ländern bereits lange anbietet) von Bedeutung.

Beispielsweise hat die **Deutsche Lufthansa AG** zur einheitlichen Betreuung der Firmenkunden als Reaktion auf die zunehmende Globalisierung ihrer Kunden ein Global Key Account Management installiert.

4.2 Implikationen aus der Integration des externen Faktors

Die Integration des externen Faktors hat für das internationale Dienstleistungsmarketing die Steuerung mitarbeiterbezogener Qualitätsdimensionen und die Vermeidung von Qualitätsschwankungen als **Aufgaben** zur Folge (Abbildung 9-4-3).

Abbildung 9-4-3 **Implikationen für das operative internationale Dienstleistungsmarketing aus der Integration des externen Faktors**

Hauptaufgabe	Einzelaufgaben
Steuerung mitarbeiterbezogener Qualitätsdimensionen	Anpassung der mitarbeiterbezogenen Qualitätsdimensionen durch: ■ Personalakquisition ■ Personaleinsatz ■ Personalentwicklung ■ Interne Kommunikation
	Berücksichtigung von Bedeutungsunterschieden durch: ■ Anpassung des Mitarbeiterverhaltens ■ Interne Kommunikation
Vermeidung von Qualitätsschwankungen	■ Personalpolitik: Anpassung des Mitarbeiterverhaltens an kulturelle Besonderheiten ■ Leistungspolitik: Standardisierung von Leistungselementen

GABLER GRAFIK

1. Steuerung mitarbeiterbezogener Qualitätsdimensionen

Aufgrund der Integration des externen Faktors treten im Rahmen der Leistungserstellung Mitarbeiter des Dienstleistungsanbieters und seine Kunden in Kontakt zueinander. Dies führt zur Relevanz personalorientierter Qualitätsdimensionen, indem das **Mitarbeiterverhalten** einen Großteil der Qualitätswahrnehmung durch die Kunden bestimmt (Belz/Schmitz/Brexendorf 2005, S. 288). Zur Steuerung der mitarbeiterbezogenen Qualitätsdimensionen im Rahmen des internationalen Dienstleistungsmarketing hat die Anpassung der mitarbeiterbezogenen Qualitätsdimensionen an die Besonderheiten des Gastlandes und die Berücksichtigung von Bedeutungsunterschieden mitarbeiterbezogener Qualitätsdimensionen zu erfolgen.

Eine Vielzahl der mitarbeiterbezogenen Qualitätsdimensionen führt direkt zur Notwendigkeit einer **Anpassung an die Besonderheiten des Gastlandes.** Beispielhaft kann sich diese Forderung ausgehend von den Qualitätsdimensionen nach SERVQUAL (vgl. Kapitel 5, Abschnitt 3) auf eine Adaption bezüglich des tangiblen Umfeldes (z. B. Unterschiede in den gesellschaftlichen Normen bezüglich Mitarbeiterkleidung), der Leistungskompetenz (z. B. Kenntnis des ausländischen Marktes) oder des Einfühlungsvermögens (z. B. Sicherheit der Mitarbeiter in der Sprache und den Lebensgewohnheiten des Gastlandes) beziehen. Zur Sicherstellung dieser Anpassungsprozesse sind vor allem Maßnahmen der **Personalpolitik** einzusetzen. Im Rahmen der Personalakquisition sind entweder einheimische Mitarbeiter einzustellen und/oder die sprachlichen sowie sozialen Fähigkeiten von Mitarbeitern des Herkunftslandes zu überprüfen. Beim Personaleinsatz gilt es, lediglich solche Mitarbeiter aus dem Herkunftsland in ausländische Filialen zu senden, bei denen diese Fähigkeiten gewährleistet sind. Schließlich können diese Fähigkeiten durch Maßnahmen der Personalentwicklung verbessert werden. Darüber hinaus dient die interne Kommunikation der Information von Mitarbeitern, die im Ausland eingesetzt werden sollen (z. B. durch Manuals für den Auslandseinsatz; Erfahrungsberichte von Mitarbeitern, die bereits im entsprechenden Land tätig waren).

Als Grundlage zur Steigerung der interkulturellen Sensibilität von Mitarbeitern, die ins Ausland versendet werden, empfiehlt es sich, im Rahmen von **Schulungen** und **Seminaren** die Sinn- und Erfahrungszusammenhänge fremder Kulturen aufzuzeigen (Insert 9-4-1). Systematisches Wissen über kulturelle Besonderheiten (z. B. hinsichtlich des Zeitverständnis) ermöglicht es, spezifische Verhaltensweisen oder Denkmuster zu verstehen und mögliche Vorurteile bereits im Vorfeld abzubauen. Dabei ist es von besonderer Relevanz, sich auch der eigenen kulturgeprägten Normen, Werte und Rollen bewusst zu werden. Fallbeispiele, die zeigen, welche Missverständnisse durch eine ethnozentrische Interpretation von Verhaltensweisen auftreten, sind auf der von der Landeszentrale für politische Bildung in Zusammenarbeit mit der Universität Jena errichteten Homepage www.ikkompetenz.thueringen.de zu finden. Ein entsprechendes Fallbeispiel ist in Insert 9-4-2 aufgezeigt.

INSERT 9-4-1 Thüringer Landeszeitung, 26.01.2004, S. 26

Kulturelle Unterschiede nicht unterschätzen

Kommunikation mit Geschäftspartnern vorbereiten

Jena. (dpa/tlz) Bei der Kommunikation mit Geschäftspartnern aus den EU-Beitrittsländern warnen Experten vor einer Unterschätzung kultureller Unterschiede. „Viele denken, die benachbarten Kulturen sind doch sehr ähnlich", sagte der Jenaer Professor für Interkulturelle Wirtschaftskommunikation, Jürgen Bolten. „Dadurch verhalten sie sich ganz normal und handeln dann unbedarft."

Durch die unterschiedlichen Mentalitäten scheiterten Geschäftsbeziehungen immer wieder. Aufmerksamkeit und intensive Vorbereitung auf das Gastland können nach Ansicht des Wissenschaftlers Schwierigkeiten viel besser vermeiden helfen als die Kenntnis von Klischees. „Die ändern sich ohnehin schnell", sagte Bolten.

Für Unternehmen, die häufig Mitarbeiter ins Ausland schicken, sei es das beste, eine Datenbank mit den Erfahrungen der Reisenden anzulegen. „Wenn jeder Kontakt in zwei Zeilen festgehalten wird, ergibt sich ein gutes Spektrum." Schwierigkeiten in der Kommunikation treten nach Boltens Beobachtung häufig erst nach einigen Jahren auf. Nach so langem Kontakt seien beide Seiten geneigt, kulturelle Unterschiede zu ignorieren. „Plötzlich stellen sie fest, dass sie aneinander vorbei reden." Mangelnde Sprachkenntnisse sind aus seiner Sicht ein weiterer Grund für das Scheitern von Geschäftsbeziehungen. „Geschäftsleute sollten unbedingt den Mut haben, nachzufragen oder mangelnde Sprachkompetenz erkennen zu geben", sagte Bolten. Selbst wenn alle Beteiligten Englisch sprechen, könne es zu Problemen kommen. „Es kann sein, dass die Bilder hinter den Wörtern völlig andere sind und die Kommunikation daher nicht funktioniert."

INSERT 9-4-2 Fallbeispiel zu interkulturellen Missverständnissen bei Verhandlungen in Japan

Verhandlung in Japan

Petra Müller ist Leiterin der Abteilung Verkauf in einem deutschen Unternehmen. Sie ist für Verhandlungen über einen wichtigen Vertrag mit einem japanischen Unternehmen nach Japan gereist. Ihre Verhandlungspartner waren Herr Yamamoto und Delegation.
Frau Müller berichtet über die Vorstellungszeremonie: "Als ich und mein Stab vorgestellt wurden, habe ich schon bemerkt, dass Yamamotos Gesicht sich veränderte und ich habe ihn mehrmals irgendetwas wie "Hauptverantwortlicher" zu seinem Assistenten sagen hören. Er schien sehr verunsichert." Während der folgenden Gespräche stellte Frau Müller ihre Sicht des Vertrages vor, die Gewinne, die sich für beide Seiten ergeben würden und weitere Details. Dabei stützte sie sich auf Notizen, die von ihrer Abteilung erarbeitet wurden. Abschließend befragte sie Herrn Yamamoto zu seiner Sicht über den Geschäftsabschluss. Dieser erwiderte nur: "Ich muß die weiteren Dinge mit dem Leiter ihrer Firma besprechen." Frau Müller erklärte: "Ich bin dazu befugt." Daraufhin lobte Herr Yamamoto die Vertragsdarlegung und die ausgezeichnete Übersetzung von Frau Müller. Er bestand aber weiterhin auf eine erneute Besprechung mit dem Verantwortlichen. Es fiel Frau Müller schwer die Beherrschung nicht zu verlieren, als sie ihm sagte: "Ich bin die Verantwortliche." Doch Herr Yamamoto lächelte nur und vereinbarte einen neuen Termin für ein abschließendes Treffen.

Was war passiert?

Klicken Sie die wahrscheinlichste Antwort an.

Antwort 1. Herr Yamamoto besteht auf einem erneuten Treffen, da er weitere Kollegen von Frau Müller, speziell ihren Vorgesetzten, kennenlernen möchte.

Antwort 2. Herr Yamamoto hat momentan private Probleme und transferiert diese in seinen Arbeitsalltag, wie es in Japan üblich ist. Sollen seine Mitmenschen ruhig merken wie es um seine Gefühle steht.

Antwort 3. Herr Yamamoto erkennt Frau Müller nicht als ebenbürtige Verhandlungspartnerin an. Für ihn ist sie nur die Übersetzerin und er besteht auf ein Treffen mit dem Leiter der Abteilung des deutschen Unternehmens, um den Vertrag abschließen zu können.

Antwort 4. Frau Müller hat während der Verhandlungen mehrmals gegen japanische Gepflogenheiten verstoßen. Herr Yamamoto konnte dafür kein Verständnis aufweisen und forderte einen neuen Verhandlungspartner.

Antwort 3. Herr Yamamoto erkennt Frau Müller nicht als ebenbürtige Verhandlungspartnerin an. Für ihn ist sie nur die Übersetzerin und er besteht auf ein Treffen mit dem Leiter der Abteilung des deutschen Unternehmens, um den Vertrag abschließen zu können. *(So entschieden 59% der Deutschenund 62% der Japaner.)*

Zwar gehen viele Frauen in Japan auf das College, aber danach arbeiten sie für nur für ein paar Jahre in meist niedrigen bis mittleren Positionen in einem Unternehmen, um dann eine Familie zu gründen. Für Herr Yamamoto war es deshalb nicht nachvollziehbar, dass Frau Müller die Entscheidungsbefugnis für den Geschäftsabschluss besaß. Er sah in ihr nur die Übersetzerin und konnte auch nicht vom Gegenteil überzeugt werden.

Da dies die wahrscheinlichste Erklärung darstellt, folgen hier die Erläuterungen zu den übrigen Antwortmöglichkeiten.

Antwort 1. Herr Yamamoto besteht auf einem erneuten Treffen, da er weitere Kollegen von Frau Müller, speziell ihren Vorgesetzten, kennenlernen möchte. *(So entschieden 13% der Deutschen und 3% der Japaner.)*

Es könnte möglich sein, dass Herr Yamamoto noch mehr über das Unternehmen, das Frau Müller während der Verhandlungen vertritt, erfahren möchte. Es ist üblich vor einem endgültigen Vertragsabschluss mehrere ausführliche Treffen durchzuführen, da japanische Bemühungen um neue Geschäftsbeziehungen auf möglichst langfristige Verbindungen angelegt sind.

Antwort 2.Herr Yamamoto hat momentan private Probleme und transferiert diese in seinen Arbeitsalltag, wie es in Japan üblich ist. Sollen seine Mitmenschen ruhig merken wie es um seine Gefühle steht. *(So entschieden 4% der Deutschenund 0% der Japaner.)*

Japaner zeigen bei Verhandlungen kaum gefühlsmäßige Regungen. Es ist sehr unwahrscheinlich, dass sich Herr Yamamoto auf Grund seiner persönlichen Probleme während der Verhandlungen so benimmt, denn es ist unüblich seine Mitmenschen mit den eigenen privaten Problemen zu belasten.

Antwort 4. Frau Müller hat während der Verhandlungen mehrmals gegen japanische Gepflogenheiten verstoßen. Herr Yamamoto konnte dafür kein Verständnis aufweisen und forderte einen neuen Verhandlungspartner. *(So entschieden 24% der Deutschenund 35% der Japaner.)*

Japaner sind im Gegensatz zu anderen Geschäftspartnern sehr tolerant. Häufig informieren sie sich vor Aufnahme einer neuen Geschäftsbeziehungen über die Kultur der Partner. Sie können "kulturelle Vergehen" wohl am ehesten verzeihen.

Quelle: IK-Kompetenz 2005

Weiterhin können die mitarbeiterbezogenen Qualitätsdimensionen in den jeweiligen Ländern unterschiedlich interpretiert oder gewichtet werden, so dass bezüglich dieser Dimensionen eine **Berücksichtigung von Bedeutungsunterschieden** vorzunehmen ist (Malhotra et al. 1994). Insbesondere die Erwartungen der Kunden an das Interaktionsverhalten der Kundenkontaktmitarbeiter kann international stark differieren (Stauss 1995, S. 465).

In einer empirischen Studie wurden **Bedeutungsunterschiede von Qualitätsdimensionen** für die Gesamtbeurteilung von Fast-Food-Anbietern in den USA und in Südkorea untersucht. Hierbei zeigte sich, dass amerikanischen Kunden die Leistungskompetenz und geringe Preise, südkoreanischen Kunden jedoch Zuverlässigkeit und Einfühlungsvermögen am Wichtigsten waren (Lee/Ulgado 1997, S. 45).

Demnach ist es in diesem Zusammenhang erforderlich, das Mitarbeiterverhalten an die Kundenerwartungen anzupassen. Weiterhin ist die Initiierung einer weltweiten **internen Kommunikation** erforderlich, damit Kenntnisse über solche Bedeutungsunterschiede nicht nur vor Ort bekannt sind, sondern auch in der Zentrale bei der Leistungsplanung berücksichtigt werden können.

2. Vermeidung von Qualitätsschwankungen

Schwankungen der Dienstleistungsqualität lassen sich sowohl auf **Kunden** als auch auf Mitarbeiter zurückführen. Diese Problematik hat aufgrund der kulturellen und geografischen Distanz im internationalen Kontext ein noch schwereres Gewicht (Stauss 1995, S. 465; Hünerberg/Mann 1996; Benkenstein/Zielke 2004, S. 243f.). Zunächst sind hierbei die bei der Steuerung mitarbeiterbezogener Qualitätsdimensionen erwähnten Maßnahmen der **Personalpolitik** von Relevanz.

Bezüglich des **Mitarbeiterverhaltens im Kundenkontakt** ist beispielsweise darauf zu achten, dass Humor der jeweiligen Nationalitäten in anderen Ländern unterschiedlich interpretiert wird. In manchen Kulturkreisen werden beispielsweise der britische Humor als sarkastisch, der amerikanische Humor als banal oder der ostasiatische Humor als kindisch angesehen (Bruhn 1992, S. 720f.).

Weiterhin bemühen sich viele Dienstleistungsanbieter zur Vermeidung internationaler Qualitätsschwankungen um eine Leistungsstandardisierung (vgl. Abschnitt 3.5) im Rahmen der **Leistungspolitik.** Hierbei ist zu beachten, dass lediglich solche Leistungselemente standardisiert werden können, bei denen kulturelle Unterschiede eine geringe Relevanz haben und Kunden in sämtlichen Ländern keine individuelle Gestaltung erwarten.

4.3 Implikationen aus der Immaterialität des Ergebnisses

Aus der Immaterialität resultieren mit der Berücksichtigung von Interpretationsunterschieden bezüglich der Qualitätsindikatoren, der Berücksichtigung des Länderimages und der Überwindung der (internationalen) Nichttransportfähigkeit drei zentrale **Aufgaben** des operativen internationalen Dienstleistungsmarketing (Abbildung 9-4-4).

1. Berücksichtigung von Interpretationsunterschieden bezüglich der Qualitätsindikatoren

Aufgrund der Immaterialität von Dienstleistungen sind diese mit einem höheren **Kaufrisiko** verbunden als Sachleistungen. Dieses Merkmal verstärkt sich im internationalen Kontext, da für internationale Dienstleistungskunden die Aufnahme von Informationen über einen Anbieter erschwert wird. Dies gilt sowohl für Informationen vom Anbieter als auch für Erfahrungen von anderen Dienstleistungskunden (Kothari 1988, S. 218). Aus diesem Grunde beurteilen Dienstleistungskunden die Qualität von Dienstleistungsanbietern anhand so genannter **Qualitätsindikatoren.** Im Rahmen des internationalen Dienstleistungsmarketing ist eine Berücksichtigung von Interpretationsunterschieden bezüglich der Qualitätsindikatoren zu gewährleisten. In diesem Zusammenhang ist in sämtlichen Marketingmixbereichen auf eine internationale Ausrichtung zu achten.

Abbildung 9-4-4 **Implikationen für das operative internationale Dienstleistungsmarketing aus der Immaterialität**

Hauptaufgabe	Einzelaufgaben
Berücksichtigung von Interpretationsunterschieden bezüglich Qualitätsindikatoren	■ Leistungspolitik: Berücksichtigung kultureller Unterschiede bezüglich des tangiblen Umfeldes und Markenimages ■ Kommunikationspolitik: Kulturunabhängige versus kulturangepasste Massenkommunikation ■ Preispolitik: Berücksichtigung der Preis-Leistungs-Einschätzung ■ Distributionspolitik: Kulturelle Anpassung der Vertriebskanäle ■ Personalpolitik: Kulturelle Anpassung des Erscheinungsbildes der Mitarbeiter
Berücksichtigung des Länderimages	■ Kommunikationspolitik: Integration des Länderimages in kommunikative Botschaften ■ Preispolitik: Anpassung des Preises an das Länderimage
Überwindung der (internationalen) Nichttransportfähigkeit	■ Distributionspolitik: Einsatz neuer Technologien

GABLER GRAFIK

Im Hinblick auf die **internationale Leistungspolitik** sind Interpretationsunterschiede bezüglich des tangiblen Umfeldes, des Markenimages sowie von Servicegarantien zu berücksichtigen. Beim tangiblen Umfeld und Markenimage können kulturelle Unterschiede hinsichtlich der Bedeutung von Formen, Farben und Materialien eine Rolle spielen (Stauss 1995, S. 464). Beispielsweise könnte eine in den Metropolen der Industrienationen gewöhnliche luxuriöse Gestaltung von Bankfilialen in Ländern der Dritten Welt negativ empfunden werden. Beim Einsatz von Servicegarantien, der vor allem bei permanenter Präsenz im ausländischen Markt möglich ist, sind internationale Unterschiede bei der Gewichtung von empfundenen Teilrisiken und bei den Kompensationserwartungen zu beachten (Stauss 1995, S. 464). So ist es Kunden in den USA eher als in Europa möglich, gegen Unternehmen bei der Nichteinhaltung von Leistungsversprechen mit Erfolg gerichtlich vorzugehen.

Eine Studie in der internationalen Hotellerie zeigt, dass materielle Elemente des Leistungskonzeptes, wie die funktionale und technische Ausstattung ein hohes Ausmaß an länderübergreifender Standardisierung erreichen (Reis 1999, S. 158).

Im Rahmen der internationalen Leistungspolitik ist also die Entscheidung über das Ausmaß der Standardisierung zu treffen, die als eine Voraussetzung für eine erfolgreiche Internationalisierung gilt (Palmer 1985, S. 74).

Auch im Rahmen der **internationalen Kommunikationspolitik** sind vor allem bei der Gestaltung der Massenkommunikation kulturelle Aspekte von Bedeutung. Insbesondere bei der Gestaltung von Werbemitteln sind kulturelle Unterschiede bezüglich der Interpretation von Musik, Personen oder Farben (Abbildung 9-4-5) zu berücksichtigen (Bruhn 1992). Hierbei bestehen die Gestaltungsoptionen einer kulturunabhängigen Massenkommunikation einerseits und einer kulturangepassten Massenkommunikation andererseits. Bei der kulturunabhängigen Massenkommunikation werden jene Gestaltungselemente vermieden, bei denen kulturelle Unterschiede relevant sind (z. B. Vermeidung von gesprochenem Text in Werbespots). Ein standardisiertes Vorgehen im Rahmen werbepolitischer Maßnahmen ist einerseits mit geringeren Kosten verbunden, andererseits führt es dazu, dass international mobile Nachfrager (z. B. Hotelgäste) nicht mit divergierenden Leistungsversprechen derselben Marke in Kontakt kommen (Reis 1999, S. 79).

Eine **kulturangepasste Massenkommunikation** ist durch die Anpassung an die Besonderheiten der fremden Kultur gekennzeichnet (z. B. Einsatz von unterschiedlichen Testimonials in Werbespots in den jeweiligen Ländern). Die beiden Gestaltungsoptionen werden zumeist kombiniert umgesetzt, indem die jeweilige Vorgehensweise auf bestimmte Gestaltungselemente angewandt wird. Eine ausschließlich kulturunabhängige Massenkommunikation würde die Kommunikationspolitik um eine Vielzahl von Gestaltungselementen beschneiden, während eine ausschließlich kulturangepasste Massenkommunikation aus Kostengründen nicht durchführbar ist. Auf der Grundlage einer weltweit konzipierten Rahmenstrategie erfolgt daher in vielen Unternehmen eine nationale oder auch lokale Anpassung des globalen Konzeptes. So werden bei den Esso-Shops der Markenname und -zeichen beispielsweise in bestimmten Regionen den dort gebräuchlichen unterschiedlichen Schriftzeichen angepasst (Insert 9-4-3).

Im Hinblick auf den Preis einer Dienstleistung als Qualitätsindikator wird sich die **internationale Preispolitik** daran orientieren, ob bezüglich der jeweiligen Leistung länderübergreifend einheitliche Preis-Leistungs-Einschätzungen anzutreffen sind (Stauss 1995, S. 464). Eine grenzüberschreitende standardisierte Preisgestaltung ist allerdings nicht realistisch, denn eine wesentliche Determinante der Preis-Leistungs-Einschätzung ist die Kaufkraft in den jeweiligen Ländern.

INSERT 9-4-3 Internationale Markendifferenzierung am Beispiel der Esso-Shops

Quelle: Bruhn/Hadwich 2004b, S. 114

Bei einer standardisierten Preisgestaltung finden keine unternehmens-, konkurrenz- und länderbezogenen Besonderheiten Berücksichtigung. Das Marktpotenzial würde nur unzureichend ausgeschöpft. Auf der anderen Seite kann eine Preisdifferenzierung, die für jedes Land einen anderen Preis vorsieht, bei global angebotenen Dienstleistungen negative Imageeffekte verursachen. Falls global mobile Nachfrager die Preispositionierung zweifelhaft wahrnehmen, kann dies zu einer Erhöhung der Qualitätsunsicherheit führen. Eine pragmatische Lösung dieses Problems ist die Definition von Preislagen für bestimmte Regionen oder Ländergruppen (Reis 1999, S. 80f.). Gleichfalls ist es möglich, die Preisdifferenzierung in Zusammenhang mit einer Leistungsdifferenzierung durchzuführen, um die unterschiedlichen Preisniveaus in den verschiedenen Ländermärkten zu verbergen.

Abbildung 9-4-5 Farbanmutungen nach Nationen

Land / Farbe	Österreich	Brasilien	Dänemark	Finnland	Frankreich	Italien	Pakistan	Schweiz
Schwarz	Trauer	Trauer Tod Geheimnis	Trauer Sorge	Sorge Eifersucht	Sorge Trunkenheit Eifersucht	Depression	Trauer Hilflosigkeit	Pessimismus Illegalität
Weiß	Unschuld	Friede Sauberkeit Reinheit	Unschuld Reinheit	Unschuld Sauberkeit	Reinheit Jugend	Unschuld Furcht Liebesaffäre	Trauer Nüchternheit Eleganz	Reinheit Unschuld
Rot	Ärger Liebe Leidenschaft	Wärme Leidenschaft Hass	Liebe Gefahr Feuer	Ärger Liebe Leidenschaft	Ärger Hitze Vergnügen	Ärger Gefahr Feuer	Ärger Heiratszusage	Ärger Feuer
Grün	Hoffnung	Hoffnung Freiheit Krankheit	Hoffnung Langeweile Gesundheit	Hoffnung Neid	jugendlich Furcht	Neid Jugend Geldknappheit	Glück Frömmigkeit ewiges Leben	unwohl unreif
Blau	Treue	Ruhe Kälte	Qualität	Kälte ohne Geld unschuldig	Ärger Furcht	Furcht	(kein besonderer Ausdruck)	Wut Ärger Romanze
Gelb	Eifersucht	Freude Sonne Glück	Gefahr Falschheit Neid	(kein besonderer Ausdruck) Krankheit	Krankheit	Ärger	Jungfräulichkeit Schwäche Ärger	Neid

Quelle: Wilkes 1989, S. 112

GABLER GRAFIK

Ebenso weisen die Vertriebskanäle eines Anbieters den Charakter eines Qualitätsindikators auf. Daher ist die **internationale Distributionspolitik** entsprechend an die länderspezifischen Besonderheiten anzupassen. Im Rahmen der physischen Distribution von Dienstleistungen geht es um die Sicherstellung von Präsenz und Erreichbarkeit. Aus diesem Grund hängt im Dienstleistungsbereich die Standortwahl eng mit der Vertriebswegestruktur zusammen. Die Attraktivität eines Standortes wird stark durch Faktoren wie die wirtschaftliche Entwicklung, die infrastrukturelle Situation sowie die Verfügbarkeit der Potenzialfaktoren bestimmt (Reis 1999, S. 84).

Zunächst bestehen kulturelle Unterschiede bezüglich der Vertriebswege (z. B. kleinere Handelsgeschäfte, Anwaltspraxen u.ä. in südeuropäischen Ländern). Weiterhin hängen die Einsatzmöglichkeiten einer Online-Distribution (z. B. von Finanzdienstleistungen) von der Akzeptanz neuer Technologien im jeweiligen Land ab (Quelch/Klein 1996). Schließlich kann sich das Image bestimmter Vertriebsstellen (z. B. Bankfilialen, Warenhäuser, Boutiquen, Reisebüros, Wettbüros) international unterscheiden.

Die Mitarbeiter eines Dienstleistungsunternehmens stellen ebenfalls wichtige Qualitätsindikatoren für Dienstleistungskunden dar. Demnach muss die **internationale Personalpolitik** eine Integration der kulturellen Besonderheiten in das äußere Erscheinungsbild des Kundenkontaktpersonals anstreben. Beispielsweise können Gestik und Mimik der Mitarbeiter einer Fluggesellschaft in verschiedenen Ländern unterschiedliche Emotionen bei den Fluggästen wecken.

2. Berücksichtigung des Länderimages

Neben unternehmensinternen Qualitätsindikatoren stellt das **Qualitätsimage des Herkunftslandes** (Abbildung 9-4-6) des Dienstleistungsanbieters einen unternehmensexternen Qualitätsindikator für ausländische Abnehmer dar (Han/Terpstra 1988). Einerseits ist das Qualitätsimage des Herkunftslandes durch das Dienstleistungsunternehmen alleine nicht steuerbar. Andererseits stellt das Länderimage im Zuge des so genannten **Country-of-Origin-Effektes** jedoch einen im Zeitablauf stabilen Umfeldparameter mit einer hohen Relevanz für Kaufentscheidungen von Kunden dar (Bilkey/Nes 1982; Kühn/Weiss 1998, S. 56; Wächter et al. 2004). Auch wenn dieses durch das Dienstleistungsunternehmen nicht steuerbar ist, hat eine Berücksichtigung des Länderimages im Rahmen des internationalen Dienstleistungsmarketing zu erfolgen. Diese Forderung betrifft vor allem die Kommunikationspolitik und die Preispolitik von Dienstleistungsanbietern.

Im Rahmen der **internationalen Kommunikationspolitik** kann das Länderimage in die kommunikativen Botschaften des Anbieters integriert werden (z. B. Anzeigen von asiatischen Fluggesellschaften mit Strand- und Sonnenuntergangsfotos). Im Hinblick auf die **internationale Preispolitik** kann das Länderimage dazu führen, dass ein Unternehmen geringere oder höhere Preise als inländische Anbieter oder Anbieter aus anderen Ländern verlangen kann. Beispielsweise können französische Coiffeure in vielen Ländern höhere Preise verlangen als entsprechende inländische Frisöre (Stauss 1995, S. 464; Dahringer/Mühlbacher 1999, S. 421).

Abbildung 9-4-6 **Ranking ausgewählter Länder im Hinblick auf ihr Qualitätsimage**

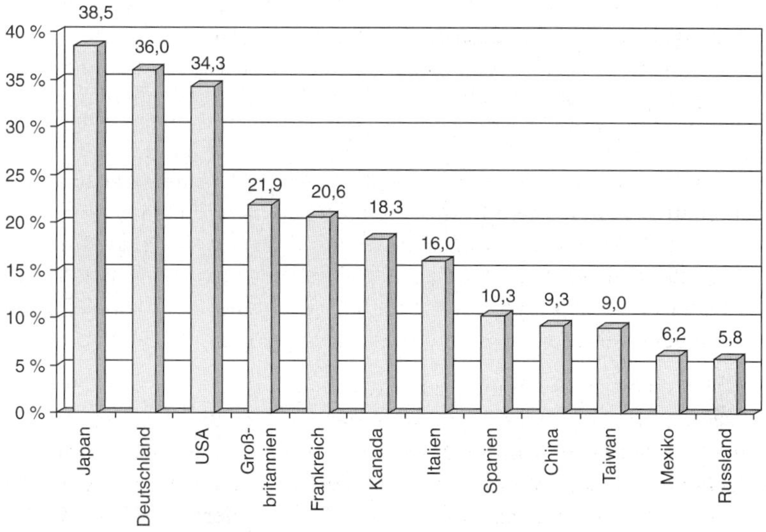

- n > 20.000, über 20 Länder
- Frage: „Wie würden Sie die Qualität von Leistungen aus [Land] beurteilen?"
- Skala: exzellent – sehr gut – gut – mittelmäßig – schlecht
- Werte entsprechen dem Anteil der Probanden, die für das jeweilige Land mit „exzellent" oder „sehr gut" geantwortet haben.

Quelle: Bozell-Gallup 1998

GABLER GRAFIK

3. Überwindung der (internationalen) Nichttransportfähigkeit

Weiterhin führt die Immaterialität von Dienstleistungen zu ihrer Nichttransportfähigkeit. Diese Problematik des Dienstleistungsmarketing wird im internationalen Kontext vor allem aufgrund der größeren geographischen Entfernung noch verstärkt. Demnach hat das internationale Dienstleistungsmarketing eine Überwindung der (internationalen) Nichttransportfähigkeit zu gewährleisten. Neben Entscheidungen bezüglich der internationalen Markteintrittsstrategie (vgl. Abschnitt 3.4) spielt hierbei der **Einsatz neuer Technologien im Rahmen der internationalen Distributionspolitik** eine bedeutende Rolle. In diesem Zusammenhang können entweder einzelne Distributionsprozesse (z. B. Recherche und Bestellen von Büchern im Internet mit anschließender physischer Lieferung der Bücher) oder die gesamte Distribution (z. B. reine Internet-Distribution von Börseninformationen, Software, Zeitungsartikeln) über neue Technologien erfolgen.

Ähnlich wie beim klassischen (nationalen) Dienstleistungsmarketing bestehen im Hinblick auf das internationale Dienstleistungsmarketing noch zahlreiche offene Fragestellungen. Aufgrund der zunehmenden Tertiärisierung der hochentwickelten Gesellschaften auf der einen Seite und der zunehmenden Globalisierung der Märkte auf der anderen Seite ist eine intensive Auseinandersetzung mit diesem Thema weiterhin zu erwarten.

Um die vorgestellten Konzepte und Instrumente des strategischen Dienstleistungsmarketing, des Qualitätsmanagements, des operativen Dienstleistungsmarketing und des internationalen Dienstleistungsmarketing im Unternehmen konsequent um- und durchzusetzen, ist es wichtig, dass Dienstleistungsanbieter sich ebenso systematisch mit Fragen der Implementierung des Dienstleistungsmarketing auseinandersetzen.

FRAGEN ZUM 9. KAPITEL

Punkt 1:

- Was sind mögliche Gründe für eine zunehmende internationale Ausrichtung von Dienstleistungsanbietern?
- Welche Chancen und Risiken bergen eine Internationalisierung für ein Dienstleistungsunternehmen?
- Was wird unter der so genannten Dienstleistungslücke verstanden und was könnten mögliche Gründe dafür sein?
- Auf Basis welcher Argumente lässt sich die Notwendigkeit eines internationalen Dienstleistungsmarketing begründen?
- Welches Ziel wird mit der Typologisierung internationaler Dienstleistungen verfolgt?

Punkt 2:

- Welche Problematik ergibt sich für einen internationalen Dienstleistungsanbieter bei der länderübergreifenden Marktforschung?
- Auf Basis welcher Techniken lässt sich eine größtmögliche Äquivalenz von Konstrukten im Rahmen der internationalen Marktforschung sicherstellen?
- Welche Vor- und Nachteile ergeben sich aus einer länderspezifischen versus einer länderübergreifenden Marktforschung?

Punkt 3:

- Welche Faktoren sind für die Auswahl von Ländermärkten besonders relevant?
- Welche unterschiedlichen Typen von Internationalisierungsstrategien existieren? Welche dieser Strategien eignet sich besonders gut für wissensintensive Dienstleistungen, welche eher für Fast-Food-Ketten?
- Worin bestehen die Vor- und Nachteile einer transnationalen im Vergleich zu einer globalen Strategie?
- Welche Kriterien determinieren die Form des internationalen Markteintritts (z. B. Export vs. Joint Venture)?
- In der Regel ist für einen Anbieter von Online-Services keine ständige Präsenz im Ausland erforderlich. Welche Gründe könnten dennoch die Gründung eigener Niederlassungen oder die Bildung von Joint Ventures bei E-Service-Anbietern sinnvoll erscheinen lassen?
- Unter welchen Voraussetzungen ist im Rahmen der internationalen Marktbearbeitung eine Standardisierung im Vergleich zu einer Differenzierung vorzuziehen?

Punkt 4:

- Warum ist es im Rahmen der internationalen Personalpolitik oftmals von entscheidender Relevanz, einheimisches Personal einzusetzen? Für welche Art von Dienstleistungen gilt dies besonders?
- Welche Maßnahmen könnte ein Dienstleistungsunternehmen umsetzen, um ein international konstant hohes Qualitätsniveau zu gewährleisten?
- Wie lässt sich ein positiver Country-of-Origin-Effekt im Rahmend es operativen Dienstleistungsmarketing nutzen? Welche Risiken ergeben sich hierbei?
- Warum ist eine grenzüberschreitend standardisierte Preisgestaltung oftmals nicht sinnvoll?

KAPITEL

10 Entwicklungstendenzen des Dienstleistungsmarketing

Dienstleistungsunternehmen werden sich in der Zukunft einer Vielzahl neuartiger Herausforderungen zu stellen haben, für die die betriebswirtschaftliche Forschung derzeit nur zum Teil Lösungen bereithält.

Im Folgenden werden daher einige zusammenfassende Thesen formuliert, die Perspektiven für die erfolgreiche Führung von Dienstleistungsunternehmen in der Zukunft aufzeigen (Meffert 2001; Grove/Fisk/John 2003, S. 107ff.). Im Anschluss an jede These werden konkrete Implikationen für die wissenschaftliche Forschung abgeleitet.

1. Entwicklung zur Dienstleistungsgesellschaft: Der Weg in die Dienstleistungsgesellschaft wird sich mit unvermittelter Geschwindigkeit fortsetzen.

Die Gründe zur Entwicklung einer Dienstleistungsgesellschaft sind vielfältig. Gesellschaftliche Veränderungen wie der gestiegene Anteil erwerbstätiger Frauen, flexiblere Arbeitszeiten sowie die Entlokalisierung von geschäftlichen und privaten Kontakten tragen hierzu ebenso bei wie demographische Veränderungen durch eine steigende Lebenserwartung, die eine erhöhte Nachfrage nach Pflege- und Freizeitdienstleistungen zur Folge haben werden. Auch durch von Konsum- und Industriegüterunternehmen induzierte Veränderungen wie die wachsende Bedeutung von Value Added Services, die Differenzierungsvorteile durch Zusatzleistungen bieten, wird dieser Trend verstärkt. Schließlich ist auch auf das veränderte Konsumentenverhalten hinzuweisen. Der Trend zur Bequemlichkeit und die damit einhergehenden steigenden Ansprüche an die Dienstleistungsangebote stellen eine weitere Ursache für die wachsende Nachfrage nach Dienstleistungen dar. Die Ursachen der wachsenden Nachfrage nach Dienstleistungen bedürfen einer noch detaillierteren Untersuchung durch die betriebswirtschaftliche Forschung. Die Wissenschaft ist daher aufgefordert, Ursachen- und Wirkungszusammenhänge von veränderten gesellschaftlichen Rahmenbedingungen einerseits und der Nachfrage nach Dienstleistungen andererseits genauer zu untersuchen.

2. Erschwerte Abgrenzung zwischen Sachgüter- und Dienstleistungssektor: In der Zukunft wird jedes Unternehmen zumindest teilweise ein Dienstleistungsunternehmen sein. Die richtige Vernetzung der angebotenen Leistungen stellt einen Schlüsselfaktor für den Unternehmenserfolg dar.

Der steigende Serviceanteil im Angebot klassischer Konsum- und Industriegüterhersteller erschwert zunehmend die Grenzziehung zwischen Sachgüter- und Dienstleistungssektor. Ein in diesem Zusammenhang wichtiges Problemfeld für die Hersteller von Sachgütern wie auch für Dienstleistungsunternehmen bleibt die Beurteilung der Affinität zwischen Verbundleistungen und dem eigentlichen Produkt- bzw. Leistungskern. Ferner bedarf es der richtigen Vernetzung der angebotenen Leistungen, um erfolgreich am Markt operieren zu können.

Klassische Abgrenzungsmerkmale von Dienstleistungen (und Sachgütern) verlieren somit immer mehr an Erklärungsbeitrag und Trennschärfe für die Beschreibung realer Absatzleistungen von Unternehmen. Die Wissenschaft ist daher aufgefordert, Dienstleistungen als Element einer ganzheitlichen Typologie von Absatzleistungen zu verstehen. Eine derartige, allgemein akzeptierte Typologie existiert bislang jedoch nicht. Ansatzpunkte lassen sich vor allem aus dem Gutscharakter (Inspektions-, Erfahrungs- und Vertrauensgut) ableiten. Ferner ist die Marketingwissenschaft aufgefordert, zu untersuchen, welche Rahmenbedingungen für eine erfolgreiche Vernetzung der angebotenen Leistungen erforderlich sind. Im Zusammenhang mit der Affinitätsproblematik ist es sinnvoll, die bislang dominierende anbieterbezogene Perspektive durch eine eher nachfragerbezogene Sichtweise zu ergänzen.

An dieser Stelle ist festzuhalten, dass die Forschung im Dienstleistungsmarketing an einem Scheideweg steht. Es lassen sich zwei grundlegende Optionen aufzeigen, die grundsätzliche Ausrichtungen der zukünftigen Forschung annehmen könnten (Abbildung 10-2-1).

Abbildung 10-2-1 Optionen einer zukünftigen Ausrichtung des Dienstleistungsmarketing

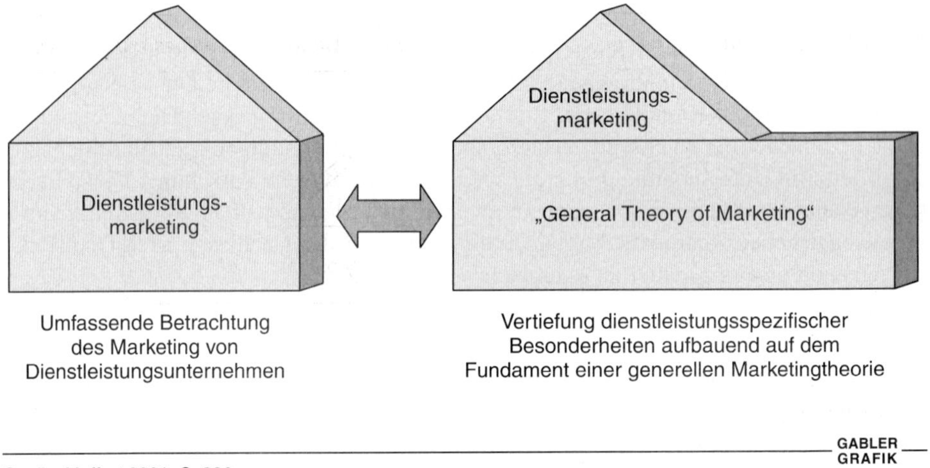

Quelle: Meffert 2001, S. 336

Im Rahmen der ersten Option (linker Abschnitt in Abbildung 10-2-1) erscheint es denkbar, das Dienstleistungsmarketing weiterhin als eigenständigen Forschungsbereich im Marketing anzusehen, der sich mit allen spezifischen Marketingfragestellungen eines Dienstleistungsunternehmens auseinander setzt. Konsequenterweise führt dies dazu, dass im Rahmen einer weiteren Ausdifferenzierung eigene Marketingansätze für Bereiche mit noch höherem Spezialisierungsgrad, wie beispielsweise das Finanzdienstleistungsmarketing, das Tourismusmarketing oder das Nonprofit-Marketing, entstehen. Darüber hinaus wäre es ebenfalls konsequent, auch die weiteren betriebswirtschaftlichen Funktionen von Dienstleistungsunternehmen zu integrieren und so zu einem Forschungsfeld Dienstleistungsmanagement innerhalb der Betriebswirtschaftslehre zu kommen.

Demgegenüber besteht die Möglichkeit einer Konzentration des Dienstleistungsmarketing auf die einzigartigen Besonderheiten von Dienstleistungen und deren Folgen. Alle weiteren Themen der Führung von Dienstleistungsunternehmen sind aus der Basis einer „General Theory" des Marketing zu entnehmen (rechter Abschnitt in Abbildung 10-2-1).

Diese zweite Option der Anerkennung einer allgemeinen Marketingtheorie macht es notwendig, die Besonderheiten von Dienstleistungen, aber auch anderer Branchen, zusätzlich zu dieser allgemeinen Theorie zu betrachten (Abbildung 10-2-2).

Eine zu diskutierende Fragestellung in diesem Zusammenhang ist diejenige nach dem notwendigen Spezifitätsgrad bestimmter Sachverhalte, um diese dem Dienstleistungsmarketing zu subsumieren. Damit ist gemeint, welcher Umfang den Besonderheiten des Dienstleistungsmarketing im Vergleich mit der „General Theory" noch zugebilligt werden kann (vgl. zu dieser Diskussion auch Grove/Fisk/John 2003, S. 112ff.) (Abbildung 10-2-2, Teil b).

Abbildung 10-2-2 Konsequenzen einer Spezialisierung auf Dienstleistungsbesonderheiten

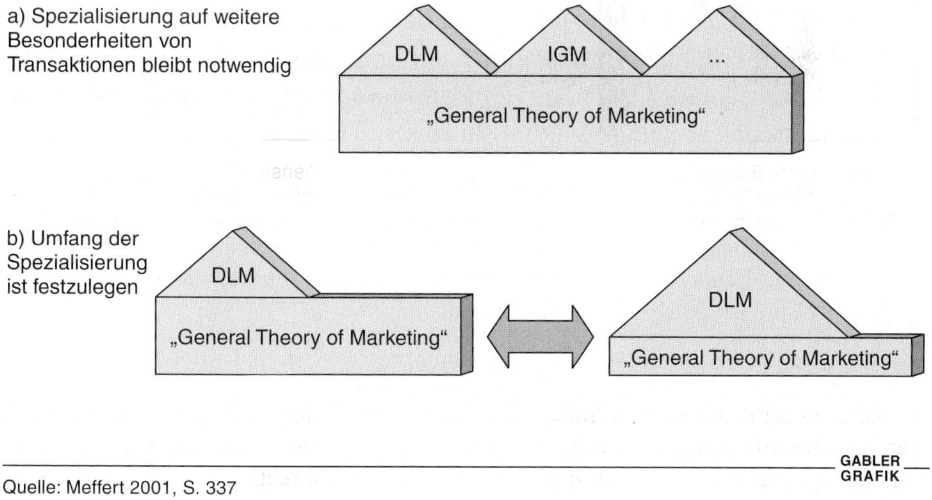

Quelle: Meffert 2001, S. 337

3. Angebot von Value Added Services:
Das Angebot von Value Added Services stellt das wirkungsvollste Mittel dar, der fortschreitenden Homogenisierung von Leistungsprogrammen und dem damit zunehmenden Preiswettbewerb entgegenzutreten.

Um die notwendige Profilierung und Differenzierung im Wettbewerbsumfeld zu erreichen, bieten sich vor allem leistungsbegleitende Dienstleistungen in Form von Value Added Services an. Damit wird nicht nur eine Heterogenisierung des angebotenen Leistungsbündels erreicht, sondern auch die von vielen Konsumenten als Kaufhemmnis wahrgenommene technische Komplexität der Produkte reduziert. Zugleich stellen Value Added Services auch ein Instrument dar, um den Wettbewerb und hier insbesondere den Preiswettbewerb abzuschwächen, da durch die Differenzierung über die angebotenen Leistungen die Bedeutung des Preises als zentrales Kaufentscheidungskriterium eingeschränkt wird. Value Added Services sind bisher in nicht ausreichendem Umfang zum Gegenstand der betriebswirtschaftlichen Forschung gemacht worden. So stellt sich die Frage nach der Tragfähigkeit einer Primärleistung hinsichtlich der Erweiterung des Angebotes um Value Added Services. Existiert in diesem Zusammenhang eine Obergrenze, schließt sich die Frage nach ihrer Messung sowie den relevanten Einflussgrößen an. Auch im Bereich der Implementierung dürften zukünftige Forschungsaktivitäten von Interesse sein. So ist die Frage zu klären, unter welchen Voraussetzungen welche Implementierungsoption zum Erfolg führt.

4. Entwicklung eines Netzwerkmanagements:
Auch innerhalb des Dienstleistungssektors, beispielsweise bei der Telekommunikation oder bei Finanz- und Versicherungsdienstleistungen, verwässern traditionelle Branchengrenzen und die verschiedenen Branchen wachsen zusammen. Die neue Herausforderung liegt im Schnittstellenmanagement dieses neuen Leistungsnetzes.

Viele Arbeiten zum Dienstleistungsmarketing weisen einen sehr engen Branchenfokus auf, lassen aber die Frage nach einer Übertragbarkeit ihrer Ergebnisse auf andere Leistungsbereiche unbeantwortet. Aufgabe der Marketingwissenschaft ist es daher, den branchenübergreifenden Erkenntnistransfer durch die Entwicklung dienstleistungsspezifischer Leistungstypologien voranzutreiben.

Insofern sind die Erkenntnisse zu Unternehmensnetzwerken und Kooperationsformen vor dem Hintergrund der Dienstleistungsspezifika in der Forschung nutzbar zu machen. Dies gilt innerhalb von Branchen zur Bildung von Netzwerken zwischen eigenständigen Dienstleistungseinheiten ebenso wie für die über Branchengrenzen hinweg gehende Vernetzung von Kernkompetenzen. Die Notwendigkeit einer Integration des Kunden bringt es im Dienstleistungsbereich mit sich, dass eine Ausdehnung des Netzwerkes über die Unternehmensgrenzen hinaus unter Einbezug des Kunden denkbar erscheint. Mit der Virtualisierung von Dienstleistungsunternehmen eröffnet sich ein zukunftsbezogenes Forschungsfeld, in dem bereits erste Ansätze vorgelegt wurden.

5. Internationalisierung als bedeutender Wachstumsmotor: Das Wachstum von Dienstleistungsunternehmen vollzieht sich zukünftig verstärkt über die Internationalisierung.

Angesichts der zunehmenden Deregulierung und Liberalisierung nationaler Dienstleistungsmärkte sowie der damit verbundenen strategischen Bedeutung des Faktors „Zeit“ werden Wachstumsstrategien von Dienstleistungsunternehmen in Zukunft immer stärker durch die Multiplikation erfolgreicher Dienstleistungskonzepte in Auslandsmärkte gekennzeichnet sein. Insbesondere auf dem Gebiet der Internationalisierung wird der Einfluss neuer Online-Dienstleistungen (E-Services) auf Basis des Internet vielfältige Auswirkungen auf die bestehenden Anbieter haben (Wymbs 2000; Zillur 2004).

Die Marketingwissenschaft bzw. die betriebswirtschaftliche Forschung hat sich, anders als die Volkswirtschaftslehre, mit der Internationalisierung von Dienstleistungen bislang nur wenig auseinandergesetzt. Forschungsbedarf besteht hier vor allem im Hinblick auf die Fragestellung, welche Dienstleistungskonzepte besonders für eine Multiplikation geeignet sind und in welchen Branchen aufgrund gesellschaftlich-kultureller, rechtlicher oder wirtschaftlicher Rahmenbedingungen eine entsprechende Anpassung an die Erfordernisse des jeweiligen Ländermarktes notwendig ist.

6. Standardisierung versus Individualisierung von Dienstleistungen: Das Dienstleistungsmarketing bewegt sich im Spannungsfeld von Standardisierung und Automatisierung einerseits sowie Individualisierung andererseits.

Aufgrund des verstärkten Wettbewerbs zwischen Dienstleistungsunternehmen und dem damit einhergehenden stärkeren Preiswettbewerb ist es für die Unternehmen erfolgsrelevant, ihre Dienstleistungen zunehmend kostengünstiger zu produzieren, um eine angemessene Rentabilität sicherzustellen. Hieraus resultiert der Trend zu einer zunehmenden Standardisierung und Automatisierung innerhalb der Dienstleistungsunternehmen. Die Erreichung der erwünschten Kosten- und Zeitvorteile impliziert aber auch einen zunehmenden Verlust persönlicher Kundenkontakte. Um dennoch beim Konsumenten eine hohe Akzeptanz sicherzustellen und im Wettbewerb Profilierungsvorteile zu erlangen, bieten Dienstleistungsunternehmen vermehrt modulartig aufgebaute, kundenindividuell zusammengestellte Leistungspakete an. So kann dem Konsumenten trotz in sich standardisierter Module eine auf die speziellen Kundenbedürfnisse maßgeschneiderte Dienstleistung angeboten werden.

Vor diesem Hintergrund ist die Wissenschaft aufgefordert zu untersuchen, welche Dienstleistungen sich besonders für die Standardisierung eignen und wie die verschiedenen Module sich erfolgreich miteinander kombinieren lassen. Auch die Auswirkungen der Automatisierung von Dienstleistungen auf die Zufriedenheit der Kunden und den Grad der Kundenbindung bedürfen weitergehender Untersuchungen.

7. Leitidee des „Total Quality Management":
Marketing von Dienstleistungen steht in Zukunft unter der Leitidee des „Total Quality Management". Das Qualitätsmanagement muss sich daher auf alle Stufen des Wertschöpfungsprozesses beziehen.

Bei Dienstleistungen, die durch eine intensive Integration des externen Faktors in den Leistungserstellungsprozess gekennzeichnet sind, weist das Qualitätsmanagement einen hohen Komplexitätsgrad auf. Nahezu jede Wertaktivität bietet Ansatzpunkte zur Beeinflussung relevanter Dimensionen der Qualitätswahrnehmung. Qualitätsmanagement von Dienstleistungsunternehmen ist daher in besonderem Maße ein Schnittstellenmanagement.

Die Marketingwissenschaft ist daher dazu aufgefordert, die Problematik des Schnittstellenmanagements zu erfassen und detailliert zu untersuchen. Eine funktionsübergreifende Integration von Wertaktivitäten ist im Dienstleistungsbereich nicht nur zwischen Unternehmensbereichen oder Abteilungen, sondern – auf disaggregierter Ebene – auch zwischen einzelnen Stelleninhabern oder sogar bei Rollenerwartungen an ein und denselben Mitarbeiter notwendig, um Kunden langfristig an das Unternehmen zu binden.

8. Markenführung zum Aufbau von Vertrauen beim Kunden:
Die Herausforderung, Dienstleistungen als Vertrauensgut darzustellen, muss zukünftig verstärkt durch gezielte Markenführung bewältigt werden.

Die Markenführung von Dienstleistungsunternehmen weist besondere Probleme auf. Zum einen ist aufgrund des bei Dienstleistungen meist hohen wahrgenommenen Risikos für Kunden die Markierung als Kompetenznachweis von zentraler Bedeutung, zum anderen erweist sich aber die Identifikation von Markenträgern, wie beispielsweise das Gesamtunternehmen, bestimmte Leistungsbündel oder Einzelleistungen, und die damit verbundene Festlegung einer geeigneten Markenstrategie bei Dienstleistungen oftmals als schwierig.

Aus diesen Problemen leitet sich die Aufgabe der Marketingwissenschaft ab, insbesondere bei komplexen, zahlreiche Einzelleistungen umfassenden Dienstleistungen jeweils das Problem der Bestimmung geeigneter Markenträger zu lösen. Ziel dieser Bemühungen ist es, ein System situativ gültiger Erfolgsfaktoren von Markenstrategien im Dienstleistungsbereich abzuleiten.

9. Integration des Nachfragers über interaktive Medien:
Die Integration des Nachfragers und die Interaktionsprozesse erfolgen in Zukunft verstärkt über interaktive Medien (Multimedia).

Multimediale Kommunikationsmöglichkeiten erschließen neue Vertriebswege (z. B. Home Banking) und werfen zugleich die Frage nach einer Internationalisierung der angebotenen Dienstleistung auf, die beispielsweise durch Online-Dienste ermöglicht wird.

Die Interaktion mit dem Nachfrager derartiger Multimedia-gestützter Dienstleistungen vollzieht sich entweder unter der völligen Substitution des Kontaktpersonals durch IT-Systeme oder unter einer technologiegestützten persönlichen Interaktion, die beispielsweise bei Bildtelefonen oder PC-gestützten bild- und klang-animierten Diensten vorliegt. Es ist in Zukunft verstärkt zu untersuchen, welchen Einfluss das Fehlen einer „echten" persönlichen Interaktion auf den Verlauf und das Ergebnis von Dienstleistungsprozessen hat. In einem zweiten Schritt sind dann Typen von E-Services zu identifizieren, bei denen dieser Einfluss besonders bemerkbar ist, um daraus spezifische Marketingimplikationen ableiten zu können.

10. Kundenbindung als zentrale Zielgröße von Dienstleistungsunternehmen: Das strategische Ziel, Kunden langfristig an das Unternehmen zu binden, wird in Zukunft für Dienstleistungsunternehmen an Relevanz gewinnen.

Vor dem Hintergrund einer steigenden Wettbewerbsintensität in vielen Dienstleistungsbranchen wird die Fokussierung auf den bestehenden Kundenstamm weiter an Bedeutung gewinnen. Die Akquisition von Neukunden ist in der Regel mit hohen Kosten verbunden, so dass die Deckungsbeiträge bei Geschäften mit Neukunden weitaus geringer ausfallen als bei Dienstleistungen, die für bereits bestehende Kunden erstellt werden. Neben höheren Erfolgsbeiträgen aufgrund geringerer Betriebskosten führt ein proaktives Kundenbindungsmanagement zudem zu einer erhöhten Kauffrequenz und gestiegenen Rechnungsbeiträgen sowie zu Erfolgsbeiträgen durch Weiterempfehlungen zufriedener Kunden. Ferner dürften einzelne Dienstleistungsnachfrager aufgrund des reduzierten wahrgenommenen Kaufrisikos eine geringere Preiselastizität aufweisen.

Der Marketingwissenschaft stellt sich in diesem Zusammenhang verstärkt die Frage nach der Erfolgswirkung verschiedener Kundenbindungsinstrumente in unterschiedlichen Branchenkontexten. Forschungsbedarf besteht zudem hinsichtlich der Fragestellung, welche Kundengruppen für ein Dienstleistungsunternehmen im Rahmen des Kundenbindungsmanagements besonders relevant sind.

11. Einsatz des Internen Marketing: Der Einsatz des „Internen Marketing" ist elementarer Bestandteil eines erfolgreichen Dienstleistungsmarketing, wobei die Unternehmenskultur ein zentrales Koordinationsinstrument darstellt.

Bei Dienstleistungen, die durch einen hohen Interaktionsgrad zwischen Anbieter und Nachfrager bei der Leistungserstellung gekennzeichnet sind, kommt dem Kundenkontaktpersonal des Dienstleistungsanbieters zentrale Bedeutung für die Qualitätswahrnehmung des Nachfragers zu (Belz/Schmitz/Brexendorf 2005, S. 275ff.). Gleichzeitig erweist sich aber die Suche nach qualifizierten, d. h. fachlich und sozial kompetenten, aber auch motivierten Mitarbeitern in vielen Dienstleistungsbranchen als schwierig. Die

Schaffung einer „Dienstleistungskultur“ ist daher ein Schlüsselproblem der Unternehmensführung von Dienstleistern.

Mehr noch als bisher hat die Forschung angesichts dieser Entwicklung nach geeigneten Modellen der Führung und Organisation von Dienstleistungsunternehmen zu suchen. Hierbei gilt es beispielsweise, konkrete Handlungsempfehlungen für die Herausbildung einer Dienstleistungskultur zu erarbeiten, die ein hohes Maß an Identifikation und Motivation insbesondere der kundennah tätigen Mitarbeiter sichern hilft.

12. Entwicklung leistungsfähiger Ansätze des Dienstleistungscontrolling: Leistungsfähigeren Ansätzen des Dienstleistungscontrolling kommt in der Zukunft entscheidende Bedeutung zu.

Die ökonomischen Erfolgsbeiträge von Kundenzufriedenheit und Kundenbindung wurden als Begründungszusammenhang zwar vielfach thematisiert, und erste Ansätze einer Wirtschaftlichkeitsrechnung für das Qualitätsmanagement liegen mittlerweile vor (Anderson et al. 1993; Bruhn 1998b; Fischer 2000; Hansen/Kamiske 2002). Eine überzeugende Gesamtkonzeption, die sich auch für die Unternehmenssteuerung aus entscheidungsorientierter Sicht anbietet, konnte bislang jedoch noch nicht entwickelt werden. Daher besteht ein entscheidendes Forschungsfeld der Zukunft in einer Ökonomisierung der Kundenzufriedenheit, die auch Managementanforderungen gerecht zu werden vermag. Dabei ist die Verknüpfung psychologischer und ökonomischer Konstrukte, wie sie beispielsweise bei den Ansätzen der Balanced Scorecard oder den Kundenbarometern vorgenommen wird, mit dem Ziel der Entwicklung leistungsfähiger Dienstleistungscontrollingsysteme voranzutreiben.

Hier wird einmal mehr die Frage nach leistungsfähigen Kostenrechnungsansätzen im Dienstleistungsbereich deutlich (Reckenfelderbäumer 1995, 1998), die in Kombination mit produktionstheoretischen Ansätzen gemeinsam einen Erkenntnisfortschritt zur betriebswirtschaftlichen Bewertung von Kundenbindung auf individueller Ebene zu leisten vermögen. Aus der Sicht von Dienstleistungsanbietern ergibt sich aus der Immaterialität sowie der Integration des externen Faktors in den Dienstleistungserstellungsprozess die Problematik der Bewertung von Dienstleistungen im Sinne von Herstellkosten, die in Verbindung mit Erlösdaten zu einem optimalen Einsatz des Leistungspotenzials beitragen. Zugleich impliziert der oftmals hohe Anteil der Fixkosten an den Gesamtkosten von Dienstleistungsanbietern eine Zurechnungsproblematik, zu deren Lösung die Wissenschaft durch die Entwicklung leistungsfähiger Schlüsselungssysteme aufgefordert ist.

Fallstudien zum Dienstleistungsmarketing

1. Vorbemerkungen

Die bisherigen Kapitel, die sich mit den theoretischen Grundlagen für Dienstleistungsunternehmen befassen, haben verdeutlicht, dass Dienstleistungsunternehmen vor einer **Vielzahl komplexer Entscheidungsprobleme** stehen. Hierzu zählen unter anderem die Gewinnung relevanter Marktinformationen, der Einsatz von Marketinginstrumenten, die Überwindung von Implementierungsbarrieren u. a. m. Die charakteristischen Besonderheiten des jeweiligen Dienstleistungsangebotes erfordern zudem ein hohes Maß an konzeptioneller und kreativer Arbeit.

Die wachsende Bedeutung von Dienstleistungen stellt im Umfeld steigender Kundenanforderungen und verstärktem Wettbewerbsdruck hohe Anforderungen an das Management von Dienstleistungen. Das Ziel dabei ist, unter Berücksichtigung einer Marktorientierung die Phasen Analyse, Planung, Durchführung und Kontrolle sämtlicher Marktaktivitäten vorzunehmen. Aufgrund der Integration des externen Faktors ist bei der Dienstleistungserstellung ein hohes Maß an Kundenorientierung erforderlich.

Das vorliegende Abschlusskapitel dient dazu, den Leser durch die Bearbeitung von **Fallstudien** in besonderem Maße in die Lage zu versetzen, sich problemorientiert mit dem gesamten Stoffgebiet auseinander zu setzen und die Umsetzung seines theoretischen Wissens in verschiedenen praxisrelevanten Entscheidungssituationen zu überprüfen. Anhand der Fallstudien aus unterschiedlichen Branchen können exemplarisch die Erfolgsfaktoren von Dienstleistungsunternehmen identifiziert und systematisch dargestellt werden.

Bei der Darstellung der einzelnen Fallstudien wurde eine relativ ähnliche Struktur gewählt. So setzt die Bestimmung der Erfolgsfaktoren zunächst eine genaue Kenntnis der jeweiligen Markt- und Unternehmenssituation voraus. Auf dieser Grundlage wird die Richtung der Marktbearbeitung, basierend auf der Unternehmensphilosophie und -strategie festgelegt. Dabei ist entscheidend, die Kundenanforderungen zu berücksichtigen und bei der Erstellung der Dienstleistung umzusetzen.

Die Fallstudien basieren überwiegend auf realen Daten der vergangenen Jahre. Eine Aktualisierung wurde nicht vorgenommen, da die Fallstudien typische Marketingproblemstellungen behandeln, mit denen sich die verschiedenen Unternehmen zu bestimmten Zeitpunkten auseinander zu setzen hatten. Hinsichtlich der Studienzwecke erfolgte eine Aufarbeitung und Anonymisierung. Es wurde bei einigen Fallstudien lediglich eine Währungsumstellung in Euro vorgenommen. Jeder Abschnitt beinhaltet die Darstellung des Falles und anschließend Aufgaben zur Fallstudie. Anhand der Bearbeitung der Fallstudien werden dem Leser Hilfestellungen bei der Umsetzung der bisherigen Ausführungen über das Dienstleistungsmarketing auf spezifische Markt- und Unternehmenssituationen gegeben.

2. Fallstudie BUCHCLUB LESERATTE AG

Die „BUCHCLUB LESERATTE AG“ ist ein im Jahre 1955 gegründetes Unternehmen, das seinen heute 1.635 Mio. Clubmitgliedern Bücher zu Vorzugskonditionen anbietet. Im Gegensatz zu anderen Buchclubs besteht für die Mitglieder des BUCHCLUBS LESERATTE kein Mitgliedsbeitrag. Vielmehr sind die Mitglieder des BUCHCLUBS LESERATTE verpflichtet, jedes Quartal mindestens eines der vom Club angebotenen Bücher zu kaufen. Kommt ein Clubmitglied dieser Verpflichtung nicht nach, wird ihm der „Bestseller des Monats“ zugesandt. Rund 25 Prozent der insgesamt circa 800 im Quartal angebotenen Buchtitel sind Neuerscheinungen im Clubsortiment. Die Mindestdauer einer Mitgliedschaft beträgt im BUCHCLUB LESERATTE zwei Jahre. Vertrieben werden die Bücher sowohl auf dem Versandweg als auch über 208 Clubfilialen, in denen die Mitglieder das Clubsortiment begutachten und erwerben können. Um den Mitgliedern stets einen Überblick über die vom Club angebotenen Bücher zu ermöglichen, wird ihnen jedes Quartal ein Katalog mit den zur Verfügung stehenden Titeln zugeschickt. Der Umsatz des BUCHCLUBS LESERATTE wird derzeit zu 75 Prozent über die Filialen des Clubs und zu 25 Prozent über das Versandgeschäft erwirtschaftet.

2.1 Markt- und Wettbewerbssituation

Ein Buch ist ein komplexes Gefüge aus verschiedenen Rechten und Lizenzen. Es besteht aus mehreren Teilen und besitzt vielfältige **Vermarktungsmöglichkeiten.** So setzen sich die Rechte an einem Buch aus den Rechten zur Vermarktung des Buches als Hardcover-Ausgabe, Clubausgabe und Taschenbuch sowie an Titelbild, Klappentext, Vertriebsregionen, Zeitraum der Vermarktung und zur Übersetzung zusammen. Üblicherweise wird ein Buch zunächst als Hardcover-Version eines Verlages veröffentlicht und unterliegt dabei in der Regel der Preisbindung, d. h., alle Buchhändler haben das Buch zu einem einheitlichen Preis an den Konsumenten zu verkaufen. Frühestens sechs Monate nach der Veröffentlichung des Buches als Hardcover-Version durch den Verlag erscheint das Buch als Hardcover-Clubausgabe, falls es in das Clubsortiment aufgenommen wird. Der Preisunterschied zwischen der preiswerteren Clubausgabe und der regulären Hardcover-Version beträgt dabei durchschnittlich 20 Prozent. Die dritte Version des Buches ist das Taschenbuch, das circa zwei Jahre nach der Ersterscheinung, parallel mit Nachauflagen der regulären Hardcoverversion, auf den Markt kommt.

Der Buchmarkt in Deutschland erlebt seit 1994 wertmäßig ein leichtes Wachstum (vgl. Abbildung 11-2-1).

Abbildung 11-2-1 **Marktanteile unterschiedlicher Vertriebswege am deutschen Buchmarkt 1994–1997**

	1994		1995		1996		1997	
	Mio. EUR	%	Mio. EUR	%	Mio. EUR	%	Mio. EUR	%
Sortimentbuchhandel	4.960	60,7	5.094	60,2	5.258	59,7	5.307	59,3
Sonstige Verkaufsstellen	773	9,5	800	9,5	842	9,6	842	9,4
Warenhäuser	413	5,1	424	5,0	430	4,9	416	4,7
Reise- und Versandbuchhandel	525	6,4	540	6,4	593	6,7	621	6,9
Verlage direkt	1.147	14,0	1.248	14,7	1.343	15,2	1.422	15,9
Buchgemeinschaften/ Buchclubs	353	4,3	353	4,2	348	3,9	341	3,8
Insgesamt	8.171	100,0	8.458	100,0	8.813	100,0	8.950	100,0

GABLER GRAFIK

Im Jahre 1997 entfiel mit über 59 Prozent der größte Teil des Buchumsatzes in Deutschland auf den Sortimentbuchhandel. Darüber hinaus werden Bücher in Deutschland insbesondere direkt über die Verlage sowie über Warenhäuser, Buchgemeinschaften/Buchclubs, den Reise- und Versandbuchhandel (ohne Clubgeschäft) sowie sonstige Verkaufsstellen, wie z. B. den Bahnhofsbuchhandel, verkauft. Insbesondere die Warenhäuser und die Buchgemeinschaften leiden dabei in den letzten Jahren unter sinkenden Marktanteilen. Zunehmende Bedeutung erlangt demgegenüber seit einigen Jahren der Versandbuchhandel über das Internet, der aufgrund der steigenden Akzeptanz dieses Mediums bereits zu einem sehr ernsthaften Konkurrenten des stationären Buchhandels geworden ist. Bei den stationären Buchhändlern ist gegenwärtig bei rückläufigen Umsätzen eine zunehmende Konzentration auf einige wenige Buchhandelsketten zu beobachten, die mit großflächigen Store-Konzepten entgegen dem Branchentrend in Umsatz und Gewinn deutlich wachsen.

Eine Besonderheit des deutschen Buchmarktes ist die **Buchpreisbindung** auf Basis der §3 15 und 16 GWB, nach der die Verlage dem Handel die Endverbraucherpreise für Bücher vorschreiben können. Eine Ausnahme bilden in diesem Zusammenhang die Ausgaben der Buchgemeinschaften und Buchclubs, deren Preisgestaltung den Clubs überlassen ist. Deren Abgabe an den Endverbraucher ist dabei allerdings an verschiedene Kriterien gebunden, die auszugsweise in Abbildung 11-2-2 wiedergegeben sind.

Abbildung 11-2-2 Kriterien für den Verkauf von Buchgemeinschaftsausgaben

Mitgliedschaftsbindung	Die Mitgliedschaftsbindung ist unabdingbare Voraussetzung. Sie beinhaltet, dass ein Kunde sich verpflichtet, mindestens ein Jahr Mitglied zu bleiben und jährlich mehrere Artikel von der Buchgemeinschaft zu kaufen.
Zeitabstand	Der Zeitabstand, mit dem die Buchgemeinschaftsausgabe nach der Originalausgabe erscheinen darf, wird zwischen dem lizenzgebenden Verlag und der Buchgemeinschaft vereinbart. Wünschenswert und üblich ist ein Zeitabstand von neun bis zwölf Monaten. Mindestens beträgt er jedoch 6 Monate.
Ausstattungsunterschied	Beim Ausstattungsunterschied kommt es gemäß der Formulierung des Bundeskartellamtes auf die „äußere Anmutung" an: Papier und Satz dürfen identisch sein, nicht jedoch der Einband und der Schutzumschlag. Der „normale" Buchkäufer muss beim Vergleich den Eindruck gewinnen, dass es sich um zwei unterschiedliche Bücher handelt.
Preisabstand	Bei der Preisdifferenz gilt folgender Grundsatz: je kleiner der zeitliche Abstand zwischen dem Erscheinen der Original- und der Buchgemeinschaftsausgabe ist, desto kleiner muss auch der Preisunterschied gehalten werden.

GABLER GRAFIK

Zunehmend wird im Zuge einer zunehmenden **Marktliberalisierung** die Aufhebung der Buchpreisbindung in den deutschsprachigen Ländern diskutiert. Wenngleich sich die Verlage und Buchhändler bisher erfolgreich gegen die Aufhebung der Buchpreisbindung zur Wehr setzen konnten, rechnet die Branche in absehbarer Zeit mit einer Beendigung dieser Regelung. Bei einem Wegfall der Buchpreisbindung geht die Branche nicht nur von einem stark zunehmenden Preiswettbewerb aus, sondern rechnet in dessen Folge auch mit einer wachsenden Konzentration seitens der Buchhändler. Des Weiteren wird angenommen, dass insbesondere der Internetbuchhandel aufgrund erheblicher Kostenvorteile, die dann an die Endverbraucher weitergegeben werden könnten, von einer Aufhebung der Buchpreisbindung profitieren dürfte. Den Buchclubs würde demgegenüber weitgehend die Geschäftsgrundlage entzogen, da der von den Mitgliedern als wesentlich empfundene Nutzenvorteil eines Buchclubs in der Preisgünstigkeit im Vergleich zum stationären Buchhandel liegt und bei Aufhebung der Buchpreisbindung entfallen würde.

2.2 Abnehmer- und Unternehmenssituation

Im internationalen Vergleich können die Deutschen als Vielleser bezeichnet werden. Im für den Buchclub relevanten Markt der über 14-Jährigen kauften 1998 zwar rund 28,5 Mio. Bürger im Laufe eines Jahres kein Buch, doch mit rund 27 Mio. Deutschen kaufte ein fast ebenso großer Anteil dieser Altersgruppe der Bevölkerung mehr als drei Bücher pro Jahr. 13,4 Mio. Bundesbürger erwerben jährlich zwischen ein und drei Bücher.

Grundsätzlich sehen Mitglieder und Nichtmitglieder die **Vor- und Nachteile einer Clubmitgliedschaft** ähnlich. Positiv werden insbesondere die Preisvorteile und die Möglichkeit der Vorauswahl im Katalog zu Hause gesehen. Zudem sprechen die im Rahmen der Freundschaftswerbung vergebenen Prämien die Menschen an. Auch das mitgliederfreundliche Inkassoverfahren des Buchclubs wird besonders positiv bewertet. Als erster Buchclub hat der BUCHCLUB LESERATTE vor fünf Jahren Mitgliederkonten eingerichtet. Die Clubmitglieder können das ganze Jahr über Bücher kaufen, die ihnen erst zum 31.12. des Kalenderjahres per Lastschriftverfahren in Rechnung gestellt werden. Die Verpflichtung, jedes Quartal mindestens ein Buch abzunehmen, wird von den Konsumenten demgegenüber zunehmend negativ wahrgenommen.

Abbildung 11-2-3 Imageanalyse des BUCHCLUBS LESERATTE 1992 und 1999

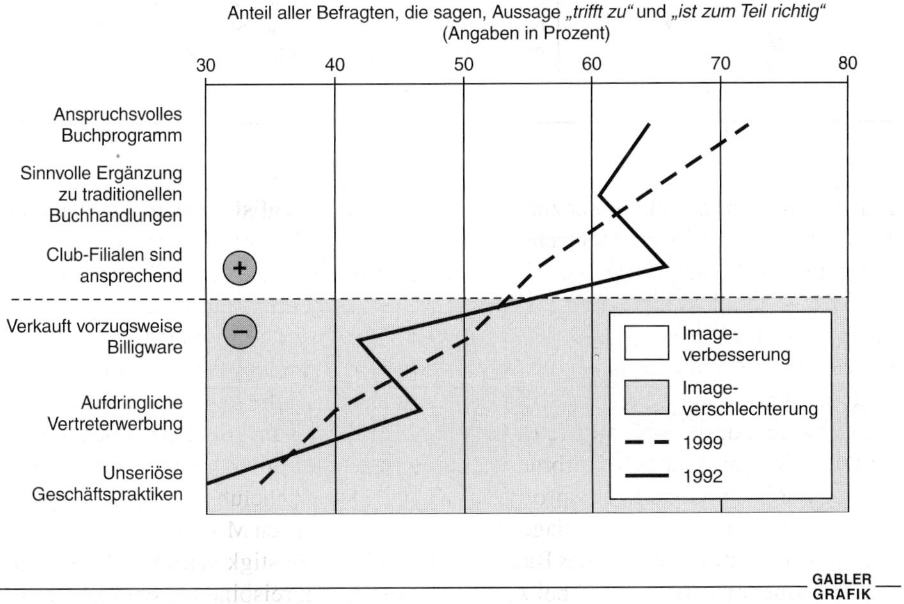

Eine aktuelle Umfrage aus dem Jahr 1999 hat ergeben, dass knapp 70 Prozent der Clubmitglieder und 90 Prozent der Gesamtbevölkerung die Verpflichtung zur Buchabnahme als unangenehm und belastend empfinden. Im Jahre 1990 lagen diese Werte noch bei 59 Prozent (Clubmitglieder) bzw. 85 Prozent (Gesamtbevölkerung). Darüber hinaus liegt der Geschäftsleitung des Buchclubs eine Imageanalyse im Zeitvergleich vor, aus der die Beurteilung zentraler Einstellungen der Clubmitglieder gegenüber dem BUCHCLUB LESERATTE hervorgeht. Die Ergebnisse dieser Imageanalyse sind in Abbildung 11-2-3 wiedergegeben.

Der bereits erwähnte **Rückgang der Marktanteile** der Buchclubs spiegelt sich auch deutlich in der Entwicklung der Mitglieder-, Umsatz- und Ertragszahlen des BUCHCLUBS LESERATTE wider (Abbildung 11-2-4).

Abbildung 11-2-4 Geschäftsentwicklung des BUCHCLUBS LESERATTE 1996–1999

	1996	1997	1998	1999
Mitgliederanzahl zum 31.12. des Vorjahres (in Tsd.)	1.800	1.770	1.710	1.610
Neue Mitglieder zum 1.1. des Jahres (in Tsd.)	50	40	30	25
Mitgliederkündigungen zum 31.12 des Jahres (in Tsd.)	80	100	130	135
∅-Anzahl gekaufter Bücher p. a./ Mitglieder	6,8	6,7	6,3	6,0
∅-Buchpreis in EUR	16,62	16,37	16,11	15,09
∅-Deckungsbeitrag/Buch in EUR	3,32	3,22	3,17	3,07
Umsatz p. a. (in Mio. EUR)	209,13	198,50	176,62	148,03
Ergebnis der gewöhnlichen Geschäftstätigkeit (in Mio. EUR)	20,78	13,00	1,74	–13,15
∅-Dauer der Clubmitgliedschaft (in Jahren)	7,4	7,1	6,8	6,4
∅-Alter der Clubmitglieder (in Jahren)	45,7	46,1	46,8	48,0

GABLER GRAFIK

Seit 1996 ist die Mitgliederzahl kontinuierlich gesunken. Ein gleichzeitiger Anstieg des Durchschnittsalters der Clubmitglieder verdeutlicht, dass sich insbesondere junge Menschen nicht mehr von dem Konzept und Angebot des Buchclubs angesprochen fühlen. Neben dem Rückgang der Mitgliederzahlen und dem Anstieg des Durchschnittsalters der Clubmitglieder ist die Geschäftsleitung über die Entwicklung zweier weiterer, für das Clubgeschäft relevanter Kennzahlen besorgt. Zum einen ist ein deutlicher Rückgang der durchschnittlichen Dauer der Clubmitgliedschaft festzustellen. Zum anderen nimmt auch bei den bestehenden Clubmitgliedern die Anzahl der jährlich erworbenen Bücher kontinuierlich ab. Dabei hat der Buchclub festgestellt, dass dieser Rückgang der erworbenen Bücher nicht auf ein verändertes Leseverhalten der Mitglieder zurückzuführen ist. Vielmehr beziehen die Clubmitglieder einen wachsenden Anteil der von ihnen gekauften Bücher im Sortimentbuchhandel sowie bei den übrigen Wettbewerbern. Bei Fortführung der Geschäftsaktivitäten wie bisher prognostiziert die Geschäftsleitung des BUCHCLUBS LESERATTE die Geschäftsentwicklung für die kommenden Jahre wie in Abbildung 11-2-5 dargestellt.

Abbildung 11-2-5 Prognose der Geschäftsentwicklung des BUCHCLUBS LESERATTE für 2000–2003 (ohne Sonderaktionen)

	2000	2001	2002	2003
Mitgliederanzahl zum 31.12. des Vorjahres (in Tsd.)	1.500	1.450	1.410	1.410
Neue Mitglieder zum 1.1. des Jahres (in Tsd.)	50	60	80	100
Mitgliederkündigungen zum 31.12. des Jahres (in Tsd.)	100	100	80	80
∅-Anzahl gekaufter Bücher p. a./ Mitglieder	5,9	5,9	6,0	6,1
∅-Buchpreis in EUR	15,09	15,09	15,35	15,35
∅-Deckungsbeitrag/Buch in EUR	3,07	3,07	3,17	3,22
Umsatz p. a. (in Mio. EUR)	137,99	134,43	129,82	141,35
Ergebnis der gewöhnlichen Geschäftstätigkeit (in Mio. EUR)	–5,37	0	54,22	10,38
∅-Dauer der Clubmitgliedschaft (in Jahren)	7,4	7,1	6,8	6,24
∅-Alter der Clubmitglieder (in Jahren)	45,7	46,1	46,8	48,0

GABLER GRAFIK

2.3 Marketingmaßnahmen

Vor diesem Hintergrund hat die Geschäftsleitung bereits drastische Einsparungen in der Verwaltung sowie im Vertrieb angekündigt, um hierdurch die Kostensituation zu verbessern. Darüber hinaus sieht sie jedoch auch die Notwendigkeit, absatzpolitische Maßnahmen zu ergreifen, mit denen die negative Geschäftsentwicklung gestoppt und der Buchclub auch auf der Ertragsseite wieder in erfolgreichere Bahnen gelenkt werden kann. Im Rahmen eines Sofortprogramms ist die Geschäftsleitung bereit, für derartige Maßnahmen ein Budget von drei Mio. EUR zur Verfügung zu stellen. Die Marketingabteilung des Buchclubs erarbeitet daraufhin verschiedene Konzepte, mit denen die Situation des Clubs zu verbessern ist. Von der Vielzahl unterschiedlicher Maßnahmen zieht die Geschäftsleitung schließlich drei Maßnahmen, die jeweils drei Mio. EUR kosten und daher nur alternativ eingesetzt werden können, in die engere Auswahl.

1. Maßnahme: Neukundengewinnung durch Freundschaftswerbung

Im Rahmen einer Aktion zur Neukundengewinnung erhalten Clubmitglieder besonders attraktive Präsente, wenn sie eine Person aus ihrem Freundes- oder Bekanntenkreis als neues Clubmitglied werben. Die Marketingleitung geht davon aus, dass fünf Prozent der zum 31.12.1999 existierenden Clubmitglieder im Rahmen dieser Sonderaktion zur Freundschaftswerbung neue Mitglieder werben würden. Erfahrungen des Clubs im Bereich der Freundschaftswerbung lassen darauf schließen, dass die Anzahl der von den geworbenen Neumitgliedern gekauften Bücher ebenso wie der Durchschnittspreis und der Deckungsbeitrag der gekauften Bücher dem der übrigen Clubmitglieder entspricht. Allerdings zeigen Erfahrungen des Clubs, dass 50 Prozent der im Rahmen von Freundschaftswerbungen gewonnenen Mitglieder nach der Mindestdauer der Mitgliedschaft von zwei Jahren wieder aus dem Club austreten. Am Ende des dritten Jahres kündigen in der Regel weitere 15 Prozent der so geworbenen Mitglieder. Die restlichen 35 Prozent der neuen Mitglieder bleiben mindestens vier Jahre dem Club treu.

2. Maßnahme: Intensivierung der Geschäftsbeziehung zu bestehenden Clubmitgliedern

Der zum 31.12.1999 bestehende Mitgliederbestand des Buchclubs wird im Rahmen einer Direct-Mail-Aktion gezielt auf die Vorteile des Buchclubs hingewiesen. Dabei wird im Vorfeld der Aktion für jedes Clubmitglied ein spezifisches Leseprofil ermittelt. Auf Basis dieses Leseprofils werden dem Mitglied in einem individuell verfassten Brief Anregungen zum Kauf mehrerer Bücher aus dem Clubsortiment gegeben, die ihn voraussichtlich besonders interessieren. Die Geschäftsleitung geht davon aus, dass diese Maßnahme bei 30 Prozent der angeschriebenen Clubmitglieder zu zusätzlichen Buchkäufen führt. Durchschnittlich wird bei diesen Clubmitgliedern ein einmaliger zusätzlicher Absatz von zwei Büchern im Jahr 2000 erwartet. Der Buchpreis dieser zusätzlich verkauften Bücher liegt drei EUR über dem sonst üblichen Durchschnittspreis. Allerdings kosten diese Bücher den Verlag in der Produktion auch einen EUR mehr als der Durchschnitt der sonst im Jahr 2000 verkauften Bücher.

3. Maßnahme: Rückgewinnungsmanagement ausgetretener Clubmitglieder

Der BUCHCLUB LESERATTE hat festgestellt, dass viele Mitglieder den Club verlassen, weil sie nur unzureichend über die Möglichkeit einer telefonischen Bestellung und den damit einhergehenden geringeren Bestellaufwand informiert sind. Auch fühlen sich viele Clubmitglieder nicht hinreichend betreut und kündigen daher ihre Mitgliedschaft auf. Im Rahmen eines Rückgewinnungsmanagements könnte der Club durch die Implementierung neuronaler Netze kündigungsgefährdete Clubmitglieder erkennen, gezielt ansprechen und zum Verbleib im Buchclub bewegen. Erfahrungen aus Buchclubs in Amerika lassen darauf schließen, dass hierdurch ab dem Jahr 2000 (einschließlich) jährlich 15 Prozent der prognostizierten Mitgliederkündigungen abgewendet werden könnten.

Langfristig überlegt die Geschäftsführung des Buchclubs, angesichts der von der Branche erwarteten Aufhebung der Buchpreisbindung seine **Geschäftsaktivitäten über den Buchclub hinaus zu erweitern.** Alternativ werden hierfür zwei Möglichkeiten diskutiert. Zum einen erscheint die Errichtung eines (nicht clubgebundenen) Internetbuchhandels sinnvoll, da sich in Deutschland erst zwei größere Anbieter hierfür etabliert haben und die Geschäftsleitung Potenzial für mindestens einen weiteren Internetanbieter sieht. Zum anderen erscheint ein Einstieg in den stationären Fachbuchhandel Erfolg versprechend. Vorhandene Clubfilialen könnten ausgebaut und hierdurch um einen öffentlichen Nichtclub-Bereich erweitert werden. Eine Neueröffnung zusätzlicher Filialen in zentraler Lage von Großstädten wäre jedoch zusätzlich erforderlich.

2.4 Aufgaben zur Fallstudie BUCHCLUB LESERATTE AG

a. Kennzeichnen Sie im Rahmen einer SWOT-Analyse die Schlüsselprobleme (Key Issues), vor die das Management des BUCHCLUBS LESERATTE gestellt ist.

b. Erstellen Sie einen Kriterienkatalog, mit dessen Hilfe der Geschäftsleitung die Entscheidung für eine der beiden Alternativen zur strategischen Neupositionierung (Internetbuchhandel vs. Einstieg in den stationären Sortimentshandel) erleichtert wird. Zu welcher Alternative würden Sie der Geschäftsführung raten? Begründen Sie Ihre Entscheidung.

c. Entwickeln Sie Entscheidungskriterien für die Beurteilung der alternativen Maßnahmen (unternehmens-, markt-, konkurrenzbezogen). Nehmen Sie eine Beurteilung der Maßnahmen vor und schlagen Sie eine der Alternativen der Geschäftsführung vor. Begründen Sie Ihre Entscheidung.

d. Skizzieren Sie ein Konzept für die drei alternativen Maßnahmen der Neukundenakquisition (Maßnahme 1), Kundenbindung (Maßnahme 2) und Kundenrückgewinnung (Maßnahme 3) und entwickeln Sie Einzelmaßnahmen für den Einsatz eines Marketingmix.

e. Skizzieren Sie einen Messansatz zur Kosten-Analyse für die drei alternativen Maßnahmen.

f. Welche Methoden könnten zur Identifizierung abwanderungsgefährdeter Kunden und Ermittlung der Abwanderungsursachen eingesetzt werden?

3. Fallstudie CITYDRIVE

3.1 Markt- und Wettbewerbssituation

In Deutschland haben sich seit 1956 mehrere Dienstleister etabliert, die Mitfahrgelegenheiten in privaten Pkw gegen ein Vermittlungsentgelt am Markt anbieten. Dabei übernehmen diese Anbieter – so genannte Mitfahrzentralen – die Funktion eines „Brokers", indem sie Angebot und Nachfrage von Fahrern und Mitfahrern sammeln und ausgleichen **(„Matching").** Eine besonders dynamische Entwicklung konnte die Branche mit Beginn der zweiten Ölkrise in den Jahren 1980 und 1981 verzeichnen, in denen das Mitfahrgeschäft auch ohne jegliche Marketingmaßnahmen hohe Gewinn- und Wachstumsraten aufwies.

Investitionen in EDV-Lösungen, die einer optimierten Abwicklung des Kerngeschäfts dienen, führten in den Folgejahren zu einer steigenden finanziellen Belastung der oft inhabergeführten Mitfahrzentralen. Häufig fehlte den Inhabern zudem kaufmännisches Know-how zur effizienten Steuerung ihrer Unternehmen. Darüber hinaus gerieten Mitfahrangebote unter zunehmenden Druck preisgünstiger Bahnreisen, zu denen u. a. das „Guten-Abend-Ticket" (39 EUR in der Zeit von 19.00 bis 02.00 Uhr auf jeder Strecke innerhalb Deutschlands (Hin- und Rückfahrt), Wochenendzuschlag 10 EUR, ICE-Zuschlag 7 EUR), das „Wochenendticket" (gültig nur am Wochenende für 28 EUR auf allen Strecken (Hin- und Rückfahrt) für maximal fünf Personen, nur Nahverkehrszüge) sowie die Bahncard (50 Prozent Ermäßigung auf alle Fahrten zum einmaligen Anschaffungspreis von 100 EUR für Schüler/Studierende und 200 EUR regulär, gültig jeweils für ein Jahr) zählen. Vor diesem Hintergrund sank die Zahl von 100 Mitfahrzentralen-Büros im Jahre 1993 auf 50 Büros im Jahre 1998, wenngleich sich durch gehäuft auftretende Problemfälle bei der Deutschen Bahn AG in letzter Zeit eine leichte Erholung für das Mitfahrgeschäft abzeichnet.

Die **Hauptwettbewerber** im Mitfahrgeschäft sind in zwei unterschiedlichen Verbänden organisiert. Zum Car-Broker e. V. zählen derzeit 17 Büros, die als rechtlich und wirtschaftlich selbständige Unternehmen in Form von Gesellschaften bürgerlichen Rechts (GbR) geführt werden. Bei Wahrung ihrer Unabhängigkeit operieren sie unter der gemeinsamen Marke „CITYDRIVE", die deutlich sichtbar an den Bürogebäuden erscheint und auch im Schriftverkehr sowie auf Informationsblättern verwendet wird. CITYDRIVE ist in 17 großen deutschen Städten vertreten. Direkte Konkurrenz zu dem Hauptwettbewerber, der sich unter dem Dachverband Autoexpress e. V. organisiert hat und mit der Marke „MITFAHRCENTRUM" am Markt in folgenden Städten auftritt: Berlin, Düsseldorf, Frankfurt, Göttingen, Hamburg, Heidelberg, Köln, München, Nürnberg und Stuttgart. CITYDRIVE ist bis auf Frankfurt Marktführer in allen diesen Städten.

Sorge bereitet allen Mitfahrzentralen die Tatsache, dass trotz einer insgesamt steigenden Nachfrage nach Mobilität innerhalb Deutschlands ein Rückgang des Vermittlungsaufkommens zwischen 1993 und 1998 in Höhe von 60 Prozent zu verzeichnen ist (von 1,2 Mio. vermittelten Mitfahrern im Jahre 1993 auf 720.000 im Jahre 1998). 1993 vereinten die Mitfahrzentralen circa 0,5 Prozent aller Fernreisen (ab 100 km Entfernung) auf sich. Untersuchungen eines Marktforschungsinstituts zufolge beläuft sich das bundesweite Marktpotenzial für die Vermittlung von Mitfahrgelegenheiten auf aktuell circa 30 Mio. EUR Vermittlungsgebühr. Im Jahre 1997 belief sich der Vermittlungsumsatz bundesweit auf circa 10 Mio. EUR, während die Mitfahrer circa 13 Mio. EUR als Betriebskostenbeteiligung an die Fahrer zahlten.

3.2 Geschäftsidee

Der typische Ablauf eines Mitfahrgeschäfts stellt sich wie folgt dar: Mitfahrer können ihren Reisewunsch telefonisch der Mitfahrzentrale mitteilen und erhalten sofort das in der EDV vorhandene Angebot. Falls kein entsprechendes Angebot vorliegt, wird der Anrufer in eine Gesucheliste aufgenommen. Fahrer melden ihre freien Sitzplatzkontingente ein bis sieben Tage vor der Abfahrt bei der Mitfahrzentrale und erhalten von den Mitfahrern eine Betriebskostenbeteiligung. Während Mitfahrer eine Vermittlungsprovision an die Mitfahrzentrale entrichten, ist die Vermittlung für die Fahrer kostenlos.

Neben der Kernleistung **„Vermittlung von Mitfahrgelegenheiten"** bieten fast alle am Markt etablierten Mitfahrzentralen – auch CITYDRIVE und MITFAHRCENTRUM – weitere Dienstleistungen an, wie beispielsweise Busreisen, klassische Reisebüroleistungen, Touristen-Informationen sowie Mitwohnangebote (Vermittlung von Mietwohnungen zur zeitlich begrenzten Nutzung). Bei CITYDRIVE betragen die aus dem klassischen Mitfahrgeschäft realisierten Umsätze derzeit mit leichten regionalen Schwankungen im Durchschnitt etwa 60 Prozent des Gesamtumsatzes.

Bezüglich der Preisgestaltung ergeben sich beispielsweise ab Hamburg die in Abbildung 11-3-1 dargestellten Preise für unterschiedliche Ziele.

Als ärgerlich hat sich in der Vergangenheit erwiesen, dass einige CITYDRIVE-Büros den Mitfahrern mitgeteilt haben, dass die zu entrichtende Betriebskostenbeteiligung um so geringer ausfällt, je mehr Mitfahrer im Auto sitzen. Hierdurch kam es zwischen Fahrer und Mitfahrern öfter zum Streit über die Höhe der zu entrichtenden Summe. Falls die Mitfahrer einen Haus-zu-Haus-Service wünschen, empfiehlt CITYDRIVE den Fahrern, einen angemessen höheren Preis von den Mitfahrern zu verlangen (je nach Zeitaufwand).

Abbildung 11-3-1 **Betriebskosten und Vermittlungsgebühren für verschiedene Destinationen ab Hamburg (Angaben in EUR)**

Ziel	Betriebskosten-beteiligung	Vermittlungs-gebühr	Summe (für Mitfahrer)
Amsterdam	14,–	10,–	24,–
Berlin	9,–	5,–	14,–
Frankfurt	15,–	6,–	21,–
Köln	14,–	5,–	19,–
Paris	28,–	15,–	43,–

GABLER GRAFIK

CITYDRIVE verfügt über eine Adressdatenbank, in der alle bereits einmal aktiv gewordenen **Fahrer** enthalten sind. In der Regel kann bei den Fahrern von einer relativ hohen bürobezogenen Loyalität und persönlicher Verlässlichkeit ausgegangen werden. Erfahrungswerten zufolge kommt es in zehn Prozent aller Fahrten zu Unpünktlichkeiten seitens des Fahrers, wobei Verspätungen von mehr als 20 Minuten die absolute Ausnahme bilden. Zu berufs- oder krankheitsbedingten Fahrtausfällen bzw. -verschiebungen kommt es in zwei bis fünf Prozent der Fälle, die in der Regel durch das Angebot von Ersatzfahrten abgefedert werden können, ohne dass sich nachteilige Auswirkungen für die Mitfahrer ergeben.

Der Grund für die Fahrer, eine Mitfahrgelegenheit in ihrem Pkw anzubieten, liegt erfahrungsgemäß in der finanziellen Beteiligung des Mitfahrers an der Fahrt. Zudem sind einige Personen, insbesondere über weitere Strecken, nicht gern allein unterwegs. Als Gründe, die aus Sicht potenzieller Fahrer gegen ein Mitfahrangebot sprechen, sind vornehmlich Vorurteile (Misstrauen/Angst, Fremde mitzunehmen) und schlechte Erfahrungen aus erster oder zweiter Hand („Mund-zu-Mund-Kommunikation") anzuführen.

Seine Erfahrungen im Umgang mit Kunden, die sich als potenzielle **Mitfahrer** in seinem CITYDRIVE-Büro telefonisch oder persönlich melden, schildert ein Inhaber wie folgt: „Die Risikowahrnehmung der Neukunden ist sehr hoch. Die Fragen richten sich vor allem auf die Person des Fahrers/der Fahrerin, die Route, das Alter des Autos, den Treffpunkt/Absetzpunkt, die Rückfahrtmöglichkeit sowie die Versicherungslage. Bedenken können diesen Kunden aber leicht genommen werden, indem sie z. B. darauf hingewiesen werden, dass der Fahrer uns seit drei Jahren bekannt ist, einen zwei Jahre alten VW Golf fährt und in Stuttgart bis zum Hauptbahnhof fährt. Schon an der Veränderung der Stimme merke ich dann die Erleichterung, mit der die Kundin oder der Kunde reagiert."

Für die Mitfahrer bildet der günstige Preis das Hauptmotiv, sich bei den Mitfahrzentralen nach einer Mitfahrgelegenheit zu erkundigen. Darüber hinaus führen Mitfahrer den Unterhaltungswert einer gemeinsamen Autofahrt sowie den umweltentlastenden Aspekt dieser Form des Reisens als Motiv an, eine Mitfahrgelegenheit zu nutzen.

Die wochentägliche Verteilung der Fahrten ergibt sich wie folgt (Abbildung 11-3-2):

Abbildung 11-3-2 Wochentägliche Verteilung der Fahrten

Montag	Dienstag	Mittwoch	Donnerstag	Freitag	Samstag	Sonntag
9,5 %	9,1 %	10,5 %	13,4 %	27,8 %	10,8 %	18,9 %

GABLER GRAFIK

3.3 Unternehmenssituation CITYDRIVE

Der gestützte Bekanntheitsgrad der CITYDRIVE Mitfahrzentrale liegt bundesweit bei derzeit etwa 15 Prozent. Insgesamt 25 Prozent der bundesdeutschen Bevölkerung kennen andere Mitfahrzentralen, während 60 Prozent keine Mitfahrzentrale bekannt ist. Seit 1993 hat kein CITYDRIVE-Büro eine Werbemaßnahme mehr durchgeführt, da die finanzielle Situation dies nicht zulässt. Erfahrungen deuten aber darauf hin, dass sowohl Fahrer als auch Mitfahrer eine verhältnismäßig **hohe Werbeelastizität** aufweisen. Einige marktorientiert denkende Gesellschafter sind sich der Tatsache bewusst, dass die Marke CITYDRIVE – nicht zuletzt aufgrund partikulärer Interessen der eigenständigen Büros – bisher nur unzureichend genutzt wurde, um die gravierenden wirtschaftlichen Probleme zu lösen.

Um finanzielle Ressourcen für eine Belebung des Marktauftritts zu gewinnen, denkt man in den großen Büros über **Kooperationen mit anderen Institutionen** wie beispielsweise dem Allgemeinen Deutschen Automobil Club (ADAC) nach. Einige Inhaber regen beispielsweise die kostenfreie Schaltung von Werbeanzeigen im ADAC-JugendClubMagazin bei gleichzeitiger Gewährung von günstigeren Vermittlungsgebühren für Jugendliche innerhalb einer solchen Kooperation an. Andere Vorschläge beinhalten das Angebot günstiger Zusatzversicherungen durch den ADAC für Mitfahrer (Unfall-, Weiterreise- und Pannenversicherung) oder die Einbindung von Mitfahrangeboten in die Urlaubsreiseplanung insbesondere der jugendlichen Zielgruppe.

Darüber hinaus schlagen einige CITYDRIVE-Inhaber die Einführung von innovativen Dienstleistungen vor, um zusätzliche Umsatzerlöse zu generieren. Diskutiert werden unter anderem der Eintritt in den Kurierdienstmarkt durch die Nutzung von Fahrern, die in der CITYDRIVE-Datenbank enthalten sind, sowie die Vermittlung von nicht ausgeschöpften Möbeltransportkapazitäten. Gegner dieser Überlegungen haben auf der letzten Verbandssitzung bemängelt, dass man zunächst die Probleme im Kerngeschäft „in den Griff bekommen müsse, bevor man diversifiziere". Eigene Untersuchungen in den CITYDRIVE-Büros haben hier ergeben, dass es im direkten Kundenkontakt an einer professionellen Gesprächsführung mangelt und unter Zeitdruck potenzielle Fahrer und Mitfahrer mitunter „verprellt" werden. Es liegen aber bereits erste Ansätze zur operativen Optimierung der Vermittlungsaktivitäten per Internet vor.

3.4 Marketingentscheidungen

Mitfahrer und Fahrer wurden bisher hauptsächlich durch Kleinanzeigen in der lokalen Presse sowie durch Werbeblätter, Aushänge und vor allem durch Mund-zu-Mund-Kommunikation akquiriert. Um die Anfragen der Mitfahrer und die Angebote der Fahrer abzustimmen, erfolgt das Matching bei CITYDRIVE zur Zeit über die persönliche Kommunikation in den eigenen Büroräumen, in deren Zuge ein Standardformular auszufüllen und zu unterschreiben ist. Die persönlichen Angaben von Fahrern und Mitfahrern werden in einer Datenbank gespeichert und können zur Kontrolle oder für zukünftige Fahrten verwendet werden. In diesem etwas umständlichen, traditionellen Verfahren liegt die Vermittlungsquote relativ konstant bei 95 Prozent aller Anfragen seitens der Mitfahrer, d. h., von 100 Mitfahrwünschen können 95 durch die Vermittlung über CITYDRIVE erfüllt werden.

Das jüngst von einem aufgeschlossenen CITYDRIVE-Inhaber vorgeschlagene Matching per Internet sieht sowohl eine internetbasierte Akquise von Kunden als auch die papierlose Vermittlung von Fahrer und Mitfahrer vor. Gegen Nennung der Kreditkartennummer erhalten die Mitfahrer die notwendigen Daten; die Vermittlungsgebühr wird nach angetretener Fahrt automatisch abgebucht. Erste Voruntersuchungen haben ergeben, dass lediglich mit einer Vermittlungsquote von 70 Prozent zu rechnen ist. Zudem treten bei bereits vermittelten und absolvierten Fahrten Inkassoschwierigkeiten auf, die bei zehn Prozent der Mitfahrer zu einem vollständigen Umsatzausfall für CITYDRIVE führen. Als vielversprechend hat sich das **Marktpotenzial** erwiesen: In den ersten drei Monaten (90 Tage) nach der Einführung des Internet Matching ist mit 70 Prozent mehr Anfragen als bisher zu rechnen und ab dem vierten Monat verdoppeln sich die Anfragen gegenüber dem traditionellen Verfahren. Die Vermittlungsquote steigt darüber hinaus ab dem fünften Monat aufgrund von Erfahrungseffekten von 70 auf 75 Prozent.

Für die Anschaffung der für das Internet Matching notwendigen Ausstattung mit Computer-Hard- und Software fallen für ein halbes Jahr lang Leasingraten in Höhe von 1.500 EUR an. Die Betreuung des Matching erfordert zusätzliche fixe Personalkapazitäten. Die auf einen Planungshorizont von n = 6 Monate bezogenen Daten sind in den Abbildung

11-3-3 (Anzahl Anfragen) und Abbildung 11-3-4 (Umsatz-/Kostendaten) enthalten. Für den Zeitraum nach n = 6 ist zunächst von einer Konstanz des internetspezifischen Marktvolumenvorteils sowie der Vermittlungsquote aus dem sechsten Monat auszugehen.

Abbildung 11-3-3 Prognostizierte Anfragen von Mitfahrern bei CITYDRIVE (Traditionelles Matching)

Monat	1	2	3	4	5	6
Anfragen pro Tag	85	80	90	105	100	95

GABLER GRAFIK

Abbildung 11-3-4 Umsatz- und Kostendaten von CITYDRIVE (Angaben in EUR)

	Traditionelles Matching	Internet-Matching
Vermittlungsprovision pro Buchung	6,–	5,–
Transaktionskosten pro Buchung	3,5	2,5
Monatliche Fixkosten		
■ Ladenmiete	2.000,–	2.000,–
■ Telefonanlage	250,–	250,–
■ Versicherungen	150,–	150,–
■ Personal	400,–	400,–
Personalbetreuung der Internet-Hard- und Software		320,80 pro Monat
Leasingrate für das Internet-Matching-System (Laufzeit: 6 Monate)		2.500,– pro Monat

GABLER GRAFIK

3.5 Aufgaben zur Fallstudie CITYDRIVE

a. Zeigen Sie unter Berücksichtigung der Dienstleistungsbesonderheiten auf, welche Ansatzpunkte sich für das strategische und operative Marketing der CITYDRIVE-Büros ergeben, um den weiteren Umsatzrückgang im Kerngeschäft aufzuhalten und mittelfristig in die Wachstumszone zurückzukehren. Gehen Sie dabei sowohl auf den Beschaffungsmarkt (Fahrer) als auch auf den Absatzmarkt (Mitfahrer) ein.

b. Diskutieren Sie vor dem Hintergrund der Markt- und Unternehmenssituation die unterschiedlichen Optionen „Kooperation mit ADAC" vs. „Markteintritt in Kurierdienst/Möbeltransport", um eine Verbesserung der Wettbewerbsposition für die CITYDRIVE herbeizuführen. Gehen Sie auch auf die Risiken ein, die für CITYDRIVE mit den unterschiedlichen Optionen verbunden sind.

c. Führen Sie eine Break-Even-Analyse für das traditionelle und das Internet Matching durch.

d. Welche weiteren, nicht-ökonomischen Faktoren sind bei der Entscheidungsfindung zu berücksichtigen?

4. Fallstudie CRANE AIR

4.1 Allianzen im Luftverkehr

Im weltweiten Luftverkehr lassen sich in letzter Zeit vermehrt Kooperationen zwischen verschiedenen Fluggesellschaften beobachten. Die Zusammenarbeit gipfelt in so genannten strategischen Allianzen, in denen sich Wettbewerber zusammenschließen, um gemeinsam Wettbewerbsvorteile gegenüber einzeln operierenden Fluggesellschaften oder konkurrierenden **strategischen Allianzen** aufzubauen. Hintergrund dieser Entwicklung sind zum einen die nach wie vor unter staatlicher Hoheit stehenden Luftverkehrsrechte, die Voraussetzung für den Flugbetrieb sind. So ist es europäischen Fluggesellschaften beispielsweise nicht erlaubt, einen eigenständigen Flugbetrieb innerhalb der USA aufzubauen. Vielmehr dürfen sie lediglich Zwischenlandungen vornehmen. Durch strategische Allianzen mit nationalen Fluggesellschaften können sich ausländische Anbieter dagegen Zugang zum Markt verschaffen. Zum anderen begünstigen die knappen Start- und Landerechte („Slots") an Flughäfen die Entstehung von strategischen Allianzen. Die Slots liegen in Europa in der Regel größtenteils bei den ehemals staatlichen Fluggesellschaften und benachteiligen oft die ausländischen Airlines, indem diese gezwungen sind, ungünstige Abflug- und Landezeiten oder mit einer geringeren Flughäufigkeit zu akzeptieren.

Weltweit haben sich im Luftverkehr bisher fünf **Allianz-Netzwerke** etabliert, die eine möglichst globale Marktabdeckung anstreben, um ihren Kunden ein großes Streckennetz anbieten zu können. Zu diesem Zweck werden Strecken ausgewählt, deren Vernetzung allen Partnern größtmöglichen Nutzen stiftet. Der in den USA operierenden Easy Bird ist es beispielsweise gelungen, durch die Allianz mit der deutschen CRANE AIR eine vorteilhafte Marktposition in Europa aufzubauen. CRANE AIR wiederum verbindet eine strategische Allianz mit der ostasiatischen Geisha Airlines, die über günstige Start- und Landerechte in mehreren Großflughäfen in Fernost verfügt und auch weitreichende Luftverkehrsrechte in diesem Markt besitzt. Ergänzt wird dieses globale Streckennetz durch kleinere regionale Fluggesellschaften, die oft als Zubringer von kleineren Flughäfen zu Großflughäfen („Drehkreuze") fungieren. Der Air Espresso, einer norditalienischen Regionalfluggesellschaft mit Sitz in Triest, ist es durch die Allianz mit CRANE AIR gelungen, Zugang zu einem großen Streckennetz und einer breiten Vertriebsbasis zu finden. Dieser Zugang wird bei jedem Allianz-Netzwerk durch die Vergabe einer gemeinsamen Flugnummer für einen bestimmten Flug erreicht, die dann sowohl in den Flugplänen als auch in den Buchungssystemen der Reisebüros erscheint.

4.2 Markt- und Wettbewerbssituation

Die Fluggesellschaften unterscheiden beim Absatz ihrer Flugscheine zwischen zwei Absatzstufen. Auf der ersten befinden sich **Reisebüros** und **große Firmen,** die über eigene Reisestellen verfügen und die Reiseabwicklung für ihre Angestellten organisieren. Derzeit setzt die CRANE AIR etwa 85 Prozent ihrer Flugtickets über Reisebüros ab, die vor allem an angemessenen Provisionen, einfacher Buchungsabwicklung und übersichtlicher Angebotsgestaltung interessiert sind. Für Personalschulungen fehlen den meisten Reisebüros Zeit und finanzielle Mittel. Firmenreisestellen, die die restlichen 15 Prozent aller Buchungen verzeichnen, haben in letzter Zeit versucht, günstigere Flugtarife ausfindig zu machen bzw. mit den Fluggesellschaften auszuhandeln.

Gleichzeitig war es aber erforderlich, auf die Bedürfnisse vor allem der leitenden Angestellten eingehen, welche die Reise als Endnutzer tatsächlich unternehmen. Die **Endnutzer** von Flugreisen befinden sich auf der zweiten Absatzstufe und lassen sich nach ihren Nutzenvorstellungen segmentieren. Während die Preissensiblen vor allem an günstigen Tarifen interessiert sind, legen die Flexibilitätsorientierten viel Wert auf eine hohe Anzahl von Verbindungen, gute Anschlussverbindungen und problemloses Umbuchen. Die Service- und Komfortorientierten wollen demgegenüber bequeme Sitze, ein reichhaltiges Getränke- und Mahlzeitenangebot sowie freundliche, individuelle Betreuung an Bord vorfinden.

Unter den Fluggästen ist die Gruppe der so genannten **Vielflieger** besonders hervorzuheben, die aus geschäftlichem Anlass häufig mit dem Flugzeug unterwegs sind und für die Fliegen bereits zur Routine geworden ist. Die Passagiere dieser Gruppe sind in der Regel Mitglieder in Vielfliegerprogrammen, in denen die mit einer bestimmten Fluggesellschaft zurückgelegten Meilen gesammelt werden können. Bei Erreichen einer kritischen Meilengrenze werden dann Gratisflüge fällig, deren Zielorte sich die Vielflieger selbst aussuchen können. Bei der Allianzbildung schließen die Fluggesellschaften ihre Vielfliegerprogramme oft zusammen, so dass die Fluggäste alle innerhalb der Allianz gesammelten Meilen bei dem von ihnen gewählten Programm anerkennen lassen können. Somit gelingt es ihnen, die notwendige Meilenzahl schneller zu erreichen und dann von einem größeren Streckennetz zu profitieren, auf dem die Bonusflüge genutzt werden können.

Die am Markt etablierten Fluggesellschaften lassen sich vereinfacht in **Preis- und Qualitätsbewusste** unterteilen. Während ein optimal abgestimmtes Streckennetz von beiden Gruppen angestrebt wird, versuchen sich Airlines wie ValuStream oder Rush Express über besonders günstige Tarife bei geringem Service und Komfort zu positionieren. Es handelt sich häufig um kleinere Anbieter, die nicht zu den fünf Allianz-Netzwerken zählen. Die Qualitätsbewussten wie beispielsweise CRANE AIR oder Easy Bird suchen dagegen gezielt Partner, die über ein ähnliches Qualitätsniveau verfügen. Sie sind bemüht, positive Imagewirkungen der strategischen Allianz auf ihre eigene Marke zu realisieren. Dies geschieht vor allem über klassische Werbung, in der die Partner mit ihren Unternehmensmarken gemeinsam abgebildet sind. Immer wieder kommt es jedoch vor, dass sich Fluggäste bei der eigentlichen Leistungsinanspruchnahme über Unstimmigkeiten an den Schnittstellen zwischen den unterschiedlichen Allianzpartnern beschweren.

4.3 Marketingentscheidungen

CRANE AIR überlegt, die Strecke Triest-Denver, die bisher allein beflogen wurde, mit den Partnern Air Espresso und Easy Bird gemeinsam zu bedienen. Von der Aufteilung der vier Streckenabschnitte (Triest – München – Frankfurt – Chicago – Denver) auf die drei Fluggesellschaften verspricht sich CRANE AIR eine höhere Profitabilität dieser Strecke, die derzeit von einem einzelnen Konkurrenzanbieter preislich attackiert wird. Durch die Nutzung der lokalen Marktkompetenz der Air Espresso könnten ab Triest mehr Flugreisende gewonnen werden; gleiches gilt für Easy Bird, die durch Aufnahme dieser Strecke in den eigenen Flugplan ebenfalls Mengensteigerungen realisieren könnte. Die **Streckenergebnisrechnung** für die derzeitige Strategie des **Alleingangs** durch CRANE AIR ist in Abbildung 11-4-1 wiedergegeben. Bei einem gegenwärtig durchschnittlichen Flugpreis von 900 EUR für den einfachen Flug (nur Hinflug) befördert die CRANE AIR bei zwei täglichen Flügen insgesamt 400 Passagiere, die die gesamte Strecke Triest-Denver fliegen. An Reisebüros und Firmen ist derzeit eine Provision in Höhe von zehn Prozent zu zahlen. Für jeden Fluggast ist darüber hinaus eine Fluggastgebühr in Höhe von 15 EUR zu entrichten.

Eine **gemeinsame Bedienung** dieser Strecke durch die drei Fluggesellschaften wäre nach ersten Berechnungen der Controlling-Abteilung der CRANE AIR mit verschiedenen Vorteilen verbunden. Durch eine günstigere Kalkulation könnte der Gesamtpreis für ein einfaches Ticket auf durchschnittlich 600 EUR gesenkt werden, wodurch sich die Absatzmenge auf 850 Passagiere auf der Strecke erhöhen würde. Diese Steigerung wäre durch die Bereitstellung eines zusätzlichen Fluges aufzufangen. Ein solcher zusätzlicher Flug würde die derzeitigen Kosten der Bordverpflegung lediglich um 20 Prozent erhöhen, da Größenvorteile im Allianzverbund genutzt werden könnten. Gleiches gilt für die flugabhängigen Kosten, zumal Einkaufsvorteile beim Flugbenzin genutzt werden können. Weiterhin kann die Provision auf acht Prozent gesenkt werden, da die Strecke Triest-Denver nun in das gemeinsame reisebüro- und firmengerichtete „Allianz-Plus-System" (Betreuungs- und Provisionsregelungen) der drei Fluggesellschaften eingebunden wird. Schließlich einigen sich alle Partner darauf, dass Air Espresso den ersten Streckenabschnitt von Triest nach München übernimmt, CRANE AIR die Strecken München-Frankfurt sowie Frankfurt-Chicago und Easy Bird den letzten Abschnitt von Chicago nach Denver operiert. Die Aufteilung der Bruttoerlöse sieht acht Prozent für Air Espresso, 80 Prozent für CRANE AIR und zwölf Prozent für Easy Bird vor. Dieselbe Schlüsselung legt die Controlling-Abteilung der CRANE AIR für die Kosten zugrunde. Als Berechnungsgrundlage dient dabei Abbildung 11-4-1.

Abbildung 11-4-1 Streckenergebnisrechnung Triest-Denver (Angaben in EUR)

Streckenergebnisrechnung für einen einfachen Flug
Triest – München – Frankfurt – Chicago – Denver

1.	Bruttoerlöse	
2.	./. externe Provision	
3.	= Strecken-Nettoerlöse	
4.	./. Bordverpflegung	7.400
5.	./. Fluggastgebühr	
6.	= beförderungsabhängige Kosten (4.+5.)	
7.	./. Betriebsstoffe	90.000
8.	./. Flughafengebühren	3.200
9.	./. Tagegelder fliegendes Personal	370
10.	./. Reisekosten fliegendes Personal	720
11.	= flugabhängige Kosten (7.+8.+9.+10.)	94.290
12.	= Deckungsbeitrag I (3.–6.–11.)	
13.	./. Instandhaltungskosten	400
14.	./. Schulungskosten fliegendes Personal	330
15.	./. kalkulatorische Abschreibungen	870
16.	= direkte Fixkosten (13.+14.+15.)	1.600
17.	= Deckungsbeitrag II (12.–16.)	
18.	./. Stationsfixkosten Inland	180
19.	./. Stationsfixkosten Ausland	280
20.	= Stationskosten (18.+19.)	460
21.	= Deckungsbeitrag III (17.–20.)	

GABLER GRAFIK

Unabhängig von dieser streckenbezogenen Entscheidung sieht sich das Management der CRANE AIR mit verschiedenen **Risiken** der Allianzstrategie konfrontiert. Zum einen haben Erfahrungen der Vergangenheit gezeigt, dass Partner-Fluggesellschaften aus opportunistischen Gründen die Allianz gewechselt haben und Bündnisse mit konkurrierenden Airlines eingegangen sind. Zum anderen ist die politisch-rechtliche Einflussnahme zu bedenken, die den Handlungsspielraum von Allianzen deutlich einschränken kann. Überdies waren die finanziellen Ergebnisse im Luftverkehr bisher stark von der gesamtwirtschaftlichen Lage abhängig. Die Unternehmensleitung einigt sich daher auf die Durchführung einer **Szenarioanalyse,** die unter Einbeziehung dieser Aspekte eine differenzierte Mehrperiodenbetrachtung erlaubt. Prognostizierte Zahlungsdaten können mittels Kalkulationszinsfuß zu einem Erwartungswert verdichtet werden, der die subjektiv geschätzten Eintrittswahrscheinlichkeiten für alternative Umweltzustände widerspiegelt (vgl. Abbildung 11-4-2). Aus den Ergebnissen der Berechnung können Aussagen für die Bewertung der Allianzstrategie der CRANE AIR abgeleitet werden.

Abbildung 11-4-2 Grunddaten der Szenarioanalyse

Szenario / Periode	**Szenario A** p = 0,3; i = 0,1	**Szenario B** p = 0,4; i = 0,09	**Szenario C** p = 0,3; i = 0,11
	■ Mäßiges Wirtschaftswachstum ■ Tendenz zu Regulierung mit höheren kartellrechtlichen Auflagen ■ Instabilität in Allianz relativ hoch	■ Abflachendes Wirtschaftswachstum mit Stagnation ■ Staatliche Regulierung eher zögerlich ■ Austrittswahrscheinlichkeit von Partnern relativ gering	■ Überdurchschnittliches Wachstum ■ Nachhaltige Liberalisierung ■ Hohe Stabilität der Partner
t_0	a_{A0} = 925.800	A_{B0} = 925.800	a_{C0} = 925.800
t_1	E_{A1} = 9.634.000 A_{A1} = 9.311.000	E_{B1} = 9.694.000 A_{B1} = 9.306.000	E_{C1} = 9.795.000 A_{C1} = 9.423.000
t_2	E_{A2} = 9.148.000 A_{A2} = 9.792.000	E_{B2} = 9.655.000 A_{B2} = 9.269.000	E_{C2} = 10.349.000 A_{C2} = 9.945.000
t_3	E_{A3} = 9.400.000 A_{A3} = 9.657.000	E_{B3} = 10.183.000 A_{B3} = 9.856.000	E_{C3} = 10.808.000 A_{C3} = 10.430.000

p = Eintrittswahrscheinlichkeit; i = Kalkulationszinsfuß; a_0 = Anfangsauszahlung (in EUR); t = Periode; E_{At} E_{Bt} C_{Ct} = szenariospezifische Einzahlungen im Zeitpunkt t (in DM); A_{At}, A_{Bt}, A_{Ct} = szenariospezifische Auszahlungen im Zeitpunkt t (in DM). Formel für den Abzinsungsfaktor: $1/(1 + i)^t$

GABLER GRAFIK

4.4 Aufgaben zur Fallstudie CRANE AIR

a. Systematisieren und erörtern Sie die Ziele, die Fluggesellschaften mit der Bildung von strategischen Allianzen verfolgen. Diskutieren Sie unter besonderer Berücksichtigung der Kundenbedürfnisse die Ihrer Meinung nach zentralen Problemstellungen bei der Ausgestaltung der Marketinginstrumente.

b. Ermitteln Sie den Strecken-Deckungsbeitrag I pro Tag der Verbindung Triest-Denver aus Sicht der CRANE AIR vor und nach der gemeinsamen Bedienung durch die Allianz. Ist die Allianz aus Sicht der CRANE AIR ökonomisch sinnvoll? Diskutieren Sie, welchen Einfluss die Allianz auf diejenigen Kosten der CRANE AIR haben könnte, die in die Deckungsbeiträge II und III eingehen. Berücksichtigen Sie dabei auch den Koordinationsaspekt.

c. Berechnen Sie aus den Daten der Szenario-Analyse den Erwartungswert der Allianzstrategie und interpretieren Sie das Ergebnis im Hinblick auf die strategische Entwicklung der CRANE AIR. Setzen Sie sich dabei kritisch mit der Erfassung des Risikos in dieser Rechnung auseinander. Welche risikopolitische Vorsorge könnte die CRANE AIR für den Fall ergreifen, dass ein Allianzpartner aus der Allianz austritt?

5. Fallstudie TALKNET AG

Die „TALKNET AG“ ist im Jahre 1996 vom Energieversorgungsunternehmen Bayerischer Versorgungs-Betrieb (BVB) mit dem Ziel gegründet worden, ab dem 1.1.1998 als flächendeckender Universalanbieter von Telekommunikationsleistungen am seit dann deregulierten deutschen Markt aufzutreten. Der BVB sieht in der Gründung der TALKNET AG eine langfristig angelegte Maßnahme, um an der Entwicklung im Zukunftsmarkt Telekommunikation erfolgreich partizipieren zu können.

5.1 Markt- und Wettbewerbssituation

Experten prognostizieren für den deutschen Telekommunikationsmarkt für den Zeitraum bis 2005 ein Wachstum von 80 Prozent auf rund 90 Mrd. EUR. Insbesondere in den Bereichen Multimedia werden mit 30 bis 35 Prozent p. a. sowie Mobilfunk mit zwölf bis 15 Prozent p. a. sehr hohe Wachstumsraten vorausgesagt, während bei Basistelefondiensten im Festnetz ein vergleichsweise geringes Wachstum von zwei Prozent p. a. erwartet wird.

Nach bereits erfolgter Freigabe des Wettbewerbs im Mobilfunkbereich hob die Regulierungsbehörde ab dem 1.1.1998 auch das Sprachtelefondienstmonopol der Deutschen Telekom im Festnetz auf. Dies erfolgte unter anderem durch die Freigabe der alternativen Netze der Deutschen Bahn AG und der Stromversorger zur kommerziellen Datenübertragung und durch die Vergabe von **Netz- und Telefondienstlizenzen** an neue Wettbewerber. Der BVB, wie auch andere Stromversorgungsunternehmen, beabsichtigt seitdem, sein vorhandenes Netz bundesweit auszubauen und für gewerbliche und private Nutzer zugänglich zu machen. Nach Freigabe des Wettbewerbs rechneten Experten allerdings mit einem nicht unerheblichen Preisverfall für Telefongespräche. Sie waren sich daher einig, dass bereits in den ersten Jahren nach der Deregulierung eine Marktbereinigung auf der Angebotsseite stattfinden würde. Ferner gingen sie davon aus, dass aufgrund der hohen Kapitalintensität nur solche Unternehmen im Markt verbleiben würden, denen es gelänge, innerhalb von fünf Jahren einen Marktanteil von mindestens zehn Prozent zu erlangen. Für die am Markt verbleibenden Wettbewerbern ergäben sich vor allem über den erreichten Marktanteil Gewinnpotenziale. Die Behauptung der größten Marktmacht durch die Telekom als bisheriger Monopolist galt trotz vorhandener Schwächen im Service und hieraus resultierender Imageprobleme nicht zuletzt aufgrund der heute noch als gering zu bezeichnenden Wechselbereitschaft der Festnetzkunden als sicher.

Vor diesem Hintergrund bereiteten sich die **zukünftigen Wettbewerber** bereits im Vorfeld der Marktöffnung intensiv auf den bevorstehenden Markteintritt vor. Gemäß internationaler Studien war davon auszugehen, dass die folgenden zentralen acht Kernkompetenzen für den Erfolg von Festnetzanbietern eine herausragende Bedeutung erlangen:

Aufbau und Penetration einer Marke

Markenmanagement ist in der Telekommunikation ein noch wenig eingesetztes Marketinginstrument. Die Etablierung einer Marke wird jedoch zunehmend wichtiger. Die Entwicklung einer Markenidentität erfordert dabei eine Konsistenz zur Vision und Strategie des Unternehmens insbesondere eine zieladäquate Kommunikationsstrategie zur Erhöhung des Bekanntheitsgrades sowie zur Imageprofilierung.

Kundensegmentierung

Kundensegmentierung ist zu einem zentralen Instrument der Markterfassung in der Telekommunikation geworden. Profitabel zu bedienende Kundensegmente sind zu erfassen und differenziert zu bearbeiten. Dies gelingt nur durch segmentspezifische Angebote.

Strategisches Preismanagement

Mit der Liberalisierung monopolistischer Märkte sind regelmäßig hohe Erwartungen an massiv sinkende Endverbraucherpreise verbunden. Neuen Anbietern gelingt es vielfach nur durch aggressive Preispolitik, Marktanteile zu erringen. Allerdings zeigen Erfahrungen in anderen Märkten, dass damit keine langfristigen Wettbewerbsvorteile erzielt werden können. Daher entwickeln sich die Märkte nach einer gewissen Zeit in der Regel von der Phase des Preiskampfes in eine Phase der Preisdifferenzierung.

Kundenservice

Im Bereich der Serviceorientierung bestehen für die Anbieter im Telekommunikationsmarkt große Differenzierungs- und Profilierungschancen, da Serviceaspekte bislang vor allem im Privatkundenmarkt eine insgesamt untergeordnete Rolle gespielt haben. Servicekompetenz in der Marktbearbeitung, im Verkauf sowie im After Sales Service erhalten daher einen steigenden Stellenwert.

Produktentwicklung

In kaum einem anderen Markt kann es Anbietern in ähnlicher Weise gelingen, Marktpotenziale über die Generierung neuer Angebotsformen und Produkte zu entwickeln. Am Kundennutzen orientierte Innovationen im Produkt- und Anwendungsbereich vermögen latente Nachfrage zu wecken und diese auf das neue Angebot zu ziehen.

Vertrieb

Ein umfassendes Vertriebsnetz ist eine wesentliche Bedingung für die Schaffung von Kundenakzeptanz. In den Vertriebsstellen findet der erste Kontakt zwischen den potenziellen Kunden und dem Dienstleistungsanbieter statt. Unter den im Telekommunikationsmarkt vorherrschenden Wettbewerbsbedingungen sind diese ersten Kontakte entscheidend bei der Kundengewinnung und -bindung.

Technologiekompetenz

Neben der klassischen Übertragungstechnologie spielt in der Telekommunikation in zunehmenden Maße auch die Integration von Telefon- und Computertechnologie eine große Rolle. Auch wenn es allerdings zunehmend schwieriger wird, sich ausschließlich über die Technologie zu differenzieren, ist die vom Kunden wahrgenommene Kompetenz auf diesem Gebiet doch unbedingt erforderlich.

Strategische Allianzen

Es ist nicht nur der enorme Kapitalbedarf, der potenziellen Anbietern von Festnetzen ein kooperatives Vorgehen nahelegt. Auch Defizite in spezifischen Bereichen der skizzierten Kernkompetenzen können durch adäquate Partner kompensiert werden. Die Auswahl dieser Partner stellt dabei eine wichtige Kernkompetenz des Unternehmens dar.

5.2 Unternehmenssituation der TALKNET AG als zukünftiger Festnetzbetreiber

Mit einem Grundkapital von 50 Mio. EUR von der Muttergesellschaft BVB ausgestattet, zählt die TALKNET AG auch unter den zukünftigen Festnetzbetreibern zu einem der finanzstärksten Basistelefondienstanbieter. Dennoch ist die TALKNET AG für den BVB nur eines von mehreren Projekten, mit denen das Unternehmen versucht, seinen wirtschaftlichen Erfolg stärker vom Kerngeschäft der Energieversorgung loszulösen. So wurden in den vergangenen Jahren vom BVB unter anderem eine Mehrheitsbeteiligung an einem flächendeckenden Tankstellennetz sowie ein Joint Venture mit einem Automobilhersteller eingegangen, dessen Ziel es ist, gemeinsam Elektroautos zu entwickeln und zu vermarkten. Der BVB beabsichtigt zudem, langfristig auch in anderen europäischen Ländern im Telekommunikationsmarkt Fuß zu fassen und möchte mit dem Engagement in Deutschland somit auch Erfahrungen für zukünftig geplante Expansionen sammeln.

Trotz der neuen Geschäftsfelder haftet dem BVB als regionalem Energieversorger ebenso wie der Telekom in vielen Bereichen noch das **Image** eines Unternehmens mit eher gering ausgeprägter Kundenorientierung an. Dennoch hofft die TALKNET AG, der Telekom trotz einer ausgeprägten Kundenbindung ausreichend Kunden abwerben zu können. Während die TALKNET AG bei Großkunden vor allem auf die traditionell sehr guten Beziehungen des BVB zu Großunternehmen primär in Süddeutschland abzielt, erscheint es für sinnvoll, Privatkunden insbesondere durch eine gute Kommunikationsstrategie und die bereits vorhandene, sehr hohe Vertriebsdichte zu gewinnen. So stehen der TALKNET AG neben dem Tankstellennetz des BVB, das zukünftig über speziell eingerichteten Shops ebenfalls für die Akquisition von Kunden zuständig ist, aufgrund bereits abgeschlossener, weitreichender Kooperationsverträge 110 Warenhausfilialen und 250 Computerfachgeschäfte als weitere Vertriebsstellen zur Verfügung.

Sorge bereitet dem Vorstand der TALKNET AG jedoch insbesondere, dass das eigene Unternehmen im Gegensatz zu einigen der zukünftigen Wettbewerber, die bereits erfolgreich im Mobilfunkbereich Fuß gefasst haben, weder auf eigene **technologische Erfahrungen** im Telekommunikationsbereich noch auf Know-how bei der Entwicklung einer Marke zurückgreifen kann. Hinsichtlich des Aufbaus des erforderlichen Technologie-Know-how geht der Vorstand davon aus, dass es in Kürze zu einem Kooperationsvertrag mit einem der führenden Technologieanbieter aus den USA kommen wird.

Die TALKNET AG möchte sich sowohl im Geschäftskunden- als auch im Privatkundensegment von den Wettbewerbern differenzieren und sich als serviceorientierter Anbieter mit individuellen Telekommunikationslösungen profilieren. Die angestrebte Positionierung der TALKNET AG im Vergleich zu den bestehenden Wettbewerbern, der Telekom AG als bisherigem Alleinanbieter sowie den Unternehmensneugründungen Blizzard und IndiCom, ist Abbildung 11-5-1 zu entnehmen.

Abbildung 11-5-1 Positionierung der TALKNET AG im Wettbewerbsumfeld

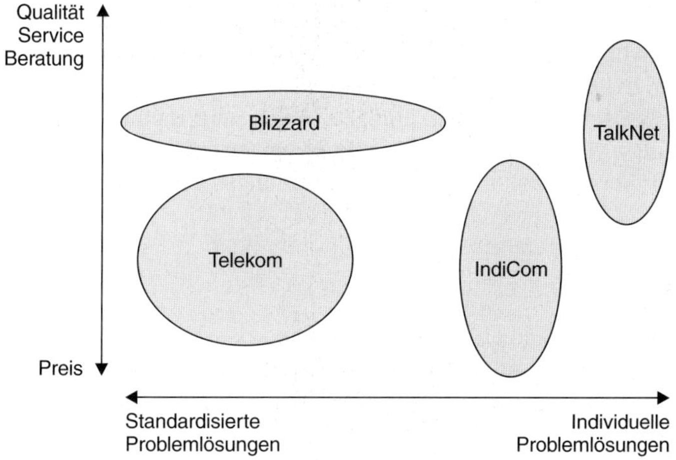

GABLER GRAFIK

Während der Geschäftskundenmarkt zukünftig gesamthaft bearbeitet wird, hat die TALKNET AG beschlossen, im Privatkundensegment insbesondere Haushalte mit gehobenem Einkommen und vergleichsweise niedrigem Durchschnittsalter der Haushaltsmitglieder anzusprechen. Von dieser Zielgruppe verspricht sich die TALKNET AG aufgrund ihrer höheren Affinität zu neuen Medien und innovativen Telekommunikationsdiensten eine höhere Wechselbereitschaft bei gleichzeitig höherem Pro-Kopf-Umsatz.

5.3 Kommunikationspolitische Entscheidungen der TALKNET AG

Um eine zielgruppenorientierte Marke aufzubauen, ist nach Überzeugung des Managements eine entsprechende Kommunikationskampagne zur Penetration des Markenkerns erforderlich. Vor diesem Hintergrund wurde eine Werbeagentur beauftragt, ein Konzept zum Markenauftritt der TALKNET AG zu entwickeln. Unter dem Slogan „TALKNET – Telekommunikation der neuen Dimension" wurde ein Kommunikationskonzept erarbeitet, das vom Vorstand inhaltlich als voll tragfähig angesehen wird. Dieses Konzept beinhaltet mehrere Kommunikationsziele, wie die Erhöhung des Bekanntheitsgrades, die Schaffung von Akzeptanz sowie die Information über das zukünftige Leistungsspektrum der TALKNET AG. Jedes dieser Ziele wird durch eigens hierfür konzipierte Werbeaktivitäten sowie einige spezifische Maßnahmen in den Bereichen Sportsponsoring, Event-Marketing und Direct-Mailing verfolgt.

Kommunikationsmanagement

Für die Verfolgung des Ziels „Schaffung und Erhöhung der Bekanntheit der TALKNET AG" hat der Vorstand für die nächsten zwölf Monate ein Budget von insgesamt 5,5 Mio. EUR veranschlagt. Zur Erreichung dieser Zielsetzung werden für Sponsoringaktivitäten Mittel in Höhe von 1,5 Mio. EUR, die Durchführung von Events 1,3 Mio. EUR, Direct Mails 0,9 Mio. EUR und für die Werbemaßnahmen 1,8 Mio. EUR für die nächsten vier Quartale bereitgestellt. Während die Budgets in den Bereichen Sponsoring, Event Marketing und Direct Mailing bereits konkreten Projekten zugeordnet sind, besteht bei der Festlegung der Werbemaßnahmen noch Entscheidungsbedarf hinsichtlich der Werbeträgerauswahl.

Mediastrategie

Zur Erhöhung des Bekanntheitsgrades wurde unter dem Dach des oben genannten Slogans eine Mediastrategie entwickelt, die sich nach umfangreicher Vorselektion auf folgende vier zentrale Werbeträger konzentriert. Diese vier Werbeträger können auch kombiniert eingesetzt werden.

Bei den vier Werbeträgern handelt es sich um die folgenden Medien:

1. **Super TV**
   Der Sender Super TV ist einer der etablierten privaten Fernsehsender in Deutschland, der mittlerweile eine konstant hohe Zuschauerquote erreicht. Für die TALKNET AG offeriert der Sender ein Paketangebot, das monatlich zehn Werbespots in attraktiven Programmumfeldern umfasst. Aufgrund des sehr günstigen Preises des Paketangebots im Vergleich zum Einzelpreis für einen Werbespot sind sich die Werbeagentur und die TALKNET AG einig, dass ein Werbeengagement bei Super TV lediglich im Rahmen dieses Paketangebotes erfolgen kann.

2. **Blickpunkt**
   Mit wöchentlich 1,1 Mio. Lesern ist der Blickpunkt Deutschlands führendes Nachrichtenmagazin. Er zeichnet sich insbesondere durch eine hohe Aktualität und redaktionell und grafisch aufwendig gestaltete Beiträge aus. Nicht zuletzt deshalb besteht eine hohe Leser-Blatt-Bindung, die über die Jahre zu einer relativ konstanten Leserschaft geführt hat.

3. **Der Prozessor**
   Der Prozessor ist eine erst kurze Zeit im Markt befindliche Special-Interest-Zeitschrift für Computer-Freaks. Das 14-täglich erscheinende Blatt informiert die Leser über neue Trends im Computer- und Telekommunikationsbereich.

4. **Juhu!.de**
   Juhu!.de ist ein für seine Nutzer kostenloser, deutschsprachiger Suchdienst im Internet, der sich ausschließlich durch Werbeeinblendungen finanziert, die auf den Suchseiten gut sichtbar platziert werden. Durch das „Anklicken" des Werbeschriftzugs gelangt der Internetnutzer zu der Homepage des Werbenden (im vorliegenden Fall also die TALKNET AG), auf der weitere Informationen zum Unternehmen und seinem Produktangebot zu finden sind. Eine Werbeeinblendung ist bei Juhu!.de jeweils nur monatlich zu buchen, d. h., eine Werbeeinblendung bleibt mindestens einen Monat auf der Website von Juhu!.de.

Kostendegressionen bei mehrmonatiger Buchung der Werbeträger

Aufgrund des zunehmenden Wettbewerbsdrucks in der Medienbranche offerieren alle Werbeträger heute Rabattstaffeln, die sich allerdings nur bei Vollbelegung ergeben, d. h., ein Werbeträger ist zwingend durchgängig bzw. für jede Ausgabe mit einer Werbeschaltung zu belegen. Die Rabatte beziehen sich dabei immer auf alle im Gesamtzeitraum gebuchten Werbemaßnahmen. Die entsprechenden Rabattstaffeln für die vier relevanten Werbeträger sind Abbildung 11-5-2 zu entnehmen.

Abbildung 11-5-2 Schaltpreise und Rabattstaffeln ausgewählter Werbeträger

Werbeträger	Super TV	Blickpunkt	Der Prozessor	Juhu!.de
Kosten pro Schaltung (in EUR)	22.380	16.880	2.300	3.070
Rabatt bei 1-monatiger Vollbelegung für den gesamten Zeitraum	0 %	0 %	0 %	0 %
Rabatt bei 2-monatiger Vollbelegung für den gesamten Zeitraum	30 %	20 %	10 %	10 %
Rabatt bei 3-monatiger Vollbelegung für den gesamten Zeitraum	35 %	35 %	15 %	20 %

GABLER GRAFIK

Werbemittelreichweite

Erfahrungsgemäß ist die Werbeträgerreichweite nicht mit der Werbemittelreichweite gleichzusetzen. Während die Werbeträgerreichweite ein Maß für die Feststellung der Anzahl von Mediennutzern ist, wird unter der Werbemittelreichweite die Anzahl derjenigen Mediennutzer erfasst, die nicht nur mit dem Medium selbst Kontakt hatten, sondern auch das Werbemittel (den TV-Spot, die Anzeige bzw. den Werbeschriftzug der TALKNET AG) bewusst wahrgenommen haben. Erfahrungswerte der Werbeagentur zeigen hier deutliche Unterschiede hinsichtlich der vier ausgewählten Werbeträger. Die TALKNET AG interessiert sich dabei vor dem Hintergrund des deklarierten Ziels, Werbekontakte mit möglichst vielen Mitgliedern der Zielgruppe zu erlangen, insbesondere für die zeitliche Entwicklung der Nettoreichweite. Bei dieser werden Mehrfachkontakte mit derselben Person, z. B. aufgrund von Abonnements oder Mehrfachnutzung eines Mediums, jeweils nur einmal berücksichtigt. Die Netto-Werbemittelreichweiten der jeweiligen Medien im Zeitablauf sind Abbildung 11-5-3 zu entnehmen.

Abbildung 11-5-3 Medialeistungsdaten ausgewählter Werbeträger

Werbeträger	Super TV	Blickpunkt	Der Prozessor	Juhu!.de
Anzahl Nutzer	2.500.000 pro Sendung	1.100.000 pro Ausgabe	70.000 pro Ausgabe	1.200.000 im Monat
Anzahl Sendungen/ Ausgaben im Monat	10 (d. h. 1 Paket)	4	2	1 (d. h. Dauerbelegung)
Netto-Werbemittelreichweite bei 1-monatiger Belegung	40 %	60 %	50 %	20 %
Netto-Werbemittelreichweite bei 2-monatiger Belegung	55 %	70 %	60 %	30 %
Netto-Werbemittelreichweite bei 3-monatiger Belegung	60 %	75 %	70 %	40 %
Zielgruppe des Werbeträgers	– breite Teile der Bevölkerung – mittleres bis höheres Alterssegment – mittleres bis niedriges Haushaltseinkommen	– jüngere Zielgruppe – meist Männer – höheres Haushaltseinkommen – gehobener Ausbildungsstand	– jüngere Zielgruppe – gehobener Ausbildungsstand – mittleres bis niedriges Haushaltseinkommen – hohe Technikaffinität	– junge Zielgruppe – vielfach Akademiker – hohe Technikaffinität – mittleres bis gehobenes Haushaltseinkommen

GABLER GRAFIK

5.4 Aufgaben zur Fallstudie TALKNET AG

a. Erörtern Sie die zentralen Stärken und Schwächen der TALKNET AG als flächendeckender Anbieter von Basistelefondiensten. Gehen Sie dabei auch auf die für diesen Markt aufgezeigten Kompetenzfelder ein. Stellen Sie vor diesem Hintergrund die Chancen und Risiken eines Markteintritts der TALKNET AG heraus. Welche weiteren Daten sind für eine detaillierte Analyse zu berücksichtigen?

b. In jüngster Zeit wird vermehrt auf die Notwendigkeit einer Integration der Unternehmenskommunikation hingewiesen. Erläutern Sie die Integrationsformen, die grundsätzlich im Rahmen der Integrierten Kommunikation unterschieden werden und skizzieren Sie am Beispiel der TALKNET AG wie eine solche Integration der eingesetzten Kommunikationsinstrumente erfolgen könnte.

c. Entwerfen Sie ein Markenleitbild für die TALKNET AG.

d. Ermitteln Sie die Brutto- und Nettoreichweiten sowie die zugehörigen Tausenderpreise für alle möglichen Werbeträgerkombinationen, bestehend aus jeweils drei Medien. Beurteilen Sie die Vorteilhaftigkeit dieser Auswahlkriterien zur Mediaselektion.

6. Fallstudie TRAFFIC AG

6.1 Markt- und Wettbewerbssituation

Die Globalisierung der Märkte sowie die Integrationsentwicklung in Europa einhergehend mit einem wachsenden Freizeit- und Mobilitätsbewusstsein der Bevölkerung führt zu einer „Entlokalisierung" von geschäftlichen und privaten Kontakten. Diese Entwicklungen spiegeln sich auch in der steigenden Nachfrage nach Verkehrsdienstleistungen in den westlichen Industriestaaten wider.

Dabei ist sowohl auf der inter- als auch der intramodalen Betrachtungsebene der Anbieter von Verkehrsdienstleistungen ein intensiver Wettbewerb festzustellen bzw. zu erwarten. Ursache hierfür stellen Deregulierungs- und Privatisierungsmaßnahmen bei den ehemals staatlichen Flug- und Bahngesellschaften dar. Die steigende Wettbewerbsintensität äußert sich in jüngster Zeit insbesondere auf dem Luftverkehrsmarkt, in dem sowohl auf dem innerdeutschen als auch auf dem internationalen Markt zunehmend **aggressive Preisstrategien** von Fluggesellschaften festzustellen sind. Da im Rahmen der Bahnreform auch der Zugang Dritter als Anbieter von Schienenverkehrsleistungen vorgesehen ist, haben sich auch die Anbieter dieser Dienstleistungen zusätzlich auf einen erhöhten intramodalen Wettbewerb einzustellen. Neben dem Luft- und motorisierten Individualverkehr werden Eisenbahnunternehmen in Zukunft mit weiterer Konkurrenz und damit mit einem zu erwartenden Verdrängungswettbewerb konfrontiert.

Kennzeichnend für Verkehrsträger ist der strukturell bedingte hohe Anteil an fixen Kosten. Schwach ausgelastete Kapazitäten führen zu einem unproduktivem Einsatz beschränkter Ressourcen, während im Falle des Personenverkehrs überausgelastete Kapazitäten einen nicht unerheblichen negativen Einfluss auf die wahrgenommene Dienstleistungsqualität der Kunden ausüben können.

Im Hinblick auf das **Verkehrsmittelwahlverhalten** weist der Markt für den Personenfernverkehr einige Besonderheiten auf. Bedingt durch die Komplexität von Verkehrsdienstleistungen ist das Verkehrsmittelwahlverhalten nur durch das Zusammenwirken verschiedener Einflussfaktoren und deren unterschiedliche Gewichtung durch die Konsumenten zu erklären. Insbesondere personen-, fahrt- und verkehrsmittelbezogene Aspekte spielen bei der Entscheidung für ein Verkehrsmittel eine zentrale Rolle. Während unter personenbezogenen Einflussfaktoren psychische (z. B. Einstellungen zu einem bestimmten Verkehrsmittel) und sozioökonomische Determinanten (z. B. Alter und Einkommen der Konsumenten) zu verstehen sind, beziehen sich fahrtbezogene Einflussfaktoren auf Aspekte wie den Reiseanlass oder die Länge der Fahrtstrecke. Verkehrsmittelbezogene Einflussfaktoren stellen z. B. der Preis, die Verfügbarkeit oder die mit der Wahl eines bestimmten Verkehrsmittels verbundene Reisezeit dar.

6.2 Unternehmenssituation

Auch die TRAFFIC AG, ein großes Eisenbahnunternehmen, ist – bedingt durch Privatisierungsmaßnahmen – vor neue Herausforderungen gestellt. Da bei dem nunmehr privatwirtschaftlich organisierten Unternehmen ertragsorientierte Zielsetzungen eine deutliche Bedeutungszunahme erfahren, befindet sich die TRAFFIC AG im steigenden Maße unter Kosten- bzw. Konkurrenzdruck.

Der TRAFFIC AG lastet auch einige Jahre nach ihrer Privatisierung das Image eines „defizitären Staatsbetriebs" an. Sowohl eigene Erhebungen als auch die Berichterstattung in den Medien sind Beweis dafür, dass sowohl innerhalb des Verkehrssektors als auch branchenübergreifend die TRAFFIC AG einen starken Aufholbedarf in der Imagewahrnehmung bei aktuellen sowie potenziellen Kunden hat. Die Ergebnisse einer neueren Imageuntersuchung der TRAFFIC AG sind in Abbildung 11-6-1 dargestellt.

Abbildung 11-6-1 **Imagebeurteilung der TRAFFIC AG**

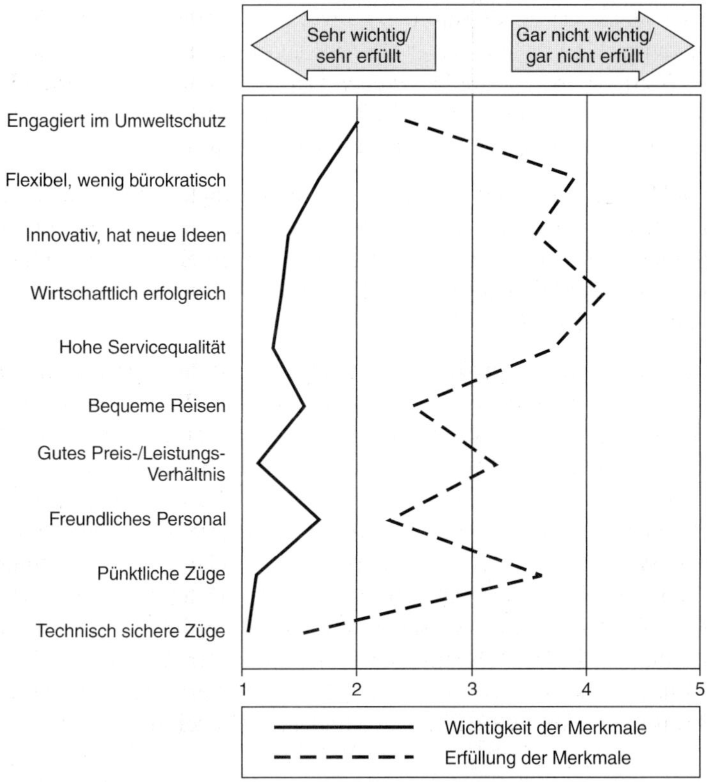

GABLER GRAFIK

Nicht zuletzt aus Gründen der Imagewahrnehmung ist es der TRAFFIC AG bisher nicht ausreichend gelungen, am **Wachstum des inländischen Personenfernverkehrs** zu partizipieren. Während die Hauptwettbewerber PKW und Flugzeug ihre Marktanteile steigern konnten, hat die TRAFFIC AG in den letzten Jahrzehnten zum Teil deutliche Marktanteilsverluste erlitten.

Vor dem Hintergrund dieser Tatbestände wurde die Marketingabteilung der TRAFFIC AG von der Unternehmensleitung beauftragt, die Marktchancen innovativer Angebotskonzepte zur Erschließung zusätzlicher Marktpotenziale für den Schienenpersonenverkehr zu untersuchen. Insbesondere ist ein bereits früher einmal begonnenes Projekt zur Einführung eines so genannten „Turbozuges" kritisch zu überdenken, das jedoch seinerzeit aufgrund fehlender Marktforschungsdaten eingestellt worden war. Die Grundidee dieses Projektes bestand in der Einführung eines innovativen Zugangebotes, das eine hochprofitable Bedienung von **Großstadtverbindungen** zum Ziel hatte. Hierzu war geplant worden, dass zusätzlich zum bisherigen Angebot der TRAFFIC AG neuartige Züge nonstop zwischen ausgewählten Ballungszentren verkehren. Ein zentraler Vorteil dieses Konzeptes läge damit in einer deutlichen Verkürzung der Fahrzeit gegenüber dem aktuellen Angebot der TRAFFIC AG.

Da in der Zwischenzeit einige Abschnitte des Streckennetzes der TRAFFIC AG für den Hochgeschwindigkeitsverkehr ausgebaut worden waren, gewann das Projekt wieder an Bedeutung.

6.3 Marketingentscheidungen

Einigkeit bestand innerhalb der Unternehmensleitung darüber, dass es sich bei dem neuen Konzept um ein qualitativ hochwertiges Dienstleistungsangebot handelt. Dem Prozesscharakter der Dienstleistung Bahnreise Rechnung tragend, waren dabei die **individuellen Kundenwünsche** in allen Phasen der Dienstleistung zu berücksichtigen.

Im Hinblick auf die konkrete Ausgestaltung des Projektes bestand jedoch Uneinigkeit innerhalb der Unternehmensleitung der TRAFFIC AG. Während einerseits die sehr kostenintensive „Luxury"-Variante Befürworter fand, bevorzugten andere Mitglieder der Unternehmensleitung die so genannte „Regular"-Variante. Bei der Ausgestaltung der „Luxury"-Variante war ein sehr umfangreiches Service- und Komfortangebot vorgesehen, das mindestens demjenigen von Fluglinien entsprach. Die gesamte Reise zeichnete sich dabei durch eine exklusive und stilvolle Gestaltung auf höchstem Niveau aus. Mit 125 EUR wurde hier ein vergleichsweise hoher Einführungspreis vorgeschlagen. Demgegenüber war die „Regular"-Variante zu einem Preis von 50 EUR geplant, die aber dennoch einen ansprechenden Komfort bot und damit der von der Unternehmensleitung formulierten Qualitätsphilosophie entsprach. Ein zentraler Unterschied zur „Luxury"-Variante bestand allerdings in der dichteren Bestuhlung der Züge sowie der geringeren Betreuungsintensität durch das Servicepersonal.

Die gleichzeitige Einführung beider Varianten wurde von allen Mitarbeitern aus unterschiedlichen Gründen und insbesondere unter dem Verweis auf mögliche Kannibalisierungseffekte als nicht sinnvoll beurteilt und daher bei der weiteren Planung nicht mehr berücksichtigt.

Um detaillierte Hinweise für eine erfolgreiche Einführung zu erhalten, wurde ein Marktforschungsinstitut mit der Durchführung einer **Marktanalyse** betraut. Zielsetzung der Untersuchung war die Ermittlung verkehrsmittelübergreifender Nutzenstrukturen von Fernreisenden, um daraus die Marktchancen der alternativen Angebotsvarianten abzuleiten. Um einen Vergleich der Reisezeiten verschiedener Verkehrsmittel vornehmen zu können, wurde die Untersuchung auf die Gesamtreisezeit „von Tür zu Tür" ausgelegt. Die Studie wurde auf einer stark frequentierten Großstadtverbindung mit einer Länge von circa 400 km durchgeführt. Im Rahmen der Analyse sind PKW- und Flugreisende sowie Gäste der TRAFFIC AG auf dieser Route befragt worden. Im Rahmen diverser Vorstudien waren bereits zentrale Determinanten der Verkehrsmittelwahl ermittelt worden, die in die Hauptuntersuchung einbezogen und wie folgt im Rahmen einer **Conjoint-Analyse** operationalisiert wurden:

Abbildung 11-6-2 Merkmale und Merkmalsausprägungen der Conjoint-Analyse

Gesamtreisezeit	
180 Minuten	Unabhängig davon, welche Verkehrsmittel Sie benutzen, beträgt Ihre Gesamtreisezeit von Tür zu Tür 3 Stunden.
270 Minuten	Unabhängig davon, welche Verkehrsmittel Sie benutzen, beträgt Ihre Gesamtreisezeit von Tür zu Tür 4,5 Stunden.
Komfort	
Basis	Zum Beispiel bequemer Sitzplatz; Möglichkeit zu telefonieren; Imbiss/Snacks gegen Bezahlung.
Luxus	Zum Beispiel hoher Sitzkomfort; anspruchsvolles Unterhaltungsangebot; umfangreiche Informationsmöglichkeiten; Speisen und Getränke auf hohem Niveau; angenehme, exklusive Atmosphäre durch großzügige und stilvolle Gestaltung sowie uneingeschränkte Arbeitsmöglichkeiten während der Reise (Telefon, Fax usw.).
Preis	50 EUR, 75 EUR, 100 EUR, 125 EUR
Umfang der Beförderung	
Station zu Station	Die Dienstleistung/Beförderung beginnt und endet an zwei Stationen, z. B. Bahnhöfen oder Flughäfen.
Tür zu Tür	Die Dienstleistung/Beförderung beginnt an Ihrem gewünschten Startort und endet an Ihrem gewünschten Zielort. Dabei werden eventuell verschiedene Verkehrsmittel genutzt, die im Preis enthalten sind, z. B. in Form eines Taxiservice (falls Sie nicht ohnehin mit dem PKW unterwegs sind).
Verfügbarkeit	
Jederzeit	Es besteht jederzeit die Möglichkeit, die Reise anzutreten.
4 x täglich	Es besteht insgesamt 4 x täglich die Möglichkeit, die Reise anzutreten, z. B. um 6 Uhr, um 10 Uhr, um 14 Uhr und um 18 Uhr.

GABLER GRAFIK

Zur **Schätzung der Teilnutzenwerte** wurde für die Merkmale „Komfort", „Umfang der Beförderung" und „Verfügbarkeit" das Teilnutzenwert-Modell sowie für die metrischen Merkmale „Gesamtreisezeit" und „Preis" das Idealvektor-Modell verwendet. Damit konnten hier auch über die zunächst festgelegten Merkmalsgrenzen hinausgehende Ausprägungen untersucht werden. Die Ergebnisse der verkehrsmittelübergreifenden Analyse ergab die in Abbildung 11-6-2 dargestellten Nutzenstrukturen der Befragten.

Abbildung 11-6-3 Schätzergebnisse der Conjoint-Analyse

Merkmal	Ausprägung	Teilnutzen	Merkmalswichtigkeit
Gesamtreisezeit (linearer Nutzenverlauf)	270 Minuten 180 Minuten	0 0,265	26,5 %
Komfort	Basis Luxus	0 0,106	10,6 %
Preis (linearer Nutzenverlauf)	50 EUR 75 EUR 100 EUR 125 EUR	0,345 0,230 0,115 0	34,5 %
Umfang der Beförderung	Station zu Station Tür zu Tür	0 0,178	17,8 %
Verfügbarkeit	Jederzeit 4 x täglich	0,106 0	10,6 %

GABLER GRAFIK

Die Ergebnisse einer im Anschluss durchgeführten Marktsegmentierung mit Hilfe der Clusteranalyse führte zu den in Abbildungen 11-6-3 und 11-6-4 angeführten Resultaten.

Abbildung 11-6-4 **Merkmalswichtigkeiten der Conjoint-Analyse im Segmentüberblick**

	Gesamt n = 5.000	Convenience-Orientierte n = 2.190	Preis-minimierer n = 560	Komfort-Orientierte n = 560	Zeit-minimierer n = 1.625
Gesamtreisezeit	26,5 %	6,4 %	15,5 %	13,5 %	54,1 %
Komfort	10,6 %	6,1 %	5,4 %	45,5 %	7,4 %
Preis	34,5 %	18,6 %	57,2 %	12,3 %	19,4 %
Umfang der Beförderung	17,8 %	58,9 %	11,4 %	14,7 %	12,2 %
Verfügbarkeit	10,6 %	10,0 %	10,5 %	14,0 %	6,9 %

GABLER GRAFIK

Abbildung 11-6-5 **Prozentuale Verteilung der Verkehrsmittelnutzer auf die Segmente**

Verkehrs-mittel	Traffic	100 %	6,0 %	41,5 %	10,1 %	42,4 %
	PKW	100 %	16,9 %	49,3 %	11,0 %	22,8 %
	Flug	100 %	5,8 %	17,2 %	15,8 %	61,2 %

GABLER GRAFIK

Ebenso beauftragte die TRAFFIC AG das Marktforschungsinstitut mit der Durchführung von Marktanteilsschätzungen für die „Luxury"- und die „Regular"-Variante. Hierzu wurden dem Institut die Ausgestaltung der aktuellen Angebotsstruktur auf der untersuchten Strecke (Abbildung 11-6-5) sowie die Ausgestaltungsalternativen des neuen Angebots (Abbildung 11-6-6) zur Verfügung gestellt.

Abbildung 11-6-6 Aktuelle Angebotsstruktur auf der untersuchten Strecke

	Ausprägung	Traffic		Flug	
Reisezeit	260 Minuten	270 Minuten	270 Minuten	230 Minuten	230 Minuten
Komfort	Basis	Luxus	Basis	Luxus	Basis
Preis	50 EUR	90 EUR	45 EUR	125 EUR	100 EUR
Beförderung	Tür zu Tür	Station zu Station	Station zu Station	Station zu Station	Station zu Station
Verfügbarkeit	Jederzeit	4 x täglich	4 x täglich	4 x täglich	4 x täglich
Gesamtnutzenwert	0,658	?	0,368	?	?

GABLER GRAFIK

Abbildung 11-6-7 Ausgestaltungsalternativen des neuen Angebots

	Regular	Luxury
Reisezeit	240 Minuten	240 Minuten
Komfort	Basis	Luxus
Preis	50 EUR	120 EUR
Umfang der Beförderung	Station zu Station	Station zu Station
Verfügbarkeit	4 x täglich	4 x täglich

GABLER GRAFIK

Aus Zeitgründen konnten diese Berechnungen jedoch nicht termingerecht beendet werden.

Unabhängig von der letztendlichen Entscheidung für eine der Varianten bestand in der Unternehmensleitung der TRAFFIC AG Einigkeit darüber, dass die erfolgreiche Vermarktung des neuen Zugkonzepts nur bei der Etablierung eines **Total Quality Management** (TQM) erfolgen kann. Dabei wurde die Notwendigkeit der Berücksichtigung des dienstleistungsspezifischen Charakters des Angebots betont. Ein Mitarbeiter der Marketingabteilung, der vor kurzem ein Seminar zu diesem Thema besucht hatte, erinnerte sich daran, dass die Umsetzung von Total-Quality-Konzepten die Entwicklung von konkreten Instrumenten des Qualitätsmanagement erfordert und sich dabei an den klassischen Managementfunktionen der Planung, Durchführung und Kontrolle orientiert. Leider war sein Wissen bezüglich der konkreten Ausgestaltung eines solchen Konzeptes in den verschiedenen Phasen nur noch sehr lückenhaft.

Noch bevor die Ergebnisse der Marktforschungsstudie vorlagen, erfolgten bei der TRAFFIC AG bereits intensive Diskussionen über die markenpolitischen Optionen des neuen Bahnreiseangebotes. Insbesondere entstand eine kontroverse Diskussion über die Chancen und Risiken von Einzel- und Dachmarkenstrategien. Während einige Mitarbeiter die Eingliederung des zusätzlichen Angebots in die bisher verfolgte Dachmarkenstrategie für unabdingbar hielten, vertrat eine andere Gruppe die Meinung, dass nur der Aufbau einer eigenständigen Markenpersönlichkeit im Rahmen einer Einzelmarkenstrategie zum Erfolg führt. Die Debatte wurde vorläufig mit der Feststellung beendet, dass bei der Abwägung von Chancen und Risiken beider Optionen auch Differenzierungs- und Synergiepotenziale zu berücksichtigen sind.

6.4 Aufgaben zur Fallstudie TRAFFIC AG

a. Interpretieren Sie kurz die Ergebnisse der Conjoint-Analyse und der Marktsegmentierung. Diskutieren und vergleichen Sie auf Grundlage dieser Ergebnisse die Chancen und Risiken einer alternativen Markteinführung der Konzeptvarianten „Regular" und „Luxury". Welche Auswirkungen auf das Verkehrsmittelwahlverhalten sind dabei jeweils zu erwarten?

b. Nehmen Sie eine Marktanteilsschätzung für die alternativen Konzeptvarianten „Luxury" und „Regular" vor. Verwenden Sie dazu das Attraktionsmodell, das wie folgt definiert ist: Marktanteil

$$\text{Marktanteil Produkt i} = \frac{\text{Gesamtnutzen Produkt i}}{\sum \text{Gesamtnutzen aller Produkte}}$$

Interpretieren Sie die Ergebnisse der Marktanteilsschätzung kritisch und sprechen Sie eine begründete Empfehlung im Hinblick auf die Markteinführung des neuen Zugkonzeptes aus. Welche zusätzlichen Informationen sind bei einer endgültigen Markteinführungsentscheidung zu berücksichtigen?

c. Stellen Sie zeichnerisch eine Preisresponsefunktion für die Alternative „Regular" dar, die sich als Funktion der Marktanteile in Abhängigkeit von den Preisen der Produktalternative ergibt. Verwenden Sie dabei das Attraktionsmodell und betrachten Sie lediglich die Preisspanne zwischen 50 EUR und 80 EUR bei Preisabständen von 10 EUR. Vergleichen Sie Ihr Ergebnis mit einer von der Marktforschung alternativ ermittelten Funktion nach dem First-Choice-Modell, die sich aus folgenden Werten zusammensetzt:

Preis „Regular"	50,– EUR	60,– EUR	70,– EUR	80,– EUR
Marktanteil „Regular"	21 %	19 %	14 %	10 %

Welche Empfehlungen für die Preisgestaltung der Konzeptvariante „Regular" ergeben sich aus den alternativen Funktionsverläufen?

d. Worin bestehen die Ziele und Aufgaben eines Qualitätsmanagements im Sinne des Total-Quality-Ansatzes? Erläutern Sie vor dem spezifischen Hintergrund der TRAFFIC AG die einzelnen Phasen eines Qualitätsmanagements und geben Sie Beispiele für Instrumente, die in diesen Phasen zum Einsatz kommen können.

e. Diskutieren und vergleichen Sie die Optionen der Einführung des neuen Zugkonzeptes im Rahmen einer Einzel- oder Dachmarkenstrategie kritisch. Gehen Sie dabei insbesondere auf die mit beiden Strategien verbundenen Chancen und Risiken ein.

7. Fallstudie ITEC AG

7.1 Markt- und Wettbewerbssituation des IT-Marktes

Die Globalisierung des Marktes und der technologische Fortschritt führen zu neuen Wettbewerbsbedingungen und zu komplexeren Anforderungen an die Unternehmen. Für die anwachsende Informationsflut benötigen Unternehmen ein effizientes Management mit Hilfe entsprechender Informations- und Softwarearchitekturen. Dies führt dazu, dass der Bedarf an professioneller Beratung aufgrund der technischen Entwicklung, der zunehmenden Komplexität der Systeme und der richtigen Implementierung von IT-Systemen deutlich ansteigt. Die Wertschöpfungskette dieser Branche hat sich im Verlauf der letzten zehn Jahre vornehmlich im Business-to-Business-Bereich vom Hardwarebereich zum Software- und Dienstleistungsgeschäft verschoben. Weiterhin entwickelt sich der IT-Markt zunehmend zu einem **Käufermarkt,** in dem die Kunden individuelle Ansprüche an die IT-Systeme stellen.

Der IT-Markt gehörte mit zweistelligen Wachstumsraten in den vergangenen zwei Jahrzehnten zu den attraktivsten, stark expansiven Märkten. Innerhalb Europas erwirtschafteten die großen Unternehmen zusammen mehr als 1 Mrd. USD in unabhängigen IT-Dienstleistungen. Dabei ist jedoch die extreme Aufteilung des Marktes und der starke Konkurrenzkampf unter den Marktteilnehmern zu beobachten. Beispielsweise hält jeder Anbieter in Europa weniger als 0,2 Prozent Marktanteile des europäischen IT-Marktes.

Durch den Einbruch von Unternehmensaktien junger Technologiefirmen an der Börse, die **schwache Konjunktur** und die angespannte wirtschaftliche Lage vieler Unternehmen wurden in den vergangenen zwei Jahren zunehmend IT-Investitionen eingespart. Dabei wurden vor allem weniger Personal oder externe Berater engagiert. Die wachstumsstarken Zeiten der Informations- und Telekommunikationsbranche in Deutschland sind vorbei. Trotzdem gehört die IT-Branche mit über 120 Mrd. EUR Umsatz zu den größten Sektoren der Volkswirtschaft. Der Sektor Industrie hat mit fast 25 Prozent den größten Anteil am IT-Markt in Deutschland.

Mit circa 15 Mrd. EUR pro Jahr sind die Aufwendungen für Standardsoftware in Deutschland beachtlich. Das jährliche Wachstum zwischen 2001 und 2003 lag nur bei circa 1,5 Prozent. Mit 2,5 Mrd. EUR haben im Jahre 2001 die betriebswirtschaftlichen Lösungen den größten Anteil an den Aufwendungen für Standardsoftware. Hierzu zählen unter anderem **ERP-Software-Pakete** (Enterprise Ressource Planning). Zudem wurden Zuwachsraten von circa 6 Prozent bis zum Jahr 2004 für die **Datenbank-Management-Systeme** erwartet. Eine Stagnation ist bei den Betriebssystemen zu verzeichnen, während bei den **Softwareentwicklungs-Tools,** vor allem aufgrund der Internet-Programmierung, eine steigende Nachfrage erwartet werden kann.

Die Gesamtausgaben für Hardware sind in den Jahren 2003 und 2004 gegenüber 2002, trotz Sättigungserscheinungen und eines fortgesetzten Preisverfalls, um insgesamt rund 4,5 Prozent gestiegen.

Hohe Aufwendungen fallen für **Wartungs- und Betreuungsaufgaben** in den Bereichen Hardware, Software, Netzwerke und Telekommunikationseinrichtungen an. Bis 2005 werden die Ausgaben hierfür voraussichtlich um durchschnittlich 4 Prozent pro Jahr wachsen. In diesem Bereich wird auch die Bedeutung des Application Service Providing und Internet-Dienstleistungen an Bedeutung gewinnen. Konzeption, Erstellung und Pflege von unternehmenseigenen Homepages werden zukünftig immer mehr durch externe Dienstleister erfolgen. Die Nachfrage hierfür hat in den Jahren 2001 bis 2004 am deutschen Markt um etwa 8 Prozent zugenommen.

Die „klassischen" IT-Services sind nicht bedeutend gestiegen. Hierzu zählen die Entwicklung von Individual- oder Standardlösungen, Schulungen des Personals im Umgang mit Anwendungsprogrammen oder Vermittlung von Know-how an das IT-Betreuungspersonal für den Umgang mit installierten Systemen. Des Weiteren kann hierunter noch die allgemeine IT-Beratung gefasst werden. Bis zum Jahre 2004 haben die Ausgaben in diesem Bereich um durchschnittlich 2 bis 3 Prozent pro Jahr zugenommen.

Das **Outsourcing** hat in den letzten Jahren stark an Bedeutung gewonnen. Der Mangel an qualifizierten Mitarbeitern, der hohe Kostendruck und die Komplexität der IT-Systeme haben zu einer Ausgliederung der gesamten IT-Infrastruktur oder zum selektiven Outsourcing einiger Teilbereiche, wie z. B. Wartung, Entwicklung und anderen Serviceaufgaben aus den Unternehmen geführt.

Die Investitionen für E-Business und Internet in der Schweiz steigen kontinuierlich an. Nach Ausgaben in Höhe von circa 370 Mio. CHF im Jahr 2000, wurde für das Jahr 2004 mit Investitionen in Höhe von circa 650 Mio. CHF gerechnet. Dabei sind ausschließlich Investitionen enthalten, die in den IT-Budgets der Unternehmen für E-Business und Internet geplant sind.

Schweizer Unternehmen investieren in Dienstleistungen in diesem Bereich mit circa 51 Prozent am meisten in den **Servicebereich**. Für Server werden im Gegensatz dazu rund 20 Prozent und für die Software circa 29 Prozent ausgegeben.

Für das Jahr 2004 wurde in der Schweiz für den IT-Bereich mit einer Wachstumsrate von 5,3 Prozent gegenüber dem Vorjahr gerechnet. Dabei stiegen die Segmente Networking um 9,2 Prozent und IT-Services um 6,8 Prozent. Die Schwerpunkte von IT-Strategien der IT-Manager sind weiterhin die strategische Positionierung der IT, die unternehmensweite Kommunikation, die Standardisierung der eingesetzten Produkte und der Einstieg ins E-Business, unter Einbeziehung neuer Technologietools aus den Bereichen Customer Relationship Management und Supply Chain Management.

7.2 Unternehmenssituation

Die ITEC Gruppe ist ein herstellerneutrales Dienstleistungsunternehmen im europäischen IT-Markt. Das Leistungsangebot umfasst branchen- und länderübergreifende Lösungen und Services für global agierende Banken und Versicherungen sowie Unternehmen aus Industrie und Handel, Telekommunikation und Medien, Dienstleistungen und dem Öffentlichen Sektor. Tätigkeitsschwerpunkte der ITEC Gruppe sind das E-Business und IT-Lösungen für Finanzdienstleister.

Die ITEC AG wurde 1981 gegründet und entwickelte sich bis 1992 zum führenden Schweizer Systemintegrator. Durch eine Auslagerung verschiedener Nebentätigkeiten zum einen und eine fokussierte **Ausweitung des Kerngeschäfts** zum anderen unternahm die ITEC AG in den Folgejahren Anstrengungen zur Optimierung seines Geschäftsportfolios. Seit dem Jahre 2001 konzentriert sich ITEC durch eine vertikale Ausrichtung des Leistungsangebotes verstärkt auf den Finanzdienstleistungssektor, bietet aber gleichzeitig auch strategische IT-Lösungen für Unternehmen anderer Branchen und ist beratend für führende Softwarehäuser tätig. Die ITEC Security Software Inc. repräsentiert die ITEC Gruppe auf dem amerikanischen Markt und pflegt Beziehungen zu amerikanischen Spezialisten (Abbildung 11-7-1). Nachdem die ITEC AG im Jahre 2002 die 200 Mio. EUR-Umsatzgrenze im Bereich der Dienstleistungen überschritten hat, liegt der Umsatz im Jahre 2004 – nach der Übernahme eines Konkurrenten – bei 350 Mio. EUR im Dienstleistungsbereich und nur noch 22 Mio. EUR im Hardwarebereich (Abbildung 11-7-2).

Abbildung 11-7-1 Struktur der ITEC Gruppe

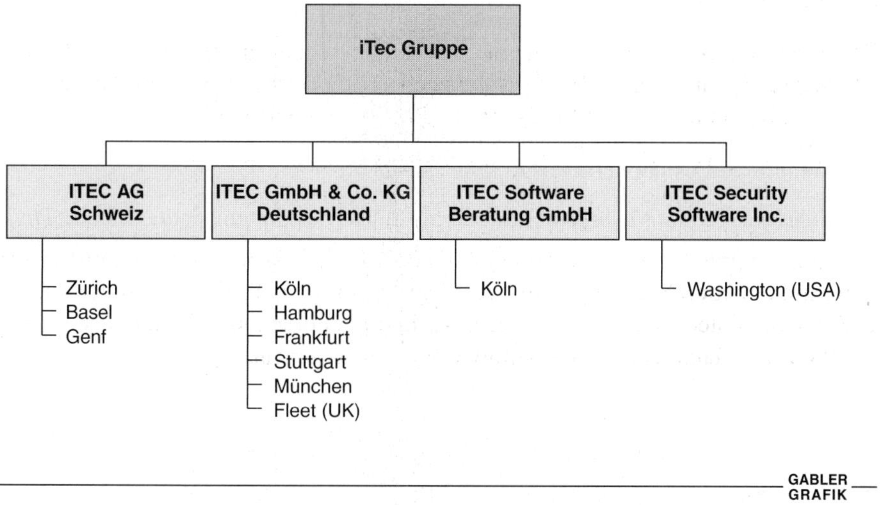

Abbildung 11-7-2 Umsatzentwicklung der ITEC Gruppe

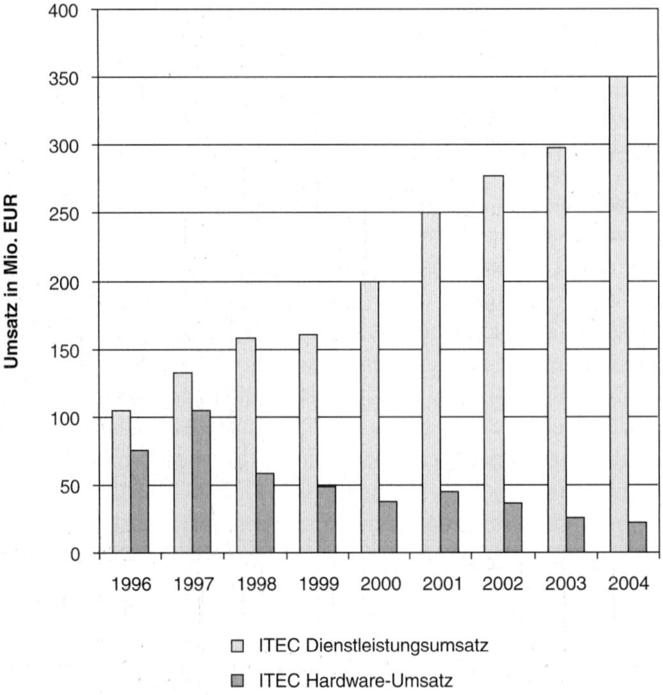

GABLER GRAFIK

Die ITEC Gruppe ist in die drei Market Divisions E-Business, Financial Solutions und Application & Systems Engineering und vier Subsidiaries unterteilt. Die Market Divisions agieren mit hoher Eigenständigkeit. Sie setzen aber auf die enge Zusammenarbeit mit anderen Market Units, um dem Kunden eine ganzheitliche und auf seine Bedürfnisse zugeschnittene Lösung anbieten zu können.

Das Sales & Account Management ist für die Sales Aktivitäten der drei Market Divisions verantwortlich und sorgt für die division- und themenübergreifende Bearbeitung des Marktes. Des Weiteren betreut diese die wichtigsten Kunden der ITEC.

Neben den Market Divisions bestehen so genannte Subsidiaries, die folgende Tätigkeitsschwerpunkte aufweisen: Die Suisse Romande (SR) betreut die wichtigsten Kunden der französischen Schweiz. Das Enterprise Resource Planning (ERP) bietet unter anderem. Lösungen mit SAP an. Zudem bietet ITEC ihren Kunden funktionales Outsourcing als Application Service Provider (ASP) an. Das Enterprise Security Management (ESM) bietet Lösungen für ein umfassendes IT-Sicherheitsmanagement.

Die Market Divisions unterstreichen die vertikale Ausrichtung des Unternehmens, die das Angebot eines umfassenden Leistungsspektrums für verschiedene Branche ermöglichen. Die vier Subsidiaries unterstützen die horizontale Ausrichtung des Unternehmens. Diese bieten umfassende branchenübergreifende Lösungen an.

Die Tätigkeitsschwerpunkte der ITEC Gruppe können in vier **Typen der Leistungserstellung** unterschieden werden. Dies sind, ausgehend vom Manpower-Geschäft, d. h., die Möglichkeit des Leasings von Mitarbeitern der ITEC Gruppe, das Projektgeschäft, marktfähige IT-Lösungen und das funktionale Outsourcing als Application Service Provider. Entlang dieser Typen der Leistungserstellung nimmt die Auslagerung der Tätigkeit an ITEC aus Sicht des Kunden zu. Während ITEC-Mitarbeiter im Manpower-Geschäft als Mitglied eines Projektteams, das vom Kunden aus externen und internen Mitarbeitern zusammengestellt wird, lediglich einen kleinen Anteil am Leistungserstellungsprozess tragen, d. h. der Kunde an der Leistungserstellung selbst noch stark beteiligt ist, wird bei Outsourcing-Projekten die Verantwortung und Durchführung vom Kunden an ITEC übertragen. Der Kunde ist an der Leistungserstellung nicht bzw. nur in sehr geringem Maße beteiligt. Durch eine zunehmende Externalisierung der Leistungserstellung wird für den Kunden ein Mehrwert geschaffen, der in der Folge zur Akzeptanz höherer Preise und damit zu höheren Gewinnmargen für ITEC führt (Abbildung 11-7-3).

Abbildung 11-7-3 Typen der Leistungserstellung

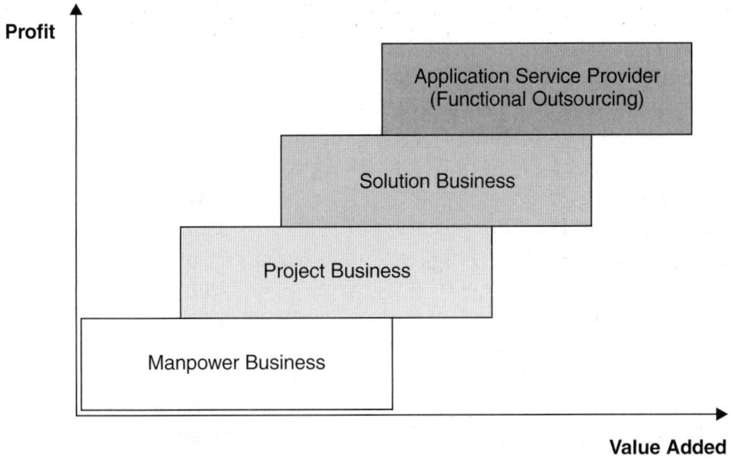

GABLER GRAFIK

Dabei konzentriert ITEC sich auf Business- und IT-Beratung, auf den Vertrieb, die Implementierung und Integration von Standardlösungen sowie auf relevante Service- und Supportleistungen.

Die Kooperation mit international renommierten Technologiepartnern, wie z. B. Sun Microsystems, Compaq und SAS Institute Inc., sichert ITEC den entscheidenden Vorsprung an Know-how für ihre Lösungen sowie Services und damit für ihre Kunden.

Die Kunden der ITEC Gruppe sind primär zu den **Finanzdienstleistern** zu zählen und kommen vorwiegend aus dem deutschsprachigen Markt. Neben namhaften Unternehmen, wie z. B. Zürich Versicherung, UBS, Zürcher Kantonalbank, Commerzbank, Credit Suisse, hat die ITEC Gruppe auch das Internationale Komitee des Roten Kreuzes in Genf als Kunden.

Die ITEC Gruppe ist überwiegend im deutschen und Schweizer IT-Markt vertreten. Die beiden Märkte deckten im Jahre 2001 in etwa 21 Prozent des europäischen IT-Marktes ab, im Jahre 2006 werden es voraussichtlich 19 Prozent sein.

ITEC kann sich insgesamt unter den zehn größten IT-Dienstleistern des Schweizer IT-Marktes positionieren. Mit besonderem Fokus auf die Finanzdienstleistungsindustrie werden die IT-Investitionen der ITEC Gruppe vorwiegend im Segment Finanzmarkt in den nächsten Jahren liegen. Ein Schwerpunkt des Tätigkeitsfeldes der ITEC Gruppe ist der Wachstumsmarkt ERP für Finanzdienstleistungsunternehmen. Das Wachstum hier liegt bei circa 26 Prozent in der Schweiz.

Für die nächsten Jahre wird mit einer weiteren Verschiebung der Marktstruktur in Richtung Services gerechnet, im Jahre 2005 dürften 75 Prozent der Ausgaben für Services aufgewendet werden.

Wie bereits angedeutet, ist in Zukunft nicht mehr mit den starken Wachstumszahlen der Vergangenheit zu rechnen. Einige Bereiche werden zwar weiterhin wachsen, im Allgemeinen wird jedoch nur ein schwaches Wachstum der IT-Branche zu verzeichnen sein. Diese Bedingungen führen dazu, dass sich der Markt unter den bestehenden Anbietern verschärft. Um unter diesen verstärkten Wettbewerbsbedingungen und der zunehmenden Homogenisierung der angebotenen Leistungen, im Wettbewerb erfolgreich zu sein, ist eine Differenzierungsstrategie im Bereich der Anwendungssoftware sowie der zusätzlichen Dienstleistungen und des Services notwendig. Hier gewinnt das Qualitätsmanagement erheblich an Bedeutung.

7.3 Marketingentscheidungen

ITEC möchte mit seinen angebotenen IT-Lösungen **Qualitätsführer** auf dem IT-Markt werden. Qualität ist die Basis von Kundenzufriedenheit und Kundenbindung und sichert den Erfolg des Unternehmens. Anforderungen an die Qualität sind schriftlich dokumentiert.

Die Qualität der Leistungen und die Zufriedenheit der Kunden sind Bedingungen für ein weiteres Wachstum des Unternehmens, das nur mit Hilfe der Mitarbeiter erreicht werden kann. Daher ist es ein Ziel des Unternehmens, Qualität durch Mitarbeiterzufriedenheit zu erreichen. Mitarbeiterzufriedenheit wird mit der Schaffung eines Arbeitsumfeldes erhöht, das es jedem Mitarbeiter erlaubt, sich entsprechend seinen Fähigkeiten und Neigungen zu entfalten. Entsprechend lassen auch eine offene Kommunikationskultur und flache Hierarchien eine Unternehmenskultur entstehen, die kurze Entscheidungswege ermöglichen. Es werden Freiräume zur persönlichen Entfaltung geschaffen, die Teamfähigkeit und eigenverantwortliches Handeln fördern.

ITEC verfolgt eine profitable Wachstumsstrategie, die schwerpunktmäßig auf den Finanzdienstleistungsmarkt ausgerichtet ist. Dabei ist ein breites Angebot und entsprechende Vertriebskanäle anzubieten, um die Time-to-Market-Zeiten verbessern zu können. Ziel ist ein geographisches und kundenmäßiges Wachstum sowie eine hohe Wertschöpfung des Unternehmens. Das IT-Lösungsportfolio hat die ITEC Gruppe ganz nach den Bedürfnissen des Marktes ausgerichtet. Mit den Angeboten möchte die ITEC Gruppe den Bedürfnissen ihrer Kunden gerecht werden, Kundenbindung bei bestehenden Kunden vertiefen aber auch neue Kundensegmente hinzugewinnen.

Eine entwicklungsfähige Organisation beinhaltet die Fähigkeit, die Organisation flexibel und schnell auf Teilzielmärkte auszurichten. Dies kann unter anderem durch entsprechende Verkaufskanäle oder durch die Geschäftsleitung geschehen. Entsprechend stehen das Entrepreneurship sowie überschaubare und schlagkräftige Markteinheiten im Fokus, die auf den Markt ausgerichtet sind.

Zur Umsetzung der Philosophie ist eine Strategie zu konzipieren und durchzuführen, die langfristig die Stoßrichtung des Unternehmens festgelegt. Dabei sind folgende strategische Grundsätze von Bedeutung, die die Verhaltensweise des Unternehmens bestimmen:

ITEC fokussiert sich auf Marktsegmente. Hierbei handelt es sich um die bereits genannten Marktsegmente, die für ITEC von Bedeutung sind. Hinzu kommt ein umfassendes Leistungsportfolio, das ITEC den Kunden anbietet: ITEC als Know-how-Unternehmen möchte einen End-to-End-Services aus einer Hand anbieten. Die Verknüpfung von Business-Know-how, Branchenkenntnis und Informatikwissen mit Implementierungskraft bildet das Know-how des Unternehmens, das bei den Kunden eingebracht werden kann. Die horizontale Ausrichtung der Organisation des Unternehmens dient dazu, im Rahmen eines **Full-Service-Konzeptes** die gesamte Leistungsfähigkeit einzusetzen und zu erhöhen, da ganze Problemlösungskonzepte aus einer Hand geliefert werden und somit die Teilsysteme besser aufeinander abgestimmt werden können. Das Full-Service-Konzept fördert maßgeblich die Kundenbindung.

Eine gezielte Know-how-Allokation ist für ITEC von Bedeutung. Die angebotenen Produkte bzw. Leistungen basieren auf einem beträchtlichen Know-how, das die Mitarbeiter haben und bei ihrer Arbeit einsetzen. Um dieses effizient nutzen zu können, sind die Mitarbeiter entsprechend ihrer Stärken und ihrem Wissen einzusetzen.

Um dieses Know-how in der richtigen Zeit auf den Markt zu bringen und somit die Time-to-Market-Zeiten einzuhalten, sind für ITEC marktgerechte Verkaufskanäle von hoher Bedeutung.

7.4 Erfolgsfaktoren und Erfolgspotenzial der ITEC AG

Zentraler Erfolgsfaktor der ITEC AG ist das Qualitätsmanagement. Das Qualitätsmanagement der des Unternehmens ist ein ganzheitliches System, das auf klar definierten Anweisungen und konzeptionellen Vorgaben beruht. Um ein erfolgreiches Qualitätsmanagement zu implementieren und zu gewährleisten, hat die ITEC Gruppe einen Qualitätsmanagementregelkreis entwickelt. Die Umsetzung ist vor allem von der Kompetenz und dem Qualitätsbewusstsein der verantwortlichen Projektleiter abhängig, sowie dem Engagement und den Fähigkeiten der Mitarbeiter.

Besonders im Hinblick auf die Projekttätigkeit der ITEC Gruppe ist es von großer Herausforderung, ein standardisiertes Qualitätsmanagementsystem individuell umzusetzen. Unterschiedliche Aufgabenstellungen und individuelle Kundenwünsche erschweren eine standardisierte Qualitätsleistung bei der Projektabwicklung. Der Qualitätsmanagementregelkreis bietet die Grundlage – trotz der Individualität der Projekte – eine einheitliche Vorgehensweise der Planung, Steuerung, Kontrolle und Darlegung des Qualitätsmanagements bei Projekten zu schaffen.

Besonders der IT-Markt unterliegt dem ständigen Wandel neuer Technologien und einem steigenden Konkurrenzdruck. Die Unternehmen, die in diesem Wettbewerb bestehen wollen, haben sich den immer neuen Herausforderungen zu stellen und benötigen Alleinstellungsmerkmale im Markt, die sie nur durch technologische Kompetenz und einen intensiven Beziehungsaufbau zum Kunden erreichen können.

7.5 Aufgaben zur Fallstudie ITEC AG

a. Die von ITEC angebotenen Dienstleistungen sind auf Kundenseite durch ein hohes wahrgenommenes Risiko und einen hohen Integrationsgrad des externen Faktors gekennzeichnet. Welche Ansatzpunkte für das Marketing ergeben sich aufgrund dieser Charakteristika hinsichtlich eines Markenaufbaus?

b. Für die IT-Dienstleistungsbranche kommt der Qualitätsstrategie eine gehobene Bedeutung zu. Welche Schritte und Maßnahmen sind im Sinne eines Managementprozesses für das Qualitätsmanagement zu durchlaufen? Wie kann das Qualitätsmanagement dabei organisatorisch verankert werden?

c. Hinsichtlich der Preispolitik sind z. B. Fixpreise, Paketpreise, Individualpreise und mengenbezogene Preise denkbar. Welche Preisstrategie ist angesichts des Angebotsspektrums der ITEC AG zu empfehlen?

d. Welche Maßnahmen sind in der Personalpolitik erforderlich? Wie kann ein kundenorientiertes Vergütungssystem bei der ITEC AG umgesetzt werden?

e. Was für eine Distributionsstrategie ist für ITEC sinnvoll? Welche Standortstrategie im Speziellen verfolgt das Unternehmen in Bezug auf seine Geschäftsfelder?

8. Fallstudie ALPENFLY AG

8.1 Generelle Daten zum Unternehmen und seiner Entwicklung

Aufbauend auf der Idee, Routen mit tiefem Passagieraufkommen mit kleinen Flugzeugen zu bedienen, gründete der Pilot Urs Nötzli 1979 mit drei Propellermaschinen die ALPENFLY. Heute befördert die ALPENFLY mit einer Flotte von 81 Flugzeugen pro Jahr ca. 6 Mio. Passagiere. Von den schweizerischen Flughäfen (EuroAirport Basel/Mulhouse/Freiburg, Bern/Belp, Genf/Cointrin, Lugano/Agno und Zürich/Kloten) aus werden über 100 Destinationen in mehr als 20 europäischen, nordafrikanischen sowie Staaten des Nahen Ostens angeflogen. Die ALPENFLY tätigt einen Jahresertrag von 1.090 Mio. CHF (2004) bei einem Aktienkapital von 330 Mio. CHF.

Vor allem im Linienflugbereich werden seit der Gründung des Unternehmens Strecken offeriert, die zuvor unzureichend oder gar nicht bedient wurden. Zum Teil wird in diesem Zusammenhang behauptet, dass die ALPENFLY den Regional-Luftverkehr in Europa weitgehend mit initiiert hat. Zielpublikum der ALPENFLY im Linienflugbereich sind entsprechend Personen, die abseits der großen Verkehrsströme reisen. Für diese – oftmals Geschäftsreisende – sind neben der hohen Sicherheit vor allem Tagesrandverbindungen wichtig, welche die Hin- und Rückreise an einem Arbeitstag ermöglichen.

Die Linienflüge machten 2004 insgesamt 57 Prozent des Umsatzes aus, weitere Umsätze wurden durch Charterflüge (19 Prozent) und so genannte WET-Lease-Operationen (18 Prozent), bei denen die ALPENFLY Flüge mit Crew und Fluggerät für die Lufthansa-Tochter Swiss tätigt, die ihrerseits die kommerzielle Verantwortung trägt, erzielt. Für die Feriendestinationen in Europa, Nordafrika und dem Nahen Osten wird im Charterbereich die – im Vergleich zu den Linienmaschinen große – Boeing MD-82/83 eingesetzt.

Die Belegschaft der ALPENFLY besteht aus 3.100 Mitarbeitern aus 50 Nationen. Die technischen Dienste und die Administration sind zentral auf dem EuroAirport Basel/Mulhouse/Freiburg untergebracht. Hier befinden sich Abstellplätze für Flugzeuge (Hangar), Lager, Technik, Schulungszentrum, Flugsimulatoren und Büros.

Dem EuroAirport Basel/Mulhouse/Freiburg wird dabei auch zunehmend eine **zentrale Rolle als Drehscheibe** zuteil. Die ALPENFLY hat, damit die Destinationen mit kleinem Verkehrsaufkommen untereinander verbunden werden, den Umsteigeflughafen (Hub) „EuroCross" geschaffen. Mehrmals pro Tag fliegen aus den unterschiedlichen Städten Europas Maschinen zum EuroAirport, um hier in kürzester Folge zu landen und wenig später wieder in die diversen Richtungen abzufliegen. So entstehen ideale Verbindungen mit kurzer Umsteigezeit. Für umsteigende Passagiere ist vorgesehen, eine Zeit von maximal 20 Minuten für den Ortswechsel innerhalb des Flughafens zu realisieren. Der Kunde erhält so ein feines Netzwerk über ganz Europa, das laufend ausgebaut wird. Die ALPENFLY beteiligt sich aus diesem Grund auch am Ausbau des inzwischen überlasteten Flughafens in Basel mittels eines Darlehens und setzt sich für den Ausbau von Zufahrtsstraßen sowie die verbesserte Anbindung an öffentliche Verkehrsmittel ein. Die größte Konkurrenz des EuroAirport stellen die Flughäfen in Brüssel, München, Frankfurt und Zürich dar, die auch Hubfunktionen übernehmen.

Gerade im erwähnten **Umsteigeverkehr** sieht die ALPENFLY eine Wachstumsmöglichkeit. Durch EuroCross wurde erreicht, dass das Netzwerk im Jahr 2000 48 Destinationen in 13 Ländern umfasste. Dadurch ergeben sich 1.480 mögliche Verbindungen. Entwicklungspläne sehen vor, EuroCross in den nächsten Jahren auf bis zu 88 Destinationen mit 3.500 Umsteigemöglichkeiten auszubauen.

Abbildung 11-8-1 zeigt die Entwicklung der Erträge (in 100.000 CHF), der Jahresgewinne (in 1.000 CHF) und der beförderten Passagiere (in 1.000). Durch Schwerpunktsetzungen auf die Bereiche Sicherheit, Pünktlichkeit, Passagierkomfort und Wirtschaftlichkeit ist zukünftig an die Erfolge der Vergangenheit anzuknüpfen und so das positive Image aufrecht zu erhalten.

Abbildung 11-8-1 **Entwicklung Erträge, Jahresgewinn und beförderte Passagiere bei der ALPENFLY AG**

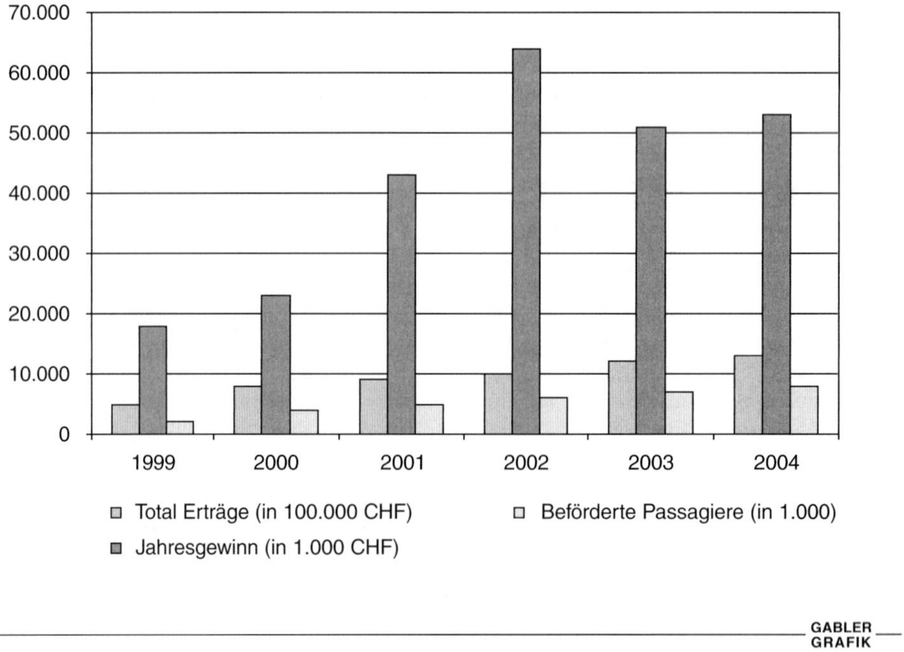

8.2 Der Luftverkehrsmarkt

2004 wurden weltweit über 1,5 Mrd. Personen durch Luftfahrtgesellschaften transportiert, davon entfallen 447 Mio. (+ 3,4 Prozent zum Vorjahr) auf internationale Passagiere (30,9 Prozent vom gesamten Transport) und ca. 1 Mrd. auf inländische Passagiere, die im Vergleich zum Vorjahr um ein Prozent abnahmen. Bei den Passagierkilometern, die geflogen wurden, stellte man im Jahre 2004 eine Zunahme bei den internationalen Transporten von 11,0 Prozent fest und bei den nationalen Transporten einen Zuwachs von 5,9 Prozent.

Analysiert man die transportierten Passagiere von 1998 bis 2004, so stellt man fest, dass nicht nur deren absolute Zahl, sondern auch die Zunahme inzwischen wieder wächst, sowohl bei den internationalen als auch bei den nationalen Transporten (vgl. Abbildung 11-8-2). Die gleiche Tendenz stellt man bei den Einnahmen fest, die mit Passagieren innerhalb der IATA erzielt wurden (Abbildung 11-8-3).

Abbildung 11-8-2 **Veränderung der Zuwachsraten der Passagierzahlen auf Linienflügen (IATA Mitglieder)**

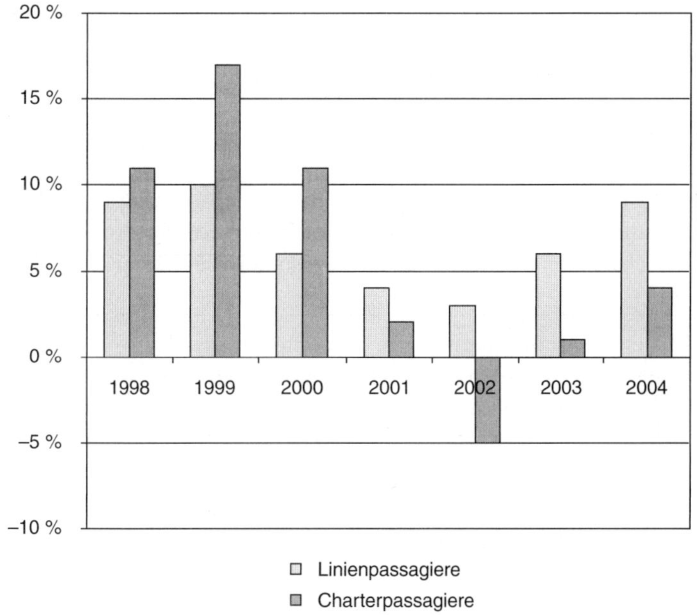

GABLER GRAFIK

Abbildung 11-8-3 **Veränderung der Einnahmen der ALPENFLY AG jeweils zum Vorjahr**

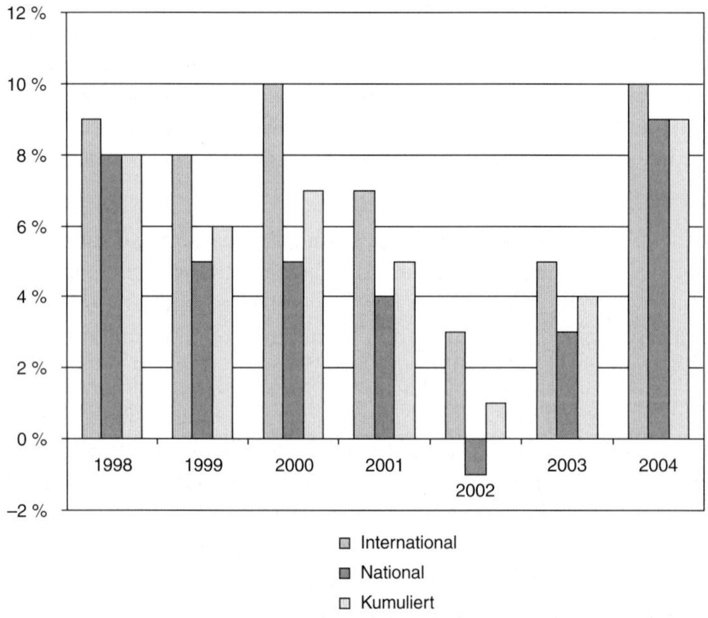

GABLER GRAFIK

2004 wurden laut ERA (European Regions Airline Association) von den ihr angeschlossenen Fluggesellschaften 77,3 Mio. Passagiere innerhalb Europas transportiert; dies entspricht einer Zunahme von 8,1 Prozent im Vergleich zum Vorjahr. ALPENFLY transportierte während der gleichen Periode 5.401.734 Personen, dies entspricht einem Marktanteil von rund 7 Prozent.

Große Unsicherheit herrscht innerhalb der Branche bei den Treibstoffpreisen, die teilweise sehr starken Schwankungen unterworfen und kaum prognostizierbar sind. Im Jahre 2003 entstanden z. B. durch diesen Faktor 40 Prozent höhere Kosten als geplant.

8.3 Marketingstrategie

Bei der ALPENFLY handelt es sich um einen typischen Dienstleistungsanbieter. Neben den bereits genannten Bereichen Linien- und Charterflug werden dabei noch weitere Dienstleistungen erbracht. Zu nennen sind insbesondere die Beförderung von Fracht („ALPENFLY Fracht") und die Durchführung von Wartungsmaßnahmen („ALPENFLY Technik"), auch an Flugzeugen von Fremdgesellschaften. Des Weiteren werden mit dem „ALPENFLY Catering" Flugzeuge in Zürich versorgt.

Die ALPENFLY ist auch stark von Drittleistungen und weiteren, nicht direkt beeinflussbaren, Größen abhängig. Zu nennen sind z. B. die unzureichend koordinierte Flugsicherung in Europa und der Schweiz sowie daraus resultierende Verspätungen, der Transport des Kunden zum Flughafen und das Angebot am Flughafen selbst.

Gleichzeitig macht der Kunde, der – ob im Bereich Charter oder Linie – die Dienstleistungen der ALPENFLY in Anspruch nimmt, die ALPENFLY oftmals auch für die externen Einflussgrößen verantwortlich: Er nimmt i.d.R. den mehrstufigen Prozess von der Informationsbeschaffung über die Buchung, die Anreise zum Flughafen, den Check-In, den Flug selbst, den Baggage-Claim (Gepäckaufgabe- und -abholzone) und das Verlassen des Zielflughafens als ein Produkt – nämlich das der ALPENFLY – wahr, ohne dabei zwischen den einzelnen Prozessstufen und den jeweils verantwortlichen Teildienstleistern zu unterscheiden. Die ALPENFLY definiert entsprechend als klares eigenes Ziel, soweit wie möglich einen rundum perfekten Prozess („Seamless Travel" = nahtloses Reisen) zu erreichen.

Eine weitere Besonderheit der ALPENFLY als Dienstleister ergibt sich durch die besondere Bedeutung der Mitarbeiter: Viele haben durch den **direkten Kundenkontakt** unmittelbar Einfluss auf die Qualitätswahrnehmung und die Zufriedenheit der Kunden. Die Mitarbeitenden genießen entsprechend einen hohen Stellenwert innerhalb des Unternehmens. Die derzeitigen Engpässe im Schweizer Arbeitsmarkt, z. B. bei den Cabin Attendants (Flugbegleitern), stellen aus diesem Grund ein großes Problem dar.

Die Geschäfts- und Privatkunden der ALPENFLY zeichnen sich durch steigende **Preissensitivität** und **abnehmende Kundenloyalität** aus. Der Kunde ist generell kritischer betreffend der Leistungen der Fluggesellschaft und des Preis-Leistungs-Verhältnisses geworden, wodurch sich Fluggesellschaften mit ständig höheren wettbewerblichen Anforderungen konfrontiert sehen.

Die Kernleistung der Fluggesellschaften, d. h., der sichere Transport von Punkt A nach Punkt B, ist so homogen geworden, dass eine Differenzierung gegenüber den Wettbewerbern allein darüber nicht mehr möglich ist, die Leistungspotenziale sind weitgehend ausgeglichen. Es gilt, dem Kunden einen **Zusatznutzen mit hoher Servicequalität** anzubieten. Aufgabe des Dienstleistungsmarketing ist es also, ein unverwechselbares Produkt zu entwickeln, zu sichern und zu kommunizieren, um dem Unternehmen langfristig einen Wettbewerbsvorteil zu schaffen. Die Aufmerksamkeit der Fluggesellschaft dient gesamten Dienstleistungsprozess des Reisens, vom Informieren bis ans Ende der Reise.

Dienstleistungsanbieter wie die Luftfahrtgesellschaften stehen zudem vor der Schwierigkeit, dass ihre Absatzobjekte immaterielle Leistungsfähigkeiten in Form interner Produktionsfaktoren darstellen, zu deren Konkretisierung ein externer Faktor, der Kunde, notwendig ist. Wegen der Immaterialität des verkauften Gegenstandes entzieht sich das Produkt einer Beurteilung der Leistung vor dem Kauf, so dass ein spezielles Kaufrisiko für den Kunden besteht. Das Vertrauen in den Leistungsanbieter ist daher wesentlich, zumal auch eine Nachbesserung der Produkt- und Serviceleistung wie bei Sachgütern schwer möglich ist.

Die unternehmensweiten Qualitätsanforderungen orientieren sich anhand verschiedener Einflussgrößen. Zum einen ist Qualität ein Teil des europäischen Gesetzes, das jede Fluggesellschaft zu beachten hat. Erfüllt die Gesellschaft nicht den erforderlichen Mindestanspruch an Qualität, kann ihr die Betriebserlaubnis entzogen werden. Zusätzliche Anforderungen an die Qualität leiten sich durch die Forderungen der Kunden ab. Das unternehmensweite Qualitätsniveau ergibt sich also aus diesen Vorschriften, den Forderungen der Kunden und aus zusätzlich definierten Standards der Gesellschaft, die versuchen, durch das Einhalten von Qualitätsnormen einen Standardisierungsgrad und damit verbundene Effizienzsteigerungen zu erreichen. Unternehmensweit versucht man daher, die zahlreichen Qualitätsansprüche an folgenden zentralen Kriterien auszurichten:

- Sicherheit,
- Pünktlichkeit,
- Passagierkomfort,
- Wirtschaftlichkeit.

Ein eindeutiges Kundenprofil ist nicht vorhanden. Man weiß aber, dass es sich bei den Kunden um Reisende handelt, die einen hohen Anspruch an Servicequalität mit dem Flug der ALPENFLY verbinden. Der Kunde weiß, dass es sich bei der ALPENFLY um eine erfolgreiche Unternehmung handelt und setzt dementsprechend hohe Erwartungen an die Qualität seiner Reise. Die ALPENFLY wird oft als „**Champagner-Airline**“ bezeichnet, da auch in den günstigeren Klassen Champagner gratis an alle Fluggäste ausgeschenkt wird. Der sehr gute Bordservice der ALPENFLY ist insbesondere unter Geschäftsleuten und Vielfliegern sehr bekannt. Die ALPENFLY sieht sich daher einer überdurchschnittlichen Erwartungshaltung der Kunden ausgesetzt, die sie mit ihrem Service zu erfüllen hat.

8.4 Aufgaben zur Fallstudie ALPENFLY AG

a. Erläutern Sie die verschiedenen Such-, Erfahrungs- und Glaubenseigenschaften der Leistungen der ALPENFLY.

b. Welche konstitutiven Merkmale kennzeichnen die Leistungen der ALPENFLY und welche Schlussfolgerungen ergeben sich daraus für das Dienstleistungsmarketing der ALPENFLY.

c. ALPENFLY hat das Ziel formuliert, innerhalb des nächsten Jahres die Zufriedenheit ihrer Kunden zu steigern. Wie würden Sie als Verantwortliche(r) für die Erreichung dieses Zieles vorgehen? Welche Methoden setzen Sie ein, um die Anforderungen der Kunden an die ALPENFLY zu ermitteln?

d. Entwickeln Sie für die ALPENFLY eine Kundenbindungsstrategie. Ermitteln Sie dabei auch mögliche und leicht zu erhebende Kriterien für eine wertorientierte Kundensegmentierung.

e. Lange Zeit war dem Marketingleiter der ALPENFLY bewusst, dass das Unternehmen kein systematisches Beschwerdemanagement betreibt. In der Vergangenheit fehlten ihm einfach die notwendigen Ressourcen, um das Thema sinnvoll anzugehen. In letzter Zeit hat sich jedoch die Zahl der Beschwerden gehäuft und es gab bereits negative Schlagzeilen in der auflagenstarken Tageszeitung „Der Alpenkurier“. Der Marketingleiter beauftragt deshalb Sie als seinen Stellvertreter, ein Konzept für ein systematisches Beschwerdemanagement zu erarbeiten, das auch konkrete Maßnahmen umfasst.

Literaturverzeichnis

Abell, D.F. (1980), Defining the Business. The Starting Point of Strategic Planning, Englewood Cliffs.

Adams, W.J./Yellen, J.L. (1976), Commodity Bundling and the Burden of Monopoly, in: Quarterly Journal of Economics, Vol. 40, No. 3, S. 475–488.

Adler, J. (1994), Informationsökonomische Fundierung von Austauschprozessen im Marketing, Arbeitspapier zur Marketingtheorie Nr. 3, Trier.

Agarwala, T. (2003), Innovative human resource practices and organizational commitment: an empirical investigation, in: International Journal of Human Resource Management, Vol. 14, No. 2, S.175–197.

Ahlert, D. (2001), Distributionspolitik, 4. Aufl., Stuttgart/New York.

Ahlert, D./Backhaus, K./Meffert, H. (2001), Neue Geschäftsmodelle im E-Business. Unveröffentlichte Studie anlässlich des Deutschen Marketing Tags, Düsseldorf.

Ahlert, D./Evanschitzky, H./Woisetschläger, D. (2005), Markenmanagement in internationalen Dienstleistungsmärkten, in: Bruhn, M./Stauss, B. (Hrsg.): Forum Dienstleistungsmanagement. Internationalisiserung von Dienstleistungen, Wiesbaden, S. 229–252.

Ahlert, D./Hesse, J. (2003), Das Multikanalphänomen – viele Wege führen zum Kunden, in: Ahlert, D./Hesse, J./Jullens, J./Smend, P. (Hrsg.), Multikanalstrategien – Konzepte, Methoden und Erfahrungen, Wiesbaden, S. 3–32.

Akerloff, G. (1970), The Market for „Lemons": Qualitative Uncertainty and the Market Mechanism, in: Quarterly Journal of Economics, Vol. 84, No. 3, S. 488–500.

Albach, H. (1989), Dienstleistungsunternehmen in Deutschland, in: Zeitschrift für Betriebswirtschaft, 59. Jg., Nr. 4, S. 397–421.

Albers, S. (2000), Was verkauft sich im Internet? – Produkte und Leistungen, in: Albers, S./Clement, M./Peters, K./Skiera, B. (Hrsg.), eCommerce – Einstieg, Strategie und Umsetzung im Unternehmen, 2. Aufl., Frankfurt am Main, S. 22–36.

Albers, S./Becker, J.U. (2001), Funktionen des E-Commerce für Dienstleistungsunternehmen, in: Bruhn, M./Meffert, H. (Hrsg.), Handbuch Dienstleistungsmanagement. Von der strategischen Konzeption zur strategischen Umsetzung, 2. Aufl., Wiesbaden, S. 399–416.

Albrecht, K./Zemke, R. (1987), Service-Strategien, Hamburg/New York.

Alchian, A.A./Woodward, S. (1988), The Firm is Dead; Long Live the Firm. A Review of Oliver E. Williamson's The Economic Institutions of Capitalism, in: Journal of Economic Literature, Vol. 26, No. 1, S. 65–79.

Aleff, H.J. (2002), Die Dimension Zeit im Dienstleistungsmarketing, Wiesbaden.

Algedri, J. (1998), Integriertes Qualitätsmanagement-Konzept für die kontinuierliche Qualitätsverbesserung, Kassel.

Allianz (2005), Corporate Website – Kundenorientierung, www.allianzgroup.com/azgrp/dp/cda/0,,18670449,00.html, Zugriff am 19.05.2005.

Altenburger, O.A. (1981), Ansätze zu einer Produktions- und Kostentheorie der Dienstleistungen, Berlin/München.

Amit, R./Zott, C. (2001), Value Creation in E-Business, in: Strategic Management Journal, Vol. 22, No. 6/7, S. 493–520.

Ammermann, M. (1998), The Root Cause Analysis Handbook. A Simplified Approach to Identifying, Correcting, and Reporting Workingplace Errors, New York.

Andersen Consulting (1998), Investitionsmodell im Internet, in: Frankfurter Allgemeine Zeitung vom 14. Dezember 1998, S. 23.

Anderson, E.W./Fornell, C./Lehmann, D. R. (1994), Customer Satisfaction, Market Share, and Profitability: Findings from Sweden, in: Journal of Marketing, Vol. 58, No. 2, S. 53–66.

Anderson, E.W./Fornell, C./Lehmann, D.R. (1993), Economic Consequences of Providing Quality and Customer Satisfaction, in: Working Paper of the Marketing Science Institute, Cambridge, S. 93–112.

Anderson, E.W./Mittal, V. (2000), Strengthening the Satisfaction-Profit-Chain, in: Journal of Service Research, Vol. 3, No. 2, S. 107–120.

Andon, P./Baxter, J./Bradly, G. (1998), The Calculation of Customer Lifetime Value (CLV): Theory and Practice, Workingpaper, University of New South Wales, School of Accounting, Australia.

Andreasen, A.R./Goodstein, R.C./Wilson, J.W. (2002), Facilitators and Impediments of Cross-Sector Transfer of Marketing Knowledge, Proceedings of the Marketing and Public Policy Conference, Atlanta.

Andreassen, T.W./Lindestad, B. (1998), Complex Services and Customer Loyalty. The Significance of Corporate Image on Quality, Customer Satisfaction and Loyalty for Customer with Varying Degrees of Service Expertise, in: The International Journal of Service Industry Management, Vol. 9, No. 1, S. 7–23.

Ang, S.H./Leong, S.M./Lim, J. (1997), The Mediating Influence of Pleasure and Arousal on Layout and Signage Effects, in: Journal of Retailing and Consumer Services, Vol. 4, No. 1, S. 13–24.

Ansoff, H.I. (1966), Management Strategies, München.

Ansoff, H.I. (1976), Managing Surprise and Discontinuity. Strategic Response to Weak Signals, in: Zeitschrift für betriebswirtschaftliche Forschung, 28. Jg., Nr. 2, S. 129–152.

AQS Ausschuß Qualitätssicherung und angewandte Statistik im Deutschen Institut für Normung e. V. (Hrsg.) (1992), Qualitätsmanagement und Qualitätssicherung. Begriffe, DIN ISO 8402, Berlin.

Arrow, K.J. (1985), The Economics of Agency, in: Pratt, J.W./Zeckhauser, R.J. (Hrsg.), Principals and Agents: The Structure of Business, Boston, S. 37–51.

Arzet, H./Bachmann, H.F./Jung, N. (1997), Qualitätsmanagement für Dienstleistungs- und Handelsunternehmen. Arbeitshandbuch zur Zertifizierungsvorbereitung nach DIN EN ISO 9000 ff., Bonn.

Atkinson, H./Hamburg, J./Ittner, C. (1994), Linking Quality to Profits. Quality-Based Cost Management, Milwaukee.

Atuahene-Gima, K. (1996), Market Orientation and Innovation, in: Journal of Business Research, Vol. 35, No. 2, S. 93–103.

Audehm, D. (1995), Systematische Ideenfindung, Renningen.

Auerbach, H. (1994), Internationales Marketing-Controlling, Stuttgart.

Backhaus, K. (2003), Industriegütermarketing, 7. Aufl., München

Backhaus, K./Büschken, J./Voeth, M. (2003), Internationales Marketing, 5. Aufl., Stuttgart.

Backhaus, K./Erichson, B./Plinke, W. (2003), Multivariate Analysemethoden. Eine anwendungsorientierte Einführung, 10. Aufl., Berlin/Heidelberg.

Bacon, F.R/Butler, Th.W. (1998), Achieving Planned Innovation: A Proven System for Creating Successful New Products and Services, 3. Aufl., New York.

Bagozzi, R.P. (1975), Marketing as Exchange, in: Journal of Marketing, Vol. 39, No. 3, S. 32–39.
Bagozzi, R.P. (1979), Towards a Theory of the Middle Range, in: der markt, 18. Jg., Nr. 14, S. 177–182.
Baker, M.J./Buttery, E.A./Richter-Buttery, E.M. (1998), Relationship Marketing in three Dimensions, in: Journal of Interactive Marketing, Vol. 12, No. 4, S. 47–62.
Ballweg, S. (2004): Das makabere Geschäft, www.dw-world.de/dw/article/0,,1146493,00.html, Zugriff am 31.05.2005.
Bänsch, A. (2002), Käuferverhalten, 9. Aufl., München u. a.
Barber, A.E./Simmering, M.J. (2002), Understanding Pay Plan Acceptance: The Role of Distributive Justice Theory, in: Human Resource Management Review, Vol. 12, No. 1, S. 25–42.
Baron, S./Harris, K. (1995), Services Marketing. Text and Cases, Houndsmill u. a.
Barth, D. (1998), Dienstleistungen im internationalen Vergleich, Vortragsunterlagen zum 4. Dienstleistungskongress am 16.6.1998 in Bad Homburg.
Barth, K./Wille, K. (2000), Customer Equity – Ein prozessorientierter Ansatz zur Kundenbewertung, Diskussionsbeiträge des Fachbereichs Wirtschaftswissenschaft der Gerhard-Mercator-Universität Duisburg, Nr. 276, Duisburg.
Bartlett, C.A./Ghoshal, S. (1990), Internationale Unternehmensführung, Frankfurt, New York.
Bascheck, E. (2005), 5 Prozent Luft sind noch drin, in: Handelszeitung vom 20. April 2005.
Bateson, J.E.G. (1992a), Understanding the Service Experience, in: Bateson, J.E.G. (Hrsg.), Managing Services Marketing, 2. Aufl., Orlando, S. 83–105.
Bateson, J.E.G. (1992b), Perceived Control and the Service Encounter, in: Bateson, J.E.G. (Hrsg.), Managing Services Marketing, 2. Aufl., Orlando, S. 123–132.
Bauer, H.H./Bayón, T. (1995), Zur Relevanz prinzipal-agenten-theoretischer Aussagen für das Kontraktgütermarketing. Design, Ergebnisse und Implikationen einer empirischen Studie zur Beschaffung von Fertigungs-Sondermaschinen, in: Kaas, K.P. (Hrsg.), Kontrakte, Geschäftsbeziehungen, Netzwerke: Marketing und Neue Institutionenökonomik, in: Zeitschrift für betriebswirtschaftliche Forschung, 47. Jg., Sonderheft 35, S. 79–99.
Bauer, R. (1960), Consumer Behavior as Risk-Taking, in: Hancock, R. (Hrsg.), Proceedings of the 43th Conference of the American Marketing Association, Chicago, S. 389–398.
Baumer, T. (2005), Handbuch Interkulturelle Kompetenz, München.
Baumgartner, H./Steenkamp, J. (2001), Response Styles in Marketing Research: A Cross-National Investigation, in: Journal of Marketing Research, Vol. 38, No. 2, S. 143–157.
Bavaria-Production Services GmbH (2005), www.bavaria-production-services.de/organigramm.htm, Zugriff am 23.05.2005.
BDW e. V. (1993), Ergebnisbericht der Erhebung des Deutschen Kommunikationsverbandes BDW zur Bedeutung, Planung, Durchführung von Events, Bonn.
Beaven, M.H./Scotti, D.J. (1990), Service-Oriented Thinking and Its Implications for the Marketing Mix, in: Journal of Services Marketing, Vol. 4, No. 4, S. 5–19.
Beck, A. (2004), Geeignete Software liefert Gutachten, Analysen und Konzepte schnell und bedarfsgerecht – Potenziale der Vermögensberatung nutzen, in: Die Sparkassen Zeitung, 12.11.2004, Nr. 46, S. B12.
Becker, B. (2002), Prozessorientiertes Qualitätsmanagement, 2. Aufl., Renningen-Malmsheim.
Becker, F.G. (1999), Marketingorientierte Ausrichtung der Personalentwicklung in Dienstleistungsunternehmen – am Beispiel von Finanzdienstleistern, in: Bruhn, M. (Hrsg.), Internes Marketing. Integration der Kunden- und Mitarbeiterorientierung. Grundlagen, Implementierung, Praxisbeispiele, 2. Aufl., Wiesbaden, S. 271–292.
Becker, F.G./Günther, S. (2001), Personalentwicklung als Führungsaufgabe in Dienstleistungsunternehmen, in: Bruhn, M./Meffert, H. (Hrsg.), Handbuch Dienstleistungsmanagement. Von der strategischen Konzeption zur praktischen Umsetzung, 2. Aufl., Wiesbaden, S. 751–780.

Becker, J. (2001), Marketing-Konzeption, 7. Aufl., München.

Bednarczuk, P./Friedrich, J. (1992), Kundenorientierung ohne Marketing. Eine Lösung für Dienstleistungsunternehmen, in: Absatzwirtschaft, 35. Jg., Nr. 9, S. 90–97.

Beger, R./Gärtner, H.-D./Mathes, R. (1989), Unternehmenskommunikation. Grundlagen, Strategien, Instrumente, Wiesbaden.

Behofsics, J. (1998), Globalisierungstendenzen intermediärer Dienstleistungen, Wiesbaden.

Behrens, K.C. (Hrsg.) (1970), Handbuch der Werbung, Wiesbaden.

Belz, Ch./Schmitz, Ch./Brexendorf, T.O. (2005), Internationales Internes Marketing – Konsequenz einer internationalen kundenorientierten Unternehmensführung, in: Bruhn, M./Stauss, B. (Hrsg.), Forum Dienstleistungsmanagement. Internationalisiserung von Dienstleistungen, Wiesbaden, S. 274–294.

Benkenstein, M. (1993), Dienstleistungsqualität. Ansätze zur Messung und Implikationen für die Steuerung, in: Zeitschrift für Betriebswirtschaft, 63. Jg., Nr. 11, S. 1095–1116.

Benkenstein, M. (1998a), Besonderheiten des Innovationsmanagements in Dienstleistungsunternehmen, in: Bruhn, M./Meffert, H. (Hrsg.), Handbuch Dienstleistungsmanagement. Von der strategischen Konzeption zur praktischen Umsetzung, Wiesbaden.

Benkenstein, M. (1998b), Ansätze zur Steuerung der Dienstleistungsqualität, in: Meyer, A. (Hrsg.), Handbuch Dienstleistungs-Marketing, Band 1, Stuttgart, S. 444–454.

Benkenstein, M. (2002), Strategisches Marketing. Ein wettbewerbsorientierter Ansatz, 2. Aufl., Stuttgart.

Benkenstein, M./Güthoff, J. (1996), Typologisierung von Dienstleistungen. Ein Ansatz auf der Grundlage system- und käuferverhaltenstheoretischer Überlegungen, in: Zeitschrift für Betriebswirtschaft, 66. Jg., Nr. 12, S. 1493–1510.

Benkenstein, M./Güthoff, J. (1998), Methoden zur Messung der Dienstleistungsqualität, in: Bruhn, M./Meffert, H. (Hrsg.), Handbuch Dienstleistungsmanagement. Von der strategischen Konzeption zur praktischen Umsetzung, Wiesbaden, S. 429–447.

Benkenstein, M./Stuhldreier, U. (2001), Kundenwertsteigerung durch Beziehungsmarketing im Privatkundengeschäft von Universalbanken, in: Günter, B./Helm, S. (Hrsg.), Kundenwert. Grundlagen, Innovative Konzepte, Praktische Umsetzung, Wiesbaden, S. 641–658.

Benkenstein, M./Zielke, K. (2005), Qualitätsmessung und Qualitätsmanagement international tätiger Dienstleistungsunternehmen – dargestellt am Beispiel touristischer Dienstleistungen, in: Gardin, M.A./Dahlhoff, H.D. (Hrsg.), Management internationaler Dienstleistungen, Wiesbaden, S. 241–262.

Benölken, H./Greipel, P. (1994), Dienstleistungsmanagement. Service als strategische Erfolgsposition, 2. Aufl., Wiesbaden.

Benson, J.K. (1975), The Interorganizational Network as Political Economy, in: Administrative Science Quarterly, Vol. 20, No. 2, S. 229–249.

Berekoven, L. (1966), Der Begriff „Dienstleistung“ und seine Bedeutung für eine Analyse der Dienstleistungsbetriebe, in: Jahrbuch der Absatz- und Verbrauchsforschung, 12. Jg., Nr. 4, S. 314–326.

Berekoven, L. (1974), Der Dienstleistungsbetrieb. Wesen, Struktur, Bedeutung, Wiesbaden.

Berekoven, L. (1983), Der Dienstleistungsmarkt in der BRD, Göttingen.

Berekoven, L. (1997), Der Dienstleistungsmarkt in der Bundesrepublik Deutschland, Göttingen.

Berekoven, L./Bruchmann, K. (1992), Verlagstypologien, in: Diller, H. (Hrsg.), Vahlens Großes Marketinglexikon, München, S. 1233.

Bergen, M./Dutta, S./Walker Jr., O.C. (1992), Agency Relationships in Marketing: A Review of the Implications and Applications of Agency and Related Theories, in: Journal of Marketing, Vol. 56, No. 3, S. 1–24.

Berger, P.D./Nasr, N.I. (1998), Customer Lifetime Value. Marketing Models and Applications, in: Journal of Interactive Marketing, Vol. 12, No. 1, S. 17–30.

Berger, P.D./Weinberg, B./Hanna, R.C. (2003), Customer lifetime value determination and strategic implications for a cruise-ship company, in: Database Marketing & Customer Strategy Management Vol. 11, No. 1, S. 40–52.

Berger, R. (1999), Die Dienstleistungsgesellschaft als Herausforderung und Chance, in: Beisheim, O. (Hrsg.), Distribution im Aufbruch. Bestandsaufnahme und Perspektiven, München, S. 199–215.

Bergmann, R. (2000), Interkulturelles Lernen als organisationale Fähigkeit international tätiger Unternehmen, Dresden.

Berndt, R./Fantapié Altobelli, C./Sander, M. (1997), Internationale Marketing-Politik, Berlin.

Berndt, R./Sander, M./Fantapié Altobelli, C. (2003), Internationales Marketing-Management, 2. Aufl., Heidelberg u. a.

Berry, L.L. (1983), Relationship Marketing, in: Berry, L.L./Shostack, G.L./Upah, G.D. (Hrsg.), Emerging Perspectives on Services Marketing, Chicago, S. 25–28.

Berry, L.L. (1984), The Employee as Customer, in: Lovelock, C. (Hrsg.), Services Marketing. Text, Cases and Readings, Englewood Cliffs, S. 271–278.

Berry, L.L. (1986), Big Ideas in Services Marketing, in: Venkatesan, M./Schmalensee, D.M./Marshall, C. (Hrsg.), Creativity in Services Marketing. What‘s new, What Works, What‘s Developing, Chicago, S. 6–8.

Berry, L.L./Burke, M.C./Hensel, J.S. (1976), Improving Retailer Capability for Effective Consumerism Response, in: Journal of Marketing, Vol. 40, No. 3, S. 3–14.

Berry, L.L./Parasuraman, A. (1997), Listening to the Customer – the Concept of a Service-Quality Information System, in: Sloan Management Review, Vol. 38, No. 3, S. 65–76.

Berry, L.L./Yadav, M.S. (1997), Oft falsch berechnet und verwirrend – die Preise für Dienstleistungen, in: Harvard Business Manager, 19. Jg., Nr. 1, S. 57–67.

Berry, L.L./Zeithaml, V./Parasuraman, A. (1990), Five Imperatives for Improving Service Quality, in: Sloan Management Review, Vol. 31, No. 4, S. 29–38.

Berryman, K./Harrington, L./Layton-Rodin, D./Rerolle, V. (1998), Electronic Commerce: Three Emerging Strategies, in: McKinsey Quarterly, No. 1, S. 152–159.

Berthel, J. (1975), Betriebswirtschaftliche Informationssysteme, Stuttgart.

Bertsch, L.H. (1990), Kostenbasierte Bestimmung situativer Preisuntergrenzen für Luftfrachttransportleistungen, in: Zeitschrift für Verkehrswissenschaft, 61. Jg., Nr. 4, S. 237–253.

BFD (2005), Personalinformationssysteme, http://www.bfd.bund.de/dsvonaz/p5.html, Zugriff am 18.05.2005.

Bicher-Mehler, A. (1996), Ein objekt- und geschäftsprozessorientiertes Architekturmodell für Management Support Systeme, Wiesbaden.

Bieberbach, F./Herrmann, M. (1999), Die Substitution von Dienstleistungen durch Informationsprodukte auf elektronischen Märkten, in: Scheer, A.-W./Nüttgens, M. (Hrsg.), Electronic Business Engineering. 4. Internationale Tagung Wirtschaftsinformatik 1999, Heidelberg, S. 67–82.

Bieberstein, I. (2001), Dienstleistungs-Marketing, 3. Aufl., Ludwigshafen.

Bilkey, W.J./Nes, E. (1982), Country-of-Origin Effects on Product Evaluations, in: Journal of International Business Studies, Vol. 13, No. 1, S. 89–99.

Birkelbach, R. (1988), Strategische Geschäftsfeldplanung im Versicherungssektor, in: Marketing ZFP, 10. Jg., Nr. 8, S. 231–239.

Birkelbach, R. (1993), Qualitätsmanagement in Dienstleistungs-Centern. Konzeption und typenspezifische Ausgestaltung unter besonderer Berücksichtigung von Verkehrsflughäfen, Frankfurt am Main.

Bisani, F. (1989), Anforderungs- und Qualitätsprofil, in: Strutz, H. (Hrsg.), Handbuch Personalmarketing, Wiesbaden, S. 230–243.
Bisani, F. (1993), Anforderungs- und Qualifikationsprofil, in: Strutz, H. (Hrsg.), Handbuch Personalmarketing, Frankfurt am Main, S. 344–357.
Bitner, M.J. (1991), The Evolution of the Services Marketing Mix and Its relationship to Service Quality, in: Brown, S./Gumesson, E./Edvardson, B./Gustavsson, B. (Hrsg.), Service Quality Multidisciplinary and Multinational Perspectives, New York, S. 23–37.
Bitner, M.J. (1995), Building Service Relationships. It's All About Promises, in: Journal of the Academy of Marketing Science, Vol. 23, No. 4, S. 246–253.
Bitner, M.J./Booms, B.H./Tetreault, M.S. (1990), The Service Encounter. Diagnosing Favorable and Unfavorable Incidents, in: Journal of Marketing, Vol. 54, No. 1, S. 71–84.
Blattberg R./Getz, G./Thomas, J. (2000), Customer Equity: Building and Managing Relationships as Valuable Assets, Boston.
Blattberg, R./Deighton, J. (1996), Manage Marketing by the Customer Equity Test, in: Harvard Business Review, Vol. 74, No. 4, S. 136–144.
Blau, P.M. (1964), Exchange and Power in Social Life, New York.
Bleicher, K. (1990), Zukunftsperspektiven organisatorischer Entwicklung. Von strukturellen zu human-zentrierten Ansätzen, in: Zeitschrift Führung und Organisation, 59. Jg., Nr. 3, S. 152–161.
Bleicher, K. (1999), Das Konzept Integriertes Management, 5. Aufl., Frankfurt am Main/New York.
Bless, H./Matzen, T. (1995), Optimierung von Verkaufsgesprächen und individuelle Produktpräsentation mittels PC, in: Hünerberg, R./Heise, G. (Hrsg.), Multi-Media und Marketing: Grundlagen und Anwendungen, Wiesbaden, S. 297–310.
Bliemel, F.W./Eggert, A. (1998), Kundenbindung. Die neue Sollstrategie?, in: Marketing ZFP, 20. Jg., Nr. 1, S. 37–46.
Bliemel, F.W./Fassot, G./Theobald, A. (Hrsg.) (1999), Electronic Commerce: Herausforderungen, Anwendungen, Perspektiven, 2. Aufl., Wiesbaden.
Bloemer, J./Kasper, J.D. (1995), The Complex Relationship between Consumer Satisfaction and Brand Loyalty, in: Journal of Economic Psychology, Vol. 16, No. 2, S. 311–329.
Bloemer, J./Ruyter, K. de (1998), On the Relationship between Store Image, Store Satisfaction and Store Loyalty, in: European Journal of Marketing, Vol. 32, No. 5/6, S. 499–514.
Bloemer, J./Ruyter, K. de (1999), Customer Loyalty in High and Low Involvement Settings: The Moderating Impact of Positive Emotions, in: Journal of Marketing Management, Vol. 15, No. 4, S. 315–330.
Bogart, L. (1995), Strategy in Advertising. Matching Media and Messages to Markets and Motivations, 3. Aufl., Lincolnwood.
Bogaschwesky, R. (1995), Vertikale Kooperationen. Erklärungsansätze der Transaktionskostentheorie und des Beziehungsmarketing, in: Zeitschrift für betriebswirtschaftliche Forschung, 47. Jg., Sonderheft Nr. 35, S. 1–19.
Böhler, H./Hempe, S. (2001), Marktforschung für das Dienstleistungsmanagement, in: Bruhn, M./ Meffert, H. (Hrsg.), Handbuch Dienstleistungsmanagement. Von der strategischen Konzeption zur praktischen Umsetzung, 2. Aufl., Wiesbaden, S. 263–276.
Böhme-Köst, P. (1992), Ein Event ist ein Event ist ein Event ..., in: Marketing Journal, 25. Jg., Nr. 4, S. 340–342.
Bokranz, R. (1989), Arbeitsgestaltung, in: Strutz, H. (Hrsg.), Handbuch Personalmarketing, Wiesbaden, S. 503–518.
Bolton, R.N./Drew, J.H. (1991), A Longitudinal Analysis of the Impact of Service Changes on Customer Attitudes, in: Journal of Marketing, Vol. 55, No. 1 , S. 1–9.

Bolton, R.N./Lemon, K.N. (1999), A Dynamic Model of Customers´ Usage of Services: Usage as an Antecedent and Consequence of Satisfaction, in: Journal of Marketing Research, Vol. 36, No. 2, S. 171–186.

Bongartz, M. (2002), Markenführung im Internet. Verhaltenstypen - Einflussfaktoren - Erfolgswirkungen, Wiesbaden.

Boulding, W./Kalra, A./Staelin, R./Zeithaml, V.A. (1993), A Dynamic Process Model of Service Quality. From Expectations to Behavioral Intentions, in: Journal of Marketing Research, Vol. 30, No. 1, S. 7–27.

Boulding, W./Staelin R. (1993), A Dynamic Process Model of Service Quality Assessment, in: Scheuing, E.E./Christopher, W.F. (Hrsg.), The Service Quality Handbook, New York, S. 177–194.

Boutellier, R./Masing, W. (Hrsg.) (1998), Qualitätsmanagement an der Schwelle zum 21. Jahrhundert. Festschrift für Hans Dieter Seghezzi zum 65. Geburtstag, München.

Bovermann, A. (1997), Dienstleistungsqualität durch Total Quality Management, Wiesbaden.

Bowen, D.E./Lawler III, E.E. (1998), Empowerment im Dienstleistungsbereich, in: Meyer, A. (Hrsg.), Handbuch Dienstleistungs-Marketing, Band 1, Stuttgart, S. 1031–1044.

Bower, G./Hilgard, E. (1984), Theories of Learning, 3. Aufl., Englewood Cliffs.

Bowman, D./Narayandas, D. (2004), Linking Customer Management Effort to Customer Profitability in Business Markets, in: Journal of Marketing, Vol. 41, No. 4, S. 433–447.

Boyd, D.E./Bhat, S. (1998), The Role of Dual Entitlement and Equity Theories in Consumer's Formation of Fair Price Judgements, in: Journal of Professional Service Marketing, Vol. 17, No. 1, S. 1–14.

Bozell-Gallup (Hrsg.) (1998), Bozell-Gallup Worldwide Quality Poll.

Bradley, F. (1995), The Service Firm in International Marketing, in: Glynn, W./Barnes, I. (Hrsg.), Understanding Services Management, Dublin, S. 420–448.

Brand, R.R./Cronin, J.J. (1997), Consumer-Specific Determinants of the Size of Retail Choice Sets. An Empirical Comparison of Physical Good and Service Providers, in: Journal of Services Marketing, Vol. 11, No. 1, S. 19–38.

Brandt, D.R. (1987), A Procedure for Identifying Value-Enhancing Service Components Using Customer Satisfaction Survey Data, in: Surprenant, C.F. (Hrsg.), Add Value to Your Service, Chicago, S. 61–65.

Brandt, D.R. (1988), How Service Marketers Can Identify Value-Enhancing Service Elements, in: Journal of Services Marketing, Vol. 2, No. 3, S. 35–41.

Braunschweig, E. (1981), Werbewirkungsmodelle. Planungsgerecht?, in: Vierteljahreshefte für Mediaplanung, 7. Jg., Nr. 1, S. 2–5.

Brechtel, D. (2004), Mit einem Klick Kuba und zurück, in: Horizont vom 11.11.2004, S. 30.

Breithaupt, H.-F. (2002), Dienstleistungsqualität im Internet am Beispiel von Intermediären, in: Bruhn, M./Stauss, B. (Hrsg.), Electronic Services, Dienstleistungsmanagement Jahrbuch 2002, Wiesbaden, S. 177–207.

Brien, J. (2005), Grünes Licht für Swisscom-Belgacom-Joint-Venture, www.pressetext.com, Zugriff am 02.06.2005.

Broadbent, S. (1989), The Advertising Budget, London u. a.

Brockhoff, K. (1999), Produktpolitik, 4. Aufl., Stuttgart/New York.

Brodie, R.J./Coviello, N.E./Brookes, R.W./Little, V. (1997), Towards a Paradigm Shift in Marketing? An Examination of Current Marketing Practices, in: Journal of Marketing Management, Vol. 13, No. 5, S. 383–406.

Brogini, M. (1998), Das Modell der Segmentintensität. Ein Ansatz zur kundengruppenorientierten Analyse der Marktstruktur, Bern u. a.

Brown, S. W./Haynes, R.M./Saunders, D.L. (1993), Revitalizing Service Innovations, in: International Journal of Service Industry Management, Vol. 4, No. 1, S. 65–77.
Bruhn, M. (1982), Konsumentenzufriedenheit und Beschwerdeverhalten, Frankfurt am Main/Bern.
Bruhn, M. (1986), Beschwerdemanagement, in: Harvard Manager, 8. Jg., Nr. 3, S. 104–106.
Bruhn, M. (1987), Der Informationswert von Beschwerden für Marketingentscheidungen, in: Hansen, U./Schoenheit, I. (Hrsg.), Verbraucherzufriedenheit und Beschwerdeverhalten, Frankfurt am Main/New York, S. 123–140.
Bruhn, M. (1989), Planung des Kommunikationsmix von Unternehmen, in: Bruhn, M. (Hrsg.), Handbuch des Marketing. Anforderungen an die Marketingkonzeption aus Wissenschaft und Praxis, München, S. 397–432.
Bruhn, M. (1992), Werbung und Kommunikation für internationale Märkte, in: Kumar, N./Haussmann, H. (Hrsg.), Handbuch der Internationalen Geschäftstätigkeit, München, S. 704–734.
Bruhn, M. (1994), Handbuch Markenartikel. Anforderungen an die Markenpolitik aus Sicht von Wissenschaft und Praxis, Stuttgart.
Bruhn, M. (1997), Multimediakommunikation. Systematische Planung und Umsetzung eines interaktiven Marketinginstruments, München.
Bruhn, M. (1998a), Schweizer Kundenbarometer. SWICS – Swiss Index of Customer Satisfaction, Basel.
Bruhn, M. (1998b), Wirtschaftlichkeit des Qualitätsmanagements, Heidelberg.
Bruhn, M. (1998c), Erfassung der Dienstleistungsqualität bei Unternehmen mit gleichzeitig direktem und indirektem Kundenkontakt – Ansätze einer spieltheoretischen Multiattributsmessung, in: Bruhn, M./Steffenhagen, H. (Hrsg.), Marktorientierte Unternehmensführung. Reflexionen – Denkanstöße – Perspektiven. Festschrift für Heribert Meffert zum 60. Geburtstag, 2. Aufl., Wiesbaden, S. 295–322.
Bruhn, M. (1998d), Schweizer Kundenbarometer 1998. Ergebnisse einer Pilotstudie zu Kundenzufriedenheit, Kundendialog und Kundenbindung in Schweizer Unternehmen.
Bruhn, M. (1998e), Interne Kommunikation, in: Meyer, A. (Hrsg.), Handbuch Dienstleistungs-Marketing, Band 1, Stuttgart, S. 1045–1064.
Bruhn, M. (1998f), Balanced Scorecard: Ein ganzheitliches Konzept der Wertorientierten Unternehmensführung? in: Bruhn, M./Lusti, M./Müller, W.R./Schierenbeck, H./Studer, M. (Hrsg.), Wertorientierte Unternehmensführung, Perspektiven und Handlungsfelder für die Wertsteigerung, Wiesbaden, S. 145–167.
Bruhn, M. (1999a), Relationship Marketing. Neustrukturierung der klassischen Marketinginstrumente durch eine Orientierung an Kundenbeziehungen, in: Grünig, R./Pasquier, M. (Hrsg.), Strategisches Management und Marketing, Bern, S. 189–217.
Bruhn, M. (1999b), Internes Marketing als Forschungsgebiet der Marketingwissenschaft. Eine Einführung in die theoretischen und praktischen Probleme, in: Bruhn, M. (Hrsg.), Internes Marketing. Integration der Kunden- und Mitarbeiterorientierung. Grundlagen, Implementierung, Praxisbeispiele, 2. Aufl., Wiesbaden, S. 15–44.
Bruhn, M. (1999c), Verfahren zur Messung der Qualität interner Dienstleistungen. Ansätze für einen Methodentransfer aus dem (externen) Dienstleistungsmarketing, in: Bruhn, M. (Hrsg.), Internes Marketing. Integration der Kunden- und Mitarbeiterorientierung. Grundlagen, Implementierung, Praxisbeispiele, 2. Aufl., Wiesbaden, S. 537–576.
Bruhn, M. (2000a), Qualitätssicherung im Dienstleistungsmarketing. Eine Einführung in die theoretischen und praktischen Probleme, in: Bruhn, M./Stauss, B. (Hrsg.), Dienstleistungsqualität. Konzepte, Methoden, Erfahrungen, 3. Aufl., Wiesbaden, S. 21–48.

Bruhn, M. (2000b), Sicherstellung der Dienstleistungsqualität durch integrierte Kommunikation, in: Bruhn, M./Stauss, B. (Hrsg.), Dienstleistungsqualität. Konzepte, Methoden, Erfahrungen, 3., vollst. überarb. und erw. Aufl., Wiesbaden, S. 405–431.

Bruhn, M. (2000c), Servicecontrolling, in: Kostenrechnungspraxis, 44. Jg., Sonderdruck Nr. 1 „Qualitätscontrolling", S. 19–28.

Bruhn, M. (2001c), Die zunehmende Bedeutung von Dienstleistungsmarken, in: Köhler, R./Majer, W./Wiezorek, H. (Hrsg.), Erfolgsfaktor Marke. Neue Strategien des Markenmanagements, München, S. 213–225.

Bruhn, M. (2001d), Kommunikationspolitik von Dienstleistungsunternehmen, in: Bruhn, M./Meffert, H. (Hrsg.), Handbuch Dienstleistungsmanagement. Von der strategischen Konzeption zur praktischen Umsetzung, 2. Auflage, Wiesbaden, S. 573–605.

Bruhn, M. (2001e), Relationship Marketing. Das Management von Kundenbeziehungen, München.

Bruhn, M. (2001f), Notwendigkeit eines Internen Marketing für Dienstleistungsunternehmen, in: Meffert, H./Bruhn, M. (Hrsg.), Handbuch Dienstleistungsmanagement. Von der strategischen Konzeption zur praktischen Umsetzung, 2. Aufl., Wiesbaden, S. 705–731.

Bruhn, M. (2002a), Electronic Services – eine Einführung in den Sammelband, in: Bruhn, M./ Stauss, B. (Hrsg.), Electronic Services, Dienstleistungsmanagement Jahrbuch 2002, Wiesbaden, S. 3–41.

Bruhn, M. (2002b), Techniken und Methoden zur Sicherung und Förderung der Dienstleistungsqualität, in: Hansen, W./Kamiske, G.F. (Hrsg.), Qualitätsmanagement im Dienstleistungsbereich, Düsseldorf, S. 45–88.

Bruhn, M. (2002c), Messung der Anforderungen an die Dienstleistungsqualität, in: Hansen,W./Kamiske, G.F. (Hrsg.), Qualitätsmanagement im Dienstleistungsbereich, Düsseldorf, S. 7–43.

Bruhn, M. (2002d), Integrierte Kundenorientierung. Implementierung einer kundenorientierten Unternehmensführung, Wiesbaden.

Bruhn, M. (2003a), Kommunikationspolitik. Systematischer Einsatz der Kommunikation für Unternehmen, 2. Aufl., München.

Bruhn, M. (2003b), Sponsoring. Systematische Planung und integrativer Einsatz, 4. Aufl., Frankfurt am Main.

Bruhn, M. (2003c), Integrierte Unternehmens- und Markenkommunikation. Ansatzpunkte für eine strategische und operative Umsetzung integrierter Kommunikationsarbeit, 3. Aufl., Stuttgart.

Bruhn, M. (2003d), Kundenorientierung – Bausteine für ein exzellentes Customer Relationship Management, 2. Aufl., München.

Bruhn, M. (2003e), Markteinführung von Dienstleistungen – Vom Prototyp zum marktfähigen Produkt, in: Bullinger, H.J./Scheer, A.W. (Hrsg.), Service Engeneering – Entwicklung und Gestaltung innovativer Dienstleistungen, Berlin u. a., S. 235–258.

Bruhn, M. (2003f), Nationale Kundenzufriedenheitsindizes, in: Homburg, Ch. (Hrsg.), Kundenzufriedenheit. Konzepte – Methoden – Erfahrungen, 5. Aufl., Wiesbaden, S. 179–206.

Bruhn, M. (2004a), Qualitätsmanagement für Dienstleistungen. Grundlagen, Konzepte, Methoden, 4. Aufl., Berlin u. a.

Bruhn, M. (Hrsg.) (2004b), Handbuch Markenführung, Kompendium zum erfolgreichen Markenmanagement. Strategien - Instrumente - Erfahrungen. 2. Aufl., Wiesbaden.

Bruhn, M. (2004c), Marketing. Grundlagen für Studium und Praxis, 7. Aufl., Wiesbaden.

Bruhn, M. (2004d), Interne Servicebarometer als Instrument interner Kundenorientierung – Messung und Steuerung der Qualität und Zufriedenheit interner Dienstleistungen, in: Marketing ZFP, 26. Jg., Nr. 4, S. 282–294.

Bruhn, M. (2005a), Kommunikationspolitik. Systematischer Einsatz der Kommunikation für Unternehmen, 3. Aufl. München.

Bruhn, M. (2005b), Unternehmens- und Marketingkommunikation. Handbuch für ein integriertes Kommunikationsmanagement, München.

Bruhn, M. (2005c), Commodities im Dienstleistungsbereich – Besonderheiten und Implikationen für das Marketing, in: Enke, F. (Hrsg.), Commodity Marketing, Wiesbaden, S. 64–88.

Bruhn, M. (2005d), Marketing für Nonprofit-Organisationen. Grundlagen – Konzepte – Instrumente, München.

Bruhn, M. (2006), Qualitätsmanagement für Dienstleistungen. Grundlagen, Konzepte, Methoden, 6. Aufl., Berlin u. a.

Bruhn, M./Brunow, B./Specht, D. (2002), Kundenorientierung durch Mitarbeiterorientierung im Schindlerhof, in: Bruhn, M./Meffert, H. (Hrsg.), Exzellenz im Dienstleistungsmarketing. Fallstudien zur Kundenorientierung, Wiesbaden, S. 125–176.

Bruhn, M./Bunge, B. (1996), Beziehungsmarketing als integrativer Ansatz der Marketingwissenschaft. Ein „Beziehungsgeflecht" zwischen Neologismus und Eklektizismus?, in: Die Unternehmung, 50. Jg., Nr. 3, S. 171–194.

Bruhn, M./Georgi, D. (1998), Kundenbezogene Wirtschaftlichkeitsanalyse des Qualitätsmanagements für Dienstleistungen, in: Marketing ZFP, 20. Jg., Nr. 2, S. 98–108.

Bruhn, M./Georgi, D. (1999), Kosten und Nutzen des Qualitätsmanagements, München.

Bruhn, M./Georgi, D. (2004), Kundenwertmanagement im Dienstleistungsbereich Ergebnisse einer explorativen Studie, in: Wirtz, B.W./Göttgens, O. (Hrsg.), Integriertes Marken- und Kundenwertmanagement. Strategien, Konzepte und Best Practices, Wiesbaden, S. 371–393.

Bruhn, M./Georgi, D./Hadwich, K. (2005), Kundenwert als Steuerungsgröße des Kundenbindungsmana-gements, in: Bruhn, M./Homburg, Ch. (Hrsg.) (2005), Handbuch Kundenbindungsmanagement, 5. Aufl., Wiesbaden, S. 655–676.

Bruhn, M./Georgi, D./Treyer, M./Leumann, S. (2000), Wertorientiertes Relationship Marketing. Vom Kundenwert zum Customer Lifetime Value, in: Die Unternehmung, 54. Jg., Nr. 3, S. 167–188.

Bruhn, M./Grund, M.A. (1999), Interaktionen als Determinante der Zufriedenheit und Bindung von Kunden und Mitarbeitern – Theoretische Erklärungsansätze und empirische Befunde, in: Bruhn, M. (Hrsg.), Internes Marketing. Integration der Kunden- und Mitarbeiterorientierung. Grundlagen, Implementierung, Praxisbeispiele, 2. Aufl., Wiesbaden, S. 495–524.

Bruhn, M./Grund, M.A. (2000), Theory, Development and Implementation of National Customer Satisfaction Indices: The Swiss Index of Customer Satisfaction, in: Total Quality Management, Vol. 11, No. 7, S. 1017–1028.

Bruhn, M./Hadwich, K. (2004a), Einsatz eines Kundenbarometers in der IT-Dienstleistungsbranche – ein Längsschnittvergleich, in: Hippner, H./Wilde, K.D. (Hrsg.), Management von CRM-Projekten. Handlungsempfehlungen und Branchenkonzepte, Wiesbaden, S. 479–503.

Bruhn, M./Hadwich, K. (2004b), Internationalisierung von Dienstleistungskonzepten, in: Bruhn, M./Stauss, B. (Hrsg.), Forum Dienstleistungsmanagement. Internationalisiserung von Dienstleistungen, Wiesbaden, S. 103–124.

Bruhn, M./Hennig, K. (1993), Selektion und Strukturierung von Qualitätsmerkmalen. Auf dem Weg zu einem umfassenden Qualitätsmanagement für Kreditinstitute, Teile 1 und 2, in: Jahrbuch der Absatz- und Verbrauchsforschung, 39. Jg., Nr. 3, S. 214–238; Nr. 4, S. 314–337.

Bruhn, M./Hess, P./List, J. (2002), Qualität durch Kontinuität beim Migros-Genossenschafts-Bund, in: Bruhn, M./Meffert, H. (Hrsg.), Exzellenz im Dienstleistungsmarketing, Fallstudien zur Kundenorientierung, Wiesbaden, S. 177–229.

Bruhn, M./Homburg, Ch. (2003), Handbuch Kundenbindungsmanagement. Grundlagen, Konzepte, Erfahrungen, 4. Aufl., Wiesbaden.

Bruhn, M./Homburg, Ch. (Hrsg.) (2001), Gabler Marketing Lexikon, Wiesbaden.

Bruhn, M./Meffert, H. (Hrsg.) (2001), Handbuch Dienstleistungsmanagement. Von der strategischen Konzeption zur praktischen Umsetzung, 2. Aufl., Wiesbaden.
Bruhn, M./Meffert, H. (Hrsg.) (2002), Fallstudien zum Dienstleistungsmarketing. Erfolgsfaktoren exzellenter Dienstleistungsunternehmen, Wiesbaden.
Bruhn, M./Murmann, B. (1998), Nationale Kundenbarometer. Messung von Qualität und Zufriedenheit. Methodenvergleich und Entwurf eines Schweizer Kundenbarometers, Basler Schriften zum Marketing, Band 1, Wiesbaden.
Bruhn, M./Stauss, B. (Hrsg.) (2000), Dienstleistungsqualität. Konzepte – Methoden – Erfahrungen, 3. Aufl., Wiesbaden.
Bruhn, M./Stauss, B. (Hrsg.) (2002), Electronic Services, Dienstleistungsmanagement Jahrbuch 2002, Wiesbaden.
Bruhn, M./Stauss, B. (Hrsg.) (2003), Dienstleistungsnetzwerke, Dienstleistungsmanagement Jahrbuch 2003, Wiesbaden.
Bruhn, M./Stauss, B. (Hrsg.) (2004), Dienstleistungsinnovationen, Forum Dienstleistungsmanagement, Wiesbaden.
Bruhn, M./Stauss, B. (Hrsg.) (2005), Internationalisierung von Dienstleistungen, Forum Dienstleistungsmanagement, Wiesbaden.
Buhmann, B. (2002), Abgeschwächte Umsatzzunahme, Umsatzrückgang bei der Hälfte der Institute, in: Verband Schweizer Marketing- und Sozialforscher, http://www.swissresearch.org/deutsch/pdf/Statistik_Buhmann.pdf (Zugriff: 20.12.2002).
Büker, B. (1991), Qualitätsbeurteilung investiver Dienstleistungen, Frankfurt am Main.
Bullinger, H.J./Scheer, A.W. (2003), Service Engineering – Entwicklung und Gestaltung innovativer Dienstleistungen, in: Bullinger, H.J./Scheer, A.W. (Hrsg.), Service Engineering – Entwicklung und Gestaltung innovativer Dienstleistungen, Wiesbaden, S. 3–18.
Burmann, C. (1991), Konsumentenzufriedenheit als Determinante der Marken- und Händlerloyalität, in: Marketing ZFP, 13. Jg., Nr. 4, S. 249–258.
Büschken, J. (1997), Sequentielle nicht-lineare Tarife. Nicht-lineare Preispolitik bei Nachfrageunsicherheit, Wiesbaden.
Butcher, K., Sparks, B., O'Callaghan, F. (2003), Beyond Core Service, in: Psychology & Marketing, Vol. 20, No. 3, S. 187–208.
Bütikofer, P. (1999), Balanced Scorecard als Instrument zur Steuerung eines IT-Unternehmens im Wandel. Ein Praxisbericht über die Einführung der Balanced Scorecard bei der Systor AG, in: Die Unternehmung, 53. Jg., Nr. 5, S. 321–332.
Büttgen, M. (2000), Einsatz von Mass Customization zur Erlangung hybrider Wettbewerbsvorteile im Tourismusbereich, in: Tourismus Journal, 4. Jg., Nr. 1, S. 27–49.
Buxel, H./Buckler, F. (2004), Cross-Selling von Finanzdienstleistungen, in: der markt, 43. Jg., Nr. 2, S. 58–73.
Buzzell, R.D./Gale, B.T. (1989), Das PIMS-Programm. Strategien und Unternehmenserfolg, Wiesbaden.

Campanella, J. (2000), Principles of Quality Costs. Principles, Implementation and Use, 3. Aufl., Milwaukee.
Campbell, I./Scheibeler, A. (2000), Qualitätsmanagement nach der neuen ISO 9000ff. Loseblattausgabe.
Cannon, H.M./Morgan, F.W. (1990), A Strategic Pricing Framework, in: Journal of Services Marketing, Vol. 4, No. 2, S. 19–31.
Capgemini (2005), World Retail Banking Report 2005, www.efma.com/cap/2005/WRBR_Wien.pdf, Zugriff am 24.05.2005.

Carlzon, J. (1990), Alles für den Kunden. Jan Carlzon revolutioniert ein Unternehmen, 4. Aufl., Frankfurt am Main, New York.

Carman, J.M. (1990), Consumer Perception of Service Quality. An Assessment of the SERVQUAL Dimensions, in: Journal of Retailing, Vol. 66, S. 33–57.

Carr, L.P. (1992), Applying Costs of Quality to a Service Business, in: Sloan Management Review, Vol. 33, No. 4, S. 72–77.

Cateora, P.R. (2001), International Marketing, 11. Aufl., Boston.

Caudron, S. (1995), Andersen is at Employees' Service, in: Personnel Journal, Vol. 74, No. 9, S. 88–96.

Chakravorti, B. (2004), Neue Regeln für Innovationen, in: Harvard Businessmanager, 26. Jg., Nr. 6, S. 22.

Chandler, A.D. (1962), Strategy and Structure, Cambridge/Massachussetts.

Chase, R.B. (1984), Where Does the Customer Fit in a Service Operation?, in: Lovelock, C. (Hrsg.), Services Marketing. Text, Cases and Readings, Englewood Cliffs, S. 400–407.

Choi, S.-Y./Stahl, D.O./Whinston, A.B. (1997), The Economics of Electronic Commerce, Indianapolis.

Christopher, M./Lancioni, R./Gattorna, J. (1985), Managing International Customer Service, in: International Marketing Review, Vol. 2, No. 1, S. 65–70.

Clark, T./Rajaratnam, D. (1999), International Services: Perspectives at Century's End, in: Journal of Ser-vices Marketing, Vol. 13, No. 4/5, S. 298–309.

Clement, M./Litfin, T./Peters, K. (1998), Netzeffekte und Kritische Masse, in: Albers, S./Clement, M./Peters, K. (Hrsg.), Marketing mit interaktiven Medien: Strategien zum Markterfolg, Frankfurt am Main, S. 81–94.

Clement, M./Peters, K./Preiß, J. (1998), Electronic Commerce, in: Albers, S./Clement, M./Peters, K. (Hrsg.), Marketing mit interaktiven Medien: Strategien zum Markterfolg, Frankfurt am Main, S. 49–64.

Coase, R.H. (1937), The Nature of the Firm, in: Economica, Vol. 4, No. 4, S. 386–405.

Collier, D.A. (1996), Tight and Loose Comprehensive Customer Contact (3c) Plans and Stratgegies of Services, in: Swartz, T.A./Bowen, D.E./Brown, S.W. (Hrsg.), Advances in Services Marketing and Management. Research and Practice, Vol. 5, Greenwich/London, S. 153–168.

Comb, J.G./Ketchen Jr, D.J. (2003), Why Do Firms Use Franchising as an Entrepreneurial Strategy? A Meta-Analysis, in: Journal of Management, Vol 29, No. 3, S. 443–465.

Compton, F.F. (1987), Internal Marketing of Marketing, in: Czepiel, J.A./Congram, C.A./Shanahan, J.B. (Hrsg.), The Services Challenge. Integrating for Competitive Advantage, Chicago, S. 17–20.

Congram, C.A./Czepiel, J.A./Shanahan, J.B. (1987), Achieving Internal Integration in Service Organizations. Five Propositions, in: Czepiel, J.A./Congram, C.A./Shanahan, J.B. (Hrsg.), The Services Challenge. Integrating for Competitive Advantage, Chicago, S. 5–6.

Cornelsen, J. (1996), Kundenwert – Begriff und Bestimmungsfaktoren, Arbeitspapier Nr. 43 des Lehrstuhls für Marketing, Universität Erlangen-Nürnberg, Nürnberg.

Cornelsen, J. (1998), Kundenbewertung mit Referenzwerten. Theorie und Ergebnisse des Kooperationsprojektes „Kundenwert" in Zusammenarbeit mit der GfK AG, Arbeitspapier Nr. 64, Betriebswirtschaftliches Institut der Universität Erlangen-Nürnberg, Nürnberg.

Cornelsen, J. (2000), Kundenwertanalysen im Beziehungsmarketing, Nürnberg.

Corsten, H. (1985a), Zur ökonomischen Bedeutung von Dienstleistungen. Möglichkeiten und Grenzen der Erfassung, in: Jahrbuch der Absatz- und Verbrauchsforschung, 31. Jg., Nr. 3, S. 230–251.

Corsten, H. (1985b), Die Produktion von Dienstleistungen, Betriebswirtschaftliche Studien, Nr. 51, Berlin.

Corsten, H. (1987), Vergleichende Gegenüberstellung des Quality-Circle-Ansatzes mit anderen mitarbeiterorientierten Qualitätsförderungskonzepten (I), in: Das Wirtschaftsstudium (WISU), 16. Jg., Nr. 4, S. 196–200.
Corsten, H. (1988), Betriebswirtschaftslehre der Dienstleistungsunternehmungen, München u. a.
Corsten, H. (1989), Dienstleistungsmarketing. Elemente und Strategien, in: Jahrbuch der Absatz- und Verbrauchsforschung, 35. Jg., Nr. 1, S. 23–40.
Corsten, H. (1990), Betriebswirtschaftslehre der Dienstleistungsunternehmungen, 2. Aufl., München/Wien.
Corsten, H. (1998), Ansatzpunkte für ein Rationalisierungsmanagement von Dienstleistungs-Anbietern, in: Meyer, A. (Hrsg.), Handbuch Dienstleistungs-Marketing, Band 1, München, S. 607–624.
Corsten, H. (2000), Der Integrationsgrad des externen Faktors als Gestaltungsparameter in Dienstleistungsunternehmen. Voraussetzungen und Möglichkeiten der Externalisierung und Internalisierung, in: Bruhn, M./Stauss, B. (Hrsg.), Dienstleistungsqualität. Konzepte, Methoden, Erfahrungen, 3. Aufl., Wiesbaden, S. 145–168.
Corsten, H. (2001), Dienstleistungsmanagement, 4. Aufl., München/Wien.
Corsten, H. (2004), Produktionswirtschaft. Einführung in das industrielle Produktionsmanagement, 10. Aufl., München/Wien.
Corsten, R. (1998), Markenführung in Europa – Perspektive eines Konsumgüterherstellers, in: Meffert, H./Backhaus, K./Becker, J. (Hrsg.), Wo steht Europa? – Bestandsaufnahme und Perspektiven, Dokumentation des 35. Münsteraner Führungsgesprächs vom 24./25. September 1998, Arbeitspapier Nr. 127 der Wissenschaftlichen Gesellschaft für Marketing und Unternehmensführung e. V., Münster.
Cowell, D.W. (1993), The Marketing of Services, 2. Aufl., Oxford u. a.
Crawford, C.M. (1999), New Products Management, 6. Aufl., Homewood.
Creditreform (2002), Dienstleister setzen auf optimierte Geschäftsabläufe, News vom 18.02.2002, www.creditreform.de/presse/00032.php, Zugriff am 18.05.2005.
Croft, M. (2005), Struggling to keep the viral bug under control, in: Marketing Week, 3.2.2005, S. 23.
Cronin, J./Taylor, S. (1992), Measuring Service Quality. A Reexamination and Extention, in: Journal of Marketing, Vol. 56, No. 3, S. 55–68.
Crosby, L.A./Evans, K.R./Cowles, D. (1990), Relationship Quality in Services Selling. An Interpersonal Influence Perspective, in: Journal of Marketing, Vol. 54, No. 3, S. 68–81.
Crosby, L.B./DeVito, R./Pearson, J.M. (2003), Manage your Customers' perception of Quality, in: Review of Business, Vol. 24, No. 1, S. 18–24.
Crosby, P.B. (1986a), Qualität bringt Gewinn, Hamburg.
Crosby, P.B. (1986b), Qualität ist machbar, Hamburg/New York/London.
Cross, J.C./Walker, B.J. (1987), Service Marketing and Franchising. A Practical Business Marriage, in: Business Horizons, Vol. 30, No. 6, S. 50–58.
Czepiel, J.A./Gilmore, R. (1987), Exploring the Concept of Loyalty in Services, in: Congram, C.A./Czepiel, J.A./Shanahan, J. (Hrsg.), The Services Challenge, AMA, Chicago, S. 91–94.
Czinkota, M.R./Ronkainen, I.A. (2000), International Marketing, 6. Aufl., Fort Worth u. a.

Dabholkar, P.A. (1995), A Contingency Framework for Predicting Causality Between Customer Satisfaction and Service Quality, in: Kardes, F.R./Sajan, M. (Hrsg.), Advances in Consumer Research, Vol. 22, Provo/USA, S. 101–108.
Dahlhoff, D. (2002), dbnetwork global intranet portal, Frankfurt am Main.
Dahringer, L.D. (1991), Marketing Services Internationally. Barriers and Management Strategies, in: Journal of Services Marketing, Vol. 5, No. 3, S. 5–17.

Dahringer, L.D./Mühlbacher, H. (1999), International Marketing. A Global Perspective, 2. Aufl., Reading u. a.
Dale, B.G./Lascelles, D.M./Plunkett, J.J. (1990), The Process of Total Quality Management, in: Dale, B.G./Plunkett, J.J. (Hrsg.), Managing Quality, New York u. a., S. 3–18.
Dale, B.G./Plunkett, J.J. (1993), Quality Costing, 3. Aufl., London.
Dallmer, H. (Hrsg.) (2002), Handbuch Direct Marketing, 8. Aufl., Wiesbaden.
Dalrymple, D.J./Parsons, L.J. (1999), Marketing Management: Text and Cases (Marketing Management), 7. Aufl., New York u. a.
Darby, M.R./Karni, E. (1973), Free Competition and the Optimal Amount of Fraud, in: Journal of Law and Economics, Vol. 16, No. 1, S. 67–86.
Dastani, P. (1998), Online Mining, in: Link, J. (Hrsg.), Wettbewerbsvorteile durch Online Marketing: Die strategischen Perspektiven elektronischer Märkte, Stuttgart, S. 219–242.
Daudel, S./Vialle, G (1989), Le Yield Management, Paris.
Daudel, S./Vialle, G. (1994), Yield Management. Applications to Air Transport and Other Service Industries, Frankfurt am Main.
Dekker, H.C. (2003), Value chain analysis in interfirm relationships: a field study, in: Management Accounting Research, Vol. 14, No. 1, S. 1–23.
Dellmann, K. (1992), Eine Systematisierung der Grundlagen des Controlling, in: Spremann, K./ Zur, E. (Hrsg.), Controlling. Grundlagen – Informationssysteme – Anwendungen, Wiesbaden, S. 113–140.
Demby, E.H. (1990), ESOMAR Urges Changes in Reporting Demographics, Issues Worldwide Report, in: Marketing News, 8.1.1990, S. 24.
Desiraju, R./Shugan, S.M. (1999), Strategic Service Pricing and Yield Management, in: Journal of Marketing, Vol. 63, No. 1, S. 44–56.
Deutsch, M. (1958), Trust and Suspicion, in: The Journal of Conflict Resolution, Vol. 2, No. 4, S. 265–279.
Deutsche Bahn (2005), http://www.db.de/site/bahn/de/unternehmen/jobs__karriere/arbeitgeberbahn/geschaeftsfeldsystematik/geschaeftsfeldsystematik.html, Zugriff am 26.05.2005.
Deutsche EFQM (2005), www.deutsche-efqm.de, Zugriff am 29.03.2005.
Deutsche Gesellschaft für Qualität e. V. (1993), Begriffe zum Qualitätsmanagement, Berlin.
Deutsche Gesellschaft für Qualität e. V. (1995a), Qualitätsmanagement bei Dienstleistungen, Berlin.
Deutsche Gesellschaft für Qualität e. V. (1995b), Wirtschaftlichkeit durch Qualitätsmanagement, Berlin.
Deutsche Gesellschaft für Qualität e. V. (1995c), Begriffe zum Qualitätsmanagement, DGQ-Schrift, Nr. 11–04, 6. Aufl., Frankfurt am Main.
Deutsche Gesellschaft für Qualität e. V. (1996), Qualitätszirkel, 3. Aufl., Berlin.
Deutsche Post (2005), Aufgestellt für die Welt, www.dpwn.de, Zugriff am 01.06.2005.
Deutscher Bundestag (2002), Globalisierung der Weltwirtschaft – Herausforderungen und Antworten. Schlussbericht der Enquete-Kommission des Deutschen Bundestages, Drucksache 14/ 9200, Berlin.
Deutscher Franchise Verband (2005), Franchise Pool International, www.dfv-franchise.com, Zugriff am 01.06.2005.
Deutsches Ärzteblatt (2004), Arzneiversand rechtens, in: Deutsches Ärzteblatt, 101. Jg., Nr. 40, S. 2650.
Deutsches Institut für Wirtschaftsforschung (DIW) (Hrsg.) (1999), Der deutsche Dienstleistungshandel im internationalen Vergleich, Berlin.
DGQ-Lenkungsausschuß Gemeinschaftsarbeit (LAG) der Deutschen Gesellschaft für Qualität e. V. (1993), Begriffe zum Qualitätsmanagement, Berlin.

Diamantoloulos, A./Hart, S. (1993), Linking Market Orientation and Company Performance: Preliminary Evidence on Kohli and Jaworski's Framework, in: Journal of Strategic Marketing, Vol. 1, No. 2, S. 93–121.
Dick, A.S./Basu, K. (1994), Customer Loyalty. Towards an Integated Conceptual Framework, in: Journal of the Academy of Marketing Science, Vol. 22, No. 2, S. 99–113.
Diller, H. (1992a), Beziehungsmanagement, in: Diller, H. (Hrsg.), Vahlens Großes Marketinglexikon, München, S. 115–117.
Diller, H. (1992b), Event-Marketing, in: Diller, H. (Hrsg.), Vahlens Großes Marketinglexikon, München, S. 289.
Diller, H. (1993), Preisbaukästen als preispolitische Option, in: Wirtschaftswissenschaftliches Studium, 22. Jg., Nr. 6, S. 270–275.
Diller, H. (1997), Preis-Management im Zeichen des Beziehungsmarketing, in: Die Betriebswirtschaft, 57. Jg., Nr. 6, S. 749–763.
Diller, H. (1999), Entwicklungslinien in Preistheorie und -Management, Arbeitspapier Nr. 76 des Lehrstuhls für Marketing an der Universität Erlangen-Nürnberg.
Diller, H. (2000a), Preispolitik, 3. Aufl., Stuttgart u. a.
Diller, H. (2000b), Preiszufriedenheit bei Dienstleistungen. Konzeptionalisierung und explorative empirische Befunde, in: Die Betriebswirtschaft, 60. Jg., Nr. 5, S. 570–587.
Diller, H. (Hrsg.) (2001), Vahlens Großes Marketinglexikon, 2. Aufl., München.
DIN (1987), Begriffe der Qualitätssicherung und Statistik, Grundbegriffe der Qualitätssicherung, DIN 55350, Teil 11, Berlin.
DIN ISO 8402/E.03.92 (1992), Qualitätsmanagement und Qualitätssicherung, Begriffe.
DIN ISO 9004 (1993), (Teil 2) Leitfaden für Dienstleistungen.
Docters, R./Reopel, M./Sun, J-M./Tanny, S. (2004), Capturing the unique value of services: why pricing of services is different, in: Journal of Business Strategy, Vol. 25, No. 2, S. 23–28.
Dolski, J./Hermanns, A. (2004), Internationalisiserungsstrategien von Dienstleistungsunternehmen, in: Gardini, M.A./Dahlhoff, H.D. (Hrsg.), Management internationaler Dienstleistungen. Kontext – Konzepte – Erfahrungen, Wiesbaden, S. 86–110.
Dolski, J./Hermanns, A. (2005), Internationale Marketingstandardisierung für Dienstleistungen, in: Bruhn, M./Stauss, B. (Hrsg.), Forum Dienstleistungsmanagement. Internationalisiserung von Dienstleistungen, Wiesbaden, S. 204–228.
Domizlaff, H. (1992), Die Gewinnung des öffentlichen Vertrauens: Ein Lehrbuch der Markentechnik, Hamburg.
Dommel, U. (2005), Autokauf. Hochmut kommt vor dem Fall, www.sueddeutsche.de/automobil/artikel/967/52915/, Zugriff am 18.05.2005.
Donabedian, A. (1980), The Definition of Quality and Approaches to its Assessment. Explorations in Quality, Assessment and Monitoring, Vol. I, Ann Arbor.
Donelly, J.H./Berry, L.L./Thompson, T.W. (1985), Marketing Financial Services. A Strategic Vision, Homewood.
Doney, P.M./Cannon, J.P. (1997), An Examination of the Nature of Trust in Buyer-Seller Relationships, in: Journal of Marketing, Vol. 62, No. 2, S. 1–13.
Dotzler, H.-J. (1999), Gestaltung der internen Kommunikationspolitik als Grundlage marktorientierter Veränderungsprozesse – am Beispiel der HYPO-BANK, in: Bruhn, M. (Hrsg.), Internes Marketing. Integration der Kunden- und Mitarbeiterorientierung, Wiesbaden, S. 665–681.
Dotzler, H.-J./Schick, S. (1995), Systematische Mitarbeiterkommunikation als Instrument der Qualitätssicherung, in: Bruhn, M./Stauss, B. (Hrsg.), Dienstleistungsqualität. Konzepte, Methoden, Erfahrungen, 2. Aufl., Wiesbaden, S. 277–294.
Douglas, S.P./Craig, S.C. (1999), International Marketing Research, 2. Aufl., Englewood Cliffs.

Dratva, R. (1995), Elektronische Informationsdienste – Zukunftsweisende Konzepte und prototypische Umsetzung im Bankenbereich, in: Schmid, B. et al. (Hrsg.), Electronic Mall – Banking und Shopping in globalen Netzen, Stuttgart, S. 442–447.

Drees, N. (1989), Sportsponsoring, Wiesbaden.

Drejer, I. (2004), Identifying innovation in surveys of services: a Schumpeterian perspective, in: Research Policy, Vol. 33, No. 3, S. 551–562.

Drucker, P.F. (1992), Dienstleister müssen produktiver werden, in: Harvard Manager, 14. Jg., Nr. 2, S. 64–72.

Dülfer, E. (2001), Internationales Management in unterschiedlichen Kulturbereichen, 6. Aufl., München/Wien.

Dunst, K. (1983), Portfolio Management. Konzeption für die strategische Unternehmensplanung, 2. Aufl., Berlin.

Dwyer, F.R. (1997), Customer Lifetime Valuation to Support Marketing Decision Making, in: Journal of Direct Marketing, Vol. 11, No. 4, S. 6–13.

Dyckhoff, B. (1993), Diversifikation von Handelsunternehmen in den Finanzdienstleistungsbereich. Dargestellt am Beispiel des Automobilhandels, Frankfurt am Main u. a.

Easton, G. (1987), Competition and Marketing Strategy, in: European Journal of Marketing, Vol. 21, No. 2, S. 31–49.

Eberl, P./Franke, B. (2005), Internationalisiserung via Internet – Was kann man von Ebay lernen?, in: Bruhn, M./Stauss, B. (Hrsg.), Forum Dienstleistungsmanagement. Internationalisiserung von Dienstleistungen, Wiesbaden, S. 416–431.

ECSI (2000), Pan-European Banking Sector Report – Based on the Pilot Studies 1999, Report prepared for the Pan-European Banking Sector Seminar in Paris.

ECSI (2002), http://www.eoq.org/ECSI.html (Zugriff: 20.11.2002).

Edvardsson, B./Gustavsson, B. (1991), Quality in Services and Quality in Services Organisations, in: Brown, S.W. et al. (Hrsg.), Service Quality. Multidisciplinary and Multinational Perspectives, Lexington, S. 319–340.

EFQM (2002), http://www.efqm.org/model_awards/model/excellence_model.htm, Zugriff am 20.11.2002.

EFQM (2005), www.efqm.org, Zugriff am 29.03.2005.

Egan, C. (2003), Services Marketing, Oxford.

Eggert, A. (2001), Konzeptionelle Grundlagen des elektronischen Kundenbeziehungsmanagement, in: Eggert, A./Fassott, G. (Hrsg.), eCRM – Electronic Customer Relationship Management, Stuttgart, S. 1–10.

Ehrmann, H. (2004), Marketing-Controlling, 3. Aufl., Kiehl.

Eisenächer, H.W. (2005), Fallstudie Lufthansa: „Profitable Kundenbeziehungen durch Kundenbindung“, in: Bruhn, M./Homburg, Ch. (Hrsg.), Handbuch Kundenbindungsmanagement, 4. Aufl., Wiesbaden, S. 743–764.

Ekeh, P.P. (1974), Social Exchange Theory. The Two Traditions, Cambridge.

Eklöf, J. (2000), The European Customer Satisfaction, Benchmarking Results and Lessons Learned, in: Dermanov, V. K. (Hrsg.), Business Excellence: Russian and International State-of-the-Art Experi-ence, Stockholm School of Economics in St. Petersburg, Appendix, 267–274.

Engel, J./Blackwell, R./Miniard, P. (1993), Consumer Behavior, 7. Aufl., Fort Worth.

Engelhardt, W.H. (1990), Dienstleistungsorientiertes Marketing. Antwort auf die Herausforderung durch neue Technologien, in: Adam, D. (Hrsg.), Integration und Flexibilität. Eine Herausforderung für die Allgemeine Betriebswirtschaftslehre, 51.Wissenschaftliche Jahrestagung des Verbandes der Hochschullehrer für Betriebswirtschaftlehre e. V. 1989 in Münster, Wiesbaden, S. 269–288.

Engelhardt, W.H. (1991), Total Quality Management, in: Das Wirtschaftsstudium, 20. Jg., Nr. 8, S. 394–399.
Engelhardt, W.H./Kleinaltenkamp, M./Reckenfelderbäumer, M. (1992), Dienstleistungen als Absatzobjekt, Arbeitsbericht Nr. 52 des Instituts für Unternehmensführung und Unternehmensforschung an der Ruhr-Universität Bochum, Bochum.
Engelhardt, W.H./Kleinaltenkamp, M./Reckenfelderbäumer, M. (1993), Leistungsbündel als Absatzobjekte, in: Zeitschrift für betriebswirtschaftliche Forschung, 45. Jg., Nr. 5, S. 395–426.
Engelhardt, W.H./Kleinaltenkamp, M./Reckenfelderbäumer, M. (1995), Leistungstypologien als Basis des Marketing. Ein erneutes Plädoyer für die Aufhebung der Dichotomie von Sachleistungen und Dienstleistungen, in: Die Betriebswirtschaft, 55. Jg., Nr. 5, S. 673–678.
Enis, B.M./Roering, K.J. (1981), Services Marketing. Different Products, Similar Strategy, in: Donelly, J.H./George, W.R. (Hrsg.), Marketing of Services, Chicago, S. 1–4.
Entgelter, K.A. (1979), Das Rationalisierungspotential im Dienstleistungsbereich. Zu den Möglichkeiten der Substitution persönlicher Leistungsträger durch realtechnische Systeme im Bereich der Produktion immaterieller Güter, Frankfurt am Main.
Enzweiler, T. (1990), Wo die Preise Laufen lernen, in: manager magazin, 21. Jg., Nr. 3, S. 246–253.
EPSI (2005), http://www.epsi-rating.com/images/stories/files/ski-epsi_broschyr_eng_vers.pdf, Zugriff am 09.06.2005.
Ernst, A. (2005), Gesundheitsttourismus. Behandlungen im Ausland werden immer beliebter, in: Wirtschaftsreport Nr. 13, Rheinischer Merkur vom 31.03.2005.
Erramilli, M.K./Rao C.P. (1993), Service Firms International Entry-Mode Choice, A Modified Transaction-Cost Analysis Approach, in: Journal of Marketing, Vol. 57, No. 3, S. 19–38.
Esser, W. (1989), Die Wertkette als Instrument der strategischen Analyse, in: Riekhof, H.-C. (Hrsg.), Strategieentwicklung: Konzepte und Erfahrungen, Stuttgart, S. 191–211.
Esteban, A./Millan, A./Molina, A./Martin-Consuegra, D. (2002), Market Orientation in Service: A Review and Analysis, in: European Journal of Marketing, Vol. 36, No. 9, S. 1003–1022. Europäische Union (2004), Eurostat, URL: http://epp.eurostat.cec.eu.int/pls/portal/, Zugriff am 20.06.2004.
Evers, H. (1998), Variable Bezüge für Führungskräfte: Wertorientierung als Herausforderung, in: Pellens, B. (Hrsg.), Unternehmenswertorientierte Entlohnungssysteme für Führungskräfte, Stuttgart, S. 53–67.
Ewing, P./Luhndahl, L. (1996), The Balanced Scorecard at ABB Sweden – the EVITA Project, EFI Research Paper Nr. 6567, Economic Research Institute, Stockholm School of Economics, Stockholm.
EZB (2000), Anforderungen im Bereich der allgemeinen Wirtschaftsstatistik 2004, Frankfurt.

Falk, B. (1980a), Zur Bedeutung des Dienstleistungsmarketing, in: Falk, B. (Hrsg.), Dienstleistungsmarketing, Landsberg am Lech, S. 9–28.
Falk, B. (Hrsg.) (1980b), Dienstleistungsmarketing, Landsberg am Lech.
Fantapié Altobelli, C./Bouncken, R. (1998), Wertkettenanalyse von Dienstleistungs-Anbietern, in: Meyer, A. (Hrsg.) (1998), Handbuch Dienstleistungs-Marketing, Band 1, Stuttgart, S. 282–296.
Farny, D. (1969), Grundlagen einer theoretischen Versicherungsbetriebslehre, in: Farny, D. (Hrsg.), Wirtschaft und Recht der Versicherung, Festschrift für P. Braess, Karlsruhe, S. 27–72.
Farny, D./Kirsch, W. (1987), Strategische Unternehmenspolitik von Versicherungen, in: Zeitschrift für die gesamte Versicherungswissenschaft, 76. Jg., Nr. 5, S. 369–401.
Faßnacht, M. (1996), Preisdifferenzierung bei Dienstleistungen. Implementationsformen und Determinanten, Wiesbaden.
Faßnacht, M. (1998), Preisdifferenzierungsintensität bei Dienstleistern. Ein ökonomischer Erklärungsansatz, in: Zeitschrift für Betriebswirtschaft, 68. Jg., Nr. 7, S. 719–743.

Faßnacht, M. (2004), Markenführung für Dienstleistungen, in: Bruhn, M. (Hrsg.), Handbuch Markenführung. Kompendium zum erfolgreichen Markenmanagement. Strategien – Instrumente – Erfahrungen, 2. Aufl., Wiesbaden, S. 2163–2181.

Faßnacht, M./Homburg, Ch. (1997), Preisdifferenzierung als Instrument des Kapazitätsmanagement, in: Corsten, H./Stuhlmann, St. (Hrsg.), Kapazitätsmanagement in Dienstleistungsunternehmen. Grundlagen und Gestaltungsmöglichkeiten, Wiesbaden, S. 137–152.

Faßnacht, M./Homburg, Ch. (2001), Deutschsprachige Dienstleistungsforschung im internationalen Vergleich, in: Die Unternehmung, 55. Jg., Nr. 4/5, S. 279–293.

Feketekuty, G. (1988), International Trade in Services. An Overview and Blueprint for Negotiations, Cambridge.

Feldmeier, S. (2000), Verbraucher virtuell im Visier, in: Werben und Verkaufen vom 28.07.2000, S. 71.

Festinger, L. (1957), A Theory of Cognitive Dissonance, Stanford.

Fink, D. (1997), Einführung in das Electronic Marketing – von der Technik zum Nutzen, in: Wamser, C./Fink, D. (Hrsg.), Marketing-Management mit Multimedia: neue Medien, neue Märkte, neue Chancen, Wiesbaden, S. 13–28.

Fink, D. (1998), Mass Customization, in: Albers, S./Clement, M./Peters, K. (Hrsg.), Marketing mit interaktiven Medien: Strategien zum Markterfolg, Frankfurt am Main, S. 137–150.

Firestone, S.H. (1983), Why Advertising a Service is Different, in: Berry, L.L./Shostack, G.L./ Upah, G.D. (Hrsg.), Emerging Perspectives on Services Marketing, Chicago, S. 86–89.

Firner, H./Tacke, G. (1993), BahnCard – Kreative Preisstruktur, in: Absatzwirtschaft, 36. Jg., Nr. 5, S. 66–70.

Firnstahl, T.W. (1990), Mitarbeiter garantieren die Produktqualität, in: Harvard Manager, 12. Jg., Nr. 1, S. 7–12.

Fischer, G./Schwarzer, U. (1992), Alma Marter, in: manager magazin, o. Jg., Nr. 1, S. 148–158.

Fischer, M./Hüser, A./Mühlenkamp, C./Schott, E. (1993), Marketing und neuere ökonomische Theorie: Ansätze zu einer Systematisierung, in: Betriebswirtschaftliche Forschung und Praxis, 45. Jg., Nr. 4, S. 444–470.

Fischer, R. (2000), Dienstleistungs-Controlling. Grundlagen und Anwendungen, Wiesbaden.

Fischer, T. (1993), Sicherung unternehmerischer Wettbewerbsvorteile durch Prozess- und Schnittstellen-Management, in: Zeitschrift Führung und Organisation, 62. Jg., Nr. 5, S. 312–318.

Fishbein, M.A. (1967), A Behavior Theory Approach to the Relations between Beliefs about an Object and the Attitude towards the Object, in: Fishbein, M. A. (Hrsg.), Readings in Attitude Theory and Measurement, New York u. a., S. 389–400.

Fisk, R.P. (1981), Toward a Consumption/Evaluation Process Model for Services, in: Donelly, J.H./ George, W.R. (Hrsg.), The Marketing of Services, American Marketing Association, Chicago, S. 191–195.

Fisk, R.P./Brown, S.W./Bitner, M.J. (1995), Services Management Literature Overview: A Rationale for Interdisciplinary Study, in: Glynn, W.J./Barnes, J.G. (Hrsg.), Understanding Services Management, Chichester et al., S. 1–32.

Flavián, C./Torres, E./Guinalíu, M. (2004), Corporate image measurement – A further problem for the tangibilization of Internet banking services, in: The International Journal of Bank Marketing, Vol. 22 No. 5, S. 366–384.

Fließ, S./Völker-Albert, J.-H. (2002), Going Virtual – Blueprinting als Basis des Prozessmanagements von E-Service-Anbietern, in: Bruhn, M./Stauss, B. (Hrsg.), Electronic Services, Dienstleistungsmanagement Jahrbuch 2002, Wiesbaden, S. 263–291.

Fließ. S. (2004), Qualitätsmanagement bei Vertrauensgütern, in: Marketing ZFP, 26. Jg., Spezialausgabe „Dienstleistungsmarketing", S. 33–44.

Folkes, V./Patrick, V.M. (2003), The Positivity Effect in Perceptions of Services: Seen One, Seen Them All? , in: Journal of Consumer Research, Vol. 30, No. 1, S. 125–137.

Forberger, D. (2000), Emotionale Determinanten der Dienstleistungsqualität. Entwicklung und Überprüfung eines Messkonzeptes, Wiesbaden.

Fornell, C. (1992), A National Customer Satisfaction Barometer. The Swedish Experience, in: Journal of Marketing, Vol. 56, No. 1, S. 6–21.

Fornell, C./Everitt Bryant, B. (1998), Der Amerikanische Kundenzufriedenheitsindex ACSI (American Customer Satisfaction Index), in: Simon, H./Homburg, Ch. (Hrsg.), Kundenzufriedenheit, 3. Aufl., Wiesbaden, S. 165–178.

Fornell, C./Johnson, M.D./Anderson, E.W./Cha, J./Bryant, B.E. (1996), The American Customer Satisfaction Index: Nature, Purpose and Findings, in: Journal of Marketing, Vol. 60, No. 4, S. 7–18.

Fornell, C./Wernerfelt, B. (1987), Defensive Marketing Strategy by Customer Complaint Management: A Theoretical Analysis, in: Journal of Marketing Research, Vol. 24, No. 4, S. 337–346.

Fourastié, J. (1954), Die große Hoffnung des Zwanzigsten Jahrhunderts, Köln.

Franchise-Erfolge (2005), Bigger. Better. Burger-King. Mit Qualität auf Expansionskurs, www.franchise-erfolge.de/franchise/Burger_King.pdf, Zugriff am 31.05.2005.

Franzen, O./Waldherr, R. (1997), Controlling der Kundenzufriedenheit, in: Planung & Analyse, 24. Jg., Nr. 4, S. 54–58.

Frehr, H.-U. (1994), Total Quality Management. Unternehmensweite Qualitätsverbesserung, 2. Aufl., München/Wien.

Freter, H. (1974), Mediaselektion, Wiesbaden.

Freter, H. (1983), Marktsegmentierung, Stuttgart.

Freyer, W. (1998), Tourismus. Einführung in die Fremdenverkehrsökonomie, 6. Aufl., München/ Wien.

Fricke, T. (1999), Vielfalt bindet, in: manager magazin, 29. Jg., Nr. 2, S. 8–11.

Friedman, M.L./Smith, L.J. (1993), Consumer Evaluation Processes in a Service Setting, in: Journal of Services Marketing, Vol. 7, No. 2, S. 47–61.

Friege, C. (1995), Preispolitik für Leistungsverbünde im Business-to-Business-Marketing, Wiesbaden.

Friege, C. (1996), Yield Management, in: Wirtschaftswissenschaftliches Studium, 25. Jg., Nr. 12, S. 616–622.

Friege, C. (1997), Preispolitik für Dienstleistungen, in: Thexis, 14. Jg., Nr. 2, S. 9–14.

Friese, M. (1998), Kooperation als Wettbewerbsstrategie für Dienstleistungsunternehmen, Wiesbaden.

Frietzsche, U. (2001), Externe Faktoren in der Dienstleistungsproduktion. Ansätze zur Lösung von Erfassungs- und Bewertungsproblemen, Wiesbaden.

Fritz, W. (1992), Marktorientierte Unternehmensführung und Unternehmenserfolg, Stuttgart.

Fritz, W. (1995), Marketing-Management und Unternehmenserfolg: Grundlagen und Ergebnisse einer empirischen Untersuchung, 2. Aufl., Stuttgart.

Fritz, W. (1997), Erfolgsursache Marketing: Warum marktorientiert geführte Unternehmen erfolgreich sind, Stuttgart.

Fröhlich, W./Langecker, F. (1989), Hochschulkontakte, in: Strutz, H. (Hrsg.), Handbuch Personalmarketing, Wiesbaden, S. 152–157.

Fröhlich, W./Sitzenstock, K. (1989), Personalimage-Werbung, in: Strutz, H. (Hrsg.), Handbuch Personalmarketing, Wiesbaden, S. 134–142.

Frost, F.A./Kumar, M. (2000), INTSERVQUAL – An Internal Adaptation of the GAP Model in a Large Service Organisation, in: Journal of Services Marketing, Vol. 14, No. 4/5, S. 358–376.

Fryar, C.R. (1991), What's Different About Services Marketing, in: Journal of Services Marketing, Vol. 5, No. 4, S. 53–58.

Fuchs, C./Gu, Z./Barbian, P./Jenne, F. (2003), Wissensbasierte strategische Serviceproduktplanung, in: Service today, Nr. 6, 2003, S. 12–16.

Fuchs, M./Weiermair, K. (2003), Qualitätsmanagement und Qualitätsbenchmarking im Dienstleistungsnetzwerk – Das Modell touristischer Destinationen, in: Bruhn, M./Stauss, B. (Hrsg.), Dienstleistungsnetzwerke. Dienstleistungsmanagement Jahrbuch 2003, Wiesbaden, S. 426–442.

Funke, K. (1987), Messeentscheidungen. Handlungsalternativen und Informationsbedarf, Frankfurt am Main u. a.

Gabele, E. (1993), Unternehmenskultur, in: Hauschildt, J./Grün, O. (Hrsg.), Ergebnisse empirischer betriebswirtschaftlicher Forschung: Zu einer Realtheorie der Unternehmung, Stuttgart, S. 115–134.

Gardini, M.A./Dahlhoff, H.D. (Hrsg.) (2005), Management internationaler Dienstleistungen. Kontext – Konzepte – Erfahrungen, Wiesbaden.

Garvin, D.A. (1984), What Does „Product Quality" Really Mean?, in: Sloan Management Review, Vol. 25, No. 3, S. 25–43.

Gassert, H./Prechtl, M./Zahn, E. (1998), Innovative Dienstleistungspartnerschaften, Stuttgart.

Gaster, D. (1994), Qualitätsaudit, in: Masing, W. (Hrsg.), Handbuch des Qualitätsmanagement, 3. Aufl., München/Wien, S. 927–948.

Gebauer, M./Schiermeier, R.J./Wall, F. (2003), Methoden zur Auswahl von Partnern in Dienstleistungsnetzwerken, in: Bruhn, M./Stauss, B. (Hrsg.), Dienstleistungsnetzwerke. Dienstleistungsmanagement Jahrbuch 2003, Wiesbaden, S. 185–213.

Gelbrich, K. (2001), Kundenwert. Wertorientierte Akquisition von Kunden im Automobilbereich, München.

Genestre, A./Herbig, P. (1997), Service Quality. An Examination of Demographic Differences, in: Journal of Customer Service in Marketing & Management, Vol. 3, No. 3, S. 65–84.

Genger, J. (2002), Ryanair jagt Lufthansa kostbare Kunden ab, in: Financial Times Deutschland vom 02.07.2002, S. 7.

George, S. (1992), The Baldrige Quality System. The Do-it-Yourself Way to Transform Your Business, New York u. a.

George, W.R. (1977), The Retailing of Services. A Challenging Future, in: Journal of Retailing, Vol. 53, No. 3, S. 91ff.

George, W.R./Berry, L.L. (1981), Guidelines for the Advertising of Services, in: Business Horizons, Vol. 24, No. 4, S. 52–56.

George, W.R./Grönroos, C. (1995), Internes Marketing: Kundenorientierte Mitarbeiter auf allen Unternehmensebenen, in: Bruhn, M. (Hrsg.), Internes Marketing. Integration der Kunden- und Mitarbeiterorientierung, Wiesbaden, S. 45–68.

George, W.R./Marshall, C.E. (1984), Developing New Services, Chicago.

Georgi, D. (2000), Entwicklung von Kundenbeziehungen, Wiesbaden.

Gerhardt, J. (1987), Dienstleistungsproduktion. Eine produktionstheoretische Analyse der Dienstleistungsprozesse, Bergisch Gladbach/Köln.

Gerpott, T. (1996), Multimedia: Geschäftssegmente und betriebswirtschaftliche Implikationen, in: Wirtschaftswissenschaftliches Studium, 25. Jg., Nr. 1, S. 15–20.

Gerpott, T. (2000), Kundenbindung: Konzepteinordnung und Bestandaufnahme der neueren empirischen Forschung, in: Die Unternehmung, 54. Jg., Nr. 1, S. 23–42.

Gerth, N. (1999), Online Absatz: Eine Analyse des Einsatzes von Online-Medien als Absatzkanal, Ettlingen.

GfK AG, Lebensstilforschung (2002), http://www.gfk-regionalforschung.de/regional/Endverbraucher/gfk-euro-socio-styles.html (Zugriff: 20.11.2002).

GfK-WirtschaftsWoche-Werbeklima I (2000), zitiert bei: Focus medialine, Der Markt der Online-Kommunikation: Fakten 2000, http://www.focus.de/medialine (Zugriff: 15.05.2002).

Gierhake, O. (2000), Integriertes Geschäftsprozeßmanagement, 3. Aufl., Wiesbaden.

Gierl, H. (1987), Ist der Erfolg industrieller Innovationen planbar?, in: Zeitschrift für betriebswirtschaftliche Forschung, 39. Jg., Nr. 1, S. 53–73.

Gierl, H. (1999), Vertrauen im Beratungsgeschäft, in: Jahrbuch der Absatz- und Verbrauchsforschung, 45. Jg., Nr. 2, S. 195–213.

Gierl, H./Kurbel, T.M. (1997), Möglichkeiten zur Ermittlung des Kundenwertes, in: Link, J./Brändli, D./Schleuning, Ch./Kehl, R.E. (Hrsg.), Handbuch Database Marketing, Ettlingen, S. 174–188.

Göbel, E. (2002), Neue Institutionenökonomik. Konzeption und betriebswirtschaftliche Anwendungen, Stuttgart.

Goodall, B. (1988), How Tourists Choose Their Holidays. An Analytical Framework, in: Goodall,B./Ashworth, G. (Hrsg.), Marketing in the Tourism Industry, New York, S. 1–17.

Gounaris, S.P. (2005), Trust and commitment influences on customer retention: insights from business-to-business services, in: Journal of Business Research, Vol. 58, No. 2, S. 126 -140.

Gräf, H./Tomczak, T. (1997), Online Marketing – Chancen und Risiken der Nutzung elektronischer Märkte für Kunden und Unternehmungen am Beispiel der Electronic Mall Bodensee, St. Gallen.

Graham, R.J. (1981), The Role of Perception of Time in Consumer Research, in: Journal of Consumer Research, Vol. 7, No. 4, S. 335–342.

Graumann, J. (1983), Die Dienstleistungsmarke, München/Florenz.

Graumann, J. (1984), Die Dienstleistungsmarke. Ein neuer Markentypus aus absatzwirtschaftlicher Sicht, in: Markenartikel, 4. Jg., Nr. 12, S. 607–610.

Greenley, G. (1995), Market Orientation and Company Performance: Empirical Evidence From UK Companies, in: British Journal of Management, Vol. 6, No. 1, S. 1–13.

Gremler, D. (2004), The Critical Incident Technique in Service Research, in: Journal of Service Research, Vol. 7, No. 1, S. 65–90.

Gremler, D.D. (1994), Word-of-Mouth About Service Providers. An Illustration of Theory Development in Marketing, in: American Marketing Association, Winter, S. 62–70.

Gremler, D.D./Bitner, M.J./Evans, K.R. (1994), The Internal Service Encounter, in: International Journal of Service Industry Management, Vol. 5, No. 2, S. 34–65.

Grimmeisen, M. (1998), Implementierungscontrolling: wirtschaftliche Umsetzung von Change-Programmen, Wiesbaden.

Grönroos, C. (1980), An Applied Service Marketing Theory, Arbeitspapier Nr. 57, Swedish School of Economics and Business Administration, Helsinki.

Grönroos, C. (1981), Internal Marketing. An Integral Part of Marketing Theory, in: Donnelly, J.H./George, W.R. (Hrsg.), Marketing of Services, Chicago, S. 236–238.

Grönroos, C. (1984), A Service Quality Model and its Marketing Implications, in: European Journal of Marketing, Vol. 18, No. 4, S. 36–44.

Grönroos, C. (1989), Innovative Marketing Strategies and Organization Structures for Service Firms, in: Bateson, J.E.G. (Hrsg.), Managing Services Marketing. Text and Readings, Chicago u. a., S. 506–521.

Grönroos, C. (1990), Relationship Approach to Marketing in Service Contexts. The Marketing and Organizational Behavior Interface, in: Journal of Business Research, Vol. 23, No. 2, S. 3–11.

Grönroos, C. (2000), Service Management and Marketing. A Customer Relationship Management Approachs, 2. Aufl., New York u. a.

Grootenhuis, R. (2003), CRM in der Energieversorgung – Wirkungsorientiertes CRM-Controlling bei der E.ON Bayern AG, in: Stadelmann, M./Wolter, S./Tomczak, T./Reinecke, S. (Hrsg.), Customer Relationship Management. 12 CRM-Best Practice-Fallstudien zu Prozessen, Organisation, Mitarbeiterführung und Technlogie, Zürich, S. 259–276.

Gröppel-Klein, A. (1998), Wettbewerbsstrategien im Einzelhandel. Chancen und Risiken von Preisführerschaft und Differenzierung, Wiesbaden.

Grove, S.J./Fisk, R.P./John, J. (2003), The Future of Services Marketing: Forecasts from Ten Services Experts, in: Journal of Services Marketing, Vol. 17, No. 2, S. 107–121.

Grum, S./Schneider, S./Frohmüller, K.P. (2003), Warum werden Synergien im Transaction-Banking überbewertet? in: geldinstitute, o. Jg., Nr. 3, 2003, S. 24–28.

Grund, M.A. (1998), Interaktionsbeziehungen im Dienstleistungsmarketing. Zusammenhänge zwischen Zufriedenheit und Bindung von Kunden und Mitarbeitern, Wiesbaden.

Gruner + Jahr (1998), Werbetrend Januar – Dezember, Hamburg.

Guiltinan, J.P. (1987), The Price Bundling of Services. A Normative Framework, in: Journal of Marketing, Vol. 51, No. 2, S. 74–85.

Gummesson, E. (1994), Making Relationship Marketing Operational, in: International Journal of Service Industry Management, Vol. 5, No. 5, S. 5–20.

Günter, B./Helm, S. (2003), Kundenwert. Grundlagen – Innovative Konzepte – Praktische Umsetzungen, 2. Aufl., Wiesbaden.

Gutenberg, E. (1929), Die Unternehmung als Gegenstand betrieblicher Theorie, Berlin u. a.

Gutenberg, E. (1994), Grundlagen der Betriebswirtschaftslehre, Bd. 1: Die Produktion, 24. Aufl., Berlin u. a.

Haag, J. (1992), Kundendeckungsbeitragsrechnungen. Ein Prüfstein des Key-Account-Managements, in: Die Betriebswirtschaft, 52. Jg., Nr. 1, S. 25–39.

Haak, W. (1982), Produktion in Banken, Frankfurt am Main/Bern.

Haas, H. (1998), Dienstleistungsqualität aus Kundensicht. Eine empirische und theoretische Untersuchung über den Nutzen von Zertifikaten nach DIN EN ISO 9000 ff. für Verbraucher, Berlin.

Haase, K./Salewski, F./Skiera, B. (1998), Preisdifferenzierung bei Dienstleistungen am Beispiel von „Call-by-Call“-Tarifen, in: Zeitschrift für Betriebswirtschaft, Vol. 68, Nr. 10, S. 1053–1072.

Hadwich, K. (2003), Beziehungsqualität im Relationship Marketing. Konzeption und empirische Analyse eines Wirkungsmodells, Wiesbaden.

Haedrich, G. (Hrsg.) (1998), Tourismus-Management. Tourismus-Marketing und Fremdenverkehrsplanung, 3. Aufl., Berlin/New York.

Haedrich, G./Tomczak, T. (1996), Strategische Markenführung, 2. Aufl., Bern.

Hagel III, J./Armstrong, G. (1997), Net Gain – Profit im Netz, Wiesbaden.

Hagemann, H. (2000), Die Diagnose und Handhabung interkultureller Konfliktpotentiale und Konflikte in deutschen Tochtergesellschaften und Joint-Ventures in Rumänien, Dissertation, veröffentlich unter http://elib.uni-bamberg.de/volltexte/2000/5.html, Zugriff am 23.09.2005.

Hagen, P. (2003), Wertpapierabwicklung: Eigenregie oder Outsourcing, in: bank und markt, Nr. 5, 01.05.2003, S. 33.

Haist, F./Fromm, H. (1991), Qualität im Unternehmen. Prinzipien, Methoden, Techniken, 2. Aufl., München/Wien.

Håkansson, H./Snehota, I. (1993), the Contentand Functions of Business Relationships, Paper der 9. IMP Conference, Bath.

Haley, R.I. (1968), Benefit Segmentation. A Decision-Oriented Research Tool, in: Journal of Marketing, Vol. 32, No. 3, S. 30–35.

Haller, S. (1993), Methoden zur Beurteilung der Dienstleistungsqualität. Überblick zum State of the Art, in: Zeitschrift für betriebswirtschaftliche Forschung, 45. Jg., Nr. 1, S. 19–38.
Haller, S. (1998), Beurteilung von Dienstleistungsqualität. Dynamische Betrachtung des Qualitätsurteils im Weiterbildungsbereich, 2. Aufl., Wiesbaden.
Haller, S. (2001), Dienstleistungsmanagement. Grundlagen – Konzepte – Instrumente, Wiesbaden.
Han, C.M./Terpstra, V. (1988), County-of-Origin Effects for Uni-National and Bi-National Products, in: Journal of International Business Studies, Vol. 19, No. 2, S. 235–256.
Handelsblatt-Online (2005), Vodafone kauft in Osteuropa zu, www.handelsblatt.com/pshb?fn=tt&sfn=go&id=1006857, Zugriff am 01.06.2005.
Hansen W./Kamiske, G.F. (2001), Qualitätsmanagement in der Praxis. Erfahrungsberichte aus den Unternehmen, Symposion Publishing.
Hansen, U./Jeschke, K. (1991), Die Beschwerdepolitik des KFZ-Handels, in: Thexis, 8. Jg., Nr. 2, S. 41–46.
Hansen, U./Jeschke, K. (1995), Beschwerdemanagement für Dienstleistungsunternehmen. Beispiel des Kfz-Handels, in: Bruhn, M./Stauss, B. (Hrsg.), Dienstleistungsqualität. Konzepte, Methoden, Erfahrungen, 2. Aufl., Wiesbaden, S. 525–550.
Hansen, U./Korpiun, M./Henning-Thurau, Th. (1998), Nationale Zufriedenheitsindizes als Informationsgrundlage des Dienstleistungsmanagements – Eine kritische Bestandsaufnahme, in: Bruhn, M./Meffert, H. (Hrsg.), Handbuch Dienstleistungsmanagement. Von der strategischen Konzeption zur praktischen Umsetzung, Wiesbaden, S. 307–342.
Hansen, W./Kamiske, G.F. (Hrsg.) (2002), Qualität und Wirtschaftlichkeit. QM-Controlling: Grundlagen und Methoden, München.
Hanson, M.A./Martin, R.K. (1990), Optimal Bundle Pricing, in: Management Science, Vol. 36, No. 2, S. 155–174.
Harris, N.D. (1989), Service Operations Management, Oxford.
Hart, C.W.L. (1989), Auch Dienstleister nutzen Garantien, in: Harvard Manager, 11. Jg., Nr. 1, S. 114–121.
Hart, C.W.L./Heskett, J.L./Sasser Jr., W.E. (1990), The Profitable Art of Service Recovery, in: Harvard Business Review, Vol. 68, No. 4, S. 148–156.
Hartmann, D.E./Lindgren Jr., J.H. (1993), Consumer Evaluation of Goods and Services, in: Journal of Services Marketing, Vol. 7, No. 2, S. 4–15.
Hauschildt, J./Schlaak, T.M. (2001), Zur Messung des Innovationsgrades neuartiger Produkte, in: Zeitschrift für Betriebswirtschaft, 71. Jg., Nr. 2, S. 161–182.
Hauser, J./Katz, G. (1998), Metrics: You Are What You Measure!, in: European Management Journal, Vol. 16, No. 5, S. 517–528.
Hax, H. (1991), Theorie der Unternehmung – Information, Anreize und Vertragsgestaltung, in: Ordelheide, D./Rudolph, B./Büsselmann, E. (Hrsg.), Betriebswirtschaftslehre und ökonomische Theorie, S. 51–72.
Haynes, P.J. (1990), Hating to Wait: Managing the Final Service Encounter, in: The Journal of Services Marketing, Vol. 4, No. 4, S. 20–26.
Haywood, K.M. (1989), Managing Word of Mouth Communications, in: Journal of Services Marketing, Vol. 3, No. 2, S. 55–67.
Heigl, A. (1978), Controlling – Interne Revision, Stuttgart/New York.
Heimbach, P. (1997), Marktkommunikation mit digitalen Offline-Medien, in: Silberer, G. (Hrsg.), Interaktive Werbung, Stuttgart, S. 23–70.
Heinen, E. (1991), Industriebetriebslehre, 9. Aufl., Wiesbaden.
Heinen, E./Dill, P. (1990), Unternehmenskultur aus betriebswirtschaftlicher Sicht, in: Simon, H. (Hrsg.), Herausforderung Unternehmenskultur, Stuttgart, S. 12–24.
Helm, R. (2004), Auf Auslands-Tour, in: werben & verkaufen, Nr. 19 vom 7.05.2004, S. 60.

Helm, S. (2005), Kundenbindung und Kundenempfehlungen, in: Bruhn, M./Homburg, Ch. (Hrsg.), Handbuch Kundenbindungsmanagement, 5. Aufl., Wiesbaden, S. 125–142.

Helson, H. (1964), Adaption Level Theory, New York.

Henderson, B.D. (1974), Die Erfahrungskurve in der Unternehmensstrategie, Frankfurt am Main.

Heneman III, H.G. (2002), Compensation Research Directions and Suggestions for the New Millenium, in: Human Resource Management Review, Vol. 12, No. 1, S. 75–80.

Henkens, U. (1992), Marketing für Dienstleistungen – Ein ökonomischer Ansatz, Frankfurt am Main

Hennig-Thurau, T. (2000), Die Qualität von Geschäftsbeziehungen auf Dienstleistungsmärkten. Konzeptionalisierung, empirische Messung, Gestaltungshinweise, in: Bruhn, M./Stauss, B. (Hrsg.), Dienstleistungsmanagement Jahrbuch 2000. Kundenbeziehungen im Dienstleistungsbereich, Wiesbaden, S. 133–157.

Hennig-Thurau, T. (2004), Customer orientation of service employees – its impact on customer satisfaction, commitment, and retention, in: International Journal of Service Industry Management Vol. 15, No. 5, S. 460–478.

Hennig-Thurau, T./Klee, A./Langer, M.F. (1999), Das Relationship Quality-Modell zur Erklärung von Kundenbindung. Einordnung und empirische Überprüfung, in: Zeitschrift für Betriebswirtschaft, 69. Jg., Ergänzungsheft Nr. 2, S. 111–132.

Hentschel, B. (1990a), Die Messung wahrgenommener Dienstleistungsqualität mit SERVQUAL. Eine kritische Auseinandersetzung, in: Marketing ZFP, 12. Jg., Nr. 4, S. 230–240.

Hentschel, B. (1990b), Die Messung wahrgenommener Dienstleistungsqualität mit SERVQUAL. Eine kritische Auseinandersetzung, Diskussionsbeiträge der Wirtschaftswissenschaftlichen Fakultät Ingolstadt, Nr. 3, Ingolstadt.

Hentschel, B. (1991), Beziehungsmarketing, in: Das Wirtschaftsstudium, 20. Jg., Nr. 1, S. 25–28.

Hentschel, B. (1992), Dienstleistungsqualität aus Kundensicht. Vom merkmals- zum ereignisorientierten Ansatz, Wiesbaden.

Hentschel, B. (2000), Multiattributive Messung von Dienstleistungsqualität, in: Bruhn, M./Stauss, B. (Hrsg.), Dienstleistungsqualität. Konzepte, Methoden, Erfahrungen, 3. Aufl., Wiesbaden, S. 289–320.

Hentze, J. (1989), Personalplanung, in: Strutz, H. (Hrsg.), Handbuch Personalmarketing, Wiesbaden, S. 503–518.

Hentze, J./Lindert, K. (1998), Motivations- und Anreizsysteme in Dienstleistungsunternehmen, in: Meyer, A. (Hrsg.), Handbuch Dienstleistungs-Marketing, Band 1, Stuttgart, S. 1010–1030.

Hermanns, A. (1995), Aufgaben des internationalen Marketing-Managements, in: Hermanns, A./Wißmeier, U.K. (Hrsg.), Internationales Marketing-Management. Grundlagen, Strategien, Instrumente, Kontrolle und Organisation, München, S. 24–68.

Hermanns, A. (Hrsg.) (1997), Sponsoring; Grundlagen, Wirkungen, Management, Perspektiven, München.

Hermanns, A./Sauter, M. (2000), Electronic Commerce, in: Gabler Wirtschaftslexikon, 15. Aufl., Wiesbaden, S. 894–896.

Hermanns, A./Wißmeier, U.K. (2001), Internationalisierung von Dienstleistungen, in: Bruhn, M./Meffert, H. (Hrsg.), Handbuch Dienstleistungsmanagement. Von der strategischen Konzeption zur praktischen Umsetzung, Wiesbaden, S. 525–545.

Hermanns, A./Wißmeier, U.K. (Hrsg.) (1995), Internationales Marketing-Management. Grundlagen, Strategien, Instrumente, Kontrolle und Organisation, München.

Herrmann, A. (1998), Preisbeurteilung bei mehrdimensionaler Preisstellung, in: Jahrbuch der Absatz- und Verbrauchsforschung, 44. Jg., Nr. 1, S. 47–64.

Herrmann, A./Huber, F. (1999), Nutzenorientierte Gestaltung der Distributionslogistik, in: Beisheim, O. (Hrsg.), Distribution im Aufbruch. Bestandsaufnahme und Perspektiven, München, S. 861–871.

Herrmann, A./Johnson, M.D. (1999), Die Kundenzufriedenheit als Bestimmungsfaktor der Kundenbindung, in: Zeitschrift für betriebswirtschaftliche Forschung, 51. Jg., Nr. 6, S. 579–598.
Herrmann, A./Wricke, M./Huber, F. (2000), Kundenzufriedenheit durch Preisfairness, in: Marketing ZFP, 22. Jg., Nr. 2, S. 131–143.
Herzig, N./Watrin, C. (1995), Obligatorische Rotation des Wirtschaftsprüfers – ein Weg zur Verbesserung der externen Unternehmenskontrolle, in: Schmalenbachs Zeitschrift für betriebswirtschaftliche Forschung, 47. Jg., Nr. 9, S. 775–804.
Heskett, J.L. (1986), Managing in the Service Economy, Boston.
Heskett, J.L. (1988), Management von Dienstleistungsunternehmen, Wiesbaden.
Heskett, J.L./Jones, T.O./Levemann, G.W./Sasser Jr., W.E. (1994), Putting the Service-Profit Chain to Work, in: Harvard Business Review, Vol. 72, No. 2, S. 164–174.
Heskett, J.L./Sasser, W. E./Schlesinger, L. A. (1997), The Service Profit Chain: How Leading Companies Link Profit and Growth to Loyality, Satisfaction, and Value, New York.
Heskett, J.L./Sasser, W.E./Hart, C.W.L. (1990), Service Breakthroughs. Changing the Rules of the Game, New York.
Hess, T./Wittenberg, S. (2003), Interne Märkte in Dienstleistungsnetzwerken, in: Bruhn, M./ Stauss, B. (Hrsg.), Dienstleistungsnetzwerke. Dienstleistungsmanagement Jahrbuch 2003, Wiesbaden, S. 161–183.
Heymann, H.-H./Motz, J. (1990), Outplacement (Newplacement), in: Strutz, H. (Hrsg.), Handbuch Personalmarketing, Wiesbaden, S. 648–657.
Hilke, W. (1984), Dienstleistungsmarketing aus Sicht der Wissenschaft, Diskussionsbeiträge des Betriebswirtschaftlichen Seminars der Universität Freiburg, Freiburg.
Hilke, W. (1989b), Grundprobleme und Entwicklungstendenzen des Dienstleistungs-Marketing, in: Hilke, W. (Hrsg.), Dienstleistungs-Marketing, Wiesbaden, S. 5–44.
Hilke, W. (1993), Kennzeichnung und Instrumente des Direkt-Marketing, in: Hilke, W. (Hrsg.), Direkt-Marketing, Wiesbaden.
Hilke, W. (Hrsg.) (1989a), Dienstleistungs-Marketing, Wiesbaden.
Hilker, J. (2001), Marketingimplementierung – Grundlagen und Umsetzung für das Dienstleistungsmanagement, in: Bruhn, M./Meffert, H. (Hrsg.), Handbuch Dienstleistungsmanagement. Von der strategischen Konzeption zur praktischen Umsetzung, 2. Aufl., Wiesbaden, S. 827–849.
Hill, D. (1986), Satisfaction and Consumer Research, in: Lutz, R.J. (Hrsg.), Advances in Consumer Research, Vol. 13, Provo, S. 310–315.
Hill, D./Gandhi, N. (1992), Services Advertising. A Framework to its Effectiveness, in: Journal of Services Marketing, Vol. 6, No. 4, S. 63–76.
Hill, F./Huq, R. (2004), Employee Empowerment: Conceptualizations, Aims and Outcomes, in: Total Quality Management & Business Excellence, Vol. 15., No. 8, S. 1025–1043.
Hill, W./Attiger, P./Bumbacher, U./Ziegler, F. (1995), Dienstleistungsunternehmen im internationalen Wettbewerb, Bern u. a.
Hinterhuber, H.H. (1996), Strategische Unternehmensführung, 2 Bände, 6. Aufl., Berlin/New York.
Hippner, H./Wilde, K.D. (Hrsg.) (2004), IT-Systeme im CRM – Aufbau und Potenziale, Wiesbaden.
Hirschmann, A.O. (1974), Abwanderung und Widerspruch, Tübingen.
Hoekstra, J.C./Huizingh, E.K. (1999), The Lifetime Value Concept in Customer-Based Marketing, in: Journal of Market Focused Management, Vol. 3, No. 3/4, S. 257–274.
Hoffman, D. L./Novak, T. P. (1996), Marketing in Hypermedia Copmuter-Mediated Enviroments: Conceptual Foundations, in: Journal of Marketing, Vol. 60, No. 3, S. 50–68.
Hoffman, R.C./Preble, J.F. (2004), Global franchsing: current status and future challenges, in: Journal of Services Marketing, Vol. 18, No. 2, S.101–113.

Hofmann, H.R./Meiren, T. (1998), Service Engineering in der Investitionsgüterindustrie, in: Information Management & Consulting, 13. Jg., Sonderausgabe, S.79–84.

Holland, H. (1992), Direktmarketing, München.

Holzmüller, H.H. (1986), Zur Strukturierung der grenzübergreifenden Konsumentenforschung und spezifischen Methodenprobleme in der Datengewinnung, in: Jahrbuch der Absatz- und Verbrauchsforschung, 32. Jg., Nr. 1, S. 47–70.

Holzmüller, H.H. (1995), Konzeptionelle und methodische Probleme in der interkulturellen Management- und Marketingforschung, Stuttgart.

Homans, G. (1961), Social Behavior. Its Elementary Forms, New York.

Homans, G. (1968), Elementarformen sozialen Verhaltens, Opladen.

Homburg, Ch. (1998), Optimierung der Kundenzufriedenheit durch Total Quality Management, in: Simon, H./Homburg, Ch. (Hrsg.), Kundenzufriedenheit, 3. Aufl., Wiesbaden, S. 249–260.

Homburg, Ch. (2000), Kundennähe von Industriegüterunternehmen – Konzeption – Erfolgsauswirkungen – Determinanten, 3. Aufl., Wiesbaden.

Homburg, Ch. (Hrsg.) (2003), Kundenzufriedenheit. Konzepte – Methoden – Erfahrungen, 5. Aufl., Wiesbaden.

Homburg, Ch./Becker, J. (2000), Marktorientierte Unternehmensführung und ihre Erfolgsauswirkungen – Eine empirische Untersuchung, Arbeitspapier Nr. W 38, Institut für Marktorientierte Unternehmensführung, Universität Mannheim, Mannheim.

Homburg, Ch./Bruhn, M. (2003), Kundenbindungsmanagement. Eine Einführung in die theoretischen und praktischen Problemstellungen, in: Bruhn, M./Homburg, Ch. (Hrsg.), Handbuch Kundenbindungsmanagement. Grundlagen, Konzepte, Erfahrungen, 4. Aufl., Wiesbaden, S. 3–40.

Homburg, Ch./Bruhn, M. (2005), Kundenbindungsmanagement. Eine Einführung in die theoretischen und praktischen Problemstellungen, in: Bruhn, M./Homburg, Ch. (Hrsg.) (2005), Handbuch Kundenbindungsmanagement, 5. Aufl., Wiesbaden, S. 3–40.

Homburg, Ch./Bucerius, M. (2001), Kundenorientierung: Bestandsaufnahme, Managementinstrumente, Entwicklungslinien, in: Pfohl, Ch. (Hrsg.), Jahrhundert der Logistik- Unternehmensführung und Logistik, S. 107–139.

Homburg, Ch./Daum, D. (1997), Marktorientiertes Kostenmanagement, Frankfurt am Main.

Homburg, Ch./Faßnacht, M. (1998), Kundennähe, Kundenzufriedenheit und Kundenbindung bei Dienstleistungsunternehmen, in: Bruhn, M./Meffert, H. (Hrsg.), Handbuch Dienstleistungsmanagement. Von der strategischen Konzeption zur praktischen Umsetzung, Wiesbaden, S. 405–428.

Homburg, Ch./Faßnacht, M. (2000), Interne Dienstleistungsqualität am Beispiel der Kostenrechnung, in: Matiaske, W./Mellewigt, T., Stein, F.A. (Hrsg.), Empirische Organisations- und Entscheidungsforschung, Heidelberg, S. 67–80.

Homburg, Ch./Garbe, B. (1996), Industrielle Dienstleistungen. Bestandsaufnahme und Entwicklungsrichtungen, in: Zeitschrift für Betriebswirtschaft, 66. Jg., Nr. 3, S. 253–282.

Homburg, Ch./Giering, A./Hentschel, F. (1999), Der Zusammenhang zwischen Kundenzufriedenheit und Kundenbindung, in: Die Betriebswirtschaft, 59. Jg., Nr. 2, S. 174–195.

Homburg, Ch./Krohmer, H. (2003), Marketingmanagement. Strategie – Instrumente – Umsetzung – Unternehmensführung, Wiesbaden.

Homburg, Ch./Krohmer, H./Workman, J. (2003), A Strategy Implementation Perspective of Market Orientation, in: Journal of Business Research, Vol. 57, No. 12, S. 1331–1341.

Homburg, Ch./Rudolph, B. (1998), Theoretische Perspektiven zur Kundenzufriedenheit, in: Simon, H./Homburg, Ch. (Hrsg.), Kundenzufriedenheit, 3 Aufl., Wiesbaden, S. 33–55.

Homburg, Ch./Schäfer, H. (2000), Cross-Selling – Aus der Kundenbeziehung mehr herausholen, in: Har-vard Business Manager, Vol. 22, No. 6, S. 35–44.

Homburg, Ch./Schäfer, H. (2001), Profitabilität durch Cross-Selling: Kundenpotentiale professionell erschließen, Institut für Marktorientierte Unternehmensführung, Arbeitspapier Nr. 60, Mannheim.

Homburg, Ch./Schäfer, H. (2002), Die Erschließung von Kundenpotenzialen durch Cross-Selling: Konzeptionelle Grundlagen und empirische Forschung, in: Marketing – Zeitschrift für Forschung und Praxis, 24. Jg., Nr. 1, S. 7–26.

Homburg, Ch./Schnurr, P. (1998), Kundenwert als Instrument der Wertorientierten Unternehmensführung, in: Bruhn, M./Lusti, M./Müller, W.R./Schierenbeck, H./Studer, M. (Hrsg.), Wertorientierte Unternehmensführung, Perspektiven und Handlungsfelder für die Wertsteigerung, Wiesbaden, S. 169–189.

Homburg, Ch./Sieben, F./Stock. R. (2004), Einflussgrößen des Kundenrückgewinnungserfolgs – Theoretische Betrachtung und empirische Befunde im Dienstleistungsbereich, in: Marketing ZFP, 26. Jg., Nr. 1, S. 25–41.

Homburg, Ch./Stock, R. (2001), Der Zusammenhang zwischen Mitarbeiter- und Kundenzufriedenheit, in: Die Unternehmung, 55. Jg., Nr. 6, S. 377–400.

Hopper, M.O. (1990), Rattling SABRE. New Ways to Compete on Information, in: Harvard Business Review, Vol. 68, No. 3, S. 118–125.

Horváth, P. (2003), Controlling, 9. Aufl., München.

Horváth, P./Gentner, A./Lingscheid, A. (1994), Qualitätscontrolling, in: Hansen, W./Jansen, H.H./ Kamiske, G.F. (Hrsg.), Qualitätsmanagement im Unternehmen. Grundlagen, Methoden und Werkzeuge, Praxisbeispiele, Loseblatt-Sammlung, Kapitel 08.07, Berlin, S. 1–18.

Horváth, P./Kaplan, R.S./Norton, D./Mende, M./Stier, S./Kerr, S./Kaufmann, L. (2004), Balanced Scorecard – Unternehmen erfolgreich steuern. Die Scorecard verstehen – Die Scorecard optimieren, Hamburg.

Horváth, P./Urban, G. (1990), Qualitätscontrolling, Stuttgart.

Houston, F.S./Gassenheimer, J.B. (1987), Marketing and Exchange, in: Journal of Marketing, Vol. 51, No. 4, S. 3–18.

Hruschka, H. (1996), Marketing-Entscheidungen, München.

Hübner, C.C. (1993), Multiplikation, in: Meyer, P.W./Mattmüller, R. (Hrsg.), Strategische Marketingoptionen, Stuttgart u. a., S. 186–222.

Hübner, C.C. (1996), Internationalisierung von Dienstleisungsangeboten. Probleme und Lösungsansätze, München.

Huff, D.L. (1964), Defining and Estimating a Trading Area, in: Journal of Marketing, Vol. 28, No. 7, S. 34–38.

Hünerberg, R. (1994), Internationales Marketing, Landsberg.

Hünerberg, R./Heise, G./Mann, A. (1997), Was Online-Kommunikation für das Marketing bedeutet, in: Thexis, 14. Jg., Nr. 1, S. 16–21.

Hünerberg, R./Mann, A. (1996), Internationales Servicemarketing. Die neue Dimension im industriellen Wettbewerb, in: der markt, 35. Jg., Nr. 137, S. 95–106.

Hünerberg, R./Mann, A. (1999), Online-Service, in: Bliemel, F./Fassot, G./Theobald, A. (Hrsg.), Electronic Commerce: Herausforderungen, Anwendungen, Perspektiven, Wiesbaden, S. 279–297.

Hünerberg, R./Mann, A. (2002), Das Dienstleistungspotenzial des Internet, in: Bruhn, M./Stauss, B. (Hrsg.), Electronic Services, Dienstleistungsmanagement Jahrbuch 2002, Wiesbaden, S. 43–66.

Hung, Y.H./Huan, M.L./Chen, K.S. (2004), Service quality evaluation by service quality performance matrix, in: Total Quality Management, Vol. 14, No. 1, S. 79–89.

Hunt, H.K. (1977), CS/D-Overview and Future Research Directions, in: Huni, H.K. (Hrsg.), Conzeptualisation and Measurement of Consumer Satisfaction and Dissatisfaction, Cambridge, S. 455–488.

Iacobucci, D. (1998), Services: What Do We Know and Where Shall We Go?, in: Swartz, T.A./Bowen, D.E./Brown, S.W. (Hrsg.), Advances in Services Marketing and Management: Research and Practice, Vol. 7, Greenwich, S. 1–96.
IDC/BA+H Analyse (2000), zitiert bei: Focus medialine, Der Markt der Online-Kommunikation: Fakten 2000, http//www.focus.de/medialine, Zugriff am 15.05.2000.
IHA-GfK (2005), Marketingeffizienz und -effektivität. Wo steht die Schweiz?, St. Gallen.
Ihde, G.B. (1978), Distributionslogistik, Stuttgart/New York.
Illeris, S. (2002), Are Service Jobs as Bad as Theory Says? Some Empirical Findings from Denmark in: The Service Industries Journal, Vol. 22, No.4, S .1–18.
Im, S./Workman Jr, J.P. (2004), Market Orientation, Creativity, and New Product Performance in High-Technology Firms, in: Journal of Marketing, Vol. 68, No. 2, S. 114–132.
Infratest Burke (2001), Monitoring Informationswirtschaft, http://prod.wwl.de/produktion/wwl2/WebSite/ag/Presse/download/FaktenberichtBMWI.pdf, Zugriff am 30.04.2002.
Institut der deutschen Wirtschaft (Hrsg.) (1998), Deutschland im globalen Wettbewerb 1998. Internationale Wirtschaftszahlen, Köln.
Institut der deutschen Wirtschaft Köln (Hrsg.) (2001), Deutschland im globalen Wettbewerb, Internationale Wirtschaftszahlen, Köln.
Interbrand (2004), The World‘s most valuable Brands, http://www.interbrand.com/, Zugriff am 22.03.2005.
Ivens, B.S. (2004), Anbieterflexibilität in Dienstleistungsbeziehungen. Konstrukt – Erfolgswirkungen – Determinanten, in: Marketing ZFP, 26. Jg., Nr. 3, S. 215–227.
IWD (1997), Dienstleistungen. Zweites Standbein des Welthandels, in: Informationsdienst des Instituts der deutschen Wirtschaft, Nr. 7, Köln, S. 4–5.

Jackson, B.B. (1985), Build Customer Relationships that Last, in: Harvard Business Review, Vol. 63, No. 6, S. 120–128.
Jacob, F. (1995), Produktindividualisierung als spezielle Form des Dienstleistungsmarketing im Business-to-Business-Bereich, in: Kleinaltenkamp, M. (Hrsg.), Dienstleistungsmarketing, Wiesbaden, S. 193–223.
Jahn, H. (1988), Zertifizierung von Qualitätssicherungs-Systemen, in: Masing, W. (Hrsg.), Handbuch der Qualitätssicherung, 2. Aufl., München/Wien, S. 923–934.
Javalgi, R.G./Dion, P, (1999), A Life Cycle Segmentation Approach to Marketing Financial Products and Services, in: The Service Industries Journal, Vol. 19, No. 3, S. 74–96.
Javalgi, R.G./White, D.S. (2002), Strategic Challenges for the Marketing of Services Internationally, in: International Marketing Review, Vol. 19, No. 6, S. 563–581.
Javalgi, R.G./White, D.S. (2002), Strategic Challenges for the Marketing of Services Internationally, in: International Marketing Review, Vol. 19, No. 6, S. 563–581.
Jaworski, B.J./Kohli, A.K. (1993), Market Orientation: Antecedents and Consequences, in: Journal of Marketing, Vol. 57, No. 3, S. 53–70.
Jenner, T. (1994), Internationale Marktbearbeitung. Erfolgreiche Strategien für Konsumgüterhersteller, Wiesbaden.
Johanson, J./Mattson, L.-G. (1987), Interorganizational Relations. A Network Approach Compared to Transaction-Cost Approach, in: International Studies of Management and Organization, Vol. 17, No. 1, S. 34–48.
Johnson, E.M./Scheuing, E.E./Gaida, K.A. (1986), Profitable Service Marketing, Homewood.
Johnson, J. (2004), McDonald's reagiert auf Kritik mit umfassenden Menüwechsel, in: Financial Times Deutschland vom 09.03.2004, S. 3.
Johnson, M.D./Nilsson, L. (2003), The Importance of Reliability and Customization from Goods to Services, in: Quality Management Journal, Vol. 10, No. 1, S. 8–19.

Johnston, W.J./Lewin, J.E. (1996), Organizational Buying Behavior. Toward an Integrative Framework, in: Journal of Business Research, Vol. 35, No. 1, S. 1–15.

Jones, E./Chonko, l./Robert, J. (2004), Sales force obsolescence: Perceptions from sales and marketing executives of individual, organizational, and environmental factors, in: Industrial Marketing Management, Vol. 33, No. 5, S. 439–456.

Jugel, S./Zerr, K. (1989), Dienstleistungen als strategisches Element eines Technologie-Marketing, in: Marketing ZFP, 11. Jg., Nr. 3, S. 162–172.

Junger, W. (2004), The Ritz-Carlton und Total Quality Management, in: Gardini, M.A./Dahlhoff, H.D. (Hrsg.), Management internationaler Dienstleistungen. Kontext – Konzepte – Erfahrungen, Wiesbaden, S. 345–365.

Kaas, K.P. (1973), Diffusion und Marketing, Stuttgart.

Kaas, K.P. (1990), Marketing als Bewältigung von Informations- und Unsicherheitsproblemen im Markt, in: Die Betriebswirtschaft, 50. Jg., Nr. 4, S. 539–548.

Kaas, K.P. (1991a), Marktinformationen: Screening und Signaling unter Partnern und Rivalen, in: Die Betriebswirtschaft, 61. Jg., Nr. 3, S. 357–370.

Kaas, K.P. (1991b), Kontraktmarketing als Kooperation von Prinzipalen und Agenten, Arbeitspapier der Forschungsgruppe Konsum und Verhalten Nr. 12, Hrsg.: Kaas, K.P. et. al., Frankfurt am Main.

Kaas, K.P. (1995a), Marketing und Neue Institutionenökonomik, in: Kaas, K.P. (Hrsg.), Kontrakte, Geschäftsbeziehungen, Netzwerke: Marketing und neue Institutionenökonomik, Zeitschrift für betriebswirtschaftliche Forschung, 47. Jg., Sonderheft 35, S. 1–18.

Kaas, K.P. (1995b), Marketing zwischen Markt und Hierarchie, in: Kaas, K.P. (Hrsg.), Kontrakte, Geschäftsbeziehungen, Netzwerke: Marketing und neue Institutionenökonomik, Zeitschrift für betriebswirtschaftliche Forschung, 47. Jg., Sonderheft 35, S. 19–42.

Kaas, K.P. (2000), Alternative Konzepte der Theorieverankerung, in: Backhaus, K. (Hrsg.), Deutschsprachige Marketingforschung. Bestandsaufnahme und Perspektiven, Stuttgart, S. 55–78.

Kaas, K.P. (2001), Zur „Theorie des Dienstleistungsmanagements“, in: Bruhn, M./Meffert, H. (Hrsg.), Handbuch Dienstleistungsmanagement. Von der strategischen Konzeption zur praktischen Umsetzung, 2. Aufl., Wiesbaden, S. 103–121.

Kahlen, Ch. (2003), Fressnapf will sich in ganz Europa ausbreiten. Tierfachmarktbetreiber forciert Auslandsexpansion – langfristig 1400 Läden geplant – Italien und Frankreich im Visier, in: Lebensmittel Zeitung, Nr. 24 vom 13.06.2003, S. 9.

Kalyanaram, G./Winer, R. (1995), Empirical Generalizations from Reference Price Research, in: Marketing Science, Vol. 14, No. 3, S. 161–169.

Kamakura, W.A../Mittal, V./de Rosa, F./Mazon, J.A. (2002), Assessing the Service Profit Chain, in: Marketing Science, Vol. 21, No. 3, S. 294–317.

Kamiske, G.F./Brauer, J.-P. (1993), Modernes Qualitätsmanagement, in: Hansen, W./Jansen, H.H./ Kamiske, G.F. (Hrsg.), Qualitätsmanagement im Unternehmen. Grundlagen, Methoden und Werkzeuge, Praxisbeispiele, Loseblattsammlung, Kapitel 01.01, Berlin u. a., S. 1–38.

Kamiske, G.F./Brauer, J.-P. (1999), Qualitätsmanagement von A bis Z, Erläuterungen moderner Begriffe des Qualitätsmanagements, 3. Aufl., München/Wien.

Kandaouroff, A. (1994), Qualitätskosten. Eine theoretisch-empirische Analyse, in: Zeitschrift für Betriebswirtschaft, 64. Jg., Nr. 6, S. 765–786.

Kapferer, J.N. (1992), Die Marke – Kapital des Unternehmens, Landsberg/Lech.

Kaplan, R.S./Norton, D.P. (1992), The Balanced Scorecard – Measures That Drive Performance, in: Harvard Business Review, Vol. 70, No. 1/2, S. 71–79.

Kaplan, R.S./Norton, D.P. (1993), Putting the Balanced Scorecard to Work, in: Harvard Business Review, Vol. 71, No. 5, S. 134–147

Kaplan, R.S./Norton, D.P. (1996), Using the Balanced Scorecard as a Strategic Management System, in: Harvard Business Review, Vol. 74, No. 1, S. 75–85.

Kaplan, R.S./Norton, D.P. (1997), Balanced Scorecard. Strategien erfolgreich umsetzen, Stuttgart.

Kara, A./Spillan, J.,/DeShields, O.W. (2005), The Effect of a Market Orientation on Business Performance: A Study of Small-Sized Service Retailers Using MARKOR Scale, in: Journal of Small Business Management, Vol. 43, No. 2, S. 105–119.

Karriere (2005), www.karriere.de, Zugriff am 17.05.2005.

Kaub, E. (1990), Erfolg in der Gastronomie, 2. Aufl., Saarbrücken.

Kawasaki, G./Moreno, M. (2000), Rules for Revolutionaries: The Capitalist Manifesto for Creating New Products and Services, New York.

Keaveney, S. (1995), Customer Switching Behavior in Service Industries. An Exploratory Study, in: Journal of Marketing, Vol. 59, No. 2, S. 71–82.

Kelley, S.W./Davis, M.A. (1994), Antecedents to Customer Expectations for Service Recovery, in: Journal of Marketing Science, Vol. 22, No. 1, S. 52–61.

Kellog, D.L./Chase, R.B. (1995), Constructing an Empirically Derived Measure for Customer Contact, in: Management Science, Vol. 41, No. 11, S. 1734–1749.

Kemper, O./Bommer, R./Leu, R. (1998), Balanced Scorecard. Das ganzheitliche Wertmanagement bei Swisscom, in: index, 10. Jg., Nr. 2, S. 10–14.

Kemperhof (2005), Stabsstelle Controlling, http://www.kemperhof.de/krankenhaus/organisation_stabsstelle_controlling.html, Zugriff am 23.05.2005.

Kienbaum (2005), Den Unternehmenserfolg systematisch realisieren, www.keinbaum.de/cms/de/geschaeftsfelder/human_resource_management/hr_strategy/performance_management.cfm, Zugriff am 26.05.2005.

Kinberg, Y./Sudit, E.F. (1979), Country/Service Bundling in International Tourism. Criteria for the Selection of an Efficient Bundle Mix and Allocation of Joint Revenues, in: Journal of International Business Studies, Vol. 10, No. 2, S. 51–63.

Kirchgeorg, M. (2003), Funktionen und Erscheinungsformen von Messen, in: Kirchgeorg, M./Dornscheidt, W.M./Giese, W./Stoeck, N. (Hrsg.), Handbuch Messemanagement – Planung, Durchführung und Kontrolle von Messen, Kongressen und Events, Wiesbaden, S. 51–71.

Kirchner, G. (1992), Direktmarketing-Kommunikation, Wiesbaden.

Kirstein, H. (1991), Audit als Managementinstrument zur Prozeßverbesserung, in: Qualität und Zuverlässigkeit (QZ), 36. Jg., Nr. 4, S. 207–212.

Kirstges, T. (1996), Expansionsstrategien im Tourismus, 2. Aufl., Wiesbaden.

Kitzmann, A./Zimmer, D. (1982), Grundlagen der Personalentwicklung, 2. Auf., Weil der Stadt.

Klee, A. (2000), Strategisches Beziehungsmanagement, Aachen.

Klein, B./Leffler, K. (1981), Non Government Enforcement of Contracts: The Role of Market Forces in Assuring Quality, in: Journal of Political Economy, S. 615–641.

Klein, S./Zickhardt, J. (1997), Auktionen auf dem World Wide Web: Bezugsrahmen, Fallbeispiele und annotierte Linksammlung, Arbeitsbericht Nr. 7 des Instituts für Wirtschaftsinformatik, Universität Koblenz, Koblenz.

Kleinaltenkamp, M. (2001), Begriffsabgrenzungen und Erscheinungsformen von Dienstleistungen, in: Bruhn, M./Meffert, H. (Hrsg.), Handbuch Dienstleistungsmanagement. Von der strategischen Konzeption zur praktischen Umsetzung, 2. Aufl., Wiesbaden, S. 27–50.

Kleinaltenkamp, M. (Hrsg.) (1995), Dienstleistungsmarketing. Konzeptionen und Anwendungen, Wiesbaden.

Kleinert, H. (1983), Das Instrumentarium des Tourismusmarketing und der Fremdenverkehrsplanung. Kommunikationspolitik, in: Haedrich, G./Caspar, C./Kleinert, H./Klemm, K. (Hrsg.), Tourismus-Management, Berlin/New York, S. 287–300.
Knoblich, H./Oppermann, R. (1996), Dienstleistung – ein Produkttyp, in: der markt, 35. Jg., Nr. 136, S. 13–22.
Knoll, O./Schaller, C. (2003), Management der Kundenbindung unter Nutzung der neuen Medien, Arbeitsbericht Nr. 38, Lehrstuhl für Allgemeine und Industrielle Betriebswirtschaftslehre, TU München.
Köhler, L. (1991), Die Internationalisierung produzentenorientierter Dienstleistungsunternehmen, Hamburg.
Köhler, R. (1989), Marketing-Effizienz durch Controlling, in: Controlling, 1. Jg., Nr. 2, S. 84–95.
Köhler, R. (1992), Stichwort: Marketing-Controlling, in: Diller, H. (Hrsg.), Vahlens Großes Marketinglexikon, München, S. 657–659.
Köhler, R. (1993), Beiträge zum Marketing Management, Planung, Organisation, Controlling, Teil 3: Marketing-Controlling, 3. Aufl., Stuttgart, S. 253–392.
Köhler, R. (1996), Dienstleistungswüste Deutschland?, in: Die Betriebswirtschaft, 56. Jg., Nr. 5, S. 583–586.
Köhler, R. (1997), Einfluß des Kommunikators auf die Wirkung direkter Marktkommunikation, in: Dallmer, H. (Hrsg.), Handbuch Direct Marketing, 7. Aufl., Wiesbaden, S. 151–173.
Köhler, R. (1998), Marketing-Controlling. Konzepte und Methoden, in: Reinecke, S./Tomczak, T./ Dittrich, S. (Hrsg.), Marketingcontrolling, St. Gallen, S. 10–21.
Köhler, R. (1999), Kundenorientiertes Rechnungswesen als Voraussetzung des Kundenbindungsmanagements, in: Bruhn, M./Homburg, Ch. (Hrsg.), Handbuch Kundenbindungsmanagement, 2. Aufl., Wiesbaden, S. 329–357.
Köhler, R. (2000), Kundenorientiertes Rechnungswesen als Voraussetzung des Kundenbindungsmanagements, in: Bruhn, M./Homburg, Ch. (Hrsg.), Handbuch Kundenbindungsmanagement, 3. Aufl., S. 415–444.
Köhler, R. (2002), Organisationsprobleme des internationalen Marketing-Managements, in: Auer-Rizzi, W./Szabo, E./Innreiter-Moser, C. (Hrsg.), Management in einer Welt der Globalisierung und Diversität. Europäische und nordamerikanische Sichtweisen, Stuttgart, S. 14–35.
Köhler, R. (2005), Kundenorientiertes Rechnungswesen als Voraussetzung des Kundenbindungsmanagements, in: Bruhn, M./Homburg, Ch. (Hrsg.) (2005), Handbuch Kundenbindungsmanagement, 5. Aufl., Wiesbaden, S. 401–433.
Köhler, T./Schaffranietz, A. (2005) (Hrsg.), Public Relations-Perspektiven und Potenziale im 21. Jahrhundert, Wiesbaden.
Kohli, A.K./Jaworski, B.J. (1990), Market Orientation: The Construct, Research Propositions, and Managerial Implications, in: Journal of Marketing, Vol. 54, No. 2, S. 1–18.
Kolks, U. (1990), Strategieimplementierung. Ein anwendungsorientiertes Konzept, Wiesbaden.
Kotabe, M./Murray, J. (2004), Global Sourcing Strategy and Sustainable Competitive Advantage, in: Industrial Marketing Management, Vol. 33, No. 1, S. 7–15.
Kothari, V. (1988), Strategic Dimensions of Global Marketing of Services, in: Journal of Professional Service Marketing, Vol. 3, No. 3, S. 209–229.
Kotler, P. (1994), Marketing Management. Analysis, Planning, Implementation and Control, 8. Aufl., Englewood Cliffs.
Kotler, P. (1997), Marketing Management, 9. Aufl., New Jersey.
Kotler, P./Bliemel, F. (2001), Marketing-Management, 10. Aufl., Stuttgart.
Kotler, P./Bloom, P.N. (1984), Marketing Professional Services, Englewood Cliffs.
Kotler, P./Roberto, E. (1991), Social Marketing, Düsseldorf u. a.

Krafft, M. (1998), Kundenwert und Kundenbindung, in: Albers, S./Clement, M./Peters, K. (Hrsg.), Marketing mit Interaktiven Medien, Frankfurt am Main, S. 165–178.

Krafft, M. (2002), Kundenbindung und Kundenwert, Heidelberg.

Kraus, G./Westermann, R. (1998), Projektmanagement mit System. Organisation, Methoden, Steuerung, 3. Aufl., Wiesbaden.

Kreilkamp, E. (1987), Strategisches Management und Marketing, Berlin/New York.

Kreutzer, R. (1989), Global Marketing. Konzeption eines länderübergreifenden Marketing, Wiesbaden.

Kreuzer, M. (2005), Die praktische Relevanz von Mass Customization. Die individuellen Bedürfnisse des Kunden – oder der Kunde als Lemming, Bern u. a.

Kroeber-Riel, W. (1995), Werbung, in: Tietz, B./Köhler, R./Zentes, J. (Hrsg.), Handwörterbuch des Marketing, 2. Aufl., Stuttgart, S. 2692–2703.

Kroeber-Riel, W. (1996), Bildkommunikation. Imagerystrategien für die Werbung, 2. Aufl., München.

Kroeber-Riel, W./Esch, F.R. (2004), Strategie und Technik der Werbung. Verhaltenswissenschaftliche Ansätze, 6. Aufl., Stuttgart u. a.

Kroeber-Riel, W./Weinberg, P. (2003), Konsumentenverhalten, 8. Aufl., München.

Krotz, J./Gratzer, W. (1989), Qualitätsmanagement. Ein marktstrategischer Erfolgsfaktor, in: Thexis, 6. Jg., Nr. 6, S. 18–20.

Krüger, L. (1990), Yield Management. Dynamische Gewinnsteuerung im Rahmen integrierter Informationstechnologie, in: Controlling, 2. Jg., Nr. 5, S. 240–251.

Krüger, S.M. (1997), Profitabilitätsorientierte Kundenbindung durch Zufriedenheitsmanagement, München.

Krüger-Strohmayer, S. (2000), Profitabilitätsorientierte Kundenbindung durch Zufriedenheitsmanagement. Kundenzufriedenheit und Kundenwert als Steuerungsgröße für die Kundenbindung in marktorientierten Dienstleistungsunternehmen, 2. Aufl., München.

Kuhlmann, E. (2001), Besonderheiten des Nachfragerverhaltens bei Dienstleistungen, in: Bruhn, M./Meffert, H. (Hrsg.), Handbuch Dienstleistungsmanagement. Von der strategischen Konzeption zur praktischen Umsetzung, 2. Aufl., Wiesbaden, S. 213–242.

Kühn, R. (1991), Methodische Überlegungen zum Umgang mit der Kundenorientierung im Marketing, in: Marketing ZFP, 13. Jg., Nr. 2, S. 97–107.

Kühn, R./Weiss, M. (1998), Das „Made-in"-Image der Schweiz im internationalen Vergleich, in: Die Unternehmung, 52. Jg., Nr. 1, S. 49–60.

Kulhavy, E. (1974), Dienstleistung, in: Tietz, B. (Hrsg.), Handwörterbuch der Absatzwirtschaft, Stuttgart, S. 455–459.

Kumar, N./Haussmann, H. (Hrsg.) (1992), Handbuch der Internationalen Unternehmenstätigkeit, München.

Kumar, N./Scheer, L.K./Steinaltenkamp, J.-B. E.M. (1995), The Effects of Supplier Fairness on Vulnerable Resellers, in: Journal of Marketing Research, Vol. 32, No. 1, S. 54–65.

Kundenmonitor Deutschland (1999), Das Ranking der Globalzufriedenheit 1999, http://www.servicebarometer.de, Zugriff am 23.09.2005.

Kundenmonitor Deutschland (2001), www.servicebarometer.de/kundenmonitor/index.html, Zugriff am 23.09.2005.

Küpper, H.-U. (1997), Controlling, 2. Aufl., Stuttgart.

Kuprenas, J.A. (2003), Implementation and Performance of a Matrix Organization Structure, in: International Journal of Project Management, Vol. 21, No. 1, S. 51–63.

Kurtz, D.L./Clow, K.E. (1998) Services Marketing, New York u. a.

Kusterer, A./Diller, H. (1992), Kaufrisiko, in: Diller, H. (Hrsg.), Vahlens Großes Marketinglexikon, München, S. 523–524.

Kutschker, M. (1992), Die Wahl der Eigentumsstrategie der Auslandsniederlassung in kleineren und mittleren Unternehmen, in: Kumar, B.N./Hausmann, H. (Hrsg.), Handbuch der internationalen Tätigkeit, München.
Kutschker, M./Schmid, S. (2002), Internationales Management, München/Wien.

Laabs, J.L. (1995), L.A. Hotel Gives Teens a Career Orientation, in: Personnel Journal, Vol. 74, No. 11, S. 50–61.
Laakmann, K. (1994), Innovations-Marketing, in: Meffert, H. (Hrsg.), Lexikon der aktuellen Marketingbegriffe, Wien, S. 93–98.
Laakmann, K. (1995), Value-Added Services als Profilierungsinstrument im Wettbewerb. Analyse, Generierung und Bewertung, Frankfurt am Main u. a.
Lachman, J. (2004), Arzt betreut Patienten aus der Ferne, in: Handelsblatt vom 07.12.2004, S. 17.
Laird, K.R./Kirsch, R.J./Evans, T.G. (2003), A Marketing Resource-Based Model of International Market Entry and Expansion for Professional Services Firms: The Case for Accounting Services, in: Services Marketing Quarterly, Vol. 24, No. 4, S. 1–17.
Lamberti, H.-J. (2003), Customer Relationship Management – Die richtigen Kunden richtig bedienen, in: Hungenberg, H./Meffert, J. (Hrsg.), Handbuch Strategisches Management, Wiesbaden, S. 649–644.
Lambin, J.J. (1987), Grundlagen und Methoden strategischen Marketings, Hamburg/New York.
Lange, P. (1991), Die individuelle Arbeitszeit. Konzept der serviceorientierten Führung und Unternehmenskultur, in: Stauss, B. (Hrsg.), Erfolg durch Servicequalität, München, S. 159–170.
Langeard, E. (1981), Grundfragen des Dienstleistungsmarketing, in: Marketing ZFP, 3. Jg., Nr. 4, S. 233–240.
Laroche, M./Bergeron, J./Goutaland, C. (2003), How intangibility affects perceived risk: the moderating role of knowledge and involvement, in: Journal of Services Marketing, Vol. 17, No. 2, S. 122–140.
Lauszus, D./Kalka, R. (1998), Preiscontrolling, in: Reinecke, S./Tomczak, T./Dittrich, S. (Hrsg.), Marketingcontrolling, St. Gallen, S. 178–189.
Lay, G./Jung Erceg, P. (2002), Elemente einer Strategieentwicklung für produktbegleitende Dienstleistungen in der Industrie, in: Lay, G./Jung Erceg, P. (Hrsg.), Produktbegleitende Dienstleistungen – Konzepte und Beispiele erfolgreicher Strategieentwicklung, Berlin, S. 5–68.
Lee, M./Ulgado, F.M. (1997), Consumer Evaluations of Fast-Food Services. A Cross-National Comparison, in: Journal of Services Marketing, Vol. 11, No. 1, S. 39–52
Lehmann, A. (1993), Dienstleistungsmanagement. Strategien und Ansatzpunkte zur Schaffung von Servicequalität, Stuttgart/Zürich.
Lehmann, A. (1995), Dienstleistungsmanagement. Strategien und Ansatzpunkte zur Schaffung von Servicequalität, 2. Aufl., Stuttgart/Zürich.
Lehmann, A. (1998), Qualität und Produktivität im Dienstleistungsmanagement. Strategien konkretisiert im Versicherungs- und Finanzdienstleistungswettbewerb, Wiesbaden.
Lethinen, J.R. (1991), Service Quality. Multidisciplinary and Multinational Perspectives. An Experimental Study of Service Production Processes in Different Cultures, in: Brown, S.W./Gummesson, E./Edvardsson, B./Gustavsson, B. (Hrsg.), Service Quality, Multidisciplinary and Multinational Perspectives, Lexington, S. 135–142.
Levi-Strauss, C. (1969), The Elementary Structures of Kinship, Boston.
Levitt, T. (1972), Production-Line Approach to Service, in: Harvard Business Review, Vol. 50, No. 5, S. 41–52.
Levitt, T. (1981), Marketing Intangible Products and Product Intangibles, in: Harvard Business Review, Vol. 59, No. 3, S. 94–102.

Lewis, B.R. (1991), Service Quality: An International Comparison of Bank Customers' Expectations and Perceptions, in: Journal of Marketing Management, Vol. 7, No. 1, S. 47–63.

Licht, G./Hipp, C./Kukuk, M./Münt, G. (1997), Innovationen im Dienstleistungssektor: Empirischer Befund und wirtschaftspolitische Konsequenzen, Baden-Baden.

Lienemann, C./Reis, T. (1996), Der ressourcenorientierte Ansatz. Struktur und Implikationen für das Dienstleistungsmarketing, in: Wirtschaftswissenschaftliches Studium, 25. Jg., Nr. 5, S. 257–260.

Liljander, V./Strandvik, T. (1992), Estimating Zones of Tolerance in Perceived Service Quality and Perceived Service Value, Meddelanden Working Papers No. 247, Swedish School of Economics and Business Administration Helsingfors, Helsingfors.

Liljander, V./Strandvik, T. (1993), Different Comparison Standards as Determinants of Service Quality, in: Journal of Consumer Satisfaction, Dissatisfaction and Complaining Behavior, Vol. 6, No. 2, S. 118–132.

Liljander, V./Strandvik, T. (1995), The Nature of Customer Relationships in Services, in: Swartz, T.A./Bowen, D.E./Brown, S.W. (Hrsg.), Advances in Services Marketing and Management. Research and Practice, Vol. 4, Greenwich/London, S. 141–167.

Lindner, R. (2004), Wo die schönsten Bic Macs unbesehen auf dem Müll landen, in: Frankfurter Allgemeine Zeitung vom 20.09.2004, S. 14.

Lindskold, S. (1978), Trust Development, the GRIT Proposal and the Effects of Conciliatory Acts on Conflict and Cooperation, in: Psychological Bulletin, Vol. 85, No. 4, S. 772–793.

Lingenfelder, M./Loevenich, P. (2005), Internationale Markteintrittsstrategien im Einzelhandel – dargestellt am Beispiel des Versandhandels, in: Bruhn, M./Stauss, B. (Hrsg.), Forum Dienstleistungsmanagement. Internationalisiserung von Dienstleistungen, Wiesbaden, S. 366–388.

Link, J. (2001), Customer Relationship Management. Erfolgreiche Kundenbeziehungen durch integrierte Informationssysteme, Berlin u. a.

Link, J./Gerth, N./Voßbeck, E. (2000), Marketing-Controlling. Systeme und Methoden für mehr Markt- und Unternehmenserfolg, München.

Link, J./Hildebrand, V.G. (1997), Ausgewählte Konzepte der Kundenbewertung im Rahmen des Database Marketing, in: Link, J./Brändli, D./Schleuning, C./Kehl, R.E. (Hrsg.), Handbuch Database Marketing, Ettlingen, S. 158–172.

Lischka, A. (2000), Dialogkommunikation im Relationship Marketing. Kosten-Nutzen-Analyse zur Steuerung von Interaktionsbeziehungen, Wiesbaden.

Lloréns Montes, F.J./Verdú Jover, A.J.V. (2004), Total Quality Management, Institutional Isomorphism and Performance: The Case of Financial Services, in: The Service Industries Journal, Vol. 24, No. 5, S. 103–119.

Loock, F. (1988), Kunstsponsoring, Wiesbaden.

Loos, C. (1998), Online-Vertrieb von Konsumgütern, Wiesbaden.

Loose, A./Sydow, J. (1994), Vertrauen und Ökonomie in Netzwerkbeziehungen. Strukturationstheoretische Betrachtungen, in: Sydow, J./Windeler, A. (Hrsg.), Management interorganisationaler Beziehungen. Vertrauen, Kontrolle und Informationstechnik, Opladen, S. 160–193.

Lovelock, C.H. (Hrsg.) (1992), Managing Services. Marketing, Operations and Human Resources, 2. Aufl., Englewood Cliffs.

Lovelock, C.H. (Hrsg.) (1996), Services Marketing. Text, Cases and Readings, 3. Aufl., Englewood Cliffs.

Lovelock, C.H. (Hrsg.) (2001), Services Marketing, 4. Aufl., Englewood Cliffs.

Lovelock, C.H./Wirtz, J. (2004), Services Marketing, 5. Aufl., New Jersey.

Lovelock, Ch. (1999), Developing Marketing Strategies for Transnational Service Operations, in: Journal of Services Marketing, Vol. 13, No. 4/5, S. 278–290.

Loyalty Hamburg (2002), Kundenbindung im Hotelgewerbe, Hamburg.

Luhmann, N. (1989), Vertrauen. Ein Mechanismus der Reduktion sozialer Komplexität, 3. Aufl., Stuttgart.
Lunsford, D./Fussell, B.C. (1993), Marketing Business Services in Central Europe, in: Journal of Service Marketing, Vol. 7, No. 1, S. 13–21.
Lutz, R./Reilly, P.J. (1973), An Exploration of the Effects of Perceived Social and Performance Risk on Consumer Information Acquisition, in: Ward, S./Wright, P. (Hrsg.), Advances in Consumer Research, Urbana, S. 393–405.

Madu, Ch.N./Kuei, Ch.-H. (1995), Strategic Total Quality Management. Corporate Performance and Product Quality, Westport.
Magrath, A.J. (1986), When Marketing Services, 4Ps Are Not Enough, in: Business Horizons, Vol. 29, No. 3, S. 44–50.
Magyar, K.M./Magyar, P.K. (1987), Marketingpioniere und Pioniermanagement, Landsberg am Lech.
Maister, D.H./Lovelock, C.H. (1988), Managing Faciliator Services, in: Lovelock, C.H. (Hrsg.), Managing Services. Marketing Operations and Human Resources, Englewood Cliffs, S. 58–70.
Maleri, R. (1997), Grundlagen der Dienstleistungsproduktion, 4. Aufl., Berlin u. a.
Maleri, R. (2004), Zur Relevanz der Dienstleistungsbesonderheiten für das internationale Dienstleistungsmanagement, in: Gardin, M.A./Dahlhoff, H.D. (Hrsg.), Management internationaler Dienstleistungen, Wiesbaden, S. 37–61.
Malhotra, N./Mukherjee, N. (2004), The relative influence of organisational commitment and job satisfaction on service quality of customer contact employees in banking call centres, in: Journal of Services Marketing, Vol. 18, No. 3, S. 162–174.
Malorny, C. (1999), TQM umsetzen, 2. Aufl., Stuttgart.
Malthus, T. (1836), Principles of Political Economy, London.
Mann, A. (1996), Online-Service, in: Hünerberg, R./Heise, G./Mann, A. (Hrsg.), Handbuch Online-Marketing, Landsberg/Lech, S. 157–179.
Mann, A. (2000), Die marketingstrategische Bedeutung industrieller Servicepolitik. Konzeptionelle Überlegungen und empirische Befunde, in: Wirtschaftswissenschaftliches Studium, 29. Jg., Nr. 7, S. 375–380.
Mann, A. (2004), Dialogmarketing – Konzeption und empirische Befunde, Wiesbaden.
Mann, T. (1998), Erfolgsfaktor Service. Strategisches Servicemanagement im nationalen und internationalen Marketing, Wiesbaden.
Männel, W. (Hrsg.) (1998), Prozesskostenrechnung, Wiesbaden.
Markgraf, G. (2001), Gerling: Internet-Vorreiter mit Services, in: Computerwoche, Nr. 7 vom 16.02.2001, S. 80–83.
Martin Jr., C.R./Horne, D.A. (1993), Services Innovation. Successful versus Unsuccessful Firms, in: International Journal of Service Industry Management, Vol. 4, No. 1, S. 49–65.
Martins, M./Monroe, K.B. (1994), Perceived Price Fairness: A New Look at an Old Construct, in: Advances in Consumer Research, Vol. 21, No. 1, S. 75–78.
Masing, W. (1995), Planung und Durchsetzung der Qualitätspolitik im Unternehmen. Zentrale Prinzipien und Problembereiche, in: Bruhn, M./Stauss, B. (Hrsg.), Dienstleistungsqualität. Konzepte, Methoden, Erfahrungen, 2. Aufl., Wiesbaden, S. 239–253.
Maskus, M. (2004), Markenpolitik im Versicherungsmarkt, in: Bruhn, M. (Hrsg.), Handbuch Markenführung. Kompendium zum erfolgreichen Markenmanagement. Strategien – Instrumente – Erfahrungen, 2. Aufl., Wiesbaden, S. 2209–2227.
Maslow, A.M. (1975), Motivation and Personality, in: Levine, F.M. (Hrsg.), Theoretical Readings in Motivation. Perspections on Human Behavior, Chicago, S. 358–379.

Mattson, B.E. (1985), Spotting a Market Gap for a New Product, in: Long Range Planning, Vol. 18, No. 1, S. 173–181.
Matzler, K./Pechlaner, H./Kohl, H. (2000), Formulierung von Servicestandards für touristische Dienstleistungen und Überprüfung durch den Einsatz von „Mystery Guests", in: Tourismus Journal, 4. Jg., Nr. 2, S. 157–175.
Maydeu-Olivares, A./Lado, N. (2003), Market Orientation and Business Economic Performance, in: International Journal of Service Industry Management, Vol. 14, No. 3, S. 284–310.
Mayer, R. (1991), Prozesskostenrechnung und Prozesskostenmanagement. Konzept, Vorgehensweise und Einsatzmöglichkeiten, in: Horváth & Partner (Hrsg.), Prozesskostenmanagement, München, S. 75–98.
McDonald's (2005), Das sollten Sie über uns wissen, www.mcdonalds.de/html/company/franchise/start.html, Zugriff am 07.04.2005.
McMahon-Beattie, U./Donaghy, K. (2001), Yield management practices, in: Ingold, A./McMahon-Beattie, U./Yeoman, I. (Hrsg.), Yield Management: Strategies for the Service Industries, London, S. 233–255.
Meffert, H. (1979), Der Markenartikel und seine Bedeutung für den Verbraucher, Gruner + Jahr AG & Co., Hamburg.
Meffert, H. (1986), Marketing, 7. Aufl., Wiesbaden.
Meffert, H. (1987), Kundendienstpolitik. Eine Bestandsaufnahme zu einem komplexen Kundendienstinstrument, in: Marketing ZFP, 9. Jg., Nr. 2, S. 93–102.
Meffert, H. (1989a), Die Wertkette als Instrument der Unternehmensplanung, in: Delfmann, W. (Hrsg.), Der Integrationsgedanke in der Betriebswirtschaftslehre, Wiesbaden, S. 257–278.
Meffert, H. (1989c), Globalisierungsstrategien und ihre Umsetzung im internationalen Wettbewerb, in: Die Betriebswirtschaft, 49. Jg., Nr. 4, S. 445–463.
Meffert, H. (1992a), Marketingforschung und Käuferverhalten, 2. Aufl., Wiesbaden.
Meffert, H. (1992b), Strategien zur Profilierung von Marken, in: Dichtl, E./Eggers, W. (Hrsg.), Marke und Markenartikel, München, S. 129–156.
Meffert, H. (1993a), Marktorientierte Führung von Dienstleistungsunternehmen. Neuere Entwicklungen in Theorie und Praxis, Arbeitspapier Nr. 78 der Wissenschaftlichen Gesellschaft für Marketing und Unternehmensführung e. V., hrsg. von Meffert, H./Wagner, H., Münster.
Meffert, H. (1993b), Messen und Ausstellungen als Marketinginstrument, in: Goehrmann, K. (Hrsg.), Polit-Marketing auf Messen und Ausstellungen, Düsseldorf, S. 74–96.
Meffert, H. (1994), Marktorientierte Führung von Dienstleistungsunternehmen. Neuere Entwicklungen in Theorie und Praxis, in: Die Betriebswirtschaft, 54. Jg., Nr. 4, S. 519–541.
Meffert, H. (1995), Dienstleistungsmarketing, in: Tietz, B./Köhler, R./Zentes, J. (Hrsg.), Handwörterbuch des Marketing, 2. Aufl., Stuttgart, S. 454–469.
Meffert, H. (1998), Dienstleistungsphilosophie und -kultur, in: Meyer, A. (Hrsg.), Handbuch Dienstleistungs-Marketing, Band 1, Stuttgart, S. 121–138.
Meffert, H. (2000), Marketing: Grundlagen marktorientierter Unternehmensführung: Konzepte – Instrumente – Praxisbeispiele, 9. Aufl., Wiesbaden.
Meffert, H. (2001), Zukünftige Forschungsfelder im Dienstleistungsmarketing, in: Die Unternehmung, 55. Jg., Nr. 4/5, S. 327–339.
Meffert, H. (Hrsg.) (1984), Dienstleistungsmarketing, Dokumentation des Workshops vom 28. November 1983, Arbeitspapier Nr. 19 der Wissenschaftlichen Gesellschaft für Marketing und Unternehmensführung, Münster.
Meffert, H. (Hrsg.) (1989b), Flughafenmarketing. Dargestellt am Beispiel des Flughafens Münster/Osnabrück, Münster.
Meffert, H./Birkelbach, R. (1992), Customized Marketing, in: Thexis, 9. Jg., Nr. 1, S. 18–19.
Meffert, H./Bolz, J. (2001), Internationales Marketing-Management, 4. Aufl., Stuttgart.

Meffert, H./Bongartz, M. (2001), e-Branding: Integration des Internet in die Markenführung – ausgewählte Ergebnisse einer empirischen Untersuchung, Arbeitspapier Nr. 147 der Wissenschaftlichen Gesellschaft für Marketing und Unternehmensführung, Münster.

Meffert, H./Bruhn, M. (1978), Marketingtheorie – Quo Vadis?, in: Bratschitsch, R./Heinen, E. (Hrsg.), Absatzwirtschaft – Marketing. Betriebswirtschaftliche Probleme und gesellschaftlicher Bezug, Wien, S. 1–24.

Meffert, H./Bruhn, M. (1981), Beschwerdeverhalten und Zufriedenheit von Konsumenten, in: Die Betriebswirtschaft, 41. Jg., Nr. 4, S. 597–613.

Meffert, H./Burmann C. (1996), Identitätsorientierte Markenführung – Grundlagen für das Management von Markenportfolios, Arbeitspapier Nr. 100 der Wissenschaftlichen Gesellschaft für Marketing und Unternehmensführung e. V., hrsg. von Meffert, H./Backhaus, K./Becker, J., Münster.

Meffert, H./Heinemann, G. (1990), Operationalisierung des Imagetransfers. Begrenzung des Transferrisikos durch Ähnlichkeitsmessungen, in: Marketing ZFP, 12. Jg., Nr. 1, S. 5–10.

Meffert, H./Perrey, J. (1998), Mehrmarkenstrategien – Ein Beitrag zum Management von Markenportfolios, Arbeitspapier Nr. 121 der Wissenschaftlichen Gesellschaft für Marketing und Unternehmensführung e. V., hrsg. von Meffert, H./Backhaus, K./Becker, J., Münster.

Meffert, H./Perrey, J./Schneider, H. (1998), Marketing von Verkehrsdienstleistungsunternehmen – dargestellt am Beispiel der Deutschen Bahn AG, Arbeitspapier Nr. 123 der Wissenschaftlichen Gesellschaft für Marketing und Unternehmensführung, Hrsg.: Meffert, H./Backhaus, K./ Becker, J., Münster.

Mei-Pochtler, A. (1998), Markenmanagement für Dienstleistungs-Anbieter, in: Meyer, A. (Hrsg.), Handbuch Dienstleistungs-Marketing, Band 1, Stuttgart, S. 665–678.

Meissner, H.G. (1995), Strategisches internationales Marketing, 2. Aufl., München/Wien.

Meissner, H.G./Gerber, S. (1980), Die Auslandsinvestitionen als Entscheidungsproblem, in: Betriebswirtschaftliche Forschung und Praxis, 32. Jg., Nr. 3, S. 223–245.

Mellerowicz, K. (1964), Markenartikel. Die ökonomischen Gesetze ihrer Preisbildung und Preisbindung, 2. Aufl., München/Berlin.

Mercer (2003), Mercer-Studie zur Zukunft der europäischen Touristik-Industrie, Mercer Management Consulting GmbH, Pressemeldung vom 07.07.2003, URL :http://www.mercermc.de, Zugriff am 09.11.2004.

Mertess, J.E. (1974), Corporate Response to the Artist, in: MSU Business Topics, Vol 22. No. 3, S. 45–51.

Metcalfe, B. (1995), Metcalfe's law: A network becomes more valuable as it reaches more users, in: InfoWorld, Vol. 17, No. 40, S. 53.

Meurer, C. (1993), Strategisches internationales Marketing für Dienstleistungen – dargestellt am Beispiel des Management Consulting, Frankfurt am Main u. a.

Meyer, A. (1987), Die Automatisierung und Veredelung von Dienstleistungen. Auswege aus der dienstleistungsinhärenten Produktivitätsschwäche, in: Jahrbuch der Absatz- und Verbrauchsforschung, 33. Jg., Nr. 1, S. 25–46.

Meyer, A. (1994), Dienstleistungs-Marketing, 6. Aufl., Augsburg.

Meyer, A. (1998a), Dienstleistungs-Marketing, Erkenntnisse und praktische Beispiele, 8. Aufl., München.

Meyer, A. (Hrsg.) (1998), Handbuch Dienstleistungs-Marketing, Band 1, Stuttgart.

Meyer, A./Blümelhuber, C. (1998a), Leistungsziele, Orientierungsgröße, Effektivitäts- und Effizienzmaßstab für Management und Mitarbeiter, in: Meyer, A. (Hrsg.), Handbuch Dienstleistungs-Marketing, Band 1, Stuttgart, S. 174–199.

Meyer, A./Blümelhuber, C. (1998b), Strategische Ausrichtung des Dienstleistungsmanagements, in: Meffert, H./Bruhn, M. (Hrsg.), Handbuch Dienstleistungsmanagement: Von der strategischen Konzeption zur praktischen Umsetzung, Wiesbaden.

Meyer, A./Blümelhuber, C. (1999), Kundenbindung durch Services, in: Bruhn, M./Homburg, Ch. (Hrsg.), Handbuch Kundenbindungsmanagement. Grundlagen, Konzepte, Erfahrungen, 2. Aufl., Wiesbaden, S. 189–212.

Meyer, A./Dornach, F. (1995), Nationale Barometer zur Messung der Qualität und Kundenzufriedenheit bei Dienstleistungen, in: Bruhn, M./Stauss, B. (Hrsg.), Dienstleistungsqualität. Grundlagen, Konzepte, Methoden, 2. Aufl., Wiesbaden, S. 429–453.

Meyer, A./Dornach, F. (1998a), Nutzungspotentiale des Deutschen Kundenbarometers für das Dienstleistungsmanagement, in: Bruhn, M./Meffert, H. (Hrsg.), Handbuch Dienstleistungsmanagement, Wiesbaden, S. 287–306.

Meyer, A./Dornach, F. (1998b), Jahrbuch der Kundenzufriedenheit in Deutschland 1998. Das Deutsche Kundenbarometer 1998 – Qualität und Zufriedenheit, München.

Meyer, A./Dornach, F. (1998c), Das Deutsche Kundenbarometer 1998 – Qualität und Zufriedenheit – Jahrbuch der Kundenzufriedenheit in Deutschland 1998, München.

Meyer, A./Dullinger, F. (1998), Leistungsprogramm von Dienstleistungs-Anbietern, in: Meyer, A. (Hrsg.) (1998), Handbuch Dienstleistungs-Marketing, Band 1, Stuttgart, S. 711–735.

Meyer, A./Ertl, R. (1998), Marktforschung von Dienstleistungs-Anbietern, in: Meyer, A. (Hrsg.), Handbuch Dienstleistungs-Marketing, Band 1, Stuttgart, S. 203–246.

Meyer, A./Kantsperger, R. (2005), Call Center Benchmarking. Was die Besten anders machen und wie Sie davon profitieren können, Wiesbaden.

Meyer, A./Mattmüller, R. (1987), Qualität von Dienstleistungen. Entwurf eines praxisorientierten Qualitätsmodells, in: Marketing ZFP, 9. Jg., Nr. 3, S. 187–195.

Meyer, A./Oevermann, D. (1995), Kundenbindung, in: Tietz, B./Köhler, R./Zentes, J. (Hrsg.), Handwörterbuch des Marketing, 2. Aufl., Stuttgart, Sp. 1340–1351.

Meyer, A./Oppermann, K. (1998), Bedeutung und Gestaltung des Internen Marketing, in: Meyer, A. (Hrsg.), Handbuch Dienstleistungs-Marketing, Band 1, Stuttgart, S. 991–1009.

Meyer, A./Rühle, M. (1991), Innovationspotentiale der Kundenselbstbedienung, in: Thexis, 8. Jg., Nr. 6, S. 50–56.

Meyer, A./Westerbarkey, P. (1995), Bedeutung der Kundenbeteiligung für die Qualitätspolitik von Dienstleistungsunternehmen, in: Bruhn, M./Stauss, B. (Hrsg.), Dienstleistungsqualität. Konzepte, Methoden, Erfahrungen, 2. Aufl., Wiesbaden, S. 81–104.

MGM Mediagruppe München (1996), Werbung im Internet, München.

Michalski, S. (2002), Kundenabwanderungs- und Kundenrückgewinnungsprozesse. Eine theoretische und empirische Untersuchung am Beispiel von Banken, Wiesbaden.

Michel, S. (1996), Prosuming-Marketing. Konzeption und Anwendung, Bern u. a.

Miller, D./Friesen, D.H. (1982), Innovation in Conservative and Entrepreneurial Firms. Two Models of Strategic Momentum, in: Strategic Management Journal, Vol. 3, No. 1, S. 1–25.

Mischler, P. (1898), Dienstleistungen (persönliche), in: Elster, L. (Hrsg.), Wörterbuch der Volkswirtschaft in zwei Bänden, Bd. 1, Jena, S. 548.

Mittal, B./Lassar, W.M. (1998), Why do Customers Switch? The Dynamics of Satisfaction versus Loyalty, in: Journal of Services Marketing, Vol. 12, No. 2/3, S. 177–194.

Moller, C. (1987), Persönliche Qualität als Voraussetzung für jede andere Qualität, o. O.

Moorman, C./Zaltman, G./Deshpandé, R. (1992), Relationships between Providers and Users of Market Research. The Dynamics of Trust within and between Organizations, in: Journal of Marketing Research, Vol. 29, No. 3, S. 314–329.

Moormann, J. (1988), Strategische Planung in Geschäftsbanken: Ergebnis einer Umfrage, in: Die Bank, o. Jg., Nr. 6, S. 309–316.

Morgan, R.M./Hunt, S.D. (1994), The Commitment-Trust Theory of Relationship Marketing, in: Journal of Marketing, Vol. 58, No. 3, S. 20–38.
Mößlang, A.M. (1995), Internationalisierung von Dienstleistungsunternehmen. Empirische Relevanz, Systematisierung, Gestaltung, Wiesbaden.
Mudie, P./Cottam, A. (1993), The Management and Marketing of Services, Oxford.
Mudie, P./Cottam, A. (1997), The Management and Marketing Services, 2. Aufl., Oxford u. a.
Mühlbacher, H./Botschen, G. (1990), Benefit-Segmentierung von Dienstleistungsmärkten, in: Marketing ZFP, 12. Jg., Nr. 3, S. 159–168.
Mülder, W. (2000), Personalinformationssysteme – Entwicklungsstand, Funktionalität und Trends, in: Wirtschaftsinformatik, 42. Jahrgang, Sonderheft IT & Personal, S. 98–106.
Müller, W. (1993), Konzeptionelle Grundlagen des Integrativen Dienstleistungsmarketing, WHU-Forschungspapier Nr. 23, Wissenschaftliche Hochschule für Unternehmensführung, Koblenz.
Müller, W. (1996), Grundzüge des Preisbeurteilungsverhaltens von Dienstleistungsnachfragern, in: der markt, 35 Jg., Nr. 1, S. 23–48.
Müller, W./Klein, S. (1993), Grundzüge einer verhaltensorientierten Preistheorie im Dienstleistungsmarketing, WHU-Forschungspapier Nr. 16, Wissenschaftliche Hochschule für Unternehmensführung, Koblenz.
Müller-Hagedorn, L. (1993), Handelsmarketing, 2. Aufl., Stuttgart.
Müller-Merbach, H. (1985), Ansätze zu einer informationsorientierten Betriebswirtschaftslehre, in: Ballwieser, W./Berger, K.H. (Hrsg.), Information und Wirtschaftlichkeit, Wiesbaden, S. 117–144.
Müller-Stewens, G./Lechner, C. (2003), Strategisches Management – Wie strategische Initiativen zum Wandel führen, 2. Aufl., Stuttgart.
Murmann, B. (1999), Qualität mehrstufiger Dienstleistungsinteraktionen. Besonderheiten bei Dienstleistungsunternehmen mit direktem und indirektem Kundenkontakt, Wiesbaden.
Murphy, J.H./Cunningham, I.C.M. (1993), Advertising and Marketing Communication Management, Fort Worth u. a.
Murray, J.A. (1984), A Concept of Entrepreneurial Strategy, in: Strategic Management Journal, Vol. 5, No. 1, S. 1–13.
Murray, K.B. (1991), A Test of Services Marketing Theory. Consumer Information Acquisition Activities, in: Journal of Marketing, Vol. 55, No. 1, S. 10–25.

Narver, J.C./Slater, S.F. (1990), The Effect of a Market Orientation on Business Profitability, in: Journal of Marketing, Vol. 54, No. 4, S. 20–35.
Naundorf, S. (1993), Charakterisierung und Arten der Public Relations, in: Berndt, R./Hermanns, A. (Hrsg.), Handbuch Marketing-Kommunikation, Wiesbaden, S. 595–616.
Nelson, P. (1970), Advertising as Information, in: Journal of Political Economy, Vol. 78, No. 4, S. 729–754.
Nerdinger, F. (1994), Zur Psychologie der Dienstleistung, Stuttgart.
Nerdinger, F./Rosenstiel, L. von (1999), Die Umgestaltung der Führungsstrukturen im Rahmen der Implementierung des Internen Marketing, in: Bruhn, M. (Hrsg.), Internes Marketing. Integration der Kunden- und Mitarbeiterorientierung. Grundlagen, Implementierung, Praxisbeispiele, 2. Aufl., Wiesbaden, S. 175–190.
Neumann, E./Hennig, A. (1998), Outsourcing im Dienstleistungsbereich, Stuttgart.
NIC (1999), Network Information Center, www.nic.de (Zugriff: 23.03.1999).
Nicklisch, H. (1922), Wirtschaftliche Betriebslehre, 6. Aufl. der „Allgemeinen Kaufmännischen Betriebslehre", Stuttgart.
Nicoulaud, B. (1989), Problems and Strategies in the International Marketing of Services, in: European Journal of Marketing, Vol. 23, No. 6, S. 55–66.

Niehoff, B./Moorman, R./Blakely, G./Fuller, J. (2001), The Influence of Empowerment and Job Enrichment on Employee Loyalty in a Downsizing Environment, in: Group & Organization Management, Vol. 26, No. 1, S. 93–114.
Nieschlag, R./Dichtl, E./Hörschgen, H. (1997), Marketing, 18. Aufl., Berlin.
NIST (2002), Criteria for Performance Excellence, in: http//www.quality.nist.gov/PDF_files/2003_Business_Criteria.pdf, Zugriff am 20.12.2002.
Nonnast, T. (2004), Schwacher Service aus Osteuropa verärgert Kunden von IBM, in: Handelsblatt vom 01.12.2004, S. 12.
Normann, R. (1987), Dienstleistungsunternehmen, Hamburg.
Nüßler, J./Gröne, A. (2000), Kundenzufriedenheit als strategische Führungsgröße der BHW Bausparkasse, in: Der langfristige Kredit, o. Jg., Nr. 17, S. 571–573.

O'Cass, A./Grace, D. (2004), Service Brands and Communication Effects, in: Journal of Marketing Communications, Vol. 10, No. 4, S. 241–254.
O'Malley, L./Tynan, C. (1997), A Reappraisal of the Relationship Marketing Constructs of Commitment and Trust, in: American Marketing Association (Hrsg.), New and Evolving Paradigms. The Emerging Future of Marketing, Dublin, S. 486–503.
O'Neill, R./Lambert, D. (2001), The Emotional Side of Price, in: Psychology & Marketing, Vol. 18, No. 3, S. 217–237.
OECD (1998), Electronic Commerce in Europa, in: Frankfurter Allgemeine Zeitung vom 16. November 1998, S. 32.
OECD (2004), OECD Labour Market Statistics, URL: http://www.oecd.org, Zugriff am 05.08.2004.
Oess, A. (1993), Total Quality Management. Die ganzheitliche Qualitätsstrategie, 3. Aufl., Wiesbaden.
Oggenfuss, C. (1992), Retention Marketing, in: Thexis, 9. Jg., Nr. 6, S. 24–28.
Oke, A. (2004), Barriers to Innovation. Management in Service Companies, in: Journal of Change Management, Vol. 4, No. 1, S. 31–44,
Okumus, F. (2004), Implementation of yield management practices in service organisations: empirical findings from a major hotel group, in: Service Industries Journal, Vol. 26, No. 6, S. 65–89.
Oliver, R.L. (1996), Satisfaction. The Behavioral Perspective on the Consumer, New York.
Oliver, R.L. (1999), Whence Consumer Loyalty? in: Journal of Marketing, Vol. 63, Special Edition, S. 33–44.
Ostrom, A./Iacobucci, D. (1995), Consumer Trade-Offs and the Evaluation of Services, in: Journal of Marketing, Vol. 59, No. 1, S. 17–28.
Otto, A./Reckenfelderbäumer, M. (1993), Zeit als strategischer Erfolgsfaktor im „Dienstleistungsmarketing", Arbeitspapier zum Marketing, Nr. 27, hrsg. von Engelhardt, W./Hamman, P., Bochum.
Ouchi, W.G. (1981), Theory Z. How American Business can Meet the Japanese Challenge, Reading, Mass.
o. V. (1993), Jeder Mitarbeiter sollte Qualitätsmanager sein. TQM – ein nötiger Weg, in: Hessische Wirtschaft, o. Jg., Nr. 12, S. 8–9.
o. V. (1997), Das große Weltdorf. Der Zwang zur Internationalisierung, in: Frankfurter Allgemeine Zeitung vom 06.10.1997, S. 26.
o. V. (1998), EU-Öko-Audit. Dienstleister mit Dabei, in: Logistik Heute, Nr. 4, S. 38.
o. V. (1998a), An der Dienstleistungslücke entzweit sich die Wirtschaftsforschung, in: Frankfurter Allgemeine Zeitung vom 15.01.1998, S. 13.
o. V. (2000c), Alles inklusive, in: Volkswagen Magazin, Juli, S. 76–77.
o. V. (2001m), Wie flexibel sind die Deutschen, in: Wirtschaftspsychologie, 4. Jg., Nr. 2, S. 6.

o. V. (2002c), Geniestreich Genion?, in: Werben und Verkaufen vom 21.06.2002, S. 28.
o. V. (2003a), Bankautomaten werden an das Internet angeschlossen, in: Frankfurter Allgemeine Zeitung vom 04.08.2003, S. 16.
o. V. (2003b), Überraschungsgäste mit dem Blick für's Detail, in: Handelzeitung vom 27.08.2003, S. 13.
o. V. (2004), Schwäbisch Hall steigert Cross Selling, in: Bank und Markt, Heft 2 vom 01.02.2004, S. 44–45.
o. V. (2004a), Mit dem Privatjet zum Langstreckenflug, in: Frankfurter Allgemeine Zeitung vom 12.10.2004, S. 22.
o. V. (2005), Versorger Entdecken neue Vertriebswege, in: vwd Energy Daily vom 17.05.2005.
o. V. (2005a), Mehr Geld für Coaching, in: wirtschaft & weiterbildung, o. Jg., No. 5, S. 23.
o. V. (2005b), Commerzbank kämpft um cooles Image, in: Horizont vom 10.02.2005, S. 23.
o. V. (2005c), Gericht untersagt Werbung von Ryanair, in: Handelsblatt vom 01.02.2005, S. 22.
o. V. (2005d), Ebay, Adidas und Samsumg sind besonders erfolgreiche Marken, in: Handelsblatt vom 27.01.2005, S. 17.
o. V. (2005e), Kontoführung zum Nulltarif, in: Horizont vom 06.01.2005, S. 10.
o. V. (2005g), Monster will mit Seriosität im Internet Karriere machen, in: Horizont vom 10.02.2005, S. 22.
o. V. (2005h), Promi-Alarm auf allen Werbekanälen, in: Horizont vom 20.01.2005, S. 20.

Palloks, M. (1991), Marketing-Controlling. Konzeption zur entscheidungsbezogenen Informationsversorgung des operativen und strategischen Marketing-Management, Frankfurt a.M.
Palmer, A. (2004), The Principles of Services Marketing, 4. Aufl., London u. a.
Palmer, A./Cole, C. (1995), Services Marketing. Principles and Practice, Englewood Cliffs.
Palmer, A./O'Neill, M. (2003), The effects of perceptual processes on the measurement of service quality, in: Journal of Services Marketing, Vol, 17, No. 3, S. 254–274.
Palmer, J.D. (1985), Consumer Service Industry Exports, in: Columbia Journal of World Business, Vol. 20, No. 1, S. 69–74.
Paperlein, J. (2001), Billigflieger treten den Großen auf die Füße, in: Horizont vom 06.12.2001, S. 20.
Papmehl, A. (1999), Personal-Controlling. Human Ressources effektiv entwickeln, 2. Aufl., Heidelberg.
Parasuraman, A./Zeithaml, V.A./Berry, L.L. (1985), A Conceptual Model of Service Quality and its Implications for Future Research, in: Journal of Marketing, Vol. 49, No. 1, S. 4–50.
Parasuraman, A./Zeithaml, V.A./Berry, L.L. (1988), SERVQUAL. A Multiple-Item Scale for Measuring Consumer Perceptions of Service Quality, in: Journal of Retailing, Vol. 64, No. 1, S. 12–40.
Patterson, M./Warr, P./West, M. (2004), Organizational climate and company productivity: The role of employee affect and employee level, in: Journal of Occupational and Organizational Psychology, Vol. 77, No. 2, S. 193–216.
Payne, A. (1986), New Trends in the Strategy Consulting Industry, in: Journal of Business Strategy, Vol. 5, No. 1, S. 43–55.
Payne, A. (1993), The Essence of Services Marketing, New York u. a.
Payne, A./Holt, S./Frow, P. (2001), Relationship Value Management: Exploring the Integration of Employee, Customer and Shareholder Value and Enterprise Performance Models, in: Journal of Marketing Management, Vol. 17, No. 7/8, S. 785–817.
Perlitz, M. (2000), Internationales Management, 4. Aufl., Stuttgart.
Perlmutter, H.V. (1969), The Tortous Evolution of the Multinational Corporation, in: Columbia Journal of World Business, Vol. 4, No. 1, S. 9–18.

Perrey, J. (1998), Nutzenorientierte Marktsegmentierung. Ein integrativer Ansatz zum Zielgruppenmarketing im Verkehrsdienstleistungsbereich, Wiesbaden.

Pessemier, E.A. (1977), Product Management, New York.

Peters, M. (1995), Besonderheiten des Dienstleistungsmarketing. Planung und Durchsetzung der Qualitätspolitik im Markt, in: Bruhn, M./Stauss, B. (Hrsg.), Dienstleistungsqualität. Konzepte, Methoden, Erfahrungen, 2. Aufl., Wiesbaden, S. 47–64.

Peters, M./Weiermair, K. (2005), Strategie- und Implementierungsprobleme bei der Internationalisierung von touristischen Dienstleistungen, in: Bruhn, M./Stauss, B. (Hrsg.), Forum Dienstleistungsmanagement. Internationalisiserung von Dienstleistungen, Wiesbaden, S. 345–365.

Peters, S. (1997), Kundenbindung als Marketingziel. Identifikation und Analyse zentraler Determinanten, Wiesbaden.

Petersen, D. (2004), Flucht in die internationalen Routen, in: Handelsblatt vom 3./4./5.12.2004, S. 16

Pfeifer, T. (2001), Qualitätsmanagement. Strategien, Methoden, Techniken, 3. Aufl., München/ Wien.

Pflesser, Ch. (1999), Marktorientierte Unternehmenskultur. Konzeption und Untersuchung eines Mehrebenenmodells, Wiesbaden.

Pfohl, H.C. (2000), Logistiksysteme. Betriebswirtschaftliche Grundlagen (Logistik in Industrie, Handel und Dienstleistungen), 6. Aufl., Berlin u. a.

Piercy, N.F./Morgan, N.A. (1990), Strategic Internal Marketing. Managerial Frameworks and Empirical Evidence, in: Enhancing Knowledge Development in Marketing, AMA Educators's Proceedings, Vol. 1, Chicago, S. 308–313.

Pietsch, G./Scherm, E. (2001a), Controlling. Rationalitätssicherung versus Führungs- und Führungsunterstützungsfunktion, in: Die Unternehmung, 55. Jg., Nr. 1, S. 81–84.

Pietsch, G./Scherm, E. (2001b), Neue Controlling-Konzeptionen, in: Das Wirtschaftsstudium, 30. Jg., Nr. 2, S. 206–213.

Planung & Analyse (2004), Kundenmonitor Deutschland 2004, in: Planung & Analyse, Nr. 5 vom 20.10.2004, S. 11.

Platzek, Th. (1998), Selektion von Informationen über Kundenzufriedenheit, Wiesbaden.

Plinke, W. (1989), Die Geschäftsbeziehung als Investition, in: Specht, G./Silberer, G./Engelhardt, W.H. (Hrsg.), Marketing-Schnittstellen. Herausforderungen an das Management, Stuttgart, S. 305–325.

Plinke, W. (1996), Kundenorientierung als Voraussetzung der Customer Integration, in: Kleinaltenkamp, M./Fließ, S./Jacob, F. (Hrsg.), Customer Integration. Von der Kundenorientierung zur Kundenintegration, Wiesbaden, S. 41–56.

Porter, M.E. (1991), Nationale Wettbewerbsvorteile. Erfolgreich konkurrieren auf dem Weltmarkt, München.

Porter, M.E. (1999), Wettbewerbsvorteile, 5. Aufl., Frankfurt am Main.

Porter, M.E./Fuller, M.B. (1989), Koalitionen und globale Strategien, in: Porter, M.E. (Hrsg.), Globaler Wettbewerb, Wiesbaden, S. 363–399.

Preßmar, D.B./Bielert, P. (1995), Wirtschaftlichkeitskennzahlen des Qualitätsmanagements, in: Preßmar, D.B. (Hrsg.), Total Quality Management II, Wiesbaden, S. 87–110.

PSD-Bank (2005), PSD Bank Köln legt zu - Bilanzsumme auf Rekordniveau, www.psd-koeln.de/ index_2815.htm, Zugriff am 25.05.2005.

Quelch, J.A./Klein, L.R. (1996), The Internet and International Marketing, in: Sloan Management Review, Vol. 37, No. 1, S. 60–75.

Quinn, J.B./Gagnon, C.E. (1987), Die Dienstleistungen werden automatisiert, in: Harvard Manager, 9. Jg., Nr. 2, S. 74–81.

Raff, T./Billen, P. (2005), Länderauswahlentscheidung im Hinblick auf eine Internationalisierung von Dienstleistungsunternehmen, in: Bruhn, M./Stauss, B. (Hrsg.) (2005), Forum Dienstleistungsmanagement. Internationalisierung von Dienstleistungen, Wiesbaden, S. 149–170.

Raffée, H./Sauter, B./Silberer, G. (1973), Theorie der kognitiven Dissonanz und Konsumgüter-Marketing, Wiesbaden.

Ramaseshan, B./Caruana, A./Loo, S.P. (2002), The Effect of Market Orientation on New Product Performance: a Study among Singaporean Firms, in: Journal of Product and Brand Management, Vol. 11, No. 6/7, S. 399–410.

Rao, A./Bergen, M. (1992), Price Premium as a Consequence of Buyers' Lack of Information, in: Journal of Consumer Research, Vol. 19, No. 3, S. 412–423.

Rapp, R. (1993), Umsetzungsorientiertes Marketing für industrielle Dienstleistungen, in: Simon, H. (Hrsg.), Industrielle Dienstleistungen, Stuttgart, S. 135–159.

Rappold, I. (1988), Qualitätsunsicherheit als Ursache von Marktversagen: Anpassungsmechanismen und Regulierungsbedarf, München.

Reckenfelderbäumer, M. (1995), Marketing-Accounting im Dienstleistungsbereich: Konzeption eines prozesskostengestützten Instrumentariums, Wiesbaden.

Reckenfelderbäumer, M. (1998), Marktorientiertes Kosten-Management von Dienstleistungs-Unternehmen, in: Meyer, A. (Hrsg.), Handbuch Dienstleistungs-Marketing, Band 1, Stuttgart, S. 394–418.

Reckenfelderbäumer, M./Busse, D. (2003), Kundenmitwirkung bei der Entwicklung von industrielllen Dienstleistungen – eine phasenbezogene Analyse, in: Bullinger, H.J./Scheer, A.W. (Hrsg.), Service Engineering – Entwicklung und Gestaltung innovativer Dienstleistungen, Wiesbaden, S. 3–18.

Reddy, A.C./Buskirk, B.D./Kaicker, A. (1993), Tangibilizing the Intangibles. Some Strategies for Services Marketing, in: Journal of Services Marketing, Vol. 7, No. 3, S. 13–17.

Reichheld, F.F. (2001), The Loyalty Effect: The Hidden Force Behind Growth, Profits, and Lasting Value, Boston.

Reichheld, F.F./Sasser, W.E. (1990), Zero Defections. Quality Comes to Services, in: Harvard Business Review, Vol. 68, No. 5, S. 105–111.

Reichheld, F.F./Sasser, W.E. (1991), Zero Migration. Dienstleister im Sog der Qualitätsrevolution, in: Harvard Manager, 13. Jg., Nr. 4, S. 108–116.

Reichheld, F.F./Teal, T. (1998), The Loyalty Effect. The Hidden Force Behind Growth, Profits, and Lasting Value, 15. Aufl., Boston.

Reichwald, R./Schaller, C. (2003), Innovationsmanagement von Dienstleistungen – Herausforderungen und Erfolgsfaktoren in der Praxis, in: Bullinger, H.J./Scheer, A.W. (Hrsg.), Service Engineering – Entwicklung und Gestaltung innovativer Dienstleistungen, Wiesbaden, S. 3–18.

Reilly, W.J. (1931), The Law of Retail Gravitation, New York.

Reimann, C.W./Hertz, H.S. (1994), Der Malcolm Baldrige National Quality Award und die Zertifizierung gemäß den Normen ISO 9000 bis 9004. Die wichtigsten Unterschiede, in: Stauss, B. (Hrsg.), Qualitätsmanagement und Zertifizierung. Von DIN ISO 9000 zum Total Quality Management, Wiesbaden, S. 333–364.

Reinecke, S./Sipötz, E./Wiemann, E.-M. (Hrsg.) (1998), Total Customer Care. Kundenorientierung auf dem Prüfstand, St. Gallen/Wien.

Reiss, M. (1992), Mit Blut, Schweiß und Tränen zur schlanken Organisation, in: Harvard Manager, 13. Jg., Nr. 2, S. 57–62.

Remmerbach, K.-U. (1988), Markteintrittsentscheidungen, Wiesbaden.

Rengelshausen, O. (1995), Multimedia-Management. Zur Planung, Realisierung und Kontrolle von Multimedia-Applikationen, in: Silberer, G. (Hrsg.), Marketing mit Multimedia. Grundlagen, Anwendungen und Management einer neuen Technologie im Marketing, Stuttgart, S. 221–254.

Rennert, C. (1993), Dienstleistungen als Elemente innovativer Betreibungskonzepte im Automobilhandel, Ottobrunn.

Reynoso, J.F./Moores, B. (1995), Towards the Measurement of Internal Service Quality, in: International Journal of Service Industry Management, Vol. 6, No. 3, S. 64–83.

Rheinbay, P./Günther, A. (2000), Rechtsfragen des Dienstleistungsangebotes. Wettbewerbsrecht und Haftung, in: Bruhn, M./Stauss, B. (Hrsg.), Dienstleistungsqualität. Konzepte, Methoden, Erfahrungen, 2. Aufl., Wiesbaden, S. 87–112.

Richardson, B.A./Robinson, C.G. (1986), The Impact of Internal Marketing on Consumer Service in a Retail Bank, in: International Journal of Bank Marketing, Vol. 4, No. 5, S. 3–30.

Richins, M.L. (1983), Negative Word-of-Mouth by Dissatisfied Customers. A Pilot Study, in: Journal of Marketing, Vol. 47, No. 4, S. 63–78.

Richter, M. (2005), Dynamik von Kundenerwartungen im Dienstleistungsprozess. Theoretische Fundierung, Konzeptionalisierung und empirische Befunde, Wiesbaden 2005.

Richter, R. (1994), Institutionen ökonomisch analysiert – zur jüngeren Entwicklung auf einem Gebiet der Wirtschaftstheorie, Tübingen.

Richter, R./Furubotn, E. (1996), Neue Institutionenökonomik – eine Einführung und kritische Würdigung, Tübingen.

Rieker, S. (1995), Bedeutende Kunden. Analyse und Gestaltung von langfristigen Anbieter-Nachfrager-Beziehungen auf industriellen Märkten, Wiesbaden.

Rieker, S.A./Strippel, L. (2003), Mit Customer Relationship Management zur Unternehmenswertsteigerung – Kundenwertermittlung und differenzierte Marktbearbeitung bei Geschäftskunden im Telekommunikationsmarkt, in: Günter, B./Helm, S. (Hrsg.), Kundenwert – Grundlagen – Innovative Konzepte – Praktische Umsetzung, 2. Aufl., Wiesbaden, S. 743–759.

Rindfleisch, A./Heide, J.B. (1997), Transaction Cost Analysis. Past, Present, and Future Applications, in: Journal of Marketing, Vol. 61, No. 4, S. 30–54.

Ring, P.S./Van de Ven, A.H. (1992), Structuring Cooperative Relationships between Organisations, in: Strategic Management Journal, Vol. 13, No. 7, S. 483–498.

Roach, S.S. (1991), Services under Siege. The Restructuring Imperative, in: Harvard Business Review, Vol. 69, No. 5, S. 82–91.

Robinson Europe (2005), Dienstleistungen für Transportunternehmer, www.chreurope.com/robinson_germany/car_serv_german.asp, Zugriff am 06.04.2005.

Rode, J. (2004), Real intensiviert Kontakt mit Kundensegmenten, in: Lebensmittel Zeitung vom 20.04.2004, S. 28.

Roos, I. (1996), Customer Switching Behavior in Retaling, Working Paper Nr. 237, Swedish School of Economics and Business Administrations, Helsinki.

Roos, I. (1999), Switching Processes in Customer Relationships, in: Journal of Service Research, Vol. 2, No. 1, S. 68–85.

Roos, I./Edvardsson, B./Gustavsson, A. (2004), Customer Switching Patterns in Competitive and Noncompetitive Service Industries, in: Journal of Service Research, Vol. 6, No. 3, S. 256–271.

Roos, I./Strandvik, T. (1997), Diagnosing the Termination of Customer Relationships, in: Proceeding der „New and Evolving Paradigms: The Emerging Future of Marketing" Konferenz, vom 12.-15. Juni 1997, Dublin, S. 617–631.

Roos, I./Strandvik, T. (1997), Diagnosing the Termination of Customer Relationships, in: Proceeding der „New and Evolving Paradigms: The Emerging Future Future of Marketing" Konferenz, vom 12.–15. Juni 1997, Dublin, S. 617–631.

Rosada, M. (1990), Kundendienststrategien im Automobilsektor, Berlin.

Rosander, A.C. (1989), The Quest for Quality in Services, New York.

Rose, E./Wright, G. (2005), Satisfaction and dimensions of control among call centre customer service representatives, in: International Journal of Human Resource Management, Vol. 16, No. 1, S. 136–160.
Rosene, F. (2002), Complacency and service quality: an overlooked condition in the GAP Model, in: Journal of Retailing and Consumer Services, Vol. 10, No.1, S. 51–55.
Rosenstiel, L. von/Ewald, G. (1979), Marktpsychologie, Konsumverhalten und Kaufentscheidung, Band 1, Stuttgart.
Rößl, D. (1991), Demarketing bei verrichtungssimultanen Diensten, in: Zeitschrift für betriebswirtschaftliche Forschung, 43. Jg., Nr. 5, S. 435–449.
Rossow, H. (1994), Entwicklung und Entwicklungsmöglichkeiten der Internen Revision als Systemelement des personalbezogenen Überwachungssystems, Berlin.
Roth, S. (2001), Interaktionen im Dienstleistungsmanagement – Eine informationsökonomische Analyse, in: Bruhn, M./Stauss, B. (Hrsg.), Jahrbuch Dienstleistungsmanagement 2001, Wiesbaden, S. 35–66.
Rotter, J.B. (1966), Generalized Expectancies for Internal versus External Control of Reinforcement, in: Psychological Monographs, Vol. 80, No. 1, S.1–28.
Rotter, J.B. (1967), A New Scale for the Measurement of Interpersonal Trust, in: Journal of Personality, Vol. 35, No. 4, S. 651–665.
Rucci, A./Kirn, S.P./Quinn, R.T. (1998), The Employee-Customer-Profit Chain at Sears, in: Harvard Business Review, Vol. 76, No. 1, S. 83–97.
Rudolf-Sipötz, E./Arnet, R. (2005), „Beratung und Betreuung mit System" – Umfassende Kundenberatung bei der Zürcher Kantonalbank, http://www.verkauf-aktuell.de/fb0119.htm, Zugriff am 08.07.2002.
Ruekert, R.W. (1992), Developing a Market Orientation: An Organizational Strategy Perspective, in: International Journal of Research in Marketing, Vol. 9, No. 3, S. 225–245.
Rühle von Lilienstern, H. (1972), Kooperation, zwischenbetriebliche, in: Kern, H. (Hrsg.), Handwörterbuch der Produktion, Stuttgart, S. 928–938.
Rust, R.T. (2004), Call for a Wider Range of Service Research, in: Journal of Service Research, Vol. 6, No. 3, S. 211.
Rust, R.T./Oliver, R.L. (Hrsg.) (1994), Service Quality. New Directions in Theory and Practice, Thousand Oaks.
Rust, R.T./Zahorik, A.J./Keiningham, T.L. (1994), Return on Quality. Measuring the Financial Impact of your Company's Quest for Quality, Chicago/Cambridge.
Rust, R.T./Zahorik, A.J./Keiningham, T.L. (1998), Determining the Return on Quality (ROQ), in: Bruhn, M./Meffert, H. (Hrsg.), Handbuch Dienstleistungsmanagement. Von der strategischen Konzeption zur praktischen Umsetzung, Wiesbaden, S. 865–890.
Rust, R.T./Zeithaml, V.A./Lemon, K.N. (2000), Driving Customer Equity, New York u. a.

Sachdev, S.B./Verma, H.V. (2002), Customer Expectations and Service Quality Dimensions Consistency, in: Journal of Management Research, Vol. 2, No. 2, S. 43–52.
Sahlins, M. (1972), Stone Age Economics, Chicago.
Samli, A.C./Grewal, D./Mathur, S.K. (1988), International Buyer Behaviour. An Exploration and a Proposed Model, in: Academy of Marketing Science, Vol. 16, No. 2, S. 19–29.
Sampson, G.P./Snape, R.H. (1985), Identifying the Issues in Trade and Services, in: The World Economy, Vol. 8, No. 8, S. 24–31.
Sänger, E. (1997), Banking on demand – Bankdienste im Internet, Vortrag auf dem Deutschen Internet Kongress 05.–07.05.1997.
Say, J.B. (1830), Ausführliche Darstellung der Nationalökonomie oder der Staatswissenschaft, 1. Buch, 3. Aufl., Heidelberg.

Scheer, A.W./Bullinger, H. (Hrsg.) (2002), Service Engineering. Berlin u. a.

Schein, E.H. (1995), Unternehmenskultur: Ein Handbuch für Führungskräfte, Frankfurt am Main.

Scheiter, S./Binder, C. (1992), Kennen Sie Ihre rentablen Kunden?, in: Harvard Manager, 14. Jg., Nr. 2, S. 17–22.

Scheuch, F. (1992), Internationales Marketing für Dienstleistungen. Theoretische Grundlagen für distributionspolitische Entscheidungen, in: Lück, W./Trommsdorff, V. (Hrsg.), Internationalisierung als Problem der Betriebswirtschaftslehre, Berlin, S. 351–402.

Scheuch, F. (2002), Dienstleistungsmarketing, 2. Aufl., München.

Scheuing, E.E. (1974), New Product Management, Hinsdale.

Scheuing, E.E./Johnson, E.M. (1989), A Proposed Model for New Service Development, in: Journal of Services Marketing, Vol. 3, No. 2, S. 25–34.

Schick, S. (1995), Strukturierung und Gestaltung der Mitarbeiterkommunikation als Personalaufgabe, in: Bruhn, M. (Hrsg.), Internes Marketing. Integration der Kunden- und Mitarbeiterorientierung. Grundlagen, Implementierung, Praxisbeispiele, Wiesbaden, S. 453–470.

Schlesinger, L.A./Heskett, J.L. (1991), The Service-Driven Service Company, in: Harvard Business Review, Vol. 69, No. 5, S. 71–81.

Schlüter, S. (1997), Handlungsparameter des marktorientierten Managements – Eine konzeptionelle und empirische Analyse am Beispiel der Investitionsgüterindustrie, Minden.

Schmalen, H. (1992), Kommunikationspolitik. Werbeplanung, 2. Aufl., Stuttgart u. a.

Schmalensee, R. (1984), Gaussian Demand and Commodity Bundling, in: Journal of Business, Vol. 57, Nr. 1, S. 211–230.

Schmid, U. (2003), Faktor Mitarbeiter – Kernelemente des Kundenmanagements bei der Cablecom, in: Stadelmann, M./Wolter, S./Tomczak, T./Reinecke, S. (Hrsg.), Customer Relationship Management. 12 CRM-Best Practice-Fallstudien zu Prozessen, Organisation, Mitarbeiterführung und Technlogie, Zürich, S. 181–202.

Schmidt, G./Tautenhahn, F. (1996), Qualitätsmanagement – eine projektorientierte Einführung, 2. Aufl., Braunschweig.

Schmitz, G. (1996), Qualitätsmanagement im Privatkundengeschäft von Banken. Konzeptionen und aufbauorganisatorische Verankerung, Wiesbaden.

Schmitz, G. (1997), Marketing für professionelle Dienstleistungen: Bedeutung und Dynamik der Geschäftsbeziehungen, dargestellt am Beispiel Wirtschaftsprüfung, Wiesbaden.

Schmitz, G. (2004), Organizational Citizenship Behavior Intention des Kundenkontaktpersonals in Dienstleistungsunternehmen, in: Marketing ZFP, 26. Jg., Spezialausgabe „Dienstleistungsmarketing", S. 15–32.

Schnaars, S. P. (1986), When Entering Growth Markets, Are Pioneers Better than Poachers?, in: Business Horizons, Vol. 29, No. 2, S. 27–36.

Schnaars, S.P. (1994), Managing Imitation Strategy: How Later Entrants Seize Markets from Pioneers, New York.

Schneider, D. (1973), Unternehmungsziele und Unternehmungskooperation, Wiesbaden.

Schneider, D. (1991), Versagen des Controlling durch eine überholte Kostenrechnung, in: Der Betrieb, 44. Jg., Nr. 15, S. 765–772.

Schneider, D. (1998), Oberziele von Dienstleistungs-Anbietern, in: Meyer, A. (Hrsg.), Handbuch Dienstleistungs-Marketing, Band 1, Stuttgart, S. 163–173.

Schneider, E. (2001), Eon und RWE fehlt Überseestrategie, in: Handelsblatt vom 23.02.2001, S. 22.

Schneider, H. (1999), Preisbeurteilung als Determinante der Verkehrsmittelwahl. Ein Beitrag zum Preismanagement im Verkehrsdienstleistungsbereich, Wiesbaden.

Schöler, K. (1981), Das Marktgebiet im Einzelhandel. Determinanten, Erklärungsmodelle und Gestaltungsmöglichkeiten des räumlichen Absatzes, Berlin.

Scholz, Ch. (1991), Personalmarketing als Herausforderung, Arbeitspapier Nr. 16 des Lehrstuhls für Betriebswirtschaftslehre, insbesondere Organisation, Personal- und Informationsmanagement an der Universität des Saarlandes, Saarbrücken.

Schopphoven, I. (1991), Marktforschung für das internationale Marketing, in: Jahrbuch der Absatz- und Verbrauchsforschung, 37. Jg., Nr. 1, S. 28–47.

Schreiner, R. (1983), Die Dienstleistungsmarke. Typus, Rechtschutz und Funktion, Köln u. a.

Schreyögg, G. (1991), Managementrolle. Stratege, in: Staehle, W.H. (Hrsg.), Handbuch Management, Wiesbaden, S. 99–119.

Schrick, K./Walterspiel, M./Weinlich, B. (2002), Management der Servicequalität im Communication Center der Advance Bank, in: Bruhn, M./Meffert, H. (Hrsg.), Exzellenz im Dienstleistungsmarketing. Fallstudien zur Kundenorientierung, Wiesbaden, S. 27–76.

Schröder, K. (1999), Storno. Mit Service den Kunden binden, in: Aspekte, Nachrichten-Magazin der DBV-Winterthur Gruppe, o. Jg., Nr. 3, S. 22–23.

Schubert, P. (2000), Virtuelle Transaktionsgemeinschaften im Electronic Commerce, Lohmar, Köln.

Schüller, A. (1967), Dienstleistungsmärkte in der Bundesrepublik Deutschland, Köln/Opladen.

Schüller, A.M. (2002), Accor Hotellerie Deutschland: Zielgruppenmarketing in einem komplexen Umfeld, in: Thexis, 19. Jg., Nr. 1, S. 64–67.

Schulz, A. (2001), Die deutsche Franchisewirtschaft im internationalen Vergleich, in: Ahlert, D. (Hrsg.), Handbuch Franchising & Cooperation: Das Management kooperativer Unternehmensnetzwerke, Neuwied, S. 95–105.

Schulz, B. (1995), Kundenpotentialanalyse im Kundenstamm von Unternehmen, Frankfurt a. M.

Schulz, B./Hentschel, B. (1992), Erfolg durch Service-Qualität, in: Thexis, 9. Jg., Nr. 1, S. 51–53.

Schulze, G./Vieler, G. (1997), Struktur und Einsatz einer Kundendatenbank bei Best Western Hotels Deutschland, in: Link, J./Brändli, D./Schleuning, C./Kehl, R.E. (Hrsg.), Handbuch Database Marketing, Ettlingen, S. 797–806.

Schulze, H.S. (1992), Internes Marketing von Dienstleistungsunternehmungen. Fundierungsmöglichkeiten mittels ausgewählter Konzepte der Transaktionsanalyse, Frankfurt am Main.

Schulze, H.S. (1993), Dienstleistungswerbung. Ursachen, Anforderungen und Lösungsansätze der externen Massenkommunikation von Dienstleistungsunternehmen am Beispiel ausgewählter Print-Kampagnen, in: Jahrbuch der Absatz- und Verbrauchsforschung, 39. Jg., Nr. 2, S. 139–164.

Schumann, (Hrsg.) (2001), Arbeitsbericht der Universität Göttingen, o. Jg., Nr. 2, Göttingen.

Schumann, J./Meyer, U./Ströbele, W. (1999), Grundzüge der mikroökonomischen Theorie, Berlin u. a.

Schürmann, U. (1993), Erfolgsfaktoren der Werbung im Produktlebenszyklus, Frankfurt am Main u. a.

Schütze, R. (1992), Kundenzufriedenheit. After-Sales Marketing auf industriellen Märkten, Wiesbaden.

Schweiger, G. (2001), Werbeziele, in: Diller, H. (Hrsg.), Vahlens Großes Marketinglexikon, 2. Aufl., München, S. 1890–1891.

Schweiger, G./Schrattenecker, G. (1995), Werbung, 4. Aufl., Stuttgart.

Sebastian, K.-H./Kolvenbach, C. (2000), Wie Sie mit intelligenten Konzepten der Preishölle entkommen, in: Absatzwirtschaft, 43. Jg., Nr. 5, S. 64.

Sedgwick, A. (1978), Is there a Reasonable Case to Sponsor the Arts?, in: Advertising and Marketing, Vol. 15, No. 3, S. 20–23.

Seibert, S.S./Silver, S.R./Randolph, W.A. (2004), Taking Empowerment to the Next Level: A Multiple-Level Modell of Emowerment, and Satisfaction, in: Academy of Management Journal, Vol. 47, No. 3, S. 332–350.

Servatius, H.G. (1991), Vom strategischen Management zur evolutionären Führung. Auf dem Weg zu einem ganzheitlichen Denken und Handeln, Stuttgart.

Service Barometer (2004), ServiceBarometer AG, URL:http://www.servicebarometer.com/download/Kundenmonitor_2004_Pressemitteilung.pdf, Zugriff am 10.11.2004.

ServiceBarometer AG (Hrsg.) (2000), Kundenmonitor Deutschland 2000. Qualität und Kundenorientierung, www.servicebarometer.de/kundenmonitor/index.html, Zugriff am 28.06.2005.

Shapiro, C. (1983), Premiums for High Quality Products as Returns to Reputations, in: Quarterly Journal of Economics, Vol. 98, No. 4, S. 659–679.

Sharma, D.D. (1991), International Operations of Professional Firms, Lund.

Sharma, N./Patterson, P.G. (1999), The impact of communication effectiveness and service quality on relationship commitment in consumer, professional services, in: The Journal of Services Marketing, Vol. 13, No. 2, S. 152–170.

Shostack, G.L. (1984), Planung effizienter Dienstleistungen, in: Harvard Manager, 6. Jg., Nr. 3, S. 93–99.

Shostack, G.L. (1987), Service Positioning through Structural Change, in: Journal of Marketing, Vol. 51, No. 1, S. 34–43.

Shostack, L.G. (1977), Breaking Free From Product Marketing, in: Journal of Marketing, Vol. 41, No. 2, S. 73–80.

Siebenhaar, H.-P. (2005), Callcenter forcieren Auslandsexpansion, www.handelsblatt.com/pshb?fn=tt&sfn=go&id=1007846, Zugriff am 31.05.2005.

Siefke, A. (1997), Zufriedenheit mit Dienstleistungen: ein phasenorientierter Ansatz zur Operationalisierung und Erklärung der Kundenzufriedenheit im Verkehrsbereich auf empirischer Basis, Frankfurt am Main u. a.

Siegwart, H. (1986), Controlling-Konzepte und Controller-Funktionen in der Schweiz, in: Mayer, E./Landsberg, G. von/Thiede, W. (Hrsg.), Controlling-Konzepte im internationalen Vergleich, Freiburg im Breisgau, S. 105–131.

Siems, F. (2003), Preiswahrnehmung von Dienstleistungen. Konzeptualisierung und Integration in das Relationship Marketing, Wiesbaden.

Simon, H. (1988), Management strategischer Wettbewerbsvorteile, in: Simon, H. (Hrsg.), Wettbewerbsvorteile und Wettbewerbsfähigkeit, Stuttgart, S. 1–17.

Simon, H. (1992a), Preismanagement. Analyse, Strategie, Umsetzung, 2. Aufl., Wiesbaden.

Simon, H. (1992b), Preisbündelung, in: Zeitschrift für Betriebswirtschaft, 62. Jg., Nr. 11, S. 1213–1235.

Simon, H. (1997), Zu niedrige Preise gehen zu Lasten der Wertschätzung durch Kunden, in: Frankfurter Allgemeine Zeitung vom 30.10.97, S. 3.

Simon, H. (Hrsg.) (1993), Industrielle Dienstleistungen, Stuttgart.

Simon, H./Tacke, G./Buchwald, G. (2000), Kundenbindung durch Preispolitik, in: Bruhn, M./Homburg, Ch. (Hrsg.), Handbuch Kundenbindungsmanagement. Grundlagen, Konzepte, Erfahrungen, 5. Aufl., Wiesbaden, S. 343–359.

Slodczyk, K. (2001), Vereinte Nationen der Mobilfunker, in: Handelsblatt vom 28.02.2001, S. 15.

Smith, A. (1789), Wealth of Nations, London.

Smith, B.C./Leimkuhler, J.F./Darrow R.M. (1992), Yield Management at American Airlines, in: Interfaces, Vol. 23, No. 1, S. 8–31.

Smith, J.B. (1998), Buyer-Seller Relationships. Similarity, Relationship Management and Quality, in: Psychology & Marketing, Vol. 15, No. 1, S. 3–21.

Smith, P.R. (1993), Marketing Communications. An Integrated Approach, London.

Sommerlatte, T./Layng, B.J./Oene, F. van (1986), Innovationsmanagement. Schaffen einer innovativen Unternehmenskultur, in: Little, A.D. (Hrsg.), Management der Geschäfte von morgen, Wiesbaden, S. 35–75.

Sparda (2005), http://www.sparda-b.de/bank_wir_zufriedenheit.html, Zugriff am 24.05.2005.
Specht, G. (1998), Distributionsmanagement, 3. Aufl., Stuttgart u. a.
Spence, M. (1976), Information Aspects of Market Structure, in: Quarterly Journal of Economics, Vol. 90, No. 4, S. 591–597.
Spinting, S. (2003), Beziehungsmanagement in Dienstleistungsnetzwerken, in: Bruhn, M./Stauss, B. (Hrsg.), Dienstleistungsnetzwerke. Dienstleistungsmanagement Jahrbuch 2003, Wiesbaden, S. 229–251.
Spremann, K. (1990), Asymmetrische Information, in: Zeitschrift für Betriebswirtschaft, 60. Jg., Nr. 5/6, S. 561–586.
Statistisches Bundesamt (2004), http://www.destatis.de (Zugriff: 06.05.2004).
Statistisches Bundesamt (Hrsg.) (1995), Statistisches Jahrbuch 1995, Wiesbaden.
Statistisches Bundesamt (Hrsg.) (1998a), Fachserie 18, Reihe 1.1, Wiesbaden.
Statistisches Bundesamt (Hrsg.) (2000), Statistisches Jahrbuch 1998, Wiesbaden.
Stauss, B. (1989), Beschwerdepolitik als Instrument des Dienstleistungsmarketing, in: Jahrbuch der Absatz- und Verbrauchsforschung, 35. Jg., Nr. 1, S. 41–62.
Stauss, B. (1991), Dienstleister und die vierte Dimension, in: Harvard Manager, 13. Jg., Nr. 2, S. 81–89.
Stauss, B. (1993), TQM im industriellen Service, in: Absatzwirtschaft, 36. Jg., Nr. 9, S. 112–119.
Stauss, B. (1994b), Markteintrittsstrategien im internationalen Dienstleistungsmarketing, in: Thexis, 11. Jg., Nr. 3, S. 10–16.
Stauss, B. (1994c), Qualitätsmanagement und Zertifizierung als unternehmerische Herausforderung. Eine Einführung in den Sammelband, in: Stauss, B. (Hrsg.), Qualitätsmanagement und Zertifizierung. Von DIN ISO 9000 zum Total Quality Management, Wiesbaden, S. 11–23.
Stauss, B. (1994d), Internes Marketing, in: Diller, H. (Hrsg.), Vahlens Großes Marketinglexikon, München, S. 477–479.
Stauss, B. (1995), Internationales Dienstleistungsmarketing, in: Hermanns, A./Wißmeier, U.K. (Hrsg.), Internationales Marketingmanagement. Grundlagen, Strategien, Instrumente, Kontrolle und Organisation, München, S. 437–474.
Stauss, B. (1999), Kundenzufriedenheit, in: Marketing ZFP, 21. Jg., Nr. 1, S. 5–24.
Stauss, B. (2000a), „Augenblicke der Wahrheit" in der Dienstleistungserstellung. Ihre Relevanz und ihre Messung mit Hilfe der Kontaktpunkt-Analyse, in: Bruhn, M./Stauss, B. (Hrsg.), Dienstleistungsqualität. Konzepte, Methoden, Erfahrungen, 3. Aufl., Wiesbaden, S. 321–340.
Stauss, B. (2000b), Internes Marketing als personalorientierte Qualitätspolitik, in: Bruhn, M./ Stauss, B. (Hrsg.), Dienstleistungsqualität. Konzepte, Methoden, Erfahrungen, 3. Aufl., Wiesbaden, S. 203–222.
Stauss, B. (2000c), Perspektivenwandel. Vom Produkt-Lebenszyklus zum Kundenbeziehungs-Lebenszyklus, in: Thexis, 17. Jg., Nr. 2, S. 15–18.
Stauss, B. (2001a), Markierungspolitik bei Dienstleistungen – „Die Dienstleistungsmarke", in: Bruhn, M./Meffert, H. (Hsrg.), Handbuch Dienstleistungsmanagement. Von der strategischen Konzeption zur praktischen Umsetzung, 2. Aufl., Wiesbaden, S. 549–570.
Stauss, B. (2001b), Die Bedeutung von Qualitätspreisen für Dienstleistungsunternehmen, in: Bruhn, M./Meffert, H. (Hrsg.), Handbuch Dienstleistungsmanagement. Von der strategischen Konzeption zur praktischen Umsetzung, 2. Aufl., Wiesbaden, S. 499–522.
Stauss, B. (2004), Dienstleistungsmarken, in: Bruhn, M. (Hrsg.), Handbuch Markenführung. Kompendium zum erfolgreichen Markenmanagement. Strategien – Instrumente – Erfahrungen, Band 1, 2. Aufl., Wiesbaden, S. 95–118.
Stauss, B./Bruhn, M (2004), Dienstleistungsinnovationen – Eine Einführung in den Sammelband, in: Bruhn, M./Stauss, B. (Hrsg.), Dienstleistungsinnovationen. Forum Dienstleistungsmanagement, Wiesbaden, S. 3–25.

Stauss, B./Bruhn, M. (2003), Dienstleistungsnetzwerke – Eine Einführung in den Sammelband, in: Bruhn, M./Stauss, B. (Hrsg.), Dienstleistungsnetzwerke. Dienstleistungsmanagement Jahrbuch 2003, Wiesbaden, S. 3–30.

Stauss, B./Hentschel, B. (1990), Verfahren der Problementdeckung und -analyse im Qualitätsmanagement von Dienstleistungsunternehmen, in: Jahrbuch der Absatz- und Verbrauchsforschung, 36. Jg., Nr. 3, S. 232–244.

Stauss, B./Hentschel, B. (1991), Dienstleistungsqualität, in: Wirtschaftswissenschaftliches Studium, 20. Jg., Nr. 5, S. 238–244.

Stauss, B./Neuhaus, P. (1995), Das Qualitative Zufriedenheitsmodell, Diskussionsbeiträge der Wirtschaftswissenschaftlichen Fakultät Ingolstadt Nr. 66, Ingolstadt.

Stauss, B./Neuhaus, P. (1997), The Dissatisfaction Potential of Satisfied Customers – The Qualitative Satisfaction Model, in: Mühlbacher, H./Flipo, J.-P. (Hrsg.), Advances in Services Marketing, Wiesbaden, S. 111–131.

Stauss, B./Scheuing, E.E. (1994), Der Malcolm Baldrige National Quality Award und seine Bedeutung als Managementkonzept, in: Stauss, B. (Hrsg.), Qualitätsmanagement und Zertifizierung. Von DIN ISO 9000 zum Total Quality Management, Wiesbaden, S. 303–332.

Stauss, B./Schulze, H.S. (1990), Internes Marketing, in: Marketing ZFP, 12. Jg., Nr. 3, S. 149–158.

Stauss, B./Seidel, W. (1998), Prozessuale Zufriedenheitsermittlung und Zufriedenheitsdynamik bei Dienstleistungen, in: Simon, H./Homburg, Ch. (Hrsg.), Kundenzufriedenheit, 3. Aufl., Wiesbaden, S. 201–226.

Stauss, B./Seidel, W. (2002), Beschwerdemanagement. Fehler vermeiden, Leistung verbessern, Kunden binden, 3. Aufl., München.

Stauss, B./Weinlich, B. (1997), Process-Oriented Measurement of Service Quality Applying the Sequential Incident Technique, in: European Journal of Marketing, Vol. 31, No. 1, S. 33–55.

Stebbing, L. (1990), Quality Management in the Service Industry, Chichester.

Stebbing, L. (1994), Quality Management for the Small Business, Ellis Horwood.

Steenkamp, J.-B.E.M./Hoffmann, D.L. (1994), Price and Advertising as Market Signals for Service Quality, in: Rust, R.T./Oliver, R.L. (Hrsg.), Service Quality. New Directions in Theory and Practice, Thousand Oaks, S. 95–107.

Steffenhagen, H. (2001), Werbestrategie, in: Diller, H. (Hrsg.), Vahlens Großes Marketinglexikon, 2. Aufl., München, S. 1873–1874.

Stegmüller, B. (1995), Internationale Marktsegmentierung als Grundlage für internationale Marketing-Konzeptionen, Bergisch Gladbach/Köln.

Steinbach, W. (1999), Qualitätskosten, in: Masing, W. (Hrsg.), Handbuch Qualitätsmanagement, 4. Aufl., München/Wien, S. 65–88.

Stevens, A. (1981), Brandstanding. Long Lived Product Promotion, in: Harvard Business Review, Vol. 59, No. 3, S. 54–58.

Stieger, H. (1980), Zur Ökonomie der Hochschule, Gießen.

Stille, F. (2003), Produktbegleitende Dienstleistungen gewinnen weiter an Bedeutung, in: Wochenbericht des DIW Berlin, o. Jg., Nr. 21, S. 336–342.

Stille, F./Preißl, B./Schupp, J. (2003), Zur Dienstleistungslücke : Dienstleistungsmuster im internationalen Vergleich, Berlin.

Stock, R. (2003), Der Zusammenhang zwischen Mitarbeiter- und Kundenzufriedenheit: direkte, indirekte und moderierende Effekte, 2. Aufl., Wiesbaden.

Stojan, M. (1999), Positionierung einer Direktbank am Beispiel der Advance Bank, Unterlagen zum Seminar.

Storbacka, K./Strandvik, T./Grönroos, C. (1994), Managing Customer Relationships for Profit. The Dynamics of Relationship Quality, in: International Journal of Service Industry Management, Vol. 5, No. 5, S. 21–38.

Strohmeier, S. (2000), Informatisierung der Personalwirtschaft: Eine kritische Bestandsaufnahme gegenwärtiger Forschung, in: Wirtschaftsinformatik, 42. Jahrgang, Sonderheft IT & Personal, 2000, S. 90–96.

Strothmann, K.-H. (1992), Im Verhalten unterscheiden sich Messe-Besucher beachtlich, in: Marketing Journal, 25. Jg., S. 164–169.

Strothmann, K.-H./Roloff, E. (1993), Charakterisierung und Arten von Messen, in: Berndt, R./Hermanns, A. (Hrsg.), Handbuch Messemarketing, Wiesbaden, S. 707–723.

Sultan, F./Simpson, M.C. (2000), International Service Variants: Airline Passenger Expectations and Perceptions of Service Quality, in: Journal of Services Marketing, Vol. 14, No. 3, S. 188–216.

Sun (2005), Kundenorientierung und Mitarbeitermotivation – SunService als Serviceanbieter für heterogene Netzwerke prämiert außerordentliche Leistungen, http://de.sun.com/company/press-releases/1998/PM_980217.html, Zugriff am 06.04.2005.

Sureshchandar, G.S./Chandrasekharan, R./Kamalanabhan, T.J. (2001), Customer perceptions of service quality: A critique, in: Total Quality Management, Vol. 12, No. 1, S. 111–125.

Swartz, T.A./Bowen, D.E./Brown, S.W. (Hrsg.) (1992), Advances in Services Marketing and Management, Vol. 1, Greenwich/London.

Swartz, T.A./Bowen, D.E./Brown, S.W. (Hrsg.) (1993), Advances in Services Marketing and Management, Vol. 2, Greenwich/London.

Swartz, T.A./Bowen, D.E./Brown, S.W. (Hrsg.) (1994), Advances in Services Marketing and Management, Vol. 3, Greenwich/London.

Swartz, T.A./Bowen, D.E./Brown, S.W. (Hrsg.) (1995), Advances in Services Marketing and Management, Vol. 4, Greenwich/London.

Swartz, T.A./Iacobucci D. (2000), Handbook of Services Marketing and Management

SWISS (2005), SWISS startet mit Lufthansa in eine neue Zukunft, www.swiss.com/web/DE/IE6/about-swiss/sw-nw-pr-press-releases-05.htm, Zugriff am 06.04.2005.

Swoboda, B./Foscht, Th. (2005), Internationalisiserungsprozesse von Dienstleistungsunternehmen – Erklärungsperspektiven traditioneller und neuerer Prozessansätze bzw. -modelle, in: Bruhn, M./Stauss, B. (Hrsg.), Internationalisierung von Dienstleistungen. Forum Dienstleistungsmanagement, Wiesbaden, S. 43–71.

Sydow, J. (1992), On the Management of Strategic Networks, in: Ernste, H./Meier, V. (Hrsg.), Regional Development and Contemporary Industrial Response, London, S. 115–131.

Sydow, J./Windeler, A. (1994), Über Netzwerke, virtuelle Integration und Interorganisationsbeziehungen, in: Sydow, J./Windeler, A. (Hrsg.), Management interorganisationaler Beziehungen, Opladen, S. 1–21.

Symannek, R. (2005), Brachliegende Chancen nutzen, in: Bankmagazin, Nr. 5, S. 43–44.

Szymanski, D.M./Henard, D. (2001), Customer Satisfaction: A Meta-Analysis of the Empirical Evidence, in: Journal of the Academy of Marketing Science, Vol. 29, No. 1, S. 16–35.

Tacke, G. (1989), Nichtlineare Preisbildung. Höhere Gewinne durch Differenzierung, Wiesbaden.

Tarlatt, A. (2001), Implementierung von Strategien in Unternehmen, Wiesbaden.

Taylor, St. A./Baker, Th. (1994), An Assessment of the Relationship Between Service Quality and Customer Satisfaction in the Formation of Consumers' Purchase Intention, in: Journal of Retailing, Vol. 70, No. 2, S. 163–178.

Team Success (2005), What is Knowledge Management, www.team-success.de/ord-neu/simulat/cel-know.htm, Zugriff am 06.04.2005.

Teas, R.K. (1993), Consumer Expectations and the Measurement of Perceived Service Quality, in: Journal of Professional Services Marketing, Vol. 8, No. 2, S. 33–53.

Telekom Austria (2005), Empowerment und flache Hierarchie – Abwälzung von Managementaufgaben an die Mitarbeiter?, http://business.telekom.at/news_infos/businesstainment/managementlehren/managementlehren_3.php, Zugriff am 18.05.2005.

Telser, L.G. (1979), A Theory of Monopoly of Complementary Goods, in: Journal of Business, Vol. 52, No. 4, S. 211–230.

Terpstra, V./Sarathy, R. (1994), Die Wettbewerbsfähigkeit der deutschen Telekommunikationsindustrie, Wissenschaftliches Institut für Kommunikationsdienste, Diskussionsbeitrag Nr. 136, Bad Honnef.

Tewes, M. (2003), Der Kundenwert im Marketing. Theoretische Hintergründe und Umsetzungsmöglichkeiten einer wert- und marktorientierten Unternehmensführung, Wiesbaden.

Thibaut, J.W./Kelley, H.H. (1959), The Social Psychology of Groups, New York.

Thiesing, E.-O. (1986), Strategische Marketingplanung in filialisierten Universalbanken, Frankfurt am Main/Bern.

Thomas, D.R.E. (1983), Strategie in Dienstleistungsunternehmen, in: Harvard Manager, 5. Jg., Nr. 2, S. 42–48.

Thommen, J.-P. (1991), Allgemeine Betriebswirtschaftslehre, Wiesbaden.

Thomson, K. (1993), Managing your Internal Customer, London.

Thüringer Landeszeitung (2004), Kulturelle Unterschiede nicht unterschätzen, in: Thüringer Landeszeitung, Ausgabe vom 26. Januar 2004, S. 26.

Tietz, B. (1991), Handbuch Franchising. Zukunftsstrategien für die Marktbearbeitung, 2. Aufl., Landsberg am Lech.

Tietz, B./Zentes, J. (1980), Die Werbung der Unternehmung, Reinbek bei Hamburg.

Timpe, K.-P./Jürgensohn, T./Kolrep, H. (Hrsg.) (2002), Mensch-Maschine-Systemtechnik. Düsseldorf.

Tlach, H. (1993), FMEA. Ein strategisches Element des Qualitätsmanagementsystems, in: Qualität und Zuverlässigkeit (QZ), 38. Jg., Nr. 5, S. 278–280.

Tomczak, T./ Rudolf-Sipätz, E. (2003), Bestimmungsfaktoren des Kundenwertes: Ergebnisse einer branchenübergreifenden Studie, in: Günter, B./Helm, S. (Hrsg), Kundenwert. Grundlagen – Innovative Konzepte – Praktische Umsetzungen, 2. Aufl., Wiesbaden.

Tomczak, T./Dittrich, S. (1998), Kundenbindung – bestehende Kundenpotentiale langfristig nutzen, in: Hinterhuber, H./Matzler, K. (Hrsg.), Kundenorientierung – Kundenzufriedenheit – Kundenbindung, München, S. 61–84.

Tomczak, T./Rudolf-Sipötz, E. (2003), Bestimmungsfaktoren des Kundenwertes: Ergebnisse einer branchenübergreifenden Studie, in: Günter, B./Helm, S. (Hrsg.), Kundenwert. Grundlagen – Innovative Konzepte – Praktische Umsetzung, 2. Aufl., Wiesbaden, S. 133–161.

Tomczak, T./Schögel, M./Birkhofer, B. (1999), Online-Distribution als innovativer Absatzkanal, in: Bliemel, F./Fassott, G./Theobald, A. (Hrsg.), Electronic Commerce: Herausforderungen, Anwendungen, Perspektiven, Wiesbaden, S. 105–122.

Tomys, A.-K. (1995), Kostenorientiertes Qualitätsmanagement. Qualitätscontrolling zur ständigen Verbesserung der Unternehmensprozesse, München.

T-Online (2005), Ferndiagnose im Flugzeug via Internet, www.t-online.at/toat2/generator/at/Multimedia/Computer/News/News,CmC=80868,CmPart=www.t-online.at.html, Zugriff am 23.09.2005.

Töpfer, A. (1998), Qualitätscontrolling und -management von Dienstleistungsanbietern, in: Meyer, A. (Hrsg.), Handbuch Dienstleistungs-Marketing, Band 1, Stuttgart, S. 419–443.

Töpfer, A. (1999), Anforderungen des Total Quality Management an Konzeption und Umsetzung des Internen Marketing, in: Bruhn, M. (Hrsg.), Internes Marketing. Integration der Kunden- und Mitarbeiterorientierung. Grundlagen, Implementierung, Praxisbeispiele, 2. Aufl., Wiesbaden, S. 409–438.

Toyne, B./Walters, P.G.P. (1989), Global Marketing Management. A Strategic Perspective, Boston.

Trommsdorff, V. (1995), Positionierung, in: Tietz, B./Köhler, R./Zentes, J. (Hrsg.), Handwörterbuch des Marketing, 2. Aufl., Stuttgart, Sp. 2055–2068.

Trommsdorff, V. (2002), Konsumentenverhalten, 4. Aufl., Stuttgart u. a.

Tseng, M.M./Piller, F. (Hrsg.) (2003), The Customer Centric Enterprise: Advances in Mass Customization and Personalization, Berlin u. a.

Turley, L.W./Moore, P.A. (1995), Brand name strategies in the service sector, in: Journal of Consumer Marketing, Vol, 12, No. 4, S. 42–50.

Turner, S. (1987), Practical Sponsorship, London.

Uhl, K.P./Upah, G.D. (1979), The Marketing of Services. Why and How is it Different?, Faculty Working Papers, College of Commerce and Business Administration, University of Illinois at Urbana-Champaign, Nr. 584, Urbana-Champaign.

Urban, G.L./Hauser, J.R. (1993), Design and Marketing of New Products, 2. Aufl., Englewood Cliffs.

Usunier, J.-C. (1996), Atomistic Versus Organic Approaches: An Illustration through Cross-National Differences in Market Research, in: International Studies of Management & Organization, Vol. 26, No. 4, S. 90–113.

Usunier, J.C. (2000), Marketing Across Cultures, 3. Aufl., London u. a.

Vandermerwe, S./Chadwick, M. (1991), The Internationalization of Services, in: Lovelock, C.H. (Hrsg.), Services Marketing, 2. Aufl., London u. a., S. 48–58.

Varki, S./Colgate, M. (2001), The Role of Price Perceptions in an Integrated Model of Behavioral Intentions, in: Journal of Service Research, Vol. 3, No. 3, S. 232–240.

Venohr, B./Zinke, C. (1999), Kundenbindung als strategisches Unternehmensziel. Vom Konzept zur Umsetzung, in: Bruhn, M./Homburg, Ch. (Hrsg.), Handbuch Kundenbindungsmanagement. Grundlagen, Konzepte, Erfahrungen, 2. Aufl., Wiesbaden, S. 151–168.

Vernette, E. (2004), Targeting Women's Clothing Fashion Opinion Leaders in Media Planning: An Application for Magazines, in: Journal of Advertising Research, Vol. 44, No. 1, S. 90–107.

VIVA (2005), VIVA International, http://www.vivasales.tv/523.html, Zugriff am 01.06.2005.

Voeth, M. (2002), Gruppengütermarketing, München.

Voeth, M./Wagemann, D. (2004), Internationale Markenpolitik, in: Bruhn, M. (Hrsg.), Handbuch Markenführung. Kompendium zum erfolgreichen Markenmanagement. Strategien – Instrumente – Erfahrungen, 2. Aufl., Wiesbaden, S. 1071–1089.

Vogel, H. (1989), Yield Management, Optimale Kapazität für jedes Marktsegment zum richtigen Preis. Ist der Stein der Weisen für die Reisebranche gefunden?, in: Fremdenverkehrswirtschaft International, o. Jg., Nr. 22 vom 10.10.1989.

Vyncke, P. (2002), Lifestyle Segmentation: From Attitudes, Interests and Opinions, to Values, Aesthetic Styles, Life Visions and Media Preferences, in: European Journal of Communication, Vol. 17, No. 4, S. 445–463.

Wächter, H./Peters, R./Tempel, A./Müller-Camen, M. (2004), The "Country of Origin Effect" in the Crossnational Management of Human Resources, Mering.

Wall, F. (2000), Koordinationsfunktion des Controlling und Organisation. Überlegungen zur Eigenständigkeit eines koordinationsorientierten Controlling, in: Kostenrechnungspraxis, 44. Jg., Nr. 1, S. 295–304.

Wangenheim, F. von (2003), Weiterempfehlung und Kundenwert – Ein Ansatz zur persönlichen Kommunikation, Wiesbaden.

Warren, W.E./Abercrombie, C.L./Berl, R.L. (1989), Adoption of a Service Innovation. A Case Study With Managerial Implications, in: Journal of Services Marketing, Vol. 3, No. 1, S. 21–33.

Watzlik, S. (1995), Die Bedeutung von Involvement und kognitiven Strukturen für das Marketing von Dienstleistungen am Beispiel von Finanzdienstleistungen, in: Kleinaltenkamp, M. (Hrsg.), Dienstleistungsmarketing. Konzeptionen und Anwendungen, S. 89–110.

Weatherly, K.A./Tansik, D.A. (1993), Managing Multiple Demands. A Role-Theory Examination of the Behaviors of Customer Contact Service Workers, in: Swartz, T.A./Bowen, D.E./Brown, S.W. (Hrsg.), Advances in Services Marketing and Management. Research and Practice, Vol. 2, Greenwich/London, S. 279–300.

Weber, J. (1990), Ursprünge, Begriff und Ausprägungen des Controlling, in: Mayer, E./Weber, J. (Hrsg.), Handbuch Controlling, Stuttgart, S. 3–32.

Weber, J. (1998), Controlling von Kundenzufriedenheit, in: Simon, H./Homburg, Ch. (Hrsg.), Kundenzufriedenheit, 3 Aufl., Wiesbaden, S. 241–258.

Weber, J. (1999), Einführung in das Controlling, 8. Aufl., Stuttgart.

Weber, J./Schäffer, U. (1999), Sicherung der Rationalität von Führung als Aufgabe des Controlling?, in: Die Betriebswirtschaft, 59. Jg., Nr. 6, S. 731–747.

Weber, J./Schäffer, U. (2000), Controlling als Koordinationsfunktion?, in: krp Kostenrechnungspraxis – Zeitschrift für Controlling, Accounting & Systemanwendungen, 44. Jg., Nr. 2, S.109–118.

Weber, J./Schäffer, U. (2001), Controlling in Dienstleistungsunternehmen, in: Bruhn, M./Meffert, H. (Hrsg.), Handbuch Dienstleistungsmanagement. Von der strategischen Konzeption zur praktischen Umsetzung, 2. Aufl., Wiesbaden, S. 899–913.

Weber, M.R. (1989), Erfolgreiches Service Management. Gewinnbringende Vermarktung von Dienstleistungen, Landsberg am Lech.

Weber, S.-M. (1999), Netzwerkartige Wertschöpfungssysteme. Informations- und Kommunikationssysteme im Beziehungsgeflecht Hersteller – Handel – Serviceanbieter. Mit Fallbeispielen, Wiesbaden.

Weber, W./Mayrhofer, W./Nienhüser, W. (1993), Grundbegriffe der Personalwirtschaft, Stuttgart.

Weber, W./Mayrhofer, W./Nienhüser, W./Kabst, R. (2005), Lexikon Personalwirtschaft, 2. Aufl., Stuttgart.

Weblication (2005), Weltweites Danzas Intranet für 25.000 Mitarbeiter mit Weblication CMS, http://www.weblication.de/Downloads/Danzas_CaseStudy.pdf, Zugriff am 06.04.2005.

Webster, C. (1993), Refinement of the Marketing Culture Scale and the Relationship Between Marketing Culture and Profitability of a Service Firm, in: Journal of Business Research, Vol. 26, S. 111–131.

Wegmann, Ch. (2002), Der E-Services Marketingmix, in: Bruhn, M./Stauss, B. (Hrsg.), Electronic Services, Dienstleistungsmanagement Jahrbuch 2002, Wiesbaden, S. 243–262.

Weiber, R./Adler, J. (1995a), Informationsökonomisch begründete Typologisierung von Kaufprozessen, in: Zeitschrift für betriebswirtschaftliche Forschung, 47. Jg., Nr. 1, S. 43–65.

Weiber, R./Adler, J. (1995b), Positionierung von Kaufprozessen im Informationsökonomischen Dreieck: Operationalisierung und verhaltenswissentschaftliche Prüfung, in: Zeitschrift für betriebswirtschaftliche Forschung, 47. Jg., Nr. 2, 99–123.

Weiber, R./Kollmann, T. (1999), Wertschöpfungsprozesse und Wettbewerbsvorteile im Marketspace, in: Bliemel, F./Fassott, G./Theobald, A. (Hrsg.), Electronic Commerce: Herausforderungen, Anwendungen, Perspektiven, Wiesbaden, S. 47–62.

Weiber, R./Weber, M.R. (2000), Customer Lifetime Value als Entscheidungsgröße im CRM, in: Weiber, R. (Hrsg.), Handbuch Electronic Business, Wiesbaden, S. 473–503.

Weidner, W. (1992), Kosten der Qualitätssicherung, in: Männel, W. (Hrsg.), Handbuch der Kostenrechnung, Wiesbaden, S. 898–906.

Weil, J. (2003), CRM versus Datenschutz, in: Cybiz 05 vom 02.05.2003, S. 10.
Weilbacher, W.M. (1979), Advertising, New York/London.
Weinberg, P. (1992), Erlebnismarketing, München.
Welge, M.K. (1988), Unternehmensführung, Bd. 3: Controlling, Stuttgart.
Welge, M.K./ Al-Laham, A. (2003), Strategisches Management: Grundlagen, Prozess, Implementierung, 4. Aufl., Wiesbaden.
Well, B. van (2001), Standardisierung und Individualisierung von Dienstleistungen. Zur Organisation wissensintensiver Unternehmungsnetzwerke, Wiesbaden.
Well, B. van (2001), Standardisiserung und Individualisiserung von Dienstleistungen, Wiesbaden.
Werne, U. von (1994), Gestaltungsempfehlungen für ein dienstleistungsspezifisches Total Quality Management-Konzept – Dargestellt am Beispiel des Bankensektors, Hallstadt.
Werner, H. (1998), Merkmalsorientierte Verfahren zur Messung der Kundenzufriedenheit, in: Simon, H./Homburg, Ch. (Hrsg.), Kundenzufriedenheit, 3. Aufl., Wiesbaden, S. 145–164.
Whitener, E.M. (2001), Do "High Commitment" Human Resource Practices Affect Employee Commitment? A Cross-Level Analysis Using Hierarchical Linear Modeling, in: Journal of Management, Vol. 27, No. 5, S. 515–535.
Widmeier, S. (2002), The Effects of Incentives and Personality on Salesperson's Customer Orientation, in: Industrial Marketing Management, Vol. 31, No. 7, S. 809–615.
Wiedemann, A. (2001), Balanced Scorecard als Instrument des Bankcontrolling, http://www.uni-siegen.de/~banken/bsc.pdf, Zugriff am 26.05.2005.
Wilcox, D.L./Ault, P.H./Agee, W.K. (1989), Public Relations. Strategics and Tactics, 2. Aufl., New York.
Wilcox, P.R. (2000), Public Relations, 6. Aufl.
Wilde, K.D. (1986), Differenziertes Marketing auf der Basis von Regionaltypologien, in: Marketing ZFP, 8. Jg., Nr. 3, S. 153–162.
Wilde, K.D. (1989), Database Marketing, in: Werbeforschung und Praxis, 34. Jg., Nr. 1, S. 1–10.
Wildemann, H. (1992), Kosten- und Leistungsbeurteilung von Qualitätssicherungssystemen, in: Zeitschrift für Betriebswirtschaft, 62. Jg., Nr. 7, S. 761–782.
Wilkes, M.W. (1989), Werbemanagement. Kompendium des modernen Werbewissens
Wilkie, W. (1994), Consumer Behavior, 3. Aufl., New York.
Wilkins, A.L./Ouchi, W.G. (1983), Efficient Cultures. Exploring the Relationship Between Culture and Organizational Performance, in: Administrative Science Quarterly, Vol. 28, No. 3, S. 468–481.
Williamson, O.E. (1975), Markets and Hierarchies. Analysis and Antitrust Implications, New York/London.
Williamson, O.E. (1985), The Economic Institutions of Capitalism, New York
Wilson, A.M. (1998), The Use of Mystery Shopping in the Measurement of Service Delivery, in: The Service Industries Journal, Vol. 18, No. 3, S. 148–153.
Wilson, L.O./Weiss, A.M./John, G. (1990), Unbundling of Industrial Systems, in: Journal of Marketing Research, Vol. 27, No. 2, S. 123–128.
Wilson, P.F./Dell, L.D./Anderson, G.F. (1993), Root Cause Analysis. A Tool for Total Quality Management, Milwaukee.
Wimmer, F. (1985), Beschwerdepolitik als Marketinginstrument, in: Hansen, U./Schoenheit, I. (Hrsg.), Verbraucherabteilungen in privaten und öffentlichen Unternehmen, Frankfurt am Main/New York, S. 225–254.
Winer, R.S. (1988), Behavioral Perspective on Pricing: Buyers´ Subjective Perceptions of Price Revisited, in: Devinney, T.M. (Hrsg.), Issues in Pricing: Theory and Research, Toronto, S. 35–57.
Wirtz, J./Kum, D. (2001), Designing service guarantees – is full satisfaction the best you can guarantee? in: Journal of Services Marketing, Vol. 15, No. 4, S. 282–299.

Wirtz, J./Mattila, A.S. (2003), The effects of consumer expertise on evoked set size and service loyalty, in: Journal of Services Marketing, Vol. 17, No. 7, S. 649–665.

Wißmeier, U.K. (1995), Internationales Marketing, Wiesbaden

Witte, E.H. (2000), Kundenorientierung. Eine Managementaufgabe mit psychologischem Feingefühl, in: Hamburger Forschungsberichte, Nr. 25, Hamburg.

Woesler-de Panafieu, C. (1988), Vision 92. Der Euro-Verbraucher. Sozio-kulturelle Zielgruppen als Basis globalen Marketings, in: Nürnberger Akademie für Absatzwirtschaft (Hrsg.), Europa 1992. Grenzenloser Wettbewerb in einem grenzenlosen Markt?, Nürnberg, S. 53–69.

Wohlgemuth, A.C. (1989), Führung im Dienstleistungsbereich. Interaktionsintensität und Produktionsstandardisierung als Basis einer neuen Typologie, in: Zeitschrift Führung und Organisation, 58. Jg., Nr. 5, S. 339–345.

Woodruffe, H. (1995), Services Marketing, London.

Woratschek, H. (1996a), Die Typologie von Dienstleistungen aus informationsökonomischer Sicht, in: der markt, 35. Jg., Nr. 136, S. 59–71.

Woratschek, H. (1996b), Möglichkeiten und Grenzen preispolitischer Faustregeln für den Dienstleistungsbereich, in: Meyer, A. (Hrsg.), Grundsatzfragen und Herausforderungen des Dienstleistungsmarketing, Wiesbaden, S. 98–124.

Woratschek, H. (1998), Positionierung. Analysemethoden, Entscheidungen, Umsetzung, in: Meyer, A. (Hrsg.) (1998), Handbuch Dienstleistungs-Marketing, Band 1, Stuttgart, S. 693–710.

Woratschek, H. (2001a), Zum Stand einer „Theorie des Dienstleistungsmarketing“, in: Die Unternehmung, 55. Jg., Nr. 4/5, S. 261–278.

Woratschek, H. (2001b), Standortentscheidungen von Dienstleistungsunternehmen, in: Bruhn, M./ Meffert, H. (Hrsg.), Handbuch Dienstleistungsmanagement. Von der strategischen Konzeption zur praktischen Umsetzung, 2. Aufl., Wiesbaden, S. 417–438.

Woratschek, H. (2001c), Preisbildung im Dienstleistungsbereich auf der Basis von Marktinformationen, in: Bruhn, M./Meffert, H. (Hrsg.), Handbuch Dienstleistungsmanagement. Von der strategischen Konzeption zur praktischen Umsetzung, 2. Aufl., Wiesbaden, S. 607–625.

Woratschek, H./Pastowski, S./Roth, S. (2005), Franchising als Internationalisiserungsstrategie: Standortplanung für Dienstleistungsunternehmen, in: Bruhn, M./Stauss, B. (Hrsg.), Forum Dienstleistungsmanagement. Internationalisierung von Dienstleistungen, Wiesbaden, S. 171–200.

Woratschek, H./Roth, S. (2004), Informationsökonomischer Erklärungsansatz der Markenführung, in: Bruhn, M. (Hrsg.), Handbuch Markenführung. Kompendium zum erfolgreichen Markenmanagement. Strategien – Instrumente – Erfahrungen, Band 1, 2. Aufl., Wiesbaden, S. 347–370.

World Trade Organisation (WTO), International Trade Statistics 2001, Genf.

WTO (1999), An Introduction to the GATS, WTO Secretariat, Trade in Services Division, URL: http://www.wto.org/english/tratop_e/serv_e/gsintr_e.doc, Zugriff am 08.11.2004.

WTO (2000), World Trade Growth Slower in 1998 after Unusually Strong Growth in 1997, in: http:/ /www.wto.org/intltrad/internat.htm (Zugriff am 23.1.2000).

WTO (2001), WTO International Trade Statistics 2001.

WTO (2004), WTO International Trade Statistics 2004.

Wübker, G. (1998), Preisbündelung. Formen, Theorie, Messung und Umsetzung, Wiesbaden.

Wübker, G. (2001), Yield Management, in: Diller, H. (Hrsg.), Vahlens Großes Marketinglexikon, München, S. 1921–1923.

Wunderer, R./Kuhn, T. (1995), Innovatives Personalmanagement. Theorie und Praxis unternehmerischer Personalarbeit, Neuwied u. a.

Wykhoff, D. (1988), New Tools for Achieving Service Quality, in: Lovelock, C.H. (Hrsg.), Managing Services, London u. a., S. 226–239.

Wymbs, C. (2000), How E-Commerce is Transforming and Internationalizing Service Industries, in: Journal of Services Marketing, Vol. 14, No. 6, S. 463–478.

Yellow Strom (2004), Der Yellow Strom Webauftritt, URL: http://www.yellostrom.de, Zugriff am 08.11.2004.

Yip, G.S. (1982), Barriers to Entry, Toronto.

Youyae, Y./Suna, L. (2004), What Influences the Relationship Between Customer Satisfaction and Repurchase Intention? Investigating the Effects of Adjusted Expectations and Customer Loyalty, in: Psychology & Marketing, Vol. 21, No. 5, S. 351–373.

Zahn, E./Stanik, M. (2003), Wie Dienstleister gemeinsam den Erfolg suchen – Eine empirische Studie über Netzwerke kleierer und mittlerer Dienstleister, in: Bruhn, M./Stauss, B. (Hrsg.), Dienstleistungsnetzwerke. Dienstleistungsmanagement Jahrbuch 2003, Wiesbaden, S. 593–611.

Zehle, K.O. (1990), Yield Management. Eine Methode zur Umsatzsteigerung für Unternehmen der Tourismusbranche, Hamburg.

Zeithaml, V.A. (1981), How Consumer Evaluation Processes Differ between Goods and Services, in: Donelly, J.H./George, W.R. (Hrsg.), Marketing of Services, Chicago, S. 186–190.

Zeithaml, V.A. (1991), How Consumer Evaluation Processes Differ between Goods and Services, in: Lovelock, C.H. (Hrsg.), Services Marketing, 2. Aufl., Englewood Cliffs, S. 39–47.

Zeithaml, V.A./Berry, L.L./Parasuraman, A. (1988), Communication and Control Processes in the Delivery of Service Quality, in: Journal of Marketing, Vol. 52, No. 4, S. 35–48.

Zeithaml, V.A./Berry, L.L./Parasuraman, A. (1996), The Behavioral Consequences of Service Quality, in: Journal of Marketing, Vol. 60, No. 2, S. 31–46.

Zeithaml, V.A./Bitner, M.J. (2003), Services Marketing: Integrating Customer Focus Across the Firm, 3. Aufl., London.

Zeithaml, V.A./Parasuraman, A./Berry, L.L. (1985), Problems and Strategies in Services Marketing, in: Journal of Marketing, Vol. 49, No. 2, S. 33–46.

Zeithaml, V.A./Parasuraman, A./Berry, L.L. (1990), Delivering Quality Service, New York.

Zeithaml, V.A./Parasuraman, A./Berry, L.L. (1992), Qualitätsservice, Frankfurt am Main/New York.

Zeithaml, V.A:/Bitner, M. (2000), Services Marketing. Integrating Customer Focus across the Firm, 2. Aufl., New York u. a.

ZEW/FhG-ISI (1995), Dienstleistungen in der Zukunft, Bericht über die Ergebnisse eines infas/ZEW-Befragung 8.

Ziff, R. (1971), Psychographics for Market Segmentation, in: Journal of Advertising Research, Vol. 11, No. 2, S. 3–9.

Zillur, R. (2004), A Model for the Sales and Distribution of E-Services, in: Services Marketing Quarterly, Vol. 26, No. 1, S. 71–88.

Zimmer, K. (1997), Kundenbindungsmanagement im Filialbetrieb, Vortragsunterlagen, Sommeruniversität, 30.08.1999, Berlin.

Zorn, D. (1997), Integrierte Kommunikation – Grundlagen und zukünftige Entwicklung, in: Dallmer, H. (Hrsg.), Handbuch des Direct Marketing, 7. Aufl., Wiesbaden, S. 53–66.

Zou, B. (1999), Mulitmedia in der Marktforschung, Wiesbaden.

Zuba, R. (1998), Messung und Modellierung von Kundenzufriedenheit. Replikation und Erweiterung des Modells des American Customer Satisfaction Index im österreichischen Lebensmitteleinzelhandel, Wien.

Stichwortverzeichnis

L

M